Press/Siever Allgemeine Geologie

John Grotzinger · Thomas Jordan

Press/Siever
Allgemeine Geologie

Aus dem Amerikanischen übersetzt von Volker Schweizer

7. Auflage

 Springer Spektrum

John Grotzinger
California Institute of Technology
Pasadena, USA

Thomas Jordan
University of Southern California,
W. M. Keck Foundation
Los Angeles, USA

ISBN 978-3-662-48341-1
DOI 10.1007/978-3-662-48342-8

ISBN 978-3-662-48342-8 (eBook)

Die Deutsche Nationalbibliothek verzeichnet diese Publikation in der Deutschen Nationalbibliografie; detaillierte bibliografische Daten sind im Internet über http://dnb.d-nb.de abrufbar.

Springer Spektrum
© Springer-Verlag Berlin Heidelberg 1995, 2003, 2008, 2017
First published in the United States by W. H. FREEMAN AND COMPANY, New York, Copyright © 2014 by W. H. FREEMAN AND COMPANY. All rights reserved.
Erstmals erschienen in den U.S.A. bei W. H. Freeman and Company.

Planung: Merlet Behncke-Braunbeck
Lektorat: Gerd Hintermaier-Erhard
Titelbild: Fingal's Cave. © Lars Johansson/fotolia.com

Gedruckt auf säurefreiem und chlorfrei gebleichtem Papier

Springer Spektrum ist Teil von Springer Nature
Die eingetragene Gesellschaft ist Springer Berlin Heidelberg

*Wir widmen dieses Buch Frank Press und Ray Siever,
Pioniere der Lehre auf dem Gebiet der modernen
Geologie. Ohne ihre wegweisende Arbeit wäre dieses
Buch nicht möglich geworden.*

Vorwort

Die Geowissenschaften sind in unserer heutigen hoch-technisierten Welt integraler Bestandteil unseres täglichen Lebens. Wir sind umgeben von Materialien und Ressourcen, die der Erde entstammen: von den Treibstoffen unserer Verkehrsmittel bis hin zu dem Wasser, das wir trinken, und von Edelsteinen bis hin zur sachgemäßen Entsorgung unserer Abfälle. In zahlreichen Ländern begleiten Geowissenschaftler routinemäßig die Entscheidungen von Politik, Industrie und Kommunen. Fundierte Kenntnisse des Systems Erde waren noch nie so gefragt und notwendig wie heute.

Da die Geowissenschaften so eng mit unserem täglichen Leben verknüpft sind, entwickelt sich unser Fachgebiet ständig weiter und liefert Antworten auf drängende Fragen. Während vor einigen Jahrzehnten ein Großteil der Geologen im Erdölsektor oder im Bergbau tätig war, arbeiten Geologen heute zunehmend in Positionen, die für den Schutz unseres Lebensraumes verantwortlich sind. Da die Weltbevölkerung ständig wächst und die Zahl und das Ausmaß von Naturkatastrophen steigt, ist auch eine immer größere Anzahl von Menschen von solchen Katastrophen bedroht. Ihre Auswirkungen möglichst gering zu halten, gehört zu den Aufgaben der Geologen. Sogar bei der Suche nach extraterrestrischem Leben braucht es geologische Expertise, um die Umweltbedingungen auf Planeten wie dem Mars zu rekonstruieren. Hier forschen Geologen mithilfe von Robotern, die hunderte Millionen Kilometer entfernt sind, nach Spuren vergangenen Lebens in Gesteinen, die Milliarden Jahre alt sind.

All diese Anforderungen bedürfen eines immer besseren Verständnisses der Grundkonzepte und Prinzipien der Geowissenschaften. Auch wenn sich die Zeiten und die Arbeitsrichtungen ändern, ist es von eminenter Bedeutung, die Zusammensetzung der geologischen Materialien und deren Ursprung zu kennen, und auch zu verstehen, wie der Planet als System funktioniert. Dabei sind Klimawandel, Verfügbarkeit von Grundwasser, die Häufigkeit schwerer Stürme und Vulkanausbrüche, die Suche und Kosten der Gewinnung von seltenen Rohstoffen wichtig für das Verständnis der Erde. Es liegt auf der Hand, dass mit der wachsenden Komplexität dieser Herausforderungen immer mehr gut ausgebildete Geologen gebraucht werden.

Natürlich haben seit der letzten Auflage zahlreiche geologische Ereignisse stattgefunden, sind neue Daten zur Klimaentwicklung und zum Klimawandel publiziert und neue natürliche Ressourcen entdeckt sowie moderne Methoden zu deren Gewinnung entwickelt worden. Ein Großteil dieser neuen Erkenntnisse hat Eingang in diese Neuauflage gefunden.

Neu in der deutschen Auflage sind die „zusätzlichen Medien" am Ende etlicher Kapitel in Form von QR-Codes und Internetlinks, die weitere, visuelle Einblicke in die verschiedenen Themen geben.

Im Glossar wurden die englischen Begriffe neben die deutschen gestellt, damit Leser sich leicht mit der englischsprachigen Terminologie vertraut machen können.

Die „Übungsaufgaben aus der geologischen Praxis" finden sich gebündelt in Kapitel 24.[*]

---

[*] Aus Gründen der Lesbarkeit haben wir auf die konsequente Nennung aller männlichen und weiblichen Formen verzichtet; mit Geologen sind natürlich immer auch Geologinnen gemeint.

Danksagung

Es ist für Dozenten wie auch Verfasser geologischer Lehrbücher eine echte Herausforderung, die vielfältigen und wichtigen Aspekte der Geologie in einer einzigen Einführungsvorlesung darzustellen und dabei das Interesse und die Begeisterung der Studenten zu wecken. Um dieser Herausforderung gerecht zu werden, haben wir zahlreiche Kollegen um Rat gefragt, die an vielen sehr unterschiedlichen Universitäten und Hochschulen lehren.

Von den ersten Planungsstadien aller Auflagen dieses Lehrbuches an haben wir uns auf die Meinungen zur Gliederung des Textes und der Auswahl der zu besprechenden Themenkreise gestützt. Beim Abfassen der Kapitel haben wir uns überdies auf unsere Kollegen verlassen, die uns geholfen haben, eine pädagogisch sinnvolle, exakte und für Studierende verständliche und anregende Darstellung zu erreichen. Jedem von ihnen sind wir sehr zu Dank verpflichtet:

Marianne Caldwell (Hillsborough Community College), Courtney Clamons (Austin Community College), Ellen Cowan (Appalachian State University), Meredith Denton-Hendrick (Austin Community College), Mark Feigensen (Rutgers University), Edward Garnero (Arizona State University), Richard Gibson (Texas A&M Universität), Bruce Herbert (Texas A&M Universität), Bernard Housen (Western Washington University), Quinhong Hu (University of Texas at Arlington), Maureen McCurdy Hillard (LouisianaTech University), Daniel Kelley (Louisiana State University), Steppen Murphy (Central Piedmont Community College), Alycia Stigall (Ohio University), John Tacinelli (Rochester Community and Technical College) und J. M. Wampler (Georgia State University).

Ebenfalls zu Dank verpflichtet sind wir folgenden Kollegen, die uns bei der Planung oder der kritischen Durchsicht der sechsten Auflage unterstützt haben:

Jake Armour (University of North Carolina), Emma Baer (Shoreline Community College), Graham B. Baird (University of Northern Colorado), Rob Benson (Adams State College), Barbara L. Brande (University of Montevallo), Denise Burchsted (University of Connecticut), Erik W. Burtis (Northern Virginia Community College), Chu-Yung Chen (University of Illinois), Geofsfrey W. Cook (University of Rhode Island), Tim D. Cope (DePauw University), Michael Dalman (Blinn College), Iver W. Duedall (Florida Institute of Technology), Stewart S. Farrar (Eastern Kentucky University), Mark D. Feigenson (Rutgers University), William Garcia (University of North Carolina), Michael D. Harrell (Seattle Central Community College), Elizabeth A. Johnson (James Madison University), Tamie J. Jovanelli (Berry College), David D. King, Jr. (Auburn University), Steve Kluge (State University of New York), Michael A. Kruge (Montclair State University), Steven Lee (Jet Propulsion Laboratory), Michael B. Leite (Chadron State College), Beth Lincoln (Albion College), Ryan Mathur (Juniata College), Stanley A. Mertzman (Franklin & Marshal College), James G. Mills, Jr. (DePauw University), Sadreddin C. Moosavi (Tulane University), Gregory Mountain (Rutgers University), Otto H. Muller (Alfred University), M. Susan Nagel (University of Connecticut), Heide Natel (U. S. Military Academy), Jeffrey A. Nunn (Louisiana State University), Debajyoti Paul (University of Texas), Marylin Velinsky Rands (Lawrence Technological University), Jason A. Rech (Miami University), Randye L. Rutberg (Hunter College), Anne Marie Ryan (Dalhousie University), Jane Selverstone (University of New Mexico), Steven C. Semken (Arizona State University), Eric Small (University of Colorado), Neptune Srimal (Florida International University), Alexander K. Stewart (St. Lawrence University), Michael A. Stewart (University of Illinois), Giana Seegers Szablewski (University of Wisconsin), Leif Tapanila (Idaho State University) und Mike Tice (Texas A&M University).

Andere waren unmittelbar an der Fertigstellung und Drucklegung des Manuskripts der amerikanischen Ausgabe beteiligt. Stets zur Seite stand uns Randi Rossignol, Lektorin bei W. H. Freeman. Randi arbeitet seit 12 Jahren mit uns und es war stets eine Freude mit ihr zusammenzuarbeiten. Bill Minnick, Senior Editor, half uns durch die Untiefen des Manuskript- und Herstellungsprozesses bis zur Drucklegung. Jen Griffes soll dabei auch nicht unerwähnt bleiben. Amy Thorne kümmerte sich um das Material für die Website, Blake Logan hat den Text gestaltet, Jennifer Atkins hat uns viele schöne Fotos besorgt und Paul Rohloff und Nick Ciani begleiteten den Herstellungsprozess. Wir danken Dennis Free und Sheryl Rose von der Aptara Corporation für den Satz. Wir sind Jake Armour von der University of North Carolina dankbar und Charlotte, die mit uns an den Google Earth-Exkursen gearbeitet hat. Unser herzliches Dankeschön auch an Emily Cooper, die so viele wunderschöne Zeichnungen erstellt hat.

Inhaltsverzeichnis

XXVI

Die Autoren

John Grotzinger ist ein vor allem im Gelände tätiger Geologe. Sein Interesse gilt der Entwicklung der Umwelt im weitesten Sinne und der Biosphäre. Außerdem arbeitet er über die frühe Entstehung des Mars sowie dessen potenzieller Bewohnbarkeit. Seine Forschungen befassen sich mit der chemischen Entwicklung der frühen Ozeane und Atmosphäre, dem Zusammenhang zwischen früher Evolution der tierischen Organismen und ihrer Umwelt sowie mit den geologischen Faktoren, die Sedimentbecken beeinflussen. Seine Geländearbeiten führten ihn nach Nordwest-Kanada, Nord-Sibirien, Südafrika, in den Westen der Vereinigten Staaten und via Roboter auf den Mars. Er erwarb seinen Bachelor of Science in Geowissenschaften 1981 an der University of Montana und seinen Ph.D. im Jahr 1985 am Virginia Polytechnic Insitute and State University. Danach folgten drei Jahre als Wissenschaftler am Lamont Doherty Geological Observatory, ehe er 1988 an die geowissenschaftliche Fakultät des MIT wechselte. Von 1979 bis 1990 führte er außerdem für den Canadian Geological Survey Kartierungsarbeiten durch. Derzeit ist er Hauptverantwortlicher für die „Mars Science Laboratory Rover Mission", besser bekannt als „Curiosity", der ersten Mission, die die Bewohnbarkeit der frühen Umwelt eines anderen Planeten beurteilen soll.

Im Jahr 1988 wurde Dr. Grotzinger am MIT zum Waldemar-Lindgren Distinguished Scolar ernannt und 2000 bekam er einen Ruf auf die Robert R. Shrock-Professur für Geo- und Planetenwissenschaften. Im Jahr 2005 wechselte er vom MIT zum Caltech und ist dort Fletcher Jones Professor für Geologie. Er erhielt 1990 den Presidential Young Investigator Award der National Science Foundation, 1992 die Donath Medal der Geological Society of America und 2007 die Charles Doolittle Walcott Medal der National Academy of Science sowie 2013 die Outstanding Public Leadership Medal der NASA. John Grotzinger ist Mitglied der American Academy of Arts and Sciences und der U.S. National Academy of Sciences.

Tom Jordan ist Geophysiker, sein Forschungsschwerpunkt ist die Zusammensetzung, Dynamik und Entwicklung der festen Erde. Er leitete Forschungsarbeiten über die Prozesse der Subduktion in große Tiefen, die Bildung der verdickten Kiele unter den alten kontinentalen Kratonen und die Frage der Schichtung im Erdmantel. Dazu entwickelte er eine Anzahl seismischer Verfahren zur Untersuchung des Erdinneren, die geodynamische Probleme betreffen. Er arbeitete über die Modellierung von Plattenbewegungen, die Bestimmung der tektonischen Deformation, die Quantifizieung des Meeresbodenreliefs und Charakterisierung schwerer Erdbeben. Er erhielt seinen Ph.D in Geophysik und angewandter Mathematik im Jahr 1972 am Californian Institute of Technology (Caltech) und lehrte an der Princeton University und der Scripps Institution of Oceanography, ehe er 1984 an das Massachussetts Institute of Technology (MIT) auf die Robert R. Shrock-Professur für Geo- und Planetenwissenschaften wechselte. Dort war er von 1988–1998 Head of Department of Earth, Atmospheric and Planetary Sciences. Seit 2000 lehrt er an der University of Southern California (USC) als Universitäts- und W. M. Keck-Professor für Geowissenschaften. Derzeit ist er Direktor des Southern California Earthquake Center, wo er ein internationales Forschungsprogramm über Erdbebensysteme koordiniert, an dem 600 Wissenschaftler und mehr als 60 Universitäten und Forschungseinrichtungen beteiligt sind.

Dr. Jordan erhielt 1983 die Macelwane Medal der American Geophysical Union, 1998 den Woodland Award der Geological Society of America und 2005 die Lehmann Medal der American Geophysical Union. Er ist Mitglied der American Academy of Arts and Sciences und der American Philosophical Society.

Moderne Theorien und Methoden der Geologie

System Erde

Erstes Gesamtbild von der Erde, aufgenommen am 7. Dezember 1972 von der Besatzung der Raumfähre Apollo 17; es zeigt die Antarktis und den Kontinent Afrika (Foto: NASA)

© Springer-Verlag Berlin Heidelberg 2017
J. Grotzinger, T. Jordan, *Press/Siever Allgemeine Geologie*, DOI 10.1007/978-3-662-48342-8_1

Teil I

Die Erde ist ein einzigartiger Ort, sie ist Heimat von weit über einer Million Organismenformen, uns Menschen eingeschlossen. Kein anderer bisher entdeckter Planet hat auch nur annähernd vergleichbare Bedingungen, die als Voraussetzung für die Existenz von Leben erforderlich sind. **Geologie** ist die Wissenschaft von der Erde; sie versucht zu erklären, wie der Planet entstanden ist, sich entwickelt hat, wie er funktioniert und wie wir seine Lebensräume erhalten können. Geologen suchen nach Antworten auf zahlreiche grundlegende Fragen: Aus welchen Materialien besteht unser Planet? Warum gibt es Kontinente und Ozeane? Warum sind bestimmte Gebiete von verheerenden Erdbeben und heftigen Vulkanausbrüchen betroffen und andere nicht? Welche Entwicklung durchliefen die Erdoberfläche und die darauf vorhandenen Lebensformen im Verlauf der vergangenen Jahrmillionen? Welche Veränderungen sind in der Zukunft zu erwarten? Wir hoffen, die Leser werden sich von den Antworten auf diese Fragen so begeistern lassen, dass sie den Lebensraum Erde von nun an mit anderen Augen betrachten. Willkommen im Reich der Geologie, einer der faszinierendsten Naturwissenschaften.

Der Inhalt dieses Buches ist so aufbereitet, dass sich der Themenkreis jedes Kapitels mit drei grundlegenden Vorstellungen auseinandersetzt: (1) der Erde als System interagierender Komponenten, (2) der Plattentektonik als dem modernen Paradigma der Geologie und (3) den Veränderungen im System Erde im Verlauf der Erdgeschichte.

Dieses Kapitel gibt in groben Zügen Einblick in die Denkweise der Geologie. Es beginnt mit einer Einführung in die wissenschaftliche Arbeitsmethode als dem objektiven Zugang in die Welt der Naturwissenschaften, auf der letztlich alle wissenschaftlichen Erkenntnisse beruhen. Diese wissenschaftliche Arbeitsmethode zieht sich wie ein roter Faden durch das gesamte Buch und wird immer dann sichtbar, wenn wir beschreiben, wie Geowissenschaftler ihre Erkenntnisse über unseren Planeten erarbeiten und deuten. In diesem ersten Kapitel wird exemplarisch gezeigt, wie mit Hilfe der wissenschaftlichen Arbeitsmethode zwei der grundlegenden Merkmale unserer Erde entdeckt wurden – ihre Form und ihr Schalenbau.

Um Erscheinungen erklären zu können, die Millionen oder sogar Milliarden Jahre alt sind, betrachten wir die derzeit auf der Erde ablaufenden Prozesse. Wir beginnen die Untersuchung unserer komplexen Umwelt als **System Erde**, das aus zahlreichen in Wechselbeziehung zueinanderstehenden Komponenten besteht. Einige dieser Komponenten, wie etwa die Atmosphäre und die Ozeane, sind an der Oberfläche der Erde deutlich sichtbar, andere sind tief im Erdinneren verborgen. Durch die Beobachtung, wie und auf welche Weise diese Komponenten interagieren, können Wissenschaftler Erkenntnisse gewinnen, wie sich das System Erde im Verlauf der Erdgeschichte verändert hat. Ebenso soll auf den Zeitbegriff aus Sichtweise der Geologie eingegangen werden. Dies wird in Anbetracht der ungeheuer großen Zeitspanne der Erdgeschichte zu einer anderen Vorstellung von „Zeit" führen.

Die Erde und die anderen Planeten unseres Sonnensystems sind vor 4,5 Mrd. Jahren entstanden. Vor etwas mehr als 3 Mrd. Jahren formierten sich an der Erdoberfläche die ersten lebenden Zellen und seitdem entwickelt sich das irdische Leben. Der Ursprung des Menschen reicht lediglich wenige Millionen Jahre zurück, was einem Zeitraum von einigen hundertstel Prozent der gesamten Erdgeschichte entspricht. Das Leben eines Menschen umfasst eine Zeitspanne von wenigen Jahrzehnten und die ältesten historischen Aufzeichnungen reichen allenfalls wenige tausend Jahre zurück und sind für die Untersuchung der langen Zeiträume der Erdgeschichte ohne Bedeutung.

Die wissenschaftliche Arbeitsmethode

Der Begriff „Geologie" (griech. *gé* = Erde; *logos* = Wissenschaft) wurde vor mehr als 200 Jahren von den Naturphilosophen geschaffen, um das Studium der Gesteine und Fossilien zu beschreiben. Durch sorgfältige Beobachtungen und Schlussfolgerungen entwickelten ihre Nachfolger im Laufe der Zeit die Theorie der biologischen Evolution, der Kontinentaldrift und der Plattentektonik – wichtige Themenkreise dieses Lehrbuches. Heute ist die **Geologie** derjenige Teilbereich der Geowissenschaften, der alle Aspekte des Planeten Erde erforscht: seine Entstehungsgeschichte, seine stoffliche Zusammensetzung, seinen inneren Aufbau und seine Oberflächenerscheinungen.

Das Ziel der Geologie – und allgemein aller Naturwissenschaften – besteht im Grunde darin, die Funktionsweise unseres Universums aufzuklären. Naturwissenschaftler gehen davon aus, dass jeder natürliche Vorgang eine physikalische Erklärung hat, auch wenn er außerhalb unserer derzeitigen Erkennungsmöglichkeiten liegt. Die **wissenschaftliche Arbeitsmethode**, auf die sich alle Wissenschaftler berufen, ist eine generelle Forschungsstrategie, die auf systematischen Beobachtungen und Experimenten beruht. Die Anwendung der wissenschaftlichen Methode ist ein Grundprinzip wissenschaftlicher Forschung, um einerseits neue Entdeckungen zu machen, andererseits auch ältere zu bestätigen (Abb. 1.1).

Abb. 1.1 Wissenschaftliche Forschung beruht auf der Entdeckung und Bestätigung durch Beobachtungen in der realen Welt. Diese Geologinnen untersuchen Bodenproben in der Nähe eines Sees in Minnesota (USA) (Foto: USGS)

Wenn Wissenschaftler aus den bei ihren Beobachtungen und Experimenten gesammelten Daten eine **Hypothese** ableiten, das heißt eine vorläufige Vermutung, wird diese der Gemeinschaft der Wissenschaftler vorgestellt, ihrer Kritik ausgesetzt und wiederholt überprüft (*peer review*). Eine Hypothese, die durch andere Forscher bestätigt wird, gewinnt an Glaubwürdigkeit, wenn sie neue Daten bestätigt oder die Ergebnisse neuer Experimente erfolgreich voraussagt.

Vier interessanten wissenschaftlichen Hypothesen werden wir in diesem Lehrbuch begegnen:

■ Die Erde ist mehrere Milliarden Jahre alt.
■ Kohle ist ein Sedimentgestein, das aus abgestorbenen Pflanzenresten entstanden ist.
■ Erdbeben entstehen durch das Zerbrechen der Gesteine an Störungen.
■ Die Verbrennung fossiler Energieträger führt zu einer globalen Klimaerwärmung.

Die erste Hypothese stimmt mit den an mehreren tausend alten Gesteinen ermittelten Gesteinsaltern überein, die mithilfe exakter Laborverfahren festgestellt wurden. Auch die beiden folgenden Hypothesen wurden durch zahlreiche, voneinander unabhängige Beobachtungen bestätigt. Die vierte Hypothese ist weitaus umstrittener, obwohl sie durch zahlreiche neue Daten bestätigt wird, sodass die meisten Wissenschaftler sie heute als richtig akzeptieren (vgl. Kap. 15 und 23).

Eine in sich fest gefügte Hypothese, die konkrete Aspekte der Natur erklärt, wird schließlich in den Status einer **Theorie** erhoben. Gute Theorien werden durch umfangreiche Datenmengen gestützt und haben zahlreichen Widerlegungsversuchen standgehalten. Sie gehorchen in der Regel den physikalischen Gesetzen, allgemeinen Prinzipien, nach denen das Universum funktioniert, und die, wie etwa das Newton'sche Gravitationsgesetz, auf nahezu alle Situationen angewendet werden können.

Manche Hypothesen und Theorien wurden so intensiv überprüft, dass sie von allen Wissenschaftlern als richtig akzeptiert oder aber zumindest als gute Näherung betrachtet werden. Beispielsweise wird die Theorie, dass die Erde – wie sich aus dem Newton'schen Gravitationsgesetz ergibt – nahezu eine Kugel ist, durch so viele Erfahrungswerte und direkte Hinweise gestützt (man frage hierzu einen Astronauten), dass wir sie als Tatsache betrachten können. Je länger eine Theorie allen wissenschaftlichen Herausforderungen standhält, desto mehr gilt sie als gesichert.

Theorien können jedoch niemals als sicher bestätigt gelten. Das Wesen der Wissenschaft besteht darin, dass keine Erklärung, ungeachtet wie glaubhaft oder ansprechend sie auch sein mag, vor neuen Fragestellungen sicher sein kann. Deuten neue Ergebnisse auf Fehler in der Theorie hin, wird man als Wissenschaftler die Theorie entsprechend modifizieren oder gegebenenfalls auch ganz aufgeben. Sowohl Theorien als auch Hypothesen müssen stets überprüfbar sein: irgendwelche Vermutungen, die nicht durch Beobachtungen der natürlichen Umwelt beurteilt werden können, sollten auch nicht als wissenschaftliche Theorie bezeichnet werden.

Für die in der Forschung tätigen Wissenschaftler sind die interessanteren Hypothesen die eher umstrittenen – und nicht die weitestgehend akzeptierten. Die Hypothese, dass die Verbrennung fossiler Energieträger zu einer globalen Klimaerwärmung führt, wurde eingehend diskutiert. Da die langfristigen Prognosen dieser Hypothese so wichtig sind, wird sie derzeit von zahlreichen Geowissenschaftlern mit großem Aufwand überprüft.

Aus den auf zahlreichen Hypothesen und Theorien beruhenden Kenntnissen lässt sich ein **wissenschaftliches Modell** ableiten – eine exakte Darstellung, wie ein natürliches System aufgebaut ist oder sich verhält. Wissenschaftler vereinigen zu diesem Modell eine Reihe verwandter Vorstellungen, um die Übereinstimmung ihrer Erkenntnisse zu überprüfen und entsprechende Vorhersagen machen zu können. Genauso wie eine gute Hypothese oder Theorie gestattet ein gutes Modell entsprechende Vorhersagen, die mit den Beobachtungen in Einklang stehen.

Wissenschaftliche Modelle sind oftmals als Rechnerprogramme ausgelegt, die das Verhalten natürlicher Systeme durch numerische Berechnungen simulieren. Die Wettervorhersage von Niederschlägen oder Sonnenschein, die in den Fernsehprogrammen gezeigt wird, beruht heute im Wesentlichen auf Rechnermodellen. In der virtuellen Realität eines Rechners können numerische Simulationen Erscheinungen und Vorgänge reproduzieren, deren Darstellung in einem realen Labor ihrer Größe wegen zu schwierig oder zu umfangreich sind, oder die über Zeiträume ablaufen, die sich auf Grund ihrer Länge einer Beobachtung durch den Menschen entziehen. So wurden beispielsweise die für die Wettervorhersage verwendeten Modelle erweitert, um die in künftigen Jahrzehnten zu erwartenden Klimaveränderungen vorhersagen zu können.

Um die Diskussion ihrer Ergebnisse zu fördern, arbeiten Wissenschaftler normalerweise in einer offenen Kommunikationsgemeinschaft. Sie teilen ihre Ergebnisse auf wissenschaftlichen Tagungen mit, veröffentlichen sie in Fachzeitschriften und auf Internetseiten oder tauschen ihre Ergebnisse in persönlichen Gesprächen mit Kollegen aus. Wissenschaftler lernen voneinander und es liegt im Wesen jeder Wissenschaft, dass sich ihre Erkenntnisse auf den Forschungsergebnissen anderer aufbauen. Die meisten bedeutenden Ideen, gleichgültig ob es Geistesblitze waren oder die Ergebnisse mühsamer Untersuchungen, gehen auf Hunderte oder Tausende solcher wechselseitiger Einflüsse unter Wissenschaftlern zurück. Albert Einstein formulierte dies wie folgt: „In der Wissenschaft ist die Arbeit des Einzelnen so eng mit den Arbeiten seiner Vorgänger und Zeitgenossen verknüpft, dass sie fast als eine Art unpersönliches Produkt seiner Generation erscheint."

Da dieser freie intellektuelle Austausch auch Gegenstand von Missbrauch sein kann, entwickelte sich unter den Wissenschaftlern eine Art Ehrenkodex. Wissenschaftler sind der Wahrheit verpflichtet, sie sind gehalten, die Beiträge anderer, auf deren Arbeiten sie sich beziehen, deutlich zu machen. Wissenschaftliche Daten dürfen weder gefälscht noch frei erfunden werden. Wissenschaftler müssen sich stets ihrer Verantwortung für die Ausbildung der nächsten Generation von Forschern und Lehrenden bewusst sein. So wichtig jedes der genannten Prinzipien auch

Abb. 1.2 Geologie ist vor allem eine Wissenschaft von und in der Natur. Hier baut Peter Gray an den Flanken des Mount St. Helens eine der fünf GPS-Stationen zusammen. Diese Stationen sollen die sich aufwölbende Erdoberfläche überwachen, wenn Magma in den Vulkan aufsteigt (Foto: USGS/Lyn Topinka)

Abb. 1.3 Die Forschergruppe des Eisbrechers Louis S. St.-Laurent versenkt ein Schwerelot, mit dem Sedimentproben des Meeresbodens entnommen werden (Foto: USGS/The Canadian Press, Jonathan Hayward)

ist, die Basis guter wissenschaftlicher Praxis sind Redlichkeit, Ehrlichkeit gegenüber sich selbst und anderen, Großzügigkeit in der Akzeptanz der Ergebnisse anderer und beständige Offenheit gegenüber neuen Ideen und Meinungen.

Geologie als Wissenschaft

In den populären Medien werden Wissenschaftler oft als Personen dargestellt, die mit weißen Arbeitsmänteln bekleidet irgendwelche Experimente durchführen. Diese Klischeevorstellung ist nicht zutreffend. Viele wissenschaftliche Probleme lassen sich zwar am besten im Labor lösen, wie etwa: Welche Kräfte halten die Atome zusammen? Wie reagieren chemische Verbindungen miteinander? Können Viren Krebs verursachen? Die Prozesse, die von Wissenschaftlern untersucht werden, um solche Fragen zu beantworten, sind hinreichend klein und laufen rasch genug ab, um unter den kontrollierten Bedingungen eines Labors untersucht werden zu können.

Bei den wesentlich umfangreicheren Fragestellungen der Geologie handelt es sich um Prozesse, die in einem weitaus größeren Maßstab und über längere Zeiträume hinweg ablaufen. Kontrolliert durchgeführte Labormessungen liefern wichtige Daten für die Überprüfung geologischer Hypothesen und Theorien – wie etwa das Alter der Gesteine; sie sind jedoch in der Regel nicht ausreichend, um großdimensionale geologische Probleme zu lösen. Nahezu alle in diesem Lehrbuch beschriebenen Entdeckungen beruhen auf der Beobachtung von Prozessen der Erde in ihrer unbeeinflussten natürlichen Umgebung.

Aus diesem Grund ist die Geologie eine Wissenschaft in freier Natur mit einem eigenen Arbeitsstil und einer spezifischen Betrachtungsweise. Geologen „gehen ins Gelände", um die Natur unmittelbar zu beobachten (Abb. 1.2). Sie lernen durch Besteigen steiler Hänge und die Untersuchung der dort aufgeschlossenen Gesteine wie Gebirge entstanden sind, und sie stellen empfindliche Geräte auf, um Daten über Erdbeben, Vulkanausbrüche und andere

Vorgänge innerhalb der festen Erdkruste zu sammeln. Sie befahren die Meere, um den Meeresboden zu kartieren und um zu erforschen, wie sich die Meeresbecken entwickelt haben (Abb. 1.3).

Die Geologie ist eng verwandt mit den anderen Disziplinen der Geowissenschaften einschließlich der **Ozeanographie**, der Wissenschaft, die sich mit den physikalischen Vorgängen im Meer befasst, der **Meteorologie**, der Wissenschaft von der Atmosphäre sowie der **Ökologie**, der Wissenschaft von den wechselseitigen Beziehungen zwischen Lebewesen und ihrer Umwelt. **Geophysik**, **Geochemie** und **Geobiologie** sind weitere Forschungsrichtungen der Geowissenschaften, die Methoden der Physik, Chemie und Biologie auf geologische Fragestellungen anwenden (Abb. 1.4).

Die Geologie ist darüber hinaus eine Wissenschaft, die sich mit den Planeten befasst, sie verwendet Methoden der Fernerkundung, wie etwa in Raumfahrzeugen montierte Geräte, um so den gesamten Erdball zu erfassen (Abb. 1.5). Geologen entwickeln Rechnermodelle, um die riesigen Datenmengen auszuwerten, die bei der satellitengestützten Kartierung der Kontinente, der Erfassung der Bewegungen von Atmosphäre und Meeresströmungen sowie der Überwachung von Umweltveränderungen anfallen.

Ein besonderer Aspekt der Geologie ist ihre Fähigkeit, die unendlich lange Entwicklungsgeschichte der Erde zu ergründen, indem sie zu entziffern sucht, was „in Stein gemeißelt" ist. Sämtliche dafür erforderlichen Informationen sind in den Gesteinen der **geologischen Schichtenfolge** überliefert, die sich im Laufe der Erdgeschichte zu den unterschiedlichsten Zeiten gebildet haben (Abb. 1.6). Geologen entschlüsseln die Schichtenfolge, indem sie Informationen aller Arbeitsmethoden miteinander verbinden: Untersuchung der Gesteine im Gelände, sorgfältige Kartierung ihrer Position in Relation zu den älteren oder jüngeren Gesteinseinheiten, Sammeln repräsentativer Gesteinsproben und Bestimmung des jeweiligen Gesteinsalters unter Verwendung empfindlicher Laborgeräte (Abb. 1.4b).

In seinem Buch *„Annals oft the Former World"*, einem Kompendium sehr anschaulicher Geschichten über Geologen, äußert der in den Vereinigten Staaten populäre Schriftsteller John McPhee

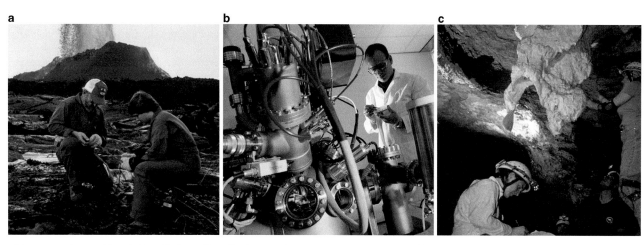

a

b

c

Abb. 1.4a–c Eine Anzahl von fachspezifischen Teilbereichen leistet wichtige Beiträge zur geologischen Erforschung. **a** Geophysiker setzen Geräte ein, um die Aktivitäten eines Vulkans im Untergrund zu messen. **b** Ein Geochemiker bereitet Gesteinsproben für eine Messung im Massenspektrometer vor. **c** Geobiologen untersuchen die Lebewesen der Spider-Cave in den Carlsberg-Höhlen von New Mexico (USA) (Fotos: a Hawaiian Volcano Observatory/USGS; b © John McLean/Science Source; c © AP Photo/Val Hildreth-Werker)

Abb. 1.5 Ein Astronaut überprüft die Instrumente zur Überwachung der Erdoberfläche (Foto: © StockTrek/SuperStock)

Abb. 1.6 Die Schichtenfolge liefert Hinweise für die lange Geschichte der Erde. Diese bunt gefärbten Sandsteinschichten im Colorado National Monument wurden vor mehr als 200 Mio. Jahren abgelagert, als dieser Teil der westlichen Vereinigten Staaten eine große, der Sahara vergleichbare Wüste war. Sie wurden später von anderen Gesteinen überlagert, durch Druck und Temperatur in Sandsteine umgewandelt, durch gebirgsbildende Prozesse herausgehoben und durch Wind und Wasser zur heutigen phantastischen Landschaft geformt (Foto: © Mark Newman/Lonely Planet Image /Getty Images, Inc.)

seine Sicht, wie Geologen Gelände- und Laborbeobachtungen zusammenfügen, um das große Gesamtbild sichtbar zu machen: *„Sie betrachten Schlamm und sehen Gebirge, in Gebirgen sehen sie Ozeane, und in Ozeanen künftige Gebirge. Sie betrachten irgendein Gestein und rekonstruieren seine Geschichte, ebenso ein anderes Gestein und eine andere Geschichte, und wenn sich die Geschichten allmählich ansammeln und zu einem Gesamtbild werden, werden aus den Deutungen und Hinweisen lange Fallstudien erstellt und geschrieben. Das ist Detektivarbeit in einem Ausmaß, das für die meisten Detektive unvorstellbar ist – Sherlock Holmes vielleicht ausgenommen".*

Die Gesteinsabfolge lässt erkennen, dass die Vorgänge, wie wir sie heute auf der Erde beobachten, in weitgehend vergleichbarer Weise auch in der geologischen Vergangenheit abgelaufen sind. Dieses wesentliche Konzept der Geologie wird heute als **Aktualismus** (engl. *principle of uniformitarianism*) bezeichnet. Es wurde im 18. Jahrhundert von dem schottischen Arzt und Geologen James Hutton als Hypothese aufgestellt. Im Jahr 1830

fasste der britische Geologe Charles Lyell dieses Konzept in dem denkwürdigen Satz zusammen: *„Die Gegenwart ist der Schlüssel zur Vergangenheit."*

Das Aktualitätsprinzip bedeutet jedoch nicht, dass alle geologischen Prozesse langsam ablaufen. Ein großer Meteorit, der auf der Erde aufschlägt, kann in wenigen Sekunden einen großen Krater hinterlassen, genauso rasch kann ein Vulkan einen Gipfel wegsprengen und bei einem Erdbeben kann abrupt eine Störung im Untergrund aufreißen. Viele geologische Prozesse laufen langsamer ab. Das Auseinanderdriften von Kontinenten, die Heraushebung und Abtragung von Gebirgen oder auch die Ablagerung mächtiger Sedimentserien durch Flüsse erfolgt im Verlauf vieler Jahrmillionen. Geologische Prozesse laufen sowohl räumlich als auch zeitlich in einem außerordentlich weiten Bereich ab (Abb. 1.7).

Das Aktualitätsprinzip besagt auch nicht, dass wir geologische Prozesse immer unmittelbar beobachten müssen, um zu

Darüber wurden im Verlauf vieler Millionen Jahre Sedimente abgelagert. Die jüngsten Schichten – oben – sind 250 Millionen Jahre (Ma) alt.

a

Dieser Krater mit einem Durchmesser von 1200 m entstand vor ungefähr 50.000 Jahren in wenigen Sekunden durch den Einschlag eines Meteoriten mit einem Gewicht von etwa 300.000 Tonnen.

b

Die Gesteine an der Basis des Grand Canyon haben ein Alter von 1,7–2,0 Milliarden Jahre.

Abb. 1.7a,b Geologische Prozesse können sich über viele Jahrtausende hinziehen, aber auch mit verblüffender Geschwindigkeit ablaufen. **a** Der Grand Canyon, Arizona; **b** Meteoritenkrater in Arizona (Fotos: a © John Wang/PhotoDisc/Getty Images; b © John Sanford/Science Source)

wissen, dass sie für das heutige System Erde von Bedeutung sind. In historischer Zeit erlebte die Erde keinen Einschlag eines großen Meteoriten. Dennoch wissen wir, dass es in der geologischen Vergangenheit mehrfach solche Einschläge gegeben hat und in der Zukunft sicher auch weiterhin geben wird. Dasselbe gilt für große Vulkanausbrüche, die Flächen von der Größe Frankreichs mit Lava überdeckten und deren gleichzeitig geförderten Gase weltweit die Atmosphäre vergiftet haben. Die gesamte Erdgeschichte ist durch zahlreiche extreme, wenngleich selten aufgetretenen Ereignisse gekennzeichnet, die zur raschen Veränderung des Systems Erde geführt haben. Die Geologie muss sich sowohl mit der Untersuchung solcher Extremereignisse als auch mit unmerklich ablaufenden Prozessen auseinandersetzen.

Seit Huttons Zeiten beobachten Geologen die in der Natur ablaufenden Prozesse und berufen sich auf das Aktualitätsprinzip, um Erscheinungen zu deuten, die in den älteren Schichtenfolgen überliefert sind. Huttons Konzept ist jedoch für die Fragen der modernen Geologie zu eng gefasst. Sie muss sich mit der Erdgeschichte, die vor mehr als 4,5 Mrd. Jahren begann, als Ganzes auseinandersetzen. Wie wir in Kap. 9 noch sehen werden, unterschieden sich die heftigen Prozesse, die für die Frühzeit der Erde kennzeichnend waren, in erheblichem Maße von den heute ablaufenden Vorgängen. Doch um jenen Zeitabschnitt der Erdgeschichte zu begreifen, sind grundlegende Kenntnisse bezüglich der Form der Erde und der Erdoberfläche sowie über den Aufbau des Erdinneren mit seinem konzentrischen Schalenbau erforderlich.

Die Form der Erde und der Erdoberfläche

Die wissenschaftliche Arbeitsmethode hat ihre Wurzeln in der **Geodäsie**, einem sehr alten Zweig der Geowissenschaften, der sich mit der Vermessung und Abbildung der Erdoberfläche befasst. Die Vorstellung, dass die Erde eine Kugel ist und keine flache Scheibe, wurde erstmals im 6. Jahrhundert v. Chr. von griechischen und indischen Philosophen geäußert. Sie war die Grundlage der von Aristoteles aufgestellten „*Theorie der Erde*", die er um das Jahr 330 v. Chr. in seiner berühmten Abhandlung „*Meteorologica*" (dem ersten Lehrbuch der Geologie) veröffentlichte. Im 3. Jahrhundert v. Chr. führte Eratosthenes ein raffiniertes Experiment durch, um den Radius der Erde zu bestimmen, den er mit 6370 km ermittelte (vgl. Abschn. 24.1).

Weitaus exaktere Messungen haben ergeben, dass die Erde keine vollkommene Kugel ist (vgl. Kap. 14). Bedingt durch ihre tägliche Rotationsbewegung ist der Erdkörper zu einem Rotationsellipsoid deformiert, so dass der Erdradius am Äquator geringfügig größer ist als an den Polen (Radius am Äquator = 6378,137 km; Radius am Pol = 6356,752 km). Darüber hinaus wird die Kugelgestalt der Erde durch das Relief der Erdoberfläche, durch Berge, Täler und andere Relieferscheinungen modifiziert. Das **Relief** wird stets auf den **Meeresspiegel** (Normal Null, NN) bezogen, eine Fläche, die weitgehend dem abgeplatteten Rotationsellipsoid der Erde entspricht. Im Relief der Erde treten zahlreiche geologisch bedeutende Merkmale hervor (Abb. 1.8).

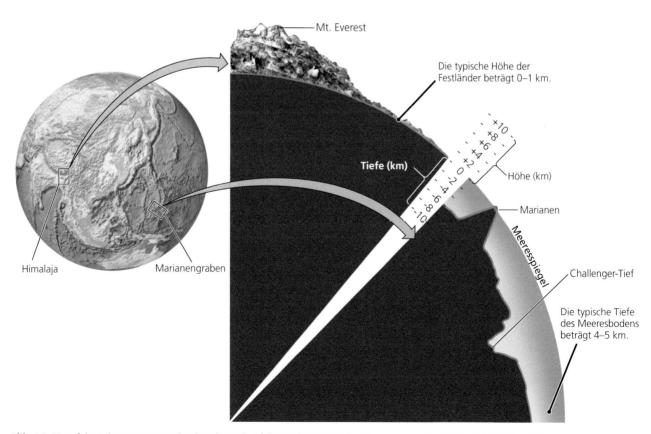

Abb. 1.8 Die auf der Erde gemessenen Höhen beziehen sich auf den mittleren Stand des Meeresspiegels. Der Maßstab ist stark überhöht

Die beiden größten Reliefelemente sind die Kontinente, die typischerweise Höhen von 0–1000 m über NN aufweisen, und die Ozeanbecken mit mittleren Tiefen von 4000–5000 m unter dem Meeresspiegel. Die Höhe der Erdoberfläche schwankt von ihrem höchsten Punkt (Mount Everest, 8844 m ü. NN) bis zu ihrem tiefsten Punkt im Marianengraben des Pazifischen Ozeans – mit 11.030 m unter dem Meeresspiegel – um nahezu 20 km. Obwohl der Himalaja sich als mächtige Gebirgskette erhebt, beträgt seine Höhe nur einen Bruchteil des mittleren Erdradius von 6370 km. Dies erklärt, weshalb die Erde vom Weltraum aus betrachtet als ideale Kugel erscheint.

Der Schalenbau der Erde

Die Philosophen des antiken Hellas unterteilten das Universum in zwei Reiche: oben befand sich der Olymp, der Sitz der Götter, und unten der Hades, die Unterwelt. Der Himmel war durchsichtig und hell, sie konnten Sterne beobachten und den Bahnen der Planeten folgen. Das Innere der Erde war jedoch dunkel und den Blicken der Menschen verschlossen. In einigen Gebieten bebte die Erde und spuckte glühende Lava aus. Sicherlich ereigneten sich dort im Untergrund ganz schreckliche Dinge!

Daran änderte sich im Grunde nichts – bis vor etwas mehr als einhundert Jahren, als die Geowissenschaftler mit der Erforschung des Erdinneren begannen, indem sie die bei Erdbeben entstehenden seismischen Wellen aufzeichneten und interpretierten. Ein Erdbeben tritt dann auf, wenn geologische Kräfte dazu führen, dass unter Druck geratene feste, spröde Gesteine durch Bruch nachgeben und dabei Schwingungen freisetzen, wie sie auch beim Zerbrechen von Eis auf Flüssen auftreten. Diese **seismischen Wellen** (griech. *seismos* = Erschütterung) durchlaufen das Erdinnere und können mit hochempfindlichen Geräten, sogenannten **Seismographen**, aufgezeichnet werden. Mit deren Hilfe können die Geophysiker die Erdbeben lokalisieren und sich ein Bild von den Abläufen im Erdinneren machen, etwa so, wie sich Ärzte mit Ultraschall oder der Computertomographie ein Bild vom Inneren unseres Körpers machen. Als im 19. Jahrhundert das erste weltweite Netzwerk von Seismographen installiert war, entdeckten die Geophysiker, dass die Erde aus konzentrisch angeordneten Schalen unterschiedlicher Zusammensetzung aufgebaut ist, jeweils getrennt durch nahezu konzentrisch verlaufende Grenzflächen (Abb. 1.9).

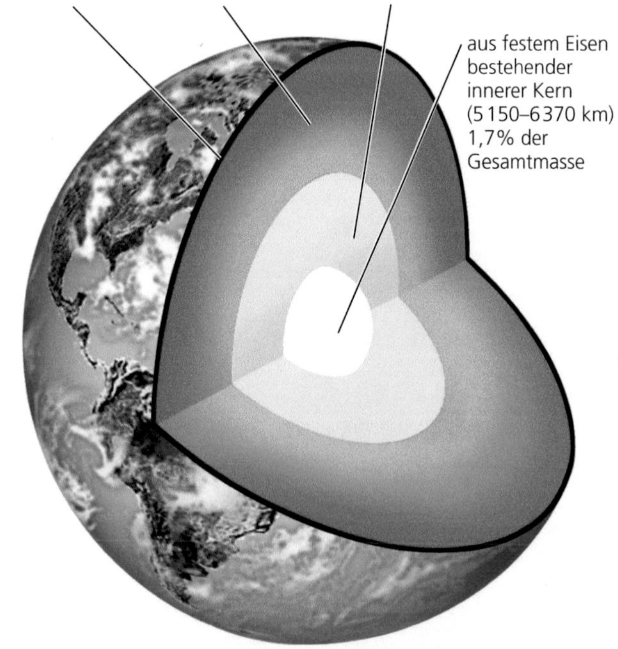

Die Dichte der Erde

Erste Hinweise auf einen Schalenbau der Erde wurden Ende des 19. Jahrhunderts von dem in Göttingen lehrenden Physiker Emil Wiechert veröffentlicht, noch ehe in größerem Umfang seismische Daten zur Verfügung standen. Er wollte wissen, warum unser Planet ein so hohes Gewicht – oder richtiger – eine so hohe **Dichte** besitzt. Die Dichte eines Materials ist sehr einfach zu ermitteln. Man bestimmt mit einer Waage dessen Gewicht und dividiert es durch sein Volumen. Der häufig als Werkstein verwendete Granit hat beispielsweise eine Dichte von 2,7 g/cm³. Die Bestimmung der Dichte der gesamten Erde ist etwas schwieriger. Bereits Eratosthenes hatte 250 v. Chr. gezeigt, wie das Volumen der Erde bestimmt werden kann. Etwa um das Jahr 1680 löste der große englische Naturwissenschaftler Isaak Newton das Problem, indem er die Gesamtmasse mit Hilfe der Schwerkraft berechnete. Die endgültige Ausgestaltung der Experimente zur Eichung von Newtons Gravitationsgesetz wurde von dem Engländer Henry Cavendish übernommen. Im Jahre 1798 berechnete er einen Wert für die mittlere Dichte der Erde von 5,5 g/cm³, was etwa der doppelten Dichte des Granits entsprach.

Wichert zerbrach sich den Kopf. Er wusste, dass ein ausschließlich aus silicatischem Gesteinsmaterial bestehender Planet keine so hohe Dichte haben konnte. Die meisten der häufig vorkommenden Gesteine wie etwa Granit enthalten einen hohen Anteil von SiO_2 (Kieselsäure) und besitzen eine Dichte unter 3 g/cm³. Einige von Vulkanen stammende eisenreiche Gesteine erreichen zwar eine Dichte von 3,3 g/cm³, jedoch kein normales Gestein reicht an den von Cavendish errechneten Wert heran. Außerdem war ihm bekannt, dass mit zunehmender Tiefenlage aufgrund des Gewichts der überlagernden Gesteine auch der Druck zunimmt. Durch den hohen Druck verringert sich das Volumen und die Dichte nimmt zu. Wiechert erkannte jedoch, dass die Wirkung des Drucks nicht ausreichte, um die von Cavendish berechnete Dichte erklären zu können.

Erdkruste
(0–40 km)
0,4 % der
Gesamtmasse

Erdmantel
(40–2890 km)
61,7 % der
Gesamtmasse

aus flüssigem Eisen bestehender
äußerer Kern
(2980–5150 km)
30,8 % der Gesamtmasse

aus festem Eisen
bestehender
innerer Kern
(5150–6370 km)
1,7 % der
Gesamtmasse

Abb. 1.9 Die wesentlichen Schalen der Erde, ihre Tiefenlage und Masse, angegeben im prozentualen Verhältnis zur Gesamtmasse der Erde

a   b

Abb. 1.10a,b Zwei häufig auftretende Meteoritenarten. **a** Dieser Steinmeteorit weist eine ähnliche Zusammensetzung wie der silicatische Erdmantel auf und hat eine Dichte von etwa 3 g/cm³. **b** Dieser Eisen-Nickel-Meteorit hat eine ähnliche Zusammensetzung wie der Erdkern und besitzt eine Dichte von etwa 8 g/cm³ (Fotos: © John Grotzinger/Ramon Rivera-Moret/ Havard Mineralogical Museum)

Erdmantel und Erdkern

Beim Nachdenken darüber, welche Verhältnisse nun tatsächlich unter der Erdoberfläche herrschen, wandte sich Wiechert dem Sonnensystem und vor allem den Meteoriten zu – Bruchstücken des Sonnensystems, die auf die Erde gelangten. Er wusste, dass manche Meteoriten aus einer Legierung der beiden Schwermetalle Eisen und Nickel bestehen und daher Dichtewerte bis zu 8 g/cm³ erreichen (Abb. 1.10). Außerdem war ihm bekannt, dass diese beiden Elemente im Sonnensystem vergleichsweise häufig sind. Im Jahre 1896 stellte er seine geniale Hypothese auf: Irgendwann in der Frühzeit der Erde war der größte Teil des Eisens und Nickels unter dem Einfluss der Schwerkraft in schmelzflüssigem Zustand nach unten gesunken und hatte sich um den Erdmittelpunkt konzentriert. Dies führte zur Bildung eines massiven **Erdkerns** von sehr hoher Dichte, umgeben von einer Schale aus weniger dichtem silicatischem Gesteinsmaterial, die er als **Erdmantel** bezeichnete. Mit dieser Hypothese postulierte er ein aus zwei Schalen bestehendes Modell der Erde, dessen mittlere Dichte dem von Cavendish bestimmten Wert entsprach. Außerdem konnte er damit die Existenz der Eisen-Nickel-Meteorite erklären: sie waren mutmaßlich Bruchstücke vom Kern eines oder mehrerer erdähnlicher Planeten, die auseinandergebrochen waren, am wahrscheinlichsten bei der Kollision mit anderen Planeten. Wiechert testete unermüdlich seine Hypothese unter Verwendung der Erdbebenwellen, die von einem inzwischen weltweit installierten Netz von Seismographen aufgezeichnet wurden; einen dieser Seismographen hatte er sogar selbst entwickelt. Die ersten Ergebnisse zeigten schemenhaft eine innere Masse, die er als Erdkern deutete, jedoch hatte er Probleme mit der Identifizierung einiger seismischer Wellen. Seismische Wellen treten in zwei grundlegenden Formen auf: einmal als **Longitudinalwellen** (Kompressionswellen), bei denen die Bodenteilchen in Fortpflanzungsrichtung schwingen und die sich sowohl in Festkörpern als auch in Flüssigkeiten und Gasen ausbreiten, und zum anderen als

Transversalwellen (Scherwellen), bei denen die Bodenteilchen in einer Ebene senkrecht zur Fortpflanzungsrichtung schwingen. Scherwellen können sich nur in Festkörpern ausbreiten, die den Scherbewegungen einen Widerstand entgegensetzen, nicht jedoch in Fluiden wie etwa Luft oder Wasser, die gegen diese Art von Bewegung keinen Widerstand leisten.

Im Jahre 1906 war der britische Seismologe Robert Oldham erstmals in der Lage, die von den seismischen Wellen durchlaufenen Bahnen zu trennen und konnte dabei zeigen, dass Scherwellen den Erdkern nicht durchlaufen. Also musste der Erdkern zumindest in seinem äußeren Teil flüssig sein. Dies erwies sich bei genauer Betrachtung als nicht allzu überraschend. Eisen schmilzt bei niedrigeren Temperaturen als Silicatminerale, nur deshalb können die Metallurgen Tiegel aus keramischen Massen verwenden, um geschmolzenes Eisen flüssig zu halten. Die Temperatur im Erdinneren ist hoch genug, damit eine Eisen-Nickel-Legierung schmilzt, nicht aber Silicatgesteine. Beno Gutenberg, ein Schüler Wiecherts, bestätigte Oldhams Beobachtungen, dass der äußere Bereich des Erdkerns flüssig sein müsste, und schließlich konnte er im Jahre 1914 nachweisen, dass die Grenze Kern/Mantel in einer Tiefe von knapp 2900 km liegt (Abb. 1.9).

Erdkruste

Bereits fünf Jahre zuvor hatte ein kroatischer Seismologe unter dem europäischen Kontinent eine weitere Grenzfläche in einer Tiefe von etwa 40 km nachgewiesen. Diese Grenzfläche, die nach ihrem Entdecker als **Mohorovičić-Diskontinuität** (kurz „Moho") bezeichnet wurde, trennt die **Erdkruste** aus Silicaten geringer Dichte und einem hohen Gehalt an Aluminium und Kalium von den dichteren Mantelgesteinen, die dagegen mehr Magnesium und Eisen enthalten.

Abb. 1.11 Da die Gesteine der Erdkruste eine geringere Dichte besitzen als die Gesteine des Erdmantels, „schwimmt" die Erdkruste auf dem Mantel. Die kontinentale Kruste ist mächtiger und hat eine geringere Dichte als die ozeanische Kruste, daher überragt die kontinentale Kruste die ozeanische. Dies erklärt gleichzeitig auch die Höhendifferenz zwischen den Kontinenten und dem Tiefseeboden

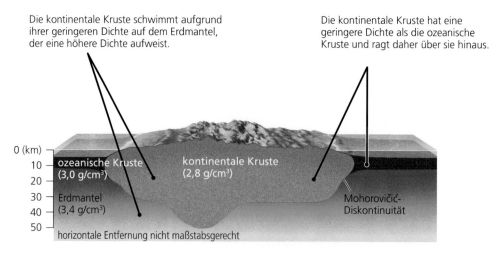

Die kontinentale Kruste schwimmt aufgrund ihrer geringeren Dichte auf dem Erdmantel, der eine höhere Dichte aufweist.

Die kontinentale Kruste hat eine geringere Dichte als die ozeanische Kruste und ragt daher über sie hinaus.

0 (km)
10
20
30
40
50

ozeanische Kruste (3,0 g/cm³)

kontinentale Kruste (2,8 g/cm³)

Erdmantel (3,4 g/cm³)

Mohorovičić-Diskontinuität

horizontale Entfernung nicht maßstabsgerecht

Wie die Kern-Mantel-Grenze ist auch die Mohorovičić-Diskontinuität weltweit verbreitet. Unter den Ozeanen liegt sie jedoch in wesentlich geringerer Tiefe als unter den Kontinenten. Global betrachtet beträgt die durchschnittliche Mächtigkeit der ozeanischen Kruste lediglich etwa 7 km, die der kontinentalen Kruste dagegen fast 40 km. Außerdem enthalten die Gesteine der ozeanischen Kruste mehr Eisen und besitzen daher eine höhere Dichte als die Gesteine der kontinentalen Kruste. Weil die kontinentale Kruste zwar mächtiger ist, aber eine geringere Dichte hat als die ozeanische Kruste, ragen die Kontinente nach oben und treiben wie Flöße auf dem dichteren Erdmantel (Abb. 1.11), ähnlich wie Eisberge auf den Ozeanen. Der Auftrieb der kontinentalen Kruste erklärt das auffallendste Merkmal der Erdoberfläche: warum nämlich die in Abb. 1.8 dargestellten Höhenstufen aus lediglich zwei Gruppen bestehen – der größte Teil der Festlandsflächen liegt 0–1000 m über dem Meeresspiegel und der größte Teil der Tiefsee liegt 4000–5000 m unter dem Meeresspiegel.

Da Transversalwellen sowohl den Erdmantel als auch die Erdkruste durchlaufen, müssen diese aus Festgesteinen bestehen. Wie aber können Kontinente auf festem Gestein schwimmen? Über kurze Zeiträume von Sekunden oder Jahren betrachtet sind Gesteine fest und reagieren starr, doch über längere Zeiträume von Jahrtausenden oder Jahrmillionen hinweg verhalten sie sich plastisch. Über sehr lange Zeitspannen betrachtet besitzt der Erdmantel etwa ab einer Tiefe über 100 km nur eine geringe Festigkeit und reagiert, wenn er das Gewicht eines Kontinents oder Gebirges zu tragen hat, durch plastisches Fließen.

Innerer Kern

Da der Erdmantel fest und der Erdkern flüssig ist, reflektiert die Kern/Mantel-Grenze seismische Wellen in gleicher Weise wie ein Spiegel Lichtwellen reflektiert. Im Jahre 1936 entdeckte die dänische Seismologin Inge Lehmann in einer Tiefe von 5150 km eine weitere Grenzfläche als Hinweis auf eine zentral liegende Masse mit einer höheren Dichte als die des flüssigen Erdkerns. Spätere Untersuchungen zeigten, dass sich in diesem inneren Kern sowohl Longitudinal- als auch Transversalwellen ausbrei-

ten. Der **innere Kern** besteht demzufolge aus einer metallischen Kugel, die gewissermaßen innerhalb des flüssigen **äußeren Kerns** schwebt – ein „Planet im Planeten" mit einem Radius von etwa 1220 km, was etwa 2/3 der Größe des Mondes entspricht.

Geologen waren verblüfft von der Existenz dieses festen inneren Kerns. Aus anderen Überlegungen war bekannt, dass die Temperaturen mit der Tiefe zunehmen. Entsprechend den derzeit besten Abschätzungen steigt die Temperatur von etwa 3500 °C an der Kern/Mantel-Grenze auf nahezu 5000 °C im Zentrum. Falls der innere Kern wärmer sein sollte, warum war er dann fest, während der äußere Kern flüssig ist? Dieses Problem wurde schließlich durch Laboruntersuchungen an Eisen-Nickel-Legierungen gelöst. Sie zeigten, dass der feste Zustand im Erdmittelpunkt eher durch hohen Druck als durch niedrige Temperaturen bedingt ist.

Chemische Zusammensetzung der Erdschalen

Mitte des 20. Jahrhunderts waren die wesentlichen Schichten der Erde bekannt – Kruste, Mantel, äußerer und innerer Kern, einschließlich einer Anzahl untergeordneter Erscheinungen in deren Internbereichen. Man erkannte beispielsweise, dass der Erdmantel ebenfalls eine Schichtung aufweist und aus einem **oberen** und einem **unteren Mantel** besteht, getrennt durch eine Übergangszone, in der die Dichte des Gesteins schrittweise zunimmt. Diese Zunahme der Dichte beruht jedoch nicht auf Änderungen der chemischen Zusammensetzung des Gesteins, sondern auf dem mit der Tiefe zunehmenden Druck. Die beiden markantesten Dichtesprünge in dieser Übergangszone liegen in Tiefen von ungefähr 410 und 660 km, doch sind sie geringer als der Dichteanstieg an der Mohorovičić-Diskontinuität und der Kern-Mantel-Grenze, die durch eine Änderung der chemischen Zusammensetzung zustande kommen (Abb. 1.12).

Geowissenschaftler konnten inzwischen auch nachweisen, dass der äußere Kern nicht aus einer reinen Eisen-Nickel-Legierung besteht, weil die jeweilige Dichte dieser Metalle höher ist als die beobachtete Dichte des äußeren Kerns. Etwa 10 % der Masse des äußeren Kerns müssen aus leichteren Elementen wie etwa Sau-

Abb. 1.12 Der abrupte Anstieg der Dichte zwischen den einzelnen in unterschiedlichen Farben dargestellten Schalen der Erde wird durch eine Änderung ihrer chemischen Zusammensetzung verursacht. Die relativen Anteile der Hauptelemente sind in den Säulendiagrammen (*rechts*) dargestellt

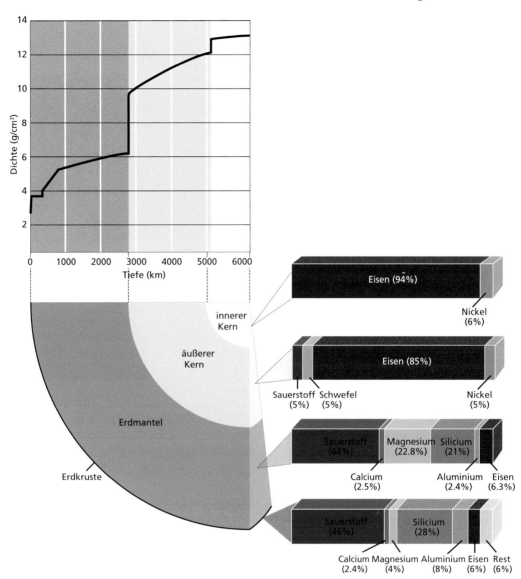

erstoff und Schwefel bestehen. Andererseits ist die Dichte des inneren Kerns geringfügig höher als die des äußeren Kerns und stimmt mit einer nahezu reinen Eisen-Nickel-Legierung überein.

Durch Kombination zahlreicher Beweislinien entwickelten Geowissenschaftler ein Modell der Erde mit ihren unterschiedlichen Schalen. Die Daten umfassen die Zusammensetzung der Krusten- und Mantelgesteine ebenso wie die Zusammensetzung der Meteoriten, die man als Proben von kosmischem Material betrachtet, aus dem Planeten wie die Erde ursprünglich hervorgegangen sind.

Von den mehr als 100 chemischen Elementen bilden acht insgesamt 99 % der gesamten Erdmasse (Abb. 1.12) und ungefähr 90 % der Erde bestehen letztendlich aus nur vier Elementen: Eisen, Sauerstoff, Silicium und Magnesium. Die beiden Ersten sind die häufigsten und jedes macht nahezu 1/3 der gesamten Erdmasse aus, ihre Verteilung ist jedoch sehr unterschiedlich. Eisen als das Element mit der höchsten Dichte unter den häufigen

Elementen ist überwiegend im Erdkern konzentriert, während Sauerstoff als das leichteste dieser Elemente in der Kruste und im Erdmantel angereichert ist. Die Erdkruste enthält mehr SiO_2 als der Mantel und der Erdkern ist weitgehen frei davon. Dies zeigt, dass die unterschiedliche Zusammensetzung der einzelnen Schalen im Wesentlichen die Folge einer gravitativen Differenziation ist. Wie Abb. 1.12 weiter zeigt, bestehen die Gesteine der Erdkruste zu fast 50 % aus Sauerstoff.

Die Erde als System interagierender Komponenten

Die Erde ist ein ruheloser Planet, der durch Ereignisse wie Erdbeben, Vulkanismus und Zeiten der Vereisung ständigen Veränderungen unterliegt. Diese Prozesse werden durch zwei „Wärmekraftmaschinen" angetrieben: eine innere und eine äu-

Die Sonne treibt die äußere „Wärmekraftmaschine" der Erde an.

Die Sonnenenergie ist verantwortlich für Klima und Wetter.

Die innere „Wärmekraftmaschine" wird von der bei der Entstehung der Erde zurückgehaltenen Wärme …

… und durch den radioaktiven Zerfall im Erdinneren angetrieben.

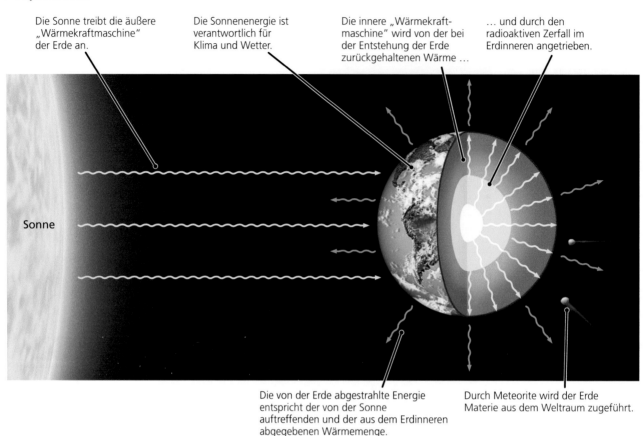

Sonne

Die von der Erde abgestrahlte Energie entspricht der von der Sonne auftreffenden und der aus dem Erdinneren abgegebenen Wärmemenge.

Durch Meteorite wird der Erde Materie aus dem Weltraum zugeführt.

Abb. 1.13 Die Erde ist ein offenes System, das Energie und Materie mit seiner Umgebung austauscht

ßere (Abb. 1.13). Eine Wärmekraftmaschine – beispielsweise der Verbrennungsmotor eines Kraftfahrzeugs – verwandelt Wärmeenergie in mechanische Bewegung oder Arbeit. Die innere Wärmekraftmaschine der Erde wird durch die Wärmeenergie angetrieben, die während der Entstehung der Erde gespeichert worden ist. Hinzu kommt die Wärmeproduktion durch radioaktiven Zerfall instabiler Isotope. Die innere Wärmekraftmaschine treibt die Bewegungen im Erdmantel und Erdkern an und liefert dabei die Energie für das Aufschmelzen von Gesteinen, für die Bewegung der Lithosphärenplatten und für die Heraushebung der Gebirge. Die äußere Wärmekraftmaschine ist identisch mit der Sonnenenergie – Wärme, die von der Sonne auf die Erdoberfläche abgestrahlt wird. Sie erwärmt Atmosphäre und Ozeane und ist verantwortlich für Wetter und Klima. Regen, Wind und Eis erodieren Gebirge und formen die Landschaft, während die Morphologie der Landschaft ihrerseits das Klima beeinflusst.

All diese Komponenten unseres Planeten und all ihre Wechselwirkungen zusammengenommen bilden das **System Erde**. Obwohl Geowissenschaftler schon lange Zeit von natürlichen Systemen ausgegangen sind, besaßen sie erst gegen Ende des 20. Jahrhunderts das notwendige Rüstzeug, mit dessen Hilfe sie die tatsächliche Funktionsweise des Systems Erde untersuchen konnten. Ein Netzwerk von Instrumenten und Satelliten in Erdumlaufbahnen sammelt heute in globalem Maßstab Informationen über das System Erde, und leistungsstarke Rechner

berechnen modellhaft den innerhalb des Systems ablaufenden Massen- und Energietransfer. Die wesentlichen Komponenten des Systems Erde sind in Abb. 1.14 zusammengestellt. Einige davon wurden bereits besprochen, die übrigen werden nachfolgend kurz vorgestellt.

Das System Erde steht im Mittelpunkt des gesamten Lehrbuches. Beginnen wir mit der Besprechung einiger grundlegender Erscheinungen. Die Erde ist gewissermaßen ein offenes System, weil sie Masse und Energie mit dem restlichen Kosmos austauscht (vgl. Abb. 1.14). Die Strahlungsenergie der Sonne ist die treibende Kraft der Verwitterung und Erosion auf der Erdoberfläche, aber auch des Pflanzenwachstums, der Grundlage nahezu aller lebenden Organismen. Unser Klima wird beeinflusst vom Gleichgewicht zwischen der von der Sonne in das System Erde abgegebenen und der von der Erde in den Weltraum zurückgestrahlten Energie.

In der Frühzeit des Sonnensystems waren Kollisionen zwischen Erde und anderen Festkörpern ein außerordentlich wichtiger Vorgang, durch den die Planeten an Masse zunahmen und der auch zur Bildung des Mondes führte. Derzeit ist der Masseaustausch zwischen Erde und Weltraum vergleichsweise gering: pro Jahr gelangen im Durchschnitt etwa 40.000 t Material – das entspricht einem Würfel von 24 m Kantenlänge – in Form von Meteoren und Meteoriten in die Erdatmosphäre. Die meisten Meteore, die

Abb. 1.14 Das System Erde umfasst alle Teilsysteme unseres Planeten und deren Interaktionen

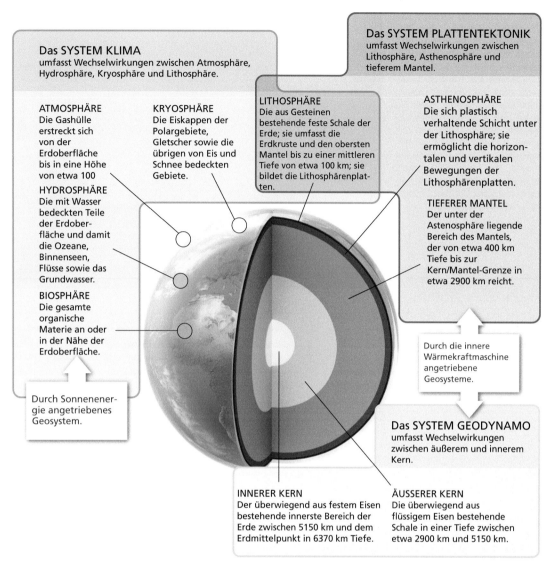

Das SYSTEM KLIMA umfasst Wechselwirkungen zwischen Atmosphäre, Hydrosphäre, Kryosphäre und Lithosphäre.

Das SYSTEM PLATTENTEKTONIK umfasst Wechselwirkungen zwischen Lithosphäre, Asthenosphäre und tieferem Mantel.

ATMOSPHÄRE Die Gashülle erstreckt sich von der Erdoberfläche bis in eine Höhe von etwa 100

HYDROSPHÄRE Die mit Wasser bedeckten Teile der Erdoberfläche und damit die Ozeane, Binnenseen, Flüsse sowie das Grundwasser.

BIOSPHÄRE Die gesamte organische Materie an oder in der Nähe der Erdoberfläche.

KRYOSPHÄRE Die Eiskappen der Polargebiete, Gletscher sowie die übrigen von Eis und Schnee bedeckten Gebiete.

LITHOSPHÄRE Die aus Gesteinen bestehende feste Schale der Erde; sie umfasst die Erdkruste und den obersten Mantel bis zu einer mittleren Tiefe von etwa 100 km; sie bildet die Lithosphärenplatten.

ASTHENOSPHÄRE Die sich plastisch verhaltende Schicht unter der Lithosphäre; sie ermöglicht die horizontalen und vertikalen Bewegungen der Lithosphärenplatten.

TIEFERER MANTEL Der unter der Astenosphäre liegende Bereich des Mantels, der von etwa 400 km Tiefe bis zur Kern/Mantel-Grenze in etwa 2900 km reicht.

Durch die innere Wärmekraftmaschine angetriebene Geosysteme.

Durch Sonnenenergie angetriebenes Geosystem.

Das SYSTEM GEODYNAMO umfasst Wechselwirkungen zwischen äußerem und innerem Kern.

INNERER KERN Der überwiegend aus festem Eisen bestehende innerste Bereich der Erde zwischen 5150 km und dem Erdmittelpunkt in 6370 km Tiefe.

ÄUSSERER KERN Die überwiegend aus flüssigem Eisen bestehende Schale in einer Tiefe zwischen etwa 2900 km und 5150 km.

---

wir am Nachthimmel sehen, sind vergleichsweise klein und besitzen eine Masse von wenigen Gramm, wenngleich die Erde gelegentlich auch mit größeren Materieklumpen kollidiert, dann allerdings meist mit katastrophalen Folgen (Abb. 1.15).

Obwohl wir die Erde als Gesamtsystem betrachten, ist es eine Herausforderung, das System als Ganzes zu untersuchen. Einfacher ist es, die Aufmerksamkeit auf Teilsysteme zu richten, die wir verstehen wollen. Beispielsweise betrachten wir bei der Diskussion der globalen Klimaveränderungen in erster Linie die Wechselwirkungen zwischen der Atmosphäre und mehreren anderen Komponenten, die von der Sonnenenergie angetrieben werden: die Hydrosphäre (das Grund- und Oberflächenwasser der Erde), die Kryosphäre (die Inlandeismassen, Gletscher und Schneefelder der Erde) und die Biosphäre (die lebenden Organismen der Erde). Wenn wir die Deformation der Kontinente und die Entstehung der Gebirge näher betrachten, konzentrieren wir uns auf die Wechselwirkungen zwischen Kruste und tieferem Mantel, die von der inneren Wärmekraftmaschine der Erde angetrieben werden. Spezielle Teilsysteme, die bestimmte

Formen terrestrischer Verhaltensweisen ausdrücken, wie etwa Klimaveränderungen oder Gebirgsbildung, werden als **Geosysteme** bezeichnet. Die Bezeichnung „System Erde" kann als Sammelbegriff für all diese offenen, interagierenden und sich gelegentlich auch überlappenden Geosysteme betrachtet werden.

In diesem Abschnitt werden wir drei wichtige Geosysteme vorstellen, die in globalem Ausmaß arbeiten: das System Klima, das System Plattentektonik und das System Geodynamo. In weiteren Kapiteln dieses Buches haben wir die Möglichkeit wahrgenommen, auch auf eine Anzahl kleinerer Geosysteme einzugehen. Drei Beispiele seien stellvertretend für alle weiteren genannt: a Vulkane, die schmelzflüssige Lava fördern (Kap. 12), b hydrologische Systeme, die beispielsweise unser Trinkwasser bereitstellen (Kap. 17) und c Erdölspeicher, die Erdöl und Erdgas enthalten (Kap. 23).

Abb. 1.15 Bei der Explosion des Tscheljabinsk-Meteoriten über Zentral-Russland am 15. Februar 2013 wurde etwa die zwanzig- bis dreißigfache Energie wie bei der Atombombenexplosion von Hiroshima freigesetzt, durch die Stoßwelle wurden 1500 Menschen verletzt. Dieser Asteroid hatte einen Durchmesser von ungefähr zwanzig Metern und eine Masse von etwa 11.000 t, ein Hinweis, dass die Erde ein offenes System darstellt, das kontinuierlich sowohl Masse als auch Energie mit dem Sonnensystem austauscht (Foto: © Camera Press/Riva Novosti/Redux)

System Klima

Die an einem bestimmten Ort und zu einer bestimmten Zeit auf der Erdoberfläche herrschenden Temperaturen, die Niederschläge, Wolkenbedeckung und Winde oder – ganz allgemein – den augenblicklichen Zustand der Atmosphäre bezeichnen wir als Wetter. Wir alle wissen, wie unterschiedlich das Wetter sein kann – an einem Tag schwül-heiß, am folgenden Tag kalt und regnerisch, jeweils in Abhängigkeit von der Dynamik der Warm- und Kaltfronten der Hoch- und Tiefdrucksysteme sowie den anderen atmosphärischen Bewegungen. Weil sich die Atmosphäre äußerst komplex verhält, ist es selbst für Meteorologen schwierig, eine Wetterprognose über 4 oder 5 Tage hinaus zu erstellen. Wir können jedoch in groben Zügen abschätzen, wie sich unser Wetter in etwas fernerer Zukunft entwickeln wird, weil das vorherrschende Wetter in erster Linie von den jahreszeitlichen und täglichen Veränderungen der Zufuhr von Sonnenenergie bestimmt wird: die Sommer sind heiß, die Winter kalt, am Tag ist es wärmer, die Nächte sind kühler. Beobachtet man diese Wetterelemente, die Temperatur, aber auch die anderen Variablen wie Niederschläge über einen längeren Zeitraum hinweg, so können daraus Regelmäßigkeiten abgeleitet werden, die wir als **Klima** bezeichnen. Eine vollständige Beschreibung des Klimas enthält über die Temperaturmittelwerte hinaus auch Angaben über die höchsten und tiefsten Temperaturen, die jeweils an einem bestimmten Tag des Jahres gemessen wurden.

Das **System Klima** umfasst diejenigen Komponenten des Systems Erde, die im globalen Maßstab das Klima und seine Veränderung im Laufe der Zeit bestimmen. Anders ausgedrückt beschreibt das System Klima neben dem Verhalten der Atmosphäre auch, wie das Klima von der Hydrosphäre, Kryosphäre, Biosphäre und Lithosphäre beeinflusst wird (vgl. Abb. 1.14).

Wenn die Sonne die Erdoberfläche erwärmt, wird ein gewisser Teil der Wärme durch Wasserdampf, Kohlendioxid und andere Gase in der Atmosphäre festgehalten, so wie etwa Wärmestrah-

lung durch das Glas in Gewächshäusern zurückgehalten wird. Dieser Treibhauseffekt erklärt, weshalb auf der Erde ein angenehmes Klima herrscht, das organisches Leben erst ermöglicht. Würde die Atmosphäre keine Treibhausgase enthalten, würde ein Großteil der Wärme in den Weltraum abgegeben und die Erdoberfläche wäre ein gefrorener Festkörper – zumindest auf ihrer Schattenseite. Daher spielen Treibhausgase, vor allem das Kohlendioxid, für die Regulierung des Klimas eine wichtige Rolle. Wie wir in den folgenden Kapiteln noch sehen werden, ergibt sich die Konzentration des Kohlendioxids in der Atmosphäre aus dem Gleichgewicht zwischen der aus dem Erdinneren bei Vulkaneruptionen freigesetzten und der bei der Verwitterung der Silicatgesteine sowie der Bildung der Carbonatgesteine gebundenen Menge. Auf diese Weise wird das System Klima durch Interaktionen mit der Lithosphäre geregelt.

Um diese Formen von Wechselwirkungen zu verstehen, entwickeln Wissenschaftler auf Großrechnern numerische Modelle – virtuelle Klimasysteme – und vergleichen die Ergebnisse ihrer Rechnersimulationen mit den beobachteten Daten. Ein besonders wichtiges Problem, auf das diese Modelle angewendet werden, ist die globale Erwärmung und ihre Folgen, die durch die anthropogene Emission von Kohlendioxid und anderen Treibhausgasen ausgelöst wird. Ein Teil der öffentlichen Diskussion bezüglich einer globalen Erwärmung konzentriert sich auf die Genauigkeit der Computerprognosen. Skeptiker argumentieren, dass selbst die hoch entwickelten Rechnermodelle unzuverlässig sind, weil zahlreiche Erscheinungen des realen Systems Erde nicht berücksichtigt werden. In Kap. 15 diskutieren wir einige Aspekte, wie dieses Klimasystem arbeitet. In Kap. 23 wird außerdem auf die Auswirkungen der durch den Menschen verursachten Klimaveränderungen eingegangen.

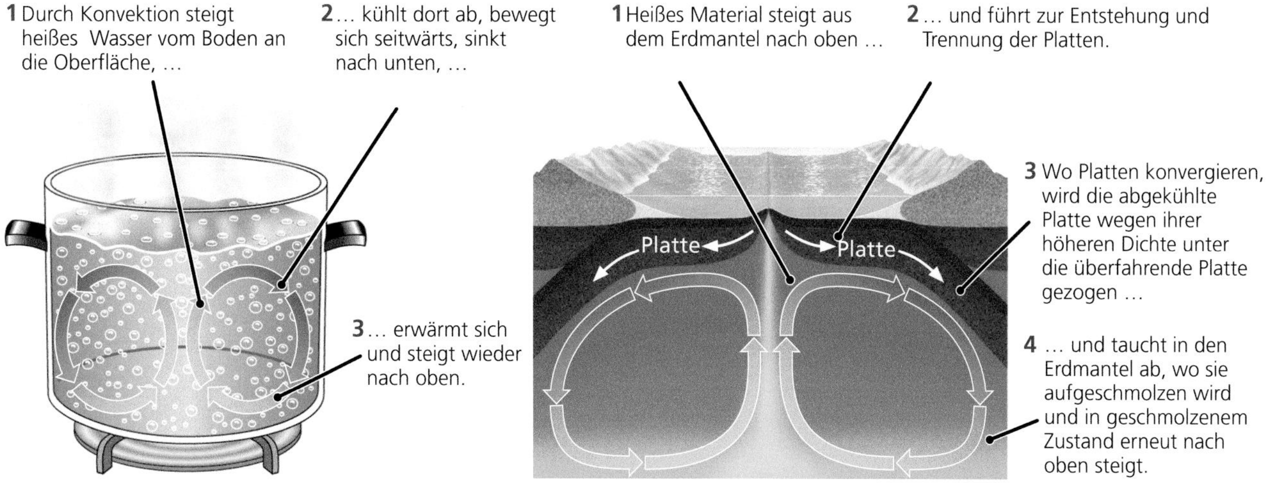

1 Durch Konvektion steigt heißes Wasser vom Boden an die Oberfläche, …

2 … kühlt dort ab, bewegt sich seitwärts, sinkt nach unten, …

1 Heißes Material steigt aus dem Erdmantel nach oben …

2 … und führt zur Entstehung und Trennung der Platten.

Platte ← → Platte

3 … erwärmt sich und steigt wieder nach oben.

3 Wo Platten konvergieren, wird die abgekühlte Platte wegen ihrer höheren Dichte unter die überfahrende Platte gezogen …

4 … und taucht in den Erdmantel ab, wo sie aufgeschmolzen wird und in geschmolzenem Zustand erneut nach oben steigt.

Abb. 1.16 Die Konvektionsbewegungen im Erdmantel sind vergleichbar mit den Konvektionsbewegungen in einem Topf mit kochendem Wasser. Bei beiden Prozessen gelangt Wärme nach oben

System Plattentektonik

Einige der spektakulärsten geologischen Ereignisse – beispielsweise Vulkanausbrüche und Erdbeben – sind ebenfalls eine Folge der Wechselwirkungen im Erdinneren. Diese Prozesse werden von der Wärme im Erdinneren angetrieben, die durch die Zirkulation des Materials im Erdmantel nach oben gelangt.

Wir haben gesehen, dass die Erde von der chemischen Zusammensetzung her einen Zonarbau aufweist: Kruste, Mantel und Kern sind chemisch gesehen völlig unterschiedlich aufgebaute Lagen. Aber auch von der **Festigkeit** her zeigt die Erde diesen Zonarbau. Festigkeit ist eine Eigenschaft, die angibt, welchen Widerstand ein Stoff einer Deformation entgegensetzt. Die Festigkeit eines Materials ist sowohl von der chemischen Zusammensetzung (Ziegelsteine sind fest, Seifenstücke sind weich) als auch der Temperatur (kaltes Wachs ist fest, warmes Wachs ist weich) abhängig.

In gewisser Weise verhält sich der äußere Teil der festen Erde wie eine Kugel aus weichem Wachs. Durch die Abkühlung entsteht die starre äußere Schale oder **Lithosphäre** (griech. *lithos* = Stein), die eine heiße, plastisch reagierende **Asthenosphäre** (griech. *asthenos* = weich) umgibt. Die Lithosphäre umfasst die Kruste und den oberen Mantel bis zu einer mittleren Tiefe von ungefähr 100 km. Die Asthenosphäre ist ein unmittelbar unter der Lithosphäre folgender Teilbereich des Erdmantels von etwa 300 km. Wenn Kräfte auf sie einwirken, verhält sich die Lithosphäre wie eine starre spröde Schale, während die darunter liegende Asthenosphäre wie ein verformbarer oder duktiler Festkörper reagiert.

Entsprechend der Theorie der Plattentektonik ist die Lithosphäre keine durchgehende Schale, sondern ist in etwa ein Dutzend großer Platten zerbrochen, die sich mit Geschwindigkeiten von wenigen Zentimetern pro Jahr über die Erdoberfläche hinwegbewegen. Jede Lithosphärenplatte bildet eine eigenständige starre Einheit, die auf der Asthenosphäre „schwimmt", die ih-

rerseits in Bewegung ist. Die Lithosphäre, aus der eine Platte besteht, kann in vulkanisch aktiven Gebieten lediglich einige Kilometer mächtig sein, unter älteren kühleren Bereichen eines Kontinents aber Mächtigkeiten von 200 km und mehr erreichen. Die in den sechziger Jahren des vergangenen Jahrhunderts entwickelte Plattentektonik lieferte den Wissenschaftlern erstmals eine einheitliche Theorie, um die weltweite Verteilung von Erdbeben und Vulkanen, die Kontinentaldrift, Gebirgsbildung sowie zahlreiche weitere Erscheinungen zu erklären. Kapitel 2 gibt eine detaillierte Beschreibung der Plattentektonik.

Warum bewegen sich die Platten über die Erdoberfläche hinweg, anstatt sich zu einer völlig starren Schale zusammenzuschließen? Die Kräfte, die die Platten an der Erdoberfläche ziehen und schieben, stammen von der Wärmekraftmaschine im Erdmantel. Angetrieben von der Wärme im Erdinneren steigt dort, wo sich Platten trennen, heißes Mantelmaterial nach oben. Wenn die Platten sich voneinander wegbewegen, kühlt die Lithosphäre ab, verhält sich starr und sinkt schließlich an Grenzen, an denen Platten konvergieren, unter dem Einfluss der Schwerkraft wieder nach unten. Diesen zyklischen Vorgang, bei dem heißeres Material nach oben steigt und kälteres Material absinkt, bezeichnet man als **Konvektion** (Abb. 1.16). Die Konvektion innerhalb des Erdmantels kann mit den Konvektionsbewegungen in einem Topf mit kochendem Wasser verglichen werden. Beide Prozesse übertragen durch diese Bewegungen Energie, jedoch erfolgt die Konvektion im Erdmantel weitaus langsamer, da dessen Material der Deformation einen wesentlich größeren Widerstand entgegensetzt als normale fluide Phasen, wie im Vergleichsfall das Wasser.

Der Mantel mit seinen Konvektionsbewegungen und das darüberliegende Mosaik von Lithosphärenplatten bilden zusammen das **System Plattentektonik**. Wie beim System Klima, das ebenfalls ein breites Spektrum von Konvektionsprozessen in der Atmosphäre und den Ozeanen umfasst, verwenden Wissenschaftler auch für die Erforschung des Systems Plattentektonik Computersimulationen, um die Übereinstimmung ihrer Modelle mit den Beobachtungen zu überprüfen.

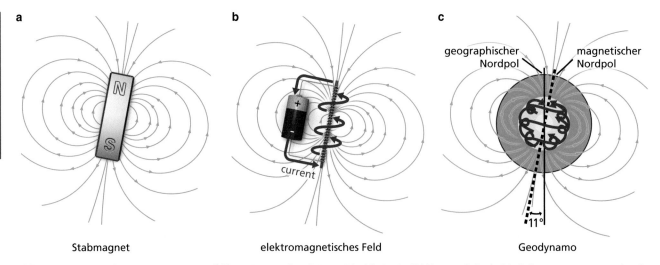

a   Stabmagnet   b   elektromagnetisches Feld   c   Geodynamo

Abb. 1.17a–c **a** Ein Stabmagnet erzeugt ein Dipolfeld mit einem Nord- und einem Südpol. **b** Ein Dipolfeld kann auch durch elektrischen Strom erzeugt werden, der durch eine Metallspule fließt, wie dieser mit einer Batterie betriebene Elektromagnet zeigt. **c** Das Magnetfeld der Erde, das über der Erdoberfläche annähernd einem Dipolfeld entspricht, wird von elektrischen Strömen erzeugt, die in dem aus flüssigem Metall bestehenden äußeren Kern fließen und durch Konvektionsbewegungen angetrieben werden

System Geodynamo

Das dritte globale Geosystem umfasst Wechselwirkungen, die tief im Erdinneren – im flüssigen äußeren Erdkern – zur Entstehung eines Magnetfeldes führen. Dieses **Magnetfeld** reicht bis weit in den Weltraum hinaus und hat unter anderem die Folge, dass eine Kompassnadel nach Norden weist und die Biosphäre vor der schädlichen UV-Strahlung der Sonne geschützt wird. Wenn Gesteine entstehen, etwa durch erstarrende Lava, werden eisenhaltige Minerale durch das Magnetfeld schwach magnetisiert. Aus der Art der Magnetisierung können Geologen rekonstruieren, wie sich das Magnetfeld der Erde in der Vergangenheit verhalten hat und daraus wiederum den geologischen Werdegang beispielsweise eines Kontinents nachvollziehen.

Die Erde rotiert um eine Achse, die durch den Nord- und den Südpol verläuft. Das Magnetfeld der Erde verhält sich so, als würde sich ein relativ kleiner, aber sehr starker Stabmagnet in der Nähe des Erdmittelpunkts befinden, der um etwa 11° gegen die Rotationsachse der Erde geneigt ist. Die Feldlinien dieses Magnetfelds weisen am magnetischen Nordpol in Richtung auf das Erdinnere und am magnetischen Südpol nach außen (Abb. 1.17). Eine frei schwingende Kompassnadel richtet sich unter dem Einfluss dieses Magnetfeldes an jeder Stelle der Erde (mit Ausnahme in der Nähe der Pole) in eine Position parallel zu den lokalen Kraftlinien und damit ungefähr in Nord-Süd-Richtung aus. Obwohl ein Permanentmagnet im Erdmittelpunkt die Dipolnatur des beobachteten Magnetfelds erklärt, kann diese Hypothese auf einfache Weise in Frage gestellt werden. Laborexperimente zeigen, dass das Feld eines Permanentmagneten zerstört wird, sobald der Magnet über etwa 500 °C, das heißt über den Curiepunkt hinaus erwärmt wird. Es ist bekannt, dass die Temperatur tief im Erdinneren deutlich über diesem Wert liegt – im Erdmittelpunkt herrschen mehrere tausend Grad Celsius, daher kann dieser Magnetismus nicht erhalten bleiben, es sei denn, er entsteht ständig neu.

Wissenschaftler stellten die Theorie auf, dass die aus dem Erdkern abgegebene Wärme zu Konvektionsströmungen führt, die das Magnetfeld ständig erzeugen und aufrechterhalten. Warum entsteht das Magnetfeld durch Konvektion im äußeren Kern und nicht durch Konvektionsbewegungen im Erdmantel? Erstens besteht der äußere Erdkern überwiegend aus Eisen, einem sehr guten elektrischen Leiter, während silicatische Gesteine eine geringe elektrische Leitfähigkeit besitzen. Zweitens laufen die Konvektionsbewegungen im flüssigen äußeren Erdkern millionenfach rascher ab als im festen Erdmantel. Diese raschen Fließbewegungen verursachen in der flüssigen Eisen-Nickel-Legierung elektrische Ströme, die ihrerseits einen **Geodynamo** mit einem starken Magnetfeld erzeugen. Demzufolge gleicht der Geodynamo eher einem Elektromagneten und nicht einem Stabmagneten (Abb. 1.18).

Seit etwa 400 Jahren ist bekannt, dass eine Kompassnadel wegen des irdischen Magnetfeldes nach Norden zeigt. Man kann sich vorstellen, wie verblüfft die Wissenschaftler waren, als sie vor einigen Jahrzehnten geologische Hinweise fanden, dass das Erdmagnetfeld sich vollständig umpolen kann. Während der halben Erdgeschichte hätte eine Kompassnadel nach Süden gezeigt. Diese magnetischen Inversionen treten in unregelmäßigen Abständen auf und dauern zwischen einigen Zehntausend bis zu mehreren Millionen Jahren. Die Vorgänge, die zu solchen Inversionen führen, sind noch weitgehend unbekannt, doch wiesen Rechnermodelle des Geodynamos auf sporadisch auftretende Feldinversionen ohne irgendwelche äußeren Einflüsse hin – also auf Wechselwirkungen innerhalb des Erdkerns. Wie wir im nachfolgenden Kapitel sehen werden, gelang es den Geologen mithilfe dieser in den Schichtenfolgen überlieferten magnetischen Umpolungen, die Bewegungen der Lithosphärenplatten zu rekonstruieren.

Erdgeschichte im Überblick

Bisher betrachteten wir Größe und Gestalt der Erde sowie die Funktion der drei großen Geosysteme. Wie kam es einst zum Schalenbau der Erde? Wie entwickelten sich die globalen Geosysteme im Laufe der Erdgeschichte? Um diese Fragen zu beantworten, beginnen wir mit einem kurzen Überblick über die Geschichte unseres Planeten – von seiner Geburt bis zur Gegenwart. Die nachfolgenden Kapitel werden weitere Einzelheiten dazu liefern.

Die Unermesslichkeit der Erdgeschichte zu begreifen, ist eine echte Herausforderung. Der populäre Schriftsteller John Mc-Phee hat überzeugend dargestellt, dass Geologen in die „Tiefenzeit" (er meinte damit die geologischen Zeiträume) der frühen Erdgeschichte blicken (gemessen in Milliarden Jahren), genauso wie die Astronomen in die Tiefen am Rand des Universums schauen (gemessen in Milliarden Lichtjahren). In Abb. 1.19 ist die Erdgeschichte in Form eines Bandes dargestellt; die wichtigsten Ereignisse und Übergangsstadien sind besonders gekennzeichnet.

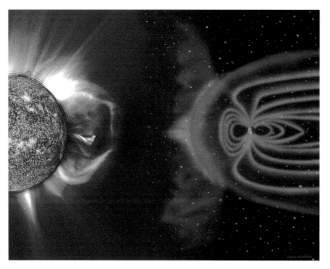

Abb. 1.18 Das Magnetfeld der Erde schützt das Leben durch die Abschirmung der schädlichen Sonnenstrahlung. Dieser Sonnenwind besteht aus energiereichen geladenen Teilchen, die von der Sonne herausgeschleudert werden und die Feldlinien des Erdmagnetfeldes (hier in hellblau dargestellt) verformen. Die Entfernungen sind nicht maßstäblich wiedergegeben (Foto: SOHO, Esa und NASA)

Wechselwirkungen zwischen den Geosystemen ermöglichen das Leben

Die natürliche Umwelt – der Lebensraum – wird weitgehend vom System Klima beeinflusst. Die Biosphäre ist ein aktiver Bestandteil dieses Geosystems und reguliert beispielsweise die Menge des in der Atmosphäre vorhandenen Kohlendioxids, Methans und der anderen Treibhausgase, die wiederum die Oberflächentemperatur unseres Planeten bestimmen. Wie in Kap. 11 noch gezeigt wird, ging die Entwicklung der Biosphäre und der Atmosphäre während der letzten 3,5 Mrd. Jahre der Geschichte unseres Klimasystems Hand in Hand.

Vielleicht weniger offensichtlich ist die Verbindung der natürlichen Umwelt mit zwei anderen Geosystemen. Durch die Plattentektonik entstehen Vulkane, die wiederum Wasser und Gase aus dem tiefen Erdinneren in die Atmosphäre und Ozeane zurückführen. Sie ist außerdem für die tektonischen Prozesse verantwortlich, die den Aufstieg von Gebirgen zur Folge haben. Durch die Wechselwirkungen von Atmosphäre, Hydrosphäre und Kryosphäre mit dem Relief der Erdoberfläche entsteht eine Vielzahl von Habitaten, die die Biosphäre bereichern und durch die Erosion der Gesteine und die Lösung von Mineralen die Lebewesen mit den wichtigsten Nährstoffen versorgen.

Im Gegensatz zu den Konvektionsbewegungen der Plattentektonik befinden sich die wirbelnden Strömungen des äußeren Erdkerns zu tief im Untergrund, um die Kruste zu deformieren oder deren chemische Zusammensetzung zu verändern. Das von diesem Geodynamo erzeugte Magnetfeld reicht jedoch weit über die Atmosphäre in den Weltraum hinaus (Abb. 1.18). Dort bildet es eine Barriere, welche die von der Sonne ausgehenden und mit Geschwindigkeiten von mehr als 400 km/h auf die Atmosphäre auftreffenden energiereichen Partikelströme – den Sonnenwind – von der Erde abhält.

Entstehung der Erde und der globalen Geosysteme

Anhand von Meteoriten konnten Wissenschaftler zeigen, dass die Erde zusammen mit den anderen Planeten vor etwa 4,56 Mrd. Jahren durch rasche Kondensation einer kosmischen Staubwolke, die die Sonne umkreiste, entstanden ist. Dieser Vorgang, bei dem es zur Zusammenballung und Kollision zunehmend größerer Materieklumpen kam, wird in Kap. 9 näher beschrieben. Nach nur etwa 100 Mio. Jahren (geologisch gesehen eine relativ kurze Zeitspanne) war der Mond entstanden und der Erdkern hatte sich vom Erdmantel getrennt. Was in den nachfolgenden mehreren hundert Millionen Jahren geschah, ist schwer nachzuvollziehen, da nur ein kleiner Teil der Gesteinsabfolge das heftige Bombardement durch große Meteoriten, die ständig auf der Erde aufschlugen, überstand. Dieser frühe Zeitraum der Erdgeschichte kann im übertragenen Sinn als das „frühe Mittelalter" der Erdgeschichte bezeichnet werden.

Die ältesten bisher bekannten Gesteine der Erdoberfläche haben ein Alter von mehr als 4 Mrd. Jahren. Gesteine mit einem Alter von 3,8 Mrd. Jahren zeigen Hinweise auf Erosion durch fließendes Wasser und damit auf das Vorhandensein einer Hydrosphäre und die Auswirkung eines Klimasystems, das sich nicht wesentlich von unserem heutigen unterschied. Etwas jüngere Gesteine von weniger als 3,5 Mrd. Jahren dokumentieren ein Magnetfeld, dessen Feldstärke ungefähr der heutigen entsprach, und das zeigt, dass der Geodynamo bereits funktionierte. Vor etwa 2,5 Mrd. Jahren hatte sich genügend Krustenmaterial geringer Dichte an der Erdoberfläche angereichert, so dass große Festlandsmassen entstehen konnten. Die geologischen Prozesse, die in der Folge diese Kontinente modifizierten, glichen weitgehend den heute ablaufenden plattentektonischen Prozessen.

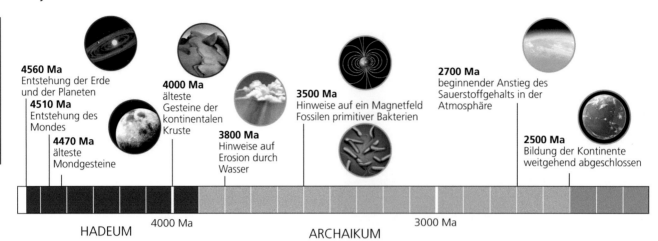

4560 Ma
Entstehung der Erde
und der Planeten
4510 Ma
Entstehung des
Mondes
4470 Ma
älteste
Mondgesteine

4000 Ma
älteste
Gesteine der
kontinentalen
Kruste
3800 Ma
Hinweise auf
Erosion durch
Wasser

3500 Ma
Hinweise auf ein Magnetfeld
Fossilen primitiver Bakterien

2700 Ma
beginnender Anstieg des
Sauerstoffgehalts in der
Atmosphäre
2500 Ma
Bildung der Kontinente
weitgehend abgeschlossen

HADEUM   4000 Ma   ARCHAIKUM   3000 Ma

Abb. 1.19 Diese geologische Zeitskala zeigt einige der geologisch wichtigen Ereignisse, die in der Schichtenfolge dokumentiert sind, beginnend mit der Entstehung der Planeten (Zeit angegeben in Ma = Millionen Jahren)

Entwicklung des Lebens

Auch das Leben entstand bereits zu einem sehr frühen Zeitpunkt der Erdgeschichte, wie sich aus der Untersuchung der **Fossilien** – den Resten ehemaliger Lebewesen in der Gesteinsabfolge – schließen lässt. Fossilien primitiver Bakterien, deren Alter auf 3,5 Mrd. Jahre datiert wurde, hat man in Gesteinen gefunden. Ein Schlüsselereignis war die Evolution der Pflanzen, die Sauerstoff in die Atmosphäre und Ozeane freisetzten. Die Anreicherung von Sauerstoff in der Atmosphäre war vor 2,5 Mrd. Jahren bereits im Gange. Die Zunahme des atmosphärischen Sauerstoffs auf den heutigen Gehalt erfolgte allmählich über einen Zeitraum von etwa 2 Mrd. Jahren.

Die Lebensformen in der Frühzeit der Erde waren primitiv und bestanden vor allem aus kleinen einzelligen Organismen, die in der Nähe des Meeresspiegels passiv drifteten, aber auch aus Formen, die am Meeresboden lebten. Im Zeitraum vor 2 bis 1 Mrd. Jahren entwickelten sich komplexere Lebensformen wie Algen und Tange. Die ersten tierischen Organismen erschienen vor etwa 600 Mio. Jahren (Ma), sie entwickelten sich in mehreren Wellen. In einer vor 542 Ma beginnenden und wahrscheinlich weniger als 10 Ma dauernden Periode entstanden acht vollständig neue Stämme des Tierreichs, darunter die Vorfahren nahezu aller Tiere, die heute die Erde bewohnen. Seit dieser evolutionären Explosion, die gelegentlich auch als „Urknall der Biologie" bezeichnet wird, hinterlassen Schalen und Gehäuse tragende Organismen ihre fossilen Reste in der Schichtenfolge.

Obwohl die biologische Evolution im Allgemeinen als sehr langsamer Prozess gilt, wurde sie durch kurze Perioden mit rasch ablaufenden Veränderungen unterbrochen. Spektakuläre Beispiele hierfür sind Massenaussterben, bei denen zahlreiche Tier- und Pflanzenformen gemäß der geologischen Überlieferung verschwanden. Fünf dieser bedeutenden Umwälzungen sind auf dem in Abb. 1.19 gezeigten Band gekennzeichnet. Das letzte Massenaussterben wurde mutmaßlich vor 65 Ma durch den Einschlag eines Meteoriten ausgelöst. Der Meteorit, der einen Durchmesser von höchstens 10 km

besaß, verursachte das Aussterben von etwa der Hälfte der auf der Erde existierenden Arten, einschließlich der Dinosaurier.

Die Ursachen der anderen Massenaussterben werden noch diskutiert. Über Meteoriteneinschläge hinaus vermuten Wissenschaftler auch andere Formen von Extremereignissen, etwa rasche Klimaveränderungen, hervorgerufen durch Vereisungen und umfangreiche Eruptionen von vulkanischem Material. Die Hinweise auf solche Ereignisse sind allerdings oftmals unklar und widersprüchlich. So ereignete sich beispielsweise vor ungefähr 251 Mio. Jahren das größte Massenaussterben aller Zeiten, bei dem 95 % aller Arten verschwanden. Einige Experten gehen von einem Meteoriteneinschlag als Ursache aus, doch gibt es in der Schichtenfolge Hinweise, dass sich zu dieser Zeit Inlandeismassen ausdehnten und dass sich im Zusammenhang mit einer erheblichen Klimaverschlechterung auch die chemische Zusammensetzung des Meerwassers änderte. Gleichzeitig überflutete eine ungeheuer große Vulkaneruption ein Gebiet in Ostsibirien von etwa der halben Fläche der Vereinigten Staaten mit ungefähr 2–3 Mio. Kubikkilometer Lava. Dieses Massenaussterben wurde schon scherzhaft mit dem „Mörder im Orientexpress" verglichen, weil es ebenfalls so viele spekulative Faktoren gibt!

Massenaussterben verringern die Anzahl der Arten, die innerhalb der Biosphäre um Lebensraum konkurrieren. Durch diesen Prozess der „Ausdünnung" fördern solche Extremereignisse die Bildung neuer Arten. Nach dem Aussterben der Dinosaurier vor 65 Ma wurden die Säugetiere zur beherrschenden Tiergruppe. Deren rasche Evolution zu Arten mit einem größeren Hirnvolumen und größerer Geschicklichkeit führte vor etwa 5 Mio. Jahren schließlich auch zum Auftreten der ersten Hominiden und vor etwa 200.000 Jahren schließlich zu unserer eigenen Gattung *Homo sapiens*.

Als Neuankömmlinge in der Biosphäre sind wir zwar derzeit dabei, in der Schichtenfolge unsere ersten Spuren zu hinterlassen. In Wirklichkeit lässt sich allerdings in der geologischen Zeitlinie unsere kurze Geschichte als Art lediglich durch eine äußerst dünne Linie darstellen (vgl. Abb. 1.19).

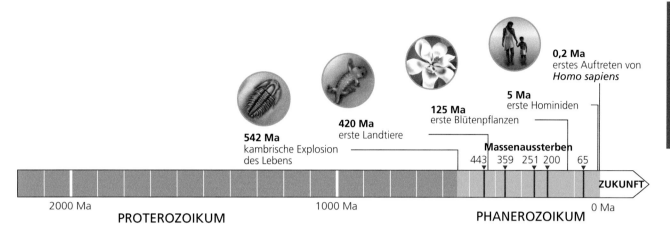

Abb. 1.19 *(Fortsetzung)*

Exkurs 1.1 Google Earth (GE)

Bei Google Earth handelt es sich um einen Datensatz, der über die Internet-Suchmaschine Google zur Verfügung steht und kostenlos heruntergeladen werden kann. Dieses Interface verwendet Luft- und Satellitenbilder in einer Vielzahl räumlicher Auflösungen, die dem Datensatz eines digitalen Höhenmodells überlagert sind, um den Bildern einen räumlichen Eindruck zu vermitteln. Da die Daten in allen drei Dimensionen geo-referenziert sind, können sie mit den Messverfahren „Path" und „Lines" für Entfernungsmessungen verwendet werden. Meereshöhe, geographische Länge und Breite werden dabei kontinuierlich am unteren Rand des Bildschirms für jede Position des Cursors angegeben. Außerdem bietet GE am oberen rechten Bildrand Navigationssysteme, die es ermöglichen, die Bilder zu vergrößern oder zu verkleinern und auch das Azimut und den Blickwinkel zu verändern.

Eine der neuesten Funktionen von GE ermöglicht, durch den Zugriff auf digitales Archivmaterial an einigen Lokalitäten in die Vergangenheit zu blicken. Wie alle Internet-Suchmaschinen besitzt GE ein „Fly to"-Suchfenster, das dazu dient, sich zu einer bestimmten virtuellen Position zu bewegen, man kann eine Website zu seinen Favoriten hinzufügen, aber auch bestimmte Lokationen zu georeferenzierten digitalen Bildern verbinden, die an denselben Orten aufgenommen wurden. Nutzen Sie diese für Geowissenschaftler interessanten Möglichkeiten und machen Sie wenigstens von einigen, oder besser von allen diesen Funktionen Gebrauch, indem Sie sich ihrerseits mit dieser Schnittstelle vertraut machen und hoffentlich Spaß daran finden werden. Spezielle Hinweise für die Verwendung finden Sie (in Englisch) unter www.whfreeman.com/understandingearth7e.

Zusammenfassung des Kapitels

Geologie als Forschungsgebiet: Geologie ist die Wissenschaft von der Erde – ihrer Entstehungsgeschichte, ihrer Zusammensetzung, ihrem inneren Bau und ihrer Oberflächenmerkmale.

Arbeitsweise der Geologen: Wie alle anderen Wissenschaftler arbeiten auch Geologen nach der wissenschaftlichen Arbeitsmethode. Sie entwickeln und überprüfen Hypothesen, die als vorläufige Erklärungen natürlicher Erscheinungen dienen, die auf Beobachtungen und Experimenten beruhen. Sie teilen sich ihre Daten und Untersuchungsergebnisse mit und überprüfen gegenseitig ihre Arbeiten. Eine in sich schlüssige Hypothese, die wiederholt solchen Überprüfungen standgehalten hat, wird schließlich zur Theorie erhoben. Hypothesen und Theorien können zu einem geologischen Modell verbunden

werden, das einem natürlichen System oder natürlichen Vorgängen entspricht. Die Verlässlichkeit solcher Hypothesen, Theorien oder Modelle wächst, wenn sie mehrfach Widerlegungsversuchen standhalten und wenn sie die Ergebnisse neuer Beobachtungen und Experimente vorhersagen können.

Größe und Form der Erde: Die Erde ist in erster Näherung eine Kugel mit einem mittleren Radius von 6370 km, die aufgrund ihrer Rotationsbewegung an den Polen geringfügig abgeplattet ist. Ihre feste Oberfläche zeigt ein Relief, das von der Kugelform um etwa ± 10 km abweicht, das heißt, der Höhenunterschied zwischen tiefstem und höchstem Punkt beträgt etwa 20 km. Zwei wesentliche Höhenstufen lassen sich erkennen: 0–1000 m über dem Meeresspiegel für den größten Teil der Landoberfläche und 4000–5000 m unter dem Meeresspiegel für den größten Teil der Ozeane.

Die Schalen der Erde: Das Erdinnere besteht aus konzentrischen Schalen unterschiedlicher Zusammensetzung, die jeweils durch scharfe konzentrische Grenzflächen getrennt sind. Die äußerste Schale ist die Erdkruste, deren Mächtigkeit unter den Kontinenten im Mittel etwa 40 km, unter den Ozeanen etwa 7 km beträgt. Unter der Kruste folgt der Erdmantel, ein mächtiger Bereich aus dichterem silicatischem Gesteinsmaterial, der sich bis zur Kern-Mantel-Grenze in einer Tiefe von etwa 2890 km Tiefe erstreckt. Der im Wesentlichen aus Eisen und Nickel aufgebaute Erdkern besteht aus zwei Einheiten: einem flüssigen äußeren Kern und einem festen inneren Kern. Beide sind durch eine in etwa 5150 km Tiefe liegende Grenze getrennt. Dichtesprünge an diesen Grenzen werden in erster Linie durch Unterschiede in der chemischen Zusammensetzung verursacht.

Die Erde als System interagierender Komponenten: Wenn wir versuchen, ein komplexes System wie die Erde zu verstehen, ist es oftmals einfacher, das System in eine Reihe von Teilsystemen (Geosysteme) aufzugliedern, um ihre Funktionsweise und Wechselwirkungen zu erkennen. Dieses Lehrbuch konzentriert sich auf drei große globale Geosysteme: das System Klima, das im Wesentlichen Wechselwirkungen zwischen Atmosphäre, Hydrosphäre und Biosphäre umfasst; das System Plattentektonik mit seinen Wechselwirkungen zwischen den festen Bestandteilen der Erde (Lithosphäre, Asthenosphäre und oberer Mantel) und schließlich das System Geodynamo mit seinen Interaktionen innerhalb des Erdkerns. Das System Klima wird von der Wärmestrahlung der Sonne angetrieben, während die Geosysteme Plattentektonik und Geodynamo von der inneren Wärme der Erde angetrieben werden.

Grundelemente der Plattentektonik: Die Lithosphäre, die äußerste Schale, besteht aus etwa einem Dutzend großer, starrer Lithosphärenplatten. Angetrieben von Konvektionsströmungen im Erdmantel bewegen sich diese Platten mit Geschwindigkeiten von wenigen Zentimetern pro Jahr über die Erdoberfläche. Jede Platte bildet eine eigenständige starre Einheit, die sich über die darunterliegende duktile Asthenosphäre hinwegbewegt, die ebenfalls in Bewegung ist. An den Grenzen, an denen neue Lithosphärenplatten entstehen und sich voneinander entfernen, steigt heißes Mantelmaterial nach oben, kühlt ab und erstarrt, wenn es sich seitlich wegbewegt. Schließlich sinkt der größte Teil davon an Grenzen, an denen Platten konvergieren, wieder in den Erdmantel zurück.

Wichtige Ereignisse der Erdgeschichte: Die Erde als Planet entstand vor 4,56 Mrd. Jahren. Etwa 4,3 Mrd. Jahre alte Gesteine der frühen Erdkruste sind überliefert. Vor 3,8 Mrd. Jahren existierte an der Erdoberfläche bereits Wasser und vor 3,5 Mrd. Jahren erzeugte das System Geodynamo bereits ein Magnetfeld. In etwa denselben Zeitraum fallen die ältesten Hinweise auf Leben. Vor etwa 2,7 Mrd. Jahren stieg wegen der Sauerstoffproduktion durch die ersten Algen und Pflanzen der Sauerstoffgehalt der Atmosphäre, und vor 2,5 Mrd. Jahren bildeten sich die großen Landmassen. Vor ungefähr 600 Mio. Jahren erschienen fast schlagartig tierische Organismen, die in einer großen evolutionären Explosion („kambrische Radiation") rasch sehr vielfältige Formen entwickelten. Die nachfolgende Evolution des Lebens war durch eine Reihe extremer Ereignisse gekennzeichnet, bei denen zahlreiche Arten ausstarben und so die Evolution neuer Arten ermöglichten. Ein spektakuläres Beispiel war der Impakt eines großen Meteoriten vor 65 Mio. Jahren. Unsere Spezies *Homo sapiens* erschien erstmals vor ungefähr 200.000 Jahren.

Ergänzende Medien

1-1 Animation: Der Schalenbau der Erde

Plattentektonik: Die alles erklärende Theorie

Blick vom Kala Pattar zum Mount Everest, Nepal, dem höchsten Berg der Erde (Foto: © Michael C. Klesius/ National Geographic/Getty Images)

© Springer-Verlag Berlin Heidelberg 2017
J. Grotzinger, T. Jordan, *Press/Siever Allgemeine Geologie*, DOI 10.1007/978-3-662-48342-8_2

Die Lithosphäre – die starre äußere Schale der Erde – ist in ungefähr ein Dutzend Platten zerbrochen, die, wenn sie über die weniger starre, sich duktil verhaltende Asthenosphäre driften, aneinander vorbeigleiten, miteinander kollidieren oder sich voneinander entfernen. Wo letzteres geschieht, entstehen neue Platten, die bei Kollisionen wieder vernichtet werden – in einem ständigen Prozess von Werden und Vergehen. Die in die Lithosphäre eingebetteten Kontinente driften zusammen mit den Platten.

Die Theorie der **Plattentektonik** beschreibt die Bewegungen der Platten und die zwischen ihnen wirkenden Kräfte. Sie erklärt auch die Verteilung vieler großräumiger geologischer Erscheinungen: Vulkane und Erdbeben, Gebirgsmassive, Gesteinsfamilien und die Strukturen des Meeresbodens, sie alle sind die Folge von Bewegungen an Plattengrenzen. Die Plattentektonik liefert den begrifflichen Rahmen für dieses Buch und letztendlich auch für die gesamte moderne Geologie.

Dieses Kapitel beschäftigt sich mit der Theorie der Plattentektonik und zeigt, wie sie erarbeitet wurde und inwieweit die Antriebskräfte der Plattenbewegungen mit dem System der Mantelkonvektionen in Zusammenhang stehen.

Die Entdeckung der Plattentektonik

In den sechziger Jahren erschütterte ein revolutionärer Denkansatz die Welt der Geologie. Nahezu 200 Jahre lang hatten Geologen zahlreiche Theorien zur **Tektonik** (griech. *tektonikós* = die Baukunst betreffend) entwickelt, dem allgemeinen Begriff zur Beschreibung von Krustenbewegungen und all der anderen Prozesse, die an der Erdoberfläche geologische Strukturen entstehen lassen. Jedoch erst mit der Plattentektonik ließ sich die gesamte Bandbreite der geologischen Prozesse mit einer einzigen Theorie erklären.

In der Physik gab es zu Beginn des 20. Jahrhunderts eine vergleichbare Revolution, als die Relativitätstheorie die universellen Gesetze der Physik für Masse und Bewegung auf eine völlig neue Grundlage stellte. Eine ähnliche Umwälzung erlebte auch die Biologie, als mit der Entdeckung des genetischen Codes der Erbsubstanz DNA in den fünfziger Jahren erklärt werden konnte, wie bei den Organismen die Informationen über Wachstum, Entwicklung und Funktion von Generation zu Generation weitergegeben werden.

Die grundlegenden Vorstellungen der Plattentektonik als umfassende Theorie der Geologie wurden vor mehr als 50 Jahren formuliert. Die wissenschaftliche Synthese, die schließlich zur Plattentektonik führte, begann jedoch bereits früher im zwanzigsten Jahrhundert, als man Hinweise auf eine Drift der Kontinente fand.

Kontinentaldrift

„Solche Veränderungen in den äußeren Bereichen der Erde schienen mir unwahrscheinlich zu sein, wenn die Erde bis zum Mittelpunkt fest wäre. Ich stellte mir daher vor, dass die inneren Bereiche eine Flüssigkeit von weitaus höherer Dichte und höherem spezifischem Gewicht sein könnten als irgendeine der festen Substanzen, die wir kennen, und dass deshalb die äußeren Bereiche auf oder in der Flüssigkeit schwimmen. Damit wäre die Oberfläche der Erde eine Schale, die durch die heftigen Bewegungen der Flüssigkeit, auf der sie schwimmt, zerbrechen und in Unordnung geraten kann …" (Benjamin Franklin, 1782 in einem Brief an den französischen Geologen Abbe J. L. Giraud-Soulavie).

Die Vorstellung einer **Kontinentaldrift**, das heißt von großräumigen Bewegungen der Kontinente über den Erdball hinweg, hat eine lange Vorgeschichte. Bereits im späten 16. und frühen 17. Jahrhundert war einigen europäischen Naturforschern aufgefallen, dass die Küstenlinien der Kontinente auf beiden Seiten des Atlantiks wie ein Puzzle zusammenpassen – so, als ob Nord- und Südamerika mit Europa und Afrika einstmals verbunden gewesen und nachfolgend zerbrochen und auseinandergedriftet wären. Im ausgehenden 19. Jahrhundert setzte der österreichische Geologe Eduard Suess einige Steine dieses Puzzles zusammen und postulierte die ehemalige Existenz eines einzigen großen Kontinents: **Gondwana** oder Gondwanaland, in dem die heutigen Südkontinente vereinigt waren. Im Jahre 1915 veröffentlichte Alfred Wegener, ein deutscher Meteorologe, der sich von seinen im Ersten Weltkrieg erlittenen Verwundungen erholte, ein Buch mit dem Titel „*Die Entstehung der Kontinente und Ozeane*". Darin wies er auf die bemerkenswerte Gleichartigkeit der Gesteine, geologischen Strukturen und Fossilien auf den sich gegenüberliegenden Seiten des Atlantiks hin (Abb. 2.1). In den folgenden Jahren postulierte Wegener einen Großkontinent **Pangaea** (griech. = Gesamterde), der in die Kontinente, wie wir sie heute kennen, auseinanderbrach.

Obwohl Wegener mit der Annahme recht hatte, dass die Kontinente auseinandergedriftet waren, erwies sich seine Hypothese – wie rasch sie sich bewegten und durch welche Kräfte sie sich an der Erdoberfläche verschoben – wie wir noch sehen werden, als falsch, und dieser Irrtum tat seiner Glaubwürdigkeit unter den Wissenschaftlern erheblichen Abbruch. Nach ungefähr einem Jahrzehnt heftiger Debatten überzeugten Physiker schließlich die Geologen, dass sich die äußerste Schale der Erde für eine Kontinentaldrift zu starr verhielt, und Wegeners Vorstellungen wurden von fast allen, außer einigen wenigen Geologen, wieder verworfen.

Wegener und die anderen Verfechter der Kontinentaldrift-Hypothese führten nicht nur das geographische Zusammenpassen der Kontinente an, sondern auch geologische Ähnlichkeiten wie etwa Gesteinsalter und geologische Strukturen, die sich auf beiden Seiten sowohl des Süd- als auch des Nordatlantiks fortsetzen (Abb. 2.1). Sie lieferten wichtige Argumente, die heute als eindeutige Belege anerkannt sind und vor allem auf Fossilien und Klimadaten beruhen. Identische Fossilien des 300 Ma alten Reptils *Mesosaurus* findet man beispielsweise nur in Afrika und

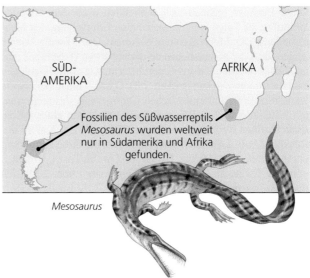

Abb. 2.2 Fossilien des 300 Mio. Jahre alten Süßwasserreptils *Mesosaurus* wurden weltweit nur in Südamerika und Afrika gefunden. Wenn der landlebende *Mesosaurus* über den Südatlantik hätte schwimmen können, dann hätte er auch andere Ozeane überqueren und sich auf anderen Kontinenten verbreiten können. Aus der Tatsache heraus, dass das Fossil nirgends sonst auf der Erde vorkommt, müssen Südamerika und Afrika vor 300 Mio. Jahren miteinander vereint gewesen sein (nach: A. Hallam (1972): Continental Drift and the Fossil Record. - *Scientific American* (November): 57–66)

Seafloor-Spreading

Für die Skeptiker, die stets behaupteten, dass eine Drift der Kontinente aus physikalischen Gründen unmöglich sei, waren die geologischen Belege wenig überzeugend. Noch hatte niemand eine plausible Antriebskraft gefunden, die Pangaea einst getrennt, Ozeane geöffnet und die Kontinente „auf die Reise" geschickt hatte. Wegener ging beispielsweise davon aus, dass die Kontinente wie Flöße über die feste ozeanische Kruste drifteten, ausschließlich angetrieben von den Gezeitenkräften des Mondes und der Sonne. Seine Hypothese wurde rasch verworfen, als gezeigt werden konnte, dass die Gezeitenkräfte für die Bewegung ganzer Kontinente zu schwach sind.

Der Durchbruch kam erst, nachdem die Wissenschaftler erkannt hatten, dass Konvektionsbewegungen im Erdmantel (vgl. Kap. 1) die Kontinente passiv ziehen und schieben konnten und dass durch den Vorgang des **Seafloor-Spreading** neue ozeanische Kruste entsteht. Im Jahre 1928 hatte der britische Geologe Arthur Holms bereits vermutet, dass „... *dort, wo die Strömungen aufsteigen, die beiden Hälften des ursprünglichen Kontinents unter Bildung von Ozeanboden auseinandergezogen werden, und dort, wo die Strömungen nach unten abtauchen – an den Rändern der Kontinente – Gebirgsbildung erfolgt.*" In Anbetracht der Argumente der Physiker, dass Erdkruste und Erdmantel starr und unbeweglich reagieren, räumte Holms ein, dass „... *rein spekulativen Vorstellungen dieser Art, die ausschließlich deshalb entwickelt werden, um den Erfordernissen zu genügen, so lange kein wissenschaftlicher Wert zukommt, bis sie durch unabhängige Beweise gestützt werden*".

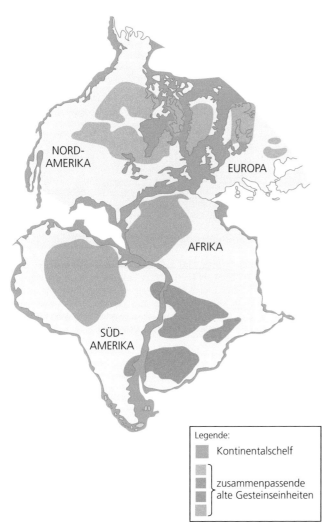

Legende:

■ Kontinentalschelf

■ } zusammenpassende
■ } alte Gesteinseinheiten

Abb. 2.1 Das puzzleartige Zusammenpassen der Kontinente, die den Atlantik umgeben, bildete die Grundlage von Alfred Wegeners Theorie der Kontinentaldrift. In seinem Buch „Die Entstehung der Kontinente und Ozeane" führte Wegener als weiteren Beleg die Ähnlichkeit der geologischen Strukturen auf den Kontinenten beiderseits des Atlantiks an. In der Karte sind die einander entsprechenden Kristallingebiete von Südamerika und Afrika sowie von Nordamerika und Europa dargestellt (Geographische Anordnung nach Daten von E. C. Bullard; geologische Daten nach P. M. Hurley)

Südamerika, was dafür spricht, dass diese beiden Kontinente zu Lebzeiten von *Mesosaurus* miteinander verbunden waren (Abb. 2.2). Außerdem zeigt die Evolution der Wirbeltiere und Landpflanzen auf den unterschiedlichen Kontinenten bis zum vermuteten Zeitpunkt des Auseinanderbrechens von Pangaea in ihrem Ablauf auffallende Ähnlichkeiten. Später folgten diese Organismengruppen unterschiedlich verlaufenden Entwicklungslinien, vermutlich aufgrund der Isolation und der veränderten Umweltbedingungen auf den sich trennenden Kontinenten. Darüber hinaus sind Gesteine, die vor 300 Ma von Gletschern abgelagert wurden, heute in Südamerika, Afrika, Indien und Australien verbreitet. Wenn die südlich liegenden Kontinente einst Teile von Gondwanaland gewesen waren, würde eine einzige, im Gebiet des Südpols liegende Inlandeismasse all diese Gletscherablagerungen erklären.

Teil I

Diese Beweise ergaben sich schließlich nach dem Zweiten Weltkrieg als Folge einer ausgedehnten Erforschung des Meeresbodens. Der Meeresgeologe Maurice „Doc" Ewing konnte zeigen, dass der Meeresboden des Atlantischen Ozeans aus jungen Basalten und nicht aus Granit besteht, wie einige Geologen zuvor angenommen hatten (Abb. 2.3). Darüber hinaus führte die Kartierung einer untermeerischen Gebirgskette, des sogenannten Mittelatlantischen Rückens, zur Entdeckung eines tiefen, spaltenartigen Zentralgrabens eines Rifts auf dem Kamm des Rückens (Abb. 2.4). Die beiden Geologen, die diese Kartierung durchführten, waren Bruce Heezen und Marie Tharp, Kollegen von Doc Ewing an der Columbia University (Abb. 2.5). *„Ich dachte sofort, dies könnte eine tektonische Grabenstruktur sein"*, sagte Marie Tharp einige Jahre später. Heezen tat dies anfänglich als „reines Gerede" ab, doch schon bald zeigte sich, dass nahezu alle Erdbeben im Atlantischen Ozean in der Nähe dieser Riftstrukturen auftreten, was die von Tharp geäußerte Vermutung bestätige. Da die meisten Erdbeben durch tektonische Bewegungen entstehen, sprachen die Resultate dafür, dass diese Riftstrukturen tektonisch aktive Zonen darstellen. Andere mittelozeanische Rücken mit vergleichbaren Zentralgräben und Erdbebentätigkeit wurden im Pazifischen und im Indischen Ozean nachgewiesen.

Abb. 2.3 Dieses im Sommer 1947 aufgenommene Bild zeigt Maurice „Doc" Ewing (Bildmitte); er blickt auf ein Handstück aus jungem Basalt, das von dem Forschungsschiff Atlantis 1 mit einem Schleppnetz aus den Tiefen entnommen wurde. Ganz links im Bild ist Frank Press zu sehen, der Initiator einer Reihe geologischer Lehrbücher, zu denen auch das vorliegende Buch gehört (Foto: © Lamont-Doherty Earth Observatory, Columbia University)

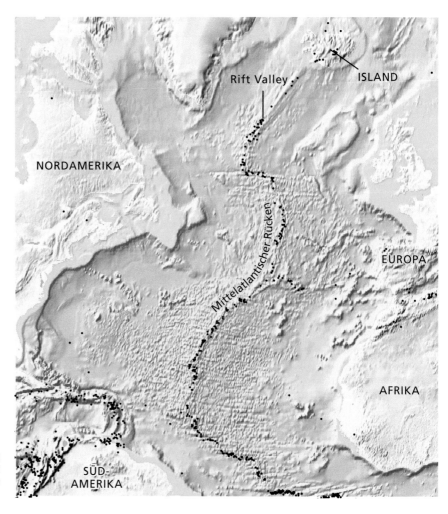

Abb. 2.4 Der Meeresboden des Nordatlantik; er zeigt die spaltenförmige Riftstruktur auf dem Kamm des Mittelatlantischen Rückens und die davon ausgehenden Erdbeben (*schwarze Punkte*)

Zu Beginn der sechziger Jahre äußerten Harry Hess (Princeton University) und Robert Dietz (Scripps Institution of Oceanography) die Vermutung, dass sich der Meeresboden entlang solcher Riftzonen auf den mittelozeanischen Rücken trennt und in diesen Spalten durch aufsteigendes heißes Mantelmaterial neuer Meeresboden entsteht. Dieser Meeresboden – in Wirklichkeit die Oberfläche der neu gebildeten Lithosphäre – bewegt sich seitlich vom Zentralgraben weg und wird in einem kontinuierlichen Prozess der Plattenbildung durch neue Kruste ersetzt.

Die große Synthese: 1963–1969

Die von H. Hess und R. Dietz im Jahre 1962 aufgestellte Hypothese des Seafloor-Spreading erklärte, wie an den mittelozeanischen Riftstrukturen die Kontinente unter Bildung von neuem Meeresboden auseinanderdriften konnten. Würde dann auch der Meeresboden und die ihn unterlagernde Lithosphäre durch das Wiedereintauchen in das Erdinnere wieder zerstört werden? Wenn nicht, müsste sich im Laufe der Zeit die Oberfläche der Erde vergrößern. Einige Physiker und Geologen – unter anderem auch B. Heezen – folgten zu Beginn der sechziger Jahre eine Zeit lang dieser Vorstellung einer expandierenden Erde. Andere erkannten jedoch, dass der Meeresboden in mehreren Regionen mit intensivem Vulkanismus und Erdbebentätigkeit an den Rändern des Pazifischen Ozeans, im sogenannten „Zirkumpazifischen Feuerring", in die Tiefe abtaucht (Abb. 2.6). Die Einzelheiten dieses Vorgangs blieben allerdings unklar.

Abb. 2.5 Marie Tharp und Bruce Heezen beim Betrachten einer Karte des Meeresbodens. Ihre Entdeckung der tektonisch aktiven Riftstrukturen an den mittelozeanischen Rücken waren wichtige Beweise für das Seafloor-Spreading (Foto: © Marie Tharp, www.marietharp.com)

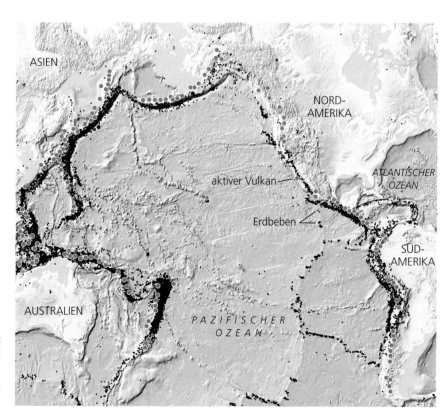

Abb. 2.6 Der „Zirkumpazifische Feuerring" mit seinen aktiven Vulkanen (*große rote Punkte*) und häufigen Erdbeben (*schwarze Punkte*) kennzeichnet konvergente Plattengrenzen, an denen ozeanische Lithosphäre in den Erdmantel abtaucht und wieder aufgeschmolzen wird

Im Jahre 1965 beschrieb der kanadische Geologe J. Tuzo Wilson erstmals die globale Tektonik in Form von starren Platten, die sich über die Erdoberfläche bewegen, sowie auch die drei wesentlichen Arten von Plattengrenzen, an denen sich Platten auseinanderbewegen, miteinander kollidieren oder aneinander vorbeigleiten. Schon bald danach zeigten andere Geowissenschaftler, dass nahezu alle rezenten tektonischen Deformationen – Prozesse bei denen Gesteine durch Druck gefaltet, bruchtektonisch beansprucht, geschert oder eingeengt werden – an diesen Grenzen konzentriert auftreten. Sie bestimmten Geschwindigkeit und Richtung der tektonischen Bewegungen und zeigten, dass diese Bewegungen mathematisch mit einem System starrer Platten übereinstimmen, die sich über die Oberfläche unseres Planeten bewegen. Gegen Ende des Jahres 1968 waren die wesentlichen Elemente der Theorie der Plattentektonik bekannt. Um das Jahr 1970 waren schließlich die Belege so überzeugend, dass sich die meisten Geowissenschaftler den Vorstellungen der neuen Theorie anschlossen. Lehrbücher wurden überarbeitet, und die Spezialisten begannen über die Konsequenzen nachzudenken, die diese neuen Entdeckungen für ihre eigenen Fachgebiete mit sich brachten.

Die Lithosphärenplatten und ihre Grenzen

Nach der Theorie der Plattentektonik ist die Lithosphäre keine geschlossene Schale, sondern setzt sich aus ungefähr einem Dutzend starrer Platten zusammen, die über die Erdoberfläche driften (Abb. 2.7). Jede Platte bewegt sich als selbständige Einheit auf der tendenziell plastischen Asthenosphäre, die ebenfalls in Bewegung ist. Die größte Lithosphärenplatte ist die Pazifische Platte, zu der fast alle Becken des Pazifischen Ozeans gehören. Einige Platten sind nach den Kontinenten benannt, die sie tragen, doch keine Platte ist mit einem Kontinent identisch. So erstreckt sich beispielsweise die Nordamerikanische Platte von der nordamerikanischen Pazifikküste bis zum Mittelatlantischen Rücken, wo sie an die Eurasische und die Afrikanische Platte grenzt.

Neben diesen 13 größeren Platten kennt man eine Anzahl kleinerer Einheiten. Ein Beispiel hierfür ist die Juan-de-Fuca-Platte, ein Bereich aus ozeanischer Kruste, der unmittelbar vor der Küste im Nordwesten der Vereinigten Staaten zwischen der Pazifischen und der Nordamerikanischen Platte eingeklemmt ist. Andere sind Bruchstücke aus kontinentaler Kruste wie etwa die Anatolische Platte, die einen Großteil der Türkei umfasst.

Plattengrenzen sind geologisch gesehen äußerst aktive Bereiche. In Abhängigkeit von der Art der Plattengrenze kommt es dort zu Erdbeben, Vulkanismus, zur Bildung ausgedehnter Riftstrukturen, zu Faltung und Bruchtektonik. Viele dieser Erscheinungen ergeben sich aus Interaktionen der Platten an diesen Grenzen.

Man kennt drei wichtigste Arten von Plattengrenzen (Abb. 2.8), die alle durch ihre Bewegung der Platten relativ zueinander definiert sind:

- **Divergente Plattengrenzen** sind Grenzen, an denen sich Platten trennen, voneinander wegbewegen und neue Lithosphäre entsteht. Daher spricht man auch von konstruktiven Plattengrenzen.
- **Konvergente Plattengrenzen** sind Grenzen, an denen Platten miteinander kollidieren und eine der Platten unter die andere abtaucht und in den Erdmantel zurückgeführt wird. Da hierbei Lithosphäre gewissermaßen vernichtet wird, bezeichnet man diesen Typ auch als destruktive Plattengrenze.
- **Transformstörungen** sind Plattengrenzen, an denen Platten aneinander vorbeigleiten. Da dort Lithosphäre weder neu gebildet noch zerstört wird, spricht man auch von einer konservativen Plattengrenze.

Wie viele Modelle der Natur sind diese drei Arten von Plattengrenzen idealisiert. Neben diesen Grundtypen gibt es auch Plattengrenzen, an denen sowohl Divergenz- als auch Konvergenzbewegungen mit einer gewissen Transformbewegung kombiniert auftreten. Was sich darüber hinaus an den Plattengrenzen abspielt, ist von der Art der daran beteiligten Lithosphäre abhängig, da sich kontinentale und ozeanische Lithosphäre unterschiedlich verhalten. Die kontinentale Lithosphäre besteht aus Gesteinen, die leichter und weniger fest sind als die der ozeanischen Kruste oder des darunterliegenden Mantels. Auf diese Unterschiede wird in den nachfolgenden Kapiteln noch gesondert eingegangen. Hier sollen vorab lediglich zwei wichtige Konsequenzen genannt werden:

1. Da die kontinentale Kruste eine geringere Dichte hat, kann sie nicht so einfach in den Erdmantel zurückgeführt werden wie die dichtere ozeanische Kruste.
2. Da sich die kontinentale Kruste weniger fest verhält, sind die Plattengrenzen, an denen kontinentale Kruste beteiligt ist, in der Regel weit ausgedehnter und deutlich komplizierter gebaut als ozeanische Plattengrenzen.

Divergente Plattengrenzen

An divergenten Plattengrenzen driften Lithosphärenplatten auseinander und es entsteht neue ozeanische Lithosphäre. Am Meeresboden sind divergente Plattengrenzen durch schmale Riftstrukturen gekennzeichnet, die der idealisierten Vorstellung der Plattentektonik nahekommen. Divergenzbewegungen auf den Kontinenten sind komplizierter und erstrecken sich über ein größeres Gebiet. Dieser Unterschied ist in den Abbildungen Abb. 2.8a und Abb. 2.8b dargestellt.

Ozeanische Spreading-Zentren Am Meeresboden ist die Grenze zwischen den sich trennenden Platten durch einen **mittelozeanischen Rücken**, eine untermeerisches Gebirgskette mit aktivem Vulkanismus, Erdbeben und Riftvorgängen gekennzeichnet – Prozesse, die insgesamt durch Dehnungskräfte der Konvektionsbewegungen im Erdmantel verursacht werden. Wenn sich der Meeresboden trennt, steigt heißes geschmolzenes Gestein – also Magma – in die Riftstrukturen auf und bildet neue ozeanische Kruste. Abbildung Abb. 2.8a zeigt die an einem

Spreading-Zentrum ablaufenden Vorgänge am Beispiel des **Mittelatlantischen Rückens**, an dem sich die Nordamerikanische und die Eurasische Platte trennen und durch aufsteigendes Mantelmaterial neuer Meeresboden entsteht. (Eine detaillierte Darstellung des Mittelatlantischen Rückens zeigt Abb. 2.4.) Auf Island tritt ein Abschnitt des ansonsten unter Meeresbedeckung liegenden Mittelatlantischen Rückens zutage und bietet daher die seltene Möglichkeit, die Prozesse der Plattentrennung und des Seafloor-Spreading unmittelbar zu beobachten (Abb. 2.9). Der Mittelatlantische Rücken findet nördlich von Island im Nordpolarmeer seine Fortsetzung und verbindet sich dort mit einem nahezu erdumfassenden, etwa 600.000 km langen System mittelozeanischer Rücken, die den Indischen und Pazifischen Ozean durchziehen und schließlich an der Westküste Nordamerikas enden. Durch Seafloor-Spreading an den mittelozeanischen Rücken sind die vielen Millionen Quadratkilometer ozeanischer Kruste entstanden, die heute den Boden der Ozeane bilden.

Plattentrennung auf den Kontinenten Frühe Stadien der Plattentrennung findet man auf nahezu allen Kontinenten. Markantestes Beispiel sind die großen Grabenstrukturen in Ostafrika (Abb. 2.8b). Diese divergenten Plattengrenzen sind durch langgestreckte Grabensenken, sogenannte Rift-Valleys, durch vulkanische Tätigkeit und durch Erdbeben gekennzeichnet, die sich jedoch über einen größeren Bereich erstrecken als an den ozeanischen Spreading-Zentren. Das Rote Meer und der Golf von Kalifornien sind ebenfalls solche Riftstrukturen, die heute noch auseinanderdriften (Abb. 2.10). In beiden Fällen haben sich die Kontinente schon so weit entfernt, dass sich im Rift an der Spreading-Achse neuer Ozeanboden gebildet hat und die Grabensenken vom Meer überflutet worden sind.

Gelegentlich kann sich auf den Kontinenten die Grabenbildung oder das sogenannte **Rifting** verlangsamen oder zum Stillstand kommen, noch bevor ein Kontinent völlig auseinanderbricht und ein neuer Ozean sich öffnet. Solche Riftstrukturen, die gewissermaßen in einem Frühstadium stecken bleiben, werden als abgebrochene Riftstrukturen („aborted rifts" oder „failed rifts") bezeichnet. Der Oberrheingraben ist nur noch schwach aktiv und könnte ein Beispiel für eine zur Ruhe gekommene Riftstruktur sein. Werden sich die Ostafrikanischen Grabenstrukturen weiter öffnen, und wird dies dazu führen, dass sich die Somalische Platte vollständig abtrennt und ein neuer Ozean entsteht, wie dies zwischen Afrika und der Insel Madagaskar geschehen ist? Oder verlangsamt sich die Spreading-Bewegung und kommt schließlich zum Stillstand, wie dies offenbar im Westeuropa der Fall ist? Antworten darauf sind derzeit noch nicht möglich.

Konvergente Plattengrenzen

Die Erdoberfläche besteht aus einzelnen Lithosphärenplatten. Da sie sich an einer Stelle voneinander entfernen, müssen sie anderswo konvergieren, damit die Erdoberfläche gleich groß bleibt. (Soweit wir heute wissen, dehnt sich die Erde nicht aus.) Wo Platten miteinander kollidieren, spricht man von konvergenten Plattengrenzen. Die Fülle geologischer Vorgänge, die

sich aus Plattenkollisionen ergibt, machen die konvergenten Plattengrenzen zum komplexesten Typus unter den Plattengrenzen.

Konvergenz ozeanischer Platten Kollidieren zwei ozeanische Platten, taucht eine Platte unter die andere ab – ein Vorgang, der als **Subduktion** bezeichnet wird (Abb. 2.8c). Die Lithosphäre der subduzierten Platte wird dabei in die Asthenosphäre hinabgezogen und durch die Konvektionssysteme des Erdmantels aufgeschmolzen. Dieses Absinken führt zur Bildung langer, schmaler Tiefseerinnen. Im Marianengraben am Westrand des Pazifischen Ozeans erreicht dieser Ozean mit etwa 11.000 m seine größte Tiefe – was mehr als der Höhe des Mount Everest entspricht.

Wenn die kalte Lithosphäre in das Erdinnere abtaucht, nimmt der auf ihr lastende Druck zu. Das in den Gesteinen enthaltene Wasser und die anderen flüchtigen Komponenten werden freigesetzt und steigen in den Bereich der Asthenosphäre über der subduzierten Platte auf. Diese Fluide sind für das Aufschmelzen des darüber lagernden Mantelmaterials verantwortlich. Die Magmenintrusionen und Vulkaneruptionen führen am Meeresboden hinter der Tiefseerinne zur Bildung einer bogenförmig verlaufenden Kette von Vulkanen, einem sogenannten **Inselbogen**. Durch die Subduktion der Pazifischen Platte sind westlich vor Alaska die vulkanisch sehr aktive Inselkette der Aleuten und auch die zahlreichen Inselbögen im westlichen Pazifik entstanden. Die in den Mantel abtauchenden kalten Lithosphärenplatten verursachen unter diesen Inselbögen Erdbeben mit Herdtiefen bis zu 600 km.

Konvergenz ozeanischer und kontinentaler Platten Trägt eine Platte an ihrem Rand einen Kontinent, überfährt diese die ozeanische Lithosphäre der anderen Platte, da die kontinentale Kruste eine geringere Dichte aufweist und deshalb nicht so einfach subduziert werden kann wie ozeanische Kruste (Abb. 2.8d). Der Rand des Kontinents wird deformiert und zu einem Gebirge herausgehoben, das mehr oder weniger parallel zur Tiefseerinne verläuft. Die bei der Kollision und Subduktion herrschenden enormen Kräfte führen im Umfeld der Subduktionszone zu starken Erdbeben. Im Laufe der Zeit wird Material von der abtauchenden Platte abgeschürft und dem angrenzenden Gebirge angegliedert. Auf diese Weise entsteht ein Gesteinskomplex mit einer komplizierten und oftmals verwirrenden Abfolge als Abbild der Subduktionsvorgänge. Wie im Fall einer Ozean-Ozean-Kollision begünstigt auch hier das Wasser, das mit der subduzierten ozeanischen Lithosphäre in die Tiefe gelangt, das Aufschmelzen des Mantelmaterials, weil es den Schmelzpunkt des Gesteins erniedrigt. Das dabei entstehende Magma steigt nach oben und führt in der hinter der Tiefseerinne liegenden Gebirgskette zu Vulkanismus.

An der Westküste Südamerikas, wo die Südamerikanische und die Nazca-Platte kollidieren, befindet sich eine solche Subduktionszone. Auf der kontinentalen Seite der Kollisionszone steigt die hohe Gebirgskette der Anden auf und unmittelbar vor der Küste liegt eine Tiefseerinne. Die Vulkane dort sind höchst aktiv und äußerst gefährlich. Ein Ausbruch des Nevado del Ruiz in Kolumbien war im Jahre 1985 für den Tod von 25.000 Menschen verantwortlich. Entlang dieser Plattengrenze ereigneten sich einige der schwersten Erdbeben.

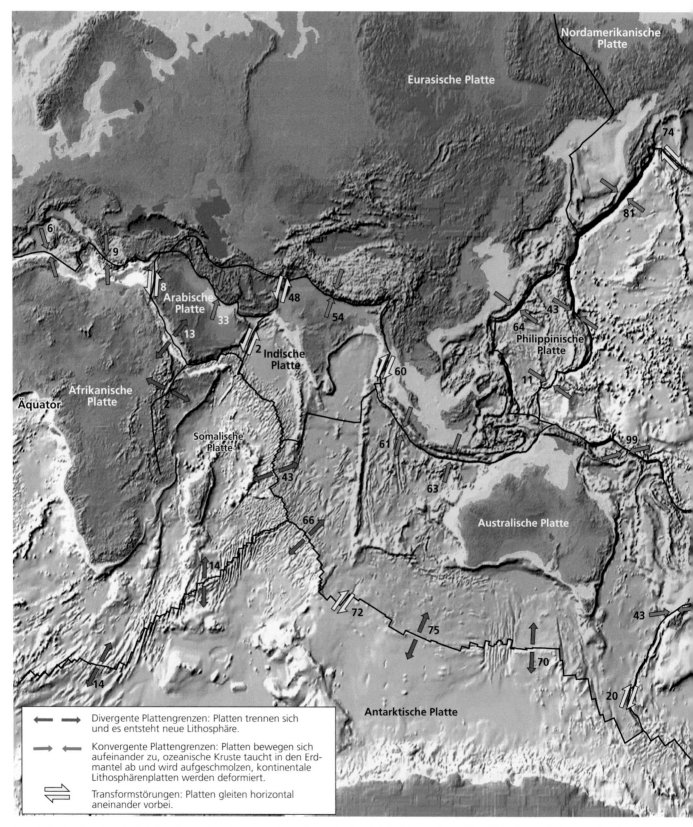

Abb. 2.7 Die Lithosphäre der Erde besteht aus einem Mosaik von 13 großen sowie einer Anzahl kleinerer starrer Lithosphärenplatten, die langsam über die sich plastisch verhaltende Asthenosphäre driften. Von den kleineren Platten ist nur die Juan-de-Fuca-Platte vor der Westküste Nordamerikas auf der Karte dargestellt. Die Pfeile kennzeichnen die relativen Bewegungen der beiden Platten an den jeweiligen Grenzen. Die Ziffern an den Pfeilen entsprechen der Geschwindigkeit dieser Relativbewegungen in Millimetern pro Jahr (Plattengrenzen nach Peter Bird, UCLA)

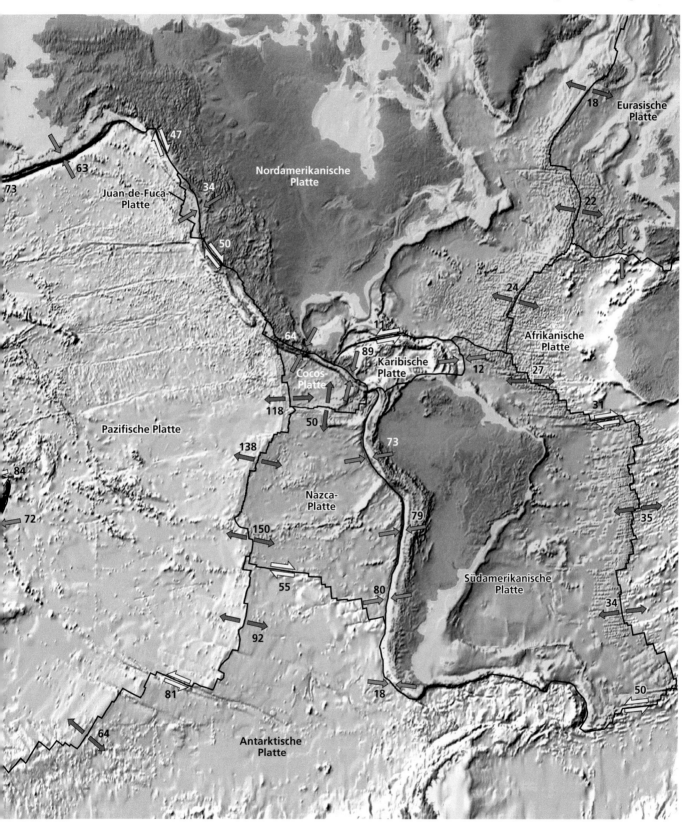

DIVERGENTE PLATTENGRENZEN

a Plattentrennung am Ozeanboden

Durch Riftvorgänge und Seafloor-Spreading an mittelozeanischen Rücken entsteht neue Lithosphäre.

Mittelatlantischer Rücken

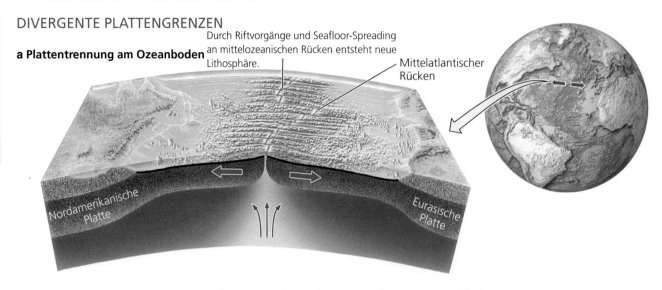

Nordamerikanische Platte

Eurasische Platte

b Plattentrennung auf Kontinenten

Riftvorgänge und Spreading-Zonen auf Kontinenten sind durch parallel verlaufende Grabensenken, Vulkanismus und Erdbeben gekennzeichnet.

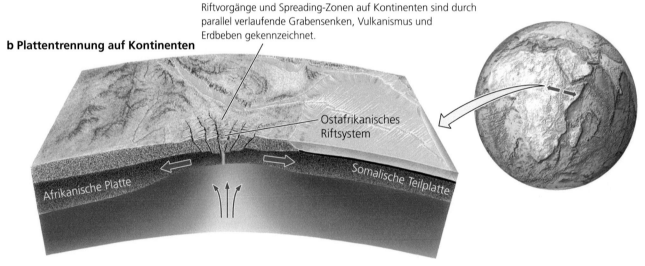

Ostafrikanisches Riftsystem

Afrikanische Platte

Somalische Teilplatte

KONVERGENTE PLATTENGRENZEN

c Konvergenz ozeanischer Platten

Konvergieren ozeanische Lithosphärenplatten, wird eine Platte unter der anderen subduziert; dies führt zur Bildung einer Tiefseerinne und eines vulkanischen Inselbogens.

Marianen

Marianengraben

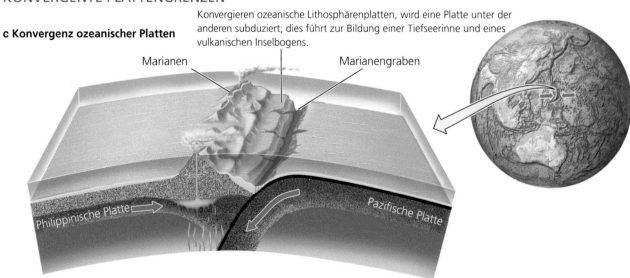

Philippinische Platte

Pazifische Platte

Abb. 2.8 Wechselwirkungen an den Grenzen der Lithosphärenplatten sind von der Richtung der relativen Plattenbewegungen und vom Krustentyp abhängig

d Konvergenz einer ozeanischen und kontinentalen Platte

Kollidiert ozeanische mit kontinentaler Lithosphäre, wird die ozeanische
Lithosphäre subduziert und am Rand der kontinentalen Platte entsteht
ein Vulkangürtel.

Kollidieren zwei kontinentale Platten, kommt es zu
Faltung und Überschiebungen, sowie zu einer
Verdickung der Kruste, zu Gebirgen und Hochländern.

e Konvergenz kontinentaler Platten

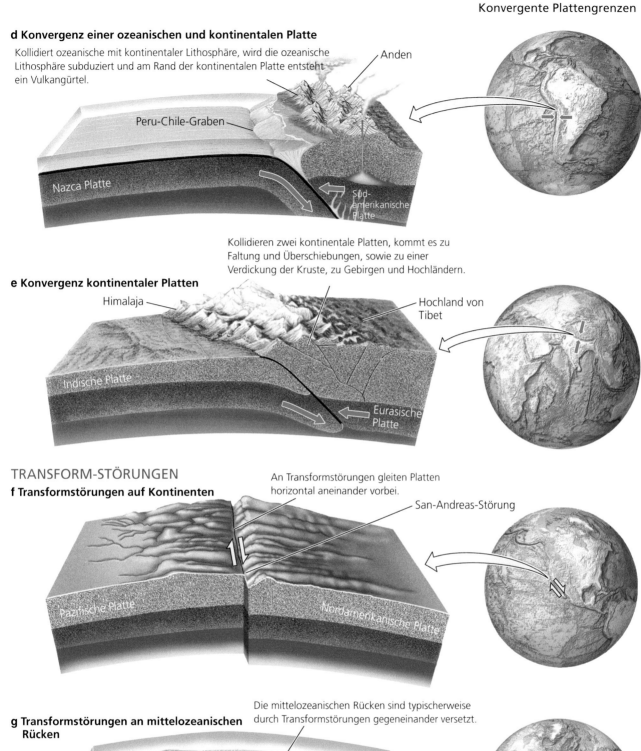

TRANSFORM-STÖRUNGEN

f Transformstörungen auf Kontinenten

An Transformstörungen gleiten Platten
horizontal aneinander vorbei.

g Transformstörungen an mittelozeanischen Rücken

Die mittelozeanischen Rücken sind typischerweise
durch Transformstörungen gegeneinander versetzt.

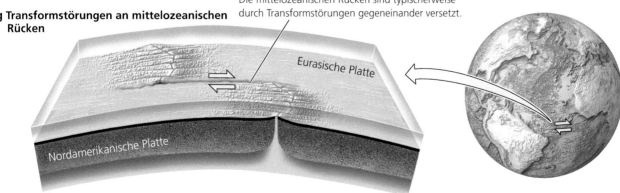

Abb. 2.8 (*Fortsetzung*)

Island

Abb. 2.9 Der Mittelatlantische Rücken, eine divergente ozeanische Plattengrenze, verläuft auf Island über dem Meeresspiegel. Das mit jungen Vulkaniten gefüllte spaltenförmige Tal lässt deutlich das Auseinanderdriften der beiden Platten erkennen (Foto: © Ragnar Th. Sigurdsson/ARCTIC IMAGES/Alamy)

Ein weiteres Beispiel ist die Subduktionszone des Kaskadengebirges vor der Westküste Nordamerikas, wo die kleine Juande-Fuca-Platte mit der Nordamerikanischen Platte kollidiert. An dieser konvergenten Plattengrenze liegen die gefährlichen Vulkane des Kaskadengebirges, unter anderem der Mount St. Helens, der im Jahre 1980 mit einer gewaltigen und im Jahre 2004 mit einer schwächeren Explosion ausbrach. Das gibt zunehmend Anlass zur Sorge, dass sich dort ein großes Erdbeben ereignen könnte, verbunden mit erheblichen Schäden an den Küsten von Oregon, Washington und British Columbia. Ein solches Erdbeben könnte möglicherweise einen ähnlich verheerenden Tsunami auslösen, wie das Tohoku-Erdbeben am 11. März 2011, das sich an der Subduktionszone vor der Nordküste der japanischen Insel Honschu ereignete.

Konvergenz kontinentaler Platten Kollidieren zwei kontinentale Platten (Abb. 2.8e), so kommt es nicht wie an den anderen konvergenten Plattengrenzen zur Subduktion. Die geologischen Konsequenzen einer solchen Kontinent-Kontinent-Kollision sind jedoch erheblich. Die Kollision der Indischen mit der Eurasischen Platte, die beide an ihren Vorderseiten Kontinente tragen, ist wohl das beste Beispiel. Die Eurasische Platte überfährt die Indische Platte, doch bleiben sowohl Indien als auch Eurasien an der Oberfläche. Die Kollision führt zu einer Krustenverdoppelung und zur Heraushebung des Himalaja, der höchsten Gebirgskette der Erde, und des Hochlands von Tibet. Bei einer solchen Kontinent-Kontinent-Kollision kommt es zu heftigen Erdbeben.

Im Verlauf der Erdgeschichte wurden zahlreiche Episoden der Gebirgsbildung durch Kontinent-Kontinent-Kollisionen verursacht. Ein Beispiel sind die Appalachen an der Ostküste Nordamerikas. Sie sind das Ergebnis einer vor etwa 300 Ma stattgefundenen Kollision von Nordamerika, Eurasien und Afrika bei der Entstehung des Großkontinents Pangaea.

Transformstörungen

An Grenzen, an denen Platten aneinander vorbeigleiten, wird Lithosphäre weder neu gebildet noch vernichtet. Solche Plattengrenzen, an denen horizontale Bewegungen zu einem Versatz zwischen den angrenzenden Krustenblöcken führen, werden als **Transformstörungen** bezeichnet (Abb. 2.8f,g).

Ein hervorragendes Beispiel für eine Transformstörung auf dem Festland ist die San-Andreas-Störung in Kalifornien; dort gleitet die Pazifische Platte an der Nordamerikanischen entlang (Abb. 2.8f). Da diese Platten bereits seit mehreren Millionen Jahren aneinander vorbeigleiten, grenzen beiderseits der Störung Gesteine aneinander, die nicht nur ein sehr unterschiedliches Alter, sondern auch einen sehr unterschiedlichen Gesteinscharakter aufweisen (Abb. 2.11). An Transformstörungen treten ebenfalls schwere Erdbeben auf, wie beispielsweise das Erdbeben, das im Jahre 1906 San Francisco zerstörte. Es gibt erhebliche Befürchtungen, dass es innerhalb der nächsten Jahrzehnte an der San-Andreas-Störung oder deren Begleitstörungen im Gebiet von Los Angeles und San Francisco zu plötzlichen Bewegungen und damit zu einem extrem verheerenden Erdbeben kommt.

In typischer Form treten Transformstörungen an mittelozeanischen Rücken auf, wo die Spreading-Zone vielfach unterbrochen und stufenartig seitlich gegeneinander versetzt wird. Ein Beispiel hierfür findet sich an der Grenze zwischen der Afrikanischen Platte und der Südamerikanischen Platte im zentralen Atlantischen Ozean (Abb. 2.8g). Darüber hinaus können Transformstörungen sowohl divergente mit konvergenten als auch konvergente mit anderen konvergenten Plattengrenzen verbinden. Beispiele für diese Arten von Plattengrenzen zeigt Abb. 2.7.

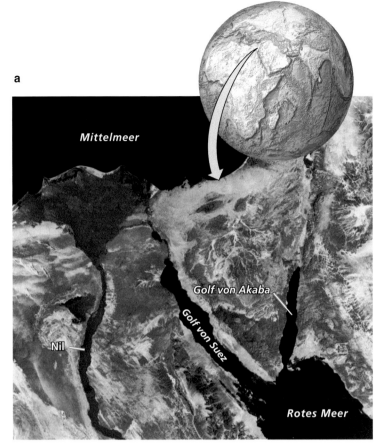

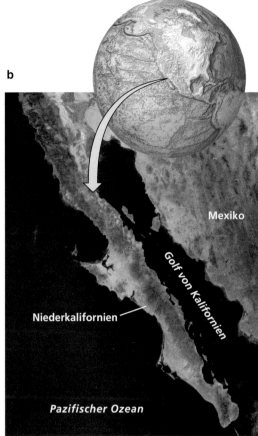

Abb. 2.10a,b Riftvorgänge in der kontinentalen Kruste. **a** Die Arabische Platte (*rechts*) driftet relativ zur Afrikanischen Platte (*links*) nach Nordosten. Dadurch öffnet sich das Rote Meer (*unten rechts*). Der Golf von Suez (*linker Arm*) ist eine zur Ruhe gekommene Riftstruktur, die vor etwa 5 Mio. Jahren inaktiv wurde. Nördlich des Roten Meeres wird ein Großteil der Plattenbewegungen durch Rifting und Transformstörungen im Golf von Akaba und seiner nördlichen Fortsetzung kompensiert. **b** Niederkalifornien auf der Pazifischen Platte bewegt sich relativ zur Nordamerikanischen Platte nach Nordwesten unter Öffnung des Golfs von Kalifornien zwischen Niederkalifornien und Mexiko (Fotos: a mit frdl. Genehm. von MDA Information Systems LLC; b Jeff Schmaltz, MODIS Rapid Response Team, NASA/GSFC)

Kombinationen von Plattengrenzen

Jede Platte weist in der Regel Kombinationen aus Transformstörungen, divergenten oder konvergenten Plattengrenzen auf. Beispielsweise ist die Nazca-Platte im Pazifik auf drei Seiten von Spreading-Zentren umgeben, die durch Transformstörungen stufenartig gegeneinander versetzt sind, und ihre Ostseite grenzt an die Peru-Chile-Subduktionszone (Abb. 2.7). Der größte Teil der Nordamerikanischen Platte ist von der divergenten Plattengrenze des Mittelatlantischen Rückens im Osten, der San-Andreas-Störung und anderen Transformstörungen im Westen sowie von Subduktionszonen und Transformstörungen zwischen Oregon und den Aleuten im Nordwesten umgeben.

Geschwindigkeit und Geschichte der Plattenbewegungen

Wie rasch bewegen sich die Platten? Driften einige Platten schneller als andere? Und wenn ja, warum? Ist die Geschwindigkeit der Plattenbewegungen heute genauso groß wie in der geologischen Vergangenheit? Geowissenschaftler haben in den vergangenen Jahrzehnten elegante Methoden entwickelt, um diese Fragen zu beantworten und auf diese Weise die Prozesse der Plattentektonik besser zu verstehen. In diesem Abschnitt sollen drei dieser Methoden kurz vorgestellt werden.

Das magnetische Streifenmuster des Meeresbodens

Während des Zweiten Weltkriegs wurden extrem empfindliche Instrumente zur Ortung von Unterseebooten entwickelt, mit de-

Abb. 2.11 Blick nach Südosten auf die San-Andreas-Störung in der Carrizo Plain von Zentralkalifornien. Die San-Andreas-Störung ist eine Transformstörung, an der die Pazifische Platte (*links*) und die Nordamerikanische Platte (*rechts*) aneinander vorbeigleiten (Foto: © Kevin Schafer/Peter Arnold, Inc./Alamy)

völlig überraschte. In vielen Gebieten wechselte das Magnetfeld in schmalen parallel verlaufenden Streifen zwischen stärkeren und schwächeren Werten, den sogenannten **magnetischen Anomalien**, die in Relation zu den mittelozeanischen Rücken nahezu symmetrisch angeordnet sind (Abb. 2.12). Die Identifizierung dieses Streifenmusters war eine der großen Entdeckungen, die den Vorgang des Seafloor-Spreading bestätigten und die schließlich zur Theorie der Plattentektonik führten. Außerdem ermöglichten sie die Plattenbewegungen bis weit zurück in die geologische Vergangenheit zu rekonstruieren. Um diese Art der geologischen Aufzeichnung zu begreifen, müssen wir wissen, wie Gesteine magnetisiert werden.

Gesteinsüberlieferung und magnetische Feldinversionen in Gesteinen des Festlands Magnetische Anomalien sind ein Hinweis darauf, dass das Magnetfeld der Erde, über längere Zeiträume betrachtet, nicht stabil ist. Derzeit befindet sich der magnetische Nordpol in der Nähe des geographischen Nordpols (Abb. 1.17), doch können geringfügige Veränderungen innerhalb des Geodynamos zu einer Änderung des magnetischen Nord- und Südpols um 180° führen und auf diese Weise eine **Inversion des Magnetfeldes** bewirken.

Zu Beginn der 1960er Jahre entdeckten Geologen, dass sich aus geschichteten Lavaergüssen eine genaue Abfolge dieses eigentümlichen Verhaltes rekonstruieren lässt. Kühlt eine eisenreiche Gesteinsschmelze ab, kommt es zu einer schwachen Magnetisierung der eisenhaltigen Minerale in Richtung des aktuellen erdmagnetischen Feldes. Diese Erscheinung wird als **thermoremanenter Magnetismus** bezeichnet, weil im Gestein die ursprüngliche Richtung des Magnetfeldes gewissermaßen „eingefroren" ist, auch lange nachdem das Magnetfeld seine Richtung geändert hat.

In geschichteten Lavaergüssen entspricht jede Lavadecke von oben nach unten einem zunehmend älteren Zeitabschnitt der Erdgeschichte – die unten lagernden Gesteine sind älter als die oberen. Das Alter jedes Lavaergusses kann durch geeignete Datierungsverfahren bestimmt werden (Kap. 8). Die Richtung der thermoremanenten Magnetisierung der Gesteinsproben aus den jeweiligen Schichten ergibt die Richtung des zum Zeitpunkt der Abkühlung der Lavadecke herrschenden Magnetfeldes (Abb. 2.12b). Durch Wiederholung derartiger Messungen an Hunderten von Profilen weltweit erarbeitete man eine detaillierte chronologische Abfolge dieser Inversionen und erstellte damit eine **magnetostratigraphische Zeitskala** für die vergangenen 200 Ma. Abb. 2.12c zeigt diese Zeitskala für den Bereich der letzten 5 Ma. Ungefähr die Hälfte aller untersuchten Gesteine erwies sich hierbei als invers magnetisiert, das heißt, sie zeigten eine Magnetisierung, die der heutigen entgegengerichtet ist. Offenbar änderte das irdische Magnetfeld im Verlauf der Erdgeschichte mehrfach seine Polarität und die Zeiten einer normalen beziehungsweise inversen Magnetisierung sind etwa gleich häufig. Ein längerer Zeitabschnitt mit normaler oder inverser Magnetisierung wird als magnetisches **Chron** (griech. *chrónos* = Zeit) bezeichnet. Obwohl die Abfolge der Feldinversionen in der fernen Erdgeschichte offenbar sehr unregelmäßig war, scheint ihre Dauer im Mittel bei etwa 500.000 Jahren zu liegen.

nen sich die schwachen magnetischen Felder solcher Stahlschiffe nachweisen ließen. Geologen haben diese Messgeräte geringfügig verändert und im Schlepp hinter ihren Forschungsschiffen hergezogen, um das lokale Magnetfeld zu messen, das am Meeresboden durch magnetisierte eisenhaltige Gesteine erzeugt wird. Zur systematischen Vermessung fuhren die Wissenschaftler kreuz und quer über die Ozeane und stellten dabei regelmäßige Muster der lokalen magnetischen Feldstärke fest, was sie

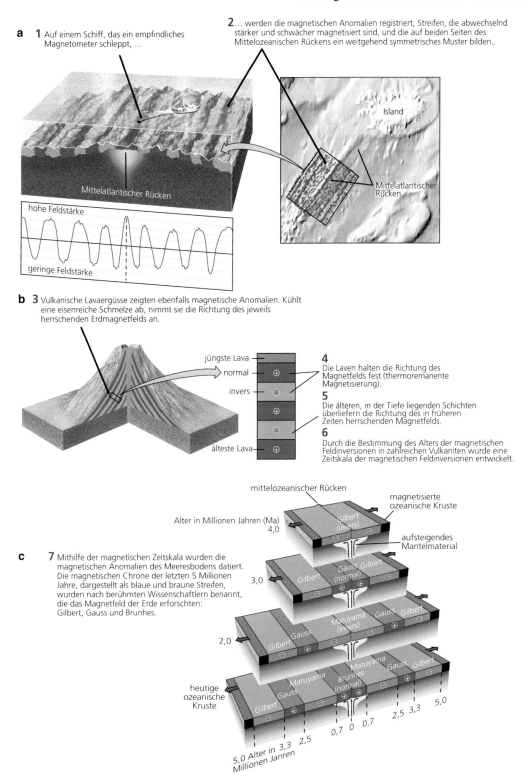

a 1 Auf einem Schiff, das ein empfindliches Magnetometer schleppt, …

2 … werden die magnetischen Anomalien registriert, Streifen, die abwechselnd stärker und schwächer magnetisiert sind, und die auf beiden Seiten des Mittelozeanischen Rückens ein weitgehend symmetrisches Muster bilden..

Mittelatlantischer Rücken

hohe Feldstärke

geringe Feldstärke

Island

Mittelatlantischer Rücken

b 3 Vulkanische Lavaergüsse zeigten ebenfalls magnetische Anomalien. Kühlt eine eisenreiche Schmelze ab, nimmt sie die Richtung des jeweils herrschenden Erdmagnetfelds an.

jüngste Lava

normal

invers

älteste Lava

4 Die Laven halten die Richtung des Magnetfelds fest (thermoremanente Magnetisierung).

5 Die älteren, in der Tiefe liegenden Schichten überliefern die Richtung des in früheren Zeiten herrschenden Magnetfelds.

6 Durch die Bestimmung des Alters der magnetischen Feldinversionen in zahlreichen Vulkaniten wurde eine Zeitskala der magnetischen Feldinversionen entwickelt.

mittelozeanischer Rücken

magnetisierte ozeanische Kruste

Alter in Millionen Jahren (Ma)

4,0

Gilbert (invers)

aufsteigendes Mantelmaterial

c 7 Mithilfe der magnetischen Zeitskala wurden die magnetischen Anomalien des Meeresbodens datiert. Die magnetischen Chrone der letzten 5 Millionen Jahre, dargestellt als blaue und braune Streifen, wurden nach berühmten Wissenschaftlern benannt, die das Magnetfeld der Erde erforschten: Gilbert, Gauss und Brunhes.

3,0

Gilbert

Gauss Gilbert (normal)

2,0

Gilbert Gauss

Matuyama (invers)

Gauss Gilbert

heutige ozeanische Kruste

Matuyama Gauss

Gilbert

Brunhes (normal)

Matuyama Gauss Gilbert

5,0 Alter in 3,3 2,5 Millionen Jahren

0,7 0 0,7

2,5 3,3 5,0

Abb. 2.12a–c Die magnetischen Anomalien ermöglichen die Bestimmung der Geschwindigkeit des Seafloor-Spreading. **a** Eine Vermessung des Mittelatlantischen Rückens unmittelbar südwestlich von Island ergab eine symmetrische Abfolge der magnetischen Feldstärke. **b** Geowissenschaftler entdeckten und datierten vergleichbare magnetische Anomalien in geschichteten Lavaergüssen auf dem Festland und entwickelten daraus eine magnetostratigraphische Zeitskala. **c** Diese magnetostratigraphische Zeitskala ermöglichte weltweit die Datierung der magnetischen Anomalien des Meeresbodens

Einem längeren Chron sind oftmals kurzzeitige Umpolungen überlagert, die sogenannten magnetischen Subchrone, sie dürften jeweils zwischen mehreren tausend bis zu 200.000 Jahre gedauert haben.

Die magnetischen Anomalien des Meeresbodens Das am Meeresboden nachgewiesene magnetische Streifenmuster war für die Wissenschaftler zunächst ein Rätsel, bis schließlich 1963 von den beiden Engländern F. J. Vine und D. H. Mathews – und unabhängig davon – von den beiden Kanadiern L. Morley und A. Larochelle eine überraschende Deutung veröffentlicht wurde. Ausgehend von neuen Hinweisen auf magnetische Inversionen, die auf dem Festland an Lavaergüssen nachgewiesen worden waren, schlossen sie, dass die stark und schwach magnetisierten Streifen am Meeresboden jenen Gesteinsstreifen entsprechen, die im Laufe vergangener Epochen der normalen und inversen Polarität magnetisiert worden waren. Das heißt, wenn sich ein Forschungsschiff über normal magnetisierten Gesteinen befand, ergab sich ein lokal stärkeres Magnetfeld oder eine **positive magnetische Anomalie**. Befand es sich dagegen über invers magnetisierten Gesteinen, resultierte daraus ein lokal schwächeres Magnetfeld und damit eine **negative magnetische Anomalie**.

Die Hypothese des Seafloor-Spreading erklärte diese Beobachtungen: Trennen sich an den mittelozeanischen Rücken zwei Platten, steigt aus dem Erdinneren Magma in die Riftstruktur auf, erstarrt und wird dabei in der jeweils gerade herrschenden Richtung des Erdmagnetfeldes magnetisiert. Da der Meeresboden aufreißt und sich vom Rücken entfernt, bewegt sich ungefähr eine Hälfte des frisch magnetisierten Basaltmaterials zur einen Seite und die andere zur entgegengesetzten Seite, sodass beiderseits des Rückens je eine symmetrische Abfolge gleichartig magnetisierter Basaltstreifen entsteht. Neues Material füllt die Riftstruktur und damit setzt sich der Prozess kontinuierlich fort. So betrachtet gleicht der Meeresboden gewissermaßen einem Magnetband, auf dem der Ablauf seiner Öffnung in Form eines Magnetfeldmusters aufgezeichnet ist.

Alter des Meeresbodens und relative Geschwindigkeit der Plattenbewegungen Aus den ermittelten Alterswerten der verschiedenen inversen Epochen, die an magnetisierten Laven auf dem Festland gemessen wurden, konnte man auch den magnetisierten Streifen am Meeresboden dementsprechende Gesteinsalter zuweisen. Damit ließ sich nach der Formel Geschwindigkeit = Entfernung/Zeit auch berechnen, wie rasch sich der Meeresboden öffnete, wobei die Entfernung von der Rückenachse zu messen ist und die Zeit dem Alter des Meeresbodens entspricht. Beispielsweise zeigt die Anordnung der magnetischen Streifen in Abb. 2.12, dass die Grenze zwischen dem normal magnetisierten Gauß-Chron und dem invers magnetisierten Gilbert-Chron, das anhand von Laven auf ein Alter von 3,3 Ma datiert worden war, heute etwa 30 km vom Kamm des Reykjanes-Rückens entfernt ist. Dort bewegten sich die Nordamerikanische und die Eurasische Platte in einem Zeitraum von 3,3 Ma durch Seafloor-Spreading etwa 60 km auseinander. Dies entspricht einer Spreading-Geschwindigkeit von 18 km pro Million Jahre oder 18 mm pro Jahr.

An divergenten Plattengrenzen ergibt die Kombination von Geschwindigkeit und Richtung der Plattenbewegungen die **relative Plattengeschwindigkeit**, das heißt, die Geschwindigkeit, mit der sich eine Platte in Relation zur andern bewegt.

Die bisher höchste Geschwindigkeit des Seafloor-Spreading wurde am Ostpazifischen Rücken unmittelbar südlich des Äquators ermittelt. Dort entfernen sich Pazifische Platte und Nazca-Platte mit einer Geschwindigkeit von 150 mm pro Jahr und damit wesentlich rascher als im Atlantik. Im Mittel bewegen sich die Platten an den mittelozeanischen Rücken weltweit mit einer Geschwindigkeit von etwa 50 mm pro Jahr auseinander. Dies entspricht ungefähr der Geschwindigkeit, mit der unsere Fingernägel wachsen, das heißt, diese Platten bewegen sich selbst für geologische Zeitbegriffe ausgesprochen schnell.

Die Kartierung der magnetischen Anomalien des Meeresbodens erwies sich als eine erstaunlich effiziente und elegante Methode zur Rekonstruktion der Geschichte des Meeresbodens. Allein durch systematisches Befahren der Ozeane und durch Bestimmung der Magnetisierungsrichtungen der Ozeanbasalte sowie durch die Korrelation der Streifen wechselnder Magnetisierung mit der paläomagnetischen Zeitskala konnten die Geologen das Alter zahlreicher Gebiete des Meeresbodens bestimmen, ohne irgendwelche Gesteinsproben davon zu untersuchen. Im Wesentlichen brauchten sie gewissermaßen nur „das Magnetband rückwärts abzuspielen".

Tiefseebohrungen

Im Jahre 1968 wurde in den Vereinigten Staaten ein Tiefsee-Bohrprogramm zur Erforschung des Meeresbodens aufgelegt, ein Gemeinschaftsprojekt, an dem alle bedeutenden ozeanographischen Institute Nordamerikas sowie die National Science Foundation beteiligt waren. Später kamen noch zahlreiche andere Nationen als Träger hinzu (Abb. 2.13).

Dieses globale Projekt hatte zum Ziel, an möglichst vielen Stellen Kernbohrungen in den Meeresboden niederzubringen. Dabei gelang es in einigen Fällen, mit Bohrungen bis in Tiefen von mehreren tausend Meter in den Meeresboden einzudringen. Damit bot sich den Geologen die einmalige Möglichkeit, die Entstehungsgeschichte der Meeresbecken direkt zu rekonstruieren.

Kleine Partikel, die durch die Wassersäule der Ozeane auf den Meeresboden absinken, etwa Staub aus der Atmosphäre oder die organischen Reste mariner Pflanzen und Tiere, beginnen sich als Sedimente auf der neuen ozeanischen Kruste anzureichern, sobald sie entstanden ist. Daher entspricht das Alter der ältesten Sedimente in einem Bohrkern, also der Schichten unmittelbar über der basaltischen Kruste, weitgehend auch dem Alter des Meeresbodens an diesem Bohrpunkt. Das Alter der Sedimente lässt sich häufig mithilfe fossiler Skelettelemente winziger mariner Organismen ermitteln, die an der Meeresoberfläche leben und nach ihrem Absterben zum Meeresboden absinken. Dabei zeigte sich, dass die ältesten Sedimente in den Bohrkernen mit zunehmender Entfernung von den mittelozeanischen Rücken ein immer höheres Alter aufweisen und dass das Sedimentalter an jedem einzelnen Bohrpunkt nahezu vollkommen mit dem Alter übereinstimmte, das man anhand der paläomagnetischen Datierung bestimmt hatte. Diese Übereinstimmung bestätigte einerseits die magnetische Zeitskala und lieferte andererseits den überzeugenden Beweis für das Seafloor-Spreading.

Bestimmung der Plattenbewegungen durch geodätische Verfahren

Astronomischen Positionsbestimmung Die astronomische Positionsbestimmung, die Bestimmung einer Punktlage an der Erdoberfläche in Relation zu einem am Nachthimmel befindlichen Fixstern, ist eine Methode der **Geodäsie**, der Wissenschaft von der Vermessung und Abbildung der Erdoberfläche. Dieses Verfahren diente jahrhundertelang auf dem Festland zur Vermessung der geographischen Grenzen und Seefahrer verwenden es noch heute, um die Schiffsposition zu bestimmen. Vor viertausend Jahren nutzten die ägyptischen Baumeister die astronomische Positionsbestimmung zur exakten Ausrichtung der Großen Pyramide nach Norden.

Wegen der hohen Genauigkeit, die für eine exakte Beobachtung der Plattenbewegungen erforderlich ist, spielten konventionelle geodätische Verfahren bei der Entdeckung der Plattentektonik keine wesentliche Rolle. Geologen mussten sich zum Nachweis des Seafloor-Spreading auf Hinweise aus der Schichtenfolge stützen, das heißt auf das zuvor beschriebene magnetische Streifenmuster und das Alter der Fossilien. Gegen Ende der 1970er Jahre wurde jedoch ein Verfahren der astronomischen Positionsbestimmung entwickelt, das von quasi-stellaren Radioquellen ausgestrahlte Signale verwendet, die mit großen Parabolantennen empfangen werden. Mit diesem Verfahren lassen sich Entfernungen zwischen Kontinenten mit der erstaunlichen Genauigkeit von einem Millimeter bestimmen. Im Jahre 1986 zeigte eine Gruppe von Wissenschaftlern, die dieses Verfahren nutzte, dass die Entfernung zwischen Antennen in Europa (Schweden) und Nordamerika (Massachusetts), gemessen über einen Zeitraum von fünf Jahren, um 19 mm pro Jahr größer geworden ist – ein Wert, der durch geologische Modelle der Plattentektonik vorhergesagt wurde.

Heute ist die Große Pyramide in Ägypten nicht mehr genau nach Norden, sondern geringfügig nach Osten ausgerichtet. Unterlief den ägyptischen Astronomen bei der Orientierung der Pyramide vor 4000 Jahren ein Fehler? Die Archäologen glauben nein. Im Verlauf dieser Zeitspanne driftete Afrika weit genug vom Mittelatlantischen Rücken weg, um die Pyramide aus ihrer ursprünglichen Nordrichtung zu drehen.

Global Positioning System Eine Vermessung mit großen Radioteleskopen ist kostspielig, sie ist auch kein praktisches Verfahren für die Untersuchung von plattentektonischen Bewegungen in abgelegenen Gebieten der Erde. Seit Mitte der 1980er Jahre verwendet man weltweit ein amerikanisches System von 24 auf Erdumlaufbahnen befindlichen Satelliten, das sogenannte Global Positioning System (kurz GPS), um dieselbe Art von Messungen

Abb. 2.13 Das Tiefsee-Bohrschiff JOIDES Resolution ist 143 m lang und mit einem 61 m hohen Bohrturm ausgerüstet, der das Niederbringen von Bohrungen in den Meeresboden selbst in großen Tiefen ermöglicht. Die dem Meeresboden entnommenen Gesteinsproben bestätigten das Alter der Gesteine des Ozeanbodens, das aus den magnetischen Anomalien abgeleitet worden war. Solche Gesteinsproben brachten außerdem neue Erkenntnisse zur Entwicklung der Meeresbecken und der Klimaverhältnisse in der geologischen Vergangenheit (Foto mit frdl. Genehm. von Integrated Ocean Drilling Program/United States Implementing Organization [IODP/USIO])

mit derselben verblüffenden Genauigkeit durchführen zu können. Ein vergleichbares europäisches Navigationssystem („Galileo") befindet sich derzeit im Aufbau. Die Positionen der Satelliten dienen als Referenzpunkte, vergleichbar den Fixsternen oder Quasaren, die zur astronomischen Positionsbestimmung herangezogen werden. Diese Satelliten senden hochfrequente Radiowellen aus, die in den Satelliten mithilfe präziser Atomuhren codiert werden. Diese Signale können von verhältnismäßig preisgünstigen mobilen GPS-Geräten empfangen werden, die nicht viel größer als dieses Lehrbuch sind (Abb. 2.14). Diese Geräte ähneln weitgehend den in Autos oder von Radfahrern benutzten GPS-Empfängern, sind jedoch wesentlich genauer. In der Geologie verwendet man GPS dazu, um Plattenbewegungen in festen Abständen und an vielen Lokalitäten rund um den Erdball zu bestimmen. Entfernungsänderungen zwischen den auf den verschiedenen Lithosphärenplatten positionierten GPS-Empfängern, gemessen über einen Zeitraum von mehreren Jahren, stimmen sowohl von der Größenordnung als auch von der Richtung her mit den magnetischen Anomalien des Meeresbodens überein. Dies spricht dafür, dass die Plattenbewegungen über Zeiträume von wenigen Jahren bis zu mehreren Millionen Jahren hinweg bemerkenswert konstant sind (siehe hierzu auch Abschn. 24.2).

a

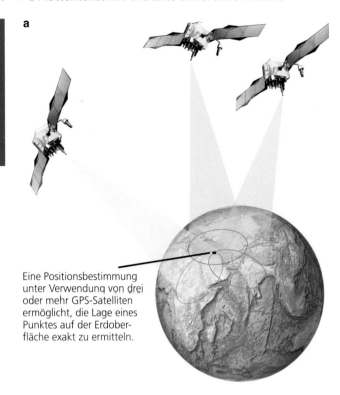

Eine Positionsbestimmung unter Verwendung von drei oder mehr GPS-Satelliten ermöglicht, die Lage eines Punktes auf der Erdoberfläche exakt zu ermitteln.

b

GPS-Station

Abb. 2.14a,b Das GPS-System ermöglicht es, die Plattenbewegungen zu überwachen. **a** GPS-Satelliten liefern stationäre Referenzpunkte außerhalb der Erde. **b** Weltweit können kleine GPS-Empfänger installiert werden. Aus den Positionsänderungen der Empfänger über mehrere Jahre hinweg lassen sich Richtung und Geschwindigkeit der Plattenbewegungen bestimmen (Foto mit frdl. Genehm. von Southern California Earthquake Center)

Die große Rekonstruktion

Der Großkontinent Pangaea war die einzige größere Landmasse, die vor 250 Ma existierte. Einer der größten Erfolge der modernen Geologie ist die Rekonstruktion der Ereignisse, die zur Bildung des Großkontinents Pangaea und seinem späteren Auseinanderbrechen führten, bei dem die heutigen Kontinente entstanden sind. Wenn wir nun anwenden, was wir über die Plattentektonik gelernt haben, wird erkennbar, wie diese großartige Leistung vollbracht wurde.

Isochronen des Meeresbodens

Die geologische Karte in Abb. 2.15 zeigt das Alter des Meeresbodens in den verschiedenen Ozeanen der Erde, wie es mithilfe von Fossilien und der magnetostratigraphischen Zeitskala bestimmt worden ist. Jeder farbige Streifen entspricht einer bestimmten Zeitspanne, die dem Alter der Kruste innerhalb dieses Streifens entspricht. Die Linien zwischen den farbigen Bändern, die sogenannten **Isochronen**, verbinden Gesteine gleichen Alters miteinander.

Die Isochronen lassen erkennen wie viel Zeit vergangen ist, seit die Gesteine der Kruste als Magma an einer mittelozeanischen Riftstruktur aufgestiegen sind, und wie weit sich die Gesteine seit ihrer Entstehung durch Seafloor-Spreading von der Riftstruktur entfernt haben. Beispielsweise kennzeichnet die Entfernung von einer Rückenachse zur 100 Ma-Isochrone (der Grenze zwischen den grünen und den blauen Streifen) die Ausdehnung des in diesem Zeitraum gebildeten neuen Ozeanbodens. Die weiter auseinanderliegenden Isochronen im östlichen Pazifik kennzeichnen seine gegenüber dem Atlantik größeren Spreading-Raten.

Im Jahre 1990 fanden Geologen nach einer zwanzigjährigen Suche in einer im westlichen Pazifik niedergebrachten Bohrung die ältesten ozeanischen Gesteine. Diese Gesteine hatten ein Alter von etwa 200 Ma, was etwa 4 % des gesamten Alters der Erde entspricht. Im Gegensatz dazu sind die ältesten bekannten Gesteine der kontinentalen Kruste über 4 Mrd. Jahre alt. Diese Zeitangabe lässt erkennen, wie jung der Meeresboden im Vergleich zu den Kontinenten ist. In einem Zeitraum von 100 bis 200 Ma, an einigen Stellen auch in einem Zeitraum von lediglich einigen zehn Millionen Jahren, entsteht ozeanische Lithosphäre, breitet sich seitlich aus, kühlt ab, wird schließlich subduziert und damit in den darunter befindlichen Erdmantel zurückgeführt.

Rekonstruktion der Plattenbewegungen

Die Lithosphärenplatten verhalten sich wie starre Körper. Das bedeutet, dass die Entfernungen zwischen drei Orten auf derselben Platte – etwa Lissabon, Paris und Moskau auf der Eurasischen Platte – gleich bleiben, egal wie sich die Platte als Einheit bewegt. Demgegenüber wird die Entfernung zwischen Lissabon und New York größer, weil diese Städte auf unterschiedlichen Platten liegen, die durch eine schmale Spreading-Zone auf dem Mittelatlantischen Rücken voneinander getrennt werden. Die Bewegungsrichtung einer Platte relativ zu einer anderen hängt von geometrischen Prinzipien ab, die das Verhalten starrer Platten auf einer Kugel bestimmen.

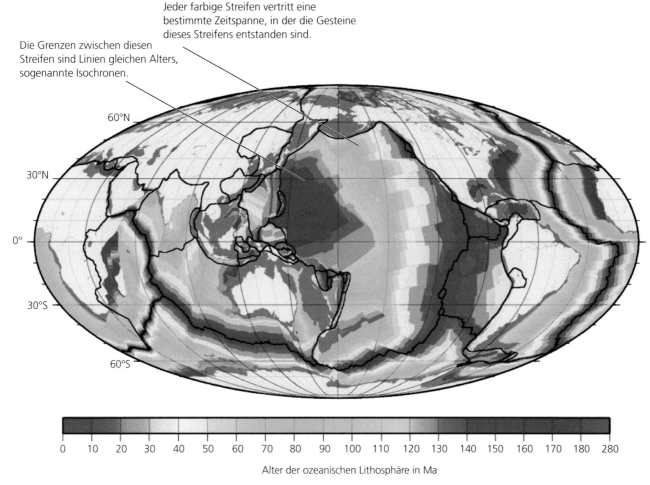

Jeder farbige Streifen vertritt eine bestimmte Zeitspanne, in der die Gesteine dieses Streifens entstanden sind.

Die Grenzen zwischen diesen Streifen sind Linien gleichen Alters, sogenannte Isochronen.

Alter der ozeanischen Lithosphäre in Ma

Abb. 2.15 Diese Weltkarte der Isochronen zeigt das Alter der Gesteine des Meeresbodens. Die Zeitskala (*unten*) gibt das Alter des Meeresbodens seit seiner Entstehung an den mittelozeanischen Rücken in Millionen Jahren an. Die Festländer sind *hellgrau* dargestellt; die *dunkelgraue Farbe* kennzeichnet Flachwasserbereiche auf den Schelfgebieten. Die mittelozeanischen Rücken, an denen neuer Ozeanboden entsteht, decken sich mit dem jüngsten Meeresboden (*dunkelrot*) (mit frdl. Genehm. von R. D. Müller)

Zwei wichtige geometrische Prinzipien seien hier genannt:

Transformstörungen lassen die Richtung der Plattenbewegung erkennen Von einigen wenigen Ausnahmen abgesehen, kommt es an typischen Transformstörungen in den Ozeanen weder zu Überschiebungen noch zu Verbiegungen oder zur Abtrennung von Plattenteilen. Die beiden Platten gleiten lediglich aneinander vorbei, ohne dass neue Plattensubstanz gebildet oder alte vernichtet wird. Man betrachtet den Verlauf einer Transformstörung, um die Richtung der Plattenbewegungen abzuleiten, da die Orientierung der Störung der Richtung entspricht, in der eine Platte an der anderen vorbeigleitet (Abb. 2.8f,g).

Isochronen lassen die Position von Platten in der Vergangenheit erkennen Die Isochronen auf dem Meeresboden verlaufen ungefähr parallel, außerdem sind sie symmetrisch zur Rückenachse angeordnet, an der die sie bildenden Lavamassen ausgetreten sind (vgl. Abb. 2.15). Da jede Isochrone früher einmal an einer divergenten Plattengrenze lag, können Isochronen gleichen Alters auf gegenüberliegenden Seiten eines mittelozeanischen

Rückens gewissermaßen durch Zusammenschieben auf dem Papier zur Deckung gebracht werden, um die Positionen der Platten und die Anordnung der darin eingebetteten Kontinente für einen früheren Zeitpunkt sichtbar zu machen.

Durch Anwendung dieser beiden Prinzipien war es den Geowissenschaftlern möglich, die Geschichte der Kontinentaldrift zu rekonstruieren. Dabei konnte beispielsweise auch gezeigt werden, wie sich die schmale Halbinsel Niederkalifornien in den vergangenen 5 Ma vom mexikanischen Festland trennte und wegdriftete (vgl. hierzu auch Abschn. 24.2).

Das Auseinanderbrechen von Pangaea

In einem weitaus größeren Maßstab konnte darüber hinaus die Öffnung des Atlantiks und das Auseinanderbrechen des Großkontinents Pangaea rekonstruiert werden (Abb. 2.16). Abb. 2.16e zeigt Pangaea vor 240 Ma. Der Großkontinent begann zu zerbrechen, als sich vor 200 Ma Nordamerika von Europa wegbewegte (Abb. 2.16f). Die Öffnung des Nordatlantiks war begleitet von der Trennung des im Norden liegenden Kontinents Laurasia vom Südkontinent Gondwana und darüber hinaus von Riftstrukturen entlang der heutigen Ostküste Afrikas (Abb. 2.16g). Das Auseinanderbrechen von Gondwana führte schließlich zur Entstehung von Südamerika, Afrika, Indien und der Antarktis, außerdem öffnete sich der Südatlantik neben den anderen im Süden liegenden Ozeanen. Lediglich das damalige Mittelmeer, die Tethys, wurde eingeengt (Abb. 2.16h). Die Trennung Australiens von der Antarktis und später die Kollision Indiens mit Eurasien sowie eine Nordbewegung Afrikas führten zur Schließung der Tethys und damit zur heutigen Anordnung der Kontinente (Abb. 2.16i).

Natürlich dauern die plattentektonischen Bewegungen noch fort, so dass sich die Position der Kontinente weiter verändern wird. Ein plausibles Szenario für die Verteilung der Kontinente und Plattengrenzen in etwa 50 Mio. Jahren zeigt (Abb. 2.16j).

Die Entstehung von Pangaea

Die Karte der Isochronen (Abb. 2.15) zeigt, dass der gesamte heutige Meeresboden seit dem Auseinanderbrechen von Pangaea entstanden ist. Aus der geologischen Abfolge in den älteren Gebirgsgürteln der Kontinente ist jedoch bekannt, dass bereits mehrere Milliarden Jahre vor diesem Zerbrechen plattentektonische Prozesse abgelaufen sein mussten. Offensichtlich erfolgte das Seafloor-Spreading in der gleichen Art und Weise wie heute und es gab in der Erdgeschichte bereits zuvor Episoden der Kontinentaldrift und Kollision. Die Subduktion von ozeanischem Krustenmaterial in den Erdmantel zerstörte diesen in der Frühzeit entstandenen Meeresboden. Wir müssen uns daher auf ältere Hinweise stützen, also solche, die auf den Kontinenten erhalten geblieben sind, um die Bewegungen der früheren Kontinente (Paläokontinente) zu erkennen und kartenmäßig darstellen zu können.

Alte Gebirgsgürtel wie beispielsweise die Appalachen Nordamerikas oder der Ural, der Europa und Asien trennt, ermöglichen uns, solche Kollisionen von Paläokontinenten nachzuweisen. In zahlreichen Gebieten lassen die Gesteine ehemalige Episoden der Plattentrennung und der Subduktion erkennen. Aus bestimmten Gesteinstypen und Fossilfunden kann die Verbreitung ehemaliger Meere, Gletscher, Tiefländer und Hochgebiete bis hin zu den herrschenden Klimaverhältnissen rekonstruiert werden. Kenntnisse des Paläoklimas ermöglichen die geographischen Breiten zu ermitteln, in denen die damaligen Kontinente lagen, was wiederum die Zusammensetzung des Puzzles der Paläokontinente erleichtert.

Wenn durch Gebirgsbildung und Vulkanismus auf den Kontinenten neue Gesteine entstehen, nehmen manche davon in gleicher Weise die Richtung des herrschenden Magnetfelds an, wie die durch Seafloor-Spreading gebildeten ozeanischen Gesteine. Wie ein zu diesem Zeitpunkt eingefrorener Kompass hält die thermoremanente Magnetisierung die ehemalige Orientierung eines kontinentalen Bruchstücks und über die Inklination auch die damalige geographische Breite eines kontinentalen Bruchstückes fest.

Die linke Seite in Abb. 2.16 zeigt einen der neueren Versuche, die Anordnung der Kontinente vor ihrem Zusammenschluss zu Pangaea darzustellen. Es ist faszinierend, dass sich mithilfe der modernen Wissenschaften die Paläogeographie dieser fremdartigen Welt vor Hunderten von Millionen Jahren rekonstruieren lässt. Durch Analyse von Gesteinsparagenesen, Fossilien, Klima und Paläomagnetismus war es sogar möglich, einen als **Rodinia** bezeichneten älteren Großkontinent zu rekonstruieren, der vor etwa 1,1 Mrd. Jahren entstanden war und vor 755 Ma auseinanderzubrechen begann. Außerdem konnte man die Bruchstücke über weitere 500 Ma verfolgen, in denen sie auseinanderdrifteten und sich wieder zum Großkontinent Pangaea zusammenschlossen. Die Geologen sind noch immer dabei, sich im Einzelnen Klarheit über dieses komplizierte Puzzle zu verschaffen, dessen Teilstücke ihre Gestalt im Laufe der Erdgeschichte erheblich verändert haben.

Konsequenzen der Rekonstruktion

Kaum ein Zweig der Geowissenschaften blieb von der Rekonstruktion der erdgeschichtlichen Entwicklung der Kontinente unberührt. Wirtschaftsgeologen nutzten das Zusammenfügen der Kontinente, um Erz- und Kohlenwasserstoff-Lagerstätten ausfindig zu machen, indem sie diese Rohstoffe enthaltenden Schichten mit ähnlichen Lagerungsverhältnissen auf anderen Kontinenten vergleichen, die vor dem Auseinanderdriften von Pangaea einstmals zusammenhingen. Paläontologen überdachten einige Aspekte der Evolution der Arten, die sich auf einer ursprünglich zusammenhängenden Landmasse entwickelt hatten und später räumlich getrennt wurden. Ganz allgemein hat sich der Blickwinkel der Geologen von einer eher regionalen Betrachtungsweise zu einem globalen Gesamtbild verschoben, denn die Plattentektonik bietet eine Möglichkeit, geologische Vorgänge wie Gesteinsbildung und Gebirgsbildung, aber auch damit verbundene Klimaveränderungen im globalen Zusammenhang zu deuten.

Klimaänderungen in der Vergangenheit Im Verlauf der Jahrmillionen führten die Plattenbewegungen zu einer ständigen Neuordnung der Kontinente und Ozeane, die das System Klima grundlegend veränderten. In der heutigen Anordnung kann das Wasser des Südpolarmeeres die Antarktis ungehindert umfließen und bildet gewissermaßen eine „zirkumpolare Meeresstraße", die die Antarktis von den wärmeren Wasser- und Luftmassen der tropischen Breiten trennt. Diese Trennung führt dazu, dass die südlichen Polargebiete kälter sind, als es von Ihrer Position her dort sein müsste, und dass der den ganzen Kontinent überdeckende Eisschild erhalten bleibt.

Vor 66 Ma war die Situation völlig anders (Abb. 2.16d). Australien war noch mit der Antarktis verbunden. Daher konnten warme Meeresströmungen nach Süden gelangen und das Südpolargebiet erwärmen. Zu dieser Zeit waren auch Nord- und Südamerika noch voneinander getrennt, so dass ein ungehinderter

Wasseraustausch zwischen Atlantischem und Pazifischem Ozean möglich war. Erst als sich vor 40 Ma Australien von der Antarktis trennte, entstand der heutige Zirkumpolarstrom. Später, vor etwa 5 Ma, entstand durch Subduktion im östlichen Pazifik die Landenge von Panama, die nun Nord- und Südamerika verband und den Atlantik vom Pazifischen Ozean trennte.

Durch diese Veränderungen, verbunden mit der Kollision von Indien und Eurasien, bei der das Hochland von Tibet entstand (Abb. 2.16g), kühlte der Planet so weit ab, dass sich auf der Südhalbkugel die Inlandeismassen der Antarktis und auf der Nordhalbkugel der grönländische Eisschild bilden konnten. Die sich daraus ergebende Modifizierung des Systems Klima – so glaubt man – löste die Klimaschwankungen zwischen Kaltzeiten (Eiszeiten, Kap. 21) und den etwas wärmeren, interglazialen Perioden aus, in der wir uns derzeit befinden.

Mantelkonvektion: Der Antriebsmechanismus der Plattentektonik

Bis hierher könnte alles, was zur Sprache kam, als rein beschreibende Plattentektonik bezeichnet werden. Erst die Theorie der Mantelkonvektion liefert die notwendige Erklärung, warum sich die Platten bewegen.

Wie Arthur Holms und die anderen Verfechter der Kontinentaldrift bereits erkannt hatten, sind Konvektionsbewegungen im Erdmantel der Antriebsmechanismus für die an der Erdoberfläche ablaufenden großtektonischen Vorgänge. In Kap. 1 haben wir den heißen Erdmantel als einen sich plastisch verhaltenden Festkörper beschrieben, der die Fähigkeit hat, wie eine hochviskose Flüssigkeit zu fließen (wie beispielsweise warmes Wachs oder kalter Sirup). Die aus dem tiefen Erdinneren abgegebene Wärme führt in diesem Material zu Konvektionsbewegungen mit Geschwindigkeiten von einigen zehntel Millimetern pro Jahr.

Nahezu alle Wissenschaftler sind sich heute einig, dass die Lithosphärenplatten auf irgendeine Weise an diesen Konvektionssystemen im Mantel beteiligt sind. Doch wie so oft „steckt der Teufel im Detail." Ausgehend von dem einen oder anderen Beleg wurden zahlreiche Hypothesen aufgestellt, doch keine führte zu einer befriedigenden und alles umfassenden Theorie. Nachfolgend wollen wir uns drei Fragen stellen, die den Kern des Problems betreffen und unsere Meinung zu den entsprechenden Antworten äußern. Doch diese Antworten sind nur als vorläufig und nicht als Fakten zu betrachten. Unsere Kenntnisse über das Konvektionssystem im Erdmantel nehmen zwar ständig zu, sobald jedoch neue Ergebnisse zur Verfügung stehen, müssen wir häufig unsere Ansichten revidieren.

Wo entstehen diese Antriebskräfte?

Das folgende Experiment lässt sich in jeder Küche durchführen. Man erhitze in einem Topf Wasser bis kurz vor den Siedepunkt und streue in der Mitte einige trockene Teeblätter auf die Oberfläche des Wassers. Es wird sich zeigen, dass sich die Blätter, mitgezogen von den Konvektionsbewegungen im heißen Wasser, auf der Wasseroberfläche bewegen. Wandern auf diese Art und Weise auch die Lithosphärenplatten, passiv mitgeschleppt auf dem Rücken von Konvektionsströmungen, die vom Erdmantel aufsteigen?

Die Antwort ist offenbar nein. Die wesentlichen Hinweise ergeben sich aus der Geschwindigkeit der Plattenbewegungen, auf die in diesem Kapitel bereits eingegangen wurde. Aus Abb. 2.7 geht hervor, dass die rascher sich bewegenden Platten (die Pazifische, die Nazca-, die Cocos- und die Juan-de-Fuca-Platte) an einem Großteil ihrer Grenzen subduziert werden. Im Gegensatz dazu haben die sich langsamer bewegenden Platten (die Nordamerikanische, die Südamerikanische, die Afrikanische, die Eurasische und die Antarktische Platte) keine größeren Bereiche mit abtauchenden Plattenrändern. Diese Tatsachen sprechen dafür, dass der gravitativ bedingte Zug („slab pull"), der von der kalten und deshalb spezifisch schwereren alten Lithosphärenplatte verursacht wird, zu diesen raschen Plattenbewegungen führt. Anders formuliert: Die Platten werden von den Konvektionsbewegungen im tiefen Erdmantel nicht passiv mitgeschleppt, sondern sie tauchen vielmehr durch ihr eigenes Gewicht in den Mantel ab. Nach dieser Hypothese beruht das Seafloor-Spreading auf einem passiven Aufstieg von Mantelmaterial dort, wo die Platten durch die bei der Subduktion auftretenden Kräfte auseinandergezogen werden.

Wenn jedoch die einzige wesentliche Kraft bei der Plattentektonik die gravitativ bedingte Zugkraft der subduzierten Platten ist, warum brach dann Pangaea auseinander und warum öffnete sich der Atlantik? Die einzigen abtauchenden Lithosphärenplatten im Bereich der Nordamerikanischen und der Südamerikanischen Platte findet man im Gebiet der Großen und Kleinen Antillen sowie der Südsandwich-Inseln, wobei man im Allgemeinen davon ausgeht, dass diese Bereiche zu klein sind, um den Atlantik auseinanderzuziehen. Eine Möglichkeit wäre jedoch, dass die überfahrenden Platten ebenso wie die abtauchenden Platten in Richtung ihrer konvergenten Grenzen gezogen werden. Da beispielsweise die Nazca-Platte unter Südamerika subduziert wird, könnte dadurch die Plattengrenze an der Atacama-Tiefseerinne in Richtung Pazifik zurückweichen und die Südamerikanische Platte dabei gewissermaßen nach Westen „gesaugt" werden.

Im Zusammenhang mit den Plattenbewegungen gibt es außerdem Hinweise auf weitere Kräfte. Als sich die Kontinente zusammenschlossen und den Kontinent Pangaea bildeten, wirkte Pangaea als isolierende Decke und verhinderte, dass Wärme aus dem Erdmantel abfließen konnte, wie dies andernfalls durch Seafloor-Spreading der Fall gewesen wäre. Die sich im Laufe der Zeit ansammelnde Wärme bildete im Mantel unter dem Großkontinent heiße Mantelkissen. Dadurch kam es zu geringfügigen Aufwölbungen, was im Scheitel dieser Aufwöl-

Teil I

DER ZUSAMMENSCHLUSS VON PANGAEA

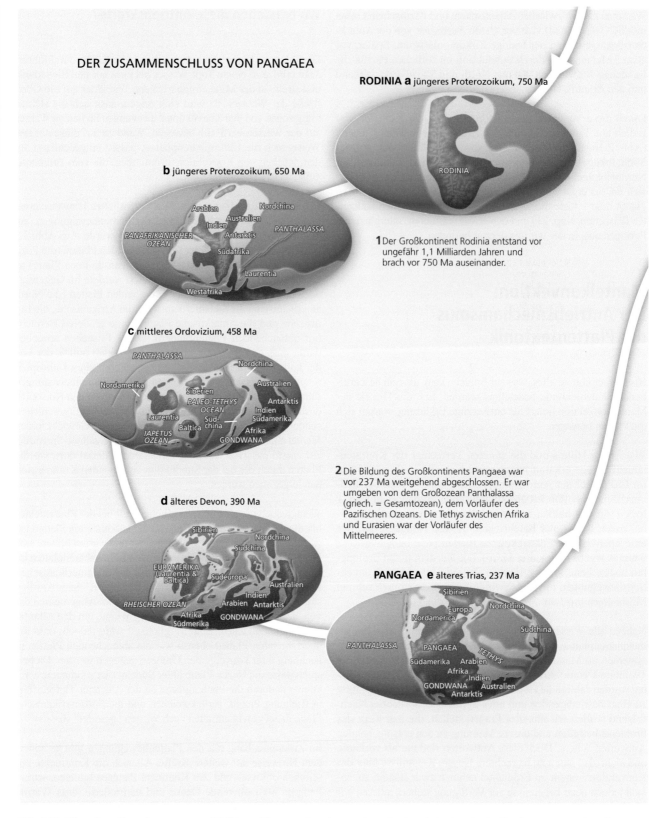

RODINIA **a** jüngeres Proterozoikum, 750 Ma

b jüngeres Proterozoikum, 650 Ma

Arabien
Nordchina
Australien
Indien
PANAFRIKANISCHER
OZEAN
Antarktis
Südafrika
Laurentia
Westafrika
PANTHALASSA

1 Der Großkontinent Rodinia entstand vor
ungefähr 1,1 Milliarden Jahren und
brach vor 750 Ma auseinander.

c mittleres Ordovizium, 458 Ma

PANTHALASSA
Nordchina
Nordamerika
Australien
Siberien
PALEO-TETHYS
OCEAN
Antarktis
Laurentia
Süd-
china
Indien
Südamerika
IAPETUS
OZEAN
Baltica
Afrika
GONDWANA

2 Die Bildung des Großkontinents Pangaea war
vor 237 Ma weitgehend abgeschlossen. Er war
umgeben von dem Großozean Panthalassa
(griech. = Gesamtozean), dem Vorläufer des
Pazifischen Ozeans. Die Tethys zwischen Afrika
und Eurasien war der Vorläufer des
Mittelmeeres.

d älteres Devon, 390 Ma

Sibirien
Nordchina
Südchina
EURAMERIKA
(Laurentia &
Baltica)
Südeuropa
Australien
Indien
RHEISCHER OZEAN
Arabien
Antarktis
Afrika
Südmerika
GONDWANA

PANGAEA e älteres Trias, 237 Ma

Sibirien
Europa
Nordchina
Nordamerica
Südchina
PANTHALASSA
PANGAEA
TETHYS
Südamerika
Arabien
Afrika
Indien
GONDWANA
Australien
Antarktis

Abb. 2.16 Riftvorgänge, Plattenbewegungen und Kollisionen führten zur Entstehung und zum Auseinanderbrechen des Großkontinents Pangaea (© Paläogeographische Karten: Christopher R. Scotese, 2003 PALEOMAP Project [www.scotese.com])

DAS AUSEINANDERBRECHEN VON PAGAEA

f unterer Jura, 195 Ma

3 Das Auseinanderbrechen von Pangaea wurde durch Riftstrukturen eingeleitet, aus denen Laven gefördert wurden. Gesteinsparagenesen, die Reste dieser Plattentrennung darstellen, sind in Form von 250 Ma alten Vulkaniten zwischen Neuschottland und North-Carolina überliefert.

g oberer Jura, 152 Ma

4 Vor etwa 150 Ma befand sich Pangaea im ersten Stadium des Auseinanderbrechens. Der Atlantische Ozean hatte sich schon teilweise geöffnet, die Tethys war bereits eingeengt und der Nordkontinent (Laurasia) hatte sich weitgehend vom Südkontinent (Gondwana) getrennt. Indien, die Antarktis und Australien begannen sich von Afrika zu lösen.

h obere Kreide, älteres Tertiär, 66 Ma

5 Vor 66 Ma hatte sich der Südatlantik geöffnet und verbreitert. Indien bewegte sich nach Norden in Richtung Asien und die Tethys hatte sich unter Bildung eines Binnenmeers, des heutigen Mittelmeers, geschlossen.

DIE ERDE HEUTE UND IN DER ZUKUNFT

i DIE ERDE HEUTE

6 Im Verlauf der vergangenen 65 Ma entstand die heutige Welt. Indien kollidierte mit Asien und beendete damit seine Reise über den Ozean, auch wenn es sich noch immer nordwärts bewegt. Australien hat sich von der Antarktis getrennt.

j in 50 Millionen Jahren

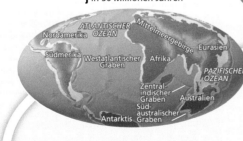

Abb. 2.16 *(Fortsetzung)*

Abb. 2.17 Schematischer Schnitt durch den äußeren Bereich der Erde. Er zeigt die beiden Kräfte, die mutmaßlich für die Bewegung der Lithosphärenplatten verantwortlich sind: die Zugkraft der nach unten abtauchenden Platte und die an den mittelozeanischen Rücken auf die Lithosphäre ausgeübte Schubkraft (nach: D. Forsyth & S. Uyeda (1975), *Geophysical Journal of the Royal Astronomical Society*, 43: 163–200)

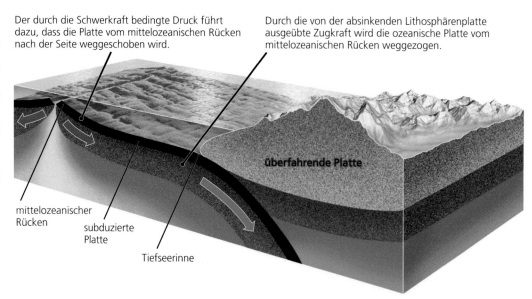

Der durch die Schwerkraft bedingte Druck führt dazu, dass die Platte vom mittelozeanischen Rücken nach der Seite weggeschoben wird.

Durch die von der absinkenden Lithosphärenplatte ausgeübte Zugkraft wird die ozeanische Platte vom mittelozeanischen Rücken weggezogen.

überfahrende Platte

mittelozeanischer Rücken

subduzierte Platte

Tiefseerinne

bungen zu einer Art Rutschung und zum Auseinanderbrechen von Pangaea führte. Später hielten dann gravitative Kräfte das Seafloor-Spreading aufrecht, da sich die Platten vom Kamm des Mittelatlantischen Rückens gewissermaßen hangabwärts bewegten. Die vereinzelt im Inneren von Platten auftretenden Erdbeben werden als Hinweise für Kompressionsvorgänge gewertet, die durch diesen Rückendruck verursacht werden.

Die Konvektionsbewegungen im Erdmantel, das Aufsteigen an bestimmten Stellen und das Absinken von kaltem Material an anderen, sind die Antriebskräfte der Plattentektonik. Obwohl noch viele Fragen offen sind, können wir mit einiger Sicherheit davon ausgehen, dass erstens die Lithosphärenplatten in diesem System eine aktive Rolle spielen und zweitens die Kräfte, die mit den abtauchenden Platten und den höher liegenden Rücken verbunden sind, mit großer Wahrscheinlichkeit die wichtigsten Faktoren sind, die die Geschwindigkeit der Plattenbewegungen bestimmen (Abb. 2.17). Derzeit ist man bemüht die anderen Fragen, die sich in dieser Diskussion ergaben, durch den Vergleich von Beobachtungen mit detaillierten Rechenmodellen des Konvektionssystems im Erdmantel zu klären. Auf einige dieser Ergebnisse wird in Kap. 14 noch näher eingegangen.

Wie tief tauchen die Platten in den Erdmantel ab?

Damit die Plattentektonik aufrechterhalten wird, muss die an den Subduktionszonen abtauchende Lithosphäre im Mantel aufgeschmolzen werden und schließlich an den Spreading-Zentren der mittelozeanischen Rücken als aufgeschmolzenes Lithosphärenmaterial wieder nach oben gelangen. Wie tief tauchen die Lithosphärenplatten in den Mantel ab und wo liegt damit auch die Untergrenze der Konvektionsbewegungen im Erdmantel?

Die Untergrenze kann generell nicht tiefer als 2980 km unter der Erdoberfläche liegen, da sich dort die scharfe, durch einen Materialwechsel bedingte Grenze zwischen Erdkern und Erdmantel befindet (Abb. 2.18). Wie in Kap. 1 gezeigt wurde, weist das eisenreiche Fluid unter dieser Kern/Mantel-Grenze eine weit höhere Dichte auf als das Material des Erdmantels und verhindert so einen signifikanten Stoffaustausch zwischen diesen beiden Schalen. Wir können daher von einem Konvektionssystem ausgehen, an dem der ganze Erdmantel beteiligt ist und bei dem das von den Platten stammende Material durch den gesamten Mantel bis zur Grenze Kern/Mantel zirkuliert (Abb. 2.18a).

Einige Geowissenschaftler gehen jedoch davon aus, dass der Erdmantel aus zwei Schichten bestehen könnte: ein oberes Mantelsystem in den äußeren 700 km, in dem das Aufschmelzen der Platten erfolgt, und ein unteres Mantelsystem zwischen 700 km Tiefe und der Kern/Mantel-Grenze, in dem die Konvektionsbewegungen etwas träger ablaufen. Entsprechend dieser Hypothese einer „geschichteten Konvektion" wird eine Trennung der beiden Systeme nur deshalb aufrechterhalten, weil das obere System aus spezifisch leichterem Gesteinsmaterial besteht als das untere und demzufolge gewissermaßen darauf schwimmt, etwa in gleicher Weise wie der Erdmantel auf dem Erdkern schwimmt (Abb. 2.18b).

Um diese widersprüchlichen Hypothesen zu überprüfen, müssen wir die Bereiche tief unter den konvergenten Plattengrenzen betrachten, wo die alten Platten subduziert wurden und die gewissermaßen als „Lithosphären-Friedhöfe" dienen. Alte subduzierte Lithosphäre ist kälter als der umgebende Mantel und kann daher mit dem Verfahren der seismischen Tomographie sichtbar gemacht werden. Demzufolge sollte es im Untergrund dieser Zonen große Mengen kälterer Lithosphäre geben. Aus unseren Kenntnissen ehemaliger Plattenbewegungen heraus lässt sich abschätzen, dass seit dem Auseinanderbrechen von Pangaea Lithosphäre in der Größenordnung der heutigen Erdoberfläche subduziert und damit in den Erdmantel zurückgeführt worden ist. Tatsächlich fand man an den konvergenten Plattengrenzen unter Nord- und

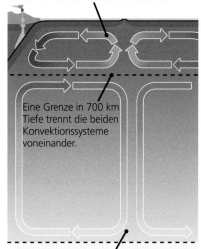

a Konvektion im gesamten Erdmantel

ozeanische Lithosphäre

Mantel
äußerer Kern
innerer Kern

oberer Mantel

700 km

unterer Mantel

2 900 km
äußerer Kern

Das Aufschmelzen der Lithosphärenplatten erfolgt im Mantel bis zur
Kern/Mantel-Grenze.

b Geschichtete Konvektion

Das Aufschmelzen der Lithosphärenplatten
ist auf den oberen Mantel beschränkt.

Eine Grenze in 700 km
Tiefe trennt die beiden
Konvektionssysteme
voneinander.

Im unteren Mantel sind die Konvektionsbewegungen träger als im oberen Mantel.

Abb. 2.18 Zwei mögliche Hypothesen der Konvektionsbewegungen im Erdmantel

Südamerika, unter Ostasien und anderen Gebieten, die in der Nähe konvergenter Plattengrenzen liegen, im tiefen Erdmantel ausgedehnte Bereiche mit kälterem Lithosphärenmaterial. Diese Zonen bilden gewissermaßen die Verlängerung der subduzierten Lithosphärenplatten, von denen einige offensichtlich bis an die Kern/Mantel-Grenze abgetaucht sind. Aus diesen Hinweisen schlossen die meisten Experten, dass das Wiederaufschmelzen im Bereich des gesamten Mantels erfolgt und somit ein zweischichtiges Konvektionssystem auszuschließen ist.

Form der aufsteigenden Konvektionsströmungen

In welcher Form steigt das für den Ausgleich der Subduktion erforderliche heiße Mantelmaterial nach oben? Handelt es sich um geschlossene plattenförmige Aufstiegszonen unmittelbar unter den mittelozeanischen Rücken? Die meisten Geowissenschaftler, die sich mit diesem Problem befassen, glauben nein. Stattdessen sind sie der Meinung, dass die aufsteigenden Strömungen vergleichsweise langsam sind und sich lateral über einen größeren Bereich erstrecken. Diese Meinung steht im Einklang mit der bereits diskutierten Vorstellung, dass das Seafloor-Spreading ein eher passiver Vorgang ist: Sobald die Platten irgendwo auseinanderdriften, entsteht dort ein Spreading-Zentrum.

Es gibt jedoch eine große Ausnahme: räumlich eng begrenzte Aufstiegsgebiete, die als **Manteldiapire** bezeichnet werden (Abb. 2.19). Die besten Hinweise auf solche Manteldiapire stammen aus Gebieten mit intensivem, lokal auftretendem Vulkanis-

mus, den sogenannten **Hot Spots** wie etwa Hawaii, wo innerhalb einer Platte und in großer Entfernung von Spreading-Zentren ausgedehnte Vulkane aktiv sind. Es ist davon auszugehen, dass es sich bei den Manteldiapiren um eng begrenzte vertikale Zonen rasch aufsteigenden Magmas mit Durchmessern von weniger als 100 km handelt, das aus dem unteren Mantel kommt und möglicherweise in den sehr heißen Bereichen der Kern/Mantel-Grenze entsteht. Diese Manteldiapire sind in der Lagen, buchstäblich Löcher in die Lithosphärenplatten zu brennen und große Lavamengen so rasch zu fördern, dass dies im Extremfall sogar zu Klimaveränderungen oder Massenaussterben führt. Auf den an Manteldiapire gebundenen Vulkanismus wird in Kap. 12 noch näher eingegangen.

Die Hypothese der Manteldiapire wurde erstmals im Jahre 1970, kurz nachdem die Theorie der Plattentektonik veröffentlicht worden war, von einem der Begründer der Plattentektonik, W. Jason Morgan von der Universität Princeton, aufgestellt. Wie alle anderen Aspekte des Konvektionssystems im Erdmantel sind Beobachtungen, die aufsteigende Konvektionsströmungen betreffen, stets indirekte Beobachtungen und daher ist die Hypothese der Manteldiapire noch immer umstritten.

Die Theorie der Plattentektonik und die wissenschaftliche Arbeitsmethode

In Kap. 1 sind wir auf die wissenschaftliche Arbeitsmethode eingegangen und haben erläutert, wie sie die Arbeit der Wissenschaftler beeinflusst. Im Sinne der wissenschaftlichen Arbeits-

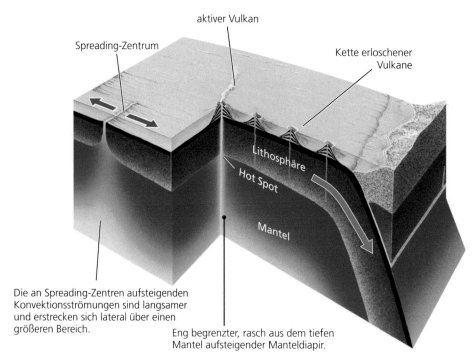

aktiver Vulkan

Spreading-Zentrum

Kette erloschener Vulkane

Lithosphäre

Hot Spot

Mantel

Die an Spreading-Zentren aufsteigenden Konvektionsströmungen sind langsamer und erstrecken sich lateral über einen größeren Bereich.

Eng begrenzter, rasch aus dem tiefen Mantel aufsteigender Manteldiapir.

Abb. 2.19 Schematische Darstellung der Manteldiapir-Hypothese

methode ist die Plattentektonik eine in vieler Hinsicht sehr gut bestätigte Theorie, deren Stärke in ihrer Einfachheit und Allgemeingültigkeit und ihrer Übereinstimmung mit zahlreichen unterschiedlichen Beobachtungen liegt. Theorien können immer wieder ganz aufgegeben oder modifiziert werden. Wie wir gesehen haben, wurden zwar hinsichtlich der Konvektionsbewegungen als Antriebsmechanismus der plattentektonischen Prozesse konkurrierende Hypothesen aufgestellt. Doch die Theorie der Plattentektonik – dasselbe gilt auch für die Theorien zum Alter der Erde und zur Evolution des Lebens – liefert so gute Erklärungen, dass sie seither viele Widerlegungsversuche überstanden hat und von den meisten Wissenschaftlern inzwischen als Tatsache betrachtet wird.

Es bleibt die Frage offen, warum die Theorie der Plattentektonik so lange auf sich warten ließ und warum es so lange dauerte, die vielen namhaften Wissenschaftler von ihrer Skepsis gegenüber der Kontinentaldrift abzubringen und die Plattentektonik zu akzeptieren? Wissenschaftler arbeiten auf unterschiedliche Weise. Einige Wissenschaftler, die aufgeschlossen genug sind und sich nicht davon abhalten lassen, auch unkonventionelle Wege der Forschung zu beschreiten, nehmen wesentliche Erkenntnisse und Wandlungen häufig vor den anderen wahr. Auch wenn ihre Behauptungen im Einzelnen falsch sein können (man denke an die Fehler, die A. Wegener bei seiner Hypothese der Kontinentaldrift unterliefen), sind sie oft die ersten, die die großen übergeordneten Zusammenhänge der Wissenschaft erkennen, und mit Recht sind es diejenigen, die in die Wissenschaftsgeschichte eingehen.

Die meisten Wissenschaftler sind jedoch zurückhaltender und warten den langsamen Prozess der weiteren Beweisführung ab. Kontinentaldrift und Seafloor-Spreading wurden vor allem

deswegen so zögernd akzeptiert, weil diese umwälzenden Vorstellungen vorgelegt wurden, noch ehe irgendwelche sicheren Beweise vorlagen. Erst mussten die Ozeane erforscht, neue Geräte entwickelt und schließlich in der Tiefsee Bohrungen niedergebracht werden, ehe die Mehrheit der internationalen Forschergemeinschaft schließlich davon überzeugt war. Auch heute warten noch viele Wissenschaftler auf überzeugende Hinweise bezüglich der Vorgänge im Konvektionssystem des Erdmantels.

Zusammenfassung des Kapitels

Die Theorie der Plattentektonik: Nach der Theorie der Plattentektonik ist die Lithosphäre in ungefähr ein Dutzend starrer, sich über die Erdoberfläche bewegender Platten zerbrochen. Durch die Relativbewegungen der einzelnen Platten ergeben sich drei Arten von Plattengrenzen: divergente Grenzen, konvergente Grenzen und Transformstörungen. Da die Oberfläche der Erde im Verlauf der gesamten Erdgeschichte konstant geblieben ist, entspricht der Flächenzuwachs an neuer Lithosphäre an divergenten Plattengrenzen auch derjenigen Fläche, die durch Subduktion an den konvergenten Plattengrenzen vernichtet wird.

Einige geologische Merkmale von Plattengrenzen: An Plattengrenzen sind zahlreiche Erscheinungen gebunden. Divergente Plattengrenzen sind in typischer Weise durch Vulkanismus und Erdbebenzonen im Bereich des Scheitelgrabens der mittelozeanischen Rücken gekennzeichnet. Konvergente Plattengrenzen sind an Tiefseerinnen,

Erdbebenzonen, Gebirgen und Vulkanketten erkennbar. Transformstörungen, an denen Platten horizontal aneinander vorbeigleiten, sind durch ihre morphologischen Erscheinungsformen, ihre Seismizität und den Versatz geologischer Strukturen gekennzeichnet.

Das Alter des Meeresbodens: Das Alter des Meeresbodens kann mithilfe der thermoremanenten Magnetisierung bestimmt werden. Die Abfolge der magnetischen Anomalien des Meeresbodens kann mit den auf dem Festland geeichten magnetostratigraphischen Anomalien in Lavagesteinen bekannter Alter verglichen werden. Das Alter des Meeresbodens wurden durch Altersbestimmungen an Gesteinsproben aus Tiefseebohrungen bestätigt. Für den größten Teil der Ozeane können heute bereits Isochronen erstellt werden, mit denen sich die Geschichte des Seafloor-Spreading für die vergangenen 200 Ma rekonstruieren lässt. Mithilfe dieses Verfahrens und anderer geologischer Daten entwickelten Geowissenschaftler detaillierte Modellvorstellungen, wie Pangaea zerbrach und die Kontinente in ihre heutige Position gelangt sind.

Antriebsmechanismus der Plattentektonik: Das System Plattentektonik wird von Konvektionsbewegungen im Erdmantel angetrieben, deren Energie von der inneren Wärme der Erde stammt. Wenn die Lithosphärenplatten an den Spreading-Zentren hangabwärts gleiten und an den Subduktionszonen in den Mantel abtauchen, wirken auf die sich abkühlenden Lithosphärenplatten gravitative Kräfte. Die subduzierte Lithosphäre erstreckt sich bis an die Grenze Kern/Mantel. Dies deutet darauf hin, dass der gesamte Erdmantel an den Konvektionsbewegungen beteiligt ist. Zu den aufsteigenden Konvektionsströmen gehören auch die Manteldiapire, eng begrenzte Bereiche, in denen heißes Material aus dem tiefen Erdmantel aufsteigt und an den Hot Spots innerhalb der Lithosphärenplatten lokal zu Vulkanismus führt.

Ergänzende Medien

2.1 Animation: Divergente Platten

2.2 Animation: Konvergente Platten

2.3 Animation: Transformstörungen

2.4 Video: Die Alpine-Störung: Eine Plattengrenze zum Anfassen

Grundlegende Prozesse

Die Baustoffe der Erde: Minerale und Gesteine

Quarz- und Amethystkristalle, aufgewachsen auf Epidotkristallen (grün). Die ebenen Flächen sind Kristall-flächen, deren Form von der Anordnung der Atome und Ionen bestimmt wird, aus denen der Kristall aufgebaut ist (Foto: © John Grotzinger/Ramón Rivera-Moret/Harvard Mineralogical Museum)

© Springer-Verlag Berlin Heidelberg 2017
J. Grotzinger, T. Jordan, *Press/Siever Allgemeine Geologie*, DOI 10.1007/978-3-662-48342-8_3

In Kap. 2 haben wir kennen gelernt, wie sich mit dem System Plattentektonik die globalen Strukturen und die Dynamik der Erde beschreiben lassen. Die enorme Vielfalt an Materialien, die in den verschiedenen plattentektonischen Positionen auftreten, haben wir bisher jedoch nur kurz gestreift. In diesem Kapitel betrachten wir nun diese Materialien: die Minerale und Gesteine.

Minerale sind die Baustoffe der Gesteine, die ihrerseits das Ergebnis geologischer Prozesse sind. Den Gesteinen und Mineralen fällt eine Schlüsselrolle zum Verständnis des Systems Erde zu, etwa in gleicher Weise wie Beton, Stahl und Kunststoffe den Bau, Entwurf und die Architektur großer Gebäude bestimmen.

Will man die Geschichte der Erde möglichst genau beschreiben, bedarf es dazu oftmals detektivischer Feinarbeit unter Verwendung aktueller Hinweise, um daraus die Prozesse und Ereignisse abzuleiten, die in der Vergangenheit in bestimmten Bereichen der Erde abgelaufen sind. Die verschiedenen Minerale, die man beispielsweise in Vulkaniten findet, vermitteln uns eine recht gute Vorstellung von der explosiven Gewalt der Eruption, mit der das geschmolzene Gestein an die Erdoberfläche gelangt ist, während die Minerale eines Granits erkennen lassen, dass dieser tief in der Erdkruste unter hohen Temperaturen und Drücken erstarrt ist, wie sie bei der Konvergenz zweier kontinentaler Platten und der Bildung hoher Gebirge auftreten. Kenntnisse des geologischen Baus einer bestimmten Region ermöglichen darüber hinaus fundierte Annahmen über die Lage bisher nicht entdeckter Lagerstätten wichtiger Rohstoffe.

Dieses Kapitel beginnt mit einer Beschreibung der Minerale – ihrer Entstehung, Zusammensetzung und Eigenschaften und wie man sie erkennt. Danach betrachten wir die aus diesen Mineralen bestehenden wichtigsten Gesteinsgruppen und deren Bildungsräume.

Was sind Minerale?

Minerale sind die Baustoffe der Gesteine. Damit beschäftigt sich die **Mineralogie**, ein Teilbereich der Geowissenschaften, der sich mit der Zusammensetzung, dem Bau, der Erscheinungsform, der Stabilität, dem Auftreten und den Vergesellschaftungen der Minerale befasst. Mit geeigneten Methoden lassen sich die meisten Gesteine in ihre einzelnen mineralischen Komponenten zerlegen. Einige wenige Gesteine wie etwa Kalkstein bestehen aus einem einzigen Mineral, hier aus Calcit, das heißt sie sind monomineralisch. Andere, wie der verbreitet auftretende Granit, bestehen aus mehreren Mineralphasen (Mineralarten). Um die auf der Erde auftretenden zahlreichen Gesteinsarten zu beschreiben und zu klassifizieren, müssen wir wissen, wie ihre Minerale entstehen.

Per Definition ist ein **Mineral** ein homogener, natürlich vorkommender, kristalliner, im Allgemeinen anorganischer Festkörper bestimmter chemischer Zusammensetzung. Minerale sind in der Regel homogen: sie können durch mechanische Verfahren nicht weiter in ihre Einzelbestandteile zerlegt werden.

Betrachten wir die einzelnen Aspekte der Definition eines Minerals etwas genauer.

Natürlich vorkommend: Um als Mineral zu gelten, muss die Substanz in der Natur vorkommen. Die in Südafrika und anderswo abgebauten Diamanten sind Minerale. Die in Laboren industriell hergestellten synthetischen Diamanten gelten im strengen Sinn nicht als Minerale, dasselbe gilt für die vielen Tausend von Chemikern entwickelten Laborprodukte.

Kristalliner Festkörper: Minerale sind Festkörper, sie sind weder flüssig noch gasförmig. Wenn wir sagen, ein Mineral ist kristallin, meinen wir damit, dass die winzigen Bausteine der Materie – die Atome – eine geordnete, sich in allen drei Raumdimensionen wiederholende Struktur bilden. Feste Materialien, die keine solche geordnete Anordnung der Atome aufweisen, werden als glasig oder amorph (griech. „ohne Gestalt") bezeichnet. Fensterglas ist amorph, genauso wie einige natürlich vorkommende Gläser (z. B. Obsidian), die vor allem bei vulkanischen Eruptionen entstehen und zu den Gesteinen gerechnet werden. Auf die Bildung kristalliner Substanzen wird nachfolgend noch eingegangen.

Im Allgemeinen anorganisch: Die Forderung, dass Minerale anorganisch sein müssen, folgt der historischen Begriffsbildung und schließt organische Substanzen aus Pflanzen- und Tierreich aus. Organische Substanz, etwa in Humus oder Torf, enthält organischen Kohlenstoff. Vegetation, die in Sumpfgebieten vermodert und abgelagert wird, kann beispielsweise durch geologische Prozesse in Kohle übergehen, die ebenfalls aus organischem Kohlenstoff besteht. Doch obwohl diese Kohle in natürlichen Lagerstätten auftritt, wird sie traditionsgemäß nicht als Mineral betrachtet. Andererseits sind zahlreiche Minerale biogen entstanden, so etwa Calcit (Abb. 3.1), aus dem die Schalen der Austern und anderer Organismen bestehen. Dieses Schalenmaterial reichert sich am Meeresboden an, wo es durch geologische Vorgänge in Kalkstein übergeht. Der Calcit dieser Schalen entspricht der Definition eines Minerals, da er anorganisch und kristallin ist.

Von bestimmter chemischer Zusammensetzung: Der Schlüssel zum Verständnis der stofflichen Zusammensetzung der Erde beruht auf der Kenntnis, wie die chemischen Elemente in den Mineralen angeordnet sind. Das Besondere an einem Mineral ist seine chemische Zusammensetzung in Verbindung mit der Anordnung der Atome in einer Kristallstruktur. Die chemische Zusammensetzung kann entweder konstant sein oder innerhalb eines definierten Bereichs schwanken. Das Mineral Quarz beispielsweise, gleichgültig in welcher Art von Gestein es auftritt, hat stets ein festes Verhältnis von zwei Sauerstoffatomen zu einem Siliciumatom. Ebenso weisen die chemischen Elemente Eisen, Magnesium und Silicium, aus denen das Mineral Olivin besteht, stets ein konstantes Verhältnis zwischen der Gesamtanzahl der Eisen- und Magnesiumatome einerseits und der Anzahl der Siliciumatome andererseits auf, wobei das Verhältnis von Eisen zu Magnesium variieren kann.

a   b

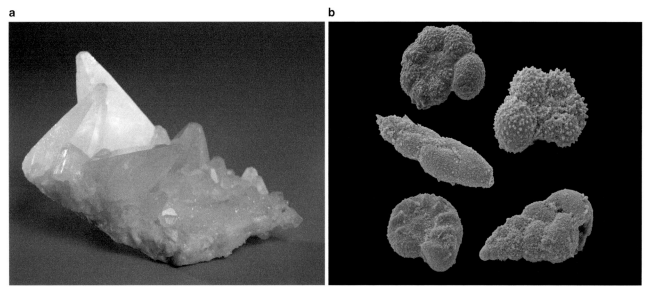

Abb. 3.1a,b Zahlreiche Minerale werden von Organismen abgeschieden. **a** Das Mineral Calcit enthält anorganischen Kohlenstoff. **b** Die Gehäuse vieler mariner Organismen, wie beispielsweise dieser Foraminiferen, bestehen ebenfalls aus dem Mineral Calcit (Fotos: a © John Grotzinger/Ramón Rivera-Moret/Harvard Mineralogical Museum; b © Andrew Syred/Science Source)

Der atomare Bau der Materie

Bereits im Jahre 1805 vermutete der englische Chemiker John Dalton, dass die verschiedenen chemischen Elemente aus Atomen unterschiedlicher Masse bestehen und alle Atome desselben Elements daher identisch sind. Die chemischen Verbindungen ließen sich somit als unterschiedliche Kombinationen der Atome in jeweils spezifischen Proportionen erklären.

Ausgehend von Daltons Vorstellungen begannen die Physiker, Chemiker und Mineralogen seit Beginn des 20. Jahrhunderts den atomaren Aufbau der Materie so zu verstehen, wie wir ihn heute kennen. Wir wissen, dass ein **Atom** das kleinste, chemisch nicht weiter zerlegbare Teilchen eines Elements darstellt, das alle physikalischen und chemischen Eigenschaften dieses Elements in sich trägt. Außerdem wissen wir, dass die Atome die kleinsten Materieteilchen sind und mit anderen Elementen reagieren und chemische Verbindungen eingehen können, und dass sie in noch kleinere Einheiten zerlegt werden können.

Der Bau der Atome

Wenn wir den Aufbau der Atome kennen, können wir vorhersagen, wie chemische Elemente miteinander reagieren und neue Kristallstrukturen bilden. Ein Atom besteht aus einem Kern aus Protonen und Neutronen, der von einer Elektronenhülle umgeben ist.

Der Kern: Protonen und Neutronen Im Zentrum des Atoms befindet sich der **Atomkern**, in dem praktisch die gesamte Masse des Atoms konzentriert ist. Der Kern enthält zwei Arten von Teilchen, Protonen und Neutronen, die dieselbe Masse haben (Abb. 3.2). Ein **Proton** hat eine positive elektrische Elementarladung, die mit +1 bezeichnet wird. Ein **Neutron** ist elektrisch neutral, da es keine Ladung besitzt. Die Atome desselben Elements können zwar eine unterschiedliche Anzahl von Neutronen enthalten, die Anzahl der Protonen ist jedoch konstant. So enthalten beispielsweise alle Kohlenstoffatome jeweils sechs Protonen.

Elektronen Der Kern ist von einer Wolke aus beweglichen Elektronen umgeben, deren Masse im Vergleich zur Masse der Kernteilchen vernachlässigbar gering ist und allgemein mit Null angegeben wird. Jedes Elektron hat die elektrische Ladung −1. Die positiven Ladungen der Protonen im Kern jedes Atoms werden durch die negativen Ladungen einer gleich großen Anzahl von Elektronen in der Hülle ausgeglichen, sodass ein Atom elektrisch neutral ist. Deshalb wird der Kern eines Kohlenstoffatoms stets von sechs Elektronen umgeben (Abb. 3.2).

Ordnungszahl und Atommasse

Die Anzahl der Protonen im Atomkern wird als **Kernladungszahl** oder **Ordnungszahl** bezeichnet. Alle Atome eines Elements haben dieselbe Anzahl von Protonen und demzufolge dieselbe Kernladungs- oder Ordnungszahl. Atome mit sechs Protonen beispielsweise sind Kohlenstoffatome (Ordnungszahl 6). Die Ordnungszahl eines Elements bestimmt auch, wie es chemisch mit anderen Elementen oder Verbindungen reagiert. Im Periodensystem sind die Elemente entsprechend ihrer Kernladungszahl angeordnet; die Elemente derselben vertikalen Gruppe wie Kohlenstoff und Silicium verhalten sich chemisch weitgehend ähnlich.

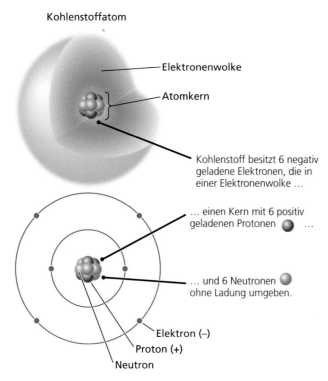

Kohlenstoffatom

Elektronenwolke

Atomkern

Kohlenstoff besitzt 6 negativ geladene Elektronen, die in einer Elektronenwolke …

… einen Kern mit 6 positiv geladenen Protonen ⬤ …

… und 6 Neutronen ⬤ ohne Ladung umgeben.

Elektron (–)

Proton (+)

Neutron

Im Diamant bilden die Kohlenstoffatome ein regelmäßiges Tetraeder, …

… in dem jedes Kohlenstoffatom mit jedem seiner vier Nachbarn ein Elektron teilt.

Kohlenstoffatome   Elektronen

Atomkern

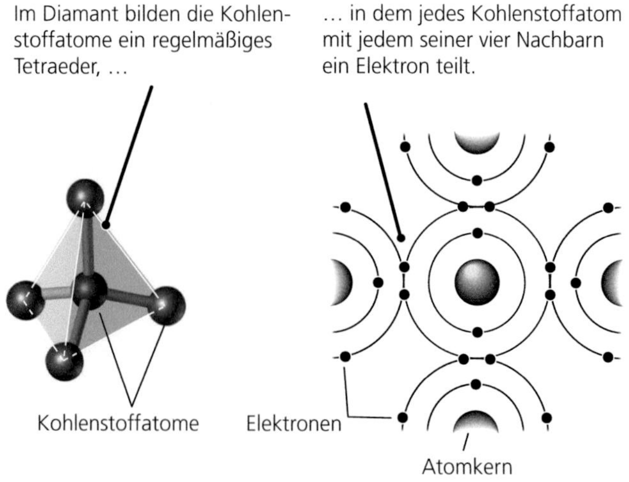

Abb. 3.3 Einige Atome besitzen gemeinsame Elektronen und dadurch eine kovalente Bindung

Abb. 3.2 Elektronenkonfiguration eines Kohlenstoffatoms (Kohlenstoff-12). Die sechs Elektronen, jeweils mit der Ladung − 1, sind als negativ geladene Elektronenwolke dargestellt, die den Kern umgibt. Dieser besteht aus sechs Protonen jeweils mit der Ladung + 1 und sechs Neutronen mit der Ladung 0. Die Größe des Kerns ist stark übertrieben; er ist in Wirklichkeit so klein, dass er im gezeigten Größenmaßstab nicht mehr darstellbar wäre

Die **Atommasse** eines Elements ist die Summe der Massen aller Protonen und Neutronen (die Elektronen sind in dieser Summe nicht enthalten, da sie nahezu keine Masse haben). Während die Protonenzahl konstant ist, können die Atome desselben chemischen Elements jedoch eine unterschiedliche Anzahl von Neutronen und somit unterschiedliche Atommassen aufweisen. Atome, die sich in ihrer Neutronenzahl und damit in ihrer Atommasse unterscheiden, werden als **Isotope** bezeichnet. Die drei existierenden Isotope des Elements Kohlenstoff, die alle sechs Protonen enthalten, können sechs, sieben oder acht Neutronen besitzen, woraus sich Atommassen von 12, 13 und 14 ergeben.

In der Natur treten die meisten chemischen Elemente als Isotopengemische auf, deren Atommassen selten ganze Zahlen ergeben. Die Atommasse des Kohlenstoffs beträgt beispielsweise 12,011 und liegt sehr nahe bei 12, weil das Isotop Kohlenstoff-12 bei weitem am häufigsten ist. Die relative Häufigkeit der verschiedenen Isotope wird bei einigen Elementen von physikalisch-chemischen Prozessen bestimmt, durch die die Häufigkeit eines bestimmten Isotops gegenüber den anderen erhöht wird. So wird beispielsweise bei manchen Reaktionen wie etwa der Photosynthese, bei der aus anorganischen Kohlenstoffverbindungen (CO_2) organische Kohlenstoffverbindungen gebildet werden, bevorzugt Kohlenstoff-12 eingebaut.

Chemische Reaktionen

Der Aufbau der Atome bestimmt ihre chemischen Reaktionen mit anderen Atomen. Chemische Reaktionen sind Wechselwirkungen zwischen Atomen zweier oder auch mehrerer chemischer Elemente, aus denen neue chemische Substanzen hervorgehen – chemische Verbindungen –, wobei sich die Atome immer in ganz bestimmten Massenverhältnissen verbinden. Reagieren zwei Wasserstoffatome mit einem Sauerstoffatom, entsteht eine neue chemische Verbindung, die wir als Wasser (H_2O) bezeichnen. Die Eigenschaften einer chemischen Verbindung, die bei einer Reaktion entsteht, können sich von denen der Ausgangselemente grundlegend unterscheiden. Verbindet sich beispielsweise das Metall Natrium mit Chlor, einem giftigen Gas, entsteht als Reaktionsprodukt Natriumchlorid, besser bekannt als Kochsalz. Wir stellen diese Verbindung aus jeweils einem Natrium- und einem Chloratom durch die chemische Formel NaCl dar, das Symbol Na steht für das Element Natrium und das Symbol Cl für das Element Chlor. (Jedem chemischen Element ist ein eigenes Symbol zugeordnet, das wir bei chemischen Formel und Gleichungen als Kürzel verwenden.)

Chemische Verbindungen wie etwa Minerale, entstehen entweder dadurch, dass die beiden miteinander reagierenden Atome **gemeinsame Elektronen** besitzen, oder dass die Atome Elektronen abgeben beziehungsweise aufnehmen, das heißt Elektronen übertragen (**Elektronentransfer**). Kohlenstoff und Silicium, zwei der häufigsten Elemente der Erdkruste, haben die starke Tendenz, sich mit Atomen desselben oder eines anderen Elements die Elektronen zu teilen. Das Mineral Diamant besteht ausschließlich aus dem Element Kohlenstoff, dessen Atome gemeinsame Elektronen besitzen (Abb. 3.3).

Bei der Reaktion von Natrium (Na) mit Chlor (Cl), bei der Natriumchlorid (NaCl) entsteht, gibt das Natrium ein Elektron an das Chlor ab (Abb. 3.4a). Das Chloratom wird durch die Auf-

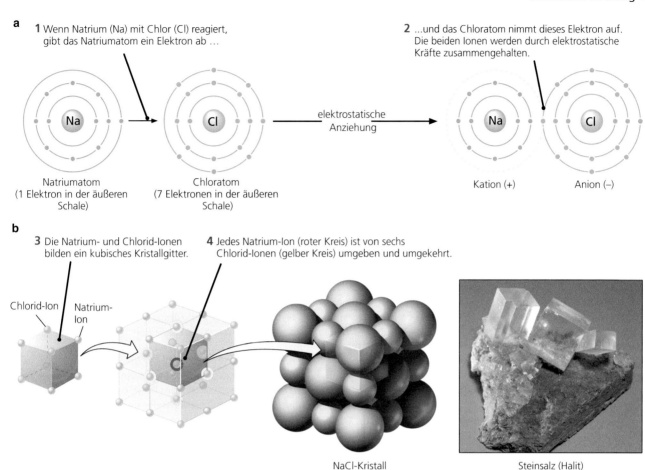

a

1 Wenn Natrium (Na) mit Chlor (Cl) reagiert, gibt das Natriumatom ein Elektron ab …

2 …und das Chloratom nimmt dieses Elektron auf. Die beiden Ionen werden durch elektrostatische Kräfte zusammengehalten.

elektrostatische Anziehung

Natriumatom
(1 Elektron in der äußeren Schale)

Chloratom
(7 Elektronen in der äußeren Schale)

Kation (+)

Anion (−)

b

3 Die Natrium- und Chlorid-Ionen bilden ein kubisches Kristallgitter.

4 Jedes Natrium-Ion (roter Kreis) ist von sechs Chlorid-Ionen (gelber Kreis) umgeben und umgekehrt.

Chlorid-Ion

Natrium-Ion

NaCl-Kristall

Steinsalz (Halit)

Abb. 3.4a,b Abgabe und Aufnahme von Elektronen führen zu einer Ionenbindung (Foto: John Grotzinger/Ramón Rivera-Monet/Havard Mineralogical Museum)

nahme dieses Elektrons zu einem negativ geladenen Chlorid-Ion mit einer elektrischen Ladung von −1, geschrieben als Cl⁻. Gleichzeitig geht das Natrium durch die Elektronenabgabe in ein Natrium-Ion mit einer elektrischen Ladung von +1 über. Es wird demzufolge durch das Symbol Na⁺ dargestellt. Die Verbindung NaCl selbst ist elektrisch neutral, weil die positive Ladung des Natrium-Ions (Na⁺) durch die negative Ladung des Chlorid-Ions (Cl⁻) ausgeglichen wird. Positiv geladene Ionen wie in diesem Falle das Natrium-Ion werden **Kationen** genannt, negativ geladene Ionen wie das Chlorid-Ion bezeichnet man als **Anionen**.

Chemische Bindung

Wird eine chemische Verbindung entweder durch gemeinsame Elektronen oder durch die Aufnahme beziehungsweise Abgabe von Elektronen gebildet, werden die Ionen oder Atome durch elektrische Anziehungskräfte zusammengehalten, die letztlich auf den Ladungen der Protonen und Elektronen beruhen und die **chemische Bindung** ausmachen. Die elektrische Anziehungskraft kann stark oder schwach sein, folglich ist auch die

chemische Bindung unterschiedlich stark – gleichgültig, ob sie nun durch Abgabe und Aufnahme von Elektronen oder durch gemeinsame Elektronen erzeugt wird. Die Eigenschaften von Verbindungen werden im Wesentlichen durch die Art der Bindung bestimmt. Starke chemische Bindungen verhindern, dass eine Substanz in ihre Elemente oder in andere Verbindungen zerfällt. Bei Mineralen verursachen sie die Härte und verhindern das Brechen oder Zersplittern. Bei den meisten gesteinsbildenden Mineralen treten lediglich zwei Arten der chemischen Bindung auf: die Ionenbindung und die kovalente Bindung. Metallische Bindung und van-der-Waals-Bindung spielen nur eine untergeordnete Rolle.

Ionenbindung Die einfachste Form der chemischen Bindung ist die **Ionenbindung**. Bindungen dieser Art entstehen durch elektrostatische Kräfte zwischen Ionen entgegengesetzter Ladung wie etwa Na⁺ und Cl⁻ im Natriumchlorid (Abb. 3.4a). Es handelt sich im Prinzip um dieselben Bindungskräfte – elektrostatische Anziehung –, die Kleidung aus Synthetikfasern oder Seide am Körper haften lassen. Die Stärke der Ionenbindung nimmt in erheblichem Maße ab, wenn der Abstand zwischen den Ionen zunimmt. Die Bindung wird stärker, wenn sich die elektrische Ladung der Ionen erhöht. Die Bindungskraft zwischen den Ionen ist daher umso stärker, je höher die Ladungen und je kleiner die Ionenradien sind. Im Allgemeinen herrscht bei Mineralen die Ionenbindung vor: ungefähr 90 % aller Minerale weisen Ionenbindungen auf.

Kovalente Bindung Wenn Elemente nicht einfach Elektronen aufnehmen oder abgeben und dadurch in Ionen übergehen, sondern sich stattdessen gemeinsame Elektronen teilen, liegt eine **kovalente Bindung** vor, die im Allgemeinen stärker als die Ionenbindung ist. Ein Beispiel für ein Mineral mit kovalenter Bindung in seiner Kristallstruktur ist Diamant, der nur aus dem Element Kohlenstoff besteht. Kohlenstoff hat vier Valenzelektronen, sodass er vier weitere gemeinsame Elektronen braucht. Im Diamant ist jedes Kohlenstoffatom von vier anderen Kohlenstoffatomen umgeben, die ein gleichseitiges Tetraeder bilden – eine dreiseitige Pyramide, deren Basis und drei Seiten jeweils aus identischen Dreiecken bestehen (Abb. 3.3). In dieser Konfiguration teilt sich jedes Kohlenstoffatom mit jedem seiner vier Nachbarn ein Elektron, woraus sich eine sehr stabile Bindung ergibt.

Metallische Bindung Die Atome der Metalle haben eine starke Tendenz, Elektronen abzugeben und in Form von Kationen ein Gitter zu bilden, während die Elektronen frei beweglich sind und von allen Ionen „geteilt" werden: Sie verteilen sich zwischen den Kationen in Form eines „Elektronengases". Da diese frei beweglichen Elektronen allen Atomen angehören, entsteht eine Art kovalente Bindung, die als **metallische Bindung** bezeichnet wird. Sie tritt außer bei den gediegen vorkommenden Elementen auch bei einigen wenigen Sulfidmineralen auf.

Bei manchen Mineralen liegt die chemische Bindungsart zwischen einer reinen Ionenbindung und einer rein kovalenten Bindung, weil einige Elektronen ausgetauscht werden können und andere Elektronen den Atomen gemeinsam angehören.

Van-der-Waals-Bindung Neben den genannten Bindungsarten (Ionenbindung, kovalente Bindung, metallische Bindung) ist in Festkörpern wie Mineralen auch die sogenannte **Van-der-Waals-Bindung** wirksam. Diese Bindung beruht auf einer schwachen Anziehungskraft, die bei einigen Mineralen eine Rolle spielt. Solche Bindungskräfte sind in allen Festkörpergittern vorhanden, aber im Vergleich zu den Hauptbindungsarten anteilsmäßig zu vernachlässigen.

Der atomare Aufbau der Minerale

Die regelmäßige Gestalt der Minerale ist das Ergebnis der beschriebenen chemischen Bindungen. Minerale können auf unterschiedliche Weise betrachtet werden: zum einen als Vergesellschaftung submikroskopischer Atome, die in einem geordneten dreidimensionalen Gitter, einem Raumgitter, angeordnet sind, zum andern als Kristalle (oder Komponenten), die wir mit bloßem Auge erkennen können. In der Folge betrachten wir den kristallinen Bau der Minerale und auch die Bedingungen, unter denen Minerale entstehen. In den nachfolgenden Abschnitten dieses Kapitels werden wir dann sehen, dass die Kristallstrukturen der Minerale deren physikalische Eigenschaften bestimmen.

Kristalle und Kristallbildung

Minerale entstehen durch den Prozess der **Kristallisation**, bei dem aus einer gasförmigen oder fluiden Phase ein Festkörper entsteht, wenn seine atomaren Bestandteile im richtigen chemischen Verhältnis in die Kristallstruktur eingebaut werden können. Ein Beispiel dafür ist die Bindung der Kohlenstoffatome im Diamant, einem Mineral mit kovalenter Bindung. Unter den sehr hohen Drücken und Temperaturen im Erdmantel bilden die Kohlenstoffatome Tetraeder. Jedes Tetraeder ist mit dem anderen verbunden und bildet auf diese Weise eine geordnete dreidimensionale Struktur, die sich mit einer beliebig großen Anzahl von Atomen weiter fortsetzen lässt (vgl. Abb. 3.3). Wächst ein Diamantkristall, so erweitert sich seine Tetraederstruktur nach allen Richtungen, indem neue Atome in passender geometrischer Anordnung eingebaut werden. Diamanten können unter sehr hohen Drücken und Temperaturen, wie sie den Bedingungen im Erdmantel entsprechen, auch synthetisch hergestellt werden.

Die Natrium- und Chlorid-Ionen im Natriumchlorid, einem Mineral mit Ionenbindung, kristallisieren ebenfalls in einer geordneten dreidimensionalen Struktur. Abbildung 3.4b zeigt die Geometrie ihrer Anordnung. Jedes Ion des einen Elements ist umgeben von sechs Ionen des anderen in einer **kubischen Kristallstruktur**, die sich in alle drei Raumrichtungen erstreckt. Wir können uns die Ionen eines Kristalls als starre Kugeln vorstellen, die zu möglichst dichten Struktureinheiten zusammengepackt sind. Abbildung 3.4b zeigt außerdem die relativen Größenverhältnisse der Ionen im Kochsalzkristall. In der NaCl-Elementarzelle ist ein Natrium-Atom von sechs Chlorid-Ionen umgeben und um jedes Chlorid-Ion ordnen sich sechs Natrium-Ionen. Jedes Ion besitzt damit sechs unmittelbare Nachbarn. Die relativen Größen der Natrium- und Chlorid-Ionen ermöglichen eine dicht gepackte kubische Anordnung.

Viele der in den häufigeren Mineralen vorkommenden Kationen sind vergleichsweise klein, während die meisten Anionen – einschließlich des häufigsten Anions der Erde, Sauerstoff (O^{2-}) – deutlich größer sind (Abb. 3.5). Da die Anionen normalerweise größer sind als die Kationen, wird innerhalb eines Kristalls der meiste Raum von den Anionen eingenommen, während die kleineren Kationen in den Zwischenräumen liegen. Als Folge werden die Kristallstrukturen weitgehend dadurch bestimmt, wie die Anionen angeordnet sind und wie die Kationen dazwischen passen.

Kationen mit ähnlichen chemischen Eigenschaften und ähnlichen Ionenradien können sich in einer Kristallstruktur gegenseitig ersetzen und damit Minerale mit gleicher Kristallstruktur, aber wechselnden Zusammensetzungen bilden. **Kationenersatz** ist in Mineralen weit verbreitet, die Silicat-Ionen (SiO_4^{4-}) enthalten, beispielsweise im Olivin, einem in Vulkaniten häufig auftretenden Mineral. Da Eisen (Fe^{2+}) und Magnesium (Mg^{2+}) ähnliche Ionenradien und dieselbe Anzahl positiver Ladungen haben, können sie sich im Olivin gegenseitig ohne Probleme ersetzen. Der reine Eisenolivin (Fayalit) hat die Formel Fe_2SiO_4, der reine Magnesiumolivin (Forsterit) die Formel Mg_2SiO_4. Die Zusammensetzung des natürlich vorkommenden Olivins wird durch die Formel $(Mg,Fe)_2SiO_4$ angegeben, was ganz einfach bedeutet,

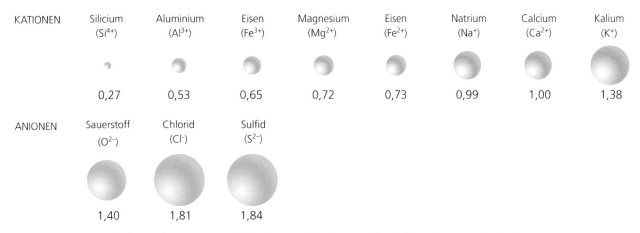

KATIONEN	Silicium (Si^{4+})	Aluminium (Al^{3+})	Eisen (Fe^{3+})	Magnesium (Mg^{2+})	Eisen (Fe^{2+})	Natrium (Na^+)	Calcium (Ca^{2+})	Kalium (K^+)
	0,27	0,53	0,65	0,72	0,73	0,99	1,00	1,38

ANIONEN	Sauerstoff (O^{2-})	Chlorid (Cl^-)	Sulfid (S^{2-})
	1,40	1,81	1,84

Abb. 3.5 Ionenradien der häufigsten Elemente in gesteinsbildenden Mineralen. Die Ionenradien sind in 10^{-8} cm angegeben (nach: L. G. Berry, B. Mason, & R. V. Dietrich (1983): Mineralogy. - San Francisco, W. H. Freeman)

dass zwei Mg^{2+}- oder Fe^{2+}-Ionen pro SiO_4^{4-}-Ion vorhanden sind, in welcher Kombination auch immer. Das Verhältnis von Eisen zu Magnesium ergibt sich aus deren relativer Häufigkeit in der ursprünglichen Gesteinsschmelze, aus der Olivin kristallisierte. In vielen Silicatmineralen wird außerdem Silicium (Si^{4+}) durch Aluminium (Al^{3+}) ersetzt. Aluminium und Silicium sind in ihrer Größe ähnlich, sodass Aluminium in vielen Kristallstrukturen die Position des Siliciums einnehmen kann. Der Ladungsunterschied zwischen Aluminium (Al^{3+}) und Silicium (Si^{4+}) wird durch den zusätzlichen Einbau eines entsprechenden anderen Kations, wie etwa Natrium (Na^+), ausgeglichen.

Als Folge dieses Kationenersatzes verändert sich zwar die chemische Zusammensetzung des Minerals, die Struktur bleibt jedoch dieselbe. Typisch für eine solche **Diadochie** sind die Minerale der Glimmerfamilie. Alle Varietäten haben die gleiche Kristallstruktur mit wechselnden Anteilen der Kationen Natrium, Kalium, Aluminium, Magnesium und Eisen in der Silicatverbindung.

Die Kristallisation der Minerale

Die Kristallisation beginnt mit der Bildung mikroskopisch kleiner **Kristallisationskeime**, kleinster geordneter dreidimensionaler Strukturen, in denen die Atome in einem Raumgitter angeordnet sind. Die Begrenzung der Kristalle besteht aus natürlichen, ebenen Flächen, den sogenannten Kristallflächen (Abb. 3.6). Diese Kristallflächen sind die kennzeichnenden äußeren Merkmale des atomaren Aufbaus eines Kristalls. In Abb. 3.7 ist die Darstellung (rechts) eines idealen Kristalls (der in der Natur sehr selten ist) einem realen Mineral (links) gegenübergestellt. Die sechsseitige (hexagonale) Form des Quarzkristalls entspricht in etwa einer hexagonalen Anordnung der atomaren Bausteine (genau betrachtet ist der in Oberflächengesteinen auftretende Quarz trigonal).

Im Verlauf der weiteren Kristallisation wachsen die ursprünglich mikroskopisch kleinen Kristalle unter Beibehaltung ihrer Kristallflächen, solange sie das frei und ungehindert tun können.

Abb. 3.6 Amethyst- und Quarzkristalle, aufgewachsen auf Epidotkristallen (*grün*). Die ebenen Flächen sind Kristallflächen, deren Form von der Anordnung der Atome und Ionen bestimmt wird, aus denen der Kristall besteht (Foto: © John Grotzinger/Ramón Rivera-Moret/Harvard Mineralogical Museum)

Teil II

Kristallflächen

idealer Quarzkristall   natürlicher Quarzkristall

Abb. 3.7 Idealer Kristall; Kristalle sind in der Natur selten perfekt und fehlerfrei, aber wie unregelmäßig die Formen und Flächen auch ausgebildet sein mögen, die Winkel zwischen den Flächen sind stets dieselben wie beim idealen Kristall (Foto: © Breck P. Kent)

Abb. 3.9 Halitkristalle, die in einer rezenten hypersalinaren Lagune ausgefällt wurden (San Salvador, Bahamas). Die kubische Form der Kristalle ist deutlich erkennbar (Foto: © John Grotzinger)

Abb. 3.8 In Höhlen findet man gelegentlich riesige Kristalle, da dort Raum für das Wachstum gegeben ist. Diese Selenitkristalle (Naica-Mine, Mexico) sind eine sehr reine Varietät von Gips (Calciumsulfat) (Foto: © Javier Trueba/MSF/Science Source)

mit ebenen Flächen. Stattdessen tritt es als Masse mit gebogenen, unregelmäßigen Oberflächen auf, wie man sie beispielsweise bei zahlreichen vulkanischen Gläsern findet.

Wann kristallisieren Minerale?

Die Kristallisation kann einerseits dadurch ausgelöst werden, dass die Temperatur einer Flüssigkeit unter deren Schmelzpunkt sinkt. Im Fall des Wassers ist beispielsweise der Gefrierpunkt von 0 °C die Temperaturgrenze, unterhalb der sich Eiskristalle zu bilden beginnen. In gleicher Weise kristallisieren aus einem **Magma** – einer heißen, flüssigen Gesteinsschmelze – Silicatminerale wie etwa Olivin oder Feldspat aus, sobald es unter die jeweiligen Schmelzpunkte abkühlt, wobei die Schmelzpunkte noch weit über 1000 °C liegen können. (Die Geologen beziehen sich bei der Mineralbildung aus Magmen gewöhnlich eher auf die Schmelz- als auf die Erstarrungspunkte, weil mit Erstarren begrifflich die Vorstellung von Kälte verbunden ist.)

Eine Kristallisation kann aber andererseits auch durch Verdunsten einer Lösung einsetzen. Eine Lösung ist eine homogene Mischung zweier chemischer Substanzen wie etwa Kochsalz und Wasser. Wenn wir eine solche Salzlösung eindampfen, verschwindet zwar nach und nach das Wasser, aber nicht das Kochsalz, weshalb die Lösung immer konzentrierter wird. Ist die Konzentration schließlich so hoch, dass von der Lösung kein weiteres Kochsalz mehr aufgenommen werden kann, wird diese Lösung als gesättigt bezeichnet. Setzt sich die Eindampfung über diesen Sättigungspunkt hinaus fort, beginnt das gelöste Material aus der Lösung in Form von Kristallen auszufallen. Wenn Meerwasser bis zum Sättigungspunkt verdunstet, wie das in einigen heißen, trockenen Buchten oder Meeresarmen geschieht, so kristallisieren die darin gelösten Substanzen aus. Einige davon bleiben als Steinsalzlager zurück (Abb. 3.9).

Große Kristalle mit gut ausgebildeten Flächen entstehen durch langsames und stetiges Wachstum, wenn sie den nötigen Raum haben und nicht durch andere Kristalle in ihrer Umgebung behindert werden (Abb. 3.8). Deshalb bilden sich die meisten großen Minerale in offenen Hohlräumen des Gesteins, etwa in Klüften, Drusen oder Höhlen.

Öfters jedoch sind die Räume zwischen den wachsenden Kristallen ausgefüllt oder die Kristallbildung erfolgt zu rasch. Dann wachsen die Kristalle übereinander und vereinigen sich zu einer festen (derben) Masse kristalliner Teilchen, die wir als **Kristallaggregate** bezeichnen. In diesem Fall lassen nur noch wenige oder keine Minerale mehr irgendwelche Kristallflächen erkennen. Große Kristalle, die mit bloßem Auge identifizierbar sind, sind relativ selten, doch zeigen auch viele kleine Minerale in den Gesteinen oftmals deutliche Kristallflächen, die unter dem Mikroskop erkennbar sind.

Im Gegensatz zu den kristallinen Mineralen erstarrt glasiges Material aus Flüssigkeiten so rasch, dass keine regelmäßige atomare Anordnung zustande kommt, es bildet daher auch keine Kristalle

Natürlicher **Diamant** entsteht im Erdmantel bei hohem Druck und hohen Temperaturen.

Die dicht gepackten Kohlenstoffatome werden durch starke Bindungen zusammengehalten und bilden ein Tetraeder.

Graphit entsteht unter niedrigeren Druck- und Temperaturbedingungen als Diamant. Seine Kohlenstoffatome sind in Schichten angeordnet, in denen die Kohlenstoffatome durch starke kovalente Bindungen miteinander verknüpft sind.

Die Kohlenstoffatome in jeder zweiten Schicht sind durch schwache Bindungskräfte miteinander verbunden.

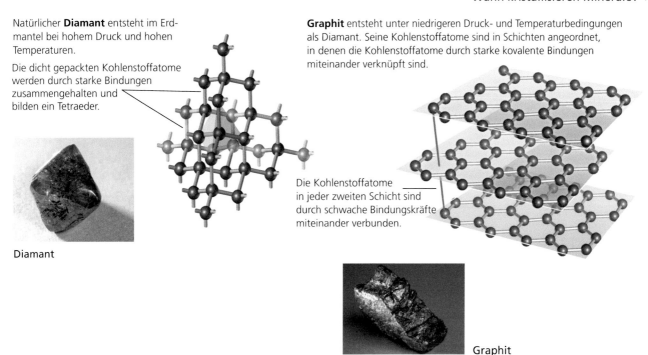

Diamant

Graphit

Abb. 3.10 Diamant und Graphit sind Modifikationen des Kohlenstoffs (Fotos: © John Grotzinger/Ramón Rivera-Moret/Havard Mineralogical Museum)

Diamant und Graphit lassen die erheblichen Auswirkungen von Druck und Temperatur bei der Mineralbildung erkennen. Diese beiden Minerale sind Modifikationen des Kohlenstoffs, das heißt sie bestehen aus demselben chemischen Element oder derselben chemischen Verbindung, weisen jedoch andere Kristallstrukturen und damit auch andere physikalische Eigenschaften auf. Tritt ein Element oder eine Verbindung in zwei oder mehr kristallinen Phasen oder Modifikationen auf (Abb. 3.10), spricht man von **Polymorphie**. Aus experimentellen Untersuchungen und geologischen Beobachtungen wissen wir, dass Diamant unter den hohen Druck- und Temperaturbedingungen des Erdmantels entsteht und stabil ist. Der dort herrschende hohe Druck führt zu einer erheblich dichteren Packung der Kohlenstoffatome. Deshalb hat der Diamant mit 3,5 g/cm^3 auch eine höhere **Dichte** (Masse pro Volumeneinheit) als Graphit mit 2,1 g/cm^3. Graphit bildet sich unter den in der Erdkruste herrschenden relativ niedrigen Drücken und Temperaturen und ist unter diesen Bedingungen stabil.

Normalerweise begünstigen niedrige Temperaturen ebenfalls dichtere Kristallstrukturen. Quarz und Cristobalit sind beispielsweise Modifikationen des Siliciumdioxids (SiO$_2$). Quarz bildet sich bei niedrigen Temperaturen und besitzt als Tieftemperaturmodifikation eine Dichte von 2,65 g/cm^3, während der Cristobalit als Hochtemperaturmodifikation von SiO$_2$ eine etwas offenere und lockerere Struktur und deshalb auch eine geringere Dichte von 2,33 g/cm^3 aufweist.

Obwohl die einzelnen Modifikationen der Minerale normalerweise nur unter bestimmten Druck- und Temperaturbedingungen stabil sind, können Minerale auch außerhalb ihres Stabilitätsbereichs als metastabile Phasen erhalten bleiben, da die Reaktionen, die zu einer Umwandlung metastabiler in stabile Minerale führen, wegen der niedrigen Reaktionstemperatur in der Regel sehr langsam ablaufen. Daher findet man, wie der Diamant beweist, Hochtemperatur- oder Hochdruckmodifikationen oftmals auch weit außerhalb der Stabilitätsbereiche dieser Mineralphasen.

Die gesteinsbildenden Minerale

Alle Minerale werden entsprechend ihrer chemischen Zusammensetzung in acht Klassen eingeteilt (Tab. 3.1). Einige Elemente wie beispielsweise Kupfer oder Gold treten in der Natur auch oder ausschließlich in elementarem Zustand auf, sie werden daher als gediegene Elemente bezeichnet. Die Klassifikation der anderen erfolgt nach ihren Anionen. Olivin wird beispielsweise aufgrund seines Silicat-Anions SiO$_4^{4-}$ zu den Silicaten gestellt. Halit, das Steinsalz (NaCl), das wir bereits kennengelernt haben, gehört wegen seines Chlorid-Ions (Cl$^-$) zu den Halogeniden. Dasselbe gilt für Sylvin (Kaliumchlorid, KCl), seinem nahen Verwandten.

Obwohl viele tausend Minerale bekannt sind, haben es die Geologen normalerweise nur mit etwa dreißig zu tun. Diese wenigen Minerale bauen den Großteil der Krustengesteine auf und werden deshalb auch als **gesteinsbildende Minerale** bezeichnet. Ihre relativ geringe Anzahl spiegelt die Tatsache wider, dass in der Erdkruste nur wenige chemische Elemente in größerer Menge vertreten sind.

Die häufigsten Klassen der gesteinsbildenden Minerale werden nachfolgend behandelt:

Tab. 3.1 Die wichtigsten Klassen der Mineralsystematik

Klasse	Kennzeichnende Anionen	Beispiel
Elemente	Keine Ionen	Kupfer (Cu)
Sulfide, Arsenide und komplexe Sulfide	Sulfid-Ion (S^{2-}) Arsen- und Arsen-Schwefel- Verbindungen mit Metallen	Bleiglanz (PbS) Safflorit ($CoAs_2$) Enargit (Cu_3AsS_4)
Oxide und Hydroxide	Sauerstoff-Ion (O^{2-}) Hydroxid-Ion (OH^-)	Hämatit (Fe_2O_3) Brucit ($Mg(OH)_2$)
Halogenide	Cl^-, F^-, Br^-, I^-	Halit (Steinsalz) (NaCl)
Carbonate	Carbonat-Ion (CO_3^{2-})	Calcit ($CaCO_3$)
Sulfate und Wolframverbindungen	Sulfat-Ion (SO_4^{2-}) Wolframat-Ion (WO_4^{3-})	Anhydrit ($CaSO_4$) Scheelit ($CaWO_4$)
Phosphate	Phosphat-Ion (PO_4^{3-})	Apatit ($Ca_5[(F, Cl, OH)/(PO_4)_3]$)
Silicate	Silicat-Ion (SiO_4^{4-})	Olivin (Forsterit) (Mg_2SiO_4)

- **Silicate** sind unter den gesteinsbildenden Mineralen am weitesten verbreitet (Tab. 3.2) und bestehen aus den beiden häufigsten Elementen der Erdkruste, Sauerstoff (O) und Silicium (Si) – meist in Verbindung mit Kationen anderer Elemente.
- **Carbonate** bestehen meist aus den Kationen von Calcium und Magnesium in Verbindung mit Kohlenstoff und Sauerstoff in Form des Carbonat-Anions (CO_3^{2-}). Ein häufig auftretendes Carbonatmineral ist der Calcit ($CaCO_3$) als Hauptbestandteil der Kalksteine.
- **Oxide** sind Verbindungen von Sauerstoff und gewöhnlich einem Metall als Kation, wie beispielsweise Eisen beim Hämatit (Fe_2O_3).
- **Sulfide** sind Verbindungen des Sulfid-Ions (S^{2-}) mit Metallen als Kation; zu dieser Mineralgruppe gehört das Mineral Pyrit (FeS_2).
- **Sulfate** sind Verbindungen des Sulfat-Ions (SO_4^{2-}) mit Metallen als Kation, eine Mineralgruppe, zu der unter anderem das Mineral Anhydrit ($CaSO_4$) gehört.

Die übrigen chemischen Klassen der Minerale, darunter die gediegen vorkommenden Elemente und die Halogenide, treten normalerweise nicht als gesteinsbildende Minerale auf.

Silicate

Grundbaustein aller silicatischen Minerale ist das Silicat-Ion. Es bildet ein Tetraeder, in dem das kleine Silicium-Ion (Si^{4+}) von vier Sauerstoff-Ionen (O^{2-}) umgeben ist, woraus sich die Formel SiO_4^{4-} ergibt (Abb. 3.11), gleichzeitig haben die Sauerstoff-Ionen und das Silicium-Ion gemeinsame Elektronen. Jedes Silicium-Sauerstoff-Tetraeder ist ein Anion mit vier negativen Ladungen, die durch vier positive Ladungen ausgeglichen werden müssen, um ein elektrisch neutrales Mineral zu bilden. Das Silicat-Ion geht typischerweise eine Bindung mit Kationen wie etwa Natrium (Na^+), Kalium (K^+), Calcium (Ca^{2+}), Magnesium (Mg^{2+}) oder Eisen (Fe^{2+}) ein. Im anderen Fall kann es

Sauerstoff-Ionen mit anderen Silicat-Tetraedern teilen, wobei je ein Sauerstoff-Ion zwei Tetraedern gemeinsam angehört. Daher enthalten alle Silicatminerale als Grundbausteine SiO_4-Tetraeder, die isoliert und dann an Kationen gebunden auftreten oder mit anderen Tetraedern zu Doppeltetraedern, Ringen, Ketten, Doppelketten, Schichten oder Gerüsten miteinander verbunden sind. Einige dieser Silicatstrukturen sind in Abb. 3.11 zusammengestellt.

Die Benennung und Einteilung der Silicate richtet sich danach, ob und wie die Verknüpfung der SiO_4-Tetraeder erfolgt.

Insel- oder Nesosilicate Bei den Insel- oder Nesosilicaten sind die einzelnen Tetraeder mit jedem Sauerstoff-Ion an ein Kation gebunden (Abb. 3.11a), das seinerseits mit einem Sauerstoff-Ion eines benachbarten Tetraeders verbunden ist. Auf diese Weise sind die Tetraeder an allen Ecken durch Kationen voneinander isoliert. Das weit verbreitete gesteinsbildende Mineral Olivin gehört zu diesem Strukturtyp.

Gruppen- oder Sorosilicate In einigen seltenen Mineralen treten zwei SiO_4-Tetraeder unter Verknüpfung zu einer gemeinsamen Ecke zusammen, sodass Doppeltetraeder entstehen. Ein Beispiel hierfür ist der Melilith.

Ring- oder Cyclosilicate Sie entstehen durch Verbindung jeweils zweier Sauerstoff-Ionen eines Tetraeders mit angrenzenden Tetraedern. Das bedeutet, dass jedes Tetraeder zwei seiner Sauerstoff-Ionen mit einem anderen Tetraeder gemeinsam hat, eines auf jeder Seite. Durch die ringförmige Verknüpfung entstehen Dreier-, Vierer- oder Sechserringe. Ein Mineral dieses Bautyps ist Turmalin.

Ketten- oder Inosilicate Sie entstehen durch dieselbe Art der Verknüpfung wie die Ringe, das heißt durch die Bindung jedes Tetraeders an zwei andere über gemeinsame Sauerstoff-Ionen, aber anstelle eines geschlossenen Ringes bilden sie hier eine offene Kette (Abb. 3.11b). Die einzelnen Ketten werden mit anderen Ketten über Kationen verknüpft. Die Mineralgruppe

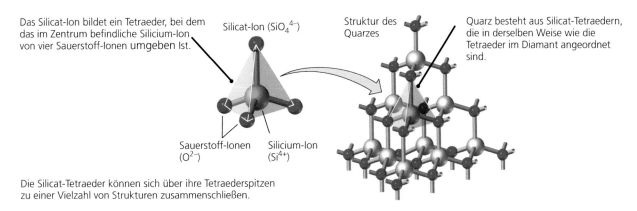

Das Silicat-Ion bildet ein Tetraeder, bei dem das im Zentrum befindliche Silicium-Ion von vier Sauerstoff-Ionen umgeben ist.

Silicat-Ion (SiO_4^{4-})

Struktur des Quarzes

Quarz besteht aus Silicat-Tetraedern, die in derselben Weise wie die Tetraeder im Diamant angeordnet sind.

Sauerstoff-Ionen (O^{2-})

Silicium-Ion (Si^{4+})

Die Silicat-Tetraeder können sich über ihre Tetraederspitzen zu einer Vielzahl von Strukturen zusammenschließen.

Teil II

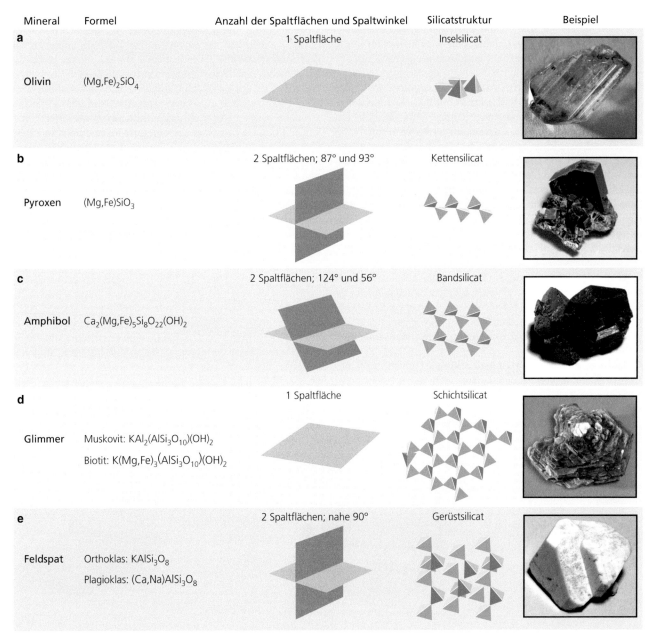

Mineral	Formel	Anzahl der Spaltflächen und Spaltwinkel	Silicatstruktur	Beispiel
a		1 Spaltfläche	Inselsilicat	
Olivin	$(Mg,Fe)_2SiO_4$			
b		2 Spaltflächen; 87° und 93°	Kettensilicat	
Pyroxen	$(Mg,Fe)SiO_3$			
c		2 Spaltflächen; 124° und 56°	Bandsilicat	
Amphibol	$Ca_2(Mg,Fe)_5Si_8O_{22}(OH)_2$			
d		1 Spaltfläche	Schichtsilicat	
Glimmer	Muskovit: $KAl_2(AlSi_3O_{10})(OH)_2$ Biotit: $K(Mg,Fe)_3(AlSi_3O_{10})(OH)_2$			
e		2 Spaltflächen; nahe 90°	Gerüstsilicat	
Feldspat	Orthoklas: $KAlSi_3O_8$ Plagioklas: $(Ca,Na)AlSi_3O_8$			

Abb. 3.11 Wichtigster Baustein der Silicatminerale ist das Silicat-Ion. Sorosilicate (silicatische Gruppenstrukturen) und Cyclosilicate (silicatische Ringstrukturen) sind nicht dargestellt (Fotos: © John Grotzinger/Ramón Rivera-Moret/Havard Mineralogical Museum)

der Pyroxene gehört zu diesem aus einfachen Ketten aufgebauten Silicat-Typ. So besteht das Mineral Enstatit aus Eisen- und Magnesium-Ionen, oder aus beiden, und ist beschränkt auf eine Kette von Tetraedern, in denen sich die beiden Kationen ähnlich wie beim Olivin gegenseitig ersetzen können. Dies zeigt auch die chemische Formel $(Mg,Fe)SiO_3$.

Doppelketten- oder Bandstrukturen Zwei einzelne Ketten können miteinander verbunden werden und Doppelketten oder Bandstrukturen bilden, in denen unzählig viele Tetraeder über gemeinsame Sauerstoff-Ionen verbunden sind (Abb. 3.11c). Benachbarte Doppelketten, die über Kationen zusammenhängen, sind für die Mineralgruppe der Amphibole typisch. Hornblende, ein Mineral dieser Gruppe, ist ausgesprochen häufig und tritt sowohl in magmatischen als auch in metamorphen Gesteinen auf. Hornblende hat eine komplizierte chemische Zusammensetzung und enthält neben Calcium (Ca^{2+}) auch Natrium (Na^+), Magnesium (Mg^{2+}), Eisen (Fe^{2+}) und Aluminium (Al^{3+}).

Schicht- oder Phyllosilicate In dieser Silicatgruppe teilt jedes Tetraeder drei seiner Sauerstoff-Ionen mit benachbarten Tetraedern, wobei ebene, beliebig ausgedehnte Tetraederschichten entstehen (Abb. 3.11d), die übereinander gestapelt werden können. Zwischen solchen Tetraederschichten sind Kationen eingelagert. Glimmer und Tonminerale sind die häufigsten Schichtsilicate. Muskovit ($KAl_2(AlSi_3O_{10})(OH)_2$) ist eines der bekanntesten Schichtsilicate und tritt in einer Vielzahl von Gesteinen auf. Er kann in extrem dünne durchsichtige Blättchen gespalten werden. Kaolinit ($Al_2Si_2O_5(OH)_4$), der dieselbe Gitterstruktur aufweist, ist ein in Sedimentgesteinen und tropischen Böden häufig auftretendes Tonmineral und Rohstoff für die keramische Industrie.

Gerüst- oder Tektosilicate Die Tetraeder sind bei diesen Silicaten über sämtliche Sauerstoff-Ionen auf allen Seiten miteinander verknüpft. Die Feldspäte, die häufigsten Minerale der Erdkruste, gehören zu den Gerüstsilicaten (Abb. 3.11e) wie auch der Quarz (SiO_2), ein weiteres und sehr verbreitet auftretendes Mineral.

Chemische Zusammensetzung der Silicate Das chemisch einfachste Silicat ist das Siliciumdioxid, SiO_2, das meist in Form von Quarz auftritt. Wenn die Silicat-Tetraeder im Quarz so verknüpft sind, dass an jedes Silicium-Ion zwei Sauerstoff-Ionen gebunden sind, ergibt sich die Summenformel SiO_2.

In anderen Silicatmineralen sind die Grundeinheiten – Ringe, Ketten, Bänder, Schichten und Gerüste – an Kationen wie beispielsweise Natrium (Na^+), Kalium (K^+), Calcium (Ca^{2+}), Magnesium (Mg^{2+}) und Eisen (Fe^{2+}, Fe^{3+}) gebunden. Wie bereits bei unserer Diskussion des Kationenersatzes (Diadochie) erwähnt wurde, ist in zahlreichen Mineralen das Silicium durch Aluminium (Al^{3+}) ersetzt. Alle Feldspatvarietäten enthalten beispielsweise Aluminium, verbunden mit unterschiedlichen Anteilen an Kalium, Natrium oder Calcium.

Carbonate

Grundbaustein der Carbonatminerale ist das Carbonat-Ion (CO_3^{2-}), bestehend aus einem Kohlenstoffatom, umgeben von drei Sauerstoffatomen, die ein ebenes Dreieck bilden, wobei die Kohlenstoff- und Sauerstoffatome kovalente Bindung aufweisen (Abb. 3.12a). Die einzelnen Carbonat-Ionen sind ähnlich wie in den Schichtsilicaten in Ebenen angeordnet und über Kationenschichten miteinander verbunden. Im Calcit (Calciumcarbonat, $CaCO_3$) sind die Schichten der Carbonat-Ionen durch Lagen von Calcium-Ionen getrennt (Abb. 3.12b). Unter den nicht silicatischen Mineralen ist der Calcit eines der häufigsten Minerale der Erdkruste und Hauptbestandteil einer ganzen Gesteinsgruppe, den Kalksteinen (Abb. 3.12c). Das Mineral Dolomit ($CaMg(CO_3)_2$), ein weiteres häufiges Mineral der Erdkruste, ist ebenfalls aus Carbonatschichten aufgebaut, zwischen denen sich allerdings Lagen aus Calcium- beziehungsweise Magnesium-Ionen wechseln.

Oxide

Die Mineralklasse der Oxide umfasst Verbindungen, in denen Sauerstoff an Atome oder Kationen anderer Elemente gebunden ist, gewöhnlich an Metalle wie beispielsweise Eisen (Fe^{2+} oder Fe^{3+}). Die meisten Oxide haben eine Ionenbindung, ihre Kristallstrukturen variieren mit der Größe der metallischen Kationen. Die Oxide sind von erheblicher wirtschaftlicher Bedeutung, weil

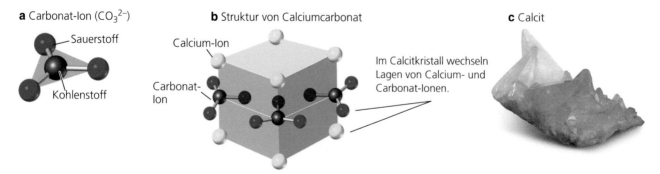

a Carbonat-Ion (CO_3^{2-}) — Sauerstoff — Kohlenstoff   **b** Struktur von Calciumcarbonat — Calcium-Ion — Carbonat-Ion — Im Calcitkristall wechseln Lagen von Calcium- und Carbonat-Ionen.   **c** Calcit

Abb. 3.12a–c Carbonatminerale wie Calcit (Calciumcarbonat, $CaCO_3$) haben einen schichtartigen Bau. **a** In der Carbonatgruppe ist ein Kohlenstoffatom von drei Sauerstoffatomen umgeben, sodass das Carbonat-Ion die Ladung −2 besitzt. **b** Im Calcitgitter wechseln sich Lagen von Calcium- und Carbonat-Ionen ab. **c** Calcit (Foto: © John Grotzinger/Ramón Rivera-Moret/Harvard Mineralogical Museum)

a   b

Abb. 3.13a,b Zur Gruppe der Oxide gehören zahlreiche wirtschaftlich wichtige Minerale, wie **a** Hämatit oder **b** Spinell (Foto: © John Grotzinger/Ramón Rivera-Moret/Harvard Mineralogical Museum)

zu dieser Klasse auch die Erze der meisten Metalle gehören, die für industrielle und technische Zwecke benötigt werden, wie beispielsweise Chrom und Titan. Hämatit (Abb. 3.13a) ist eines der häufigsten Eisenoxidminerale (Fe_2O_3) und zugleich das wichtigste Eisenerz.

Weitere häufige Verbindungen in dieser Klasse sind die Minerale der Spinellgruppe – Doppeloxide aus zwei- und dreiwertigen Elementen. Der eigentliche Spinell (Abb. 3.13b) ist ein Oxid der beiden Metalle Magnesium und Aluminium ($MgAl_2O_4$). Spinelle besitzen ein dicht gepacktes kubisches Kristallgitter und daher eine sehr hohe Dichte ($3,6\,g/cm^3$), was auf die Bildung unter hohen Druck- und Temperaturbedingungen zurückzuführen ist. Durchsichtige Spinelle von Edelsteinqualität sind vom Aussehen her Rubinen und Saphiren (die zu den Korunden zählen) ähnlich; sie zieren unter anderem die Kronjuwelen Englands und Russlands.

Sulfide

Die Erze vieler wichtiger Metalle wie Kupfer, Zink und Nickel gehören zur Mineralklasse der Sulfide. Der Grundbaustein dieser Klasse ist das Sulfid-Ion S^{2-}, ein Schwefelatom, das in seine äußere Schale zwei Elektronen aufgenommen hat. In den Sulfidmineralen ist das Sulfid-Ion an Metalle als Kationen gebunden. Die meisten Sulfidminerale sehen aus wie Metalle und sind fast alle opak (undurchsichtig). Das häufigste Mineral dieser Gruppe ist der Pyrit (FeS_2), der wegen seines messinggelben metallischen Glanzes auch als „Katzen-" oder „Narrengold" bezeichnet wird (Abb. 3.14).

Abb. 3.14 Pyrit, ein Sulfidmineral, wird auch als „Katzen- oder Narrengold" bezeichnet (Foto: © John Grotzinger/Ramón Rivera-Moret/Harvard Mineralogical Museum)

Sulfate

Der Grundbaustein aller Sulfate ist das Sulfat-Ion (SO_4^{2-}), ein Tetraeder mit einem Schwefelatom im Zentrum, das von vier Sauerstoff-Ionen (O^{2-}) umgeben ist. Eines der häufigsten Minerale unter den Sulfaten ist Gips (Abb. 3.15), der wichtigste Bestandteil des Wandputzes (Stuckgips). Wenn Meerwasser verdunstet, fällt Gips aus. Bei starker Verdunstung verbinden sich Ca^{2+} und SO_4^{2-}, zwei im Meerwasser häufige Ionen, zu Calciumsulfat ($CaSO_4 \cdot 2H_2O$), das als Sediment ausgefällt wird.

Abb. 3.15 Gips ist ein Sulfatmineral, das als Rückstand bei der Verdunstung von Meerwasser entsteht (Foto: © John Grotzinger/Ramón Rivera-Moret/Harvard)

Abb. 3.16 Der Salzsäuretest ist eine einfache, aber wirkungsvolle Methode zur Identifizierung bestimmter Minerale. Tropft man verdünnte Salzsäure (HCl) auf ein Mineral und es werden Gasblasen frei, so handelt es sich mit großer Wahrscheinlichkeit um Calcit ($CaCO_3$), weil bei dessen Reaktion mit Salzsäure Kohlendioxid (CO_2) entsteht (Foto: © Chip Clark/Fundamental Photographs)

(Der Punkt und der nachfolgende Term in der Formel bedeuten, dass in das Calciumsulfatgitter zwei Wassermoleküle eingebaut werden.)

Anhydrit ($CaSO_4$), ein weiteres Calciumsulfat-Mineral, enthält im Gegensatz zu Gips kein Wasser (griech. *ánhydros* = ohne Wasser). Gips ist bei den an der Erdoberfläche herrschenden Druck- und Temperaturverhältnissen stabil, während Anhydrit bei den in größerer Tiefe herrschenden höheren Temperaturen und Drücken die stabile Phase darstellt.

Im Jahre 2004 entdeckte man, dass auch in der frühen Geschichte des Mars – des „Roten Planeten" – aus wässrigen Lösungen Sulfatminerale ausgefällt wurden. Wie auf der Erde wurden auch diese Sulfatminerale durch Verdunstung des Lösungsmittels abgeschieden, als Seen und flache Meere austrockneten und Sedimentschichten hinterließen. Viele dieser Fällungsprodukte auf dem Mars unterscheiden sich jedoch von denen der Erde, denn sie enthalten ungewöhnliche eisenführende Sulfate, die aus stark saurem Wasser ausgefällt wurden.

Physikalische Eigenschaften der Minerale

Geologen nutzen die chemischen und physikalischen Daten der Minerale, um daraus die Entstehung der Gesteine zu rekonstruieren. Der erste Schritt besteht darin, die im Gestein vorkommenden Minerale zu erkennen. Dazu stützen sie sich auf chemische und physikalische Eigenschaften, die mit relativ

geringem Aufwand ermittelt werden können. Schon vor über 100 Jahren führten Geologen im Gelände entsprechende Ausrüstungen zur qualitativen chemischen Analyse der Minerale mit sich. Eines dieser Verfahren ist der sogenannte Säuretest. Dazu werden einige Tropfen verdünnter Salzsäure (HCl) auf das Gestein gegeben, um zu sehen, ob und wie es aufschäumt (Abb. 3.16). Freiwerdende Gasbläschen deuten an, dass Kohlendioxid (CO_2) freigesetzt wird, was mit großer Sicherheit auf Calcit, ein Carbonatmineral oder ein Carbonatgestein (z. B. Kalkstein) hinweist.

Von großer Aussagekraft sind die physikalischen Eigenschaften der Minerale wie etwa Härte, Spaltbarkeit, Farbe und Dichte, die folgerichtig auch ihre technische Verwendbarkeit oder ihren dekorativen Wert bestimmen.

Härte

Die **Härte** ist ein Maß für den Widerstand, den die Oberfläche eines Minerals einer mechanischen Beanspruchung entgegensetzt. So wie ein Diamant Fensterglas oder andere Minerale ritzt, weil er härter ist, kann ein Quarzkristall einen Feldspatkristall ritzen, weil Quarz härter ist als Feldspat. Im Jahre 1822 entwickelte der österreichische Mineraloge Friedrich Mohs eine Härteskala (die sogenannte **Mohs'sche Härteskala**), die auf der unterschiedlichen Ritzhärte der Minerale beruht. Er ordnete sie in einer Reihenfolge so an, dass zunehmend härtere Minerale aufeinander folgen, die das jeweils vorangehende, weichere ritzen. Am unteren Ende der Skala steht das weichste Mineral (Talk), am oberen Ende das härteste (Diamant) (Tab. 3.2). Die Mohs'sche Härteskala ist unzweifelhaft eines der einfachsten und gebräuchlichsten Hilfsmittel zur Klassifizierung eines Minerals. Ein Taschenmesser und einige wenige spezifische Minerale aus der Härteskala sind alles, was man benötigt, um den Härtegrad eines unbekannten Minerals innerhalb der Skala abzuschätzen.

Tab. 3.2 Härteskala nach Mohs

Mineral	Härtegrad	Prüfkörper
Talk	1	
Gips	2	—— Fingernagel
Calcit (Kalkspat)	3	—— Kupfermünze
Fluorit (Flussspat)	4	
Apatit	5	—— Taschenmesser
Feldspat (Orthoklas)	6	—— Fensterglas
Quarz	7	—— Stahlfeile
Topas	8	
Korund	9	
Diamant	10	

Lässt sich ein solches Mineral mit einem Stück Quarz ritzen, nicht aber mit dem Stahl des Taschenmessers, so liegt seine Härte zwischen 5 und 7 auf der Härteskala.

Wie wir wissen sind Substanzen mit kovalenter Bindung im Allgemeinen fester gebunden als solche mit Ionenbindung. Die Härte eines Minerals ist daher von der Art und Stärke seiner chemischen Bindungskräfte abhängig: je stärker die Bindung, desto härter das Mineral. Die Silicatminerale weisen unterschiedliche Kristallstrukturen auf und damit auch unterschiedliche Härten. Beispielsweise schwankt ihre Härte zwischen 1 beim Talk, einem Schichtsilicat, und 8 beim Topas, einem Inselsilicat. Die meisten Silicate haben Härten zwischen 5 und 7; nur die Schichtsilicate sind mit Härten zwischen 1 und 3 verhältnismäßig weich.

Innerhalb der Mineralgruppen mit ähnlichen Kristallstrukturen ist die Härte noch an weitere Faktoren gebunden, die auch die Bindungsstärke beeinflussen:

- Ionenradius: Je kleiner ein Atom oder Ion ist, desto geringer ist der Abstand zwischen Kern und Elektronenhülle und desto stärker ist folglich die elektrische Anziehungskraft und damit auch die Bindung.
- Ladung: Je höher die elektrische Ladung der Kationen ist, desto stärker ist auch die elektrische Anziehungskraft zwischen den Ionen und damit auch die Bindung.
- Packungsdichte der Atome und Ionen: Je dichter die Packung, desto geringer ist der Abstand zwischen den Atomen und desto stärker ist die Bindung.

Wegen der großen Ionenradien sind die meisten Oxide und Sulfide von Metallen mit hohen Ordnungszahlen wie etwa Gold, Silber, Kupfer und Blei weich, ihre Härten liegen meist unter 3. Auch Carbonate und Sulfate mit ihren weniger dicht gepackten Strukturen sind mit Härten unter 5 ebenfalls vergleichsweise weich.

Spaltbarkeit

Unter Spaltbarkeit versteht man die Tendenz eines Kristalls, bei mechanischer Beanspruchung entlang ebener, glatter Flächen zu brechen. Dieser Begriff wird außerdem dazu verwendet, die dabei entstehende geometrische Form zu beschreiben. Die Spaltbarkeit verhält sich umgekehrt zur Bindungsstärke: Je stärker die Bindung, umso schwächer ausgeprägt ist die Spaltbarkeit. Wegen ihrer stärkeren Bindung zeigen Minerale mit kovalenter Bindung im Allgemeinen keine oder nur eine schlechte Spaltbarkeit. Ionenbindungen sind vergleichsweise schwach, solche Minerale zeigen meist eine ausgezeichnete Spaltbarkeit. Selbst innerhalb eines Minerals, das ausschließlich eine kovalente oder eine Ionen-Bindung aufweist, unterscheidet sich jedoch die Bindungsstärke zwischen verschiedenen Netzebenen. Obwohl die Bindungen im Diamant ausschließlich kovalente und damit sehr feste Bindungen sind, treten zwischen einige Netzebenen schwächer Bindungen auf. Der Diamant, das härteste Mineral, kann deshalb an diesen schwächer gebunden Netzebenen unter Bildung vollkommen ebener Flächen gespalten werden. Muskovit, ein Glimmer, gehört zu den Schichtsilicaten mit ausgezeichneter Spaltbarkeit; er lässt sich entlang glatter, glänzender, ebener und paralleler Flächen in dünne transparente Schichten von weniger als einem Millimeter Dicke spalten. Die auffallend gute Spaltbarkeit dieses Glimmerminerals beruht auf der schwachen Bindung zwischen den SiO_4-Tetraeder-Schichten und den dazwischenliegenden Kationenschichten (Abb. 3.17).

Die Spaltbarkeit kann nach zwei wesentlichen Merkmalen eingeteilt werden: (1) nach der Anzahl der Flächen und der Form der Spaltbarkeit, sowie (2) nach der Qualität der Spaltflächen und der Leichtigkeit des Spaltens.

Anzahl und Richtung der Spaltflächen Anzahl und Richtung der Spaltflächen sind bei vielen gesteinsbildenden Mineralen ein kennzeichnendes Merkmal. Muskovit weist nur eine Spaltfläche auf. Calcit und Dolomit dagegen spalten nach drei bevorzugten Richtungen, wobei sich als Spaltungskörper stets ein Rhomboeder ergibt (Abb. 3.18).

Die Spaltebenen sind ebenso wie die Kristallflächen durch die Kristallstruktur bedingt, doch gibt es generell weniger Spaltflächen als mögliche Kristallflächen. Die Kristallflächen können an einer der zahlreichen Ebenen entstehen, die ausschließlich mit einer Ionen- oder Atomart besetzt sind. Die Spaltbarkeit beruht dagegen auf einem Aufbrechen von Bindungen an vergleichsweise wenigen Schwächeebenen. Alle Kristalle eines bestimmten Minerals zeigen eine charakteristische Spaltbarkeit, während meist nur bei wenigen Kristallen typische Flächen entwickelt sind.

Bleiglanz (Bleisulfid, PbS) und Steinsalz (Natriumchlorid, NaCl) spalten nach drei Ebenen in vollkommene Würfel. Zwei weitere wichtige Gruppen der Silicate, die äußerlich recht ähnlich aussehen, lassen sich anhand ihrer charakteristischen Spaltbarkeit voneinander unterscheiden: die Pyroxene und die Amphibole (Abb. 3.19). Pyroxene sind einfache Kettensilicate, deren Bindungen bewirken, dass die Spaltflächen im Winkel von 93° bezie-

Teil II

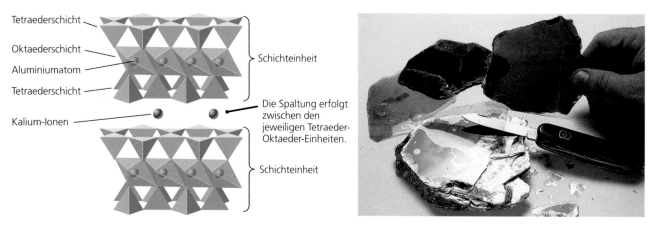

Tetraederschicht

Oktaederschicht

Aluminiumatom

Tetraederschicht

Kalium-Ionen

Schichteinheit

Die Spaltung erfolgt zwischen den jeweiligen Tetraeder-Oktaeder-Einheiten.

Schichteinheit

Abb. 3.17 Spaltbarkeit des Glimmers. Die Schemazeichnung zeigt die Spaltflächen in der Gitterstruktur, die senkrecht zur Bildebene verlaufen. Die horizontalen Linien kennzeichnen die Trennflächen zwischen den silicatischen Tetraederschichten und den Oktaederschichten aus Aluminiumhydroxid, die beide Tetraederschichten zu einer Art Sandwich verbinden. Die Spaltung erfolgt zwischen den jeweiligen Tetraeder-Oktaeder-Einheiten. Das Foto zeigt, wie dünn die entlang der Spaltflächen brechenden Schichten sein können (Foto: © Chip Clark/Fundamental Photographs)

Abb. 3.18 Beispiel für die rhomboedrische Spaltbarkeit von Calcit (Foto: © Charles D. Winters/Science Source)

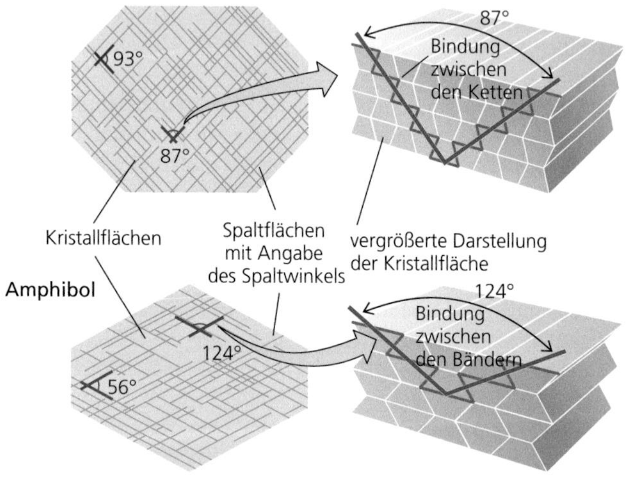

Pyroxen

93°

87°

87°
Bindung zwischen den Ketten

Kristallflächen

Spaltflächen mit Angabe des Spaltwinkels

vergrößerte Darstellung der Kristallfläche

Amphibol

124°

56°

124°
Bindung zwischen den Bändern

Abb. 3.19 Pyroxene und Amphibole sehen oft sehr ähnlich aus, doch unterscheiden sich die Winkel ihrer Spaltbarkeit. Diese Spaltwinkel werden häufig zur Erkennung und Klassifikation herangezogen

hungsweise 87° zueinanderstehen; das führt im Querschnitt zu einem nahezu quadratischen Muster. Bei den Amphibolen dagegen, die aus Doppelketten aufgebaut sind, gibt es zwei Spaltrichtungen unter einem Winkel von 56° beziehungsweise 124°, wodurch sich im Querschnitt ein rautenförmiges Muster ergibt.

Qualität der Spaltbarkeit Die Qualität der Spaltbarkeit ist eine charakteristische Eigenschaft und ein wesentliches Erkennungsmerkmal der Minerale. Sie wird rein beschreibend als vollkommen, gut oder unvollkommen gekennzeichnet. Muskovit etwa lässt sich leicht spalten, es entstehen glatte Flächen von extrem guter Qualität, sodass man diese Spaltbarkeit als „vollkommen" bezeichnet. Ketten- und Bändersilicate (wie Pyroxene und Amphibole) haben eine gute Spaltbarkeit. Diese Minerale brechen bevorzugt entlang der Spaltflächen, aber auch quer dazu; die Spaltflächen sind allerdings nicht so glatt ausgebildet wie bei

den Glimmern. Am unteren Ende der Skala liegt die undeutliche, unvollkommene Spaltbarkeit, wie beispielsweise beim Beryll. Die Spaltbarkeit ist unregelmäßiger, weshalb das Mineral auch relativ leicht in anderen Richtungen als den Spaltflächen bricht.

Zahlreiche Minerale haben eine so starke Bindung, dass sie nicht einmal eine unvollkommene Spaltbarkeit zeigen. Quarz, eines der häufigsten Minerale, ist von der Struktur her ein Gerüstsilicat und zeigt nach allen Richtungen eine extrem starke Bindung. Er bricht nur entlang sehr unregelmäßiger Flächen. Granat ist ein Inselsilicat mit ebenfalls starker Bindung nach allen Richtungen und zeigt ebenfalls keine Spaltbarkeit. Diese beiden Minerale machen deutlich, dass sowohl Insel- als auch Gerüstsilicate normalerweise keine Spaltbarkeit aufweisen.

Bruch

Unter dem **Bruch** eines Minerals versteht man die Beschaffen-heit von Bruchflächen, die bei mechanischer Beanspruchung entlang unregelmäßiger Flächen entstehen. Er ist eine charakte-ristische Eigenschaft der Minerale und wird ebenfalls als Unter-scheidungsmerkmal zur Mineralbestimmung herangezogen. Alle Minerale zeigen normalerweise ein Bruchverhalten entweder quer zu den Spaltflächen oder richtungslos, wie beispielsweise Quarz, der keine Spaltbarkeit aufweist. Der Bruch ist davon ab-hängig, wie die Bindungsstärke in den Richtungen quer zu den Kristallflächen verteilt ist. Das Aufbrechen solcher Bindungen führt zu unregelmäßigen Bruchflächen. Ein Bruch kann musche-lig sein und glatte, gebogene Oberflächen zeigen wie ein dickes Stück zerbrochenes Glas. Ein anderer häufig vorkommender typischer Bruch sieht wie gesplittertes Holz aus und wird als faseriger Bruch bezeichnet. Form und Aussehen der vielfältigen, unregelmäßigen Bruchflächen hängen jeweils von der Struktur und Zusammensetzung eines Minerals ab.

Glanz

Aus der Art und Weise, wie die Flächen eines Minerals das Licht reflektieren, ergibt sich ein weiteres sichtbares Merkmal der Mi-nerale, der **Glanz**. Der Glanz beziehungsweise seine verschiede-nen Abstufungen sind in Tab. 3.3 zusammengestellt. Der Glanz eines Minerals hängt davon ab, aus welchen Atomen es zusam-mengesetzt ist und welche Art von Bindung zwischen den Ato-men besteht. Beide Faktoren haben Einfluss darauf, wie das Licht durch das Mineral hindurchgeht, dabei gebrochen, absorbiert oder auch reflektiert wird. Der Glanz ist umso stärker, je höher der An-teil des reflektierten Lichts ist. Viele Minerale mit kovalenter Bin-dung zeigen gewöhnlich Diamantglanz, während bei zahlreichen Mineralen mit Ionenbindung eher Glasglanz vorliegt. Metallglanz tritt bei reinen Metallen wie etwa gediegenem Gold auf, aber auch bei vielen Sulfidmineralen wie Bleiglanz (PbS) und oftmals auch bei anderen opaken Mineralen. Perlmuttglanz ist das Ergebnis von Mehrfachreflexionen an verschiedenen Schichten innerhalb eines durchsichtigen Minerals, wobei an dünnen Blättchen durch Interferenz Farben entstehen – wie das auch bei der Perlmutt-schicht vieler Muscheln der Fall ist, die aus dem Carbonatmineral Aragonit bestehen. Obwohl der Glanz ein wichtiges Kriterium für die Klassifikation im Gelände darstellt, ist dessen Intensität in starkem Maße von der persönlichen visuellen Wahrnehmung des reflektierten Lichts abhängig. Die Beschreibungen in den Lehrbüchern sind gegenüber der tatsächlichen Erscheinung, wie sie am Handstück zu sehen ist, oft nur schwer nachvollziehbar.

Farbe

Die **Farbe** eines Kristalls wird durch das Licht bestimmt, das entweder von einem Kristall, von einer derben Masse oder von

Tab. 3.3 Glanz der Minerale

Metallglanz	starke Reflexion, bedingt durch opake Substanzen
Glasglanz	heller Glanz, wie Glas
Porzellanglanz	charakteristisch für Minerale mit einer Trübung durch Entmischung oder Sprünge
Fettglanz	wie mit Öl oder Fett überzogen
Perlmuttglanz	weißlich irisierend durch Interferenzerscheinun-gen wie bei Perlmutt und anderen durchsichtigen Mineralen
Seidenglanz	Schimmer feinfaseriger Kristalle, vergleichbar mit Seide
Diamantglanz	heller strahlender Glanz des Diamanten und anderer durchsichtiger Minerale

einem Strich weitergeleitet oder reflektiert wird. Die Farbe eines Minerals kann zwar ein charakteristisches Merkmal sein, doch ist sie bei der Mineralbestimmung nicht der verlässlichste An-haltspunkt. Einige Minerale treten stets in derselben Farbe auf, andere zeichnen sich durch ein großes Spektrum an Farben aus. Zahlreiche Minerale zeigen ihre charakteristische Farbe nur an frischen Bruchflächen oder nur auf angewitterten Oberflächen. Einige Minerale, wie beispielsweise Edelopale, entfalten ein verblüffendes Farbspiel auf reflektierenden Flächen, andere än-dern geringfügig ihre Farbe in Abhängigkeit vom Einfallswinkel des Lichts. Viele Minerale mit Ionenbindung sind farblos.

Strich ist die Bezeichnung für die Farbe des feinkörnigen abge-riebenen Pulvers, das beim Streichen eines Minerals über eine raue unglasierte Porzellanplatte, eine sogenannte **Strichplatte**, entsteht (Abb. 3.20). Eine solche Strichplatte erweist sich als gutes Hilfsmittel zur Identifizierung, weil die einheitlichen klei-nen, zu Pulver zerriebenen Mineralteilchen eine bessere Unter-scheidung der Farbe ermöglichen als eine derbe Mineralmasse. Eine aus Hämatit (Fe_2O_3) bestehende derbe Masse hinterlässt auf der Strichplatte stets eine kirschrote bis rotbraune Strichfarbe, unabhängig davon, welche Farbe das Handstück zeigt – ob es schwarz, rot, braun oder metallisch grau ist.

Die Farbe ist eine komplexe und bis heute noch nicht völlig erklärbare Eigenschaft der Minerale. Sie kann sowohl von der Art der Ionen, die in dem reinen Mineral enthalten sind, als auch von in Spuren vorhandenen Verunreinigungen abhängig sein.

Ionen und Farbe Die Farben der reinen Substanzen sind abhän-gig von der Anwesenheit bestimmter Ionen, wie etwa von Chrom oder Eisen, die in hohem Maße bestimmte Farbanteile des Lich-tes absorbieren. Ein eisenhaltiger Olivin absorbiert beispiels-weise alle Farben mit Ausnahme von Grün, das er reflektiert. Daher ist er grün, während der völlig eisenfreie Magnesium-Olivin weiß (transparent und farblos) ist.

Spurenelemente und Farbe Alle natürlich vorkommenden Mi-nerale enthalten Verunreinigungen. Mit Analysegeräten lassen sich heute selbst geringste Mengen bestimmter Elemente, in eini-gen Fällen bis zu 1 Milliardstel Gramm, nachweisen. Elemente,

Teil II

Abb. 3.20 Hämatit kann schwarze, rote oder braune Kristallmassen bilden, jedoch hinterlassen alle beim Streichen über eine unglasierte Porzellanplatte eine rotbraune Strichfarbe (Foto: © Breck P. Kent)

Abb. 3.21 Die Farbe der Edelsteine entsteht meist durch Spurenelemente. Saphir (*links*) und Rubin (*Mitte*) gehören zur Gruppe der Korunde (Aluminiumoxide). Die intensive Farbe geht auf geringe Mengen an Verunreinigungen zurück – so wird beispielsweise die rote Farbe des Rubins durch Chrom verursacht, das auch im Smaragd (*rechts*) farbgebend ist (Foto: © John Grotzinger/Ramón Rivera-Moret/Harvard Mineralogical Museum)

die weniger als 0,1 % eines Minerals ausmachen, werden als Spurenelemente oder „Spuren" bezeichnet.

Einige Spurenelemente sind für die Rekonstruktion der Entstehung der Minerale, in denen sie auftreten, äußerst wertvoll. Andere, wie etwa die Spuren von Uran in einigen Graniten, sind für die natürliche Radioaktivität verantwortlich. Wieder andere, wie beispielsweise kleinste, fein verteilte Hämatitschuppen, die Feldspäte bräunlich oder rötlich färben, sind deswegen erwähnenswert, weil sie einem ansonsten farblosen Mineral eine gewisse Färbung verleihen. Viele der Edelsteinvarietäten unter den Mineralen, zum Beispiel Smaragd (grüner Beryll) und Saphir (blauer Korund), verdanken ihre Farbe Spuren spezifischer Verunreinigungen, die im Kristallgitter eingebaut sind (Abb. 3.21). Smaragd erhält seine Grünfärbung durch Chrom, die Ursachen der Blaufärbung des Saphirs sind Eisen und Titan.

Dichte

Wiegt man ein Stück Eisenerz (Hämatit) und ein gleich großes Stück Schwefel in der Hand, ist der Gewichtsunterschied zwischen den beiden Stücken leicht festzustellen. Aber bei vielen der häufig vorkommenden gesteinsbildenden Mineralen lässt sich mit diesem einfachen Vergleich kaum ein Unterschied feststellen, weil sich ihre **Dichte**, die als Masse pro Volumeneinheit definiert ist, nicht deutlich genug unterscheidet. Man benötigt deshalb ein anderes Verfahren, um die Dichte der Minerale auf einfache Weise mit hinreichender Genauigkeit zu ermitteln. Ein Standardmaß für die Dichte ist das **spezifische Gewicht**, das heißt das Gewicht eines Minerals in Luft, geteilt durch das Gewicht einer gleichen Volumenmenge reinen Wassers bei 4 °C.

Die Dichte hängt vom Atomgewicht der Mineralbestandteile und von der Packungsdichte ab, mit der die Atome in der Kristallstruktur angeordnet sind. Das Eisenoxidmineral Magnetit (Fe_3O_4) hat eine Dichte von 5,2 g/cm³, die zum Teil aus dem hohen Atomgewicht des Eisens resultiert, teils auch aus der dicht gepackten Struktur, die Magnetit mit den anderen Mineralen der Spinellgruppe gemein hat. Die Dichte des Eisensilicats Olivin ist mit 4,4 g/cm³ geringer als die des Magnetits, weil erstens das Atomgewicht von Silicium niedriger ist und zweitens der Olivin eine offenere Gitterstruktur zeigt als die Minerale der Spinellgruppe. Der Magnesium-Olivin hat mit 3,32 g/cm³ eine noch geringere Dichte, weil Magnesium ein erheblich geringeres Atomgewicht als Eisen aufweist.

Eine Zunahme der Dichte, hervorgerufen durch eine Zunahme des Drucks, beeinflusst die Lichtdurchlässigkeit (Transmission) sowie die Wärmeleitung oder auch die Ausbreitungsgeschwindigkeit von Erdbebenwellen. Experimente unter sehr hohen Drücken haben gezeigt, dass Olivin bei einem Druck, der einer Tiefe von 410 km entspricht, in die dichtere Kristallstruktur der Spinellgruppe übergeht. In einer noch größeren Tiefe von 660 km wird das Mantelmaterial weiter umgewandelt zu einem Silicatmineral mit der noch dichter gepackten Struktur des Minerals Perowskit. Wegen des großen Volumens des unteren Erdmantels ist Olivin mit Perowskit-Struktur möglicherweise das häufigste Mineral der Erde überhaupt. Die Temperatur hat außerdem auch Einfluss auf die Dichte: Je höher die Temperatur steigt, desto offener werden die Kristallstrukturen und desto geringer ist folglich ihre Dichte.

Kristallform

Die Gestalt, die einzelne Kristallflächen oder Kristallaggregate annehmen, wird als **Kristallform** oder **Habitus** bezeichnet. Man nennt sie nach häufig auftretenden geometrischen Formen: tafelig, blättrig, prismatisch, nadelig usw. Manche Minerale sind bereits an ihrer charakteristischen Kristallform zu erkennen, so wie

Abb. 3.22 Chrysotil, eine Varietät von Asbest. Die Fasern lassen sich sehr einfach vom Mineral ablösen (Foto: mit frdl. Genehm. von Eurico Zimbres)

die sechsflächigen Prismen des Quarzes mit ihren pyramidenartigen Spitzen (vgl. Abb. 3.7). Die Kristallform spiegelt nicht nur die Anordnung der Atome und Ionen im Kristallgitter des Minerals wider, sondern zeigt auch, wie schnell und in welcher Richtung der Kristall bevorzugt gewachsen ist. So wächst ein nadeliger Kristall in einer bevorzugten Richtung sehr rasch und in den beiden anderen sehr langsam. Umgekehrt wächst ein tafeliger Kristall in einer bestimmten Richtung langsam und in den beiden rechtwinklig dazu stehenden Richtungen schnell. Faserig sind Kristalle, die in Form langer, dünner Fasern kristallisieren. Ein Beispiel ist Asbest – eine Gruppe von Silicaten mit einer mehr oder weniger faserigen Kristallform (Abb. 3.22). Einige Minerale der Asbestgruppe haben die unangenehme Eigenschaft, ständig winzigste Fasern abzugeben, die beim Einatmen in das Lungengewebe gelangen können.

Die in diesem Abschnitt behandelten physikalischen Eigenschaften der Minerale sind in Tab. 3.4 zusammengefasst.

Was sind Gesteine?

Eine der wesentlichen Aufgaben der Geologen besteht darin, aus den Gesteinsmerkmalen die Entstehungsgeschichte der Gesteine abzuleiten. In gleicher Weise sind solche genetischen Deutungen nicht nur für einen zunehmend besseren Kenntnisstand über Prozesse, die unseren Planeten betreffen, von entscheidender Bedeutung, sie dienen auch als wichtige Informationsquelle für potenzielle Rohstoffvorkommen. Da bekannt ist, dass beispielsweise Erdöl in bestimmten Sedimentgesteinen mit einem hohen Gehalt an organischer Substanz entsteht, können wir mit wesentlich geringerem Aufwand und Risiko neue Lagerstätten erkunden. In gleicher Weise dienen Kenntnisse der Gesteinseigenschaften dazu, andere nutzbare und wirtschaftlich wichtige Mineral- und Energieressourcen wie Erdgas, Kohle und Erze aufzufinden.

Das Wissen, wie Gesteine entstehen, ermöglicht uns auch die langfristige Lösung von Grundbau- und Umweltproblemen. Beispielsweise ist die unterirdische Lagerung radioaktiver oder anderer gefährlicher Abfallstoffe von der eingehenden Untersuchung des Gesteins abhängig, das als Endlager dienen soll. Neigt dieses oder jenes Gestein zu Rutschungen? Wie leitet es verunreinigtes Wasser in den Untergrund?

Eigenschaften der Gesteine

Ein **Gestein** ist ein natürlich vorkommendes festes Aggregat aus Mineralen, Bruchstücken von Mineralen oder Gesteinen, Organismenresten oder in einigen Fällen auch aus nicht mineralischer Substanz. In einem Aggregat sind die Minerale so vereinigt, dass sie ihre jeweilige Identität beibehalten (Abb. 3.23). Einige Gesteine wie etwa Marmor bestehen lediglich aus einer einzigen Mineralphase, in diesem Fall aus Calcit; sie sind monomineralisch. Manche Gesteine bestehen aus nicht mineralischem Ma-

Tab. 3.4 Physikalische Eigenschaften der Minerale

Eigenschaft	Beziehung zu Chemismus und Kristallbau
Härte	Starke chemische Bindung bedingt hohe Härte. Minerale mit kovalenter Bindung besitzen im Allgemeinen eine größere Härte als solche mit Ionenbindung.
Spaltbarkeit	Die Spaltbarkeit ist schlecht, wenn die Bindungsstärke innerhalb der Kristallstruktur groß ist, sie ist gut, wenn die Bindungstärke gering ist. Minerale mit kovalenter Bindung zeigen nur eine undeutliche Spaltbarkeit oder diese kann auch fehlen; die Ionenbindung ist schwach und bedingt gute Spaltbarkeit.
Bruch	Die Form des Bruches ist abhängig von der Verteilung der Bindungsstärke auf anderen Flächen als den Spaltflächen.
Glanz	Kristalle mit Ionenbindung zeigen Glasglanz; Kristalle mit kovalenter Bindung zeigen eine reichhaltige Glanzausprägung.
Farbe	Wird bewirkt durch bestimmte Atome oder in geringen Mengen vorhandene Verunreinigungen. Viele Kristalle mit Ionenbindung sind farblos. Eisen färbt gewöhnlich intensiv.
Strich	Die Farbe des fein zerriebenen Pulvers ist wegen der einheitlich geringen Korngröße charakteristischer als die Farbe des Kristalls.
Dichte	Ist abhängig von der relativen Atommasse und der Packungsdichte in der Kristallstruktur. Eisenminerale und alle Metalle haben eine hohe Dichte. Minerale mit kovalenter Bindung sind lockerer gepackt und haben daher eine geringe Dichte.

Teil II

terial. Hierzu gehören beispielsweise die vulkanischen Gläser, wie etwa Obsidian oder Bimsstein, sowie die Kohle, die aus Pflanzenrückständen besteht.

Was bestimmt das Erscheinungsbild der Gesteine? Gesteine unterscheiden sich sehr stark hinsichtlich ihrer Farbe, ihrer Größe der Kristalle oder Komponenten sowie ihrer Mineralarten, aus denen sie bestehen. Entlang eines Straßeneinschnitts sehen wir zum Beispiel ein zerklüftetes, weiß und rosa geflecktes Gestein mit sich verzahnenden Kristallen, die groß genug sind, um sie mit bloßem Auge zu erkennen. Gleich daneben finden wir möglicherweise ein graues Gestein mit großen, glitzernden Glimmerblättchen neben einigen Quarz- und Feldspatkristallen. Beide Gesteine können von Resten eines ehemaligen Strandes überdeckt sein, horizontal lagernden Schichten eines weiß und malvenfarbig gestreiften Gesteins, das aus miteinander verbackenen Sandkörnern zu bestehen scheint. All diese Gesteine können schließlich von einem dunklen, feinkörnigen Gestein mit winzigen weißen Pünktchen überlagert werden.

Das Erscheinungsbild der Gesteine wird teils durch ihre **Mineralogie**, das heißt durch die relativen Anteile ihrer wichtigsten Minerale und teils durch ihr **Gefüge** bestimmt. Gefüge

bedeutet in diesem Zusammenhang Größe, Form und räumliche Anordnung der einzelnen Bestandteile. Sind die Kristalle oder Komponenten, die in den meisten Gesteinen nur wenige Millimeter Durchmesser erreichen, groß genug, um sie mit bloßem Auge erkennen zu können, dann werden die Gesteine als grobkörnig, oder wenn dies nicht möglich ist, als feinkörnig bezeichnet.

Mineralogie und Gefüge, die beide das Erscheinungsbild der Gesteine bestimmen, sind Abbild ihrer geologischen Entstehungsbedingungen – oder anders ausgedrückt: wo und wie die Gesteine entstanden sind (Abb. 3.24).

Das dunkle Gestein in unserem Straßeneinschnitt, das die Gesteinsabfolge nach oben abschließt, ist ein Basalt, der bei einem Vulkanausbruch entstanden ist. Mineralogie und Gefüge hängen hier von der chemischen Zusammensetzung des tief im Erdinneren aufgeschmolzenen Ausgangsgesteins ab und auch davon, ob es ein explosiver oder ein ruhiger effusiver Lavaausbruch war. Alle Gesteine, die aus der Erstarrung einer Gesteinsschmelze hervorgegangen sind, werden als **magmatische Gesteine** oder **Magmatite** bezeichnet.

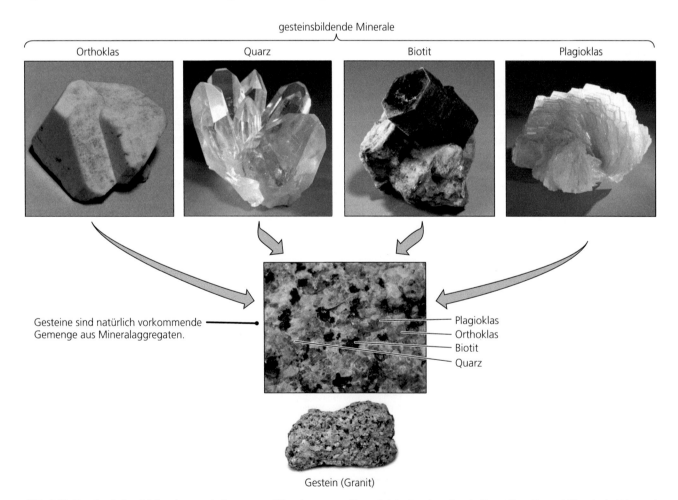

Abb. 3.23 Gesteine sind natürlich vorkommende Gemenge aus Mineralaggregaten (Fotos: © John Grotzinger/Ramón Rivera-Moret/Harvard Mineralogical Museum)

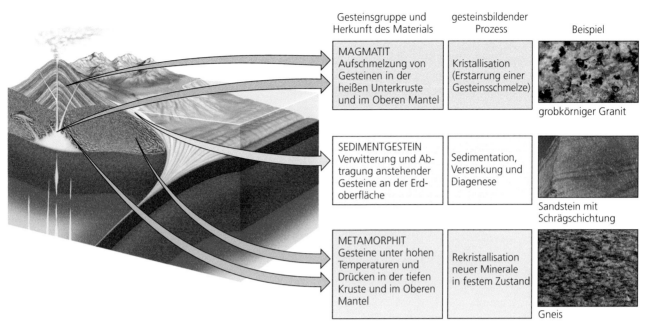

Abb. 3.24 Die drei großen Gesteinsgruppen werden in sehr unterschiedlichen Bereichen der Erde und durch eine Vielzahl geologischer Prozesse gebildet (Fotos: © Granit und Gneis: John Grotzinger/Ramón Rivera-Moret/Harvard Mineralogical Museum; Sandstein: John Grotzinger/Ramón Rivera-Moret/MIT)

Das weiß und blassrot gestreifte, geschichtete Gestein des Straßeneinschnitts, ein Sandstein, ist dadurch entstanden, dass sich zunächst Sandkörnchen an einem Strand ansammelten. Später wurde der Sand überdeckt, in größere Tiefen versenkt und durch Verkittung der Körner verfestigt. Alle Gesteine, die an der Erdoberfläche – sei es auf dem Festland oder im Meer – als Kies, Sand, Tonschlamm oder etwa in Form von Schalenresten Gehäuse tragender Organismen abgelagert worden sind, werden als **Sedimentgesteine** bezeichnet. Liegen sie unverfestigt vor, bezeichnen wir sie als Sedimente oder auch Lockersedimente. (Im Bauwesen, wo das Wissen der Geologen beispielsweise bei Gründungen oder beim Tunnelbau gefragt ist, wird dagegen in Boden und Fels unterschieden.)

Das graue Gestein in unserem Straßeneinschnitt, ein Schiefer, enthält lagig angeordnete Kristalle von Glimmer, Quarz und Feldspat. Es bildete sich in tief der Erdkruste, wo unter hohen Temperatur- und Druckbedingungen die mineralogische Zusammensetzung und das Gefüge eines tief versenkten Sedimentgesteins umgewandelt worden ist. Generell werden alle Gesteine, die durch Umwandlung bereits vorhandener Gesteine in mehr oder weniger festem Zustand unter höheren Druck- und Temperaturbedingungen entstanden sind, als **metamorphe Gesteine** oder **Metamorphite** bezeichnet.

Diese drei Gesteinsarten, die wir in unserem Straßenanschnitt vorgefunden haben, gehören zu den drei großen Gesteinsgruppen – den Magmatiten, Sedimentgesteinen und Metamorphiten (vgl. Abb. 3.24). Wir betrachten die einzelnen Gesteinsgruppen nun etwas eingehender und verfolgen die geologischen Prozesse, durch die sie entstehen.

Magmatische Gesteine

Magmatische Gesteine (Magmatite oder Erstarrungsgesteine, nach dem griechischen Wort *mágma* = geknetete Masse) entstehen durch die Kristallisation einer Gesteinsschmelze, eines Magmas. Eine solche Schmelze entsteht in großen Tiefen der Erdkruste oder im oberen Mantel, wo die Temperaturen Werte von 700 °C und mehr erreichen, die zum Aufschmelzen der meisten Gesteine notwendig sind. Bei Abkühlung des Magmas unter den Schmelzpunkt hat ein mehr oder weniger großer Teil der Kristalle ausreichend Zeit, um eine Größe von mehreren Millimetern und darüber zu erreichen, ehe die gesamte Masse als grobkörniges magmatisches Gestein auskristallisiert. Wenn dagegen eine Gesteinsschmelze an der Oberfläche aus einem Vulkan ausfließt oder hervorbricht, das heißt explosiv gefördert wird, kühlt sie normalerweise rasch ab und erstarrt so schnell, dass keine Zeit für ein langsames Kristallwachstum zur Verfügung steht – dann bilden sich stattdessen viele winzig kleine Kristalle gleichzeitig. Das Ergebnis ist ein feinkörniges magmatisches Gestein. Bei plötzlicher Abkühlung, zum Beispiel im Meer, reicht es nicht einmal zur Entstehung kleiner Kristalle, die heiße Gesteinsmasse wird zu vulkanischem Glas abgeschreckt. Aufgrund der Kristallgröße unterscheidet man zwei Gruppen von Magmatiten: Intrusiv- und Effusivgesteine.

Intrusivgesteine und Effusivgesteine Intrusivgesteine oder **Plutonite** entstehen aus langsam abkühlenden Magmen, die tief in der Erdkruste in andere Gesteine eingedrungen sind. Kühlt das Magma über einen langen Zeitraum ab, kommt es zur Bildung großer Kristalle und folglich zur Entstehung eines grobkörnigen Gesteins. Intrusivsteine sind daher an den sich verzahnenden, großen Kristallen erkennbar (Abb. 3.25). Ein typisches Intrusivgestein ist beispielsweise Granit. **Effusivgesteine** oder **Vulkanite** bilden sich aus den bei Vulkanausbrüchen rasch geförderten und an der Erdoberfläche abgekühlten Schmelzen. Effusivgesteine wie etwa der häufig vorkommende Basalt sind sehr einfach an ihrer feinkörnigen oder manchmal sogar glasigen Grundmasse zu erkennen.

Häufige Minerale Die meisten Minerale der magmatischen Gesteine sind Silicate, teils, weil Silicium in der Erdkruste ein extrem häufiges Element ist, teils, weil Silicatminerale bei den sehr hohen Drücken und Temperaturen schmelzen, die erst in Bereichen der tieferen Erdkruste und des Erdmantels erreicht werden. Die häufigsten in Magmatiten auftretenden Silicatminerale sind Quarz, Feldspat, Glimmer, Pyroxen, Amphibol und Olivin (Tab. 3.5).

Tab. 3.5 Einige häufige Minerale in Magmatiten, Sedimentgesteinen und Metamorphiten

Magmatische Gesteine	Sediment-gesteine	Metamorphe Gesteine
Quarz*	Quarz*	Quarz*
Feldspat*	Tonminerale*	Feldspat*
Glimmer*	Feldspat*	Glimmer*
Pyroxen*	Calcit	Granat*
Amphibol*	Dolomit	Pyroxen*
Olivin*	Gips	Staurolith*
–	Steinsalz	Disthen*

Silicate sind durch Sternchen (*) gekennzeichnet

Sedimentgesteine

Sedimente als Ausgangsmaterial der Sedimentgesteine bilden sich an der Erdoberfläche in Form von Schichten aus locker gelagerten Teilchen wie Sand, Silt (Schluff) oder auch aus Skelett- und Schalenbruchstücken von Organismen. Die einzelnen Sedimentbestandteile, wie z. B. Sandkörner oder auch Gerölle, entstehen durch Verwitterung und Erosion. Der Vorgang der **Verwitterung** umfasst sämtliche chemischen und physikalischen Prozesse, durch die Gesteine in Bruchstücke unterschiedlicher Größe zerfallen. Diese Gesteinsbruchstücke werden nachfolgend durch die Prozesse der **Erosion** und **Denudation** abtransportiert –Vorgänge, die Böden und Gesteine auflockern und sie hang- oder flussabwärts an die Stelle verfrachten, an der sie dann als Sedimente schichtweise abgelagert werden (Abb. 3.26).

Durch Verwitterung und Ablagerung entstehen zwei Arten von Sedimenten:

- **Siliciklastische Sedimente** bestehen aus mechanisch abgelagerten Sedimentpartikeln wie Quarz- und Feldspatkörner, die beispielsweise von einem verwitterten Granit stammen. Aber auch Silt- und Tonpartikel werden als siliciklastische Sedimente bezeichnet (griech. *klastós* = zerbrochen). Diese Sedimente werden durch fließendes Wasser, durch Wind oder Eis transportiert und abgelagert.
- **Chemische und chemisch-biogene Sedimente** sind neu gebildete chemische Verbindungen, die durch Ausfällung entstehen, sofern bei der Verwitterung der Gesteine einige ihrer Bestandteile in Lösung gehen und mit dem Flusswasser in das Meer verfrachtet werden. Steinsalz (Halit, Natriumchlorid) wird unmittelbar aus dem verdunstenden Meerwasser aus-

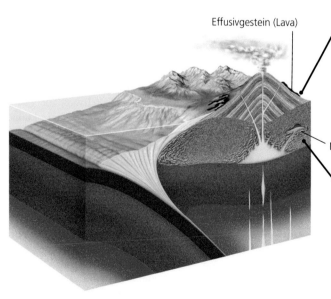

Effusivgestein (Lava)

Effusivgesteine entstehen, wenn Magma an der Erdoberfläche austritt und dort rasch zu Asche oder Lava erstarrt, wobei sich nur sehr kleine Kristalle bilden.

Als Folge ist das Gestein, wie der hier abgebildete Basalt, feinkörnig, oder aber die Gesteine besitzen eine glasige Grundmasse.

Magma-Intrusion

Intrusivgesteine entstehen, wenn tief in der Erdkruste geschmolzenes Gesteinsmaterial in das Nebengestein eindringt und dort erstarrt.

Im Verlauf der sehr langsamen Abkühlung kommt es zur Ausbildung eines grobkristallinen Gesteins wie dem hier abgebildeten Granit.

Abb. 3.25 Effusiv- und Intrusivgesteine entstehen durch Kristallisation einer Gesteinsschmelze, eines Magmas (Fotos: © John Grotzinger/Ramón Rivera-Moret/ Harvard Mineralogical Museum)

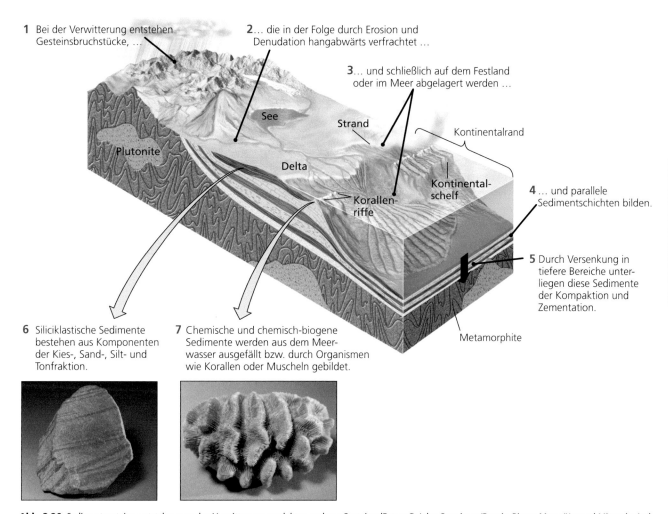

1 Bei der Verwitterung entstehen Gesteinsbruchstücke, ...

2 ... die in der Folge durch Erosion und Denudation hangabwärts verfrachtet ...

3 ... und schließlich auf dem Festland oder im Meer abgelagert werden ...

4 ... und parallele Sedimentschichten bilden.

5 Durch Versenkung in tiefere Bereiche unterliegen diese Sedimente der Kompaktion und Zementation.

6 Siliciklastische Sedimente bestehen aus Komponenten der Kies-, Sand-, Silt- und Tonfraktion.

7 Chemische und chemisch-biogene Sedimente werden aus dem Meerwasser ausgefällt bzw. durch Organismen wie Korallen oder Muscheln gebildet.

See

Plutonite

Delta

Strand

Korallenriffe

Kontinentalschelf

Kontinentalrand

Metamorphite

Abb. 3.26 Sedimentgesteine entstehen aus den Verwitterungsprodukten anderer Gesteine (Fotos: © John Grotzinger/Ramón Rivera-Moret/Harvard Mineralogical Museum)

gefällt und Calcit (Calciumcarbonat) wird von Organismen zum Aufbau von Skelettelementen ausgefällt, aus denen nach Absterben der Organismen biogene Sedimente entstehen.

Vom Sediment zum Sedimentgestein Sedimente unterliegen den Prozessen der **Diagenese** oder **Lithifizierung** und werden dadurch zu einem harten Sedimentgestein verfestigt. Dies erfolgt durch zwei Vorgänge:

- Durch **Kompaktion** als Folge des Gewichts übereinander abgelagerter Sedimente. Das Zusammenpressen der Komponenten auf ein kleineres Volumen und führt zu einem Gestein mit größerer Dichte als das ursprüngliche Lockersediment.
- Durch **Zementation**, das heißt durch Ausfällung neu gebildeter Minerale in den Räumen zwischen den abgelagerten Komponenten, die dadurch verkittet und damit verfestigt werden.

Sedimente unterliegen im Allgemeinen jedoch erst nach der Überdeckung durch weitere Schichten der Kompaktion und Zementation. Demnach sind Sandsteine die Folge der Diagenese von Sandkörnern und Kalksteine die Folge der Diagenese von

Schalenmaterial und anderen Sedimentpartikeln aus Calciumcarbonat.

Schichtung Sedimente und Sedimentgesteine sind durch ihre **Schichtung** gekennzeichnet, das heißt durch parallele Lagen, die durch die Ablagerung von Partikeln am Boden eines Wasserkörpers entweder im Meer, in Seen und Flüssen oder auf dem Festland entstehen. Schichtung kann durch Unterschiede in der mineralogischen Zusammensetzung hervorgerufen werden, wenn beispielsweise Tonsteine mit Kalksteinen wechseln, sie kann aber auch durch Unterschiede im Gefüge zustande kommen, wenn etwa eine grobkörnige Sandsteinlage mit einer feinkörnigen wechselt.

Da die Sedimente im Wesentlichen durch exogene Prozesse entstehen, bedecken sie große Teile der Festländer und Meeresböden. Insgesamt betrachtet sind die meisten an der Erdoberfläche auftretenden Gesteine Sedimentgesteine. Da diese Gesteine leicht verwittern, ist ihr Volumen, verglichen mit dem der magmatischen und metamorphen Gesteinen, den Hauptbestandteilen der Erdkruste, aber recht gering.

Häufige Minerale Die häufigsten Minerale in siliciklastischen Sedimenten sind Silicate, da sie auch in den Gesteinen vorherrschen, die unter Bildung von Sedimentkomponenten verwittern (Tab. 3.5). Die häufigsten Minerale in siliciklastischen Sedimentgesteinen sind demzufolge Quarz, Feldspat, Glimmer und Tonminerale. Letztere entstehen durch Verwitterung von Alumosilicaten wie etwa Feldspat.

Die meisten chemisch oder chemisch-biogen gebildeten Sedimente bestehen aus Carbonaten wie etwa Calcit, dem Hauptbestandteil der Kalksteine. Ein weiteres Carbonatgestein ist Dolomit, ein Calcium-Magnesium-Carbonat, das entweder im Verlauf der frühen oder späten Diagenese gebildet wird. Zwei weitere chemische Sedimente, Gips und Steinsalz, sind das Produkt rein chemischer Ausfällung durch Verdunstung (Evaporation) von Meerwasser.

Metamorphe Gesteine

Metamorphe Gesteine oder **Metamorphite** (griech. metamorphóo = umgestalten) entstehen durch Änderung des Mineralbestands, der chemischen Zusammensetzung und des Gefüges in festem Zustand. Sie entstehen aus allen Gesteinsarten – Magmatiten, Sedimenten und Metamorphiten – unter dem Einfluss von hohen Temperaturen und Drücken tief im Erdinneren.

Gesteine unterliegen bereits bei Temperaturen unterhalb ihres Schmelzpunktes (weniger als ca. 700 °C) der Metamorphose, die Temperaturen müssen jedoch so hoch sein (über 250 °C), dass sich die Gesteine durch Rekristallisation und chemische Reaktionen umwandeln.

Regional- und Kontaktmetamorphose Eine Metamorphose kann entweder große Gebiete oder lediglich lokale Bereiche

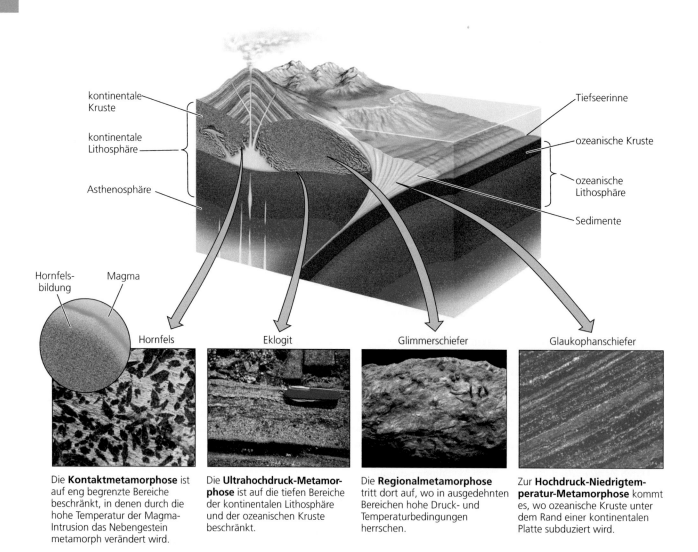

Die **Kontaktmetamorphose** ist auf eng begrenzte Bereiche beschränkt, in denen durch die hohe Temperatur der Magma-Intrusion das Nebengestein metamorph verändert wird.

Die **Ultrahochdruck-Metamorphose** ist auf die tiefen Bereiche der kontinentalen Lithosphäre und der ozeanischen Kruste beschränkt.

Die **Regionalmetamorphose** tritt dort auf, wo in ausgedehnten Bereichen hohe Druck- und Temperaturbedingungen herrschen.

Zur **Hochdruck-Niedrigtemperatur-Metamorphose** kommt es, wo ozeanische Kruste unter dem Rand einer kontinentalen Platte subduziert wird.

Abb. 3.27 Metamorphite entstehen im Wesentlichen unter hohen Temperaturen und Drücken (Fotos: Hornfels: © Biophoto Associates/Science Source; Eklogit: © Julie Baldwin; Glimmerschiefer: © John Grotzinger; Glaukophanschiefer: © Mark Cloos)

erfassen (Abb. 3.27). Wo hohe Drücke und Temperaturen großräumig einwirken, wie dies bei der Kollision von Lithosphärenplatten der Fall ist, unterliegen die Gesteine der **Regionalmetamorphose**. Dieser Umwandlungsprozess ist mit umfassenden tektonischen Deformationen und grundlegenden Gefügeveränderungen in den betroffenen Gesteinen verbunden, die für Gebirgsbildungen typisch sind. An den Rändern von Magmenintrusionen werden bei hohen Temperaturen die Gesteine unmittelbar am Kontakt und in der angrenzenden Zone durch **Kontaktmetamorphose** verändert.

Zahlreiche regionalmetamorphe Gesteine, wie etwa kristalline Schiefer oder Gneise, sind an ihrer charakteristischen **Schieferung** erkennbar. Das sind häufig wellige oder ebene Flächen, die durch Deformationsprozesse, vor allem durch Faltung im Gestein, entstanden sind. Für die meisten kontaktmetamorphen Gesteine und für einige regionalmetamorph bei sehr hohen Temperaturen und Drücken veränderten Metamorphiten sind dagegen eher richtungslos körnige Gefüge typisch.

Häufige Minerale Silicate sind die häufigsten Minerale der Metamorphite, weil diese letztlich die Umwandlungsprodukte anderer silicatreicher Ausgangsgesteine sind (Tab. 3.5). Typische Minerale der Metamorphite sind Quarz, Feldspat, Glimmer, Pyroxen und Amphibol, die gleichen Silicatminerale, die für Magmatite kennzeichnend sind. Einige andere Silicate wie etwa Staurolith und Disthen sowie einige Varietäten des Minerals Granat sind ausschließlich für Metamorphite kennzeichnend. Sie entstehen unter hohen Druck- und Temperaturbedingungen innerhalb der Kruste und sind für magmatische Gesteine nicht typisch. Sie sind daher gute Leitminerale für die Bedingungen, unter denen eine Metamorphose erfolgt. Calcit ist Hauptbestandteil der Marmore, die letztlich nichts anderes als metamorphe Kalksteine sind.

Der Kreislauf der Gesteine: Wechselwirkungen der Systeme Plattentektonik und Klima

Seit mehr als 200 Jahren wissen Geowissenschaftler, dass die drei großen Gesteinsgruppen – Magmatite, Metamorphite und Sedimentgesteine – jeweils ineinander übergehen können. Aus dieser Kenntnis heraus entwickelte sich die Vorstellung eines **Kreislaufs der Gesteine**, der erklärt, wie jede Gesteinsart in die andere oder in die beiden anderen Gesteinsarten übergehen kann. Heute wissen wir, dass der Kreislauf der Gesteine letztendlich Abbild des Wechselspiels von zwei der drei wesentlichen Systeme der Erde ist: der Systeme Plattentektonik und Klima. Angetrieben von den Interaktionen dieser beiden Systeme kommt es zwischen Erdinnerem, Landoberfläche, den Ozeanen und der Atmosphäre zum Transfer von Material und Energie. So ist die Bildung von Gesteinsschmelzen an Subduktionszonen das Ergebnis von Prozessen, die innerhalb des Systems Plattentektonik ablaufen. Steigt dieses geschmolzene Gesteinsmaterial bis an die Oberfläche auf, gelangt dabei nicht nur Material, sondern

auch Energie an die Erdoberfläche, wo diese neu gebildeten Gesteine den vom System Klima angetriebenen Prozessen der Verwitterung ausgesetzt sind. Gleichzeitig gelangen bei den Eruptionen Kohlendioxid und vulkanische Asche bis in die obere Atmosphäre, wo sie weltweit das Klima beeinflussen können. Ändert sich das globale Klima, indem es entweder wärmer oder kälter wird, ändert sich die Geschwindigkeit und Intensität der Verwitterung, was wiederum die Geschwindigkeit beeinflusst, mit der Material, in diesem Fall Sedimente, in das Erdinnere zurückgeführt wird.

Beginnen wir die Betrachtung des Gesteinskreislaufs mit der Bildung neuer ozeanischer Lithosphäre an einem mittelozeanischen Rücken durch das Auseinanderdriften zweier Kontinente (Abb. 3.28). Der Ozean erweitert sich, bis sich ab einem bestimmten Punkt der Prozess umkehrt und der Ozean sich zu schließen beginnt. Schließt sich ein Ozeanbecken, tauchen die an einem mittelozeanischen Rücken erstarrten Magmatite irgendwann an einer Subduktionszone unter eine kontinentale Platte ab. Die auf dem Kontinent gebildeten und an seinen Rand verfrachteten Sedimente können ebenfalls in der Subduktionszone nach unten gelangen, und schließlich können die Kontinente, die einst auseinanderdrifteten, miteinander kollidieren. Die in der Subduktionszone abtauchenden Magmatite und Sedimente gelangen immer tiefer in das Erdinnere, beginnen zu schmelzen und erzeugen damit eine neue Generation von Magmatiten. Die hohen Temperaturen, die mit der Intrusion dieser Magmatite verbunden sind, sowie die erhöhten Druck- und Temperaturbedingungen, die sich aus dem Schub in Bereiche tief innerhalb der Erde ergeben, führen zur Umwandlung der Magmatite einschließlich ihrer Nebengesteine in Metamorphite.

Wenn Kontinente kollidieren, werden sowohl die Magmatite als auch die Metamorphite als Bestandteile der Erdkruste deformiert, gefaltet und zu einem hohen Gebirge herausgehoben und unterliegen weiter der Metamorphose.

Die Gesteine des Gebirges sind einerseits den Einflüssen des Systems Klima ausgesetzt, andererseits beeinflussen sie umgekehrt das Klima-System, indem sie die Luftströmungen zum Aufsteigen zwingen, die dadurch abkühlen und ihre Feuchtigkeit als Niederschläge abgeben. Die Gesteine verwittern und zerfallen allmählich zu lockerem Sedimentmaterial, das von der Erosion abtransportiert wird. Wasser und Wind verfrachten einen Teil dieses Materials über den Kontinent und schließlich an dessen Rand, wo es als Sediment abgelagert wird. Das dort an der Grenze Festland – Ozean abgelagerte Sedimentmaterial wird von den nachfolgend abgelagerten Schichten überlagert, wobei die Sedimente durch die Prozesse der Diagenese allmählich zu Sedimentgesteinen verfestigt werden. Diese Ozeane sind ebenfalls wie die zu Beginn des Gesteinskreislaufs erwähnten mit großer Wahrscheinlichkeit durch Seafloor-Spreading an mittelozeanischen Rücken entstanden und damit schließt sich der Kreislauf der Gesteine.

Dieser hier beschriebene Ablauf – Auseinanderbrechen eines Kontinents, Bildung von neuem Ozeanboden und nachfolgende Schließung eines Ozeans – ist nur eine Variante unter vielen. Jeder Gesteinstyp, ob Metamorphit, Sedimentgestein oder Mag-

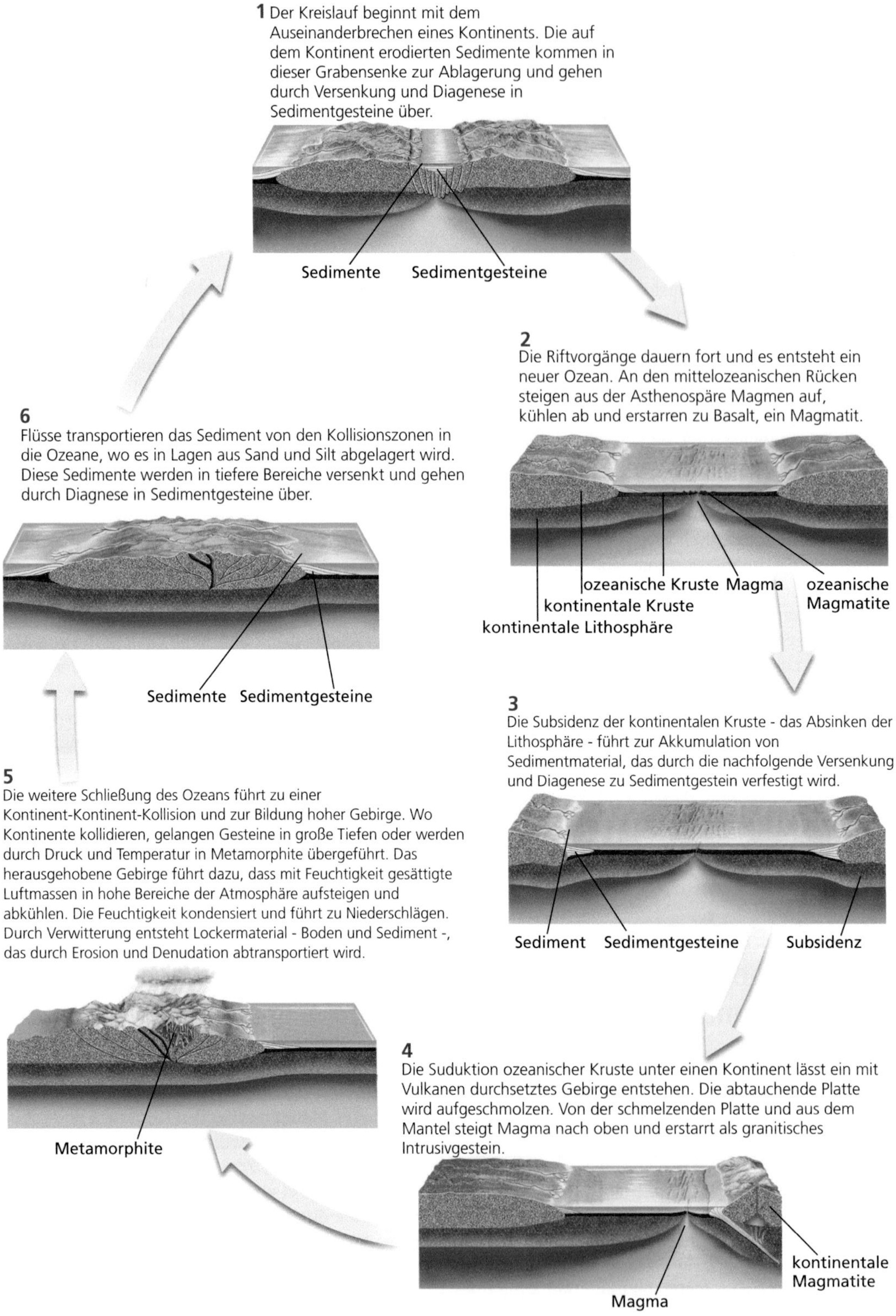

1 Der Kreislauf beginnt mit dem Auseinanderbrechen eines Kontinents. Die auf dem Kontinent erodierten Sedimente kommen in dieser Grabensenke zur Ablagerung und gehen durch Versenkung und Diagenese in Sedimentgesteine über.

Sedimente   Sedimentgesteine

2 Die Riftvorgänge dauern fort und es entsteht ein neuer Ozean. An den mittelozeanischen Rücken steigen aus der Asthenospäre Magmen auf, kühlen ab und erstarren zu Basalt, ein Magmatit.

ozeanische Kruste Magma   ozeanische Magmatite
kontinentale Kruste
kontinentale Lithosphäre

6 Flüsse transportieren das Sediment von den Kollisionszonen in die Ozeane, wo es in Lagen aus Sand und Silt abgelagert wird. Diese Sedimente werden in tiefere Bereiche versenkt und gehen durch Diagnese in Sedimentgesteine über.

Sedimente Sedimentgesteine

3 Die Subsidenz der kontinentalen Kruste - das Absinken der Lithosphäre - führt zur Akkumulation von Sedimentmaterial, das durch die nachfolgende Versenkung und Diagenese zu Sedimentgestein verfestigt wird.

Sediment   Sedimentgesteine   Subsidenz

5 Die weitere Schließung des Ozeans führt zu einer Kontinent-Kontinent-Kollision und zur Bildung hoher Gebirge. Wo Kontinente kollidieren, gelangen Gesteine in große Tiefen oder werden durch Druck und Temperatur in Metamorphite übergeführt. Das herausgehobene Gebirge führt dazu, dass mit Feuchtigkeit gesättigte Luftmassen in hohe Bereiche der Atmosphäre aufsteigen und abkühlen. Die Feuchtigkeit kondensiert und führt zu Niederschlägen. Durch Verwitterung entsteht Lockermaterial - Boden und Sediment -, das durch Erosion und Denudation abtransportiert wird.

Metamorphite

4 Die Suduktion ozeanischer Kruste unter einen Kontinent lässt ein mit Vulkanen durchsetztes Gebirge entstehen. Die abtauchende Platte wird aufgeschmolzen. Von der schmelzenden Platte und aus dem Mantel steigt Magma nach oben und erstarrt als granitisches Intrusivgestein.

kontinentale Magmatite
Magma

Abb. 3.28 Der Kreislauf der Gesteine resultiert aus den Wechselwirkungen der Systeme Plattentektonik und Klima

matit, kann im Verlauf einer Gebirgsbildung herausgehoben und freigelegt werden, verwittern und durch Abtragung zum Ausgangsmaterial für neue Sedimente werden. Manche Schritte eines solchen Kreislaufs können auch ausgelassen werden. Wenn Sedimentgesteine herausgehoben und erodiert werden, werden die Stadien der Metamorphose und der Aufschmelzung übersprungen. In einigen Fällen läuft der Gesteinskreislauf nur sehr langsam ab. Beispielsweise ist bekannt, dass einige in großer Tiefe lagernde Magmatite und Metamorphite – erst nachdem viele Milliarden Jahre vergangen sind – herausgehoben und der Abtragung ausgesetzt wurden.

Der Kreislauf der Gesteine endet niemals, er ist kontinuierlich im Gange, in unterschiedlichen Stadien und in unterschiedlichen Teilen der Erde. Zu jedem gegebenen Zeitpunkt entstehen an irgendeinem Ort der Erde Gebirge und werden wieder abgetragen, und irgendwo anders setzt sich Sedimentschicht auf Sedimentschicht ab. Die Gesteine, die unsere feste Erdkruste bilden, unterliegen einem immerwährenden Kreislauf. Und doch können wir lediglich die an der Erdoberfläche ablaufenden Teilbereiche unmittelbar beobachten und müssen die in der tieferen Kruste stattfindenden Prozesse aus indirekten Hinweisen ableiten.

Minerale bilden wertvolle Ressourcen

Der Kreislauf der Gesteine erweist sich darüber hinaus für die Bildung wirtschaftlich wichtiger Anreicherungen von Mineralen in der Erdkruste als entscheidender Vorgang. Die Minerale und Gesteine, mit denen wir uns hier befassen, sind nicht nur die Ausgangsstoffe von Metallen, sondern finden beispielsweise Verwendung als Baustoffe und Werksteine für Gebäude und Straßen, Phosphatverbindungen sind die Rohstoffbasis von Düngemitteln, Tone sind Rohstoffe für die keramische Industrie, und Quarzsand ist Ausgangsmaterial zur Herstellung von Computer-Chips und Glasfaserkabeln sowie vielen anderen Dingen des täglichen Lebens. Das Auffinden solcher Lagerstätten ist eine essenzielle Aufgabe der Geowissenschaftler, daher steht die Genese von Bodenschätzen im Mittelpunkt der nachfolgenden Abschnitte.

Die chemischen Elemente der Erdkruste, die auf eine Vielzahl von Mineralen verteilt sind, treten in zahlreichen, sehr unterschiedlichen Gesteinen auf. In den meisten Fällen finden wir diese Elemente in homogener Verteilung zusammen mit anderen Elementen – in der Regel in Mengen, die dem Durchschnittsgehalt der Erdkruste entsprechen. Beispielsweise enthält gewöhnlicher Granit einige wenige Prozent Eisen, was dem durchschnittlichen Eisengehalt in der Erdkruste nahezu entspricht.

Treten Elemente in höheren Konzentrationen als den Durchschnittswerten auf, sind sie durch geologische Prozesse angereichert worden. In einigen Fällen sind solche höheren Konzentrationen wichtiger Minerale auf den Kreislauf der Gesteine zurückzuführen. Der Anreicherungs- oder **Konzentrationsfaktor** eines Elements in einem Erzkörper ergibt sich aus dem Verhältnis der Häufigkeit eines Elements in einer Lagerstätte zu

seiner durchschnittlichen Häufigkeit in der Kruste. Hohe Elementkonzentrationen treten aber nur in einer begrenzten Anzahl bestimmter geologischer Positionen auf. Auf einige dieser Beispiele wird hier nachfolgend eingegangen. Diese Vorkommen sind wirtschaftlich interessant, denn je höher die Konzentration des Rohstoffs in einer Lagerstätte ist, desto gewinnbringender lässt er sich abbauen.

Erzminerale Als **Erze** bezeichnete man reiche Vorkommen von Mineralen, aus denen Metalle wirtschaftlich gewonnen werden können. Minerale, die solche Metalle enthalten, bezeichnet man als **Erzminerale**. Dazu gehören die Sulfide (die größte Gruppe), Oxide und Silicate, das heißt Verbindungen von metallischen Elementen jeweils mit Schwefel, Sauerstoff oder Siliciumdioxid. Das Kupfererz Kupferindig (Covellin) ist ein Kupfersulfid (CuS), das Eisenerz Hämatit ein Eisenoxid (Fe_2O_3), das Nickelerz Garnierit ein Nickelsilicat ($Ni_3Si_2O_5[OH]_4$). Darüber hinaus treten einige Metalle, vor allem Edelmetalle wie Gold gediegen auf, da sie keine Verbindung mit anderen Elementen eingehen (Abb. 3.29).

Hydrothermale Lagerstätten

Viele der wertvollsten Erze entstehen in Vulkangebieten durch die Wechselwirkung von magmatischen Prozessen mit der Hydrosphäre. Aus der Diskussion des Gesteinskreislaufs ist bekannt, dass es an aktiven Kontinentalrändern, an denen Gesteinsmaterial subduziert wird, zur Aufschmelzung ozeanischer Lithosphäre und damit zur Bildung von Magmatiten kommt. Sofern dabei heiße, sogenannte **hydrothermale Lösungen** entstehen, kann es in geeigneten tektonischen Positionen in der Umgebung der geschmolzenen Gesteinsmasse zur Bildung größerer Erzlagerstätten kommen. Dies geschieht, wenn zirkulierendes Grundwasser mit einem heißen Intrusivkörper in Kontakt kommt, mit ihm reagiert und die bei dieser Reaktion freigesetzten erheblichen Mengen an Elementen und Ionen abtransportiert. Diese Elemente und ihre Ionen reagieren miteinander unter Bildung von Erzmineralen, vor allem dann, wenn die Lösung im Nebengestein abkühlt.

Ganglagerstätten Wenn hydrothermale Lösungen in tektonisch zerrüttete Gesteine eindringen, kommt es häufig zur Abscheidung von Erzmineralen (Abb. 3.30). Die Lösungen können dort auf einfache Weise in Klüfte und Spalten eindringen, wo sie rasch abkühlen und es zu einer beschleunigten Abscheidung der Erzminerale kommt. Solche platten- oder schichtförmigen Erzkörper auf Spalten oder Klüften werden als **Ganglagerstätten** oder kurz als **Gänge** bezeichnet. Einige Erze treten unmittelbar in den Gängen auf, andere im angrenzenden Nebengestein, das durch die Erwärmung und das Eindringen der erzbildenden Lösungen thermisch verändert wurde. Da die Lösungen mit dem Nebengestein reagieren, können sich Erzminerale zusammen mit Quarz, Calcit oder anderen häufigen, nicht verwertbaren Mineralen – der sogenannten **Gangart** – abscheiden. Hydrothermale Gänge gehören zu den wichtigsten Lagerstätten von Metallen wie beispielsweise Gold.

Abb. 3.29a,b Einige Metalle treten in gediegener Form auf. **a** Ein Geologe untersucht in einem Goldbergwerk in Zimbabwe (Südafrika) unter Tage Gesteinsproben. **b** Gediegenes Gold auf Quarz (Fotos: a © Peter Bowater/Science Source; b © 97–35023 von Chip Clark, Smithsonian)

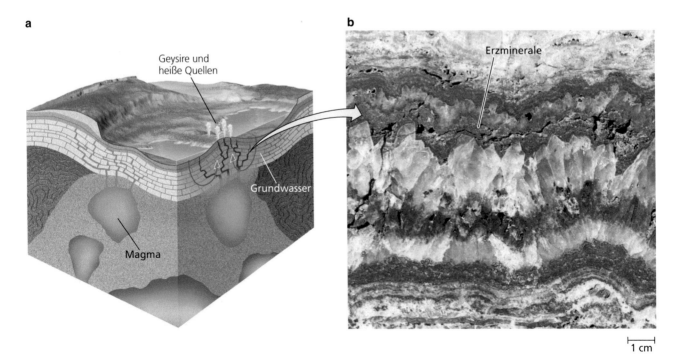

Abb. 3.30a,b Viele Erzlagerstätten treten in Gängen auf, die durch hydrothermale Lösungen entstanden sind. **a** Durch geklüftete Gesteine sickerndes Grundwasser löst Metalloxide und Metallsulfide. Wenn es durch Magmenintrusionen aufgeheizt wird, steigt das Grundwasser nach oben, und in den Rissen und Spalten der Gesteine werden Erzminerale abgeschieden. **b** Dieser Gold- und Silbererze führende Quarzgang von ungefähr einem Zentimeter Dicke in Oatman (Arizona, USA) ist auf diese Weise entstanden (Foto: © Peter Kresan/kresanphotography.com)

| Bleiglanz
(Bleisulfid) | Zinnober
(Quecksilbersulfid) | Pyrit
(Eisensulfid) | Zinkblende
(Zinksulfid) |

Abb. 3.31 Sulfidische Erzminerale. Sulfide sind die häufigsten Erzminerale (Foto: © Chip Clark/Fundamental Photographs)

Hydrothermale Ganglagerstätten enthalten viele der wichtigsten Metallerzvorkommen. Typischerweise scheiden sich Erzminerale in sulfidischer Form ab, etwa als Eisensulfid (Pyrit), Bleisulfid (Bleiglanz), Zinksulfid (Zinkblende, Sphalerit), Quecksilbersulfid (Zinnober) (Abb. 3.31) und Kupfersulfid (Covellin und Kupferglanz). Erreichen hydrothermale Lösungen die Oberfläche, so treten sie in Form von heißen Quellen und Geysiren aus, von denen viele beim Abkühlen Erzminerale abscheiden, darunter Blei-, Zink- und Quecksilbererze.

Imprägnationslagerstätten Erzlagerstätten, bei denen in großen Gesteinsmassen die Erzminerale fein verteilt vorliegen, werden als **Imprägnationslagerstätten** bezeichnet. Die Minerale finden sich sowohl in magmatischen als auch in Sedimentgesteinen, eingesprengt auf zahlreichen feinen Rissen und Spalten. Zu den wirtschaftlich bedeutendsten Imprägnationslagerstätten gehören die „Porphyry Copper Ores" in Chile und in den südwestlichen Vereinigten Staaten. Derartige Lagerstätten bilden sich in einem geologischen Umfeld, in dem der Aufstieg umfangreicher Gesteinsschmelzen zur Bildung riesiger Intrusivkörper führte. In Chile sind diese Intrusivkörper an die Subduktion von ozeanischer Lithosphäre unter den Anden gebunden, entsprechend der Situation, die im Zusammenhang mit dem Kreislauf der Gesteine beschrieben wurde. Das häufigste Kupfermineral in diesen Porphyry Copper Ores ist Kupferkies, ein Kupfer-Eisen-Sulfid (Abb. 3.32). Das Kupfer wurde abgeschieden, als die erzbringenden Lösungen auf unzähligen kleinen Rissen und Spalten in porphyrisch strukturierte, saure Intrusivgesteine (granitische Gesteine, die in einer feinkörnigen Grundmasse große Feldspateinsprenglinge enthalten) und in das Nebengestein eindrangen, das die höheren Teile des Plutons einhüllt. Einige bisher unbekannte Prozesse im Zusammenhang mit der Intrusion oder ihren Nachwirkungen, möglicherweise aber auch spätere Vorgänge, führten zur intensiven Zerklüftung oder sogar Breccierung der betroffenen Gesteinspartien. Innerhalb des gesamten ausgedehnten Netzwerks dieser winzigen Brüche haben hydrothermale Lösungen die Gesteine imprägniert und durch Abscheiden von Erzmineralen verkittet. Solche großräumigen Imprägnationen führten trotz relativ geringer Metallgehalte zu großen Ressourcen von etlichen Millionen Tonnen

Abb. 3.32 Kupfererze. Kupferkies und Kupferglanz sind Kupfersulfide. Malachit ist ein Kupfercarbonat, das zusammen mit den Kupfersulfiden auftritt (Foto: © Chip Clark/Fundamental Photographs)

| Kupferkies
(Kupfersulfid) | Malachit
(Kupfercarbonat) | Kupferglanz
(Kupfersulfid) |

Teil II

Abb. 3.33 Kupfererz-Tagebau der Kennecott Copper Mine (Utah, USA). Tagebau ist ein typisches großdimensioniertes Abbauverfahren für Erzlagerstätten mit geringen Metallkonzentrationen (Foto: David R. Frazier/The Image Works)

Abb. 3.34 Chromit (Chromerz, *dunkle Lagen*) in einer schichtig ausgebildeten Intrusion, Bushveld Complex (Südafrika) (Foto: © Spencer Titley)

Erz, die durch großdimensionierten Abbau, häufig im Tagebau, wirtschaftlich genutzt werden (Abb. 3.33). Porphyrische Kupferlagerstätten decken derzeit mehr als die Hälfte der Weltproduktion an Kupfer.

Die ausgedehnten Blei-Zink-Lagerstätten im oberen Tal des Mississippi, die sich vom Südwesten des US-Bundesstaates Wisconsin bis nach Kansas und Oklahoma erstrecken, sind an Sedimentgesteine gebunden. Die in diesen hydrothermalen Imprägnationslagerstätten vorkommenden Erze sind nicht mit einer bekannten Magmenintrusion verknüpft, die als Lieferant der hydrothermalen Lösungen gedient haben könnte, daher ist die Entstehung dieser Vererzung noch weitgehend ungeklärt. Einige Geologen vermuten, dass die Erze aus zirkulierendem Grundwasser abgeschieden worden sind, das von den ehemaligen Appalachen abgeflossen ist, als diese noch ein erheblich höheres Gebirge waren. Bei der Kontinent-Kontinent-Kollision von Nordamerika und Afrika kam es offenbar im kontinentalen Ausmaß zu einem Auspressen von Fluiden, die aus großen Tiefen der Kollisionszone in das Innere des nordamerikanischen Kontinents abgewandert sind. Das Grundwasser dürfte in großer Tiefe in heißes Gestein eingedrungen sein und dort die Erzminerale gelöst haben, um dann nach oben in das überlagernde Sedimentgestein aufzusteigen, wo es schließlich seine Minerale in Hohlräumen abgeschieden hat. In einigen Fällen haben die erzbringenden Lösungen, als sie in die Kalksteinserien einsickerten, einen Teil der Carbonate gelöst und sie danach durch gleiche Volumina neu gebildeter Sulfidkristalle ersetzt. Die häufigsten Minerale in den hydrothermalen Lagerstätten dieser Provinz sind Bleisulfid (Bleiglanz) und Zinksulfid (Zinkblende).

Magmatische Lagerstätten

Die wichtigsten magmatischen Lagerstätten – Erzlagerstätten in magmatischen Gesteinen – treten als gravitative Entmischungen von Erzmineralen in den bodennahen Bereichen der Intrusionen auf. Solche Lagerstätten entstehen, wenn Minerale mit niedriger Schmelztemperatur bereits zu einem frühen Zeitpunkt aus dem Magma auskristallisieren, absinken und sich am Boden der Magmakammer anreichern. Die meisten Chrom- und Platinerze der Welt, wie etwa die in den Lagerstätten von Südafrika und Montana, bestehen aus geschichteten oder bandförmigen Anreicherungen von Mineralen, die auf diese Weise entstanden sind (Abb. 3.34). Einer der reichsten jemals gefundenen Erzkörper liegt bei Sudbury in Ontario (Kanada). Dieser große basische Intrusivkörper enthält an seiner Basis große Mengen von lagenweise ausgeschiedenen Nickel-, Kupfer- und Eisensulfiden. Von derartigen Sulfidlagerstätten glaubt man, dass sie durch die Kristallisation einer schweren sulfidreichen Schmelze entstanden sind, die sich vom Rest des abkühlenden Magmas getrennt hatte und zum Boden der Magmakammer absank, ehe sie erstarrte. Diese Deutung der Lagerstättenbildung ist allerdings umstritten.

Pegmatite Kühlt das Magma einer großen Granitintrusion ab, erstarrt der letzte Teil der Schmelze zu grobkörnigen Pegmatiten, in denen Minerale angereichert sind, die im Muttergestein nur in Spuren vorkommen. Aus diesem Grund können Pegmatite Lagerstätten seltener Minerale enthalten, die reich an Elementen wie Bor, Lithium, Fluor, Niob und Uran sind, aber auch Edelsteine wie etwa Turmaline und Berylle führen.

Sedimentäre Lagerstätten

Zu den sedimentären Erzlagerstätten gehören einige der wertvollsten Rohstoffvorkommen der Erde. Viele wirtschaftlich wichtige Minerale wie etwa Kupfer- und Eisenverbindungen, aber auch andere, werden durch normale sedimentäre Prozesse abgeschieden. Diese Erzvorkommen wurden auf chemischem Wege in Sedimentbildungsräumen ausgefällt, denen große Mengen Metalle in gelöster Form zugeführt wurden.

Abb. 3.35a,b **a** Das Goldwaschen wurde von den „fourty-niners" während des Goldrausches 1849 in Kalifornien populär gemacht und ist es am San-Gabriel-River auch noch heute. **b** Gold hat eine höhere Dichte als andere Bestandteile des Flussbetts, daher sinkt es auf den Boden der Waschpfanne ab (Fotos: a © Bo Zaunders/CORBIS; b © David Butow/ CORBIS/SABA)

Einige der wichtigsten sedimentären Kupferlagerstätten, wie etwa die Erze des permischen Kupferschiefers in Deutschland und Polen, sind möglicherweise aus metall- und sulfidreichen hydrothermalen Lösungen abgeschieden worden, die am Meeresboden mit den Sedimenten reagierten, doch gibt es bezüglich der Genese des Kupferschiefers auch andere Meinungen. Die plattentektonische Position dieses Lagerstättentyps dürfte am wahrscheinlichsten an einem mittelozeanischem Rücken zu suchen sein, sofern diese Lagerstätte nicht auf einem Kontinent entstanden ist. Dort führte das Auseinanderbrechen des Kontinents zur Bildung einer tiefen Grabensenke, in der die Sedimente und Erzminerale unter ruhigen Wasserbedingungen abgelagert wurden.

Seifenlagerstätten Viele reiche Lagerstätten, die Gold, Diamanten und andere spezifisch schwere Minerale wie etwa Magnetit, Chromit, Titanminerale oder Zinnstein (Cassiterit) führen, treten in Form von **Seifenlagerstätten** oder kurz Seifen auf. Dabei handelt es sich um Erzlagerstätten, die in Flüssen oder vereinzelt auch an Stränden durch die mechanischen Sortierungsvorgänge von Strömungen angereichert wurden. Diese Erzlagerstätten verdanken ihre Entstehung weitgehend den Prozessen der Verwitterung und des Sedimenttransports im oberflächennahen Teil des Gesteinskreislaufs. Herausgehobene Gesteine verwittern unter Bildung klastischer Sedimentkomponenten, die anschließend beim Transport nach ihrem Gewicht sortiert werden. Da die schweren Minerale in einer Strömung schneller absinken als die leichten, wie etwa Quarz und Feldspat, reichern sich die Schwerminerale gewöhnlich am Gleithang der Flüsse und in Sandbänken an. Dort ist die Strömung zu schwach, um die Schwerminerale zu verfrachten, während sie noch ausreicht, die leichteren Minerale in Schwebe zu halten und zu transportieren. In ähnlicher Weise können durch Meereswellen Schwerminerale abgelagert werden, vorzugsweise im Strandbereich oder auf flachen, vorgelagerten Sandbänken. Ein Goldwäscher ahmt also nur die Natur nach: Durch kreisförmige Bewegungen der wassergefüllten Waschpfanne werden die leichten Minerale an den Rand geschwemmt und das schwerere Gold bleibt im Zentrum des Pfannenbodens zurück (Abb. 3.35).

Einige Seifen können stromauf bis zur ursprünglichen Lagerstätte – meist magmatischer Herkunft – zurückverfolgt werden, von der die Minerale abgetragen worden sind. So entstanden beispielsweise durch die Erosion des Mother Lode, eines ausgedehnten goldhaltigen Gangsystems an der Westflanke des Sierra-Nevada-Batholithen, die Goldseifen, die im Jahre 1848 entdeckt wurden und in Kalifornien den Goldrausch ausgelöst haben. Die Seifen waren bereits lange vor der eigentlichen Lagerstätte entdeckt worden. Dieselbe Entdeckungsfolge wiederholte sich zwei Jahrzehnte später in Südafrika mit der Entdeckung der Kimberley-Diamantmine.

Zusammenfassung des Kapitels

Minerale, die Baustoffe der Gesteine sind natürlich vorkommende anorganische Festkörper mit einer charakteristischen Kristallstruktur und chemischen Zusammensetzung, die nicht immer festgelegt sein muss, sondern innerhalb gewisser Schwankungsbreiten variieren kann. Ein Mineral besteht aus Atomen, den Bausteinen der Materie, zwischen denen verschiedenartige chemische Bindungen wirksam sind. Jedes Atom besitzt einen Kern aus Protonen und Neutronen, der von einer Elektronenhülle umgeben ist, in der die Elektronen unterschiedliche Schalen besetzen. Die Kernladungszahl eines Elements entspricht der Zahl der Protonen im Kern und zugleich der Zahl der Elektronen im neutralen Atom. Die Atommasse ist die Summe der Masse aller Protonen und Neutronen.

Anordnung der Atome im Kristall eines Minerals: Chemische Elemente und Verbindungen reagieren miteinander und bilden neue Substanzen – entweder durch Aufnahme beziehungsweise Abgabe von Elektronen und Übergang in ionische Form oder durch gemeinsame Elektronen. Die Ionen einer chemischen Verbindung werden durch Ionenbindung zusammengehalten, das heißt durch die elektrostatische Anziehung zwischen den positiv geladenen Kationen und den negativ geladenen Anionen. Atome, die Elektronen gemeinsam haben, werden durch kovalente Bindung zusammengehalten. Damit ein Mineral auskristallisieren kann, müssen die Atome und Ionen im richtigen Verhältnis vorliegen und sich mit ihren Bindungspartnern so anordnen, dass ein regelmäßiges dreidimensionales Kristallgitter entsteht, in der sich dieselbe Grundstruktur, die Elementarzelle, in allen Richtungen wiederholt.

Die häufigsten gesteinsbildenden Minerale: Die häufigsten Minerale der Erdkruste sind die Silicate – Minerale mit SiO_4-Tetraedern als Grundbausteine, die auf unterschiedliche Weise miteinander verknüpft sein können. Diese Tetraeder können isoliert auftreten, oder sie können in Doppeltetraedern, in Ringen, einfachen Ketten, in Doppelketten beziehungsweise Bändern, in Schichten oder Gerüsten angeordnet sein. Carbonatminerale bestehen aus Carbonat-Ionen, die an Calcium oder Magnesium, aber auch an beide gebunden sind. Oxidische Minerale sind Verbindungen von Sauerstoff mit Metallen. Sulfide und Sulfate bestehen aus Schwefelatomen im Verbund mit Metallen.

Die physikalischen Eigenschaften der Minerale: Aus der chemischen Zusammensetzung und dem Aufbau des Kristallgitters ergeben sich verschiedene physikalische Eigenschaften. Die Härte ist ein Maß dafür, wie leicht eine Mineraloberfläche von einem Prüfkörper geritzt werden kann. Die Spaltbarkeit entspricht der Fähigkeit eines Minerals, an ebenen Flächen zu spalten oder zu brechen. Der Bruch zeigt, wie ein Mineral an unregelmäßigen Flächen bricht. Der Glanz ergibt sich daraus, wie das Licht in den Außenschichten eines Minerals reflektiert oder gebrochen wird. Farbe wird durch das in den Kristallen oder derben Massen entweder absorbierte oder reflektierte Licht bestimmt oder sie ergibt sich aus dem sogenannten Strich (der Farbe des fein verteilten Mineralpulvers auf der Strichplatte). Die Dichte berechnet sich als Masse pro Volumeneinheit. Der Kristallhabitus kennzeichnet die Gestalt der einzelnen Kristalle oder Kristallaggregate.

Eigenschaften und Entstehung der Gesteine: Die Mineralogie (die Art und Eigenschaften der Minerale, aus denen die Gesteine bestehen) und das Gefüge (die Größe, Form und räumliche Anordnung ihrer Kristalle oder Komponenten) bestimmen die Gesteinsart. Mineralogie und Gefüge werden von den geologischen Bedingungen bestimmt, unter denen die Gesteine entstanden sind.

Einteilung und Entstehungsprozesse der Gesteine: Magmatische Gesteine entstehen durch Abkühlung und Kristallisation einer Gesteinsschmelze. Intrusivgesteine (Plutonite) kühlen im Erdinneren ab und bestehen aus großen Kristallen. Effusivgesteine (Vulkanite), die an der Erdoberfläche rasch abkühlen, besitzen eine feinkörnige oder glasige Grundmasse. Sedimentgesteine entstehen durch den Vorgang der Diagenese nach der

Versenkung und Überdeckung mit jüngeren Sedimentserien. Sie sind das Ergebnis von Verwitterung und Abtragung der Gesteine an der Erdoberfläche. Metamorphe Gesteine entstehen aus Magmatiten, Sedimentgesteinen und Metamorphiten durch Veränderung des Mineralbestandes, des Gefüges und der chemischen Zusammensetzung in festem Zustand, wenn diese Gesteine tief in der Erdkruste hohen Druck- und Temperaturbedingungen ausgesetzt sind.

Der Kreislauf der Gesteine und seine geologischen Prozesse: Der Kreislauf der Gesteine bringt die gesteinsbildenden geologischen Prozesse in Zusammenhang mit der Entstehung der drei Gesteinsgruppen, die jeweils ineinander übergehen können. Wir können diesen Prozess betrachten, indem wir an irgendeinem Punkt dieses Kreislaufs beginnen. Wir beginnen mit der Bildung von neuer ozeanischer Lithosphäre an einem mittelozeanischen Rücken, an dem zwei Kontinente auseinanderdriften. Der Ozean erweitert sich, bis sich an einem bestimmten Punkt der Vorgang umkehrt und der Ozean sich zu schließen beginnt. Während dieser Einengung tauchen die an den mittelozeanischen Rücken gebildeten Magmatite in einer Subduktionszone unter eine kontinentale Platte ab. In einem letzten Stadium können die beiden Kontinente, die sich einstmals getrennt haben, miteinander kollidieren. Gelangen die abtauchenden Magmatite und Sedimente an der Subduktionszone in größere Tiefen, beginnen sie unter Bildung einer neuen Generation von Magmatiten aufzuschmelzen. Die mit der Intrusion dieser Gesteinsschmelzen verbundene hohe Temperatur sowie die durch den Zusammenschub ausgelöste Druck- und Temperaturerhöhung führen zur Umwandlung dieser Magmatite und ihrer Nebengesteine in metamorphe Gesteine. Schließlich kollidieren die Kontinente und die Magmatite und Metamorphite werden deformiert und zu einem hohen Gebirge herausgehoben. Die herausgehobenen Gesteine unterliegen der Verwitterung und das dabei entstehende Material wird als Sediment abgelagert.

Die Bildung von Lagerstätten: Erze sind Gesteine oder Minerale, aus denen wertvolle Metalle wirtschaftlich gewonnen werden können. Hydrothermale Lagerstätten der Erzminerale entstehen dort, wo Grundwasser oder Meerwasser mit einer Magmaintrusion unter Bildung einer hydrothermalen Lösung reagiert. Das heiße Wasser transportiert die löslichen Minerale in kältere Gesteine, wo sie auf Spalten und Klüften ausgefällt werden. Die so entstehenden Erze können entweder in Gängen oder als Imprägnationen des Nebengesteins auftreten. Liquidmagmatische Lagerstätten entstehen typischerweise dadurch, dass zuerst die Minerale mit niedrigem Schmelzpunkt aus dem abkühlenden Magma auskristallisieren, absinken und sich am Boden der Magmakammer anreichern. Sie bilden daher oftmals schichtige bis lagige Mineralvorkommen. Andere Erzminerale werden in Sedimentbildungsräumen, in die sie in gelöster Form transportiert wurden, auf chemischem Weg ausgefällt.

Ergänzende Medien

3.1 Animation: Ionenbindung

3.2 Animation: Magmatische Gesteine

3.3 Sedimentgesteine

3.4 Metamorphe Gesteine

Teil II

Magmatische Gesteine: Gesteine aus Schmelzen

Nahezu der gesamte Gebirgszug der Sierra Nevada im Westen Nordamerikas einschließlich ihres höchsten Berges, dem Mt. Witney, besteht aus Granit (Foto: mit frdl. Genehm. von Jennifer Griffes)

© Springer-Verlag Berlin Heidelberg 2017
J. Grotzinger, T. Jordan, *Press/Siever Allgemeine Geologie*, DOI 10.1007/978-3-662-48342-8_4

Vor über 2000 Jahren reiste der griechische Naturforscher und Geograph Strabo nach Sizilien, um dort die Ausbrüche des Ätnas zu beobachten. Strabo sah, dass die von diesem aktiven Vulkan ausgeschleuderte heiße flüssige Lava an der Erdoberfläche innerhalb weniger Stunden abkühlte und zu einem festen Gestein erstarrte. Gegen Ende des 18. Jahrhunderts begannen die Geologen zu begreifen, dass einige der Gesteinskörper, die offenbar andere Abfolgen durchziehen, ebenfalls durch Abkühlung und Erstarrung einer Gesteinsschmelze entstanden waren. In diesen Fällen hatte sich das Magma langsam abgekühlt, weil es tief in der Erdkruste erstarrt war.

Heute wissen wir, dass in der heißen Kruste und im Mantel Gesteine schmelzen und von dort zur Erdoberfläche aufsteigen. Einige dieser Gesteinsschmelzen erstarren, noch ehe sie die Erdoberfläche erreichen, andere durchbrechen sie und erstarren an der Oberfläche. Aus beiden Vorgängen gehen magmatische Gesteine hervor.

Die Kenntnis der Prozesse, die zum Schmelzen und Erstarren der Gesteine führen, liefert gleichzeitig auch den Schlüssel dafür, wie einst die Erdkruste entstanden ist. Obwohl es hinsichtlich des exakten Vorgangs des Schmelzens und Erstarrens noch vieles zu erforschen gibt, hat man inzwischen auf einige grundlegende Fragen allgemein gültige Antworten gefunden: Wodurch unterscheiden sich die einzelnen magmatischen Gesteine voneinander? Wo entstehen magmatische Gesteine? Wie erstarren diese Gesteine aus Schmelzen? Bei der Beantwortung dieser Fragen liegt das Augenmerk vor allem auf der zentralen Rolle der magmatischen Prozesse innerhalb des Systems Erde. Die Beobachtungen der magmatischen Prozesse von Strabo bis in die heutige Zeit sind nur unter den Aspekten der Plattentektonik sinnvoll. Magmatische Gesteine entstehen typischerweise an Spreading-Zentren, an denen Lithosphärenplatten auseinanderdriften, an konvergenten Plattengrenzen, an denen eine Platte unter eine andere abtaucht, und an Hot Spots, wo heißes Mantelmaterial in die Kruste und bis zur Erdoberfläche aufsteigt.

In diesem Kapitel betrachten wir das breite Spektrum der Magmatite, sowohl der Intrusiv- als auch der Effusivgesteine, sowie die Prozesse, die zu ihrer Entstehung führen. Wir betrachten die Vorgänge, die zum Schmelzen der Gesteine und zur Entstehung der Magmen führen und wie diese Magmen in die Bereiche an oder unter der Erdoberfläche aufsteigen, wo sie dann erstarren. Danach verschaffen wir uns noch einen etwas detaillierteren Überblick über die magmatischen Prozesse, die an spezifische plattentektonische Positionen gebunden sind.

Wodurch unterscheiden sich magmatische Gesteine?

Wir unterteilten Gesteinsproben in der gleichen Weise wie die Geologen des 19. Jahrhunderts: nach ihrem Gefüge und nach ihrer mineralogischen und chemischen Zusammensetzung.

Gefüge

Vor 200 Jahren unterteilte man die magmatischen Gesteine nach ihrem Korngefüge, ein Aspekt, der weitgehend auf Unterschieden in der Kristallgröße der Minerale beruht. Man unterschied in grob- und feinkörnige Gesteine (Kap. 3). Diese Unterscheidung konnte bereits im Gelände einfach und zuverlässig durchgeführt werden. Ein grobkörniges Gestein wie der Granit besteht aus einzelnen Kristallen, die mit bloßem Auge deutlich erkennbar sind. Im Gegensatz dazu sind die Kristalle feinkörniger Gesteine wie etwa Basalt viel zu klein, um sie selbst mit einer Handlupe erkennen zu können. Abbildung 4.1 zeigt Handstücke von Granit und Basalt, zusammen mit zwei Aufnahmen von Dünnschliffen – das sind sehr dünne transparente Gesteinsscheibchen, die unter einem Mikroskop betrachtet und auch fotografiert werden können und so einen vergrößerten Blick auf ihr Gefüge ermöglichen. Die unterschiedlichen Gefüge waren den damaligen Geologen zwar bekannt, ihre Bedeutung wurde jedoch erst durch weitere Untersuchungen klar.

Erster Hinweis: Vulkanische Gesteine Anfangs untersuchte man Gesteine, die bei Vulkanausbrüchen aus Lava entstanden waren. (Der Ausdruck „Lava" wird für Magmen verwendet, die an der Oberfläche ausfließen.) Man erkannte bald, dass bei rascher Abkühlung aus solchen Laven entweder feinkristalline Gesteine hervorgehen oder sogar ein Gesteinsglas, in dem keine Kristalle erkennbar sind. Dort, wo die Schmelze langsamer abkühlte, wie etwa in den mittleren Bereichen eines mehrere Meter mächtigen Lavastroms, hatten sich hingegen etwas größere Kristalle abgeschieden.

Zweiter Hinweis: Laboruntersuchungen zur Kristallisation Der zweite Hinweis über die Bedeutung des Gefüges reicht etwa einhundert Jahre zurück, als experimentell arbeitende Wissenschaftler den Kristallisationsvorgang genauer untersuchten. Jeder, der schon einmal Eiswürfel im Kühlschrank hergestellt hat, weiß, dass Wasser in wenigen Stunden zu Eis erstarrt, wenn die Temperatur unter den Gefrierpunkt sinkt. Nimmt man eine Schale mit Eiswürfeln aus dem Gefrierfach ehe sie vollständig fest sind, lässt sich häufig die Bildung dünner Eiskristalle an der Oberfläche und an den Seiten des Behälters erkennen. Während der Kristallisation ordnen sich die Wassermoleküle in bestimmte Positionen der gefrierenden Masse so ein, dass sie weniger frei beweglich sind wie zuvor im flüssigen Zustand. Wie andere Flüssigkeiten kristallisieren auch Magmen auf dieselbe Weise.

Die ersten winzigen Kristalle, die sich in einer auskristallisierenden Schmelze bilden, dienen gewissermaßen als Keimzelle: Immer neue Atome oder Ionen „docken" an ihnen an, sodass die winzigen Kristalle immer größer werden. Es dauert eine gewisse Zeit, bis die Atome und Ionen an einem wachsenden Kristall ihre richtige Position finden, das heißt, große Kristalle entstehen nur dann, wenn sie ausreichend Zeit haben, langsam zu wachsen. Wenn folglich eine Flüssigkeit sehr rasch erstarrt, wie im Fall eines an der kalten Erdoberfläche ausfließenden Magmas, fehlt den Kristallen die Zeit für ein entsprechendes Größenwachstum, und die Schmelze erstarrt nahezu gleichzeitig unter Bildung unzähliger winziger Kristalle.

Abb. 4.1 Magmatische Gesteine werden in erster Linie anhand des Gefüges klassifiziert. Früher beurteilte man das Gefüge mit einer einfachen Handlupe. Heute verwendet man zur Gesteinsuntersuchung hochauflösende Polarisationsmikroskope, mit deren Hilfe Fotos von Dünnschliffen, dünnen transparenten Gesteinsscheibchen wie hier gezeigt, hergestellt werden können (Fotos: © John Grotzinger/Ramón Rivera-Moret/Harvard Mineralogical Museum; Dünnschliffe: © Steven Chemtop)

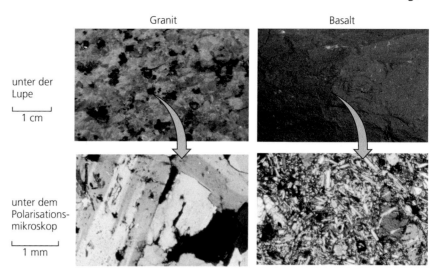

Granit Basalt

unter der Lupe
1 cm

unter dem Polarisationsmikroskop
1 mm

Teil II

Dritter Hinweis: Granit – Anzeichen für eine langsame Abkühlung Bei der Untersuchung von Vulkanen erkannte man schon in den Anfängen der Geologie, dass ein feinkristallines Gefüge für eine rasche Abkühlung an der Erdoberfläche typisch ist und dass folglich feinkristalline Gesteine als Beweis für frühere vulkanische Tätigkeit zu betrachten sind.

Doch wie erkannte man ohne direkte Beobachtungsmöglichkeit, dass die grobkörnigen Intrusivgesteine das Produkt einer langsamen Abkühlung tief im Erdinneren sind? Welche Belege stützten diese Schlussfolgerung? Granit, eines der häufigsten Gesteine auf den Kontinenten, lieferte die entscheidenden Anhaltspunkte für die Entstehung von Intrusivgesteinen (Abb. 4.2). James Hutton, einer der Väter der modernen Geologie, sah während seiner Geländearbeiten in Schottland, wie Granite die Schichtung von Sedimentgesteinen durchschnitten hatten. Er bemerkte, dass die Sedimentgesteine aus irgendeinem Grund zerbrochen waren, und dass der Granit entlang dieser Bruchzonen eingedrungen war. Hutton schien es, als wäre der Granit in flüssigem Zustand in die Spalten hineingepresst worden.

Als Hutton immer mehr Granite untersuchte und dabei sein Augenmerk vor allem auf die begleitenden Sedimentgesteine richtete, stellte er auch fest, dass diese am Kontakt zum Granit verändert worden waren. Die Minerale in den angrenzenden Sedimentgesteinen unterschieden sich deutlich von denen in einiger Entfernung vom Granit. Aus seinen Beobachtungen folgerte Hutton, dass diese Veränderungen in den Sedimentgesteinen durch die große Hitze verursacht worden waren, die von den Graniten ausgegangen war. Er erkannte darüber hinaus auch, dass der Granit ausschließlich richtungslos miteinander verzahnte Kristalle enthielt (Abb. 4.2). Den Chemikern war zu diesem Zeitpunkt bereits der Zusammenhang zwischen solchen Gefügen und langsam verlaufenden Kristallisationsprozessen bekannt.

Hutton verband nun diese drei Belege und erklärte, dass der Granit aus einem heißen, geschmolzenen Material entstanden sein musste, das tief in der Erde erstarrt war. Die Beweise waren überzeugend. Bei keiner anderen Erklärung passten alle Tatsachen so gut zusammen. Als andere Geologen dieselben Merkmale auch bei Graniten in weit auseinanderliegenden Gebieten der Erde fanden, kamen sie zu der Erkenntnis, dass Granit und viele ähnliche grobkristalline Gesteine Produkte von Magmen sein mussten, deren Kristallisation langsam im Inneren der Erde erfolgte.

Gefüge der Intrusiv- und Effusivgesteine Die Bedeutung des Gefüges für die Unterscheidung magmatischer Gesteine ist nun klar. Das Gefüge ist abhängig von der Geschwindigkeit der Abkühlung und damit auch vom Bildungsraum. Ein **Intrusivgestein** oder **Plutonit** ist ein Gestein, das in das sogenannte **Nebengestein** eingedrungen und erstarrt ist, ohne die Erdoberfläche zu erreichen. Bei der langsamen Abkühlung des Magmas steht genügend Zeit für das Wachstum sich verzahnender großer, grobkörniger Kristalle zur Verfügung, die kennzeichnend für Intrusivgesteine sind (Abb. 4.3).

Eine rasche Abkühlung an der Erdoberfläche führt in den **Effusivgesteinen** zur Ausbildung eines feinkristallinen Gefüges oder im Extremfall zu einer glasigen Grundmasse (vgl. Abb. 4.3). Solche Gesteine, die teilweise oder überwiegend aus Gesteinsglas bestehen, entstehen aus Material, das aus Vulkanen austritt. Sie werden daher auch als vulkanische Gesteine oder **Vulkanite** bezeichnet. Entsprechend des bei Vulkanausbrüchen geförderten Materials unterscheidet man zwei wesentliche Typen:

- **Laven** Das Erscheinungsbild der aus flüssigen Laven entstandenen Effusivgesteine reicht von glatten und strickartig verdrehten bis zu scharfkantigen und zerklüfteten Gesteinen, jeweils in Abhängigkeit von den Entstehungsbedingungen dieser Gesteine.
- **Pyroklasten** Wenn Lavabruchstücke und vulkanisches Glas bei heftigeren Explosionen hoch in die Atmosphäre geschleudert werden, entsteht **pyroklastisches Material (Pyroklasten)**. Die feinste Fraktion dieser Pyroklasten ist **vulkanische Asche**, extrem feinkörnige Bruchstücke, die meist aus Ge-

Granitintrusion   Metamorphit

Abb. 4.2 Eine Granitpegmatit-Intrusion (*hell*), durchzieht in einem Aufschluss am Harlem-River (New York) dunkle metamorphe Schiefer (Foto: © Catherin Ursillo/ Science Source)

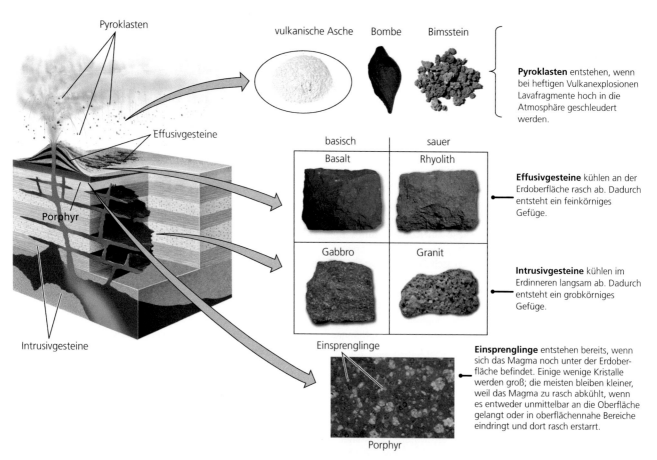

Pyroklasten

vulkanische Asche   Bombe   Bimsstein

Pyroklasten entstehen, wenn bei heftigen Vulkanexplosionen Lavafragmente hoch in die Atmosphäre geschleudert werden.

Effusivgesteine

basisch	sauer
Basalt	Rhyolith
Gabbro	Granit

Porphyr

Effusivgesteine kühlen an der Erdoberfläche rasch ab. Dadurch entsteht ein feinkörniges Gefüge.

Intrusivgesteine kühlen im Erdinneren langsam ab. Dadurch entsteht ein grobkörniges Gefüge.

Intrusivgesteine

Einsprenglinge

Einsprenglinge entstehen bereits, wenn sich das Magma noch unter der Erdoberfläche befindet. Einige wenige Kristalle werden groß; die meisten bleiben kleiner, weil das Magma zu rasch abkühlt, wenn es entweder unmittelbar an die Oberfläche gelangt oder in oberflächennahe Bereiche eindringt und dort rasch erstarrt.

Porphyr

Abb. 4.3 Klassifikation der Magmatite anhand ihres Gefüges (Fotos: © John Grotzinger/Ramón Rivera-Moret/Harvard Mineralogical Museum)

steinsglas bestehen. Sie entsteht, wenn die bei einem Vulkanausbruch plötzlich freigesetzten Gase die Lava zu feinstem Material zerstäuben. **Bomben** sind größere Pyroklasten, die von Vulkanen herausgeschleudert werden und im Flug durch Rotation oft eine spindel- oder birnenförmige Gestalt annehmen und erstarrt zu Boden fallen. Alle verfestigten (lithifizierten) pyroklastischen Förderprodukte werden unter dem Begriff **Tuff** zusammengefasst.

Bimsstein, eine schaumige opake Glasmasse mit zahlreichen Blasenhohlräumen, die beim Entgasen der Schmelze entstanden sind, gehört ebenfalls zu den pyroklastischen Gesteinen. Die scharfen, spitzen Bruchstücke der Blasenwände werden als Scherben bezeichnet. Ein weiteres, völlig aus dunklem Glas bestehendes vulkanisches Gestein ist der **Obsidian**, der im Gegensatz zum Bimsstein kaum Hohlräume hat, sondern fest und dicht ist. Die scharfen Bruchkanten machten den harten Obsidian zum geschätzten Werkstoff für Pfeilspitzen und andere Werkzeuge der Ureinwohner Europas und Amerikas.

Porphyr ist ein Gestein mit einem Gefüge, bei dem eine Anzahl großer Kristalle in einer überwiegend feinkörnigen Matrix eingebettet ist (vgl. Abb. 4.3). Die als Einsprenglinge bezeichneten großen Kristalle bildeten sich bereits, als das Magma sich noch unter der Erdoberfläche befand. Ehe weitere Kristalle wachsen konnten, gelangte das Magma aufgrund der Eruption an die Erdoberfläche und erstarrte zu einer feinkristallinen Masse. In einigen Fällen erstarren Porphyre auch als Intrusivgesteine, beispielsweise dort, wo Magmen innerhalb der Erdkruste in geringen Tiefen rasch abkühlten. Solche porphyrischen Gefüge zeigen, dass unterschiedliche Minerale auch mit unterschiedlicher Geschwindigkeit wachsen, ein Gesichtspunkt, auf den in einem späteren Abschnitt dieses Kapitels noch eingegangen wird.

In Kap. 12 werden wir noch kennenlernen, wie durch vulkanische Prozesse all diese Effusivgesteine entstehen. Doch zuvor betrachten wir eine weitere Möglichkeit zur Klassifikation magmatischer Gesteine.

Chemische und mineralogische Zusammensetzung

Wir haben gesehen, dass die magmatischen Gesteine anhand ihres Gefüges klassifiziert werden können. Darüber hinaus lassen sich die Magmatite auch auf der Grundlage ihrer chemischen und mineralogischen Zusammensetzung gliedern. Vulkanisches Glas, das selbst unter dem Mikroskop strukturlos erscheint, wird fast ausschließlich mithilfe chemischer Analysen den entsprechenden Gesteinsgruppen zugeordnet. Die inzwischen zahlreich vorliegenden Gesteinsanalysen zeigen, dass der Stoffbestand der Magmatite durch die in den Tab. 4.1 und 4.2 angegebenen Oxidgehalte der Hauptelemente vollständig beschrieben werden kann.

Ein einfaches und bereits im 19. Jahrhundert verwendetes chemisches Unterscheidungsmerkmal ist der Gehalt an Kieselsäure (SiO_2) in den magmatischen Gesteinen (Tab. 4.3). SiO_2 ist in den meisten Magmatiten ein häufiger Bestandteil und erreicht Anteile zwischen 40 und etwas mehr als 70 Masseprozent. Noch heute bezeichnen wir deshalb Gesteine mit einem hohen SiO_2-Gehalt wie etwa Granit (nicht ganz korrekt) als „saure Gesteine".

Moderne Klassifikationen der Magmatite beruhen in erster Linie auf dem Mineralbestand, das heißt auf den relativen Anteilen der Silicatminerale, die von den Mineralogen weltweit in Tausen-

Tab. 4.1 Chemische Zusammensetzung einiger Plutonite. Angaben in Masseprozent

	Granit		Granodiorit	Diorit	Gabbro	Peridotit
	S-Typ	I-Typ				
SiO_2	75,01	73,16	64,44	52,47	50,61	44,22
TiO_2	0,15	0,24	0,54	0,96	1,00	0,09
Al_2O_3	14,99	13,79	15,88	16,72	16,28	2,28
Fe_2O_3	0,31	0,70	2,23	2,22	2,81	0,88
FeO	0,90	1,45	2,50	6,23	4,93	7,67
MnO	0,03	0,06	0,12	0,15	0,15	0,14
MgO	0,37	0,50	2,44	6,91	8,24	41,60
CaO	0,77	1,25	2,53	7,76	10,45	2,16
Na_2O	3,25	2,96	3,34	2,29	2,69	0,24
K_2O	3,85	5,19	3,37	1,56	0,47	0,05
P_2O_5	0,12	0,09	0,16	0,15	0,26	0,06
LOI	0,79	0,69	1,76	2,04	2,06	0,00
Summe	100,64	100,08	99,31	99,46	99,95	99,78
Quelle	9	4	4	4	5	10

Tab. 4.2 Chemische Zusammensetzung einiger Effusivgesteine. Angaben in Masseprozent

	Rhyolith	Dazit	Andesit	Basalte			
				MORB	OIB	High-Al-Basalt	Rift-Basalt
SiO_2	77,44	68,20	61,00	50,64	46,02	51,60	41,47
TiO_2	0,29	0,47	0,82	1,85	2,42	0,85	2,81
Al_2O_3	14,94	14,50	16,48	13,89	15,72	18,61	12,84
Fe_2O_3	0,47	0,72	2,19	1,80	3,59	3,43	3,35
FeO	0,94	1,80	4,43	10,26	8,71	5,73	9,51
MnO	0,05	0,05	0,14	0,20	0,20	0,18	0,21
MgO	0,27	0,94	2,82	7,11	5,58	5,35	10,84
CaO	1,43	2,27	6,24	10,78	11,14	9,12	10,94
Na_2O	4,11	4,07	3,42	2,91	3,73	2,72	4,32
K_2O	2,89	4,02	1,40	0,12	0,98	0,49	2,12
P_2O_5	0,08	0,16	0,14	0,15	0,60	0,12	0,78
LOI	0,35	1,07	0,32	0,47	1,31	1,58	0,60
Summe	100,26	98,27	99,40	100,18	100,00	99,78	99,79
Quelle	3	2	1	8	7	1	6

[1] Churikova T, Dorendorf F, Wörner G (2001) Sources and fluids in the mantle wedge below Kamchatka, evidence from across-arc geochemical variation. Journal of Petrology 42: 1567–1593.

[2] Wörner G, Harmon RS, Favidson J, Moorbath S, Turner DL, McMillan N, Nye C, López-Escobar L, Moreno H (1988) The Nevados de Payachata volcanic region (18°S/69°W, N. Chile). I. Geological, geochemical, and isotopic compositions. Bull Volcanol 50: 287–303.

[3] López-Escobar L, Tagiri M, Vergara M (1991) Geochemical features of southern Andes Quaternary volcanics between 41°50 and 43°S. In: Harmon RS, Rapela CW (eds) Andean Magmatism and its Tectonic Setting, Geol Soc Am Spec Pap 265, pp 45–56.

[4] Altherr R, Holl A, Hegner E, Langer C, Kreuzer H (2000) High-potassium, calc-alkaline I-type plutonism in the European Variscides: northern Vosges (France) and northern Schwarzwald (Germany). Lithos 50: 51–73.

[5] Altherr R, Henes-Klaiber U, Hegner E, Satir M (1999) Plutonism in the Variscan Odenwald (Germany): from subduction to collision. Int Journal Earth Sciences 88: 422–443.

[6] Class C, Altherr R, Volker F, Eberz G, McCulloch MT (1994) Geochemistry of Pliocene to Quaternary alkali basalts from the Huri Hills, northern Kenya. Chemical Geology 113: 1–22.

[7] Clague DA, Frey FA (1982) Petrology and trace element geochemistry of the Honolulu volcanics, Oahu: implications for the oceanic mantle below Hawaii. Journal of Petrology 23: 447–504.

[8] Puchelt H, Emmermann R (1983) Petrogenetic implications of tholeiitic basalt glasses from the East Pacific Rise and the Galapagos Spreading Center. Chemical Geology 38: 39–56.

[9] Inger S, Harris N (1993) Geochemical constraints on leucogranite magmatism in the Langtang Valley, Nepal Himalaya. Journal of Petrology 34: 345–368.

[10] McDonough WF (1990) Constraints on the composition of the continental lithospheric mantle. Earth Planetary Science Letters 101: 1–18.

Tab. 4.3 Klassifikation der Magmatite nach ihrem SiO_2-Gehalt

SiO_2-Gehalt (in Masseprozent)	Gesteinstyp
>65	sauer
65–52	intermediär
52–45	basisch
<45	ultrabasisch

den von Analysen ermittelt worden sind (Tab. 4.4). Die hierfür relevanten Silicatminerale – Quarz, Feldspat (sowohl Orthoklas als auch Plagioklas), Muskovit und Biotit, die Amphibol- und Pyroxengruppe sowie Olivin – bilden eine systematische Abfolge. Die sogenannten **felsischen** oder **salischen** Minerale sind SiO_2-reich, die **mafischen** Minerale sind SiO_2-ärmer. Die Begriffe felsisch und mafisch sind abgeleitet von **Fel**dspat und **Si**licate beziehungsweise **Ma**gnesium und **F**errum (lat. = Eisen) und werden im Wesentlichen für die Beschreibung des Mineralbestandes herangezogen. Im englischen Sprachraum dienen sie darüber hinaus auch zur Kennzeichnung der Gesteine. Mafische Minerale kristallisieren bei höheren Temperaturen, sie kristalli-

Teil II

Tab. 4.4 Häufige Minerale in Magmatiten

	Mineral	Chemische Zusammensetzung	Silicatstruktur
Mafisch	Olivin	$(Mg, Fe)_2SiO_4$	Inselsilicate
	Pyroxen	Mg Fe Ca Al $\Big\}$ SiO_3	Kettensilicate
	Amphibol	Mg Fe Ca Na $\Big\}$ $Si_8O_{22}(OH)_2$	Bandsilicate
	Biotit	K Mg Fe Al $\Big\}$ $Si_3O_{10}(OH)_2$	Schichtsilicate
Felsisch	Muskovit	$KAl_3Si_3O_{10}(OH)_2$	
	Plagioklas	$\Big\{$ $NaAlSi_3O_8$ $CaAl_2Si_2O_8$	Gerüstsilicate
	Kaliumfeldspat	$KAlSi_3O_8$	
	Quarz	SiO_2	

sieren während der Abkühlung einer Schmelze, also früher als die felsischen.

Als die mineralogische und chemische Zusammensetzung der magmatischen Gesteine zunehmend klarer wurde, entdeckte man sehr bald, dass sowohl Vulkanite als auch Plutonite dieselbe chemische Zusammensetzung aufweisen können und sich lediglich im Gefüge unterscheiden. Basalt, ein häufiges basisches Gestein, fließt meist als Lava aus Vulkanen aus. Sein entsprechendes Tiefengestein, der Gabbro, mit genau derselben chemisch-mineralogischen Zusammensetzung, erstarrt tief in der Erdkruste (Abb. 4.3). In gleicher Weise zeigen Rhyolith und Granit dieselbe chemische Zusammensetzung, haben jedoch ein unterschiedliches Gefüge. Folglich gibt es bei den beiden magmatischen Gesteinsgruppen, den Effusiv- und Intrusivgesteinen, zwei chemisch und mineralogisch identische Abfolgen. Das heißt im Umkehrschluss, dass dieselbe chemische und mineralogische Zusammensetzung sowohl bei Effusiv- als auch bei Intrusivgesteinen auftritt. Die Ausnahme bilden einige ultrabasische Gesteine, die, wenn überhaupt, sehr selten als Vulkanite auftreten.

Abb. 4.4 zeigt ein Modell, das diese Verhältnisse widerspiegelt. Auf der horizontalen Achse ist der SiO_2-Gehalt in Masseprozent angegeben. Die Gehalte zwischen 70 und 40 % entsprechen den normalerweise in Magmatiten auftretenden SiO_2-Gehalten. Auf der vertikalen Achse zeigt eine Skala den Mineralbestand eines bestimmten Gesteinsvolumens.

Dieses Modell lässt sich dazu verwenden, unbekannte Gesteinsproben zu klassifizieren, deren SiO_2-Gehalt allerdings bekannt sein muss: Ausgehend vom SiO_2-Gehalt auf der Abszisse ergeben sich nach oben die prozentualen Volumenanteile der Minerale und damit die Mineralzusammensetzung und daraus wiederum der Gesteinstyp.

Wir können Abb. 4.4 für die Diskussion der Intrusiv- und Effusivgesteine heranziehen und beginnen mit den sauren Gesteinen auf der linken Seite des Diagramms.

Saure Gesteine Diese Gesteine weisen einen geringen Eisen- und Magnesiumgehalt auf und führen Minerale mit einem hohen Gehalt an SiO_2. Typische Vertreter dieser Gruppe sind Quarz, Orthoklas und Plagioklas, wobei Orthoklas gegenüber Plagioklas überwiegt. Die Plagioklase enthalten unterschiedliche Mengen an Calcium und Natrium. Wie das Diagramm zeigt, enthalten sie am sauren Ende mehr Natrium und am basischen Ende mehr Calcium. Ausgehend von der Tatsache, dass mafische Minerale bei höheren Temperaturen auskristallisieren als die felsischen, kristallisieren die calciumreichen Plagioklase bei höheren Temperaturen als die natriumreichen.

Felsische Minerale und damit auch die sauren Gesteine sind normalerweise hell gefärbt. **Granit**, das bekannteste und häufigste Intrusivgestein, ist ein saures Gestein mit einem SiO_2-Gehalt von etwa 70 %. Granit enthält reichlich Quarz und Orthoklas (Kaliumfeldspat) neben etwas geringeren Mengen an natriumreichem Plagioklas (vgl. Abb. 4.4, linke Seite). Diese hellen felsischen Gemengteile verleihen dem Gestein seine rosa bis hellgraue Farbe. Darüber hinaus führt Granit geringe Mengen an Muskovit, Biotit und Amphibol.

Granite sind die typischen Gesteine der kontinentalen Kruste und treten dort meist an Plattengrenzen auf. Aus Tab. 4.1 geht hervor, dass die Granite entsprechend ihrer chemischen Zusammensetzung weiter in I-Typ- und S-Typ-Granite unterteilt werden können. I-Typ-Granite sind calciumreich und aluminiumarm; ihr Ausgangsmaterial waren magmatische Gesteine. Die meisten batholithischen Intrusivkörper aus Granit an konvergenten Plattenrändern gehören zum I-Typ. S-Typ-Granite sind dagegen

Teil II

Abb. 4.4 Klassifikationsschema magmatischer Gesteine. Die vertikale Achse zeigt die Mineralzusammensetzung eines bestimmten Gesteins in Volumenprozent. Die horizontale Achse zeigt den jeweiligen SiO_2-Gehalt eines bestimmten Gesteins in Masseprozent. Ist aus chemischen Analysen bekannt, dass ein Gestein ungefähr 70 % SiO_2 enthält, lässt sich daraus ableiten, dass es aus etwa 6 % Amphibol, 3 % Biotit, 5 % Muskovit, 14 % Plagioklas, 22 % Quarz und 50 % Orthoklas besteht. Das Gestein wäre demnach ein Granit. Obwohl Rhyolith dieselbe mineralogisch-chemische Zusammensetzung aufweist, kommt wegen seines feinkristallinen Gefüges dieses Diagramm nicht zur Anwendung

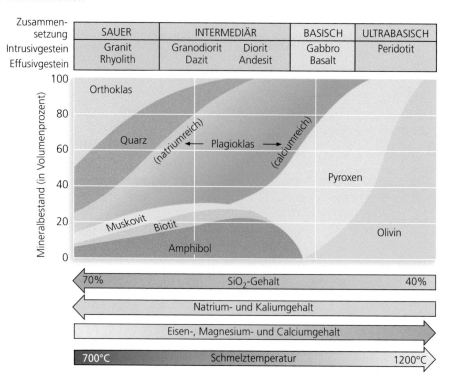

meist relativ sauer, calciumarm und aluminiumreich und durch Aufschmelzung aus hochmetamorphen Sedimentgesteinen hervorgegangen. Solche Granite sind in Mitteleuropa in den Kristallingebieten des Variszischen Orogens häufig.

Rhyolith ist das vulkanische Äquivalent des Granits. Dieses meist hellbraune Gestein hat die gleichen felsischen Komponenten wie der Granit, ist jedoch wesentlich feinkörniger. Ein Großteil der Rhyolithe besteht überwiegend oder ausschließlich aus vulkanischem Glas. Umfangreiche Rhyolithvorkommen findet man im Saar-Nahegebiet oder auch in der Umgebung von Bozen in Südtirol.

Intermediäre Gesteine Zwischen den sauren und den basischen Gesteinen liegen die **intermediären Magmatite**; wie ihr Name sagt, besitzen sie weder einen so hohen SiO_2-Gehalt wie die sauren Gesteine noch einen so niedrigen wie die basischen. Wir finden die intermediären Intrusivgesteine in Abb. 4.4 rechts in Richtung abnehmendem SiO_2-Gehalt und damit rechts des Granits. Typisch für diese Gruppe ist der **Granodiorit**, ein hell gefärbtes, im Aussehen dem Granit sehr ähnliches Gestein. Er führt ebenfalls reichlich Quarz, aber unter den Feldspäten dominiert Plagioklas und nicht Orthoklas. Noch weniger SiO_2 hat der rechts davon stehende **Diorit**, ein Gestein mit hohem Plagioklas- aber geringem Quarzgehalt, der oftmals auch fehlt. Diorite haben einen deutlichen Bestand an mafischen Mineralen wie Biotit, Hornblende (Amphibol) und Pyroxen, sie sind daher gewöhnlich dunkler als ein Granit oder Granodiorit.

Das vulkanische Äquivalent des Granodiorits ist der **Dazit**. Rechts von ihm steht bei den Effusivgesteinen der **Andesit**, benannt nach dessen Vorkommen in den Anden Südamerikas.

Basische Gesteine Basische Gesteine sind gekennzeichnet durch hohe Gehalte an Pyroxen und Olivin, insgesamt Minerale, die einen vergleichsweise geringen SiO_2-Gehalt, jedoch hohen Gehalt an Magnesium und Eisen aufweisen, das diesen Mineralen die dunkle Färbung gibt. Noch weniger SiO_2 als in den intermediären Gesteinen finden wir daher im **Gabbro**, einem grobkörnigen dunkelgrauen Intrusivgestein mit einem hohen Anteil an mafischen Mineralen, besonders Pyroxen. Er enthält keinen Quarz und nur geringe Mengen an calciumreichem Plagioklas.

Das feinkörnige vulkanische Äquivalent des Gabbro ist der **Basalt**, ein dunkelgraues bis schwarzes Gestein. Basalt ist das häufigste magmatische Gestein der Erdkruste und unterlagert die gesamten Ozeanböden. In einigen Gebieten der Kontinente bilden mächtige und großflächige Lavadecken ausgedehnte Plateaus wie etwa im Bereich des Columbia und des Snake River im US-Bundesstaat Washington, ein weiteres Beispiel sind die bemerkenswerten Basaltvorkommen des Giant's Causeway in Nordirland. Die Trappbasalte Indiens und die sibirischen Basalte im Nordosten Russlands sind ausgedehnte Basaltdecken, deren Entstehung offensichtlich mit zwei der größten Massenaussterben innerhalb der Erdgeschichte zusammenfällt.

Aufgrund ihrer Zuordnung zu bestimmten plattentektonischen Positionen weisen die Basalte unterschiedliche chemische Zusammensetzungen auf und können nach ihrem Chemismus weiter unterteilt werden (Tab. 4.2):

- **Ozeanische Basalte** (Mid Ocean Ridge Basalt oder MORB) sind an divergente ozeanische Plattengrenzen gebunden. Sie enthalten geringe Konzentrationen an Natrium, Kalium und Aluminium und entstehen möglicherweise durch partielles

Aufschmelzen des oberen Mantels, der im Allgemeinen an diesen Elementen verarmt ist.

- **Ozeanische Inselbasalte** (OIB) treten über Hot Spots auf, deren Material aus dem tiefen Erdmantel stammt. Da der tiefere Mantel nicht an Natrium, Kalium und Aluminium verarmt ist, führen diese Inselbasalte entsprechend etwas höhere Gehalte dieser Elemente.
- **High-Alumina-Basalte** sind gekennzeichnet durch einen Aluminiumgehalt über 17 % und einen niedrigen Alkaligehalt. Sie treten bevorzugt in Vergesellschaftung mit Andesiten an Subduktionszonen wie Inselbögen oder Kontinentalrändern auf.
- **Kontinentale (Rift-) Basalte** variieren von ihrer Zusammensetzung her weitaus stärker. Sie entstehen sowohl dort, wo durch Krustendehnung neue Riftstrukturen aufreißen, als auch dort, wo ozeanische Platten subduziert werden. In beiden Fällen steigt das Magma durch eine mehrere Dutzend Kilometer mächtige Kruste auf. Dabei kommt es zur Aufschmelzung und Assimilation kontinentaler Gesteinsmassen, was schließlich zu einer sehr unterschiedlichen Zusammensetzung der kontinentalen Basalte führt.

Ultrabasische Gesteine Ultrabasische Gesteine bestehen primär aus mafischen Mineralen und enthalten weniger als 10 % Feldspäte. Am unteren Ende der Skala steht der **Peridotit** mit einem sehr niedrigen SiO_2-Gehalt von unter 45 %. Es handelt sich um ein dunkles, graugrünes Gestein, das überwiegend aus Olivin und einem geringen Anteil an Pyroxen besteht. Peridotite sind die vorherrschenden Gesteine im Erdmantel und das Ausgangsmaterial für die Basalte an den mittelozeanischen Rücken. Ultrabasische Effusivgesteine treten im Phanerozoikum nur selten auf. Da sie bei sehr hohen Temperaturen auskristallisieren, bildeten sie sich durch die Ansammlung von Kristallen am Boden einer Magmakammer. Sie lagen wohl niemals als flüssige Schmelze vor und sind daher auch nicht als Laven an der Oberfläche ausgeflossen. Dagegen sind in den präkambrischen Grünsteingürteln ultrabasische Effusivgesteine in Form von sogenannten **Komatiiten** weit verbreitet. Sie bestehen überwiegend aus Olivin, wobei die Einsprenglinge vergleichsweise groß sind. Die übrigen Bestandteile sind Pyroxen und selten Plagioklas. Komatiite spielen wissenschaftlich eine bedeutende Rolle, weil sie nicht nur Hinweise auf hohe Temperaturen, sondern auch auf andere Merkmale des Vulkanismus in der frühen Erdgeschichte geben.

Systematische Veränderungen innerhalb der Abfolgen von sauren zu den basischen Gesteinen Aufschlussreicher als die Gesteinsnamen und die exakte Zusammensetzung der verschiedenen Gesteine in der Reihenfolge von den sauren zu den basischen Gesteinen sind die in Abb. 4.4 dargestellten systematischen Veränderungen. Sie zeigt die eindeutige Korrelation zwischen mineralogischer Zusammensetzung und Schmelz- beziehungsweise Kristallisationstemperatur. Wie Tab. 4.5 zeigt, schmelzen die mafischen Minerale bei höheren Temperaturen als die felsischen; unterhalb des Schmelzpunkts kristallisieren die Minerale aus. Folglich kristallisieren mafische Minerale auch bei höheren Temperaturen als die felsischen. Wenn wir in dieser Tabelle von der basischen zur sauren Gesteinsgruppe gehen, nimmt der SiO_2-Gehalt zu. Dieser Anstieg des SiO_2-Gehalts äußert sich auch in zunehmend komplexer werdenden Silicatstrukturen (Tab. 4.4),

was die Fließfähigkeit einer Gesteinsschmelze beeinträchtigt. Folglich nimmt die **Viskosität**, der Widerstand einer Flüssigkeit gegenüber dem Fließen, nicht nur mit fallender Temperatur, sondern auch mit steigendem SiO_2-Gehalt deutlich zu. Auf die Viskosität von Gesteinsschmelzen, die ein wesentlicher Faktor für das Verhalten der Laven ist, wird in Kap. 12 noch einmal eingegangen. Wie bereits in Kap. 1 erwähnt wurde, führt eine Zunahme des SiO_2-Gehalts zu einer Verringerung der Dichte des Gesteins.

Es ist somit verständlich, dass die mineralische Zusammensetzung eines Gesteins wichtige Informationen über die Verhältnisse liefert, unter denen das Ausgangsmagma sich bildete und auskristallisierte. Um diese Hinweise jedoch exakt deuten zu können, sind weitere Kenntnisse hinsichtlich der magmatischen Prozesse erforderlich. Mit diesem Thema befassen wir uns nachfolgend.

Wie entstehen Magmen?

Wir wissen aus der Art und Weise, wie sich Erdbebenwellen innerhalb der Erde ausbreiten, dass der überwiegende Teil der Erde bis zu der in mehreren tausend Kilometern Tiefe liegenden Grenze Erdkern-Erdmantel weitgehend fest ist (vgl. Kap. 1). Das Auftreten von Vulkaneruptionen spricht jedoch dafür, dass es auch zwischen Kruste und Kern flüssige Bereiche geben muss, in denen Magmen entstehen. Wie lässt sich dieser offensichtliche Widerspruch lösen? Die Antwort ergibt sich aus den Prozessen, durch die Gesteine schmelzen und Magmen entstehen.

Wie schmelzen Gesteine?

Obwohl wir bisher die exakten Vorgänge des Schmelzens von Gesteinen noch nicht kennen, ist aus Laborexperimenten mit Hochtemperatur-Schmelzöfen (Abb. 4.5) schon vieles darüber bekannt. Aus diesen Experimenten weiß man, dass der Schmelzpunkt eines Gesteins von seiner chemischen Zusammensetzung und den herrschenden Druck- und Temperaturbedingungen abhängig ist (Tab. 4.5).

Temperatur und Schmelzvorgang Vor etwa einhundert Jahren entdeckte man, dass ein sehr heterogen zusammengesetztes Gestein bei einer bestimmten Temperatur nicht vollständig schmilzt. Dieses **partielle Schmelzen** ist darauf zurückzuführen, dass die unterschiedlichen Minerale eines Gesteins bei unterschiedlichen Temperaturen schmelzen. Steigt die Temperatur, so schmelzen bereits einige Minerale, während andere noch fest bleiben. Sind die Temperaturverhältnisse in einem bestimmten Bereich konstant, bleibt auch das vorhandene Gemisch aus festem Gestein und Schmelze unverändert. Der Anteil des Gesteins, der in geschmolzenem Zustand vorliegt, wird als partielle Schmelze bezeichnet. Als Beispiel können wir uns einen Keks mit eingebackenen Schokoladensplittern vorstellen. Erwärmt

Abb. 4.5 Laborgeräte für Schmelzversuche von Gesteinen (Foto: © Sally Newman)

Tab. 4.5 Faktoren, die die Temperatur des Schmelzpunkts beeinflussen

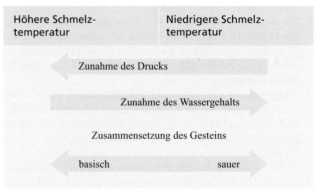

man ihn, so werden die Schokoladensplitter flüssig, während der Hauptbestandteil des Kekses fest bleibt. Diese flüssigen Schokoladensplitter entsprechen der partiellen Schmelze.

Das Verhältnis von flüssiger zu fester Phase in einer partiellen Schmelze ist abhängig von der Zusammensetzung und der Schmelztemperatur der Minerale des ursprünglichen Gesteins, außerdem von der Temperatur in der tiefen Kruste oder des Mantels, wo der Schmelzvorgang stattfindet.

Am unteren Ende des Schmelzintervalls dürfte der geschmolzene Anteil weniger als ein Prozent des ursprünglichen Gesteinsvolumens betragen. Ein großer Teil des heißen Gesteins bleibt dabei fest, jedoch befinden sich in der gesamten Masse erhebliche Mengen an Flüssigkeit in Form von Tröpfchen in den winzigen Räumen zwischen den Kristallen. Im oberen Mantel können Basalte beispielsweise bereits dadurch entstehen, dass 1 bis 2 % des Peridotits aufgeschmolzen werden, doch unter den mittel-

ozeanischen Rücken liegen gewöhnlich etwa 15 bis 20 % des Mantelperidotits in partiell geschmolzenem Zustand vor, wobei diese Schmelze eine basaltische Zusammensetzung aufweist. Am oberen Ende des Schmelzintervalls dürfte der größte Teil des Gesteins als Schmelze vorliegen, neben geringen Anteilen von nicht geschmolzenen Mineralen. Dies könnte zum Beispiel bei einem unmittelbar unter einem Vulkan (wie etwa Hawaii) liegenden Reservoir eines basaltischen Magmas mit bereits gebildeten Kristallen der Fall sein. Mit dieser neuen Erkenntnis des partiellen Schmelzens konnte man erklären, wie sich bei unterschiedlichen Temperaturen und in den verschiedenen Bereichen des Erdinneren unterschiedliche Magmen bilden: Die Zusammensetzung einer solchen Teilschmelze, in der nur die Minerale mit den niedrigsten Schmelzpunkten flüssig sind, unterscheidet sich naturgemäß ganz erheblich von der eines vollständig geschmolzenen Gesteins. Aus diesem Grund weisen auch basaltische Magmen, die sich in den verschiedenen Bereichen des Mantels bilden, geringfügig voneinander abweichende Zusammensetzungen auf.

Druck und Schmelzvorgang Um den gesamten Vorgang des Schmelzens zu verstehen, müssen wir neben der Temperatur auch den Druck berücksichtigen. Der Druck im Erdinneren nimmt als Folge der zunehmenden Auflast der Gesteine mit der Tiefe zu. Es zeigte sich, dass in Gesteinen, die zunehmendem Druck ausgesetzt waren, auch die Schmelztemperaturen höher waren. Gesteinsschmelzen an der Erdoberfläche wären folglich im Erdinneren, wo der Druck hoch ist, bei derselben Temperatur noch fest. Beispielsweise dürfte ein Gestein, das an der Erdoberfläche bei 1000 °C schmilzt, tief im Erdinneren bei einer wesentlich höheren Temperatur, vielleicht erst bei 1300 °C schmelzen, da dort ein um das Tausendfache höherer Druck als an der Erdoberfläche herrscht. Dies erklärt auch, warum die Gesteine im größten Teil der Kruste und des Mantels nicht schmelzen. Nur dort, wo die Gesteinszusammensetzung wie auch die Druck- und Temperaturbedingungen einander entsprechen, kann ein Gestein schmelzen.

Genauso wie ein Gestein bei steigendem Druck in festem Zustand verbleibt, führt umgekehrt eine Abnahme des Drucks zum Schmelzen des Gesteins, vorausgesetzt die Temperaturen sind ausreichend hoch. Aufgrund der Konvektion steigt Material aus dem Erdmantel an den mittelozeanischen Rücken unter mehr oder weniger konstanten Temperaturen nach oben. Da das Mantelmaterial aufsteigt und der Druck dadurch unter einen kritischen Punkt abfällt, schmilzt das feste Gestein spontan ohne weitere Zufuhr von Wärme. Dieser Vorgang des Schmelzens durch Druckentlastung, der auch als **Dekompressionsschmelzen** bezeichnet wird, erzeugt permanent das weltweit größte Volumen an geschmolzenem Gestein, und es ist auch derjenige Vorgang, durch den am Meeresboden die meisten Basalte entstehen.

Wassergehalt und Schmelzvorgang Die zahlreichen Experimente, die sich mit Schmelztemperaturen und partiellem Schmelzen befassten, brachten noch weitere Erkenntnisse, zum Beispiel ein besseres Verständnis bezüglich der Rolle, die dem Wasser beim Schmelzvorgang der Gesteine zukommt. Aus Analysen von frischen Laven war bekannt, dass die Schmelzen meist etwas Wasser enthielten. Daher gab man bei den Schmelzversuchen von Gesteinen geringe Mengen Wasser hinzu und entdeckte, dass die Zusammensetzungen der partiellen und auch der Gesamtschmelzen nicht nur mit der Temperatur, sondern auch mit der Menge des vorhandenen Wassers variieren.

Betrachten wir beispielsweise die Wirkung des Wassers auf reinen Albit, den natriumreichen Plagioklas, unter den an der Erdoberfläche herrschenden niedrigen Druckverhältnissen. Ist nur eine geringe Menge Wasser vorhanden, bleibt reiner Albit noch bis zu Temperaturen von etwas über $1000\,°C$ fest. Bei diesen Temperaturen liegt das Wasser im Albit in gasförmigem Zustand als Wasserdampf vor. Bei höherem Wassergehalt sinkt der Schmelzpunkt bis auf $800\,°C$ ab. Dieses Verhalten entspricht der allgemeinen Regel, dass das Lösen von Teilen einer Substanz (in diesem Falle Wasserdampf) in einer anderen Substanz (Albit) den Schmelzpunkt der Lösung erniedrigt. Wer in kühleren Klimazonen lebt, kennt möglicherweise diesen Vorgang, da Städte und Gemeinden Salz auf vereiste Straßen streuen, um den Schmelzpunkt des Eises herabzusetzen. Nach demselben Prinzip sinkt auch die Schmelztemperatur des Albits – und aller Feldspäte sowie vieler anderer Silicatminerale – bei einem hohen Wassergehalt ganz erheblich ab. In diesem Fall werden die Schmelzpunkte der verschiedenen Silicate im Verhältnis zu der im geschmolzenen Silicat gelösten Wassermenge erniedrigt. Die Schmelzpunkte dieser Minerale nehmen proportional zur Menge des in den geschmolzenen Silicaten gelösten Wassers ab.

Dieser durch das vorhandene Wasser ausgelöste Schmelzvorgang wird als **fluid-induziertes Schmelzen** bezeichnet. Der Wassergehalt ist ein wichtiger Faktor beim Schmelzvorgang von Sedimentgesteinen, da diese in ihren Porenräumen weitaus mehr Wasser enthalten als Magmatite und Metamorphite. Darüber hinaus spielt das in Sedimentgesteinen gebundene Wasser bei dem Schmelzprozess eine wichtige Rolle, der an den Subduktionszonen zu Vulkanismus führt.

Die Bildung von Magmakammern

Die meisten Substanzen haben in flüssigem Zustand eine geringere Dichte als in fester Form. Die Dichte einer Gesteinsschmelze ist daher geringer als die des festen Ausgangsgesteins derselben chemischen Zusammensetzung. Daraus lässt sich ableiten, dass

große Magmakörper auf folgende Weise entstehen können: Hat eine weniger dichte Gesteinsschmelze die Möglichkeit zum Abwandern, wird sie nach oben steigen, genauso wie Öl wegen seiner geringeren Dichte in einem Gemisch mit Wasser nach oben steigt. Als Flüssigkeit kann eine partielle Schmelze daher durch Gesteinsporen, Klüfte und entlang von Kristallgrenzen des umgebenden festen Gesteins langsam nach oben steigen. Auf ihrem Weg vereinigen sich die heißen Tröpfchen der Schmelze miteinander und bilden innerhalb des festen Erdinneren allmählich größere Körper aus geschmolzenem Gesteinsmaterial.

Der Aufstieg von Magmen durch Mantel und Kruste kann entweder langsam oder rasch erfolgen. Man geht davon aus, dass sich Magmen mit Geschwindigkeiten zwischen $0,3\,m$ und fast $50\,m$ pro Jahr nach oben bewegen. Die für den Aufstieg erforderliche Zeit kann zwischen einigen zehntausend bis zu mehreren hunderttausend Jahren betragen. Bei diesem Aufstieg können sich Magmen mit anderen Schmelzen mischen oder Teile der Kruste aufschmelzen. Wir wissen heute, dass sich in der Lithosphäre größere Ansammlungen von geschmolzenem Gestein, sogenannte **Magmakammern** bilden. Die mit Magma gefüllten Hohlräume innerhalb der Lithosphäre entstehen, weil das aufsteigende Magma das umgebende Gesteinsmaterial aufschmilzt und beiseite drängt. Wir wissen, dass es solche Magmakammern gibt, weil sich mithilfe seismischer Wellen Tiefenlage, Größe und ungefähre Umrisse der unter den aktiven Vulkanen vorhandenen Magmakammern ermitteln lassen.

Eine solche Magmakammer kann ein Volumen in der Größenordnung von mehreren Kubikkilometern erreichen. Die genaue Art ihrer Entstehung ist noch immer unbekannt, und bis heute haben wir auch noch keine klaren räumlichen Vorstellungen von solchen Magmakammern. Wir können uns diese Kammern als große mit Flüssigkeit gefüllte Hohlräume im festen Gestein vorstellen, die sich ständig erweitern, da immer größere Partien des umgebenden Gesteins schmelzen oder weil immer mehr geschmolzenes Material auf Spalten, Rissen und anderen kleinen Hohlräumen zwischen den Kristallen eindringt. Gelangen die Magmen bei Eruptionen an die Oberfläche, kontrahieren Magmakammern wieder.

Wo entstehen Magmen?

Unsere Kenntnisse bezüglich der magmatischen Prozesse beruhen zwar im Wesentlichen auf geologischen Schlussfolgerungen, aber auch auf Laborexperimenten. Eine wichtige Informationsquelle sind Vulkane, die uns Informationen liefern, wo im Untergrund Magmen vorhanden sind. Eine weitere sind die Temperaturen, die vielerorts in tiefen Bohrlöchern und Bergwerksschächten gemessen worden sind. Sie zeigen, dass die Temperatur im Erdinneren mit der Tiefe zunimmt. Aus diesen Angaben konnte man den Gradienten ermitteln, mit dem die Temperatur mit zunehmender Tiefe ansteigt.

Manche Temperaturen, die in verschiedenen Gebieten in derselben Tiefenlage gemessen wurden, sind weitaus höher als die anderen – das bedeutet, dass einige Teile des Erdmantels und der Kruste heißer sind als andere. Das Great Basin im Westen der Vereinigten Staaten ist beispielsweise ein Gebiet, in dem es zur Krustendehnung mit entsprechender Krustenverdünnung kommt, mit dem Ergebnis, dass dort die Temperatur mit der Tiefe mit außerordentlicher Geschwindigkeit ansteigt und in Tiefen von 40 km – und damit nicht sehr weit unterhalb der Erdkruste – Werte von 1000 °C erreicht werden. Diese Temperaturen sind hoch genug, um Basalt aufzuschmelzen. In tektonisch stabilen Gebieten wie etwa in den inneren Bereichen der Kontinente steigt dagegen die Temperatur mit der Tiefe wesentlich langsamer an und erreicht in derselben Tiefe nur etwa Werte um 500 °C.

Magmatische Differenziation

Die bisher behandelten Prozesse haben gezeigt, wie Gesteine schmelzen und Magmen entstehen. Welche Prozesse sind jedoch für die Vielfalt der magmatischen Gesteine verantwortlich? Entstehen Magmen unterschiedlicher chemischer Zusammensetzung aus dem Aufschmelzen verschiedener Gesteinsarten? Oder führen irgendwelche Vorgänge aus einem ursprünglich einheitlichen Ausgangsmaterial zu dieser Gesteinsvielfalt?

Erneut ließen sich die Antworten aus Laborexperimenten ableiten. Man mischte chemische Elemente im Verhältnis natürlicher magmatischer Gesteine und schmolz sie in Hochtemperaturöfen. Während der Abkühlung und Erstarrung dieser Schmelzen wurden die Kristallisationstemperaturen sorgfältig gemessen und die chemische Zusammensetzung der neu gebildeten Kristalle ermittelt. Die Ergebnisse dieser Experimente führten schließlich zur Theorie der **magmatischen Differenziation**, einem Prozess, bei dem aus einem einzigen homogenen Magma Gesteine unterschiedlicher Zusammensetzung hervorgehen.

Das Prinzip der magmatischen Differenziation ergibt sich aus der Tatsache, dass Minerale mit unterschiedlicher Zusammensetzung auch bei unterschiedlichen Temperaturen auskristallisieren.

In einer Art Spiegelbild des partiellen Schmelzens sind die letzten Minerale, die schmelzen, auch die ersten, die aus einem abkühlenden Magma auskristallisieren. Beim Abkühlen des Magmas wurden zuerst diejenigen Kristalle gebildet, die bei den Laborversuchen zum partiellen Schmelzen als letzte geschmolzen waren. Durch diese erste Kristallbildung werden der Schmelze chemische Elemente entzogen, und demzufolge veränderte sich die Zusammensetzung der Schmelze. Bei fortschreitender Abkühlung kristallisierten als Nächstes jene Minerale aus, die im gleichen Temperaturbereich geschmolzen waren. Erneut veränderte das Magma seine Zusammensetzung, weil nun andere Elemente der Schmelze entzogen wurden. Bei der niedrigsten Schmelztemperatur, das heißt kurz vor der völligen Erstarrung des Magmas, kristallisierten schließlich diejenigen Minerale aus, die beim Aufheizen eines Gesteins zuerst geschmolzen waren. Auf diese Weise können aus einem einheitlichen Ausgangsmagma – durch die Änderung der chemischen Zusammensetzung im Verlauf der Kristallisation – unterschiedliche magmatische Gesteine hervorgehen.

Fraktionierte Kristallisation – Labor- und Geländebeobachtungen

Die **fraktionierte Kristallisation** ist ein Prozess, bei dem in einer kontinuierlich abkühlenden Schmelze die entstandenen Kristalle von der restlichen Schmelze abgetrennt werden.

Die Segregation kann dabei auf unterschiedliche Weise erfolgen und folgt der häufig beschriebenen Bowen'schen Reaktionsreihe (Abb. 4.6). Im einfachsten Fall sinken in einer Magmakammer die früh gebildeten Kristalle gravitativ zu Boden und sind somit den weiteren Reaktionen mit der verbliebenen Schmelze entzogen. Auf diese Weise werden die zuerst gebildeten Kristalle vom verbleibenden Magma getrennt, das weiterhin abkühlt und auskristallisiert.

Die Folgen der fraktionierten Kristallisation sind in den sogenannten Palisaden erkennbar, einer Reihe mächtiger Felsklip-

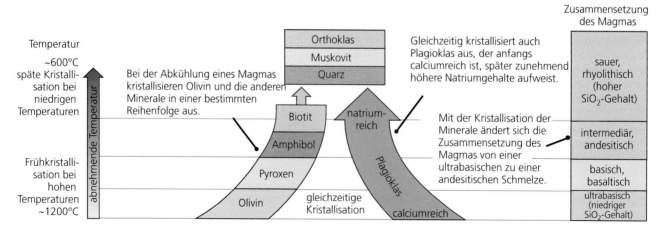

Abb. 4.6 Die Bowen'sche Reaktionsreihe liefert eine Modellvorstellung für die fraktionierte Kristallisation

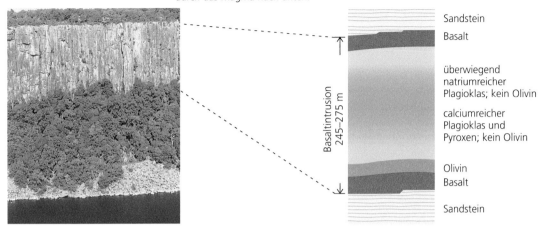

Abb. 4.7 Fraktionierte Kristallisation erklärt die Zusammensetzung der basischen Palisaden-Intrusion. Die Abfolge der Minerale beginnt mit Olivin im unteren Bereich, setzt sich fort mit zunehmendem Anteil von Pyroxen und calciumreichem Plagioklas in der Mitte und natriumreichem Plagioklas oben. An den Rändern rasch abgekühlte Schichten aus feinkörnigerem Basalt umgeben das langsamer abgekühlte Innere der Intrusion (Foto: © Breck Kent)

pen gegenüber der Stadt New York am Westufer des Hudson (Abb. 4.7). Diese Magmatite erreichen eine Ausdehnung von etwa 80 km und stellenweise eine Mächtigkeit von über 300 m. Die Palisaden drangen als basaltische Schmelze in fast horizontal lagernde Sedimente ein. An ihrer Basis enthalten sie reichlich Olivin, im mittleren Bereich Pyroxen und Plagioklas und in den oberen Bereichen überwiegend Plagioklas. Durch die von oben nach unten sich ändernde Mineralzusammensetzung eigneten sich die Palisaden besonders gut zur Überprüfung dieser Theorie. Dabei wurde auch ersichtlich, wie hilfreich Laborexperimente für die Deutung von Geländebeobachtungen sein können.

Man unternahm Schmelzversuche an Gesteinen mit ungefähr denselben Mengenanteilen der verschiedenen Minerale, die in der Palisaden-Intrusion auftreten, und ermittelte, dass die Schmelze eine Temperatur von ungefähr 1200 °C gehabt haben dürfte. Im Bereich der wenigen Meter von den relativ kühlen Hangend- und Liegendkontakten zu den angrenzenden Sedimentserien kühlte das Magma relativ rasch ab. Durch diese rasche Abkühlung erstarrte das Magma zu einem feinkörnigen Basalt, der die chemische Zusammensetzung der ursprünglichen Schmelze abbildet. Das heiße Innere der Intrusion kühlte dagegen langsamer ab, wie die dort etwas größeren Kristalle bestätigen.

Die Theorie der fraktionierten Kristallisation ließ erwarten, dass als erstes Mineral Olivin aus dem langsam abkühlenden Inneren auskristallisiert und, weil er schwer ist, durch die Schmelze auf den Boden des Intrusivkörpers absinkt. Tatsächlich findet man ihn heute in einer grobkörnigen, olivinreichen Lage unmittelbar über der feinkörnigen, rasch erstarrten Basaltschicht des Liegendkontakts. Etwa zur selben Zeit dürfte die Kristallisation der Plagioklase eingesetzt haben. Der Plagioklas hat jedoch eine geringere Dichte als Olivin und sank demzufolge langsam durch das Magma nach unten (vgl. Abschn. 24.4). Die weitere Abkühlung dürfte zur Kristallisation von Pyro-

xen geführt haben, der als nächste Mineralphase die unteren Bereiche der Intrusion erreichte und fast unmittelbar danach folgte calciumreicher Plagioklas. Das häufige Auftreten von Plagioklas in den oberen Bereichen des Intrusivkörpers ist ein Hinweis darauf, dass das Magma kontinuierlich seine Zusammensetzung änderte, bis die nachfolgenden Lagen der nach unten abgesunkenen Kristalle schließlich von einer Schicht aus vorwiegend natriumreichen Plagioklasen überdeckt wurden. Über die Tatsache hinaus, dass natriumreicher Plagioklas bei niedrigeren Temperaturen auskristallisiert, besitzt auch er eine geringere Dichte als Olivin oder Pyroxen und sinkt daher als letzte Mineralphase nach unten.

Die Erklärung des Lagenbaus in der Palisaden-Intrusion durch fraktionierte Kristallisation war ein erster Erfolg für die Theorie der magmatischen Differenziation. Sie verband Geländebeobachtungen mit Laborversuchen und basierte auf soliden chemischen Kenntnissen. Heute wissen wir, dass diese Intrusion einen wesentlich komplizierteren Werdegang hatte und in Wirklichkeit aus mehreren Intrusionen entstanden ist und dass auch das gravitative Absinken der Olivinkristalle im Detail weitaus komplizierter abgelaufen sein muss. Trotzdem gelten die Palisaden insgesamt noch immer als Musterbeispiel für den Vorgang der fraktionierten Kristallisation.

Granit und Basalt: Magmatische Differenziation

Untersuchungen von Vulkanlaven zeigten, dass basaltische Schmelzen weitaus häufiger sind als rhyolithische Magmen, die von ihrer Zusammensetzung her dem Granit entsprechen. Wie aber konnten die in der Kruste so verbreitet auftretenden Granite mit basaltischen Magmen in Zusammenhang gebracht werden?

Die Antwort ergibt sich aus der Tatsache, dass der Vorgang der magmatischen Differenziation weitaus komplizierter ist als man anfänglich gedacht hatte.

Die ursprüngliche Theorie der magmatischen Differenziation ging davon aus, dass ein primär basaltisches Magma allmählich abkühlt und durch fraktionierte Kristallisation in eine SiO_2-reichere Schmelze übergeht. Die frühen Stadien dieser Differenziation sollten zu einer andesitischen Schmelze führen, die entweder als andesitische Lava an der Erdoberfläche ausfließt oder durch langsame Kristallisation zu einem dioritischen Intrusivgestein erstarrt. Als Zwischenstadien sollten Magmen mit granodioritischer Zusammensetzung entstehen. Falls dieser Prozess lange genug fortdauert, würden die letzten Stadien zur Bildung von rhyolithischen Laven beziehungsweise granitischen Intrusivgesteinen führen.

Eine Reihe von Untersuchungen hat jedoch ergeben, dass für das Absinken kleiner Olivinkristalle durch ein dichtes, viskoses Magma ein zu langer Zeitraum erforderlich wäre und diese daher niemals den Boden der Magmakammer erreichen würden. Andere Untersuchungen haben gezeigt, dass viele lagig aufgebaute Intrusionen, die zwar ähnlich, aber viel mächtiger als die Palisaden sind, nicht diese einfache Fortentwicklung der Lagen aufweisen, wie sie von der ursprünglichen Theorie vorhergesagt wurde.

Als größtes Problem der Theorie erwies sich jedoch die Entstehung des Granits. Die auf der Erde vorhandenen großen Granitmassen konnten nicht ausschließlich durch magmatische Differenziation aus basaltischen Schmelzen hervorgegangen sein, da durch die Kristallisation während der aufeinanderfolgenden Stadien der Differenziation bereits ein großer Volumenanteil der Schmelze verbraucht worden wäre. Um die vorhandenen Granitmengen zu erzeugen, wäre ein Ausgangsvolumen an basaltischem Magma von der zehnfachen Größe der Granitintrusion erforderlich gewesen. Bei der Häufigkeit des Granits wäre die Kristallisation riesiger Basaltmengen notwendig gewesen, die unter diesen Granitintrusionen lagern müssten. Doch derartige Anhäufungen von Basalt konnte man nirgendwo nachweisen. Selbst dort, wo große Basaltmengen auftreten, wie etwa an den mittelozeanischen Rücken, gibt es keine nennenswerten Hinweise auf eine Differenziation der Magmen zu Granit.

Am meisten in Frage gestellt wurde die ursprüngliche Vorstellung, dass sich alle granitischen Gesteine aus der Differenziation eines einzigen Magmatyps – einer basaltischen Schmelze – entwickeln. Stattdessen geht man heute davon aus, dass das Aufschmelzen verschiedenartiger Ausgangsgesteine im oberen Mantel und in der Erdkruste für die beobachteten großen Unterschiede in der Magmazusammensetzung verantwortlich ist:

1. Gesteine des oberen Mantels schmelzen partiell unter Bildung eines basaltischen Magmas.
2. Aus einem Gemisch von Sedimentgesteinen und basaltischer ozeanischer Kruste, wie dies an Subduktionszonen der Fall ist, entstehen beim Schmelzen andesitische Magmen.
3. Aus einem Gemisch von Sedimentgesteinen, magmatischen und metamorphen Gesteinen der kontinentalen Kruste entstehen beim Schmelzen granitische Magmen.

Demzufolge müssen die Vorgänge der magmatischen Differenziation in mehrfacher Hinsicht weitaus komplizierter sein, als ursprünglich vermutet wurde:

- Es ist davon auszugehen, dass eine magmatische Differenziation durch partielles Schmelzen von Krusten- und Mantelmaterial innerhalb einer gewissen Temperaturspanne und bei unterschiedlichem Wassergehalt einsetzen kann.
- Magmen kühlen nicht gleichmäßig ab, da innerhalb einer Magmakammer große Temperaturunterschiede auftreten können. Diese Temperaturunterschiede könnten die Ursache dafür sein, dass sich die chemische Zusammensetzung eines Magmas von einem Bereich zum anderen ändert. Einige Magmen sind untereinander nicht mischbar – so wie Öl und Wasser getrennte Flüssigkeiten bleiben, wenn sie durchmischt werden. Wenn solche Magmen in einer Magmakammer nebeneinander bestehen, bildet jedes Magma seine eigene Kristallisationsabfolge. Magmen, die sich mischen, können zu einer eigenständigen Kristallisationsabfolge führen, die sich vom Kristallisationsverlauf der Ausgangsmagmen deutlich unterscheidet.

Heute wissen wir auch mehr über die physikalischen Prozesse, die bei der Kristallisation innerhalb der Magmakammer aufeinander einwirken (Abb. 4.8). Magmen mit unterschiedlichen Temperaturen in verschiedenen Bereichen der Magmakammer können turbulent fließen, und während der Zirkulation können Minerale auskristallisieren. Die Kristalle können nach unten sinken, durch Strömungen wieder aufgenommen und schließlich an den Wänden der Magmakammer abgelagert werden. Die Randbereiche der Magmakammer können aus einem Kristallbrei mit Kristallen und Schmelze bestehen, der den Übergang zwischen den aus festen Gesteinen bestehenden Grenzen der Kammer und dem vollständig flüssigen Magma im Hauptteil der Magmakammer bildet. Weiter kann wie bei einigen mittelozeanischen Rücken, beispielsweise unter dem Ostpazifischen Rücken, eine pilzförmige Magmakammer von heißem basaltischem Gestein mit einem geringen Anteil an partiell geschmolzenem Gestein (1 bis 3 %) umgeben sein.

Formen magmatischer Intrusionen

Wie bereits erwähnt, lassen sich die Formen der Gesteinskörper, die durch Intrusionsvorgänge in der Kruste entstanden sind, nicht direkt beobachten. Wir können deren Form und Verteilung lediglich aus geologischen Geländebeobachtungen ableiten, die erkennen lassen, wo diese Intrusivgesteine herausgehoben wurden und der Abtragung ausgesetzt waren – Jahrmillionen nachdem die Magmen intrudiert und abgekühlt sind.

Wir haben jedoch indirekte Hinweise auf aktuelle Magmentätigkeit. So lassen sich beispielsweise unter einigen aktiven Vulkanen mithilfe seismischer Wellen die groben Umrisse von Magmakammern ableiten. In einigen vulkanisch ruhigen, aber tektonisch aktiven Gebieten, wie etwa die Region in der Nähe des Salton-Sees in Südkalifornien, haben die in tiefen Bohrlöchern gemessenen

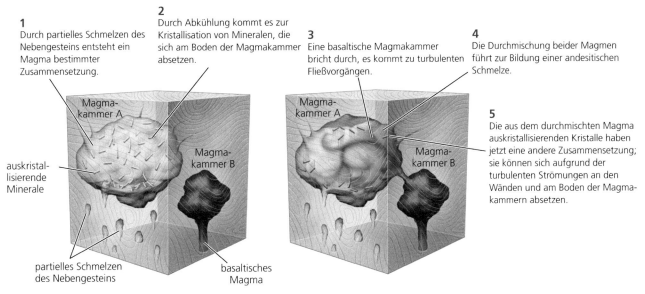

1
Durch partielles Schmelzen des Nebengesteins entsteht ein Magma bestimmter Zusammensetzung.

2
Durch Abkühlung kommt es zur Kristallisation von Mineralen, die sich am Boden der Magmakammer absetzen.

3
Eine basaltische Magmakammer bricht durch, es kommt zu turbulenten Fließvorgängen.

4
Die Durchmischung beider Magmen führt zur Bildung einer andesitischen Schmelze.

5
Die aus dem durchmischten Magma auskristallisierenden Kristalle haben jetzt eine andere Zusammensetzung; sie können sich aufgrund der turbulenten Strömungen an den Wänden und am Boden der Magmakammern absetzen.

Magmakammer A

auskristallisierende Minerale

Magmakammer B

partielles Schmelzen des Nebengesteins

basaltisches Magma

Abb. 4.8 Die magmatische Differenziation ist ein wesentlich komplizierterer Vorgang, als ursprünglich angenommen wurde. Einige Magmen, die aus Gesteinen unterschiedlicher Zusammensetzung hervorgegangen sind, können sich vermischen, während andere Magmen nicht mischbar sind. Kristalle können durch turbulente Strömungen in der Schmelze in unterschiedliche Bereiche der Magmakammer transportiert werden

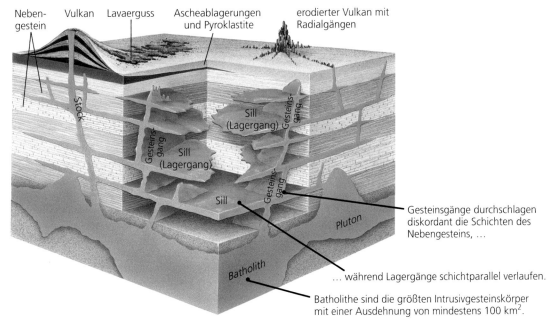

Nebengestein Vulkan Lavaerguss Ascheablagerungen und Pyroklastite erodierter Vulkan mit Radialgängen

Stock

Sill (Lagergang)

Gesteinsgang

Gesteinsgang

Sill (Lagergang)

Sill

Gesteinsgang

Pluton

Gesteinsgänge durchschlagen diskordant die Schichten des Nebengesteins, ...

... während Lagergänge schichtparallel verlaufen.

Batholith

Batholithe sind die größten Intrusivgesteinskörper mit einer Ausdehnung von mindestens 100 km².

Abb. 4.9 Die wichtigsten Erscheinungsformen bei Effusiv- und Intrusivgesteinen

Temperaturen ergeben, dass dort die Kruste wesentlich heißer als normal ist, was auf eine Intrusion in der Tiefe hinweisen dürfte, doch sind mit diesem Verfahren keine detaillierten Angaben über Größe und Form der Intrusionen möglich.

Letztendlich beruht jedoch der größte Teil unserer Kenntnisse über Magmenintrusionen auf der Arbeit der Feldgeologen, die eine Vielzahl von Aufschlüssen in Intrusivgesteinen kartiert, miteinander verglichen und daraus rekonstruiert haben, wie die Platznahme dieser Intrusiva erfolgte. Auf einige Formen dieser

Intrusivkörper wird nachfolgend näher eingegangen. Abb. 4.9 zeigt außerdem die wichtigsten Erscheinungsformen der Effusiv- und Intrusivgesteine.

Teil II

Aufsteigendes Magma dringt in Klüfte und Spalten ein und drängt das überlagernde Gestein auseinander.

Das überlagernde Gestein wölbt sich auf.

Das Magma schmilzt das Nebengestein auf.

Das geschmolzene Nebengestein mischt sich mit dem Magma und verändert die Zusammensetzung der Schmelze.

Das Magma bricht außerdem Brocken des Nebengesteins los – so genannte Xenolithe –, die in das Magma einsinken.

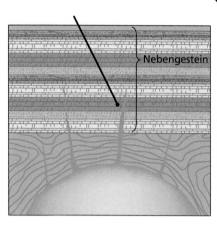
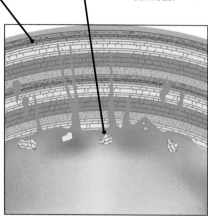
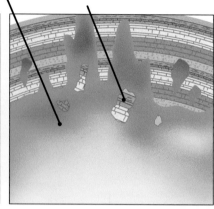

Nebengestein

Abb. 4.10 Magmen schaffen sich auf unterschiedliche Weise Raum im Nebengestein: durch Eindringen in Spalten und Auseinanderdrängen des überlagernden Gesteins, durch Losbrechen von Gestein und durch Aufschmelzen des umgebenden Gesteins. Bruchstücke des Nebengesteins, die sogenannten Xenolithe, können im Magma vollständig aufgeschmolzen werden. Wenn Xenolithe in großem Umfang aufgeschmolzen werden und die Zusammensetzung des Nebengesteins sich von der des Magmas unterscheidet, dann kann sich die Zusammensetzung der Gesteinsschmelze verändern

Plutone

Plutone sind große Intrusivkörper, die in der tieferen Erdkruste entstanden sind. Ihre Größe liegt zwischen einem und mehreren hundert Kubikkilometern. Wenn sie durch Heraushebung und Erosion freigelegt oder durch Bergwerke oder Bohrungen erschlossen sind, stellen Geologen immer wieder fest, dass sich die Plutone nicht nur in ihrer Größe, sondern auch in ihrer Form und Beziehung zum Nebengestein – das heißt zum intrudierten umgebenden Gestein – unterscheiden.

Diese große Vielfalt ergibt sich zum Teil aus der Art und Weise, mit der sich das Magma beim Aufstieg durch die Kruste Raum schafft. Die meisten Magmen intrudieren in Tiefen zwischen acht und zehn Kilometern. In diesen Tiefen gibt es in den Gesteinen nur wenige Hohlräume oder Öffnungen, da der Überlagerungsdruck so groß ist, dass Hohlräume normalerweise fehlen. Doch selbst dieser hohe Druck wird durch das aufsteigende Magma überwunden.

Magma, das durch die Kruste aufsteigt, schafft sich auf sehr unterschiedliche Weise Raum (Abb. 4.10). Wie das im Einzelnen geschieht, wird unter dem Begriff „Stoping" (Einbrechen von Nebengestein in die Magmakammer) zusammengefasst:

1. **Durch Aufbrechen der überlagernden Gesteinsschichten**: Wölbt das Magma die Deckschichten auf, bricht das Gestein entlang der Schichtfugen, Magma dringt in die geöffneten Spalten ein, erweitert sie durch Aufschmelzen und schafft sich auf diese Weise Raum.
2. **Durch Aufschmelzen des Nebengesteins**: Das Aufschmelzen des angrenzenden Nebengesteins schafft ebenfalls Raum für das Magma.
3. **Durch Losbrechen großer Gesteinsblöcke**: Magma kann sich seinen Weg nach oben auch durch das Losbrechen von Blöcken des intrudierten Gesteins bahnen. Diese sogenannten Xenolithe (griech. *xénos* = fremd) sinken in das Magma ein, werden aufgeschmolzen, vermischen sich mit der umgebenden Schmelze und verändern dabei lokal die Zusammensetzung des Magmas.

Die meisten Plutone besitzen scharfe Kontakte zum Nebengestein und liefern oftmals auch noch andere Hinweise für die Intrusion einer flüssigen Schmelze in ein festes Gestein. Einige Plutone gehen jedoch auch allmählich in das Nebengestein über und zeigen Gefüge, die andeutungsweise an die von Sedimentgesteinen erinnern. Solche Erscheinungen weisen darauf hin, dass diese Plutone durch partielles oder vollständiges Aufschmelzen von Sedimentgesteinen entstanden sind.

Batholithe, die größten Plutone, sind gewaltige, unregelmäßige Intrusivkörper aus grobkörnigen Intrusivgesteinen mit einer horizontalen Ausdehnung von mindestens 100 km^2 (Abb. 4.9). Batholithe treten bevorzugt in den Kernen tektonisch deformierter Gebirgsgürtel auf. Außerdem bestehen große Bereiche der präkambrischen Schilde aus zahlreichen sich überlagernden Batholithen. Geologische Geländebefunde zeigen zunehmend, dass Batholithe horizontale, schichtartige oder lappige, sehr mächtige Intrusivkörper sind, die sich von einem schlotförmiges Zentralgebiet weg ausbreiten. Ihre Untergrenze kann sich bis in Tiefen von 10 bis 15 km erstrecken; von einigen nimmt man an, dass sie sogar noch tiefer gehen. Batholithe sind generell grobkörnig – die Folge der langsamen Abkühlung in großer Tiefe. Ähnliche, aber kleinere Plutone werden als **Stöcke** bezeichnet. Sowohl Batholithe als auch Stöcke sind **diskordante Intrusiva**, das heißt, sie durchschlagen die Schichten des jeweils intrudierten

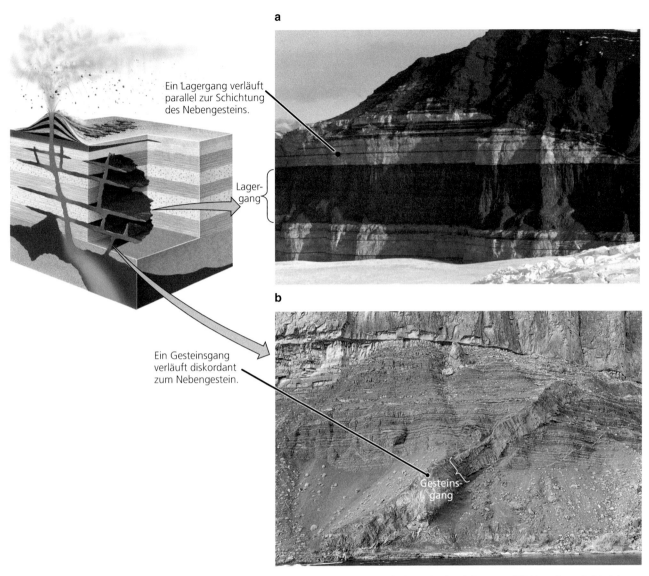

a

Ein Lagergang verläuft
parallel zur Schichtung
des Nebengesteins.

Lager-
gang

b

Ein Gesteinsgang
verläuft diskordant
zum Nebengestein.

Gesteins-
gang

Teil II

Abb. 4.11a,b Gesteinsgänge und Lagergänge **a** Lagergänge sind konkordante Intrusionen. Im Glacier-National-Park (Montana, USA) intrudierte ein Diorit-Lager-
gang in eine Abfolge von Sedimentgesteinen. **b** Gesteinsgänge sind diskordante Intrusionen. Dieser Gesteinsgang (*dunkel*), durchschlägt Sedimentgesteine (*rötlich
braun*) quer zur Schichtung. Grand-Canyon-National Park (Arizona, USA) (Fotos: a Marli Briant Miller; b Asa Thorsen/Photo Researchers/Getty Images, Inc.)

Nebengesteins. Wo immer an der Erdoberfläche ausgedehnte
Intrusivgesteinskörper aufgeschlossen sind, sei es in der Bretagne, im Schwarzwald, in den Vogesen oder in der Bayerisch-
Böhmischen Masse, können wir davon ausgehen, dass es sich
dabei um die ehemals tieferen Stockwerke alter Gebirge handelt.

Lager und Gänge

Kleinere plattenförmige Intrusionen werden nach ihrer Form und
ihrem Verhältnis zur Lagerung der von ihnen intrudierten Gesteine unterschieden, obwohl sie in vielem den großen Plutonen
ähnlich sind. Ein **Lagergang** oder **Sill** ist ein Gesteinskörper, der

durch das Eindringen von Magma zwischen die Schichten und
Lagen des umgebenden Gesteins entstanden ist (Abb. 4.11). Es
handelt sich um eine **konkordante Intrusion**, wenn ihre Ränder
parallel zur Schichtung verlaufen, gleichgültig, ob diese horizontal, schräg oder senkrecht ist. Die Mächtigkeit solcher Lagergänge schwankt vom Zentimeterbereich bis zu mehreren hundert
Metern, ihre Ausdehnung kann sich über beträchtliche Gebiete
erstrecken. Abbildung 4.11a zeigt einen dunklen Lagergang im
Glacier Nationalpark (Montana, USA) Mountain in der Antarktis. Die 300 m mächtige Palisaden-Intrusion (vgl. Abb. 4.7) ist
ebenfalls ein ausgedehnter Lagergang.

Lakkolithe entstehen, wie die Lagergänge auch, durch das Eindringen von Magmen entlang von Schichtflächen flach lagernder
Sedimentserien. Sie haben eine annähernd ebene Unterseite, je-

doch eine nach oben gewölbte pilzkappenförmige Dachfläche. Im Gegensatz zu den Lagergängen wölben die Lakkolithe die überlagernden Schichten auf. Schüssel- bis trichterförmige Intrusivkörper, deren Unter- und Oberseite nach unten gewölbt sind, werden als **Lopolithe** bezeichnet.

Sills, Lakkolithe und Lopolithe dringen unter hohem Druck in das Nebengestein ein. Dieser Druck ist groß genug, um das Gewicht der überlagernden Schichten zu überwinden, wobei durch deren Hebung gleichzeitig Raum für das Magma geschaffen wird.

Lagergänge und auch Lakkolithe können bei oberflächlicher Betrachtung Lavaergüssen und pyroklastischen Ablagerungen gleichen. Sie unterscheiden sich von Effusivgesteinen durch folgende Merkmale:

1. In Lagergängen fehlen sowohl die block- und strickartigen als auch die blasig-zelligen Strukturen, die für viele vulkanische Gesteine sehr charakteristisch sind.
2. Lagergänge sind meist auch grobkörniger als Vulkanite, weil sie etwas langsamer abkühlten.
3. Die Gesteine im Hangenden und Liegenden der Lagergänge zeigen Auswirkungen der Aufheizung: Sie sind durch Kontaktmetamorphose entfärbt beziehungsweise gebleicht oder in ihrem Mineralbestand verändert worden.
4. Im Gegensatz zu den Lagergängen überdecken zahlreiche Lavaergüsse entweder ältere und verwitterte Lavaströme oder auch Böden, die sich zwischen den übereinander liegenden Lavaergüssen gebildet haben.

Gesteinsgänge oder Dikes sind Ausdruck der wichtigsten Transportwege für Magmen. Wie Lagergänge sind auch Gesteinsgänge plattenförmige Intrusivkörper, die jedoch diskordant zum Nebengestein (quer zur Schichtung) verlaufen (Abb. 4.11b). Gesteinsgänge bilden sich gelegentlich in zuvor gewaltsam geöffneten Spalten, doch weitaus häufiger folgen sie neuen Rissen, die durch den Druck der Magmenintrusion geöffnet wurden. Einzelne Gänge können im Gelände über Dutzende von Kilometern verfolgt werden. Ihre Mächtigkeit schwankt vom Millimeterbereich bis zu mehreren Metern.

In einigen Gängen geben Xenolithe eindeutige Hinweise für das Zerbrechen des Nebengesteins während der Intrusion. Gesteinsgänge kommen selten isoliert vor, vielmehr ist das Auftreten von Hunderten oder Tausenden solcher Gänge, sogenannte Gangschwärme, typisch in einem Gebiet, das durch eine große Intrusion deformiert wurde.

Manche Gänge zeigen annähernd kreis- oder ellipsenförmige Ausstriche und werden deshalb als **Ringgänge** oder **Ringdikes** bezeichnet. Sie werden als Erosionsreste von Intrusionen gedeutet, die in zylindrische Klüfte eingedrungen sind. Möglicherweise entsteht eine solche Kluft, wenn ein Krustenblock mit nahezu rundem Querschnitt in eine entleerte Magmakammer einsinkt. Man kennt Ringgänge mit Durchmessern bis zu 25 km.

Das Gefüge der Lager- und Gesteinsgänge ist sehr unterschiedlich. Viele Gesteinsgänge und Lagergänge sind grobkörnig mit

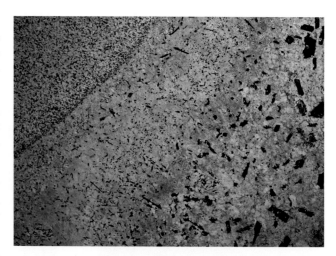

Abb. 4.12 Ein Granitpegmatit-Gang. Das Zentrum des Ganges (*oben rechts*) ist grobkristallin, bedingt durch langsame Abkühlung. Die kleineren Kristalle an den Rändern des Ganges (*unten links*) kühlten rascher ab (Foto: © John Grotzinger/ Ramón Rivera-Moret/Harvard Mineralogical Museum)

einem für Intrusivgesteine typischem Erscheinungsbild. Andere sind jedoch feinkörnig und gleichen mehr den Effusivgesteinen. Da dieses gegensätzliche Gefüge durch unterschiedliche Abkühlungsgeschwindigkeit bedingt ist, wird auch verständlich, dass die feinkörnigen Gesteine näher an die Erdoberfläche aufgedrungen sein müssen, da dort der Temperaturkontrast von Schmelze zu Nebengestein größer ist. Ihr feinkörniges Gefüge ist die Folge rascher Abkühlung. Die grobkörnigen Gesteine kristallisierten dagegen in Tiefen von einigen Kilometern, wo der Temperaturunterschied zum Nebengestein geringer ist.

Hydrothermale Gänge

Von vielen Intrusivkörpern zweigen oben oder seitlich zahlreiche **Gänge** oder **Adern** ab, unregelmäßig geformte Intrusionen, deren Gesteinsinhalt nichts mehr mit der ursprünglichen Schmelze gemein hat. Die meisten dieser Gänge unterscheiden sich in ihrer Mineralogie ganz erheblich vom umgebenden Gestein. Sie können zwischen wenigen Millimetern und mehreren Metern mächtig sein und erstrecken sich gewöhnlich über Dutzende von Metern bis zu etlichen Kilometern Länge. Ein bekannter großer Quarzgang in Deutschland ist der sogenannte Pfahl im Bayerischen Wald. Auf die Entstehung hydrothermaler Gänge wurde bereits in Kap. 3 ausführlicher eingegangen.

Gänge aus extrem grobkörnigem granitischem Gestein, die feinerkörniges Nebengestein durchschlagen, werden als **Pegmatite** bezeichnet (Abb. 4.12). Sie kristallisierten in einem späten Stadium der Abkühlung aus wasserreichen Restschmelzen und enthalten Erze oder Riesenminerale mit zahlreichen seltenen Elementen wie etwa Lithium oder Beryllium.

Andere Gänge sind mit Mineralen gefüllt, die große Mengen chemisch gebundenes Wasser enthalten und von denen bekannt ist, dass sie aus hydrothermalen Lösungen entstanden sind. Obwohl aus Laborversuchen bekannt ist, dass die Kristallisationstemperaturen solcher Minerale vergleichsweise hoch sind, liegen sie doch weit niedriger als die Magmatemperaturen, sie erreichen meist Werte zwischen 250 und 350 °C. Löslichkeit und Zusammensetzung der Minerale in diesen **hydrothermalen Gängen** (griech. *hydor* = Wasser und *thérme* = Wärme) zeigen, dass bei der Entstehung solcher Gänge reichlich Wasser vorhanden war. Ein Teil des Wassers dürfte aus dem Magma selbst stammen, doch der Rest war offensichtlich Grundwasser, das in den Klüften und Porenräumen des Nebengesteins zirkulierte. Auf dem Festland bildet sich Grundwasser durch das Einsickern von Niederschlagswasser in den Boden und in die oberflächennahen Gesteine. Hydrothermale Gänge sind an mittelozeanischen Rücken eine häufige Erscheinung. In diesen Gebieten dringt Meerwasser auf Rissen oder Spalten in den Basalt ein. Es gelangt so in tiefere und heißere Bereiche des Basaltrückens und tritt dann als heißes Wasser in der Grabensenke zwischen den sich trennenden Platten in typischen Schloten („Black Smokers") wieder am Meeresboden aus. Auf diese hydrothermalen Prozesse an den mittelozeanischen Rücken wird in Kap. 12 näher eingegangen.

Magmatismus und Plattentektonik

Geowissenschaftler haben schon früh erkannt, dass sich Tatsachen und Theorien zur Bildung magmatischer Gesteine zwanglos in den von der Theorie der Plattentektonik vorgegebenen Rahmen einfügen lassen. Die Geometrie der Plattenbewegungen ist das notwendige Bindeglied, das wir brauchen, um die tektonische Aktivität und die Gesteinszusammensetzung mit magmatischen Prozessen in Verbindung zu bringen (Abb. 4.13). So treten beispielsweise Batholithe in den Kernen vieler Gebirgszüge auf, die durch die Konvergenz zweier Platten entstanden sind. Diese Beobachtungen sprechen einerseits für eine Beziehung zwischen Plutonismus und gebirgsbildenden Prozessen, andererseits zeigen sie den Zusammenhang zwischen beiden Vorgängen und den Plattenbewegungen. In gleicher Weise ergeben sich aus den Kenntnissen der Temperatur- und Druckbedingungen, bei denen die verschiedenen Gesteinsarten schmelzen, gewisse Vorstellungen, in welchen Bereichen des Erdinneren es zu Schmelzprozessen kommt. Beispielsweise ist bekannt, dass Gemische aus verschiedenen Sedimentgesteinen wegen ihres Wassergehalts und ihrer Zusammensetzung bei Temperaturen schmelzen, die mehrere hundert Grad unter dem Schmelzpunkt des Basalts liegen. Aus dieser Information lässt sich wiederum ableiten, dass Basalt in tektonisch aktiven Bereichen des oberen Mantels nicht weit unterhalb der Kruste zu schmelzen beginnt und dass Sedimentgesteine in geringeren Tiefen schmelzen als Basalt.

Die Magmenbildung ist großenteils an zwei plattentektonische Positionen gebunden: (a) an die mittelozeanischen Rücken, wo die Divergenzbewegung zweier Platten zur Neubildung von ozeanischer Kruste führt, und (b) an die Subduktionszonen, wo eine Platte unter die andere abtaucht. Obwohl Manteldiapire nicht an

Plattengrenzen gebunden sind, produzieren sie ebenfalls große Mengen an Magma.

Spreading-Zentren als Magmaproduzenten

Die meisten Magmatite entstehen an den mittelozeanischen Rücken durch Seafloor-Spreading. Bei diesem Prozess treten an den mittelozeanischen Rücken pro Jahr 19 km³ basaltisches Magma aus, eine wahrhaft gigantische Menge. Verglichen damit fördern die ungefähr 400 aktiven Vulkane an den konvergenten Plattengrenzen Gesteinsmassen mit einem Volumen von 1 km³ pro Jahr. In den vergangenen 200 Ma wurde durch Seafloor-Spreading so viel Magma gefördert, dass dadurch der gesamte heutige Meeresboden entstehen konnte, der insgesamt etwa 2/3 der Erdoberfläche einnimmt. Im gesamten Bereich der mittelozeanischen Rücken führt das durch Druckabnahme verursachte Aufschmelzen von Mantelmaterial unter der Rückenachse zur Bildung von Magmakammern. Dieses Magma fließt als Lava aus und bildet neuen Meeresboden. Gleichzeitig kommt es in der Tiefe zur Platznahme gabbroider Intrusionen.

Vor dem Aufkommen der Plattentektonik wunderten sich Geologen oft über ungewöhnliche Gesteinsparagenesen, die für den Tiefseeboden typisch sind, aber auch auf den Festländern auftreten. Solche Gesteinsparagenesen, die als **Ophiolithkomplexe** oder kurz **Ophiolithe** bezeichnet werden, bestehen aus Tiefseesedimenten, submarinen Basaltlaven und basischen Instrusivgesteinen (Abb. 4.14). Aufgrund von Beobachtungen, die mit Tauchfahrzeugen in großen Meerestiefen gemacht wurden, sowie anhand von Kastenlotproben, Tiefseebohrungen und seismischen Untersuchungen ließen sich diese ursprünglich am Meeresboden entstandenen Gesteine als Teile ozeanischer Lithosphäre erklären, die durch Seafloor-Spreading transportiert, bei einer Plattenkollision über den Meeresspiegel herausgehoben und in einer späteren Phase der Plattenkollision auf einen Kontinent überschoben worden sind. Es gibt einige relativ vollständige Ophiolithkomplexe auf dem Festland, wo man tatsächlich über Gesteine gehen kann, die normalerweise an der Grenze der ozeanischen Kruste zum Mantel lagern.

Wie funktioniert Seafloor-Spreading als magmatisches Geosystem? Wir können uns dieses System als ungeheuer große „Maschine" vorstellen, die Material des Erdmantels verarbeitet und daraus ozeanische Kruste produziert. Abbildung 4.15 zeigt eine stark schematisierte und vereinfachte Darstellung dieser Prozesse, die teils auf Untersuchungen an Ophiolithkomplexen auf dem Festland, teils auf Informationen von Tiefseebohrungen und seismischen Untersuchungen beruhen. Tiefseebohrungen durchfuhren zwar die Gabbroschicht des Meeresbodens, nicht aber die darunter liegende Grenze Kruste-Mantel. Seismische Profile ließen zahlreiche kleine Magmakammern erkennen, wie sie in Abb. 4.15 dargestellt sind.

Ausgangsmaterial: Peridotit aus dem Erdmantel Das Ausgangsmaterial, das gewissermaßen der „Maschine" des Seafloor-Spreading zugeführt wird, stammt aus der Asthenosphäre des konvektierenden Mantels. Das dort vorherrschende Gestein ist

Teil II

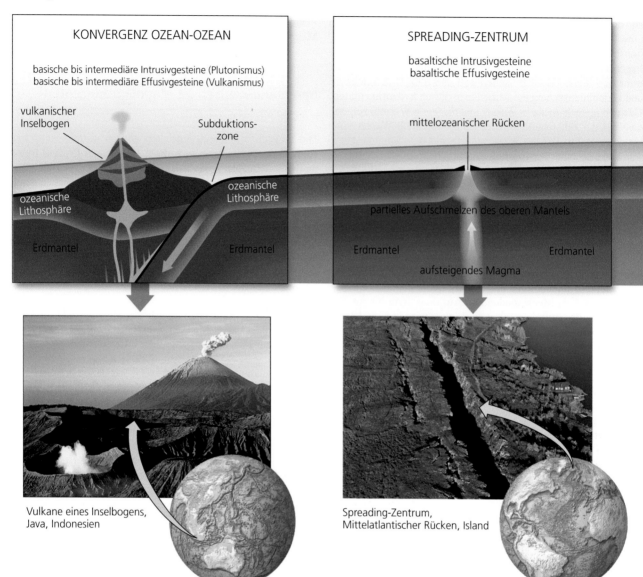

Abb. 4.13 Magmatismus ist an bestimmte plattentektonische Positionen gebunden (Fotos (von *links* nach *rechts*): © Mark Levis/Stone/Getty Images; © Ragnar Th. Sigurdsson/ARCTIC Images/Alamy; © G. Brad Lewis/Stone/Getty Images; © Michael Sedam/Age Fotostock)

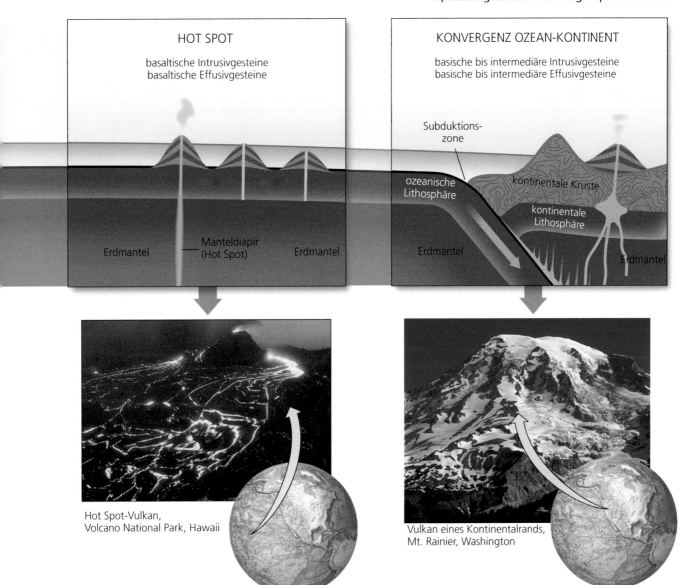

HOT SPOT

basaltische Intrusivgesteine
basaltische Effusivgesteine

Erdmantel — Manteldiapir (Hot Spot) — Erdmantel

KONVERGENZ OZEAN-KONTINENT

basische bis intermediäre Intrusivgesteine
basische bis intermediäre Effusivgesteine

Subduktions-zone

ozeanische Lithosphäre

kontinentale Kruste

kontinentale Lithosphäre

Erdmantel — Erdmantel

Hot Spot-Vulkan,
Volcano National Park, Hawaii

Vulkan eines Kontinentalrands,
Mt. Rainier, Washington

Teil II

Abb. 4.14 Schematischer Schnitt durch einen Ophiolithkomplex. Das gemeinsame Auftreten von Tiefseesedimenten, submarinen Kissenlaven (Pillow-Laven), basaltischen Sheeted Dikes und basischen Intrusivgesteinen spricht für eine Entstehung in der Tiefsee (Fotos: © John Grotzinger; Dünnschliffe: mit frdl. Genehm. von T. L. Grove)

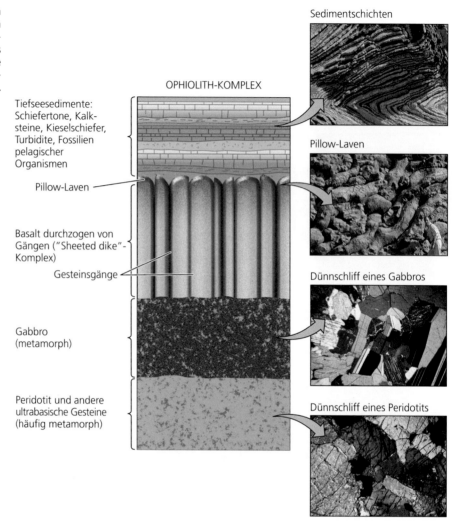

OPHIOLITH-KOMPLEX

Sedimentschichten

Tiefseesedimente: Schiefertone, Kalksteine, Kieselschiefer, Turbidite, Fossilien pelagischer Organismen

Pillow-Laven

Pillow-Laven

Basalt durchzogen von Gängen ("Sheeted dike"-Komplex)

Gesteinsgänge

Dünnschliff eines Gabbros

Gabbro (metamorph)

Peridotit und andere ultrabasische Gesteine (häufig metamorph)

Dünnschliff eines Peridotits

Peridotit, der von seiner mineralischen Zusammensetzung her im Wesentlichen aus Olivin besteht. Hinzu kommen geringe Mengen Pyroxen und Granat. Die Temperaturen in der Asthenosphäre sind zwar hoch genug, um einen geringen Teil des Peridotits (weniger als 1 %) aufzuschmelzen, sie sind jedoch nicht so hoch, dass größere Mengen an Magma entstehen.

Prozess: Schmelzbildung durch Druckentlastung (Dekompression) Die Entstehung von Gesteinsschmelzen durch Druckentlastung führt an den Spreading-Zentren zur Bildung großer Magmamengen aus Peridotit. Es wurde bereits erwähnt, dass eine Abnahme des Drucks generell die Schmelztemperatur eines Minerals verringert. Trennen sich die Lithosphärenplatten, werden die partiell geschmolzenen Peridotite gewissermaßen in die Spreading-Zonen hinein und nach oben gesaugt. Durch Druckentlastung beim Aufstieg kommt es zum Aufschmelzen eines größeren Gesteinsanteils (bis zu 15 %). Der Auftrieb der Schmelze führt dazu, dass sie rascher aufsteigt als das umgebende dichtere Gesteinsmaterial, was letztlich zur Trennung der flüssigen Phase von dem verbleibenden Kristallbrei führt und damit zur Bildung großer Magmamengen.

Endprodukt: Ozeanische Kruste und Lithosphäre des Mantels Die diesem Prozess unterliegenden Peridotite schmelzen nicht homogen, denn Granate und Pyroxene schmelzen früher als Olivine. Demzufolge ist das durch Druckentlastung entstandene Magma von der Zusammensetzung her nicht peridotitisch, sondern eher an SiO_2 und Eisen angereichert und hat dieselbe Zusammensetzung wie Basalt. Diese basaltische Schmelze sammelt sich in Magmakammern unter dem Kamm der mittelozeanischen Rücken, wo es dann nachfolgend zur Trennung in drei Einheiten kommt (Abb. 4.15):

1. Ein Teil der Schmelze steigt durch enge Spalten nach oben, die sich dort öffnen, wo die Platten sich trennen; sie fließt am Meeresboden aus und erstarrt zu basaltischen Kissen- oder Pillow-Laven.
2. Ein weiterer Teil der Schmelze erstarrt in den Spalten als vertikal stehende Sheeted Dike-Komplexe, die aus Gabbro bestehen.
3. Der verbliebene Teil des Magmas erstarrt zu massigem Gabbro, da die im Untergrund lagernde Magmakammer durch Seafloor-Spreading auseinandergezogen wird.

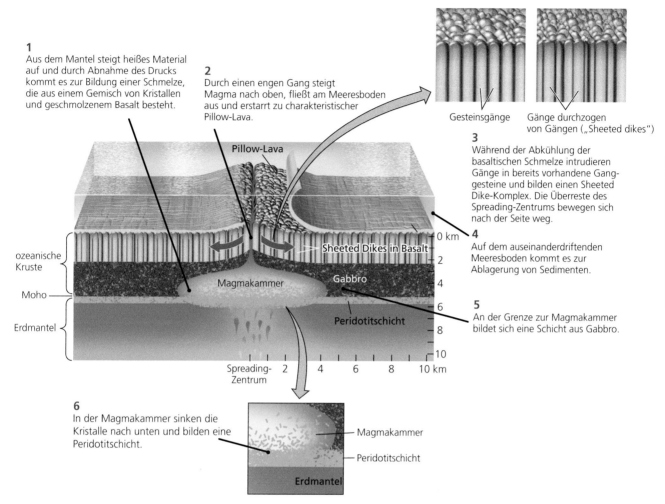

1
Aus dem Mantel steigt heißes Material auf und durch Abnahme des Drucks kommt es zur Bildung einer Schmelze, die aus einem Gemisch von Kristallen und geschmolzenem Basalt besteht.

2
Durch einen engen Gang steigt Magma nach oben, fließt am Meeresboden aus und erstarrt zu charakteristischer Pillow-Lava.

Gesteinsgänge   Gänge durchzogen von Gängen („Sheeted dikes")

3
Während der Abkühlung der basaltischen Schmelze intrudieren Gänge in bereits vorhandene Ganggesteine und bilden einen Sheeted Dike-Komplex. Die Überreste des Spreading-Zentrums bewegen sich nach der Seite weg.

4
Auf dem auseinanderdriftenden Meeresboden kommt es zur Ablagerung von Sedimenten.

5
An der Grenze zur Magmakammer bildet sich eine Schicht aus Gabbro.

Pillow-Lava

ozeanische Kruste

Moho

Erdmantel

Magmakammer

Sheeted Dikes in Basalt

Gabbro

Peridotitschicht

0 km
2
4
6
8
10

Spreading-Zentrum   2   4   6   8   10 km

6
In der Magmakammer sinken die Kristalle nach unten und bilden eine Peridotitschicht.

Magmakammer

Peridotitschicht

Erdmantel

Abb. 4.15 Druckentlastung führt im Bereich der Spreading-Zentren zur Schmelzbildung und damit zur Entstehung eines magmatischen Geosystems

Diese magmatischen Einheiten – Kissenlaven, Sheeted Dikes und massige Gabbros – sind die wesentlichen Schichten der Kruste, die in den Ozeanböden weltweit nachgewiesen wurden.

Das Seafloor-Spreading führt unter dieser ozeanischen Kruste noch zu einer weiteren Schicht: zum verbliebenen Rest des Peridotits, aus dem die basaltische Schmelze ursprünglich hervorgegangen ist. Man betrachtet sie als Teilbereich des Mantels, doch unterscheidet sich ihre Zusammensetzung von derjenigen der Asthenosphäre mit ihren Konvektionsbewegungen. Durch die Bildung der basaltischen Schmelze kommt es in diesem Peridotit zur Anreicherung von Olivin, wodurch der Peridotit starrer als das normale Material des Erdmantels reagiert. Man geht heute davon aus, dass diese olivinreiche Schicht den ozeanischen Platten ihre große Festigkeit verleiht.

Schließlich wird die aus Pillow-Laven bestehende neu gebildete ozeanische Kruste von einer geringmächtigen Schicht aus Tiefseesedimenten überdeckt. Da sich der Meeresboden von den Spreading-Zentren nach der Seite ausbreitet, werden die aus Sedimenten, Laven, Gängen und Gabbro bestehenden Einheiten von den mittelozeanischen Rücken wegtransportiert, von dem Ort, an dem diese charakteristischen Gesteinsabfolgen der ozeanische Kruste entstanden sind.

Subduktionszonen als Magmaproduzenten

Im Untergrund einiger Gebiete, in denen Vulkane in starkem Maße konzentriert sind, wie beispielsweise unter den Anden Südamerikas oder unter vulkanischen Inselbögen wie den Aleuten vor Alaska, entstehen andere Magmatypen.

Beide Regionen liegen über Subduktionszonen, an denen ebenfalls bedeutende Mengen an Magma unterschiedlicher Zusammensetzung entstehen – je nachdem welches Material und wie viel davon subduziert wird (Abb. 4.16).

Wo ozeanische Lithosphäre unter einen Kontinent subduziert wird, bilden die dadurch entstehenden Vulkane und vulkanischen

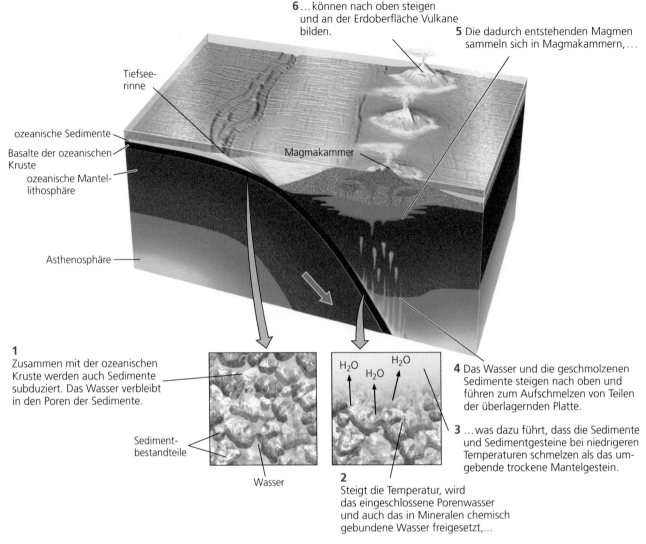

6 …können nach oben steigen und an der Erdoberfläche Vulkane bilden.

5 Die dadurch entstehenden Magmen sammeln sich in Magmakammern, …

Tiefseerinne

ozeanische Sedimente

Basalte der ozeanischen Kruste

ozeanische Mantellithosphäre

Magmakammer

Asthenosphäre

1 Zusammen mit der ozeanischen Kruste werden auch Sedimente subduziert. Das Wasser verbleibt in den Poren der Sedimente.

Sedimentbestandteile

Wasser

H_2O H_2O H_2O

4 Das Wasser und die geschmolzenen Sedimente steigen nach oben und führen zum Aufschmelzen von Teilen der überlagernden Platte.

3 …was dazu führt, dass die Sedimente und Sedimentgesteine bei niedrigeren Temperaturen schmelzen als das umgebende trockene Mantelgestein.

2 Steigt die Temperatur, wird das eingeschlossene Porenwasser und auch das in Mineralen chemisch gebundene Wasser freigesetzt, …

Abb. 4.16 Durch die Zufuhr fluider Phasen kommt es an Subduktionszonen zur Bildung von Magmen

Gesteine auf dem Kontinent einen durchgehenden Vulkangürtel, wie beispielsweise in den Anden. Sie kennzeichnen dort die Subduktion der ozeanischen Nazca-Platte unter die kontinentale Südamerikanische Platte. In gleicher Weise führt im Norden von Kalifornien, in Oregon und Washington die Subduktion der kleinen Juan-de-Fuca-Platte unter den Westrand Nordamerikas zur Bildung des Kaskadengebirges mit seinem aktiven Vulkanismus. In Gebieten, wo ozeanische Lithosphäre unter ozeanische Lithosphäre subduziert wird, entsteht ein vulkanischer Inselbogen, wie etwa die Aleuten oder die Marianen, und eine Tiefseerinne.

Ausgangsmaterial: Ein buntes Gemisch Die sehr unterschiedliche chemische und mineralogische Zusammensetzung der an Subduktionszonen entstehenden Magmen ist bereits ein Hinweis, dass sich die Magma-Genese an konvergenten Plattengrenzen deutlich von der an Spreading-Zentren unterscheidet. Das Ausgangsmaterial besteht aus einem Gemisch von Sedimenten des Meeresbodens, basaltischer ozeanischer Kruste, saurer kontinentaler Kruste, Mantelperidotit und Wasser.

Prozess: Durch Fluide induzierte Magmenbildung Die Magmabildung an Subduktionszonen wird im Wesentlichen durch die Zufuhr von Fluiden beeinflusst, vor allem von Wasser, das, wie bereits erwähnt, die Schmelztemperatur der Gesteine absenkt. Während der Subduktion der ozeanischen Lithosphäre an einer konvergenten Plattengrenze hat diese in ihren oberen Bereichen große Mengen Wasser aufgenommen. Eine der Ursachen hierfür wurde bereits erwähnt – die hydrothermalen Prozesse bei der Entstehung der ozeanischen Lithosphäre. Ein Teil des an Spreading-Zentren durch die Kruste zirkulierenden Meerwassers reagiert mit dem Basalt unter Bildung neuer Minerale, die in ihre Kristallgitter Wasser einbauen. Darüber hinaus wird die Lithosphäre, wenn sie altert und sich von den Spreading-Zentren weg bewegt, von Sedimentmaterial überdeckt, das ebenfalls große Mengen Wasser enthält. Die aus diesen Sedimenten entstehenden Gesteine bestehen überwiegend aus Schiefertonen, deren Tonminerale in ihren Kristallstrukturen große Mengen chemisch gebundenes Wasser enthalten. Ein Teil der Sedimentbedeckung wird zwar an den Tiefseerinnen abgeschert, an denen die Platte subduziert wird, der Großteil des wassergesättigten Gesteinsmaterials taucht jedoch in der Subduktionszone nach unten ab.

Mit steigenden Druck wird in den oberen Schichten der abtauchenden Platte das Wasser aus den Poren und Mineralen ausgepresst und steigt in den über der subduzierten Platte befindlichen Mantel auf. Bereits in mittleren Tiefen von ungefähr 5 km steigen die Temperaturen auf annähernd 150 °C, und als Folge der beginnenden Metamorphose kommt es mit dem Übergang von Basalt zu Amphibolit, der aus Amphibol und Plagioklas besteht, zu ersten chemischen Reaktionen und zur Abgabe von Wasser. Da es darüber hinaus auch noch zu anderen chemischen Reaktionen kommt, wird in Tiefen zwischen 10 und 20 km weiteres Wasser freigesetzt. Schließlich steigt in Tiefen von über 100 km die Temperatur auf Werte zwischen 1200 und 1500 °C und die subduzierte Platte unterliegt infolge des erhöhten Drucks zunehmend der Metamorphose. Der Amphibolit geht in Eklogit über, der aus Pyroxen und Granat besteht (vgl. Kap. 6). Die Zunahme von Druck und Temperatur führt in der abtauchenden Platte außerdem zur Freisetzung des verbliebenen Wassers zusammen mit anderen Bestandteilen.

Im Verlauf der Subduktion führt das freigesetzte Wasser zur Aufschmelzung der abtauchenden basaltreichen ozeanischen Kruste und des überlagernden peridotitreichen Mantelkeilmaterials. Der größte Teil der basischen Schmelzen sammelt sich an der Basis der Kruste der überfahrenden Platte, ein Teil steigt jedoch auch in die Kruste auf und bildet innerhalb des magmatischen Bogens Magmakammern.

Endprodukt: Magmen unterschiedlicher Zusammensetzung
Im Zuge der an den Subduktionszonen durch Fluide ausgelösten Aufschmelzung entstehen überwiegend basaltische Magmen, obwohl deren chemische Zusammensetzung stärker schwankt als bei den Basalten der mittelozeanischen Rücken. Die Zusammensetzung dieser Magmen wird während ihrer Verweildauer in der Kruste weiter verändert. So kommt es innerhalb der Magmakammern durch fraktionierte Kristallisation zu einer Zunahme des SiO_2-Gehalts und damit zur Förderung andesitischer Laven. Besteht die Oberplatte aus kontinentaler Kruste, kann die von den Magmen verursachte Wärmezufuhr dort zum Aufschmelzen der sauren Krustengesteine führen. Dadurch entstehen Magmen mit einem deutlich höheren SiO_2-Gehalt, das heißt mit dazitischer oder rhyolithischer Zusammensetzung. Die Vermutung, dass fluide Phasen aus den subduzierten Platten einen Beitrag zu den Magmen liefern, ist allein schon deshalb naheliegend, da in den Magmen Spurenelemente nachzuweisen sind, von denen bekannt ist, dass sie in der ozeanischen Kruste und in Sedimenten vorhanden sind.

Manteldiapire als Magmaproduzenten

Manteldiapire sind wie Spreading-Zonen Bereiche, an denen es durch Druckentlastung zu Schmelzprozessen kommt. Sie unterscheiden sich jedoch von den Spreading-Zonen dahingehend, dass sie eher auf den Lithosphärenplatten als an deren Rändern auftreten. In diesen Manteldiapiren steigt heißes Mantelmaterial aus großen Tiefen, möglicherweise sogar von der Kern/Mantel-Grenze nach oben. Manteldiapire, von denen die meisten weit entfernt von den Plattenrändern die Erdoberfläche erreichen, bilden dort die sogenannten **Hot Spots**. Dort fließen die durch Dekompressionsschmelzen des Mantelmaterials entstandenen großen Mengen basaltischer Magmen unter Bildung von Inseln (wie etwa den Hawaii-Inseln) oder auch von Basaltplateaus (wie etwa dem Columbia-Plateau im Nordwesten von Nordamerika) an der Oberfläche aus. Auf Hot Spots und Manteldiapire wird in Kap. 12 noch einmal näher eingegangen.

Zusammenfassung des Kapitels

Klassifikation der magmatischen Gesteine: Alle magmatischen Gesteine können aufgrund ihres Gefüges in zwei Gruppen eingeteilt werden: grobkörnige Magmatite, die langsam abgekühlt sind und zur Gruppe der Intrusivgesteine gehören, und feinkörnige Magmatite, die rasch abgekühlt sind und den Effusivgesteinen zugeordnet werden. Innerhalb dieser Großgruppen werden die Gesteine auf chemischer Basis nach ihrem SiO_2-Gehalt in sauer, intermediär, basisch oder ultrabasisch unterteilt.

Entstehung der Magmen: Magmen entstehen in der unteren Kruste und im Mantel, wo Temperatur und Druck für ein zumindest partielles Aufschmelzen hoch genug sind. Da die Minerale innerhalb eines Gesteins bei unterschiedlichen Temperaturen schmelzen, ändert sich die Zusammensetzung der Magmen in Abhängigkeit von der Temperatur. Druck erhöht die Schmelztemperatur eines Gesteins, die Anwesenheit von Wasser erniedrigt dagegen den Schmelzpunkt. Da Gesteinsschmelzen eine geringere Dichte besitzen als festes Gestein, steigt Magma nach oben und die einzelnen Magmatröpfchen vereinigen sich und bilden Magmakammern.

Magmatische Differenziation und die die Vielfalt der magmatischen Gesteine: Da die verschiedenen Minerale bei unterschiedlichen Temperaturen kristallisieren, ändert sich beim Abkühlen die Zusammensetzung des Magmas, da zahlreiche Minerale durch Kristallisation der Schmelze entzogen werden.

Erscheinungsformen der Intrusiv- und Effusivgesteine: Intrusivkörper von größerem Ausmaß werden Plutone genannt. Die größten Plutone sind die Batholithe – mächtige Intrusivkörper mit einem meist zentral gelegenen Zufuhrkanal. Kleinere Intrusivkörper nennt man Stöcke. Kleiner als Plutone sind Lagergänge, Lakkolithe und Lopolithe, die konkordant in Schichten eingedrungen und der Schichtung des Nebengesteins gefolgt sind. Gesteinsgänge sind Intrusionskörper, die diskordant die Schichtung durchschlagen haben. Hydrothermale Gänge sind dort entstanden, wo entweder im Magma oder im umgebenden Nebengestein reichlich Wasser in Form von heißen Lösungen mobilisiert worden ist.

Teil II

Zusammenhang zwischen Plattentektonik und Magma-bildung: Magmen entstehen im Wesentlichen an zwei Arten von Plattengrenzen. An Spreading-Zentren steigt aus dem Erdmantel peridotitisches Material nach oben und schmilzt durch Druckentlastung, dabei entsteht eine basaltische Schmelze. An Subduktionszonen unterliegt die subduzierte ozeanische Lithosphäre durch die darin enthaltenen fluiden Phasen der Aufschmelzung unter Bildung von Magmen unterschiedlicher Zusammensetzung. Auch die innerhalb der Lithosphärenplatten auftretenden Manteldiapire sind Orte der Magmabildung, an denen durch Druckentlastung basaltische Magmen entstehen.

Ergänzende Medien

4.1 Animation: Strukturen der Intrusivgesteine

4.2 Animation: Magmakammern

4.1 Video: Lavaergüsse und Erscheinungsformen in Arizona

4.2 Video: Olivine: Magmatite, Mantel-Xenolithe und grüne Sandstrände

Sedimente
und Sedimentgesteine

Die großdimensionale Schrägschichtung in diesem Sandstein ist typisch für die Art der Sedimentation in Wüsten (Foto: © John Grotzinger)

© Springer-Verlag Berlin Heidelberg 2017
J. Grotzinger, T. Jordan, *Press/Siever Allgemeine Geologie*, DOI 10.1007/978-3-662-48342-8_5

Teil II

Große Bereiche der Erdoberfläche einschließlich des Meeresbodens werden von Sedimenten bedeckt. Diese Schichten aus Lockermaterial sind auf unterschiedliche Weise entstanden, die meisten aus der Verwitterung der Kontinente. Einige sind Rückstände von Organismen, die Gehäuse aus mineralischer Substanz abgeschieden haben. Andere bestehen aus anorganischen Kristallen, die ausgefällt wurden, als die in Ozeanen und Binnenseen gelösten chemischen Substanzen miteinander reagierten und sich neue Minerale bildeten.

Da alle Sedimentgesteine ursprünglich Lockersedimente waren, dokumentieren sie die am Bildungsort zur Zeit ihrer Ablagerung herrschenden Verhältnisse. Aus den Gefügen der Sedimentgesteine, ihren Sedimentstrukturen, ihrer mineralogischen Zusammensetzung und ihrem Ablagerungsraum rekonstruieren Geologen die ehemaligen Liefergebiete und auch die oftmals sehr unterschiedlichen Ablagerungsräume. Der Gipfel des Mount Everest besteht beispielsweise aus fossilführenden Kalksteinen. Da solche Kalksteine im Meer aus Carbonatmineralen gebildet werden, müssen die Gesteine auf dem Gipfel des Mount Everest ursprünglich einmal Teil des Meeresbodens gewesen sein.

Was für die Gipfelgesteine des Mount Everest gilt, lässt sich in gleicher Weise auf ehemalige Küsten, Gebirge, Tiefländer, Wüsten und Sümpfe übertragen. Durch Rekonstruktion solcher Sedimentbildungsräume lassen sich sogenannte paläogeographische Karten entwerfen, die die Verteilung von Meeren und Festländern längst vergangener Epochen der Erdgeschichte zeigen.

Darüber hinaus dokumentieren Sedimentgesteine durch ihr Vorkommen innerhalb oder nahe vulkanischer Bögen, tektonischer Grabensenken oder Kollisionsgebirgen die plattentektonischen Ereignisse und Vorgänge der Vergangenheit. In Fällen, in denen die Sedimente und Sedimentgesteine aus der Verwitterung vorhandener Gesteine hervorgegangen sind, lassen sich Hypothesen bezüglich des damals herrschende Klimas und des Ablagerungsraums aufstellen. Die durch Ausfällung aus dem Meerwasser entstandenen Sedimentgesteine enthalten Informationen, aus denen sich der Ablauf von Klimaveränderungen oder die chemische Zusammensetzung des Meerwassers rekonstruieren lässt.

Die Untersuchung von Sedimenten und Sedimentgesteinen ist natürlich auch aus sozioökonomischer Sicht von enormer Bedeutung, denn Erdöl und Erdgas, unsere wichtigsten Energieträger, sind an Sedimentgesteine gebunden. Eine ganze Anzahl weiterer wichtiger Ressourcen wie etwa die phosphathaltigen Gesteine, aus denen Düngemittel für die Landwirtschaft gewonnen werden, sind ebenfalls Sedimentgesteine, ebenso der größte Teil der Eisenerze auf der Erde. Wenn wir wissen, wie solche Sedimentgesteine entstanden sind, können wir diese begrenzten Rohstoffvorkommen wesentlich gezielter aufsuchen und nutzen.

Weil schließlich praktisch alle sedimentären Prozesse an oder in der Nähe der Erdoberfläche ablaufen, bilden sie auch die Grundlagen zum Verständnis bestimmter Umweltprobleme. Ursprünglich untersuchte man Sedimentgesteine vor allem deshalb, um die erwähnten natürlichen Ressourcen auffinden und ausbeuten zu können. In immer stärkerem Maße untersuchen wir diese Gesteine jedoch, um unsere Umweltkenntnisse zu vertiefen.

In diesem Kapitel liegt der Schwerpunkt auf den oberflächennahen Prozessen des Kreislaufs der Gesteine, die zur Bildung von Sedimenten und schließlich zu Sedimentgesteinen führen. Wir beschreiben ihre Zusammensetzung, Gefüge und Sedimentstrukturen und untersuchen, wie sie in Wechselwirkung mit den verschiedenen Sedimentbildungsräumen stehen, in denen sie zunächst als Sedimente abgelagert worden sind. Im gesamten Kapitel wollen wir diese Kenntnisse der Sedimentbildung auch auf die Untersuchung von Umweltproblemen und die Exploration von Energie- und Metallrohstoffen anwenden.

Sedimentgesteine und der Kreislauf der Gesteine

Sedimente und die daraus hervorgehenden Sedimentgesteine entstehen im oberflächennahen Teilbereich des Kreislaufs der Gesteine. Diese Prozesse wirken auf die Gesteine ein, sobald diese aus dem Erdinneren an die Oberfläche gelangen und durch tektonische Vorgänge zu Gebirgen aufsteigen, bis sie schließlich durch Subduktion wieder in das Erdinnere zurückgeführt werden. Sie transportieren Material von den Liefergebieten, in denen die Sedimentkomponenten gebildet wurden, in die Senkungsgebiete, in denen sie als Sedimentschichten abgelagert werden. Der Weg eines Sedimentpartikels vom Liefergebiet bis zu seinem Ablagerungsraum kann sehr lang sein – ein Weg, auf dem es zahlreichen wichtigen Prozessen unterliegt, die sich aus Wechselwirkungen zwischen den Systemen Plattentektonik und Klima ergeben. Ein solcher typischer sedimentärer Prozess wird am Beispiel des Mississippi deutlich. Tektonische Bewegungen der Lithosphärenplatten führten in den Rocky Mountains zur Heraushebung der Gesteine. Weil dadurch in den Rocky Mountains – dem Liefergebiet – die Niederschlagsmenge zunimmt, wird im Ursprungsgebiet des Mississippi auch die Verwitterung und Abtragung der Gesteine intensiviert. Die erhöhte Verwitterungsrate führt zu vermehrter Sedimentanlieferung, wobei das Sedimentmaterial dem natürlichen Gefälle folgend zunächst hangabwärts und dann flussabwärts transportiert wird. Da wegen der höheren Niederschläge auch die Strömungsgeschwindigkeit des Flusses zunimmt, steigt auf der gesamten Länge des Flusses auch die Transportrate. Damit erhöht sich auch die Sedimentmenge, die in den Ablagerungsräumen, den **Sedimentbecken,** in diesem Fall im Mississippi-Delta und im Golf von Mexiko, angeliefert wird. In diesen Sedimentbecken stapeln sich die Sedimente Schicht um Schicht übereinander und gelangen schließlich in Tiefenbereiche der Erdkruste, in denen sich durch Umwandlung von organischen Resten Erdöl und Erdgas bilden, die später in geeignete Sedimentschichten einwandern können.

Die für die Bildung von Sedimentgesteinen wichtigen Prozesse sind in Abb. 5.1 dargestellt und werden nachfolgend zusammengefasst.

- **Verwitterung** Alle Vorgänge, durch die Locker- und Festgesteine an der Erdoberfläche einer ständig fortschreitenden

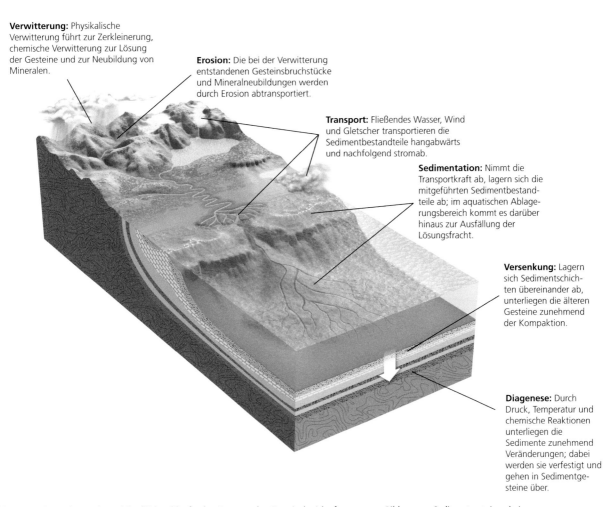

Verwitterung: Physikalische Verwitterung führt zur Zerkleinerung, chemische Verwitterung zur Lösung der Gesteine und zur Neubildung von Mineralen.

Erosion: Die bei der Verwitterung entstandenen Gesteinsbruchstücke und Mineralneubildungen werden durch Erosion abtransportiert.

Transport: Fließendes Wasser, Wind und Gletscher transportieren die Sedimentbestandteile hangabwärts und nachfolgend stromab.

Sedimentation: Nimmt die Transportkraft ab, lagern sich die mitgeführten Sedimentbestandteile ab; im aquatischen Ablagerungsbereich kommt es darüber hinaus zur Ausfällung der Lösungsfracht.

Versenkung: Lagern sich Sedimentschichten übereinander ab, unterliegen die älteren Gesteine zunehmend der Kompaktion.

Diagenese: Durch Druck, Temperatur und chemische Reaktionen unterliegen die Sedimente zunehmend Veränderungen; dabei werden sie verfestigt und gehen in Sedimentgesteine über.

Abb. 5.1 Mehrere der an der Erdoberfläche ablaufenden Prozesse des Gesteinskreislaufs tragen zur Bildung von Sedimentgesteinen bei

Zerstörung unter Bildung von Sedimentpartikeln unterliegen, werden unter dem Begriff Verwitterung zusammengefasst. Die **physikalische Verwitterung** führt zur mechanischen Auflockerung und Zerkleinerung der Festgesteine, etwa durch Gefrieren und Tauen oder durch Wurzelsprengung (Abb. 5.2), ohne Änderung der chemischen Zusammensetzung. Das auf Berggipfeln und Berghängen vorhandene Schuttmaterial ist in erster Linie das Ergebnis der physikalischen Verwitterung. Die **chemische Verwitterung** führt zu chemischen Veränderungen bis hin zur vollständigen Auflösung der Minerale und Gesteine. Die undeutlich werdenden oder unleserlichen Inschriften auf alten Grabsteinen und Denkmälern sind überwiegend eine Folge der chemischen Verwitterung.

- **Erosion** umfasst alle Prozesse, die für den Transport der durch Verwitterung entstandenen Gesteinsbruchstücke, Abbauprodukte und Neubildungen aus dem Liefergebiet verantwortlich sind. Zur Erosion kommt es vor allem dann, wenn Niederschlagswasser auf den Hängen abfließt.
- **Transport** umfasst alle Prozesse, durch die Sedimentkomponenten in die Sedimentbecken gelangen. Der Transport des Sedimentmaterials erfolgt durch Wasser, Wind und die Bewegung des Gletschereises hangabwärts beziehungsweise stromabwärts.

- **Sedimentation** (Ablagerung) umfasst alle Prozesse, durch die sich Sedimentkomponenten entweder aufgrund der Abnahme der Strömungsgeschwindigkeit von Flüssen oder Wind oder beim Abschmelzen von Gletschern absetzen und in Ablagerungsräumen Sedimentschichten bilden. In den aquatischen Ablagerungsräumen, den Ozeanen und Binnenseen, kommt es sowohl zur Ablagerung der mitgeführten Komponenten als auch zur Sedimentation chemischer Fällungsprodukte. Außerdem werden die Schalen und Skelettelemente der abgestorbenen Organismen zerstört und abgelagert.
- **Versenkung** tritt ein, wenn sich in den Sedimentbecken immer mehr Schichten übereinander ablagern, das ältere zuvor abgelagerte Sedimentmaterial wird dann zusammengepresst und gelangt schließlich innerhalb der Erdkruste in zunehmend größere Tiefen. Diese Sedimente verbleiben als Bestandteil der Erdkruste in der Tiefe, bis sie entweder durch tektonische Vorgänge herausgehoben oder subduziert werden.
- **Diagenese** umfasst alle physikalischen und chemischen Veränderungen, hervorgerufen durch Druck, Temperatur und chemische Reaktionen, denen die in größere Tiefen versenkten Sedimente ausgesetzt sind und als Folge lithifiziert, das heißt verfestigt werden und in Sedimentgesteine übergehen.

Abb. 5.2 Pflanzenwurzeln dringen in Risse im Gestein ein, drücken sie auseinander und tragen damit zur physikalischen Verwitterung bei (Foto: © David R. Frazier/Science Source)

Verwitterung und Erosion liefern die Ausgangsstoffe der Sedimente

Chemische und physikalische Verwitterung unterstützen und verstärken sich gegenseitig. Die physikalische Verwitterung schwächt den Gesteinsverband und macht ihn anfälliger gegenüber weiterer Zerstörung. Je kleiner die Gesteinsbruchstücke, desto größer ist ihre relative Oberfläche, an der die chemische Verwitterung angreifen kann. Durch chemische Verwitterung und mechanische Zerstörung der Gesteine an der Erdoberfläche entstehen sowohl feste Verwitterungsprodukte als auch gelöste Substanzen, die von der Erosion weggeführt werden. Die Endprodukte sind entweder siliciklastische oder chemische beziehungsweise chemisch-biogene Sedimente.

Siliciklastische Sedimente Die physikalische und chemische Verwitterung der Gesteine führt zur Bildung klastischer Komponenten, die abtransportiert und schließlich als **klastische Sedimente** abgelagert werden. Die Größe der Komponenten reicht von Blöcken und Steinen über Kies und Sand bis hin zu Silt (Schluff) und Ton. Klastische Sedimentpartikel schwanken nicht nur bezüglich ihrer Korngröße in weiten Grenzen, sondern auch in ihrer Form. Die Formen der Blöcke und größeren Gerölle sind durch natürlich bedingte Schwächezonen entlang von Klüften,

Tab. 5.1 In einem Granitaufschluss durch unterschiedliche Verwitterungsintensität auftretende Minerale

Verwitterungsintensität		
Gering	Mittel	Hoch
Quarz	Quarz	Quarz
Feldspat	Feldspat	Tonminerale
Glimmer	Glimmer	
Pyroxen	Tonminerale	
Amphibol		

Schichtflächen oder anderen Trennflächen innerhalb des Ausgangsgesteins vorgegeben. Sandkörner übernehmen ihre Formen gewöhnlich von den einzelnen Kristallen, die früher im Ausgangsgestein miteinander verzahnt waren.

Die meisten klastischen Sedimentbestandteile entstehen durch Verwitterung von Gesteinen, die überwiegend aus Silicatmineralen bestehen, sie werden daher als **siliciklastische Sedimente** bezeichnet. Der Mineralbestand der siliciklastischen Sedimente kann erheblich variieren. Minerale wie etwa Quarz sind besonders verwitterungsstabil und treten in der Regel unverändert in siliciklastischen Sedimenten auf. Außerdem findet man bereits teilweise umgewandelte Bruchstücke weniger verwitterungsresistenter und damit weniger stabiler Minerale wie Feldspäte. Andere Komponenten, wie beispielsweise die Tonminerale, sind Mineralneubildungen, die bei der chemischen Verwitterung entstanden sind. Je nach Art und Intensität der chemischen Verwitterung kann sie bei ein und demselben Ausgangsgestein zu sehr unterschiedlich zusammengesetzten Sedimenten führen. Ist die Verwitterung sehr intensiv, enthält das Sediment ausschließlich Komponenten, die aus chemisch stabilen Mineralen bestehen, vermischt mit Tonmineralen. Bei schwacher chemischer Verwitterung bleiben zahlreiche Minerale, die unter den an der Erdoberfläche herrschenden Bedingungen instabil sind und zerfallen, als klastische Sedimentbestandteile erhalten. Tabelle 5.1 zeigt drei mögliche Vergesellschaftungen von Mineralen am Beispiel eines typischen Aufschlusses im Granit.

Chemische und chemisch-biogene Sedimente Die bei der chemischen Verwitterung in Lösung gegangenen Verwitterungsprodukte sind als Ionen oder Moleküle im Wasser von Böden, Flüssen, Seen oder Meeren gelöst. Diese gelösten Substanzen werden durch chemische und biochemische Reaktionen wieder aus dem Wasser ausgefällt und bilden dann die chemischen beziehungsweise chemisch-biogenen Sedimente (Abb. 5.3).

Wir unterscheiden hier der Einfachheit halber nur zwischen chemischen und chemisch-biogenen Sedimenten. In der Praxis sind zahlreiche chemische und chemisch-biogene Sedimente nicht immer eindeutig voneinander zu trennen. **Chemische Sedimente** entstehen unmittelbar am Ablagerungsort oder in dessen Nähe, normalerweise durch direkte Fällung aus Fluss-, See- oder Meerwasser. So führt beispielsweise die Verdunstung von Meerwasser zur Fällung von Gips oder Steinsalz. Diese Sedimente bilden

Abb. 5.3 Verdunstet Wasser, das gelöste Minerale enthält, so fallen Salze aus, wie hier im Death Valley (Kalifornien, USA) (Foto: © John G. Wilbanks/Age Fotostock)

Abb. 5.4 Eine Gruppe der biogenen Sedimentgesteine besteht ausschließlich aus Schalenbruchstücken (Foto: © John Grotzinger)

sich unter ariden Klimaverhältnissen in abgeschlossenen Meeresbuchten mit verringertem Wasserzustrom, weil dort durch die hohe Verdunstungsrate das Meerwasser so weit konzentriert wird, dass die Minerale ausgefällt werden.

Die **chemisch-biogenen Sedimente** bilden sich ebenfalls in der Nähe des Ablagerungsorts, sie sind jedoch das Produkt bestimmter Organismen wie etwa Mollusken und Korallen, die während ihres Wachstums aus Mineralen bestehende Hartteile (Gehäuse, Schalen) aufbauen. Häufigkeit und Verbreitung der chemisch-biogenen Sedimente sind in starkem Maße vom Klima anhängig. Die meisten chemisch-biogenen Sedimente sind auf die Tropen und Subtropen beschränkt, in denen kalkabscheidende Organismen in großer Zahl auftreten. Nach dem Absterben der Organismen bleiben Schalen und Skelettelemente erhalten und werden zu Bestandteilen der Sedimente. Im Fall von Muscheln oder Korallen steuern die Organismen die Ausfällung von Mineralen direkt. In einem anderen, jedoch gleichfalls wichtigen Prozess nehmen die Organismen nur indirekt Einfluss auf die Ausfällung von Mineralen. Anstatt die für den Aufbau der Schale erforderlichen Bestandteile dem Wasser unmittelbar zu entziehen, verändern diese Organismen die physikalisch-chemischen Bedingungen in ihrer Umgebung so, dass es in ihrer unmittelbaren Nähe oder selbst noch in einer gewissen Entfernung zur Ausfällung von Mineralen kommt. Man geht inzwischen davon aus, dass bestimmte Mikroorganismen auf diese Weise die Ausfällung von Pyrit (ein Eisensulfid) ermöglichen (vgl. Kap. 11).

In den marinen Flachwasserbereichen bestehen die direkt abgeschiedenen chemisch-biogenen Sedimente entweder aus vollständig erhaltenen Organismenschalen oder aus mechanisch zerkleinertem Schalenmaterial mariner Organismen (Abb. 5.4). Zu dieser Art der Sedimentbildung tragen die unterschiedlichsten Organismen bei, das Spektrum reicht von Korallen über Muscheln bis hin zu Algen. Gelegentlich unterliegen die Hartteile einem Transport und werden dabei zerstört und dann in Form von **bioklastischen Sedimenten** abgelagert. Diese normalerweise im Flachwasser gebildeten Sedimente bestehen überwiegend aus

zwei Modifikationen des Calciumcarbonats – Calcit und Aragonit – in wechselnden Mengenanteilen. Andere Minerale wie etwa Phosphate oder Sulfate treten in bioklastischen Sedimenten nur lokal auf.

In der Tiefsee bestehen die chemisch-biogenen Sedimente aus den Hartteilen weniger planktonisch lebender Organismenarten. Die meisten dieser Organismen bilden vor allem aus Calcit und Aragonit bestehende Schalen, nur einige wenige Organismen besitzen Hartteile aus Opal (SiO_2), die in einigen Gebieten des Tiefseebodens größere Bereiche einnehmen. Da die chemisch-biogenen Sedimentbestandteile in großer Wassertiefe zur Ablagerung kommen, in der ein Transport durch Strömungen selten ist, treten bioklastische Sedimente dort nur vereinzelt auf.

Sedimenttransport und Ablagerung

Sobald bei der Verwitterung Gesteinsbruchstücke und gelöste Ionen entstehen, beginnt der Transport in ein Ablagerungsgebiet. Dieser Weg kann sehr lange sein. So kommen beispielsweise beim Mississippi von den Zuflüssen in den Rocky Mountains bis zu den Küstensümpfen Louisianas mehrere tausend Kilometer zusammen.

Mit Ausnahme des Windes und einiger Meeresströmungen befördern alle Transportmittel das Sedimentmaterial dem natürlichen Gefälle folgend abwärts. Der von einer Felswand niedergehende Bergsturz, der Transport von Sand zum Meer durch einen Fluss und auch die langsame Bewegung des Gletschereises sind allesamt Auswirkungen der Schwerkraft. Zwar kann der Wind auch Material aus tiefer liegenden Gebieten in höher liegende wehen und umgekehrt, aber insgesamt betrachtet ist die Schwerkraft stets der dominierende Faktor. Erst wenn ein äolisch transportierter Sedimentbestandteil den Ozean erreicht und durch die Wassersäule hindurch auf den Meeres-

Abb. 5.5 Viele Sedimente werden durch fließendes Wasser transportiert. Die auf diesem Bild erkennbaren kleinen Rippeln innerhalb der Fließrinne sind deutliche Hinweise für diese Art des Sedimenttransportes (Foto: © John Grotzinger)

boden sinkt, ist das Ende des Transports erreicht. Das Material kann zwar wieder von einer Meeresströmung aufgenommen werden, gelangt aber mit ihr allenfalls in einen anderen Ablagerungsraum des Meeresbodens. Meeresströmungen wie etwa die Gezeitenströme transportieren die Sedimente – im Gegensatz zu großen Flüssen – nur über kurze Entfernungen. Dieser geringe Transportweg der chemischen und chemisch-biogenen Sedimenten steht in deutlichem Gegensatz zu den großen Entfernungen, über die siliciklastische Sedimente verfrachtet werden. Aber letztendlich folgen alle Transportwege, so einfach oder kompliziert sie auch sein mögen, dem Gefälle und enden in einem Sedimentbecken.

Transport durch Strömungen Die meiste Sedimente werden von Strömungen transportiert – den Bewegungen fluider Phasen wie etwa Luft und Wasser. Die enormen Sedimentmengen unterschiedlichster Art, die in den Ozeanen auftreten, lassen in erster Linie die Transportkraft der Flüsse erkennen, die dem Meer pro Jahr eine Sedimentfracht von ungefähr 25 Mrd. t an festen und gelösten Substanzen zuführen (Abb. 5.5). Luftströmungen verfrachten ebenfalls Material, jedoch in weitaus geringeren Mengen als Flüsse und Meeresströmungen. Partikel, die von Flüssen oder vom Wind aufgenommen werden, trägt die Strömung in Fließ- oder Windrichtung fort. Je stärker die Strömung, das heißt je höher ihre Geschwindigkeit und je höher die Dichte der fluiden Phase ist, desto größere Sedimentpartikel können transportiert werden.

Strömungsgeschwindigkeit, Korngröße und Sortierung Wo der Transport endet, beginnt die Sedimentation, für die klastischen Sedimente ist die dafür maßgebliche Kraft die Schwerkraft. Die Tendenz der Partikel, aufgrund der Schwerkraft auf die Sohle des Flusses abzusinken, wirkt stets dem Strömungstransport entgegen. Die Sinkgeschwindigkeit ist proportional zur Dichte und Größe der Teilchen (vgl. Abschn. 24.4). Da die häufigsten Minerale in den Sedimenten eine annähernd ähnliche Dichte (ungefähr 2,6 bis 2,9 g/cm^3) aufweisen, ist die Korngröße das beste Maß für die Sinkgeschwindigkeit eines Sedimentbestandteils. In Wasser setzen sich größere Teilchen rascher ab als kleinere. Dies gilt auch für Luft, doch ist der Unterschied dort geringer.

Wenn eine Wind- oder Wasserströmung, die Partikel unterschiedlicher Korngrößen mit sich führt, allmählich schwächer wird, kann sie die größten Teilchen nicht mehr im Schwebezustand halten und folglich sinken sie ab. Nimmt die Strömungsgeschwindigkeit noch weiter ab, verliert sie auch kleinere Partikel. Kommt sie schließlich zum Stillstand, sinken selbst die feinsten

Teilchen zu Boden. Mit anderen Worten, die Komponenten werden durch Strömungen wie folgt sortiert:

- **Starke Strömungen** (Geschwindigkeit > 50 cm/s) führen Gerölle neben einer größeren Menge an grobem bis feinem Detritus mit sich. Strömungen dieser Größenordnung sind in den rasch fließenden Gewässern der Gebirgsregionen häufig, wo auch die Erosion dementsprechend stark ist. Strandgerölle werden dort abgelagert, wo durch die Dynamik der Wellen Felsküsten abgetragen werden.
- **Mäßig starke Strömungen** (20–50 cm/s) lagern im Wesentlichen Sandschichten ab. Strömungen mittlerer Stärke sind in den meisten Flüssen häufig, die in ihren Fließrinnen Sand mit sich führen und ablagern. Rasch fließende Hochwasser können den Sand allerdings über die gesamte Breite eines Flusstals verteilen und zum Teil auch über größere Strecken abtransportieren. Meeresströmungen und Wellen verfrachten und verteilen den Sand an Stränden und im strandnahen Bereich der Küsten. Außerdem wird Sand durch Wind verfrachtet und abgelagert, vor allem in Wüsten. Da Luft eine wesentlich geringere Dichte hat, sind beim äolischen Transport derselben Korngröße und Dichte wesentlich höhere Strömungsgeschwindigkeiten (Sandstürme) erforderlich.
- **Schwache Strömungen** (Geschwindigkeit < 20 cm/s) verfrachten lediglich noch Silt und Ton, die feinkörnigsten klastischen Komponenten. Diese insgesamt schwächsten Strömungen treten an der Sohle von Talauen im Überschwemmungsbereich der Flüsse auf, wenn das über die Ufer tretende Hochwasser eines Flusses seine Geschwindigkeit verlangsamt oder vollständig zur Ruhe kommt. In den Ozeanen werden Silt- und Tonsedimente im Allgemeinen in einer gewissen Entfernung von der Küste abgelagert, wo die Strömungen zu gering sind, um selbst noch das feinste Material in Suspension zu halten. Ein Großteil des Bodens der offenen Ozeane ist von Silt und Ton überdeckt, die ursprünglich von Oberflächenwellen und Strömungen oder durch Wind transportiert worden sind. Diese Komponenten sinken allmählich in Tiefenbereiche ab, wo Strömungen und Wellen zum Erliegen kommen, und gelangen dann vollends auf den Meeresboden.

Daraus geht hervor, dass Strömungen anfangs sehr unterschiedliche Korngrößen transportieren können, die dann voneinander getrennt werden, wenn sich die Strömungsgeschwindigkeit ändert. Aus einer starken Strömung wird zuerst eine Kiesschicht abgelagert, während Sand, Silt und Ton noch in Suspension verbleiben. Wenn sich die Strömung verlangsamt, entsteht über der Kiesschicht eine Lage Sand; kommt sie dann allmählich zum Stillstand, kann sich über der Sandlage eine Silt- und schließlich eine Tonschicht absetzen. Diese Tendenz, dass durch Geschwindigkeitsänderungen in einer Strömung die Sedimente entsprechend ihrer Korngröße abgesetzt werden, bezeichnet man als **Sortierung**. Ein gut sortiertes Sediment ist weitgehend homogen, das heißt, es besteht zum überwiegenden Teil aus Partikeln einheitlicher Korngröße, ein schlecht sortiertes Sediment enthält dagegen Komponenten sehr unterschiedlicher Größe (Abb. 5.6). Ablagerungen mit einheitlicher Korngröße und guter Rundung der klastischen Sedimentbestandteile bezeichnet man auch als strukturell reife Sedimente.

Beim Transport durch Wasser- und Luftströmungen werden die Blöcke, Gerölle und größeren Sandkörner rollend, stoßend oder schleifend über das anstehende Gestein der Sohle bewegt. Die sich dadurch ergebende **Abrasion** (lat. *abrado* = abkratzen) wirkt sich auf das Sedimentmaterial in zweifacher Weise aus: sie führt zu einer Verringerung der Korngröße und zur Rundung der ursprünglich eckigen Gesteinsbruchstücke (Abb. 5.7). Diese Vorgänge betreffen vor allem die größeren Komponenten – feinerer Sand und Silt unterliegen weit weniger der Abrasion. Die Sedimentbestandteile werden generell eher episodisch als kontinuierlich transportiert. Ein Fluss kann bei Hochwasser neben Silt

a   b

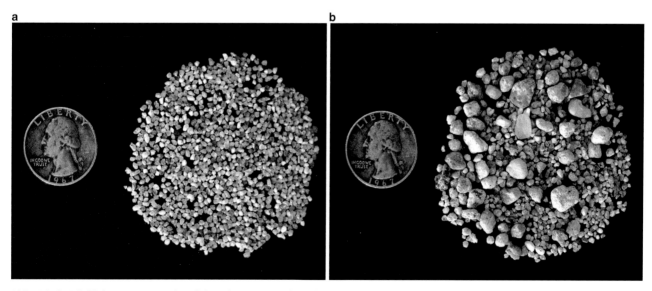

Abb. 5.6a,b Sobald die Strömungsgeschwindigkeit abnimmt, wird das Sediment entsprechend seiner Korngröße sortiert. Die relativ homogenen Sandkörner **a** zeigen eine gute Sortierung, die Körner **b** sind schlecht sortiert (Foto: © John Grotzinger)

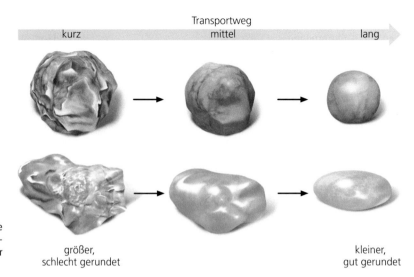

Transportweg

kurz — mittel — lang

größer, schlecht gerundet

kleiner, gut gerundet

Abb. 5.7 Durch die Abrasion beim Transport werden die klastischen Komponenten abgeschliffen, gerundet und damit etwas kleiner, wobei sich die allgemeine Form der Körner nicht wesentlich ändert

und Ton auch große Mengen an Sand und Kies transportieren. Er setzt sie wieder ab, sobald mit dem Rückgang des Hochwassers auch die Strömungsgeschwindigkeit abnimmt, doch nur, um das Material beim nächsten Hochwasser erneut aufzunehmen und weiter zu verfrachten. In gleicher Weise können starke Winde große Staubmengen tagelang mit sich führen, um sie dann nach dem Abflauen als Sedimentschicht abzulagern. Starke Gezeitenströmungen oder andere an Meeresküsten auftretende Strömungen können in Calciumcarbonat-Sedimenten die Schalenbruchstücke weiter seewärts verfrachten und dort wieder absetzen.

Die gesamte Zeitspanne, während der die klastischen Komponenten dem Transport unterliegen, kann viele hundert oder tausend Jahre betragen, je nach Entfernung zum endgültigen Ablagerungsgebiet und der Anzahl der Ruhephasen auf dem Weg dorthin. Klastisches Material, das von den Quellflüssen des Missouri in den Bergen Westmontanas abgetragen wird, benötigt Hunderte von Jahren, um den gesamten, mehr als 3000 km langen Flusslauf des Missouri und Mississippi bis hinab in den Golf von Mexiko zurückzulegen.

Ozeane, die großen Mischbecken

Die treibende Kraft der chemischen und chemisch-biogenen Sedimentation ist eher die Ausfällung von Mineralen als die Schwerkraft. Chemische Substanzen, die bei der Verwitterung im Niederschlagswasser gelöst wurden, werden zusammen mit dem Wasser als homogene Lösung transportiert. Als Bestandteile der wässrigen Lösung können sich Stoffe wie die gelösten Calcium-Ionen nicht gravitativ absetzen. Das meiste Material, das auf den Kontinenten durch Verwitterung in Lösung geht, erreicht über die fließenden Gewässer schließlich die Binnenseen oder Ozeane.

Ozeane sind mit riesigen Mischbecken vergleichbar: Vom Festland her wird ihnen kontinuierlich gelöstes Material durch Flüsse, Niederschläge, Wind und Gletscher zugeführt. An den

mittelozeanischen Rücken gelangen durch hydrothermale chemische Reaktionen zwischen Meerwasser und den heißen Basalten ebenfalls geringere Mengen gelöster Stoffe in die Ozeane. An ihrer Oberfläche verlieren die Meere durch Verdunstung ständig Wasser, doch Zufluss und Verdunstung sind so exakt ausgeglichen, dass die Gesamtmenge des Wassers in den Weltmeeren über Jahre, Jahrzehnte oder selbst Jahrhunderte hinweg konstant bleibt. Über Zeiträume von Tausenden bis Millionen Jahre betrachtet, kann sich dieses Gleichgewicht jedoch verändern. Während der pleistozänen Vereisungen wurden erhebliche Mengen Wasser des globalen Wasserkreislaufs in Meereis und Inlandeismassen gebunden. Dies führte zu einem Absinken des Meeresspiegels um mehr als 100 m.

Zufuhr und Abgabe des gelösten Materials stehen ebenfalls im Gleichgewicht. Jede im Meerwasser gelöste Substanz verlässt als chemisches oder biogenes Fällungsprodukt das System und gelangt als Sediment auf den Meeresboden. Aufgrund dieses Gleichgewichts bleibt im Meerwasser die **Salinität** – das heißt die Gesamtmenge der in einem vorgegebenen Volumen gelösten Stoffe – konstant. Insgesamt betrachtet gleicht die Ausfällung von Mineralen die Zufuhr der gelösten Stoffe aus der festländischen Verwitterung und der hydrothermalen Tätigkeit an den mittelozeanischen Rücken der Weltmeere aus – ein weiterer Mechanismus, durch den das System Erde im Gleichgewicht bleibt.

Welche Mechanismen dieses chemische Gleichgewicht aufrechterhalten, lässt sich am Beispiel von Calcium verdeutlichen. Calcium ist ein wesentlicher Bestandteil des Calciumcarbonats ($CaCO_3$), des häufigsten in den Ozeanen gebildeten chemisch-biogenen Sediments. Calcium geht in Lösung und gelangt in ionischer Form als Ca^{2+} in das Meer, wenn Kalksteine und calciumhaltige Silicate, wie manche Feldspäte oder Pyroxene, auf dem Festland verwittern. Es gibt eine Vielzahl mariner Organismen, die auf biochemischem Weg Calcium-Ionen (Ca^{2+}) an die ebenfalls im Meerwasser vorhandenen Hydrogencarbonat-Ionen (HCO_3^-) binden, um daraus ihre Gehäuse aus Calciumcarbonat zu bauen. Calcium, das in Form gelöster Ionen in den Ozean gelangt, wird als Feststoff dem Meerwasser entzogen, wenn beispielsweise Gehäuse tragende, planktonisch lebende Organismen absterben, ihre Schalen absinken und sich auf dem Meeresboden als Calciumcarbonat anreichern, um schließlich durch Diagenese in Kalkstein überzugehen. Das chemische Gleichgewicht, das die Konzentration des im Meerwasser gelösten Calciums konstant hält, wird folglich zum Teil durch lebende Organismen gesteuert.

Darüber hinaus wird das chemische Gleichgewicht noch durch andere, nicht biologische Mechanismen aufrechterhalten. So verbinden sich zum Beispiel die in das Meer gelangten Natrium-Ionen (Na^+) durch chemische Reaktion mit Chlorid-Ionen (Cl^-) und fallen als Steinsalz (NaCl) aus, wenn durch Verdunstung die Konzentration der Natrium- und Chlorid-Ionen den Punkt der Sättigung übersteigt. Wie wir in Kap. 3 gesehen haben, kristallisieren aus übersättigten Lösungen Minerale aus, wenn die gelösten Stoffe spontan miteinander reagieren und ausfallen. Eine für die Fällung von Steinsalz erforderliche hohe Verdunstungsrate tritt typischerweise in weitgehend abgeschlossenen warmen und flachen Meeresbuchten arider Gebiete auf.

Sedimentbecken: Die Akkumulationsräume der Sedimente

Der Sedimenttransport durch fließendes Wasser an der Erdoberfläche erfolgt generell dem Gefälle folgend. Daher sammeln sich Sedimente normalerweise in Senkungsbereichen der Erdkruste. Solche Senkungsbereiche entstehen durch **Subsidenz**, wobei ausgedehnte Bereiche der Erdkruste relativ zur Umgebung absinken. Diese Subsidenz ist teilweise auf die zusätzliche Sedimentauflast zurückzuführen, in erster Linie hat sie jedoch ihre Ursache in plattentektonischen Vorgängen.

Sedimentbecken sind Gebiete unterschiedlicher Ausdehnung, in denen das Zusammenspiel von Sedimentation und Subsidenz zu mächtigen Ansammlungen von Sedimenten beziehungsweise Sedimentgesteinen führte. Solche Sedimentationsräume sind die wichtigsten Bildungsräume für Erdöl und Erdgas. Die kommerzielle Suche nach diesen Ressourcen hat die Kenntnisse über die geologischen Strukturen sowohl der kontinentalen als auch der ozeanischen Lithosphäre im Untergrund dieser Becken entscheidend erweitert.

Riftstrukturen und thermisch bedingte Subsidenzbecken

Trennen sich Lithosphärenplatten im Inneren eines Kontinents, so kommt es zunächst durch den Aufstieg der Asthenosphäre zur Dehnung, Verdünnung und Erwärmung der Kruste im Untergrund, ehe später die völlige Trennung erfolgt (Abb. 5.8). Dadurch entsteht eine langgestreckte schmale Riftstruktur, die meist von großen Abschiebungssystemen begrenzt wird. Heißes dukti-

les Mantelmaterial steigt auf und füllt den Raum, der durch die ausgedünnte Lithosphäre und Kruste gebildet wurde. Dies führt in der Riftzone zur eruptiven Förderung basaltischer Gesteine. Solche **Riftbecken** sind gekennzeichnet durch ihre meist tiefe, schmale und langgestreckte Form und ihre mächtigen Schichtenfolgen, die zunächst mit kontinentalen Sedimentgesteinen in Verbindung mit Effusiv- und Intrusivgesteinen beginnen. Die Riftstrukturen Ostafrikas, des Río Grande und auch entlang des Jordangrabens im Nahen Osten sind typische Beispiele.

In späteren Stadien, wenn es durch die Riftvorgänge zur vollständigen Krustentrennung mit einsetzendem Seafloor-Spreading gekommen ist und die neu gebildeten kontinentalen Platten auseinanderdriften, dauert die Subsidenz durch die Abkühlung der im Frühstadium der Riftbildung ausgedünnten und aufgeheizten Kruste fort (Abb. 5.8). Die Abkühlung führt zu einer Zunahme der Dichte der Lithosphäre, mit anschließender Absenkung unter den Meeresspiegel, sodass nun in der Folge marine Sedimente zur Ablagerung kommen. Da die Abkühlung der Lithosphäre der wesentliche Prozess bei der Bildung dieser Sedimentbecken ist, werden sie auch als **thermisch bedingte Subsidenzbecken** bezeichnet. Das Sedimentmaterial stammt von der Verwitterung und Erosion der angrenzenden Festländer; es füllt die Becken am Rand des Kontinents bis zum Meeresspiegel auf und bildet somit den **Kontinentalschelf** eines insgesamt passiven Kontinentalrands.

Ein solcher Kontinentalschelf nimmt noch lange Zeit Sedimente auf, weil der rückwärtige Rand der driftenden Kontinente nur langsam absinkt und die Kontinente mit ihrem riesigen Hinterland das entsprechende Sedimentmaterial liefern. Das Gewicht der zunehmenden Sedimentmassen drückt die Kruste zusätzlich nach unten, sodass die Sedimentbecken ständig neues Material vom Festland aufnehmen können. Als Folge der kontinuierlichen Subsidenz und Sedimentanlieferung können die Ablagerungen des Kontinentalschelfs Mächtigkeiten von 10.000 m und mehr erreichen. Die Schelfgebiete der Atlantikküste Nord- und Südamerikas, Europas und Afrikas sind Beispiele thermisch bedingter Subsidenzbecken. Sie entstanden vor etwa 200 Mio. Jahren, als der Großkontinent Pangaea auseinanderbrach und die beiden Amerikanischen Platten sich von der Eurasischen beziehungsweise Afrikanischen Platte trennten.

Vorlandbecken

Ein dritter Beckentyp entwickelt sich ausschließlich durch tektonische Subsidenz. Er entsteht dort, wo an einem aktiven Kontinentalrand Platten konvergieren und sich eine Lithosphärenplatte über die andere schiebt. Das Gewicht der überfahrenden Platte führt dazu, dass sich die unterschobene Platte über geologische Zeiträume hinweg elastisch verhält und durch Verbiegen nach unten und Bildung eines **Vorlandbeckens** reagiert. Das Mesopotamische Becken im Irak ist ein Beispiel eines solchen Vorlandbeckens. Es senkte sich ein, als die Arabische Platte mit der Iranischen Platte kollidierte und unter dieser subduziert wurde. Die enormen Erdölvorräte des Irak (die zweitgrößten nach Saudi-Arabien) sind auf die entsprechende Sedimentfül-

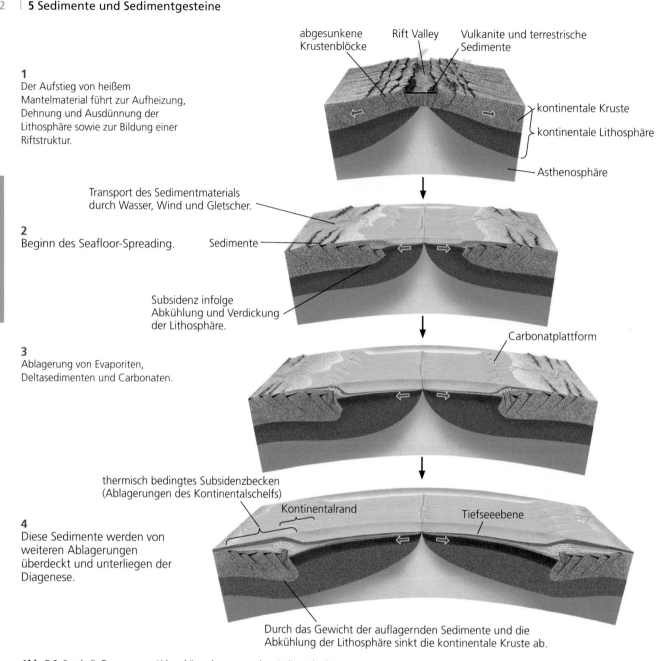

1
Der Aufstieg von heißem Mantelmaterial führt zur Aufheizung, Dehnung und Ausdünnung der Lithosphäre sowie zur Bildung einer Riftstruktur.

abgesunkene Krustenblöcke — Rift Valley — Vulkanite und terrestrische Sedimente

kontinentale Kruste
kontinentale Lithosphäre
Asthenosphäre

Transport des Sedimentmaterials durch Wasser, Wind und Gletscher.

2
Beginn des Seafloor-Spreading.

Sedimente

Subsidenz infolge Abkühlung und Verdickung der Lithosphäre.

3
Ablagerung von Evaporiten, Deltasedimenten und Carbonaten.

Carbonatplattform

thermisch bedingtes Subsidenzbecken (Ablagerungen des Kontinentalschelfs)

Kontinentalrand — Tiefseeebene

4
Diese Sedimente werden von weiteren Ablagerungen überdeckt und unterliegen der Diagenese.

Durch das Gewicht der auflagernden Sedimente und die Abkühlung der Lithosphäre sinkt die kontinentale Kruste ab.

Abb. 5.8 Durch die Trennung von Lithosphärenplatten entstehen Sedimentbecken

lung dieses Vorlandbeckens zurückzuführen. Das Öl wurde im Wesentlichen aus den Gesteinen ausgepresst, die heute unter dem Zagrosgebirge im Iran lagern. Von dort wanderte es in mehrere große Speichersedimente mit einem Gesamtinhalt von insgesamt mehr als 10 Mrd. Barrel ein (1 Barrel = 159 l).

Sedimentationsräume

Zwischen ihrem Liefergebiet, in dem die Sedimente entstanden sind, und dem Sedimentations- oder Ablagerungsraum, in dem sie endgültig abgelagert, in größere Tiefe versenkt werden und

im Laufe der Zeit in Sedimentgesteine übergehen, durchlaufen die Sedimente zahlreiche Sedimentationsräume. Ein solcher **Sedimentationsraum** ist ein bestimmter geographischer Bereich, der durch eine besondere Kombination von Klimabedingungen und physikalischen, chemischen und biologischen Prozessen gekennzeichnet ist (Abb. 5.9). Die wichtigsten Merkmale eines Sedimentbildungsraums sind:

- Die Art und Menge des vorhandenen Wassers (Meer, Binnensee, Fluss, arides Gebiet).
- Die Art und Viskosität des Transportmediums (Wasser, Luft, Eis).
- Die Topographie (Tiefebene, Gebirge, Küstenebene, Flachmeer, Tiefsee).

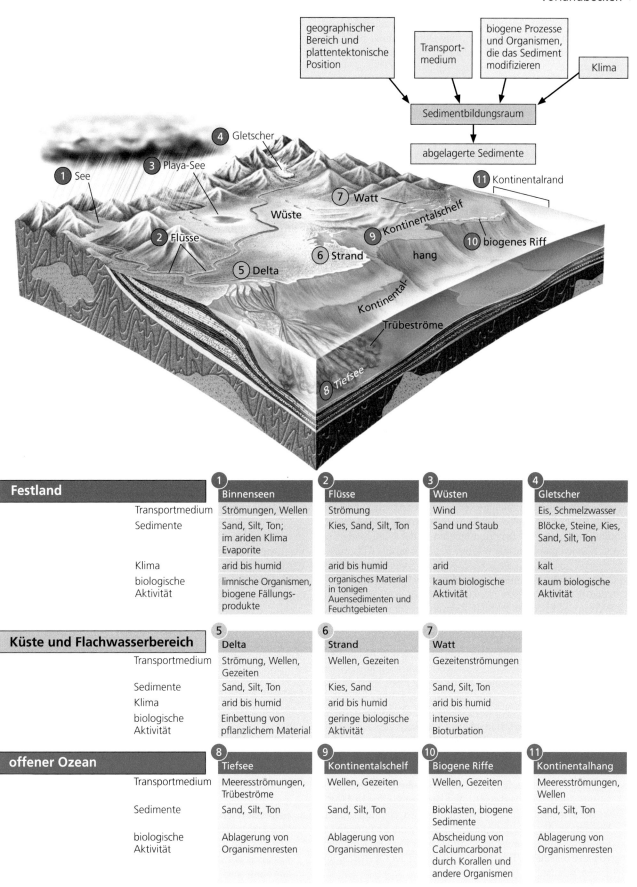

Abb. 5.9 Sedimentationsräume entstehen durch das Zusammenwirken zahlreicher Umweltfaktoren

Teil II

Festland		1 Binnenseen	2 Flüsse	3 Wüsten	4 Gletscher
	Transportmedium	Strömungen, Wellen	Strömung	Wind	Eis, Schmelzwasser
	Sedimente	Sand, Silt, Ton; im ariden Klima Evaporite	Kies, Sand, Silt, Ton	Sand und Staub	Blöcke, Steine, Kies, Sand, Silt, Ton
	Klima	arid bis humid	arid bis humid	arid	kalt
	biologische Aktivität	limnische Organismen, biogene Fällungsprodukte	organisches Material in tonigen Auensedimenten und Feuchtgebieten	kaum biologische Aktivität	kaum biologische Aktivität

Küste und Flachwasserbereich		5 Delta	6 Strand	7 Watt	
	Transportmedium	Strömung, Wellen, Gezeiten	Wellen, Gezeiten	Gezeitenströmungen	
	Sedimente	Sand, Silt, Ton	Kies, Sand	Sand, Silt, Ton	
	Klima	arid bis humid	arid bis humid	arid bis humid	
	biologische Aktivität	Einbettung von pflanzlichem Material	geringe biologische Aktivität	intensive Bioturbation	

offener Ozean		8 Tiefsee	9 Kontinentalschelf	10 Biogene Riffe	11 Kontinentalhang
	Transportmedium	Meeresströmungen, Trübeströme	Wellen, Gezeiten	Wellen, Gezeiten	Meeresströmungen, Wellen
	Sedimente	Sand, Silt, Ton	Sand, Silt, Ton	Bioklasten, biogene Sedimente	Sand, Silt, Ton
	biologische Aktivität	Ablagerung von Organismenresten	Ablagerung von Organismenresten	Abscheidung von Calciumcarbonat durch Korallen und andere Organismen	Ablagerung von Organismenresten

- Die biologische Aktivität (Bildung von Schalenmaterial, Wachstum von Korallenriffen, das Durchwühlen des Sediments durch Würmer und andere im Sediment lebende Organismen).
- Die tektonische Position des Liefergebiets (Vulkanbögen, Kontinent-Kontinent-Kollisionszonen) und des Sedimentationsraums (Riftstruktur, thermisch bedingtes Subsidenzbecken, Vorlandbecken).
- Das Klima (unter kalten Klimabedingungen bilden sich Gletscher, unter ariden Verhältnissen entstehen Wüsten und es kommt zur Bildung von Evaporitmineralen).

Betrachten wir den für seine grünen und schwarzen Sande berühmten Strand von Hawaii, so sind sie das typische Ergebnis ihres Ablagerungsraumes. Hawaii ist eine Vulkaninsel und besteht aus olivinführendem Basalt, der bei der Verwitterung freigesetzt wird. Flüsse transportieren den Olivin an die Küste, wo durch die auflaufenden und sich brechenden Wellen Strömungen entstehen, die den Olivin anreichern und die Basaltbruchstücke auswaschen, sodass ein olivinreicher Sand zurückbleibt.

Sedimentationsräume lassen sich je nach ihrer Lage auf den Kontinenten, in Küstennähe oder in den Ozeanen einteilen. Diese sehr allgemeine Unterteilung berücksichtigt jedoch diejenigen Prozesse, die den Sedimentationsräumen ihre charakteristische Identität verleihen.

Terrestrische Ablagerungsräume

Ablagerungsräume auf den Kontinenten unterscheiden sich aufgrund der großen Schwankungsbreite von Niederschlag und Temperatur in starkem Maße. Typische terrestrische Ablagerungsräume findet man auf den Kontinenten in der Umgebung von Seen, Flüssen und Gletschern sowie in den Wüsten (Abb. 5.9).

- **Lakustrische Sedimentationsräume** umfassen Binnenwasserkörper, die entweder Süßwasser oder salinares Wasser aufweisen und in denen der Sedimenttransport durch vergleichsweise geringem Wellengang und mäßige Strömungen erfolgt. In den Süßwasserseen können neben klastischen Sedimenten auch organische Substanzen oder Carbonate zur Ablagerung gelangen. Die Salzseen in Wüsten sind das Ergebnis der hohen Verdunstungsrate, die zur Ausfällung einer Vielzahl von Evaporitmineralen wie etwa Steinsalz führt. Bekanntes Beispiel ist der Große Salzsee im US-Bundesstaat Utah.
- **Fluviatile Sedimentationsräume** umfassen die eigentliche Fließrinne eines Flusses, seine Uferbereiche und die ebene Talaue beiderseits des Flusses, die bei Hochwasser überflutet wird. Weil Flüsse – abgesehen von der Antarktis – auf allen Kontinenten vorhanden sind, sind auch fluviatile Sedimentationsräume weit verbreitet. Auf den tonig-siltigen Hochwasserablagerungen der Flussauen wächst eine artenreiche Vegetation, die Ausgangsmaterial für biogene Sedimente ist. Fluviatile Ablagerungsräume findet man in allen Klimaten, von arid bis humid. Ein Beispiel hierfür ist der Oberrhein mit seinen Talauen.

- **Ablagerungsräume der Wüsten** gehören zum ariden Klimabereich. Winde und die in Wüsten meist episodisch fließenden Gewässer transportieren Sand und Staub. Das trockene und heiße Klima erlaubt nur wenigen spezialisierten Pflanzen- und Tierarten das Überleben, sodass sie nur einen geringen Einfluss auf die Sedimentationsprozesse ausüben. Die Sanddünen der Wüsten sind Beispiele für derartige Sedimentbildungsräume.
- **Glaziale Ablagerungsräume** werden durch die Dynamik der sich bewegenden Eismassen beeinflusst; sie sind durch ein kaltes Klima gekennzeichnet. Eine spärliche Vegetation ist vorhanden, die jedoch nur einen geringen Einfluss auf die Sedimentationsprozesse hat. An den abschmelzenden Rändern der Gletscher leiten die Schmelzwasserströme über zum fluviatilen Ablagerungsregime.

Küsten- und Flachwasserbereich

Der Küsten- und Flachwasserbereich wird an den aus Sedimenten bestehenden Küsten von der Dynamik der Wellen, Gezeiten und Strömungen beherrscht (Abb. 5.9). Zum Küsten- und Flachwasserbereich gehören:

- **Deltas**, wo Flüsse in Binnenseen oder in die Ozeane einmünden.
- **Wattgebiete**, wo ausgedehnte, bei Ebbe trockenfallende Bereiche von Gezeitenströmungen beherrscht werden.
- **Der unmittelbare Strandbereich**, wo die auflaufenden und an der Küste sich brechenden Wellen die Verteilung der Sedimente am Strand bewirken und Sedimentkörper aus Sand und Kies ablagern.

In den meisten Fällen handelt es sich bei den im Küsten- und Flachwasserbereich gebildeten Sedimenten um siliciklastische Ablagerungen. Organismen beeinflussen die Sedimente überwiegend durch ihre wühlende oder grabende Tätigkeit. In einigen tropischen und subtropischen Gebieten können die Sedimentbestandteile jedoch auch biogener Herkunft sein. Diese biogenen Carbonatsedimente sind ebenfalls den Wellen und Gezeitenströmungen ausgesetzt.

Ablagerungsräume des offenen Ozeans

Ablagerungsräume des offenen Ozeans werden nach der Wassertiefe unterteilt, die ihrerseits die Art der auftretenden Strömungen bestimmt (Abb. 5.9). Eine weitere Möglichkeit der Unterteilung ergibt sich aus der Entfernung zum Festland.

- **Schelfbereiche** Zu den Schelfbereichen zählen die flachen Gewässer vor den Küsten der Festländer, wo relativ schwache Strömungen die Sedimentation beeinflussen. Die Sedimente bestehen entweder aus siliciklastischen Komponenten oder aus biogenen Carbonat-Klasten, je nachdem, in welchen Men-

Tabelle 5.2 Wichtige Bildungsräume chemischer und chemisch-biogener Sedimente

Bildungsraum	Sedimentbildung	Sedimente
Küste und offener Ozean		
Carbonate (einschließlich Riffe, Flachwasser, Tiefsee usw.)	Gehäuse und Skelette bildende Organismen, einige Algen; anorganische Fällung aus dem Meerwasser	Carbonatsande und Carbonatschlämme, Riffe
Evaporite	Verdunstung des Meerwassers	Gips, Steinsalz (Halit), u.a. Salze
Kieselsedimente der Tiefsee	Gehäuse und Skelette bildende Organismen	Kieselsäure
Festland		
Evaporite	Austrocknung von Binnenseen	Steinsalz, Borate, Nitrate, u.a. Salze
Sumpfgebiete, Moore	Vegetation	Torf

gen siliciklastisches Material durch Flüsse angeliefert wird und ob Carbonat produzierende Organismen vorhanden sind. Unter ariden Bedingungen können auch chemische Sedimente zur Ausfällung kommen, sofern weitgehend vom offenen Ozean abgeschlossene Meeresbuchten vorhanden sind.

- **Biogene Riffe** bestehen aus Carbonatstrukturen, die von Carbonat abscheidenden Organismen aufgebaut werden. Sie bilden sich auf den Schelfgebieten oder im Küstensaum ozeanischer Vulkaninseln.
- **Kontinentalhang** Die Ablagerungsräume des Kontinentalhangs liegen im tieferen Wasser unmittelbar am und meerseitig vor dem Rand der Kontinente, wo die Sedimente vor allem durch Trübeströme abgelagert werden. **Trübeströme** sind turbulent fließende submarine Suspensionen aus Sediment und Wasser, die mit großer Geschwindigkeit den Kontinentalrand hinunterfließen. Die von diesen Trübeströmen abgelagerten Sedimente sind ausschließlich siliciklastisch, es sei denn, es sind ausreichende Mengen an chemisch-biogenen Carbonatsedimenten vorhanden. In diesen Fällen enthalten die Sedimente des Kontinentalrands und Kontinentalhangs größere Anteile an Carbonaten.
- **Tiefsee** Die Tiefsee umfasst den gesamten Meeresboden des offenen Ozeans in größerer Entfernung von den Kontinenten und weit unterhalb der durch Wellen oder Gezeiten bedingten Strömungen. Zur Tiefsee gehört der untere Teil des Kontinentalhangs, der im Wesentlichen von Sedimenten der Trübeströme aufgebaut wird, sowie die Tiefsee-Ebenen, auf denen neben siliciklastischen Sedimenten auch carbonatische und kieselige Sedimente auftreten, die aus Skelettelementen einzelliger Planktonorganismen bestehen. Darüber hinaus gehören die Tiefseerinnen sowie die mittelozeanischen Rücken zu diesen Ablagerungsbereichen.

Siliciklastische kontra chemische und chemisch-biogene Sedimentationsräume

Sedimentbildungsräume können nicht nur entsprechend ihrer geographischen Lage, sondern auch nach den dort herrschenden Sedimentationsprozessen unterteilt werden. Klassifiziert man die Ablagerungsräume auf diese Art und Weise, ergeben sich zwei Großgruppen: siliciklastische und chemische beziehungsweise chemisch-biogene Sedimentbildungsräume.

Siliciklastische Sedimentationsräume sind Gebiete, in denen siliciklastische Sedimente überwiegen. Dazu gehören alle terrestrischen Ablagerungsräume sowie die Küstenbereiche am Übergang vom terrestrischen zum marinen Bereich. Im Meer gehören der Kontinentalschelf, der Kontinentalrand und die Tiefsee zu denjenigen Sedimentationsräumen, in denen siliciklastisches Material in Form von Sand, Silt und Ton zur Ablagerung gelangt (Abb. 5.10). Die Sedimente dieser Ablagerungsräume werden häufig auch als **terrigene Sedimente** bezeichnet, um ihre Herkunft von den Festländern zu betonen.

Chemische und chemisch-biogene Sedimentationsräume sind durch überwiegend chemische und chemisch-biogene Sedimentbildung gekennzeichnet (Tab. 5.2). Meistens enthalten sie noch geringe Anteile an klastischem Material, die das chemische Sediment – je nach Menge – mehr oder weniger „verunreinigen" oder die chemischen Sedimentationsvorgänge modifizieren können.

Unter den chemisch-biogenen Sedimentationsräumen sind die Carbonatbildungsräume am häufigsten: marine Bereiche, in denen biogenes Calciumcarbonat das beherrschende Sediment ist. Carbonatisches Schalenmaterial wird buchstäblich von Hunderten von Mollusken- und anderen Invertebratengattungen, aber auch von Kalkalgen und Mikroorganismen abgeschieden. Zahlreiche Populationen dieser Organismen leben in unterschiedlichen Wassertiefen und unter sehr unterschiedlichen Strömungsverhältnissen, das heißt entweder in ruhigen, strömungsarmen Bereichen oder in solchen mit starker Wellentätigkeit und Strömung. Wenn die Organismen absterben, reichern sich ihre Schalen am Meeresboden an und bilden Carbonatsedimente.

Carbonatbildungsräume sind, abgesehen von denen der Tiefsee, auf die warmen tropischen oder subtropischen Ozeane beschränkt, in denen die Bedingungen für Carbonat abscheidende Organismen und die Fällung von Calciumcarbonat weitaus günstiger sind. Diese Carbonatbildungsräume umfassen biogene Riffe, Strände mit Carbonatsanden, Wattgebiete sowie flache Carbonatschelfe und Carbonatplattformen. In einigen Gebieten bilden sich Carbonatsedimente auch in kühlerem Wasser, das bei Temperaturen unter 20 °C generell an Carbonat übersättigt ist. Dies gilt zum Beispiel für einige Bereiche im Südpazifik südlich von Australien. Solche Carbonatsedimente werden nur von einigen wenigen Organismengruppen gebildet und bestehen überwiegend aus calcitischem Schalenmaterial.

Teil II

Teil II

Abb. 5.10 Die am El Capitan in den Guadalupe Mountains (Texas, USA) aufgeschlossenen Sedimentgesteine wurden vor 260 Mio. Jahren in einem Ozean abgelagert. Die unteren Bereiche der Hänge bestehen aus siliciklastischen Sedimentserien, die in der Tiefsee entstanden sind. Die darüber aufragenden Felswände des El Capitan bestehen aus Kalksteinen und Dolomit, die in einem Flachmeer gebildet wurden, als Kalk abscheidende Tiere und Pflanzen abstarben und ihre Skelettelemente in Form von chemisch-biogenen Riffgesteinen hinterließen (Foto: © John Grotzinger)

Kieselige Sedimentationsräume sind Bereiche der Tiefsee, in denen Organismenreste abgelagert werden, die meist aus Opal (SiO_2) bestehen. Diese SiO_2-abscheidenden, zum Plankton gehörenden Organismen leben ebenfalls in den oberflächennahen Wasserschichten, in denen reichlich Nährstoffe zur Verfügung stehen. Nach ihrem Absterben sinken die Gehäuse auf den Meeresboden ab und reichern sich dort als Diatomeen- oder Radiolarienschlamm an.

Marine Evaporitbildungsräume entstehen dort, wo unter ariden Klimaverhältnissen in Buchten warmes Meerwasser rascher verdunstet, als es über die Verbindungswege durch Meerwasser normaler Salinität ergänzt werden kann. Das Ausmaß der Verdunstung und die Dauer der zur Verfügung stehenden Zeit beeinflussen den Salzgehalt des verdunstenden Meerwassers und damit die Bildung der verschiedenen sedimentären Evaporitminerale. Evaporitbildungsräume findet man darüber hinaus in abflusslosen Binnenseen unter meist vollariden Klimaverhältnissen. In solchen Endseen kommen Steinsalz, Borate, Nitrate und andere Salze zur Ablagerung.

Fazies – das Nebeneinander unterschiedlicher Sedimentbildungsräume

In benachbarten Teilen eines Gebietes können zu gleicher Zeit sehr unterschiedliche Sedimentbildungsräume existieren. An einem Kontinentalrand treten beispielsweise erosive Strandbereiche, Watten und Ablagerungsbereiche des tieferen Kontinentalschelfs auf, die jeweils durch charakteristische Sedimente gekennzeichnet sind. Wir bezeichnen eine Abfolge räumlich benachbarter, aber unterschiedlicher Sedimente als **Fazies**, um die sich unterscheidenden paläontologischen, mineralogischen, gefügemäßigen und strukturellen Merkmale der in den verschiedenen Sedimentbildungsräumen gleichzeitig abgelagerten Sedimente zu kennzeichnen. So spricht man von einer fluviatilen Fazies, wenn die Schichten innerhalb eines fluviatilen Systems entstanden sind, und von einer flach-marinen Carbonatfazies, die zur selben Zeit in einem Carbonatbildungsraum auf dem Schelf vor der Küste abgelagert wurde. (Im nächsten Kapitel wird jedoch gezeigt, dass der Begriff „Fazies" bei den metamorphen Gesteinen in einem anderen Sinn gebraucht wird, um damit die Entstehung der Metamorphite in Abhängigkeit von Druck und Temperatur zu beschreiben.)

Sedimentstrukturen

Alle Schichtungsformen und eine Vielzahl anderer Merkmale, die zum Zeitpunkt der Sedimentation entstanden sind, werden insgesamt unter dem Begriff **Sedimentstrukturen** zusammengefasst. **Schichtung** oder Lagerung ist ein Kennzeichen von Sedimenten und Sedimentgesteinen. Sie entsteht dadurch, dass Schichten unterschiedlicher Korngrößen und/oder Mineralarten übereinander abgelagert werden. Die Schichtung kann geringmächtig sein, im Bereich von Zentimetern oder sogar Millimetern, aber auch im Dezimeter- bis Meterbereich (dann Bankung genannt) oder darüber liegen. Im einfachsten Fall kann man bei Sedimenten davon ausgehen, dass sie zum Zeitpunkt ihrer Ablagerung horizontal abgesetzt worden sind. Dennoch existieren in Sedimentgesteinen zahlreiche andere Schichtungsformen, die nicht immer horizontal verlaufen.

Schrägschichtung

Schrägschichtung besteht aus der Abfolge von geschichtetem Material, das äolisch oder aquatisch abgelagert wurde, dessen Schichten aber mit Neigungswinkeln bis zu 35° gegen die Horizontale einfallen (Abb. 5.11). Schrägschichtungskörper entstehen auf dem Festland durch Ablagerung von Sedimentpartikeln an steilen Leehängen von Sanddünen oder in Flüssen auf der Leeseite von Sandbänken und Wellenrippeln, aber auch am Meeresboden. Die Schrägschichtung äolisch abgelagerter Sanddünen kann aufgrund sich ändernder Windrichtungen ausgesprochen kompliziert sein. Schrägschichtung ist vor allem in Sandsteinen weit verbreitet, kommt aber auch in Konglomeraten und einigen Carbonatgesteinen vor. In Sandsteinen tritt die Schrägschichtung deutlicher hervor als in lockeren Sandablagerungen, die erst aufgegraben oder auf andere Art freigelegt werden müssen, ehe die Schichtungsform zu erkennen ist.

Gradierte Schichtung

Gradierte Schichtung findet man fast ausschließlich in Sedimenten des Kontinentalhangs und am Hangfuß in Tiefseesedimenten, die jeweils durch eine besondere Art turbulenter Bodenströmungen, sogenannten **Trübeströmen**, abgelagert wurden, die auf ihrem Weg hangabwärts dicht über dem Meeresboden fließen.

Jede Abfolge besteht aus einer grobkörnigen Lage an der Basis und wird nach oben hin allmählich feinkörniger. Nimmt die Strömungsgeschwindigkeit ab, wird immer feinkörnigeres Material abgelagert. Die Gradierung ist daher das Abbild der Geschwindigkeitsabnahme der Strömung, aus der die Komponenten abgelagert wurden. Eine gradierte Schicht, eine Abfolge

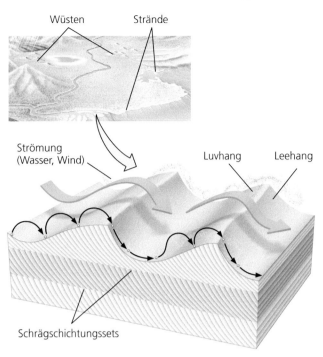

Abb. 5.11 Die Bildung von Schrägschichtungssets erfolgt auf dem steileren, der Strömung abgewandten Leehang einer Düne, Sandbank oder Rippel

von grob nach fein, erreicht normalerweise Mächtigkeiten zwischen wenigen Zentimetern und mehreren Metern, sie wurde zum Zeitpunkt ihrer Bildung als (nahezu) horizontale Schicht abgelagert. Abfolgen aus zahlreichen gradierten Schichten können Gesamtmächtigkeiten von mehreren hundert Meter erreichen wie beispielsweise die Grauwacken des Rheinischen Schiefergebirges oder die mächtigen Flysch-Serien der Westalpen. Eine einzelne Schichtabfolge als Ergebnis der Sedimentation eines solchen Trübestromes wird als **Turbidit** bezeichnet.

Rippelmarken

Rippelmarken sind letztendlich sehr kleine Dünen aus Sand oder Silt und bestehen aus niedrigen, meist nur etwa ein bis zwei Zentimeter hohen schmalen Rücken oder Wällen, die durch breitere Tröge getrennt sind; ihre Kämme verlaufen stets senkrecht zur Strömungsrichtung. Rippelmarken findet man sowohl in rezenten Sanden als auch in älteren Sandsteinen (Abb. 5.12). Rippeln entstehen auf den Oberflächen von windgefegten Dünen (Windrippeln), unter Wasser – beispielsweise in seichten Flussläufen – auf Sandbänken (Strömungsrippeln) oder auch durch Wellen im Strandbereich (Seegangsrippeln). Man unterscheidet symmetrische Rippeln, die von Wellen am Strand erzeugt werden, von asymmetrischen Rippeln, die auf den Sandbänken von Flüssen oder auf Dünen durch Wasser- oder Luftströmungen entstehen (Abb. 5.13).

Teil II

a b

Abb. 5.12a,b a Rippeln auf einem rezenten Strandsand. b Fossile Rippelmarken auf einem Sandstein. (Foto: a © John Grotzinger; b © John Grotzinger/Ramón Rivera-Moret/MIT)

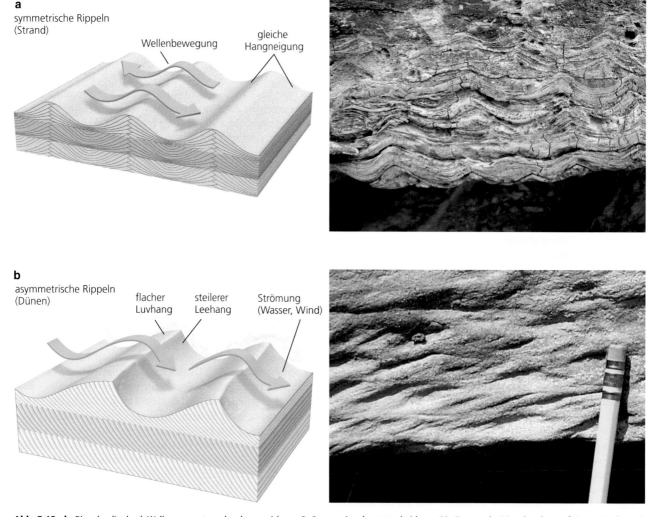

a
symmetrische Rippeln
(Strand)

Wellenbewegung

gleiche
Hangneigung

b
asymmetrische Rippeln
(Dünen)

flacher
Luvhang

steilerer
Leehang

Strömung
(Wasser, Wind)

Abb. 5.13a,b Rippeln, die durch Wellen erzeugt werden, lassen sich von Strömungsrippeln unterscheiden. a Die Formen der Rippelmarken auf einem Sandstrand, die durch wellenbedingtes Hin-und-Her-Bewegen des Sedimentmaterials entstehen, sind symmetrisch. b Rippelmarken, die durch eine gerichtete Strömung auf Dünen und in Flüssen erzeugt werden, sind dagegen asymmetrisch. (Fotos: © John Grotzinger)

Bioturbationsstrukturen

Häufig ist die Schichtung in den Sedimenten unterbrochen oder gestört. Manchmal durchqueren annähernd runde, zylindrische Röhren mit Durchmessern bis zu einigen Zentimetern vertikal oder schräg mehrere Schichten. Solche Sedimentstrukturen sind Überreste von Wohnbauten und Fraßspuren, die von Muscheln, Würmern und anderen marinen Organismen stammen, die auf dem Meeresboden (epibenthisch) oder im Meeresboden (endobenthisch) lebten. Bei dem als **Bioturbation** bezeichneten Vorgang durchwühlen diese Organismen den Schlamm und Sand, indem sie das Sediment auf der Suche nach Resten von organischem Material aufnehmen. Zurück bleibt das aufgearbeitete Sediment, das die Bauten füllt (Abb. 5.14). Anhand bioturbater Gefüge lassen sich, wenn auch nur bedingt, Rückschlüsse auf die Organismen ziehen, die das Sediment durchwühlt haben. Da das Verhalten der wühlenden Organismen zumindest teilweise von Umweltprozessen wie etwa der Stärke von Strömungen oder der Verfügbarkeit von Nährstoffen beeinflusst wird, lassen Bioturbationsstrukturen Rückschlüsse auf die ehemaligen Sedimentationsräume zu.

Abb. 5.14 Bioturbationsstrukturen. Das Gestein wird kreuz und quer von fossilen Fährten und Röhren durchzogen, die ursprünglich entstanden sind, als Organismen den Schlamm durchwühlten (Foto: © John Grotzinger/Ramón Rivera-Moret/Harvard Mineralogical Museum)

Sedimentationszyklen

Sedimentationszyklen bestehen aus vertikal übereinander liegenden Wechselfolgen von Sandsteinen, Schiefertonen und anderen Sedimenttypen. Ein solcher Sedimentationszyklus kann beispielsweise aus schräg geschichteten Sandsteinen bestehen, überlagert von Siltsteinen mit Bioturbationsstrukturen und darüber folgenden Sandsteinen mit Rippelmarken, wobei die Mächtigkeit der einzelnen Gesteinsarten ohne Bedeutung ist.

Die Ausbildung solcher Zyklen hilft den Geologen bei der Rekonstruktion, wie und wo alle diese Sedimente einst abgelagert wurden, und ermöglicht einen Einblick in die Vorgänge an der Erdoberfläche, wie sie vor langer Zeit abgelaufen sind. Abb. 5.15

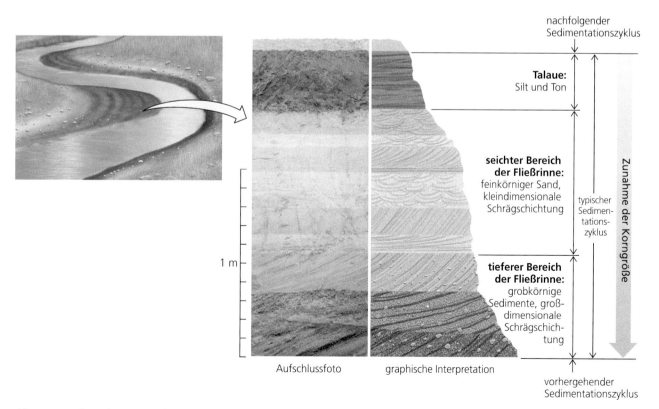

Abb. 5.15 Typischer Sedimentationszyklus eines mäandrierenden Flusses (Foto: Jim R. Fortner/USDA-NRCS)

zeigt einen Sedimentationszyklus, wie er für Flüsse typisch ist. Ein Fluss hinterlässt Sedimentationszyklen, die durch die seitliche Verlagerung des Flusslaufes über seinen Talboden entstehen. Daher besteht der untere Bereich der Sequenz aus den Sedimenten, die in den tiefsten Teilen der Fließrinne abgelagert wurden, in denen die stärkste Strömung herrschte. Der mittlere Abschnitt enthält diejenigen Sedimente, die in den seichtesten Bereichen der Fließrinne zur Ablagerung kamen, wo die Strömung am schwächsten war, und der oberste besteht schließlich aus Sedimenten, die bei Hochwasser auf der Talaue abgelagert wurden. Ein auf diese Weise entstandener typischer Sedimentationszyklus besteht daher an der Basis aus grobklastischen Sedimenten, die nach oben hin generell feinkörniger werden.

Die meisten Sedimentationszyklen bestehen normalerweise aus kleineren Untereinheiten. Bei dem in Abb. 5.15 dargestellten Beispiel zeigen die Schichten an der Basis großdimensionale Schrägschichtung. Darüber folgen Sedimente mit kleindimensionaler Schrägschichtung, die schließlich im oberen Bereich in Horizontalschichtung übergeht. Heute gibt es hochauflösende Rechnermodelle, die solche aus fluviatilen Sanden bestehenden Sedimentationszyklen in Beziehung zu ihren kausalen Faktoren setzen. Sedimentationszyklen, in denen die Sedimentstrukturen anders angeordnet sind, sind gleichzeitig Hinweise auf andere Sedimentbildungsräume.

Versenkung und Diagenese: Vom Sediment zum Sedimentgestein

Der überwiegende Teil der durch Verwitterung und Erosion auf dem Festland entstandenen und durch Flüsse, Wind und Gletscher transportierten klastischen Komponenten gelangt schließlich in die zahlreichen Sedimentationsräume der Ozeane. Nur ein geringer Teil der siliciklastischen Sedimentbestandteile kommt in Sedimentbildungsräumen auf dem Festland zur Ablagerung. Auch die meisten chemischen und chemisch-biogenen Sedimente werden auf dem Boden der Meere abgelagert, obwohl sich solche Sedimente auch in Binnenseen oder Flüssen bilden.

Versenkung

Gelangen Sedimente schließlich bis auf den Tiefseeboden, dann verbleiben sie auch dort. Er ist für die meisten Sedimente der endgültige Ablagerungsraum. Werden die am Meeresboden abgelagerten Sedimente von jüngeren Schichten überdeckt, gelangen sie kontinuierlich in tiefere Bereiche und werden zunehmend höheren Drücken und Temperaturen ausgesetzt – hinzu kommen chemische Veränderungen. Verglichen mit den Ablagerungen auf dem Festland, wird ein weitaus größerer Teil der am Meeresboden abgelagerten Sedimente nachfolgend von jüngeren Schichten überdeckt und konserviert.

Diagenese

Nachdem die Sedimente abgelagert und von jüngeren überdeckt worden sind, unterliegen sie der **Diagenese** – zahlreichen physikalischen und chemischen Veränderungen, die sich aus den zunehmenden Temperaturen und Drücken ergeben, sobald sie in immer tiefere Bereiche der Erdkruste gelangen. Diese Veränderungen dauern so lange fort, bis die Sedimente oder Sedimentgesteine entweder erneut der Verwitterung ausgesetzt werden oder durch höhere Drücke und Temperaturen der Metamorphose unterliegen (Abb. 5.16).

Durch die Versenkung in größere Tiefen werden die Vorgänge der Diagenese beschleunigt, weil die Sedimente mit zunehmender Tiefe immer höheren Druck- und Temperaturbedingungen ausgesetzt werden. Im Mittel nimmt die Temperatur innerhalb der Erdkruste um 30 °C pro km Tiefe zu, doch unterscheidet sich der Temperaturanstieg innnerhalb der einzelnen Sedimentbecken geringfügig. Demnach können Sedimente in einer Tiefe von 4000 m Temperaturen von über 120 °C und mehr ausgesetzt sein – Temperaturen, bei denen bestimmte organischen Substanzen in Erdöl und Erdgas umgewandelt werden. Ein weiterer Faktor, der zur Diagenese beiträgt, ist der Anstieg des lithostatischen Drucks durch zunehmende Überdeckung. Im Mittel steigt der Druck jeweils pro 4,4 m Tiefe um 1 Hektopascal. Dieser Druck ist im Wesentlichen für die Kompaktion des Sediments verantwortlich.

Die überdeckten Sedimente unterliegen außerdem dem Einfluss des Grundwassers, in dem große Mengen an Mineralen gelöst sind, die in den Poren der Sedimente ausgefällt werden können und die einzelnen Komponenten miteinander verkitten – ein chemischer Prozess, der als **Zementation** bezeichnet wird. Eine Folge der Zementation ist die Verringerung der **Porosität**, oder anders ausgedrückt, die Verminderung der offenen Poren zwischen den Komponenten in Relation zum Gesteinsvolumen. In einigen Sanden beispielsweise wird Calciumcarbonat in Form von Calcit als Zement ausgefällt, der die einzelnen Körner miteinander verkittet und zu Sandstein verfestigt (Abb. 5.17). Andere Substanzen wie etwa SiO_2 können ebenfalls ausgefällt werden und Sand, Silt und Ton sowie Gerölle zu Sand-, Silt- und Tonstein oder zu Konglomeraten verfestigen (Silifizierung, Verkieselung).

Der wichtigste physikalische Prozess im Verlauf der Diagenese ist die **Kompaktion**, bei der die Gesteinskomponenten durch das Gewicht der überlagernden Sedimente zusammengepresst werden, wodurch sich Volumen und Porosität verringern. Sande sind bereits bei der Ablagerung schon verhältnismäßig dicht gepackt und lassen sich nicht mehr stark komprimieren. Frisch abgelagerter Silt und Ton oder auch Carbonatschlämme haben dagegen ein großes Porenvolumen; häufig bestehen mehr als 60 % des frischen Sediments aus Porenwasser. Deshalb lassen sich Ton und Silt nach der Einbettung sehr stark komprimieren und verlieren mehr als die Hälfte ihres Porenwassers. Sowohl die Zementation als auch die Kompaktion führen zur **Lithifizierung**, der Verfestigung des Sediments und damit zum Übergang

1 In geringer Tiefe der Erdkruste unterliegen die Sedimente der Kompaktion und Lithifizierung.

2 Unter dem Begriff Diagenese werden alle chemischen und physikalischen Prozesse zusammengefasst, durch die Lockersedimente in Festgesteine übergehen.

Kompaktion
Durch Versenkung kommt es zur Kompaktion und Abgabe von Porenwasser.

Zementation
Durch Ausfällung neuer oder Weiterwachsen vorhandener Minerale kommt es zur Zementation der Sedimentkomponenten.

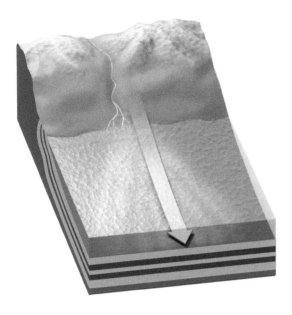

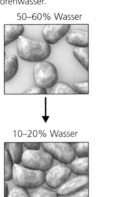

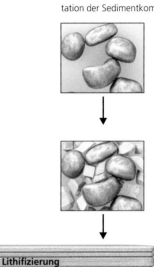

50–60% Wasser

10–20% Wasser

Lithifizierung

3 Aus unterschiedlichen Sedimenten entstehen entsprechend unterschiedliche Sedimentgesteine.

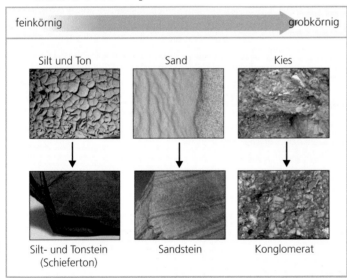

feinkörnig → grobkörnig

Silt und Ton — Sand — Kies

Silt- und Tonstein (Schieferton) — Sandstein — Konglomerat

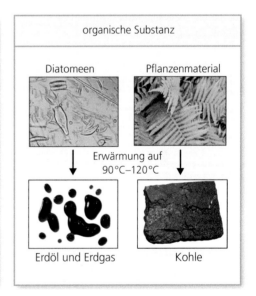

organische Substanz

Diatomeen — Pflanzenmaterial

Erwärmung auf 90°C–120°C

Erdöl und Erdgas — Kohle

Abb. 5.16 Während der Diagenese führen chemische und physikalische Vorgänge zur Umwandlung von Lockersedimenten in Sedimentgesteine (Fotos: Schlamm, Sand, Kies: © John Grotzinger; Schieferton: © John Grotzinger/Ramón River-Moret/Harvard Mineralogical Museum; Sandstein, Konglomerat, Kohle: © John Grotzinger/Ramón Rivera-Moret/MIT; Diatomeen: © Mark B. Edlund, Ph.D./Science Museum of Minnesota; Pflanzenmaterial: © Roman Gorielov/Shutterstock; Erdöl und Erdgas: © Wasabi/Alamy)

Teil II

Teil II

Abb. 5.17 Dünnschliffaufnahme eines Sandsteins. Die Quarzkörner (*weiß und grau*) wurden nach der Ablagerung der Sande durch ausgefällten Calcit (*hell und bunt*) zementiert (Foto: © Peter Kresan/kresanphotography.com)

Abb. 5.18 Relative Häufigkeit der wichtigsten Sedimentgesteine. Im Vergleich zu diesen drei Gesteinstypen treten alle anderen Sedimentgesteine – einschließlich Evaporite, Hornsteine und andere chemische Sedimentgesteine – nur in geringen Mengen auf

von einem lockeren, unverfestigten Sediment in ein hartes Sedimentgestein.

Klassifikation der siliciklastischen Sedimente und Sedimentgesteine

Zur Klassifizierung sowohl der Lockersedimente als auch der diagenetisch verfestigten Sedimentgesteine können wir die Sedimentationsprozesse heranziehen. Die Grobeinteilung unterscheidet siliciklastische, chemische und chemisch-biogene Sedimente und Sedimentgesteine. Die siliciklastischen Sedimente und Sedimentgesteine machen insgesamt mehr als drei Viertel aller Sedimente und Sedimentgesteine innerhalb der Erdkruste aus (Abb. 5.18). Daher beginnen wir auch mit deren Besprechung.

Die siliciklastischen Sedimente und Sedimentgesteine werden in erster Linie nach ihrer Korngröße unterteilt (Tab. 5.3):

- **Grobkörnige Klastika (Psephite):** Kies und Konglomerate (gerundete Klastika) beziehungsweise Brekzien (ungerundete Komponenten)
- **Mittelkörnige Klastika (Psammite):** Sande und Sandsteine
- **Feinkörnige Klastika (Pelite):** Silt und Siltsteine, Tone und Tonsteine bzw. Schiefertone

Die Klassifikation der verschiedenen klastischen Sedimente nach der Korngröße lässt indirekt auch ihre wichtigste Ablagerungsbedingung erkennen – die Strömungsgeschwindigkeit. Je größer die Sedimentkomponenten sind, desto stärker muss die Strömung gewesen sein, um die Komponenten zu transportieren und abzulagern. Dieser Zusammenhang zwischen Strömungsgeschwindigkeit und Korngröße ist der Grund, weshalb sich gleich große Partikel zu gut sortierten Sedimenten anreichern, denn die meisten Sandschichten enthalten keinerlei Gerölle oder Tonanteile, und die meisten Silt- und Tonsteine bestehen ausschließlich aus diesen feinkörnigen Komponenten.

Unter den verschiedenen Typen der siliciklastischen Sedimente und Sedimentgesteine sind Silt und Siltstein, Ton und Tonstein sowie Schieferton bei weitem am häufigsten – ungefähr dreimal häufiger als die gröberen Klastika (Abb. 5.18). Die Dominanz des feinklastischen Materials, das große Mengen an Tonmineralen enthält, ist das Ergebnis der Verwitterung großer Mengen an Feldspat und anderer Silicatminerale der Erdkruste zu Tonmineralen. In den folgenden Abschnitten betrachten wir die einzelnen Gruppen der siliciklastischen Sedimente und Sedimentgesteine etwas eingehender.

Grobkörnige siliciklastische Sedimente und Sedimentgesteine: Kiesfraktion, Konglomerate und Brekzien

Die grobklastischen Sedimente und Sedimentgesteine bestehen aus Blöcken, Steinen und Material der Kiesfraktion, wobei die Kiesfraktion den größten Anteil hat. Kies ist die Korngrößenbezeichnung für unverfestigtes Sedimentmaterial, dessen gerundete Gesteinskomponenten einen Durchmesser zwischen 63 und 2 mm haben (Tab. 5.3). Einzelne Komponenten werden als Gerölle bezeichnet, als Sedimentkörper werden sie unter dem Begriff Schotter zusammengefasst. Ihre verfestigten Äquivalente sind die **Konglomerate** (Abb. 5.19a). Wegen ihrer Größe sind Gerölle, Steine und Blöcke sehr einfach zu untersuchen und zu identifizieren. Ihr Durchmesser gibt uns Hinweise auf die jeweilige Geschwindigkeit der Strömungen, von denen sie transportiert worden sind. Darüber hinaus lässt sich aus ihrer

Tab. 5.3 Klassifikation der klastischen Sedimente nach der Korngröße (DIN EN ISO 14688-1)

	Abgelagertes Sediment	Korngröße	Festgestein
grob	Blöcke		
		200 mm	Konglomerat, Brekzie
	Steine		
		63 mm	
	Kies		
		2 mm	
	Sand		Sandstein
		0,063 mm	
Schlamm	Silt (Schluff)		Siltstein
		0,002 mm	
	Ton		Tonstein (zerbricht in unregelmäßigen Stücken)
fein			Schieferton (zerbricht entlang von Schichtflächen)

Zusammensetzung der Gesteinsinhalt des Liefergebiets rekonstruieren.

Es gibt in der Natur relativ wenige Bereiche, in denen die Strömungen stark genug sind, um Material der Kiesfraktion zu verfrachten – dazu gehören Gebirgsflüsse, Küsten mit starkem Wellengang und das Schmelzwasser der Gletscher. Starke Strömungen transportieren natürlich auch Sand und daher finden wir fast immer zwischen den Geröllen auch Sand. Ein Teil wurde zusammen mit dem Kies abgelagert, ein Teil wurde auch nach Ablagerung der größeren Gerölle in die Zwischenräume eingeschwemmt. Gerölle und größere Blöcke werden im Verlauf ihres Transports auf dem Festland oder unter Wasser vergleichsweise schnell abgeschliffen und zugerundet. Strandgerölle, durch starke Wellen ständig hin und her bewegt, werden ebenfalls sehr rasch abgeschliffen.

Im Gegensatz zu den Konglomeraten enthalten manche grobkörnigen klastischen Gesteine scharfkantige, eckige Bruchstücke ohne oder nur mit geringen Anzeichen einer Abrasion oder Zurundung. Sie werden als **sedimentäre Brekzien** bezeichnet. Sedimentäre Brekzien findet man in Ablagerungen nahe ihres Liefergebiets. Die Sedimente wurden abgesetzt und diagenetisch verfestigt, noch ehe sie über nennenswerte Strecken transportiert werden konnten.

Mittelkörnige siliciklastische Sedimente und Sedimentgesteine: Sand und Sandsteine

Sande und Sandsteine bestehen aus Komponenten mittlerer Korngrößen mit Durchmessern von 2 bis 0,063 mm (Tab. 5.3). Diese Sedimentbestandteile werden durch mäßig starke Strömungen verfrachtet, etwa durch Strömungen in Flüssen, durch Wellen an der Küste und durch den Wind, der sie zu Dünen aufweht. Sand-

körner sind groß genug, um sie mit dem bloßen Auge betrachten zu können, und viele ihrer charakteristischen Merkmale sind mit einer einfachen Lupe mühelos zu erkennen. Die verfestigten Äquivalente der Sande sind die **Sandsteine** (Abb. 5.19b).

Hydrogeologen und Erdölgeologen interessieren sich in starkem Maße für Sandsteine. Erstere untersuchen die Bildungsbedingungen der Sandsteine, um in Gebieten mit porösen Sandsteinen mögliche Grundwasservorräte aufzuspüren, wie das etwa in den Great Plains von Nordamerika der Fall war. Erdölgeologen befassen sich mit der Porosität und Zementation der Sandsteine, weil ein großer Teil der in den vergangenen 150 Jahren entdeckten Öl- und Gasvorkommen in tief versenkten Sandsteinen gefunden wurde. Darüber hinaus stammt ein Großteil des in Kernkraftwerken und Kernwaffen verwendeten Urans aus Sandsteinen, in die während der Diagenese gelöstes Uran eingewandert ist.

Korngröße und Kornform Sand wird in Grob-, Mittel- und Feinsand unterteilt. Die mittlere Korngröße eines beliebigen Sandsteins spiegelt die Stärke der Transportströmung und die Größe der im Ausgangsgestein erodierten Kristalle wider. Der Streubereich und die relative Häufigkeit der verschiedenen Korngrößen sind ebenfalls kennzeichnende Merkmale. Wenn nun alle Sandkörner nahe im Bereich der mittleren Korngröße liegen, ist der Sand gut sortiert; ist dagegen ein Großteil wesentlich größer oder kleiner als der mittlere Durchmesser, dann ist der Sand schlecht sortiert (vgl. Abb. 5.6). Der Sortierungsgrad kann beispielsweise dazu dienen, Strandsande (gut sortiert) von tonigen Sanden, die von Gletschern abgelagert wurden (schlecht sortiert), klar zu unterscheiden. Die Form der Sandkörner kann ebenfalls wichtige Hinweise auf ihre Entstehung liefern. Wie Gerölle werden auch Sandkörner beim Transport abgeschliffen und gerundet. Angulare, das heißt wenig bis nicht gerundete Körner, deuten auf kurze Transportwege hin, während gut gerundete für einen langen Transport in einem großen Flusssystem sprechen. Auch der Wellengang am Strand sorgt für eine gute

a b c

Konglomerat Sandstein Schieferton

Abb. 5.19a–c Beispiele für die drei wichtigsten Gesteinsgruppen der siliciklastischen Sedimentgesteine (Fotos: Konglomerat, Sandstein: © John Grotzinger/Ramón Rivera-Moret/MIT; Schieferton: © John Grotzinger/Ramón Rivera-Moret/Harvard Mineralogical Museum)

Zurundung der Sandkörner, da sie beständig hin und her gerollt werden.

Mineralogische Zusammensetzung der Sande und Sandsteine Siliciklastika können nach ihrer mineralogischen Zusammensetzung, die letztlich das Ausgangsgestein widerspiegelt, weiter unterteilt werden. So gibt es beispielsweise quarzreiche oder feldspatreiche Sandsteine. Einige Sande sind bioklastischer Natur und durch Transport und mechanische Zerstörung von biogenem Schalenmaterial entstanden. Demzufolge lassen sich aus der mineralogischen Zusammensetzung der Sande und Sandsteine Hinweise auf den geologischen Bau des Liefergebiets ableiten, aus dem die Sandkörner einst durch Verwitterung und Erosion hervorgegangen sind. Wenn beispielsweise natrium- und kaliumreiche Feldspäte neben reichlich Quarz vorliegen, ist das ein Hinweis, dass im Liefergebiet ein Granit der Erosion unterlag. Wie wir in Kap. 6 noch sehen werden, wären für ein metamorphes Ausgangsgestein andere Leitminerale charakteristisch.

Die mineralogische Zusammensetzung des Ausgangsgesteins ist abhängig von der plattentektonischen Position. So stammen Sandsteine, die einen hohen Anteil an Bruchstücken basischer Vulkanite enthalten, beispielsweise von Vulkanbögen an den Subduktionszonen.

Die mineralogische Zusammensetzung von Sanden oder Sandsteinen muss jedoch mit der Mineralogie des Ausgangsgesteins nicht völlig übereinstimmen. Die chemische Verwitterung im Liefergebiet kann dazu führen, dass ein großer Teil der Feldspäte des Granits in Tonminerale umgewandelt wird oder in Lösung geht und damit im Sandstein fehlt. Weiterhin führen Umlagerungs- und Transportvorgänge zur Aufarbeitung der instabilen und zur Anreicherung der stabileren Minerale. Was unter diesen Bedingungen zurückbleibt, sind überwiegend Quarzkörner. Sande und Sandsteine, die fast ausschließlich aus Quarzkörnern bestehen, werden als kompositionell reife Sedimente bezeichnet.

Die wichtigsten Sandsteintypen Sandsteine können aufgrund ihrer mineralogischen Zusammensetzung und ihres Gefüges in mehrere Gruppen zusammengefasst werden (Abb. 5.20):

- **Quarzarenite** (Quarzsandsteine) bestehen fast ausschließlich aus Quarzkörnern, die normalerweise gut sortiert und gerundet sind. Diese reinen Quarzsande resultieren aus der intensiven Verwitterung und mechanischen Abnutzung vor und während des Transports, bei dem alle anderen Minerale zerstört wurden.
- **Arkosen** (Feldspat führende Sandsteine) enthalten mehr als 25 % Feldspäte. Die Komponenten sind hier gewöhnlich schlechter gerundet und weniger gut sortiert als in reinen Quarzsandsteinen. Diese feldspatreichen Sandsteine stammen aus rasch erodierten granitischen und metamorphen Liefergebieten, in denen die chemische Verwitterung gegenüber der physikalischen eine untergeordnete Rolle spielte.
- **Litharenite** (Gesteinsbruchstücke führende Sandsteine) sind Sandsteine, die mengenmäßig mehr Gesteinstrümmer enthalten als Feldspäte. Die Gesteinstrümmer dieser Sandsteine bestehen aus zahlreichen Bruchstücken feinkörniger Gesteine, überwiegend von Schiefertonen, aber auch vulkanischen Gesteinen oder feinkörnigen Metamorphiten.
- **Grauwacken** bestehen aus einem heterogenen Gemisch von Gesteinsbruchstücken und angularen Komponenten aus Quarz und Feldspäten; sie sind in eine feinkörnige Tonmatrix eingebettet, die durch das Auftreten des Minerals Chlorit charakterisiert ist. Ein Großteil dieser Matrix entstand nach einer tiefen Versenkung der Sandsteinserien durch chemische Umwandlung und mechanische Kompaktion sowie durch Deformation von relativ weichen Gesteinsbruchstücken, etwa von Schiefertonen oder auch von bestimmten vulkanischen Gesteinen.

Feinkörnige siliciklastische Sedimente und Sedimentgesteine: Silt, Siltstein, Ton, Tonstein und Schieferton

Die feinkörnigsten klastischen Sedimente und Sedimentgesteine sind Silt und Siltsteine, Ton, Tonsteine und Schiefertone. Sie bestehen aus Komponenten mit Korndurchmessern unter

Abb. 5.20 Mineralogische Zusammensetzung der vier wichtigsten Sandsteingruppen und deren bevorzugte Bildungsräume

Litharenit:
reichlich Gesteinsbruchstücke

Arkose:
reichlich Feldspat

Quarzarenit:
ausschließlich Quarz

Grauwacke:
reichlich Tonmatrix

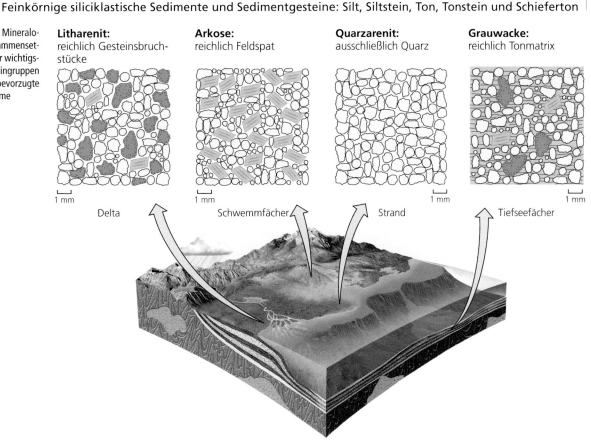

Delta   Schwemmfächer   Strand   Tiefseefächer

Teil II

0,063 mm. Sie umfassen damit ein sehr breites Spektrum an Korngrößen und variieren auch in ihrer mineralogischen Zusammensetzung ganz erheblich.

Klastische Sedimente, deren Komponenten einen Korndurchmesser unter 0,063 mm aufweisen und die demzufolge aus einem Gemisch von Silt und Ton bestehen, werden üblicherweise als Schlamm bezeichnet. Zusammenfassend wird für die Festgesteine dieser Korngröße auch die Bezeichnung Pelit (griech. *pelós* = Schlamm, Ton) oder wenig präzise auch Tonstein verwendet. Solche Pelite bilden eher massige Gesteine, die meist keine oder nur eine undeutliche Schichtung erkennen lassen und leicht in kleinere Stücke zerbrechen. In zahlreichen Peliten dürfte unmittelbar nach der Ablagerung eine Schichtung deutlich erkennbar gewesen sein; sie ist aber in vielen Fällen durch Bioturbation verloren gegangen.

Material der Silt- und Tonfraktion lässt sich zwar im Labor vollständig nach der Korngröße trennen. In der Natur ist dies jedoch selten der Fall, sodass Ton und Tonsteine stets einen gewissen Anteil der Siltfraktion, Silt und Siltsteine eine gewisse Menge von Material der Tonfraktion aufweisen. Gesteine, die hauptsächlich aus Partikeln im Größenbereich der Siltfraktion bestehen, werden als Siltstein bezeichnet. Ein Gestein mit einem überwiegenden Anteil der Tonfraktion wird dementsprechend Tonstein genannt.

Insgesamt werden diese feinklastischen Sedimente bereits durch sehr schwache Strömungen transportiert und dort abgelagert, wo ein langsames Absinken der extrem feinen Teilchen möglich ist.

Silt und Siltstein (Schluff und Schluffstein) Ein Siltstein ist das diagenetisch verfestigte Äquivalent des Silt, eines klastischen Sediments, in dem die meisten Bestandteile einen Durchmesser zwischen 0,063 und 0,002 mm haben. Siltsteine ähneln vom Aussehen her Tonsteinen oder sehr feinkörnigen Sandsteinen. Ein wichtiges äolisches Sediment aus Komponenten der Siltfraktion ist der **Löss**.

Ton, Tonstein und Schieferton besteht aus Komponenten der Tonfraktion mit Korndurchmessern unter 0,002 mm (Tab. 5.3). Komponenten der Tonfraktion (wir beziehen uns hier ausdrücklich auf die Größe der Teilchen und nicht auf die eigentlichen Tonminerale) sind insgesamt die häufigsten Bestandteile der feinklastischen Sedimente. Die entsprechenden Gesteine werden, wenn sie etwas stärker verfestigt sind, als **Schiefertone** bezeichnet, die dadurch kenntlich sind, dass sie leicht an Schichtflächen zerbrechen.

Ton und Silt werden von Flüssen oder auch von Gezeiten abgelagert. Wenn ein Fluss seine Talauen überflutet, verlangsamt sich beim Rückgang des Hochwassers die Strömung und das mitgeführte pelitische Material setzt sich als sogenannter Auenlehm ab. Dieser Schlamm trägt wesentlich zur Fruchtbarkeit des Schwemmlandes der Flüsse bei. Schlamm bleibt auch in zahlreichen Wattgebieten bei ablaufender Flut zurück, wenn die Wellentätigkeit gering ist. Ebenso werden große Bereiche des tieferen Meeresbodens, wo die Strömungsgeschwindigkeit gering ist oder Strömungen völlig fehlen, von Schlamm bedeckt.

Abb. 5.21 Die Marcellus-Formation in den nordöstlichen Vereinigten Staaten enthält noch nicht erschlossene Erdgas-Reserven. Das *grün* dargestellte Gebiet kennzeichnet die für eine wirtschaftliche Gewinnung aussichtsreichsten Bereiche des Marcellus-Schiefertons

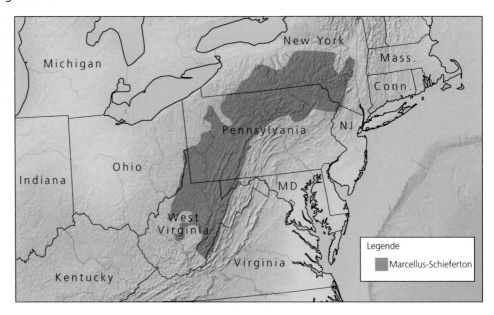

Viele feinklastische Sedimente enthalten häufig mehr als zehn Prozent Carbonate und stellen damit Ablagerungen von kalkigen Tonen, Tonsteinen und Schiefertonen dar. Tonsteine mit höheren Carbonatgehalten ($>25\%$ CaCO$_3$) werden als **Tonmergel** bezeichnet. Schwarze oder bituminöse Schiefertone enthalten häufig diagenetisch veränderte organische Substanz. Einige Schiefertone werden auch als Ölschiefer bezeichnet, weil sie große Mengen an ölähnlichem organischem Material (Bitumen) enthalten und daraus Öl gewonnen werden kann. Dazu sind jedoch der Einsatz spezieller Technologien wie das sogenannte „Hydraulic Fracturing" (hydraulische Rissbildung) oder kurz „Fracking" erforderlich.

Das Fracking erfolgt durch das Einpressen unter hohem Druck stehender Flüssigkeiten in die Schiefertone. Dies führt zur Rissbildung im Gestein und damit zu einer Verbesserung der Wegsamkeit für das in den Poren eingeschlossene Erdöl oder Erdgas und damit zu einem stärkeren Zufluss zur Sonde, sodass der Lagerstätteninhalt wirtschaftlich rentabel gefördert werden kann. Die im Nordosten der Vereinigten Staaten in weiten Gebieten verbreitete Marcellus-Formation (Abb. 5.21), benannt nach Marcellus (New York), besteht aus Schiefertonen und enthält große Mengen bisher nicht erschlossener Erdgas-Reserven.

Im Jahre 2007 wurde in die Marcellus-Formation erstmals eine Bohrung niedergebracht und durch Fracken eine wirtschaftlich rentable Förderung des Erdgases möglich gemacht. Die Folgen der Fracking-Methode für die Umwelt sind jedoch wegen der Auswirkungen der dabei verwendeten Chemikalien auf die Grundwasservorräte und wegen der Sicherheit der Bohrungen noch sehr umstritten. Aus diesen Gründen wird das Fracking-Verfahren beispielsweise in Deutschland derzeit als Risikotechnologie eingestuft.

Klassifikation der chemischen und chemisch-biogenen Sedimente und Sedimentgesteine

Die nicht siliciklastischen Sedimente werden nach ihrer chemischen Zusammensetzung in chemische, chemisch-biogene und biogene Sedimente unterteilt, um auch die Bedeutung der Organismen als wesentliche Produzenten solcher Sedimente zu betonen (Tab. 5.4). Während uns siliciklastische Sedimente Hinweise auf die Ausgangsgesteine und deren Verwitterung auf den Kontinenten geben, liefern die chemischen und chemisch-biogenen Sedimente Anhaltspunkte für die chemischen Bedingungen in den Ozeanen als ihren wichtigsten Sedimentbildungsräumen.

Carbonatsedimente und Carbonatgesteine

Die meisten **Carbonatsedimente** und **Carbonatgesteine** entstehen durch die Akkumulation und Lithifikation von Calciumcarbonat-Mineralen, die durch chemische Ausfällung oder direkt von Organismen abgeschieden werden. In einigen Fällen scheiden die Organismen Carbonatminerale jedoch auch indirekt ab, indem sie die physikalisch-chemischen Bedingungen in ihrer unmittelbaren Umgebung so verändern, dass es zur Carbonatfällung kommt. Bei all diesen Prozessen bestehen die ausgefällten Minerale aus Calciumcarbonat, entweder aus Calcit oder Aragonit. Calcit kann dabei mehrere Prozent an Magnesium-Ionen in sein Gitter aufnehmen, da Magnesium einen ähnlichen Ionenradius aufweist und daher Calcit ersetzen kann. Calcit, der einen Magnesium-Anteil von mehr als 4 % aufweist, wird als Mg-reicher Calcit bezeichnet. Aragonit ist eine metastabile Modifikation, die bereits in einem sehr frühen Stadium der Diagenese in Calcit übergeht.

Die heute in den Carbonatbildungsräumen abgelagerten Carbonatserien bestehen überwiegend aus Aragonit, lediglich die in der Tiefsee abgelagerten Foraminiferenschlämme bestehen aus Calcit. Es gibt jedoch Hinweise, dass in früheren Epochen der Erdgeschichte Calcit das primär gebildete Fällungsprodukt war.

Laboruntersuchungen haben gezeigt, dass die heute im Meerwasser vorhandene Magnesium-Konzentration bereits ausreicht, um eine direkte Ausfällung von Calcit, nicht jedoch von Aragonit, weitgehend zu verhindern.

Einer zu Beginn dieses Jahrhunderts aufgestellten Hypothese zufolge fallen die Epochen solcher „Calcit-Meere" mit Zeiten hoher Spreading-Raten zusammen, in denen es zu Wechselwirkungen des Meerwassers mit den heißen Basalten der neu entstehenden ozeanischen Kruste kam. Dabei wurde Calcium in den Basalten absorbiert und Magnesium in das Meerwasser freigesetzt, was zu einer Erhöhung des Magnesium-/Calcium-Verhältnisses führte und die Ausfällung von Calcit verhinderte.

Folglich bestanden die im Kambrium bis in das Unterkarbon und die im mittleren Jura bis in das jüngere Tertiär hinein abgelagerten Carbonatsedimente ursprünglich aus Calcit, während die vom mittleren Unterkarbon bis zum mittleren Jura und im Neogen bis heute in den „Aragonit-Meeren" gebildeten Carbonatserien aus Aragonit bestehen. Daher beeinflusst das System Plattentektonik nicht nur die Bildung der siliciklastischen, sondern auch der carbonatischen Sedimente und Sedimentgesteine.

Nach ihrer Bildung unterliegen die biogen oder abiogen entstandenen Carbonatsedimente denselben Transportvorgängen wie die siliciklastischen Komponenten. Sie zeigen daher dieselben Schichtungsmerkmale und Sedimentstrukturen. Auch die Prozesse der Diagenese laufen in weitgehend ähnlicher Form ab, doch sind die Carbonate gegenüber Lösungs- und Rekristallisationsvorgängen weit anfälliger. Wie schon erwähnt, geht Aragonit und auch an Magnesium reicher Calcit schon früh in Calcit über, so dass alle carbonatischen Sedimente, die vor dem Paläogen abgelagert wurden, bereits in Calcit übergegangen sind. Im weiteren Verlauf der Diagenese kann dieser Calcit durch Einbau von Magnesium in **Dolomit**, ebenfalls ein häufiges Carbonatmineral, übergehen, wobei auch der umgekehrte Vorgang möglich ist.

Die vorherrschenden chemisch-biogenen Sedimentgesteine sind die aus der Diagenese von Carbonatsedimenten hervorgegangenen **Kalksteine**. Sie bestehen im Wesentlichen aus Calciumcarbonat ($CaCO_3$) in Form von Calcit (Abb. 5.22a; Tab. 5.4). Diese Kalksteine können aus Carbonatsanden, Carbonatschlämmen und in einigen Fällen auch aus Riffen hervorgehen (vgl. Abb. 5.10). Darüber hinaus zeigen Kalksteine eine Vielzahl von Gefügen, sodass sich zahlreiche Gesteinstypen unterscheiden lassen. Einige wichtige werden hier beschrieben: oolithische und mikrokristalline Kalksteine.

Oolithische Kalksteine Zahlreiche Kalksteine bestehen im Wesentlichen aus kleineren rundlichen Carbonatkomponenten, sogenannten **Ooiden**. Sie entstehen dort, wo flache warme Küstengewässer – vereinzelt auch Binnenseen – von starken Strömungen oder Wellengang beeinflusst werden. Ooide werden von konzentrischschaligen Aragonitlamellen aufgebaut, die sich um einen Kern im Zentrum des Ooids abscheiden. Bei den Kernen handelt es sich entweder um Schalenbruchstücke oder Quarzkör-

Tab. 5.4 Klassifikation der chemischen und chemisch-biogenen Sedimente und Sedimentgesteine

Sediment	Sedimentgestein	chemische Zusammensetzung	Minerale
chemisch-biogen			
Carbonatsand und Carbonatschlamm (überwiegend bioklastisch)	Kalkstein	Calciumcarbonat ($CaCO_3$)	Calcit (Aragonit)
Kieselsediment	Hornstein	Siliciumdioxid (SiO_2)	Opal Chalcedon Quarz
Torf, organisches Material	Kohle	Kohlenstoff Kohlenstoffverbindungen (mit Sauerstoff und Wasserstoff)	(Kohle) (Erdöl) (Erdgas)
chemisch			
primär nicht abgelagert (durch Diagenese entstanden)	Dolomit	Calcium-Magnesiumcarbonat ($CaMg[CO_3]_2$)	Dolomit
Eisenoxid	Eisenerz	Eisensilicate; Eisenoxide; Eisencarbonat (Fe_2O_3; $FeCO_3$)	Hämatit Limonit Siderit
Evaporit	Evaporit	Natriumchlorid (NaCl); Calciumsulfat ($CaSO_4$)	Gips Anhydrit Halit Kalisalze
primär nicht abgelagert (durch Diagenese entstanden)	Phosphorit	Calciumphosphat ($Ca_5[PO_4]_3$)	Apatit

Abb. 5.22a–d Chemische und chemisch-biogene Sedimentgesteine. **a** Kalkstein, entstanden durch Diagenese aus Kalkschlamm; **b** Gips, und **c** Steinsalz (Halit), marine Evaporite, die in flachen Meeresbecken ausgefällt wurden; **d** Hornstein, aus kieseligem Sediment entstanden (Fotos: © John Grotzinger/Ramón Rivera-Moret/Harvard Mineralogical Museum)

a

Kalkstein

b

Gips

c

Steinsalz (Halit)

d

Hornstein

ner. Um diese Kerne lagern sich tangential kleine Aragonitnadeln an, da das mit den Gezeitenströmungen ankommende kalte Meerwasser durch Erwärmung im Flachwasser an Calciumcarbonat übersättigt ist. Die Strömungen halten die Ooide in ständiger Bewegung und dadurch, dass sie zeitweise aufgewirbelt werden, kommt es allseitig zur Anlagerung von Aragonit. Das Größenwachstum endet, wenn die Ooide von den herrschenden Strömungen nicht mehr gerollt oder aufgewirbelt werden können. Da Ooide meist etwa die Größe von Sandkörnern erreichen, werden die aus Ooiden bestehenden Lockersedimente als Ooidsande, ihre diagenetisch verfestigten Äquivalente als Oolithe bezeichnet.

Mikrokristalline Kalksteine Viele Kalksteine besitzen eine feinkörnige Matrix oder bestehen vollständig aus feinkörnigen Carbonatkomponenten mit Kristallgrößen <4 μm, die als **mikrokristalliner Calcit** oder kurz **Mikrit** bezeichnet werden. Sie entstehen in ruhigem Wasser, wo $CaCO_3$ in Form von winzigen nadeligen Kristallen ausfällt und sich am Meeresboden als Kalkschlamm ansammelt. Dieser feinkörnige Kalkschlamm geht schon bald nach der Ablagerung durch Kompaktions- und Rekristallisationsvorgänge in einen mikrokristallinen, gleichkörnigen und dichten Kalkstein über, dessen einzelne Kristalle nur unter sehr starker Vergrößerung erkennbar sind. Solche mikriti-

schen Kalke sind bei weitem die häufigsten marinen Carbonatgesteine, die im Lauf der Erdgeschichte gebildet worden sind. Die Entstehung dieser mikrokristallinen Kalke ist allerdings noch umstritten, da mikrokristalliner Calcit sowohl durch chemische Fällung als auch durch biologische oder durch diagenetische Prozesse entstehen kann.

Diagenetisch entstandene Carbonatgesteine: Ein anderes häufiges Carbonatgestein ist der **Dolomit**. Das Mineral Dolomit ist chemisch betrachtet ein Doppelsalz aus Calcium- und Magnesiumcarbonat, $CaMg(CO_3)_2$, (Tab. 5.4), aus dem auch zum großen Teil die Berge der norditalienischen Dolomiten bestehen. (Dieses Mineral wurde nach Déodat de Dolomieu benannt, einem Franzosen aus der Dauphiné, der das Mineral in den Bergen am oberen Eisack erstmals fand und beschrieb. Aus dem Titel des 1864 erschienenen Reisebuchs „*The Dolomite Mountains*" wurde dann, als wohl einmaliger Fall, der Name eines Minerals auf eine Gebirgslandschaft übertragen.)

Dolomite sind diagenetisch umgewandelte Carbonatsedimente und Kalksteine. Das Mineral Dolomit bildet sich weder als primäres Fällungsprodukt aus normalem Meerwasser noch scheiden irgendwelche Organismen Schalen aus Dolomit ab. Stattdessen wird der ursprüngliche Calcit oder Aragonit eines Carbonatsediments schon bald nach der Ablagerung in Dolomit umgewandelt. Ein Teil der Calcium-Ionen des Calcits oder Aragonits wird gegen Magnesium-Ionen des Meerwassers (oder magnesiumreichen Grundwassers) ausgetauscht, das langsam durch die Poren des Sediments wandert. Durch diese Austauschreaktion geht das Calciumcarbonat-Mineral Calcit CaCO$_3$ in Dolomit CaMg(CO$_3$)$_2$ über.

Direkte chemisch-biogene Fällung von Carbonatsedimenten
Carbonatgesteine sind deshalb so häufig, weil im Meerwasser große Mengen an Calcium- und Carbonat-Ionen gelöst sind, die von den Organismen direkt zum Bau ihrer Hartteile aufgenommen werden können. Das Calcium stammt aus der Verwitterung von Feldspäten und anderen Mineralen der Magmatite und Metamorphite. Das Carbonat entstand aus dem Kohlendioxid der Atmosphäre. Ein Teil des Calciums und des Carbonats stammt aber auch von den leicht verwitternden Kalksteinen auf den Festländern.

Die meisten Carbonate flachmariner Ablagerungsräume sind bioklastische Carbonatsedimente. Sie wurden ursprünglich von Organismen, die in der Nähe der Oberfläche oder am Boden der Ozeane lebten, biochemisch als Schalenmaterial abgeschieden, das nach ihrem Tod durch Strömungen transportiert und dabei mechanisch zu Carbonatklasten aufbereitet und zerstört wurde. Man kennt solche bioklastischen Carbonatsedimente von den tropischen Korallenriffen des Pazifischen Ozeans, des Roten Meeres, der Karibik oder von den flachen Bänken der Bahamas. Für Untersuchungen weniger zugänglich als diese spektakulären Feriengebiete ist der Tiefseeboden, der Bereich, auf dem heute der größte Teil der Carbonatsedimente abgelagert wird.

Die meisten Carbonatsedimente in den offenen Ozeanen stammen von den kleinen Calcitschalen planktisch lebender **Foraminiferen**, Schalen bildenden Einzellern (vgl. Abb. 3.1b); hinzu kommen kalkige Reste anderer einzelliger Organismen wie etwa **Coccolithophoriden**, die zu den gelbgrünen einzelligen Algen gehören und mikroskopisch kleine Skelettelemente aus Calcit besitzen. Nach dem Absterben sinken sie zum Meeresboden ab und ihre Gehäuse reichern sich dort als Sedimente an. Diese Schlämme durchlaufen während der Versenkung eine intensive Kompaktion und Zementation und bilden dann sehr feinkörnige Kalksteine. Ein charakteristisches Sedimentgestein aus solchen biogenen Kalkschlämmen ist die **Schreibkreide**. Man findet sie in großer Verbreitung in England (Kanalküste bei Dover), Nordfrankreich und Teilen Norddeutschlands (unter anderem auf der Insel Rügen).

Riffe sind hügel- oder wallartige biogene Strukturen, die ein von Organismen aufgebautes Gerüst besitzen. In den heutigen warmen Meeren werden die meisten Riffe von Korallen aufgebaut, zusammen mit Hunderten anderer, Carbonat abscheidender Organismenarten wie etwa Algen, Muscheln und Schnecken. Aus der früheren Erdgeschichte sind jedoch noch zahlreiche andere Organismengruppen als Gerüstbildner bekannt (Abb. 5.23). Im Gegensatz zu den weichen, unverfestigten Sedimenten, die in anderen Bildungsräumen entstehen, bildet das Calciumcarbonat der Korallen und anderer Rifforganismen eine starre und wellenresistente Struktur, ein zementiertes Gerüstwerk aus festem

Abb. 5.23 Riffkalkstein aus der Shuiba-Formation der Kreide von Oman. Riffbildner waren Rudisten, eine ausgestorbene Gruppe der Muscheln (Lamellibranchiaten) (Foto: © John Grotzinger)

Kalkstein, das bis zum Meeresspiegel und geringfügig darüber hinaus aufgebaut wird und die in der Umgebung abgelagerten Schichten oft deutlich überragt. Das Zwischenstadium eines unverfestigten Sediments fehlt bei den Riffen.

Riffe, die während ihres Wachstums über die umgebenden Sedimente hinausragten, werden als **Bioherme** bezeichnet. Biogene Strukturen, deren laterale Ausdehnung ihre Mächtigkeit deutlich übertrifft, so dass Unter- und Obergrenze mehr oder weniger parallel zueinander verlaufen, werden **Biostrome** genannt. Kennzeichnend für Riffgesteine ist weiterhin ihre im Allgemeinen massige Erscheinung, eine Schichtung ist oft nur wenig entwickelt. Auf Riffe wird in Kap. 20 im Zusammenhang mit der Sedimentbildung auf den Schelfgebieten noch einmal eingegangen.

Indirekte chemisch-biogene Fällung von Carbonatsedimenten Ein bedeutender Anteil des Carbonatschlamms in den Flachmeergebieten der Bahama-Inseln wird auf indirektem Wege aus dem Meerwasser ausgefällt. Bei diesem Vorgang dürften Mikroorganismen beteiligt sein, doch ist deren Rolle noch weitgehend ungeklärt. Möglicherweise verschieben sie im umgebenden Meerwasser das Gleichgewicht zwischen Calcium- (Ca^{2+}) und Hydrogencarbonat-Ionen ($HCO_3{}^{2-}$) auf irgendeine Weise in Richtung Calciumcarbonat ($CaCO_3$), so dass dieses ausfällt. Eine Fällung ist jedoch nur dann möglich, wenn das umgebende Meerwasser an Calcium- und Hydrogencarbonat-Ionen gesättigt beziehungsweise übersättigt ist. Offensichtlich führen dann die von den Mikroorganismen in das Meerwasser freigesetzten chemischen Substanzen zur Ausfällung der Minerale. Im Gegensatz dazu scheiden Schalen tragende Organismen als Folge ihrer normalen Lebensvorgänge kontinuierlich Carbonatminerale ab.

Die wichtigsten Carbonatbildungsräume in der geologischen Vergangenheit – wie auch heute noch – sind die Carbonatplattformen, ausgedehnte Flachwassergebiete ähnlich den Bahama-Bänken, auf denen sowohl biogene als auch abiogene Carbonate abgelagert werden. Die verschiedenen marinen Carbonatbildungsräume werden in Kap. 20 noch eingehender behandelt.

Chemische Sedimente: Steinsalz, Gips und andere chemische Sedimente

Evaporitsedimente und Evaporitgesteine entstehen als chemische Fällungsprodukte durch die Verdunstung von Meerwasser oder in ariden Gebieten durch die Verdunstung des Wassers abflussloser Seen.

Marine Evaporite Marine Evaporite sind chemische Sedimente und Sedimentgesteine, die bei der Verdunstung von Meerwasser ausfallen. Zu diesem Prozess kommt es dort, wo in Buchten oder Meeresarmen unter ariden Klimabedingungen das Meerwasser rasch verdunstet und aus dem offenen Ozean nur eingeschränkt Wasser normaler Salinität zufließen kann. Die Salinität solcher Bereiche – und damit letztlich auch das ausgefällte Sediment – ist ausschließlich von der Verdunstung abhängig. Die in den Evaporitbildungsräumen abgelagerten Sedimente und Gesteine enthalten Minerale, die durch die Kristallisation von Natriumchlorid (Steinsalz, Halit), Calciumsulfat (Gips und Anhydrit) und zahlreichen Mischsalzen der im Meerwasser vorhandenen Ionen entstehen. Wenn Meerwasser verdunstet und die Konzentration der darin enthaltenen Ionen steigt, kristallisieren diese Minerale entsprechend ihrer unterschiedlichen Löslichkeitsprodukte in einer bestimmten Abfolge aus, darunter einige in Form primärer Fällungsprodukte wie etwa Gips und Steinsalz; andere entstehen möglicherweise durch Reaktionen während der frühen Diagenese. Durch die Ausfällung der gelösten Ionen und Kristallisation der einzelnen Minerale verändert sich fortwährend die Zusammensetzung des verdunstenden Meerwassers.

Meerwasser weist in allen Ozeanen ungefähr dieselbe Zusammensetzung auf. Dies erklärt auch, warum die Evaporite weltweit gleich aufgebaut sind. Die im Verlauf der Erdgeschichte gebildeten Evaporite lassen erkennen, dass in den letzten 1,8 Mrd. Jahren die Zusammensetzung des Meerwassers weitgehend konstant war. Doch vor dieser Zeit könnte die Abscheidungsfolge völlig anders gewesen sein und darauf hindeuten, dass auch die Zusammensetzung des Meerwassers anders war.

Würde man eine Säule Meerwasser von 1000 m Höhe vollständig eindampfen, bliebe davon eine Salzabfolge von 15,7 m Mächtigkeit. Die großen Mächtigkeiten zahlreicher mariner Evaporite – oft mehrere hundert Meter – zeigen, dass sie nicht aus einer vergleichsweise kleinen Menge Meerwasser entstanden sein können, die in einer flachen Bucht oder einem abgeschlossenen Becken isoliert war; dazu hätte eine ungeheure Menge Meerwasser verdunsten müssen. Damit derart große Wassermengen verdunsten können, müssen in geeigneten Buchten oder Meeresarmen folgende Bedingungen zusammentreffen (Abb. 5.24):

- Die Zufuhr von Süßwasser ist gering,
- die Verbindung zum offenen Ozean ist eingeschränkt,
- im Bereich des Ablagerungsraums herrschte ein arides Klima.

In diesem Bildungsmilieu verdunstet ständig Wasser, durch die Verbindungswege fließt jedoch fortwährend frisches Meerwasser zu und ergänzt das in der Bucht verdunstende Wasser. Als Folge bleibt das Volumen des Wasserkörpers zwar konstant, doch der Salzgehalt erhöht sich gegenüber dem offenen Ozean zunehmend. Das in der Bucht vorhandene Wasser bleibt dadurch mehr oder weniger kontinuierlich an Steinsalz, Gips oder den anderen Mineralen übersättigt, währenddessen sich am Boden des Evaporitbeckens kontinuierlich Evaporitminerale absetzen.

Wenn das Meerwasser zu verdunsten beginnt, sind die ersten Fällungsprodukte die schwerer löslichen Carbonate. Zuerst bildet sich ausschließlich Calcit, und dann – durch diagenetische Reaktion mit dem Magnesiumüberschuss der Lösung – Dolomit. Die weitere Verdunstung und Eindampfung führt zur Ausfällung von wasserhaltigem Calciumsulfat, dem Mineral **Gips** ($CaSO_4 \cdot 2H_2O$), dem Hauptbestandteil des Putzgipses (Abb. 5.22b). Zu diesem Zeitpunkt sind im Meerwasser nahezu keine Carbonat-Ionen mehr vorhanden.

Bei anhaltender Verdunstung beginnt die Fällung des Minerals **Halit** oder **Steinsalz** (NaCl), eines der häufigsten chemischen Sedimente, das sich aus verdunstendem Meerwasser bildet (Abb. 5.22c). Im Endstadium der Evaporation, nachdem das Natriumchlorid gefällt ist, werden die leicht löslichen Magnesium- und Kaliumchloride beziehungsweise -sulfate gefällt.

Tief unter Nord- bis Mitteldeutschland wurden beispielsweise in der Zeit des Zechsteins, am Ende des Paläozoikums, in einem austrocknenden Meeresarm mächtige Steinsalz- und Kalisalzvorkommen abgelagert, die auch heute noch in großem Umfang bergmännisch abgebaut werden.

Diese Abfolge der Salzabscheidung wurde auch experimentell im Labor untersucht und stimmt mit den Schichtenfolgen in vollständig entwickelten natürlichen Salzserien überein. Die meisten Evaporite der Erde bestehen aus mächtigen Abfolgen von Dolomit, Gips und Steinsalz; sie enthalten jedoch nicht die Endglieder der Fällung. Viele reichen sogar nicht einmal bis zum Steinsalz. Das Fehlen der letzten, leicht löslichen Phasen spricht dafür, dass das Wasser nicht völlig verdunstet ist, sondern bei anhaltender Evaporation wieder durch normales Meerwasser ergänzt, das heißt verdünnt wurde.

Nicht marine Evaporite Evaporitsedimente entstehen außerdem in Binnenseen, die keinen oder nur einen geringen Abfluss haben, sodass die Verdunstung den Wasserstand des Sees steuert und sich zunehmend Salze anreichern, die als Produkte der chemischen Verwitterung mit den einmündenden Flüssen angeliefert werden. Bekannte Beispiele hierfür sind das Tote Meer, der Tuz Gölü (Türkei) und der Große Salzsee in Utah, der wohl der bekannteste See dieser Art ist (Abb. 5.25). Die wenigen in den See mündenden Flüsse bringen die gelösten Salze mit, die im Zuge der Verwitterung aus den umliegenden Gesteinen gelöst wurden. Im trockenen Klima von Utah überwiegt die Verdunstung gegenüber dem Zustrom von Süßwasser aus Flüssen und Niederschlägen. Dadurch konzentrieren sich die gelösten Ionen im Seewasser und lassen den Großen Salzsee zu einem der salz-

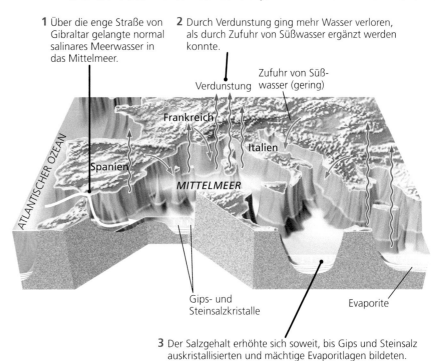

1 Über die enge Straße von Gibraltar gelangte normal salinares Meerwasser in das Mittelmeer.

2 Durch Verdunstung ging mehr Wasser verloren, als durch Zufuhr von Süßwasser ergänzt werden konnte.

Zufuhr von Süß-
Verdunstung   wasser (gering)

Frankreich

Italien

ATLANTISCHER OZEAN

Spanien

MITTELMEER

Gips- und
Steinsalzkristalle

Evaporite

3 Der Salzgehalt erhöhte sich soweit, bis Gips und Steinsalz auskristallisierten und mächtige Evaporitlagen bildeten.

Abb. 5.24 Mariner Evaporitbildungs-raum aus dem Miozän. Das damals im Mittelmeergebiet herrschende trockene-re Klima führte zu einer Verflachung des Mittelmeers und dessen eingeschränkte Verbindung zum Atlantik schuf Bedingun-gen für die Ausfällung von Evaporiten (die Zeichnung ist stark überhöht)

Abb. 5.25 Die hohe Konzentration der im Großen Salzsee (Utah, USA) gelösten Ionen macht ihn mit der achtfachen Konzentration des Meer-wassers zum Wasserkörper mit dem höchsten Salzgehalt der Erde. Wenn diese Ionen ausfallen, entstehen Evaporitsedimente. (Foto: © John Mc-Lean/Alamy)

Teil II

haltigsten Binnengewässer der Erde werden, achtmal salziger als Meerwasser.

In anderen kleinen Seen arider Gebiete können sich ungewöhnliche Salze anreichern wie etwa Borate (Verbindungen des Elements Bor). So werden beispielsweise aus dem Searles Lake in Kalifornien etwa 90 % des Weltbedarfs an Bor gewonnen. Einige Seen sind sogar alkalisch, das Wasser dieser Seen ist gesundheitsschädlich. In den Sedimenten unter dem Seegrund findet man oft wirtschaftlich bedeutende Lagerstätten von Boraten oder Nitraten (Minerale, die das Element Stickstoff enthalten).

Weitere chemisch-biogene und chemische Sedimente

Die von Organismen auf chemisch-biogenem Wege abgeschiedenen Carbonatminerale sind die wichtigsten Ausgangssubstanzen der chemisch-biogenen Sedimente, während die aus verdunstendem Meerwasser ausgefällten Salzminerale die wichtigsten chemischen Sedimente sind. Darüber hinaus gibt es jedoch einige seltener auftretende chemische und chemisch-biogene Sedimente, die nur lokal größere Vorkommen bilden. Dazu gehören Kieselsedimente, Phosphorite, sedimentäre Eisenerze, Kohle sowie die an organischer Substanz reichen Sedimente, aus denen durch diagenetische Prozesse Erdöl und Erdgas entstehen. Der Anteil der bei der Bildung dieser Sedimente beteiligten biogenen und chemischen Prozesse ist jeweils sehr unterschiedlich.

Kieselsedimente: Die Herkunft der Kieselsäure Eines der ersten Sedimentgesteine, das unsere prähistorischen Vorfahren für praktische Zwecke nutzten, war **Hornstein**, ein feinkörniges, Kieselgestein, das aus chemisch oder biochemisch gefälltem SiO_2 besteht (Abb. 5.22d). Schon steinzeitliche Jäger verarbeiteten es zu Pfeilspitzen und anderen Werkzeugen, weil sie dieses Material auf einfache Weise abschlagen und zu harten, scharfen Gebrauchsgegenständen formen konnten. Eine andere gebräuchliche Bezeichnung für solche Kieselgesteine ist **Feuerstein**, beide Begriffe sind praktisch austauschbar. Paläozoische Kieselsedimente werden oftmals auch als **Kieselschiefer** bezeichnet. Die Kieselsäure liegt in den meisten kieseligen Sedimenten in Form von extrem feinkristallinem Quarz vor, einige geologisch gesehen junge Hornsteine bestehen aus Opal, einer amorphen Form des SiO_2.

Wie bei den Carbonatsedimenten wird ein großer Teil der kieseligen Sedimente biogen als Schalenmaterial von planktonisch lebenden Organismen abgeschieden. Zu den wichtigsten zählen kleine Kieselalgen, die sogenannten **Diatomeen**, die in den nährstoffreichen oberflächennahen Wasserschichten der Meere und Binnengewässer leben. Eine weitere Organismengruppe sind die **Radiolarien**, die in Bau und Lebensweise den Foraminiferen ähneln. Sobald die Planktonorganismen abgestorben sind, sinken sie auf den Boden der Tiefsee ab, wo sich ihre Schalen zu Lagen aus kieseligem Sediment in Form von Diatomeen- und Radiolarienschlamm anreichern. Nach Überdeckung durch nachfolgende Schichten werden die Kieselsedimente diagenetisch verfestigt und gehen in Hornstein über. Schwach verfestigte Kieselsedimente werden als **Diatomeenerde** (Kieselgur) beziehungsweise

Radiolarienerde bezeichnet. Feuersteine können sich außerdem während der Diagenese in Form von Konkretionen oder unregelmäßig geformten Massen bilden und dabei das Carbonat in Kalksteinen und Dolomiten ersetzen.

Phosphorite Zu den zahlreichen im marinen Bereich abgelagerten chemischen und chemisch-biogenen Sedimenten zählen auch die **Phosphorite** beziehungsweise Phosphatgesteine. Sie bestehen aus Calciumphosphat und entstehen dort, wo in sogenannten Auftriebsgebieten am Kontinentalschelf kaltes Tiefenwasser aufsteigt, das reichlich Phosphate und andere Nährstoffe enthält. Der eigentliche Phosphorit entsteht auf diagenetischem Weg durch Wechselwirkung zwischen tonig-siltigen oder carbonatischen Sedimenten und dem phosphatreichen Meerwasser. Organismen spielen bei der Bildung des phosphatreichen Meerwassers eine wichtige Rolle, wogegen Sulfat reduzierende Bakterien für die Ausfällung der Phosphatminerale im Sediment ausschlaggebend sind.

Oxidische Eisenverbindungen: Sedimentäre Eisenerze Als **sedimentäre Eisenerze** werden Sedimentgesteine mit einem Eisengehalt über 15 % bezeichnet. Sie bestehen aus Eisenoxiden, verschiedenen Eisensilicaten und Eisencarbonaten. Die meisten dieser Vorkommen sind bereits sehr früh in der Erdgeschichte entstanden, als in der Atmosphäre noch wenig Sauerstoff vorhanden und das Eisen folglich leichter löslich war. Das Eisen wurde in gelöster zweiwertiger Form dem Meer zugeführt und dort ausgefällt, wo Mikroorganismen Sauerstoff produzierten. Ursprünglich ging man davon aus, dass die Eisenerze auf rein chemischem Wege entstanden sind. Es gibt jedoch inzwischen Hinweise für eine indirekte Ausfällung unter Beteiligung von Mikroorganismen.

Organische Substanz: Ausgangsmaterial für Kohle, Erdöl und Erdgas Ein rein biogenes, durch Organismen gebildetes Sedimentgestein ist die Kohle. Sie besteht fast ausschließlich aus organischem Kohlenstoff, der durch diagenetische Umwandlung von ehemaliger Sumpfvegetation entstanden ist. Die abgestorbenen Pflanzen werden zunächst unter Wasserverlust in **Torf** umgewandelt, der zu über 50 % aus Kohlenstoff besteht. Der Torf gelangt mit weiterer Sedimentation und Versenkung in größere Tiefen und geht durch diagenetische Prozesse (Inkohlung) allmählich in **Kohle** über. Kohle gehört zu den sogenannten **Kaustobiolithen**, einer Gruppe von Sedimentgesteinen, die vollständig oder zu großen Teilen aus organischem Kohlenstoff bestehen und aus der Zersetzung von organischem Material hervorgegangen sind.

Sowohl in Binnenseen als auch in den Ozeanen reichern sich die Reste von Algen, Bakterien und anderen mikroskopisch kleinen Organismen in den Sedimenten in Form von organischem Material an, die unter geeigneten Bedingungen während der Diagenese in Erdöl und Erdgas übergehen. **Erdöl** und **Erdgas** werden als fluide Phasen normalerweise nicht zu den Sedimenten gestellt. Da sie jedoch durch Diagenese aus organischem Material im Porenraum von Sedimentgesteinen entstehen, können sie im weiteren Sinne als organische Sedimente betrachtet werden. Durch tiefe Versenkung wurde das ursprünglich zusammen mit den anorganischen Sedimenten abgelagerte organische Material in eine fluide Phase umgewandelt, die dann in andere poröse Schichtenfolgen abwanderte und dort eingeschlossen wurde, das heißt: Erdöl und Erdgas treten bevorzugt in Sandsteinen und porösen Kalksteinen auf (siehe auch Kap. 23).

Da die Erdöl- und Erdgasvorräte allmählich zurückgehen, sind die Geologen gefordert, sowohl neue Lagerstätten aufzufinden, als auch neue Methoden zu entwickeln, mit denen aus den bestehenden Ölfeldern auch noch die letzten Reste des vorhandene Öls gefördert werden können. Letztendlich bestimmen jedoch die vorhandenen Vorkommen an organischen Sedimenten, wie viel Öl und Erdgas aufgefunden werden kann. Solche Sedimente sind in einigen Perioden der Erdgeschichte häufiger und sind regional auch sehr unterschiedlich verteilt – geologische Gegebenheiten, die wir akzeptieren müssen. Aber wir können jedoch neue und intelligentere Methoden entwickeln, um auch die letzten, in kleineren Erdölvorkommen noch vorhandene Ölvorräte zu erschließen und wirtschaftlich zu gewinnen. Der Bedarf an gut ausgebildeten Geologen war noch nie so groß wie heute.

Zusammenfassung des Kapitels

Die wichtigsten Vorgänge, die zur Bildung von Sedimenten führen: Verwitterung und Erosion liefern nicht nur die klastischen Komponenten, die zur Bildung siliciklastischer Sedimente erforderlich sind, sondern auch die gelösten Ionen, aus denen die chemischen und chemisch-biogenen Sedimente hervorgehen. Fließendes Wasser, Wind und Gletscher verfrachten das Sedimentmaterial zum Ort seiner endgültigen Ablagerung – dem Ablagerungsraum. Die Sedimentation oder Ablagerung, das Absetzen der Sedimentpartikel aus dem transportierenden Medium, führt in Flusstälern, auf Sanddünen, an den Küsten und auf dem Ozeanboden zu geschichteten Sedimenten. Nach der Überdeckung mit weiteren Sedimenten kommt es in den tiefer liegenden Schichten durch die Prozesse der Diagenese zu einer Verfestigung des ursprünglich lockeren Sedimentmaterials und damit zur Umwandlung in ein Sedimentgestein.

Die beiden Hauptgruppen der Sedimente: Sedimente und die daraus entstehenden Sedimentgesteine werden in siliciklastische, chemische bzw. chemisch-biogene Sedimente unterteilt. Die siliciklastischen Sedimente entstehen aus den bei der physikalischen Verwitterung des Ausgangsgesteins gebildeten Gesteinsbruchstücken. Diese werden durch Wasser- und Windströmungen sowie durch Gletschereis in die Ozeane transportiert, wobei sie auf dem Weg dorthin mehrfach abgelagert und wieder umgelagert werden. Die chemischen bzw. chemisch-biogenen Sedimente entstehen aus den Mineralen, die bei der chemischen Verwitterung im Wasser gelöst und transportiert werden. Diese Ionen werden in Lösung in die Ozeane transportiert und dem Meerwasser zugemischt. Durch chemische und biochemische Reaktionen werden sie als Partikel aus der Lösung ausgefällt und setzen sich als Sedimente am Meeresboden ab.

Klassifikation der wichtigsten klastischen, chemischen und chemisch-biogenen Sedimente: Siliciklastische Se-

dimente und Sedimentgesteine werden nach abnehmender Korngröße in Kiese und Konglomerate, Sande und Sandsteine, Silt und Siltsteine, Ton und Tonsteine sowie Schiefertone eingeteilt. Diese Art der Klassifikation lässt die Bedeutung der Strömungsgeschwindigkeit bei Transport und Ablagerung des festen Materials erkennen. Die chemischen und biogenen Sedimente werden nach ihrer chemischen Zusammensetzung klassifiziert. Die häufigsten chemisch-biogenen Sedimente sind die Carbonatgesteine Kalkstein und Dolomit. Kalksteine bestehen überwiegend aus biogenem Schalenmaterial, Dolomite entstehen diagenetisch durch chemische Umsetzungen aus den Kalksteinen. Weitere rein chemische Sedimente sind Evaporite, Hornsteine, Phosphorite und die sedimentären Eisenerze. Die rein biogenen Sedimente bestehen aus organischem Material, das in Kohle, Erdöl und Erdgas übergeführt wird.

Ergänzende Medien

5.1 Animation: Diagenese

5.2 Animation: Schrägschichtung

5.3 Animation: Bildung von Sedimentbecken

5.1 Video: Steno's Prinzipien der ursprünglich horizontalen Lagerung und Sedimentstrukturen Schrägschichtung, Paläoböden, Stromatolithen

Teil II

Teil II

5.2 Video: Kalkstein

5.4: Video: Rio Grande Rift-Struktur

5.3 Video: Sedimentäre Schichtung

5.5 Video: Natürliche Felsbögen und Felsbrücken

Metamorphe Gesteine

Teil II

Der in Westirland auftretende Connemar-Marmor wurde im Verlauf der Metamorphose intensiv durch Faltung deformiert (Foto: © Jennifer Griffes)

© Springer-Verlag Berlin Heidelberg 2017
J. Grotzinger, T. Jordan, *Press/Siever Allgemeine Geologie*, DOI 10.1007/978-3-662-48342-8_6

Im Kreislauf der Gesteine können Gesteine unterschiedlichster Genese Temperaturen und Drücken ausgesetzt sein, die hoch genug sind, um ihren Mineralbestand, ihr Gefüge oder ihre chemische Zusammensetzung zu verändern. Wir alle kennen aus dem täglichen Leben zahlreiche Beispiele, bei denen Materialien durch Druck und Temperatur ihre Struktur ändern. Dies gilt in gleicher Weise auch für Gesteine – sie verändern sich, wenn sie in großen Tiefen der Erdkruste entsprechend hohen Temperaturen und Drücken ausgesetzt sind.

In einigen Dutzend Kilometern Tiefe sind Temperatur und Druck so hoch, dass die Gesteine zwar chemisch, mineralogisch und strukturell verändert werden, aber nicht hoch genug, um die Gesteine zu schmelzen. Die Zunahme von Temperatur und Druck wie auch die veränderten chemischen Bedingungen führen sowohl in magmatischen als auch in sedimentären Ausgangsgesteinen zu einer Änderung der Mineralzusammensetzung und Kristallstruktur, obwohl sie dabei stets in festem Zustand verbleiben. Als Ergebnis dieser Vorgänge entsteht die dritte große Gesteinsgruppe, die **metamorphen Gesteine**, kurz die **Metamorphite**, die sich hinsichtlich ihrer mineralogischen und chemischen Zusammensetzung sowie ihres Gefüges oder auch in allen drei Gesteinsmerkmalen verändert haben.

Es ist jedoch wichtig, sich stets vor Augen zu führen, dass die Metamorphose überwiegend ein dynamischer und kein statischer Vorgang ist. Die innere Wärmekraftmaschine ist Antriebsmechanismus der Lithosphärenplatten, durch den die an der Erdoberfläche entstandenen Gesteine in große Tiefen gelangen und dabei sowohl hohen Drücken als auch hohen Temperaturen ausgesetzt werden. Gelangen diese metamorph veränderten Gesteine wieder an die Oberfläche zurück, sind sie den Verwitterungs- und Erosionsprozessen – oder, mit anderen Worten, dem System Klima ausgesetzt.

Dieses Kapitel befasst sich mit den Ursachen der Metamorphose, ihren verschiedenen Formen und den dafür zu Grunde liegenden geologischen Bedingungen sowie mit der Entstehung der zahlreichen Gefüge, die für metamorphe Gesteine kennzeichnend sind. Es zeigt, wie Geologen charakteristische Eigenschaften dazu heranziehen, um die Bedingungen zu rekonstruieren, unter denen diese Gesteine metamorph verändert wurden, und es beschreibt, was sich aus den Prozessen, die diese Gesteine im Kreislauf der Gesteine durchliefen, für den Aufbau der Erdkruste ableiten lässt.

Ursachen der Metamorphose

Während Sedimente und Sedimentgesteine ausschließlich durch Vorgänge an der Oberfläche entstehen, sind die meisten an der Oberfläche aufgeschlossenen metamorphen Gesteine durch Prozesse entstanden, die in Bereichen zwischen der oberen und unteren Kruste auf die Gesteine einwirken.

Wenn ein Gestein deutlich anderen Temperatur- und Druckbedingungen ausgesetzt wird, und wenn ausreichend Zeit zur

Verfügung steht – nach geologischen Maßstäben wenig, aber normalerweise eine Million Jahre oder mehr –, wird das Gestein in seinem Mineralbestand, seinem Gefüge, seiner chemischen Zusammensetzung oder in allen drei Gesteinsmerkmalen so weit verändert, dass es mit den veränderten Temperatur- und Druckverhältnissen im Gleichgewicht steht. Ein fossilreicher Kalkstein kann beispielsweise in einen weißen Marmor umgewandelt werden, in dem keinerlei Fossilreste mehr erkennbar sind. Die mineralische und chemische Zusammensetzung bleibt in diesem Falle unverändert, das Gefüge verändert sich jedoch ganz erheblich und besteht nun nicht mehr aus kleinen, sondern aus großen, sich verzahnenden Kristallen, wobei die früheren Strukturen, wie etwa Fossilien, verschwunden sind. Tonschiefer, ein gut geschichtetes und so feinkörniges Sedimentgestein, dass die einzelnen Mineralkörner nicht mehr erkennbar sind, kann in ein Gestein übergehen, in dem die Schichtung undeutlich ist, auf den Schieferungsflächen aber große Glimmerkristalle glitzern. Bei dieser metamorphen Umwandlung haben sich sowohl die Mineralzusammensetzung als auch das Gefüge verändert, während der Chemismus des Gesteins insgesamt gleich blieb.

Der größte Teil dieser Gesteine ist in Tiefen zwischen 10 und 30 km entstanden, und damit in den unteren zwei Dritteln der Erdkruste. Erst später wurden sie „exhumiert", das heißt sie gelangten an die Oberfläche zurück, wo sie dann in Aufschlüssen zugänglich sind. In seltenen Fällen können metamorphe Veränderungen auch nahe der Erdoberfläche erfolgen. Solche metamorphen Veränderungen sind beispielsweise auf den gefritteten Oberflächen von Böden und Sedimenten unmittelbar unter vulkanischen Lavaströmen zu beobachten.

Die im Erdinneren herrschenden Druck- und Temperaturverhältnisse sowie die Zusammensetzung der fluiden Phasen sind die drei wichtigsten Faktoren der Metamorphose. In weiten Bereichen der Erdkruste steigt die Temperatur konstant um 30 °C pro km Tiefe, obwohl die Temperaturen in den verschiedenen Bereichen der Erde mit sehr unterschiedlichen Geschwindigkeiten zunehmen. Bezogen auf diesen Mittelwert beträgt die Temperatur in einer Tiefe von 15 km etwa 450 °C und ist damit weit höher als die durchschnittliche Temperatur an der Oberfläche, die in den meisten Gebieten zwischen 10 und 20 °C schwankt. Der dabei beteiligte Druck ist nicht nur eine Folge vertikal wirkender Kräfte, die durch das Gewicht der überlagernden Gesteine verursacht werden, sondern auch von horizontal wirkenden Kräften, die zur Deformation der Gesteine durch plattentektonische Prozesse führen. Der in einer Tiefe von 15 km Druck herrschende Druck entspricht dem Gewicht des gesamten überlagernden Gesteins und damit ungefähr dem 4000-fachen Luftdruck an der Erdoberfläche.

So hoch diese Temperaturen und Drücke auch erscheinen, sie liegen, wie Abb. 6.1 zeigt, nur im mittleren Metamorphosebereich. Der Metamorphosegrad eines Gesteins ist Abbild der Druck- und Temperaturbedingungen, denen das Gestein während der Metamorphose ausgesetzt war. Wir bezeichnen metamorphe Gesteine, die sich bei niedrigen Druck- und Temperaturbedingungen in flacheren Stockwerken der Kruste gebildet haben, als **schwach** oder **niedrig metamorphe** Gesteine, und Gesteine, die in tieferen Zonen bei höherer Temperatur und höherem Druck entstanden sind, demzufolge als **hoch metamorphe Gesteine**.

Mit dem Metamorphosegrad ändert sich auch die mineralische Zusammensetzung des Gesteins. Einige Silicatminerale wie etwa Disthen, Andalusit, Sillimanit, Staurolith, Granat und Epidot treten vorwiegend in metamorphen Gesteinen auf. Anhand des charakteristischen Mineralbestands und der Gefüge ist es daher möglich, den Metamorphosegrad der Gesteine bestimmten.

Manche Metamorphite waren in ihrer frühen Entstehungsgeschichte hohen Druck- und Temperaturbedingungen ausgesetzt und hatten sich zunächst zu hoch metamorphen Gesteinen entwickelt. Später reduzierten sich Temperaturen und Drücke deutlich und ließen unter den neuen Bedingungen ein niedrig metamorphes Gestein entstehen. Dieser Vorgang wird als **retrograde Metamorphose** bezeichnet.

Die Rolle der Temperatur

Die Temperatur beeinflusst in starkem Maße die chemische Zusammensetzung, den Mineralbestand und das Gefüge eines Gesteins, da unter dem Einfluss der Temperatur chemische Bindungen aufbrechen und bestehende Kristallstrukturen magmatischer Gesteine sich verändern können. Gelangen Gesteine von der Erdoberfläche in die Tiefen der Erdkruste, wo die Temperaturen deutlich höher sind, passen sich die Gesteine den veränderten Temperaturbedingungen an. Die Atome und Ionen der Minerale ordnen sich um, sie rekristallisieren unter Bildung eines neuen Mineralbestands. Viele der neu gebildeten Kristalle werden größer als die Kristalle im Ausgangsgestein.

Der Temperaturanstieg mit zunehmender Tiefe wird als **geothermischer Gradient** bezeichnet. Dieser geothermische Gradient schwankt zwar in Abhängigkeit von der plattentektonischen Position, im Mittel liegt er jedoch bei 30 °C pro km Tiefe. In Bereichen, in denen es durch Krustendehnung zur Ausdünnung der kontinentalen Lithosphäre kommt, wie etwa im Great Basin (US-Bundesstaat Nevada), ist der geothermische Gradient deutlich steiler und beträgt beispielsweise 50 °C pro km Tiefe. In Gebieten mit alter und mächtiger kontinentaler Lithosphäre, wie etwa unter dem Kanadischen Schild, ist der geothermische Gradient flach und liegt bei 20 °C pro km Tiefe (Abb. 6.2).

Da die verschiedenen Minerale bei sehr unterschiedlichen Temperaturen kristallisieren und stabil bleiben, können die Mineralparagenesen eines metamorphen Gesteins als eine Art „Geothermometer" verwendet werden, um abzuschätzen, bei welchen Temperaturen die Gesteine entstanden sind. Werden Sedimentgesteine, die beispielsweise Tonminerale enthalten, in immer größere Tiefen versenkt, kommt es zur Rekristallisation der Tonminerale und damit zur Neubildung von Glimmern. Mit weiterer Versenkung in noch größere Tiefen – und folglich noch höheren Temperaturen – werden auch die Glimmer instabil und rekristallisieren zu neuen Mineralen wie etwa Granat.

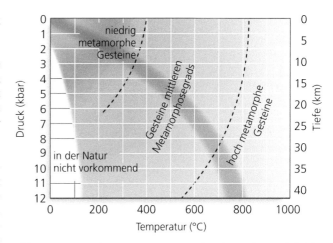

Abb. 6.1 Zusammenhang von Temperatur, Druck und Versenkungstiefe bei der Bildung von niedrig bis hoch metamorphen Gesteinen. Der *dunkle Streifen* zeigt den normalen Anstieg von Druck und Temperatur mit zunehmender Tiefe, wie er im größten Teil der Lithosphäre auftritt

Plattentektonische Vorgänge wie Subduktion und Kontinent-Kontinent-Kollision, bei denen Gesteine und Sedimente in heißere Bereiche der Erdkruste gelangen, sind mit Abstand die wichtigsten Prozesse, die zur Bildung der meisten Metamorphite führen. Darüber hinaus kann es auch zur Metamorphose kommen, wenn Gesteine in der Umgebung von Magmaintrusionen höheren Temperaturen ausgesetzt sind. Die Aufheizung ist unmittelbar am Kontakt zwar sehr stark, doch reicht ihr Einfluss nicht allzu weit in das Nebengestein hinein.

Die Rolle des Drucks

Wie die Temperatur verändert auch der Druck sowohl das Gefüge als auch den Mineralbestand eines Gesteins. Festes Gestein ist generell zwei Arten von Druck ausgesetzt, das heißt, auf einen Gesteinskörper wirken unterschiedliche Spannungen (**Stress**) ein:

1. **Allseitiger (lithostatischer) Druck** wirkt von allen Seiten gleichmäßig stark auf das Gestein ein, vergleichbar dem Druck der Wassersäule, der auf einem Schwimmer lastet, wenn er im Schwimmbad taucht. Genauso wie der Schwimmer den höheren Druck verspürt, wenn er tiefer taucht, ist auch ein Gestein, das in größere Tiefen gelangt, einem höheren allseitigen Druck ausgesetzt.
2. **Gerichteter Druck (anisotroper Druck oder Spannung)** wird in einer bestimmten Richtung ausgeübt, wie wenn man eine weiche Tonkugel zwischen Daumen und Zeigefinger zerdrückt. Gerichteter Druck ist normalerweise auf bestimmte Zonen oder einzelne Flächen beschränkt.

Die an kollidierenden Platten auftretende Kompression ist eine solche Form von gerichtetem Druck und führt in der Umgebung

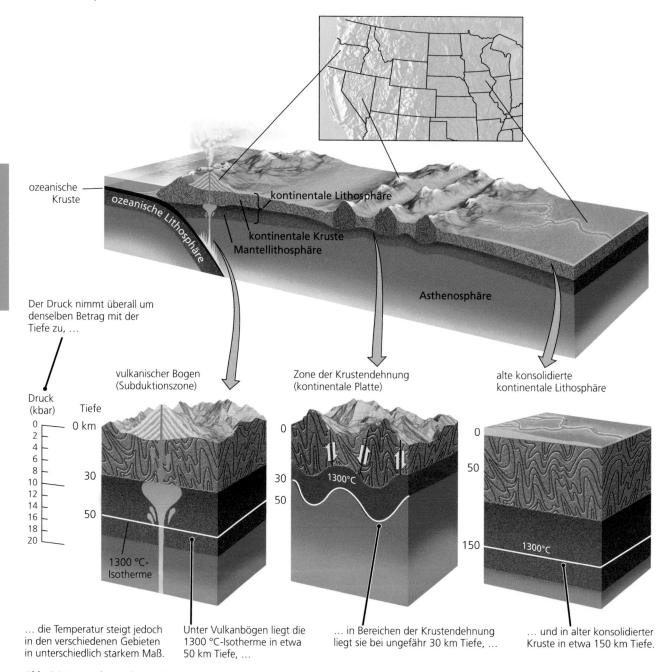

ozeanische Kruste

ozeanische Lithosphäre

kontinentale Lithosphäre

kontinentale Kruste
Mantellithosphäre

Asthenosphäre

Der Druck nimmt überall um denselben Betrag mit der Tiefe zu, …

Druck (kbar)   Tiefe

vulkanischer Bogen (Subduktionszone)

Zone der Krustendehnung (kontinentale Platte)

alte konsolidierte kontinentale Lithosphäre

1300 °C-Isotherme

1300°C

1300°C

… die Temperatur steigt jedoch in den verschiedenen Gebieten in unterschiedlich starkem Maß.

Unter Vulkanbögen liegt die 1300 °C-Isotherme in etwa 50 km Tiefe, …

… in Bereichen der Krustendehnung liegt sie bei ungefähr 30 km Tiefe, …

… und in alter konsolidierter Kruste in etwa 150 km Tiefe.

Abb. 6.2 Der geothermische Gradient unterscheidet sich in den verschiedenen plattentektonischen Positionen, der Druck nimmt jedoch überall mit ungefähr derselben Geschwindigkeit zu. Als Isotherme bezeichnet man eine Linie, die Zonen gleicher Temperatur miteinander verbindet

der Plattengrenze zur Deformation. Wärme vermindert die Festigkeit der Gesteine, daher führt der gerichtete Druck in Gebirgsgürteln, in denen die Temperaturen hoch sind, zu intensiver Faltung, verbunden mit anderen Formen der duktilen Deformation, und – wo die Temperaturen ausreichend hoch sind – auch zur Metamorphose. Gesteine, die gerichtetem Druck ausgesetzt sind, können erheblich deformiert sowie in Richtung des herrschenden Drucks komprimiert und senkrecht zur Druckrichtung gestreckt werden (Abb. 6.3).

In Abhängigkeit von der Richtung, in der Druck oder Stress auf die Gesteine ausgeübt wird, können auch die Minerale der Metamorphite zusammengedrückt, gestreckt oder gedreht werden, um sich in einer bestimmten Richtung einzuregeln. Daher beeinflusst gerichteter Druck die Form und Orientierung neu gebildeter metamorpher Minerale, die während der Rekristallisation unter dem Einfluss von Temperatur und Druck entstanden sind. Bei der Rekristallisation von Glimmern beispielsweise erfolgt das Wachstum der Kristalle so, dass sich die Ebenen ihrer Schichtsilicatstrukturen senkrecht zum herrschenden Druck ausrichten. Längliche Minerale wie die Amphibole werden ebenfalls in Ebenen angeordnet, die senkrecht zur Richtung des einwirkenden Drucks verlaufen. Im Laufe der Deformation kann es durch Segregation der hellen und dunklen Minerale im Gestein zu einer Bänderung kommen.

Auch die bemerkenswerte Festigkeit des Marmors ist auf Rekristallisationsprozesse zurückzuführen. Wenn Kalkstein (ein Sedimentgestein) extrem hohen Temperaturen ausgesetzt wird, die zu einer Rekristallisation führen, ordnen sich die Minerale und Kristalle neu und es entsteht eine isotrope, feste, in sich verzahnte Kristallstruktur.

Der Druck, dem die Gesteine in großen Tiefen der Erdkruste ausgesetzt sind, ist sowohl von der Mächtigkeit als auch der Dichte der auflagernden Gesteine abhängig. Der normalerweise in Kilobar (1000 bar, abgekürzt kbar) angegebene Druck steigt pro km Tiefe um etwa 0,3 bis 0,4 kbar (Abb. 6.1) an. Ein Bar entspricht etwa dem an der Erdoberfläche herrschenden Luftdruck. Auf einem Taucher würde also ein weiteres Bar lasten, wenn er in die tieferen Bereiche eines Korallenriffs bei etwa 10 m Tiefe vordringt.

Minerale, die unter den an der Erdoberfläche herrschenden Druckbedingungen stabil sind, werden in der tieferen Erdkruste aufgrund des höheren Drucks instabil und gehen durch Rekristallisation in neue Minerale über. In Laboruntersuchungen wurden Gesteine extrem hohen Drücken ausgesetzt und die für diese Änderungen erforderlichen Drücke registriert. Mithilfe dieser Daten ist es möglich, aus der mineralogischen Zusammensetzung und dem Gefüge die ehemaligen Druckverhältnisse eines bestimmten Gebiets zu rekonstruieren. Daher kann jede metamorphe Mineralparagenese als eine Art „Geobarometer" für die einstigen Druckverhältnisse verwendet werden. Aus der spezifi-schen Mineralparagenese eines metamorphen Gesteins lässt sich damit der Druckbereich und demzufolge die Tiefe ermitteln, in der die Bildung dieses Gesteins erfolgte.

Die Rolle der fluiden Phasen

Die chemische Zusammensetzung eines Gesteins kann während der Metamorphose durch Zu- oder Abfuhr wasserlöslicher chemischer Komponenten erheblich verändert werden (Exkurs 6.1). Hydrothermale Fluide beschleunigen die chemischen Prozesse der Metamorphose, da sie neben gelöstem Kohlendioxid noch weitere chemische Elemente und Verbindungen wie Natrium, Kalium, Kieselsäure, Kupfer oder Zink enthalten, die unter höherem Druck in heißem Wasser löslich sind. Da hydrothermale Lösungen bis in die oberflächennahen Bereiche der Kruste aufsteigen, reagieren sie mit dem Nebengestein und verändern dabei dessen chemische und mineralogische Zusammensetzung; gelegentlich ersetzen sie auch ein Mineral durch ein anderes, ohne das Gefüge des Gesteins zu verändern. Derartige Veränderungen der chemischen Beschaffenheit eines Gesteins durch fluiden Transport von chemischen Substanzen werden als **Metasomatose** bezeichnet. Viele wertvolle Lagerstätten von Kupfer, Zink, Blei und anderen Metallen sind durch diese Form der chemischen Verdrängung und Substitution entstanden. Woher stammen diese chemisch reaktionsfreudigen Fluide? Obwohl die meisten Gesteine scheinbar völlig trocken sind und nur eine geringe Porosität aufweisen, enthalten sie meist in ihren winzigen, engen Poren (den Räumen zwischen den Mineralkörnern) fluide Phasen. Das Wasser stammt aus dem in Tonmineralen chemisch gebundenen Wasser und nicht aus sedimentärem Porenwasser, das bereits während der Diagenese weitgehend ausgepresst worden war. In den anderen wasserhaltigen Mineralen wie etwa in

Teil II

Abb. 6.3 Diese Gesteine im Sequoia National Forest (Kalifornien, USA) zeigen sowohl die Bänderung als auch die Faltung, die für Sedimentgesteine typisch ist, die durch Metamorphose in Marmore, kristalline Schiefer und Gneise umgewandelt wurden (Foto: Gregory G. Dimijian/Science Source)

Exkurs 6.1 Chemische Reaktionen im Zusammenhang mit der Metamorphose

Die chemischen Umwandlungen, denen Magmatite, Sedimentgesteine oder auch Metamorphite im Zuge der Metamorphose unterliegen, können durch wenige, relativ einfache chemische Reaktionen beschrieben werden, an denen die häufigen Minerale einer für eine bestimmte Metamorphosefazies charakteristischen Mineralparagenese beteiligt sind.

Im Verlauf einer solchen Reaktion gibt Kaolinit, ein in zahlreichen Schiefertonen auftretendes Tonmineral, bei Temperaturen unter 400 °C und relativ geringem Druck sein Wasser ab und geht damit in Andalusit und Quarz über:

$$\text{Kaolinit} \rightarrow \text{Andalusit} + \text{Quarz} + \text{Wasser}$$
$$Al_2Si_2O_5(OH)_4 \rightarrow Al_2SiO_5 + SiO_2 + 2H_2O$$

Eine weitere, unter ähnlichen Bedingungen ablaufende Reaktion ist die Umwandlung von Dolomit, Quarz und Wasser – Komponenten, die in zahlreichen sandig-dolomitischen Kalksteinen auftreten – zu Talk und Calcit, wobei eine gewisse Menge Kohlendioxid freigesetzt wird.

$$\text{Dolomit} + \text{Quarz} + \text{Wasser} \rightarrow$$
$$3CaMg(CO_3)_2 + SiO_2 + H_2O$$
$$\text{Talk} + \text{Calcit} + \text{Kohlendioxid}$$
$$Mg_3Si_4O_{10}(OH)_2 + 3CaCO_3 + 3CO_2$$

Bei etwas höheren Metamorphosegraden geht Chlorit, ein wesentlicher Bestandteil in Metamorphiten der Grünschieferfazies, durch die Reaktion mit Quarz in Granat über, ein Leitmineral für einen höheren Metamorphosegrad, wobei Wasser freigesetzt wird.

$$\text{Chlorit} + \text{Quarz} \rightarrow$$
$$Mg_9Al_6Si_5O_{20}(OH)_{16} + 4SiO_2$$
$$\text{Granat} + \text{Wasser}$$
$$3Mg_3Al_2Si_3O_{12} + H_2O$$

Die Umwandlung eines ultrabasischen Gesteins in Serpentinit verläuft über eine ganze Anzahl unterschiedlicher Reaktionen. Ein Beispiel ist die einfache Hydratation von Olivin:

$$\text{Olivin} + \text{Wasser} \rightarrow \text{Serpentin} + \text{Brucit}$$
$$2Mg_2SiO_4 + 3H_2O \quad Mg_3Si_2O_5(OH) + Mg(OH)_2$$

Die Bedeutung der hier in schematischer, stark reduzierter Form wiedergegebenen, normalerweise sehr komplizierten Reaktionsreihen, die in der Natur über eine Vielzahl von Gleichgewichtszuständen ablaufen, liegt sowohl in der einfachen Analysetechnik als auch in der leichten Durchführbarkeit. Dies ermöglicht experimentell arbeitenden Petrologen auf relativ einfache Weise die Ermittlung der Temperatur- und Druckverhältnisse, unter denen bestimmte Reaktionen ablaufen, um daraus die Metamorphosebedingungen zu rekonstruieren.

den Glimmern und Amphibolen ist das Wasser Bestandteil ihres Kristallgitters. Das Kohlendioxid in den Fluiden stammt überwiegend aus sedimentären Carbonaten – aus Kalksteinen und Dolomiten.

Arten der Metamorphose

Dank moderner Technik ist man heute in der Lage, die Bedingungen der Metamorphose im Labor experimentell nachzuahmen, um die genauen Verhältnisse von Druck, Temperatur und chemischer Zusammensetzung zu bestimmen, unter denen eine Umwandlung stattgefunden hat.

Doch um zu verstehen, wie jede einzelne dieser Kombinationen mit den geologischen Bedingungen der Metamorphose zusammenhängt, das heißt wann, wo und wie diese Voraussetzungen in der Erde herrschten, unterteilt man die metamorphen Gesteine auf der Grundlage ihrer geologischen Positionen (Abb. 6.4).

Regionalmetamorphose

Die Regionalmetamorphose, der am weitesten verbreitete Typus der Metamorphose, tritt dort auf, wo in ausgedehnten Bereichen der Kruste sowohl hohe Temperaturen als auch hohe Drücke herrschen. Wir bezeichnen diese Form als **Regionalmetamorphose**, um sie gegenüber den eher lokalen Gesteinsveränderungen in der Nähe von Magmaintrusionen oder Störungen abzugrenzen. Die Regionalmetamorphose ist eine charakteristische Erscheinung an konvergenten Plattenrändern. Sie tritt in vulkanischen Inselbögen, aber auch in den Kernen von Gebirgsketten auf, die, wie etwa der Himalaja, durch die Kollision von Kontinenten aufgefaltet worden sind. Diese Gebirgsgürtel sind oftmals langgestreckte Gebilde und daher zeigen sowohl die rezenten als auch die älteren Bereiche der Regionalmetamorphose meist eine lineare Erscheinungsform. Aus diesem Grund deutet man auch ausgedehnte Zonen metamorpher Gesteine als tiefe Stockwerke ehemaliger Gebirgszüge, die im Laufe vieler Millionen Jahre erodiert wurden, wodurch die den Gebirgskern bildenden Gesteine an die Erdoberfläche gelangt sind.

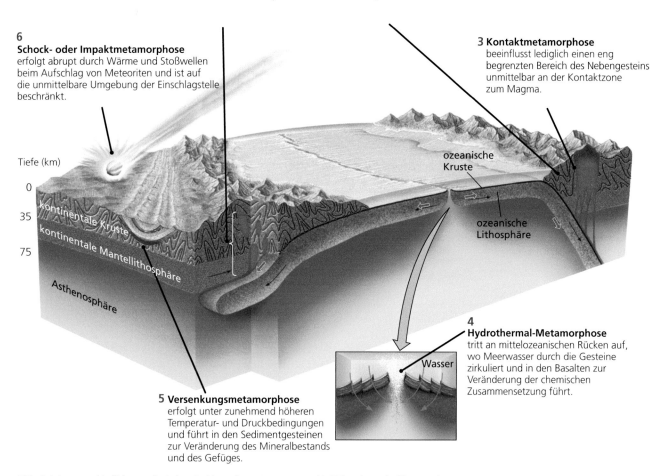

1 Regionalmetamorphose
an konvergenten Plattengrenzen erfolgt in
mittleren bis großen Tiefen unter mittlerem bis
ultrahohem Druck und hohen Temperaturen.

2 Hochdruckmetamorphose
ist überwiegend an Subduktionszonen gebunden,
wo Gesteinsmaterial zunehmend höheren Drücken
ausgesetzt wird.

6
Schock- oder Impaktmetamorphose
erfolgt abrupt durch Wärme und Stoßwellen
beim Aufschlag von Meteoriten und ist auf
die unmittelbare Umgebung der Einschlagstelle
beschränkt.

3 Kontaktmetamorphose
beeinflusst lediglich einen eng
begrenzten Bereich des Nebengesteins
unmittelbar an der Kontaktzone
zum Magma.

Tiefe (km)

0

35

75

ozeanische
Kruste

ozeanische
Lithosphäre

kontinentale Kruste

kontinentale Mantellithosphäre

Asthenosphäre

4
Hydrothermal-Metamorphose
tritt an mittelozeanischen Rücken auf,
wo Meerwasser durch die Gesteine
zirkuliert und in den Basalten zur
Veränderung der chemischen
Zusammensetzung führt.

Wasser

5 Versenkungsmetamorphose
erfolgt unter zunehmend höheren
Temperatur- und Druckbedingungen
und führt in den Sedimentgesteinen
zur Veränderung des Mineralbestands
und des Gefüges.

Abb. 6.4 In unterschiedlichen geologischen Positionen kommt es zu unterschiedlichen Arten der Metamorphose

Teil II

Einige regionalmetamorphe Zonen sind die Folge hoher Temperaturen und mäßiger bis höherer Druckverhältnisse, beispielsweise in der Nähe vulkanischer Inselbögen. Sie entstehen dort, wo subduzierte Platten tief in den Erdmantel abtauchen. Andere entstehen unter sehr hohen Druck- und Temperaturbedingungen in den tieferen Krustenstockwerken an den Grenzen konvergierender kontinentaler Platten, wo das Gestein deformiert wird und hohe Gebirgsketten aufsteigen. In beiden Fällen gelangen die Gesteine typischerweise in große Tiefen innerhalb der Erdkruste, werden danach wieder herausgehoben und an der Erdoberfläche erodiert. Die gesamten Erscheinungsformen der Regionalmetamorphose, vor allem wie die Gesteine auf die systematischen Druck- und Temperaturveränderungen reagieren, sind jedoch von der jeweiligen tektonischen Position abhängig. Auf diesen Punkt wird später in diesem Kapitel noch einmal eingegangen.

Kontaktmetamorphose

Bei der Kontaktmetamorphose führen die für Magmaintrusionen typischen hohen Temperatur in dem unmittelbar angrenzenden Nebengestein zur Metamorphose. Diese Art der lokalen Gesteinsumwandlung erfasst in der Regel nur einen vergleichsweise eng begrenzten Bereich des Nebengesteins unmittelbar entlang der Kontaktzone, der als **Kontakthof** bezeichnet wird. In zahlreichen kontaktmetamorphen Gesteinen, besonders bei oberflächennahen Intrusionen, wird die Mineralumwandlung in erster Linie durch die hohen Temperaturen des intrudierenden Magmas verursacht. Nur dort, wo das Magma in größeren Tiefen stecken blieb, haben auch die Auswirkungen des Drucks eine gewisse Bedeutung. Der Druck resultiert dabei nicht aus der Platznahme der Schmelze im Nebengestein, sondern aus dem regional vorhandenen allseitigen Druck. Eine Kontaktmetamorphose durch Effusivgesteine ist auf sehr dünne Zonen beschränkt, weil Laven an der Oberfläche sehr rasch abkühlen und ihre Wärme kaum Zeit hat, in das umgebende Gestein einzudringen und dort metamorphe Veränderungen zu bewirken. Auch große Blöcke des Nebengesteins, die nicht vollständig aufgeschmolzen wurden, unterliegen der Kontaktmetamorphose. Die von den Wänden der Magmakammer losgerissenen, bis zu mehreren Metern Durchmesser großen Blöcke sind völlig von der heißen Gesteinsschmelze umgeben, sodass von allen Richtungen die Wärme in solche **Xenolithe** eindringt und diese Nebengesteinsbruchstücke schließlich vollständig kontaktmetamorph verändert.

Hydrothermalmetamorphose

Eine weitere Form der Metamorphose, die sogenannte **Hydrothermalmetamorphose** (hydrothermale Alteration oder Ozeanboden-Metamorphose), ist im Wesentlichen an die mittelozeanischen Rücken gebunden (vgl. Kap. 4). In die heißen, zerklüfteten Basalte der oberen Kruste sickert durch Konvektionsbewegungen Meerwasser in die neu entstandene ozeanische Kruste ein und wird dabei erwärmt. Die Zunahme der Temperatur fördert die chemischen Reaktionen zwischen Meerwasser und Gestein und führt zu Veränderungen in den Basalten, deren chemische Zusammensetzung sich deutlich von der des ursprünglichen Basalts unterscheidet. Hydrothermal-Metamorphose durch fluide Phasen tritt auch auf den Kontinenten auf, wenn in der Umgebung von Magmaintrusionen zirkulierende hoch temperierte Fluide die intrudierten Nebengesteine metamorph verändern.

Weitere Arten der Metamorphose

Außer diesen genannten gibt es noch weitere Metamorphosearten; dabei entstehen vergleichsweise geringe Mengen metamorpher Gesteine. Einige, wie etwa die Ultrahochdruck-Metamorphose, sind jedoch für das Verständnis der im Erdinneren herrschenden Verhältnisse von erheblicher Bedeutung.

Versenkungsmetamorphose In Kap. 5 wurde erwähnt, dass Sedimente durch allmähliche Überdeckung und Versenkung der Diagenese unterliegen und in Sedimentgesteine übergehen. Bei weiterer Versenkung geht die Diagenese allmählich in die **Versenkungsmetamorphose** über, eine niedriggradige Metamorphose, die durch den zunehmenden Auflastdruck der kontinuierlich abgelagerten Sedimente und durch die steigende Temperatur zustande kommt, die ihrerseits mit der zunehmenden Versenkung in immer größere Tiefen verbunden ist.

In Abhängigkeit von den regionalen geothermischen Gradienten beginnt diese niedriggradige Metamorphose im Allgemeinen in Tiefen zwischen 6 und 10 km, in denen Temperaturen zwischen 100 und 200 °C und Drücke unter 3 kbar herrschen. Dieser Sachverhalt ist für die Erdöl- und Erdgasindustrie von erheblicher Bedeutung, die als wirtschaftliche Grundlage („economic basement") genau jene Tiefe bezeichnet, in der die niedriggradige Metamorphose einsetzt. Erdöl- und Erdgasbohrungen werden selten unter diese Tiefe niedergebracht, weil bei Temperaturen über 150 °C die in den Sedimenten eingeschlossene organische Substanz bevorzugt in Kohlendioxid und nicht in Erdöl und Erdgas übergeht.

Obwohl die Temperaturen und Drücke nicht so hoch sind wie bei der Regionalmetamorphose, sind sie doch hoch genug, um eine partielle Veränderung des Mineralbestands und Gefüges der Sedimentgesteine zu bewirken. Schichtung und auch andere Sedimentstrukturen bleiben dabei jedoch erhalten.

Hochdruck- und Ultrahochdruck-Metamorphose Metamorphite, die durch hohe (8 bis 12 kbar) und ultrahohe Drücke (über 28 kbar) entstanden sind, sind nur selten an der Erdoberfläche aufgeschlossen und der Untersuchung zugänglich. Diese Gesteine sind ungewöhnlich, da sie in derart großen Tiefen entstehen, dass eine extrem lange Zeit erforderlich ist, bis diese Gesteine wieder an die Erdoberfläche gelangen. Die meisten Hochdruckgesteine entstehen in Subduktionszonen, an denen die von der subduzierten Platte abgeschürften Sedimente in Tiefen von über 30 km gelangen, wo sie Drücken bis zu 12 kbar ausgesetzt sind.

Doch vereinzelt gelangen selbst ungewöhnliche Metamorphite an die Erdoberfläche, die ursprünglich an der Basis der Erdkruste gebildet wurden. Diese Gesteine, die sogenannten **Eklogite**, enthalten oftmals Minerale wie etwa Coesit (eine Hochdruckmodifikation von Quarz), der für Drücke über 28 kbar und damit für Tiefen über 80 km kennzeichnend ist. Eklogite entstehen bei mittleren bis hohen Temperaturen zwischen 800 und 1000 °C. In einigen Fällen enthalten diese Gesteine mikroskopisch kleine Diamanten, die auf Drücke über 40 kbar und Tiefen von mehr als 120 km hindeuten. Überraschenderweise können solche Ultrahochdruck-Gesteine Flächen bis zu 200 mal 400 km einnehmen. Die beiden einzigen Gesteine, von denen bekannt ist, dass sie aus so großen Tiefen stammen, sind die Füllungen der Diatreme sowie die Kimberlite (vgl. Kap. 12) – Magmatite, die enge Schlote von wenigen hundert Metern Durchmesser bilden. Es besteht Einigkeit darin, dass diese Gesteine durch eine Art „Vulkaneruption" entstanden sind und dass die Schmelzen aus großen Tiefen stammen. Im Gegensatz dazu sind die Prozesse, durch die Ultrahochdruck-Gesteine an die Oberfläche gelangen, noch Gegenstand heftiger Diskussionen. Möglicherweise sind diese Gesteine Bruchstücke aus dem Vorderrand von Kontinenten, die bei der Kollision in große Tiefen subduziert worden sind und danach (durch bisher unbekannte Vorgänge) wieder an die Oberfläche gelangten, ohne dass ausreichend Zeit für eine Rekristallisation unter niedrigeren Drücken zur Verfügung stand.

Schock- oder Impaktmetamorphose Beim Aufschlag eines Meteoriten kommt es zur Impaktmetamorphose. Meteoriten sind Bruchstücke von Kometen oder Asteroiden, die in das Schwerefeld der Erde eindringen und anschließend mit ihr kollidierten. Die in den Meteoriten (in Form von Masse und Geschwindigkeit) enthaltene Energie wird beim Auftreffen in Wärme und Stoßwellen umgewandelt, die das Nebengestein durchlaufen. Die betroffenen Gesteine reagieren durch metamorphe Umwandlungen, im Wesentlichen durch eine parallel verlaufende

Rissbildung oder durch Druckzwillingsbildung. Meist wird dabei das Nebengestein zertrümmert und vereinzelt unter Bildung von Tektiten aufgeschmolzen. Die kleinsten Tektite haben das Aussehen von Glaströpfchen. Gelegentlich geht Quarz in die beiden Hochdruckmodifikationen Coesit und Stishovit über.

In den meisten großen Impaktstrukturen finden sich allerdings keine Reste des Meteoriten, da diese bei der Kollision mit der Erde normalerweise zerstört werden. Das Auftreten von Coesit und von Kratern mit typischen Bruchstrukturen in deren Umgebung sind jedoch eindeutige Hinweise auf solche Kollisionen. Die dichte Atmosphäre der Erde führt dazu, dass die meisten Meteorite vollständig verbrennen, noch ehe sie auf der Erdoberfläche aufschlagen. Während eine Impaktmetamorphose auf der Erde nur selten auftritt, sind auf dem Mond die dafür typischen Erscheinungen überall vorhanden. Diese Form der Metamorphose ist gekennzeichnet durch extrem hohe Drücke mit Werten bis zu mehreren hundert Kilobar. Wie das Beispiel des Meteoritenkraters im Nördlinger Ries zeigt, klingen die Erscheinungen der Schockmetamorphose von der Einschlagstelle radial nach außen hin vergleichsweise rasch ab.

Metamorphe Gefüge

All die verschiedenen Arten der Metamorphose prägen dem Gestein, das sie verändern, ein neues, metamorphes Gefüge auf, das durch die Größe, Form und Anordnung der beteiligten Kristalle bestimmt wird. Einige Gefüge sind auf die neu gebildeten Minerale zurückzuführen, wie beispielsweise auf die Glimmer, die einen blättrigen Habitus aufweisen. Unterschiede in der Korngröße sind ebenfalls von Bedeutung. Im Allgemeinen nimmt die Kristallgröße mit zunehmendem Metamorphosegrad zu. Jedes der zahlreichen Gefüge gibt Auskunft über die Prozesse der Metamorphose, die die betroffenen Gesteine durchlaufen haben.

Foliation

Das auffälligste Gefüge vieler regionalmetamorph veränderter Gesteine ist ein System ebener oder auch welliger, meist engständiger, parallel verlaufender Flächen, das als **Foliation** oder weitgehend synonym auch als **Schieferung** bezeichnet wird, und das bei der Deformation der Sedimentgesteine oder Magmatite durch gerichteten Druck entstanden ist (Abb. 6.5). Diese Foliation kann entweder parallel zur ursprünglichen Schichtung der Sedimentgesteine verlaufen, häufig ist sie jedoch schräg bis senkrecht zu den Schichtflächen orientiert und wird dann als **Transversalschieferung** bezeichnet (Abb. 6.5). Ganz allgemein tritt mit zunehmender Intensität der Regionalmetamorphose die Foliation immer deutlicher hervor.

Eine wesentliche Ursache der Foliation ist das Vorhandensein blättriger Minerale, vor allem aus der Glimmer- und Chloritgruppe. Diese Minerale kristallisieren normalerweise in Form von blättchenförmigen oder schuppigen Kristallen. Die Flächen aller dünn-blättrigen Kristalle sind stets parallel zur Foliation angeordnet. Die parallelen Ebenen werden deshalb als bevorzugte Orientierung der Minerale bezeichnet (Abb. 6.5). Wenn solche Minerale auskristallisieren, ordnen sie sich in der Regel so ein, dass ihre Ebenen senkrecht zum gerichteten Druck verlaufen, der während der Metamorphose auf das Gestein einwirkt. Auch bereits vorhandene Minerale können eine bevorzugte Richtung annehmen, indem sich die Kristalle so weit drehen, bis sie parallel zu der sich entwickelnden Foliationsebene liegen. Plastische Deformation, das heißt das Aufweichen und bruchlose Verformen des heißen Gesteins kann gleichfalls zu einer bevorzugten Orientierung der Kristalle führen.

Am bekanntesten ist die Foliation der häufig auftretenden, schwach metamorphen Tonschiefer, die leicht an glatten, parallelen Flächen in dünne Schichten aufspalten. Diese **Schieferung** oder **Teilbarkeit**, die sich von einer Spaltbarkeit entlang von Kristallflächen deutlich unterscheidet, durchzieht das Gestein in regelmäßigen Abständen.

Minerale mit länglichen, prismatischen oder säulenförmigen Kristallen – etwa die Amphibole – nehmen während der Metamorphose im Allgemeinen ebenfalls eine bevorzugte Einregelung an, wobei sich die Kristalle gewöhnlich parallel zur Ebene der Foliation ordnen. Gesteine wie die metamorphen basischen Vulkanite, die als typisches Kennzeichen zahlreiche Amphibole enthalten, zeigen diese Art von Gefüge.

Klassifikation und Nomenklatur der metamorphen Gesteine

Die Einteilung der metamorphen Gesteine kann auf sehr unterschiedliche Weise erfolgen. Eine gängige Methode zur Kennzeichnung beruht auf dem Ausgangsgestein (dem **Edukt** oder **Proterolith**) und der Verwendung entsprechender Vorsilben:

- Meta- kennzeichnet generell ein metamorphes Gestein wie etwa Metabasalt oder Metagrauwacke.
- Ortho- kennzeichnet metamorphe Gesteine mit magmatischen Edukten. Ein Orthogneis ist demzufolge aus einem Magmatit entstanden.
- Para- kennzeichnet metamorphe Gesteine mit sedimentären Edukten. Ein Paragneis ist demzufolge aus einem Sediment hervorgegangen.

Darüber hinaus werden die Metamorphite nach ihrem Gefüge unterteilt, wobei unterschieden wird zwischen Gesteinen mit Foliation wie etwa Schiefer, Phyllit oder Gneis und Metamorphiten mit isotropem Gefüge, den sogenannten Felsen, die weder eine Foliation noch sonstige gerichtete Gefüge zeigen. Die genauere Benennung der Felse, Schiefer, Phyllite oder Gneise erfolgt nach den wesentlichen Mineralen, die in der Reihenfolge zunehmender Mengenanteile dem Gefügebegriff vorangestellt werden. Häufige Minerale wie etwa Quarz oder Feldspat gehen dabei nicht in die Benennung ein. Als typische Beispiele seien hier lediglich Serizit-Phyllit, Granat-Biotit-Schiefer oder Granat-Cordierit-Gneis genannt.

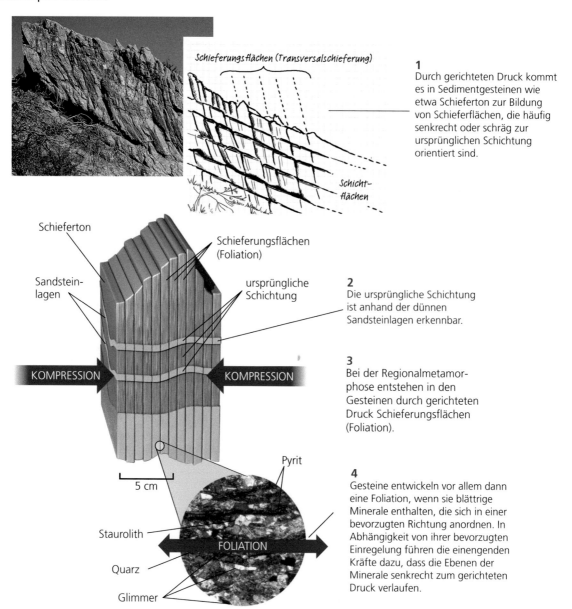

1
Durch gerichteten Druck kommt es in Sedimentgesteinen wie etwa Schieferton zur Bildung von Schieferflächen, die häufig senkrecht oder schräg zur ursprünglichen Schichtung orientiert sind.

2
Die ursprüngliche Schichtung ist anhand der dünnen Sandsteinlagen erkennbar.

3
Bei der Regionalmetamorphose entstehen in den Gesteinen durch gerichteten Druck Schieferungsflächen (Foliation).

4
Gesteine entwickeln vor allem dann eine Foliation, wenn sie blättrige Minerale enthalten, die sich in einer bevorzugten Richtung anordnen. In Abhängigkeit von ihrer bevorzugten Einregelung führen die einengenden Kräfte dazu, dass die Ebenen der Minerale senkrecht zum gerichteten Druck verlaufen.

Abb. 6.5 Durch gerichteten Druck kommt es in Gesteinen, die blättrige Minerale enthalten, zur Bildung von Schieferungsflächen (Foliation) (Fotos: (*oben*) © Marli Miller; (*unten*) © John Grotzinger)

Metamorphite mit Foliation

Gesteine mit Foliation werden nach vier Kategorien unterteilt:

1. nach ihrem Metamorphosegrad,
2. nach ihrer Kristallgröße,
3. nach der Art ihrer Foliation und
4. nach dem Grad der Segregation ihrer Minerale in hellere und dunklere Bänder.

Beispiele für einige wichtige Gesteinstypen mit Foliation sind in Abb. 6.6 dargestellt. Im Allgemeinen nimmt die Foliation von einem Gefüge zum nächsten mit steigendem Metamorphosegrad zu und spiegelt so die Druck- und Temperaturzunahme wider. Bei dieser Entwicklung können Schiefertone durch zunehmende Metamorphose in Tonschiefer, dann in Phyllite, danach in Glimmerschiefer, in Gneise und schließlich in Migmatite übergehen.

Tonschiefer Diese Gesteine kennzeichnen den niedrigsten Metamorphosegrad innerhalb der Gesteine mit Foliation. Sie zeigen eine ausgezeichnete, ebenflächige Teilbarkeit und sind so feinkörnig, dass ihre einzelnen Minerale ohne Mikroskop nur schwer erkennbar sind. Sie entstehen normalerweise durch Metamorphose von Schiefertonen oder seltener aus vulkanischen Aschelagen. Tonschiefer sind gewöhnlich durch das in geringen Mengen vorhandene organische Material und den fein verteilten

Pyrit dunkelgrau oder schwarz gefärbt – Material, das ursprünglich bereits im Ausgangsgestein vorhanden war. Tonschiefer, die rötlich oder violett gefärbt sind, erhalten ihre Farbe von Eisenoxidmineralen; grünliche Tonschiefer werden durch Chlorit gefärbt, ein Eisensilicatmineral mit Schichtstruktur, das mit den Glimmern eng verwandt ist.

Die Schieferdecker erkannten schon vor langer Zeit diese Eigenschaft der Foliation und nutzen sie zur Herstellung dünnerer oder dickerer Schieferplatten für Dachplatten und Schiefertafeln. In Gebieten, in denen Schiefer vorkommen, verwendet man sie noch immer zum Dachdecken und zum Verkleiden der Häuser.

Phyllit Ein geringfügig höherer Metamorphosegrad als Tonschiefer, aber mit ähnlicher Charakteristik und Entstehung, kennzeichnet die **Phyllite**. Es sind sehr feinkörnige, dünnschiefrige Gesteine, deren blättrige Minerale überwiegend aus Serizit (feinschuppige Art von Muskovit) bestehen und etwas größer sind als die der Schiefer. Sie verleihen den Foliationsflächen den typischen seidigen Glanz. Phyllite spalten ähnlich wie Tonschiefer in dünne Schichten auf, ihre Teilbarkeit ist jedoch weniger ausgeprägt als die der Tonschiefer.

Glimmerschiefer In Gesteinen mit niedrigem Metamorphosegrad sind die blättrigen Minerale im Allgemeinen noch klein und ohne Lupe nicht erkennbar; die Foliation ist engständig und die

Lagen sind sehr dünn. Gehen diese Gesteine in einen höheren Metamorphosegrad über, wird die Foliation auffälliger und beherrscht das gesamte Gestein. Gleichzeitig nimmt die Größe der blättrigen Kristalle zu – sie werden für das bloße Auge sichtbar. Außerdem tendieren die Minerale zur Absonderung in hellere und dunklere Bänder. Das Ergebnis ist ein Gefüge, das als **kristalline Schieferung (Schiefrigkeit)** bezeichnet wird – eine grobe, wellenförmige, alles beherrschende Foliation, die für die Glimmerschiefer charakteristisch ist. Glimmerschiefer gehören zu den häufigsten metamorphen Gesteinstypen. Sie enthalten mehr als 50 % blättrige Minerale, hauptsächlich die Glimmerminerale Muskovit und/oder Biotit. In Abhängigkeit vom Quarzgehalt des ursprünglichen Tonschiefers können die Glimmerschiefer dünne Bänder aus Quarz, Feldspat oder beides zusammen zeigen.

Gneis Eine gröbere Foliation zeigen die hoch metamorphen Gneise, hell gefärbte Gesteine mit groben Lagen von scharf getrennten, hellen und dunklen Gemengteilen im gesamten Gestein. Die Bänderung der Gneise mit hellen und dunklen Lagen ist das Ergebnis einer Trennung der hell gefärbten Minerale Quarz und Feldspat von den dunkleren Biotiten, Amphibolen und anderen mafischen Mineralen. Gneise sind grobkristallin, die Korngröße liegt im Millimeter- bis Zentimeterbereich und das Verhältnis von granularen zu blättrigen Mineralen ist höher als bei den Glimmerschiefern und Tonschiefern. Die Folge ist eine wenig ausgeprägte Foliation und damit auch eine schlechtere Teilbarkeit.

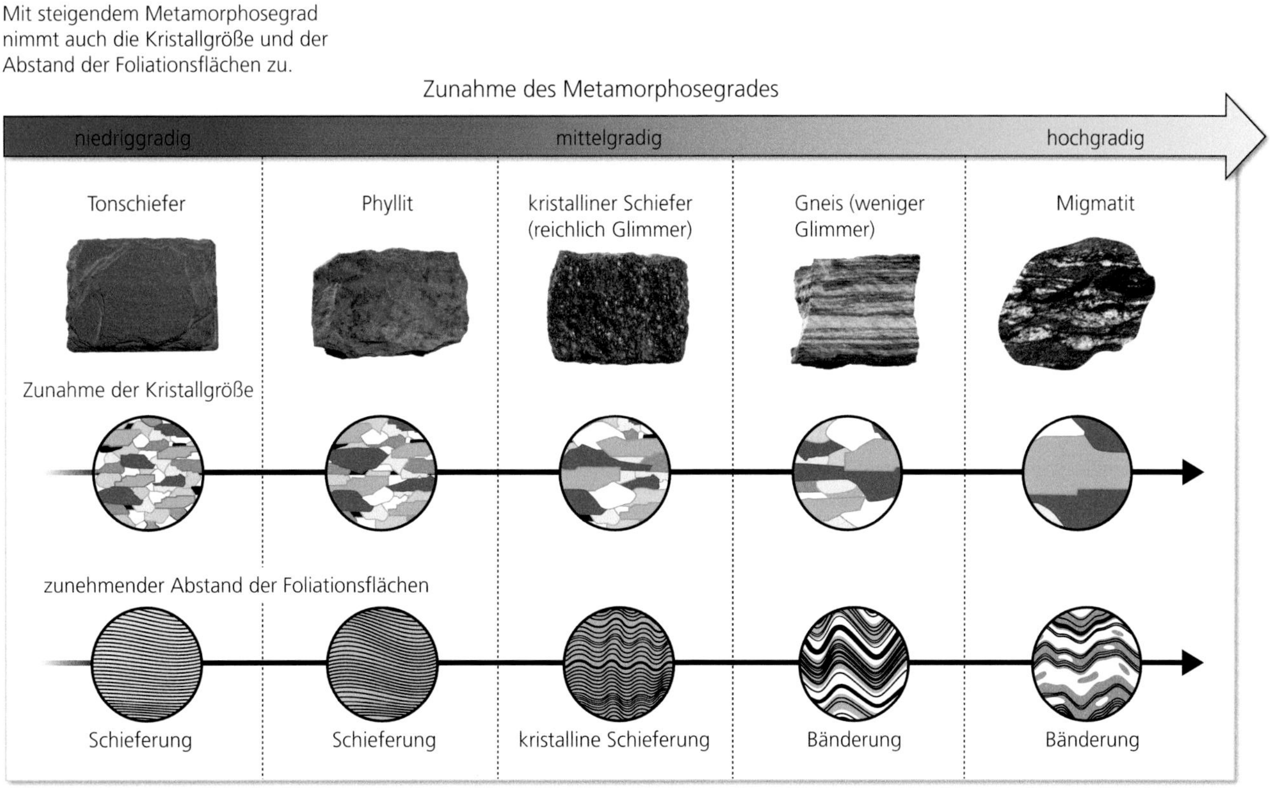

Mit steigendem Metamorphosegrad nimmt auch die Kristallgröße und der Abstand der Foliationsflächen zu.

Zunahme des Metamorphosegrades

niedriggradig · mittelgradig · hochgradig

| Tonschiefer | Phyllit | kristalliner Schiefer (reichlich Glimmer) | Gneis (weniger Glimmer) | Migmatit |

Zunahme der Kristallgröße

zunehmender Abstand der Foliationsflächen

| Schieferung | Schieferung | kristalline Schieferung | Bänderung | Bänderung |

Abb. 6.6 Gesteine mit Foliation werden nach ihrem Metamorphosegrad, ihrer Kristallgröße, der Art ihrer Foliation sowie dem Grad der Segregation ihrer Minerale in helle und dunkle Bänder unterteilt (Fotos: Tonschiefer, Phyllit, kristalliner Schiefer, Gneis: © John Grotzinger/Ramón Rivera-Moret/Harvard Mineralogical Museum; Migmatit: © Kip Hodges)

Teil II

Unter den hohen Temperatur- und Druckverhältnissen verändert sich die Mineralzusammensetzung der niedrig metamorphen Gesteine, die Glimmer und Chlorit enthalten, zu neuen Paragenesen, in denen Quarz und Feldspat dominieren und nur noch geringe Mengen an Glimmern und Amphibolen vorhanden sind.

In einigen Vorkommen sind Gneise die hoch metamorphen Äquivalente von Sandsteinen (Paragneise), in anderen sind sie die metamorphen Äquivalente der Granite (Orthogneise).

Migmatite Bei Temperaturen, die über der Bildungstemperatur der Gneise liegen, kommt es zu einem teilweisen Aufschmelzen des Gesteins. In diesem Fall schmelzen wie bei den Magmatiten (Kap. 4) diejenigen Minerale mit der niedrigsten Schmelztemperatur zuerst – also Quarz und Feldspat. Daher schmilzt nur ein Teil des Ausgangsgesteins und die Schmelze kann nur eine geringe Entfernung abwandern, ehe sie wieder erstarrt. Die auf diese Weise entstandenen Gesteine sind extrem stark deformiert und werden von zahlreichen Gängen, kleinen Gangschwärmen und Linsen von aufgeschmolzenem Gestein durchzogen. Das Ergebnis ist ein Gestein aus einem Gemisch von magmatischen und metamorphen Anteilen, das als **Migmatit** bezeichnet wird. In einigen Migmatiten überwiegen die metamorphen Anteile, magmatisches Material ist nur in geringen Mengen vorhanden. Andere sind von Schmelzvorgängen so stark betroffen, dass sie fast vollständig als magmatogen zu betrachten sind.

Metamorphite mit granoblastischem (isotropem) Gefüge

Metamorphe Gesteine mit granoblastischem Gefüge, die sogenannten **Felse**, bestehen überwiegend aus isometrischen Kristallen mit würfligen oder kugeligen Formen, weniger aus tafelförmigen oder langgestreckten Kristallen. Solche Gesteine sind das Produkt einer Metamorphose, bei der es – wie im Fall der Kontaktmetamorphose – zu keiner nennenswerten Deformation kam. Zu den Gesteinen ohne Schieferung gehören Hornfels, Quarzit, Marmor, Grünstein, Amphibolit und Granulit (Abb. 6.7). Mit Ausnahme der Hornfelse sind diese Gesteine mehr durch ihre mineralogische Zusammensetzung als durch ihre in der Regel isotropen, das heißt richtungslose Gefüge gekennzeichnet, sodass sie insgesamt ein eher massiges Erscheinungsbild zeigen.

Hornfels ist ein bei hoher Temperatur durch Kontaktmetamorphose entstandenes Gestein von einheitlicher Korngröße, das entweder keiner oder nur einer geringen Deformation unterlag (vgl. Abb. 3.27). Hornstein entsteht aus feinkörnigen Sedimentgesteinen oder auch aus anderen Gesteinen, die zu großen Teilen aus Silicatmineralen bestehen. Hornfels hat ein durchweg körniges Gefüge, obwohl er neben etwas Glimmer häufig Pyroxen enthält, der langgestreckte Kristalle bildet. Seine blättrigen oder länglichen Kristalle sind richtungslos orientiert, eine Foliation fehlt.

Quarzite sind sehr harte, meist helle Gesteine, ebenfalls ohne Foliation, die aus quarzreichen Sandsteinen hervorgegangen

Quarzit

Marmor

Abb. 6.7a,b Metamorphite ohne Foliation; a Quarzit; b Marmor (Fotos: a © B.P. Kent; b © R. Vinx)

sind. Sie können massig ausgebildet sein, dann zeigen sie weder eine primäre Schichtung noch eine Schieferung (Abb. 6.7a). Andere Quarzite enthalten dünne Lagen von Ton- oder auch Glimmerschiefern, Reste ehemaliger Zwischenschichten aus Tonstein oder Schieferton.

Marmore sind die unter hohen Druck- und Temperaturbedingungen entstandenen metamorphen Umwandlungsprodukte von Kalksteinen und Dolomiten. Einige weiße, reine Marmore – wie der berühmte und von Bildhauern geschätzte italienische Carrara-Marmor – weisen ein sehr gleichmäßiges, richtungsloses Gefüge („Zuckerkörnigkeit") von ineinander verwachsenen Calcitkristallen gleicher Größe auf. Andere Marmore zeigen eine unregelmäßige Bänderung oder Marmorierung durch Silicate und enthalten weitere, im ursprünglichen Kalkstein vorhandene Mineralverunreinigungen (Abb. 6.7b).

Grünstein ist ein Sammelbegriff für metamorphe basische Vulkanite, deren Umwandlung meist im Druck- und Temperaturbereich zwischen Diagenese und der eigentlichen Metamorphose erfolgte. Ihre Bezeichnung rührt von den großen Mengen an Chlorit her, die den meist dichten bis mittelkörnigen, selten porphyrischen Gesteinen ihre grüne Farbe geben. Viele dieser niedrig metamorphen Gesteine sind durch chemische Reaktion basischer Laven und Tuffablagerungen mit dem sie durchströmenden Meerwasser oder anderen Lösungen entstanden. Weite Gebiete des Meeresbodens sind an den mittelozeanischen Rücken von Basalten überdeckt, die auf diese Weise geringfügig oder erheblich verändert worden sind.

Auf den Kontinenten dagegen haben tief versenkte basische Vulkanite und Plutonite bei Temperaturen zwischen 150 und 300 °C mit dem Grundwasser reagiert und sind in vergleichbare Grünsteine übergegangen. Ausgedehnte Vorkommen von Grünstein finden sich in den präkambrischen Grünsteingürteln.

Serpentinit ist ein intensiv grün gefärbtes Gestein, überwiegend aus Mineralen der Serpentingruppe, die aus Olivin und Pyroxen hervorgehen. Daneben treten geringe Mengen an Talk und Brucit auf. Serpentinite entstehen bei niedrigen bis mittleren Druck- und Temperaturbedingungen zwischen etwa 500 und 700 °C aus ultrabasischen Gesteinen, vor allem aus Peridotiten, durch Zufuhr von Wasser.

Amphibolit ist ein mittel- bis grobkörniges, aus Amphibol und Plagioklas bestehendes Gestein, das in der Regel keine Foliation aufweist. Im häufigsten Fall ist Amphibolit das Produkt einer Metamorphose basischer Vulkanite bei niedrigen bis mittleren Drücken und Temperaturen zwischen 500 und 700 °C. Kommt es zur Deformation, entstehen Amphibolite mit einer ausgeprägten Foliation.

Granulite sind hoch metamorphe Gesteine mit gleichmäßig granularem Gefüge. Niedriger metamorphe Granulite werden häufig als **Granofelse** bezeichnet. Granofelse sind mittel- bis grobkörnige Gesteine mit annähernd gleich großen Kristallen, eine Foliation ist nur schwach entwickelt oder fehlt. An Mineralen enthalten sie hauptsächlich Feldspat, Pyroxen und Granat.

Abb. 6.8 Granat-Porphyroblasten in einer Matrix aus Glimmerschiefer. Da sich Druck und Temperatur kontinuierlich veränderten, unterlagen die Minerale der Matrix ständig der Rekristallisation und deshalb bildeten sich nur kleine Kristalle. Im Gegensatz dazu entwickelten sich die Porphyroblasten zu großen Kristallen, da sie über einen großen Druck- und Temperaturbereich stabil sind (Foto: MSA 260, © C. Clark, Smithsonian Inst.)

Sie entstehen durch Metamorphose aus Tonschiefern, unreinen Sandsteinen und zahlreichen magmatischen Gesteinen unter vergleichsweise trockenen Metamorphosebedingungen bei Temperaturen zwischen 700 und 950 °C.

Porphyroblasten

Mineralneubildungen während der Metamorphose können zu großen Kristallen heranwachsen, die von einer feinkörnigeren Matrix aus anderen Mineralen umgeben sind und daher den Einsprenglingen der Magmatite ähneln (Abb. 6.8). Diese großen Kristalle, sogenannte **Porphyroblasten**, treten sowohl in kontakt- als auch in regionalmetamorph veränderten Gesteinen auf. Sie entstehen aus Mineralen, die innerhalb eines großen Druck- und Temperaturbereiches stabil sind. Das Wachstum der Kristalle erfolgt in festem Zustand durch kontinuierliche Rekristallisation der chemischen Bestandteile der Matrix; sie ersetzen folglich Teile derselben. Porphyroblasten variieren in ihrer Größe zwischen wenigen Millimetern und mehreren Zentimetern Durchmesser. Ihre Zusammensetzung schwankt ebenfalls. Granat und Staurolith treten häufig als Porphyroblasten auf, es kommen aber auch noch viele andere Minerale dafür in Frage. Die genaue Zusammensetzung und Verteilung der Porphyroblasten dieser beiden Mineralarten kann dazu verwendet werden, um die während der Metamorphose herrschenden Druck- und Temperaturbedingungen zu ermitteln. Reine, transparente und schön gefärbte Granate in den Farbtönen von rot, grün und schwarz sind geschätzte Schmucksteine.

Tab. 6.1 Klassifikation der Metamorphite nach ihrem Gefüge

Klassifikation	Merkmale	Gestein	Typisches Ausgangsgestein
mit Foliation	gekennzeichnet durch Foliation, Minerale zeigen bevorzugte Einregelung	Schiefer Phyllit kristalliner Schiefer Gneis	Schieferton, Sandstein
körnig (ohne Foliation)	körnig, gekennzeichnet durch grob- oder feinkörnige, miteinander verzahnte Kristalle; Einregelung gering oder fehlend	Hornfels Quarzit Marmor Argillit Grünstein Amphibolit[1] Granulit[2]	Schieferton, Vulkanite Quarzsandstein Kalkstein, Dolomit Schieferton Basalt Schieferton, Basalt Schieferton, Basalt
porphyroblastisch	große Kristalle in feinkörniger Matrix	Schiefer bis Gneis	Schieferton
körnig (feinkörnig)	Minerale rekristallisiert und durch kataklastische Deformation gestreckt	Mylonit	Schieferton, Sandstein, Granit

[1] enthält typischerweise reichlich Amphibol, dessen langgestreckte Kristalle parallel eingeregelt sind
[2] Hochtemperatur-Hochdruck-Gestein

Die wichtigsten Gruppen der metamorphen Gesteine und ihre charakteristischen Merkmale sind in Tab. 6.1 zusammengefasst.

Regionalmetamorphose und Metamorphosegrad

Wie wir gesehen haben, bilden sich metamorphe Gesteine unter sehr unterschiedlichen Bedingungen. Ihre Minerale und Gefüge geben Hinweise auf die Druck- und Temperaturbedingungen innerhalb der Kruste und damit auch darauf, wo und wann sie entstanden sind.

Geologen, die sich mit den Bildungsbedingungen metamorpher Gesteine befassen, versuchen die Intensität und den Charakter der Metamorphose genauer zu bestimmen, als es die Bezeichnung „niedrig" oder „hoch metamorph" andeuten kann. Um diese feineren Unterscheidungen machen zu können, werden die entsprechenden Minerale als Druckanzeiger und Geothermometer verwendet. Sie werden deshalb auch als Indikator- oder Indexminerale bezeichnet. Diese Methode und ihre Anwendung wird am besten am Beispiel der Regionalmetamorphose deutlich.

Mineral-Isograden

Wenn Geologen ausgedehnte Gebiete regionalmetamorpher Gesteine untersuchen, sehen sie viele Aufschlüsse, von denen einige eine ganz bestimmte Mineralparagenese zeigen, wogegen andere eine völlig andersartige Mineralvergesellschaftung aufweisen. Verschiedene Bereiche dieser metamorphen Zonen können anhand ihrer **Index-** oder **Leitminerale** unterschieden werden, die jeweils für diese Zone charakteristisch sind, da sie sich unter ganz bestimmten Druck- und Temperaturbedingungen bilden (Abb. 6.9). Beispielsweise kann ein Gebiet mit nicht metamorphen Schiefertonen neben einem Bereich mit schwach metamorphen Tonschiefern liegen (Abb. 6.9a). Gelangt man schließlich von der Zone der Schiefertone in die Zone mit höher metamorphen Schiefern, erscheint am Übergang zur Schieferzone mit Chlorit ein neues Mineral. Chlorit ist ein Index-Mineral, das den Grenzbereich kennzeichnet, an dem eine neue Zone mit höherem Metamorphosegrad beginnt. Sind aus Laboruntersuchungen die Druck- und Temperaturbedingungen bekannt, bei denen dieses Mineral entsteht, lassen sich daraus Rückschlüsse auf die Bildungsbedingungen der Gesteine ziehen.

Das Auftreten entsprechender Leitminerale an den Grenzen der metamorphen Zonen kann auf einer geologischen Karte durch Linien, sogenannte **Mineral-Isograden** oder kurz **Isograden** dargestellt werden, die den Übergang von einer in die andere Zone kennzeichnen. Solche Isograden wurden in Abb. 6.9a dazu verwendet, um eine Abfolge regionalmetamorpher Mineralparagenesen in Neuengland gegeneinander abzugrenzen, die aus der Metamorphose von Tonschiefern hervorgegangen sind. Die Anordnung der Isograden folgt weitgehend dem tektonischen Bau eines Gebiets, wie ihn auch Falten und Störungen erkennen lassen. Eine Isograde, die auf einem einzigen Leitmineral beruht, wie etwa die Chlorit-Isograde, gibt bereits einen guten Anhaltspunkt für die Druck- und Temperaturbedingungen während der Metamorphose.

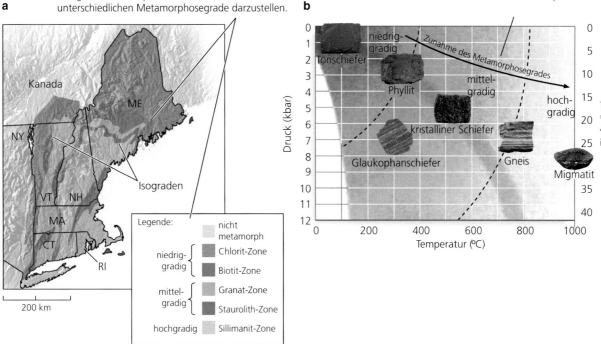

Die auf Indexmineralen basierenden Isograden können dazu herangezogen werden, in regionalmetamorphen Bereichen die unterschiedlichen Metamorphosegrade darzustellen.

Unterliegen Gesteine der Metamorphose, gehen sie von niedrig metamorphen in zunehmend höher metamorphe Gesteine über.

Abb. 6.9a,b Die verschiedenen Metamorphosegrade innerhalb einer Zone der Regionalmetamorphose werden durch Leitminerale (Indexminerale) definiert. **a** Die Karte von Neuengland zeigt die metamorphen Zonen. Sie beruhen auf den in den Metamorphiten auftretenden Indexmineralen, die bei der Metamorphose von Schiefertonen unter den verschiedenen Druck- und Temperaturbedingungen entstanden sind. **b** Die durch Metamorphose von Schiefertonen unter den verschiedenen Druck- und Temperaturbedingungen entstehenden Gesteine (Fotos: Tonschiefer, Phyllit, kristalliner Schiefer, Gneis: © John Grotzinger/Ramón Rivera-Moret/Harvard Mineralogical Museum; Glaukophanschiefer: mit frdl. Genehm. von M. Cloos; Migmatit: mit frdl. Genehm. von Kip Hodges)

Noch weit genauer können Druck und Temperatur durch Untersuchung einer aus zwei oder drei Mineralen bestehenden Paragenese bestimmt werden, deren Gefüge erkennen lassen, dass sie zusammen auskristallisierten. Beispielsweise ist aus Laboruntersuchungen bekannt, dass eine Sillimanit-Zone, die durch das Auftreten von Orthoklas gekennzeichnet ist, bei Temperaturen von ungefähr 600 °C und einem Druck von etwa 5 kbar entstanden sein muss, da unter diesen Bedingungen Quarz und Muskovit unter Bildung von Orthoklas und Sillimanit reagieren, wobei Wasser (als Wasserdampf) freigesetzt wird:

Muskovit	+	Quarz	$\rightarrow$	
$KAl_3Si_3O_{10}(OH)_2$	+	SiO_2		
Kaliumfeldspat	+	Sillimanit	+	Wasser
$KAlSi_3O_8$	+	Al_2SiO_5	+	H_2O

Weil die Isograden Druck- und Temperaturbedingungen widerspiegeln, unter denen die Indexminerale gebildet werden, kann sich die Abfolge der Isograden innerhalb eines regionalmetamorphen Teilgebiets von der eines anderen unterscheiden. Grund hierfür ist die Tatsache, dass Druck und Temperatur in allen plattentektonischen Positionen nicht überall in gleichem Maße ansteigen.

Metamorphosegrad und Zusammensetzung des Ausgangsgesteins

Das einem bestimmten Metamorphosegrad zugehörige metamorphe Gestein hängt zum Teil von der mineralogischen Zusammensetzung des Ausgangsgesteins ab (Abb. 6.10). Die Metamorphose am Beispiel des in Abb. 6.9a dargestellten Tonschiefers zeigt die Auswirkungen der Metamorphosebedingungen auf Gesteine mit einem hohen Gehalt an Tonmineralen, Quarz und möglicherweise noch an Carbonatmineralen. Die Metamorphose der basischen, überwiegend aus Feldspäten und Pyroxenen bestehenden Vulkanite zeigt einen ganz anderen Verlauf (Abb. 6.10b).

Bei der Regionalmetamorphose von Basalt beispielsweise enthalten die Gesteine mit dem niedrigsten Metamorphosegrad in charakteristischer Weise zahlreiche unterschiedliche **Zeolithminerale**, komplexe Silicatminerale, die in Hohlräumen ihrer Kristallstrukturen Wasser einlagern. Zeolithe entstehen unter sehr niedrigen Druck- und Temperaturbedingungen. Gesteine, die Zeolithminerale enthalten, werden folglich einem niedrigen Metamorphosegrad zugeordnet.

Dieser niedrige Metamorphosegrad der Zeolithe überlappt sich mit dem nächst höheren Metamorphosegrad der basischen Vulkanite, den **Grünschiefern**, die durch die in großen Mengen auftreten-

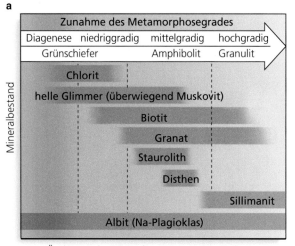

a

Zunahme des Metamorphosegrades

Diagenese   niedriggradig   mittelgradig   hochgradig

Grünschiefer   Amphibolit   Granulit

Mineralbestand

Chlorit

helle Glimmer (überwiegend Muskovit)

Biotit

Granat

Staurolith

Disthen

Sillimanit

Albit (Na-Plagioklas)

Änderung der Mineralzusammensetzung eines
Schiefertons im Verlauf der Metamorphose

b

Zunahme des Metamorphosegrades

Diagenese   niedriggradig   mittelgradig   hochgradig

Zeolith   Grünschiefer   Amphibolit   Granulit

Mineralbestand

Chlorit

Zeolith

Epidot

(ohne Aluminium)   Amphibol   (mit Aluminium)

Granat

Pyroxen

(natriumreich)   Plagioklas   (calciumreich)

Änderung der Mineralzusammensetzung eines
basischen Gesteins im Verlauf der Metamorphose

c

metamorphe Fazies	Mineralbildung bei Schiefertonen als Ausgangsgestein	Mineralbildung bei Basalt als Ausgangsgestein
Grünschiefer	Muskovit, Chlorit, Quarz, Albit	Albit, Epidot, Chlorit
Amphibolit	Muskovit, Biotit, Granat, Quarz, Albit, Staurolith, Disthen, Sillimanit	Amphibol, Plagioklas
Granulit	Granat, Sillimanit, Albit, Orthoklas, Quarz, Biotit	calciumreicher Pyroxen, calciumreicher Plagioklas
Eklogit	Granat, natriumreicher Pyroxen, Quarz/Coesit, Disthen	natriumreicher Pyroxen, Granat

Abb. 6.10a,b Das metamorphe Gestein, das sich bei einem bestimmten Metamorphosegrad bildet, ist teilweise von der Zusammensetzung des Ausgangsgesteins abhängig. **a** Änderung des Mineralbestands eines Schiefertons (eines Sedimentgesteins) mit zunehmendem Metamorphosegrad. **b** Änderung des Mineralbestands eines Basalts (eines basischen Effusivesteins) mit zunehmendem Metamorphosegrad. **c** Die wichtigsten Minerale der Metamorphosefazies, entstanden aus Schieferton und Basalt

den Minerale Chlorit und Epidot (ein Sorosilicat) gekennzeichnet sind. Danach folgen die **Amphibolite**, die als Leitminerale Hornblende (ein Mineral der Amphibolgruppe) enthalten. Die **Granulite,** grobkörnige Gesteine, die neben calciumreichem Plagioklas noch Pyroxen als weiteren Bestandteil aufweisen, vertreten den höchsten Metamorphosegrad innerhalb der basischen Vulkanite. Metamorphite, die unter den für Grünschiefer, Amphibolite und Granulite erforderlichen Bedingungen entstehen, können auch aus Sedimenten wie etwa Schiefertonen hervorgehen (Abb. 6.10b).

Die Pyroxen führenden Granulite sind das Produkt einer Metamorphose, bei der die Temperatur zwar sehr hoch, der Druck jedoch vergleichsweise gering war. Im umgekehrten Fall, bei sehr hohem Druck und mittleren Temperaturen, entstehen aus einer Vielzahl sehr unterschiedlich zusammengesetzter Edukte – von basischen Vulkaniten bis hin zu schiefertonartigen Sedimentgesteinen – die **Glaukophanschiefer (Blauschiefer)**. Der Name wurde von dem hohen Glaukophangehalt abgeleitet, einem blauen Mineral der Amphibolgruppe. Ein weiteres metamorphes Gestein, das unter extrem hohem Druck und mittleren bis hohen Temperaturen entsteht, ist **Eklogit**, der große Mengen Granat und Pyroxen enthält.

Metamorphe Fazies

Alle diese Informationen hinsichtlich der Metamorphosegrade, die in einem regionalmetamorphen Gebiet aus den Edukten unterschiedlicher chemischer Zusammensetzungen abgeleitet sind, lassen sich in einem Druck-Temperaturdiagramm zusammenfassen (Abb. 6.11). Die unter den jeweiligen Metamorphosebedingungen aus sehr unterschiedlichen Ausgangsgesteinen entstehenden Gesteinsgruppen werden als **metamorphe Fazies** bezeichnet.

Daraus ergibt sich letztendlich eine Einteilung der metamorphen Gesteine nach den Metamorphosebedingungen. Zwei wesentliche Punkte dieses Konzepts der metamorphen Fazies sind nachfolgend zusammengefasst:

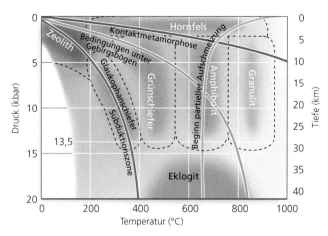

Abb. 6.11 Die metamorphe Fazies entspricht bestimmten Druck- und Temperaturbedingungen, die ihrerseits bestimmten plattentektonischen Bereichen zugeordnet werden. Die *gestrichelten Linien* bedeuten, dass es zwischen diesen Fazieseinheiten keine scharfen Grenzen gibt

1. Unter gleichen Metamorphosebedingungen entstehen aus Edukten unterschiedlicher Zusammensetzung auch unterschiedliche Metamorphite.
2. Aus Edukten derselben Zusammensetzung entstehen bei unterschiedlichen Metamorphosegraden unterschiedliche Metamorphite.

Abbildung 6.10c zeigt die wichtigsten Minerale der metamorphen Fazieseinheiten am Beispiel von Schieferton und Basalt. Da die Ausgangsgesteine in ihrer Zusammensetzung sehr stark variieren, gibt es zwischen den metamorphen Fazieseinheiten keine scharfen Grenzen (vgl. Abb. 6.11). Der vielleicht wichtigste Grund für die Untersuchung der metamorphen Fazies ist die Erwartung, dass sie uns Hinweise auf die tektonischen Vorgänge liefert, die für die Metamorphose verantwortlich sind.

Plattentektonik und Metamorphose

Schon bald nachdem die Theorie der Plattentektonik aufgestellt worden war, erkannten die Geologen, wie die verschiedenen Metamorphosearten in den größeren Rahmen der plattentektonischen Prozesse einzuordnen sind. In den jeweiligen tektonischen Positionen treten mit großer Wahrscheinlichkeit auch sehr unterschiedliche Formen der Metamorphose auf:

- **Im Inneren kontinentaler Platten**: Kontaktmetamorphose, Versenkungsmetamorphose und an der Basis der Kruste möglicherweise Regionalmetamorphose. In dieser Position werden die Erscheinungen der Impaktmetamorphose wahrscheinlich am ehesten überliefert, da der innere Bereich der Platten meist aus weiten, freiliegenden Gebieten besteht.
- **Divergente Plattengrenzen**: Divergente Plattengrenzen sind gekennzeichnet durch Hydrothermalmetamorphose und Kontaktmetamorphose in der Umgebung der in die ozeanische Kruste intrudierenden Plutone.

- **Konvergente Plattengrenzen**: An konvergenten Plattengrenzen kommt es zur Regionalmetamorphose, zu Hochdruck- und Ultrahochdruckmetamorphose und in der Umgebung intrudierender Plutone zur Kontaktmetamorphose.
- **Transformstörungen**: In den Ozeanen kann es an Transformstörungen zur Hydrothermalmetamorphose kommen. Sowohl in den ozeanischen als auch in den kontinentalen Bereichen sind diese Plattengrenzen darüber hinaus an intensiven Scherbewegungen zu erkennen.

Druck-Temperatur-Pfade (p-T-Pfade)

Das oben vorgestellte Konzept der Metamorphosegrade gibt lediglich Auskunft über die maximalen Druck- und Temperaturverhältnisse, denen das Gestein ausgesetzt war, es sagt jedoch nichts darüber aus, wo die Gesteine diesen Bedingungen ausgesetzt waren oder wie sie **exhumiert** wurden, das heißt an die Erdoberfläche zurückgelangten.

Jedes metamorphe Gestein hat seine eigene Geschichte der sich verändernden Temperatur- und Druckbedingungen, die sich in seiner Mineralparagenese und seinen Gefügen widerspiegeln. Der zeitliche Ablauf dieser Veränderungen wird als metamorpher **Druck-Temperatur-Pfad** (kurz **p-T-Pfad**) bezeichnet. Solche p-T-Pfade liefern wichtige Hinweise bezüglich der wesentlichen Faktoren, die eine Metamorphose beeinflussen – etwa der Wärmequelle, die zu Temperaturänderungen führt oder der Geschwindigkeit der tektonisch bedingten Bewegungen (Versenkung und Exhumierung), die sich in einer Änderung der Druckverhältnisse äußert. Daher sind p-T-Pfade für bestimmte plattentektonische Positionen kennzeichnend. Um solche p-T-Pfade zu erstellen, müssen bestimmte metamorphe Minerale sorgfältig im Labor untersucht werden. Eines der häufigsten hierfür verwendeten Minerale ist Granat, ein häufig vorkommender Porphyroblast, der gewissermaßen als eine Art p-T-Registriergerät dient (Abb. 6.12). Im Verlauf der Metamorphose nehmen die Granate ständig an Größe zu; wenn sich die Druck- und Temperaturbedingungen in der Umgebung ändern, verändert sich auch die Zusammensetzung der Granate. Der älteste Teil des Granats bildet den Kern und der jüngste den Randbereich, folglich lässt die vom Kern zum Rand sich ändernde Zusammensetzung den Verlauf der Metamorphosebedingungen erkennen, unter denen er entstanden ist. Aus den im Labor analysierten Werten der Granatzusammensetzung lassen sich die entsprechenden Werte von Druck und Temperatur ermitteln und in Form eines p-T-Pfades graphisch darstellen.

Ein solcher Druck-Temperatur-Pfad besteht aus zwei Teilbereichen. Das prograde (fortschreitende) Segment kennzeichnet die steigenden Druck- und Temperaturbedingungen, das retrograde (rückschreitende) Segment dagegen die abnehmenden Druck- und Temperaturverhältnisse. Die p-T-Pfade einiger Mineralparagenesen, die an konvergenten Plattengrenzen entstanden sind, zeigt Abb. 6.13.

1 Im Verlauf der Metamorphose kommt es zur Bildung von Granatporphyroblasten, deren chemische Zusammensetzung sich in Abhängigkeit von den in der Umgebung herrschenden Druck- und Temperaturbedingungen verändert.

2 Da der Porphyroblast von seinem Zentrum **1** zum Rand **2** hin wächst, kann die chemische Zusammensetzung in einen p-T-Pfad umgesetzt werden.

Dünnschliff eines Granat-Gneises

Zonarbau eines Granatporphyroblasten

3 Gelangt ein Gestein in größere Tiefe, ist es zunehmend höheren Drücken und Temperaturen ausgesetzt (prograder Pfad). Die Bildung des Granats erfolgte in einem kristallinen Schiefer, sein Wachstum endete, bedingt durch den zunehmend höheren Metamorphosegrad, in einem Gneis.

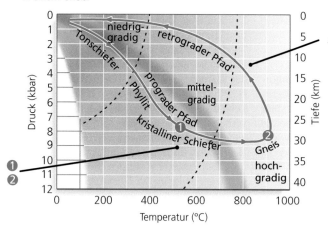

4 Der retrograde Sektor des p-T-Pfades gibt abnehmende Drücke und Temperaturen wieder, die Folgen einer Krustenhebung sind.

Abb. 6.12 Porphyroblasten wie etwa Granat eignen sich dazu, p-T-Pfade in metamorphen Gesteinen zu konstruieren. Der p-T-Pfad, dem ein metamorphes Gestein typischerweise folgt, beginnt mit einer Zunahme von Druck und Temperatur (prograder Pfad), gefolgt von einer Abnahme des Drucks und der Temperatur auf dem retrograden Ast (Fotos: mit frdl. Genehm. von Kip Hodges)

Konvergenz ozeanischer und kontinentaler Platten

Die Gesteinsparagenesen, die an einer aktiven Plattengrenze durch Konvergenz einer ozeanischen und einer kontinentalen Platte entstehen, sind in Abb. 6.13a dargestellt. Mächtige, von den Kontinenten stammende Sedimente, darunter ein hoher Anteil an Turbiditen, füllen die angrenzende, an Flexuren abbiegende Tiefseerinne an den Subduktionszonen rasch auf. Beim Absinken der kalten ozeanischen Platte wird dieses Sedimentmaterial zusammen mit Tiefsee-Sedimenten und Spänen des Ophiolithkomplexes am landseitigen Rand der Tiefseerinne abgeschürft und in Form einer chaotischen Mischung sehr he-

terogener Gesteine unterschiedlichster Größenordnung, die als tektonische **Mélange** bezeichnet wird, dem Anwachs- oder Akkretionskeils der Oberplatte angegliedert. Derartige Ablagerungen im Forearc-Becken einer Subduktionszone – dem Bereich zwischen Tiefseerinne und vulkanischem Bogen – sind tektonisch äußerst kompliziert und höchst unterschiedlich aufgebaut. Die Ablagerungen sind intensiv gefaltet, verschuppt und metamorph verändert (Abb. 6.14), Im Gelände sind sie im Detail zwar schwierig zu kartieren, aber an ihrer besonderen Lagerung und der Durchmengung ihres Materials sowie an ihren spezifischen tektonischen Erscheinungsformen erkennbar.

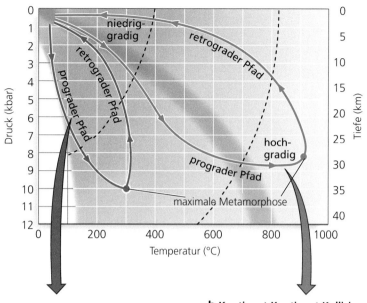

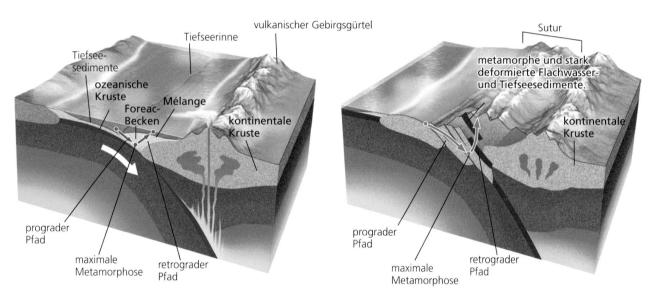

Abb. 6.13a,b Die p-T-Pfade kennzeichnen den Weg der Gesteine im Verlauf der Metamorphose. **a** Metamorphose einer Mélange an einer Ozean-Kontinent-Konvergenzzone. **b** Metamorphose an einer Kontinent-Kontinent-Konvergenzzone. Die andersartigen p-T-Pfade der an diesen unterschiedlichen plattentektonischen Positionen gebildeten Gesteine sind die Folge der unterschiedlichen geothermischen Gradienten. Gelangen Gesteine unter Gebirgsgürteln in vergleichbare Tiefen und Druckbedingungen, so ist ihre Temperatur deutlich höher als in Gesteinen, die durch Subduktion in diese Tiefe gelangen

Metamorphose an Subduktionzonen

Aus der im Forearc-Bereich einer Subduktionszone abgelagerten Mélange bilden sich Glaukophanschiefer, metamorphe Gesteine, deren Minerale erkennen lassen, dass sie unter sehr hohen Drücken, jedoch bei vergleichsweise niedrigen Temperaturen entstanden sind. Hier gelangt das Gesteinsmaterial in der Subduktionszone sehr rasch in Tiefen bis zu 30 km, sodass für eine Aufheizung nur wenig Zeit bleib – dagegen nimmt der Druck in der abtauchenden Platte extrem rasch zu.

Schließlich gelangt das Material als Teil des Subduktionsvorgangs durch Heraushebung wieder an die Oberfläche. Diese **Exhumierung** ist auf zwei Ursachen zurückzuführen: Auftrieb und Zirkulationsbewegungen. Drückt man einen Ball in einem Schwimmbecken unter Wasser, dann steigt er sofort wieder an die Wasseroberfläche auf, weil der mit Luft gefüllte Ball eine geringere Dichte besitzt als das umgebende Wasser. In gleicher Weise steigen die subduzierten Metamorphite relativ zur umgebenden Kruste durch ihren eigenen Auftrieb nach oben. Die Frage ist: durch welche Prozesse wird das Material anfänglich nach unten „gezogen"? An den Subduktionszonen setzt ein natürlicher Kreislauf ein: Durch die subduzierte Lithosphäre kommt in der Subduktionszone über der abtauchenden

Abb. 6.14 Eine Mélange ist eine brekziöse Gesteinsmasse aus sehr heterogenen Gesteinsbruchstücken; sie entsteht in Subduktionszonen durch intensive Zerscherung (Foto: John Platt)

Lithosphäre eine kreisförmige Bewegung von Material in Gang, durch die das Material zuerst in große Tiefe gezogen und dann wieder an die Oberfläche zurückbefördert wird.

Abbildung 6.13 zeigt einen typischen p-T-Pfad für Gesteine, die im Verlauf der Subduktion und Exhumierung einer Hochdruck-Niedrigtemperatur-Metamorphose (Glaukophanschiefer-Fazies) ausgesetzt waren. Der p-T-Pfad ist dem Diagramm der Metamorphose-Fazies überlagert. Man beachte, dass der p-T-Pfad auf diesem Diagramm eine Schleife bildet. Das prograde Segment des Pfads entspricht der Subduktion und zeichnet sich durch eine rasche Zunahme des Drucks bei einem vergleichsweise geringen Anstieg der Temperatur aus. Während der Heraushebung biegt der p-T-Pfad um, weil die Temperatur immer noch geringfügig steigt, der Druck aber rasch abnimmt. Das retrograde Segment des p-T-Pfads entspricht dem beschriebenen Prozess der Exhumierung.

Hinweise auf ehemalige Konvergenzbewegungen Ozean-Kontinent Die wesentlichen Elemente derartiger Gesteinsparagenesen wurden in den Gesteinsabfolgen vieler Gebiete nachgewiesen. Beispielsweise besteht die sogenannte Franciscan-Formation der kalifornischen Küstenkette (Coast Range) aus einer tektonischen Mélange, deren zugehöriger Magmatismus in der parallel dazu verlaufenden Zone der Sierra Nevada weiter im Osten auftritt. Diese beiden Gebirge sind das Ergebnis einer Kollision zwischen der Nordamerikanischen und der subduzierten Farallon-Platte, die im Mesozoikum erfolgte (vgl. Abb. 10.6). Die Lage der Mélange im Westen und das Auftreten der Magmatite im Osten zeigt darüber hinaus, dass die heute verschwundene Farallon-Platte die subduzierte Platte war; sie wurde damals von der weiter im Osten liegenden Nordamerikanischen Platte überfahren. Die Analyse der p-T-Pfade der metamorphen Minerale in der Glaukophanschieferfazies der Franciscan Mélange ergibt in der graphischen Darstellung ebenfalls eine Schleife, die dem in Abb. 6.13a gezeigten p-T-Pfad weitestgehend entspricht und auf ein rasches Abtauchen in Bereiche mit hohem Druck hinweist, einem charakteristisches Merkmal der Subduktion.

Weitere Beispiele für ähnliche paarig angeordnete Gesteinsparagenesen treten an nahezu allen aktiven Kontinentalrändern auf, die das Becken des Pazifischen Ozeans umrahmen, beispielsweise in Japan. Die Zentralalpen wurden durch die Konvergenz der Adriatischen Platte und der Eurasischen Platte herausgehoben. Die Anden an der Westküste Südamerikas (von denen die Bezeichnung des vulkanischen Gesteins „Andesit" abgeleitet ist) sind das beste Beispiel für die Konvergenz einer ozeanischen und einer kontinentalen Platte. Dort taucht die Nazca-Platte an einer Subduktionszone unter die Südamerikanische Platte ab.

Konvergenz kontinentaler Platten

Da die kontinentale Kruste aufgrund ihrer geringen Dichte auf der Lithosphäre „schwimmt" und der Subduktion Widerstand leistet, entwickelt sich an der Grenze, wo Kontinente zusammenstoßen, eine breite Zone intensiver Deformation. Das Resultat einer solchen Kollision ist eine **Suturzone** oder **Geosutur** im Grenzbereich der beiden kollidierenden Krustenblöcke. Die durch die Gebirgsbildung verursachte intensive Deformation führt im Bereich der Kollisionszone zu einer wesentlichen Verdickung der kontinentalen Kruste sowie zur Entstehung von oftmals hohen Gebirgszügen, wie am Beispiel des Himalaja deutlich wird. Im Kernbereich des Gebirges kommt es in der Tiefe nahe der Geosutur zur Intrusion von Magmen. An dieser Sutur treten außerdem häufig auch Ophiolithkomplexe auf – Reste eines ehemaligen Ozeans, der durch die Konvergenz der beiden Platten subduziert wurde.

Wenn es zur Verdickung der Lithosphäre kommt, heizen sich die tieferen Bereiche der kontinentalen Kruste auf, was zu einer unterschiedlich starken Metamorphose der Krustengesteine führt. Gleichzeitig beginnt in den noch tieferen Zonen die Aufschmelzung. Auf diese Weise entsteht bei der Gebirgsbildung in den Kernen der Orogengürtel ein komplexes Gemisch aus Magmatiten und Metamorphiten. Millionen Jahre später, nachdem die oberflächennahen Bereiche durch Erosion abgetragen worden sind, gelangen diese Kernbereiche an die Erdoberfläche und lassen anhand ihres Gesteinsinhaltes die metamorphen Prozesse erkennen, die zur Bildung von Glimmerschiefern, Gneisen und anderen Metamorphiten führten.

Die p-T-Pfade der Metamorphite, die für die Konvergenz kontinentaler Platten tyisch sind, unterscheiden sich von denen der Subduktionszonen. Bei der Kollision kontinentaler Platten herrschen höhere Temperaturen als bei der Subduktion. Wenn ein Gestein bei der Kollision in tiefere Bereiche gelangt, sind auch die Temperaturen unter bestimmten Druckbedingungen deutlich höher (Abb. 6.13b). Der p-T-Pfad beginnt an derselben Stelle wie der p-T-Pfad der Subduktion, er zeigt aber bei zunehmendem Druck eine raschere Temperaturzunahme. Man deutet das prograde Segment des p-T-Pfades für Kollisionszonen als typische Folge einer Versenkung von Gesteinen unter hohen Gebirgen im Verlauf einer Orogenese. Das retrograde Segment ist Abbild von Aufstieg und Exhumierung der tief versenkten Gesteine im Zusammenhang mit dem Kollaps des Gebirges, entweder durch Erosion oder durch postorogene Dehnung und Ausdünnung der kontinentalen Kruste.

Teil II

Das wohl eindrucksvollste Beispiel für die Kollision kontinentaler Krustenblöcke ist der Himalaja, dessen Bildung vor gut 50 Mio. Jahren einsetzte, als die Indische Platte und die Eurasische Platte kollidierten. Diese Kollision dauert bis heute an: Der indische Subkontinent dringt mit einer Geschwindigkeit von 5 cm pro Jahr in den asiatischen Kontinent ein, während sich der Himalaja weiterhin hebt – begleitet von Bruchtektonik, zahlreichen schweren Erdbeben und sehr rascher Erosion durch Flüsse und Gletscher.

Exhumierung: Bindeglied zwischen den Systemen Plattentektonik und Klima

Vor vierzig Jahren lieferte die Theorie der Plattentektonik erstmals eine schlüssige Erklärung, wie Metamorphite durch Seafloor-Spreading, Subduktion von Platten oder Kollision von Kontinenten entstehen. Mitte der 1980er Jahre ergab die Untersuchung der p-T-Pfade ein wesentlich höher auflösendes Bild der jeweiligen tektonischen Mechanismen, die an der tiefen Versenkung der Gesteine beteiligt sind. Gleichzeitig lieferten sie ein ebenso gut auflösendes Bild vom Ablauf der nachfolgenden und oftmals sehr raschen Heraushebung und Exhumierung dieser tief versenkten Gesteine. Seit dieser Zeit haben Geowissenschaftler nach einem ausschließlich tektonischen Vorgang gesucht, durch den diese Gesteine rasch an die Erdoberfläche zurückgelangen konnten. Eine allgemein akzeptierte Vorstellung geht davon aus, dass Gebirge, die infolge der bei der Kollision entstandenen Krustenverdickung in große Höhen aufgestiegen sind, durch gravitativen Kollaps plötzlich wieder zusammenfallen. Die alte Redensart: „Was hochkommt, muss auch wieder runter" ist hier zwar zutreffend, dieser Vorgang läuft jedoch für geologische Verhältnisse extrem rasch ab, sodass die meisten Geologen davon ausgehen, dass dies nicht der einzige Effekt sein kann; es müssen also noch andere Mechanismen daran beteiligt sein.

Wie wir in Kap. 22 noch sehen werden, entdeckten Geomorphologen, dass in aktiven Gebirgsregionen durch Gletscher und Flüsse extrem hohe Erosionsraten zustande kommen. Im Verlauf des letzten Jahrzehnts stellten diese Wissenschaftler eine neue Hypothese auf, die eine rasche Heraushebung und Exhumierung mit diesen hohen Erosionsraten verknüpft. Die Vorstellung besteht nun darin, dass das Klima – und nicht ausschließlich die Tektonik – den Aufstieg von Gesteinen aus der tiefen Kruste in die oberflächennahen Krustenbereiche durch eine rasche Erosion verursacht. Demzufolge wirken die Prozesse der Plattentektonik (in Form von Orogenese und Heraushebung), und des Klimas (in Form von Erosion und Verwitterung) zusammen und verursachen somit den rasanten Aufstieg der Metamorphite an die Erdoberfläche. Nachdem Geologen Jahrzehnte lang glaubten, für regionale und globale Prozesse ausschließlich tektonische Vorgänge in Betracht ziehen zu können, scheint es derzeit so, dass zwei offensichtlich getrennte Prozesse der Geologie – Metamorphose und Erosion – auf elegante Weise miteinander verbunden sind. Oder wie es ein Geologe formulierte: „Was für eine pikante Ironie, sollten etwa die kräftigen Muskeln der Metamorphose, die mächtige Gebirge in den Himmel heben, durch das Tröpfeln winziger Regentropfen bewegt werden?"

Zusammenfassung des Kapitels

Ursachen der Metamorphose: Als Metamorphose bezeichnet man die Umwandlung des Mineralbestands, der Gefüge und der chemischen Zusammensetzung von Gesteinen in festem Zustand. Sie wird verursacht durch die Zunahme von Druck und Temperatur und durch die Reaktion mit Ionen oder chemischen Verbindungen, die durch hydrothermale Lösungen zugeführt werden. Wenn Gesteine durch plattentektonische Vorgänge tief in die Erdkruste abtauchen und zunehmenden Temperaturen und Drücken ausgesetzt werden, gehen die chemischen Bestandteile des Ausgangsgesteins in neue Mineralparagenesen über, die unter den veränderten Druck- und Temperaturbedingungen stabil sind. Metamorphe Gesteine, die bei relativ niedrigen Druck- und Temperaturbedingungen der Metamorphose unterlagen, werden als niedrig metamorphe Gesteine und solche, die bei hohen Druck- und Temperaturbedingungen der Metamorphose unterlagen, dementsprechend als hoch metamorphe Gesteine bezeichnet.

Bei der Metamorphose können dem Gestein vorwiegend durch hydrothermale Lösungen chemische Bestandteile zugeführt oder entzogen werden.

Arten der Metamorphose: Die drei wichtigsten Arten der Metamorphose sind: (1) die Regionalmetamorphose im Zusammenhang mit Orogenesen, bei der ausgedehnte Gebietsareale durch hohen Druck und hohe Temperatur metamorph umgewandelt werden, (2) die Kontaktmetamorphose, bei der Gesteine in der unmittelbaren Umgebung von Magmaintrusionen in erster Linie durch die Temperatur der Intrusion verändert werden, (3) die Hydrothermalmetamorphose, verursacht durch heiße Fluide, die durch die Gesteine der Kruste zirkulieren und diese metamorph verändern. Weniger häufige Formen der Metamorphose sind: (4) die Versenkungsmetamorphose, eine niedriggradige Metamorphose, bei der tief versenkte Sedimentgesteine durch höhere Drücke und Temperaturen metamorph verändert werden; (5) die Hochdruck- und Ultrahochdruck-Metamorphose, die bei der Subduktion von Sedimenten in großen Tiefen auftreten und bei der Gesteine Drücken bis zu 40 kbar ausgesetzt sind, vergleichbar Versenkungstiefen von über 120 km, sowie (6) die Schock- oder Impaktmetamorphose, die durch den Aufschlag extraterrestrischer Körper verursacht wird.

Wichtige metamorphe Gesteine: Metamorphe Gesteine werden aufgrund ihrer Gefüge in zwei größere Klassen unterteilt: in Gesteine mit Foliation (die Transversalschieferung, kristalline Schieferung und andere Formen bevorzugter Orientierung der Minerale zeigen) und in massig ausgebildete Gesteine ohne Foliation, die als Felse bezeichnet werden. Welche Gesteinstypen bei der Metamorphose entstehen, hängt von der Zusammensetzung des Ausgangsgesteins und dem Grad der Metamorphose ab. Die Regionalmetamorphose eines Schiefertons führt mit steigendem Metamorphosegrad zu einer zunehmend stärkeren Foliation, beginnend mit Tonschiefern, über Phyllite zu Glimmerschiefern, Gneisen und schließlich zu Migmatiten. In der Gruppe der Gesteine ohne Foliation entstehen durch die Metamorphose aus Kalksteinen Marmore, aus quarzreichen Sandsteinen Quarzite und schließlich aus Basalt Grünsteine. Hornfels ist das Produkt der Kontaktmetamorphose feinkörniger Sediment- und anderer Gesteine, die reichlich Silicatminerale enthalten. Die Regionalmetamorphose basischer Vulkanite beginnt mit der Zeolithfazies und verläuft über die Grünschieferfazies zur Amphibolit- und schließlich zur Pyroxengranulit-Fazies.

Entstehungsbedingungen der Metamorphite: Die einzelnen Zonen der Metamorphose können durch Isograden gegeneinander abgegrenzt werden, die durch das erste Auftreten des jeweiligen Indexminerals definiert sind. Diese Indexminerale sind kennzeichnend für die jeweiligen Druck- und Temperaturbedingungen, unter denen die Gesteine in dieser Zone entstanden sind. Nach dem Konzept der metamorphen Fazies können sich Gesteine desselben Metamorphosegrades aufgrund der unterschiedlichen chemischen Zusammensetzung des Ausgangsgesteins voneinander unterscheiden, während Gesteine mit identischer Zusammensetzung des Ausgangsgesteins aufgrund unterschiedlicher Metamorphosegrade voneinander abweichen.

Metamorphose und Plattentektonik: Sowohl durch Subduktion als auch durch die Kollision von Kontinenten gelangen Gesteine in tiefere Bereiche der Erde, in denen sie zunehmend höheren Druck- und Temperaturbedingungen ausgesetzt sind, die zu Reaktionen der Minerale führen. Der Verlauf der Druck-Temperatur-Pfade (p-T-Pfade) lässt erkennen, in welcher Form die Metamorphose ablief. An konvergierenden Plattenrändern sprechen die p-T-Pfade für eine rasche Subduktion der Gesteine und Sedimente in Bereiche mit hohen Drücken und vergleichsweise geringen Temperaturen. In Gebieten, in denen die Subduktion zur Kollision von Kontinenten führt, gelangen die Gesteine in Tiefen, in denen sowohl hoher Druck als auch hohe Temperaturen herrschen. In beiden Fällen bilden die p-T-Pfade charakteristische Schleifen. Sie zeigen, dass die Gesteine, nachdem sie maximalen Drücken und Temperaturen ausgesetzt waren, wieder in seichtere Stockwerke gelangt sind. Dieser Vorgang der Exhumierung kann entweder durch verstärkte Verwitterung und Erosion der Erdoberfläche oder durch plattentektonische Vorgänge verursacht werden.

Ergänzende Medien

6.1 Video: Der Lewisian Gneis-Komplex von Schottland

6.2 Video: Jade

Störungen, Falten und andere Zeugen der Gesteinsdeformation

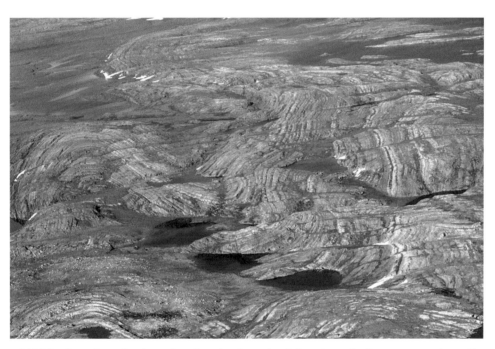

7

Luftbild der Three-River-Falten in Nordwestkanada. Diese Falten haben eine Wellenlänge von etwa einem Kilometer (Foto: © John Grotzinger)

© Springer-Verlag Berlin Heidelberg 2017
J. Grotzinger, T. Jordan, *Press/Siever Allgemeine Geologie*, DOI 10.1007/978-3-662-48342-8_7

Wenn Gesteine an Plattengrenzen gelangen, können – wie schon in Kap. 6 gezeigt wurde – ihre Gefüge und ihr Mineralbestand durch die Prozesse der Metamorphose verändert werden. Unter den Prozessen, die auf den Kontinenten zur Regionalmetamorphose führen, ist die Deformation der wichtigste Vorgang: die Verformung der Gesteine durch Einengung (Kompression), Dehnung (Extension), Faltung und Bruchtektonik. Bezogen auf einzelne Gesteinstypen kann ein Granit durch Deformation in Gneis und ein Schieferton in einen kristallinen Schiefer übergehen. Im regionalen Rahmen können als Folge der Deformation ursprünglich horizontal abgelagerte Schichten in sehr vielfältige Strukturen übergeführt werden.

Die Geologen des 18. und 19. Jahrhunderts wussten bereits, dass die meisten Sedimentgesteine ursprünglich als unverfestigte, horizontale Schichten am Meeresboden abgelagert und erst nachfolgend im Laufe der Zeit zu Festgesteinen wurden. Sie fragten sich, welche Kräfte diese so fest und starr erscheinenden Gesteine derart deformiert haben könnten, damit solche ungewöhnlichen Strukturen entstehen konnten, und warum es im Verlauf der Erdgeschichte immer wieder zu bestimmten Deformationsstrukturen kam. Die in den 1960er Jahren entwickelte Theorie der Plattentektonik konnte auch diese Probleme lösen.

Dieses Kapitel beschreibt, wie Gesteine zerbrechen, verkippt und gefaltet und zu den Strukturen deformiert werden, die wir im Gelände sehen. Der Schwerpunkt liegt dabei auf den Vorgängen der Faltung und Bruchtektonik, durch die in der Nähe von Plattengrenzen die Gesteine der kontinentalen Kruste deformieren. Weiter sehen wir, wie Geologen ihre Geländedaten sammeln und interpretieren, um daraus Karten zu erstellen, und wie sich umgekehrt aus geologischen Karten sowohl die Abläufe der Deformation als auch die tektonischen Kräfte rekonstruieren lassen, die zur Deformation führten.

Kräfte der Plattentektonik

Unter der sehr allgemeinen Bezeichnung „Deformation" werden alle Vorgänge wie Faltung, Bruchtektonik, Scherung, Kompression und Dehnung zusammengefasst, die in den von den plattentektonischen Prozessen ausgeübten Kräften ihre Ursache haben. Die an der Erdoberfläche aufgeschlossenen Deformationsstrukturen werden überwiegend durch Horizontalbewegungen der Lithosphärenplatten relativ zueinander verursacht. Aus diesem Grund sind auch an den Plattengrenzen die zur Gesteinsdeformation führenden tektonischen Kräfte vorwiegend horizontal gerichtet und von der Richtung der relativen Plattenbewegungen abhängig:

- **Extension** (Dehnung), durch die ein Körper gedehnt wird und gewöhnlich auseinanderreißt. Extensionskräfte herrschen an divergenten Plattengrenzen vor, wo Platten auseinanderdriften.
- **Kompression** (Einengung), durch die ein Körper zusammengedrückt und verkürzt wird. Kompressionskräfte überwiegen an konvergenten Grenzen, wo sich Platten aufeinanderzubewegen.
- **Scherung**, durch die ein Körper in zwei horizontal aneinander vorbeigleitende Teilkörper zerlegt wird. Scherkräfte dominieren an Transformstörungen, wo Lithosphärenplatten horizontal aneinander vorbeigleiten.

Wären die Lithosphärenplatten vollständig starre Körper, würden die Plattenränder scharfe Lineationen bilden, und beliebig festgelegte Punkte auf beiden Seiten der Grenzen würden sich mit derselben relativen Plattengeschwindigkeit bewegen. Dieser Idealfall ist in den Ozeanen annähernd gegeben, wo die tiefen Scheitelgräben der mittelozeanischen Rücken und auch die senkrecht dazu verlaufenden Transformstörungen eng begrenzte Zonen bilden, die oftmals nur wenige Kilometer breit sind.

Auf den Kontinenten können jedoch die relativen Plattenbewegungen an den sich über Hunderte oder sogar Tausende von Kilometern erstreckenden Plattengrenzen gewissermaßen „verwischt" sein. In solch ausgedehnten Zonen verhält sich die kontinentale Kruste nicht starr, dort werden die Gesteine der oberflächennahen Krustenbereiche durch Faltung und Bruchtektonik deformiert. Falten in Gesteinen sind vergleichbar mit Falten in der Kleidung. Genauso wie sich ein Kleidungsstück in Falten legt, wenn es von zwei Seiten zusammengeschoben wird, können auch Gesteine gefaltet werden, wenn sie durch tektonische Kräfte innerhalb der Erdkruste zusammengepresst werden (Abb. 7.1a). Durch die tektonischen Kräfte können aber auch ganze Schichtenfolgen zerbrechen und als Teilschollen an der Bruchfläche aneinander vorbeigleiten. Diese Bewegungsbahn bezeichnet man als **Störung** oder **Verwerfung** (Abb. 7.1b). Bewegen sich Schollen an einer solchen Störung sprunghaft, so äußert sich dies in Form eines Erdbebens. Bereiche aktiver Deformation der kontinentalen Kruste sind daher auch durch häufig auftretende Erdbeben gekennzeichnet.

Falten und Störungen können in Größenordnungen von Zentimetern bis Metern (vgl. Abb. 7.1) aber auch bis zu mehreren Kilometern auftreten. Zahlreiche Gebirgszüge bestehen in Wirklichkeit aus einer Reihe großer, verwitterter und erodierter Faltenzüge und Störungen. Aus der Abfolge der Deformationsereignisse lassen sich die Bewegungen an ehemaligen Plattengrenzen und somit die tektonische Entwicklung der kontinentalen Kruste rekonstruieren.

Kartierung geologischer Strukturen

Falten und Störungen sind Beispiele für wichtige Erscheinungen, die Geologen im Gelände beobachten und kartieren, um die Deformation der Erdkruste zu rekonstruieren. Zum besseren Verständnis dieser Vorgänge benötigen wir genaue Kenntnisse über die Geometrie der im Gelände zu beobachtenden Falten und Störungen. Die besten Informationen liefern Aufschlüsse, in denen das überall im Untergrund anstehende Gestein der unmittelbaren Beobachtung zugänglich und nicht von Vegetation, Böden, Bebauung oder Gesteinsschutt überdeckt ist. In einem

a b

Abb. 7.1a,b Tektonischen Kräften ausgesetzte Gesteine werden durch Faltung und Bruchtektonik deformiert. **a** Aufschluss in ursprünglich horizontal abgelagerten Schichten, die durch tektonische Einengung gefaltet worden sind. **b** Aufschluss in einst durchgehendn Schichten, die durch tektonische Dehnung an Störungen mit geringen Sprunghöhen gegeneinander versetzt sind (Fotos: a © Tony Waltham; b © Marli Bryant Miller)

solchen Aufschluss sind in der Regel als **Formationen** bezeichnete Gesteinseinheiten aufgeschlossen, die aufgrund ihrer physikalischen Merkmale über größere Gebiete hinweg verfolgt werden können. Einige Formationen bestehen dabei nur aus einem einzigen Gesteinstypus wie etwa Kalksteine, andere dagegen aus geringmächtigen Schichten unterschiedlicher Gesteine wie etwa Wechselfolgen von Sandsteinen und Schiefertonen. Wie immer sie sich auch lithologisch unterscheiden, jede Formation besteht aus einer charakteristischen Abfolge von Gesteinsschichten, die als Einheit zusammengefasst und kartenmäßig dargestellt werden kann.

Abbildung 7.1a zeigt einen solchen Aufschluss, in dem die Faltung der Sedimentgesteine deutlich erkennbar ist. Häufig sind gefaltete Gesteinsserien in einem Aufschluss nur teilweise freigelegt oder gekappt und erscheinen dann lediglich als geneigt lagernde Schichten (Abb. 7.2). Die räumliche Orientierung der Schichten ist wichtig, denn nur mit dieser Information lässt sich ein vollständiges Bild der gesamten Deformationsstruktur gewinnen. Um die Raumlage einer Gesteinsschicht an einem bestimmten Ort zu beschreiben, sind lediglich zwei Messungen erforderlich: das Streichen und das Fallen der Schichtflächen.

Messung von Streichen und Fallen

Das **Streichen** ist die Richtung der Schnittlinie einer Gesteinsschicht mit einer gedachten horizontalen Fläche, gemessen als Winkel von Nord über Ost nach Süd, wobei konventionsgemäß das Streichen auf Werte zwischen 0 und 180° beschränkt ist. Das **Fallen**, gemessen im rechten Winkel zum Streichen, ist ganz einfach der Betrag der Verkippung, das heißt der Winkel, um den die Schicht gegen die Horizontale geneigt ist, wobei für den

Abb. 7.2 Schräg gestellte Kalksteine und Schiefertone an der Küste von Somerset (England). Die Kinder folgen dem Streichen der Schichten, die unter einem Winkel von 15° nach links einfallen (Foto: © Chris Pellan)

Fallwinkel auch bei invers lagernden Schichtenfolgen lediglich Werte zwischen 0° (söhlig) und 90° (seiger) angegeben werden. Abbildung 7.3 zeigt, wie Streichen und Fallen im Gelände beobachtet und gemessen werden. Ein Geologe würde den im unteren Teil der Abbildung dargestellten Aufschluss beispielsweise so beschreiben: „Grobkörnige Sandsteinschichten, die 90° streichen und mit 45° nach Süden einfallen" (N 90°/45° S). Mit den Werten von Streichen und Fallen kann die Raumlage aller geologischer Flächen wie etwa Störungen, Diskordanzflächen oder Achsenflächen beschrieben werden.

Eine andere Möglichkeit, die räumliche Lage geologischer Flächen zu beschreiben, beruht ausschließlich auf der Messung der Fallrichtung (0–360°) und des Fallwinkels (0–90°).

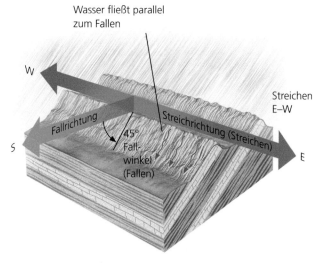

Abb. 7.3 Die Begriffe Streichen und Fallen beschreiben die räumliche Lage einer Schichtfläche. Das Streichen entspricht der Kompassrichtung einer Schnittlinie der Gesteinsschicht mit einer horizontalen Fläche, gemessen gegen Norden. Das Fallen ist der Winkel und die Richtung der steilsten Neigung einer Gesteinsschicht, gemessen gegen die Horizontale im rechten Winkel zum Streichen. In diesem Beispiel streichen die Schichten Ost-West (= 90°) und fallen mit 45° nach Süden ein (nach: A. Maltman (1998): *Geological Maps: An Introduction*, 2nd ed. – New York, van Nostrand Reinhold)

Geologische Karten

Geologische Karten zeigen die Verbreitung der Gesteinseinheiten an der Erdoberfläche (Abb. 7.4). Die kartenmäßige Darstellung erfolgt in einem bestimmten Maßstab, der sich aus dem Verhältnis der auf der Karte abgebildeten verkleinerten Strecke zur entsprechenden Strecke in der Natur ergibt. Ein gängiger Maßstab für die geologische Aufnahme im Gelände ist der Maßstab 1:10.000, das heißt 1 cm auf der Karte entspricht 10.000 cm (= 100 m) in der Natur. Eine solche Geländekarte ist dann Grundlage weiterer Karten, meist im Maßstab 1:25.000 oder 1:50.000. Größere Gebiete werden in sogenannten Übersichtskarten dargestellt (z.B. Geologische Übersichtskarte von Deutschland), deren Maßstab von der Größe des Gebietes bestimmt wird. Je kleiner der Maßstab, desto weniger Details können auf der Karte dargestellt werden.

Geologen identifizieren die verschiedenen Gesteinseinheiten im Gelände und tragen ihren Verlauf in die Karte ein, wobei jede Kartiereinheit durch eine eigene Farbe und ein für Gesteinsart oder Alter charakteristisches Symbol (entweder Ziffern oder Buchstaben) gekennzeichnet wird (Abb. 7.4). Da in stark gefalteten Gebieten meist sehr viele Gesteinsformationen aufgeschlossen sind, können geologische Karten ausgesprochen bunt sein. Verwitterungsanfällige Gesteine wie etwa Tonsteine oder andere, wenig verfestigte Sedimente werden leichter erodiert als härtere Gesteinseinheiten wie etwa Kalksteine, Granit oder Metamorphite. Folglich beeinflussen die Gesteinstypen in starkem Maße das Relief der Erdoberfläche und auch die Aufschlußverhältnisse. Dieser wichtige Zusammenhang zwischen geologischem Bau und Relief wird vor allem dann deutlich, wenn auf der geologischen Karte das Relief durch Höhenlinien dargestellt ist.

Da geologische Karten eine Fülle von Informationen liefern, hat man sie auch schon als „Lehrbücher auf einem einzigen Stück Papier" bezeichnet. Um diese Informationen noch zu präzisieren, wird jede Gesteinseinheit außerdem mit bestimmten T-förmigen Symbolen versehen, die das lokale Streichen und Fallen der Schichten erkennen lassen; Störungen oder andere wichtige tektonische Grenzflächen sind durch besondere Signaturen, meist dicke Linien dargestellt. So wird beispielsweise das Streichen und Fallen der Schichtenfolgen auf der geologischen Karte durch T-ähnliche Symbole dargestellt.

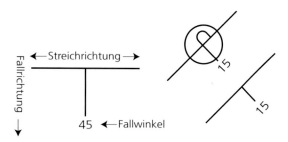

Der obere, längere Strich entspricht der Streichrichtung, der kürzere Strich senkrecht dazu weist in Fallrichtung und die Ziffer nennt den Fallwinkel in Grad. Ist erkennbar, dass die Schichten überkippt sind, das heißt invers lagern, wird ein etwas verändertes Symbol mit einem Bogen auf dem T verwendet. Auf einer nach Norden orientierten Karte würde das links abgebildete Symbol die in Abb. 7.3 dargestellte Sandsteinschicht beschreiben, die Ost-West streicht und mit 45° nach Süden einfällt. Das mittlere Symbol beschreibt eine Schichtenfolge, die Südwest-Nordost streicht und, wie in Abb. 7.2, mit 15° nach Südosten einfällt und das dritte Symbol schließlich eine Abfolge, die ebenfalls Südwest-Nordost streicht und mit 15° nach Südosten einfällt, jedoch invers lagert.

Natürlich kann auf einer geologischen Karte nicht jedes im Gelände beobachtete Detail dargestellt werden. Eine gewisse Schematisierung ist oft nicht zu umgehen. So werden beispielsweise kompliziert gebaute Störungszonen lediglich als eine Störung dargestellt, oder kleine Falten, die im vorgegebenen Maßstab nicht darstellbar sind, bleiben unberücksichtigt. Geringmächtige Deckschichten, gleichgültig ob Böden oder Lockergesteine, die die Strukturen des Untergrundes verhüllen, werden in der Karte normalerweise nicht dargestellt, so als wäre der Gesteinsinhalt überall aufgeschlossen und der Beobachtung zugänglich. So gesehen stellen geologische Karten gewissermaßen wissenschaftliche Modelle der Oberflächengeologie dar.

Geologische Schnitte

Geologische Strukturen sind immer auch räumliche Strukturen; wenn daher ein Gebiet kartiert ist, muss die zweidimensionale Darstellung der Karte in ein dreidimensionales Bild der geologischen Situation umgesetzt werden. Wie lassen sich aber Deformationsstrukturen in Gesteinsschichten rekonstruieren, wenn durch Erosion bereits Teile der Schichtenfolge entfernt wurden? Der Geologe muss hier gleichsam ein dreidimensionales Puzzle mit einigen fehlenden Teilen zusammensetzen. Sachverstand und

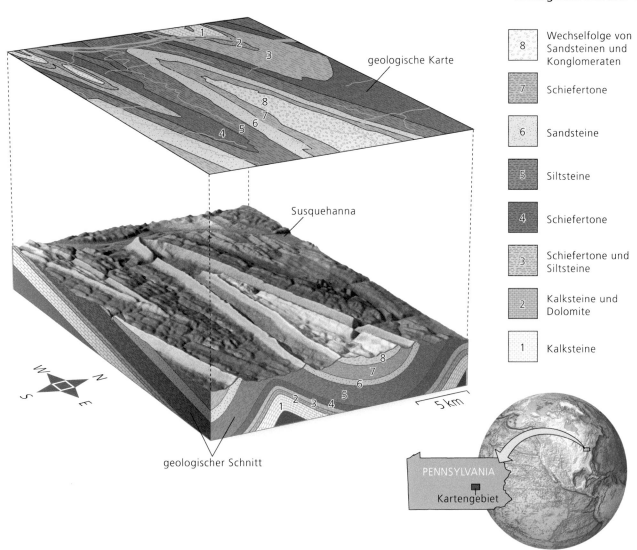

Legende:

8 — Wechselfolge von Sandsteinen und Konglomeraten

7 — Schiefertone

6 — Sandsteine

5 — Siltsteine

4 — Schiefertone

3 — Schiefertone und Siltsteine

2 — Kalksteine und Dolomite

1 — Kalksteine

geologische Karte

Susquehanna

geologischer Schnitt

5 km

PENNSYLVANIA

Kartengebiet

Abb. 7.4 Die geologische Karte und die dazugehörenden Schnitte ergeben eine zweidimensionale Darstellung einer räumlichen geologischen Struktur. Die Abbildung zeigt ein Gebiet in Pennsylvania östlich des Susquehanna River. Die an der Erdoberfläche aufgeschlossenen Schichtenfolgen sind von der ältesten (*1*) bis zu jüngsten (*8*) durch Ziffern gekennzeichnet

Intuition – verbunden mit einigen Grundprinzipien der Geologie – spielen dabei eine wichtige Rolle.

Zur Vervollständigung eines geologischen Geländebefundes konstruiert man normalerweise einen **geologischen Schnitt** – eine Darstellung, die die geologischen Strukturen anhand eines vertikalen Schnitts durch einen Teil der Erdkruste zeigt.

Kleine geologische Schnitte sind oft in den senkrechten Wänden einer Steilküste, in Steinbrüchen oder Straßeneinschnitten zu beobachten (Abb. 7.5). Schnitte durch größere Gebiete lassen sich aus den Angaben einer geologischen Karte und mithilfe der in Aufschlüssen gemessenen Streich- und Fallwerte konstruieren. Die Angaben der geologischen Kartendarstellung werden durch Daten aus Bohrungen oder seismischen Profilen ergänzt, um auf den Schnitten auch die Lage der Schichten im tieferen Untergund darstellen zu können. Bohrungen und seismische Untersuchungen sind jedoch mit hohen Kosten verbunden und daher meist nur von Gebieten verfügbar, in denen auf Erdöl,

Kohle, Grundwasser oder andere natürliche Ressourcen prospektiert wurde.

Abb. 7.4 zeigt eine geologische Karte und den daraus abgeleiteten Schnitt von einem Gebiet, in dem ursprünglich horizontal lagernde Sedimentgesteine zu Falten deformiert und nachfolgend zu Höhenrücken und Tälern erodiert worden sind.

Auf einige der in der Karte dargestellten geologischen Gegebenheiten wird später noch eingegangen. Zuvor befassen wir uns mit den grundlegenden Prozessen der Gesteinsdeformation.

Wie werden Gesteine deformiert?

Die Deformation von Gesteinen ist eine Reaktion auf die Kräfte, die auf sie einwirken. Ob Gesteine durch Faltung, Bruch oder

Teil II

Abb. 7.5 Geologische Schnitte können oft unmittelbar im Gelände beobachtet werden. Dieser Straßenanschnitt am Lariat Loop Scenic Byway in Colorado (USA) zeigt einen nahezu senkrechten Schnitt durch eine Abfolge von Sedimentgesteinen, die durch die Hebung der Rocky Mountains verkippt wurden (Foto: © James Steinberg/Science Source)

einer Kombination beider Vorgänge reagieren, ist abhängig von der Richtung der einwirkenden Kräfte, vom Gesteinstyp und von den während der Deformation herrschenden Druck- und Temperaturbedingungen.

Sprödes und duktiles Verhalten der Gesteine im Labor

Mitte des letzten Jahrhunderts begannen die Geologen damit, die tektonischen Kräfte zu erforschen, die zur Deformation starr erscheinender Gesteine führen, indem sie große hydraulische Pressen dazu verwendeten, um kleine Gesteinsproben extremen Druckbedingungen auszusetzen und bis zum Bruch zu verformen. Diese Geräte wurden ursprünglich von Ingenieuren zur Prüfung der Festigkeit von Betonproben und anderen Baustoffen entwickelt. Geologen modifizierten diese Geräte geringfügig, um im Einzelnen nachzuvollziehen, wie Gesteine unter Drücken und Temperaturen deformiert werden, die hoch genug sind, um die physikalischen Bedingungen in der tiefen Erdkruste zu simulieren.

Bei einem solchen Experiment wurde ein kleiner Marmorzylinder Kompressionskräften ausgesetzt, indem mit einer hydraulischen Presse auf das eine Ende Druck ausgeübt wurde, während die Probe gleichzeitig einem allseitigen Druck ausgesetzt war (Abb. 7.6). Bei niedrigem allseitigem Druck wurde die Marmorprobe nur geringfügig deformiert, bis schließlich der auf das Ende ausgeübte Druck soweit erhöht wurde, dass die gesamte Probe plötzlich durch Bruch reagierte (Abb. 7.6, links). Dieser Versuch zeigte, dass sich Marmor unter geringem allseitigem Druck – vergleichbar der oberflächen-

nahen Kruste – **spröde** verhält. Ein weiterer Versuch unter hohem allseitigem Druck führte zu einem völlig anderen Ergebnis: Der Marmorzylinder wurde langsam und kontinuierlich deformiert und nahm schließlich eine gestaucht-gewölbte Form an, ohne dabei zu zerbrechen (Abb. 7.6 rechts). Die Probe verhielt sich unter dem hohen allseitigen Druck, der auch in großen Tiefen der Erdkruste herrscht, wie verformbares, das heißt **duktiles** Material.

In anderen Experimenten konnte gezeigt werden, dass sich eine erwärmte Marmorprobe auch bei niedrigem allseitigem Druck duktil verhält, ähnlich wie hartes Wachs durch Erwärmung von einem spröden, durch Bruch reagierenden Material in ein weiches, fließfähiges Material übergeht. Man schloss aus den Untersuchungen, dass dieser beim Versuch verwendete spezielle Marmor in geringen Tiefen von wenigen Kilometern von tektonischen Kräften normalerweise durch Bruch, das heißt durch Störungen deformiert wird, während er in größerer Tiefe durch Faltung allmählich seine Form verändert.

Sprödes und duktiles Verhalten der Gesteine in der Erdkruste

Natürliche Bedingungen können im Labor nicht exakt kopiert werden. Tektonische Kräfte wirken über Millionen von Jahren, während Versuche im Labor meist nur wenige Stunden dauern und selten über Wochen durchgeführt werden. Dennoch liefern die Experimente wichtige Hinweise zur Interpretation der Geländebefunde. Wenn wir im Gelände Falten und Bruchzonen sehen, sollten wir uns stets über Folgendes bewusst sein:

Diese Probe wurde im Labor Druck-bedingungen ausgesetzt, wie sie in der oberflächennahen Erdkruste herrschen. Die Bruchflächen zeigen, dass Mamor unter diesen Bedingungen spröde reagiert.

Diese Probe wurde Druck-bedingungen ausgesetzt, wie sie in größeren Tiefen der Erd-kruste herrschen. Der Marmor-zylinder verformt sich plastisch, reagiert also duktil.

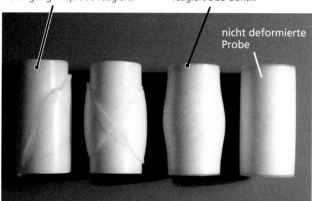

nicht deformierte Probe

Abb. 7.6 Ergebnisse von Laborexperimenten, bei denen untersucht wurde, wie Gesteine – in diesem Fall ein Marmorzylinder – durch Kompression deformiert werden (Die Proben sind in durchsichtige Kunststofffolien eingeschweißt, was ihren Glanz erklärt.) (Foto: © Fred and Judith Chester/John Handin Rock Deformation Laboratory of the Center for Tectonophysics)

- Dieselben Gesteine verhalten sich in geringen Tiefen (Druck und Temperatur sind niedrig) spröde und tief in der Kruste duktil, da dort die Druck- und Temperaturbedingungen hoch sind.
- Das Deformationsverhalten wird vom Gesteinstyp beeinflusst. Vor allem die harten Magmatite und Metamorphite des kristallinen Grundgebirges reagieren durch spröde Deformation und zerbrechen an Störungsflächen, während sich die über ihnen lagernden jüngeren, weicheren Sedimentgesteine duktil verhalten und durch Faltung reagieren.
- Gesteine, die sich bei langsamer Deformation duktil verhalten, können jedoch bei rascher Deformation spröde reagieren.
- Gesteine brechen eher durch Dehnung als durch Druck. In Sedimentgesteinen, die bei gerichtetem Druck mit Faltung reagieren, kommt es bei Dehnung häufig zum Bruch und damit zur Bildung von Störungen.

Wichtige Deformationsstrukturen

Mithilfe einfacher geometrischer Kriterien (und einem umfangreichen Fachvokabular) lassen sich innerhalb der Deformationsstrukturen mehrere Formen unterscheiden.

Störungen

Störungen sind Trennflächen, an denen ursprünglich aneinandergrenzende Gesteinspartien gegeneinander versetzt worden sind. Wie andere geologische Flächen kann auch die räumliche Orientierung der Störungsflächen durch Streichen und Fallen

angegeben werden (vgl. Abb. 7.3). Die Bewegung auf einer Seite in Relation zur anderen Seite kann durch die Richtung der Verschiebung und durch den gesamten Verschiebungs- oder Versatzbetrag, die sogenannte Sprunghöhe, beschrieben werden. Bei einer kleinen Störung (Abb. 7.1b) beträgt der Versatz lediglich einige Meter, während der Verschiebungsbetrag bei großen Transformstörungen, wie beispielsweise der San-Andreas-Störung, mehrere hundert Kilometer betragen kann (Abb. 7.7).

Die Gesteine beiderseits einer Störung können sich nicht gegenseitig durchdringen und bei den unter der Erdoberfläche herrschenden Druckbedingungen können sich auch keine of-

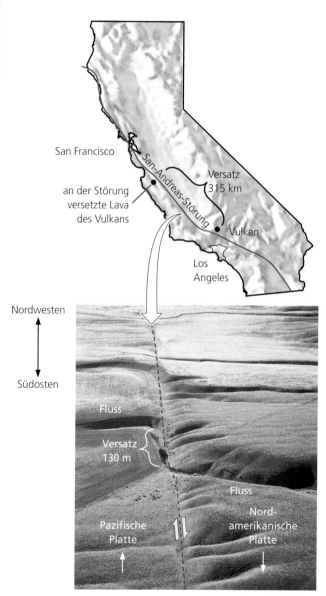

Abb. 7.7 Der Blick auf die San-Andreas-Störung zeigt die Nordwestbewegung der Pazifischen Platte relativ zur Nordamerikanischen Platte. Die Karte zeigt eine Abfolge von 23 Mio. Jahre alten Vulkaniten, die um 315 km gegeneinander versetzt wurden. Die Störung verläuft in Bildmitte von oben nach unten (*gestrichelte Linie*). Man beachte den Versatz des Flusstales (Wallace Creek) um 130 m an der Stelle, wo es die Störung quert (Foto: © University of Washington Libraries, Special Collections, John Shelton Collection, KCN7-23)

fenen Spalten bilden. Daher kann die Bewegung der Gesteine nur parallel zur Störung erfolgen. Je nach der Bewegung der Schollen beiderseits der Störung wird die relativ gehobene Scholle als **Hochscholle**, die relativ dazu abgesunkene Scholle als **Tiefscholle** bezeichnet. Die Unterteilung der Störungsarten beruht daher auf der Richtung der relativen Bewegung an der Störungsfläche (Abb. 7.8). Bei **Aufschiebungen** und **Abschiebungen** erfolgt die vertikale Relativbewegung des Gesteins ausschließlich im Fallen der Störungsfläche (Abb. 7.8b,c). Eine **Horizontal-**, **Seiten-** oder **Blattverschiebung** ist eine Störung, bei der die Bewegung im Wesentlichen horizontal, das heißt parallel zum Streichen der Störungsfläche erfolgt (Abb. 7.8d,e). Eine Bewegung im Streichen bei gleichzeitiger Vertikalbewegung auf der Störungsfläche wird als **Schrägabschiebung** be-

ziehungsweise **Schrägaufschiebung** bezeichnet (Abb. 7.8f). Auf- und Abschiebungen sind an Kompressions- beziehungsweise Extensionsvorgänge gebunden, während Horizontalverschiebungen darauf hindeuten, dass Scherkräfte wirksam waren. Eine Schrägabschiebung weist auf ein Zusammenwirken beider Kräfte hin.

Für Störungen ist eine genauere Kennzeichnung erforderlich, weil die Bewegung nach oben oder unten beziehungsweise nach links oder rechts erfolgen kann. Bei einer **Abschiebung** bewegen sich die Gesteine auf der Oberseite der Störung, der Hangendscholle, infolge einer horizontalen Krustendehnung auf der Störungsfläche gegenüber der Liegendscholle nach unten (Abb. 7.8a) und bilden die Tiefscholle.

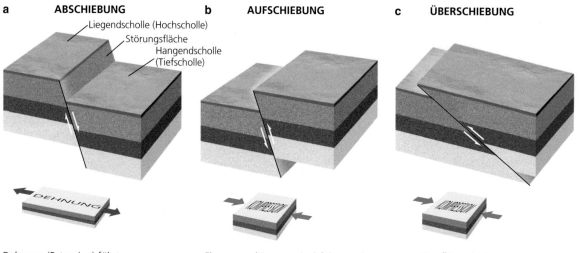

a ABSCHIEBUNG
Liegendscholle (Hochscholle)
Störungsfläche
Hangendscholle
(Tiefscholle)

DEHNUNG

Dehnung (Extension) führt zu Krustendehnung und damit zu Abschiebungen.

b AUFSCHIEBUNG

KOMPRESSION

Einengung (Kompression) führt zu Krustenverkürzung und damit zu Auf- oder Überschiebungen.

c ÜBERSCHIEBUNG

KOMPRESSION

Eine Überschiebung gleicht einer Aufschiebung, die Störungsfläche fällt jedoch mit einem Winkel < 45° ein.

HORIZONTALVERSCHIEBUNG

d

SCHERUNG

linksseitige (sinistrale) Horizontalverschiebung

e

SCHERUNG

rechtsseitige (dextrale) Horizontalverschiebung

SCHRÄGABSCHIEBUNG

f

SCHERUNG

+

DEHNUNG

Eine Kombination von Scherkräften und Dehnung bzw. Einengung führt zu Schrägabschiebungen bzw. Schrägaufschiebungen.

Abb. 7.8a–f Die Orientierung der tektonischen Kräfte bestimmen den Stil der Bruchtektonik. Vertikalbewegungen **a–c** werden durch Einengung (Kompression) oder Dehnung (Extension) verursacht. Horizontalverschiebungen **d, e** entstehen durch Scherung, Schrägabschiebungen **f** sind die Folge einer Kombination von Scherung und Extension bzw. Kompression

Bei einer **Aufschiebung** bewegt sich der Gesteinsblock oberhalb der Störung als Folge einer Einengung auf der Störungsfläche nach oben und bildet die Hochscholle (Abb. 7.8b). Aufschiebungen sind deutliche Zeichen einer Kompression. Eine **Überschiebung** gleicht von der Bewegung her einer Aufschiebung, sie unterscheidet sich jedoch dahingehend, dass die Störungsfläche mit einem Winkel kleiner 45° einfällt, sodass der Gesteinsblock oberhalb der Bewegungsbahn eine stärkere horizontale und eine geringere vertikale Komponente aufweist (Abb. 7.8c). Werden spröde reagierende Gesteine seitlichem Druck ausgesetzt, so brechen sie bevorzugt an Störungsflächen, die mit Winkeln von 30° oder weniger einfallen; steiler einfallende Aufschiebungen sind seltener.

Ist die Bewegungsbahn einer Auf- bzw. Überschiebung extrem flach und die Einengung entsprechend groß, so erreicht die Überschiebung der Hangendscholle oft ein beträchtliches Ausmaß. Solche über große Entfernungen transportierte Gesteinseinheiten werden als **Decken** bezeichnet.

Wenn wir auf eine Horizontalverschiebung blicken und der Gesteinsblock auf der gegenüberliegenden Seite nach links versetzt ist, dann handelt es sich bei dieser Störung um eine **sinistrale (linksseitige) Horizontalverschiebung** (Abb. 7.8d); ist die Scholle auf der gegenüberliegenden Seite der Störung dagegen nach rechts versetzt, handelt es sich um eine **dextrale (rechtsseitige) Horizontalverschiebung** (Abb. 7.8e). Aus dem Versatz des Flusslaufs in Abb. 7.7 ist erkennbar, dass es sich bei der San-Andreas-Störung um eine rechtsseitige Horizontalverschiebung handelt. Diese Bewegungen sind insgesamt auf Scherkräfte zurückzuführen.

In der Natur sind einzeln auftretende Störungen eigentlich die Ausnahme. Da vor allem bei Extensionsbrüchen meist genügend seitlicher Raum zur Verfügung steht, entwickeln sich normalerweise parallel zur Hauptverwerfung weitere Bewegungsflächen, an denen die Schichten treppenförmig gegeneinander versetzt sind und die man deshalb als **Staffelbrüche** oder **Schollentreppen** bezeichnet. Die einzelnen abgesunkenen Schollen können dabei um ihre Längsachsen verkippt sein, so dass die Schichtung der Einzelschollen entweder in Richtung der Störung oder entgegengesetzt dazu einfällt. Fallen Störungsfläche und Schichtflächen entgegengesetzt ein, so spricht man von einer **antithetischen Verwerfung**, bzw. im Falle mehrerer Parallelstörungen von einer antithetischen Schollentreppe. Bei **synthetischen Verwerfungen** bzw. Schollentreppen fallen Verwerfungsflächen und Schichtung in gleicher Richtung ein.

Im Gelände sind Störungen auf unterschiedliche Weise erkennbar. Eine Störung kann morphologisch als Bruchstufe (kleine Steilwand) in Erscheinung treten, die den Verlauf der Störung an der Erdoberfläche nachzeichnet (Abb. 7.9). Ist der Versatzbetrag groß wie bei vielen Horizontalverschiebungen, etwa bei der San-Andreas-Störung, unterscheiden sich die heute an einer Störung gegenüberliegenden Gesteinsabfolgen erheblich in Bezug auf Gesteinsausbildung und Alter. Sind die Bewegungen kleiner, können die Versatzbeträge unmittelbar beobachtet und gemessen werden. Um den Zeitpunkt der Störungsbewegung abzuschätzen, verwenden Geologen eine einfache Regel: Eine

Störung muss jünger sein als das jüngste Gestein, das an ihr versetzt worden ist, und älter als das älteste Gestein, das sie ungestört überlagert.

Auf geologischen Karten wird der Verlauf von Störungen durch dickere Linien dargestellt, die der Schnittlinie der Störung mit der Erdoberfläche entsprechen. Abschiebungen unterscheiden sich von den Auf- oder Überschiebungen durch unterschiedliche „Zähnchen", die jedoch in beiden Fällen in Fallrichtung der Störungsfläche weisen.

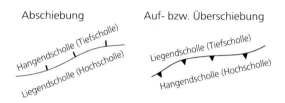

Beispiele für auf diese Weise dargestellte Abschiebungen zeigt Abb. 7.20, für Überschiebungen Abb. 7.22. Bei Horizontal- oder Seitenverschiebungen wird die Bewegungsrichtung – ob rechtsseitig oder linksseitig – durch paarig an der Störung angeordnete Pfeile angegeben (vgl. Abb. 7.22).

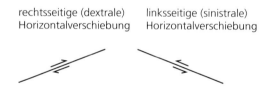

Falten

Faltung ist eine häufige Form der Deformation in geschichteten Gesteinen (Abb. 7.1a). Bereits der Begriff **Falte** besagt, dass eine ursprünglich ebene Struktur, wie beispielsweise eine Sedimentschicht, verbogen worden ist. Die Deformation kann entweder von horizontal oder vertikal wirkenden Kräften innerhalb der Kruste verursacht werden – genauso wie sich ein Blatt Papier zu einer Falte aufwölbt, wenn es entweder an den beiden gegenüberliegenden Rändern zusammengeschoben oder von unten hochgedrückt wird.

Wie Störungen treten auch Falten in unterschiedlichen Größenordnungen auf. In vielen Gebirgen, die von der Erosion noch nicht abgetragen worden sind, lassen sich großartige Faltenstrukturen erkennen; einige erreichen Ausdehnungen von vielen Kilometern (Abb. 7.10). In einem wesentlich kleineren Maßstab können sehr dünne Schichten zu Falten von wenigen Zentimetern Länge deformiert sein (Abb. 7.11). Das Ausmaß der Schichtverbiegung hängt von der Zeitdauer der Krafteinwirkung ab, aber auch vom unterschiedlichen Widerstand, den die Schichten der Deformation entgegensetzen.

Teil II

Abb. 7.9 Diese Bruchstufe ist noch jung. Sie entstand, als im Jahre 1954 beim Fairview-Peak-Erdbeben in Nevada (USA) eine neue Abschiebung bis nach oben durchbrach (Foto: © Garry Hayes/Geotripper Images)

Abb. 7.10 Große Faltenstrukturen in Sedimentgesteinen des Kananaskis-Gebirgszugs in Alberta (Kanada) (Foto: © Photoshot)

Abb. 7.11 Kleinfalten in einer dünnschichtigen Wechselfolge von Anhydrit (*hell*) und Schiefertonen (*dunkel*) aus West-Texas (USA) (Foto: John Grotzinger/Ramón Rivera-Moret/Harvard Mineralogical Museum)

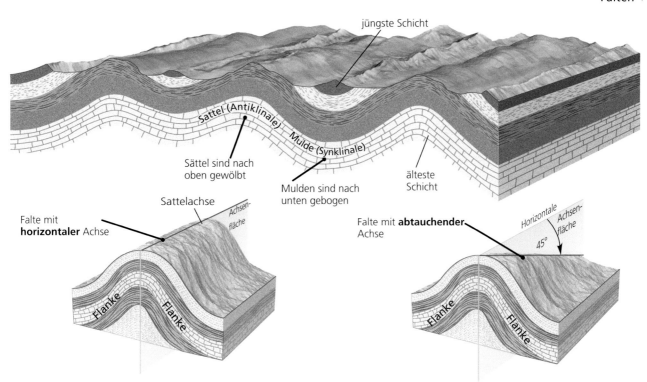

jüngste Schicht

Sattel (Antiklinale)

Mulde (Synklinale)

Sättel sind nach oben gewölbt

Mulden sind nach unten gebogen

älteste Schicht

Falte mit **horizontaler** Achse

Sattelachse

Achsen- fläche

Flanke   Flanke

Falte mit **abtauchender** Achse

Horizontale   Achsen- fläche

45°

Flanke   Flanke

Abb. 7.12 Falten können aufgrund der räumlichen Orientierung ihrer Schichten, ihrer Faltenachse und ihrer Achsenfläche beschrieben werden

Eine Wölbung geschichteter Gesteine nach oben wird als **Sattel** oder **Antiklinale** bezeichnet; eine Wölbung der Schichten nach unten als **Mulde** oder **Synklinale** (Abb. 7.12). Die beiden Seiten einer Falte sind die **Flanken** oder Schenkel. Die **Achsenfläche** ist eine gedachte Fläche, die eine Faltenstruktur so symmetrisch wie möglich teilt, mit jeweils einer Flanke auf jeder Seite der Achsenfläche. Die Schnittlinie, die die Achsenfläche mit den Schichten bildet, ist die **Faltenachse**, entsprechend unterscheidet man Sattelachse und Muldenachse.

Steht die Achsenfläche einer Falte senkrecht und die Flanken fallen von der Achse weg symmetrisch ein, handelt es sich um eine **aufrechte Falte**. Liegt die Achse einer Falte nicht horizontal,

wird die Falte als **abtauchende Falte** bezeichnet (Abb. 7.13). Das Abtauchen wird durch den Winkel beschrieben, den die Faltenachse mit der Horizontalen bildet.

Die Faltenachsen verlaufen selten über größere Entfernungen horizontal. Folgt man der Achse irgendeiner Falte im Gelände, so taucht die Falte früher oder später in den Untergrund ab. Abbildung 7.13 zeigt das Erscheinungsbild abtauchender Sättel und Mulden und das Zickzackmuster der Ausstrichlinien, das sich im Gelände ergibt, nachdem die Erosion den größten Teil der Deckschichten entfernt hat. Die erodierte Valley-and-Ridge-Provinz der Appalachen (vgl. Abb. 7.4) oder auch das Rheinische Schiefergebirge zeigen diese charakteristischen Ausstrichmuster.

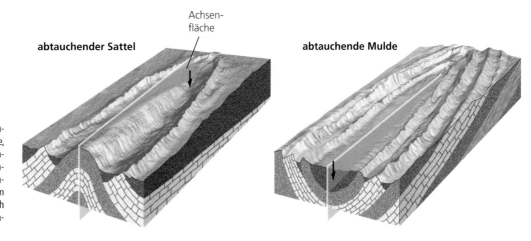

Achsen- fläche

abtauchender Sattel

abtauchende Mulde

Abb. 7.13 Ausstrich abtauchender Falten. Man beachte, dass dort, wo die Faltenachsen abtauchen, die Ausstrichlinien der Schichten zusammenlaufen und das Streichen der Schichten kontinuierlich seine Richtung ändert („umlaufendes Streichen")

Teil II

Bei **aufrechten Falten** stehen die Achsenflächen senkrecht, die Schichten fallen auf den Flanken symmetrisch von der Achsenfläche weg (Sättel) oder in Richtung Achsenfläche (Mulden) ein.

Bei **schiefen Falten** fallen die Schichten auf der einen Flanke steiler ein als auf der anderen.

Bei **überkippten Falten** fallen die Flanken der Sättel und Mulden in dieselbe Richtung ein.

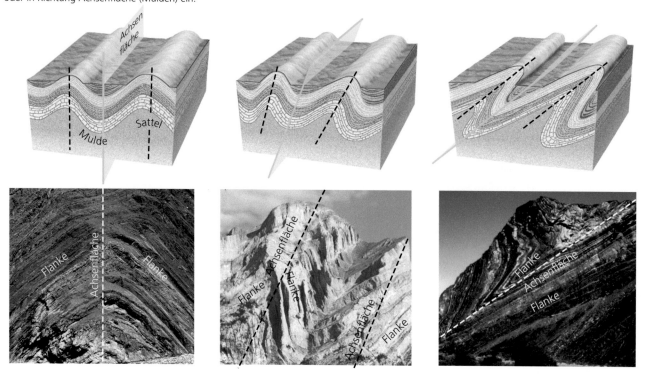

Abb. 7.14 Mit zunehmender Deformation gehen aufrechte Falten in asymmetrische Formen über (Fotos: (*links*) © Tony Waltham; (*Mitte*): © Photoshot; (*rechts*) © John Grotzinger)

Mit zunehmendem Deformationsgrad können Falten eine asymmetrische Form annehmen, indem die eine Flanke steiler einfällt als die andere (Abb. 7.14). Das Gleiche geschieht, wenn die Richtung der deformierenden Kraft unter einem Winkel zur Schichtung einwirkt. Solche **asymmetrischen Falten** sind sehr verbreitet. Ist die Achsenfläche stärker geneigt, dann wird eine Flanke über die Senkrechte hinaus verkippt und damit entsteht eine **überkippte Falte**. Bei überkippten Falten fallen beide Flanken in dieselbe Richtung ein, aber die Abfolge der Schichten ist auf der einen Flanke genau umgekehrt wie die ursprüngliche Abfolge, das heißt, die Schichten lagern invers und daher liegen die älteren Gesteinsschichten über den jüngeren. Alle asymmetrischen Falten zeigen eine **Vergenz** (Kipprichtung). Sie lässt sich durch die Angabe des Neigungswinkels der Achsenfläche gegen die Vertikale und durch die Richtung der Kippung aus der Vertikalen quantitativ beschreiben. Ist die Achsenfläche um einen bestimmten Winkel nach Norden verkippt, bezeichnet man diese Falte als nordvergent.

Beobachtungen im Gelände liefern den Geologen nur selten vollständige Informationen. Häufig ist das anstehende Gestein durch auflagernden Boden, Löss oder Gesteinsschutt verdeckt oder die Erosion hat einen großen Teil der früheren Strukturen beseitigt. Deshalb suchen Geologen nach verwertbaren Anhaltspunkten, um die Beziehungen zwischen den Schichten herauszufinden. Zum Beispiel kann im Gelände oder auf einer Karte eine ero-

dierte Sattelstruktur daran erkannt werden, dass ein Streifen von älteren Gesteinen (der den Kern der Struktur bildet) auf beiden Seiten von jüngeren Gesteinen begleitet wird, die vom Kern weg einfallen (Abb. 7.4; Abb. 7.13). Eine erodierte Mulde lässt sich dagegen an einem Kern aus jüngeren Gesteinen erkennen, der beidseitig von älteren Gesteinen begrenzt wird, die in Richtung auf den Muldenkern einfallen. Die Ermittlung von Faltenstrukturen im Untergrund durch Kartierung der Oberfläche war eine wichtige Methode bei der Exploration von Erdöl- und Erdgaslagerstätten (vgl. Abschn. 24.7).

Dome und Becken

Die Deformation an Plattenrändern durch horizontal wirkende Kräfte äußert sich in linearen Störungen und Faltenstrukturen, deren Streichen nahezu parallel zu den Plattenrändern verläuft. Einige Deformationserscheinungen sind jedoch mehr oder weniger symmetrisch und bilden eher kreisförmige Strukturen, die als Dome und Becken bezeichnet werden.

Als **Becken** bezeichnet man eine schüsselförmige Einsenkung der Gesteinsschichten, die radial zu einem Mittelpunkt hin einfallen (Abb. 7.15). In solchen Becken werden häufig große

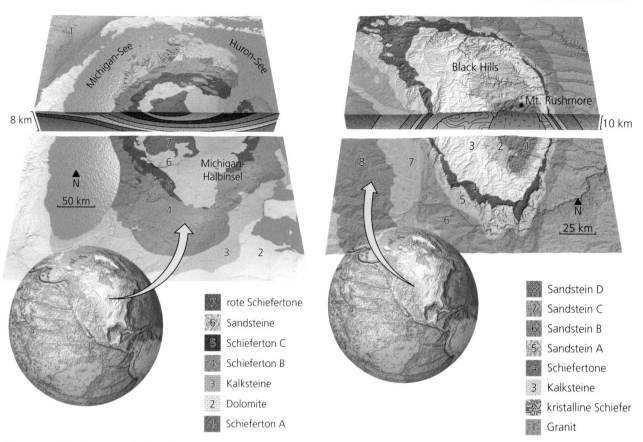

Abb. 7.15 Geologische Karte und Schnitt durch das Michigan-Becken. Sie zeigen eine Abfolge mächtiger Schichten, die während der Subsidenz des Beckens von der ältesten (1) bis zur jüngsten (7) Schicht abgelagert wurden. Der Schnitt ist fünffach überhöht

Legende Abb. 7.15:
- 7 rote Schiefertone
- 6 Sandsteine
- 5 Schieferton C
- 4 Schieferton B
- 3 Kalksteine
- 2 Dolomite
- 1 Schieferton A

Abb. 7.16 Geologische Karte und Schnitt durch den Dom der Black Hills. Sie zeigen Sedimentserien (3–8) und Metamorphite (2), die bei der Intrusion eines Granit-Batholithen (1) herausgehoben und nachfolgend erodiert wurden. In diesen Granit wurden am Mount Rushmore National Memorial die Gesichter der vier Präsidenten George Washington, Thomas Jefferson, Theodore Roosevelt und Abraham Lincoln eingemeißelt

Legende Abb. 7.16:
- 8 Sandstein D
- 7 Sandstein C
- 6 Sandstein B
- 5 Sandstein A
- 4 Schiefertone
- 3 Kalksteine
- 2 kristalline Schiefer
- 1 Granit

Sedimentmengen abgelagert, die in einigen Fällen, wie beispielsweise in dem in Abb. 7.15 dargestellten Michigan-Becken Mächtigkeiten von mehreren Tausend Metern erreichen können. Ein **Dom** ist eine ausgedehnte, runde oder ovale Aufwölbung von Gesteinsschichten. Die flankierenden Schichten verlaufen um einen Mittelpunkt und fallen radial vom Zentrum nach außen ein (Abb. 7.16). Domstrukturen sind wie Sattelstrukturen in der Erdölgeologie äußerst geschätzt, weil Öl leichter ist als Wasser und normalerweise durch permeable Gesteine hindurch nach oben wandert. Wenn das Gestein am höchsten Punkt der Aufwölbung schwer durchlässig ist, wird das Öl dort in einer sogenannten „Erdölfalle" gefangen und reichert sich an.

Dome und Becken haben in der Regel Durchmesser von einigen Kilometern. Sie sind im Gelände an Ausstrichlinien mit charakteristischen runden oder ovalen Formen erkennbar. In diesen Aufschlüssen fallen bei Beckenstrukturen die Schichten in Richtung auf das Beckenzentrum ein, bei Domen ist das Schichtfallen vom Zentrum nach außen gerichtet (vgl. Abb. 7.15 und Abb. 7.16).

Becken und Dome können durch sehr unterschiedliche Deformationsprozesse entstehen. Einige Ringstrukturen sind durch mehrfache Deformation entstanden – beispielsweise wenn die

Gesteine zuerst in einer Richtung und nachfolgend nahezu senkrecht zur ursprünglichen Richtung eingeengt werden. In vielen Fällen sind jedoch diese Strukturen eher die Folge von aufsteigendem oder nach unten absinkendem Material als die Folge von horizontal wirkenden Kräften der Plattentektonik. Es ist daher nicht überraschend, dass runde Deformationsstrukturen in größerer Entfernung zu den aktiven Plattengrenzen deutlich häufiger sind. In den zentralen Bereichen der Vereinigten Staaten findet man zahlreiche Beispiele für Dom- und Beckenstrukturen dieser Art. So wird ein großer Teil der Halbinsel Michigan von einem Sedimentbecken eingenommen (vgl. Abb. 7.15), während die Black Hills von Süddakota die Reste einer erodierten Domstruktur (vgl. Abb. 7.16) sind. In Europa sind neben zahlreichen anderen vergleichbaren Strukturen das Pariser Becken, das Thüringer Becken oder die Hochgebiete von Schwarzwald und Vogesen zu nennen.

Domstrukturen und Becken können durch sehr unterschiedliche Formen von Deformation entstehen. Einige Dome lassen sich auf Magmen zurückführen, die in die Kruste intrudierten und dabei die darüberliegenden Schichten nach oben wölbten. Wo im Untergrund mächtige Salzabfolgen lagern, wie etwa in Norddeutschland, treten Domstrukturen unterschiedlicher Größenord-

Teil II

a   **b**

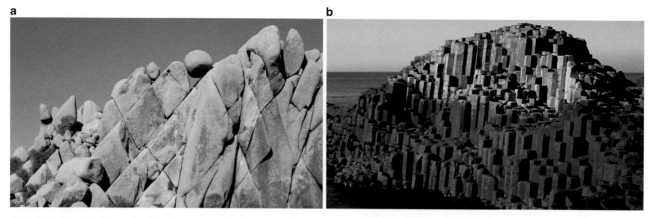

Abb. 7.17a,b **a** Sich kreuzende Kluftscharen in einer massigen Granitintrusion, Joshua-Tree-Nationalpark, Kalifornien (USA). **b** Säulige Absonderung in Basalt, Giant's Causeway (Nordirland) (Fotos: a © Sean Russel/Photolibrary; b © Michael Brooke/Photolibrary/Getty Images Inc.]

nungen auf, denn Steinsalz ist aufgrund seiner geringen Dichte und Fließfähigkeit bereits bei relativ niedrigen Temperaturen in der Lage, aktiv in Form von Diapiren aufzusteigen, eine Bewegung, die als **Halokinese** bezeichnet wird. Die Randbereiche des vom Salz durchwanderten Deckgebirges werden mit nach oben geschleppt, so dass die deformierten Schichten vom Zentrum der Salzstruktur weg einfallen. Wie in Kap. 5 bereits erwähnt, entstehen einige Sedimentbecken dadurch, dass aufgeheizte Bereiche der Kruste abkühlen und dabei kontrahierten, was zur Folge hat, dass die überlagernden Schichten nach unten einsinken (thermische Subsidenzbecken). Andere Becken entstehen, wenn die Kruste durch tektonische Kräfte gedehnt wird (Riftbecken). Auch das Gewicht der in einem Flachmeer abgelagerten Deltasedimente kann die Kruste nach unten drücken und dadurch zur Bildung eines Beckens führen. Das Sedimentbecken vor der Mündung des Mississippi im Golf von Mexiko ist hierfür ein rezentes Beispiel.

Klüfte

Bruchflächen, an denen Bewegungen stattgefunden haben, werden als **Störungen** bezeichnet. Eine weitere Form von Bruchflächen sind **Klüfte** – das sind Trennflächen im Gestein, an denen es zu keiner nennenswerten Bewegung gekommen ist (Abb. 7.17a).

Klüfte sind in fast jedem Aufschluss zu beobachten, viele davon gehen auf tektonische Kräfte zurück. Wie jedes andere spröde Material brechen auch spröde Gesteine an fehlerhaften Stellen oder Schwachstellen wesentlich leichter, wenn sie Druck ausgesetzt sind. Solche Schwachstellen können winzige Risse, Bruchstücke von anderem Gesteinsmaterial oder selbst Fossilien sein. Regional wirksame tektonische Kräfte – Kompression, Dehnung oder Scherung – können lange, nachdem sie unwirksam geworden sind, ihre Spuren in Form ganzer Kluftscharen hinterlassen.

Klüfte können aber auch atektonisch durch Expansion oder Kontraktion der Gesteine entstehen. In Plutonen und Effusiv-

gesteinen können sich während der Abkühlung durch Kontraktion Klüfte bilden. Auch durch Erosion der Deckschichten kann es zur Kluftbildung kommen: Das Entfernen dieser Schichten beseitigt den auf den Gesteinen im Untergrund lastenden Umschließungsdruck und bewirkt, dass die freigelegten oder entlasteten Gesteine sich an Schwächezonen trennen.

Die Bildung von Klüften ist gewöhnlich nur der Beginn einer ganzen Reihe weiterer typischer Veränderungen, denen die Gesteine während ihres Alterungsprozesses unterliegen. So schaffen Klüfte Wege, auf denen Wasser und Luft tief in das Gebirge eindringen können, sodass die Verwitterung angreifen kann und die Festigkeit des Gesteinsverbands von innen her geschwächt wird. Schneiden sich zwei oder mehr Kluftscharen, kann die Verwitterung dazu führen, dass eine Gesteinsabfolge in grobe Säulen oder Blöcke zerbricht (Abb. 7.17b). Die Zirkulation hydrothermaler Fluide auf Klüften kann zur Ablagerung von Mineralen wie etwa Quarz und Dolomit führen. Solche Quarzgänge, die sich in Klüften von Granitintrusionen abgeschieden haben, enthalten gelegentlich nennenswerte Mengen an Gold, Silber und anderen wertvollen Erzmineralen. Ein großer Teil des Goldes, das 1849 in Kalifornien den Goldrausch ausgelöst hatte oder auch das sagenhafte Rheingold stammt aus solchen Goldquarzgängen.

Deformationsgefüge

Klüfte sind Beispiele für kleindimensionale Strukturen in Gesteinen, die am besten im Aufschluss zu beobachten sind. Eine weitere Art von Deformationserscheinungen zeigt das Gefüge der Gesteine in Gebieten, die einer Scherung ausgesetzt waren, wie etwa in unmittelbarer Umgebung von Störungen.

Tektonische Bewegungen führen in Bereichen der Erdkruste, in denen sich die Gesteine spröde verhalten, zu Bruch und Versatz. Wenn sich Gesteine an einer Störungsfläche aneinander vorbeibewegen, können sie intensiv zerschert oder auch völlig zertrümmert und zerrieben werden. Erfolgt die Zertrümmerung in einem Bereich, in dem die Gesteine sich spröde verhalten

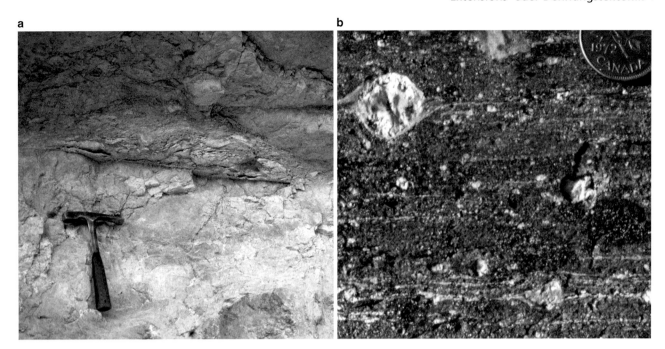

Abb. 7.18a,b a Störungsbrekzie, entstanden auf einer Störung in Ost-Nevada (USA). Die rostfarbene Brekzie zeigt ein kataklastisches Gefüge. Die grauen Gesteine beiderseits der Störung sind Kalksteine. b Mylonit; er entstand an der Scherungszone des Great Slave Lake in den Northwest Territories (Kanada). Das Gestein war ursprünglich ein Granit. Als Folge der intensiven Scherung wurden die großen, ursprünglich eckigen Feldspatkristalle gedreht und gingen in runde Porphyroklasten über (Fotos: a © Marli Briant Miller; b © John Grotzinger)

(normalerweise in der höheren Kruste), entstehen kataklastische Gefüge wie etwa Störungsbrekzien aus zerbrochenen eckigen Mineral- und Gesteinskomponenten (Abb. 7.18a). Eine solche mechanische Zertrümmerung spröde reagierender Gesteine wird als **Kataklase** bezeichnet; die durch Kataklase geprägten Gesteine werden **Kataklasite** genannt.

In tieferen Stockwerken der Kruste, in denen Drücke und Temperaturen ausreichend hoch sind, um eine duktile Deformation zu bewirken, führt die durch Scherung verursachte mechanische Deformation zu metamorphen Gesteinen, die als **Mylonite** bezeichnet werden (Abb. 7.18b). Bei der Bewegung der Gesteine gegeneinander kommt es zur Rekristallisation der Minerale und deren Streckung zu Bändern und Streifen. Die Bildung von Myloniten erfolgt in typischer Weise im Bereich der metamorphen Grünschiefer- bis Amphibolitfazies (Kap. 6). Diese Auswirkungen auf das Gefüge sind zwar in Myloniten am deutlichsten sichtbar, sie treten jedoch in allen kataklastischen Gesteinen auf.

Die San-Andreas-Störung ist ein gutes Fallbeispiel für die Abhängigkeit der Deformationsgefüge von den sich mit der Tiefe ändernden Druck- und Temperaturbedingungen. Diese Störungszone bildet die Grenze zwischen der Pazifischen und der Nordamerikanischen Platte (vgl. Abb. 7.7) und durchschneidet die gesamte Kruste – möglicherweise bis in den Erdmantel. In einer Tiefe von etwa 20 km ist die Störungszone mit großer Wahrscheinlichkeit sehr schmal und durch kataklastische Gefüge gekennzeichnet, die auf eine spröde Deformation hindeuten. In dieser Zone kommt es zu Erdbeben. In Tiefen unter 20 km ereignen sich jedoch keine Erdbeben mehr, und es ist davon auszugehen, dass die Störung dort in eine ausgedehnte

Zone mit duktiler Deformation übergeht, in der die Bildung von Myloniten dominiert.

Deformation von Kontinenten

Die grundlegenden Deformationsstrukturen – Störungen, Falten, Dome, Becken und Klüfte – treten in allen Bereichen auf, wo es zur Verformung der kontinentalen Kruste kommt. Betrachten wir jedoch die kontinentale Deformation im regionalen Rahmen, so ergeben sich kennzeichnende Formen der Bruchtektonik und Faltung, die unmittelbar mit den tektonischen Kräften im Zusammenhang stehen, die wiederum Ursache der Deformation sind. Abb. 7.19 zeigt die jeweiligen Deformationsstrukturen, die für die drei wesentlichen tektonischen Kräfte charakteristisch sind.

Extensions- oder Dehnungstektonik

In der spröde reagierenden Kruste führen die Dehnungskräfte zur Plattentrennung und Bildung von Riftstrukturen, langgestreckten schmalen Grabensystemen, bei denen ein Krustenblock an einer oder auch mehreren, parallel zur Achse des Grabens verlaufenden steilen Abschiebungen in Relation zu den seitlichen Grabenschultern abgesunken ist (vgl. Abb. 7.19a). Der Oberrheingraben, das ostafrikanische Grabensystem (Abb. 7.20) und das

Teil II

a

Dehnungstektonik: Durch Dehnung der kontinentalen Kruste entstehen Abschiebungen, die im oberen Bereich der Kruste steil, nach der Tiefe hin immer flacher einfallen, sodass gebogene Störungsflächen entstehen.

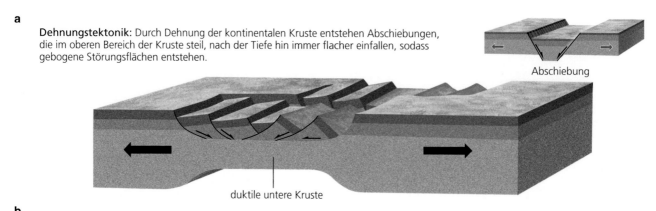

Abschiebung

duktile untere Kruste

b

Einengungstektonik: Die Einengung der kontinentalen Kruste führt zu flach einfallenden Überschiebungen.

Überschiebung

c

Scherung: Scherung der kontinentalen Kruste führt zur Bildung nahezu vertikal stehender Horizontal- oder Seitenverschiebungen, dargestellt am Beispiel einer rechtsseitigen (dextralen) Horizontalverschiebung.

Horizontalverschiebung

Eine Biegung der Horizontalverschiebung nach links führt lokal zur Einengung der Kruste.

Eine Biegung der Horizontalverschiebung nach rechts führt lokal zur Dehnung der Kruste.

Abb. 7.19a–c Die Orientierung der tektonische Kräfte – **a** Extension, **b** Kompression und **c** Scherung – bestimmen den Deformationsstil der Kontinente. Im regionalen Maßstab können die in den kleinen Abbildungen dargestellten Grundformen der Bruchtektonik zu charakteristischen tektonischen Deformationsstrukturen führen [nach: John Suppe (1985): *Principles of Structural Geology*. – Upper Saddle River, NJ, Prentice Hall, 1985)

Rote Meer sowie die Riftstrukturen auf den mittelozeanischen Rücken sind bekannte Beispiele für solche Grabensenken. Diese Strukturen bilden Senkungsbereiche, in denen die von den Hochgebieten der Umgebung und den Grabenschultern erodierten Sedimente zur Ablagerung gelangen. Hinzu kommen Vulkanite, die auf den durch Dehnung entstandenen Klüften und Spalten aufgestiegen sind.

Die Dehnung der höheren kontinentalen Kruste führt normalerweise zu Abschiebungen, deren Störungsflächen mit einem Fallwinkel von typischerweise 60° und mehr steil einfallen. In einer Tiefe unter 20 km sind die Gesteine der Kruste jedoch ausreichend stark erwärmt, dass sie duktil reagieren und die Deformation eher durch Dehnung als durch Bruch erfolgt. Diese Änderung des mechanischen Verhaltens führt mit zunehmender Tiefe zu einer Abnahme des Fallwinkels der Störungsflächen. Die Folge sind Abschiebungen mit schaufelförmig gebogenen Störungsflächen, sogenannte **listrische Flächen** (Abb. 7.19a). Die an diesen gebogenen Störungsflächen abgeschobenen Schollen verkippen bei weiterer Dehnung und zeigen normalerweise ein Schichtfallen in Richtung auf die Störung.

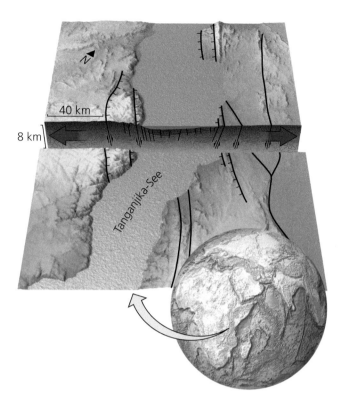

Abb. 7.20 In Ostafrika kommt es durch Dehnungskräfte zur Trennung der So- mali-Teilplatte und der Afrikanischen Platte unter Bildung einer von Abschiebun- gen begrenzten Grabensenke (Rift-Valley; vgl. Abb. 2.8b). Die hier dargestellte Grabensenke ist an der Grenze zwischen Tansania und der Demokratischen Re- publik Kongo mit Sedimenten gefüllt und wird vom Tanganjika-See eingenom- men. Der Schnitt ist 2,5-fach überhöht, wodurch auch das Einfallen der Störun- gen übersteilt ist. In Wirklichkeit fallen die Abschiebungen unter einem Winkel von etwa 60° ein

Die Basin-and-Range-Provinz im Zentrum des Great Basin von Nevada und Utah ist ein gutes Beispiel für ein Gebiet, das durch zahlreiche benachbarte Riftstrukturen gekennzeichnet ist. Dieses heute mehr als 800 km breite Gebiet wurde in den vergangenen 15 Ma in nordwest-südöstlicher Richtung etwa um den Faktor zwei gedehnt. Dort ist durch eine Serie von Abschiebungen eine großartige Landschaft mit schroffen Ber- gen und sanften, mit Sediment verfüllten Tälern entstanden, von denen einige durch junge Vulkanite überdeckt worden sind (vgl. Abb. 10.5). Die Krustendehnung, die möglicherweise durch aufsteigende Konvektionsströmungen unter der Basin- and-Range-Provinz verursacht wird, ist auch heute noch nicht abgeschlossen.

Kompressions- oder Einengungstektonik

An Subduktionszonen taucht eine ozeanische Platte an einer riesigen sogenannten **Mega-Überschiebung** unter die über- fahrende ozeanische oder kontinentale Platte ab. Die weltweit schwersten Erdbeben werden durch plötzliche Bewegungen an solchen Mega-Überschiebungen verursacht, wie etwa das heftige

Erdbeben von Tohoku in Japan am 11. März 2011, das einen ver- heerenden Tsunami auslöste, durch den 19.000 Menschen ums Leben kamen. Überschiebungen sind auf Kontinenten, die Kom- pressionskräften ausgesetzt sind, die häufigste Form der Bruch- tektonik. Bei der Gebirgsbildung werden an nahezu horizontal verlaufenden Überschiebungen große Gesteinskörper in Form von **tektonischen Decken** über große Entfernungen horizontal auf andere überschoben (Abb. 7.21).

Kollidieren zwei kontinentale Platten, so kann sich der Bereich der Krusteneinengung über eine breite Zone erstrecken und zur Heraushebung spektakulärer Gebirge führen. Im Verlauf der Kollision schieben sich die spröde reagierenden Gesteine des kristallinen Sockels an großen Bewegungsbahnen übereinander, während die sich duktil verhaltenden Deckschichten zu einem sogenannten **Falten- und Überschiebungsgürtel** aufgefaltet be- ziehungsweise zu tektonischen Decken zerschert und auf andere Einheiten überschoben werden (Abb. 7.21B).

In solchen Falten- und Überschiebungsgürtel sind katastrophale Erdbeben ebenfalls sehr häufig. Jüngstes Beispiel ist das Erd- beben von Wenchuan in der chinesischen Provinz Sichuan am 12. Mai 2008, das mehr als 80.000 Menschenleben forderte. Durch die bis heute andauernde Kollision von Afrika, Arabien und Indien mit dem südlichen Rand der Eurasischen Platte kam es zur Bildung solcher Falten- und Überschiebungsgürtel, die sich von den Alpen bis zum Himalaja erstrecken und von denen einige noch tektonisch aktiv sind. Die größten Erdöllagerstät- ten des Mittleren Ostens befinden sich in Antiklinalstrukturen und anderen tektonischen Fallen, die bei dieser Deformation im Gebirgsvorland entstanden sind. Die durch die Öffnung des At- lantiks verursachte Westbewegung Nordamerikas führte in den kanadischen Rocky Mountains zur Einengung und Bildung eines Falten- und Überschiebungsgürtels. Die Valley-and-Ridge-Pro- vinz der Appalachen oder auch das Rheinische Schiefergebirge sind alte Falten- und Überschiebungsgürtel, die durch Kollisi- onen bei der Bildung des Großkontinents Pangaea entstanden sind (vgl. Abb. 10.4).

Scherungstektonik

Eine Transformstörung ist eine Art Horizontalverschiebung, die eine Plattengrenze bildet. An solchen Transformstörungen wie der San-Andreas-Störung können Gesteinseinheiten über weite Entfernungen gegeneinander versetzt werden (Abb. 7.7). Solange die Störung in Richtung der relativen Plattenbewegung verläuft, gleiten die Schollen auf beiden Seiten aneinander vor- bei, ohne dass es zu einer internen Deformation kommt. Längere Transformstörungen sind jedoch selten gerade, deshalb können die Deformationserscheinungen weitaus komplexer sein. Die Störungen können Biegungen aufweisen oder fiederartig gegen- einander versetzt sein. Dadurch gehen die auf Teile der Platten- grenze einwirkenden tektonischen Kräfte lokal von reinen Scher- kräften in Extensions- oder Kompressionskräfte über. Diese sind wiederum Ursache einer sekundären Bruchtektonik und Faltung (Abb. 7.19c).

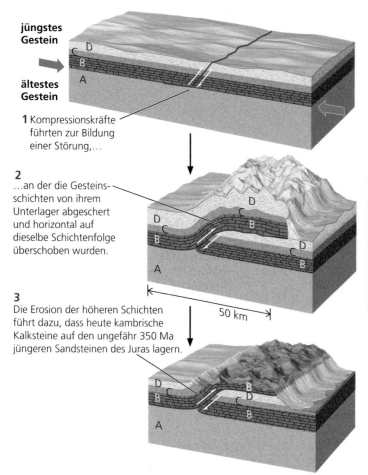

jüngstes Gestein

C D
B
A

ältestes Gestein

1 Kompressionskräfte führten zur Bildung einer Störung,…

2 …an der die Gesteinsschichten von ihrem Unterlager abgeschert und horizontal auf dieselbe Schichtenfolge überschoben wurden.

D
C
B
A
D
C
B

3 Die Erosion der höheren Schichten führt dazu, dass heute kambrische Kalksteine auf den ungefähr 350 Ma jüngeren Sandsteinen des Juras lagern.

50 km

D C
B
A
B
D
C
B

Die Keystone-Überschiebung im Süden von Nevada

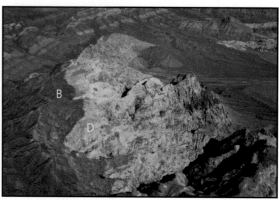

B

D

Abb. 7.21 Die Keystone-Überschiebung im Süden von Nevada (USA) ist eine großräumige Überschiebung, entstanden in Phasen der kontinentalen Kompression. Durch Kompressionskräfte wurde ein Stapel von Gesteinsschichten (*D, C, B*) von seinem Unterlager abgeschert und über große Entfernung horizontal auf die Schichten *D, C, B* und *A* überschoben (Foto: © Marli Briant Miller)

Ein gutes Beispiel für derartige tektonische Komplikationen findet sich in Südkalifornien, wo die rechtsseitige San-Andreas-Störung, wenn man ihrem Verlauf von Süden nach Norden folgt, zuerst nach links und dann nach rechts umbiegt (Abb. 7.22). Die Abschnitte der Störung beiderseits der „Großen Biegung" folgen der Plattenbewegung, sodass die beiden Blöcke in einer einfachen Horizontalverschiebung aneinander vorbeigleiten. Im Bereich dieser Biegung führt die Änderung des Störungsverlaufs jedoch dazu, dass die Blöcke gegeneinander gepresst werden – die Folge ist eine Überschiebungstektonik südlich der San-Andreas-Störung. Durch diese Überschiebungen an der Störung kam es zum Aufstieg der San-Gabriel- und der San-Bernardino-Mountains zu Höhen von mehr als 3000 m und im vergangenen halben Jahrhundert auch zu einer Reihe verheerender Erdbeben wie etwa das Northridge-Beben im Jahre 1994, das in Los Angeles Schäden in Höhe von 40 Mrd. US-Dollar verursachte (Kap. 13).

Am südlichen Ende der San-Andreas-Störung, zwischen dem Golf von Kalifornien und dem Salton-See, verspringt die Grenze zwischen der Pazifischen und der Nordamerikanischen Platte durch stufenartig gegeneinander versetzte Störungen nach rechts. In den Übergangsbereichen zwischen den beiden Blattverschiebungen kommt es zur Krustendehnung, und durch Abschiebungen entstehen vulkanisch aktive Grabensenken

(Pull-apart-Becken), die rasch absinken und mit Sedimenten verfüllt werden. Dieses Gebiet aktiver Krustendehnung im Salton-Trog ist nur 200 km von der Großen Biegung der San-Andreas-Störung entfernt, wo es zu Kompressionstektonik kommt – ein anschauliches Beispiel, wie variabel die tektonischen Verhältnisse an einer kontinentalen Transformstörung sein können.

Die Rekonstruktion des geologischen Werdegangs

Die geologische Geschichte eines Gebiets ist gewöhnlich eine Folge von Deformationen und anderen geologischen Prozessen. Betrachten wir ein scheinbar kompliziertes Beispiel, dann erkennen wir, wie einige der in diesem Kapitel behandelten Konzepte zu einer einfachen Erklärung führen. Die Blockbilder in Abb. 7.23 zeigen einen wenige Dutzend Kilometer breiten Ausschnitt eines Gebiets, das mehrfach tektonisch beansprucht wurde. Zuerst kam es am Meeresboden zur Sedimentation horizontal lagernder Schichten, die dann durch Kompressionskräfte schräg gestellt und gefaltet wurden. Danach wurden sie über den Meeresspiegel herausgehoben. Durch Erosion entstand eine neue

Abb. 7.22 Von Bord eines Space Shuttle aufgenommenes Schrägbild des San-Andreas-Störungssystems. Die Anmerkungen erläutern, wie die Abweichungen des Streichens einer Horizontalverschiebung von der Richtung der Plattenbewegung lokal zu Einengung und Dehnung der Kruste führt. Zwischen dem Golf von Kalifornien und dem Salton-See (*im unteren Bereich der Abbildung*) verspringt das Störungssystem in zwei Stufen nach rechts; die Abschnitte der rechtsseitigen Horizontalverschiebung (*schwarze Linie*), die parallel zur Bewegungsrichtung der Nordamerikanischen bzw. Pazifischen Platte verlaufen, werden von vulkanisch aktiven Riftstrukturen unterbrochen (*rot dargestellt*), die absinken und mit Sedimenten verfüllt werden. Da der Blick nach Norden gerichtet ist, biegt die Störung von der Richtung der Plattenbewegung weg zuerst nach links um und dann wieder nach rechts und damit wieder in Richtung der Plattenbewegung in Zentral-Kalifornien (*oberer Bereich des Bildes*). Diese Umbiegung der San-Andreas-Störung führt zu einer Einengung der Kruste, die im Gebiet von Los Angeles (*Bildmitte*) durch Aufschiebungen kompensiert wird (Foto: Image Science & Analysis Laboratory, NASA Johnson Space Center)

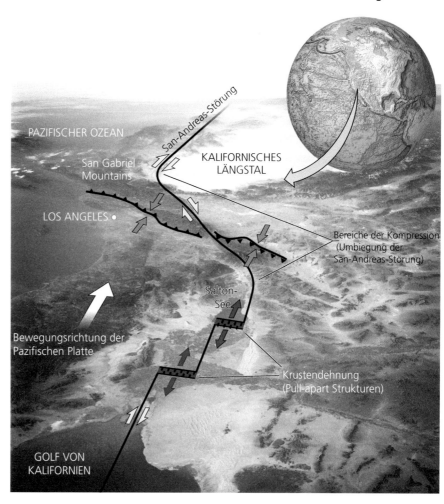

horizontale Oberfläche, die später von Laven überdeckt wurde, als Vorgänge tief im Erdinneren zu Vulkanausbrüchen führten. Im letzten Stadium lösten horizontal wirkende Dehnungskräfte eine intensive Bruchtektonik aus, bei der die Kruste in einzelne Blöcke zerfiel.

Der Geologe sieht nur das letzte Stadium, kann sich aber die gesamte Abfolge herleiten. Das Prozedere beginnt mit der Ermittlung des Alters und der räumlichen Anordnung der Schichten und Faltenstrukturen. Mithilfe dieser Daten konstruiert der Geologe Schnitte durch diese Strukturen. Sobald feststeht, dass es sich um eine sedimentäre Schichtenfolge handelt, weiß er, dass die Schichten am Boden eines ehemaligen Ozeans ursprünglich horizontal abgelagert wurden, dementsprechend rekonstruiert er die nachfolgenden Ereignisse.

Das heutige Oberflächenrelief von Gebirgen, wie wir es in den Alpen, den Rocky Mountains, der pazifischen Küstenkordillere und im Himalaja vorfinden, lässt sich zum großen Teil auf Deformationsprozesse zurückführen, die in den letzten Jahrmillionen stattgefunden haben. Diese jüngeren Gebirgssysteme enthalten noch einen Großteil der Informationen, aus denen sich die Deformationsgeschichte rekonstruieren lässt. Doch Deformationsstrukturen, die vor Hunderten von Millionen Jahren entstanden

sind, treten heute nicht mehr als markante Gebirgszüge hervor. Die Erosion hinterließ in den alten Grundgebirgszonen im Inneren der Kontinente nur Reste von Falten und Störungen in Form von niedrigen Höhenrücken und flachen Tälern. Wie in Kap. 10 gezeigt wird, lassen sich in den hoch metamorphen Kristallingesteinen des Grundgebirges der alten Kratone auch ältere Epochen der Gebirgsbildung nachweisen.

Teil II

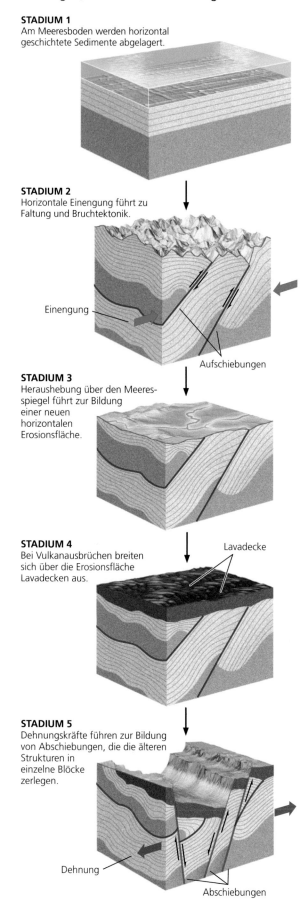

STADIUM 1
Am Meeresboden werden horizontal geschichtete Sedimente abgelagert.

STADIUM 2
Horizontale Einengung führt zu Faltung und Bruchtektonik.

Einengung

Aufschiebungen

STADIUM 3
Heraushebung über den Meeresspiegel führt zur Bildung einer neuen horizontalen Erosionsfläche.

STADIUM 4
Bei Vulkanausbrüchen breiten sich über die Erosionsfläche Lavadecken aus.

Lavadecke

STADIUM 5
Dehnungskräfte führen zur Bildung von Abschiebungen, die die älteren Strukturen in einzelne Blöcke zerlegen.

Dehnung

Abschiebungen

Zusammenfassung des Kapitels

Darstellung geologischer Strukturen auf Karten: Zwei wichtige Angaben auf geologischen Karten und anderen Darstellungen sind Streichen und Fallen. Das Streichen ist die mit dem Kompass gegen Norden gemessene Richtung der Schnittlinie einer geologischen Fläche mit einer gedachten Horizontalebene. Als Fallen wird der Winkel bezeichnet, unter dem die geologische Fläche gegen die Horizontale geneigt ist, gemessen im rechten Winkel zum Streichen. Weiterhin ist die Richtung des Einfallens anzugeben. Eine geologische Karte ist ein zweidimensionales Modell der an der Erdoberfläche anstehenden geologischen Erscheinungen. Sie zeigt die verschiedenen Gesteinseinheiten sowie andere Besonderheiten wie etwa Störungen und andere Grenzflächen. Ein geologischer Schnitt zeigt die geologischen Erscheinungsformen wie sie sichtbar wären, wenn aus der Erdkruste eine senkrechte Scheibe herausgeschnitten würde. Solche Schnitte lassen sich aus den Angaben einer geologischen Karte konstruieren, ihr Informationsinhalt wird – falls vorhanden – durch Angaben aus Bohrungen oder seismischen Untersuchungen noch ergänzt.

Im Gelände zu beobachtende Deformationsstrukturen: Zu den wichtigsten durch Deformation entstehenden geologischen Strukturen gehören Falten, Störungen, Klüfte, Dom- und Beckenstrukturen, ringförmige Strukturen sowie durch Scherung entstandene Deformationsgefüge. Trennflächen, an denen Gesteinseinheiten gegeneinander verschoben wurden, werden als Störungen bezeichnet. Trennflächen wie kleine Risse, an denen keine Bewegungen stattgefunden haben, bezeichnet man als Klüfte.

An der Deformation beteiligte Kräfte: Horizontal gerichtete Kräfte erzeugen an den Plattengrenzen vor allem lineare Strukturen wie Störungen und Falten. Horizontal wirkende Dehnungskräfte führen an divergenten Plattengrenzen zu Abschiebungen; an konvergenten Plattengrenzen kommt es durch horizontal gerichtete Kompressionskräfte zu Überschiebungen, während horizontal gerichtete Scherkräfte zur Bildung von Horizontalverschiebungen (auch Seiten- oder Blattverschiebungen genannt) führen. Falten entstehen normalerweise durch Kompression geschichteter Gesteinsserien, vor allem in Gebieten, in denen Platten kollidieren. Ringstrukturen wie etwa Dome oder Becken können durch vertikal gerichtete Kräfte in größerer Entfernung zu den Plattenrändern entstehen. Manche Domstrukturen bilden sich durch den Aufstieg von Material geringerer Dichte wie etwa Magmen oder Salz. Becken entstehen dort, wo es durch tektonische Beanspruchung zur Krustendehnung kommt

Abb. 7.23 Die verschiedenen Entwicklungsstadien einer geologischen Region. Ein Geologe sieht lediglich das letzte Stadium und versucht aus den Strukturmerkmalen alle früheren Stadien der Entwicklungsgeschichte eines Gebiets zu rekonstruieren

oder wenn wärmere Bereiche der Kruste abkühlen und dadurch kontrahieren. Das Gewicht der in den Becken abgelagerten Sedimente kann ebenfalls zu seiner Absenkung beitragen. Klüfte sind Bruchstrukturen in Gesteinen, die durch ein regionales Spannungsfeld oder durch Abkühlung und Kontraktion des Gesteins sowie durch Druckentlastung entstehen.

Deformationserscheinungen auf Kontinenten: Man kennt drei grundlegende Formen der Deformation: Dehnungstektonik führt zur Bildung von Riftstrukturen, bei denen ein Krustenblock an steilen Abschiebungen in Relation zu den Grabenschultern abgesunken ist. Diese Abschiebungen werden mit zunehmender Tiefe flacher, was dazu führt, dass die Schichten der abgesunkenen Krustenblöcke bei weiterer Krustendehnung in entgegengesetzter Richtung zu den Störungen einfallen. Kompressionstektonik führt zu Überschiebungen und im Falle einer Kontinent-Kontinent-Kollision zur Entstehung von Falten- und Überschiebungsgürteln. Scherungstektonik führt zur Bildung von Horizontal- oder Seitenverschiebungen, nur an Biegungen und Versprüngen der Störung kommt es lokal zu Überschiebungen und Abschiebungen.

Rekonstruktion der Geschichte eines Gebietes: Geologen sehen stets nur das Endresultat einer ganzen Abfolge von weit zurückliegenden Ereignissen: Ablagerung, Deformation, Erosion, Vulkanismus usw. Sie rekonstruieren die Deformationsgeschichte eines Gebietes, indem sie die Gesteinsschichten identifizieren und ihre Altersabfolge bestimmen. Sie übertragen die räumliche Lage der Schichten auf spezielle geologische Karten, vermerken darin alle im Gelände eingemessenen Falten und Störungen und konstruieren schließlich aus den Beobachtungen an der Erdoberfläche Vertikalschnitte durch den Untergrund.

Ergänzende Medien

7.1 Animation: Streichen und Fallen

7.2 Animation: Abschiebungen

7.3 Animation: Auf- und Überschiebungen

7.4 Animation: Horizontalverschiebungen

7.5 Animation: Faltung

7.1 Video: Eine Domstruktur in der Wüste: der Upheaval Dome

Teil II

Der Faktor Zeit

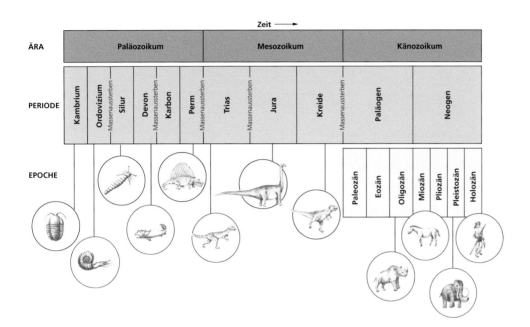

Teil III

Zeitmessung im System Erde

Diese Trilobiten fand man fossiliert in 365 Mio. Jahre altem Gestein in Ontario, Kanada (Foto: © Kevin Schafer/ Alamy)

© Springer-Verlag Berlin Heidelberg 2017
J. Grotzinger, T. Jordan, *Press/Siever Allgemeine Geologie*, DOI 10.1007/978-3-662-48342-8_8

Philosophen hatten während der gesamten Menschheitsgeschichte und bis in die jüngste Vergangenheit hinein mit dem Begriff „Zeit" ihre Probleme, denn sie hatten zu wenige Daten, um ihre Betrachtungsweise enger zu definieren. Die schiere Unermesslichkeit der Zeit, die in Milliarden gemessene „Tiefzeit", war eine der großen Entdeckungen der Geologie, die unser Denken über die Abläufe des Systems Erde grundlegend verändert hat.

Zwei Väter der modernen Geologie, James Hutton und Charles Lyell waren richtungsweisend für das Verständnis, dass unser Planet nicht durch eine Reihe katastrophaler Ereignisse im Verlauf einiger Jahrtausende entstanden sein konnte, wie von vielen bis dahin angenommen wurde. Was wir heute vor Augen haben, ist vielmehr das Ergebnis normaler geologischer Prozesse, die sich gewöhnlich über extrem lange Zeiträume erstrecken. Hutton formulierte diese Erkenntnis in seinem „Aktualitätsprinzip" (Kap. 1). Dieses Verständnis von Zeit half Charles Darwin bei der Formulierung seiner Evolutionstheorie und führte zu zahlreichen weiteren Einblicken in die Abläufe des Systems Erde, des Sonnensystems und des Universums insgesamt.

Geologische Prozesse spielen sich in sehr unterschiedlichen Zeiträumen ab, die von Sekunden (Meteoriteneinschläge, Vulkanexplosionen, Erdbeben) bis zu Milliarden Jahren (tektonische Entwicklung von Kontinenten) reichen. Mit etwas Sorgfalt können wir heute die langsamen Bewegungen der Gletscher (einige Meter pro Jahr) und mit GPS selbst die noch wesentlich langsameren Bewegungen der Lithosphärenplatten (wenige Zentimeter pro Jahr) beobachten. Historische Berichte ermöglichen darüber hinaus geologische Ereignisse wie etwa Erdbeben oder Vulkanausbrüche zeitlich einzuordnen, die Hunderte, in einigen Fällen auch Tausende von Jahren zurückliegen. Die Aufzeichnungen der von Menschen gemachten Beobachtungen sind jedoch viel zu fragmentarisch, um der großen Anzahl langsam ablaufender geologischer Prozesse gerecht zu werden (Abb. 8.1). In Wirklichkeit sind sie nicht einmal dazu geeignet, einige Formen rasch aber selten ablaufender Ereignisse festzuhalten – beispielsweise wurden wir niemals Zeuge eines Meteoriteneinschlags des in Abb. 1.7 dargestellten Ausmaßes. Unser einziges Quellenmaterial ist das Archiv der Gesteine, das heißt Gesteine, die nicht der Erosion und Subduktion unterlagen. Nahezu die gesamte ozeanische Kruste, die älter als 200 Ma ist, gelangte durch Subduktion in den Erdmantel zurück, weshalb der größte Teil der Erdgeschichte nur in den Gesteinen der Kontinente dokumentiert ist. Die Subsidenz lässt sich aus der Sedimentation, die Hebung aus der Erosion der Gesteinsabfolgen, die Deformation an Plattengrenzen aus Störungen, Faltung und Metamorphose rekonstruieren. Um jedoch die Geschwindigkeit dieser Vorgänge und ihre gemeinsame Ursache zu klären, ist es erforderlich, die in der Schichtenfolge dokumentierten Ereignisse exakt datieren zu können.

In diesem Kapitel zeigen wir, wie Geowissenschaftler die unendlich langen Zeiträume ergründeten, indem sie die Schichtenfolgen ordneten. Danach werden wir erfahren, wie sie die Entdeckung der in den Gesteinen vorhandenen „radioaktiven Uhren" dazu verwendet haben, um eine exakte und detaillierte geologische Zeitskala zu erstellen und wie die im Verlauf der 4,56 Mrd. Jahre der Erdgeschichte aufgetretenen Ereignisse datiert werden können.

Rekonstruktion der Erdgeschichte aus der stratigraphischen Abfolge

Geowissenschaftler gehen mit dem Begriff Zeit sehr sorgfältig um. Für sie bedeutet „Datierung" die Bestimmung des **absoluten Alters** eines bestimmten Vorgangs innerhalb der Erdgeschichte, das heißt die tatsächliche Anzahl der Jahre, die seit diesem Ereignis bis heute vergangen sind. Bis zu Beginn des 20. Jahrhunderts war eine absolute Altersbestimmung von Gesteinen oder geologischen Ereignissen nicht möglich; man war lediglich in der Lage anzugeben, wie alt ein Ereignis im Verhältnis zu einem anderen ist – eine **relative Altersangabe**. Man konnte zwar feststellen, dass Knochen von Fischen in marinen Sedimenten früher abgelagert wurden als Säugetierknochen in terrestrischen Ablagerungen, doch genaue Angaben, vor wie viel Millionen Jahren die ersten Fische oder Säugetiere auftraten, waren nicht möglich.

Die ersten geowissenschaftlichen Beobachtungen, die sich mit dem Problem der geologischen Zeitrechnung befassten, waren Untersuchungen an Fossilien in der Mitte des 17. Jahrhunderts. Fossilien sind Überreste von Organismen aus der erdgeschichtlichen Vergangenheit (Abb. 8.2). Nur wenige der im 17. Jahrhundert in Europa lebenden Menschen hätten jedoch diese Erkenntnis verstanden. Die meisten gingen davon aus, dass die im Gestein enthaltenen Muschelreste und auch andere Fossilien aus der Schöpfungszeit der Erde vor etwa 6000 Jahren oder früher stammten oder in den Gesteinen von selbst entstanden sein mussten.

Im Jahre 1667 zeigte der dänische Naturforscher Nicolaus Steno, der am Hofe des Großherzogs von Toskana in Florenz als Leibarzt tätig war, dass die seltsamen „Zungensteine", die er in bestimmten Sedimenten des Mittelmeerraums gefunden hatte, im Wesentlichen mit ähnlich geformten Zähnen lebender Haie identisch waren (Abb. 8.3). Er schloss daraus, dass es sich bei diesen Zungensteinen wirklich um ehemalige Haifischzähne handeln musste, die im Gestein erhalten geblieben waren – oder allgemein, dass Fossilien Reste ehemaliger Lebensformen sind, die zusammen mit den Sedimenten abgelagert worden waren. Steno verfasste ein kurzes und brilliantes Buch über die Geologie der Toskana – der Grundstein für die moderne Wissenschaft der **Stratigraphie**, die sich mit der Beschreibung, dem Schichtvergleich und der Klassifizierung von Schichten in Sedimentgesteinen befasst.

Grundlagen der Stratigraphie

Die von Steno aufgestellten Prinzipien werden noch immer für die Deutung sedimentärer Abfolgen herangezogen. Zwei dieser Grundprinzipien sind so einfach, dass sie uns heute als selbstverständlich erscheinen:

1. Das **Prinzip der ursprünglich horizontalen Ablagerung** besagt, dass die Sedimente unter dem Einfluss der Schwerkraft im Wesentlichen in horizontalen Schichten abgelagert werden. Die Beobachtung moderner mariner und nicht mariner Sedimente in einer Vielzahl von Ablagerungsräumen

Abb. 8.1a,b Die beiden Fotos der Bowknot-Schlinge am Green River in Utah (USA) wurden im Abstand von nahezu 100 Jahren aufgenommen. Wie sie zeigen, hat sich in diesem Zeitraum an der Form der Felsen und Schichten offenbar nur wenig verändert (Fotos: (a) E. O. Beaman/USGS; (b) H. G. Stevens/USGS)

Abb. 8.2a,b Fossilien sind Überreste fossiler Tiere und Pflanzen der geologischen Vergangenheit, die in Sedimentgesteinen überliefert wurden. **a** Fossile Ammoniten stehen beispielhaft für eine große Gruppe wirbelloser Tiere, die heute ausgestorben ist. Ein entfernter Verwandter dieser Gruppe ist der noch im indopazifischen Raum lebende *Nautilus*. **b** Der „Versteinerte Wald" von Arizona besteht aus viele Millionen Jahre alten Baumstämmen, deren organische Substanz durch Kieselsäure ersetzt worden ist. Durch die Verkieselung sind die ursprünglichen Strukturen auf außergewöhnliche Weise erhalten geblieben (Fotos: a 34282_IrridAmmonites4x5 by © Chip Clark, Smithsonian; b © Tom Bean/Thinkstock)

Teil III

Abb. 8.3a–c Nicolaus Steno war der Erste, der zeigen konnte, dass Fossilien die Reste ehemals lebender Organismen sind. **a** Portrait von Nicolaus Steno (1638–1686). **b** Sogenannte „Zungensteine", die in den Schichtenfolgen des Mittelmeergebiets, wo Steno arbeitete, ausgesprochen häufig sind. **c** Diese Zeichnung ist Steno's Buch *Canis carchariae dissectum caput* aus dem Jahre 1667 entnommen und beweist, dass Zungensteine fossile Zähne ehemaliger Haie sind (Fotos: a © SPL/ Science Source; b © Corbis RF/Alamy; c © Paul D. Stewart/ SPL/Science Source)

stützten diese Verallgemeinerung. Tritt eine gefaltete oder an Störungen versetzte Abfolge von Sedimenten auf, dann wissen wir, dass die Gesteine erst nach der Ablagerung durch tektonische Beanspruchung deformiert worden sind.

2. Das **Prinzip der Lagerungsfolge** (die sogenannte Lageregel) besagt, dass in einer tektonisch ungestörten Abfolge jede Sedimentschicht jünger ist als die darunter lagernde und älter ist als die darüber folgende. Eine jüngere Schicht kann nicht unter einer bereits abgelagerten liegen. Schichten können daher vertikal von der untersten (ältesten) zur obersten (jüngsten) zeitlich geordnet werden (Abb. 8.4). Eine chronologisch geordnete Abfolge von Schichten bezeichnet man als **stratigraphische Abfolge**.

Mit Stenos Prinzipien lassen sich im Gelände ältere von jüngeren Formationen unterscheiden. Setzt man die in verschiedenen Aufschlüssen anstehenden Formationen ihrem relativen Alter entsprechend zusammen, so ergibt sich daraus gleichzeitig eine chronologische Ordnung der Schichten und damit – zumindest vom Prinzip her – die stratigraphischen Abfolge eines ganzen Gebietes.

In der Praxis ergaben sich jedoch zwei Probleme. Erstens war die stratigraphische Abfolge eines Gebiets selten vollständig. Fast immer gab es Lücken und damit Zeiträume, die nicht durch Schichten dokumentiert waren. Einige dieser Lücken umfassten nur kurze Zeitabschnitte wie etwa Trockenzeiten zwischen Hochwasserperioden, andere umfassten mehrere Millionen Jahre – beispielsweise Zeiten tektonischer Hebung, in denen mächtige Sedimentserien durch Erosion entfernt wurden. Zweitens war es schwierig, das relative Alter von Formationen zu bestimmen, wenn diese räumlich weit auseinanderlagen. Allein aus der stratigraphischen Abfolge heraus konnte man nicht ermitteln, ob eine Serie von Tonsteinen

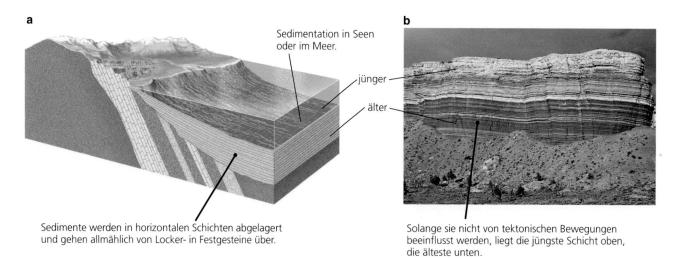

Abb. 8.4 Steno's Prinzipien sind noch immer die Grundlage der Untersuchung von Sedimentgesteinen. **a** Sedimente werden im Wesentlichen in horizontalen Schichten abgelagert, ehe sie sich allmählich zu Sedimentgesteinen verfestigen. Werden sie von tektonischen Vorgängen nicht beeinflusst, lagern die jüngsten Schichten oben, die ältesten an der Basis. **b** Ungestört lagernde Sedimentgesteine im Marble Canyon, einem Teil des Grand Canyon, der im heutigen Norden von Arizona (USA) vom Colorado River eingeschnitten wurde. Diese Schichtenfolge vertritt innerhalb der Erdgeschichte einen Zeitraum von mehreren Millionen Jahren (Foto: © Fletcher & Baylis/Science Source)

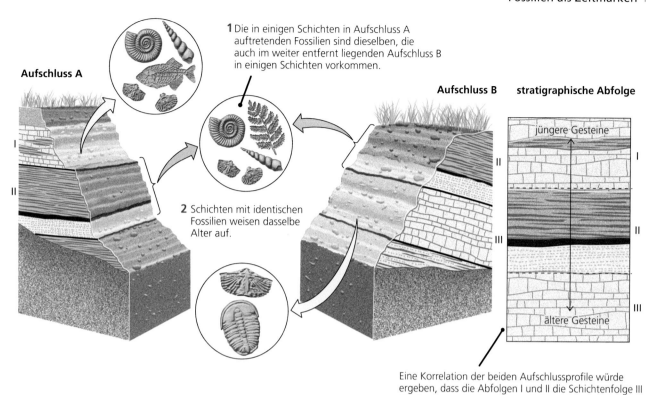

1 Die in einigen Schichten in Aufschluss A auftretenden Fossilien sind dieselben, die auch im weiter entfernt liegenden Aufschluss B in einigen Schichten vorkommen.

Aufschluss A

Aufschluss B   stratigraphische Abfolge

jüngere Gesteine

2 Schichten mit identischen Fossilien weisen dasselbe Alter auf.

ältere Gesteine

Eine Korrelation der beiden Aufschlussprofile würde ergeben, dass die Abfolgen I und II die Schichtenfolge III überlagern und daher jünger als III sind.

Abb. 8.5 Mithilfe des Prinzips der Faunenabfolge lassen sich Schichtenfolgen aus verschiedenen Aufschlüssen miteinander korrelieren

Teil III

etwa in der Toskana älter, jünger oder gleich alt war wie eine entsprechende Serie in England. Es erwies sich daher als notwendig, Stenos Vorstellungen von der biologischen Entstehung der Fossilien zu erweitern, um auch diese Probleme lösen zu können.

Fossilien als Zeitmarken

Im Jahre 1793 erkannte der in Südengland beim Kanalbau beschäftigte Vermessungsingenieur William Smith, dass sich mithilfe von Fossilien das relative Alter von Sedimentgesteinen bestimmen lässt. William Smith war von der ungeheuren Vielfalt der Fossilien fasziniert und sammelte sie in Gesteinsschichten, die in den Baugruben der Kanäle und in natürlichen Aufschlüssen zugänglich waren. Er beobachtete, dass die verschiedenen Schichten sehr unterschiedliche Fossilien enthielten, und er konnte anhand der in jeder Schicht vorhandenen charakteristischen Fossilien die verschiedenen Schichten voneinander unterscheiden. Er stellte eine allgemeine Ordnung für die Abfolge der Fossilien und Schichten von den untersten (ältesten) zu den obersten (jüngsten) Gesteinsschichten auf. Ungeachtet der geographischen Lage eines jeden neu entdeckten Aufschlusses konnte Smith aus der typischen Fossilvergesellschaftung die stratigraphische Position der jeweiligen Schicht angeben. Diese stratigraphische Anordnung der Fossilien wird als Faunenabfolge bezeichnet.

Dieses **Prinzip der Faunenabfolge** besagt, dass die Fossilien in den Schichten eines Aufschlusses in einer bestimmten Reihen-

folge auftreten. Dieselbe Reihenfolge findet man auch in anderen Aufschlüssen, sodass die Schichten verschiedener Fundorte auf diese Weise miteinander korreliert werden können.

Mithilfe der Faunenabfolge fasste Smith die gleich alten Formationen zusammen, die er in verschiedenen Aufschlüssen fand. Die vertikale Abfolge, in der die Formationen in den einzelnen Gebieten gefunden wurden, fasste er wiederum in einer Gliederung der stratigraphischen Abfolge des gesamten Gebiets zusammen. Seine aus zahlreichen Aufschlüssen abgeleitete Schichtenfolge zeigte, wie sie in vollständiger Form aussähe, würde man die Formationen mit ihren verschiedenen Abschnitten aus all den zahlreichen Aufschlüssen an einer Stelle übereinander schichten. Abbildung 8.5 zeigt eine solche aus zwei Formationen zusammengesetzte Schichtenfolge.

Smith blieb seinen Arbeiten zur Stratigraphie durch die Kartierung von Oberflächenaufschlüssen treu. Er verwendete für die jeweils gleichen Formationen bestimmte Farben und „erfand" damit gewissermaßen die geologische Karte (vgl. Abb. 7.4). Im Jahre 1815 fasste er seine lebenslangen Forschungen in einer „*General Map of Strata in England and Wales*" zusammen, ein handkoloriertes Meisterwerk von ca. 2,4 m Höhe und etwa 1,80 m Breite und die erste geologische Übersichtskarte eines ganzen Landes. Das Original hängt noch immer in den Räumen der bereits im Jahre 1807 gegründeten Geological Society of London.

Geologen, die in die Fußstapfen von Steno und Smith traten, katalogisierten und beschrieben Hunderte von Fossilien und deren Verwandtschaftsbeziehungen zu heutigen Organismengruppen.

So bekam die **Paläontologie** – die Erforschung der einstigen Lebensformen – als neue Wissenschaft ihren Platz neben der Geologie. Die häufigsten Fossilfunde waren Gehäuse von Invertebraten (wirbellosen Tieren). Einige ähnelten Venusmuscheln, Austern und anderen Schalentieren; andere waren seltsame Arten, für die es keine lebenden Beispiele gibt, wie beispielsweise die Trilobiten. Seltener waren Knochen von Wirbeltieren wie etwa Säugetieren, Vögeln und den riesigen ausgestorbenen Reptilien, die sie als Dinosaurier bezeichneten. Es zeigte sich weiter, dass Pflanzenfossilien in einigen Gesteinen sehr häufig vorkamen, vor allem in Kohleflözen, in denen Blätter, Zweige, Äste und sogar ganze Baumstämme überliefert wurden. Intrusivgesteine enthielten keine Fossilien – insofern keine Überraschung, da das gesamte biologische Material in den heißen Gesteinsschmelzen zerstört wird. Auch die hoch metamorphen Gesteine lieferten nur in ganz seltenen Fällen Fossilien, weil bei der Metamorphose meist alle Organismenreste bis zur Unkenntlichkeit deformiert werden.

Zu Beginn des 19. Jahrhunderts wurde die Paläontologie hinsichtlich der Erdgeschichte zur einzigen wichtigen Informationsquelle. Die systematische Untersuchung der Fossilien beeinflusste auch die Naturwissenschaften weit über die Geologie hinaus. Charles Darwin studierte als junger Wissenschaftler Paläontologie, und auf seiner berühmten Reise an Bord der „Beagle" (1831–1836) sammelte er zahlreiche ungewöhnliche Fossilien. Bei dieser Fahrt rund um die Erde nutzte er die Gelegenheit, zahlreiche unbekannte Tiere und Pflanzen in ihrem natürlichen Lebensraum zu untersuchen. Darwin überdachte seine Beobachtungen Jahrzehnte lang, ehe er im Jahre 1859 seine Evolutionstheorie veröffentlichte – und damit die Biologie revolutionierte und der Paläontologie ein fundiertes Gerüst an die Hand gab: wenn sich die Organismen im Laufe der Zeit immer weiterentwickeln, dann müssen die in den einzelnen Schichten auftretenden Fossilien dieselben Organismen sein, die zur Zeit der Ablagerung dieser Schicht gelebt haben.

Diskordanzen: Lücken in der Schichtenfolge

Bei der überregionalen Korrelation von Schichtenfolgen stoßen die Geologen oftmals auf Gebiete, in denen eine Schichtenfolge fehlt. Entweder wurde sie dort niemals abgelagert oder sie war bereits abgetragen, bevor die nächste Schicht zur Ablagerung kam. Diese Grenzfläche zwischen Schichten, die mit einer zeitlichen Lücke übereinander abgelagert wurden und die demzufolge eine bestimmte Zeitspanne vertritt, wird als **Diskordanz, Schichtlücke** oder **Hiatus** bezeichnet (Abb. 8.6). Eine Schichtenfolge, die im Hangenden und Liegenden von Diskordanzen begrenzt wird, bezeichnet man als Sequenz. Auch eine derartige Sequenz vertritt einen bestimmten Zeitraum der Erdgeschichte.

Abb. 8.6 Als Diskordanz bezeichnet man eine geologische Grenzfläche, die zwei Gesteinseinheiten trennt und die einem Zeitraum entspricht, in dem entweder keine Schichten abgelagert oder die abgelagerten Schichten wieder erodiert wurden. Die hier dargestellte Diskordanz entstand durch Hebung und Erosion, gefolgt von Subsidenz und erneuter Sedimentation. Sie wird daher als Erosionsdiskordanz (oder allgemein als Schichtlücke) bezeichnet

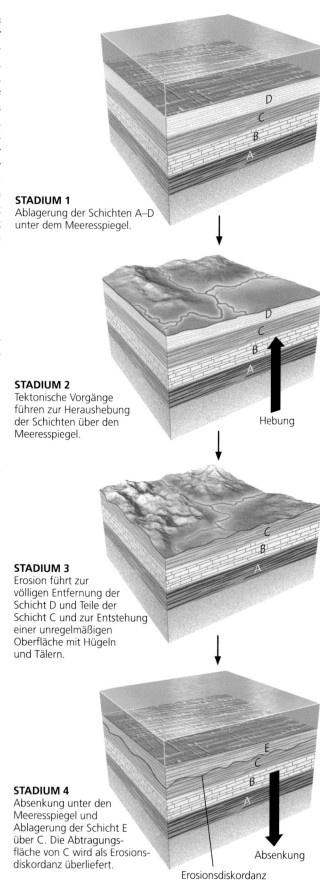

STADIUM 1
Ablagerung der Schichten A–D unter dem Meeresspiegel.

STADIUM 2
Tektonische Vorgänge führen zur Heraushebung der Schichten über den Meeresspiegel.

Hebung

STADIUM 3
Erosion führt zur völligen Entfernung der Schicht D und Teile der Schicht C und zur Entstehung einer unregelmäßigen Oberfläche mit Hügeln und Tälern.

STADIUM 4
Absenkung unter den Meeresspiegel und Ablagerung der Schicht E über C. Die Abtragungsfläche von C wird als Erosionsdiskordanz überliefert.

Absenkung

Erosionsdiskordanz

Abb. 8.7 Winkeldiskordanz im Grand Canyon mit dem horizontal lagernden Tapeats-Sandstein im Hangenden und dem intensiv gefalteten präkambrischen Wapatai Shale im Liegenden. Der Wapatai Shale ist Teil der Schichtenfolge des Grand Canyon; der Tapeats-Sandstein wurde im Kambrium abgelagert (Foto: © Ron Wolf)

Diskordanzen setzen in vielen Fällen tektonische Bewegungen voraus, die in diesem Zeitraum für die Heraushebung über den Meeresspiegel bei gleichzeitig einsetzender Erosion verantwortlich waren. Andererseits können Schichtlücken auch Zeiträumen entsprechen, in denen das Festland infolge einer weltweiten Absenkung des Meeresspiegels der Erosion unterlag. Wie wir in Kap. 21 noch sehen werden, kann der Meeresspiegel während einer Eiszeit, in der den Meeren durch die Entstehung von Eiskappen an den Polen Wasser entzogen wird, um über hundert Meter absinken.

Man unterteilt die unterschiedlichen Diskordanzen hinsichtlich der Lagerungsverhältnisse zwischen den über und unter der Diskordanzfläche liegenden Schichten.

■ Eine Diskordanz, bei der die obere Schichtenfolge einer Erosionsfläche aufliegt, die sich über einer nicht deformierten und noch horizontal lagernden Abfolge entwickelte, ist eine sogenannte **Erosionsdiskordanz** (Abb. 8.6). Diese Bezeichnung gilt auch, wenn die Hangendschichten metamorphen oder magmatischen Gesteinen auflagern. Im angelsächsischen Sprachraum wird eine solche Grenzfläche als „Unconformity" bezeichnet. Erosionsdiskordanzen entstehen oftmals durch

Absenkung des Meeresspiegels oder durch tektonische Hebung großer Gebiete.
■ Eine Diskordanz, an der die darunter liegenden Schichten durch tektonische Vorgänge gefaltet und danach mehr oder weniger flächenhaft eingeebnet worden sind, die nächste Serie aber wieder als horizontale Schichten abgelagert wurde, ist eine sogenannte **Winkeldiskordanz**. An einer Winkeldiskordanz lagern daher Schichten übereinander, deren Schichtflächen nicht parallel zueinander verlaufen. Abbildung 8.7 zeigt ein Beispiel einer spektakulären Winkeldiskordanz, wie sie im Grand Canyon aufgeschlossen ist. Die einzelnen Vorgänge, die solche Winkeldiskordanzen entstehen lassen, zeigt Abb. 8.8.

Verbandsverhältnisse

Andere Störungen der Schichtlagerung von Sedimentgesteinen liefern ebenfalls Möglichkeiten zur relativen Datierung. Ein Schichtverband kann von diskordant durchschlagenden Gesteinsgängen unterbrochen werden und Lagergänge können

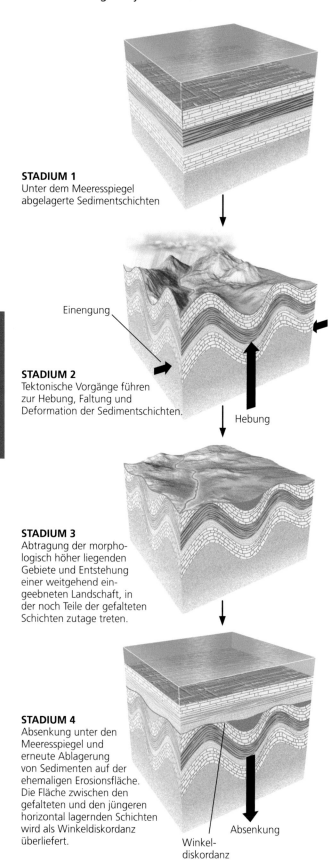

STADIUM 1
Unter dem Meeresspiegel
abgelagerte Sedimentschichten

Einengung

STADIUM 2
Tektonische Vorgänge führen
zur Hebung, Faltung und
Deformation der Sedimentschichten.

Hebung

STADIUM 3
Abtragung der morpho-
logisch höher liegenden
Gebiete und Entstehung
einer weitgehend ein-
geebneten Landschaft, in
der noch Teile der gefalteten
Schichten zutage treten.

STADIUM 4
Absenkung unter den
Meeresspiegel und
erneute Ablagerung
von Sedimenten auf der
ehemaligen Erosionsfläche.
Die Fläche zwischen den
gefalteten und den jüngeren
horizontal lagernden Schichten
wird als Winkeldiskordanz
überliefert.

Winkel-
diskordanz

Absenkung

konkordant in Schichtenfolgen intrudiert sein (Kap. 4). Außerdem können an Störungen Schichtflächen, Gesteinsgänge oder Lagergänge gegeneinander versetzt sein, weil die Gesteinsblöcke an diesen Zonen auseinander brechen (Kap. 7). Solche Verbandsverhältnisse ermöglichen die relative zeitliche Einordnung der Intrusion von Magmenkörpern oder von Störungen in die stratigraphische Abfolge. Da die Intrusions- oder Deformationsereignisse erst nach der Ablagerung der Sedimentschichten aufgetreten sein können, müssen sie daher jünger sein als die Gesteine, in die sie eingedrungen sind, beziehungsweise die sie durchschlagen haben (Abb. 8.9).

Wurden die Intrusivgesteine oder die an Störungen versetzten Schichten während einer Sedimentationsunterbrechung abgetragen oder eingeebnet, später aber erneut mit Sedimenten überdeckt, dann müssen die Intrusionen oder die Störungen älter als die auflagernden jüngeren Schichtenfolgen sein. Durch Kombination von Verbandsverhältnissen mit Geländebeobachtungen an Diskordanzen und stratigraphischen Abfolgen lässt sich selbst in geologisch kompliziert gebauten Gebieten deren Werdegang rekonstruieren (Abb. 8.10). Ein weiteres Beispiel für eine relative zeitliche Einstufung von Gesteinen findet sich in Abschn. 24.8.

Geologische Zeitskala: Relative Altersbestimmungen

Zu Beginn des 19. Jahrhunderts begannen Geologen, die von Steno und Smith aufgestellten Prinzipien auf Aufschlüsse in allen Teilen der Erde anzuwenden. In vielen Formationen auf den Kontinenten wurden dieselben kennzeichnenden Fossilien nachgewiesen. Darüber hinaus ergaben die Faunenabfolgen aus unterschiedlichen Kontinenten dieselben Veränderungen innerhalb der fossilen Arten. Durch Korrelation der Fossilabfolge konnte somit auf globaler Basis das jeweilige relative Alter der Gesteinsabfolgen bestimmt werden. Gegen Ende des 19. Jahrhunderts hatten die Geologen eine weltweit gültige Abfolge aller geologischen Formationen und deren gestalterischen Prozesse erarbeitet – eine **geologische Zeitskala**.

Die Einheiten der geologischen Zeitskala

Die relative geologische Zeitskala unterteilt die Erdgeschichte in Einheiten, die durch eine bestimmte Fossilführung gekennzeichnet sind. Die Abgrenzung dieser Einheiten erfolgt dort, wo sich in der Schichtenfolge der Fossilinhalt abrupt verändert

Abb. 8.8 Als Winkeldiskordanz bezeichnet man eine Erosionsfläche, die zwei Schichtenfolgen voneinander trennt, deren Schichtflächen über der Diskordanz nicht parallel zur Schichtung unter der Diskordanz verlaufen. Diese Abfolge zeigt, wie eine solche Diskordanzfläche entstehen kann

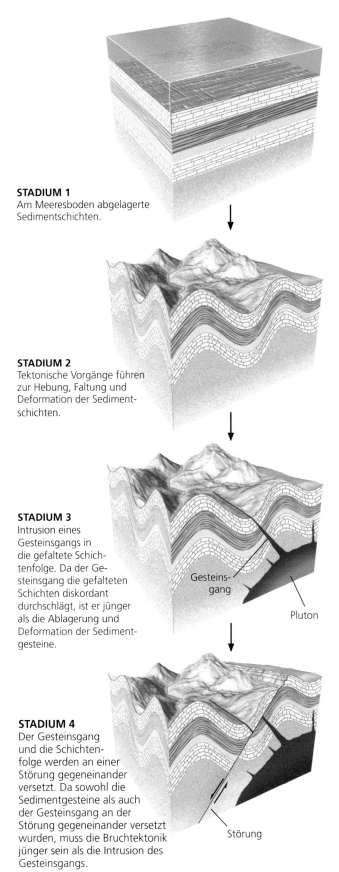

STADIUM 1
Am Meeresboden abgelagerte Sedimentschichten.

STADIUM 2
Tektonische Vorgänge führen zur Hebung, Faltung und Deformation der Sedimentschichten.

STADIUM 3
Intrusion eines Gesteinsgangs in die gefaltete Schichtenfolge. Da der Gesteinsgang die gefalteten Schichten diskordant durchschlägt, ist er jünger als die Ablagerung und Deformation der Sedimentgesteine.

Gesteinsgang

Pluton

STADIUM 4
Der Gesteinsgang und die Schichtenfolge werden an einer Störung gegeneinander versetzt. Da sowohl die Sedimentgesteine als auch der Gesteinsgang an der Störung gegeneinander versetzt wurden, muss die Bruchtektonik jünger sein als die Intrusion des Gesteinsgangs.

Störung

(Abb. 8.11). Die relative Zeitskala ist in Ären, Perioden und Epochen unterteilt. Man unterscheidet als Großeinheiten drei **Ären**: das Paläozoikum (Zeitalter des ältesten Lebens), das Mesozoikum (Zeitalter des mittelalten Lebens) und das Känozoikum (Zeitalter des neuen Lebens). Eine Ära wird weiter unterteilt in **Perioden**, die normalerweise entweder nach einer geographischen Region benannt wurden, in der die Schichtenfolgen am besten entwickelt oder aufgeschlossen sind beziehungsweise erstmals beschrieben wurden, oder aber nach einigen besonderen Merkmalen der Formationen. Die Periode des Juras ist beispielsweise nach dem Juragebirge in Frankreich und der Schweiz benannt; das Karbon verdankt seinen Namen (nach dem lateinischen Wort *„carbo"* für Kohle) den Kohle führenden Sedimenten Europas und Nordamerikas. Die Perioden Paläogen und Neogen sind Ausnahmen; ihre Bezeichnung stammt aus dem Griechischen und bedeutet „alter Entstehung" beziehungsweise „neuer Entstehung".

Einige Perioden werden in **Epochen** weiter unterteilt, wie etwa das Miozän, Pliozän und Pleistozän innerhalb des Neogens (Abb. 8.11). Wir leben gegenwärtig in der Epoche des Holozäns (griech. „Das völlig Neue") innerhalb des Neogens, eines Abschnitts des Känozoikums.

Massenaussterben in der Erdgeschichte

Viele Grenzen zwischen den Perioden der geologischen Zeitskala fallen mit eindeutigen Hinweisen auf **Massenaussterben** zusammen: kurzen Zeitabschnitten, in denen zahlreiche Lebensformen aus der Schichtenfolge einfach verschwunden sind und bald danach durch neue Arten ersetzt wurden. Diese plötzlichen Veränderungen in der Faunenabfolge waren zunächst nicht erklärbar. Darwin hatte zwar aufgezeigt, wie neue Arten entstehen konnten, aber weshalb kam es zu den Massenaussterben?

In einigen Fällen sind die Ursachen bekannt. Das Massenaussterben am Ende der Kreidezeit, bei dem 75 % der lebenden Arten – darunter alle Dinosaurier – verschwanden, war wohl mit die Folge eines großen Meteoriteneinschlags, durch den die Atmosphäre verdunkelt und vergiftet wurde und das Klima der Erde auf Jahre hinaus bitter kalt war. Diese Katastrophe kennzeichnet das Ende des Mesozoikums und den Beginn des Känozoikums. In anderen Fällen haben wir keine konkreten Hinweise. Das größte Massenaussterben am Ende des Perms, das die Grenze Paläozoikum-Mesozoikum markiert, löschte nahezu 95 % aller Arten aus, seine Ursachen sind immer noch Gegenstand heftiger Diskussionen. Das Spektrum der Möglichkeiten reicht von der Bildung des Großkontinents Pangaea, über plötzliche Klimaveränderungen, einen Meteoriteneinschlag, einen ungeheuer großen Vulkanausbruch in Sibirien bis hin zu einer Kombination

Abb. 8.9 Die wechselseitigen Lagerungsverhältnisse gestatten es, innerhalb einer Schichtenfolge das relative Alter von Magmaintrusionen oder Störungen zu bestimmen

Teil III

Aus einer Geländekartierung wird ein Schnitt konstruiert. Er zeigt die Merkmale der Schichtenfolge, eine Schichtlücke und eine Winkeldiskordanz. Aus diesen Angaben lassen sich die Stadien der geologischen Entwicklung ableiten.

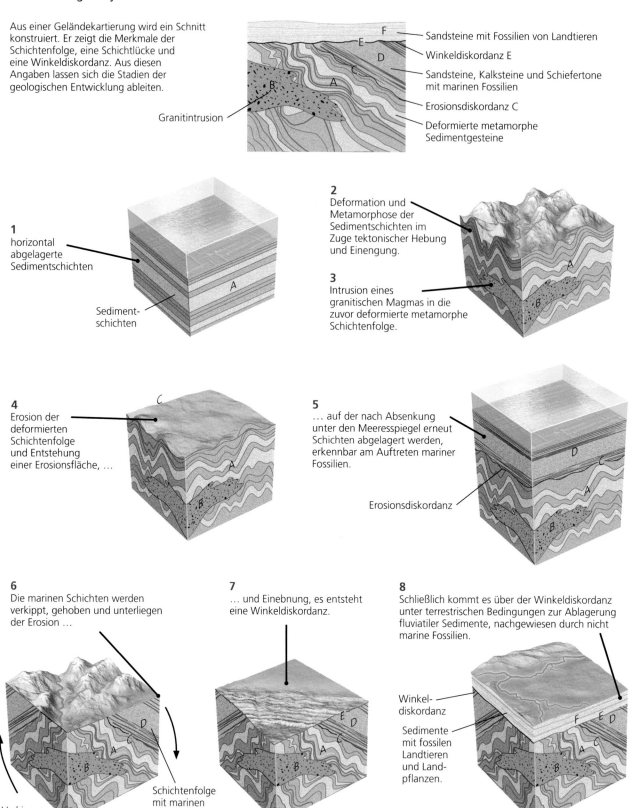

Granitintrusion

Sandsteine mit Fossilien von Landtieren

Winkeldiskordanz E

Sandsteine, Kalksteine und Schiefertone mit marinen Fossilien

Erosionsdiskordanz C

Deformierte metamorphe Sedimentgesteine

1
horizontal abgelagerte Sedimentschichten

Sediment-schichten

2
Deformation und Metamorphose der Sedimentschichten im Zuge tektonischer Hebung und Einengung.

3
Intrusion eines granitischen Magmas in die zuvor deformierte metamorphe Schichtenfolge.

4
Erosion der deformierten Schichtenfolge und Entstehung einer Erosionsfläche, …

5
… auf der nach Absenkung unter den Meeresspiegel erneut Schichten abgelagert werden, erkennbar am Auftreten mariner Fossilien.

Erosionsdiskordanz

6
Die marinen Schichten werden verkippt, gehoben und unterliegen der Erosion …

Verkippung

Schichtenfolge mit marinen Fossilien.

7
… und Einebnung, es entsteht eine Winkeldiskordanz.

8
Schließlich kommt es über der Winkeldiskordanz unter terrestrischen Bedingungen zur Ablagerung fluviatiler Sedimente, nachgewiesen durch nicht marine Fossilien.

Winkel-diskordanz

Sedimente mit fossilen Landtieren und Land-pflanzen.

Abb. 8.10 Stratigraphische Grundprinzipien und die wechselseitigen Lagerungsverhältnisse ermöglichen eine relative Datierung der geologischen Ereignisse

Teil IIII

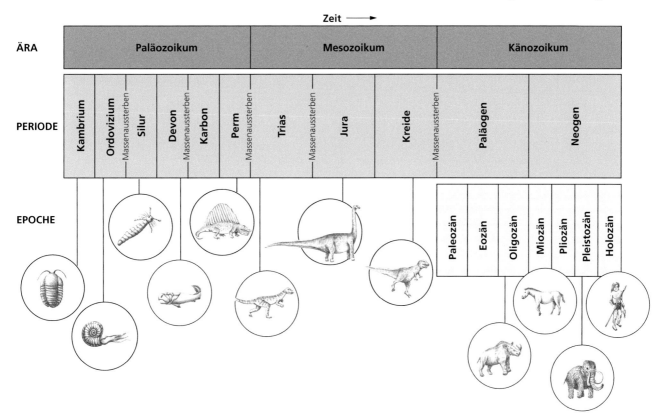

ZEIT ──▶

Abb. 8.11 Die Geologische Zeitskala zeigt die aus dem relativen Alter der Fossilien abgeleiteten Ären, Perioden und Epochen. Die Grenzen dieser Zeiteinheiten sind durch das plötzliche Verschwinden älterer Lebensformen und das Auftreten völlig neuer Organismenarten gekennzeichnet. Die fünf größten Massenaussterben sind gesondert hervorgehoben

Teil III

all dieser potenziellen Ursachen. Diese Extremereignisse an den Grenzen erdgeschichtlicher Perioden bleiben wohl noch lange Schwerpunkt geologischer Forschungen. Wir werden in Kap. 11 noch einmal darauf eingehen.

Das Alter wichtiger Erdölmuttergesteine

Erdöl und Erdgas entwickeln sich aus den organischen Rückständen ehemaliger Tiere und Pflanzen, die in der geologischen Vergangenheit in den Sedimenten eingelagert und in große Tiefen versenkt wurden. Die relativen Alter dieser „Erdölmuttergesteine" liefern wichtige Hinweise für die Exploration neuer Erdöl- und Erdgaslagerstätten. Weltweite Untersuchungen haben ergeben, dass aus den Gesteinen des Präkambriums nur geringe Mengen stammen können, was verständlich ist, da die vor dem Kambrium vorhandenen primitiven Organismen nur geringe Mengen an organischem Material produziert haben konnten. In allen dem Präkambrium folgenden Ären wurden jedoch Erdölmuttergesteine abgelagert, wenn auch bestimmte Perioden der Erdgeschichte weitaus mehr dieser Ressourcen produziert haben als andere (Abb. 8.12). Der größte Teil der Erdölmuttergesteine entstand zweifellos im Mesozoikum, vor allem im Jura und in der Kreidezeit, aus deren Lagerstätten bisher nahezu 60 % der Welt-Erdölproduktion stammen. Die Sedimente des Juras und

der Kreide sind die Muttergesteine der großen Ölfelder im Nahen Osten, im Golf von Mexiko, in Venezuela, im nördlichen Alaska, der Nordsee und der vergleichsweise kleinen Erdölvorkommen in Norddeutschland.

Betrachtet man Abb. 2.16, so wird klar, dass in diesen Zeiträumen der Erdgeschichte der Großkontinent Pangaea in unsere heutigen Kontinente auseinandergebrochen ist. Durch diese tektonischen Vorgänge entstanden zahlreiche marine Sedimentbecken, gleichzeitig erhöhte sich die Geschwindigkeit, mit der die Sedimente in diese Becken transportiert und abgelagert wurden. Im Jura und in der Kreide waren die Meere reich an Organismen, die einen Großteil der organischen Substanz lieferten, die in den Sedimenten eingeschlossen und in größere Tiefen versenkt wurde. Seitdem unterlag dieses Material der „Reifung": aus organischen Feststoffen wurden Flüssigstoffe und Gase, die sich von den Muttergesteinen trennten und in die Speichergesteine einwanderten, aus denen sie heute gefördert werden.

Absolute Altersbestimmung mit radioaktiven Uhren

Die auf stratigraphischen Abfolgen in Verbindung mit fossilen Belegen beruhende geologische Zeitskala ist eine relative Zeit-

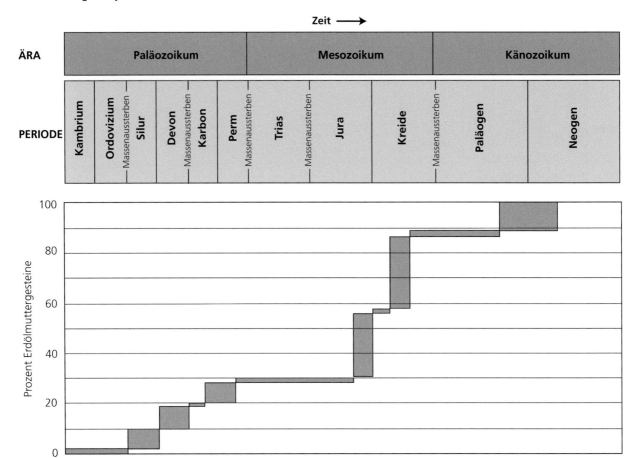

Abb. 8.12 Das relative Alter und die Mengen von Sedimentgesteinen, die jenes organische Material enthielten, das heute transformiert als Erdöl und Erdgas auftritt. Die Säulen im unteren Teil des Diagramms zeigen den prozentualen Anteil dieser Erdöl-Muttergesteine (Höhe der Säule), die weltweit innerhalb eines bestimmten Zeitraums (Breite der Säule) vorhanden sind. Nahezu 60 % der Gesamtmenge der Erdöl-Muttergesteine wurde im Mesozoikum während der Jura- und Kreidezeit abgelagert

skala. Sie gibt zwar an, ob eine Formation älter als eine andere ist, wie viele Jahre jedoch eine Ära, Periode oder Epoche dauerte, ist daraus nicht zu entnehmen. Schätzungen, welche Zeit erforderlich ist, um Gebirge zu erodieren oder Sedimente abzulagern, ergaben, dass die meisten Perioden möglicherweise Millionen von Jahren gedauert haben; die Geologen des 19. Jahrhunderts wussten jedoch nicht, ob eine bestimmte Periode 10 Ma, 100 Ma oder noch länger gedauert hat.

Sie wussten auch nicht, ob die geologische Zeitskala überhaupt vollständig war. Die älteste Periode der Erdgeschichte, die durch eine Faunenabfolge fest umrissen ist, war das Kambrium, in dem erstmals Reste Schalen tragender Fossilien auftraten. Zahlreiche Schichtenfolgen sind aber eindeutig älter als das Kambrium, da sie in der stratigraphischen Abfolge unter den Schichten des Kambriums lagern. Diese Schichten enthielten jedoch keine erkennbaren Fossilien und es gab somit keine Möglichkeit, ihr relatives Alter zu ermitteln. Die einzige Möglichkeit bestand darin, diese Gesteine pauschal in ein sogenanntes Präkambrium zu stellen. Doch welchen Zeitraum innerhalb der gesamten Erdgeschichte umfassen diese rätselhaften Gesteine, und welches Alter hat das älteste präkambrische Gestein, und wie alt ist die Erde selbst?

Diese Fragen lösten in der zweiten Hälfte des 19. Jahrhunderts heftige Debatten aus. Physiker und Astronomen verwendeten theoretische Argumente (die aus heutiger Sicht falsch waren), um daraus ein maximales Alter von weniger als 100 Ma abzuleiten. Die meisten Geologen betrachteten jedoch dieses Alter als viel zu jung, obwohl es keine genauen Daten gab, um dies zu untermauern.

Die Entdeckung der Radioaktivität

Im Jahre 1896 machten große Fortschritte in der modernen Physik den Weg frei für eine verlässliche und exakte Bestimmung des absoluten Alters. Henri Becquerel, ein französischer Physiker, entdeckte die Radioaktivität des Urans. Weniger als ein Jahr nach Becquerels Entdeckung fand und isolierte die aus Polen stammende Chemikerin Marie Sklodowska-Curie in Zusammenarbeit mit ihrem Ehemann, dem französischen Chemiker Pierre Curie ein weiteres stark radioaktives Element, das Radium.

Im Jahre 1905 regte der britische Physiker Ernest Rutherford an, das absolute Alter eines Gesteins über den radioaktiven Zerfall der in den Gesteinen vorhandenen radioaktiven Elemente zu messen. Er berechnete das Alter eines Gesteins aus Messungen seines Urangehalts. Dies war der Beginn der **radiometrischen Altersbestimmung**, mit der sich durch Verwendung natürlich vorkommender radioaktiver Elemente das Alter von Mineralen und Gesteinen bestimmen lässt. In den darauf folgenden Jahren wurden die Datierungsverfahren weiterentwickelt, da noch andere radioaktive Elemente nachgewiesen wurden, die für eine Altersbestimmung verwendet werden konnten, außerdem verbesserten sich auch zunehmend die Kenntnisse über den Ablauf des radioaktiven Zerfalls. Innerhalb eines Jahrzehnts nach Rutherfords ersten Messungen war klar, dass einige präkambrische Gesteine mehrere Milliarden Jahre alt sein mussten.

Im Jahr 1956 bestimmte die Geologin Clare Paterson den Zerfall des Urans in Meteoriten und kam zu dem Ergebnis, dass das Sonnensystem einschließlich der Erde vor 4,56 Mrd. Jahren entstanden war. Dieses Alter wurde seit Patersons ersten Messungen lediglich um weniger als 10 Mio. Jahre korrigiert.

Radioaktive Atome: Uhren im Gestein

Wie verwenden Geologen die Radioaktivität, um das Alter von Gesteinen zu bestimmen? In Kap. 3 wurde bereits erwähnt, dass ein Atomkern aus Protonen und Neutronen besteht und dass die Isotope eines bestimmten Elements zwar dieselbe Anzahl der Protonen, aber oftmals eine unterschiedliche Anzahl von Neutronen aufweisen. Die meisten **Isotope** sind stabil, der Kern eines radioaktiven Isotops zerfällt jedoch spontan unter Freisetzung von Teilchen oder Strahlung und geht dabei in das Atom eines anderen Elements über. Wir bezeichnen das ursprüngliche Atom als **Mutteratom** und sein entsprechendes Zerfallsprodukt folglich als **Tochteratom**.

Ein gebräuchliches Element für radiometrische Altersbestimmungen ist Rubidium, das 37 Protonen besitzt und aus zwei natürlich vorkommenden Isotopen besteht: Rubidium-85, das 48 Neutronen hat und stabil ist, und Rubidium-87, das 50 Neutronen besitzt und radioaktiv ist. Ein Neutron im Kern eines Rubidium-87-Atoms kann spontan unter Freisetzung eines Elek-

Exkurs 8.1 Die Schichtenfolge des Colorado-Plateaus: Beispiel für die relative Datierung von Schichtenfolgen

Die im Grand Canyon und in den anderen Gebieten des Colorado-Plateaus aufgeschlossenen Schichtenfolgen zeigen, wie eine relative Altersdatierung möglich ist. Diese Gesteine sind Dokumente einer langen Geschichte der Sedimentation in einer Vielzahl von Ablagerungsräumen, teils auf dem Festland, teils unter dem Meeresspiegel. Durch die Korrelation dieser Schichtfolgen, die an sehr unterschiedlichen Stellen aufgeschlossen sind, ergibt sich eine stratigraphische Abfolge, die einen Zeitraum von mehr als einer Milliarde Jahre repräsentiert und sowohl paläozoische als auch mesozoische Schichtenfolgen umfasst.

Die untersten – und damit ältesten – im Grand Canyon aufgeschlossenen Gesteine sind dunkle Magmatite und Metamorphite, die insgesamt als Vishnu-Schiefer bezeichnet werden, von denen aus radiometrischen Datierungen bekannt ist, dass sie ein Alter von etwa 1,8 Mrd. Jahren aufweisen.

Über den Vishnu-Schiefern folgen die jüngeren, nicht metamorphen Schichten des Grand Canyon. Obwohl sie Fossilien millimetergroßer einzelliger Mikroorganismen führen, die Hinweise auf frühe Lebensformen geben, enthalten sie keine Schalen tragende Fossilien, wie sie für das Kambrium und die nachfolgenden Epochen kennzeichnend sind. Sie werden daher in das Präkambrium gestellt.

Die Vishnu-Gruppe und die darüber folgende Grand-Canyon-Serie sind durch eine Winkeldiskordanz getrennt. Das spricht für eine tektonische Deformationsphase in Verbindung mit einer Metamorphose der Vishnu-Gruppe und einer nachfolgenden Erosion vor der Ablagerung der Grand-Canyon-Serie. Die Verkippung dieser Schichtenfolge aus ihrer ursprünglich horizontalen Position zeigt, dass auch sie nach der Ablagerung und Versenkung gefaltet wurde.

Eine weitere Winkeldiskordanz trennt die Grand-Canyon-Serie von dem horizontal darüber lagernden Tapeats-Sandstein. Diese Diskordanz kennzeichnet eine lange Periode der Erosion, nachdem die darunter lagernden Gesteine tektonisch verkippt worden waren. Der Tapeats-Sandstein und der darüber folgende Bright Angel Shale können aufgrund ihrer Fossilführung – darunter zahlreiche Trilobiten – altersmäßig in das Kambrium gestellt werden.

Über dem Bright Angel Shale folgt eine Serie horizontal lagernder Kalksteine und Schiefertone (Muav-Kalke, Temple-Butte-Kalke, Redwall-Kalke), die einen Zeitraum von etwa 200 Ma zwischen dem jüngeren Kambrium und dem Ende des Mississippian (in Nordamerika gebräuchliche Bezeichnung für das Unterkarbon) vertreten. Wir wissen, dass es zwischen diesen Abfolgen Schichtlücken gibt, da in der Faunenabfolge erhebliche Lücken zu verzeichnen sind, sodass diese Gesteine insgesamt lediglich etwa 40 % der paläozoischen Abfolge vertreten.

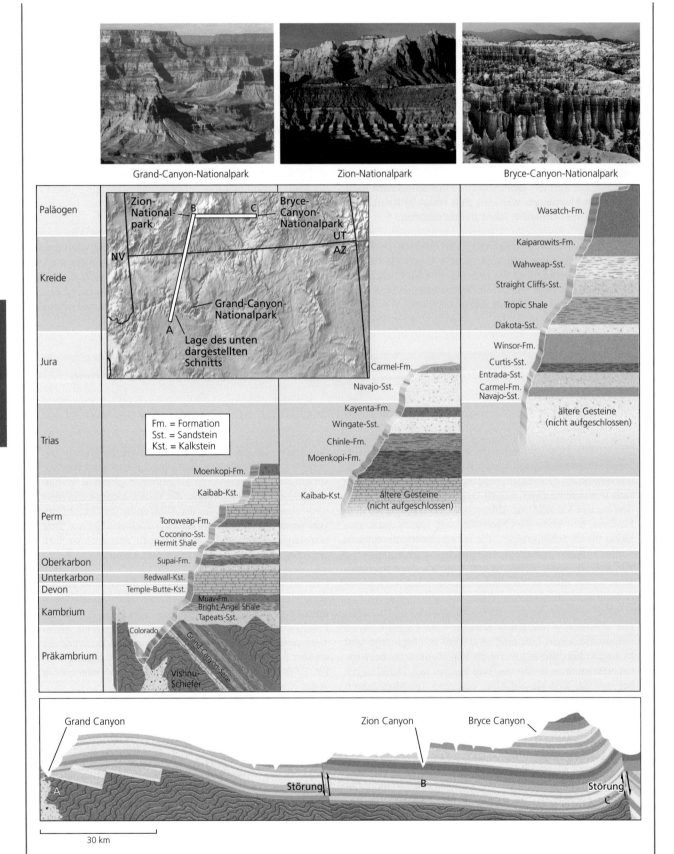

Grand-Canyon-Nationalpark   Zion-Nationalpark   Bryce-Canyon-Nationalpark

Stratigraphische Abfolge des Colorado-Plateaus, rekonstruiert aus den im Grand Canyon-, Zion Canyon- und Bryce Canyon-Nationalpark aufgeschlossenen Schichtenfolgen (Fotos: Grand Canyon: © John Wang/Photo Disc/Getty Images; Zion Canyon: © Universal Images Group Limited/Alamy; Bryce Canyon: © Tim Davis/Science Source)

Die darüber folgenden Schichten in den etwas höheren Bereichen der Wände gehören zur Supai-Gruppe, die das Oberkarbon bis Perm vertritt. Sie enthalten Fossilien von Landpflanzen, die auch in den Kohleablagerungen Nordamerikas und anderer Kontinente auftreten. Über der Supai-Gruppe folgt der Hermit Shale, der im Wesentlichen aus Sand führenden roten Schiefertonen besteht.

Schon ziemlich hoch in den Wänden des Canyons tritt noch eine weitere terrestrische Schichtenfolge auf, der Coconino-Sandstein. Diese Schichtenfolge enthält Lebensspuren von Wirbeltieren, die darauf hindeuten, dass der Coconino-Sandstein im Perm in einem terrestrischen Ablagerungsraum gebildet worden ist. An der Oberkante der Steilwände, am Rande des Canyons, stehen zwei weitere Schichtenfolgen des Perms an: die überwiegend aus Kalken bestehende Toroweap-Formation und darüber die Kaibab-Gruppe, eine mächtige Serie sandiger und kieseliger Kalksteine. Diese beiden Abfolgen dokumentieren eine Absenkung des Ablagerungsgebiets unter den Meeresspiegel bei gleichzeitiger Ablagerung mariner Sedimente.

Über der Kaibab-Gruppe und dem eigentlichen Rand des Grand Canyon, aber noch innerhalb des Grand-Canyon-Nationalparks aufgeschlossen, folgt die Moenkopi-Formation. Sie besteht aus roten Sandsteinen der Trias, den ersten mesozoischen Sedimenten im Bereich des Grand Canyon.

Obwohl die Schichtenfolge des Grand Canyon sehr malerisch und informativ ist, bietet sie nur ein unvollkommenes Abbild der Erdgeschichte. Die jüngeren Abschnitte der Erdgeschichte sind dort nicht überliefert. Sie finden wir in Utah beispielsweise im Zion Canyon und im Bryce Canyon.

Im Zion Canyon findet man die Äquivalente der Kaibab- und Moenkopi-Formation, die eine Korrelation mit dem Gebiet des Grand Canyon und dadurch eine Verbindung der beiden Gebiete ermöglichen. Im Gegensatz zum Grand Canyon reicht im Zion Canyon die Schichtenfolge nach oben bis in den Jura hinein. Dieser ist gekennzeichnet durch fossile Dünensande in Form von Sandsteinen der Navajo-Formation. Im Bryce Canyon östlich des Zion Canyon finden wir den Navajo-Sandstein und darüber eine Schichtenfolge, die bis in die Wasatch-Formation des Paläogens reicht.

Die Korrelation der Schichten innerhalb dieser drei Gebiete des Colorado-Plateaus zeigt, wie Schichtenfolgen weit auseinanderliegender Lokalitäten, in denen die Schichtenfolge nirgends komplett überliefert ist, zusammengesetzt werden können und somit ein deutlich umfangreicheres Bild der Erdgeschichte liefern.

trons in ein Proton übergehen, das im Kern verbleibt. Mit diesem zusätzlichen Proton entsteht aus dem früheren Rubidium-Atom mit 37 Protonen als Zerfallsprodukt ein Strontium-Atom mit 38 Protonen und 49 Neutronen (Abb. 8.13).

Der Zerfall des Mutterisotops in das Tochterisotop erfolgt mit einer konstanten Geschwindigkeit. Die radioaktive Zerfallsrate lässt sich in der individuellen **Halbwertszeit** eines Isotops angeben; sie umfasst die Zeit, in der die Hälfte der Mutteratome zu Tochteratomen zerfallen ist.

Am Ende der ersten Halbwertszeit hat sich die Anzahl der Mutterisotope um den Faktor zwei, am Ende der zweiten Halbwertszeit um den Faktor vier und am Ende der dritten Halbwertszeit um den Faktor acht und so weiter verringert. Mit dem Zerfall der Mutteratome nimmt gleichzeitig die Anzahl der Tochterisotope zu, sodass die Gesamtzahl der Atome konstant bleibt (Abb. 8.14). Die zur Altersbestimmung von Gesteinen verwendeten radioaktiven Elemente und deren Halbwertszeiten sind in Tab. 8.1 zusammengestellt.

Radioaktive Isotope sind deswegen so zuverlässige Uhren, weil die Zerfallsrate unabhängig von Temperaturänderungen, Chemismus und Druck konstant ist, die in typischer Weise die geologischen Prozesse auf der Erde und den anderen Planeten beeinflussen. Das heißt: Wenn irgendwo im Universum einmal Atome eines radioaktiven Elements entstanden sind, verhalten sie sich wie eine tickende Uhr, da sie mit einer konstanten Zerfallsrate von einem Atom in ein anderes übergehen.

Das Verhältnis von Mutter- zu Tochterisotopen wird mit einem Massenspektrometer bestimmt, einem äußerst präzisen und empfindlichen Instrument, das selbst winzige Isotopenmengen nachweisen kann. Mithilfe dieser Messungen und über die spezifische Zerfallsrate lässt sich die Zeit berechnen, die seit dem ersten „Ticken" der radioaktiven Uhr vergangen ist.

Das radiometrische Alter eines Gesteins entspricht dem Zeitpunkt, zu dem die Isotope in den entsprechenden Mineralen ein-

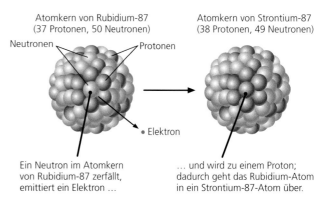

Atomkern von Rubidium-87
(37 Protonen, 50 Neutronen)

Atomkern von Strontium-87
(38 Protonen, 49 Neutronen)

Neutronen

Protonen

Elektron

Ein Neutron im Atomkern von Rubidium-87 zerfällt, emittiert ein Elektron …

… und wird zu einem Proton; dadurch geht das Rubidium-Atom in ein Strontium-87-Atom über.

Abb. 8.13 Der radioaktive Zerfall von Rubidium zu Strontium

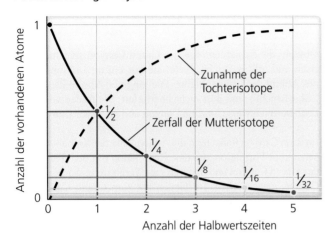

Abb. 8.14 Die Anzahl der radioaktiven Atome in einem Mineral nimmt im Laufe der Zeit mit einer konstanten Geschwindigkeit exponentiell ab. Die Zerfallsrate wird durch die Halbwertszeit eines Isotops bestimmt. Wenn das Mutterisotop zerfällt, nimmt die Menge des Tochterisotops entsprechend zu, so dass die Gesamtzahl der Atome konstant bleibt

gebaut worden sind und damit die radioaktive Uhr des Minerals zu ticken begann. Dieser Einbau erfolgt normalerweise bei der Kristallisation von Mineralen aus einer Gesteinsschmelze oder im Verlauf der Metamorphose durch Rekristallisation. Bei der Auskristallisation aus einer Schmelze wird die Anzahl der Tochteratome jedoch nicht unbedingt auf null zurückgestellt; daher muss bei der Bestimmung des radiogenen Alters die ursprünglich vorhandene Menge der Tochteratome mit berücksichtigt werden (vgl. Abschn. 24.8). Auch viele andere Prozesse erschweren die isotopische Altersbestimmung. Ein Mineral kann durch Verwitterung einen Teil seiner Tochterisotope abgeben oder es kann durch Fluide, die im Gestein zirkulieren, verunreinigt werden.

Schließlich können, wenn ein magmatisches Gestein der Metamorphose unterliegt, die Tochterisotope, die sich seit der Kristallisation angereichert haben, teilweise oder vollständig verloren gehen, sodass ein jüngeres als das ursprüngliche Abkühlungsalter gemessen wird.

Radiometrische Datierungsmethoden

Um eine radiometrische Datierung durchführen zu können, muss eine messbare Menge von Mutter- und Tochterisotopen im Gestein vorhanden sein. Ist beispielsweise ein Gestein sehr alt und die Zerfallsrate hoch, wird nahezu das gesamte Mutterisotop bereits umgewandelt sein. In einem solchen Fall lässt sich zwar feststellen, dass die radioaktive Uhr schon abgelaufen ist, aber es gibt keine Möglichkeit zu sagen, seit wann. Daher sind nur Isotope mit längeren Halbwertszeiten in der Größenordnung von Milliarden Jahren wie etwa Rubidium-87, Uran-238 und Kalium-40 zur Messung sehr alter Gesteine geeignet, während rasch zerfallende Isotope wie etwa Kohlenstoff-14 nur für die Altersbestimmung junger Gesteine herangezogen werden können (vgl. Tab. 8.1).

Kohlenstoff-14 mit einer Halbwertszeit von ungefähr 5700 Jahren ist vor allem zur Datierung von Fossilmaterial wie Knochen, Schalen, Holz und anderen organischen Substanzen in Sedimenten geeignet, die jünger als einige zehntausend Jahre alt sind. Kohlenstoff ist ein wesentlicher Zellbestandteil aller lebenden Organismen. Wenn grüne Pflanzen wachsen, bauen sie kontinuierlich Kohlenstoff aus dem Kohlendioxid der Atmosphäre in ihr Gewebe ein, wobei zusammen mit anderen (stabilen) Kohlenstoffisotopen auch eine kleine Menge an radioaktivem

Tab. 8.1 Die wichtigsten, für radiometrische Altersbestimmungen verwendeten radioaktiven Elemente

Isotope		Halbwertszeit Mutterisotop (Jahre)	Datierbarer Zeitraum (Jahre)	Datierbare Minerale und andere Substanzen
Mutter	Tochter			
Uran-238	Blei-206	4,4 Mrd.	10 Mio.– 4,6 Mrd.	Zirkon Apatit
Uran-235	Blei-207	0,7 Mrd.	10 Mio.– 4,6 Mrd.	Zirkon Apatit
Kalium-40	Argon-40	1,3 Mrd.	50.000–4,6 Mrd.	Muskovit Biotit Hornblende Gesamtgestein von Vulkaniten
Rubidium-87	Strontium-87	47 Mrd.	10 Mio.– 4,6 Mrd.	Muskovit Biotit Kaliumfeldspat Gesamtgestein von Metamorphiten und Magmatiten
Kohlenstoff-14	Stickstoff-14	5730	100–70.000	Holz, Holzkohle, Torf Knochen und Gewebe Schalenmaterial und anderer Calcit Grundwasser, Meerwasser und Gletschereis, die gelöstes Kohlendioxid (CO_2) enthalten

Exkurs 8.2 Radioaktiver Zerfall und Zerfallsreihen

Grundlage der radiometrischen Altersbestimmung ist der natürliche Zerfall radioaktiver Isotope verschiedener Elemente. Jedes radioaktive Isotop zerfällt auf charakteristische und immer gleiche Weise, unabhängig von physikalischen oder chemischen Parametern. Die Menge der Zerfallsprodukte ist proportional der Ausgangsmenge sowie der für jedes radioaktive Element charakteristischen Zerfallskonstanten. Endprodukte des radioaktiven Zerfalls sind entweder eines oder mehrere stabile Zerfallsprodukte oder aber erneut radioaktive Atomkerne, die ihrerseits weiter zerfallen, sodass sich eine radioaktive Zerfallsreihe bis zu einem stabilen Endprodukt ergeben kann.

Wichtig für die Altersbestimmung sind drei Arten des radioaktiven Zerfalls: der Alpha-Zerfall, der Beta-Zerfall und die spontane Kernspaltung.

1. Alpha-Zerfall: Beim Alpha-Zerfall werden Heliumkerne emittiert. Dadurch nimmt die positive Ladung des ursprünglichen Atomkerns um 2, seine Masse um 4 Einheiten ab. Es entsteht dabei der Kern eines Elements, das im Periodensystem zwei Stellen vor dem Ausgangselement steht und diesem gegenüber eine um 4 Einheiten verringerte Massenzahl aufweist. Alpha-Zerfall tritt in der Regel bei Elementen mit hoher Ordnungszahl auf. Gängiges Beispiel für den Alpha-Zerfall ist der radioaktive Zerfall von Sm-147 zu Nd-143. Eine große Bedeutung hat der Alpha-Zerfall jedoch vor allem innerhalb der Zerfallsreihen von U-235, U-238 (vgl. Zeichnung) oder von Th-232 zu den Blei-Isotopen Pb-206, Pb-208 bzw. Pb-207.

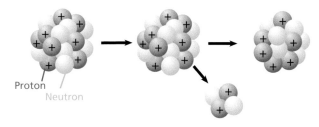

2. Beta-Zerfall: Der Beta-Zerfall umfasst drei verschiedene Zerfallsmöglichkeiten: (a) Beta-minus-Zerfall (Emission eines Elektrons); (b) Beta-plus-Zerfall (Emission eines Positrons); (c) Elektroneneinfang aus der Elektronenhülle (Konkurrenzzerfall zum Beta-plus-Zerfall).

a. Beta-minus-Zerfall: Beim Beta-minus-Zerfall wird ein Elektron freigesetzt, wobei im Kern ein Neutron, unter Abgabe eines praktisch masselosen und ladungsfreien Anti-Neutrinos, in ein Proton übergeht. Dadurch kommt es zur Erhöhung der Kernladungszahl (Ordnungszahl) des ursprünglichen Atoms um eine Einheit, sodass das neu entstandene Element der nachfolgenden Gruppe des Periodensystems angehört. Da jedoch das Elektron eine extrem geringe Masse hat, ändert sich bei dieser Art der radioaktiven Umwandlung

die Atommasse nur minimal. Die Nukleonen- und damit die Massenzahl bleibt erhalten.

Typische Beispiele sind der Zerfall von C-14 in das stabile Nuklid N-14 oder der Zerfall von Rb-87 zu Sr-87.

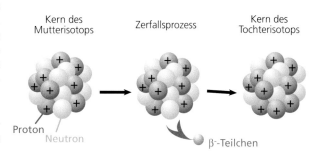

b. Beta-plus-Zerfall: Ein Großteil von Radionukliden zerfällt durch Emission von positiv geladenen Elektronen aus dem Kern, den sogenannten Positronen. Durch die Abgabe eines Positrons geht ein Proton in ein Neutron über, damit verbunden ist die Emission eines masselosen und ladungsfreien Neutrinos. Beispiel eines solchen Beta-plus-Zerfalls ist der Übergang von K-40 zu Ar-40.

c. Elektroneneinfang (K-Einfang) Ein weiterer Vorgang, durch den ein Atomkern bei gleicher Massenzahl seine Protonenzahl um eine Einheit verringert und seine Neutronenzahl erhöht, besteht im Einfangen eines dem Kern nahe kommenden Elektrons, dessen Aufnahme in den Kern zum Übergang eines Protons in ein Neutron führt, wobei ein Neutrino freigesetzt wird.

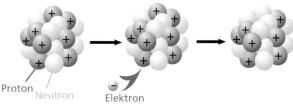

Die durch die Aufnahme des Elektrons in den Kern auf den Elektronenschalen frei gewordene Position wird nachfolgend mit einem Elektron aus einer anderen Schalen besetzt. Beispiel für einen solchen Zerfall durch Elektroneneinfang ist wiederum die Umwandlung von K-40 zu Ar-40.

3. Spontane Kernspaltung: Bei dieser Form des Zerfalls zerplatzt ein schwerer Kern wie etwa U-238 in verschieden große Bruchstücke unter Freisetzung von Neutronen. Diese Bruchstücke erzeugen aufgrund ihrer Größe und Geschwindigkeit beim Durchgang durch feste Materie in der Umgebung ihres Entstehungsortes Strahlenschäden („Spaltspuren"). Dieser spontane Kernzerfall ist kennzeichnend für die Gruppe der Actiniden, vor allem für solche mit gerader Protonen- und Neutronenzahl.

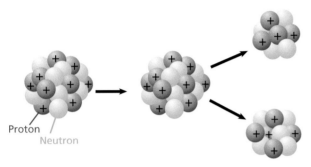

Proton
Neutron

Zerfallsreihen

Im Gegensatz zu den vergleichsweise einfachen Zerfallsprozessen zerfallen massereiche Nuklide in drei natürlichen radioaktiven Zerfallsreihen, die mit den Mutterisotopen Uran-235, Uran-238 beziehungsweise Th-232 beginnen. Unter Bildung weiterer radioaktiver Tochternuklide enden diese drei Zerfallsreihen alle in stabilen (inaktiven) Isotopen des Bleis.

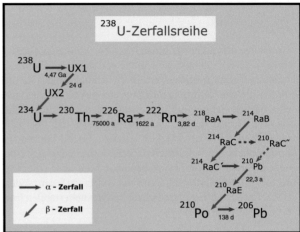

Die natürliche Zerfallsreihe von Uran-238. Halbwertszeiten unter zehn Stunden sowie die aus dualen Zerfällen hervorgegangenen Tochterisotope sind nicht dargestellt (Ga = Milliarden Jahre, a = Jahre, d = Tage)

Kohlenstoff-14 aufgenommen wird. Stirbt eine Pflanze ab, dann endet die Aufnahme von Kohlendioxid. Zu diesem Zeitpunkt entspricht der Anteil des Kohlenstoff-14 – im Verhältnis zu den stabilen Kohlenstoffisotopen in den Pflanzen – dem natürlichen Isotopenverhältnis in der Atmosphäre. Danach nimmt der Anteil von Kohlenstoff-14 im toten Pflanzengewebe entsprechend der Halbwertszeit von 5700 Jahren stetig ab. Stickstoff-14, das Tochterisotop von Kohlenstoff-14, ist ein flüchtiges Gas und kann daher mengenmäßig in der zu messenden Probe nicht erfasst werden. Um dennoch die seit dem Absterben der Pflanze vergangene Zeit berechnen zu können, müssen wir den Kohlenstoff-14-Anteil im Pflanzenmaterial mit dem ursprünglichen Isotopenverhältnis in der Atmosphäre vergleichen – wobei allerdings vorausgesetzt werden muss, dass der Kohlenstoff-14-Anteil in der Atmosphäre in der betreffenden Zeitspanne ungefähr konstant war. Man weiß inzwischen, dass hier möglicherweise gewisse Schwankungen aufgetreten sind und versucht deshalb, den Kohlenstoff-14-Anteil mit anderen Methoden (wie Dendrochronologie) zu eichen.

Eines der genauesten Datierungsverfahren für sehr alte Gesteine beruht auf zwei verwandten Isotopen: dem Zerfall von Uran-238 zu Blei-206 und dem Zerfall von Uran-235 zu Blei-207. Beide Isotope des Urans verhalten sich bei chemischen Reaktionen, die zur Umwandlung von Gesteinen führen, gleich, da das chemische Verhalten eines Elements im Wesentlichen von seiner Ordnungszahl und nicht von seiner Atommasse abhängig ist.

Die Uranisotope haben jedoch unterschiedliche Halbwertszeiten, daher bietet die Anwendung beider Methoden eine gewisse Kontrollmöglichkeit, um den zuvor erwähnten Problemen der Verwitterung, Verunreinigung und Metamorphose Rechnung zu tragen. Heute genügen bereits die in einem einzigen Zirkonmineral eingeschlossenen Bleiisotope – ein Mineral mit relativ hohem Urangehalt – zur Datierung der ältesten Gesteine der Erdkruste mit einem Fehler von weniger als einem Prozent. Diese Gesteine sind mehr als 4 Mrd. Jahre alt.

Geologische Zeitskala: Absolute Altersdaten

Dank der radiometrischen Datierungsverfahren war man im 20. Jahrhundert in der Lage, nach und nach das absolute Alter aller wichtigen Ereignisse zu ermitteln, auf denen die relative Zeitskala begründet war. Was aber noch weitaus wichtiger war: man konnte nun auch die frühe Entwicklung unseres Planeten rekonstruieren, die in den Gesteinen des Präkambriums dokumentiert ist. Abb. 8.15 zeigt die Ergebnisse dieser jahrhundertelangen Bemühungen.

Die Zuweisung von absoluten Altersangaben ergab innerhalb der geologischen Zeitskala hinsichtlich der Dauer der einzelnen

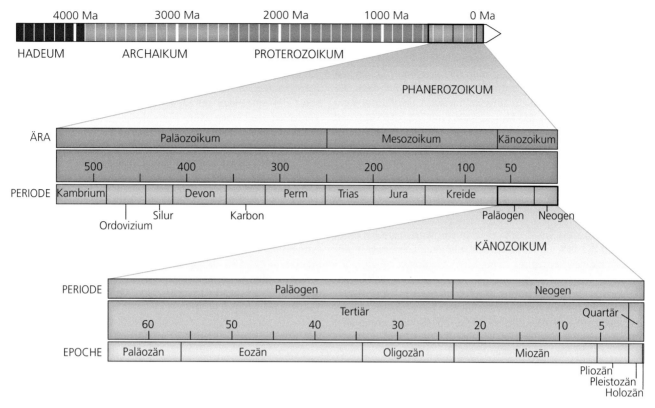

Abb. 8.15 Die vollständige Geologische Zeitskala (Ma = Millionen Jahre). Tertiär und Quartär sind ältere Bezeichnungen, die inzwischen durch Paläogen und Neogen ersetzt wurden, aber noch immer gebräuchlich sind

Perioden erhebliche Unterschiede. Die 80 Ma umfassende Kreidezeit war um das Dreifache länger als das Neogen (23 Ma), und das Paläozoikum (291 Ma) dauerte länger als Mesozoikum und Känozoikum zusammen. Die größte Überraschung bot das Präkambrium, das einen Zeitraum von 4000 Ma umfasst und damit nahezu neun Zehntel der Erdgeschichte!

Äonen:
Die längsten Zeiträume der Erdgeschichte

Um dieser Erweiterung der Zeitskala gerecht zu werden, musste eine weitere Kategorie eingeführt werden, die länger dauert als eine Ära und die als **Äon** bezeichnet wurde. Ausgehend vom radiometrischen Alter der Gesteine auf den Festländern und der Meteorite wurden vier Äonen aufgestellt.

Hadeum Das älteste Äon, dessen Bezeichnung von Hades, dem griechischen Wort für Unterwelt abgeleitet ist, beginnt mit der Entstehung der Erde vor 4,56 Mrd. Jahren und endet bei etwa 3,9 Mrd. Jahren. Im Verlauf ihrer ersten 650 Ma war die Erde einem Bombardement von Materieklumpen ausgesetzt gewesen, die aus der Frühzeit des Sonnensystems stammten. Obwohl nur wenige Gesteinseinheiten diese Periode überdauert haben, wurden einzelne Mineralkörner mit einem Alter von 4,4 Mrd. Jahren entdeckt. Es gibt somit Hinweise, dass zu dieser Zeit an

der Erdoberfläche bereits Wasser in flüssiger Form vorhanden war, was darauf hindeutet, dass die Erde sich rasch abgekühlt haben musste. Auf diese Frühphase der Erdgeschichte wird in Kap. 9 noch detaillierter eingegangen.

Archaikum Die Bezeichnung stammt von dem griechischen Wort *archaios* und bedeutet „uranfänglich, alt". Das Archaikum umfasst Gesteine mit einem Alter zwischen 3,9 und 2,5 Mrd. Jahren. Im Archaikum waren die Systeme Geodynamo und Klima bereits vorhanden und eine aus sauren Gesteinen bestehende Kruste bildete die ersten stabilen Festlandmassen (Kap. 10). Gegen Ende des Archaikums liefen plattentektonische Prozesse ebenfalls schon ab, obwohl sie sich möglicherweise erheblich von den Vorgängen in der jüngeren Erdgeschichte unterschieden. In einigen Sedimentserien dieser Zeit sind bereits erste Fossilien primitiver einzelliger Mikroorganismen überliefert.

Proterozoikum Der jüngere Abschnitt des Präkambriums wird als Proterozoikum bezeichnet, nach *próteros* und *zóon*, griechisch für „frühes Leben". Das Proterozoikum umfasst den Zeitraum von 2,5 Mrd. bis 542 Ma vor heute. Zu Beginn dieses Äons waren Plattentektonik und Klima in der heutigen Form wirksam. Im Verlauf des gesamten Proterozoikums stieg durch Mikroorganismen, die Sauerstoff gewissermaßen als Abfallprodukt erzeugten, der Sauerstoffgehalt der Erdatmosphäre an. Auf die Entwicklung der Organismen wird in Kap. 11 nochmals eingegangen.

Phanerozoikum Der Beginn des Phanerozoikums ist gekennzeichnet durch das Auftreten erster Schalen tragender Organismen an der Basis des Kambriums, dessen Untergrenze heute mit 542 Ma festgelegt ist. Die Bezeichnung Phanerozoikum, nach griechisch *phanerós* und *zóon* für „sichtbares Leben" ist zutreffend, denn das Phanerozoikum umfasst alle drei Ären, die aufgrund ihres Fossilinhalts aufgestellt wurden: das Paläozoikum (von 542 bis 251 Ma), das Mesozoikum (von 251 bis 65 Ma) und das Känozoikum (von 65 Ma bis zur Gegenwart).

Überblick über die Erdgeschichte

In den trockenen Schafzuchtgebieten von Westaustralien erheben sich die Jackson Hills, ein aus sehr alten Gesteinen bestehendes kleines Vorgebirge (Abb. 8.16). Geologen haben in ihren Laboren ganze Wagenladungen dieser Gesteine aufbereitet, um daraus kleine Sandkörner aus Zirkonkristallen zu isolieren. Durch die Messung der beim Zerfall von Uran-238 und Uran-235 entstandenen Blei-206- und Blei-207-Isotope ergab sich für ein kleines Kristallbruchstück ein Alter von 4,4 Mrd. Jahren (Ga) – es war damit das älteste Mineral, das bisher in der Erdkruste entdeckt wurde. Wie lässt sich ein solch unermesslich langer Zeitraum erfassen? Am besten lässt sich dieser extrem lange Zeitraum veranschaulichen, wenn man sich die 4,56 Mrd. Jahre der Erdgeschichte in Form eines Kalenderjahres vorstellt, das am ersten Januar mit der Entstehung der Erde beginnt und am 31. Dezember endet. In der ersten Woche entwickelten sich Kern, Mantel und Kruste. Die ältesten Zirkonkristalle der Jackson Hills entstanden am 13. Januar. Die ersten primitiven Organismen erschienen Mitte März. Etwa Mitte Juni entstanden auf der Erde die ersten stabilen Kontinente und im Verlauf des Sommers nahm durch die Tätigkeit der Sauerstoff produzierenden Organismen der Sauerstoffgehalt in der Atmosphäre zu. Am 18. November, mit dem Beginn des Kambriums, traten komplexer gebaute Organismen auf, darunter solche mit Schalen. Am 11. Dezember entwickelten sich die Reptilien, und am späten Abend des Weihnachtstags starben die Dinosaurier aus. Der moderne Mensch, *Homo sapiens*, erschien an Silvester um 23.42 Uhr auf der Bildfläche, und die letzte Eiszeit endete am 31. Dezember um 23.58 Uhr. Dreieinhalb Sekunden vor Mitternacht landete Kolumbus auf einer der Westindischen Inseln. Und vor wenigen Zehntelsekunden erblickten Sie, liebe Leserin, lieber Leser, das Licht der Welt!

Abb. 8.16 Aufschluss in den Jack Hills im Westen Australiens. Dort wurden Zirkonkristalle gefunden, die ein Alter von 4,4 Mrd. Jahre haben. Das kleine Bild zeigt einen solchen Zirkonkristall (ZrSiO$_4$) aus dem Hadeum der Jack Hills (Fotos: Bruce Watson, Rennselaer Polytechnic Institute; Zirkonkristall: Dr. Martina Menneken)

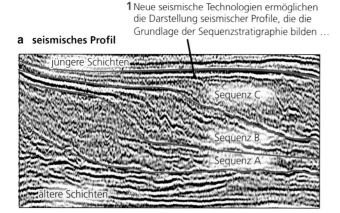

a seismisches Profil

1 Neue seismische Technologien ermöglichen die Darstellung seismischer Profile, die die Grundlage der Sequenzstratigraphie bilden …

jüngere Schichten

Sequenz C

Sequenz B

Sequenz A

ältere Schichten

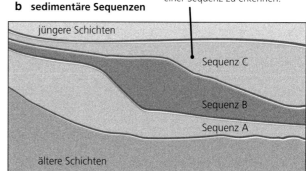

b sedimentäre Sequenzen

2 … und sie ermöglichen darüber hinaus, selbst einzelne Schichten einer Sequenz zu erkennen.

jüngere Schichten

Sequenz C

Sequenz B

Sequenz A

ältere Schichten

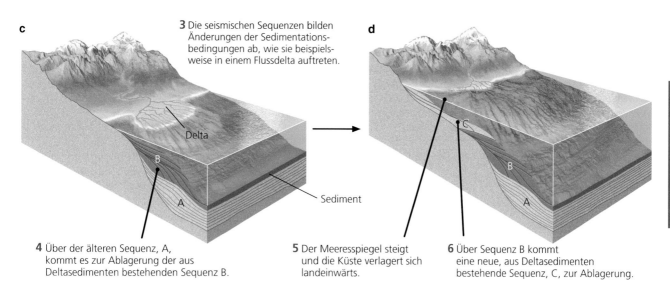

c

3 Die seismischen Sequenzen bilden Änderungen der Sedimentationsbedingungen ab, wie sie beispielsweise in einem Flussdelta auftreten.

Delta

B

A

Sediment

d

C

B

A

4 Über der älteren Sequenz, A, kommt es zur Ablagerung der aus Deltasedimenten bestehenden Sequenz B.

5 Der Meeresspiegel steigt und die Küste verlagert sich landeinwärts.

6 Über Sequenz B kommt eine neue, aus Deltasedimenten bestehende Sequenz, C, zur Ablagerung.

Abb. 8.17a–d Die Sequenzstratigraphie kann dazu herangezogen werden, den Internbau von Schichteinheiten zu klären. **a** Ein seismisches Profil lässt die einzelnen Schichten erkennen. **b** Diese Schichten können zu Sequenzen **c** und **d** zusammengefasst werden. In diesem Falle zeigt das seismische Profil eine Schichtenfolge, die für eine Reihe von Deltaschüttungen charakteristisch ist

Weitere Methoden der Altersbestimmung

Wir haben gesehen, dass die Zeitmaßstäbe der geologischen Prozesse nicht einheitlich sind, sondern Zeiträume von Sekunden bis zu Milliarden Jahren umfassen. Für die Zeitmessung im System Erde ist daher eine Vielzahl von Methoden erforderlich – einige, um sehr alte Gesteine bestimmen zu können, andere, um sehr rasch ablaufende Veränderungen erfassen zu können. Ständig werden neue Verfahren zur Bestimmung des relativen und absoluten Alters entwickelt, und diese Methoden verbesserten unsere Kenntnisse hinsichtlich der Funktionsweise der Erde als Gesamtsystem. Um das Thema „Geologische Zeitskala" abzuschließen, soll noch auf einige neuere Methoden der Altersbestimmung eingegangen werden.

Sequenzstratigraphie

Bis vor wenigen Jahrzehnten waren die Geologen bei der Kartierung stratigraphischer Abfolgen auf Gesteine angewiesen, die in Tagesaufschlüssen oder Bergwerken aufgeschlossen waren oder in Bohrungen durchfahren wurden. Wie in Kap. 1 erwähnt (und in Kap. 14 eingehender behandelt), ermöglichen heute neue Techniken im Bereich der Seismik einen Einblick in den Untergrund, ohne dass Tiefenaufschlüsse erforderlich sind. Aus dem Verlauf seismischer Wellen, die durch künstlich erzeugte Explosionen oder natürliche Erdbeben ausgelöst und mithilfe spezieller Verfahren registriert werden, lässt sich ein dreidimensionales Abbild der Strukturen im tiefen Untergrund erzeugen (Abb. 8.17). Damit besteht die Möglichkeit, sogenannte sedimentäre **Sequenzen** zu erkennen und deren Verbreitung räumlich darzustellen und detailliert kartenmäßig zu erfassen – ein Verfahren, das als **Sequenzstratigraphie** bezeichnet wird.

Teil III

Solche sedimentären Sequenzen entstehen häufig an Kontinentalrändern, wenn die Sedimentation von fluviatil angeliefertem Material durch Meeresspiegelschwankungen modifiziert wird. Bei dem in Abb. 8.17 dargestellten Beispiel wurde dort, wo der Fluss in das Meer mündet, Sedimentmaterial in Form eines Deltas abgelagert. In dem Maße wie Sedimente abgelagert wurden, baute sich das Delta seewärts vor. Als der Meeresspiegel sank – beispielsweise während einer Kaltzeit – fielen die Deltasedimente trocken und unterlagen der Erosion. Als die Inlandeismassen wieder abschmolzen und der Meeresspiegel stieg, verlagerte sich die Küstenlinie landeinwärts, ein neues Delta entstand, dessen Sedimente die ältere Deltasequenz diskordant überlagerten.

Im Verlauf vieler Millionen Jahre kann sich dieser Vorgang mehrfach wiederholen und dadurch entsteht eine kompliziert gebaute Abfolge sedimentärer Sequenzen. Da Meeresspiegelschwankungen weltweit auftreten, lassen sich diese Sequenzen über weite Gebiete hinweg miteinander korrelieren. Aus dem relativen Alter der Sequenzen lässt sich nachfolgend der geologische Werdegang eines Gebiets rekonstruieren, einschließlich der regional auftretenden, tektonisch bedingten Hebungs- oder Senkungsvorgänge, die zu den Meeresspiegelschwankungen beigetragen haben. Die Methode der Sequenzstratigraphie erwies sich bei der Suche nach Erdöl und Erdgas in den tief versenkten Bereichen an den Kontinentalrändern, wie etwa im Golf von Mexiko und am Rand des Atlantiks vor Westafrika, als höchst effiziente Prospektionsmethode.

Chemostratigraphie

In den Sedimentgesteinen enthalten einzelne Schichten oftmals Minerale und chemische Substanzen, die diese Horizonte als eigenständige Einheiten kennzeichnen. So kann beispielsweise in Carbonatsedimenten der Eisen- und Mangangehalt von Schicht zu Schicht wechseln, weil sich die Zusammensetzung des Meerwassers während der Ausfällung der Carbonatsedimente verändert hat. Gelangen diese Sedimente in größere Tiefen und gehen durch diagenetische Prozesse in Sedimentgesteine über, bleiben diese Schwankungen der chemischen Zusammensetzung wie ein charakteristischer Fingerabdruck erhalten. Oft sind solche chemischen Anomalien regional oder sogar weltweit entwickelt und ermöglichen auf diese Weise Sedimentgesteine, in denen keine weiteren spezifischen Merkmale wie etwa Fossilien vorhanden sind, mithilfe der Chemostratigraphie zu korrelieren.

Magnetostratigraphie

Eine weitere Methode zur Kennzeichnung von Gesteinseinheiten bietet die Magnetostratigraphie. Wie bereits in Kap. 1 erwähnt wurde, kehrt sich das Magnetfeld der Erde in unregelmäßigen Abständen um. Diese Umpolungen werden durch die thermoremanente Magnetisierung in Vulkaniten überliefert, die ihrerseits durch radiometrische Altersbestimmungen datiert werden

können. Die sich daraus ergebende **magnetostratigraphische Zeitskala** ermöglicht die Rekonstruktion des Seafloor-Spreading und, wie wir in Kap. 2 gesehen haben, die Bestimmung der Geschwindigkeit der Plattenbewegungen. In Sedimentkernen fand man noch eine wesentlich detailliertere Abfolge der Umpolungen, die anhand der eingelagerten Fossilien datiert werden konnten. Die Magnetostratigraphie wurde in jüngster Zeit zum wichtigsten Verfahren bei der Ermittlung von Sedimentationsraten entlang der Kontinentalränder und in der Tiefsee; darauf wird in Kap. 14 eingegangen.

Zeitmessung im System Klima

Die Epochen des Pliozäns und des Pleistozäns waren Zeiten rascher und drastischer globaler Klimaveränderungen. Diese Klimaschwankungen lassen sich aus den in den Foraminiferengehäusen der Tiefseesedimente enthaltenen Sauerstoffisotopen rekonstruieren. Bohrschiffe wie etwa die *JOIDES-Resolution* (Abb. 2.13) haben weltweit den Sedimentschichten der Meeresböden Proben entnommen. Aus der Bestimmung des Gehalts an Kohlenstoff-14 lässt sich ermitteln, zu welchem Zeitpunkt die den Sedimentproben entnommenen Foraminiferengehäuse in der jüngsten Vergangenheit gebildet wurden, und aus der Messung der stabilen Sauerstoffisotope lässt sich die Temperatur des Meerwassers rekonstruieren, in dem diese Organismen gelebt haben.

Durch die exakte Ermittlung von Temperatur und Alter, gemessen über die gesamte Länge der Bohrkerne aus den verschiedenen Bereichen der Meeresböden, ergeben sich präzise Aussagen zur globalen Klimaentwicklung in den vergangenen fünf Millionen Jahren (Abb. 8.18). Es zeigte sich, dass vor etwa 3,5 Ma eine allgemeine Phase der Abkühlung begann und dass es zu raschen Klimaschwankungen kam, die mit Beginn des Pleistozäns besonders stark und ausgeprägt waren. Die während dieser Zyklen auftretenden Minimal-Temperaturen, die bis zu 8 °C unter den heutigen mittleren Jahrestemperaturen lagen, entsprechen den pleistozänen „Eiszeiten", in denen weite Bereiche Nordamerikas, Europas und Asiens von Inlandeismassen bedeckt waren. Mehrfach kam es zu Vereisungszyklen, die Zeiträume zwischen 40.000 und 100.000 Jahren umfassen, aber auch kürzere Zyklen, die einige Tausend Jahre oder weniger dauerten, sind erkennbar.

Die Folgen derartiger Klimaschwankungen, wie etwa ein Anstieg oder Absinken des Meeresspiegels, können an der Erdoberfläche tief greifende Auswirkungen haben. Darauf wird in den Kap. 15 und 21 noch näher eingegangen.

Zusammenfassung des Kapitels

Das Alter der Gesteine: Das relative Alter der Gesteine kann aus der stratigraphischen Abfolge, den darin enthaltenen Fossilien und aus den im Gelände ermittelten Lagerungsverhältnissen abgeleitet werden. Nach den Steno'schen Prinzipien liegt eine nicht deformierte Ab-

Teil III

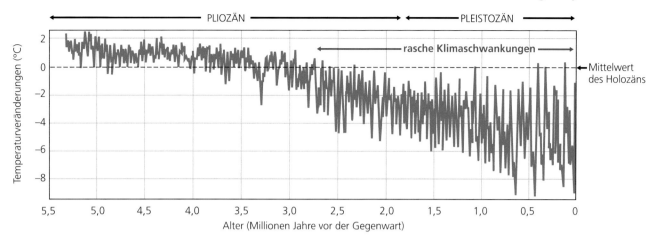

Abb. 8.18 Änderung der durchschnittlichen Oberflächentemperatur (*blaue Linie*) im Verlauf des Pliozäns und Pleistozäns, gemessen an Temperatur-Indikatoren in gut datierten Meeressedimenten. Die Null-Linie (*gestrichelte schwarze Linie*) entspricht der Durchschnittstemperatur während der letzten 11.000 Jahre des Holozäns. Beachtenswert sind die starken Klimaschwankungen, die vor 2,7 Mio. Jahren einsetzten. Die in diesen Zyklen auftretenden tiefen Temperaturen entsprechen den „Eiszeiten" (mit frdl. Genehm. von L. E. Lisiecki & M. E. Raymo)

folge von Sedimentgesteinen stets horizontal, wobei jede Schicht jünger als die darunter lagernde und älter als die darüber folgende Schicht ist. Da sich im Laufe der Zeit Tiere und Pflanzen kontinuierlich weiterentwickelt haben, entsprechen die in den Schichten auftretenden Fossilien denjenigen Organismen, die zur Zeit der Ablagerung der Schicht lebten. Wenn die Faunenabfolge bekannt ist, dann lassen sich Schichtlücken relativ einfach erkennen. Sie kennzeichnen Zeiträume, in denen Schichten entweder nicht abgelagert oder vor der Ablagerung der nachfolgenden Schichten erodiert wurden.

Die Entwicklung der Geologischen Zeitskala: Durch die weltweite Korrelation der Faunenabfolge in den Aufschlüssen konnte eine stratigraphische Abfolge zusammengestellt werden, aus der wiederum die Geologische Zeitskala entwickelt wurde, die weltweit Gültigkeit hat. Die gesamte Abfolge entspricht der Geologischen Zeitskala. Mithilfe radiometrischer Altersbestimmungen war es möglich, den einzelnen Abschnitten, den Äonen, Ären, Perioden und Epochen, aus denen die Zeitskala besteht, absolute Alterswerte zuzuordnen. Die radiometrische Altersbestimmung beruht auf dem Zerfall radioaktiver Isotope, bei dem instabile Mutterisotope in stabile Tochterisotope übergehen. Durch die Bestimmung der in einer Probe enthaltenen Mengen an Mutter- und Tochterisotopen lässt sich aus deren Verhältnis das absolute Bildungsalter eines Gesteins bestimmen. Die radiometrische „Uhr" beginnt zu ticken, sobald die radioaktiven Isotope entweder bei der Kristallisation von Mineralen aus einer Gesteinsschmelze oder im Verlauf der Metamorphose durch Rekristallisation eingeschlossen werden.

Die wichtigsten Abschnitte der Geologischen Zeitskala: Die geologische Zeitskala ist in vier Äonen unterteilt: Hadeum (von 4,56 bis 3,9 Mrd. Jahren), Archaikum (von 3,9 bis 2,5 Mrd. Jahren), Proterozoikum (von

2,5 Mrd. bis 542 Mio. Jahren) und Phanerozoikum (von 542 Mio. Jahren bis zur Gegenwart). Das Phanerozoikum ist in drei Ären untergliedert, in Paläozoikum, Mesozoikum und Känozoikum. Jede dieser Einheiten ist in kürzere Perioden weiter unterteilt. Die Grenzen der Ären und Perioden sind durch abrupte Änderungen der Fossilabfolge gekennzeichnet, die in einigen Fällen mit Massenaussterben zusammenfallen.

Weitere Methoden zur Datierung von Schichtenfolgen: Zyklische Meeresspiegelschwankungen führen an den Kontinentalrändern weltweit zur Bildung kompliziert aufgebauter Sedimentserien, so genannter Sequenzen, die durch seismische Verfahren sichtbar gemacht und anhand des Fossilinhalts datiert werden können. Spezifische, in bestimmten Sedimenten auftretende chemische Substanzen und die Inversionen des Erdmagnetfeldes liefern weitere Anhaltspunkte für das Alter sedimentärer Abfolgen. Die in den Sedimenten dokumentierten Vereisungszyklen können anhand von Eisbohrkernen, die den Inlandeismassen der Antarktis und Grönlands entnommen wurden, datiert werden.

Ergänzende Medien

8.1 Animation: Die geologische Zeitskala

Die Entwicklung der terrestrischen Planeten

9

Der Geologe und Astronaut Harrison „Jack" Schmitt, Pilot der Mondfähre Apollo-17, verwendet einen variablen Probelöffel, um Proben von Mondgesteinen am Rand des Camelot-Kraters im Taurus-Litow-Tal zu entnehmen (Foto: NASA)

© Springer-Verlag Berlin Heidelberg 2017
J. Grotzinger, T. Jordan, *Press/Siever Allgemeine Geologie*, DOI 10.1007/978-3-662-48342-8_9

Teil III

In einer Serie von sechs Landungen erforschten zwischen 1969 und 1972 die geologisch geschulten Astronauten der Apollo-Missionen die Oberfläche des Mondes. Sie machten Fotoaufnahmen, kartierten Aufschlüsse, führten Experimente durch und sammelten Staub und Gesteinsproben für spätere Analysen auf der Erde. Diese beispiellose Leistung war nur durch die enge Zusammenarbeit von Ingenieuren, Wissenschaftlern und den Geld gebenden Institutionen möglich, die die Bedeutung der Grundlagenforschung für die Entwicklung neuer Technologien erkannt hatten. Der vielleicht wichtigste Anreiz war der in allen menschlichen Wesen vorhandene Drang, das Unbekannte zu ergründen. Der Wunsch, das Universum zu erforschen, besteht schon seit die Menschheit denken kann. Edwin Powell Hubble, ein berühmter Astronom, fasste die der Weltraumforschung zugrunde liegende Geisteshaltung wohl am besten zusammen, als er bescheiden anmerkte: „Ausgestattet mit seinen fünf Sinnen erforscht der Mensch das Universum und nennt dieses Abenteuer Wissenschaft."

Das moderne Zeitalter der Weltraumforschung begann Anfang des 20. Jahrhunderts, als eine Handvoll Wissenschaftler, getrieben von der Idee, das Schwerefeld der Erde zu überwinden, mit der Entwicklung der ersten Raketengeneration begann (Abb. 9.1a). Gegen Ende der 1920er Jahre waren diese mit flüssigem Treibstoff angetriebenen „Hinterhof-Raketen" einsatzbereit. In den folgenden Jahrzehnten beschleunigte sich die Entwicklung erheblich und erreichte ihren Höhepunkt im fieberhaften Wettlauf zwischen den Vereinigten Staaten und der damaligen Sowjetunion, um die erste Rakete in den Weltraum zu schießen, den ersten Satelliten in eine Erdumlaufbahn, den ersten Menschen zum Mond und den ersten Roboter auf den Mars zu bringen. Mitte der 1970er Jahre – fünfzig Jahre nach der Erfindung der ersten Flüssigtreibstoffraketen – waren all diese Ziele erreicht.

Die wissenschaftliche Ausbeute dieses Wettlaufs war enorm. Das Alter des Sonnensystems, die Hinweise auf fließendes Wasser in der Frühzeit des Planeten Mars und auch die mächtige Atmosphäre der Venus waren insgesamt Mitte der 1970er Jahre bekannt. Seitdem schreitet die Weltraumforschung mit Riesenschritten voran. Durch Instrumente, die mit Weltraumsonden bis an die fernen Grenzen unseres Sonnensystems geschickt wurden, eröffnete sich eine bessere Sicht dessen, was buchstäblich jenseits unserer Erde liegt. Keines der Instrumente liefert aber so sensationelle Bilder aus der Tiefe des Weltraums wie das Hubble-Weltraumteleskop (Abb. 9.1b). Seit Galileo Galilei erstmals im Jahre 1610 sein Fernrohr gegen den Himmel richtete, hat kein Instrument unsere Kenntnisse über den Weltraum derartig erweitert.

Die mit Kratern übersäte Oberfläche des Mondes und unserer Nachbarplaneten oder auch die gelegentlich durch die Atmosphäre auf die Erde stürzenden Meteorite erinnern uns an die chaotische Zeit, in der das Sonnensystem noch jung und die Erde noch weit unwirtlicher war. Wie wurde das Sonnensystem zum heutigen wohlgeordneten Ganzen, in dem die Planeten auf festen Umlaufbahnen die Sonne umkreisen? Wie entstand die Erde und wie differenzierte sie in Erdkern, Erdmantel und Kruste? Warum unterscheidet sich die Oberfläche der Erde mit ihren blauen Ozeanen und driftenden Kontinenten so erheblich von der unserer Nachbarplaneten?

Geowissenschaftler können diese Fragen anhand zahlreicher Hinweise beantworten. Die auf den Kontinenten auftretenden Gesteine sind Dokumente der mehr als vier Milliarden Jahre alten geologischen Prozesse, und in Meteoriten wurde noch weitaus älteres Material nachgewiesen. Zur Beantwortung all dieser Fragen erweitern wir nun unseren Blickwinkel über die Erde hinaus.

Im Mittelpunkt dieses Kapitels steht das Sonnensystem, nicht nur die unermesslichen Weiten des interplanetaren Weltraums, sondern auch die Frühzeit seiner Entstehung. Wir erfahren wie sich die Erde und die anderen Planeten unseres Sonnensystems entwickelt haben und wie sie zu schalenförmig aufgebauten Körpern differenzierten. Dabei vergleichen wir die geologischen Vorgänge, durch die unsere Erde entstanden ist, mit denen von Merkur, Mars, Venus und Mond, und wir erfahren darüber hinaus, wie sich aus der Erforschung des Sonnensystems durch Raumsonden Antworten auf grundlegende Fragen bezüglich der Entwicklung unseres Planeten und seiner Lebensformen ergeben haben.

Die Entstehung des Sonnensystems

Die Suche nach der Entstehung des Universums – und unseres eigenen kleinen Anteils davon – geht zurück bis in die ältesten schriftlich festgehaltenen Mythologien. Heute ist die allgemein akzeptierte wissenschaftliche Erklärung die Theorie des Urknalls („Big Bang"). Sie besagt, dass unser Universum vor etwa 13,7 Mrd. Jahren mit einer kosmischen „Explosion" begonnen hat. Vor diesem Zeitpunkt war die gesamte Materie und Energie in einem einzigen Punkt unvorstellbar hoher Dichte konzentriert. Obwohl wir wenig darüber wissen, was in diesen ersten Bruchteilen einer Sekunde geschehen ist, als die Zeit begann, haben die Astronomen und Astrophysiker gewisse Vorstellungen davon entwickelt, was in den nachfolgenden Milliarden Jahren passiert ist. Seit dieser Zeit dehnt sich das Universum kontinuierlich aus. Durch die Verdichtung der kosmischen Gase kam es bereits vergleichsweise früh zur Bildung von Galaxien und Sternen. Die Geologen befassen sich mit den letzten 4,5 Mrd. Jahren dieser großen Zeitspanne, in der sich das Sonnensystem – der Stern, den wir Sonne nennen, einschließlich seiner Planeten – gebildet und entwickelt hat. Ihr besonderes Interesse gilt der Entstehung des Sonnensystems, um damit auch die Entstehung und Entwicklung der Erde und der erdähnlichen Planeten besser verstehen zu können.

Die Nebular-Hypothese

Im Jahre 1755 äußerte der deutsche Philosoph Immanuel Kant die Vermutung, dass unser Sonnensystem aus einer rotierenden Wolke aus Gas und Staub hervorgegangen sei, eine Vorstellung, die als **Nebular-Hypothese** bezeichnet wird. Wir wissen heute, dass der äußere Weltraum jenseits unseres Sonnensystems keinesfalls so leer ist, wie man einst glaubte. Astronomen entdeckten im Universum eine Vielzahl solcher von Kant postulierter Gas-

a

b

Abb. 9.1a,b Seit diesen bescheidenen Anfängen hat die Erforschung des Weltraums erhebliche Fortschritte gemacht und befasst sich mit grundlegenden Fragen wie etwa der Entstehung des Sonnensystems. **a** Robert H. Goddard, einer der Väter der Raketentechnik, zündete am 16. März 1926 in Auburn, Massachusetts (USA), diese mit flüssigem Sauerstoff und Benzin angetriebene Rakete. **b** Siebzig Jahre später gelang am 2. November 1995 mit dem auf einer Erdumlaufbahn befindlichen Weltraumteleskop Hubble diese erstaunliche Aufnahme des Adler-Nebels. Bei den dunklen pfeilerartigen Strukturen handelt es sich um Säulen aus kaltem Wasserstoffgas und Staub, aus denen neue Sterne entstehen (Fotos: a NASA; b NASA/ESA/STSci.)

und Staubwolken und nannten sie „nebulae". Sie konnten auch ermitteln, woraus diese Wolken bestehen: an Gasen enthalten sie überwiegend Wasserstoff und Helium, die beiden Elemente also, die bis auf einen kleinen Bruchteil die gesamte Masse unserer Sonne ausmachen. Die winzigen Staubteilchen weisen eine ähnliche chemische Zusammensetzung auf wie die Erde.

Dieser diffuse, langsam rotierende Sonnennebel kontrahierte durch die gegenseitige Massenanziehung der Teilchen (Abb. 9.2). Ihre Kontraktion führte wiederum zu einer immer schnelleren Rotation (ähnlich wie bei Schlittschuhläufern, die ihre Arme anlegen, um sich bei einer Pirouette schneller zu drehen) und durch die zunehmend schneller werdende Rotation flachte sich die Gas- und Staubwolke allmählich zu einer Scheibe ab.

Die Entstehung der Sonne

Unter der Wirkung der Massenanziehung strömte ständig Materie zum Zentrum der Scheibe und konzentrierte sich dort in einem sogenannten Protostern, dem Vorläufer der heutigen Sonne. Die Materie der **Protosonne** verdichtete sich unter dem zunehmenden Druck ihres eigenen Gewichts immer mehr und heizte sich auf. Schließlich stieg die Zentraltemperatur der Protosonne bis auf mehrere Millionen Kelvin (K) an – Temperaturen, bei denen Kernfusionen einsetzen konnten. Seitdem läuft in der Sonne im Prinzip dieselbe Kernreaktion ab wie in einer Wasserstoffbombe. In beiden Fällen verschmelzen unter extrem hohen Druck- und Temperaturbedingungen Wasserstoffkerne zu Heliumkernen, wobei ein Teil der Masse in Energie umgewandelt wird. Ein Teil dieser Energie ist für uns als Sonnenlicht, beziehungsweise im Falle der Wasserstoffbombe als gigantische Explosion wahrnehmbar.

Die Entstehung der Planeten

Obwohl der größte Teil der Materie des ursprünglichen Nebels in der Protosonne konzentriert war, war diese noch immer von einer Scheibe aus Gas und Staub, dem sogenannten **Sonnennebel** umgeben. Als sich der Sonnennebel allmählich zu einer Scheibe abflachte, nahm die Temperatur zu; sie wurde im Zentrum höher,

Teil III

Eine diffuse runde, langsam rotierende Gas- und Staubwolke beginnt zu kontrahieren.

Als Folge der Kontraktion und Rotation formt sich eine flache rasch rotierende Scheibe, deren Masse im Zentrum konzentriert ist und aus der die Proto-Sonne entsteht.

Aus der umgebenden Gas- und Staubscheibe gehen durch Kondensation und Kollision zunehmend größere Aggregate und schließlich die Planetesimale hervor.

Planetesimale   Proto-Stern

Planetesimal
~ 1 km

Die terrestrischen Planeten sind das Ergebnis vielfacher, gravitativ bedingter Kollision und Akkretion von Planetesimalen. Die großen äußeren Planeten sind dagegen durch die Akkretion von Gasen entstanden.

terrestrische Planeten

äußere Planeten

Planetesimale

Gas

Sonne   Planeten

Sonnensystem

da sich im Inneren mehr Materie ansammelte als in den weniger dichten äußeren Bereichen. Nachdem die Scheibe entstanden war, kühlte sie allmählich ab und viele Gase kondensierten, das heißt, sie gingen in ihren flüssigen oder festen Aggregatzustand über, ähnlich wie Wasserdampf an der Außenseite eines kalten Glasfensters zu Wassertröpfchen kondensiert oder wie Wasser am Gefrierpunkt zu Eis erstarrt.

Durch die Massenanziehung bildete die Materie zunehmend größere Aggregate, bis schließlich kilometergroße Materieklumpen, sogenannte **Planetesimale** entstanden waren. Die Planetesimale kollidierten ihrerseits miteinander, blieben aneinander haften und es entstanden Körper von der Größe des Mondes (vgl. Abb. 9.2). In einem letzten Stadium der katastrophalen Zusammenstöße sammelten schließlich einige der größeren Körper aufgrund ihrer höheren Massenanziehung die restlichen Planetesimale auf, bis letztlich die acht Planeten auf ihren heutigen Umlaufbahnen übrig blieben. Die Bildung der Planeten erfolgte offenbar sehr rasch, möglicherweise in einem Zeitraum von etwa 10 Mio. Jahren, nachdem die Kondensation des Sonnennebels erfolgt war. Nachdem die Planeten entstanden waren, entwickelten sich diejenigen auf den sonnennahen Umlaufbahnen völlig anders als die auf den sonnenfernen. Die Zusammensetzung der inneren Planeten unterscheidet sich daher deutlich von derjenigen der äußeren Planeten.

Die terrestrischen (inneren) Planeten Die vier sonnennahen inneren Planeten in der Reihenfolge des zunehmenden Abstands von der Sonne sind: Merkur, Venus, Erde und Mars; sie werden als **terrestrische (erdähnliche) Planeten** oder **Gesteinsplaneten** bezeichnet und sind in der Nähe der Sonne entstanden, wo es so heiß war, dass die meisten leichtflüchtige Substanzen nicht kondensieren und damit nicht in nennenswerten Mengen zurückgehalten werden konnten. Der größte Teil der Flüssigkeiten und leichten Gase dieser Planeten wie Wasser, Wasserstoff und Helium wurden durch den von der Sonne ausgehenden interplanetaren Partikelstrom – dem Sonnenwind – weggeblasen. Die inneren Planeten bildeten sich überwiegend aus der verbliebenen dichten Materie und bestehen deshalb aus gesteinsbildenden Silicatmineralen und schweren Metallen wie etwa Eisen und Nickel. Aus dem Alter der gelegentlich auf der Erde aufschlagenden Meteoriten, die als Überreste dieser „vorplanetarischen" Prozesse betrachtet werden, ergibt sich, dass die Akkretion (Zusammenballung) der inneren Planeten vor 4,56 Mrd. Jahren begonnen hatte (vgl. Kap. 8). Computer-Simulationen haben gezeigt, dass die Planeten innerhalb eines bemerkenswert kurzen Zeitraums von etwa 10 Mio. Jahren entstanden sind und ihre endgültige Größe erreicht hatten.

Die äußeren Planeten Der größte Teil der flüchtigen Substanzen wie etwa Sauerstoff, Helium, Wasserstoff, Methan und Ammoniak entwich von den erdähnlichen inneren Planeten und wurde in die kälteren äußeren Regionen des Sonnensystems verdrängt. Dort kondensierten sie zu den riesigen aus Eis und diesen Gasen aufgebauten äußeren Planeten – den „Gasriesen" Jupiter, Saturn, Uranus und Neptun – sowie zu deren zahlreichen Satelliten. Diese

Abb. 9.2 Die Nebular-Hypothese liefert eine Erklärung für die Entstehung des Sonnensystems

Die vier inneren Planeten sind relativ klein und bestehen aus Gesteinsmaterial.

Die vier großen äußeren Planeten und ihre Monde bestehen überwiegend aus Gasen, im Kern jedoch aus Gesteinsmaterial.

Pluto ist ein kosmischer „Schneeball" aus Methan, Wasser und Gesteinsmaterial.

Abb. 9.3 Das Sonnensystem. Die Darstellung zeigt die relativen Größenverhältnisse der Planeten untereinander sowie den Asteroidengürtel, der die inneren von den äußeren Planeten trennt. Obwohl Pluto seit seiner Entdeckung 1930 als einer der neun Planeten betrachtet wurde, ist er 2006 von der Internationalen Astronomischen Union von diesem Status zurückgestuft worden. Seit dieser Änderung gibt es daher nur noch acht Planeten und keine neun

Planeten waren groß genug, um mit ihren Gravitationskräften alle leichten Bestandteile der solaren Urmaterie zusammenzuhalten. Obwohl sie Kerne aus Gesteinen und Metallen besitzen, bestehen sie wie die Sonne überwiegend aus Wasserstoff, Helium und anderen leichten Bestandteilen des ursprünglichen Sonnennebels.

Kleinere Körper des Sonnensystems

Auf den Planeten landete jedoch nicht das gesamte Material des Sonnennebels. Zwischen den Umlaufbahnen von Mars und Jupiter sammelten sich erhebliche Mengen an Planetesimalen und bildeten dort den Asteroidengürtel (Abb. 9.3). In diesem Bereich unseres Sonnensystems befinden sich mehr als 10.000 **Asteroide** mit Durchmesserrn von über 10 km, und ungefähr 300, die Durchmesser über 100 km aufweisen. Der größte Asteroid ist Ceres, der einen Durchmesser von 930 km hat. Die meisten **Meteoriten**, die auf der Erde aufschlagen, sind winzige Bruchstücke von Asteroiden, die bei der Kollision mit anderen Asteroiden aus dem Asteroidengürtel hinausgeschleudert wurden. Ursprünglich waren die Astronomen der Meinung, dass es sich bei den Asteroiden um Reste eines großen Planeten handelt, der in der Frühzeit des Sonnensystems auseinandergebrochen war. Heute geht man jedoch davon aus, dass es Himmelskörper sind, die sich nie zu einem Planeten vereinigt hatten, möglicherweise aufgrund gravitativer Einflüsse des Planeten Jupiter.

Eine weitere wichtige Gruppe kleiner, fester Körper sind die **Kometen**, Aggregate aus Staub und Eis, die in den kühlen äußeren Bereichen des Sonnennebels kondensierten. Es gibt möglicherweise viele Millionen Kometen, die Durchmesser von mehr als 10 km aufweisen – die meisten davon umkreisen die Sonne weit jenseits der äußeren Planeten und bilden eine Art konzentrischen „Hof" um das Sonnensystem. Gelegentlich gelangen sie durch Kollisionen oder nahe Begegnungen in eine Umlaufbahn, die durch das innere Sonnensystem verläuft. Sie sind dann als helle Objekte mit einem Schweif aus Gasen und Partikeln erkennbar, der von der Sonne durch den Sonnenwind weggeblasen wird. Der vielleicht berühmteste ist der Halley'sche Komet, der eine Umlaufzeit von 76 Jahren hat und der zuletzt 1986 sichtbar war. Kometen sind für Geowissenschaftler äußerst interessante Objekte, da sie Hinweise auf die flüchtigeren Komponenten des einstigen Sonnennebels liefern, einschließlich Wasser und kohlenstoffreiche Verbindungen, die sie in großen Mengen enthalten. Erste Ergebnisse hierzu sind möglicherweise nach der Auswertung der von der 2015 auf dem Kometen Tschurjumow-Gerassimenko gelandeten Raumsonde „Rosetta" übermittelten Daten zu erwarten.

Erde im Umbruch: Die Entstehung eines aus Schalen aufgebauten Planeten

Wir wissen, dass die Erde ein schalenförmig aufgebauter Planet ist und aus Kern, Mantel und Kruste besteht, umgeben vom Wasser der Ozeane und der aus Gasen bestehenden Atmosphäre (vgl. Kap. 1).

Wie aber entwickelte sich die Erde aus einer heißen Gesteinsmasse zu einem Planeten mit Kontinenten, Ozeanen und einer Atmosphäre? Die Antwort ergibt sich aus der **gravitativen Differenziation** der Erde – der Umwandlung von einem willkürlichen Gemisch aus Materieklumpen zu einem Körper, dessen Inneres aus einzelnen konzentrischen Schalen besteht, die sich in ihren chemischen und physikalischen Eigenschaften deutlich unterscheiden. Diese Differenziation erfolgte bereits in einem sehr frühen Entwicklungsstadium der Erde, als der Planet ausreichend hohe Temperaturen erreicht hatte, so dass Schmelzprozesse einsetzen konnten.

Teil III

Die Erde heizt sich auf und schmilzt

Obwohl die Erde wahrscheinlich aus einem Gemisch von Planetesimalen und anderen Resten des Sonnennebels entstanden war, verblieb sie nur kurz in diesem Zustand. Um den heutigen Schalenbau der Erde zu verstehen, müssen wir uns in ihr Anfangsstadium zurückversetzen, als die Erde noch den heftigen Einschlägen von Planetesimalen und größeren extraterrestrischen Körpern ausgesetzt war. Als diese auf dem urtümlichen Planeten aufschlugen, wurde ein Großteil ihrer Bewegungsenergie (kinetische Energie) in Wärme – eine andere Form der Energie – umgewandelt, die zur Aufschmelzung führte. Kollidiert ein Planetesimal bestimmter Masse mit einer typischen Geschwindigkeit von etwa 15–20 km/s mit der Erde, so wird bei seinem Aufschlag genauso viel Energie freigesetzt wie bei einer Explosion der hundertfachen Menge des herkömmlichen Sprengstoffes TNT. Bei der Kollision eines Körpers von etwa der doppelten Größe des Planeten Mars wäre Energie freigesetzt worden, die mehreren Billionen Wasserstoffbomben der Größenordnung von einer Megatonne entspräche (eine einzige würde bereits eine große Stadt zerstören) – genug Energie, um eine große Menge Trümmermaterial in den Weltraum zu schleudern und dabei genügend Wärme zu erzeugen, um das aufzuschmelzen, was von der Erde noch übrig wäre.

Viele Wissenschaftler sind heute der Ansicht, dass sich in der mittleren bis späten Phase der Akkretion der Erde eine solche Katastrophe tatsächlich ereignet hat. Der Aufprall eines Himmelskörpers von der Größe des Mars erzeugte eine ungeheuer große Menge Schuttmaterial, das sowohl von dem aufschlagenden Himmelskörper als auch von der Erde selbst stammte und in den Weltraum hinausgeschleudert wurde. Aus diesem Schuttmaterial entstand der Mond (Abb. 9.4). Nach dieser Theorie wurde die Erde dabei zu einem Körper, dessen äußerer Bereich aus einer mehrere hundert km dicken geschmolzenen Schicht – einem **Magmaozean** – bestand. Der Aufprall beschleunigte außerdem die Rotationsgeschwindigkeit der Erde und führte vermutlich auch dazu, dass ihre Rotationsachse von ihrer anfänglichen Position senkrecht zur Ebene der Umlaufbahn auf den heutigen Neigungswinkel von 23° kippte. All dies geschah vor etwa 4,51 Mrd. Jahren zwischen dem Beginn der Akkretion der Erde vor 4,56 Mrd. Jahren und der Bildung der ältesten, von den Apollo-Astronauten zur Erde mitgebrachten Mondgesteine, die auf 4,47 Mrd. Jahre datiert wurden.

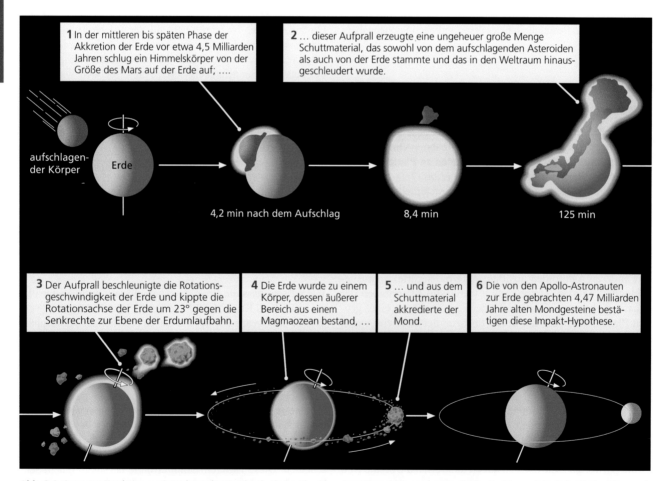

Abb. 9.4 Computer-Simulation zur Entstehung des Mondes durch den Einschlag eines Himmelskörpers von der Größe des Mars auf der Erde (National Research Council (1993): Solid Earth Sciences and Society. Washington D. C.)

Abb. 9.5 Die gravitative Differenziation in der Frühzeit der Erde führte zu einem aus drei Schalen aufgebauten Planeten

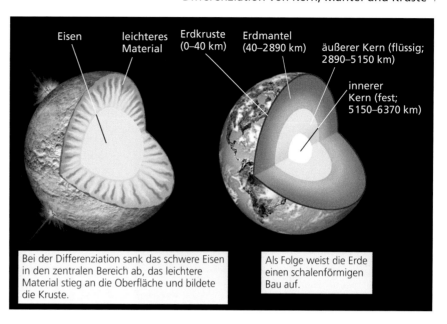

Eisen | leichteres Material | Erdkruste (0–40 km) | Erdmantel (40–2890 km) | äußerer Kern (flüssig; 2890–5150 km) | innerer Kern (fest; 5150–6370 km)

Bei der Differenziation sank das schwere Eisen in den zentralen Bereich ab, das leichtere Material stieg an die Oberfläche und bildete die Kruste.

Als Folge weist die Erde einen schalenförmigen Bau auf.

Teil III

Eine weitere Wärmequelle, die im Frühstadium der Erde zu ihrem Aufschmelzen beigetragen hat, war die Radioaktivität. Wenn radioaktive Elemente spontan zerfallen, entsteht Wärme. Obwohl radioaktive Elemente nur in geringen Konzentrationen vorhanden sind, erzeugen die radioaktiven Isotope des Urans, Thoriums und Kaliums auch heute noch im Erdinneren beständig Wärme.

Differenziation von Kern, Mantel und Kruste

Als Folge der enorm großen, bei der Entstehung der Erde durch den Aufschlag der Planetesimale aufgenommenen Energiemenge war schließlich das gesamte Erdinnere soweit aufgeheizt, dass es sich in einem weichen, breiartigen Zustand befand, in dem die einzelnen Komponenten frei beweglich waren. Das schwere Material sank in Richtung Erdmittelpunkt ab, sammelte sich dort und wurde zum Erdkern, wobei Gravitationsenergie freigesetzt wurde, die zum weiteren Aufschmelzen führte. Das leichtere Material stieg nach oben und bildete die Kruste. Mit dem Aufstieg des leichteren Materials gelangte auch die Wärme aus dem Erdinneren an die Oberfläche und wurde in den Weltraum abgegeben. Auf diese Weise differenzierte sich die Erde zu einem aus mehreren Schalen aufgebauten Planeten mit einem Kern hoher Dichte im Zentrum, einer Kruste aus leichterem Material außen und dem dazwischen liegenden Erdmantel aus Gesteinen mittlerer Dichte (Abb. 9.5).

Erdkern Eisen, das Material, aus dem etwa ein Drittel des primitiven Planeten bestand (vgl. Abb. 1.12), hat eine höhere Dichte als die meisten anderen Elemente. Dieses Eisen sank zusammen mit anderen schweren Elementen wie etwa Nickel in das Zentrum ab und bildete den Erdkern, der in etwa 2890 km Tiefe beginnt. Seismische Untersuchungen haben gezeigt, dass der Kern

in seinen äußeren Bereichen flüssig ist; der innere Kern, ab einer Tiefe von ungefähr 5150 km bis zum Zentrum in 6370 km Tiefe, ist dagegen fest, weil heute der Druck im Erdinneren zu hoch ist, um das Eisen zu schmelzen.

Erdkruste Andere geschmolzene Substanzen mit geringerer Dichte als Eisen und Nickel stiegen dagegen an die Oberfläche des Magmaozeans auf. Dort kühlten sie ab und erstarrten zur festen Erdkruste, die heute unter den Ozeanen eine Mächtigkeit von etwa 7 km und unter den Kontinenten von etwa 40 km erreicht. Wir wissen inzwischen, dass die ozeanische Kruste durch Seafloor-Spreading fortwährend neu entsteht und durch Subduktion in den Erdmantel zurücksinkt. Im Gegensatz dazu bildete sich die kontinentale Kruste in der frühen Erdgeschichte aus Silicaten mit vergleichsweise geringer Dichte, die eine saure Zusammensetzung und einen niedrigen Schmelzpunkt aufweisen. Dieser Gegensatz zwischen der ozeanischen Kruste mit ihrer höheren Dichte und der leichteren kontinentalen Kruste ermöglicht die Subduktion der ozeanischen Kruste, während die kontinentale Kruste der Subduktion Widerstand entgegensetzt.

Die vor kurzem in Westaustralien aufgefundenen 4,4 Mrd. Jahre alten Zirkonkristalle (vgl. Kap. 8) sind das älteste terrestrische Material, das bisher entdeckt wurde. Chemische Untersuchungen haben gezeigt, dass das Probenmaterial in der Nähe der Erdoberfläche unter verhältnismäßig kühlen Bedingungen und in Gegenwart von Wasser entstanden ist. Das bedeutet, dass sich die Erde 100 Ma, nachdem der Planet als Folge des gigantischen Meteoritenaufschlags gewissermaßen neu entstanden war, bereits so weit abgekühlt hatte, dass eine Kruste vorhanden war.

Erdmantel Zwischen Erdkern und Erdkruste liegt der Erdmantel – ein Bereich, der mehr als 82 % des Erdvolumens und damit den größten Teil der festen Erde bildet. Er besteht aus Material, das in mittleren Tiefen zurückblieb, nachdem die schwereren Bestandteile zum Erdkern abgesunken und die leichteren an die

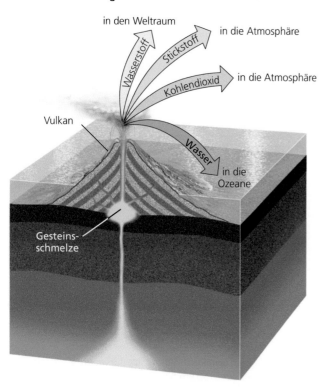

Abb. 9.6 Durch Vulkanausbrüche gelangten in der Frühzeit der Erdgeschichte große Mengen Wasserdampf, Kohlendioxid und Stickstoff in die Atmosphäre und Ozeane. Der leichtere Wasserstoff verflüchtigte sich in den Weltraum

Oberfläche aufgestiegen waren. Die Mächtigkeit des Erdmantels beträgt etwa 2850 km, er wird von ultrabasischen Silicatgesteinen gebildet, die höhere Magnesium- und Eisengehalte aufweisen als die Silicate der Erdkruste. Durch Konvektionsbewegungen im Erdmantel wird Wärme aus dem Erdinneren nach außen abgeführt (vgl. Kap. 2).

Weil der Erdmantel in der Frühzeit der Erdgeschichte wesentlich heißer war, liefen möglicherweise auch die Konvektionsbewegungen rascher ab als heute. Seit dieser Zeit dürfte es irgendeine Form von Plattentektonik gegeben haben, obwohl die „Platten" wahrscheinlich kleiner und dünner waren und die tektonischen Strukturen sich wohl erheblich von den geradlinigen Gebirgszügen und langgestreckten mittelozeanischen Rücken der heutigen Erdoberfläche unterschieden haben. Einige Wissenschaftler sind der Meinung, dass auf der heutigen Venus tektonische Prozesse stattfinden, wie sie wohl für die frühzeitliche Erde typisch waren. Auf die tektonischen Unterschiede zwischen Erde und Venus wird später noch eingegangen.

Entstehung der Ozeane und der Atmosphäre

Ozeane und Atmosphäre sind auf eine „nasse Geburt" der eigentlichen Erde zurückzuführen. Die Planetesimale, die sich zu unserem Planeten vereinigt hatten, enthielten Eis, Wasser und andere flüchtige Bestandteile wie etwa Stickstoff und Kohlen-

stoff, die in Mineralen eingeschlossen waren. Als sich die Erde differenzierte, wurden Wasserdampf und die anderen Gase aus diesen Mineralen freigesetzt, durch Magmen an die Oberfläche transportiert und durch vulkanische Tätigkeit in die Atmosphäre abgegeben.

Die enormen Mengen an Gasen, die vor über vier Milliarden Jahren durch vulkanische Entgasung aus dem heißen Erdinneren abgegeben wurden, bestanden möglicherweise aus denselben chemischen Substanzen, die auch heute von Vulkanen freigesetzt werden (wenn auch nicht in der gleichen relativen Häufigkeit): vor allem Wasserstoff, Kohlendioxid, Stickstoff, Wasserdampf und einige andere Gase (Abb. 9.6). Nahezu der gesamte Wasserstoff verflüchtigte sich in den Weltraum, während die schwereren Gase den Planeten umhüllten. Ein Teil der Atmosphäre und des Wassers dürfte auch von den an flüchtigen Bestandteilen reichen Himmelskörpern des äußeren Sonnensystems wie etwa Kometen stammen, die auf dem Planeten nach seiner Entstehung aufschlugen. In der Frühzeit dürften unzählige Kometen auf die Erde gestürzt sein und den ersten Ozeanen und der Atmosphäre Wasser, Kohlendioxid und andere Gase zugeführt haben. In dieser Ur-Atmosphäre fehlte aber noch der Sauerstoff, aus dem heute 20,7 % der Atmosphäre bestehen. Freier Sauerstoff gelangte wahrscheinlich erst in nennenswertem Umfang durch Sauerstoff produzierende Organismen in die Atmosphäre (vgl. Kap. 11).

Die Vielfalt der Planeten

Vor etwa 4,4 Mrd. Jahren und damit weniger als 200 Mio. Jahre nach ihrer Entstehung, war die Erde bereits ein vollständig differenzierter Planet. Der Kern war zwar noch heiß und überwiegend flüssig, doch der Mantel war schon weitgehend abgekühlt und erstarrt, und auch eine rudimentäre Kruste mit Kontinenten hatte sich bereits gebildet. Die Ozeane und die Atmosphäre waren entstanden, und die geologischen Prozesse, die wir heute beobachten, waren ebenfalls in Gang gekommen.

Aber was geschah auf den anderen terrestrischen Planeten? Durchliefen sie in ihrer Frühzeit dieselbe Entwicklung? Die Beobachtungsdaten der Raumsonden und Landefahrzeuge sprechen dafür, dass alle vier terrestrischen Planeten einer gravitativen Differenziation unterlagen, und demzufolge einen Schalenbau aufweisen mit einem aus Eisen und Nickel bestehenden Kern, einem Mantel aus Silicatmineralen und einer äußeren Kruste (Tab. 9.1).

Der **Merkur** besitzt nur eine dünne Atmosphäre, die überwiegend aus Helium besteht. Der atmosphärische Druck beträgt auf dem Merkur weniger als ein Billionstel des Luftdrucks auf der Erde. Es weht dort weder Wind noch gibt es Wasser und folglich an der alten Oberfläche dieses innersten Planeten auch keine Erosion. Sie gleicht weitgehend der des Mondes, ist von zahllosen Kratern übersät und mit einer Schicht aus Lockermaterial bedeckt, den Resten der seit Jahrmillionen aufschlagenden Meteoriten. Da der Merkur praktisch von keiner schützenden Atmosphäre umgeben ist und sich in einer sehr

Tab. 9.1 Charakteristische Merkmale der terrestrischen Planeten und des Monds

	Merkur	Venus	Erde	Mars	Mond
Radius (km)	2440	6052	6378	3388	1737
Masse (Masse der Erde =1)	0,06 ($3{,}3 \cdot 10^{23}$ kg)	0,81 ($4{,}9 \cdot 10^{24}$ kg)	1,00 ($6{,}0 \cdot 10^{24}$ kg)	0,11 ($6{,}4 \cdot 10^{23}$ kg)	0,01 ($7{,}2 \cdot 10^{22}$ kg)
Mittlere Dichte	5,43	5,24	5,52	3,94	3,34
Umlaufzeit um die Sonne (in Erdtagen)	88	224	365	687	27
Entfernung zur Sonne (Millionen Kilometer)	57	108	148	228	
Anzahl der Monde	0	0	1	2	0

sonnennahen Position befindet, erwärmt sich die Oberfläche des Planeten am Tage auf Temperaturen von 470 °C und kühlt in der Nacht auf −170 °C ab. Es ist dies die größte Temperaturdifferenz aller Planeten.

Obwohl Merkur ein wesentlich kleinerer Planet ist, entspricht seine mittlere Dichte nahezu der Dichte der Erde. Nach Vermutungen der Experten ist dafür wohl der aus Eisen und Nickel bestehende Kern des Merkur verantwortlich, der etwa 70 % seiner Masse ausmacht, ebenfalls ein Spitzenwert innerhalb des Sonnensystems (der Erdkern umfasst nur etwa ein Drittel der Erdmasse). Möglicherweise verlor der Merkur einen Teil seiner Silicatschale bei einem großen Impaktereignis; vielleicht hat aber auch in einer frühen Phase extrem intensive Sonneneinstrahlung einen Teil seines Mantels verdampfen lassen. Diese Theorien sind weiterhin Gegenstand der Diskussion.

Die **Venus** entwickelte sich zu einem Planeten mit Oberflächenverhältnissen, die die meisten Beschreibungen der Hölle noch übertreffen. Sie ist von einer dichten, giftigen und unglaublich heißen (475 °C) Atmosphäre umgeben, die im Wesentlichen aus Kohlendioxid und Wolken aus ätzenden Schwefelsäuretröpfchen besteht. Ein auf ihrer Oberfläche stehender Mensch würde vom dort herrschenden hohen Druck zerquetscht, von der Hitze gegart und von der Schwefelsäure zerfressen werden. Mindestens 85 % der Oberfläche der Venus werden von Lavadecken eingenommen. Die restliche Oberfläche ist überwiegend gebirgig – ein Hinweis darauf, dass der Planet einmal geologisch aktiv war (Abb. 9.7). Im Hinblick auf Masse und Größe gleicht die Venus weitgehend der Erde, auch ihr Kern entspricht größenmäßig etwa dem der Erde. Wie sich aber die Venus zu einem – verglichen mit der Erde – völlig andersartigen Planeten entwickeln konnte, ist eine noch offene Frage.

Teil III

Abb. 9.7 Vergleich der Oberflächen von Erde, Mars und Venus, dargestellt im gleichen Maßstab. Das Relief des Mars, das die größten Höhenunterschiede zeigt, wurde in den Jahren 1989 und 1999 mit Laser-Höhenmessern von Bord der Raumsonde Mars Global Surveyor aus einer Umlaufbahn um den Mars vermessen. Das Relief der Venus, das die geringsten Unterschiede aufweist, wurde in den Jahren 1990–1993 mit demselben Verfahren von der Raumsonde Magellan aufgezeichnet. Das Relief der Erde, das höhenmäßig zwischen Mars und Venus liegt, wird von den Kontinenten und Ozeanen beherrscht. Es wurde in diesem Bild aus Höhenmessungen an der Erdoberfläche, aus Tiefenmessungen an Bord von Schiffen sowie aus Messungen des Schwerefeldes am Meeresboden durch Raumsonden zusammengesetzt (Mit frdl. Genehm. von Greg Neumann/MIT/GSFC/NASA)

Der **Mars** hat offenbar dieselben geologischen Prozesse wie die Erde durchlaufen (vgl. Abb. 9.7). Der „Rote Planet" ist erheblich kleiner als die Erde, seine Masse entspricht etwa einem Zehntel der Erdmasse. Der Radius seines Kerns beträgt ähnlich wie bei Erde und Venus etwa die Hälfte seines Gesamtradius und dürfte ebenfalls in den äußeren Bereichen flüssig, in den inneren Bereichen jedoch fest sein.

Der Mars ist nur von einer dünnen Atmosphäre umgeben, die fast ausschließlich aus Kohlendioxid besteht. Auf seiner Oberfläche ist kein flüssiges Wasser vorhanden, der Planet ist zu kalt und seine Atmosphäre ist zu dünn, daher würde das Wasser auf seiner Oberfläche entweder gefrieren oder verdunsten. Es gibt jedoch zahlreiche Hinweise darauf, dass vor 3,5 Mrd. Jahren reichlich Wasser in flüssigem Zustand vorhanden war und dass heute große Mengen Wassereis unter der Oberfläche und in den polaren Eiskappen gespeichert sein dürften. Auf dem feuchteren Mars könnte vor vielen Millionen Jahren Leben existiert haben, das auch heute noch in Form von Mikroorganismen unter der Oberfläche verborgen sein könnte.

Der größte Teil der Marsoberfläche ist älter als 3 Mrd. Jahre. Im Gegensatz dazu wurden die meisten Gebiete der Erde, die älter als 500 Mio. Jahre sind, durch das Zusammenwirken der Systeme Plattentektonik und Klima vernichtet.

Der **Mond** ist abgesehen von der Erde der am besten erforschte Körper im Sonnensystem – wegen seiner vergleichsweise geringen Entfernung und aufgrund der bemannten und unbemannten Raumfahrtmissionen, die zu seiner Erforschung durchgeführt wurden. Insgesamt betrachtet ist das Material des Mondes leichter als das der Erde, weil die schwereren Anteile des aufschlagenden riesigen Himmelskörpers (hypothetischer Name: Theia) nach dessen Kollision der Erde einverleibt worden sind. Der Kern des Mondes ist deshalb klein und bildet nur etwa 20 % der Masse des Mondes.

Der Mond besitzt keine Atmosphäre und ist absolut trocken, da die flüchtigen Bestandteile aufgrund der Wärmeentwicklung bei seiner Entstehung verloren gegangen sind. Neuere Beobachtungen von Raumsonden ergaben jedoch gewisse Hinweise, dass in den tiefen, von der Sonne nicht beschienenen Kratern am Nord- und Südpol des Mondes Wassereis vorhanden sein könnte. Die mit Kratern übersäte Oberfläche ist typisch für einen sehr alten und geologisch inaktiven Himmelskörper; sie ist das Ergebnis einer Phase in der Frühzeit des Sonnensystems, in deren Verlauf es häufig zu Meteoriteneinschlägen und damit zur Kraterbildung kam.

Wenn auf irgendeinem Planeten ein Relief entstanden ist, bewirken Tektonik und Klima, dass es wieder eingeebnet wird, wie das auf der Venus und dem Mars der Fall war. Fehlen jedoch diese Prozesse, verbleibt der Planet weitgehend in dem Zustand – wie zur Zeit unmittelbar nach seiner Entstehung. Das Auftreten der mit Kratern überdeckten Gebiete auf den nur wenig untersuchten Planeten wie etwa dem Merkur deutet demzufolge darauf hin, dass sowohl ein Mantel mit Konvektionsbewegungen als auch eine Atmosphäre fehlt.

Die riesigen, im Wesentlichen aus Gas bestehenden äußeren Planeten – **Jupiter**, **Saturn**, **Uranus**, und **Neptun** – werden noch längere Zeit ein Rätsel bleiben. Sie unterscheiden sich chemisch so grundlegend von den erdähnlichen Planeten und sind so viel größer, dass von einer völlig anderen Entwicklung auszugehen ist. Es ist anzunehmen, dass alle vier Planeten jeweils einen Kern aus silicat- und eisenreichem Gesteinsmaterial besitzen, der von mächtigen Schalen aus flüssigem Wasserstoff und Helium umgeben ist. Der Druck im Inneren von Jupiter und Saturn ist so hoch, dass der Wasserstoff mit großer Wahrscheinlichkeit in einer Art metallischem Zustand vorliegen dürfte.

Was sich unmittelbar jenseits der Umlaufbahn des Neptuns, des entferntesten Planeten befindet, ist weiterhin ungeklärt. Der lange Zeit zu den Planeten gerechnete winzige **Pluto** besteht aus einer seltsamen gefrorenen Mischung aus Gas, Eis und Gesteinsmaterial und befindet sich in einer ungewöhnlichen Umlaufbahn, die ihn näher an die Sonne führt als den Planeten Neptun. Pluto wird zusammen mit „2003 UB313" und zwei anderen Himmelskörpern, die gleiche Eigenschaften haben – geringe Größe, ungewöhnliche Umlaufbahnen und aus Gestein, Eis und Gas bestehen – als **Zwergplanet** bezeichnet. Diese Zwergplaneten befinden sich in einem aus Eiskörpern bestehenden Gürtel, der als Herkunftsgebiet der Kometen gilt, die periodisch das inneren Sonnensystem durchlaufen. Bei der weiteren Erforschung der äußeren Bereiche des Sonnensystems könnten möglicherweise noch weitere Objekte von der Größe dieser Planeten entdeckt werden. Eine „New Horizons" bezeichnete Raumsonde zur näheren Erforschung von Pluto passierte im Juli 2015 als erste Raumsonde überhaupt in einer Entfernung von 12.500 km Pluto und in 28.800 km seinen Mond Charon.

Alter und Relief der Planetenoberflächen

Wie die Mitglieder einer Familie zeigen auch die vier terrestrischen Planeten gewisse Gemeinsamkeiten. Sie sind alle differenziert und besitzen einen Kern aus einer Eisen-Nickel-Legierung, einen Mantel aus Silicatmineralen und eine Kruste. Wie wir jedoch festgestellt haben, gibt es in dieser Familie keine „Zwillinge". Die unterschiedlichen Größen und Massen sowie ihre unterschiedlichen Entfernung zur Sonne machen alle vier Planeten – und vor allem ihre Oberflächen – unverwechselbar.

Wie ein menschliches Gesicht lässt auch das äußere Erscheinungsbild eines Planeten auf sein Alter schließen. An Stelle von Altersfalten sind die terrestrischen Planeten durch Krater gekennzeichnet. Die Oberflächen von Merkur, Mars und Mond sind von Kratern übersät und infolgedessen sehr alt. Im Gegensatz dazu findet man auf der Venus und der Erde nur wenige Krater, da ihre Oberflächen wesentlich jünger sind. In diesem Abschnitt betrachten wir das Aussehen der einzelnen Planeten und erfahren, wie Tektonik und Klimaprozesse ihre Oberflächenformen beeinflusst haben. Die Erde ist von dieser Betrachtung ausgenommen, sie steht ohnehin im Mittelpunkt dieses Buches. Auch auf den Mars wird nur kurz eingegangen, da seine Oberfläche in den nachfolgenden Abschnitten noch eingehend beschrieben wird.

Der Mann im Mond: Eine Zeitskala für Planeten

Betrachtet man die Oberfläche des Mondes in einer klaren Nacht durch ein Fernrohr, werden zwei unterschiedliche Oberflächenformen sichtbar: unebenes Gelände, das hell erscheint und von zahlreichen großen Kratern bedeckt ist, sowie ebene dunkle, meist kreisförmige Bereiche, auf denen Krater weitgehend fehlen, oder – wenn vorhanden – nur klein sind (Abb. 9.8). Die hell erscheinenden Gebiete sind die bergigen Hochländer („*Terrae*"), die etwa 80 % der Mondoberfläche einnehmen. Die dunklen Bereiche kennzeichnen die tiefer liegenden Ebenen, die sogenannten „*Maria*" (lat. = Meere), weil sie den Beobachtern in der Frühzeit der Astronomie wie Meere erschienen. Durch diese Gegensätze zwischen Hochländern und Maria entsteht letztendlich auch das Erscheinungsbild, das wir von der Erde aus als „Mann im Mond" sehen.

Bei der Vorbereitung der Apollo-Landungen entwickelten Geologen wie etwa Gene Shoemaker (Abb. 9.9) eine relative Zeitskala für die Entstehung der Mondoberfläche, die auf folgenden einfachen Prinzipien beruht:

- Auf geologisch jungen Oberflächen fehlen Krater, ältere Flächen weisen eine höhere Kraterdichte auf als jüngere.
- Aufschläge kleinerer Meteoriten sind häufiger als Aufschläge größerer Himmelskörper, daher zeigen ältere Oberflächen größere Krater.
- Jüngere Meteoriteneinschläge durchschlagen oder überdecken ältere Krater.

Durch Anwendung dieser Prinzipien und durch die Kartierung der Anzahl und Größe der Krater konnte gezeigt werden, dass die Hochländer älter sind als die Maria. Man deutete die Maria als Beckenstrukturen, die durch den Aufschlag von Asteroiden oder Kometen entstanden sind und später von Basaltlaven überflutet wurden, die die Becken gewissermaßen „eingeebnet" haben. Damit war es möglich, analog zu der von Geologen im 19. Jahrhundert ausgearbeiteten geologischen Zeitskala, bestimmte Bereiche des Mondes in eine Art Zeitskala einzuordnen.

Vor den Apollo-Landungen war sowohl das Alter der Maria als auch der Hochländer unbekannt, doch nach Ansicht der Experten waren sie sehr alt. Die hohe Anzahl der Krater in den Hochgebieten und die großen Einschläge, die zur Bildung der Maria führten, stimmen mit theoretischen Modellen eines jungen Sonnensystems überein. Diese Modelle gehen von einem heftigen Meteoritenschauer aus, bei dem die Planeten mit der restlichen Materie kollidierten, die sich nach der Akkretion der Planeten noch im Sonnensystem befand (Abb. 9.10). Diesen Modellen zufolge sollten Anzahl und Volumen der einschlagenden Objekte unmittelbar nach der Bildung der Planeten am größten sein und dann, wenn das Material von den Planeten weitgehend aufgenommen war, rasch abnehmen.

Durch die in Kap. 8 beschriebene radiometrische Altersbestimmung an den von den Apollo-Astronauten zur Erde gebrachten Gesteinsproben war es möglich, die aus Kraterdichte und Kratergröße ermittelte relative Zeitskala für den Mond zu eichen. Tatsächlich erwiesen sich die Hochländer mit Werten zwischen 4,4

Abb. 9.8 Die Oberfläche des Mondes besteht aus zwei morphologischen Bereichen: den Hochländern, die von zahlreichen Kratern bedeckt werden, und den Tiefländern oder Maria, die nur wenige Krater aufweisen. Die Tiefländer erscheinen dunkler wegen der weit verbreiteten Basalte, die vor 3 Mrd. Jahren an der Oberfläche ausgeflossen sind (Foto: NASA/USGS)

und 4,0 Mrd. Jahre als sehr alt und die Maria mit Alterswerten von 4,0 bis 3,2 Mrd. Jahren als deutlich jünger (Abb. 9.11).

Das relativ geringe Alter der Maria war rätselhaft. Die besten Computer-Simulationen zeigten, dass der Meteoritenschauer relativ rasch vorbei gewesen sein musste und höchstens einige hundert Millionen Jahre oder weniger gedauert hat. Warum sind dann die größten auf dem Mond beobachteten Krater, die die Mare bildeten, erst so spät entstanden?

Bei diesen Simulationen blieb ein wesentliches Ereignis unberücksichtigt. Die Anzahl der großen Objekte, die auf dem Mond einschlugen, nahm rasch ab, wie es die Modelle vorhergesagt hatten. Sie erreichte dann in einem Zeitraum zwischen etwa 4,0 und 3,8 Mrd. Jahre, die als „jüngerer Meteoritenschauer" bezeichnet wird, einen zweiten Höhepunkt (vgl. Abb. 9.10). Die Deutung dieses Ereignisses ist noch immer umstritten, doch scheint es, als ob geringfügige aber plötzliche Änderungen der Umlaufbahnen von Jupiter und Saturn vor ungefähr 4 Mrd. Jahren (verursacht durch gravitative Wechselwirkungen, als sich ihre Umlaufbahnen auf die heutigen einpendelten) die Umlaufbahnen der Asteroiden störten. Dadurch gelangten offenbar einige der Asteroiden in das innere Sonnensystem, wo sie auf dem Mond und den terrestrischen Planeten einschließlich der Erde einschlugen. Der jüngere Meteoritenschauer erklärt auch, warum so wenige Gesteine auf

Abb. 9.9 Der Astrogeologe Euge-
ne Shoemaker bei der Leitung eines
Astronauten-Trainings am Rand des
Meteoritenkraters in Arizona im
Mai 1967 (Abb. 1.7b zeigt ein Luftbild
dieses Kraters). Aus ihren Beobachtungen an Meteoritenkratern entwickelten Shoemaker und andere Geologen
eine relative Zeitskala zur Datierung
der Mondoberfläche (Foto: USGS)

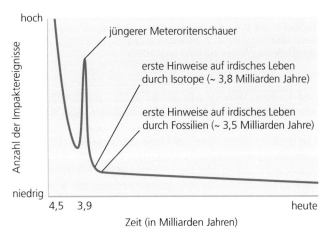

Abb. 9.10 Die Anzahl der Meteoriteneinschläge hat sich während der Entwicklung unseres Sonnensystems verändert. Nachdem die Planeten entstanden waren, kollidierten sie ständig mit der restlichen Materie, die noch immer in großen
Mengen im Sonnensystem vorhanden war. Diese Kollisionen wurden im Verlauf
der ersten 500 Mio. der Planetenentwicklung allmählich seltener. Es gab jedoch
eine spätere Phase, die als „jüngerer Meteoritenschauer" bezeichnet wird und in
der Zeit vor 3,9 Mrd. Jahren (= Ga) ihren Höhepunkt erreichte

der Erde älter als 3,9 Mrd. Jahre sind. Dieser Meteoritenschauer
kennzeichnet das Ende des Hadeums und damit gleichzeitig den
Beginn des Archaikums (vgl. Abb. 9.11).

Die anfangs für den Mond aufgestellte relative Zeitskala konnte
unter Berücksichtigung der sich aus Masse und Lage der Planeten im Sonnensystem ergebenden Unterschiede der Impaktraten
auch auf die anderen Planeten übertragen werden.

Merkur: Der alte Planet

Über das Relief des Merkurs ist nur wenig bekannt, da es lediglich im Verlauf zweier Weltraummissionen erkundet werden
konnte. Die erste Raumsonde, die im März 1974 zum Merkur
gestartet wurde, war *Mariner-10*. Sie kartierte weniger als die
Hälfte des Planeten, über den Rest haben wir so gut wie keine
Vorstellungen.

Die *Mariner-10*-Mission bestätigte, dass der Merkur eine geologisch inaktive, von Kratern übersäte Oberfläche besitzt
(Abb. 9.12), die außerdem auch die älteste aller terrestrischer
Planeten ist. Zwischen den größten alten Kratern befinden sich
geringfügig jüngere Tiefländer, die möglicherweise – wie die
Maria des Mondes – durch Vulkanismus entstanden sind. Die
von *Mariner-10* aufgenommenen Bilder zeigen Farbunterschiede
zwischen den alten Kratern und den Tiefebenen und stützen somit diese Hypothese. Im Gegensatz zu Erde und Venus sind auf
dem Merkur nur sehr wenige Erscheinungsformen erkennbar, die
eindeutig dafür sprechen, dass tektonische Kräfte die Oberfläche
modifiziert haben.

In vielerlei Hinsicht gleicht das Erscheinungsbild des Merkur
unserem Mond, allein schon weil sich beide in ihrer Größe und
Masse sehr ähnlich sind. Wie der Mond war auch der Merkur in
der ersten Milliarde Jahre seiner Entwicklung geologisch aktiv.
Es gibt jedoch einen bemerkenswerten Unterschied. Die Oberfläche des Merkurs zeigt mehrere „Narben" in Form von Steilwänden, die eine Höhe von nahezu 2000 m und eine Länge bis
zu 500 km erreichen (Abb. 9.13). Diese Strukturen sind auf dem

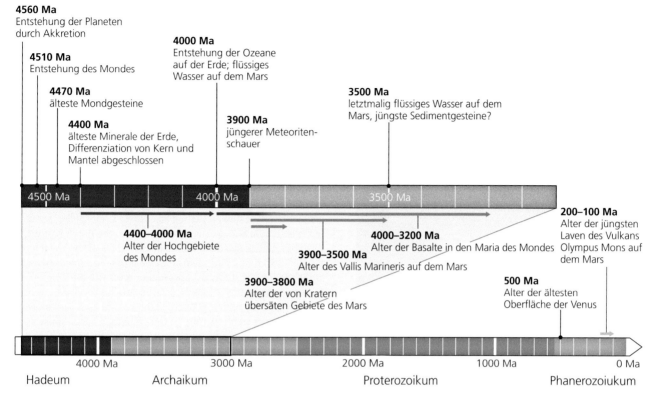

Abb. 9.11 Durch die Eichung der über die Datierung von Kratern ermittelten relativen Zeitskala mit den absoluten Altern der Mondgesteine entwickelten Geologen für die terrestrischen Planeten eine geologische Zeitskala (Ma = Millionen Jahre)

Merkur vergleichsweise häufig, auf dem Mond fehlen sie. Man geht davon aus, dass diese Steilränder möglicherweise durch Einengung der spröden Kruste des Merkur entstanden sind, was zur Bildung großer Überschiebungen führte (vgl. Kap. 7). Einige Astronomen glauben, dass sie sich unmittelbar nach der Entstehung des Planeten durch Abkühlung der Kruste gebildet haben.

Am 3. August 2004 wurde nach 30 Jahren die zweite Mission zum Merkur erfolgreich gestartet. Die Raumsonde *Messenger* wurde im März 2011 auf eine Umlaufbahn gebracht und soll den Merkur bis März 2015 umkreisen. *Messenger* liefert Informationen über die Zusammensetzung der Oberfläche, den geologischen Werdegang, den Kern und Mantel und sucht an den Polen nach Hinweisen auf das Vorkommen von Wassereis und anderen gefrorenen Gasen wie etwa Kohlendioxid.

Venus: Der vulkanische Planet

Die Venus ist unser unmittelbarer Nachbarplanet, der meist kurz vor und nach Sonnenuntergang am Horizont deutlich sichtbar ist.

Im ersten Jahrzehnt der Weltraumforschung brachte die Venus die Wissenschaftler zur Verzweiflung. Der gesamte Planet ist von einem dichten Nebel aus Kohlendioxid, Wasserdampf und Schwefelsäure umgeben, der eine Untersuchung seiner Oberfläche mit normalen Teleskopen oder Kameras verhindert. Obwohl

zahlreiche Raumsonden zur Venus geschickt wurden, konnten nur einige wenige diesen sauren Nebel durchdringen und die ersten, denen dies gelang, wurden von dem ungeheuer großen Gewicht ihrer Atmosphäre zerstört.

Erst am 10. August 1990 erreichte die Raumsonde *Magellan* nach einem Flug von 1,3 Mio. Kilometern die Venus und lieferte die ersten hochauflösenden Radarbilder ihrer Oberfläche (Radarwellen durchdringen den Nebel) (Abb. 9.14). Die von der Raumsonde auf die Erde übermittelten Bilder zeigen ganz eindeutig, dass die Venus unter ihrem Nebel ein überraschend vielfältiger und geologisch aktiver Planet mit Berge und Tiefebenen, Vulkanen und Riftstrukturen ist. Die Tiefebenen der Venus – in Abb. 9.14 in Blau dargestellt – zeigen deutlich weniger Krater als die jüngsten Maria des Mondes, sodass sie deutlich jünger sein müssen, ihr Alter dürfte zwischen 1600 und 300 Mio. Jahren liegen. Da es auf der Venus keine Niederschläge gibt, ist auch die Erosion gering und die heute sichtbaren charakteristischen Oberflächenerscheinungen bleiben über einen langen Zeitraum hinweg erhalten. Die vergleichsweise geringe Anzahl der Krater lässt vermuten, dass zahlreiche Krater von Lava überdeckt worden sind, ein Zeichen dafür, dass die Venus bis in die jüngste Zeit hinein ein tektonisch aktiver Planet gewesen sein muss.

Die jungen Tiefebenen sind von hunderttausenden kleinen Aufwölbungen übersät mit Durchmessern von zwei bis drei Kilometern und Höhen von etwa 100 m, die über Gebieten entstanden sind, in denen die Kruste sehr heiß ist. Darüber hinaus gibt es auch größere, isoliert auftretende Vulkane mit bis zu 8000 m

Teil III

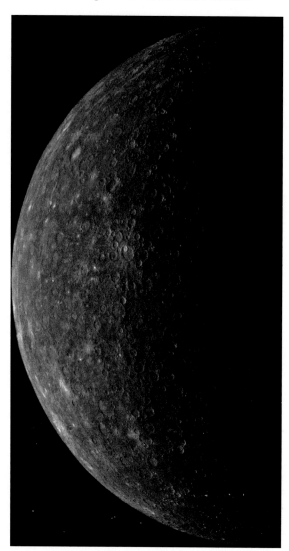

Abb. 9.12 Wie der Mond besitzt auch der Merkur eine von Kratern übersäte Oberfläche (Foto: NASA/JPL/Northwestern University)

Abb. 9.13 Dieser deutlich hervortretende Steilrand entstand möglicherweise bei der Abkühlung des Merkurs durch Kompressionsvorgänge. Man beachte, dass der Steilrand jünger sein muss als die Krater, die er gegeneinander versetzt (Foto: NASA/JPL/Northwestern University)

Höhe und bis 500 km Durchmesser, vergleichbar den Schildvulkanen Hawaiis (Abb. 9.15). Die Raumsonde *Magellan* beobachtete außerdem ungewöhnliche kreisförmige Strukturen, sogenannte *Coronae. S*ie scheinen das Ergebnis heißer aufsteigender Lavablasen zu sein, die an der Oberfläche eine große Beule oder einen Dom bildeten und dann wieder abgesunken sind. Dabei brach das Dach der Beule ein und hinterließ ein kreisförmiges Gebilde (Abb. 9.15b).

Wegen der zahlreichen Hinweise auf einen weit verbreiteten Vulkanismus wurde die Venus auch als vulkanischer Planet bezeichnet. Die Venus besitzt wie die Erde einen Mantel, in dem durch Konvektionsbewegungen heißes Material nach oben steigt und kaltes absinkt (Abb. 9.16a). Im Gegensatz zur Erde besitzt sie jedoch keine dicken Platten aus starrer Lithosphäre, sondern nur eine dünne Kruste aus erstarrter Lava, die durch Konvektionsbewegungen aus dem Mantel aufsteigt. Da die heftigen Konvektionsströmungen die Kruste dehnen und zusammenpressen, zerbricht die Kruste in Schuppen oder wird wie ein Teppich zu Falten zusammengeschoben; Blasen aus heißer Lava steigen nach oben und bilden größere Landmassen und vulkanische Ablagerungen (Abb. 9.16b). Wissenschaftler haben diese Prozesse als **Schuppentektonik** bezeichnet. Als die Erde jünger und heißer war, bestimmten möglicherweise eher solche Schuppen als größere Platten die globale Tektonik.

Mars: Der Rote Planet

Von allen Planeten besitzt der Mars eine Oberfläche, die der Erdoberfläche am ähnlichsten ist. Der Mars zeigt Oberflächenstrukturen, die dafür sprechen, dass an seiner Oberfläche einmal Wasser geflossen ist, und in seinem tieferen Untergrund noch immer Wasser vorhanden sein könnte. Und wo es Wasser gibt, kann theoretisch auch Leben existieren. Auf keinem anderen Planeten gibt es größere Chancen für die Existenz extraterrestrischer Lebensformen als auf dem Mars.

Die auf seiner Oberfläche reichlich vorhandenen Eisenoxid-Minerale, in erster Linie Hämatit, färben die Marsoberfläche rot, was Anlass zu der Bezeichnung „Roter Planet" war. Eisenoxide sind auf der Erde weit verbreitet und bilden sich normalerweise dort, wo es zur Verwitterung von Eisensilicaten kommt. Wir wissen inzwischen, dass viele andere auf der Erde weit verbreitete Minerale wie etwa Olivin und Pyroxen, die in Basalten auftreten, auch auf dem Mars vorhanden sind. Es gibt jedoch auch relativ ungewöhnliche Minerale wie etwa Sulfatminerale, die auf eine nassere Phase in der Frühzeit des Mars hinweisen, als an der Oberfläche flüssiges Wasser die stabile Phase bildete.

Das Relief des Mars zeigt eine größere Spannweite von Höhenunterschieden als Erde oder Venus (vgl. Abb. 9.7). Olympus Mons ist mit einer Höhe von etwa 25 km nicht nur der größte bis in jüngste Zeit aktive Vulkan, sondern auch der höchste Berg des Sonnensystems überhaupt (Abb. 9.17a). Der Canyon des Vallis Marineris (Abb. 9.17b) ist im Mittel 8 km tief und 4000 km lang, was einer Entfernung von Tunis in Nordafrika bis zum Nordkap

Abb. 9.14 Diese Karte zeigt das Relief des Planeten Venus. Sie basiert auf mehr als zehn Jahren Kartierung, die in den Jahren 1990–1994 mit der Raumsonde *Magellan* ihren Höhepunkt erreichte. Die regionalen Höhenunterschiede sind gekennzeichnet durch Gebirge (*hellbraun*), Hochländer (*grün*) und Tiefländer (*blau*). In den Tiefländern treten ausgedehnte Lavaflächen auf (Foto: NASA/USGS)

Höhe (km)
0 2 4 6 8 10 12 14

Teil III

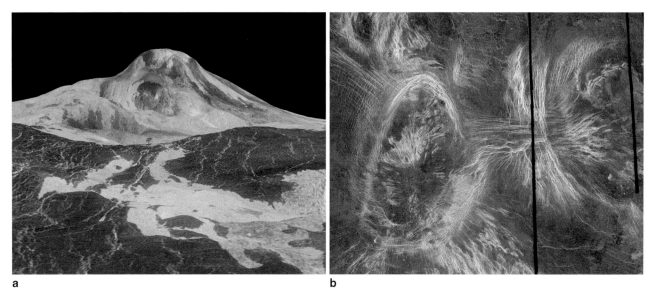

a
b

Abb. 9.15a,b Venus ist ein tektonisch aktiver Planet mit zahlreichen Oberflächenerscheinungen. **a** Der Maat Mons ist ein Vulkan, der eine Höhe bis zu 3000 m und einen Durchmesser von 500 km erreicht. **b** Vulkanische Erscheinungsformen, die sogenannten Coronae, wurden mit Ausnahme der Venus bisher auf keinem anderen Planeten beobachtet. Die erkennbaren Linien, die solche Coronae nachzeichnen, sind Brüche, Störungen und Faltenstrukturen. Sie sind entstanden, als große heiße Lavablasen in sich zusammenfielen. Jede Corona hat einen Durchmesser von einigen 100 km (Fotos: NASA/USGS)

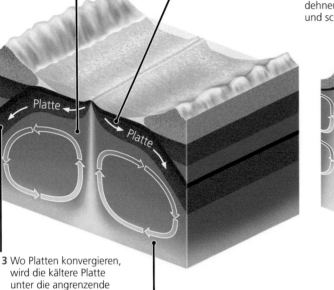

a Plattentektonik auf der Erde

1 Aus dem Erdmantel steigt heißes Material nach oben …

2 … und daraus bilden sich Lithosphärenplatten, die seitlich auseinanderdriften.

3 Wo Platten konvergieren, wird die kältere Platte unter die angrenzende Platte gezogen, …

4 … sie sinkt dort nach unten, das Material wird erwärmt und steigt erneut nach oben.

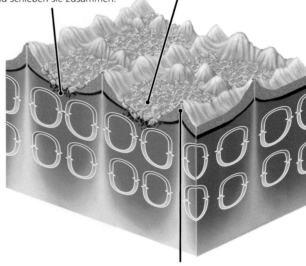

b Schuppentektonik auf der Venus

5 Im Gegensatz dazu sind die Konvektionsbewegungen auf der Venus weitaus stärker. Sie verhindern die Bildung einer mächtigeren Kruste, dehnen die entstehende dünne Kruste und schieben sie zusammen.

6 Die Kruste zerbricht in einzelne Schuppen oder wird wie ein Teppich zu Falten zusammengeschoben.

7 Da der Mantel nach allen Seiten beweglich ist, steigen Blasen aus heißer Lava auf und bilden große Landmassen, Gebirge und andere vulkanische Erscheinungsformen.

Abb. 9.16 Die Schuppentektonik der Venus unterscheidet sich erheblich von der Plattentektonik der Erde, könnte aber den tektonischen Prozessen in der Frühzeit der Erde ähnlich sein

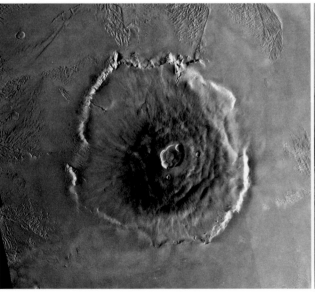

a

b

Abb. 9.17a,b Das Relief des Mars ist durch große Höhenunterschiede gekennzeichnet. **a** Olympus Mons ist der größte Vulkan des gesamten Sonnensystems mit einem Gipfel, der sich fast 25 km über die umgebende Ebene erhebt. Der Vulkan wird von einem nach außen fallenden Steilrand begrenzt, der einen Durchmesser von 550 km und eine Höhe von mehreren Kilometern aufweist. Jenseits des Steilrands befindet sich ein mit Lava verfüllter Graben; sie stammt mit großer Wahrscheinlichkeit von Olympus Mons. **b** Vallis Marineris ist der bisher längste (4000 km) und tiefste (bis zu 10 km) Canyon des Sonnensystems. Er ist etwa fünfmal tiefer als der Grand Canyon. Auf diesem Bild besteht der Canyon aus einer Reihe tektonischer Becken, deren Ränder teilweise unter Bildung von Schutthalden nachgebrochen sind (*oben links*). Die Wände des Canyons erreichen hier eine Höhe von 6 km. Die in den Wänden des Canyons erkennbare Schichtung spricht für eine Ablagerung von Sedimentgesteinen oder Vulkaniten vor der Bruchbildung (Fotos: a NASA/USGS; b ESA/DLR/FU Berlin)

in Skandinavien entspricht. Er ist damit auch etwa fünfmal tiefer als der Grand Canyon in den Vereinigten Staaten. Vor kurzem entdeckte man überdies Hinweise auf glazigene Prozesse. Offenbar überdeckten Inlandeismassen die Oberfläche des Mars, ähnlich wie sich die Gletscher während der letzten Eiszeit auf der Nordhalbkugel ausgebreitet hatten. Schließlich besitzt der Mars wie der Mond, der Merkur und die Venus sowohl von Kratern überdeckte ältere Hochländer neben jüngeren Tiefländern. Im Gegensatz zu Merkur, Venus und dem Mond bestehen die Tiefländer nicht nur aus Lavaergüssen, sondern auch aus Sedimentgesteinen und Ablagerungen von äolisch transportiertem Staub.

Die Gesteine des Mars

Unsere Kenntnisse der an der Oberfläche des Mars ablaufenden Prozesse haben sich dank der 2004 auf dem Mars abgesetzten Roboter *Spirit* und *Opportunity* und den auf Umlaufbahnen befindlichen Fernerkundungssatelliten erheblich erweitert. Im Jahr 2006 lieferte schließlich ein weiterer, den Mars umkreisender Satellit mit seinen hoch auflösenden Kameras erste Hinweise auf aquatische Prozesse in weiten Gebieten des Planeten. Diese Hinweise auf Wasser wurden 2008 durch das Vorkommen von Wassereis in den Polarregionen des Mars wenige Zentimeter unter der aus Staub bestehenden Oberfläche bestätigt. Ihren bisherigen Höhepunkt erreicht die Marsforschung im Jahr 2012, als der Mars-Roboter *Curiosity* im Gale-Krater landete. Von seiner Expedition zu dem im Zentrum des Kraters liegenden Mt. Sharp, sind umfangreiche Informationen über die frühe Entwicklung des Mars zu erwarten, in der dieser Planet möglicherweise bewohnbar gewesen sein könnte. Hauptverantwortlicher dieser Mission ist John Grotzinger, einer der Autoren dieses Lehrbuches.

Dieser jüngste Erfolg beruht auf umfangreichen Voruntersuchungen, die im Rahmen früherer Mars-Missionen seit Beginn der 1960er Jahre durchgeführt wurden (*Mariner* 1965–1971; *Viking* 1976–1980). Diese Missionen lieferten erstmals detailliertere Bilder des Mars und zeigten in einigen Bereichen von Kratern bedeckte, dem Mond ähnliche Gebiete. In anderen waren spektakuläre Landformen erkennbar, wie etwa extrem hohe Vulkane und tief eingeschnittene Canyons, ausgedehnte Dünenfelder, Eismassen sowie die Monde Phobos und Deimos, die beide den Mars umkreisen. Diese ersten Aufnahmen bestätigten außerdem das Auftreten globaler Staubstürme, die bereits zuvor von der Erde aus beobachtet wurden (Abb. 9.18). Darüber hinaus wurden ausgedehnte Fluss-Systeme entdeckt, die erste Hinweise lieferten, dass an der Oberfläche des Mars möglicherweise Wasser geflossen sein könnte (Abb. 9.19). Insgesamt ergaben diese Aufnahmen, dass auf dem Mars zwei Regionen unterschieden werden können: Tiefländer im Norden und von Kratern bedeckt Hochgebiete im Süden.

Die Bilder der auf dem Mars abgesetzten Raumsonden „*Viking*" zeigten weitere Details. Beide Landeplätze der Raumsonden waren von Gesteinsbrocken übersät, die durch den äolisch transportierten Sand eine gewisse Zurundung zeigten. Die mithilfe

Staubkonzentration
hoch

27. Juni 2001

3. Juli 2001

10. August 2001

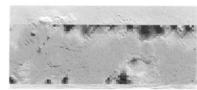

klare
Sicht

16. September 2001

8. Dezember 2001

Abb. 9.18 Auf dem Mars kommt es in großem Ausmaß zu Staubstürmen. Die Stürme beginnen lokal und breiten sich allmählich aus, bis sie schließlich, wie im mittleren Bild erkennbar, den gesamten Planeten verhüllen (Foto: NASA/JPL/ASU)

chemischer Sensoren durchgeführten Untersuchungen ergaben, dass sowohl diese Gesteine, als auch das Lockermaterial vorwiegend aus Basalt bestanden. Anstehendes Gestein war nicht erkennbar und ein weiteres an Bord durchgeführtes Experiment ergab keine Hinweise auf Leben nach unserem Verständnis. Diese Missionen zeigten jedoch eindeutig, dass der Rote Planet aufgrund des im Oberflächenmaterial vorhandenen Eisenoxids rot gefärbt ist und dass der Himmel nicht blau, sondern wegen der hohen Konzentration des vorhandenen Eisenoxid-Staubes in der Luft rötlich gefärbt ist.

Die Mission *Pathfinder* brachte 1997 Hinweise auf Andesite, deren Vorkommen darauf hindeuten könnte, dass zumindest ein Teil der Kruste durch partielles Schmelzen von Basalt entstanden ist und dass der Mars somit eine wesentlich komplexere Entwicklung durchlaufen hat, als zuvor angenommen wurde.

Teil III

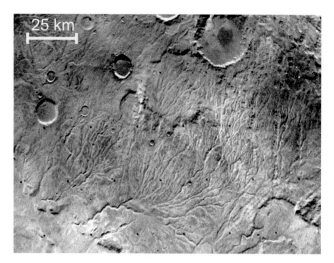

Abb. 9.19 Dieses in die Oberfläche des Mars eingeschnittene Netzwerk von Fließrinnen wurde von der Raumsonde *Viking* aufgenommen. Ihre Anordnung lässt vermuten, dass ein Großteil der Erosion durch fließendes Wasser erfolgte (Foto: NASA/Washington University)

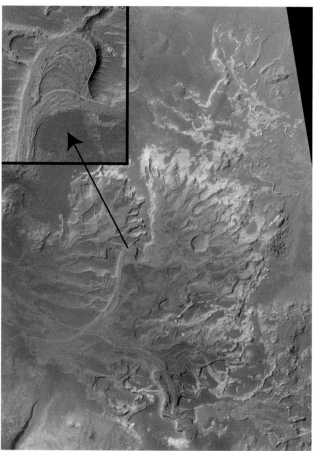

Abb. 9.20 Dieses Bild, aufgenommen von der Raumsonde *Mars Global Surveyor* zeigt in den im Eberswalde-Krater abgelagerten Sedimenten deutliche Hinweise auf mäandrierende Fließrinnen. Das Wasser floss offenbar über die Marsoberfläche und schließlich in den Krater, wo in mäandrierenden Fließrinnen Sedimente abgelagert wurden, ähnlich wie beim heutigen Mississippi (vgl. Kap. 18) (Foto: NASA/JPL/MSSS)

Die in den Jahren zwischen 1996 und 2006 durchgeführten Missionen – *Mars Global Surveyor* und *Mars Odyssey* – lieferten in Form mäandrierender Flüsse die bisher eindeutigsten Hinweise auf fließendes Wasser (Abb. 9.20). Dies konnte 2004 durch das Auftreten von Hämatit bestätigt werden, für dessen Bildung Wasser in flüssiger Form erforderlich ist. Weitere Raumsonden bestätigten das Vorhandensein von Permafrost unter dem Lockermaterial der Oberfläche, dessen Verbreitung von den mittleren Breiten bis zu den Polen reicht. Offenbar gab es in der jüngeren Vergangenheit auch auf dem Mars ausgedehnte Gletscher als Folge globaler Klimaveränderungen.

Ganz wesentliche Fortschritte brachte im August 2012 der Einsatz des Mars Science Laboratory *Curiosity* mit seinen hoch entwickelten Analysengeräten einschließlich eines kleinen Bohrgerätes (Abb. 9.21). Ziel dieser Mission war der Gale Krater, in dessen Zentrum sich der Mt. Sharp befindet, ein ungefähr 5000 m hoher Berg, der aus feinkörnigen Sedimentgesteinen besteht, in denen wasserhaltige Minerale auftreten, die dafür sprechen, dass diese Schichten zumindest teilweise in Anwesenheit von Wasser entstanden sind. *Curiosity* verbrachte das erste Jahr seiner Mission in der sognannten Yellowknife-Bai, wo in 3 Mrd. Jahre alten Gesteinen ein potenziell habitables Ablagerungsmilieu überliefert ist. Vom Rand des Kraters floss einstmals Wasser in den Krater zum Fuß des Mt. Sharp, wo ein See entstanden war, der einen geringen Salzgehalt und einen neutralen pH-Wert aufwies, beides günstige Bedingungen für die Entstehung von Leben, was neben dem Nachweis von flüssigem Wasser wichtigstes Forschungsziel der gegenwärtigen Untersuchungen ist.

Ein weiterer Roboter – *Spirit,* wurde im Gusev-Krater eingesetzt, einem großen Krater von 160 km Durchmesser, von dem angenommen wird, dass darin einst ein See vorhanden war (Abb. 9.22a), und *Opportunity* landete auf den Meridiani-Planum, wo zuvor bereits durch Satelliten Hämatit nachgewiesen wurde (Abb. 9.22b). Im Gusev-Krater entdeckte der Roboter

Sedimente, die zu mehr als 90 % aus SiO_2 bestehen. Diese Kieselsedimente sprechen dafür, dass dort früher an oder in der Nähe der Oberfläche Thermalwasser ausgeflossen ist, das einen hohen Gehalt an gelöster Kieselsäure aufwies, die in Form von Krusten – vergleichbar den heutigen Sinterkrusten des Yellowstone-Nationalparks – abgelagert wurden, das heißt in einem Milieu, das einst für Mikroorganismen potenziell bewohnbar gewesen wäre, was allerdings durch künftige Missionen noch zu bestätigen sein wird.

Abb. 9.22a,b Landeplätze der Mars-Exploration-Roboter. **a** Der von Roboter *Spirit* untersuchte Gusev-Krater, der einen Durchmesser von etwa 169 km hat und von dem angenommen wird, dass es sich um einen ehemaligen See handelt. *Rechts unten* ist eine ehemalige Fließrinne erkennbar, die in den Krater mündet. **b** Der Roboter *Opportunity* landete in einem Gebiet des Meridiani Planum, wo Hämatit, ein Mineral, das sich auf der Erde häufig in Wasser bildet, in größeren Mengen auftritt. Das Bild zeigt die Hämatit-Konzentration und die Ellipse umreißt die in Frage kommende Landefläche (Fotos: a NASA JPL/ASU/MSSS; b NASA/ASU)

a   b

Abb. 9.21a,b **a** Aus Dutzenden von Einzelaufnahmen zusammengesetztes „Selbstportait" des Mars Science Laboratory *Curiosity*, aufgenommen mit der an Bord befindlichen Kamera an seinem 17. Arbeitstag auf dem Mars. Im unteren linken Quadranten sind in Höhe der Bodenplatte graues Pulver und zwei kleine Löcher erkennbar, die von *Curiosity* in das Zielgestein „John Klein" gebohrt wurden **b** Von *Curiosity* an seinem 27. Tag auf dem Mars in das Gestein „Cumberland" gebohrtes Loch, dem Gesteinsmaterial entnommen wurde. Der Durchmesser des Bohrlochs beträgt 11,6 cm und seine Tiefe 6,6 cm (Fotos: a NASA/JPL-Caltech/MSSS; b NASA/JPL-Caltech/MSSS)

Teil III

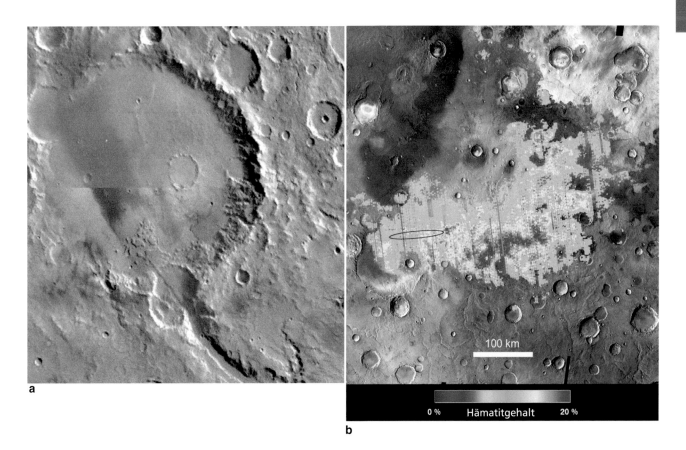

a

100 km

0 %   Hämatitgehalt   20 %

b

Opportunity erkundete außerdem den Eagle-Krater, einen kleinen Krater von etwa 20 m Durchmesser, wo er über einen Zeitraum von 60 Tagen hinweg die ersten, auf einem anderen Planeten entdeckten Sedimente untersuchte und Hinweise fand, dass diese Schichtenfolge unter Wasserbedeckung entstanden sein musste. Bei seinen weiteren Erkundungen in anderen Kratern entdeckte er vergleichbare Sedimente. Vor allem der Endurance-Krater erwies sich als ausgesprochen interessant, da die dort aufgeschlossene Schichtenfolge eine gewisse Entwicklung der Ablagerungsbedingungen erkennen ließ.

Im Victoria-Krater entdeckte *Opportunity* schließlich eine ehemalige Sandwüste mit flachen Senken zwischen den Dünen, die einstmals mit Wasser gefüllt waren. Es ist davon auszugehen, dass das Wasser dieser flachen Seen einen extrem niedrigen pH-Wert und einen hohen Salzgehalt hatte. Zwar können Mikroorganismen in extrem sauer reagierendem Wasser überleben, wenn jedoch der Salzgehalt zu hoch wird, ist selbst für extremophile Mikroorganismen die Verfügbarkeit von Wasser eingeschränkt und sie sterben ab. So betrachtet hat auch *Opportunity* Hinweise auf potenziell bewohnbare Gebiete entdeckt, wenn auch nur für Mikroorganismen, die unter solchen extremen Bedingungen lebensfähig sind.

Das Mars-Labor *Curiosity* landete am Fuß des Mt. Sharp im Zentrum des Gale Crater, nahe am Ende eines ehemaligen Schwemmfächers. Auf seinem Weg in Richtung Mt. Sharp entdeckte er feinklastische Sedimente, die Hinweise auf ein Milieu lieferten, das durch geringe Salinität und einen neutralen pH-Wert gekennzeichnet ist. Außerdem fand er Sedimentgesteine, die Tonminerale, Sulfate und eisenführende Minerale enthalten, die mit großer Wahrscheinlichkeit in Anwesenheit von Wasser entstanden sind. Vor allem durch die Erforschung dieser sehr unterschiedlichen Gesteine hoffen die Geologen schließlich herauszufinden, welche Gesteine sowohl für die Überlieferung von habitablen Milieus, als auch für die Überlieferung organischer Verbindungen geeignet sind, die durch künftige Missionen auf die Erde zurückgebracht und dort nach Hinweisen auf Leben untersucht werden können.

Die beiden letzten auf Umlaufbahnen um den Mars gebrachten Satelliten – *Mars Reconnaissance Orbiter* (2006) und *Phoenix* (Mai bis November 2008) kartierten mit einer bisher nicht möglichen Genauigkeit die Gesteine und Minerale des Mars. Während der Aktionsradius der Mars-Roboter auf der Marsoberfläche nur auf vergleichsweise wenige km begrenzt ist, sind Satelliten in der Lage, die gesamte Oberfläche des Mars kartenmäßig mit einem Auflösungsvermögen von 1 m zu erfassen. Eine der bemerkenswertesten Entdeckungen dieser Satelliten sind Sedimentschichten, die so gleichmäßig geschichtet sind, dass sie periodische Klimaschwankungen dokumentieren könnten, die vor Milliarden von Jahren auf dem Mars aufgetreten sind (Abb. 9.23). Die Sonde *Phoenix* wurde 2008 als Ersatz für den 1999 auf der Oberfläche zerschellten *Mars Polar Lander* zum Mars geschickt, um in den Polargebieten nach Eis zu suchen, was tatsächlich auch nachgewiesen werden konnte. Hinzu kam ein weiteres überraschendes Ergebnis. Aufgrund der von den Mars-Robotern und Satelliten gesammelten Daten war man allgemein der Ansicht, dass das Milieu an der Oberfläche des Mars stark sauer sein dürfte. Als *Phoenix* jedoch die ersten Bodenproben untersucht

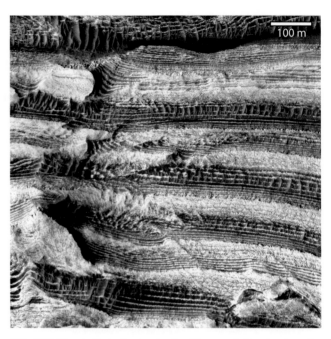

Abb. 9.23 Diese im Krater Becquerel aufgeschlossenen Sedimente zeigen eine regelmäßige, nahezu zyklische Schichtung. Jede der Schichten ist einige Meter mächtig und die Schichten sind in Sequenzen von einigen Dutzend Metern Mächtigkeit angeordnet. Man geht davon aus, dass sie aus äolisch abgelagertem Staub bestehen. Die Anlieferung des Sedimentmaterials dürfte von periodischen Klimaschwankungen beeinflusst worden sein (Foto: NASA/JPL/University of Arizona)

hatte, ergab sich ein neutraler pH-Wert. Dies wird als weiterer Hinweis auf eine Bewohnbarkeit des Mars gedeutet, da die meisten Mikroorganismen einen neutralen pH-Wert bevorzugen.

Entwicklungsgeschichte des Mars

Die jüngsten *Orbiter-* und *Rover*-Missionen zum Mars haben unsere Kenntnisse in Bezug auf seine frühe Entwicklung erheblich erweitert. Wie der Mond und die anderen terrestrischen Planeten besitzt auch der Mars mit Kratern übersäte Gebiete als Zeugnisse des jüngeren Metoritenschauers. Deshalb müssen diese Gebiete älter als 3,8 bis 3,9 Mrd. Jahre sein (vgl. Abb. 9.11). Jüngere, nach diesem Ereignis entstandene Oberflächen sind auf dem Mars ebenfalls weit verbreitet. Bis vor kurzem war man noch der Meinung, dass diese jungen Oberflächen wie auf der Venus überwiegend aus Lavaergüssen bestehen. Die Daten der Landefahrzeuge haben jedoch gezeigt, dass zumindest einige – wenn nicht sogar viele – dieser jüngeren Flächen von Sedimentgesteinen unterlagert werden.

Ein Teil der Sedimentgesteine besteht aus Silicatmineralen, die durch Erosion älterer basaltischer Laven und aus den bei Impakt-Ereignissen mechanisch zerkleinerten Basaltgesteinen der älteren, von Kratern bedeckten Flächen entstanden sind. So dürften beispielsweise die in Abb. 9.20 erkennbaren Ablagerungen eines mäandrierenden Flusses überwiegend durch die Akkumulation basaltischer Sedimente entstanden sein. Dagegen bestehen die meisten, wenn nicht alle Sedimentgesteine unter dem Meridiani

Planum, die von der Marssonde *Opportunity* untersucht wurden, aus Sulfatmineralen, das heißt aus chemischen Sedimenten vermischt mit Silicatmineralen. Diese Sulfate müssen ausgefällt worden sein, als das Wasser möglicherweise flacher Seen oder Ozeane verdunstete. Damit diese Minerale ausgefällt werden konnten, musste das Wasser stark salzhaltig gewesen sein, außerdem musste es Sulfatminerale wie etwa Gips ($CaSO_4$) enthalten haben. Darüber hinaus spricht das Auftreten ungewöhnlicher Sulfatminerale – wie etwa das eisenreiche Sulfatmineral Jarosit – dafür (Abb. 9.24), dass das Wasser stark sauer gewesen sein muss. Auf dem Mars entstand die Schwefelsäure möglicherweise dadurch, dass die weit verbreiteten Basalte mit Wasser reagierten und verwitterten, unter Freisetzung des darin enthaltenen Schwefels. Das sauer reagierende Wasser durchfloss danach die durch die Meteoriteneinschläge stark zerstörten Gesteine und sammelte sich in den Seen oder Ozeanen, in denen der Jarosit als chemisches Sediment ausgefällt wurde.

Wie bereits in den Kap. 5 und 8 erwähnt wurde, sind Sedimentgesteine wichtige Dokumente des geologischen Werdegangs. Die vertikale Abfolge der Sedimentgesteine – ihre stratigraphische Abfolge – gibt uns wichtige Hinweise über mögliche Veränderungen der Ablagerungsverhältnisse und damit auch der Umweltbedingungen. Eine der bisher spektakulärsten Entdeckungen der Landefahrzeuge war der Fund einer geschlossenen Schichtenfolge im Endurance-Krater. Da der Krater sehr groß ist, sind auch zahlreiche Aufschlüsse vorhanden, die großenteils von der Kraterbildung nicht oder nur wenig beeinträchtigt wurden. Abb. 9.25 zeigt einen dieser Aufschlüsse, der sämtliche stratigraphische Informationen erkennen lässt. Die vom Mars-Roboter *Opportunity* durchgeführten Messungen aller Schichtmächtigkeiten machten es möglich, eine hoch auflösende stratigraphische Gliederung dieser Schichtenfolge vorzunehmen (Abb. 9.25b), die bisher

Abb. 9.24 Der erste auf einem anderen Planeten untersuchte Aufschluss. Er zeigt Sedimentgesteine, die zum Teil aus Sulfatmineralen bestehen, unter anderem auch aus Jarosit. Jarosit ist insofern von Bedeutung, da er sich ausschließlich in Wasser und nur in stark saurem Milieu bilden kann (Foto: NASA/JPL/Cornell)

erste auf einem anderen Planeten. Bemerkenswerterweise liefert das auf einem etwa 500 Mio. km entfernten Planeten aufgenommene Profil denselben Informationsinhalt, wie er typischerweise auch auf der Erde möglich wäre (vgl. Abb. 5.15). Das Marslabor *Curiosity* führt derzeit im Gale-Krater ähnliche stratigraphische

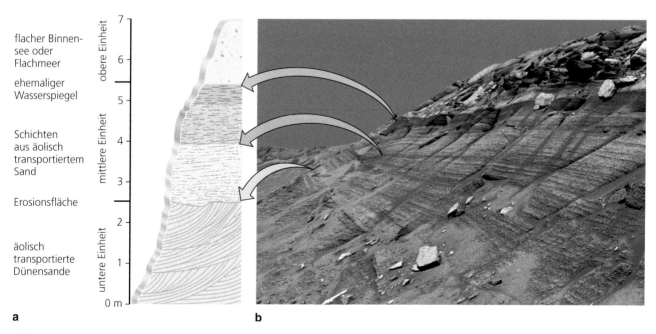

Abb. 9.25a,b Schichtenfolge, aufgeschlossen am Rande des Kraters Endurance, aufgenommen vom Mars-Rover *Opportunity*. **a** Die Abfolge lässt sich dem Aufschluss entnehmen und in Form eines Profils darstellen. Es zeigt jedes einzelne Entwicklungsstadium dieses Ablagerungsraums. **b** Die vertikale Abfolge der Schichten in diesem Aufschluss ermöglicht eine ausgezeichnete Rekonstruktion der Ablagerungsräume in der Frühzeit des Mars (Fotos: NASA/JPL/Cornell)

Untersuchungen durch, in der Hoffnung, auch dort eine zeitliche Abfolge von Ereignissen zu ermitteln, die für die frühe Entwicklung des Mars kennzeichnend sind.

Möglicherweise werden wir eines Tages ausreichende stratigraphische Kenntnisse vom Mars haben, um die Vulkanite und Sedimente einer Region des Planeten mit denen anderer Gebiete korrelieren zu können. Dazu müssen die Beobachtungen der Landefahrzeuge am Boden mit den Beobachtungen der auf Umlaufbahnen befindlichen Satelliten zusammengeführt werden. Die neuesten, auf Umlaufbahnen befindlichen Raumsonden haben gezeigt, dass in einigen Gebieten des Mars sowohl Sulfate als auch Tonminerale ausgesprochen häufig sind – vor allem im Vallis Marineris, wo sie in einer Mächtigkeit bis zu mehreren 1000 m abgelagert wurden. Diese Beobachtung lässt vermuten, dass ihre Bildung im Zusammenhang mit einem länger andauernden globalen Prozess stand. Es gibt einige Hinweise, die dafür sprechen, dass die Tonminerale vor den Sulfatmineralen entstanden sein dürften. Es ist jedoch bisher nicht bekannt, ob diese Ablagerungen alle gleichzeitig gebildet wurden und damit ein globales Ereignis kennzeichnen, das in der Geschichte des Mars einmalig war, oder ob sie an verschiedenen Orten zu unterschiedlichen Zeiten entstanden sind. Die ersten Entdeckungen von *Curiosity* in der Yellowknife Bay des Gale-Kraters sprechen eher für die letztgenannte Möglichkeit. Dies würde für einen in der Geschichte des Mars häufig auftretenden Vorgang sprechen, der immer wann und wo es die lokalen Verhältnisse erlaubten, abgelaufen ist.

Es gibt heute eindeutige Beweise, dass es irgendwann in der Entwicklung des Mars an seiner Oberfläche und im Untergrund Wasser in flüssiger Form gegeben hat. Irgendwann muss der Planet wärmer gewesen sein als heute, es sei denn, das Wasser war nur gelegentlich vorhanden und ergoss sich nur kurze Zeit über die Oberfläche, ehe es rasch verdunstete oder in den Untergrund versickerte, ehe es gefror, wie das heute der Fall wäre. Es sind also noch viele Fragen offen. Wie viel Wasser war vorhanden und wie lange? Hat es auf dem Mars jemals Niederschläge gegeben oder war es insgesamt Grundwasser, das an die Oberfläche austrat? War das Wasser längere Zeit vorhanden und hatte es die richtige Zusammensetzung, um die Entstehung von Leben zu ermöglichen? Nur eines ist bereits heute sicher: Um diese Fragen zu beantworten, sind noch weit mehr Missionen zum Mars erforderlich!

Erde: Der belebte Planet

Jeder Blick auf die Erde unterstreicht ihre einzigartige Schönheit, die durch den erheblichen Einfluss der Plattentektonik, des fließenden Wassers und des Lebens entstanden ist. Mit ihrem blauen Himmel, ihren blauen Ozeanen, ihrer grünen Vegetation, ihren schroffen, von Eis bedeckten Bergen und den sich ständig bewegenden Kontinenten ist sie ein wahrhaft einmaliger Ort. Ihr bemerkenswertes Erscheinungsbild wird durch ein empfindliches Gleichgewicht von Bedingungen aufrechterhalten, die für den Erhalt und den Fortbestand des Lebens erforderlich sind.

Die charakteristischen Merkmale, die die Oberfläche unseres Planeten kennzeichnen, sind Gegenstand des gesamten Buches. Ein besonderer Aspekt, der in diesem Zusammenhang erwähnt

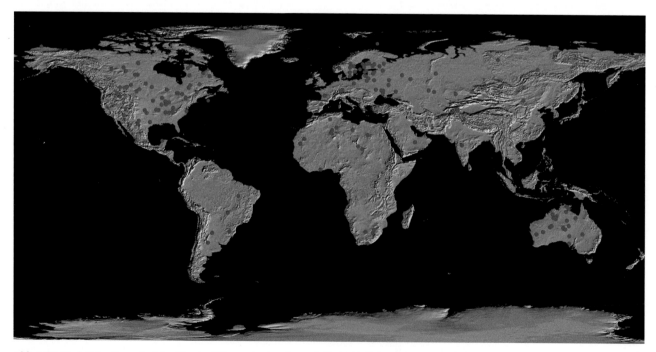

Abb. 9.26 Durch Meteoriten- oder Asteroideneinschläge entstandene Krater sind im Vergleich mit anderen terrestrischen Planeten auf der Erde selten. Die Aufarbeitung der Erdkruste durch die Prozesse der Plattentektonik vernichtete nahezu alle Spuren. Die verbliebenen Impaktkrater (*rote Punkte*) sind – von einer Ausnahme abgesehen – daher nur auf den Kontinenten überliefert (Foto: NASA/JPL/ASU)

Tab. 9.2 Einschläge von Asteroiden und Meteoriten und ihre Auswirkung für das Leben auf der Erde

	Beispiel oder Größenäquivalent	jüngstes Ereignis	Auswirkung auf Planeten	Auswirkung auf das Leben
gigantisch Radius (R) > 2000 km	Entstehung eines Mondes	vor 4,45 x 10⁹ Jahren	Planet schmilzt	flüchtige Bestandteile gehen in den Weltraum über
extrem groß R > 700 km	Pluto	vor mehr als 4,3 x 10⁹ Jahren	Kruste schmilzt	Leben auf der Erde wird ausgelöscht
riesig R > 200 km	Vesta (großer Asteroid)	vor ungefähr 4,0 x 10⁹ Jahren	Ozeane verdampfen	Lebewesen können unter der Oberfläche überleben
sehr groß R > 70 km	Chiron (größter aktiver Komet)	vor ungefähr 3,8 x 10⁹ Jahren	die oberen 100 m der Ozeane verdampfen	Photosynthese nicht möglich
groß R > 30 km	Komet Hale-Bopp	vor ungefähr 2,0 x 10⁹ Jahren	Aufheizung der Atmosphäre und der Oberfläche auf 1000 K	Kontinente brennen
mittelgroß R > 10 km	Asteroid an der Grenze Kreide/Tertiär, 433 Eros (größter erdnaher Asteroid)	vor 65 x 10⁶ Jahren	Brandkatastrophen, Staub, Dunkelheit, chemische Veränderungen in den Ozeanen und der Atmosphäre, große Temperaturschwankungen	Impakt-Ereignis an der Grenze Kreide/Tertiär führte zum Aussterben von 75 % der Arten einschließlich aller Dinosaurier
klein R > 1 km	ungefähr die Größe erdnaher Asteroiden	vor ungefähr 300.000 Jahren	viele Monate lang weltweit Staub in der Atmosphäre	unterbricht die Photosynthese; einzelne Individuen sterben, wenige Arten sterben aus, die Zivilisation ist bedroht
sehr klein R > 100 m	Ereignis von Tunguska (Sibirien)	1908	umgestürzte Bäume in mehreren Kilometern Entfernung, geringe Auswirkung auf der Nordhalbkugel, Staub in der Atmosphäre	Schlagzeilen in der Presse, romantische Sonnenuntergänge, Zunahme der Geburtenrate

Aus: J. D. Lissauer, Nature 402: C11–C14.

Teil III

werden sollte, ist die Bildung von Kratern. Einschlagskrater von Meteoriten und Asteroiden sind zwar auf allen terrestrischen Planeten überliefert, doch im Gegensatz zu allen anderen terrestrischen Planeten, deren Oberflächen im Laufe der Zeit meist erstarrten, sind auf der Erde nur wenige Reste aus ihrer Anfangszeit überliefert. Die Prozesse der Plattentektonik, die eindeutig effizienter sind als die Schuppentektonik auf der Venus, haben nahezu vollständig zu einer permanenten Umgestaltung der Kruste unseres Planeten geführt. Was an der Erdoberfläche an Kratern vorhanden ist, ist eindeutig jünger als die Phase des jüngeren Meteoritenschauers und ausschließlich auf Kontinenten überliefert, die sich der Subduktion entzogen haben (Abb. 9.26).

Trotzdem sammelt sich auf der Erde eine Menge „Gerümpel" aus dem Weltraum an. Gegenwärtig gelangen etwa 40.000 t extraterrestrisches Material pro Jahr auf die Erde, überwiegend in Form von Staub und nicht wahrgenommenen kleinen Objekten. Obwohl die Anzahl der Impakt-Ereignisse gegenüber den Meteoritenschauern mengenmäßig stark abgenommen hat, kollidiert statistisch gesehen etwa alle paar Millionen Jahre ein Materieklumpen von 1–2 km Durchmesser mit der Erde. Auch wenn solche Kollisionen selten sind, überwachen bestimmte Spezialteleskope kontinuierlich den Weltraum, um rechtzeitig vor größeren Körpern zu warnen, die auf der Erde aufschlagen könnten. Astronomen der NASA sagten vor einiger Zeit „mit einer nicht vernachlässigbaren Wahrscheinlichkeit" (von 1:300)

voraus, dass ein Asteroid mit 1000 m Durchmesser im März des Jahres 2880 mit der Erde kollidieren wird. Ein solches Ereignis würde unsere Zivilisation in erheblichem Maße bedrohen.

Es ist inzwischen hinreichend bekannt, dass solche Kollisionen die Lebensbedingungen auf der Erde ganz wesentlich verändern können. Wie in Kap. 11 noch gezeigt wird, führte vor 65 Ma eine Kollision mit einem Asteroiden von etwa 10 km Durchmesser zum Aussterben von 75 % der auf der Erde lebenden Arten, einschließlich aller Dinosaurier. Dieses Ereignis dürfte jedoch den Aufstieg der Säugetiere zur beherrschenden Tiergruppe ermöglicht haben und machte damit auch den Weg frei für das spätere Erscheinen der Menschheit. Die potenziellen Auswirkungen solcher Impakt-Ereignisse auf unserem Planeten durch Objekte unterschiedlicher Größen sind in Tab. 9.2 zusammengestellt.

Die Erforschung des Sonnensystems und des Weltraums

Die Erforschung des Sonnensystems ist bei vielen oft noch mit der Vorstellung verbunden, dass Astronomen die Sterne durch ein Teleskop betrachten. Die meisten Teleskope haben heute jedoch überhaupt kein Okular mehr, sie arbeiten mit Digitalkame-

Teil III

Abb. 9.27 Dieses Bild wurde unmittelbar nach dem Aufschlag der Raumsonde „Deep Impakt" auf dem Kometen Tempel 1 aufgenommen und zeigt die Ausbreitung des aus dem Inneren des Kometen stammenden Materials am Aufschlagsort (Foto: NASA/JPL-Caltech/UMD)

ras. Viele Teleskope, darunter auch das Hubble-Teleskop, befinden sich nicht einmal mehr auf der Erde, sondern im Weltraum.

Ungeachtet der Aufnahmetechnik und des Standorts der Teleskope bleibt das Prinzip dasselbe, nämlich mehr Licht zu sehen, als mit dem bloßen Auge erkennbar ist. Das von den Teleskopen aufgenommene Bildmaterial kann bearbeitet werden, Helligkeit und Kontrast lassen sich verstärken und es werden wichtige Oberflächenstrukturen wie Krater oder Canyons sichtbar. Alle bisher in diesem Kapitel erwähnten geologischen Oberflächenstrukturen auf den Planeten wurden auf diese Weise untersucht.

Das von den Teleskopen oder Digitalkameras aufgenommene Licht kann darüber hinaus mithilfe einer speziellen Technik weiter untersucht werden. Wir können auf diese Weise auch das elektromagnetische **Spektrum** der Planeten und Sterne erforschen, denn das von den Sternen abgegebene oder von Planetenoberflächen reflektierte Licht lässt sich wie das Sonnenlicht mit einem optischen Prisma in sein spezifisches Spektrum zerlegen. Aus dessen Farben kann die chemische Zusammensetzung des Strahlung erzeugenden oder reflektierenden Materials ermittelt werden. Folglich lässt sich aus den Spektren der Planeten bestimmen, welche Gase sich in ihrer Atmosphäre befinden und aus welchen Mineralen ihre Gesteine und Lockersedimente bestehen.

Dasselbe Prinzip wenden die Astronomen auch auf das Licht ferner Sterne und Galaxien an. Die beobachteten Spektren liefern nicht nur Hinweise auf das Alter und die Entwicklung solcher Sterne und Galaxien, sondern darüber hinaus auch unglaubliche Einblicke in die Entstehung und Entwicklung des Universums.

Weltraum-Missionen

Die meisten Beobachtungen des Universums werden noch immer von der Erde aus gemacht. Im Verlauf der letzten 50 Jahre wurden im Zusammenhang mit der Erforschung des Weltraums die unterschiedlichsten Geräte, Raumfahrzeuge und selbst Menschen auf Umlaufbahnen um Planeten, Monde und Kometen gebracht, um von diesen Umlaufbahnen aus das äußere Sonnensystem und den fernen Weltraum zu erforschen. In anderen Fällen wurden auf den Oberflächen der Planeten Landefahrzeuge oder Sonden abgesetzt, um direkte Messungen an Gesteinen, Mineralen, Gasen und Fluiden vorzunehmen.

So wurde beispielsweise am 3. Juli 2005 von der Raumsonde *Deep Impact* ein Projektil in eine Flugbahn gebracht, auf der es bewusst mit dem Kometen Tempel 1 kollidieren sollte. Die Tiefe des dabei entstehenden Aufschlagkraters und der beim Aufschlag entstehende Lichtblitz (Abb. 9.27) haben ergeben, dass der Komet aus einem Gemisch von Staub und Eis besteht. Dieser Staub enthält Carbonate, Tonminerale neben anderen Silicatmineralen und ist mit Natrium angereichert, was im Weltraum äußerst ungewöhnlich ist.

Die Cassini-Huygens-Mission zum Saturn

Eine besondere Bedeutung bei der Erforschung des fernen Weltraums kommt der Cassini-Huygens-Mission zu. Im Jahre 2005 wurde das Landefahrzeug *Huygens* zum Raumfahrzeug, das den weitesten Weg zu einem anderen Planeten zurückgelegt hatte, und gewissermaßen „überlebte" und „lebend" davon berichtete.

Die Cassini-Huygens-Mission war eine der ehrgeizigsten Missionen, die jemals im Weltraum durchgeführt wurde. Die Sonde bestand aus zwei Komponenten, dem Satelliten *Cassini* und dem Landemodul *Huygens*. Die Raumsonde wurde am 15. Oktober gestartet und nachdem sie nach mehr als sieben Jahren Flugzeit eine Strecke von über 1 Million Kilometer zurückgelegt hatte, trat sie am 1. Juli 2004 in das Ringsystem des Saturn ein. Durch diese Ringe unterscheidet sich der Saturn von allen anderen Planeten unseres Sonnensystems (Abb. 9.28). Dieses ausgedehnte und komplizierte Ringsystem erstreckt sich über mehrere hunderttausend km Entfernung vom Planeten und besteht aus unzähligen Eis- und Gesteinspartikeln, deren Größe von Sandkörnern bis zu Hausgröße reicht. Die Ringe umkreisen den Saturn mit unterschiedlicher Geschwindigkeit. Die Beschaffenheit und Entstehung der Ringe zu klären, ist wesentliches Forschungsziel der Wissenschaftler des *Cassini*-Projekts.

Am 24. Dezember 2004 trennte sich das Landemodul vom Satelliten und erreichte nach einem Flug von 5 Mio. Kilometern schließlich Titan, einen der 18 Monde des Saturn. Am 14. Januar 2005 trat der Lander in dessen äußere Atmosphäre ein, löste dort einen Fallschirm aus und landete erfolgreich auf der Oberfläche. Seine Kameras zeigten Erscheinungsformen, die Flussläufe sein könnten, ähnlich denen auf dem Mars und

a   b

Abb. 9.28a,b **a** Der Saturn und seine Ringe, aufgenommen in natürlichen Farben von der Raumsonde *Cassini* am 27. März 2004. Die verschiedenen Farben der Ringe sind durch die unterschiedliche Zusammensetzung des jeweiligen Materials bedingt, wie etwa Eis und Gesteinsmaterial. Die Beschaffenheit und Entstehung der Ringe soll im Rahmen der weiteren Cassini-Huygens-Mission erforscht werden. **b** Die Oberfläche des Jupitermonds Titan ist übersät mit Eisbrocken, die aus gefrorenem Methan und anderen kohlenstoffhaltigen Verbindungen bestehen (Fotos: a NASA/JPL/SSI/ESA/University of Arizona; b ESA/NASA/University of Arizona)

der Erde. Der Landeplatz war übersät mit bis zu 15 cm großen Brocken, doch handelt es sich bei diesem „Gestein" möglicherweise um Eis, das aus Methan und anderen organischen Verbindungen besteht.

Titan ist für die Astronomen von besonderem Interesse. Er ist größer als die Planeten Merkur und Pluto, und er ist einer der wenigen Monde unseres Sonnensystems mit einer Atmosphäre. Dieser Mond ist eingehüllt in eine dichte smogartige Dunsthülle, von der man annimmt, dass sie der Erdatmosphäre vor der Entstehung des Lebens vor mehr als 3,8 Mrd. Jahren ähnlich ist (Kap. 11). Organische Verbindungen einschließlich Gasen wie etwa Methan sind auf Titan häufig. Weitere Untersuchungen dieses Mondes versprechen wichtige Erkenntnisse über die Entstehung der Planeten und vielleicht auch über die ersten „Tage" unserer Erde.

Weitere Sonnensysteme

Seit geraumer Zeit stellen Wissenschaftler und Philosophen Überlegungen an, ob es auch außerhalb des Sonnensystems Planeten gibt, die andere Sterne umkreisen. In den 1990er-Jahren entdeckten Astronomen schließlich Planeten, die nahe gelegene sonnenähnliche Sterne umkreisen. Seit 1999 wurde eine ganze Reihe solcher **Exoplaneten** entdeckt, Planeten, die außerhalb unseres Sonnensystems andere Sterne umkreisen. Diese Planeten sind zu dunkel und können daher nicht direkt mit einem Teleskop beobachtet werden, doch ihre Existenz ist durch ein messbares Tau-

meln ihrer Sonnen nachweisbar, das durch die Anziehungskraft der Planeten hervorgerufen wird und im Spektrum erkennbar ist. Die meisten der auf diese Weise nachgewiesenen Planeten haben etwa die Größe des Jupiters oder sind größer und befinden sich in der Nähe ihres Sterns, viele davon in sengender Hitze. Mit anderen Verfahren wurden in den letzten Jahren auch Planeten nachgewiesen, die größenmäßig der Erde entsprechen. Bis zu Beginn des Jahres 2009 haben Astronomen mehr als 300 Planeten in insgesamt 249 Sonnensystemen entdeckt. Raumsonden außerhalb der Erdatmosphäre sind in der Lage, nach einer geringfügigen Abnahme der Helligkeit von Sternen beim Durchgang des Planeten in Blickrichtung zur Erde Ausschau zu halten.

Die Planetensysteme anderer Sterne sind deshalb so faszinierend, weil sie uns möglicherweise Hinweise über unseren eigenen Ursprung geben könnten. Das vorrangige Interesse gilt jedoch der grundlegenden, von Naturwissenschaftlern und Philosophen immer wieder gestellten Frage: Gibt es draußen in den Weiten des Weltraums ebenfalls Leben? In ungefähr 15 Jahren könnten mit der Raumsonde *Life Finder* Instrumente in den Weltraum befördert werden, um mit deren Hilfe in der Atmosphäre von Exoplaneten unserer Galaxis nach Hinweisen auf irgendeine Form von Leben zu suchen. Ausgehend von unseren Kenntnissen biologischer Vorgänge müsste auch das Leben auf den Exoplaneten auf Kohlenstoff basieren und würde das Vorhandensein von Wasser in flüssiger Form erfordern. Milde Temperaturen (vgl. Kap. 11) und eine Atmosphäre, die eine vom Zentralgestirn ausgehende schädliche Strahlung abschirmt, wären ebenfalls zwingend. Das heißt, die Masse des Planeten muss ausreichend groß sein, dass seine Atmosphäre durch das Schwerefeld zurückgehalten wird

Teil III

und sich nicht in den Weltraum verflüchtigt. Für einen Planeten, auf dem nach unserem Verständnis höher entwickelte Lebensformen existieren könnten, wären die Bedingungen noch weitaus stärkeren Beschränkungen unterworfen. Wäre die Masse dieses Planeten beispielsweise zu groß, wären Organismen wie etwa wir Menschen zu schwach gebaut, um der großen Massenanziehung standzuhalten. Sind all diese Voraussetzungen für ein Leben außerhalb der Erde zu einschränkend? Viele Wissenschaftler glauben das nicht, allein in Anbetracht der Milliarden sonnenähnlicher Sterne in unserer eigenen Galaxis.

Zusammenfassung des Kapitels

Entstehung des Sonnensystems: Nach der Nebular-Hypothese entstand das Sonnensystem und seine Planeten mit großer Wahrscheinlichkeit vor etwa 4,5 Mrd. Jahren durch die Kondensation einer kosmischen Gas- und Staubwolke, die als Sonnennebel bezeichnet wird. Die terrestrischen inneren Planeten einschließlich der Erde unterscheiden sich von den großen äußeren Planeten durch ihre chemische Zusammensetzung.

Entstehung und Entwicklung der Erde: Die Erde entstand durch Kollision und Akkretion von Planetesimalen und anderen Materieklumpen. Bald nach ihrer Entstehung kam es zum Aufprall eines planetenartigen Körpers von der Größe des Mars. Aus der Materie, die sowohl von der Erde als auch von dem auftreffenden Himmelskörper in den Weltraum hinausgeschleudert wurde, entstand der Mond. Bei dem Aufprall entstand so viel Wärme, dass der größte Teil des von der Erde verbliebenen Materials aufgeschmolzen wurde. Der radioaktive Zerfall und die Gravitationsenergie trugen ebenfalls zur Erwärmung und zum Aufschmelzen bei. Das schwere eisenreiche Material sank zum Erdmittelpunkt ab und bildete den Erdkern, während leichteres Material nach oben stieg und die Erdkruste bildete. Aus den noch leichteren Gasen entstanden die Atmosphäre und die Ozeane. Auf diese Weise entwickelte sich die Erde zu einem differenzierten Planeten mit chemisch unterschiedlichen Schalen.

Wichtige Ereignisse in der Frühzeit des Sonnensystems: Das Alter unseres Sonnensystems beträgt, wie Datierungen von Meteoriten ergaben, etwa 4,56 Mrd. Jahre. Die Erde und die anderen terrestrischen Planeten bildeten sich in einem Zeitraum von etwa 10 Mio. Jahren. Das Impakt-Ereignis, bei dem der Mond entstand, ereignete sich vor ungefähr 4,51 Mrd. Jahren.

In der Erdkruste wurden Minerale mit einem Alter von 4,4 Mrd. Jahren gefunden. Der jüngere Meteoritenschauer, der vor ungefähr 3,9 Mrd. Jahren seinen Höhepunkt erreichte, kennzeichnet das Ende des Hadeums.

Datierung der Planetenoberflächen: Die von den Apollo-Missionen von der Mondoberfläche zur Erde gebrachten Gesteine wurden mit radiometrischen Verfahren datiert. Die Hochländer des Mondes haben ein Alter zwischen 4,4 und 4,0 Mrd. Jahren, die Maria sind zwischen 4,0 und 3,2 Mrd. Jahre alt. Diese radiometrischen Datierungen ermöglichen die Eichung einer relativen Zeitskala, die durch Zählung der Krater aufgestellt wurde.

Plattentektonik auf anderen Planeten: Abgesehen von der Erde ist die Venus der einzige Planet, auf dem aktive tektonische Prozesse ablaufen, die durch Konvektionsbewegungen im Mantel beeinflusst werden. Auf der Venus gibt es offenbar keine mächtigen Lithosphärenplatten. Stattdessen besteht ihre dünne Kruste aus erstarrter Lava, die schuppenartig zerbricht oder Falten bildet, wenn sie durch heftige Konvektionsströmungen gedehnt oder wie ein Teppich zusammengeschoben wird. Dieser Prozess, der als Schuppentektonik bezeichnet wird, könnte auch auf der Erde während ihrer Frühzeit geherrscht haben, als sie noch wesentlich heißer war.

Wasser auf dem Mars: Heute gibt es Wasser auf dem Mars lediglich an seinen Polen und im Permafrostboden. In der Vergangenheit dürfte es auch in flüssigem Zustand vorhanden gewesen sein; wie geologische Hinweise zeigen, floss es an der Oberfläche und schnitt zum Teil tiefe Canyons ein. In mäandrierenden Flüssen und in Deltas kam es zur Ablagerung von Sedimenten. Außerdem sammelte sich Wasser in Seen oder flachen Meeren, wo es verdunstete und eine Vielzahl von chemischen Sedimenten einschließlich Sulfatmineralen ausgefällt wurde.

Erforschung von Sternen und des Sonnensystems durch Spektren: In einige Fällen lassen sich die mit verbesserten Teleskopen aufgenommenen Oberflächenmerkmale ferner Objekte unmittelbar erkennen. In anderen Fällen verwendet man das Spektrum des sichtbaren Lichts, das sich in Abhängigkeit von der Zusammensetzung des Objekts verändert, von dem dieses Licht ausgeht oder reflektiert wird.

Unser Sonnensystem ist einmalig: Es gibt Berichte von mehr als 300 beobachteten Planeten, die andere Sterne umkreisen. In mehreren Fällen besitzen diese Sonnensysteme mehr als einen Planeten. Da sich diese Planeten außerhalb unseres Sonnensystems befinden, werden sie als Exoplaneten bezeichnet.

Ergänzende Medien

9.1 Animation: Die Entstehung des Sonnensystems und des Mondes

9.2 Video: Der Barringer-Krater in Arizona

Teil III

Die Entwicklung der Kontinente

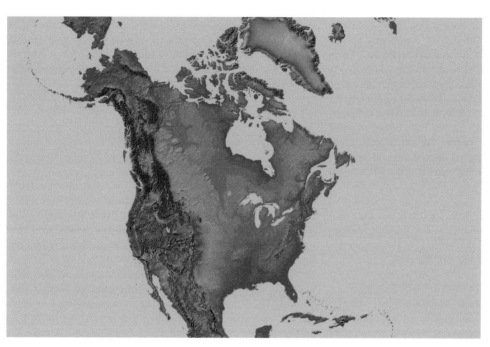

Reliefkarte des nordamerikanischen Kontinents (Foto: US Geological Survey)

© Springer-Verlag Berlin Heidelberg 2017
J. Grotzinger, T. Jordan, *Press/Siever Allgemeine Geologie*, DOI 10.1007/978-3-662-48342-8_10

Teil III

Nahezu zwei Drittel der Erdoberfläche – und damit die gesamte ozeanische Kruste – sind im Laufe der vergangenen 200 Mio. Jahre durch Seafloor-Spreading entstanden, in einem Zeitraum, der lediglich vier Prozent der Erdgeschichte umfasst. Wenn wir also verstehen wollen, wie sich die Erde seit ihren glühend heißen Anfängen entwickelt hat, müssen wir uns den Kontinenten zuwenden, denn dort finden wir Gesteine, die ein Alter von mehr als vier Milliarden Jahren aufweisen.

Die geologische Entwicklung der kontinentalen Kruste ist höchst kompliziert, doch unsere diesbezüglichen Kenntnisse haben sich gerade in den letzten Jahren zunehmend verbessert. Geowissenschaftler verwenden die Theorie der Plattentektonik, um erodierte Gebirgsgürtel und alte Gesteinsparagenesen als Folge sich schließender Ozeanbecken und kollidierender Kontinente zu interpretieren. Neue geochemische Methoden wie etwa radiometrische Altersbestimmungen helfen bei der Entschlüsselung der Entwicklungsgeschichte dieser Gesteine auf den Kontinenten. Heute können wir mithilfe eines ganzen Netzwerks von Seismographen und anderer Instrumente auch den Bau der Kontinente bis in große Tiefen erkunden.

In diesem Kapitel betrachten wir den Bau der Kontinente und schauen zurück auf ihre vier Milliarden Jahre umfassende Geschichte – wir erfahren, welche Prozesse an ihrer Bildung beteiligt waren und welche sie heute noch modifizieren.

Wir werden sehen, wie durch plattentektonische Vorgänge der kontinentalen Kruste neues Material zugeführt wurde, wie die Konvergenz von Platten in den Gebirgsgürteln zur Krustenverdickung führte und wie diese Gebirge erodiert wurden, so dass heute die metamorphen Sockel freigelegt sind, wie dies in vielen älteren Bereichen der Kontinente der Fall ist.

Wir gehen außerdem zurück in die frühesten Entwicklungsperioden der Kontinente, in das Archaikum vor 3,9–2,5 Mrd. Jahren, um über zwei der größten Probleme der Erdgeschichte nachzudenken: Wie entstanden die Kontinente und wie konnten sie die Milliarden Jahre mit plattentektonischen Prozessen und Kontinentaldrift überdauern?

Kontinente zeigen eine Vielzahl von Merkmalen, die ihre Herkunft und ihre Entwicklung erkennen lassen. Sie haben in ihren grundlegenden Strukturen und hinsichtlich ihres Wachstums auch Gemeinsamkeiten. Ehe wir ganz allgemein die Kontinente betrachten, besprechen wir die wesentlichen Kennzeichen des nordamerikanischen Kontinents. Er zeigt in exemplarischer Weise alle geologischen Erscheinungen, die wir auch auf anderen Kontinenten vorfinden, die dort aber nicht so deutlich wie hier in Erscheinung treten.

Der tektonische Bau Nordamerikas

Die lange tektonische Entwicklung des nordamerikanischen Kontinents wird in seinen tektonischen Einheiten erkennbar – ausgedehnten Gebieten, die durch bestimmte tektonische Prozesse entstanden sind (Abb. 10.1).

Die in den ältesten Episoden der Krustendeformation entstandenen Bereiche Nordamerikas treten normalerweise in den nördlichen zentralen Gebieten des Kontinents auf. Diese Region, die große Teile Kanadas und Grönlands umfasst, ist tektonisch stabil, das heißt, sie blieb von den jüngeren Episoden der Plattenbewegung, der kontinentalen Großgrabenbildung und der Plattenkollisionen unberührt und wurde durch Erosion weitgehend eingeebnet. An den Rändern dieser älteren Landmassen befinden sich jüngere Orogengürtel, in denen die meisten der heute noch vorhandenen Gebirgszüge entstanden sind. Sie bilden dort in der Regel langgestreckte Gebirgsketten. Die beiden wichtigsten sind die Kordilleren am Westrand Nordamerikas, zu denen auch die Rocky Mountains gehören, und die Südwest-Nordost verlaufenden Appalachen am Ostrand des Kontinents.

Der stabile Kern des Kontinents

Ein großer Teil Zentral- und Ostkanadas besteht aus einer Landschaft, die von sehr alten Kristallingesteinen aufgebaut wird – eine großtektonische Einheit mit einer Fläche von acht Millionen Quadratkilometern, die als **Kanadischer Schild** bezeichnet wird (Abb. 10.2). Er besteht überwiegend aus granitischen und metamorphen Gesteinen des Präkambriums, wie etwa Gneisen, zusammen mit stark deformierten metamorphen, sedimentären und vulkanogenen Gesteinsserien, die bedeutende Eisen-, Gold-, Kupfer-, Diamant- und Nickellagerstätten enthalten. Ein Großteil der Gesteine des Kanadischen Schildes ist im Archaikum entstanden und gehören daher mit zu den ältesten Urkunden der Erdgeschichte. Im 19. Jahrhundert bezeichnete der österreichische Geologe Eduard Suess solche Gebiete als **Schilde**, da sie als weitgespannte Aufwölbungen die umgebenden Sedimentgesteine wie ein auf der Erde liegender Schild überragen. In Nordamerika kamen auf der stabilen kontinentalen Kruste am Rand des Kanadischen Schildes und in seinen zentraleren Bereichen unter der Hudson Bay (vgl. Abb. 10.1) ausgedehnte, flach lagernde (Plattform-) Sedimente zur Ablagerung.

Die ausgedehnten tief liegenden, von Sedimenten bedeckten Gebiete südlich und westlich des Kanadischen Schildes, zu denen die Great Plains Kanadas und der Vereinigten Staaten gehören, werden als Zentrales Tafelland bezeichnet. Die präkambrischen Gesteine des Zentralen Tafellandes bilden in gewissem Sinne die Fortsetzung des Kanadischen Schilds, obwohl sie von einer nahezu horizontal lagernden Abfolge paläozoischer Sedimente überdeckt werden, die in der Regel weniger als 2000 m mächtig sind.

Die Sedimente der nordamerikanischen Plattform wurden unter einer Vielzahl sehr unterschiedlicher Bedingungen auf dem deformierten, weitgehend erodierten präkambrischen Untergrund abgelagert. Ein Teil der Gesteinsabfolge wie etwa marine Sandsteine, Kalksteine, Tonschiefer, Delta-Ablagerungen oder Evaporite, spricht für eine Sedimentation in einem ausgedehnten, flachen Binnenmeer; andere wie etwa limnische und terrestrische Sedimente oder Kohlelagerstätten sprechen für eine Ablagerung in Schwemmfächern, Seen, Sümpfen oder Talauen. Ein Großteil der nordamerikanischen Uran-, Kohle-, Erdöl- und Erdgaslager-

Abb. 10.1 Die wichtigsten tektonischen Einheiten Nordamerikas sind Abbild der Prozesse, die diesen Kontinent gestalteten

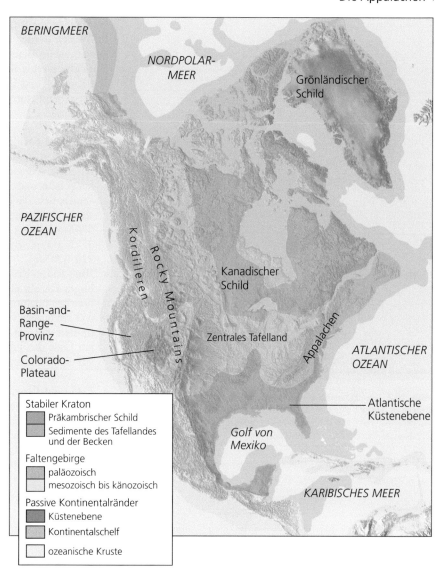

BERINGMEER

NORDPOLAR-
MEER

Grönländischer
Schild

PAZIFISCHER
OZEAN

Kordilleren

Rocky Mountains

Kanadischer
Schild

Basin-and-
Range-
Provinz

Zentrales Tafelland

Appalachen

ATLANTISCHER
OZEAN

Colorado-
Plateau

Atlantische
Küstenebene

Golf von
Mexiko

KARIBISCHES MEER

Stabiler Kraton
  Präkambrischer Schild
  Sedimente des Tafellandes
  und der Becken
Faltengebirge
  paläozoisch
  mesozoisch bis känozoisch
Passive Kontinentalränder
  Küstenebene
  Kontinentalschelf
  ozeanische Kruste

stätten befindet sich in dieser randlichen Sedimentüberdeckung der Plattform.

Im Innern der Plattform zeichnen sich eine Anzahl von **Sedimentbecken** ab – großräumige, annähernd ovale Senkungszonen mit wesentlich mächtigeren Schichtenfolgen als auf der umgebenden Plattform. Hinzu kommen Domstrukturen, meist kreisförmige bis elliptische Bereiche, in denen die Sedimente der Plattform herausgehoben und erodiert wurden und in denen die Gesteine des Sockels freigelegt sind (Abb. 10.3). Bei der überwiegenden Zahl dieser Sedimentbecken handelt es sich um thermisch bedingte Subsidenzbecken, das heißt um Gebiete, die absanken, als aufgeheizte Bereiche der Lithosphäre abkühlten und kontrahierten (vgl. Kap. 5). Ein Beispiel ist das Michigan Basin, ein nahezu kreisförmiges Gebiet von ungefähr 200.000 km^2 Grundfläche, das den größten Teil der Halbinsel von Michigan einnimmt (vgl. Abb. 7.15); es senkte sich im Paläozoikum langsam ab und nahm Sedimente auf, die in den tiefsten Bereichen mehr als 5000 m Mächtigkeit erreichen. Die unter ruhigen Wasserverhältnissen abgelagerten Sandsteine wie auch

andere Sedimente blieben von der Metamorphose verschont und wurden bis heute nur geringfügig deformiert. Diese Sedimentbecken der Plattform enthalten wertvolle Uran-, Kohle-, Erdöl- und Erdgaslagerstätten. In den Aufwölbungen lagern die im Grundgebirge vorhandenen Erzlagerstätten in geringer Tiefe; auch diese Strukturen können Erdöl- und Erdgaslagerstätten enthalten.

Die Appalachen

Die östliche Begrenzung des Nordamerikanischen Kratons bilden die bereits weitgehend abgetragenen Appalachen. Dieser klassische Falten- und Überschiebungsgürtel, den wir schon in Kap. 7 kennengelernt haben, erstreckt sich am Ostrand Nordamerikas von Neufundland bis Alabama. Die dort auftretenden Gesteinsparagenesen und tektonischen Strukturen sind die Folge einer Kontinent-Kontinent-Kollision, die in der Zeit vor 470

Abb. 10.2 Diese Luftaufnahme zeigt das erodierte alte, metamorphe Grundgebirge in Navanut (Kanada), das an der Oberfläche des Kanadischen Schilds aufgeschlossen ist (Foto: © Paolo Koch/Science Source)

bis 270 Ma zur Bildung des Großkontinentes Pangaea führte. Im Westen werden die Appalachen vom Allegheny-Plateau begrenzt, einem Bereich, der von geringfügig herausgehobenen und deformierten Sedimentserien eingenommen wird, die reiche Kohlen- und Erdölvorkommen enthalten. Von dort nach Osten gelangt man in zunehmend stärker deformierte Gebiete (Abb. 10.4).

- **Valley-and-Ridge-Provinz** Mächtige paläozoische Sedimentserien, einst abgelagert auf einem ehemaligen Kontinentalschelf, wurden durch Kompressionskräfte von Südosten her gefaltet und nach Nordwesten überschoben. Die Gesteine zeigen, dass die Deformation in drei getrennten Orogenphasen erfolgte: einer ersten im mittleren Ordovizium (vor etwa 470 Ma), einer zweiten im Mittel- und Oberdevon (vor 380–350 Ma) und schließlich einer letzten im Permokarbon (vor 320–270 Ma).
- **Blue-Ridge-Provinz** Dieser stark abgetragene Teil des Gebirges besteht überwiegend aus präkambrischen und kambrischen hoch metamorphen Kristallinserien. Die Gesteine wurden bereits vor ihrer heutigen Position von Magmen intrudiert und metamorphosiert. Sie wurden vor etwa 300 Ma am Ende des Paläozoikums in Form tektonischer Decken auf die Sedimentserien der Valley-and-Ridge-Provinz überschoben.
- **Piedmont-Provinz** Dieses hügelige Vorland enthält präkambrische und paläozoische metamorphe Sedimente und Vulkanite, die von Graniten intrudiert wurden, die heute weitgehend freigelegt sind und nur noch ein geringes Relief aufweisen. Der Vulkanismus setzte im höheren Präkambrium ein und dauerte zum Teil bis in das Kambrium fort. Die Piedmont-

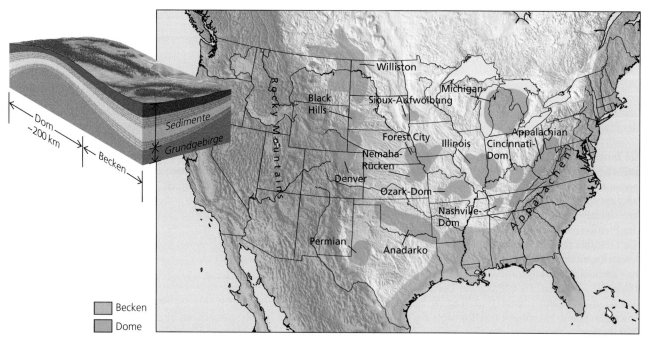

Abb. 10.3 Die Karte zeigt das nordamerikanische Zentrale Tafelland mit seinen Becken- und Domstrukturen. Die nahezu kreisförmigen Beckenbereiche enthalten mächtige Sedimentserien wie etwa im Michigan- oder Illinois-Becken, während die Aufwölbungen ungewöhnlich geringmächtige Sedimentserien aufweisen. In den Kernen einiger Dome wie etwa in den Black Hills oder im Ozark-Dom ist kristallines Grundgebirge aufgeschlossen

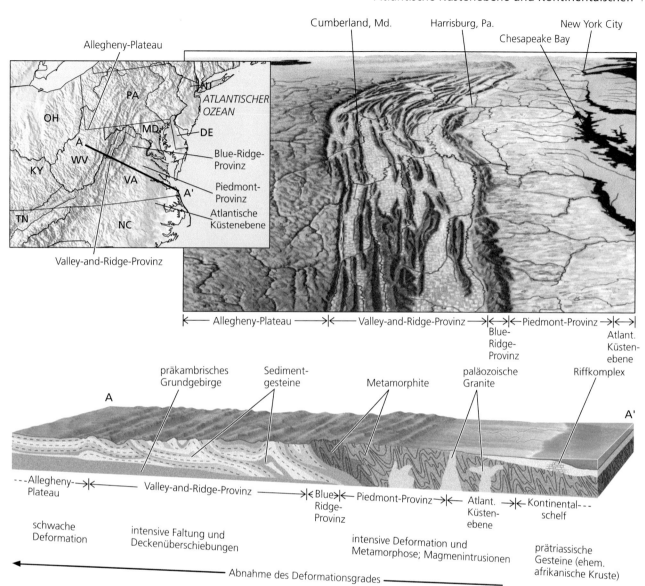

Abb. 10.4 Die Appalachen in einem Luftbild mit Blick nach Nordosten und einem schematischen Schnitt. Die Intensität der Deformation nimmt von Westen nach Osten zu (nach: S. M. Stanley (2005): *Earth System History*. – New York, W. H. Freeman; Luftbild: NASA)

Provinz wurde an großen Überschiebungsbahnen in nordwestlicher Richtung auf die Blue-Ridge-Provinz überschoben. Zumindest zwei Phasen der Deformation sind nachzuweisen, eine im mittleren und oberen Devon (vor 380–350 Ma) und eine weitere im Permokarbon (vor 320–270 Ma).

Atlantische Küstenebene und Kontinentalschelf

Auf der Atlantischen Küstenebene östlich der Appalachen lagern die vergleichsweise ungestörten Schichtenfolgen des Juras und der jüngeren Abschnitte der Erdgeschichte auf Gesteinen, die denen der Piedmont-Provinz entsprechen. Die Entwicklung

der Atlantischen Küstenebene und des Kontinentalschelfs als seewärtige Fortsetzung (vgl. Abb. 10.1) begann vor 180 Ma in der Trias mit Riftvorgängen, die dem Auseinanderbrechen von Pangaea und der Öffnung des heutigen Atlantischen Ozeans vorangingen. Die dadurch entstehenden Grabensenken bildeten Beckenstrukturen, die mächtige Serien terrestrischer Ablagerungen aufnahmen. Noch während der Sedimentation intrudierten syngenetisch basaltische Lagergänge (Sills) und Gesteinsgänge. Das Tal des Connecticut River und die Bay of Fundy sind Beispiele für solche mit Sedimenten verfüllten ehemaligen Riftstrukturen.

In der Unterkreide, als sich durch Seafloor-Spreading der Atlantik verbreitete, begannen sowohl die erheblich erodierte und morphologisch weitgehend nivellierte Atlantische Küstenebene

Abb. 10.5 Reliefkarte der Nordamerikanischen Kordilleren im Westen der Vereinigten Staaten. Die kolorierte, vom Computer mithilfe digitalisierter Höhenangaben erzeugte Darstellung lässt die wesentlichen tektonischen Provinzen deutlich erkennen

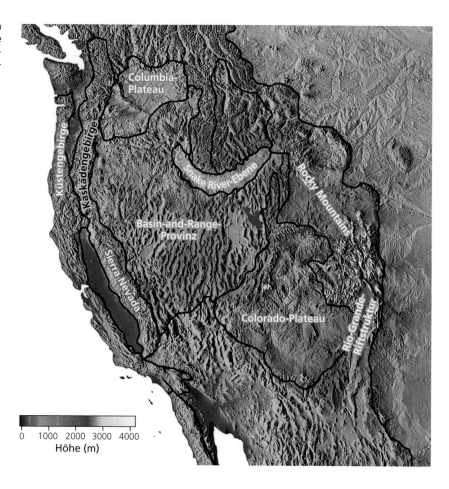

Höhe (m)

als auch der Kontinentalschelf allmählich abzukühlen, abzusinken und die vom Kontinent angelieferten Sedimente aufzunehmen. Schichten der Kreide und des Tertiärs mit einer Mächtigkeit bis zu 5000 m füllten die langsam absinkenden Tröge und in die tieferen Bereiche am Kontinentalrand wurde noch wesentlich mehr Material geschüttet. Dieser noch immer aktive Senkungsraum vor der Küste nimmt weiterhin Sedimente auf. Falls sich das derzeitige Stadium der Öffnung des Atlantiks in einigen Millionen Jahren umkehrt, werden die Sedimente dieses Senkungsraums durch Faltung und Bruchtektonik deformiert. Letztlich wiederholt sich dann derselbe Vorgang, der einst zur Bildung der Appalachen führte.

Im Golf von Mexiko bilden die Küstenebene und das Schelfgebiet die natürliche Fortsetzung der Atlantischen Küstenebene und des Kontinentalschelfs, lediglich kurz unterbrochen von der Halbinsel Florida, einer ausgedehnten Carbonatplattform. Der Mississippi, der Rio Grande und die zahlreichen anderen Flüsse, die das Innere des nordamerikanischen Kontinents entwässern, haben als Sedimentlieferanten einen parallel zur Küste verlaufenden Trog aufgefüllt, der eine Tiefe von ungefähr 10 bis 15 km erreicht. Die Sedimente der Küstenebene und der Schelf des Golfs von Mexiko enthalten reiche Speicher mit Erdöl und Erdgas.

Die Nordamerikanischen Kordilleren

Das tektonisch stabile Zentrale Tafelland Nordamerikas wird im Westen von einem jüngeren Komplex aus Gebirgszügen und tektonisch beanspruchten Zonen begrenzt (Abb. 10.5). Dieses Gebiet ist Teil der Nordamerikanischen Kordilleren – ein Gebirgszug, der sich von Alaska bis nach Guatemala erstreckt und einige der höchsten Gipfel des Kontinents aufweist. In seinem mittleren Abschnitt zwischen San Francisco und Denver ist dieser Gebirgszug ungefähr 1600 km breit und umfasst dort mehrere, sich deutlich unterscheidende physiogeographische Provinzen: das Küstengebirge (Coast Ranges) entlang des Pazifischen Ozeans, die hoch aufragende Sierra Nevada und das Kaskadengebirge, die Basin-and-Range-Provinz, die Hochfläche des Colorado-Plateaus und die schroffen Rocky Mountains, die am Rande der zum stabilen Zentralen Tafelland gehörenden Great Plains abrupt enden.

Die gesamte Entwicklung der Kordilleren verlief äußerst kompliziert, was an den sich ändernden Strukturen in ihrer Längserstreckung erkennbar ist. Es ist eine Geschichte der Wechselwirkungen zwischen der Pazifischen Platte, der Farallon-Platte und der Nordamerikanischen Platte im Verlauf der vergangenen 200 Ma. Vor dem Auseinanderbrechen von Pangaea nahm die Farallon-Platte den größten Bereich des östlichen Pazifischen

Ozeans ein. Als sich Nordamerika nach Westen bewegte, wurde der größte Teil der ozeanischen Lithosphäre dieser Platte unter dem Westrand Nordamerikas subduziert. Im Verlauf dieser nach Westen gerichteten Bewegung kam es am Westrand Nordamerikas zur Akkretion von Inselbögen, Bruchstücken aus kontinentaler Kruste und an der Subduktionszone schließlich auch zur Subduktion von Teilen der Spreading-Zone zwischen der Pazifischen und der Farallon-Platte, wodurch die konvergente Plattengrenze zum heutigen San-Andreas-Transform-Störungssystem wurde. Alles, was heute noch von der Farallon-Platte übrig ist, sind kleinere Reste einschließlich der Juan-de-Fuca-Platte und der Cocos-Platte (Abb. 10.6), die weiterhin unter Nordamerika subduziert werden.

Die Hauptphase der Gebirgsbildung erfolgte im jüngeren Mesozoikum und älteren Paläogen (vor 150–50 Ma), die Kordilleren sind damit jünger als die Appalachen. Auch ist das Gebirgssystem der Kordilleren morphologisch höher als das der Appalachen, was nicht überrascht, weil weniger Zeit für die Abtragung zur Verfügung stand. Morphologie und Höhenlage der heutigen Kordilleren sind die Folge noch weitaus jüngerer Ereignisse, die im Neogen, das heißt in den vergangenen 15 bis 20 Ma stattgefunden haben, als die Pazifische Platte erstmals mit der Nordamerikanischen Platte kollidierte (vgl. Abb. 10.6). Dabei wurde das Gebirge herausgehoben und damit gewissermaßen in ein früheres Stadium der Morphogenese zurückversetzt. Infolge dieser ausgedehnten regionalen Hebungsphase erreichten die mittleren und südlichen Rocky Mountains im Wesentlichen ihre heutige

Höhe. Das Gebiet wurde zusammen mit dem präkambrischen Sockel und seiner Überdeckung aus später deformierten Sedimenten um 1500 bis 2000 m über das Niveau seiner Umgebung herausgehoben.

Die Erosionskraft der Flüsse nahm zu, die Bergformen wurden dadurch schroffer und die Canyons tieften sich weiter ein. Andere, in späterer Zeit nochmals aufgestiegene Gebirge sind die Adirondacks im Bundesstaat New York, das Hochland von Labrador und die Gebirge von Skandinavien. Solche erneuten Hebungsphasen deformierter Gebirgsgürtel führten auch zum heutigen Relief der Alpen, des Urals und der Appalachen. In Kap. 22 wird noch gezeigt, dass Hebungsvorgänge nicht nur die Folge tektonischer Prozesse sind, sondern auch durch Wechselwirkungen zwischen den Systemen Klima und Plattentektonik beeinflusst werden. So dürfte die Erhöhung des Reliefs in den Gebirgszügen der Rocky Mountains auch die Folge des beginnenden Eiszeitalters in Nordamerika gewesen sein.

Die Basin-and-Range-Provinz entstand durch Hebung und Krustendehnung in nordwest-südöstlicher Richtung. Diese Extension der Kruste begann vor etwa 15 Ma mit der Aufheizung der Lithosphäre und dauert bis heute fort (vgl. Kap. 7). Sie führte zu einer ausgedehnten Bruchtektonik, die sich vom südlichen Oregon bis Mexiko und vom Osten Kaliforniens bis nach West-Texas erstreckt. Die Basin-and-Range-Provinz ist auch heute noch vulkanisch aktiv und enthält neben Lagerstätten anderer wertvoller Metalle auch ausgedehnte hydrothermale Gold-, Sil-

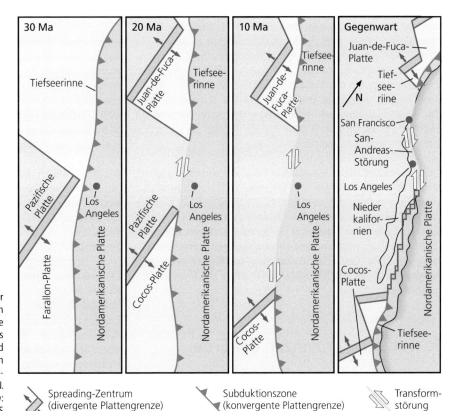

Abb. 10.6 Die tektonische Entwicklung der Westküste Nordamerikas. Durch Subduktion unter der Nordamerikanischen Platte wurde die Farallon-Platte ständig kleiner, übrig blieben als kleine Reste die heutige Juan-de-Fuca-Platte und die Cocos-Platte. Die *großen gelben Pfeile* zeigen die derzeitige Relativbewegung der Nordamerikanischen und der Pazifischen Platte (nach: W. J. Kious & R. I. Trilling (1966): *This Dynamic Earth: The Story of Plate Tectonics* – Washington D.C., US Geological Survey)

Teil III

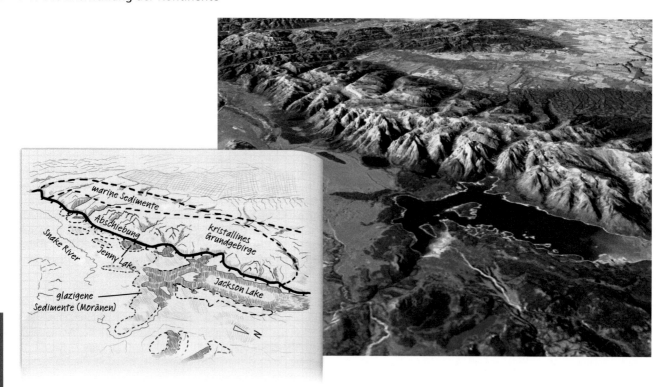

Abb. 10.7 Aus Satellitendaten zusammengesetztes Bild der Teton Range in Wyoming. Der steile Ostabhang mit einem Reliefunterschied von mehr als 2000 m ist das Ergebnis einer Abschiebung am Nordwestrand der Basin-and-Range-Provinz. Der Blick geht von Nordosten nach Südwesten. Der Grand Teton Mountain (etwa in Bildmitte) erreicht eine Höhe von 4200 m ü. NN (Foto: NASA/Goddard Space Flight Center, Landsat 7 Team)

ber- und Kupfervorkommen. Tausende nahezu vertikal stehende Störungen durchtrennten die Kruste und führten zu unzähligen Horst- und Grabenstrukturen, wobei Hunderte schroffer und nahezu paralleler Gebirgsketten entstanden sind, getrennt durch Grabensenken, die mit Verwitterungsmaterial verfüllt wurden. Am Ostrand der Basin-and-Range-Provinz stiegen in Utah das Wasatch-Gebirge und in Wyoming das Teton-Gebirge auf (Abb. 10.7), während am Westrand in Kalifornien die Sierra Nevada herausgehoben und verkippt wurde.

Das Colorado-Plateau scheint dabei eine Art zentral gelegene, stabile Insel darzustellen, die seit dem Präkambrium weder einer Krustendehnung noch einer Einengung ausgesetzt war. Die großräumige Hebung des Plateaus zwang den Colorado, sich tief in die flach lagernden Gesteinsfolgen einzuschneiden (Exkurs 8.1). Es wird heute davon ausgegangen, dass diese Hebung ebenfalls durch eine Aufheizung der Kruste verursacht wurde, die in der Basin-and-Range-Provinz zur Krustendehnung führte.

Tektonische Provinzen der Erde

Wir verlassen nun Nordamerika und wenden uns den anderen Kontinenten der Erde zu (Abb. 10.8). Jeder Kontinent besitzt zwar seine eigenen unverwechselbaren Merkmale, doch folgt der geologische Bau der Kontinente – global betrachtet – einem allgemeinen Schema. Die Schilde und Plattformen bilden die stabilen Bereiche der Lithosphäre, die als **Kratone** bezeichnet werden und aus den erodierten Resten meist deformierter Gesteine aus dem Präkambrium bestehen. So besteht der Nordamerikanische Kraton aus dem Kanadischen Schild und dem Zentralen Tafelland (vgl. Abb. 10.1). Vergleichbare präkambrische Schilde findet man in Skandinavien, Sibirien, Afrika, Brasilien und Australien (Abb. 10.8).

An den Rändern der Kratone liegen häufig langgestreckte Gebirgsgürtel oder Orogene (griech. *óros* = Gebirge, *genesis* = Entstehen), die in späteren Phasen der Krusteneinengung entstanden sind. Die jüngsten Orogene findet man an den **aktiven Rändern** der Kontinente, an denen plattentektonische Bewegungen zur Deformation der kontinentalen Kruste führen.

Die **passiven Ränder** der Kontinente, die mit der ozeanischen Kruste derselben Lithosphärenplatte in Verbindung stehen und sich daher nicht in der Nähe von Plattengrenzen befinden, sind Bereiche der Krustendehnung. Diese Dehnung erfolgte während der Riftvorgänge, die zum Auseinanderbrechen älterer Kontinente und schließlich zum Seafloor-Spreading führten. Solche Riftzonen verlaufen häufig etwa parallel zu älteren Gebirgsgürteln wie beispielsweise den Applachen.

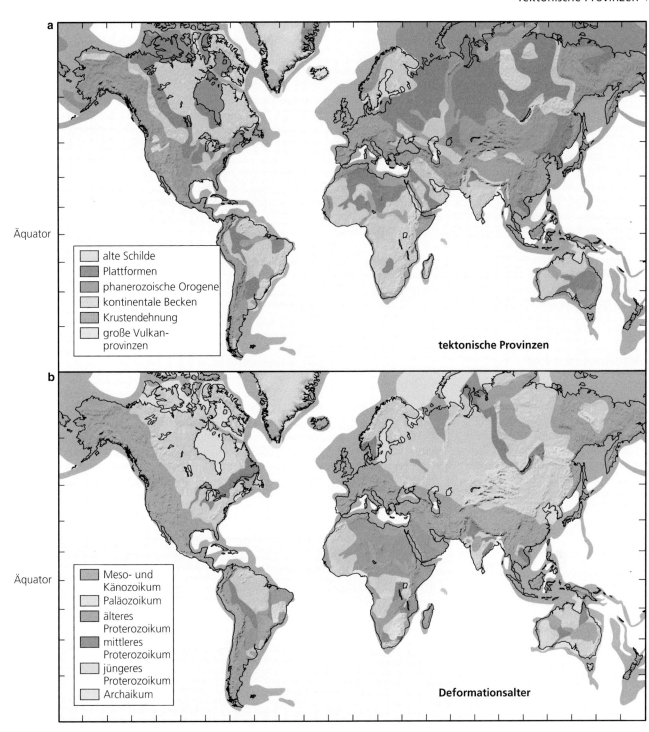

Abb. 10.8a,b Übersichtskarte der Kontinente. Sie zeigt **a** die größeren tektonischen Provinzen und **b** ihr Deformationsalter (W. Mooney/USGS)

Tektonische Provinzen

Das gängige Schema mit Kratonen im Zentrum, die von Orogenen umgeben sind, ist auch in Abb. 10.8 erkennbar, in der die größeren tektonischen Provinzen der jeweiligen Kontinente dargestellt sind. Die in dieser Abbildung verwendete Klassifika-

tion bezieht sich zwar vor allem auf die tektonischen Provinzen Nordamerikas, sie lässt sich jedoch weitgehend auch auf andere Kontinente übertragen:

- **Schilde** Bereiche im Kern eines Kontinents, in denen das präkambrische Grundgebirge herausgehoben und freigelegt ist und die im Phanerozoikum (das heißt in den vergangenen 542 Ma)

Teil III

nicht mehr deformiert worden sind. Beispiele sind Baltischer Schild, Kanadischer Schild, Äthiopischer Schild u. a.

- **Plattformen** Bereiche, in denen das präkambrische Grundgebirge von geringmächtigen, mehr oder weniger flach lagernden Sedimentserien überdeckt wird. Beispiele: Russische Tafel, Zentrales Tafelland in Nordamerika, Hudson Bay, Russische Plattform.
- **Sedimentbecken** Bereiche mit länger anhaltender Subsidenz, in denen es im Verlauf des Phanerozoikums zur Akkumulation mächtiger Sedimentserien kam, deren Schichten an den Rändern in Richtung Beckenzentrum einfallen. Beispiele: Michigan und Illinois Basin in Nordamerika, Pariser Becken.
- **Phanerozoische Orogene** Bereiche, in denen es im Verlauf des Phanerozoikums zur Gebirgsbildung kam. Beispiele: Appalachen, Nordamerikanische Kordilleren, Alpen, Himalaja, Atlas u. a.
- **Regionen der Krustendehnung** Bereiche, in denen die jüngste Deformation auf großräumige Krustendehnung zurückzuführen ist. Beispiele: Basin-and-Range-Provinz, Kontinentalschelfe des Atlantiks.

Deformationsalter

Das in Abb. 10.8b angegebene Deformationsalter ist nach den in Kap. 8 besprochenen Ären der Geologischen Zeitskala geordnet. Das **Deformationsalter** eines Gesteins entspricht dem Zeitpunkt, zu dem das Gestein letztmalig einer stärkeren Deformation der Erdkruste ausgesetzt war. Die meisten Gesteine des kristallinen Sockels haben eine komplizierte Entwicklung durchlaufen. Sie unterlagen im Verlauf der Erdgeschichte mehrfach der Deforma-

tion, wurden aufgeschmolzen oder metamorph überprägt. Oftmals lässt sich durch radiometrische Datierungsverfahren und andere Hinweise (vgl. Kap. 8) in einem Gestein mehr als ein Alter ermitteln. Das Deformationsalter entspricht stets derjenigen Zeit, in der die radiometrische Uhr eines Gesteins durch tektonische Deformation und Metamorphose der oberen Kruste letztmalig auf Null gestellt wurde. Beispielsweise sind viele Gesteine im Südwesten der Vereinigten Staaten ursprünglich durch die Aufschmelzung von Kruste und Mantel im mittleren Proterozoikum (vor 1,9–1,6 Mrd. Jahren) entstanden (Abb. 10.9). In den folgenden Perioden wurden diese Gesteine durch Metamorphose erheblich verändert, hinzukamen mehrere Phasen der Krusteneinengung im Mesozoikum und der Krustendehnung im Känozoikum.

Ein globales Puzzle

Die gegenwärtige Verteilung der tektonischen Provinzen und der radiometrischen Alterswerte gleicht einem großen Puzzle, bei dem die ursprünglichen Teile durch Riftvorgänge, Plattenbewegungen und Kontinent-Kontinent-Kollisionen im Verlauf von mehreren Milliarden Jahren plattentektonischer Aktivität umgeordnet und umgestaltet wurden. Lediglich die Plattenbewegungen der letzten 200 Ma sind aus dem Alter der ozeanischen Kruste hinlänglich bekannt. Ältere Plattenbewegungen müssen aus indirekten Hinweisen abgeleitet werden, die sich in Gesteinen der kontinentalen Kruste verbergen. In Kap. 2 wurde gezeigt, dass mithilfe paläomagnetischer und paläoklimatischer Daten sowie den in alten Gebirgsmassiven aufgeschlossenen Deformationsstrukturen große Fortschritte bei der Rekonstruktion der ehemaligen Kontinentverteilung gemacht wurden.

Abb. 10.9 Die aus dem mittleren Proterozoikum stammenden 1,8 Mrd. Jahre alten Vishnu-Schiefer bilden im Grand Canyon den kristallinen Sockel (Foto: © Erin Whittacker/ NPS photo)

Wir verfolgen nun die Entwicklung der Kontinente noch wesentlich weiter in der Erdgeschichte zurück. Wieder einmal soll Nordamerika als Beispiel dienen. Wir beginnen mit den jüngsten tektonischen Provinzen an der Westküste und gehen dann zeitlich weiter zurück zum Kanadischen Schild. Dabei konzentrieren wir uns auf drei wesentliche Fragen: Welche geologischen Prozesse führten zu unseren heutigen Kontinenten? Inwieweit sind diese Prozesse mit der Theorie der Plattentektonik vereinbar? Kann die Bildung der ältesten Kontinente, der archaischen Kratone, durch Vorgänge der Plattentektonik erklärt werden? Wie wir sehen werden, können diese Fragen nach dem derzeitigen Stand der Forschung erst teilweise beantwortet werden.

Das Wachstum der Kontinente

Im Laufe der vier Milliarden Jahre Erdgeschichte vergrößerte sich das Volumen der Kontinente um durchschnittlich etwa $2\,km^3$ pro Jahr. Geowissenschaftler diskutieren noch immer, ob das Wachstum der Kontinente allmählich im Verlauf der Erdgeschichte oder im Wesentlichen in der Frühzeit der Erdgeschichte erfolgte. Im heutigen System Plattentektonik führen zwei grundlegende Prozesse zur Bildung neuer kontinentaler Kruste: Magmatismus und tektonische Akkretion.

Magmatismus

Durch den Vorgang der magmatischen Differenziation silicatreicher Gesteine mit geringer Dichte im Erdmantel und dem vertikalen Transport dieser spezifisch leichten sauren Schmelzen aufgrund ihres großen Auftriebs aus dem Erdmantel in die Erdkruste wird den aktiven Kontinentalrändern fortwährend neues Material hinzugefügt.

Der größte Teil der neuen kontinentalen Kruste bildet sich jedoch an den Subduktionszonen aus Magmen, die durch fluidinduziertes Schmelzen der subduzierten Lithosphärenplatten und des darüber liegenden Mantelkeils entstehen (vgl. Kap. 4). Diese Magmen, die eine basaltische bis andesitische Zusammensetzung aufweisen, wandern nach oben und sammeln sich in Magmakammern an der Basis der Kruste. Dort nehmen sie Krustenmaterial auf und differenzieren sich erneut unter Bildung saurer Schmelzen, die in die obere Kruste aufsteigen und in Form von dioritischen oder granodioritischen Plutonen erstarren, während an der Oberfläche andesitische Laven gefördert werden.

Als Folge der Subduktion der Farallon-Platte unter der Nordamerikanischen Platte kam es während der Kreide beispielsweise am Westrand des Kontinents zur Bildung großer Batholithe, die heute auf der Halbinsel Niederkalifornien und in der Sierra Nevada aufgeschlossen sind. Durch die Subduktion der restlichen Juan-de-Fuca-Platte wird der Kruste in dem noch immer vulkanisch aktiven Kaskadengebirge ständig neues Material zugefügt,

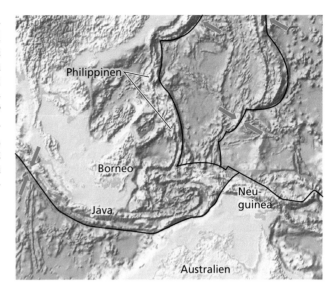

Abb. 10.10 Die Philippinen und andere Inselgruppen im südwestlichen Pazifik lassen erkennen, wie Inselbögen durch die Bildung einer mächtigen, silicatreichen „protokontinentalen" Kruste an Ozean-Ozean-Konvergenzzonen miteinander verschmelzen

genauso wie auch die Subduktion der Nazca-Platte zur Bildung kontinentaler Kruste in den südamerikanischen Anden beiträgt.

An den weit von den Kontinenten entfernten vulkanischen Inselbögen, wo ozeanische Platten kollidieren, bildet sich ebenfalls leichte saure Kruste. Im Laufe der Zeit können sich solche Inselbögen wie etwa die Philippinen oder andere Inselgruppen im südwestlichen Pazifik zu mächtigen Bereichen aus silicatreicher Kruste zusammenschließen (Abb. 10.10). Durch die horizontalen Plattenbewegungen werden diese Krustenbereiche über den Erdball transportiert und schließlich an aktive Kontinentalränder angeschweißt.

Akkretion

Als **Akkretion** bezeichnet man einen Vorgang, bei dem durch horizontalen Transport kleinere, auf der Asthenosphäre schwimmende Krustenbereiche an Kontinente angeschweißt werden.

Geologische Hinweise für eine Akkretion solcher Mikroplatten finden sich an aktiven Kontinentalrändern Nordamerikas in großer Zahl. An der Pazifikküste Nordamerikas und Alaskas besteht die kontinentale Kruste aus einer Ansammlung sehr ungewöhnlicher Gesteinsparagenesen – aus Inselbögen, Tiefseebergen, Resten basaltischer Plateaus, alten Gebirgszügen und anderen Spänen aus kontinentaler Kruste, die als Folge der westwärts gerichteten Bewegung des Kontinents mit dessen Vorderrand kollidierten und dort angeschweißt wurden. Diese einzelnen Krustenblöcke mit einer Ausdehnung von einigen Dutzend bis zu mehreren hundert Kilometern werden als **Mikrokontinente**, **Mikroplatten** oder auch als **Terrane** bezeichnet. Sie haben jeweils identische Merkmale und sind durch plattentektonische Bewegungen über weite Strecken transportiert worden.

Teil III

Die geologische Position dieser Mikroplatten kann ausgesprochen chaotisch sein (Abb. 10.11). Benachbarte Krustenblöcke können sich bezüglich ihrer Gesteinsparagenesen, der Art der Faltung und Bruchtektonik und ihrer magmatischen und metamorphen Entwicklung deutlich unterscheiden. Der Fossilinhalt, sofern vorhanden, spricht dafür, dass diese Krustenblöcke oftmals aus anderen Bildungsräumen und anderen Zeitabschnitten stammen als das umgebende Gebiet. Ein Terran, das Ophiolithe (Gesteine, die für die ozeanische Kruste typisch sind) enthält und das pelagische Fossilien führt, kann beispielsweise von Resten eines Inselbogens oder einer kontinentaler Kruste umgeben sein, die Flachwasserfossilien einer völlig anderen Epoche enthalten. Die Grenzen zwischen diesen Mikroplatten sind fast immer durch größere Störungen gekennzeichnet, an denen erhebliche Verschiebungen stattgefunden haben (obwohl die Charakteristik der Störungen oftmals schwer zu ermitteln ist). Krustenblöcke, die in ihrer Umgebung völlig fremdartig sind, werden gelegentlich auch als „exotische Terrane" bezeichnet.

Vor dem Aufkommen der Theorie der Plattentektonik waren die exotischen Terrane unter Geologen oft Gegenstand heftiger Diskussionen, da die Entstehung dieser Krustenblöcke nur schwer zu erklären war. Heute ist die Untersuchung von Mikroplatten ein eigenständiges Forschungsgebiet innerhalb der Plattentektonik. Inzwischen wurden in den Nordamerikanischen Kordilleren weit mehr als hundert solcher exotischen Terrane nachgewiesen, die in den vergangenen 200 Ma an den Westrand des Kontinents angeschweißt worden sind (einige davon sind in Abb. 10.11 dargestellt). Eines dieser Terrane – heute als Wrangellia bezeichnet – entstand als großes Basaltplateau (ein Bereich der ozeanischen Kruste, in dem große Mengen basaltischer Laven gefördert wurden und zu einer Verdickung der Kruste führten) und wurde offenbar über eine Strecke von 5000 km von der Südhalbkugel zu seiner heutigen Position in Alaska und Westkanada transportiert. Größere Mikrokontinente sind auch in Japan, Südostasien, China und Sibirien nachgewiesen worden.

Nur in einigen wenigen Fällen ist die Herkunft dieser Mikroplatten bekannt. Bei den anderen können wir lediglich rekonstruieren, wie diese Krustenblöcke in ihre heutige Position gelangt sind. Dazu betrachten wir vier tektonische Vorgänge (Abb. 10.12).

1. Ein Krustenblock, der einen zu großen Auftrieb hat und sich daher nicht subduzieren lässt, kann von der abtauchenden Platte abgeschürft und der überfahrenden Platte angegliedert werden. Solche Bruchstücke können aus kleinen Stücken kontinentaler Kruste („Mikrokontinente") oder mächtigerer ozeanischer Kruste (große Tiefseeberge, Tiefseeplateaus) bestehen.
2. Ein Randmeer, das einen Inselbogen vom Festland trennt kann sich schließen, wenn die verdickte Kruste des Inselbogens mit dem vorrückenden Rand des Kontinents kollidiert und verschweißt wird.
3. Transformstörungen an Kontinentalrändern können zu einem lateralen Transport von Terranen von einer Platte zur anderen führen. Heute bewegt sich der südwestliche Bereich Kaliforniens als Teil der Pazifischen Platte entlang der San-Andreas-Störung relativ zur Nordamerikanischen Platte nach Nordwesten. Landeinwärts von Tiefseerinnen gelegene Horizontalverschiebungen können bei schräg verlaufenden Subduktionszonen ebenfalls zum Versatz der Mikroplatten um mehrere hundert Kilometer führen.

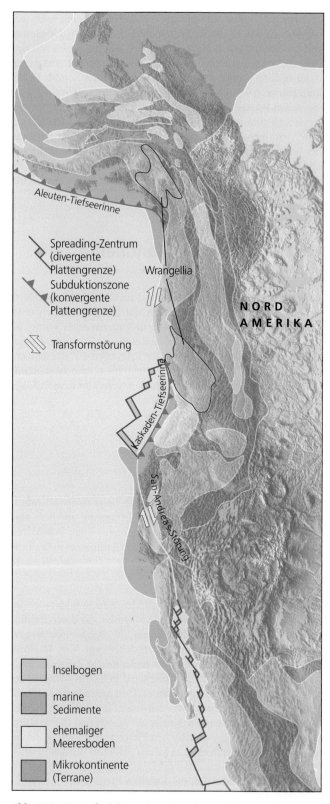

Spreading-Zentrum (divergente Plattengrenze)

Subduktionszone (konvergente Plattengrenze)

Transformstörung

Aleuten-Tiefseerinne

Wrangellia

Kaskaden-Tiefseerinne

San-Andreas-Störung

N O R D A M E R I K A

Inselbogen

marine Sedimente

ehemaliger Meeresboden

Mikrokontinente (Terrane)

Abb. 10.11 Ein Großteil der nordamerikanischen Kordilleren entstand im Verlauf der vergangenen 200 Ma Jahre durch die Akkretion von Terranen. Wrangellia besteht beispielsweise aus einem Basalt-Plateau, das über eine Entfernung von 5000 km in seine heutige Position gelangte. Andere Terrane bestehen aus Inselbögen, ehemaligen Meeresbecken und Bruchstücken von Kontinenten (nach: D. R. Hutchison (1992/1993): Continental Margins. – *Oceanus* 35: 34–44; verändert nach einer Arbeit von D. G. Howell, G. W. Moore & T. J. Wiley)

4. Zwei Kontinentalränder können durch eine Kontinent-Kontinent-Kollision miteinander verschweißt werden und später an einer anderen Stelle durch Riftvorgänge wieder auseinanderbrechen.

Dieser zuletzt genannte Vorgang erklärt, warum am passiven Kontinentalrand im Osten Nordamerikas zahlreiche Mikroplatten auftreten. Der Gebirgszug der Appalachen, der sich von Neufundland bis in den Südosten der Vereinigten Staaten erstreckt, enthält Mikroplatten, die sowohl vom europäischen Kontinent als auch von Afrika stammen, neben einer Reihe exotischer Terrane. Die geologisch ältesten Gesteine und Fossilien Floridas gleichen eher denjenigen Afrikas als denen, die im übrigen Amerika auftreten. Dies bedeutet, dass der größte Teil der Halbinsel Floridas ein Stück von Afrika ist, das zurückblieb, als sich vor ungefähr 200 Mio. Jahren Nordamerika und Afrika trennten.

Modifizierung der Kontinente

Der geologische Bau der Nordamerikanischen Kordilleren mit ihren zahlreichen exotischen Terranen unterscheidet sich erheblich vom Bau des im Osten angrenzenden Kanadischen Schildes. Vor allem gibt es in den Terranen keinerlei Hinweise auf eine hochgradige Metamorphose oder sogar Aufschmelzung, die für die präkambrische Kruste des Kanadischen Schildes kennzeichnend sind. Wie ist dieser Unterschied zu erklären? Die Antwort ergibt sich aus der Vielzahl tektonischer Vorgänge, die wiederholt die älteren Gebiete des Kontinents im Verlauf ihrer langen Entwicklung überprägten.

Orogenese: Modifizierung durch Plattenkollision

Die kontinentale Kruste wird durch Prozesse der Gebirgsbildung wie Faltung, Bruchtektonik, Magmatismus und Metamorphose in erheblichem Maße verändert. Die meisten Orogenesen sind die Folge konvergierender Lithosphärenplatten. Besteht eine Platte oder bestehen beide Platten aus ozeanischer Lithosphäre, wird die Konvergenzbewegung allein durch Subduktion ausgeglichen. Zur Gebirgsbildung kommt es erst dann, wenn ein Kontinent eine subduzierte ozeanische Platte überfährt, wie das derzeit bei der Auffaltung der Anden in Südamerika der Fall ist, oder durch die Kollision von zwei oder auch mehr Kontinenten. Wie bereits in Kap. 2 erwähnt, muss bei der Kollision kontinentaler Lithosphärenplatten – nach dem Grundprinzip der Plattentektonik – die Festigkeit der Platten modifiziert werden.

Die kontinentale Kruste hat einen größeren Auftrieb als der Mantel, deshalb lässt sich die kontinentale Lithosphäre nicht als Ganzes subduzieren. Infolgedessen entsteht meist eine breite Deformationszone mit intensiver Faltung und Bruchtektonik, die sich über mehrere hundert km beiderseits der Kollisionszone erstrecken kann (Kap. 7). Aufgrund der Konvergenzbewegungen schiebt sich der obere Krustenbereich beider Platten an flachen

Überschiebungsbahnen mehrfach in- und übereinander, wobei die einzelnen Schubmassen Mächtigkeiten von mehreren Kilometern erreichen können. Die davon betroffenen Gesteine unterliegen dabei einer intensiven Deformation und Metamorphose (Abb. 10.13). Aus Schelfablagerungen bestehende Sedimentkeile können sich von ihrem Unterlager ablösen und landeinwärts überschoben werden. Die auf die gesamte Kruste einwirkenden horizontalen Kompressionskräfte und Überschiebungen führen zu einer Verdoppelung der Mächtigkeit, was zur Folge hat, dass es in den unteren Bereichen der Kruste zur Aufschmelzung der Gesteine kommt. Dadurch können große Mengen granitischer Schmelzen entstehen, die in die oberen Krustenstockwerke aufsteigen und dort ausgedehnte Batholithe bilden.

Känozoische Orogenesen Um aktive Gebirgsbildung beobachten zu können, müssen wir uns den großen hohen Gebirgsketten zuwenden, die sich von Europa über den Mittleren Osten bis nach Asien erstrecken (Abb. 10.14). Durch das Auseinanderbrechen von Pangaea kam es zu einer Nordbewegung Afrikas, Arabiens und Indiens und damit zur Schließung des damaligen Mittelmeeres, der Tethys, deren Lithosphäre unter Eurasien subduziert wurde (vgl. Abb. 2.16). Die Bruchstücke des ehemaligen Kontinents Gondwana kollidierten in einer komplizierten Abfolge mit Eurasien, die im Westen in der Kreide begann und sich im Verlauf des Tertiärs weiter nach Osten fortsetzte, wobei in Mitteleuropa die Alpen, im Nahen Osten der Kaukasus sowie das Zagrosgebirge, in Asien der Himalaja und die anderen Hochgebirge Zentralasiens entstanden sind, die sich bis zum Pazifischen Ozean erstrecken.

Der Himalaja, das höchste Gebirge der Erde, ist das eindrucksvollste Ergebnis einer jungen Episode der Kontinent-Kontinent-Kollision. Vor etwa 50 Ma kollidierte der auf der abtauchenden Indischen Platte liegende Indische Subkontinent erstmals mit Inselbögen und den kontinentalen Vulkangürteln, die den Rand Eurasiens säumten (Abb. 10.15). Als schließlich die beiden Festlandmassen von Indien und Eurasien miteinander verschmolzen, führte diese Subduktion zur Schließung der Tethys. An der Nahtzone zwischen den beiden Kontinenten wurden Teile der ozeanischen Kruste eingeklemmt, die heute in Form von Ophiolithen in den Tälern des Ganges und des Tsangpo an der Grenze zwischen dem Hochland von Tibet und dem Himalaja aufgeschlossen sind. Durch diese Kontinent-Kontinent-Kollision verlangsamte sich zwar die Bewegung der Indischen Platte, doch sie bewegt sich weiterhin nach Norden. Bis heute ist Indien etwa 2000 km nach Eurasien eingedrungen, was zur umfangreichsten und intensivsten Gebirgsbildung innerhalb des Känozoikums führte.

Der Himalaja besteht aus tektonisch überschobenen Einheiten des ehemals nördlichen Bereichs von Indien, die übereinander gestapelt wurden. Dieser Prozess kompensierte einen Teil der Kompressionskräfte. Der horizontal gerichtete Druck führte auch nördlich von Indien zu einer Krustenverdickung und zum Aufstieg des Hochlands von Tibet, des mit 5000 m über dem Meeresspiegel höchstgelegenen Hochlands der Erde, unter dem die Kruste eine Mächtigkeit von 60–70 km erreicht (dies entspricht etwa der doppelten Mächtigkeit der durchschnittlichen kontinentalen Kruste). Durch die Überschiebungen an dieser und den anderen Kompressionszonen wurde möglicherweise nur der halbe Betrag des Eindringens von Indien in Eurasien kompen-

AKKRETION EINES KRUSTENFRAGMENTS AN EINEM KONTINENT

kontinentale Kruste

Ein Krustenblock gelangt an eine konvergente Plattengrenze.

Krusten-fragment

Lithosphäre

Asthenosphäre

Das Krustenfragment hat einen größeren Auftrieb als die subduzierte Lithosphäre und wird daher nicht subduziert.

Der Krustenblock wird einem Kontinent auf der überfahrenden Platte angeschweißt.

akkretioniertes Terran

AKKRETION EINES INSELBOGENS AN EINEN KONTINENT

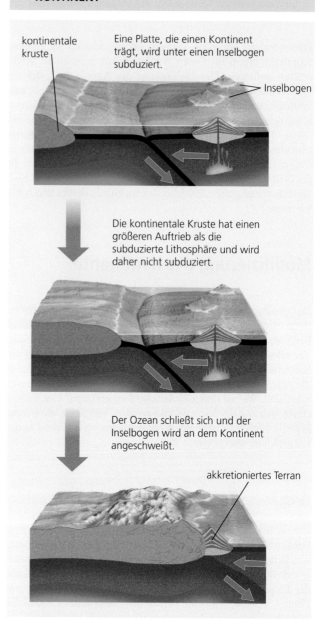

kontinentale kruste

Eine Platte, die einen Kontinent trägt, wird unter einen Inselbogen subduziert.

Inselbogen

Die kontinentale Kruste hat einen größeren Auftrieb als die subduzierte Lithosphäre und wird daher nicht subduziert.

Der Ozean schließt sich und der Inselbogen wird an dem Kontinent angeschweißt.

akkretioniertes Terran

Abb. 10.12 Die Akkretion von Mikroplatten erfolgt im Wesentlichen durch vier Prozesse

Teil III

AKKRETION AN EINER TRANSFORMSTÖRUNG

Transform-
störung

Zwei Platten gleiten an einer
Transformstörung aneinander
vorbei.

Krustenfragment

Platte A

Platte B

Das Krustenfragment auf Platte B
wird am Rand der Platte A
verschoben.

Krustenfragment

Kommen die Bewegungen an der
Störung zur Ruhe, wird das Bruchstück
in großer Entfernung von seiner
ursprünglichen Position mit der Platte A
verschweißt.

akkretioniertes
Terran

AKKRETION DURCH KONTINENT–KOLLISION
MIT NACHFOLGENDER KRUSTENTRENNUNG (RIFTING)

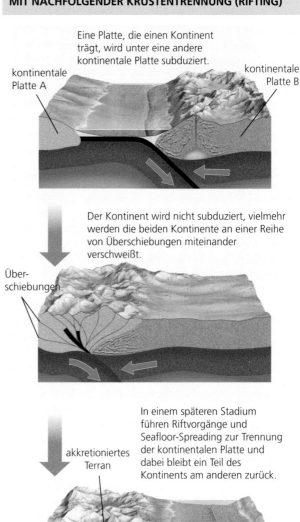

Eine Platte, die einen Kontinent
trägt, wird unter eine andere
kontinentale Platte subduziert.

kontinentale
Platte A

kontinentale
Platte B

Der Kontinent wird nicht subduziert, vielmehr
werden die beiden Kontinente an einer Reihe
von Überschiebungen miteinander
verschweißt.

Über-
schiebungen

In einem späteren Stadium
führen Riftvorgänge und
Seafloor-Spreading zur Trennung
der kontinentalen Platte und
dabei bleibt ein Teil des
Kontinents am anderen zurück.

akkretioniertes
Terran

Abb. 10.12 *(Fortsetzung)*

Teil III

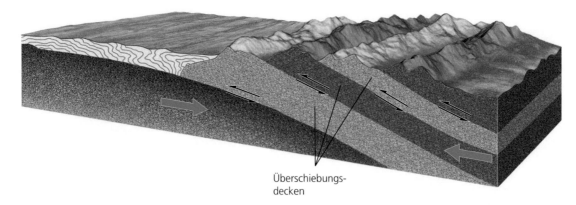

Abb. 10.13 Wenn Kontinente miteinander kollidieren, kann die kontinentale Kruste in zahlreiche tektonische Decken zerschert und übereinander gestapelt werden

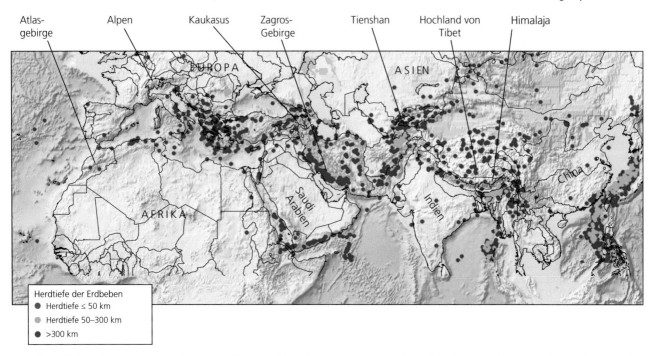

Abb. 10.14 Der Eurasien durchziehende känozoische Gebirgsgürtel ist Ausdruck der noch andauernden Kollision Afrikas, Arabiens und Indiens mit der Eurasischen Platte. Diese Orogenese ist gekennzeichnet durch häufige und schwere Erdbeben

siert. Die andere Hälfte wurde dadurch ausgeglichen, dass China und die Mongolei nach Osten und damit von der Schubkraft Indiens seitlich weggedrückt wurden, ähnlich wie Zahnpaste, die aus einer Tube herausgedrückt wird. Der größte Teil dieses seitlichen Versatzes erfolgte an der über 1000 km langen Altyn-Tagh-Störung und den anderen Horizontalverschiebungen, die in der Karte dargestellt sind (Abb. 10.16). Die Gebirge, Hochländer, Störungen und die schweren, teilweise mehrere Tausend Kilometer von der Nahtzone zwischen Indien und Eurasien entfernt auftretenden Erdbeben Asiens sind insgesamt die Folge der bis heute anhaltenden Kollision beider Kontinente, da sich Indien noch immer mit einer Geschwindigkeit von 40 bis 50 mm pro Jahr auf Asien zubewegt.

Paläozoische Orogenesen bei der Entstehung von Pangaea
Gehen wir in der Erdgeschichte weiter zurück, finden wir zahlreiche Hinweise auf ältere Gebirgsbildungen, die ebenfalls auf

Konvergenzbewegungen von Platten zurückgeführt werden können. Es wurde bereits erwähnt, dass zumindest drei Orogenesen für die im Paläozoikum erfolgte Deformation verantwortlich waren, die heute in dem erodierten Gebirgszug der Appalachen an der Ostküste Nordamerikas nachzuweisen sind. Diese drei Epochen der Gebirgsbildung sind auf konvergente Plattenbewegungen zurückzuführen, die am Ende des Paläozoikums zur Entstehung des Großkontinents Pangaea führten.

Das Auseinanderbrechen des Großkontinents Rodinia begann gegen Ende des Proterozoikums mit der Bildung mehrerer Paläokontinente (vgl. Abb. 2.16). Einer dieser großen Kontinente war Gondwana. Die beiden anderen waren Laurentia, der aus dem nordamerikanischen Kraton und Grönland bestand, und Baltica, der den Bereich der heutigen Ostsee mit Teilen Skandinaviens, sowie Finnland und den europäischen Teil Russlands umfasste. Im Kambrium war Laurentia um etwa 90° gegenüber

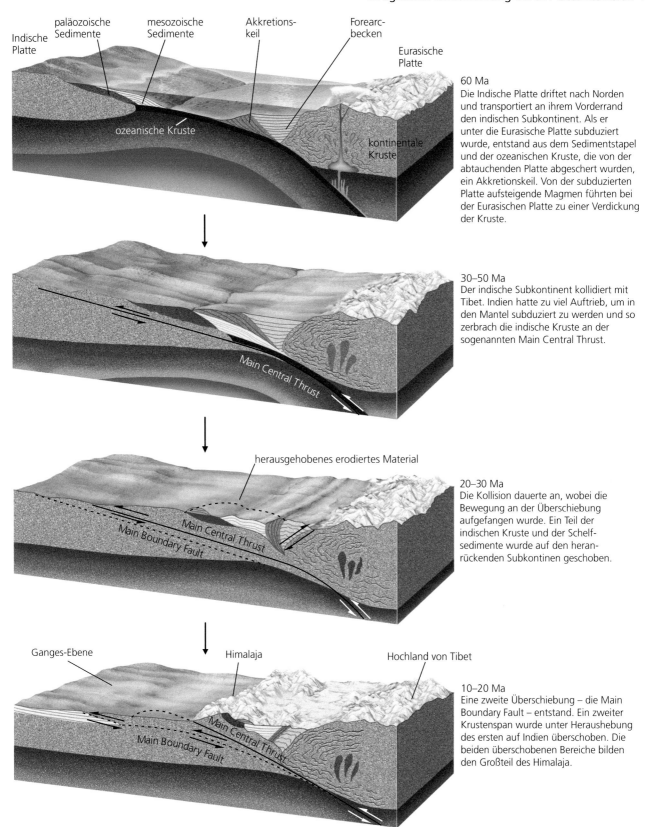

Indische Platte · **paläozoische Sedimente** · **mesozoische Sedimente** · **Akkretions-keil** · **Forearc-becken** · **Eurasische Platte** · ozeanische Kruste · kontinentale Kruste

60 Ma
Die Indische Platte driftet nach Norden und transportiert an ihrem Vorderrand den indischen Subkontinent. Als er unter die Eurasische Platte subduziert wurde, entstand aus dem Sedimentstapel und der ozeanischen Kruste, die von der abtauchenden Platte abgeschert wurden, ein Akkretionskeil. Von der subduzierten Platte aufsteigende Magmen führten bei der Eurasischen Platte zu einer Verdickung der Kruste.

Main Central Thrust

30–50 Ma
Der indische Subkontinent kollidiert mit Tibet. Indien hatte zu viel Auftrieb, um in den Mantel subduziert zu werden und so zerbrach die indische Kruste an der sogenannten Main Central Thrust.

herausgehobenes erodiertes Material · Main Central Thrust · Main Boundary Fault

20–30 Ma
Die Kollision dauerte an, wobei die Bewegung an der Überschiebung aufgefangen wurde. Ein Teil der indischen Kruste und der Schelf-sedimente wurde auf den heran-rückenden Subkontinen geschoben.

Ganges-Ebene · Himalaja · Hochland von Tibet · Main Central Thrust · Main Boundary Fault

10–20 Ma
Eine zweite Überschiebung – die Main Boundary Fault – entstand. Ein zweiter Krustenspan wurde unter Heraushebung des ersten auf Indien überschoben. Die beiden überschobenen Bereiche bilden den Großteil des Himalaja.

Teil III

Abb. 10.15 Die Abfolge der Ereignisse, die im Himalaja zur Gebirgsbildung führten, vereinfacht und überhöht dargestellt (nach P. Molnar (1986): The Structure of Mountain Ranges. – *Scientific American* (Juli): 70)

Abb. 10.16 Die Kollision von Indien und Eurasien führte zur Bildung von zahlreichen auffälligen tektonischen Strukturen einschließlich großräumiger Bruchtektonik und Heraushebung (nach: P. Molnar & P. Tapponier (1977): The Collision Between India and Eurasia. – *Scientific American* (April): 30)

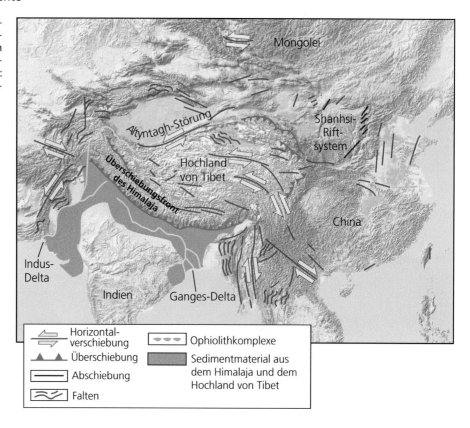

seiner heutigen Position gedreht und lag unmittelbar über dem Äquator, sein südlicher (heute östlicher) Rand war ein passiver Kontinentalrand. Unmittelbar südlich davon lag der Iapetus-Ozean (in der griechischen Mythologie war Iapetus der Vater des Titanen Atlas), der unter einem entfernt liegenden Inselbogen subduziert wurde. Baltica lag weiter im Südosten und Gondwana noch einige Tausend km weiter südlich. Abb. 10.17 zeigt die verschiedenen Stadien im Verlauf der weiteren Entwicklung, als die drei Kontinente konvergierten.

Der durch die nach Süden gerichtete Subduktion des Iapetus-Ozeans entstandene Inselbogen kollidierte im mittleren bis oberen Ordovizium (vor 470–440 Ma) mit Laurentia, was zur Taconischen Orogenese führte, der ersten Phase der Gebirgsbildung im Bereich der Appalachen. Die zweite Phase begann, als Baltica einschließlich einer Reihe dazugehöriger Inselbögen im Unterdevon (vor etwa 400 Ma) mit Laurentia kollidierte. Diese Konvergenzbewegung Balticas führte im Südosten Grönlands, im Nordwesten Norwegens und in Schottland zur Kaledonischen Gebirgsbildung. Ihr entspricht im heutigen Nordamerika die Acadische Orogenese, in deren Verlauf im Mittel- bis Oberdevon (vor 380–360 Ma) zahlreiche, heute in Kanada und Neuengland liegende und aus Inselbögen bestehende Terrane mit Laurentia kollidierten.

In der Endphase der Bildung von Pangaea kollidierte schließlich auch die riesige Landmasse Gondwanas mit Laurentia und Baltica, die zusammen im Kontinent Laurussia vereint waren (Abb. 10.17). Diese Kollision begann vor etwa 340 Ma mit der Variszischen Orogenese im heutigen Mitteleuropa und setzte sich mit der sogenannten Appalachischen Orogenese (vor 320–

270 Ma) am Rande des nordamerikanischen Kratons fort. In dieser letzten Phase kam es zur Überschiebung von Krustenbereichen Gondwanas auf Laurentia. Dies führte zur Heraushebung der Blue-Ridge-Provinz, die möglicherweise die Höhe des heutigen Himalaja erreichte sowie zur Entstehung eines Großteils der Deformationsstrukturen, die heute in den Appalachen aufgeschlossen sind. Außerdem kollidierten in dieser letzten Phase Sibirien und andere asiatische Mikrokontinente – unter Bildung des Urals – mit Laurussia (daher auch die Bezeichnung Laurasia). Gleichzeitig kam es in Europa und Nordafrika durch eine weitreichende Deformation im Verlauf der Variszischen oder Herzynischen Orogenese zur Entstehung eines Gebirges.

Durch die Kollision all dieser Festlandmassen änderte sich die Struktur der Kruste in starkem Maße. Die starren Kratone wurden nur wenig beeinflusst, bei den dazwischenliegenden jüngeren Mikrokontinenten kam es zur Konsolidierung, Krustenverdickung und Metamorphose. Die tieferen Bereiche dieser jungen Kruste wurden partiell aufgeschmolzen; dabei entstanden granitische Magmen, die aufstiegen und einerseits in der oberen Kruste ausgedehnte Batholithe bildeten und andererseits an der Erdoberfläche zu Vulkanismus führten. Die herausgehobenen Gebirge und Hochländer wurden bis auf den einst in großer Tiefe liegenden, hoch metamorphen kristallinen Sockel erodiert und aus dem Verwitterungsmaterial häuften sich mächtige Sedimentserien an. Die nach der ersten Phase der Gebirgsbildung abgelagerten Sedimente wurden bei nachfolgenden Kollisionen und Orogenesen deformiert und metamorph überprägt.

Ältere Orogenesen Bislang beschäftigten wir uns mit zwei Epochen der Gebirgsbildung: mit der paläozoischen Phase, die

Mittleres Kambrium (510 Ma)
Nach dem Auseinanderbrechen des Großkontinents Rodinia lag der Kontinent Laurentia über dem Äquator; sein südlicher Rand bildete einen passiven Kontinentalrand, der an den Iapetus-Ozean grenzte.

Die Linien zeigen zur besseren Orientierung die Grenzen der US-Bundesstaaten.

Schelfbereich und überfluteter Kontinent

Unterkarbon (340 Ma)
Die Kollision von Gondwana und Laurussia begann im heutigen Mitteleuropa mit der Variszischen Orogenese …

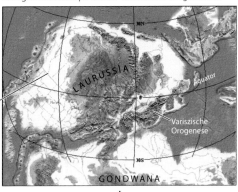

Höheres Ordovizium (450 Ma)
An der nach Süden gerichteten Subduktion der Iapetus-Platte entstand ein Inselbogen, der im mittleren bis oberen Ordovizium im Zuge der Taconischen Orogenese mit Laurentia kollidierte.

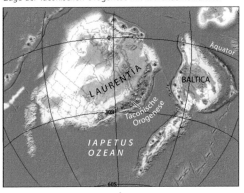

Höheres Oberkarbon (300 Ma)
…. und setzte sich am Rand des nordamerikanischen Kontinents mit der Alleghenischen Orogenese fort. In dieser letzten Phase kollidierte Sibirien mit Laurussia unter Bildung des Urals und des Kontinents Laurasia, während im Zuge der Herzynischen (Variszischen) Orogenese in Europa und Nordafrika neue Gebirge entstanden.

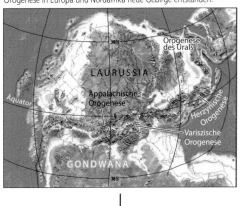

Unteres Devon (400 Ma)
Die Kollision von Laurentia und Baltica führte zur Kaledonischen Orogenese und zur Entstehung des Kontinents Laurussia. Die nach Süden fortschreitende Konvergenzbewegung wird als Acadische Orogenese bezeichnet.

Unteres Perm (270 Ma)
Durch diese Konvergenzbewegungen der Kontinente entstand schließlich der Großkontinent Pangaea.

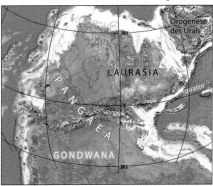

Abb. 10.17 Paläogeographische Rekonstruktion der Nordkontinente. Sie zeigt die Abfolge der Gebirgsbildungen bei der Entstehung des Großkontinents Pangaea (Ronald C. Blakey, Northern Arizona University, Flagstaff)

Teil III

zur Entstehung von Pangaea führte, und mit der känozoischen Kontinent-Kontinent-Kollision im Bereich des alpidischen Gebirgsgürtels. In Kap. 2 behandelten wir den jungproterozoischen Großkontinent Rodinia. Auch zu seiner Entstehung waren zahlreiche Orogenesen erforderlich.

Einige der besten Belege dafür stammen vom östlichen und südlichen Rand des Kanadischen Schilds, von der sogenannten Grenville-Provinz, wo vor etwa 1,1 und 1,0 Mrd. Jahren neues Krustenmaterial an den Kanadischen Schild angeschweißt wurde (Abb. 10.8b). Geowissenschaftler gehen davon aus, dass dieses heute hoch metamorphe Gesteinsmaterial ursprünglich aus kontinentalen Vulkangürteln und Inselbögen bestand, die bei der Kollision mit dem Westrand Gondwanas an Laurentia angeschweißt und nachfolgend zusammengeschoben worden waren. Es gibt offenbar deutliche Übereinstimmungen zwischen den Vorgängen im Rahmen der Grenville-Orogenese und den heute im Himalaja ablaufenden Prozessen. Eine durch Kompressionskräfte verursachte Krustenverdickung durch Faltungs- und Überschiebungstektonik führte zu einem mit dem heutigen Tibet vergleichbaren Hochland; in den höheren Stockwerken der Kruste kam es, ähnlich wie im Himalaja, zur Metamorphose und in der unteren Kruste zur Aufschmelzung großer Bereiche. Nach Ende der Gebirgsbildung wurde das Hochland bis auf das Niveau seines hoch metamorphen Kristallinsockels erodiert. Inzwischen wurden weltweit auf den Kontinenten ähnlich alte Gebirgsreste nachgewiesen. Obwohl manche Details noch offen sind, entwickelte man aus solchen Hinweisen, unter anderem auch aus paläomagnetischen Daten, ein Gesamtbild vom Zusammenschluss des Kontinents Rodinia in der Zeit zwischen 1,3 und 0,9 Mrd. Jahren.

Der Wilson-Zyklus

Aus dem kurzen Überblick über die Entwicklung des östlichen Kontinentalrands von Nordamerika können wir schließen, dass auch die Ränder anderer Kratone mehrfach Ereignissen ausgesetzt waren, die einem gewissen plattentektonischen Zyklus unterliegen, der im Wesentlichen aus vier Phasen besteht (Abb. 10.18):

1 Riftvorgänge im Inneren eines Kontinents führen zu dessen Auseinanderbrechen...

7 Der Kontinent wird abgetragen, die Mächtigkeit der kontinentalen Kruste nimmt ab und schließlich beginnt der Vorgang erneut.

2 ...und zur Öffnung eines neuen Ozeans sowie zur Bildung neuer ozeanischer Kruste.

6 Kollidieren zwei Kontinente, dann kommt es infolge der Gebirgsbildung zu einer Verdickung der Kruste und zur Entstehung eines neuen Großkontinents.

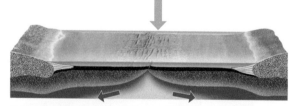

3 Dauern Seafloor-Spreading und Öffnung des Ozeans fort, kommt es zur Abkühlung des passiven Kontinentalrands und zur Akkumulation von Sedimenten.

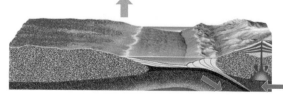

5 Akkretion von Mikroplatten, die entweder aus dem Akkretionskeil oder aus Krustenfragmenten bestehen, die mit der subduzierten Platte herangeführt und an den Kontinent angeschweißt werden.

4 Die Bewegung kehrt sich um, es kommt zu Konvergenzbewegungen und Subduktion ozeanischer Kruste unter einem Kontinent; am aktiven Kontinentalrand entsteht eine Vulkankette.

Abb. 10.18 Der Wilson-Zyklus beschreibt die plattentektonischen Bewegungen, die für die Bildung und das Auseinanderbrechen von Großkontinenten und die Öffnung und Schließung von Ozeanen verantwortlich sind

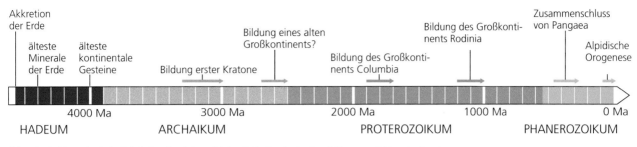

Abb. 10.19 Die geologische Zeitskala zeigt einige wichtige Ereignisse in der Entwicklungsgeschichte der Kontinente

1. Riftvorgänge im Zusammenhang mit dem Auseinanderbrechen eines Großkontinents,
2. Abkühlung des passiven Kontinentalrandes mit entsprechender Sedimentakkumulation als Folge von Seafloor-Spreading und der Öffnung eines Ozeans,
3. Vulkanismus am aktivem Kontinentalrand und Akkretion von Mikroplatten im Verlauf der Subduktion und Schließung eines Ozeans,
4. Orogenese als Folge einer Kontinent-Kontinent-Kollision, durch die wieder ein neuer Großkontinent entsteht.

Diese idealisierte Abfolge von Ereignissen im Verlauf der Öffnung und Schließung eines Ozeanbeckens wird als **Wilson-Zyklus** bezeichnet, benannt nach dem kanadischen Pionier der Plattentektonik, J. Tuzo Wilson, der als erster deren Bedeutung für die Bildung der Kontinente erkannte.

Geologische Fakten sprechen dafür, dass es solche Wilson-Zyklen sowohl im Proterozoikum als auch im Phanerozoikum gegeben hat (Abb. 10.19) und dass es vor Rodinia zur Bildung von mindestens zwei Großkontinenten gekommen ist. Einer dieser Großkontinente (Columbia) entstand vor 1,9 bis 1,7 Mrd. Jahren. Ein noch älterer Großkontinent, dessen Zusammenschluss den Übergang vom Archaikum zum Proterozoikum kennzeichnet, war in der Zeit zwischen 2,7 bis 2,5 Mrd. Jahren entstanden. Gab es auch im Archaikum schon solche Wilson-Zyklen? Wir werden auf diese Frage noch zurückkommen.

Epirogenese: Modifizierung durch Vertikalbewegungen

Bisher lag der Schwerpunkt unserer Betrachtungen hinsichtlich der Entstehung von Kontinenten auf der Akkretion von Krustenblöcken und der Bildung von Gebirgen – zwei Prozesse, die auf horizontal gerichtete Plattenbewegungen zurückzuführen sind und normalerweise eine Deformation durch Faltung und Bruchtektonik einschließen. Weltweit dokumentieren Schichtenfolgen jedoch auch noch eine andere Form von Krustenbewegungen: allmähliche und über geologisch lange Zeit andauernde Hebungs- und Senkungsbewegungen ohne nennenswerte Deformation – Bewegungen, die als **Epirogenese** (griech. *epeiros* = Festland; *genesis* = Entstehen) bezeichnet werden, ein Begriff, der im Jahre 1890 von dem amerikanischen Geologen Clarence Dutton geprägt wurde.

Epirogene Senkungsbewegungen äußern sich in einer Abfolge relativ flach lagernder Sedimente, vergleichbar den Schichtenfolgen der Nordamerikanischen Plattform. Hebungsbewegungen führen zu Erosion, Schichtlücken und Diskordanzen. Die Erosion kann, wie auf dem Kanadischen Schild, bis zur Freilegung des kristallinen Grundgebirges führen.

Man kennt mehrere Ursachen, die epirogenen Bewegungen zugrunde liegen. Ein Beispiel ist der Wiederaufstieg der Erdkruste in ihre Ausgangsposition nach dem Abschmelzen der Gletscherauflast (Abb. 10.20a; Exkurs 14.1). Denn durch das Gewicht der Inlandeismassen wird die kontinentale Lithosphäre während der Vereisung nach unten gedrückt. Schmelzen die Gletscher ab, kehrt die Kruste im Verlauf von mehreren tausend Jahren wieder in ihre ursprüngliche Ausgangslage zurück. Dies erklärt sowohl den Aufstieg Finnlands und Skandinaviens nach dem Ende der letzten Vereisung vor etwa 17.000 Jahren als auch die Strandterrassen an den Hebungsküsten Nordkanadas (Abb. 10.21). Obwohl die Rückformung nach menschlichem Maßstab sehr langsam erfolgt, handelt es sich, geologisch betrachtet, um einen sehr rasch ablaufenden Vorgang.

Aufheizung und Abkühlung der kontinentalen Lithosphäre sind wichtige epirogene Prozesse, die sich über längere Zeiträume erstrecken. Das Aufheizen führt zur Ausdehnung der Gesteine mit entsprechender Verringerung ihrer Dichte und damit zur Hebung (Abb. 10.20b). Ein gutes Beispiel hierfür ist das Colorado-Plateau, das im Verlauf der vergangenen 10 Mio. Jahre um etwa 2000 m herausgehoben wurde. Experten gehen davon aus, dass dieses Aufheizen durch den aktiven Aufstieg von Mantelmaterial erfolgt, der auch in der Basin-and-Range-Provinz am West- und Südrand des Colorado-Plateaus eine Dehnung der Kruste verursacht.

Umgekehrt führt die Abkühlung der Lithosphäre zur Kontraktion und damit zu einer Zunahme der Dichte. Dadurch sinkt die Kruste unter ihrem eigenen Gewicht nach unten und es entsteht ein Sedimentbecken (Abb. 10.20c). Die Abkühlung eines einst aufgeheizten Gebiets könnte die Entstehung des Michigan und des Illinois Basin sowie der anderen tiefen Senkungsräume in den zentralen Gebieten Nordamerikas erklären (Abb. 10.3). Kommt es durch Riftvorgänge zum Auseinanderbrechen von Kontinenten, sind die herausgehobenen Ränder der Erosion ausgesetzt und sinken nach ihrer Abkühlung schließlich unter den Meeresspiegel ab, wo dann auf den passiven Kontinentalrändern entweder ausgedehnte Carbonatplattformen entstehen oder andere mächtige Sedimentserien zur Ablagerung kommen (Abb. 10.20d). Diese Vorgänge führten beispielsweise an der Ostküste der Vereinigten

a   RÜCKFORMUNG

Durch das Gewicht der Inlandeismassen wird die kontinentale Lithosphäre nach unten gedrückt, ...

...und wenn das Eis abschmilzt, kehrt sie in ihre Ausgangposition zurück.

Inlandeis-masse

kontinentale Kruste
kontinentale Lithosphäre
Asthenosphäre

b   AUFHEIZUNG DER LITHOSPHÄRE

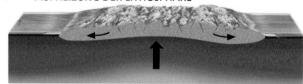

Die Aufheizung führt zur Aufwölbung und Dehnung der kontinentalen Lithosphäre.

c   ABKÜHLUNG DER LITHOSPHÄRE IM INNEREN EINES KONTINENTS

thermische Subsidenzbecken

Die Abkühlung und Kontraktion der Lithosphäre führt zur Absenkung und Bildung eines Sedimentbeckens.

d   ABKÜHLUNG DER LITHOSPHÄRE AM KONTINENTALRAND

Sedimente des Kontinentalschelfs

Kommt es durch Seafloor-Spreading zum Auseinanderbrechen eines Kontinents, sinken die Ränder nach ihrer Abkühlung unter den Meeresspiegel ab; auf dem passiven Kontinentalrand entstehen mächtige Sedimentserien.

e   AUFHEIZUNG DES TIEFEN MANTELS

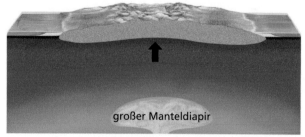

großer Manteldiapir

Ein aus dem tiefen Mantel aufsteigender großer Manteldiapir heizt die Lithosphäre auf, steigt bis an die Basis eines Kontinents nach oben und führt zu einer großräumigen Hebung der Erdoberfläche.

Abb. 10.20 Epirogene Bewegungen und ihre Ursachen

Staaten zur Bildung mächtiger Sedimentserien. Ein interessantes Phänomen ist das Hochland von Südafrika, wo im Känozoikum ein Kraton bis in Höhenlagen von 2000 m über den Meeresspiegel herausgehoben wurde. Trotzdem ist die Lithosphäre in diesem Bereich des Kontinents nicht übermäßig aufgeheizt. Eine mögliche Erklärung für diese Hebung könnte sein, dass der südliche Afrikanische Kraton durch einen heißen, aus dem unteren Mantel aufsteigenden Bereich gehoben wurde (vgl. Kap. 14). Ein solcher Manteldiapir könnte auf die Basis der Lithosphäre starke, nach oben gerichtete Kräfte ausüben, die ausreichen würden, um die Oberfläche um etwa 1000 m herauszuheben (Abb. 10.20e).

Keiner dieser der Epirogenese zugrunde liegenden Mechanismen erklärt jedoch ein wesentliches Merkmal der Kratone: die herausgehobenen Schilde und die abgesunkenen Plattformen. Diese Bereiche sind zu groß und bestehen schon zu lange und können mit den bisher besprochenen plattentektonischen Vorgängen nicht erklärt werden.

Die Entstehung der Kratone

Jeder Kraton enthält Gebiete mit sehr alter Lithosphäre, die letztmalig im Archaikum (vor 4,0–2,5 Mrd. Jahren) der Deformation unterlagen. Wie erwähnt, kam es in den nachfolgenden Wilson-Zyklen lediglich an den Rändern dieser konsolidierten Bereiche der Landmassen zur Deformation und zur Anlagerung neuer Kruste. Wo aber entstanden erstmals diese heute im Zentrum der Kratone liegenden Gebiete?

Vor 4 Mrd. Jahren war die Erde ein weitaus heißerer Planet, bedingt durch die freiwerdende Wärme beim Zerfall der damals häufigeren radioaktiven Elemente sowie die bei der Differenziation und den Meteoritenschauern (Kap. 9) freigesetzte Energie. Der Hinweis auf einen heißeren Erdmantel ergibt sich aus dem Auftreten bestimmter ultrabasischer Vulkanite, der sogenannten Komatiite, die ausschließlich in der archaischen Kruste vorkommen und nach dem Komati River in Südostafrika benannt sind, wo sie erstmals entdeckt wurden. Komatiite enthalten einen hohen Anteil an Magnesium (bis zu 33 % MgO), und deshalb erfordert ihre Bindung eine wesentlich höhere Schmelztemperatur, die im heutigen Erdmantel noch nirgends nachgewiesen wurde.

Wenn der Erdmantel im Archaikum heißer war als heute, dann dürften auch die Konvektionsbewegungen im Erdmantel deutlich stärker gewesen sein. Auch die Lithosphärenplatten dürften kleiner gewesen sein und vermutlich haben sie sich auch rascher bewegt. Vulkanismus war weit verbreitet, die sich an den Spreading-Zentren bildende Kruste war möglicherweise dicker. Obwohl Lithosphäre sicherlich auch in den Mantel zurückgeführt wurde, gehen einige Geowissenschaftler davon aus, dass die damals existierenden Platten zu dünn und zu leicht waren und demzufolge nicht in gleicher Weise subduziert wurden wie die ozeanischen Platten an den heutigen Subduktionszonen.

Wir wissen, dass es in diesem frühen Stadium der Erdgeschichte eine SiO_2-reiche Kruste gegeben hat. Gesteine mit Alterswerten

Abb. 10.21 Diese Strandterrassen am Ufer des Point Lake in den Northwest Territories (Kanada) sind Hinweise für den Wiederaufstieg der Kruste nach dem Abschmelzen des auflagernden Eises (Foto: © Lynda Dredge (Photo 2001–2008); mit frdl. Genehm. reproduziert aus National Resources Canada 2009 und Geological Survey of Canada)

um 3,8 Mrd. Jahre wurden auf zahlreichen Kontinenten nachgewiesen, die meisten sind Metamorphite, die aus noch älterer kontinentaler Kruste hervorgegangen sind. An einigen Stellen sind kleine Gebiete dieser frühen Kruste noch vorhanden. Der Acasta-Gneis im nordwestlichen Teil des Kanadischen Schilds gleicht vom Aussehen her stark den heutigen Gneisen, obwohl er auf ein Alter von 4,0 Mrd. Jahre datiert wurde (Abb. 10.22a). Vor kurzem entdeckte man im Norden von Quebec noch ältere Gesteine, deren Datierung ein Alter von 4,3 Mrd. Jahre ergeben hat (Abb. 10.22b). In Australien lieferten einzelne Zirkone (äußerst widerstandsfähige Minerale, die bei der Erosion nicht zerstört werden) Alterswerte bis zu 4,4 Mrd. Jahren (vgl. Kap 8).

In diesem frühen Abschnitt des Archaikums war die Kruste, als sie sich vom Mantel differenziert hatte, höchst mobil. Sie bestand möglicherweise aus kleinen Schollen, die durch tektonische Bewegungen zusammengeschoben und wieder auseinandergerissen wurden, vergleichbar den Prozessen der Schuppentektonik, die heute auf der Venus ablaufen. Die erste über längere Zeiträume stabil bleibende kontinentale Kruste entstand vor etwa 3,3 bis 3,0 Mrd. Jahren. In Nordamerika ist das älteste Beispiel der Slave-Kraton in Nordwest-Kanada, wo auch der Acasta-Gneis auftritt, der sich vor etwa 3,0 Mrd. Jahren konsolidiert hatte. Man konnte zeigen, dass diese Stabilisierung nicht nur die kontinentale Kruste erfasste, sondern auch in dem zur Lithosphäre gehörenden Teil des Mantels zu chemischen Veränderungen führte. In Europa treten vergleichbare Gesteinsserien mit einem Alter von etwa 3,5 Mrd. Jahren in Nordskandinavien und in Karelien nördlich des Onega-Sees auf.

Diese archaischen Kratone bestehen im Wesentlichen aus zwei Gesteinsparagenesen (Abb. 10.23):

1. Granit-Grünstein-Gürtel Sie bestehen aus massigen Granitintrusionen, umgeben von steil gestellten, schwach metamorphen vulkanisch-sedimentären Serien, die ihrerseits wiederum von Sedimenten überlagert werden. Die Vulkanite haben in der Regel eine basische Zusammensetzung. Die Entstehung dieser Grünsteingürtel ist noch umstritten. Möglicherweise handelt es sich um Teile ozeanischer Kruste, die an schmalen Spreading-Zentren hinter Inselbögen entstanden sind und durch Einengungsvorgänge an aktiven Kontinentalrändern den Kontinenten angegliedert und später von Granitintrusionen umschlossen wurden.

2. Hochmetamorphe Bereiche Sie bestehen aus hoch metamorphen Gesteinen der Granulitfazies, entstanden durch Einengung, Versenkung und nachfolgende Erosion von granitischer Kruste. Diese hochgradig metamorphen Bereiche der archaischen Kratone gleichen im Wesentlichen den tiefgründig erodierten Bereichen der jüngeren Orogene, doch unterscheiden sie sich hinsichtlich des Deformationsstils. Bei den heutigen Orogenesen entstehen dort, wo die Ränder großer Kratone kollidieren, typische mehr oder weniger geradlinige Gebirgszüge. Im Archaikum sind solche Deformationsstrukturen weniger geradlinig, vielmehr sind sie in der Aufsicht oftmals kreis- oder auch sinusförmig, möglicherweise aufgrund der Tatsache, dass die Kratone wesentlich kleiner und ihre Ränder stärker gebogen waren.

Teil III

Teil III

a b

Abb. 10.22a,b Neu entdeckte Gesteine zeigen, dass bereits im Hadeum an der Erdoberfläche kontinentale Kruste vorhanden war. **a** Der Acasta-Gneis aus dem Archaikum der Slave-Provinz im Nordwesten Kanadas. Radiometrische Datierungen ergaben ein Alter von 4,0 Mrd. Jahren. **b** Amphibol führende Gesteine aus dem Nuvvuagittuq-Grünsteingürtel, Nord-Quebec (Kanada), besitzen ein Alter von 4,28 Mrd. Jahren und sind damit die ältesten Gesteine, die bisher gefunden wurden (Fotos: a mit frdl. Genehm. von Sam Bowring, Massachusetts Institute of Technology; b © Jonathan O'Neil)

Granit-Grünstein-Gürtel

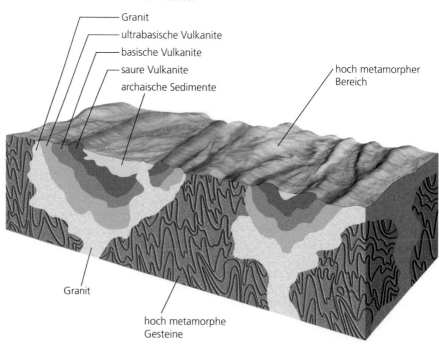

Abb. 10.23 Schematische Darstellung der beiden wichtigsten Gesteinseinheiten der archaischen Gebiete auf den Kratonen: Granit-Grünsteingürtel und hoch metamorphe Gebiete

Am Ende des Archaikums vor 2,5 Mrd. Jahren hatte sich in den Kratonen genügend kontinentale Kruste konsolidiert, um die Bildung immer größerer Kontinente zu ermöglichen. Die plattentektonischen Vorgänge glichen weitgehend den heutigen. Es gibt aus diesem Zeitraum erste Hinweise auf größere Kontinent-Kontinent-Kollisionen und auf die Bildung von Großkontinenten. Das bedeutet für die weitere erdgeschichtliche Entwicklung, dass die Entstehung der Kontinente seitdem von den plattentektonischen Prozessen des Wilson-Zyklus bestimmt wurde.

Die tieferen Stockwerke der Kontinente

Bisher betrachteten wir in diesem Kapitel die wichtigsten Vorgänge, die zur Bildung der kontinentalen Kruste führten. Ein ganz wesentlicher Aspekt, der das Verhalten dieser Kontinente bestimmt, blieb bisher unerwähnt: die langfristige Stabilität der Kratone. Wie haben die Kratone die Milliarden Jahre überstanden, in denen sie plattentektonischen Bewegungen ausgesetzt waren? Die Antwort auf diese Frage finden wir nicht in der Erdkruste, sondern in der darunter liegenden Lithosphäre des Erdmantels.

Die Kiele der Kratone

Bei der Erforschung des Erdinneren mithilfe seismischer Wellen entdeckte man eine bemerkenswerte Erscheinung: die Kratone werden von einer mächtigen Schicht aus mechanisch festem Mantelmaterial unterlagert, die sich bei der Drift der Kontinente zusammen mit den Platten bewegt. Diese verdickten Bereiche der Lithosphäre erstrecken sich bis in Tiefen über 200 km, was etwa der doppelten Mächtigkeit der ältesten ozeanischen Lithosphäre entspricht.

In Tiefen zwischen 100 und 200 km unter den Ozeanen (und ebenso unter den jüngeren Teilen der Kontinente) sind die Gesteine des Erdmantels heiß und verhalten sich eher plastisch. Sie sind Bestandteil der Asthenosphäre, die unter den gegebenen Druck- und Temperaturbedingungen plastisch fließen kann, wodurch letztendlich auch die Bewegung der Platten über die Erdoberfläche hinweg ermöglicht wird. Unter den Kratonen erstreckt sich die Lithosphäre bis in diese Bereiche, ähnlich wie ein Schiffsrumpf im Wasser – demzufolge werden diese Strukturen des Erdmantels als **Kiele** bezeichnet (Abb. 10. 24). Alle Kratone der Kontinente sitzen offenbar solchen Kielen auf.

Diese tief reichenden Kiele stellen in mancher Hinsicht ein Problem dar, dessen Lösung noch offen ist. Aus dem Mantel unter den Kratonen wird weniger Wärme abgegeben als aus dem Mantel unter der ozeanischen Kruste. Das bedeutet, dass diese Kiele mehrere hundert Grad kälter sein müssen als die umgebende Asthenosphäre, was ihre Festigkeit erklärt. Wenn die Gesteine im Mantel unter den Kratonen jedoch so kalt sind, warum sinken sie dann nicht durch ihr Eigengewicht in den Mantel ab, wie die kalten und schweren Platten aus ozeanischer Lithosphäre in den Subduktionszonen?

Die Zusammensetzung der Kiele

Die Kiele würden tatsächlich absinken, wenn ihre chemische Zusammensetzung den normalen Mantel-Peridotiten entsprechen würde. Um dieses Problem zu lösen, ging man davon aus, dass die Kiele der Kratone eine geringfügig andere chemische Zusammensetzung und damit eine etwas geringere Dichte aufweisen (vgl. Abb. 10.24). Die geringere Dichte der Gesteine kompensiert die zunehmend höhere Dichte, die sich aus den niedrigeren Temperaturen ergibt.

Deutliche Hinweise, die diese Hypothese stützen, ergaben sich aus Proben von Mantelmaterial, das in Kimberlitschloten gefunden wurde – denselben Vulkaniten, die auch Diamanten enthalten (vgl. Kap. 12). Kimberlitschlote sind erodierte Förderschlote explosiver Vulkane, deren Magmen tief im Mantel entstanden und extrem rasch aufgestiegen sind (Abb. 10.25). Nahezu alle Kimberlite, die Diamanten enthalten, liegen in archaischen Kratonen. Diamant geht in Tiefen von weniger als 150 km wieder in Graphit über, es sei denn, die Temperatur nimmt extrem rasch ab. Daher bedeutet das Auftreten von Diamanten in diesen Schloten, dass die Magmen der Kimberlite in größeren Tiefen als 150 km entstanden sind und dass sie, als das Magma extrem rasch die Lithosphäre durchbrach, durch die Kiele aufgestiegen sein müssen.

Bei diesen explosionsartigen Kimberlitausbrüchen wurden Bruchstücke der Kiele, von denen einige Diamanten enthalten, mitgerissen und gelangten in Form von **Mantelxenolithen** (griech. *xénos* = fremd; *lithos* = Gestein) an die Oberfläche. Bei den meisten dieser Xenolithe handelt es sich um Peridotite, die geringere Mengen des schweren Elements Eisen aufweisen und weniger Granat (ein Schwermineral) enthalten als normale Mantelgesteine. Solche Gesteine können entstehen, wenn der konvektierenden Asthenosphäre durch partielles Schmelzen basaltisches oder komatiitisches Material entzogen wird. Mit anderen Worten besteht der Mantel unter den Kratonen aus einem an bestimmten Elementen verarmten Gesteinsrest, der bei Schmelzprozessen in der Frühzeit der Erdgeschichte übrig geblieben ist. Ein aus solchem Material bestehender Kiel „schwimmt" auf dem Mantel, trotz der Tatsache, dass der Kiel eine geringere Temperatur aufweist (vgl. Abb. 10.24).

Das Alter der Kiele

Aus der Untersuchung der Xenolithe und der darin enthaltenen Diamanten ergab sich, dass die Kiele etwa das gleiche Alter wie die darüber befindliche archaische Kruste aufweisen. Die Gesteine, die heute diese Kiele bilden, sind demzufolge bereits zu einem sehr frühen Zeitpunkt der Erdgeschichte durch Abtrennung einer basaltische Schmelze entstanden und nahmen etwa

Teil III

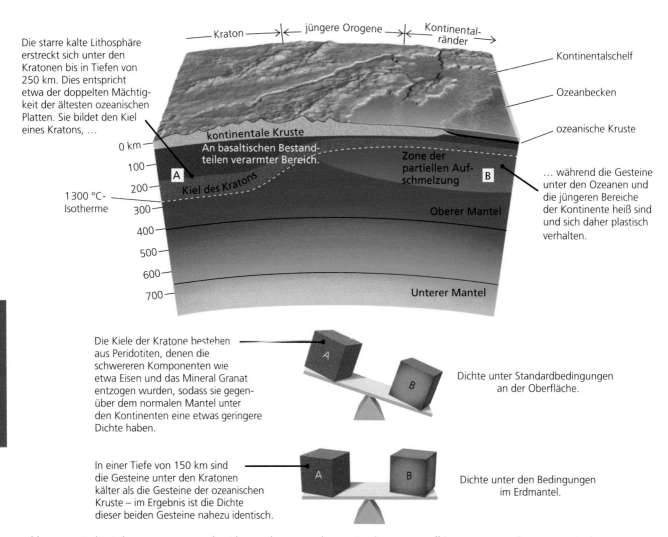

Die starre kalte Lithosphäre erstreckt sich unter den Kratonen bis in Tiefen von 250 km. Dies entspricht etwa der doppelten Mächtigkeit der ältesten ozeanischen Platten. Sie bildet den Kiel eines Kratons, …

… während die Gesteine unter den Ozeanen und die jüngeren Bereiche der Kontinente heiß sind und sich daher plastisch verhalten.

Die Kiele der Kratone bestehen aus Peridotiten, denen die schwereren Komponenten wie etwa Eisen und das Mineral Granat entzogen wurden, sodass sie gegenüber dem normalen Mantel unter den Kontinenten eine etwas geringere Dichte haben.

Dichte unter Standardbedingungen an der Oberfläche.

In einer Tiefe von 150 km sind die Gesteine unter den Kratonen kälter als die Gesteine der ozeanischen Kruste – im Ergebnis ist die Dichte dieser beiden Gesteine nahezu identisch.

Dichte unter den Bedingungen im Erdmantel.

Abb. 10.24 Die chemische Zusammensetzung der Kiele unter den Kratonen kompensiert die Temperatureffekte, um sie gegen die Zerstörung durch plattentektonische Prozesse zu stabilisieren (nach T. H. Jordan (1979): The Deep Structure of Continents. – *Scientific American* (Januar): 92)

zur selben Zeit ihre Position unter der kontinentalen Kruste ein, in der sich auch die Kratone stabilisierten.

Möglicherweise führte erst die Bildung dieser Kiele zur tektonischen Stabilisierung der Kratone. Das Vorhandensein eines kalten, mechanisch starren Kiels erklärt wahrscheinlich auch, warum die archaischen Kratone zahlreiche Kontinent-Kontinent-Kollisionen – einschließlich der Bildung von zumindest vier Großkontinenten – ohne wesentliche Deformation überdauert haben.

Viele Aspekte dieses Vorgangs sind noch unbekannt. Auf welche Art und Weise kühlten diese Kiele ab? Wie erreichten sie das in Abb. 10.24 dargestellte Gleichgewicht zwischen Temperatur und chemischer Zusammensetzung? Warum entstanden im Archaikum die Kratone mit den mächtigsten Kielen? Einige Experten gehen davon aus, dass die Kontinente beim Konvektionssystem im Erdmantel, dem Antriebsmechanismus der Plattentektonik, eine wichtige Rolle spielen. Welche Bedeutung hierbei den Kie-

len zukommt, ist noch weitgehend ungeklärt. Viele der in diesem Kapitel genannten Vorstellungen sind lediglich Hypothesen und keine anerkannte Theorie der Entwicklung der Kontinente und ihres Untergrundes. Die Aufstellung einer solchen Theorie ist derzeit Schwerpunkt geowissenschaftlicher Forschungen.

Zusammenfassung des Kapitels

Die wichtigsten geologischen Provinzen Nordamerikas: Die ältesten Teile der kontinentalen Kruste sind im Kanadischen Schild aufgeschlossen. Südlich des Kanadischen Schilds liegt das Zentrale Tafelland, eine Plattform, deren präkambrischer Sockel von geringmächtigen Abfolgen paläozoischer Sedimente überdeckt wird. In Europa entspricht der Baltische Schild diesem stabilen Kern. An den Rändern des Kratons liegen langgestreckte Gebirgsgürtel. Die Appalachen erstrecken sich am Ostrand des Kontinents in südwest-nordöstlicher Richtung. Die

Abb. 10.25 Abbau eines Kimberlitschlots der Jwaneng-Diamantmine in Botswana (Südafrika). Die Diamanten treten in dem dunklen Kimberlitgestein im Zentrum des Tagebaus auf, das dem Förderschlot des ehemaligen, inzwischen erodierten Vulkans entspricht. Die in Jwaneng auftretenden Diamanten und auch die anderen Bruchstücke vom Kiel des afrikanischen Kontinents wurden aus einer Tiefe von über 150 km gefördert; die Analyse dieser Bruchstücke bestätigt die in Abb. 10.24 dargestellte Hypothese der chemischen Stabilisierung. Jwaneng ist die derzeit reichste Diamantmine und produzierte im Jahr 2006 15,6 Mio. Karat (= 3120 kg) Diamanten mit einem Wert von 2 Mrd. US-Dollar. Eine erhebliche Ausweitung der Förderung begann 2010. Man erwartet im Verlauf der gesamten Abbauzeit eine Ausbeute von etwa 100 Mio. Karat mit einem Wert von ungefähr 15 Mrd. US-Dollar (Foto: © Peter Essick/Aurora Photos)

Küstenebene und der Kontinentalschelf des Atlantischen Ozeans und des Golfs von Mexiko sind Teil eines passiven Kontinentalrands, der nach dem Auseinanderbrechen des Großkontinents Pangaea abgesunken ist. Die Nordamerikanischen Kordilleren verlaufen entlang der Westküste und bestehen aus zahlreichen tektonischen Einheiten.

Tektonische Provinzen weltweit: Den tektonischen Provinzen Nordamerikas vergleichbare Einheiten treten auch auf anderen Kontinenten auf. Die alten Schilde und Plattformen bilden Kratone, die stabilsten und ältesten Bereiche der Kontinente. Diese Kratone werden von Gebirgen umgeben, von denen die jüngsten an den aktiven Plattengrenzen der Kontinente auftreten, an denen die Deformation der Kruste fortdauert. Die passiven Ränder der Kontinente sind Bereiche der Krustendehnung und Sedimentation.

Wachstum der Kontinente: Zwei plattentektonische Prozesse, Magmatismus und tektonische Akkretion, bestimmen das Wachstum der Kontinente. Durch magmatische Differenziation entstehen vor allem an Subduktionszonen SiO_2-reiche Magmen mit geringer Dichte, die nach oben steigen und in der kontinentalen Kruste erstarren. Zur Akkretion kommt es, wenn durch horizontale Plattenbewegungen bereits vorhandenes Krustenmaterial mit dem Kontinent kollidiert und an diesen angeschweißt wird. Dabei sind vier verschiedene Vorgänge möglich: (1) Angliederung eines Krustenblocks von einer subduzierten Platte an die überfahrende Platte, (2) Schließung eines Randmeeres und Akkretion der verdickten Kruste des Inselbogens am Kontinent, (3) lateraler Transport entlang des Kontinentalrands an Horizontalverschiebungen und (4) Verschweißung von zwei Kontinentalrändern durch Kontinent-Kontinent-Kollision mit nachfolgender Krustentrennung durch Riftvorgänge.

Modifizierung der Kontinente durch Gebirgsbildung: Horizontal wirkende Kräfte, die sich vor allem aus der Konvergenz zweier Platten ergeben, führen zu Faltung und Bruchtektonik. An flachen Überschiebungsbahnen wird die obere Kruste zu einige Kilometer mächtigen Schubdecken zerschert und übereinander gestapelt. Durch Kompression kann es zur Verdoppelung der kontinentalen Kruste kommen, was in den unteren Krustenbereichen zur Aufschmelzung führt. Diese Aufschmelzung erzeugt große Mengen granitischer Magmen, die in die höheren Stockwerke aufsteigen und dort in Form großer Batholithe erstarren.

Wilson-Zyklus: Der Wilson-Zyklus beschreibt eine Abfolge tektonischer Vorgänge, die bei der Entstehung und beim Zerbrechen von Großkontinenten, und bei der Öffnung und Schließung von Ozeanen auftreten. Er besteht aus vier Phasen: (1) Krustentrennung (Rifting) beim Auseinanderbrechen eines Großkontinents; (2) Abkühlung des passiven Kontinentalrandes und Sedimentakkumulation während des Seafloor-Spreading und der Öffnung des Ozeans; (3) aktiver Magmatismus und Akkretion von Mikroplatten während der Schließung des Ozeans und (4) Orogenese als Folge der Kontinent-Kontinent-Kollision. Der Orogenese folgt die Erosion, die zu einer Verdünnung der Kruste führt.

Ursachen der Epirogenese: Als Epirogenese bezeichnet man die Hebungs- und Senkungsbewegungen ausgedehnter Krustenbereiche ohne Faltung und Bruchtektonik. Zur epirogenen Hebung kommt es durch isostatische Rückformung der Kruste, durch Erwärmung der Lithosphäre als Folge von aufsteigendem Mantelmaterial und möglicherweise durch Hebung der Lithosphäre, verursacht durch einen im tiefen Erdmantel vorhandenen großen Manteldiapir. Die Abkühlung zuvor aufgeheizter Lithosphäre führt im Inneren eines Kontinents oder an den Rändern zweier Kontinente, die durch Riftvorgänge getrennt wurden, zur epirogenen Senkung. Dadurch entstehen thermisch bedingte Subsidenzbecken, die in der Folge große Sedimentmengen aufnehmen können.

Warum die Kratone Milliarden Jahre plattentektonischer Prozesse überlebten: Die ältesten im Archaikum entstandenen Bereiche der Kratone werden von einer Schicht aus kälterem festem Mantelmaterial unterlagert, die Mächtigkeiten von mehr als 200 km erreichen kann und die sich bei der Drift der Platten zusammen mit dem Kontinent bewegt. Diese sogenannten Kiele bestehen möglicherweise aus Mantelperidotiten, denen durch partielles Schmelzen und Abtransport der entstandenen Magmen chemische Bestandteile höherer Dichte entzogen wurden. Durch diesen Prozess verringerte sich zwar die Dichte der Kiele, aber er stabilisierte sie gleichzeitig auch gegen eine Zerstörung durch plattentektonische Prozesse.

Ergänzende Medien

10.1 Die wichtigsten tektonischen Erscheinungsformen Nordamerikas

10.2 Video: Die Wasatch-Störung: eine aktive Störung in den Rocky Mountains

Geobiologie

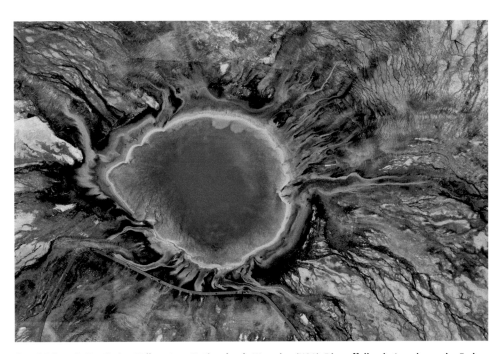

Grand Prismatic Hot Spring, Yellowstone-Nationalpark; Wyoming (USA). Die auffallende Anordnung der Farben
wird durch unterschiedliche Gemeinschaften von Mikroorganismen hervorgerufen, die gegenüber Temperaturunterschieden sehr empfindlich reagieren. Das Wasser fließt vom Zentrum der Quelle weg (*blaue Farbe*) und
kühlt ab. Der Temperaturgradient führt dazu, dass eine bestimmte Gemeinschaft von Mikroorganismen durch
eine andere ersetzt wird, die bei geringeren Temperaturen besser gedeiht. Der im unteren Teil der Aufnahme
erkennbare Holzsteg ermöglicht den Besuchern einen Blick in die Tiefe und vermittelt gleichzeitig eine Größen-
vorstellung (Foto: © Luis Castaneda/age fotostock)

© Springer-Verlag Berlin Heidelberg 2017
J. Grotzinger, T. Jordan, *Press/Siever Allgemeine Geologie*, DOI 10.1007/978-3-662-48342-8_11

Die Geologie befasst sich mit physikalischen und chemischen Prozessen, die sowohl in der Gegenwart als auch in der Vergangenheit die Erde beeinflussten. Die Biologie beschäftigt sich mit allem Lebendigen, den lebenden Organismen und ihrem Bau, ihrer Funktion, ihrem Wachstum und ihrem Ursprung. So groß die Kluft zwischen Geologie und Biologie zunächst erscheinen mag – zwischen Organismen und ihrer natürlichen Umwelt gibt es umfangreiche Wechselbeziehungen. Man hat schon lange erkannt, dass zwischen Biologie und Geologie eine enge Beziehung besteht, doch bis vor kurzem wusste man nicht genau, in welcher Form. Glücklicherweise ermöglichen technische Fortschritte sowohl in den Geo- als auch in den Biowissenschaften nun Fragen zu stellen und auch Antworten auf Fragen zu geben, die bisher jenseits unseres Vorstellungsvermögens lagen. Im Verlauf des letzten Jahrzehnts erkannten die aktiv in der Forschung tätigen Wissenschaftler allmählich, wie mehrere wichtige geobiologische Prozesse ablaufen.

Wir wissen heute, dass Organismen die Erde aktiv verändern können. Beispielsweise unterscheidet sich unsere Atmosphäre von der Atmosphäre anderer Planeten, weil sie eine erhebliche Menge an Sauerstoff enthält – das Ergebnis der Evolution von Sauerstoff produzierenden Mikroorganismen vor vielen Milliarden Jahren. Organismen leisten durch die Freisetzung von Gasen und Säuren einen Beitrag zur Zerstörung von Mineralen und somit zur Verwitterung. Bei diesem Prozess werden Nährstoffe freigesetzt, die sie und andere Organismen zum Aufbau von Körpersubstanz benötigen. In vergleichbarer Weise können ihrerseits geologische Prozesse das Leben verändern. Als beispielsweise vor 65 Ma ein Asteroid auf der Erde einschlug, löste dieser Impakt ein Massenaussterben aus, dem alle Dinosaurier zum Opfer fielen.

Dieses Kapitel befasst sich mit den Beziehungen zwischen den Organismen und ihrer natürlichen Umwelt. Es beschreibt wie die Biosphäre als System funktioniert und wie die Erde das Leben ermöglicht. Danach erkunden wir die bemerkenswerte Rolle, die Mikroorganismen bei geologischen Prozessen spielen und betrachten einige der wichtigen geobiologischen Ereignisse, die unseren Planeten verändert haben. Schließlich betrachten wir die wesentlichen Voraussetzungen zur Erhaltung des Lebens und gehen der seit jeher von Astrobiologen gestellten Frage nach: Gibt es auch auf anderen Planeten Leben nach unserem Verständnis?

Die Biosphäre als System

Leben gibt es fast überall auf der Erde. Die **Biosphäre** der Erde ist derjenige Teil unseres Planeten, der alle lebenden Organismen einbezieht. Dazu gehören sämtliche Pflanzen und Tiere einschließlich der nahezu unsichtbaren Mikroorganismen, die einige der extremsten Lebensräume der Erde besiedeln. Diese Organismen bewohnen die Erdoberfläche, die Atmosphäre, die Ozeane und die äußere Erdkruste und stehen in ständiger Wechselbeziehung mit ihrer entsprechenden Umwelt. Da sich die Biosphäre mit der Lithosphäre, Hydrosphäre und Atmosphäre überschneidet, kann sie grundlegende geologische und klima-

tische Prozesse beeinflussen. Die **Geobiologie** erforscht diese Wechselbeziehungen zwischen der Biosphäre und den natürlichen Umweltbedingungen der Erde.

Die Biosphäre ist ein System interagierender Komponenten, die Material und Energie mit ihrer Umgebung austauschen. Zu den Ausgangssubstanzen (Input) der Biosphäre gehören Energie (normalerweise in Form von Sonnenlicht) und Materialien (wie Kohlenstoff, Nährstoffe und Wasser). Organismen verwenden diese Ausgangsmaterialien für ihre Lebensfunktion und ihr Wachstum. Dabei erzeugen sie eine erstaunliche Vielfalt von Endprodukten (Output), von denen einige erhebliche Einflüsse auf geologische Prozesse haben. Im lokalen Maßstab – wie etwa in einer mit Wasser gefüllten Gesteinspore – kann eine kleine spezielle Organismengruppe einen geologischen Effekt bewirken, der auf einen bestimmten Sedimentbildungsraum beschränkt ist. In größerem Maßstab beeinflusst die Aktivität der Organismen möglicherweise die Zusammensetzung der Atmosphäre oder den Materialfluss bestimmter Elemente innerhalb der Erdkruste.

Ökosysteme

Stellen wir uns ein Schulprojekt vor, bei dem jedes Mitglied der Gruppe spezielle Fähigkeiten einbringt, die es dem Team als Ganzem ermöglichen, die individuellen Fähigkeiten der einzelnen Gruppenmitglieder zu übertreffen. Organismengruppen verhalten sich ähnlich: die einzelnen Organismen spielen eigene Rollen, die es der Gruppe insgesamt ermöglichen, sich spezielle Vorteile zu verschaffen, von denen rückwirkend die einzelnen Individuen profitieren. Im Falle des Menschen erreichen wir ein solches Gruppenverhalten durch bewusste Entscheidungen. Bei Organismen, die in einer speziellen Umwelt in einer sogenannten Lebensgemeinschaft zusammenleben, geschieht dies durch Ausprobieren und umfasst auch Rückkopplungseffekte zwischen der Gemeinschaft und den einzelnen Individuen. Diese Rückkopplungseffekte bestimmen sowohl die Struktur als auch die Funktionsweise der Gemeinschaft.

Ob im lokalen, regionalen oder globalen Maßstab, die Interaktionen der biologischen Gemeinschaften mit ihrer Umwelt definieren Organisationseinheiten, die als **Ökosysteme** bezeichnet werden. Ökosysteme bestehen aus biologischen und geologischen Komponenten, die in einer ausgeglichenen Beziehung zueinander stehen. Die unterschiedlichen Ökosysteme treten in den verschiedensten Größenordnungen auf (Abb. 11.1). Sie werden oftmals durch große geologische Barrieren voneinander getrennt, etwa durch Gebirge, Wüsten oder Ozeane, oder in kleinerem Maßstab durch unterschiedliche Wassertemperaturen innerhalb einer einzelnen heißen Quelle. Gleichgültig wie groß oder klein die Ökosysteme auch sein mögen, sie sind alle durch einen Energie- und Materialfluss zwischen den Organismen und ihrer Umwelt gekennzeichnet.

Ein typisches Ökosystem umfasst beispielsweise einen Fluss und seine angrenzenden Bereiche, in dem bestimmte Organismen-

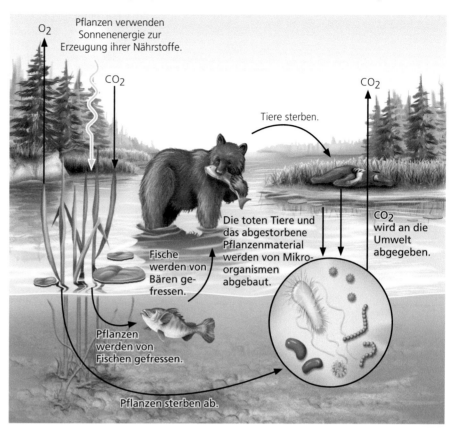

Abb. 11.1 Ökosysteme sind gekennzeichnet durch einen Fluss von Energie und Materie zwischen Organismen und Ihrer Umwelt. In diesem Beispiel wird Sonnenlicht als Energiequelle von den Pflanzen (Produzenten) genutzt, die von Fischen und diese wiederum von Bären (Konsumenten) gefressen werden. Pflanzen, Fische und Bären sterben schließlich ab und ihre Reste werden von Mikroorganismen (Destruenten) abgebaut. Auf diese Weise gelangt die Materie, aus der diese Organismen bestehen, wieder in die natürliche Umwelt zurück, wo sie erneut als Nährstoffe oder Energielieferant dient

Teil III

gruppen an ein Leben im Wasser (Fische), im Sediment (Würmer, Schnecken), an den Ufern (Gräser, Bäume, Bisamratten) und an ein Leben in der Luft (Vögel, Insekten) angepasst sind. In gewisser Hinsicht bestimmt der Fluss, wo die Organismen leben, indem er das Ökosystem mit Wasser, Sediment und gelösten Nährstoffen versorgt. Im Gegensatz dazu bestimmen die Organismen das Verhalten des Flusses; beispielsweise stabilisieren Bäume und Gräser die Ufer gegenüber den zerstörenden Wirkungen des Hochwassers. Das Gleichgewicht zwischen diesen biologisch und geologisch beeinflussten Prozessen sichert langfristig die Stabilität des Ökosystems.

Ökosysteme reagieren auf biologische Veränderungen wie etwa dem Auftreten neuer Organismengruppen äußerst empfindlich. Kommt es in den Ökosystemen zu erheblichen Ungleichgewichten, sind die Reaktionen darauf oftmals dramatisch. Betrachten wir einmal die Auswirkungen neuer Organismen in unserer unmittelbaren Umgebung wie beispielsweise die einer hübschen neuen Zierpflanze in unserem Garten. In allzu vielen Fällen sind diese Pflanzen besser an ihre neue Umwelt angepasst als die einheimischen Gewächse: sie vermehren sich rasch und verdrängen die bisher vorhandenen Pflanzen (Abb. 11.2). Erfolgreiche Einwanderer kommen oftmals aus Gebieten, in denen die natürliche Umwelt ähnlich, der biologische Wettbewerb jedoch stärker ist, sodass sie den Kampf um Nährstoffe und Lebensraum besser bestehen. Wenn Organismen in allen zuvor von ihnen besiedelten Gebieten von den Eindringlingen verdrängt worden sind, können sie schließlich aussterben.

Im Verlauf der Erdgeschichte gibt es zahlreiche Beispiele, dass Ökosysteme auch auf geologische Vorgänge empfindlich reagierten. Meteoriteneinschläge, heftige Vulkanausbrüche oder rasche globale Klimaänderungen sind nur einige wenige Beispiele, die zum Verschwinden oder Aussterben zahlreicher wichtiger Organismengruppen führten. Darauf wird nachfolgend noch eingegangen.

Ausgangsmaterial: Der Stoff, aus dem das Leben gemacht ist

Die Organismen eines Ökosystems können – abhängig von der Art und Weise, wie sie sich ihre Nahrung und damit ihre Energiequelle beschaffen – in Produzenten und Konsumenten unterteilt werden (Tab. 11.1). **Produzenten** oder **autotrophe Organismen** sind Organismen, die ihre Nährstoffe selbst erzeugen. Sie produzieren organische Verbindungen wie beispielsweise Kohlehydrate, die sie als Energiequelle oder Nahrung aufnehmen. **Konsumenten** oder **heterotrophe Organismen** erwerben ihre Nahrung, indem sie sich direkt oder indirekt von Produzenten ernähren.

Eine Redensart besagt: „Man ist, was man isst." Das gilt nicht nur für den Menschen, sondern auch für alle anderen Organismen. Unsere Nahrung besteht mehr oder weniger aus den immer gleichen Substanzen: Molekülen, die aus Kohlenstoff, Wasser-

a

b

Abb. 11.2a,b Invasive Organismen schaffen Probleme, indem sie die von ihnen infiltrierten lokalen Ökosysteme dominieren. **a** *Fallopia japonica*, der Japanische Staudenknöterich, wurde als Gartenpflanze in Europa eingeführt. **b** *Dreissenia polymorpha*, die Wandermuschel, ist eine kleine Süßwassermuschel, die sich seit dem 19. Jahrhundert in Westeuropa ausbreitet; sie konkurriert mit Fischlarven um Nahrungsressourcen und mit einheimischen Muscheln um Anheftungsstellen (Fotos: a © Christoph Iven; b US Fish and Wildlife Service/Washington DC, Library)

Tab. 11.1 Organismen als Produzenten und Konsumenten

Art der Ernährung	Energie-quelle	Kohlenstoff-quelle	Beispiel
photoauto-troph	Sonne	CO_2	Cyanobakte-rien
photohetero-troph	Sonne	organische Verbindungen	Purpurbakte-rien
chemoauto-troph	anorganische Verbindungen	CO_2	Schwefelbak-terien, Eisen-bakterien
chemohetero-troph	anorganische Verbindungen	organische Verbindungen	Bakterien, Pilze und alle Tiere sowie der Mensch

stoff, Sauerstoff, Stickstoff, Phosphor und Schwefel bestehen. Daher ist es gleichgültig, ob sich ein Organismus autotroph oder heterotroph ernährt, er nimmt überwiegend die gleichen sechs Elemente auf. Was sie unterscheidet, ist die Form (die Struktur der Moleküle) in der sie aufgenommen werden. Wenn heterotrophe Organismen wie wir Menschen Brot essen, ernähren wir uns von Kohlenhydraten – großen Molekülen, die aus Kohlenstoff, Wasserstoff und Sauerstoff bestehen. Selbst die primitivsten Mikroorganismen verzehren kohlenstoffhaltige Moleküle wie etwa Kohlendioxid (CO_2) oder Methan (CH_4). Der einzige Unterschied besteht darin, dass das, was für einen Mikroorganismus Nahrung ist, für uns nicht unbedingt als Nahrung in Frage kommt.

Kohlenstoff Der Grundbaustein aller irdischer Lebensformen ist Kohlenstoff. Wo auch immer auf unserem Planeten Leben ist, muss auch Kohlenstoff vorhanden sein. Lässt man einmal das Wasser außer Acht, so wird die chemische Zusammensetzung aller Organismen, auch die des Menschen, vom Element Kohlenstoff beherrscht. Kein anderes chemisches Element kann wie Kohlenstoff so zahlreiche und komplexe Verbindungen eingehen. Ein Grund für diese Vielfalt ist die Tatsache, dass Kohlenstoff vier kovalente Bindungen mit weiteren Kohlenstoffatomen oder anderen Elementen eingehen kann (vgl. Abb. 3.3), die eine Vielzahl von Strukturen ermöglichen. Kohlenstoff bildet die Basis für alle organischen Moleküle wie Kohlenhydrate oder Proteine. Deshalb ist Kohlenstoff für die Organismen von entscheidender Bedeutung, da er für die Bildung all ihrer vielfältigen Strukturen – von den Genen bis zu den einzelnen Organen – erforderlich ist.

Der Materialfluss des Kohlenstoffs im System Erde wird im Wesentlichen von der Biosphäre beeinflusst. Marine Organismen entziehen dem Meerwasser Kohlenstoff, der im Meerwasser in Form von Kohlendioxid gelöst ist, und produzieren daraus carbonatische Gehäuse und andere Skelettelemente. Sterben diese Organismen ab, sinken ihre Gehäuse zum Meeresboden, wo sie sich als Carbonatsedimente anreichern und auf diese Weise effizient Kohlenstoff von der Biosphäre in die Lithosphäre überführen. Durch die Akkumulation von organischem Material in Sümpfen und am Meeresboden gelangt ebenfalls Kohlenstoff von der Biosphäre in die Lithosphäre. In geologischen Zeiträumen können aus diesen organischen Resten Erdöl-, Erdgas- und Kohlelagerstätten entstehen. Wenn wir heute diese Lagerstätten ausbeuten und die Energierohstoffe verbrennen, gelangt dieser Kohlenstoff in Form von CO_2-Emissionen wieder in die Atmosphäre und Ozeane zurück.

Nährstoffe Nährstoffe sind chemische Elemente oder Verbindungen, die für die Lebensfunktionen und das Wachstum der Organismen erforderlich sind. Gängige Pflanzennährstoffe sind die Elemente Phosphor, Stickstoff und Kalium, andere Organismen benötigen darüber hinaus Eisen und Calcium. Einige Organismen können ihre Nährstoffe selbst herstellen, die meisten müssen sie jedoch mit der Nahrung aus ihrem Lebensraum aufnehmen. Einige Mikroorganismen entwickelten die besondere Fähigkeit, sich durch das Auflösen von Mineralen ihre Nährstoffe zu beschaffen.

Wasser Alle Organismen dieser Erde – auch wir Menschen – bestehen zu etwa 50–80 % aus Wasser. Es ist allgemein bekannt, dass Menschen einige Wochen ohne Nahrung auskommen können, doch ohne Wasser tritt nach wenigen Tagen der Tod ein. Selbst die in der Atmosphäre lebenden Mikroorganismen müssen Wasser aus winzigen Tröpfchen gewinnen, die um Staubteilchen kondensieren; Viren beschaffen sich das Wasser von ihren Wirten.

Wasser ist derjenige Lebensraum, in dem erstmals Leben entstanden ist und in dem es auch noch immer gedeiht. Die chemischen Eigenschaften des Wassers und die Art und Weise, wie es auf Temperaturveränderungen reagiert, machen es zu einem idealen Medium für biologische Aktivitäten. Der Zellinhalt aller Organismen besteht überwiegend aus einer wässrigen Lösung; sie unterstützt die chemischen Reaktionen, die Wachstum und Fortpflanzung der Organismen ermöglichen. Wasser wirkt ausgleichend auf das Klima der Erde, das in den vergangenen 3,5 Mrd. Jahren das Leben erst möglich machte (vgl. Kap. 15). Wasser ist ein so wichtiger Bestandteil des Lebens, dass die Suche nach extraterrestrischem Leben mit der Suche nach Wasser beginnen muss.

Energie Alle Organismen benötigen für ihr Leben und Wachstum Energie. Einige der primitivsten Organismen wie etwa Diatomeen und Algen beziehen ihre Energie aus Sonnenlicht. Andere gewinnen ihre Energie aus dem Abbau von Mineralen zu gelösten chemischen Substanzen, und die heterotrophen Organismen dadurch, dass sie andere Organismen – Pflanzen, Tiere und Mikroorganismen – fressen. Energie ist deshalb wichtig, weil damit aus einfach gebauten Molekülen wie Kohlendioxid und Wasser die für das Leben erforderlichen größeren Moleküle wie Kohlenhydrate und Proteine synthetisiert werden können.

Prozesse und Produkte: Wachstum und Leben

Der **Stoffwechsel** ist ein Prozess, den alle Organismen verwenden, um Ausgangssubstanzen in Endprodukte umzuwandeln. Bei einigen Formen des Stoffwechsels nehmen Organismen kleine Moleküle wie CO_2, H_2O und CH_4 auf und bauen daraus mithilfe von Energie größere Moleküle wie etwa Proteine und bestimmte Kohlenhydrate, die diesen Organismen Funktion, Wachstum und Vermehrung ermöglichen. Andere Kohlenhydrate – beispielsweise Glucose, eine spezifische Form von Zucker – werden gespeichert und später als Energiequelle, das heißt als Nahrung verwendet. In einem weiteren Prozess des Stoffwechsels bauen die Organismen diese Nahrung ab und setzen die darin enthaltene Energie frei.

Ein allgemein bekannter Stoffwechselprozess ist die **Photosynthese** (Abb. 11.3). Hierbei verwenden Organismen wie etwa grüne Pflanzen und Algen die Energie des Sonnenlichts, um aus Wasser und Kohlendioxid der Luft Kohlehydrate (beispielsweise Glucose) sowie Sauerstoff zu erzeugen (Tab. 11.2). Diese Reaktion lässt sich folgendermaßen formulieren:

$$\text{Wasser} + \text{Kohlendioxid} + \text{Sonnenlicht} \rightarrow$$
$$6\,H_2O + 6\,CO_2 + \text{Energie} \rightarrow$$
$$\text{Glucose (Zucker)} + \text{Sauerstoff}$$
$$C_6H_{12}O_6 + 6\,O_2$$

Der Sauerstoff wird in die Atmosphäre freigesetzt und die Kohlenhydrate (Glucose) werden als künftige Energielieferanten der Organismen gespeichert. Eine wichtige Mikroorganismengruppe, die sogenannten **Cyanobakterien**, erzeugen ebenfalls durch Photosysnthese Kohlenhydrate, möglicherweise wurde dieser Prozess in der Frühzeit des Lebens sogar von den Cyanobakterien entwickelt.

Der andere wichtige Stoffwechselprozess ist die **Atmung** (oder **Dissimilation**), bei dem die Organismen die in den Kohlehydraten wie etwa Glucose (vgl. Tab. 11.2) gespeicherte Energie wieder freizusetzen. Alle Organismen verwenden Sauerstoff, um Kohlenhydrate zu verbrennen, das heißt Energie zu gewinnen, doch läuft dieser Vorgang bei den verschiedenen Organismen auf sehr unterschiedliche Weise ab. Beispielsweise benötigt der Mensch und auch viele andere Organismen für die Metabolisierung der Kohlenhydrate den in der Atmosphäre vorhandenen gasförmigen Sauerstoff (O_2) und setzt dabei als Nebenprodukte CO_2 und H_2O frei. In diesem Fall handelt es sich um die Umkehrreaktion der Photosynthese. Ihre Reaktionsgleichung lautet:

$$\text{Glucose (Zucker)} + \text{Sauerstoff} \rightarrow$$
$$C_6H_{12}O_6 + 6\,O_2 \rightarrow$$
$$\text{Wasser} + \text{Kohlendioxid} + \text{Energie}$$
$$6\,H_2O + 6\,CO_2 + \text{Energie}$$

Andere Organismen, wie beispielsweise viele Mikroorganismen, die in Bereichen leben, in denen kein Sauerstoff vorhanden ist, haben es schwerer. Sie müssen die in Wasser gelösten sauerstoffhaltigen Verbindungen wie etwa Sulfat-Ionen (SO_4^{2-}) abbauen, um auf diese Weise Sauerstoff zu gewinnen. Im Verlauf solcher Reaktionen kann es als Nebenprodukt zur Bildung unterschiedlicher Gase kommen – zu Wasserstoff (H_2), Schwefelwasserstoff (H_2S) oder Methan (CH_4).

Abb. 11.3 Bei der Photosynthese verwenden Organismen Kohlendioxid und Wasser aus ihrem Lebensraum sowie die Energie des Sonnenlichts, um Kohlenhydrate wie etwa Glucose zu produzieren

Sonnenlicht

Strahlungsenergie

CO_2 O_2

$6H_2O + 6CO_2 + Energie \longrightarrow C_6H_{12}O_6 + 6O_2$

Wasser + Kohlendioxid + Sonnenlicht ⟶ Glucose + Sauerstoff

Speicherung der Glucose

H_2O aus dem Boden

Tab. 11.2 Vergleich von Photosynthese und Atmung

Photosynthese	Atmung
Speicherung von Energie in Form von Kohlehydraten	Freisetzung von Energie aus Kohlehydraten
Verbrauch von CO_2 und H_2O	Freisetzung von CO_2 und H_2O
Zunahme des Gewichts	Abnahme des Gewichts
Produktion von Sauerstoff	Verbrauch von Sauerstoff

Der Stoffwechsel der Organismen beeinflusst die geologischen Komponenten ihrer Umwelt. So reagiert der bei der Photosynthese freigesetzte Sauerstoff mit eisenhaltigen Silicatmineralen wie beispielsweise Pyroxenen und Amphibolen unter Bildung oxidischer Eisenminerale wie etwa Hämatit (vgl. Kap. 16). Produzieren Organismen CO_2 und CH_4, gelangen diese Gase in die Atmosphäre und tragen zur globalen Erwärmung bei; wenn sie umgekehrt diese Gase aufnehmen, führt dies zu einer weltweiten Abkühlung des Klimas.

Biogeochemische Kreisläufe

Im Verlauf von Werden und Vergehen tauschen die Organismen fortwährend Energie und Materie mit ihrer Umwelt aus. Dieser

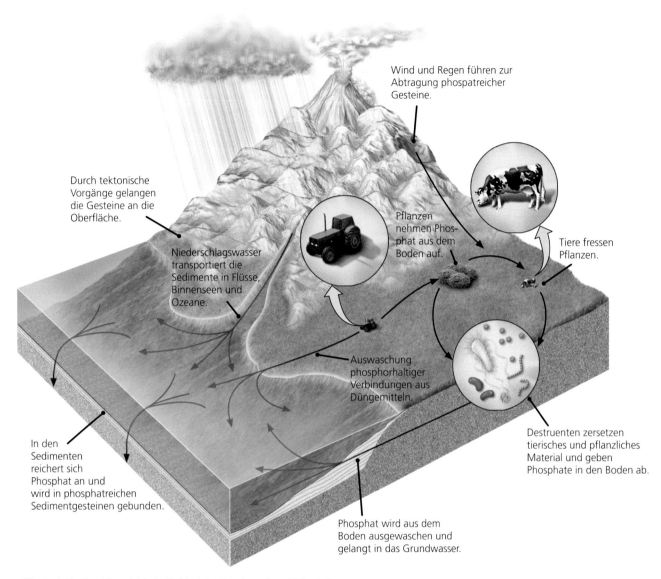

Wind und Regen führen zur Abtragung phospatreicher Gesteine.

Durch tektonische Vorgänge gelangen die Gesteine an die Oberfläche.

Niederschlagswasser transportiert die Sedimente in Flüsse, Binnenseen und Ozeane.

Pflanzen nehmen Phosphat aus dem Boden auf.

Tiere fressen Pflanzen.

Auswaschung phosphorhaltiger Verbindungen aus Düngemitteln.

In den Sedimenten reichert sich Phosphat an und wird in phosphatreichen Sedimentgesteinen gebunden.

Destruenten zersetzen tierisches und pflanzliches Material und geben Phosphate in den Boden ab.

Phosphat wird aus dem Boden ausgewaschen und gelangt in das Grundwasser.

Abb. 11.4 Die Biosphäre spielt beim Kreislauf des Phosphors eine wichtige Rolle

Austausch erfolgt in unterschiedlichem Ausmaß und reicht von den einzelnen daran beteiligten Organismen über das Ökosystem, deren Bestandteile sie sind, bis hin zur globalen Biosphäre. Die durch den Stoffwechsel bedingte Beeinflussung von Gasen wie CO_2 und CH_4 ist ein gutes Beispiel, wie Organismen weltweit einen Einfluss auf das Klima ausüben können. Kohlendioxid und Methan sind **Treibhausgase** – Gase, die die von der Erdoberfläche reflektierte Wärmestrahlung in der Atmosphäre absorbieren. Produzieren Organismen mehr CO_2 und CH_4 als sie verbrauchen, erwärmt sich das Klima, verbrauchen sie dagegen mehr CO_2 und CH_4 als sie erzeugen, dann kommt es zu einer Abkühlung des Klimas. Wie in Kap. 15 noch gezeigt wird, ist dies nicht die einzige Beeinflussung des globalen Klimas, sie ist insofern aber von Bedeutung, da sie unmittelbar die Biosphäre betrifft.

Geobiologen verfolgen diesen Austausch im Rahmen biogeochemischer Stoffkreisläufe. Ein **biogeochemischer Stoffkreislauf** beschreibt den Weg, den ein chemisches Element oder eine chemische Verbindung durch die biologischen („bio") und umweltbedingten („geo") Komponenten eines Ökosystems nimmt. Der Beitrag der Biosphäre an den biogeochemischen Stoffkreisläufen besteht in der Abgabe und Aufnahme der in der Atmosphäre vorhandenen Gase beim Vorgang der Atmung, der Aufnahme von Nährstoffen aus der Litho- und Hydrosphäre und in der Freisetzung dieser Nährstoffe nach dem Tod und Abbau der Organismen. Da die Größe der Ökosysteme erheblich schwankt, gilt dies auch für biogeochemische Kreisläufe. Beispielsweise zirkuliert Phosphor – ein wichtiger Pflanzennährstoff – in den Poren der Sedimente zwischen dem Wasser und den Mikroorganismen, aber auch zwischen den herausgehobenen Gesteinen auf dem Festland und den an den Küsten der Ozeane abgelagerten Sedimenten (Abb. 11.4). Sterben die Phosphat enthaltenden Organismen ab, kann sich der Phosphor – ehe er wieder von anderen Organismen aufgenommen wird – in jedem Fall über einen unterschiedlich langen Zeitraum in einer Art Zwischenlager anreichern. Sedimente und Sedimentgesteine sind daher eine wichtige Quelle für dieses Element.

Biogeochemische Kreisläufe sind für das Verständnis der Mechanismen wichtig, die mit den evolutionären Ereignissen im Verlauf der Erdgeschichte verbunden sind; darauf wird später noch eingegangen. Sie sind auch für unsere Kenntnisse entscheidend, wie Elemente und Verbindungen die Biosphäre beeinflussen, die durch die Aktivität des Menschen in die Atmosphäre und Ozeane gelangen.

Mikroorganismen: Die Chemiker der Natur

Einzellige Organismen wie etwa Bakterien, Archaeen, einige Pilze, einige Algen und die meisten Protisten werden als **Mikroorganismen** oder Mikroben bezeichnet. Wo immer es Wasser gibt, findet man sie. Diese Mikroorganismen benötigen, wie andere Organismen auch, zum Leben und zur Fortpflanzung Wasser. Mikroorganismen sind etwa wenige Mikrometer (1 µm = 1/1000 mm) groß und können nahezu jeden vorstellbaren Winkel und Spalt bis in Tiefen von 5000 m unter der Erdoberfläche und Höhen von über 10.000 m in der Atmosphäre besiedeln. Sie leben in der Luft, im Boden, auf und in Gesteinen, in Wurzeln, in toxischem Abfall, auf Schneeflächen und in jeder Art von Wasseransammlungen einschließlich siedend heißer Quellen. Sie leben in Temperaturbereichen zwischen −20 °C und dem Siedepunkt von Wasser (100 °C).

Der Mensch nutzt seit Jahrtausenden den mikrobiellen Stoffwechsel zur Herstellung von Brot, Wein und Käse. Heute werden Mikroorganismen außerdem zur Herstellung von Antibiotika und anderen wichtigen Arzneimitteln verwendet. Geobiologen untersuchen Mikroorganismen, um ihre wichtige Rolle in den geobiologischen Kreisläufen und auch bei der frühen Entwicklung der Biosphäre vor dem Auftreten der höheren Organismen besser zu verstehen.

Häufigkeit und Diversität der Mikroorganismen

Mikroorganismen beherrschen die Erde schon aufgrund ihrer Individuenzahl. Ihre Konzentration schwankt in Böden, Sedimenten und natürlich vorkommendem Wasser zwischen 10^3 und 10^9 Mikroorganismen/cm³. Wo immer man über den Erdboden geht, man tritt auf Milliarden von Mikroorganismen! In einigen Fällen sind Oberflächen mit dichten Anreicherungen von Mikroorganismen bedeckt, die als **Biofilme** bezeichnet werden und aus bis zu 10^8 Individuen/cm² bestehen können.

Weitaus wichtiger ist, dass Mikroorganismen insgesamt die genetisch vielseitigste Organismengruppe der Erde sind. **Gene** sind große organische Moleküle, die in den Zellen aller Organismen vorhanden sind und in denen sämtliche Informationen des Organismus gespeichert sind, die sein Aussehen, seine Lebensweise und Fortpflanzung bestimmen und wodurch er sich von anderen Organismen unterscheidet. Gene enthalten außerdem die grundlegenden Erbinformationen, die von Generation zu Generation weitergegeben werden. Die genetische Diversität der Mikroorganismen ist deswegen wichtig, weil sie den Mikroorganismen Lebensräume eröffnet, die für andere Organismen tödlich wären. Diese Fähigkeiten sind wiederum deshalb interessant, weil sie es den Mikroorganismen ermöglichten, wichtige Substanzen in geologisch sehr unterschiedlichen, selbst extremen Bereichen wiederzuverwerten.

Der Stammbaum des Lebens Biologen nutzen die in den lebenden Organismen enthaltenen genetischen Informationen, um daraus abzuleiten, welche Lebensformen mit anderen am nächsten verwandt sind, um auf diese Weise eine hierarchische Abfolge von Vorfahren und Nachkommen zu ermitteln und in einen allgemeinen **Stammbaum des Lebens** einzuordnen (Abb. 11.5). Vor ungefähr 30 Jahren, als der erste Stammbaum für die Familien der Mikroorganismen erstellt wurde, machte man eine erstaunliche Entdeckung. Nachdem man die Gene aller Mikroorganismen miteinander verglichen hatte, stellte sich heraus, dass es trotz ihrer ähnlichen Größe und Formen enorme Unterschiede in ihrem genetischen Inhalt gibt. Vergleicht man darüber hinaus die Gene aller Organismen miteinander, einschließlich von Tieren und Pflanzen, so zeigt sich, dass die genetischen Unterschiede innerhalb der Mikroorganismen-Gruppen weitaus größer sind als die Unterschiede zwischen Tieren und Pflanzen, die Menschen eingeschlossen.

Die drei Domänen des Lebens Die in Abb. 11.5 dargestellte einzelne Wurzel des Stammbaums wird als **gemeinsamer Vorfahre** bezeichnet. Daraus entwickelten sich drei Großgruppen oder Domänen: die Bacteria, die Archaea und die Eukarya (Eukaryota). Die Bacteria und Archaea entwickelten sich möglicherweise zuerst, ihre Nachkommen sind ausschließlich einzellige Mikroorganismen. Die Eukarya, die wohl der jüngste Ast des Stammbaumes sind, unterscheiden sich von ihnen durch Zellen mit einem komplizierteren Internbau, vor allem aber durch die Existenz eines Zellkerns, der die Gene enthält. Diese höher entwickelten Zellstrukturen ermöglichen es den Eukaryota, sich von winzigen einzelligen zu größeren vielzelligen Organismen zu entwickeln – ein wichtiger Schritt bei der Evolution von Tieren und Pflanzen.

Wie die heute lebenden, waren auch die präkambrischen Mikroorganismen winzig klein. Die in den Gesteinen überlieferten Reste der einzelnen Mikroorganismen werden daher als **Mikrofossilien** bezeichnet. Naturgemäß sind solche Fossilien schwieriger aufzufinden als die makroskopisch erkennbaren Schalen, Knochen und Zweige, die normalerweise von den Paläontologen zur Untersuchung der Evolution von Tieren und Pflanzen während des Phanerozoikums herangezogen werden.

Für Geobiologen ist der Stammbaum des Lebens eine Art Landkarte, die zeigt, wie die winzigen und merkmalslosen Mikroorganismen miteinander verwandt sind und mit der Erde in Wechselbeziehung stehen. Bezeichnungen wie *Halobacterium*,

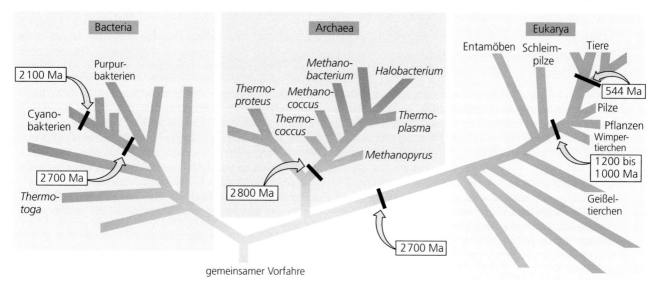

Abb. 11.5 Der Stammbaum des Lebens zeigt die Verwandtschaftsbeziehungen aller Organismen untereinander. Die Organismen werden in drei große Domänen unterteilt: Bacteria, Archaea und Eukarya. Diese Domänen haben alle einen gemeinsamen Vorfahren. In allen Domänen herrschen Mikroorganismen vor. Tiere erscheinen am Ende eines Zweigs der Domäne Eukarya

Thermococcus und *Methanopyrus* geben uns gewisse Hinweise, dass diese Organismen in extremen Lebensräumen existieren können, die außergewöhnlich hohe Salzgehalte aufweisen („halo") oder sehr heiß sind („thermo") oder in denen hohe Methangehalte („methano") auftreten. Mikroorganismen, die solche extremen Lebensräume bewohnen, gehören fast ausnahmslos zu den Domänen Archaea und Bacteria.

Extremophile: Mikroorganismen, die in Grenzbereichen leben Als **Extremophile** bezeichnet man Mikroorganismen, die in Bereichen leben, die für andere Organismen tödlich sind (Tab. 11.3). Sie ernähren sich von jeglicher Art Energieträger einschließlich Erdöl und toxischen Abfällen. Einige verwenden zur Atmung andere Substanzen, das heißt keinen Sauerstoff, sondern Salpetersäure, Schwefelsäure, Eisen, Arsen oder Uran.

Acidophile Organismen sind Mikroorganismen, die in saurem Milieu leben. Acidophile Mikroorganismen können pH-Werte tolerieren, bei denen andere Organismen absterben würden. Aci-

dophile ernähren sich beispielsweise durch die Aufnahme von Sulfiden. Sie können deswegen in solchen stark sauren Bereichen überleben, weil sie eine Möglichkeit entwickelt haben, die Anreicherung von Säure in ihren Zellen zu verhindern. Solche stark sauren Lebensräume treten zwar auch unter natürlichen Bedingungen auf (vgl. Exkurs 11.1), weitaus häufiger findet man sie aber in Gewässern, die aus alten Grubenanlagen und Erzminen ausfließen.

Thermophile Organismen leben und wachsen in extrem heißen Bereichen. Sie gedeihen am besten bei Temperaturen zwischen 50 °C und 70 °C, können aber Temperaturen bis zu 120 °C tolerieren. Sobald die Temperaturen auf Werte um 20 °C fallen, ist ein Wachstum nicht mehr möglich. Thermophile Organismen leben sowohl in geothermalen Lebensräumen wie in heißen Quellen oder in den Schloten an mittelozeanischen Rücken, aber auch in Lebensräumen, die ihre Wärme selbst entwickeln wie etwa Komposthaufen und Mülldeponien. Die Mikroorganismen, die im Yellowstone-Nationalpark den Boden der Grand Prismatic

Tab. 11.3 Merkmale extremophiler Organismen

Organismengruppe	Toleranzbereich	Lebensraum	Beispiel
Halophile	hoher Salzgehalt	Salzseen marine Evaporitbildungsräume	Großer Salzsee (Utah)
Acidophile	hoher Säuregehalt	Grubenwässer Gewässer in Umgebung von Vulkanen	Rio Tinto (Spanien)
Thermophile	hohe Temperatur	heiße Quellen hydrothermale Schlote („Black Smokers")	heiße Quellen im Yellostone-Nationalpark
Anaerobe	kein Sauerstoff	Porenraum wassergesättigter Sedimente Grundwasser Mikrobenmatten hydrothermale Schlote („Black Smokers")	Wattsediment der Nordsee, Sedimente des Schwarzen Meeres

Exkurs 11.1 Sulfidminerale reagieren auf der Erde und auf dem Mars mit Sauerstoff unter Bildung von säurehaltigem Wasser

Viele wirtschaftlich bedeutende Erzlagerstätten enthalten hohe Konzentrationen an Sulfidmineralen. Wenn Wasser in Kontakt mit den Sulfidmineralen kommt, reagiert das mineralische Sulfid mit Sauerstoff unter Bildung von Schwefelsäure. Daher kann während des Abbaus und auch danach sowohl das Regen- als auch das Grundwasser mit diesen Mineralen reagieren, so dass als Folge stark saures Oberflächen- und Grundwasser entsteht. Extrem saures Wasser ist jedoch für die meisten Organismen tödlich. Sobald dieses Wasser in die Umwelt gelangt, kann es zu größeren Zerstörungen führen. In ganz seltenen Fällen sind die einzigen überlebenden Organismen sogenannte acidophile Mikroorganismen.

An wenigen Stellen der Erde, wo die Sulfidkonzentrationen hoch genug sind, entsteht extrem säurehaltiges Wasser auf natürliche Art und Weise. Eine dieser Stellen ist der Fluss Río Tinto in Spanien. Dort konnten Geologen ein System untersuchen, in dem eine nahezu 4000 Ma alte Goldlagerstätten in Wechselwirkung mit Grundwasser steht, das aufgrund einer hydrothermal bedingten Zirkulation durch die Lagerstätte fließt. Mithilfe von Minerale auflösenden acidophilen Mikroorganismen reagieren die in der Lagerstätte vorhandenen Sulfidminerale wie etwa Pyrit mit dem Sauerstoff des Grundwassers. Dabei entstehen Schwefelsäure, Sulfat- (SO_4^{2-}) und Eisen-Ionen (Fe^{3+}). Das aus der Lagerstätte ausfließende warme Wasser reagiert extrem sauer.

Der Fluss ist wegen der gelösten Ionen des dreiwertigen Eisens rötlich gefärbt (*Río Tinto*, span. = Roter Fluss). Die Fe^{3+}-Ionen verbinden sich mit Sauerstoff zu den rötlichen oder bräunlichen Eisenmineralen Goethit und Hämatit. Darüber hinaus sind im Río Tinto auch ungewöhnliche Eisensulfatminerale wie etwa gelbbraun gefärbter Jarosit in größeren Mengen vorhanden. Wenn Geologen dieses Material auf der Erde finden, wissen sie, dass das Wasser, aus dem dieses Mineral ausgefällt wurde, extrem sauer gewesen sein muss.

Was heute auf der Erde ein seltenes, aber auch umweltzerstörendes geologisches Ereignis ist, könnte einst auf dem Mars weit verbreitet gewesen sein. Wie wir in Kap. 9 gesehen haben, wurden bei früheren Untersuchungen auf dem

Mars größere Mengen ähnlicher Sulfatminerale wie im Río Tinto nachgewiesen, darunter auch Jarosit. Aus der Kenntnis heraus, wie sich diese ungewöhnlichen Sulfate auf der Erde bilden, lassen sich auch Schlüsse auf die ehemals auf dem Mars herrschenden Umweltbedingungen ableiten. So deutet das Vorkommen von Jarosit darauf hin, dass das einst auf dem Mars vorhandene Wasser vermutlich stark säurehaltig war, möglicherweise durch die Wechselwirkung von Grundwasser mit den basaltischen Magmatiten, die Spuren von Sulfiden enthalten.

Mikroorganismen gedeihen im stark sauren Wasser des Río Tinto, Spanien (Mit frdl. Genehmigung von Andrew H. Knoll)

Dieses Szenario wirft Fragen nach der Möglichkeit von heutigem oder früherem Leben auf dem Mars auf. Gebiete wie der Río Tinto zeigen, dass auf der Erde bestimmte Mikroorganismen gelernt haben, sich stark sauren Bedingungen anzupassen, und das dürfte als Anlass dienen, auf dem Mars nach früherem Leben zu suchen. Einige Wissenschaftler gehen jedoch davon aus, dass organisches Leben zwar gelernt hat, sich solchen unwirtlichen Umweltbedingungen anzupassen, es aber kaum möglich ist, dass es unter diesen Bedingungen überhaupt entstehen kann. In jedem Falle wird die Suche nach Leben auf anderen Planeten in hohem Maße von unserem Wissen über Gesteine, Minerale und extreme Umwelteinflüsse auf der Erde bestimmt werden.

Hot Spring besiedeln, sind beispielsweise überwiegend thermophile Organismen.

Von den drei Domänen des Lebens sind die Eukaryota (darunter auch der Mensch) diejenigen Organismen, die hohe Temperaturen am wenigsten tolerieren (60 °C sind offenbar die Obergrenze). Die Bacteria haben einen weitaus größeren Toleranzbereich (Temperaturobergrenze etwa 90 °C), während die Archaea Temperaturen bis zu 120 °C tolerieren. Mikroorganismen, die

Temperaturen von mehr als 80 °C aushalten, werden als Hyperthermophile bezeichnet.

Halophile Organismen sind Lebensformen, die hoch-salinare Bereiche besiedeln. Sie können Salzkonzentrationen bis zum zehnfachen Wert des normalen Meerwassers tolerieren. Halophile Organismen leben in natürlichen hypersalinaren Playa-Seen wie etwa im Großen Salzsee und im Toten Meer (vgl. Kap. 19) sowie in einigen Meeresgebieten wie beispielsweise am

Abb. 11.6 Künstlich angelegte Salzgärten, in denen Meerwasser verdunstet und Steinsalz ausgefällt wird, das als Kochsalz oder für andere Zwecke Verwendung findet. Die in diesen Salzgärten lebenden halophilen Mikroorganismen produzieren ein kennzeichnendes Pigment, das diese Teiche rosa färbt (Foto: Yann Arthus-Bertrand/Corbis)

Südende der San Francisco Bay, wo Meerwasser in Salzgärten kommerziell zur Gewinnung von Salz verdunstet (Abb. 11.6). Diese Mikroorganismen halten die Salzkonzentration in ihren Zellen auf einem normalen Wert, da sie in der Lage sind, überschüssiges Salz in die Umgebung abzugeben.

Anaerobe Organismen sind eine weitere Gruppe innerhalb der Extremophilen; sie leben in Habitaten, in denen kein Sauerstoff vorhanden ist. Am Grund von Teichen, Seen, Flüssen und in Meeresböden sind die Porenlösungen nur wenige Millimeter oder Zentimeter unter der Sedimentoberfläche an Sauerstoff verarmt. Mikroorganismen, die unmittelbar im Grenzbereich Sediment/Wasser leben, verbrauchen den gesamten Sauerstoff durch Atmung, was in den tieferen Bereichen des Sediments zu anaeroben Bedingungen führt. Die sauerstofffreie obere Zone der meisten Sedimentschichten wird als aerobe Zone bezeichnet. Viele der in den aeroben Bereichen lebenden Mikroorganismen würden in der anaeroben Zone absterben und umgekehrt. Wie Abb. 11.7 zeigt, ist diese Grenze meist ausgesprochen scharf.

Interaktionen zwischen Mikroorganismen und Mineralen

Mikroorganismen spielen bei zahlreichen geologischen Vorgängen eine entscheidende Rolle. Dazu gehört die Ausfällung und Lösung von Mineralen sowie der Materialfluss wichtiger Elemente innerhalb der Erdkruste. Wie wir später in diesem Kapitel noch sehen werden, spielten mikrobielle Prozesse in der evolutionären Geschichte der höheren, komplizierter gebauten Organismen eine wichtige Rolle.

Ausfällung von Mineralen Mikroorganismen fällen auf zwei sehr unterschiedliche Arten Minerale aus: **indirekt**, indem sie die Zusammensetzung des sie umgebenden Wassers beeinflus-

sen, und **direkt** in ihren Zellen als Folge ihrer Stoffwechseltätigkeit. Zur indirekten Fällung kommt es, wenn gelöste Minerale auf der Oberfläche der einzelnen Mikroorganismen aus einer übersättigten Lösung ausgefällt werden. Dies erfolgt, weil es auf der Oberfläche der Mikroorganismen Bereiche gibt, an denen die gelösten, Minerale bildenden Elemente gebunden werden. Die Ausfällung von Mineralen führt oftmals zu einem völligen Überzug der Mikroorganismen, die dadurch buchstäblich lebendig begraben werden. Die mikrobielle Ausfällung von Carbonat- und Silicatmineralen in heißen Quellen sind gute Beispiele für diese Form der mikrobiellen Biomineralisation (Abb. 11.8a). Thermophile Organismen können von den Mineralablagerungen, an deren Bildung sie beteiligt sind, völlig überwachsen werden.

Abb. 11.7 Mikroorganismen können geschichtete Ablagerungen in Form von sogenannter Mikrobenmatten bilden. Der obere Teil der Matte ist dem Sonnenlicht ausgesetzt und besteht aus Photosynthese betreibenden autotrophen Mikroorganismen, erkennbar an der grünen Farbe. Weiter unten in der Matte, aber noch immer in der aeroben Zone, leben autotrophe Organismen, die keine Photosynthese betreiben, erkennbar an der purpurroten Färbung. In größerer Tiefe verändert sich die Farbe der Matten zu Grau und kennzeichnet damit die anaerobe Zone, in der heterotrophe Organismen leben (Foto: © John Grotzinger)

Teil III

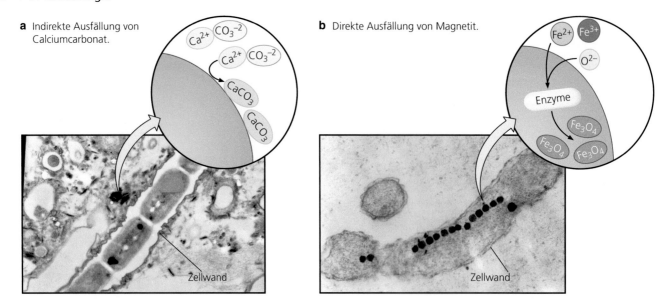

a Indirekte Ausfällung von Calciumcarbonat.

b Direkte Ausfällung von Magnetit.

Zellwand

Zellwand

Abb. 11.8a,b Mikroorganismen können Minerale entweder direkt oder auf indirektem Weg ausfällen. **a** Die Ausfällung von Calciumcarbonat an der Oberfläche von Bakterien ist ein Beispiel für indirekte Ausfällung. **b** Die intrazelluläre Produktion von Magnetitkristallen (Fe_3O_4) bei einigen Bakterien ist Beispiel für eine direkte Ausfällung. Einige Organismen verwenden diese Kristalle, um das Magnetfelds der Erde zur Orientierung zu nutzen (Fotos: a © Grant Ferries, University of Toronto; b © Prof. Richard B. Frankel, California Polytechnic State University)

Die direkte Ausfällung von Mineralen erfolgt aktiv durch den Stoffwechsel einiger Mikroorganismen. So führt beispielsweise die mikrobielle Atmung in den anaeroben Bereichen der Sedimente, die Eisen führende Minerale und im Porenwasser Sulfat-Ionen (SO_4^{2-}) enthalten, zur Ausfällung von Pyrit (FeS_2) (Abb. 11.9). Wie wir wissen, benötigen alle Organismen – selbst Mikroorganismen – für ihre Atmung Sauerstoff. Im anaeroben Milieu ist jedoch kein Sauerstoff vorhanden. Einige mikrobielle Destruenten haben sich diesen harten, aber häufig vorkommenden Bedingungen angepasst, indem sie Möglichkeiten entwickelten, den Sauerstoff aus anderen Quellen zu gewinnen. Diese heterotrophen Mikroorganismen können aus den Sulfat-Ionen (SO_4^{2-}), die in den meisten Porenwässern in großen Mengen vorhanden sind, den Sauerstoff extrahieren. Bei diesem Vorgang entsteht das nach faulen Eiern riechende Gas Schwefelwasserstoff (H_2S), das beispielsweise auch freigesetzt wird, wenn man bei Ebbe sandige oder tonige, organische Substanz enthaltende Sedimente aufgräbt. Im letzten Stadium dieses Prozesses reagiert Schwefelwasserstoff mit Eisen-Ionen und es entsteht Eisensulfid in Form von Pyrit (FeS_2). Pyrit ist in Sedimenten, die organisches Material enthalten, außergewöhnlich häufig. Ein weiteres Beispiel für eine direkte Ausfällung von Mineralen ist die Bildung winziger Magnetitpartikel im Innern von Bakterien (Abb. 11.8b), die diese Magnetitkörperchen zur Orientierung im irdischen Magnetfeld nutzen.

Lösung von Mineralen Einige für den Mikrobenstoffwechsel erforderliche Elemente wie Schwefel und Stickstoff sind in natürlichen Gewässern enthalten, andere jedoch wie Eisen und Phosphor müssen von den Mikroorganismen aktiv aus Mineralen gewonnen werden. Alle Mikroorganismen benötigen Eisen, doch ist die Eisenkonzentration in den oberflächennahen Gewässern im Allgemeinen so gering, dass die Organismen Eisen durch das Lösen der in unmittelbarer Nähe vorhandenen Minerale gewin-

nen müssen. In gleicher Weise ist Phosphor, der für den Aufbau biologisch wichtiger Moleküle erforderlich ist, lediglich durch das Auflösen von Mineralen wie etwa Apatit (Calciumphosphat) verfügbar. Einige Autotrophe gewinnen ihre Energie aus chemischen Substanzen, die beim Auflösen von Mineralen entstehen. Diese Organismen werden als **chemoautotrophe Organismen** bezeichnet (vgl. Tab. 11.1). Als Energielieferanten für Mikroorganismen dienen beispielsweise Mangan (Mn^{2+}), Eisen (Fe^{2+}), Schwefel (S), Ammonium (NH_4^+) und Wasserstoff (H_2), wenn sie aus Mineralen freigesetzt werden.

Mikroorganismen lösen Minerale, indem sie organische Moleküle produzieren, die mit den Mineralen reagieren und an deren

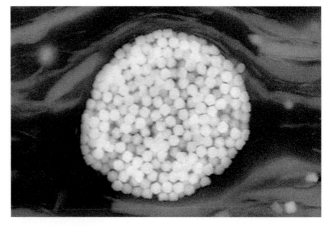

Abb. 11.9 Pyrit bildet in Sedimenten, in deren Porenwasser anaerobe Bedingungen herrschen, normalerweise kleine Kügelchen (Foto: mit frdl. Genehm. von Dr. Jürgen Schieber)

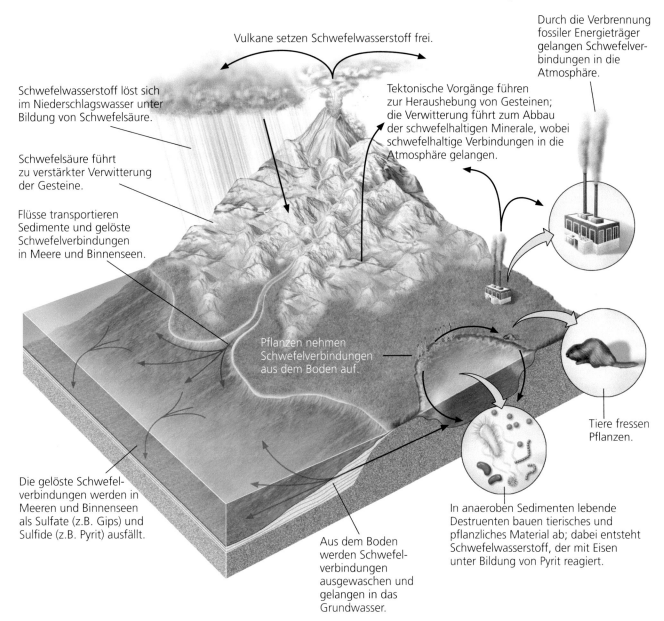

Durch die Verbrennung fossiler Energieträger gelangen Schwefelverbindungen in die Atmosphäre.

Vulkane setzen Schwefelwasserstoff frei.

Tektonische Vorgänge führen zur Heraushebung von Gesteinen; die Verwitterung führt zum Abbau der schwefelhaltigen Minerale, wobei schwefelhaltige Verbindungen in die Atmosphäre gelangen.

Schwefelwasserstoff löst sich im Niederschlagswasser unter Bildung von Schwefelsäure.

Schwefelsäure führt zu verstärkter Verwitterung der Gesteine.

Flüsse transportieren Sedimente und gelöste Schwefelverbindungen in Meere und Binnenseen.

Pflanzen nehmen Schwefelverbindungen aus dem Boden auf.

Tiere fressen Pflanzen.

Die gelöste Schwefelverbindungen werden in Meeren und Binnenseen als Sulfate (z.B. Gips) und Sulfide (z.B. Pyrit) ausfällt.

Aus dem Boden werden Schwefelverbindungen ausgewaschen und gelangen in das Grundwasser.

In anaeroben Sedimenten lebende Destruenten bauen tierisches und pflanzliches Material ab; dabei entsteht Schwefelwasserstoff, der mit Eisen unter Bildung von Pyrit reagiert.

Abb. 11.10 Die Ausfällung von Pyrit durch Mikroorganismen ist ein wesentlicher Bestandteil des Schwefelkreislaufs

Oberfläche Ionen freisetzen. Das Auflösen von Mineralen ist normalerweise ein sehr langsamer Prozess; er kann jedoch beschleunigt werden, wenn Minerale, in denen die erforderlichen Metalle wie Eisen und Mangan enthalten sind, von mikrobiellen Biofilmen umhüllt sind. Acidophile Formen gedeihen in Bereichen, in denen die Lösung von Mineralen zu einer vermehrten Säurebildung führt.

Mikroorganismen und biogeochemische Kreisläufe Die mikrobielle Fällung von Pyrit spielt im globalen biogeochemischen Kreislauf des Schwefels ein wichtige Rolle (Abb. 11.10). Wie bereits erwähnt, werden Eisen- und Sulfid-Ionen als Pyrit ausgefällt, der in Sedimenten häufig auftritt. Sobald weitere Sedimente abgelagert werden, wird der Pyrit überdeckt und in den entstehenden Sedimentgesteinen eingeschlossen. Der Pyrit verbleibt solange in den Gesteinen, bis diese durch eine Hebungsphase im Rahmen des Gesteinskreislaufs wieder an die Erdoberfläche gelangen. Bei der Verwitterung von Sedimentgesteinen werden durch die Lösung des Pyrits Eisen und Sulfid in ionischer Form in das Wasser freigesetzt oder in neu gebildete Minerale eingebaut, die sich wiederum im Sediment anreichern, womit der biogeochemischen Kreislauf erneut beginnt. Im globalen Maßstab spielen Mikroorganismen in zahlreichen anderen biogeochemischen Kreisläufen eine wichtige Rolle. So ist beispielsweise die mikrobielle Fällung von Phosphatmineralen am Materialfluss von Phosphor in die Sedimente beteiligt, vor allem an den Westküsten Südamerikas und Afrikas, wo phosphatreiches Tiefenwasser an die Oberfläche aufsteigt, sodass dieses Wasser auch für Mikroorganismen in flacheren Gewässern verfügbar ist (vgl. Kap. 5). Die chemische Verwitterung der Gesteine auf den Kontinenten wird von Mikroorganismen, die den Säuregehalt der Böden erhöhen, intensiviert. Und schließlich, wie wir in Kap. 5 gesehen haben, wird auch die Fällung von Carbonatmineralen im marinen Bereich durch mikrobielle Vorgänge ausgelöst. Das letztgenannte Beispiel ist besonders wichtig, weil Carbonatminerale als Speicher und Senken für das Kohlendioxid der Atmosphäre und für Kationen wie Ca^{2+} und Mg^{2+} dienen, die bei der Verwitterung von Silicatmineralen freigesetzt werden.

Mikrobenmatten sind schichtförmig aufgebaute Gemeinschaften von Mikroorganismen. Die am leichtesten erkennbaren Mikrobenmatten sind solche, die der Sonne ausgesetzt sind (vgl. Abb. 11.7). Sie treten gewöhnlich in Wattgebieten, hypersalinen Lagunen und in Thermalquellen auf. Die oberste Schicht besteht normalerweise aus einer Lage Sauerstoff produzierender Cyanobakterien, die ihre Energie durch Photosynthese gewinnen. Diese Schicht ist grün, weil Cyanobakterien dasselbe Licht absorbierende Pigment (Chlorophyll) besitzen, wie alle anderen grünen Pflanzen. Diese Lage kann zwar lediglich einige Millimeter dick sein, trotzdem ist sie bei der Produktion von Energie aus Sonnenlicht genauso effektiv wie etwa Laubwälder oder Grünland. Die grüne Schicht kennzeichnet gleichzeitig die aerobe Zone der Mikrobenmatte. Unter der Cyanobakterien-Schicht befindet sich der anaerobe Bereich, der oft dunkelgrau gefärbt ist. Obwohl dieser Teil der Matte keinen freien Sauerstoff enthält, kann er biologisch noch sehr aktiv sein. Die in dieser Schicht vorhandenen anaeroben Mikroorganismen sind heterotroph und gewinnen ihre Energie durch den Abbau von organischer Substanz, die von den Cyanobakterien produziert wurde. Diese Tätigkeit führt, wie erwähnt, oftmals zur Bildung von Pyrit.

Mikrobenmatten sind kleine Modelle derselben biogeochemischen Kreisläufe, die im regionalen oder globalen Maßstab ablaufen. In einer Mikrobenmatte gewinnen Photosynthese betreibende autotrophe Organismen ihre Energie aus Sonnenlicht und verwandeln den im Kohlendioxid der Atmosphäre enthaltenen Kohlenstoff in größere Moleküle wie etwa Kohlenwasserstoffe, die für das Wachstum der Mikroorganismen erforderlich sind. Nach dem Absterben der phototrophen Mikroorganismen verwenden heterotrophe Mikroorganismen den Kohlenstoff der abgestorbenen Organismen als Energiequelle. Bei diesem Prozess verwandeln die Heterotrophen dann einen Teil dieses Kohlenstoffs in CO_2, das wieder in die Atmosphäre gelangt und von der nächsten Generation Photosynthese betreibender Autotrophen erneut verwendet wird, und so weiter. Im Fall der Mikroorganismen ist dieser Kreislauf auf den sehr kleinen Bereich einer Sedimentschicht beschränkt, doch entspricht er genau dem Vorgang, mit dem die Regenwälder – im globalen Maßstab – durch Photosynthese der Atmosphäre CO_2 entziehen. Obwohl die einzelnen Bäume den eigentlichen Prozess durchführen, lässt sich der Regenwald insgesamt als große Photosynthese-Fabrik betrachten, die große Mengen CO_2 verarbeitet und enorme Mengen Kohlenhydrate produziert. Sterben die Bäume ab, wird ihre organische Substanz von den am Waldboden lebenden heterotrophen Organismen zur Energiegewin-

nung verwendet und die dabei produzierten enormen Mengen an Kohlenstoff werden in der bekannten Form von CO_2 wieder in die Atmosphäre abgeben.

Stromatolithen Heute sind Mikrobenmatten in ihrer Verbreitung auf solche Bereiche der Erde beschränkt, wo Tiere und Pflanzen das Wachstum nicht stören. Vor der Entstehung der Pflanzen- und Tierwelt waren Mikrobenmatten weit verbreitet. Sie sind mit die häufigsten in präkambrischen Sedimentgesteinen überlieferten Strukturen, die in marinen und lakustrischen Sedimentbildungsräumen abgelagert wurden. Die aus **Stromatolithen** bestehenden Sedimentgesteine mit ihrer charakteristischen Feinschichtung sind möglicherweise das Produkt fossiler Mikrobenmatten. Die Form der Stromatolithen reicht von flachen Schichten bis zu kuppelförmigen Strukturen, die ein kompliziertes Verzweigungsmuster zeigen (Abb. 11.11). Sie zählen zu den ältesten Fossilien der Erde und geben uns Einblick in eine Welt, die von Mikroorganismen beherrscht wurde.

Die meisten Stromatolithen sind wahrscheinlich dadurch entstanden, dass das auf die Mikrobenmatten absinkende Sedimentmaterial von Mikroorganismen, die an der Oberfläche der Matte lebten, festgehalten und gebunden wurde (Abb. 11.11d). Sobald sie von Sediment bedeckt waren, wuchsen die Mikroorganismen zwischen den Sedimentpartikeln nach oben, dann breiteten sie sich nach der Seite aus und hielten das Sediment an Ort und Stelle fest. Jede Stromatolithenlage entspricht der Ablagerung einer Sedimentschicht, die nachfolgend fixiert wurde. Heute können mikrobielle Lebensgemeinschaften, die solche Strukturen bilden, in den intertidalen Sedimentbildungsräumen wie etwa der Shark Bay in Westaustralien beobachtet werden (Abb. 11.11a).

In anderen Fällen sind Stromatolithen wohl eher durch Ausfällung als durch die Fixierung von Sediment entstanden. Die Ausfällung von Mineralen wird indirekt von den Mikroorganismen beeinflusst oder ist einfach das Ergebnis einer Übersättigung an Mineralen in der umgebenden fluiden Phase. Wie bereits in Kap. 5 erwähnt, sind die Ozeane an Calcium und Carbonat übersättigt, sodass es zur Fällung der Carbonatminerale Calcit und Aragonit kommt. Diese Minerale sind für das Wachstum von Stromatolithen, die eher durch die Ausfällung von Mineralen entstehen, besonders wichtig.

Die potenzielle Rolle der Mikroorganismen bei der Bildung von Stromatolithen ist deswegen von Bedeutung, weil diese feingeschichteten kuppelförmigen Strukturen als Belege für Leben in der Frühzeit der Erde gelten und ihre Fossilüberlieferung mehr als 3,5 Mrd. Jahre zurückreicht. Wenn sich jedoch Stromatolithen durch chemische Fällung ohne jegliche Beteiligung von Mikroorganismen gebildet haben, sind sie als Beweise für präkambrisches Leben äußerst fragwürdig. Nur durch sehr sorgfältige Untersuchung der Zusammenhänge zwischen Mikroorganismen, Mineralen und Sedimenten und den chemischen und strukturellen „Fingerabdrücken" dieser Interaktionen lässt sich entscheiden, ob für die Entstehung von Stromatolithen in der Frühzeit der Erde Mikroorganismen erforderlich waren.

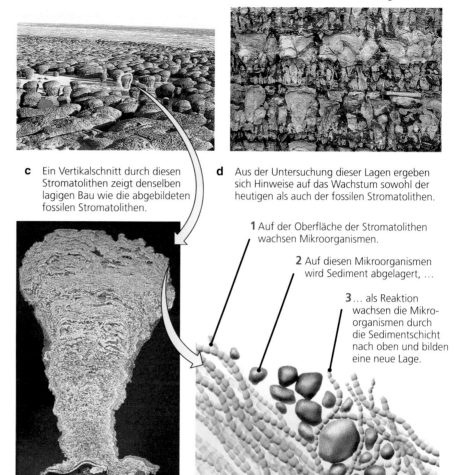

a Rezente Stromatolithen in der Gezeitenzone der Shark-Bai, Australien.

b Die mehr als eine Milliarde Jahre alten
Stromatolithen aus Nordsibirien zeigen
im Vertikalschnitt säulenförmige Strukturen.

c Ein Vertikalschnitt durch diesen
Stromatolithen zeigt denselben
lagigen Bau wie die abgebildeten
fossilen Stromatolithen.

d Aus der Untersuchung dieser Lagen ergeben
sich Hinweise auf das Wachstum sowohl der
heutigen als auch der fossilen Stromatolithen.

1 Auf der Oberfläche der Stromatolithen
wachsen Mikroorganismen.

2 Auf diesen Mikroorganismen
wird Sediment abgelagert, …

3 … als Reaktion
wachsen die Mikro-
organismen durch
die Sedimentschicht
nach oben und bilden
eine neue Lage.

Abb. 11.11 Stromatolithen sind Sediment-
strukturen, die durch Wechselbeziehungen von
Mikroorganismen und ihrer Umwelt entstehen
(Fotos: © John Grotzinger)

Geobiologische Ereignisse in der Erdgeschichte

Die Geologische Zeitskala beruht auf dem ersten beziehungsweise letzten Auftreten heute ausgestorbener Fossilgruppen
(Kap. 8). Dies ist ein durchaus bewährtes Verfahren zur Gliederung der Erdgeschichte, doch waren die zugrunde liegenden
Ereignisse fast immer mit globalen Umweltveränderungen
verknüpft. In vielen Fällen sind die Grenzen der Geologischen
Zeitskala durch einmalig auftretende Ereignisse gekennzeichnet,
die drastische Veränderungen der Lebensbedingungen zur Folge
hatten. Einige dieser Veränderungen wurden von den Organismen selbst ausgelöst, andere durch geologische Ereignisse oder
durch extraterrestrische Ursachen.

Wir werden in der Folge einige dieser dramatischen Ereignisse
der Erdgeschichte näher betrachten – Ereignisse, bei denen der
Zusammenhang von Leben und Umwelt deutlich erkennbar ist.
Abb. 11.12 zeigt die enorm lange zeitliche Präsenz des Lebens
auf der Erde und den Zeitpunkt einiger wichtiger Ereignisse.

Die Entstehung des Lebens und die ältesten Fossilien

Als die Erde vor etwa 4,5 Mrd. Jahren entstanden war, war sie
unbelebt und unwirtlich. Eine Milliarde Jahre später wimmelte
es auf ihr von Mikroorganismen. Wie das Leben aber begonnen
hat, ist und bleibt eines der großen Rätsel der Naturwissenschaften.

Die Frage, wie das Leben entstanden sein könnte, unterscheidet
sich deutlich von der Frage, warum das Leben entstanden ist.

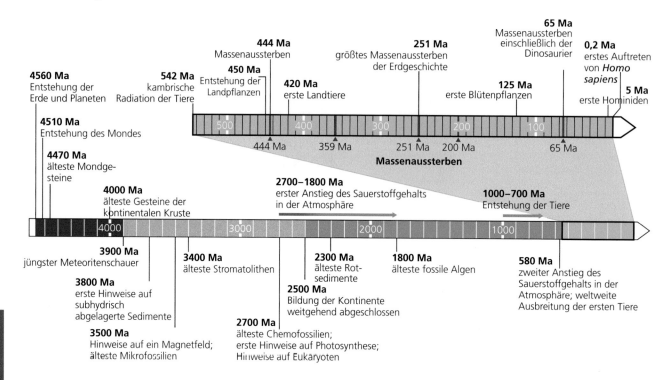

Abb. 11.12 Geologische Zeitskala: Sie zeigt die wichtigsten Ereignisse in der Geschichte des Lebens

Die Wissenschaft liefert nur einen Ansatz für das „Wie" dieses Rätsels. Wir wissen jedoch bereits aus Kap. 1, dass wir sowohl Beobachtungen als auch Experimente verwenden können, um überprüfbare Hypothesen aufzustellen. Diese Hypothesen können die einzelnen Schritte erklären, die an der Entstehung und Evolution des Lebens beteiligt sind, und sie können durch die Suche nach Hinweisen in der Fossilabfolge innerhalb der Schichten überprüft werden. Beobachtungen und Experimente liefern jedoch keine überprüfbaren Hinweise auf die Frage, warum sich das Leben entwickelt hat.

Aus der Fossilabfolge ist bekannt, dass die Mikroorganismen zuerst entstanden sind und sich zu all den vielzelligen Organismen weiter entwickelt haben, die den jüngeren Teil der Schichtenfolge bestimmen. Die Fossilüberlieferung zeigt jedoch auch, dass in der Geschichte des Lebens der mit Abstand längste Zeitabschnitt für die Evolution der einzelligen Mikroorganismen erforderlich war. Fossile Mikroorganismen findet man in 3,5 Mrd. Jahre alten Gesteinen, dagegen treten Fossilreste eindeutig mehrzelliger Organismen nur in Gesteinen auf, die jünger als 1 Milliarde Jahre sind. Es scheint so, dass einzellige Mikroorganismen zumindest 2,5 Mrd. Jahre lang die einzigen Lebewesen auf der Erde waren.

Die Theorie der Evolution besagt, dass diese ersten Mikroorganismen – und alle, die danach auftraten – aus einem gemeinsamen Vorfahren hervorgegangen sind (vgl. Abb. 11.5). Doch wie sah dieser gemeinsame Vorfahre aus? Wir wissen es nicht. Die meisten Geobiologen gehen aber davon aus, dass er mehrere wichtige Merkmale besaß. Das entscheidendste dürfte wohl die Fähigkeit zur Weitergabe genetischer Information für Wachs-

tum und Reproduktion gewesen sein. Andernfalls hätte es keine Nachkommen gegeben. Ein weiteres wesentliches Merkmal dieses gemeinsamen Vorfahren war, dass er aus Kohlenstoffverbindungen bestand. Wie wir festgestellt haben, bestehen alle organischen Substanzen einschließlich der Organismen hauptsächlich aus Kohlenstoff.

Wie entstand dieser gemeinsame Vorfahre? Ein Ansatz zur Beantwortung dieser Frage wäre die Suche nach Hinweisen in den Gesteinen. Gut erhaltene Fossilien treten jedoch ausschließlich in Sedimentgesteinen auf, die weder metamorph noch tektonisch überprägt worden sind. Weil es jedoch aus diesem Zeitabschnitt der Erdgeschichte, in dem sich das Leben entwickelt hat, keine gut erhaltenen Sedimentgesteine gibt, waren andere Ansätze erforderlich. Hierbei spielten Chemiker eine wichtige Rolle.

Die präbiotische Suppe: Das Originalexperiment zur Entstehung des Lebens

In Laborexperimenten, mit denen die Entstehung des Lebens erforscht werden sollte, versuchten Wissenschaftler einige der Umweltbedingungen zu rekonstruieren, von denen man ausging, dass sie auf der primitiven Erde vor der Entstehung des Lebens geherrscht haben könnten. Zu Beginn der 1950er Jahre führte Stanley Miller an der Universität Chicago ein Experiment durch, das so ausgelegt war, dass die für eine Entstehung des Lebens auf der primitiven Erde erforderlichen chemischen Reaktionen untersucht werden konnten. Das Experiment war erstaunlich ein-

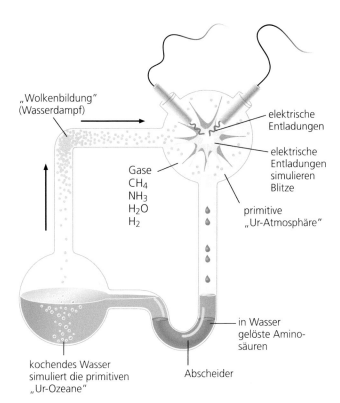

"Wolkenbildung"
(Wasserdampf)

Gase
CH_4
NH_3
H_2O
H_2

elektrische
Entladungen

elektrische
Entladungen
simulieren
Blitze

primitive
„Ur-Atmosphäre"

in Wasser
gelöste Amino-
säuren

kochendes Wasser
simuliert die primitiven
„Ur-Ozeane"

Abscheider

Abb. 11.13 Stanley Miller verwendete dieses einfache Experiment, um die Entstehung des Lebens zu erforschen. In dieser Apparatur entstanden aus Ammoniak (NH_3), Wasserstoff (H_2), Wasserdampf (H_2O) und kleinen kohlenstoffhaltigen Molekülen wie etwa Methan (CH_4) in einer Reihe von chemischen Reaktionen Aminosäuren, die wesentlichen Bestandteile der lebenden Organismen

ihm die Bildung von Proteinen aus Aminosäuren ermöglichte, die für eine Selbsterhaltung erforderlich sind.

Die Hypothese einer „präbiotischen Suppe" sagte voraus, dass auch das Material der frühen Planeten Aminosäuren enthalten könnte. Diese Voraussage wurde Jahre später bestätigt, als im Jahre 1969 in der Nähe von Murchison (Australien) ein Meteorit einschlug. Als er analysiert wurde, entdeckte man in diesem sogenannten Murchison-Meteoriten etwa 20 der im Labor synthetisierten Aminosäuren, die er sogar in den erwarteten Mengenverhältnissen enthielt.

Die Aussage all dieser Entdeckungen ist dieselbe: Auf einem Planeten ohne Sauerstoff können Aminosäuren entstehen. Der umgekehrte Fall ist ebenfalls richtig: In einer Welt, in der Sauerstoff vorhanden ist, entstehen keine Aminosäuren oder sie sind nur in geringer Menge vorhanden. Dies ist einer der Gründe, warum die Geowissenschaftler davon ausgehen, dass die Erde in ihrer Frühzeit ein Planet ohne Sauerstoff war.

Die ältesten Fossilien

Welche Vorgänge auch immer zur Entstehung des Lebens führten, die ältesten Fossilien der Erde sprechen dafür, dass das Leben vor etwa 3,5 Mrd. Jahren entstanden ist. Kleine kegelförmige Stromatolithen liefern die besten Hinweise auf die Lebensformen der damaligen Zeit (Abb. 11.14a). Stromatolithen sind auf kontinentalen Kratonen ausgesprochen häufig und wurden in Sedimentserien nachgewiesen, die bis in das frühe Archaikum zurückreichen. Darüber hinaus zeigen die Kohlenstoffisotopen-Verhältnisse in einigen Gesteinen des Archaikums Werte, die ausschließlich durch biologische Prozesse entstehen können (vgl. Abschn. 24.11). Die ältesten Fossilien, die mögliche morphologische Hinweise auf Organismen konservierten, sind winzige Fäden, die von Größe und Aussehen her modernen Mikroorganismen ähneln und in Kieselschiefern überliefert sind. Sie stammen aus Gesteinen in Westaustralien, die ein Alter von 3,5 Mrd. Jahren aufweisen, ihre Deutung als Mikrofossilien ist jedoch umstritten. Jüngere und besser erhaltene Mikrofossilien treten in den 3,2 Mrd. Jahre alten Kieselschiefern der Fig-Tree-Serie in Südafrika und in der 2,1 Mrd. Jahre alten Gunflint-Formation in Südkanada auf (Abb. 11.14b). Die Fossilien der Gunflint-Formation waren die ersten, die jemals in präkambrischen Gesteinen entdeckt wurden und lösten im Jahre 1954 eine wahre Forschungswelle aus, die bis heute anhält. In den vergangenen 50 Jahren zeigte sich an zahlreichen neuen Fundorten, wie alt das Leben auf der Erde wirklich ist und wie gut der Erhaltungszustand unter den entsprechenden geologischen Bedingungen sein kann.

Die meisten Geobiologen sind sich einig, dass es vor 3,5 Mrd. Jahren auf der Erde Leben gegeben hat, doch herrscht Unsicherheit darüber, wie diese Organismen lebten und wie sie die zum Leben erforderliche Energie und die dafür notwendigen Nährstoffe gewonnen haben. Einige Experten gehen davon aus, dass es sich bei den ältesten Organismen des Stammbaums um

fach (Abb. 11.13). In ein Reaktionsgefäß füllte er dem damaligen Ozean nachempfundenes Meerwasser, das erwärmt wurde, um Wasserdampf zu erzeugen. Der vom „Ozean" abgegebene Wasserdampf wurde mit anderen Gasen vermischt und bildete so eine „Atmosphäre", von der angenommen wurde, dass sie einige der maßgeblichen Verbindungen der primitiven Atmosphäre der Erde enthielt: Methan (CH_4), Ammoniak (NH_4), Wasserstoff (H_2) und den erwähnten Wasserdampf (H_2O). Sauerstoff – in der heutigen Atmosphäre ein wichtiges Gas – war damals in der Atmosphäre noch nicht enthalten. In einem nächsten Schritt erzeugte Miller in dieser Atmosphäre kontinuierliche elektrische Entladungen („Blitze"), um Reaktionen der Gase sowohl miteinander als auch mit dem Wasser des „Ur-Ozeans" in Gang zu bringen.

Die Ergebnisse waren verblüffend. Bei den Experimenten entstanden durch eine Reihe chemischer Reaktionen neben anderen kohlenstoffhaltigen Verbindungen zahlreiche sogenannte **Aminosäuren**. Sie sind die Grundbestandteile aller Proteinmoleküle, die für die Entwicklung, das Überleben und die Fortpflanzung von Organismen erforderlich sind. Diese Entdeckung war sensationell, denn sie zeigte, dass auf der primitiven Erde Aminosäuren häufig gewesen sein könnten. Dies führte zu der Hypothese, dass die Ozeane und die Atmosphäre eine Art präbiotische Suppe („Ur-Suppe") aus Aminosäuren gebildet haben, in der das Leben entstanden war. Andere Wissenschaftler gingen davon aus, dass unser gemeinsamer Vorfahre genetisches Material enthielt, das

a   b

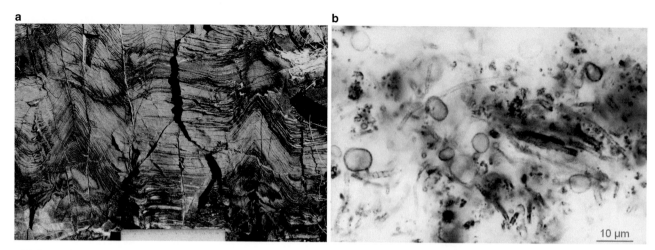

10 µm

Abb. 11.14a,b **a** Stromatolithen aus der 3,4 Mrd. Jahre alten Warrawoona-Gruppe von Westaustralien. Ihr kegelförmiges Aussehen deutet darauf hin, dass die Mikroorganismen in Richtung Sonne gewachsen sind. **b** Die 2,1 Mrd. Jahre alten Mikrofossilien in der Gunflint-Formation von Südontario (Kanada) sind ausgesprochen häufig und gut erhalten (Fotos: mit frdl. Genehm. von H. J. Hofmann)

chemoautotrophe Organismen gehandelt hat, die ihre Energie unmittelbar aus der Oxidation anorganischer Substanzen gewonnen haben. Überdies durften die ältesten Organismen hyperthermophil gewesen sein, was darauf hindeutet, dass das Leben möglicherweise in sehr heißem Wasser entstanden ist, wie etwa in Thermalquellen oder in den hydrothermalen Schloten an den mittelozeanischen Rücken, wo kein Sonnenlicht als Energiequelle zur Verfügung stand, chemische Substanzen jedoch im Überfluss verfügbar waren (Abb. 11.15).

Chemofossilien und Eukaryoten Form und Größe allein sind nicht ausreichend, um daraus die Funktion der Mikroorganismen abzuleiten, und deshalb liefern die Mikrofossilien letztendlich nur in sehr begrenztem Umfang diesbezügliche Informationen.

Weitere Informationen lieferten **Chemofossilien**, Reste organischer Verbindungen, die zu Lebzeiten der Organismen produziert worden sind. Nach dem Tod werden die meisten dieser in ihren Kadavern enthaltenen Verbindungen sehr rasch durch heterotrophe Organismen in kleinere Molekülen zerlegt. Einige dieser Moleküle sind äußerst stabil und werden normalerweise nicht weiter abgebaut. Unter ihnen ist Cholestan eine bemerkenswert stabile Substanz, die von der Struktur her dem bekannten Cholesterin ähnlich ist. Cholestan wurde in 2,7 Mrd. Jahre alten Gesteinen Westaustraliens nachgewiesen. Der Biomarker Cholestan ist kennzeichnend für Eukaryoten, einer höher entwickelten Organismengruppe mit Zellkern. Das Auftreten von Cholestan in den 2,7 Mrd. Jahre alten Gesteinen bedeutet, dass zu diesem Zeitpunkt bereits eukaryotische Mikroorganismen gelebt haben.

Abb. 11.15 Das aus den hydrothermalen Förderschloten („Black Smokers") an den mittelozeanischen Rücken ausströmende heiße Wasser (als *dunkle „Rauchfahne"* erkennbar) ist reich an Mineralverbindungen, aus denen chemoautotrophe Mikroorganismen ihre Energie gewinnen. Möglicherweise entstanden in einem solchen Umfeld die ersten Lebensformen (Foto: © Dr. Ken McDonald/SPL Science Source)

Aus diesen Eukaryoten entwickelten sich schließlich vielzellige Organismen, einschließlich der Tiere, allerdings erst zu einem späteren Zeitpunkt.

Entstehung des atmosphärischen Sauerstoffs

Der Anstieg des Sauerstoffgehalts in der Atmosphäre ist ein weiterer Meilenstein in der Geschichte der Wechselwirkungen zwischen Leben und Umwelt. Wie in Kap. 9 erwähnt, enthielt die Atmosphäre anfangs nur wenig Sauerstoff. Die heutige sauerstoffreiche Atmosphäre entstand durch Photosynthese betreibende frühe Organismenformen. Bemerkenswerterweise liefern dieselben australischen Gesteine, die chemische Hinweise auf Eukaryoten enthalten, auch chemische Hinweise auf Cyanobakterien. Aufgrund dieser Belege ist davon auszugehen, dass die Photosynthese vor etwa 2,7 Mrd. Jahren zu einem wichtigen Stoffwechselprozess geworden war. Auf diese Weise beeinflusste eine einzige Organismengruppe (die Cyanobakterien) die Umwelt der Erde, indem sie beständig die Zusammensetzung der Atmosphäre veränderte, während eine andere Organismengruppe (die Eukaryoten) davon profitierte und sich in neue Richtungen (Tiere) weiter entwickelte.

Die Anreicherung der Erdatmosphäre mit Sauerstoff erfolgte möglicherweise in zwei Phasen, die durch einen Zeitraum von etwas mehr als einer Milliarde Jahren getrennt waren. Die erste Phase begann mit der Entwicklung der Cyanobakterien. Der von ihnen produzierte Sauerstoff reagierte mit dem im Meerwasser gelösten Eisen unter Bildung oxidischer Eisenminerale wie Magnetit und Hämatit. Außerdem bildeten sich kieselige Sedimente wie Hornsteine und Eisensilicate, die aus dem Meerwasser ausgefällt wurden und auf den Meeresboden absanken. Diese Minerale bildeten Wechselfolgen aus geringmächtigen Eisenoxidmineralen und kieseligen Sedimenten, die insgesamt als **Bändereisenerze** bezeichnet werden (Abb. 11.16a). Eisen ist nur dann in Wasser löslich, wenn der Sauerstoffgehalt gering ist, wie dies vor der Entwicklung der Cyanobakterien der Fall war. Ist der Sauerstoffgehalt dagegen hoch, regiert das Eisen mit Sauerstoff unter Bildung nahezu unlöslicher Verbindungen. Der von den Cyanobakterien produzierte Sauerstoff dürfte daher unmittelbar zu einer Ausfällung des Eisens aus dem Meerwasser geführt haben.

Dieser Vorgang dürfte sich so lange fortgesetzt haben, bis der größte Teil des Eisens ausgefällt war. Erst danach konnte sich der Sauerstoff in der Atmosphäre und im Meerwasser allmählich anreichern. Die Anreicherung von atmosphärischem Sauerstoff begann vor etwa 2,4 Mrd. Jahren und erreichte in der Zeit zwischen 2,1 und 1,8 ein erstes Maximum, zeitgleich mit Hinweisen auf erste Eukaryoten – fossile Algen, die mit bloßem Auge erkennbar sind (Abb. 11.16b). Die erstaunliche Größe dieses hier abgebildeten Fossils – es ist etwa um dem Faktor 10 größer als alle zuvor existierenden Organismen – könnte eine Folge des höheren Sauerstoffgehalts sein. Etwa gleichzeitig erscheinen die ersten **Rotsedimente**, überwiegend fluviatile Sandsteine und Schiefertone. Ihre rote Farbe stammt von Eisenoxiden, die

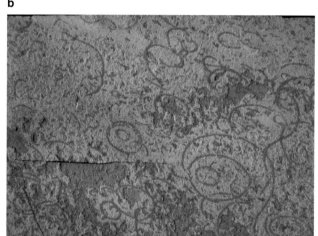

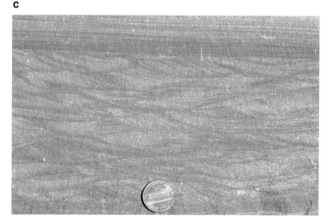

Abb. 11.16a–c Der Anstieg des Sauerstoffgehalts in der Atmosphäre im Zeitraum zwischen 2,7 und 2,1 Mrd. Jahren vor heute ist durch das Auftreten außergewöhnlicher Sedimentgesteine und neuer größerer Eukaryoten gekennzeichnet. **a** Bändereisenerz; **b** *Grypania* sp., eine fossile eukaryotische Alge, die mit bloßem Auge erkennbar ist; **c** Rotsedimente; sie bestehen überwiegend aus Schiefertonen und Sandsteinen, deren Komponenten zum Teil durch rote Eisenoxidminerale verkittet sind (Fotos: a © Francois Gohier/Science Source; b mit frdl. Genehm. von H. J. Hofmann, c © John Grotzinger)

Teil III

als Zement die siliciklastischen Komponenten miteinander verkitten (Abb. 11.16c). Das Auftreten von Eisenoxiden in diesen terrestrischen Sedimenten spricht dafür, dass nun auch in der Atmosphäre ausreichend Sauerstoff vorhanden gewesen sein muss, sodass es zur Ausfällung dieser Eisenoxide kommen konnte.

Nachdem die eukaryotischen Algen entstanden und die ersten Rotsedimente abgelagert waren, kam es über einen Zeitraum von etwa einer Million Jahren zu keinen weiteren Ereignissen. Vor etwa 580 Ma nahm dann der Sauerstoffgehalt in der Atmosphäre erheblich zu und dürfte seinen heutigen Wert nahezu erreicht haben. Der Grund für diesen zweiten Anstieg der Sauerstoffkonzentration ist noch weitgehend unbekannt, obwohl er mit einer vermehrten Einlagerung und Versenkung von organischem Kohlenstoff in Sedimenten in Zusammenhang gebracht werden kann. In einem ähnlichen Prozess, der zur Bildung von Bändereisenerzen führte, reagiert Sauerstoff mit der organischen Substanz, normalerweise mithilfe von Mikroorganismen. So lange ausreichend organisches Material vorhanden ist, wird Sauerstoff verbraucht. Wird jedoch organische Substanz durch Einlagerung des Materials in den Sedimenten dem System entzogen, kann es nicht mehr mit dem vorhandenen Sauerstoff reagieren. Daher könnte die zweite Phase der Sauerstoffanreicherung in der Atmosphäre im Zusammenhang mit einer verstärkten Sedimentanlieferung und Versenkung der organischen Substanz in tiefere Bereiche stehen. Eine vermehrte Sedimentanlieferung könnte durch tektonische Ereignisse ausgelöst worden sein, z. B. wenn bei der Bildung eines Großkontinents Gebirge entstanden und wieder erodiert wurden. In jedem Falle waren die Folgen spektakulär: plötzlich erschienen die ersten größeren vielzelligen Tiere und kurz danach entwickelten sich alle modernen Tiergruppen und leiteten das Phanerozoikum ein.

Evolutionäre Radiationen und Massenaussterben

In den meisten Fällen sind im Phanerozoikum die Grenzen der stratigraphischen Einheiten durch das Erlöschen oder Aussterben markiert, gefolgt vom Aufstieg oder der Radiation einer neuen Organismengruppe. Wenn Organismengruppen jedoch nicht mehr in der Lage sind, sich an Umweltveränderungen anzupassen oder mit einer überlegenen Organismengruppe zu konkurrieren, sterben sie aus. Erlöschen zahlreiche Organismengruppen gleichzeitig, spricht man von Massenaussterben (Abb. 11.17). In einigen wenigen Fällen sind die Grenzen der Zeitskala durch Katastrophen von globalem Ausmaß gekennzeichnet. Die nachfolgenden Radiationen werden durch die Verfügbarkeit neuer Lebensräume beschleunigt, nachdem bei dem Massenaussterben die konkurrierenden oder überlegenen Organismengruppen ausgelöscht wurden.

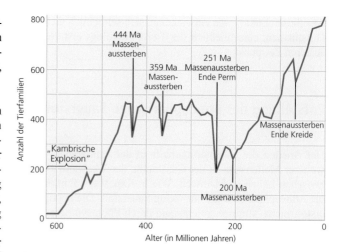

Abb. 11.17 Die Artenvielfalt des fossilen Faunenspektrums lässt sowohl Aussterben als auch Radiationen erkennen. Dieses Diagramm zeigt die Anzahl der Schalen tragenden Familien, die in den vergangenen 600 Ma in der Fossilüberlieferung aufgetreten sind. Jede Familie besteht aus mehreren Gattungen. Im Verlauf einer Radiation, wie etwa der Kambrischen Explosion, nimmt die Anzahl der Organismengruppen zu; im Verlauf eines Massenaussterbens, wie etwa am Ende der Kreidezeit, nimmt die Anzahl der Familien ab

Radiation des Lebens: Die „Kambrische Explosion"

Das vielleicht bemerkenswerteste geobiologische Ereignis der Erdgeschichte war, abgesehen von der eigentlichen Entstehung des Lebens, das plötzliche und massenhafte Auftreten großer, Hartteile tragender Organismen am Ende des Präkambriums (Abb. 11.18). Diese rasche Entwicklung neuer Organismenformen aus einem gemeinsamen Vorfahren – ein Vorgang, den die Biologen als evolutionäre Radiation bezeichnen – hatte eine derartig außergewöhnliche Auswirkung auf die Fossilüberlieferung, dass der Höhepunkt dieser Entwicklung vor 542 Mio. Jahren dazu herangezogen wird, die wohl wichtigste Grenze der Geologischen Zeitskala zu definieren: den Beginn des Phanerozoikums. Diese Grenze kennzeichnet zugleich auch den Beginn des Paläozoikums und des Kambriums (vgl. Kap. 8; Abb. 11.12).

Evolutionäre Radiationen erfolgen von Natur aus sehr rasch: wäre das nicht der Fall, würden sie in der Fossilüberlieferung nicht wahrgenommen. Die Radiation der Tiere im untersten Präkambrium erfolgte nach einer drei Milliarden Jahre dauernden, sehr langsam fortschreitenden Evolution jedoch so extrem schnell, dass sie meist als „Kambrische Explosion des Lebens" bezeichnet wird.

Jede heute auf der Erde lebende Organismengruppe und auch einige inzwischen ausgestorbene Tiergruppen entwickelten sich in weniger als 10 Mio. Jahren. Alle größeren Zweige (Phylae) des Stammbaums der Tiergruppen (Abb. 11.19) sind während dieser Kambrischen Explosion entstanden. So eindrucksvoll der Stammbaum auch sein mag, er stellt lediglich einen einzigen kurzen Ast des allgemeinen Stammbaums des Lebens dar (Abb. 11.5).

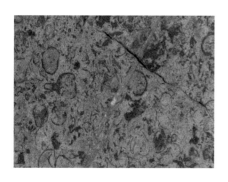
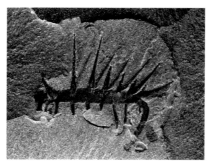
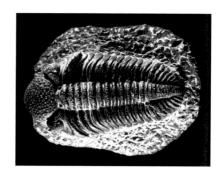

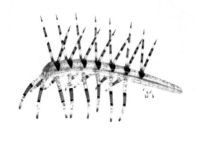

Namacalathus   *Hallucigenia*   **Trilobiten**

Abb. 11.18 Zu den Fossilien, die für die Kambrische Explosion des Lebens typisch sind, gehören auch präkambrische Formen mit kalkigen Hartteilen wie etwa *Namacalathus* (*links*). Sie waren die ersten Organismen mit Schalen aus Calcit und starben zusammen mit anderen Organismen an der Grenze Präkambrium/Kambrium aus. Dies ermöglichte den Aufstieg neuer Organismengruppen, darunter *Hallucigenia* (*Mitte*) oder die Trilobiten (*rechts*). Beide Organismen bildeten dünne Exoskelette aus organischem Material (Fotos: *oben links*: © John Grotzinger; *unten links*: W. A. Watters; *oben Mitte*: Chip Clark, Smithsonian, Burgess Shale Halucigenia 18–5; *unten Mitte*: © Chase Studio/Science Source; *oben rechts*: mit frdl. Genehm. von © Stéphane Ansermat, Musée Cantonal de Géologie Lausanne; *unten rechts*: © Chase Studio/Science Source)

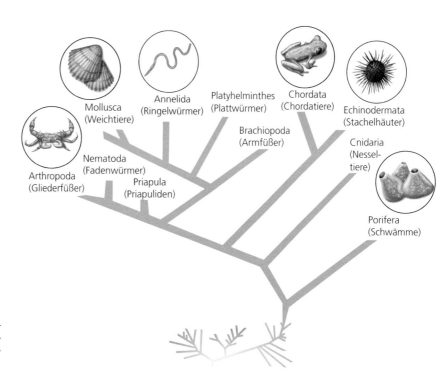

Abb. 11.19 Bei der Radiation im unteren Kambrium, die auch als Kambrische Explosion bezeichnet wird, sind alle größeren, auch heute noch vorhandenen Tiergruppen entstanden

Teil III

Abb. 11.20 Fossil überlieferte Tierembryonen aus dem jüngsten Präkambrium, dem sogenannten Ediacarium. Dieses Fossil zeigt, dass sich vielzellige Tiere bereits vor dem Kambrium entwickelt hatten. Sie sind die Vorgänger der Organismen, die sich im Laufe der Kambrischen Explosion entwickelten (Foto: mit frdl. Genehm. von Shuhai Xiao, Virginia Tech.)

Die Kambrische Explosion lässt jedoch zwei Fragen offen: Erstens, wie konnten diese ersten Organismen derart komplexe Körperformen in so kurzer Zeit entwickeln und damit eine so große Diversität erreichen. Systematische Veränderungen der Organismen über viele Generationen hinweg werden als **Evolution** bezeichnet. Die Evolution beruht auf dem Prozess der **natürlichen Auslese**, das heißt, eine Organismenpopulation ist bestrebt, den sich verändernden Bedingungen ihrer Umwelt anzupassen. Die Theorie der Evolution durch natürliche Auslese besagt, dass über viele Generationen hinweg diejenigen Individuen mit den vorteilhaftesten Merkmalen und Eigenschaften am wahrscheinlichsten überleben, sich erfolgreich fortpflanzen und diese an ihre Nachkommen weitergeben. Ändern sich im Laufe der Zeit die Umweltbedingungen, ändern sich auch diese vorteilhaften Merkmale. Schließlich kann dieser Prozess zur Entstehung neuer Arten führen.

Eine Hypothese bezüglich der Ursache der Kambrischen Explosion geht davon aus, dass sich die Gene dieser ersten Tierpopulationen auf eine bestimmt Weise verändert haben, sodass es ihnen schließlich gelang, eine Art evolutionäre Barriere zu überwinden. Damit waren ihnen im jüngeren Präkambrium zahlreiche Möglichkeiten eröffnet, neue Formen und Funktionen zu entwickeln und zu erproben (Abb. 11.20).

Außerdem ist es möglich, dass die Vorfahren erst eine gewisse Größe erreichen mussten, ehe sie sich diversifizieren konnten. Einige präkambrische Fossilien, wie etwa die in Abb. 11.20 dargestellten fossilen Tierembryonen, sind so klein, dass sie nur unter dem Mikroskop erkennbar sind. Die Entwicklung von Schalen und Skeletten könnte ein wesentlicher Auslöser für eine weitere Diversifikation gewesen sein: hatte erst einmal eine Organismengruppe Hartteile entwickelt, mussten es auch andere tun, andernfalls wären sie durch den herrschenden Konkurrenzdruck verdrängt worden.

Die zweite ungeklärte Frage zur Kambrischen Explosion ist: Warum differenzierten sich diese Tiere (wenn sie es überhaupt taten)? Geobiologen waren sich mehr als 150 Jahre über den Zeitpunkt der Kambrischen Explosion im Unklaren. In den Tagen von Charles Darwin war nicht bekannt, ob die Kambrische Explosion generell mit der Entstehung des Lebens gleichzusetzen sei. Denn das plötzliche Auftreten komplexer und diverser Fossilien in der Gesteinsabfolge war für Darwins Theorie der natürlichen Auslese eine echte Herausforderung. Seine Theorie forderte langsame Veränderungen von Form und Funktion der Organismen, und sie ging davon aus, dass vor den ersten Tieren bereits weniger hoch entwickelte Lebensformen vorhanden gewesen sein mussten. Darwin nahm daher an, dass diese Vorfahren einfach deswegen fehlten, weil die Basis der Gesteine, die kambrischen Fossilien enthielten, diskordant dem Untergrund auflagern. Er vertrat die Meinung, dass wenn die zeitlich dieser Diskordanz entsprechenden Schichtenfolgen schließlich entdeckt werden, darin auch die „fehlenden" Vorfahren enthalten sind. Darwin hatte Recht, obwohl die Geobiologen erst in den vergangenen Jahrzehnten die zuvor in diesem Kapitel erwähnten Fossilien entdeckten, die beweisen, dass die Tiere tatsächlich deutlich vor der Kambrischen Explosion entstanden waren.

Somit ist es eindeutig, dass die kambrischen Organismen Vorgänger hatten, die sich möglicherweise zwischen winzigen Sandkörnern am Boden flacher Meere versteckt hielten. Altersdatierungen haben jedoch ergeben, dass diese winzigen Organismen wahrscheinlich weniger als 100 Mio. Jahre älter waren als ihre kambrischen Nachkommen. Andere Methoden, die auf den Untersuchungen der Gene heutiger Organismen begründet sind, deuten darauf hin, dass die Entstehung der Tiere jedoch mehrere hundert Millionen Jahre vor der Kambrischen Explosion stattgefunden haben muss. Doch selbst diese Abschätzungen haben kaum Bedeutung, verglichen mit den vielen Milliarden Jahren, die bereits vor der Kambrischen Explosion vergangen waren.

Die meisten Geobiologen sind sich inzwischen darüber einig, dass mit dem Auftreten der Tiere diese sich auch jederzeit ausbreiten konnten. Warum breiteten sie sich dann gerade vor ungefähr 542 Ma aus und nicht zu einem anderen Zeitpunkt? Möglicherweise wurde die Kambrische Explosion durch erhebliche Umweltveränderungen am Ende des Präkambriums ausgelöst. Aus unserer Sicht war die Erde zu dieser Zeit ein sehr ungewöhnlicher Ort: Als die Stücke des wachsenden Großkontinents Gondwana miteinander verschmolzen, entstanden langgestreckte hohe Gebirgszüge. Das Klima war im Umbruch und schwankte zwischen kalten Perioden, in denen die gesamte Erde möglicherweise mit Eis bedeckt war („Schneeball-Erde"), und extrem warmen, eisfreien Perioden (vgl. Kap. 21). Der Sauerstoffgehalt in den Ozeanen und der Atmosphäre stieg deshalb, weil durch die Erosion der aufsteigenden Gebirge erhebliche Sedimentmengen angeliefert wurden, in die das organische Material eingelagert wurde, dessen Abbau andernfalls den Sauerstoff aufgebraucht hätte. Diese Veränderung dürfte wohl die wichtigste gewesen sein. Ohne ausreichende Sauerstoffversorgung können Organismen kein entsprechendes Größenwachstum entwickeln.

Was auch immer die Ursache der Kambrischen Explosion war, eines ist sicher: Evolutionäre Radiationen sind das Ergebnis einer genetisch begründeten Möglichkeit in Verbindung mit einer für das Leben günstigen Umwelt. Die Radiation von Organismen ist also nicht nur eine Folge der richtigen Gene, und sie ist nicht nur eine Folge des Lebens in einer geeigneten Umwelt, die Organismen müssen für ihre Evolution aus beidem Faktoren einen Vorteil ziehen.

Der Schwanz des Teufels: Der Niedergang der Dinosaurier

Das Massenaussterben, das vor ungefähr 65 Ma; die Grenze Kreide/Tertiär und damit das Ende des Mesozoikums kennzeichnet (vgl. Abb. 8.11 und 8.15), war eines der größten innerhalb der gesamten Erdgeschichte. Ganze Ökosysteme der Erde waren davon betroffen und etwa 75 % aller auf der Erde vorhandener Arten, sowohl auf dem Festland als auch in den Ozeanen, starben für immer aus. Die Dinosaurier sind nur eine von vielen Gruppen, doch sicher die spektakulärste, die am Ende der Kreidezeit ausgestorben sind. Darüber hinaus verschwanden auch andere Fossilgruppen wie etwa Ammoniten, marine Reptilien, bestimmte Formen der Muscheln, zahlreiche Pflanzenarten und auch das Plankton.

Im Gegensatz zur Kambrischen Radiation sind sich die meisten Wissenschaftler über die Ursache einig, die zum Massenaussterben an der Kreide/Tertiär- (K/T-) Grenze führte. Sie sind sich absolut sicher, dass der Aufschlag eines großen Asteroiden die Ursache des Aussterbens war. Im Jahre 1980 entdeckten Geologen in Italien bei Geländeuntersuchungen an der Grenze Kreide/Tertiär eine dünne Staubschicht, die Iridium enthielt – ein Element, das für extraterrestrische Materie kennzeichnend ist (Abb. 11.21).

Danach wurde dieser extraterrestrische Staub auch an zahlreichen anderen Lokalitäten auf der Erde nachgewiesen, auf allen Kontinenten und in allen Ozeanen und stets exakt an der Grenze Kreide/Tertiär. Geologen vertreten die Ansicht, dass ein Asteroid von etwa 10 km Durchmesser erforderlich war, um so große Mengen iridiumreichen Staub abzulagern. Dazu musste er auf die Erde auftreffen, explodieren und der kosmische Detritus musste sich weltweit verteilen, um sich dann als dünne Schicht abzusetzen. Die Veröffentlichung dieser Hypothese versetzte viele Wissenschaftler in Begeisterung und die Suche nach dem Impaktkrater begann. Sie erwies sich jedoch aus zwei Gründen als schwierig. Erstens ist der größte Teil der Erde von Wasser bedeckt und der Asteroid könnte dort niedergegangen sein. Zweitens musste der Impaktkrater 65 Ma alt sein; damit war zu erwarten, dass er erodiert oder unter jüngeren Sedimentgesteinen begraben war.

Zu Beginn der 1990er Jahre fanden Geologen in der Nähe der Stadt Chicxulub auf der Halbinsel Yucatán (Mexico) einen riesigen, mit Sedimenten verfüllten und überdeckten Krater von nahezu 200 km Durchmesser und 1,5 km Tiefe.

Geologische Hinweise von Chicxulub, dessen Umgebung und aus vielen Teilen der Erde ließen erahnen, was sich dort ereignet hatte. Der Name Chicxulub bedeutet in der Sprache der Mayas „Schwanz des Teufels" und die unmittelbaren Folgen dieses Impakt-Ereignisses waren wirklich „höllisch". Der Asteroid schlug bei Chicxulub von Süden kommend unter einem Winkel von 20–30° gegen die Horizontale gemessen mit vierzigfacher Schallgeschwindigkeit auf. Sein Aufprall löste eine Explosion aus, die sechs Millionen Mal stärker war als die Explosion des Mount St. Helens im Jahre 1980. Sie löste Orkane und einen Tsunami von 1000 m Höhe aus (mehr als das Hundertfache des Tsunamis im Indischen Ozean im Jahre 2004). Der Himmel verdunkelte sich durch die ungeheuren Mengen an Staub und Wasserdampf. Als die brennenden Trümmer der Explosion auf die Erde zurückfielen, lösten sie weltweit zahlreiche Großbrände aus (Abb. 11.22). Das aus

Abb. 11.21 Das Taschenmesser kennzeichnet eine hell gefärbte Tonschicht, die sowohl extraterrestrisches Material als auch Gesteinsmaterial aus der Umgebung des Chicxulub-Kraters enthält und im Raton Basin im Südwesten der Vereinigten Staaten abgelagert wurde. Derartige Ablagerungen wurde weltweit nachgewiesen (Foto: © Dr. David A. Kring)

dem entstandenen Krater stammende Material breitete sich in einer radialen Todeszone in Richtung der westlichen und zentralen Bereiche der Vereinigten Staaten aus. Sofern sie nicht in der Todeszone waren, hätten Tiere damals wohl folgende Erscheinungen wahrgenommen: einen grellen Blitz, als der Asteroid bei Chicxulub einschlug und bei Temperaturen bis zu 10.000 °C die obere Kruste verdampfte; einen Bogen glühend heißer Gesteine, die mit Geschwindigkeiten bis zu 40.000 km/h über den Himmel schossen und schließlich in Nordamerika niedergingen; eine Säule aus Trümmermaterial, Gas und geschmolzenem Material, die in den Himmel aufstieg und einen Teil der Atmosphäre auf mehrere hundert Grad aufheizte, ehe sie wieder auf die Erde zurückfiel; danach folgten mehrere Wochen oder Monate, in denen sich das feinere Material dieser Wolke auf der gesamten Erdoberfläche absetzte.

Die direkten Auswirkungen dieses Impakts waren für zahlreiche Organismen verheerend. Am schlimmsten dürften jedoch die Nachwirkungen in den folgenden Monaten und Jahren gewesen sein, von denen man annimmt, dass diese zum eigentlichen Massenaussterben führten. Die hohe Konzentration von Trümmermaterial in der Atmosphäre verdunkelte die Sonne und reduzierte in erheblichem Maße die für die Photosynthese erforderliche Strahlungsenergie. Außer diesem festen Trümmermaterial wurden giftige schwefel- und stickstoffhaltige Gase in die Atmosphäre freigesetzt, wo sie mit dem Wasserdampf unter Bildung von toxischer Schwefelsäure und Salpetersäure reagierten, die auf die Erde abregneten. Die Kombination all dieser Effekte dürfte für die terrestrischen und marinen Ökosysteme verheerend gewesen sein, die von den Photosynthese betreibenden Autotrophen als Basis der Nahrungskette abhängig waren. Die Heterotrophen einschließlich der Dinosaurier waren die nächsten. Als ihre Nahrungsgrundlage ausgestorben war, starben auch sie aus. Letztendlich war die Ursache des Aussterbens wohl eine kaskadenartige Abfolge von Auswirkungen, die schließlich zum Zusammenbruch der Ökosysteme führte.

Die Katastrophe der globalen Erwärmung: Massenaussterben an der Grenze Paläozän/ Eozän

Das Massenaussterben an der Grenze Paleozän/Eozän vor etwa 55 Ma (vgl. Abb. 8.11) war zwar nicht eines der größten solcher Ereignisse. Dieses Aussterben war für die Evolution des Lebens deshalb bedeutsam, weil es den Weg für die Entwicklung der Säugetiere einschließlich der Primaten frei machte, die sich nun endgültig als wichtige Gruppe ausbreiten konnten. Im Gegensatz zu dem Massenaussterben, bei dem die Dinosaurier zugrunde gegangen waren, hatte dieses Massenaussterben keine extraterrestrische Ursache. Stattdessen war es die Folge einer plötzlichen globalen Erwärmung. Daher sind die Details für die Geowissenschaftler von erheblicher Bedeutung, weil eine globale Erwärmung – heute von uns Menschen verursacht – in den kommenden Jahrzehnten die Ökosysteme bedrohen könnte (vgl. Kap. 23).

Als Grund, weshalb zu dieser globalen Erwärmung an der Wende Paläozän/Eozän kam, wird angenommen, dass aus den Ozeanen plötzlich große Mengen Methan – ein sehr effizientes Treibhausgas – in die Atmosphäre gelangten. Die sich daraus ergebende globale Erwärmung war die unmittelbare Ursache des Massenaussterbens. Aber woher kam dieses Methan? Um diese Frage zu beantworten, müssen wir eine Anzahl von Prozessen, die in diesem Kapitel bereits erörtert wurden, miteinander verknüpfen: den mikrobielle Stoffwechsel, die biogeochemischen Zyklen und das globale Verhalten der Biosphäre mit eingeschlossen.

Abb. 11.22 Künstlerische Darstellung der Impakt-Ereignisse an der Grenze Kreide/Tertiär (Darstellung: © Richard Bizley/Science Source)

Mikroorganismen säen die Saat der Katastrophe Die Geschichte beginnt mit dem biogeochemischen Kreislauf des Kohlenstoffs, auf den in Kap. 15 näher eingegangen wird. Normalerweise wird der Atmosphäre vor allem durch Photosynthese betreibende autotrophe Organismen – einschließlich der Algen und Cyanobakterien in den Ozeanen – Kohlenstoff entzogen. Nach dem Absterben sinken diese Organismen langsam zum Meeresboden ab, wo sich ihr organisches Material allmählich anreichert. Ein Teil der organischen Substanz wird in die Sedimente eingebettet und gelangt in größere Tiefen, der andere Teil wird von heterotrophen Organismen als Nahrung aufgenommen. Manche heterotrophen Mikroorganismen, die unter anaeroben Bedingungen leben, produzieren bei ihrer Atmung (Dissimilation) als Abfallprodukt Methan. Dieses von anaeroben Organismen produzierte Methan reichert sich in den Poren der Sedimente an. Bei den derzeitigen Temperaturen in der Tiefsee (im Mittel etwa 3 °C) verbindet sich das mikrobiell erzeugte Methan mit Wasser zu einer eisartigen Festsubstanz, den sogenannten **Gashydraten** (Methan-Wasser-Eis), die, solange die Temperaturen in den Ozeanen entsprechend niedrig sind, im Sediment verbleiben. Bei der Suche nach Erdöl und Erdgas stießen Geologen an zahlreichen Kontinentalrändern auf Schichten, die in den oberen 1500 m große Mengen an diesen Gashydraten enthalten. Sollten die Wassertemperaturen jedoch nur um einige wenige Grad ansteigen, würde dieses gebundene Methan sofort in den gasförmigen Zustand übergehen.

Die Ozeane setzen Methan frei Am Ende des Paläozäns sind die durchschnittlichen Temperaturen in der Tiefsee schätzungsweise um etwa 6 °C gestiegen. Als die ersten Methanhydrate auftauten und in den gasförmigen Zustand übergingen, stiegen sie als Gasblasen durch die Wassersäule nach oben und verflüchtigten sich in der Atmosphäre, wo sie die globale Erwärmung beschleunigten. Dadurch stieg wiederum die Temperatur in den Ozeanen, wodurch das Methaneis verstärkt taute. Diese positive Rückkopplung führte zu einer lawinenartigen und katastrophalen Freisetzung von Methan, die einen dramatischen Anstieg der globalen Durchschnittstemperaturen zur Folge hatte. Bis zu 2 Billionen Tonnen Kohlenstoff in Form von Methan wurden in einem Zeitraum von 10.000 Jahren in die Atmosphäre abgegeben.

Da Methan sehr leicht mit Sauerstoff unter Bildung von Kohlendioxid reagiert, führte dies in den Ozeanen zu einem erheblichen Rückgang des Sauerstoffgehalts. Als der Sauerstoff unter einen kritischen Wert absank, erstickten zahlreiche marine Organismen. Die Abnahme des Sauerstoffgehalts und der Temperaturanstieg hatten für die Ökosysteme des Meeresbodens verheerende Folgen: etwa 80 % der benthisch lebenden Organismen wie etwa Muscheln starben aus.

Rückkehr zu Normalverhältnissen und die Evolution der modernen Säugetiere Nach dieser Katastrophe dauerte es rund 100.000 Jahre, bis die Erde wieder ihren Normalzustand erreicht hatte. Während dieser Zeit blieben die Temperaturen so lange ungewöhnlich hoch, bis die Erde wieder in der Lage war, den gesamten überschüssigen, in die Atmosphäre freigesetzten Kohlenstoff zu absorbieren. Die höheren Temperaturen ermöglichten eine rasche Ausbreitung der Wälder in höhere Breiten: *Sequoia sempervirens,* Mammutbäume – Verwandte der riesigen Mammutbäume Kaliforniens – wuchsen auf 80° nördlicher Breite, und sowohl in Montana als auch in Nord-und Süddakota waren Regenwälder weit verbreitet. In Südengland wuchsen tropische Palmen. Die primitiven Säugetiere entwickelten sich rasch zu den Vorfahren der modernen Säugetiere, die sich den hohen Temperaturen entsprechend anpassten, um den Verhältnissen gewachsen zu sein. Eine spezielle Säugetiergruppe, die **Primaten**, entwickelte sich weiter zu den Vorfahren des Menschen.

Die Methanlagerstätten der heutigen Erde: Eine tickende Zeitbombe? Könnte es auch heute zu einer Wiederholung dieser globalen Erwärmung wie an der Grenze Paläozän/Eozän kommen? In den Permafrostböden der Tundren Nordamerikas, Russlands und der anderen arktischen Gebiete der Erde lagern bis zu einer halben Billion Tonnen gefrorenes Methan und die Tiefseesedimente enthalten weltweit noch wesentlich mehr. Man schätzt den Gesamtbestand der Methanvorkommen auf weltweit etwa 10–20 Billionen Tonnen Kohlenstoff in Form von Methan, weit mehr, als an der Wende Paläozän/Eozän freigesetzt wurde und das Massenaussterben verursachte. Der Mensch setzt heute Treibhausgase mit einer bisher nie dagewesenen Geschwindigkeit in die Atmosphäre frei, die zu einer erheblichen Erwärmung führen. Setzt sich diese Entwicklung fort und die Ozeane erwärmen sich, ist es durchaus möglich, dass die derzeit vorhandenen Methanvorkommen auftauen und entgasen. Wir wären daher gut beraten, wenn wir aus der erdgeschichtlichen Vergangenheit zielgerichtete Konsequenzen ziehen würden.

Das größte Massenaussterben aller Zeiten: Was waren die Ursachen? Die Massenaussterben an der Grenze Kreide/Tertiär beziehungsweise Paleozän/Eozän sind warnende Beispiele, wie dramatische Störungen der Umwelt zu einem katastrophalen Zusammenbruch ganzer Ökosysteme führen und Massenaussterben zur Folge haben können. Diese beiden Massenaussterben waren zwar bedeutend, sie waren jedoch nicht die größten. Das Aussterben am Ende des Perms und damit am Ende des Paläozoikums (vgl. Abb. 11.17) war weitaus dramatischer, denn etwa 95 % aller Organismenarten starben aus.

In diesem Falle ist es unwahrscheinlich, dass ein singulärer Vorgang wie die Kollision eines Asteroiden erklären könnte, warum nahezu alle auf der Erde vorhanden Arten ausgelöscht wurden. Es ist daher nicht überraschend, dass mangels eindeutiger Hinweise eine Vielzahl von Hypothesen aufgestellt wurden. Einige gehen von extraterrestrischen Ursachen aus, wie etwa vom Aufschlag eines Kometen oder von einer Zunahme des Sonnenwindes. Andere vertreten den Standpunkt, die Ursachen seien auf der Erde zu suchen, etwa in einer Zunahme der vulkanischen Tätigkeit, einer Abnahme des Sauerstoffgehalts in den Ozeanen oder in der plötzlichen Freisetzung von Kohlendioxid aus den Ozeanen. Wie beim Aussterben an der Grenze Paleozän/Eozän wurde auch die plötzliche Freisetzung von Methan aus den Ozeanen als Ursache diskutiert.

Vor kurzem wurde gezeigt, dass das Aussterben am Ende des Perms vor exakt 251 Ma stattgefunden hat. Möglicherweise ist es kein Zufall, dass das Alter der Flutbasalte in Sibirien ebenfalls 251 Ma beträgt. Solche Flutbasalte (vgl. Kap. 12) bestehen aus riesigen Lavaergüssen, die innerhalb eines vergleichsweise kurzen Zeitraums an der Erdoberfläche ausgeflossen sind. In Sibirien wurden durch Spalteneruptionen ungefähr drei Millionen Kubikkilometer Laven gefördert, die einst eine Fläche von vier Millionen Quadratkilometern überdeckten, ein Gebiet von etwa der doppelten Fläche Alaskas.

Radiometrische Altersbestimmungen haben gezeigt, dass die gesamte Lava innerhalb einer Million Jahre oder sogar in einem noch kürzeren Zeitraum ausgeflossen ist. Man kann sich des Eindrucks kaum erwehren, dass das Massenaussterben am Ende der Permzeit zumindest teilweise in irgendeiner Weise in Zusammenhang mit dem katastrophalen Vulkanausbruch in Sibirien steht, bei dem eine gewaltige Menge von Kohlendioxid und Schwefeldioxid in die Atmosphäre gelangt sein dürfte. Kohlendioxid führt zu einer globalen Erwärmung, und Schwefeldioxid ist die wichtigste Ursache des „Sauren Regens". Beide Gase sind für Lebewesen schädlich, sobald ihr Gehalt in der Atmosphäre zu hoch ist.

Um alle Hypothesen zu überprüfen, ist noch weit mehr Arbeit erforderlich. Beispielsweise sind die Basalte des Dekkan-Trapp in Indiens zentralem Hochland ungefähr 65 Ma alt und es ist durchaus möglich, dass die Förderung dieser großen Lavamengen das Massenaussterben an der Grenze Kreide/Tertiär verstärkte. Zu vergleichbar großen Eruptionen kam es auch in anderen Epochen der Erdgeschichte, allerdings ohne solch verheerende Auswirkungen.

Was auch immer die Ursache des Massenaussterbens im Perm gewesen sein mag, eines ist sicher: Wie bei den Massenaussterben an der Wende Kreide/Tertiär und Paleozän/Eozän war die Ursache ein Zusammenbruch der Ökosysteme. Wir wissen zwar, dass es zu diesem Zusammenbruch kam, doch weshalb es dazu kam, ist noch unbekannt. Die Schlussfolgerung, die wir aus dieser erdgeschichtlichen Lektion ziehen sollten: Die Vorgänge der Vergangenheit könnten sich wiederholen! Die Entscheidungen, die die Menschheit heute trifft, beeinflussen zwangsläufig die Umwelt – wir wissen jedoch nicht genau wie, zumindest derzeit noch nicht.

Astrobiologie: Die Suche nach außerirdischem Leben

Betrachtet man in einer klaren Nacht den Sternenhimmel, ist es nur schwer vorstellbar, dass wir die einzigen Lebewesen im Universum sein sollen. Wie wir wissen, führt die Aktivität von Organismen auf unserem Planeten zur Entstehung charakteristischer biogeochemischer Signaturen. Einige dieser Biomarker können indirekt nachgewiesen werden, wie etwa Sauerstoff in der Atmosphäre eines Planeten in einem anderen Sonnensystem. Denkbar wäre auch die Landung einer Raumsonde mit entsprechender Instrumentenausrüstung, um Chemofossilien oder körperlich erhaltene Fossilien in den Gesteinen nachzuweisen.

In den vergangenen Jahrzehnten begannen **Astrobiologen** im Weltall mit der systematischen Suche nach Hinweisen auf Leben.

Abb. 11.23 Der Allende-Meteorit, der 1969 in der Nähe von Allende (Mexiko), auf die Erde stürzte, enthält große Mengen an Kohlenstoff-Verbindungen. Solche Funde liefern Hinweise, dass diese Verbindungen, eine der beiden wichtigsten Komponenten des Lebens, im gesamten Universum häufig sind (Foto: © John Grotzinger/Ramón Rivera-Moret/Harvard Mineralogical Museum)

Obwohl außerhalb der Erde bisher noch keine Organismen entdeckt werden konnten, sollten wir verstärkt dieser Frage nachgehen. Leben könnte entstanden sein, selbst wenn es sich nicht weiter entwickelt hat. Innerhalb unseres Sonnensystems sind Mars und auch Europa, ein Mond des Planeten Jupiter, Ziele der Erforschung, da sie in mancher Hinsicht der Erde ähnlich sind. Darüber hinaus ermöglicht die Entdeckung neuer Planeten in Umlaufbahnen anderer Sterne, diese Nachforschungen auch auf andere Sonnensysteme auszudehnen.

Die Suche nach Leben auf anderen Himmelskörpern erfordert einen systematischen wissenschaftlichen Ansatz und Geduld. Nach allgemein akzeptierter Auffassung kann Leben, wie wir es von der Erde kennen, nur in Gegenwart von flüssigem Wasser und kohlenstoffhaltigen organischen Verbindungen existieren. Daher wäre es eine vernünftige Strategie, mit der Suche nach diesen beiden wichtigen Bestandteilen des Lebens zu beginnen.

Kohlenstoffverbindungen sind im Weltraum weit verbreitet. Astronomen finden überall entsprechende Hinweise, das Spektrum reicht von interstellaren Gasen und Staubpartikeln bis zu Meteoriten, die auf der Erde einschlugen (Abb. 11.23). Daher konzentrieren sich die Astrobiologen bei den zahlreichen Mars-Missionen auf die Suche nach Wasser in flüssigem Zustand und nach bewohnbaren Bereichen, wenn auch bisher mit wenig Erfolg.

Naturgemäß ist die Suche nach extraterrestrischem Leben, verbunden mit dem Ansatz „Leben in unserem Sinne", nicht ohne gewisse Risiken. Man könnte Lebensformen übersehen, von denen wir nichts ahnen, und man könnte sich noch eine Anzahl anderer Elemente und Verbindungen vorstellen, die das

Zu nahe: Temperaturen über dem Siedepunkt von Wasser

bewohnbare Zone

Zu weit entfernt: Temperaturen unter dem Gefrierpunkt von Wasser

Abb. 11.24 Sterne sind von bewohnbaren Zonen umgeben, in denen auf einem umlaufenden Planeten Leben existieren könnte. Die habitable Zone wird durch die Entfernung von Stern bestimmt und erstreckt sich von dem Punkt, an dem Wasser verdampft (zu nahe am Stern) bis zu dem Bereich, an dem Wasser zu Eis erstarrt (zu große Entfernung vom Stern)

Potenzial haben, Leben hervorzubringen. Im Allgemeinen bieten diese Alternativen reichlich Stoff für Science-Fiction-Autoren. Zumindest derzeit betrachtet man Kohlenstoff und Wasser als unabdingbare Grundbausteine für irgendeine Form von Leben im Weltall.

Bewohnbare Bereiche in der Umgebung von Sternen

Im weitesten Sinne muss Leben auf die Oberfläche von Planeten und Monden in Umlaufbahnen um Sterne beschränkt sein (Abb. 11.24). Das Problem besteht darin, Planeten zu finden, auf denen Wasser über einen ausreichend langen Zeitraum in flüssigem Zustand stabil geblieben ist, damit Leben entstehen konnte. Dazu können – ausgehend von den Verhältnissen auf der Erde – mehrere hundert Millionen Jahre erforderlich sein. Befindet sich die Umlaufbahn eines Planeten zu nahe an seinem Stern, verdampft das Wasser und geht in den gasförmigen Zustand über. Dies geschah auf der Venus, die sich 30 % näher an der Sonne befindet als die Erde und deshalb eine Oberflächentemperatur von 475 °C hat. Ist die Oberfläche eines Planeten dagegen zu weit von seinem Stern entfernt, gefriert das Wasser und geht in den festen Aggregatzustand über. Dies ist heute auf dem Mars der Fall, dessen Umlaufbahn um 50 % weiter von der Sonne entfernt ist als die der Erde, und dessen Oberflächentemperaturen unter −150 °C liegen können. Die Erde befindet sich etwa in der Mitte und damit in einem Bereich, in dem Wasser in flüssigem Zustand stabil ist und Temperaturen herrschen, die für organisches Leben genau richtig sind. Um jeden Stern gibt

es eine solche **bewohnbare (habitable) Zone**, definiert durch die Entfernung vom Stern bis zu jenem Punkt, an dem Wasser in flüssiger Form die stabile Phase darstellt. Liegt ein Planet innerhalb dieser bewohnbaren Zone, besteht auch die Möglichkeit, dass sich dort Leben entwickelt haben könnte.

Treibhausgase wie etwa Kohlendioxid spielen bei der Festlegung der Entfernung der bewohnbaren Zone eine wichtige Rolle. Das bedeutet im Fall des Mars, dass seine Atmosphäre zu Beginn seiner Entstehung vermutlich hohe Gehalte an Treibhausgasen wie Kohlendioxid und Methan enthalten hat. Obwohl der Mars weiter von der Sonne entfernt ist als die Erde, hatte er sich wie die Erde durch den Treibhauseffekt erwärmt. Neue Ergebnisse lassen erkennen, dass es auf dem Mars flüssiges Wasser gegeben hat, wir wissen jedoch nicht, wie lange dies die stabile Phase war. Im Verlauf der Entwicklung des Mars könnte die Entstehung von Leben durchaus möglich gewesen sein. Nachdem sich aber die Treibhausgase verflüchtigt hatten, wurde der Mars zur heutigen eisigen Wüste.

Bewohnbare Umwelt auf dem Mars

Schon lange wollen die Menschen wissen, ob es auf dem Mars irgendwelche Lebensformen gibt. Der Mars ist der Planet, der am meisten der Erde ähnelt und damit ist er auch derjenige Planet im Sonnensystem, auf dem es am ehesten Leben gibt oder gegeben hat. Wie in Kap. 9 bereits erwähnt wurde, fand man an seiner Oberfläche eindeutige Hinweise, dass dort irgendwann in seiner Entwicklung einmal Wasser geflossen war. Aufgrund einer Zählung der Krater zur Bestimmung des Alters dieser Oberflächenstrukturen ist davon auszugehen, dass das Wasser vor 3 Mrd. Jahren auf dem Mars die stabile Phase darstellte. Es hatte an der Oberfläche des Planeten tiefe Canyons eingeschnitten sowie Gesteine und Minerale gelöst, die anschließend in einer Vielzahl von Becken, in denen das Wasser verdunstete, wieder abgeschieden wurden (vgl. Abb. 9.19 und 9.20).

Auch heute gibt es Wasser auf dem Mars, jedoch lediglich in Form von Eis oder Wasserdampf. Wenn sich in der Frühzeit Leben entwickelt haben sollte, müsste es als Folge des heute kalten Klimas tief unter der Oberfläche zu finden sein. Im Inneren des Mars ist es wegen des Zerfalls radioaktiver Elemente warm, was bedeutet, dass mit dem Erreichen eines bestimmten Punkts im Inneren des Mars das auf oder knapp unterhalb seiner Oberfläche vorhandene Eis in Wasser übergehen muss. Daher scheint es möglich, dass etwa extremophile Mikroorganismen in einem wasserhaltigen Bereich in einigen Hundert bis einigen Tausend Meter unter der Oberfläche des Mars leben.

Leider wäre das Fehlen von flüssigem Wasser nicht die einzige Herausforderung für heutiges oder früheres Leben auf dem Mars. Wie wir in Kap. 9 gesehen haben, enthalten die von dem Mars-roboter „Opportunity" entdeckten Sedimentgesteine große Mengen an Sulfatmineralen, darunter auch das sehr ungewöhnliche Eisensulfat Jarosit, das nur aus stark sauren Lösungen ausgefällt wird (Abb. 11.25). Auf der Erde bildet sich Jarosit nur unter extrem sauren Bedingungen, die auf der Erde nur relativ selten auftreten, z. B. in anaeroben organischen Watt- und Mangroven-sedimenten.

Es scheint daher, dass das Leben auf dem Mars nicht nur mit dem begrenzt zur Verfügung stehenden, sondern auch möglicherweise sehr sauren Wasser zurechtkommen müsste. Allerdings können extremophile Mikroorganismen auf der Erde in solchen Bereichen existieren (vgl. Exkurs 11.1). Doch die wirklich interessante Frage ist, ob unter solchen Bedingungen Leben entstehen kann oder nicht. Die Experimente zur Entstehung des Lebens lassen jedoch erkennen, dass sich dies offenbar wesentlich schwieriger darstellt, als zunächst angenommen wurde, denn einige der einfachen chemischen Reaktionen, die von Miller in den 1950er Jahren beobachtet wurden, wären in einem Ozean mit stark saurem Wasser nicht möglich.

Nicht alle Bereiche auf dem Mars dürften jedoch durch niedrige pH-Werte gekennzeichnet sein. Vor kurzem wurden vom Mars-Roboter „Curiosity" mehr als drei Milliarden Jahre alte lakustrische Sedimente entdeckt, deren chemische Zusammensetzung darauf hindeutet, dass sie in einem neutralen bis alkalischen Milieu abgelagert wurden, in dem sehr wohl Leben möglich gewesen wäre. Darüber hinaus war der Salzgehalt des Wassers im Gegensatz zu früher entdeckten Gesteinen nicht extrem hoch. Diese jüngsten Funde sind durchaus ermutigend, denn sie sprechen dafür, dass es auf dem Mars Bereiche gab, die für das Leben geeignet waren, aber auch solche, die an das Leben Herausforderungen stellten. Diese sensationellen Funde bestätigen insgesamt, dass der Mars zu irgendeinem Zeitpunkt bewohnbar gewesen sein musste. Ob hier jedoch Leben nach unserem Verständnis entstanden ist, müssen weitere Forschungen zeigen.

Abb. 11.25 Diese auf dem Mars entdeckten Sedimentgesteine enthalten eine Vielzahl von Sulfatmineralen, die durch Verdunstung von Wasser entstanden sind. Das Auftreten des eisenhaltigen Sulfatminerals Jarosit zeigt, dass dieses Wasser einen extrem hohen Säuregehalt aufwies. Unter solchen Bedingungen können extremophile Organismen zwar existieren; es ist aber bisher noch nicht bekannt, ob sie auch in diesem stark sauren Wasser hätten entstehen können. Die in den Gesteinen sichtbaren Löcher wurden im Jahre 2004 vom Marsroboter „Opportunity" gebohrt, um die chemische Zusammensetzung der Gesteine zu bestimmen (Foto: NASA/JPL/Cornell)

Zusammenfassung des Kapitels

Was unter Geobiologie zu verstehen ist: Die Geobiologie befasst sich mit der Fragestellung, inwieweit Organismen die Umwelt der Erde beeinflusst haben oder von dieser beeinflusst worden sind.

Was unter Biosphäre zu verstehen ist: Die Biosphäre ist Teil unseres Planeten, der alle lebenden Organismen einschließt. Weil sich die Biosphäre mit der Lithosphäre, Hydrosphäre und Atmosphäre überschneidet, beeinflusst oder beherrscht sie wichtige geologische und klimatologische Prozesse. Die Biosphäre ist ein System interagierender Komponenten, die Energie und Material mit ihrer Umgebung austauschen. Die Organismen verwenden Energie und Materie als Ausgangsprodukte für ihre Lebensfunktionen und ihr Wachstum. Bei diesen Prozessen erzeugen sie eine Vielzahl von Endprodukten wie etwa Sauerstoff und bestimmte Minerale der Sedimente und Sedimentgesteine.

Wechselwirkungen zwischen Organismen und Umwelt: Organismen beeinflussen die Konzentration der Gase in der Atmosphäre und den Kreislauf der Elemente innerhalb der Erdkruste. Sie tragen zur Verwitterung der Gesteine bei, indem sie chemische Substanzen freisetzen, die die Zerstörung der Gesteine und Minerale beschleunigen. In Sedimentbildungsräumen sind sie an der Ausfällung von Sedimenten beteiligt und verändern dadurch die Zusammensetzung der Ozeane. Der Sauerstoff in der Atmosphäre ist das Stoffwechselprodukt von Sauerstoff produzierenden Mikroorganismen, die sich vor mehreren Milliarden Jahren entwickelt haben. In gleicher Weise beeinflusst die Erde das Leben. Geographische Barrieren wie etwa Gebirgszüge, Wüsten oder Ozeane bestimmen, wie und wo sich Ökosysteme entwickeln. Bestimmte geologische Prozesse können Massenaussterben verursachen, die das Leben dauerhaft verändern.

Was unter Stoffwechsel zu verstehen ist: Unter dem Begriff „Stoffwechsel" versteht man Vorgänge, bei denen Organismen Grundsubstanzen in Endprodukte umwandeln. Die Photosynthese ist eine Form des Stoffwechsels, bei dem grüne Pflanzen und Algen mithilfe von Sonnenenergie Wasser und Kohlendioxid in Kohlenhydrate umwandeln, wobei als Nebenprodukt Sauerstoff entsteht. Bei dem Prozess der Atmung setzen die Organismen die in den Kohlenhydraten gespeicherte Energie frei. Dies erfolgt bei zahlreichen Organismen durch die Aufnahme von Sauerstoff aus der Atmosphäre, wobei als Nebenprodukte Kohlendioxid und Wasser entstehen. Andere Organismen wie etwa Mikroorganismen, die in anoxischen Bereichen leben, erzeugen Sauerstoff durch den Abbau sauerstoffhaltiger Verbindungen und produzieren als Nebenprodukte Wasserstoff (H_2), Methan (CH_4) und andere Substanzen wie beispielsweise Alkohol oder Säuren.

Einflüsse des Stoffwechsels auf die Umwelt: Wenn Organismen Sauerstoff produzieren, gelangt dieser in die Atmosphäre, wo er mit anderen Elementen oder Verbindungen reagieren kann. Wenn Organismen dagegen Kohlendioxid (CO_2) und Methan (CH_4) freisetzen, gelangen auch diese in die Atmosphäre und tragen dort als Treibhausgase zur globalen Erwärmung bei. Wenn umgekehrt Organismen diese Gase verbrauchen, führt dies zu einer globalen Abkühlung des Klimas.

Die Bedeutung der Mikroorganismen: Mikroorganismen sind die häufigsten Organismen der Erde und gleichzeitig die Tiergruppe mit der höchsten Diversität. Einige Mikroorganismen, die sogenannten Extremophilen, leben in extrem heißen, stark sauren, stark salzhaltigen oder anderen lebensfeindlichen Habitaten. Mikroorganismen sind an wichtigen geologischen Prozessen beteiligt wie beispielsweise an der Verwitterung von Mineralen und Gesteinen, an der Fällung bestimmter sedimentärer Minerale und an der Freisetzung von Gasen wie Sauerstoff und Kohlendioxid in die Atmosphäre. Sie spielen daher in den biogeochemischen Kreisläufen beim Materialfluss der Elemente durch das System Erde eine wichtige Rolle.

Die Entstehung des Lebens: Experimente haben gezeigt, dass auf der frühen Erde vorhandene, einfach gebaute Moleküle wie Methan, Ammoniak und Wasser unter Bildung von Aminosäuren miteinander reagierten, die sich nachfolgend zu Proteinen und genetischem Material vereinigten. Diese Ergebnisse werden durch Meteoritenfunde bestätigt, die neben anderen kohlenstoffhaltigen Verbindungen große Mengen Aminosäuren enthalten. Die möglicherweise ältesten Fossilien der Erde sind etwa 3,5 Mrd. Jahre alt; aufgrund ihrer Größe und Form handelt es sich dabei offenbar um Reste von Mikroorganismen. Chemofossilien erscheinen in der geologischen Schichtenfolge erstmals vor 2,7 Mrd. Jahren und lassen erkennen, dass sowohl Photosynthese betreibende Bakterien als auch Eukaryoten bereits vorhanden waren. Bändereisenerze, Rotsedimente und das Auftreten eukaryotischer Algen bestätigen einen ersten Anstieg des Sauerstoffgehalts in der Atmosphäre vor 2,1 Mrd. Jahren. Zu einer zweiten Phase des Sauerstoffanstiegs kam es gegen Ende des Präkambriums, sie löste möglicherweise die Evolution der Tiere aus.

Zwei große Gegensätze – Radiation und Aussterben: Wenn Organismengruppen nicht mehr in der Lage sind, sich an verändernde Umweltbedingungen anzupassen oder mit einer überlegenen Gruppe zu konkurrieren, sterben sie aus. Sterben zahlreiche Organismengruppen gleichzeitig aus, so spricht man von Massenaussterben. Als evolutionäre Radiation bezeichnet man eine vergleichsweise rasche Entwicklung neuer Organismentypen aus einem gemeinsamen Vorfahren. Eine Radiation kann durch frei werdende Habitate ausgelöst werden, wenn beispielsweise durch ein Massenaussterben konkurrierende Organismengruppen ausgelöscht werden. Die größte Radiation innerhalb der gesamten Erdgeschichte erfolgte zu Beginn des Kambriums, als sich sämtliche Stämme des Tierreichs entwickelten. Im Verlauf des Phanerozoikums kam es mehrfach zu Massenaussterben. Ein größeres Massenaussterben ereignete sich an der Wende Kreide/Tertiär, als ein Asteroid auf der Erde aufschlug und 75 % aller Organismenarten ausgelöscht wurden. Eine globale Erwärmung, ausgelöst durch die Freisetzung von Methan, führte an der Grenze Paläozän/Eozän zu einem Massenaussterben. Die Ursache des größten Massenaussterbens aller Zeiten, bei dem am Ende des Perms 95 % aller Arten ausstarben, ist noch nicht abschließend geklärt.

Die Suche nach extraterrestrischem Leben: Astrobiologen, die nach extraterrestrischem Leben suchen, wissen, dass Leben nach unserem Verständnis, das heißt wie wir es von der Erde kennen, auf kohlenstoffhaltigen Verbindungen und flüssigem Wasser beruht. Es gibt genügend Hinweise, dass Kohlenstoffverbindungen im Universum häufig sind, daher suchen Astrobiologen nun nach Hinweisen auf heute oder in der Vergangenheit vorhandenes

Wasser. Viele Sterne sind in einer bestimmten Entfernung von einer bewohnbaren Zone umgeben, in der Wasser in flüssiger Form stabil ist. Liegt ein Planet innerhalb dieser habitablen Zone, besteht die Möglichkeit, dass dort Leben entstanden sein könnte. Es gibt eindeutige Hinweise, dass früher an der Oberfläche des Mars Wasser in flüssigem Zustand vorhanden war und er irgendwann in der Vergangenheit auch organisches Leben hervorgebracht haben könnte.

Ergänzende Medien

11.1 Animation: Ökosysteme

Endogene Geosysteme IV

Teil IV

Vulkanismus

12

Der Grand Canyon im Yellowstone-Nationalpark. Hier hat sich der Yellowstone River etwa 250 m tief in hell gefärbte rhyolithischen Laven eingeschnitten. Die Laven flossen vor weniger als einer Million Jahre bei einem großen Vulkanausbruch an der Erdoberfläche aus (Foto: © Richard Nowitz/Photodisc/Getty Images)

© Springer-Verlag Berlin Heidelberg 2017
J. Grotzinger, T. Jordan, *Press/Siever Allgemeine Geologie*, DOI 10.1007/978-3-662-48342-8_12

Die nordwestliche Ecke des US-Bundesstaates Wyoming ist mit ihren Geysiren, heißen Quellen und Dampfschloten, den sichtbaren Zeichen eines großen Vulkangebiets im Bereich des Yellowstone-Nationalparks, für Geologen ein wahres Paradies. Tag für Tag wird dort mehr Energie in Form von Wärme freigesetzt, als in den drei umgebenden Staaten Wyoming, Idaho und Montana zusammen an elektrischer Energie verbraucht wird. Diese Energie wird nicht kontinuierlich abgegeben, ein Teil davon sammelt sich in heißen Magmakammern so lange, bis eine neue Eruption stattfindet. Bei einem verheerenden Ausbruch des Yellowstone-Vulkans vor 630.000 Jahren wurden $1000\,km^3$ Gesteinsmaterial in die Atmosphäre hinausgeschleudert und selbst weit entfernte Gebiete wie Texas und Kalifornien wurden noch mit einer Ascheschicht überdeckt.

Die Schichtenfolge zeigt, dass sich Vulkanexplosionen dieser Größenordnung – und möglicherweise noch größere – innerhalb der vergangenen 2 Ma im Westen der Vereinigten Staaten mindestens sechsmal ereignet hatten, und wir können ziemlich sicher davon ausgehen, dass sich ein solcher Vulkanausbruch erneut ereignen wird. Welche Auswirkungen eine solche Eruption für unsere Zivilisation hätte, lässt sich nur erahnen. Heiße Asche würde im Umkreis von über 100 km alles Leben auslöschen, und kühlere aber alles erstickende Asche würde im Umkreis von mehr als 1000 km die Oberfläche bedecken. Hoch in die Stratosphäre hinausgeschleuderte Asche würde mehrere Jahre die Sonne verdunkeln, die Temperaturen würden sinken und die Nordhalbkugel würde einen langen, „vulkanischen Winter" erleben.

Die Risiken, die Vulkane für unsere Gesellschaft darstellen, aber auch die Energie und die mineralischen Roh- und Nährstoffe, die sie liefern, sind gute Gründe, um sich mit ihnen zu befassen. Vulkane sind auch deswegen faszinierend, weil sie in gewisser Hinsicht als Fenster dienen, durch das wir tief in das Innere der Erde blicken und somit die magmatischen Prozesse der Plattentektonik besser verstehen können, die zur Bildung der kontinentalen und der ozeanischen Kruste unserer Erde führten.

In diesem Kapitel betrachten wir, wie Magma aus dem Erdinneren durch die Kruste aufsteigt und schließlich an der Oberfläche als Lava ausfließt und zu einem harten vulkanischen Gestein erstarrt. Wir werden erfahren, wie Plattentektonik und Konvektionsbewegungen innerhalb des Erdmantels erklären, warum die meisten Vulkane an Plattengrenzen und an Hot Spots im Inneren von Lithosphärenplatten gebunden sind. Wir werden außerdem kennenlernen, wie Vulkane mit anderen Komponenten des Systems Erde, vor allem mit der Hydrosphäre und Atmosphäre in Wechselwirkung stehen. Schließlich behandeln wir die zerstörende Kraft der Vulkane, aber auch den potenziellen Nutzen, den die menschliche Gesellschaft daraus ziehen kann.

Vulkane als Geosysteme

Sämtliche geologische Prozesse und Erscheinungsformen, die mit der Entstehung von Vulkanen und vulkanischen Gesteinen im Zusammenhang stehen, werden unter dem Begriff **Vulka-**nismus zusammengefasst. Wir hatten bereits in Kap. 4, als wir uns mit der Bildung der Magmatite beschäftigten, einige dieser Prozesse kurz erwähnt, doch soll hier nun detaillierter auf sie eingegangen werden.

Die Philosophen der Antike hatten Ehrfurcht vor den Vulkanen und ihren fürchterlichen Ausbrüchen von flüssigem und festem Gesteinsmaterial. Bei ihren Erklärungsversuchen vulkanischer Erscheinungen schufen sie den Mythos über eine von Sagengestalten beherrschte abscheuliche, heiße Unterwelt. Sie hatten dabei durchaus eine richtige Vorstellung. Die heutigen Wissenschaftler, die mehr von wissenschaftlichen Fakten als von Mythen ausgehen, betrachten die Vulkane als Beleg für die Wärmeproduktion im Erdinneren. Temperaturmessungen an ausfließenden Laven und an Gesteinen aus den bisher tiefsten Bohrungen (ungefähr 10 km) zeigen, dass die Erde mit zunehmender Tiefe heißer wird. Man ist heute allgemein der Ansicht, dass innerhalb der Asthenosphäre die Temperaturen in Tiefen von 100 km und mehr Werte von zumindest 1300 °C erreichen – Werte, die hoch genug sind, um Gesteine zu schmelzen. Deshalb wird die Asthenosphäre auch als wichtigstes Liefergebiet von Magmen betrachtet. An der Erdoberfläche ausfließendes Magma bezeichnen wir als **Lava**. Als weitere Quelle für Magmen wird das Wiederaufschmelzen von Teilbereichen der festen Lithosphäre über der Asthenosphäre betrachtet.

Da Magmen flüssig sind, haben sie eine geringere Dichte als ihre Ausgangsgesteine. Sammelt sich irgendwo im tiefen Untergrund Magma an, so steigt es unter dem Einfluss seines eigenen Auftriebs durch die Lithosphäre nach oben. Für manche Krustenteile ist davon auszugehen, dass sich die Schmelze auf Schwächezonen durch die Lithosphäre ihren Weg nach oben bahnt. In anderen Fällen schmilzt sich das aufsteigende Magma bis an die Oberfläche durch. Der größte Teil der Magmen erstarrt in der Tiefe, aber einige dieser Magmen (10–30 %) erreichen schließlich die Oberfläche und fließen als Laven aus. Die dadurch entstehenden Berge oder Hügel aus Lava und anderen Förderprodukten bezeichnen wir als **Vulkane**.

Gesteine, Magmen und sämtliche Prozesse, die für die Beschreibung der gesamten Abfolge von Ereignissen – vom Aufschmelzen bis zur Eruption – erforderlich sind, bilden zusammengenommen das **Geosystem Vulkanismus**. Diese Art von Geosystem kann als chemische Fabrik betrachtet werden, die das Ausgangsmaterial (Magmen aus der Asthenosphäre) verarbeitet und das Endprodukt (Lava) durch ein Fördersystem an die Oberfläche transportiert. Abb. 12.1 zeigt die vereinfachte Darstellung eines Vulkans und seines Fördersystems, durch das die Magmen an die Erdoberfläche gelangen. Die in der Lithosphäre aufsteigenden Magmen sammeln sich in einer Magmakammer, die sich normalerweise in geringer Tiefe der Erdkruste befindet. Diese Magmakammer entleert sich periodisch über einen röhrenartigen Förderschlot in Form einer **Zentraleruption** an der Oberfläche. Darüber hinaus können Laven jedoch auch aus vertikalen Spalten und anderen Schloten an den Flanken des Vulkans ausfließen. Solche **Spalteneruptionen** nehmen an Bedeutung zu, wenn der Vulkan an Größe zunimmt.

Wie bereits in Kap. 4 erwähnt wurde, schmilzt nur ein geringer Teil der Asthenosphäre am Ursprungsort. Wenn Magma das

Abb. 12.1 Bei Vulkanausbrüchen gelangen Magmen aus dem Erdinneren an die Oberfläche, wo sie zu Gesteinen erstarren und Gase in die Atmosphäre oder – im Falle einer Eruption unter Wasser – in die Hydrosphäre freisetzen

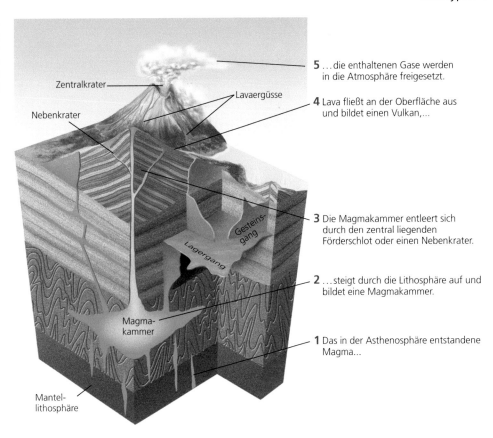

Zentralkrater

Lavaergüsse

Nebenkrater

Gesteinsgang

Lagergang

Magmakammer

Mantellithosphäre

5 ...die enthaltenen Gase werden in die Atmosphäre freigesetzt.

4 Lava fließt an der Oberfläche aus und bildet einen Vulkan,...

3 Die Magmakammer entleert sich durch den zentral liegenden Förderschlot oder einen Nebenkrater.

2 ...steigt durch die Lithosphäre auf und bildet eine Magmakammer.

1 Das in der Asthenosphäre entstandene Magma...

Nebengestein aufschmilzt, dann nimmt es bei seinem Aufstieg durch die Lithosphäre chemische Bestandteile auf. Setzen sich andererseits auf dem Weg oder in der Magmakammer Kristalle ab, verarmt die Schmelze an bestimmten chemischen Komponenten. Fließt Lava schließlich an der Oberfläche aus, gehen die flüchtigen Bestandteile in die Atmosphäre oder Ozeane über. Insgesamt liefern diese Veränderungen wichtige Informationen über die chemische Zusammensetzung und die physikalischen Bedingungen im oberen Mantel, aus dem die Magmen stammen. Darüber hinaus sind durch radiometrische Altersbestimmungen an Laven (Kap. 8) auch Angaben zu Eruptionen möglich, die sich vor Millionen oder sogar Milliarden Jahren ereignet haben.

Laven und andere vulkanogene Ablagerungen

Die verschiedenen Lavatypen hinterlassen unterschiedliche Oberflächenformen: Vulkane, die in ihrer Morphologie variieren, und erstarrte Lavaergüsse, die in ihren Merkmalen voneinander abweichen. Die wesentlichen Unterschiede innerhalb der Laven gehen auf ihre chemische Zusammensetzung, ihren Gasgehalt und ihre Austrittstemperatur zurück. Je höher beispielsweise der SiO_2-Gehalt und je niedriger die Temperatur ist, desto zähflüssiger (viskoser) ist die Lava und desto langsamer fließt sie. Je gasreicher eine Lava ist, desto heftiger wird mit großer Wahrscheinlichkeit der Ausbruch ablaufen.

Lavatypen

Die ausgeflossenen Laven erstarren als Endprodukte des vulkanischen Geosystems im Wesentlichen zu einem der drei magmatischen Gesteine (vgl. Kap. 4): Basalt, Andesit oder Rhyolith.

Basaltische Laven Basalt ist ein basisches Effusivgestein mit hohem Eisen-, Magnesium- und Calcium- und einem geringen SiO_2-Gehalt. Basalt ist das Ergussgesteinsäquivalent des Gabbros. Basaltische Magmen – die Produkte von Schmelzvorgängen im Erdmantel – sind die am häufigsten vorkommenden Magmen. Sie entstehen an den mittelozeanischen Rücken und an Hot Spots im Inneren von Platten, aber auch an kontinentalen Riftstrukturen und anderen Zonen der Krustendehnung. Die Vulkaninseln von Hawaii, die im Wesentlichen aus basaltischen Laven bestehen, liegen über einem solchen Hot Spot.

Basaltische Laven fließen erst dann aus, wenn heiße, fluide Magmen das Fördersystem des Vulkans füllen und schließlich überlaufen (Abb. 12.2). Basaltische Vulkanausbrüche erfolgen daher selten explosiv. Auf dem Festland fließt die Lava auf den Flanken des Vulkans in ausgedehnten Lavaströmen hangabwärts, und zerstört alles, was ihr im Weg steht (Abb. 12.3). In erkaltetem Zustand ist basaltische Lava schwarz bis dunkelgrau; zuvor, wenn sie bei Temperaturen zwischen 1000 und 1200 °C ausfließt, glüht sie rötlich und gelblich. Wegen der hohen Temperatur und des geringen SiO_2-Gehalts sind basaltische Laven extrem dünnflüssig, sodass sie sich rasch hangabwärts und über weite Strecken ausbreiten können.

Teil IV

Abb. 12.2 Bei dieser Zentraleruption des Kilauea auf der Insel Hawaii wurde ein rasch fließender Strom aus heißer basaltischer Lava ausgestoßen (Foto: J. D. Griggs/USGS)

Abb. 12.3 Teilweise von Lava eingeschlossener Schulbus in Kalapana, Hawaii (USA). Der ganze Ort wurde unter einem basaltischen Lavastrom begraben (Foto: © Roger Ressmayer/ CORBIS)

Teil IV

Man hat Lavaströme beobachtet, die Fließgeschwindigkeiten bis zu 100 km/h erreichten, weit häufiger liegt sie jedoch in der Größenordnung von einigen Stundenkilometern. Im Jahre 1938 maßen zwei wagemutige russische Vulkanologen die Lavatemperaturen und sammelten Gasproben, während sie in einem Lavastrom auf einer Scholle von erstarrter Lava wie auf einem Floß zwei km hinabtrieben. Die Oberflächentemperatur ihrer Scholle betrug 300 °C und der Lavafluss hatte eine Temperatur von 870 °C. Lavaströme mit einer Länge von mehr als 50 km sind dokumentiert.

Basaltische Lavaströme unterscheiden sich vom Aussehen her in Abhängigkeit von den entsprechenden Bedingungen, unter denen sie abkühlen. Auf dem Festland erstarren sie zu Pahoehoe-

(polynesisch: strick-, seilartig; ausgesprochen pa-ho-e-ho-e) oder Aa-Lava (ausgesprochen ah-ah) (Abb. 12.4).

Pahoehoe- (Seil- oder **Strick-) Lava** entsteht, wenn sich eine dünnflüssige Schmelze schichtförmig ausbreitet und ihre Oberfläche beim Abkühlen zu einer dünnen, glasigen, elastischen Haut erstarrt. Fließt eine solche Schmelze unter der sich bereits abkühlenden Oberfläche weiter, wird die Haut zu strickförmigen Fließwülsten zusammengeschoben.

Aa- (Brocken- oder **Block-) Lava** „Aa" ruft man wahrscheinlich aus, wenn man barfuß über eine solche Lava geht, die auf den ersten Blick wie feuchte, frisch umgepflügte klumpige Erde aussieht. Aa-Lava entsteht aus einer Schmelze, die ihre Gase weitge-

Aa-Lava

Pahoehoe-Lava

~1 m

Abb. 12.4 Die beiden Erscheinungsformen basaltischer Laven: scharfkantige Brocken der Aa-Lava bewegen sich auf der Insel Hawaii über Strick- oder Pahoehoe-Lava (Foto: © Corbis)

Abb. 12.5 Diese erst vor kurzer Zeit am Mittelozeanischen Rücken ausgeflossene Kissenlava wurde vom Tiefsee-Tauchboot *Alvin* aufgenommen (Foto: OAR/ National Undersea Research Program/NOAA)

hend abgegeben hat, dadurch zäher als Pahoehoe-Lava geworden ist und infolgedessen auch langsamer fließt und zu einer dicken Kruste erstarrt. Bewegt sich die Lava weiter, zerbricht die Oberfläche in raue, scharfkantige Brocken und Klumpen (Autobrekziierung). Diese türmen sich zu einer steilen Front auf, die sich wie die Kette einer Planierraupe vorwärts bewegt. Aa-Lava ist ausgesprochen tückisch und nur mit großer Vorsicht zu begehen. Ein gutes Paar Schuhe hat in diesem Gelände eine mittlere Lebensdauer von ungefähr einer Woche und bei Stürzen muss der Wanderer oder Geologe mit aufgeschlagenen Knien und Ellbogen rechnen.

Ein einzelner Lava-Erguss hat gewöhnlich in der Nähe des Ausbruchsorts, wo die Lava noch heiß und flüssig ist, die Form von Pahoehoe. Weiter vom Ausbruchsort entfernt, wo die Oberfläche des Lavastroms bereits eine gewisse Zeit der kalten Luft ausgesetzt war und die erstarrte Kruste dicker geworden ist, nimmt sie die Struktur von Aa-Lava an.

Basaltische Laven, die unter Wasser erstarren, bilden **Kissenlaven (Pillow-Laven)**, das sind Anhäufungen von sack- oder schlauchartigen Gesteinskörpern mit rundlichem bis ellpitischem Querschnitt und Durchmessern von etwa 1 m und mehr (Abb. 12.5). Pillow-Laven auf dem Festland sind ein wichtiger Hinweis darauf, dass das Gebiet einstmals von Wasser bedeckt war. Tauchende Geologen haben vor Hawaii die Entstehung von Pillow-Laven am Meeresboden direkt beobachtet. Zungen von geschmolzener Lava entwickeln im Kontakt mit dem Meerwasser wegen der rasch abkühlenden Oberfläche eine zähe, plastische Kruste. Die Lava unterhalb der Kruste kühlt langsamer ab und das

Innere des Kissens erstarrt zu einer kristallinen Masse, während die Außenhaut der Pillows zu Gesteinsglas abgeschreckt wird.

Andesitische Laven Andesit ist ein Effusivgestein, dessen SiO_2-Gehalt zwischen dem von Basalt und Rhyolith liegt, er ist das Ergussgesteinsäquivalent des Diorits. Die Entstehung andesitischer Magmen ist im Wesentlichen auf die Vulkangürtel aktiver kontinentaler oder ozeanischer Ränder über Subduktionszonen beschränkt. Der Name ist abgeleitet von den Anden Südamerikas.

Die Temperaturen der **andesitischen Laven** sind niedriger als die der Basalte und ihr SiO_2-Gehalt ist höher, sodass sie mit geringerer Geschwindigkeit ausfließen und sich zu Klumpen anhäufen. Wenn eine dieser zähen Massen den Eruptionskanal des Vulkans plombiert, sammeln sich unter dem Lavapfropfen Gase an, die den Gipfel des Vulkans wegsprengen können. Der explosive Ausbruch des Mount St. Helens im Mai 1980 (Abb. 12.6) ist das beste Beispiel dafür.

Einige der gewaltigsten Vulkanausbrüche der Geschichte waren phreatomagmatische beziehungsweise Dampferuptionen, die dann auftreten, wenn heiße, gasreiche Magmen mit Grundwasser oder Meerwasser in Kontakt kommen und dabei große Mengen an überhitztem Wasserdampf entstehen (Abb. 12.7). Die Insel Krakatau in Indonesien, ein andesitischer Vulkan, wurde im Jahre 1883 durch einen gigantischen phreatomagmatischen Ausbruch zerstört. Diese legendäre Explosion wurde noch in einer Entfernung von rund 5000 km gehört, und der dabei ausgelöste Tsunami forderte über 40.000 Menschenleben.

Auf phreatomagmatische Eruptionen lassen sich auch die Maare zurückführen – in die Erdoberfläche eingetiefte Sprengtrichter. Maare sind eine häufige Vulkanform auf den Kontinenten, in Deutschland zum Beispiel in der Eifel.

a

b

c

Abb. 12.6a–c Der Mount St. Helens – ein andesitischer Vulkan im Südwesten des US-Staates Washington – **a** vor, **b** während und **c** nach seinem katastrophalen Ausbruch im Mai 1980, bei dem etwa 1 km³ pyroklastisches Material herausgeschleudert wurde. Die eingebrochene nördliche Flanke ist in **c** erkennbar (Fotos: a US Forest Service/USGS; b US Geological Survey; c Lynn Topinka/USGS)

Rhyolithische Laven Rhyolithe sind saure Effusivgesteine mit einem hohen Gehalt an Natrium und Kalium und einem SiO_2-Gehalt über 68 %; sie sind die Ergussgesteinsäquivalente des Granits. Sie sind hell, oftmals sogar rosa gefärbt. Rhyolithische Schmelzen entstehen in Bereichen, in denen die aus dem Mantel aufsteigenden Magmen zum Aufschmelzen großer Mengen kontinentaler Kruste führten. Heute bilden sich unter dem Vulkan des Yellowstone Nationalparks große Mengen rhyolithischer Laven, die sich in den in geringer Tiefe liegenden Kammern bis zur nächsten Eruption sammeln.

Rhyolithe haben einen niedrigeren Schmelzpunkt als Basalt und fließen bei Temperaturen von 600 bis 800 °C aus. Weil **rhyolithische Laven** einen höheren SiO_2-Gehalt aufweisen als die anderen Laven, besitzen sie auch eine höhere Viskosität. Gegenüber basaltischen Laven bewegen sie sich mit einer um den Faktor 10 oder noch geringeren Geschwindigkeit und stapeln sich aufgrund ihres hohen Widerstands gegen den Fließvorgang in der Regel zu mächtigen, gewöhnlich knollig-rundlichen Lagen übereinander (Abb. 12.8). Unter rhyolithischen Laven stauen sich häufig Gase, weshalb die großen rhyolithischen Vulkane wie der Yellowstone in der Regel auch zu den hochexplosiven und besonders gefährlichen Vulkanen gehören.

Gefüge der Vulkanite

Die Gefüge der Vulkanite spiegeln wie die Oberflächenformen erkalteter Laven die Bedingungen wider, unter denen sie erstarrten. Grobkörnige Gefüge mit erkennbaren Kristallen entstehen dann, wenn Laven knapp unter der Oberfläche relativ langsam erkalten. Laven, die rasch abkühlen, zeichnen sich normalerweise durch ein feinkörniges Gefüge aus; wenn sie reich an SiO_2 sind, können solche Laven zu Obsidian, einem vulkanischen Glas, erstarren.

Vulkanite enthalten oftmals kleine Blasenhohlräume. Sie entstehen, wenn sich beim Aufstieg und Abkühlen der Lava plötzlich der Druck verringert und die Schmelze rasch entgast. Lava enthält in der Regel gelöste Gase. Steigt Lava auf, nimmt der Druck ab, genauso wie in einer Flasche Mineralwasser, wenn der Verschluss abgenommen wird. Und so wie das frei werdende Kohlendioxid des Mineralwassers Blasen bildet, entweichen aus der Lava Wasserdampf und andere Gase und hinterlassen im erstarrten Effusivgestein **Gashohlräume** oder **Blasen** (Abb. 12.9). Sind in diesen Blasenhohlräumen anschließend Mineralneubildungen gewachsen, spricht man von einem **Mandelstein**.

Ein extrem blasenreiches vulkanisches Förderprodukt ist **Bimsstein**. Er besitzt im Allgemeinen eine rhyolithische bis dazitische und damit sehr saure Zusammensetzung. Bimsstein kann ein so großes nach außen hin geschlossenes Porenvolumen haben, dass er spezifisch leichter ist als Wasser und deshalb schwimmt. Die bis zu 200 m mächtigen Bimssteinlager auf Lipari (Italien) gehören mit zu den größten Vorkommen der Erde. Diese hochwertigen Vorkommen finden überwiegend als Industrie-Bimsstein Verwendung. Bimsstein ist ein gesuchter Rohstoff; neben dem so genannten Industrie-Bimsstein (als Schleifmaterial) wird er vor

Abb. 12.7 Bei der phreatomagmatische Eruption eines Inselbogenvulkans werden Dampfwolken in die Atmosphäre gefördert. Der ungefähr 10 km vor der Tonga-Insel Tongatapu liegende Vulkan ist einer der insgesamt 36 in diesem Gebiet aktiven Vulkane (Foto: © Dana Stephenson/Gertty Images)

Abb. 12.8 Luftbild eines Rhyolithdomes, der vor etwa 1300 Jahren in der Newberry-Caldera in Oregon (USA), aufgestiegen ist. Der hell gefärbte Rhyolithstrom hebt sich deutlich von den dunklen Bäumen ab; im Hintergrund der Paulina Peak. Die kuppelartige Form spricht dafür, dass die Lava hochviskos war (Foto: William Scott/USGS)

Teil IV

allem zur Herstellung von Leichtbausteinen und als Zuschlagstoff für Beton abgebaut, in Deutschland beispielsweise in den kleineren Vorkommen des Neuwieder Beckens.

Pyroklastische Ablagerungen

Wasser und die im Magma gelösten Gase können noch weitaus dramatischere Auswirkungen auf den Eruptionsablauf haben als nur die Bildung von Gasblasen. Vor der Eruption verhindert der Druck des auflagernden Gesteins das Entweichen der flüchtigen

Bestandteile. Wenn das Magma bis nahe an die Oberfläche aufsteigt und der Druck plötzlich abnimmt, können die flüchtigen Bestandteile explosionsartig freigesetzt werden. Dabei werden die Lava und das gesamte darüber lagernde und bereits verfestigte Gestein zu Fragmenten unterschiedlicher Größe, Form und Gefüge zertrümmert (Abb. 12.10). Zu solchen explosiven Ausbrüchen kommt es vor allem bei gasreichen, zähen rhyolithischen und andesitischen Laven. Das gesamte fragmentierte und in die Atmopshäre herausgeschleuderte vulkanische Gesteinsmaterial wird als **Pyroklasten** (griech. *pyros* = Feuer und *klastein* = zerbrechen) oder **Tephra** bezeichnet. Dieses vulkanische Lockermaterial – Gesteine, Minerale oder Gläser – wird nach seiner Korngröße unterteilt.

Abb. 12.9 Handstück einer blasenreichen Basaltlava (Foto: © John Grotzinger)

Vulkanoklastische Förderprodukte Die feineren Partikel mit einem Korndurchmesser unter 2 mm werden als vulkanische **Asche** bezeichnet. Die bei Vulkanausbrüchen geförderte Asche kann in der Atmosphäre bis in große Höhen gelangen; sie ist feinkörnig genug, dass sie in der Luft schwebt und über große Entfernungen verfrachtet werden kann (vgl. Exkurs 12.1). Während des zwei Wochen dauernden Ausbruchs des Pinatubo auf den Philippinen im Jahre 1991 wurde der freigesetzte vulkanische Staub durch Satelliten weltweit nachgewiesen.

Herausgeschleuderte Lavafetzen, die sich während des Flugs zu runden Körpern zusammenballen und abkühlen, sowie losgerissene Bruchstücke von zuvor bereits verfestigtem vulkanischem Gestein können auch wesentlich größer sein. Dann spricht man von **Lapilli** (2–64 mm Durchmesser). Wenn sie noch größer und als glühende Lava durch die Luft geflogen sind, werden sie als vulkanische **Bomben** (Abb. 12.11) oder – noch größer – schließlich als **Blöcke** bezeichnet. Von einigen hausgroßen vulkanischen Pyroklasten ist bekannt, dass sie bei gewaltigen Explosionen mehr als 10 km weit herausgeschleudert worden sind. Die wohl bekannteste Eruption von vulkanischem Lockermaterial ereignete sich im Jahre 79 n. Chr. Nach einer längeren Periode scheinbarer Ruhe brach der Vesuv aus und förderte große Mengen Asche und Lapilli, die vor allem die Stadt Pompeji unter einer mehr als 6 m mächtigen heißen Ascheschicht begruben. Die Städte Herculaneum und Stabiae wurden von Schlammströmen verschüttet. Tausende von Menschen, die die Stadt Pompeji nicht rechtzeitig verlassen konnten, wurden in ihren Häusern lebendig begraben oder erstickten an giftigen Gasen. Die seit Mitte des 18. Jahrhunderts durchgeführten Ausgrabungen förderten außer den Skeletten und Körperabdrücken verschütteter Einwohner auch ein komplettes Bild vom täglichen Leben mit der ganzen Pracht einer römischen Stadt mitsamt den Einrichtungs- und Schmuckgegenständen ihrer Bewohner zutage. Über diesen Ausbruch des Vesuvs berichtete der Schriftsteller Plinius d. J. als Augenzeuge in zwei Briefen an den Historiker Tacitus. Sie gelten als die erste ausführliche Beschreibung eines Vulkanausbruchs.

Früher oder später sinkt das pyroklastische Material auf die Erde zurück. In der Umgebung des Ausbruchsorts bildet es normalerweise die mächtigsten Ablagerungen. Feinkörniges, verfestigtes (lithifiziertes) Lockermaterial wird als **vulkanischer Tuff** bezeichnet. Für umgelagertes pyroklastisches Material ist die Bezeichnung Tuffit gebräuchlich. Die aus den größeren Fragmenten entstandenen Gesteine werden **vulkanische Brekzien** genannt (Abb. 12.12).

Die Lithifizierung der pyroklastischen Sedimente erfolgt entweder bereits dadurch, dass die heißen Pyroklasten schon während der Abkühlung miteinander verschweißen oder aber zu einem späteren Zeitpunkt, wenn das Material durch diagenetische Prozesse zementiert wird, wie etwa durch Neubildung von Mineralen als Folge einer Entglasung und Aufnahme von Wasser.

Pyroklastische Ströme Zu einer besonders spektakulären und oftmals verheerenden Form der Eruption kommt es, wenn heiße Asche, Staubfragmente und Gase in Form von Glutwolken ausgestoßen werden, die sich mit Geschwindigkeiten bis zu 200 km/h hangabwärts ausbreiten können. Die festen Partikel werden durch heiße Gase und eingeschlossene Luft in Schwebe gehalten, sodass diese weiß glühenden **pyroklastischen Ströme** – wie die meisten Suspensionen – nur einen sehr geringen inneren Reibungswiderstand haben.

Ein solcher pyroklastischer Strom mit einer Temperatur von 800 °C brach im Jahre 1902 ohne größere Vorwarnung an einer Flanke des Mont Pelée auf der Karibikinsel Martinique aus. Eine Glutlawine aus erstickend heißem Gas und glühender vulkanischer Asche stürzte mit einer orkanartigen Geschwindigkeit von 160 km/h die Hänge herunter. Innerhalb weniger Minuten und nahezu geräuschlos legte sich die alles versengende Mischung aus Gas, Asche und Staub über die Stadt St. Pierre und tötete 29.000 Einwohner.

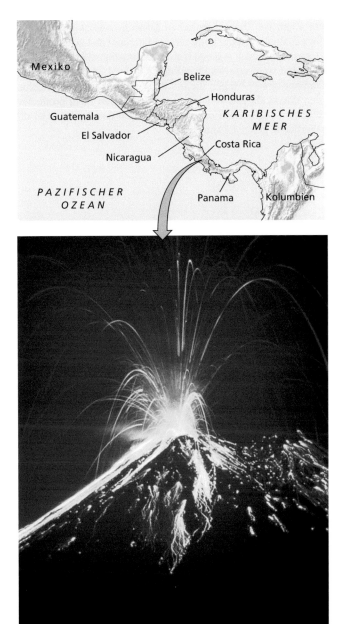

Abb. 12.11 Die Vulkanologin Katia Krafft untersucht eine vulkanische Bombe, die vom Vulkan Asama in Japan herausgeschleudert wurde. Katia Krafft kam später in einem pyroklastischen Strom am Vulkan Unzen (Japan) ums Leben (Foto: © Science Source)

a

b

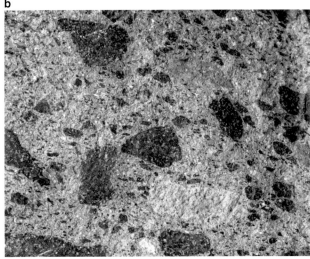

~0,3 m

Abb. 12.10 Pyroklastische Eruption des Vulkans Arenal in Costa Rica (Foto: © Gregory G. Dimijian/Science Source)

Abb. 12.12a,b **a** Schmelztuff aus einem Aschestrom des Great Basin im Norden Nevadas (USA). **b** Vulkanische Brekzie (Foto: a © John Grotzinger; b © Fletcher & Baylis/Science Source)

Teil IV

Abb. 12.13 Ein pyroklastischer Strom stürzt im Juni 1991 die Hänge des Vulkans Unzen in Japan hinab. Der Feuerwehrmann und die Besatzung des Feuerwehrautos versuchen der heißen Aschewolke zu entkommen. Drei Vulkanologen, die diesen Vulkan untersuchten, verloren ihr Leben, als sie von einer ähnlichen Glutwolke eingeschlossen worden waren (Foto: © AP/World Wide Photos)

Es ist ernüchternd, sich die Aussage eines gewissen Professor Landes ins Gedächtnis zurückzurufen, die am Tage vor der Katastrophe veröffentlicht wurde: „Der Mont Pelée stellt für die Einwohner von St. Pierre keine größere Gefahr dar als der Vesuv für die Neapolitaner". Professor Landes starb zusammen mit den anderen Einwohnern. Im Jahre 1991 kamen die französischen Vulkanologen Maurice und Katia Krafft in Japan am Vulkan Unzen in einem pyroklastischen Strom ums Leben (Abb. 12.13).

Vulkantypen und Morphologie

Die bei einem Vulkanausbruch entstehenden Oberflächenformen sind abhängig von den Eigenschaften der geförderten Laven,

vor allem von ihrer chemischen Zusammensetzung und ihrem Gasgehalt, der Art des geförderten Materials (ob Lava oder Pyroklasten), aber auch von den Umweltbedingungen, unter denen sie gefördert werden, etwa ob auf dem Festland oder unter Wasser. Darüber hinaus hängen die morphologischen Erscheinungsformen davon ab, mit welcher Geschwindigkeit Lava produziert wird und auch vom Fördersystem, durch das die Lava an die Oberfläche gelangt (Abb. 12.14).

Zentraleruptionen

Bei Zentraleruptionen wird Lava oder pyroklastisches Material aus einem zentralen Schlot gefördert, einer Öffnung am oberen Ende eines röhrenartigen Förderkanals, durch den das Material aus der Magmakammer an die Erdoberfläche aufsteigt. Zentraleruptionen führen zu den bekanntesten aller vulkanischen Erscheinungsformen, zu Vulkanen mit typischer Kegelform.

Schildvulkane Ein Schildvulkan bildet sich durch wiederholt aufeinanderfolgende Lavaergüsse aus einem Zentralkrater. Ist die Lava basaltisch, fließt sie ruhig aus, und da sie dünnflüssig ist, verbreitet sie sich großflächig. Fließen große Mengen über lange Zeiträume hinweg aus, bilden die Lavaergüsse schließlich einen ausgedehnten Schildvulkan von vielen Kilometern Durchmesser und von mehr als 2000 m Höhe. Die Hänge sind relativ flach. Klassisches Beispiel eines solchen **Schildvulkans** ist der Mauna Loa auf Hawaii (Abb. 12.14a). Obwohl er sich lediglich 4000 m über den Meeresspiegel erhebt, ist er in Wirklichkeit der höchste „Berg" der Erde: Von seiner Basis auf dem Meeresboden aus gemessen erreicht der Vulkan eine Höhe von rund 10.000 m und ist damit höher als der Mount Everest. Sein Durchmesser beträgt an der Basis 120 km; das ergibt eine Fläche, die ungefähr halb so groß ist wie Rheinland-Pfalz. Diese enorme Ausdehnung kam in einem Zeitraum von etwa einer Million Jahre durch die Akkumulation von Tausenden von Lavaergüssen zustande, von denen jeder einzelne nur wenige Meter mächtig ist. In Wirklichkeit besteht die Insel Hawaii aus den Gipfeln einer ganzen Reihe sich überlappender aktiver Schildvulkane, die über den Meeresspiegel ragen.

Vulkanische Quellkuppen Im Gegensatz zu basaltischen Laven sind saure Schmelzen so zähflüssig, dass sie kaum seitlich wegfließen. Sie bilden oftmals Quell- oder Staukuppen beziehungsweise Lavadome in Form von rundlichen, steilwandigen Gesteinsmassen (vgl. Abb. 12.8). Solche Quellkuppen sehen aus, als wäre die Lava wie Zahnpasta aus dem Förderschlot herausgequetscht worden. Da sie extrem viskos ist, breitet sich die Lava nur wenig seitlich aus. Das Material plombiert häufig die Förderschlote und schließt dabei auch die in der Lava vorhandenen Gase ein (Abb. 12.14b). Der Druck der eingeschlossenen Gase

Abb. 12.14a–e Die Morphologie der Vulkane ist von der Art der Eruption und den Eigenschaften der geförderten Lava, vor allem aber von der chemischen Zusammensetzung abhängig (Fotos: a US Geological Survey; b Lynn Topinka/USGS Cascades Volcano Observatory; c © Smithsonian; d NASA e © Bates Littlehales/National Geographic/Getty Images)

a Schildvulkan

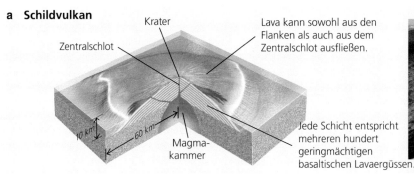

Krater

Zentralschlot

Lava kann sowohl aus den Flanken als auch aus dem Zentralschlot ausfließen.

10 km

60 km

Magma-kammer

Jede Schicht entspricht mehreren hundert geringmächtigen basaltischen Lavaergüssen.

Mauna Loa (Hawaii)

b Quellkuppe

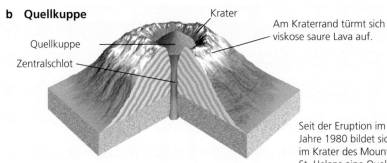

Krater

Quellkuppe

Zentralschlot

Am Kraterrand türmt sich viskose saure Lava auf.

Seit der Eruption im Jahre 1980 bildet sich im Krater des Mount St. Helens eine Quellkuppe.

Mount St. Helens (Washington)

c Schlackenkegel

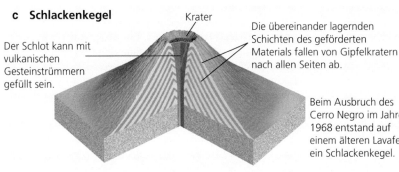

Krater

Der Schlot kann mit vulkanischen Gesteinstrümmern gefüllt sein.

Die übereinander lagernden Schichten des geförderten Materials fallen von Gipfelkratern nach allen Seiten ab.

Beim Ausbruch des Cerro Negro im Jahre 1968 entstand auf einem älteren Lavafeld ein Schlackenkegel.

Cerro Negro (Nicaragua)

d Schichtvulkan

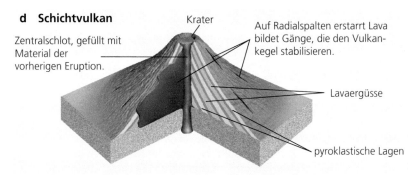

Krater

Zentralschlot, gefüllt mit Material der vorherigen Eruption.

Auf Radialspalten erstarrt Lava bildet Gänge, die den Vulkankegel stabilisieren.

Lavaergüsse

pyroklastische Lagen

Mount Fuji (Japan)

e Caldera

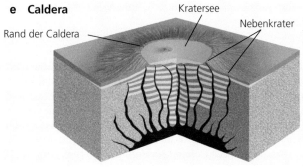

Kratersee

Rand der Caldera

Nebenkrater

Calderen entstehen, wenn bei einer heftigen Eruption die Magmakammer vollständig geleehrt wird. Die leere Kammer ist dann nicht mehr in der Lage, ihr Dach zu tragen. Sie bricht zusammen und es entsteht eine große steilwandige Einsenkung.

Crater Lake (Oregon)

Teil IV

steigt, bis es schließlich zur Explosion und zur Zerstörung der Quellkuppe kommt. Dieser Vorgang spielte sich beim Ausbruch des Mount St. Helens im Jahre 1980 ab.

Schlackenkegel Wird aus Vulkanschloten nur Lockermaterial gefördert, häufen sich die groben Fragmente in einem Wall um den Schlot an und bauen einen **Schlackenkegel** auf. Schlackenkegel sind nicht nur die häufigsten Vulkane auf den Kontinenten, sie erreichen auch sehr rasch große Höhen – der 1943 in Mexico entstandene Patícutin entwickelte sich in kurzer Zeit zu einem 410 m hohen Vulkankegel. In Mitteleuropa sind sie aus der Eifel bekannt. Das Profil eines solchen Kegels ist durch den maximalen Böschungswinkel festgelegt, bei dem die Schuttmassen noch stabil sind, ohne hangabwärts zu rutschen. Die größeren, nahe am Gipfel herabfallenden Bruchstücke können sehr steile und standfeste Hänge bilden. Die feineren Teilchen werden weiter vom Schlot weggetragen und bilden an der Basis des Kegels die sanfteren Hänge. Der klassische konkave Vulkankegel mit seinem Zentralschlot am Gipfel lässt diese Veränderung der Hangformen erkennen (Abb. 12.14c).

Schichtvulkane Fördert ein Vulkan sowohl Lava als auch pyroklastisches Material, so bildet diese Wechselfolge von Laven und Pyroklastika einen konkaven **Schicht**- oder **Stratovulkan** (Abb. 12.14d). Die im Zentralschlot und in den Radialspalten erstarrte Lava stabilisiert die Kegelform. Stratovulkane bilden sich häufig über Subduktionszonen. Berühmte Beispiele hierfür sind Fudschijama, Vesuv, Ätna und Mount Rainier. Der Mount St. Helens hatte die nahezu vollkommene Form eines Stratovulkans bis zu seinem Ausbruch im Jahre 1980, bei dem die Nordflanke kollabierte (vgl. Abb. 12.6).

Krater Auf dem Gipfel der meisten Vulkane befindet sich unmittelbar über dem Förderschlot normalerweise eine schüsselförmige Einsenkung, der **Krater**. Während der Förderphase überfließt die aufsteigende Lava die Kraterwände; wenn die Eruption dann zum Stillstand kommt, sinkt die im Krater verbliebene Lava häufig in den Förderschlot zurück und erstarrt. Bei der nächsten Eruption wird dieses Material als pyroklastische Explosion buchstäblich aus dem Krater herausgeblasen, der später mit dem zurückfallenden Material teilweise wieder aufgefüllt wird. Da die Wände des Kraters sehr steil sind, können sie einstürzen oder werden im Laufe der Zeit abgetragen. Auf diese Weise kann der Durchmesser des Kraters ein Vielfaches des Förderschlots bei einer Tiefe von mehreren hundert Metern erreichen. Der Krater des Ätna auf Sizilien hat beispielsweise derzeit einen Durchmesser von ungefähr 300 m.

Calderen Wenn große Magmamengen aus einer wenige Kilometer unterhalb des Förderschlots liegenden Magmakammer ausgeflossen sind, ist die leere Kammer nicht mehr länger in der Lage, ihr Dach zu tragen. In solchen Fällen kann das darüber befindliche Vulkangebäude katastrophenartig zusammenbrechen. Es entsteht eine große steilwandige, beckenförmige Einsenkung, die wesentlich größer ist als der Krater und als **Caldera** bezeichnet wird (Abb. 12.14e). Die Entwicklung der Caldera, die im US-Bundesstaat Oregon den Crater Lake bildet, ist in Abb. 12.15 dargestellt. Calderen sind beeindruckende Erscheinungen, deren Durchmesser von wenigen Kilometern bis zu 50 km oder mehr reicht, was flächenmäßig ungefähr dem

Gebiet der Städte New York oder Berlin entspricht. Wegen ihrer Größe und den bei ihren Eruptionen geförderten enormen Lavamengen, werden sie gelegentlich auch als „Supervulkane" bezeichnet. Dem Yellowstone-Supervulkan, größter aktiver Vulkan der Vereinigten Staaten, sitzt eine Caldera mit einer Fläche von mehr als 4000 km² auf, eine Fläche, die größer ist als US Bundesstaat Rhode Island. Nach Hunderttausenden von Jahren kann in die zusammengestürzte Magmakammer erneut frisches Magma eindringen, dabei den Boden der Caldera wieder aufwölben und somit eine **resurgente** (wieder auflebende) **Caldera** bilden. Der Zyklus von Eruption, Einsturz und Wiederaufleben kann sich im Laufe der Erdgeschichte mehrfach wiederholen. In den vergangenen 2 Ma kam es dreimal zum katastrophalen Ausbruch der Yellowstone-Caldera, wobei jeweils 100 bis 1000-mal mehr Material gefördert wurde als beim Ausbruch des Mount St. Helens im Jahre 1980 und ein großer Teil des heutigen amerikanischen Westens von einer Aschelage überdeckt wurde. Andere resurgente Calderen sind die Valles-Caldera in New Mexico und die Long-Valley-Caldera in Kalifornien, die vor 1,2 Ma beziehungsweise vor 760.000 Jahren letztmalig ausgebrochen sind.

Diatreme Wenn heißes Material aus großer Tiefe explosiv nach oben entweicht, wird der Förderschlot im Anschluss an die Eruption oftmals mit einer Brekzie verfüllt. Solche mit pyroklastischen Brekzien oder Tuffen plombierten Durchschlagsröhren werden als **Diatreme** bezeichnet. Ein Beispiel dafür ist der die Ebene von New Mexico überragende Shiprock. Seine heutige Form ist durch die Erosion der Sedimentgesteine entstanden, die ursprünglich die Schlotbrekzie umgaben. Dem Flugreisenden erscheint der Shiprock wie ein gigantischer schwarzer Wolkenkratzer in der roten Wüste (Abb. 12.16).

Der Ausbruchsmechanismus, der zu solchen Diatremen führt, wurde bis in alle Einzelheiten aus der geologischen Beweislage rekonstruiert. Die vorgefundenen Minerale und Gesteine konnten sich nur in großen Tiefen – ungefähr 100 km – gebildet haben, das heißt innerhalb des oberen Mantels. Gasreiche Magmen bahnen sich aus diesen Tiefen ihren Weg durch Aufbrechen der Lithosphäre nach oben und setzen schließlich ihre Gase, zusammen mit Lava, Bruchstücken aus den Schlotwänden sowie Fragmenten aus der tiefen Kruste und dem Mantel mit explosionsartiger Energie und manchmal sogar mit Überschallgeschwindigkeit frei. Eine solche Eruption würde vermutlich wie der Düsenstrahl einer riesigen, auf dem Kopf stehenden Rakete aussehen, der Gesteine und Gase in die Luft hinausbläst. Diatreme bilden oft auch die Fortsetzung von Maaren zur Tiefe hin; ihre Entstehung zusammen mit der phreatomagmatischen Maarbildung liegt nahe, vor allem, wenn der Gasreichtum einer Schmelze nicht belegt werden kann.

Die vielleicht ungewöhnlichsten Diatreme sind die Kimberlitschlote, benannt nach der berühmten Kimberley-Diamantlagerstätte in Südafrika. Kimberlite entsprechen von der Zusammensetzung her den Peridotiten – ultrabasischen Gesteinen, die überwiegend aus Olivin bestehen. Neben Diamanten enthalten Kimberlitschlote eine Vielzahl von Bruchstücken aus dem Erdmantel, die, als das Magma an der Erdoberfläche explosiv gefördert wurde, aus der Tiefe mitgerissen wurden (vgl. Abb. 10.25).

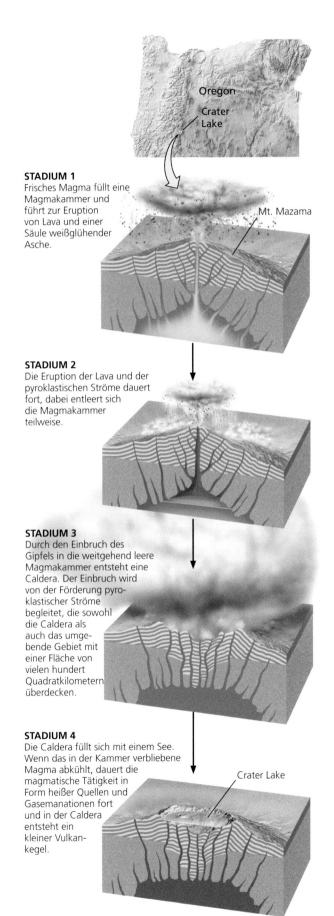

STADIUM 1
Frisches Magma füllt eine Magmakammer und führt zur Eruption von Lava und einer Säule weißglühender Asche.

Mt. Mazama

STADIUM 2
Die Eruption der Lava und der pyroklastischen Ströme dauert fort, dabei entleert sich die Magmakammer teilweise.

STADIUM 3
Durch den Einbruch des Gipfels in die weitgehend leere Magmakammer entsteht eine Caldera. Der Einbruch wird von der Förderung pyroklastischer Ströme begleitet, die sowohl die Caldera als auch das umgebende Gebiet mit einer Fläche von vielen hundert Quadratkilometern überdecken.

STADIUM 4
Die Caldera füllt sich mit einem See. Wenn das in der Kammer verbliebene Magma abkühlt, dauert die magmatische Tätigkeit in Form heißer Quellen und Gasemanationen fort und in der Caldera entsteht ein kleiner Vulkankegel.

Crater Lake

Abb. 12.15 Entwicklungsstadien der Caldera des Crater Lake in Oregon (USA). Der im Stadium 3 dargestellte Einbruch erfolgte vor ungefähr 7700 Jahren

Die extrem hohen Drücke, die für die Bildung von Diamanten aus Kohlenstoff erforderlich sind, werden nur in Tiefen unter 150 km erreicht. Aus intensiven Untersuchungen der Diamanten und der in den Kimberlitschloten auftretenden anderen Mantelgesteinsbruchstücke war es möglich, diese Bereiche des Erdmantels so exakt zu rekonstruieren, als hätte man einen mehr als 200 km langen Bohrkern aus dem Erdmantel gezogen. Dieselben Untersuchungen lieferten zugleich Anhaltspunkte für die Theorie, dass der obere Mantel im Wesentlichen aus Peridotit besteht.

Spalteneruptionen

Die größten Vulkanausbrüche stammen nicht von Zentraleruptionen, sondern aus langen, nahezu vertikal stehenden Spalten an der Erdoberfläche, die häufig Dutzende Kilometer lang sind (Abb. 12.17). Solche **Spalteneruptionen** sind die dominierende Form des Vulkanismus an den mittelozeanischen Rücken, an denen neue ozeanische Kruste entsteht. In der Vergangenheit sind Menschen nur einmal Zeugen einer solchen Eruption geworden: im Jahre 1783 auf Island, einem an der Erdoberfläche freiliegenden Teil des Mittelatlantischen Rückens (Abb. 12.18). Eine Spalte von 32 km Länge öffnete sich und förderte innerhalb von sechs Monaten ungefähr 12 km³ Basalt – genug, um die Halbinsel Manhattan bis etwa zur halben Höhe des Empire State Building zu überdecken. Bei dieser Eruption wurden außerdem mehr als 100 Megatonnen Schwefeldioxid freigesetzt, die einen giftigen blauen Dunstschleier bildeten, der mehr als ein Jahr über Island hing. Aufgrund der dadurch verursachten Missernten starben drei Viertel des Viehbestands und ein Fünftel der Bevölkerung an Hunger. Die Schwefelsäure enthaltenden Aerosole des Laki-Ausbruchs gelangten mit dem Wind nach Europa und führten auch dort in vielen Ländern zu Ernteausfällen und Erkrankungen der Atemwege.

Flutbasalte Extrem dünnflüssige basaltische Lava, die aus Spalten auf ebenem Gelände ausfließt, kann sich in Form geringmächtiger Decken ausbreiten. Wenn die vulkanische Tätigkeit lange genug anhält, stapeln sich die einzelnen Lavaergüsse eher zu mächtigen basaltischen Lavaplateaus, sogenannten **Flutbasalten** auf, als zu Schildvulkanen, wie dies der Fall ist, wenn die Eruption aus einem Zentralschlot erfolgt. Eine unvorstellbar große Eruption von Flutbasalten begrub vor etwa 16 Ma in Oregon, Washington und Idaho (USA) 160.000 km² Landschaft unter sich und schuf das Columbia-Plateau (Abb. 12.19). Einzelne Ergüsse waren über 100 m mächtig und manche waren so dünnflüssig, dass sie sich über mehr als 500 km Entfernung von ihrer Ausbruchsstelle ausbreiteten. Seitdem ist auf der Lava, die einst eine alte Landoberfläche bedeckte, eine völlig neue Landschaft mit neuen Flusstälern entstanden.

Ähnliche Flutbasalte findet man auf fast allen Kontinenten: in Südafrika die Karru-Basalte, in Indien der Dekkantrapp, in Süd-

Teil IV

a

1 Gasreiche Magmen bahnen sich aus großen Tiefen des Erdmantels durch Aufbrechen der Lithosphäre ihren Weg nach oben.

2 Das rasch aufsteigende Magma bricht bis zur Oberfläche durch und setzt explosionsartig, oft mit Überschallgeschwindigkeit, Fragmente aus der tiefen Kruste und dem Mantel frei.

3 Nach dem Ausbruch geht der Förderschlot in ein Diatrem über, das aus erstarrtem Magma und Gesteinsbruchstücken oder aus einer pyroklastischen Brekzie besteht.

4 Das erosionsanfällige Material des Vulkankegels und die an der Oberfläche anstehenden Gesteine werden abgetragen; zurück bleibt der herauspräparierte Förderschlot und die heute sichtbaren Radialgänge.

Zeit

0 km
Kruste
Lithosphäre
100 km
mit Gas gesättigte Magmen
Asthenosphäre

ehemaliger Vulkankegel
Diatrem
Gesteinsgang
Fragmente aus der Kruste und dem Erdmantel

b

Abb. 12.16a,b a Entstehung eines Diatrems. **b** Der Shiprock erhebt sich 515 m über die umgebenden, flach lagernden Sedimente von New Mexico (USA). Er ist ein Beispiel für ein Diatrem, eine Durchschlagsröhre, die von der Erosion aus dem umgebenden Sedimentgestein herauspräpariert wurde. Man beachte den vertikal stehenden Gang. Es handelt sich dabei um einen von sechs Gängen, die radial vom zentral liegenden Vulkanschlot weg verlaufen (Foto: © Airphoto – Jim Wark)

amerika die Vorkommen im Paranà-Becken, in Ostsibirien und in Europa kennt man sie aus Schottland, Irland und Südschweden; submarine Flutbasalte sind ebenfalls bekannt.

Pyroklastische Ströme Spalteneruptionen mit pyroklastischem Material haben auf den Kontinenten zur Bildung ausgedehnter Decken harter vulkanischer Tuffe geführt, die als **Aschestromablagerungen** bezeichnet werden. Sie stellen eine besondere Form der bereits erwähnten pyroklastischen Stromablagerungen dar, wobei für diese Bildungen auch der Begriff **Ignimbrit** verwendet wird. Sobald der Strom zur Ruhe gekommen ist, können die Partikel miteinander verschweißen, sodass der Tuff in ein Festgestein übergeht. Im Yellowstone-Nationalpark in Wyoming wurden eine ganze Reihe von Wäldern unter solchen Aschestromablagerungen begraben. Zu den größten pyroklastischen Ablagerungen der Erde gehören außerdem die vor 45 bis 30 Ma aus Spalten im Bereich der heutigen Basin-and-Range-Provinz im Westen der Vereinigten Staaten geförderten Ignimbrite. Das Volumen dieser pyroklastischen Ströme betrug etwa 500.000 km³ – eine Menge, die ausreichen würde, das gesamte Gebiet des US-Bundesstaats Nevada mit einer 2000 m mächtigen Gesteinsschicht zu überdecken.

Abb. 12.17 Eine Spalteneruption auf dem Kilauea (Hawaii) (Foto: US Geological Survey)

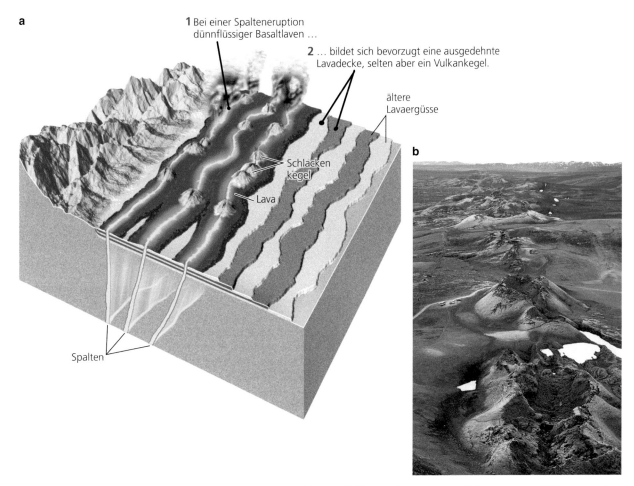

a

1 Bei einer Spalteneruption dünnflüssiger Basaltlaven …

2 … bildet sich bevorzugt eine ausgedehnte Lavadecke, selten aber ein Vulkankegel.

ältere Lavaergüsse

Schlackenkegel

Lava

b

Spalten

Abb. 12.18a,b **a** Bei einer Spalteneruption von extrem dünnflüssigem Basalt breitet sich die Lava sehr rasch von den Spalten weg aus und bildet bevorzugt ausgedehnte Lavadecken. **b** Vulkankegel auf der Laki-Spalte (Island), die sich im Jahre 1783 öffnete und aus der in historischer Zeit der größte Lavastrom ausfloss, der je auf dem Festland beobachtet wurde (Foto: a nach R. S. Fiske/USGS; b © Tony Waltham)

Teil IV

a

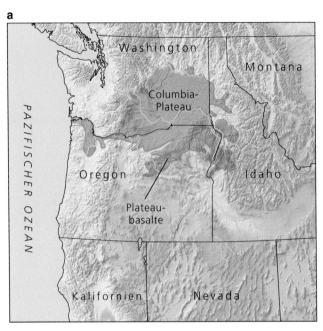

400 km

b

Wechselwirkungen mit anderen Geosystemen

Vulkane sind vergleichbar mit chemischen Fabriken, die sowohl Gase als auch feste Substanzen produzieren. Mutige Vulkanologen sammelten und untersuchten die bei Eruptionen freigesetzten vulkanischen Gase, um ihre Zusammensetzung zu bestimmen. Hauptbestandteil dieser Gase ist Wasserdampf (70 bis 95 %), gefolgt von Kohlendioxid, Schwefeldioxid und Spuren von Stickstoff, Wasserstoff, Kohlenmonoxid, Schwefel und Chlor. Bei jeder Eruption werden enorme Mengen dieser Gase freigesetzt. Ein Teil der Gase mag aus großen Tiefen der Erde stammen und zum ersten Mal an die Erdoberfläche gelangen (juvenile Gase), andere sind möglicherweise verdampfendes Grund- oder Meerwasser, beigemengte Gase aus der Atmosphäre oder auch Gase, die in älteren Gesteinsgenerationen eingeschlossen waren.

Die an der Erdoberfläche freigesetzten vulkanischen Gase haben zahlreiche Auswirkungen auf andere Geosysteme. Man geht davon aus, dass durch die Emission vulkanischer Gase in der Frühzeit der Erde die Meere und die Atmosphäre entstanden sind; auch heute noch beeinflussen vulkanische Gasemissionen diese Systeme. Epochen verstärkter vulkanischer Tätigkeit veränderten mehrfach das Klima der Erde und waren vermutlich auch für einige der in der Erdgeschichte dokumentierten großen Massenaussterben verantwortlich.

Vulkanismus und Hydrosphäre

Auch wenn keine Lava oder kein pyroklastisches Material mehr gefördert wird, ist die vulkanische Tätigkeit noch nicht zu Ende. Jahrzehnte bis Jahrhunderte nach großen Eruptionen spielt die Freisetzung von Gasen, Wasserdampf und Wasser noch eine wichtige Rolle. Sofern diese Exhalationen eindeutig mit dem Abklingen des Vulkanismus im Zusammenhang stehen, spricht man von **postvulkanischen** Erscheinungen.

Fumarolen sind Gasexhalationen, deren wesentlicher Bestandteil Wasserdampf ist, die aber auch andere gelöste Stoffe enthalten können, die sich bei den hohen Temperaturen zwischen 800 und 200 °C an den Gasaustritten abscheiden. Diese durch Eisenverbindungen und thermophile Bakterien oft sehr bunt gefärbten Substanzen sind für Fumarolen typisch und an nahezu allen Austrittstellen zu beobachten.

Solfataren sind mit Temperaturen zwischen 250 und etwa 100 °C etwas weniger heiße Exhalationen, die neben Wasserdampf einen höheren Anteil an Schwefelverbindungen enthalten (Abb. 12.20). Die Bezeichnung wurde von dem einstigen Vulkankrater Solfatara bei Pozzuoli (westlich von Neapel) übernommen, wo auch heute noch heißer Wasserdampf und Schwefelwasserstoff austritt. Durch Oxidation des Schwefelwasserstoffs entsteht als Zwischenprodukt elementarer Schwefel, der sich als gelber Belag an der Austrittstelle abscheidet. Diese Schwefelkrusten werden oftmals so mächtig, dass wirtschaftlich gewinnbare Schwefellagerstätten entstehen. Kalkhaltiges Nebengestein

Abb. 12.19a,b **a** Das Columbia-Plateau überdeckt in den US-Bundesstaaten Washington, Oregon und Idaho eine Fläche von 160.000 km². **b** Übereinander gestapelte Lavadecken bauten dieses Plateau auf, das hier vom Palouse River durchschnitten wird (Foto: © Charles Bolin/Alamy)

Teil IV

Abb. 12.20 Solfatare auf dem Vulkan Merapi in Indonesien; sie wird von einer Kruste aus Schwefel umgeben (Foto: R. L. Christiansen/USGS)

wird bei diesen Solfataren durch die Bildung von H_2SO_4 in Sulfatverbindungen (z. B. Gips) übergeführt.

Mofetten sind Exhalationen von Kohlendioxid mit Temperaturen unter 100 °C. Sie treten sowohl in vulkanisch aktiven als auch in Gebieten mit erloschenem Vulkanismus auf. In Deutschland finden wir sie als postvulkanische Erscheinungen in der Umgebung des Laacher Sees (Eifel) sowie im Vorland der Schwäbischen Alb. Löst sich die Kohlensäure in aufsteigendem Grundwasser, so entsteht ein besonderer Typ von Mineralwasser, ein sogenannter Säuerling oder Sauerbrunnen.

Heiße Quellen und Geysire Heiße Quellen und Geysire entstehen, wenn zirkulierendes Grundwasser in Kontakt mit dem Magma im Untergrund kommt (das seine Hitze über mehrere Jahrhunderte oder Jahrtausende behält), dort aufgeheizt wird und als heiße Quelle oder Geysir wieder an die Oberfläche aufsteigt. Ein **Geysir** ist eine heiße Springquelle, die in zeitlichen Intervallen mit großer Kraft Wasser ausstößt. Der bekannteste Geysir der Vereinigten Staaten, der Old Faithful im Yellowstone-Nationalpark, stößt im Abstand von durchschnittlich etwa 65 Minuten in einer bis zu 60 m hohen Fontäne heißes Wasser aus (Abb. 12.21). Weitere bekannte Geysirfelder liegen auf Island und Neuseeland.

Vielerorts tritt heißes Wasser jedoch weniger spektakulär an der Erdoberfläche aus. Es enthält im Allgemeinen gelöste Stoffe, die sich bei der Verdunstung und Abkühlung des Wassers unter Bildung verschiedener inkrustierender Ablagerungen (wie Travertin, ein geschätzter Werkstein) absetzen. Außerdem enthalten der bei hydrothermalen Phänomenen frei werdende Dampf sowie das Thermalwasser eine Reihe vergleichsweise seltener Elemente wie Arsen, Fluor, Brom, Jod, Lithium, Bor, Strontium und andere, die sich oftmals zu wirtschaftlich bedeutenden Lagerstätten angereichert haben. Darüber hinaus lassen sich der Dampf und das Thermalwasser zur Gewinnung von geothermischer Energie nutzen.

Die hydrothermale Tätigkeit ist an den Spreading-Zentren der mittelozeanischen Rücken besonders intensiv, da dort große Mengen an Wasser und Magma miteinander in Kontakt kommen. Die durch Dehnung entstandenen Spalten auf den Kämmen der mittelozeanischen Rücken ermöglichen eine Zirkulation des

Abb. 12.21 Der Geysir Old Faithful im Yellowstone-Nationalpark stößt durchschnittlich alle 65 Min eine 60 m hohe Säule aus Wasserdampf in die Atmosphäre aus (Foto: © Simon Fraser/SPL/Science Source)

Meerwassers innerhalb der neu gebildeten Kruste. Die Wärme der heißen Vulkanite und des darunter befindlichen Magmas führt zu heftigen Konvektionsbewegungen, durch die kaltes Meerwasser in die Kruste gelangt, am Kontakt zum Magma aufgeheizt wird und als heißes Wasser in den Ozean zurückfließt (Abb. 12.22).

Aus der Tatsache heraus, dass in den vulkanischen Geosystemen des Festlands heiße Quellen und Geysire häufige Erscheinungen sind, sind Hinweise auf eine hydrothermale Tätigkeit an den in großen Tiefen liegenden Spreading-Zentren nicht überraschend. Trotzdem waren die Geowissenschaftler erstaunt, als sie die intensive Zirkulation erkannten und einige der chemischen und biologischen Konsequenzen entdeckten. Die spektakulärsten Erscheinungen dieser Vorgänge wurden erstmals im Jahre 1977 im östlichen Pazifischen Ozean entdeckt. Aus hydrothermalen Schloten, den sogenannten „**Black Smokers**" (**Schwarze Raucher**), schießt auf dem Kamm des ostpazifischen Rückens heißes, durch Sulfidminerale dunkel gefärbtes Thermalwasser heraus, das Temperaturen bis zu 350 °C erreicht (Abb. 11.15). Andere Schlote werden als „**White Smokers**" (**Weiße Raucher**) bezeichnet; ihr ausströmendes Wasser ist hell, hat eine andere chemische Zusammensetzung und auch niedrigere Temperaturen. Die Strömungsgeschwindigkeit innerhalb dieses hydrothermalen Kreislaufs ist ausgesprochen hoch. Meeresgeologen schätzen, dass durch das Spaltensystem und durch die Schlote der Spreading-Zentren innerhalb von nur 10 Ma die gesamte Wassermenge der Ozeane zirkuliert.

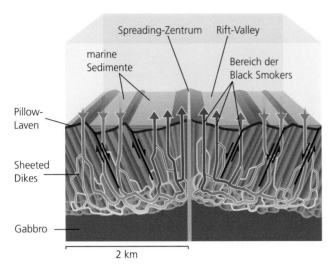

Abb. 12.22 In der Nähe der Spreading-Zentren zirkuliert Meerwasser durch die ozeanische Kruste, wird vom Magma aufgeheizt und tritt wieder in den Ozean aus. An den Austrittsstellen bilden sich Black Smokers und am Meeresboden kommt es zur Ablagerung von Mineralen

Allmählich erkannte man auch, dass das Zusammenwirken von Hydrosphäre und Lithosphäre an den Spreading-Zentren die geologischen, chemischen und biologischen Verhältnisse der Ozeane in mehrfacher Weise beeinflusst.

■ Die Bildung neuer Lithosphäre ist für nahezu 60 % des Wärmeabflusses aus dem Erdinneren nach außen verantwortlich. Das durch die Kruste zirkulierende Meerwasser kühlt die neue Lithosphäre höchst effektiv ab und spielt daher für den Abtransport der Wärme aus dem Erdinneren eine wesentliche Rolle.

■ Hydrothermale Tätigkeit führt in der neu entstandenen Kruste zum Lösen von Metall-Ionen und anderen Elementen, die anschließend in die Ozeane gelangen. Diese Elemente beeinflussen etwa in gleichem Ausmaß die chemische Zusammensetzung des Meerwassers wie die insgesamt durch Flüsse in das Meer eingetragenen mineralischen Bestandteile.

■ Aus den hydrothermalen Lösungen fallen metallhaltige Minerale aus, die in den höheren Bereichen der ozeanischen Kruste Erze mit hohen Gehalten an Zink, Kupfer und Eisen bilden. Diese Minerale entstehen dadurch, dass Meerwasser durch das zerklüftete vulkanische Gestein nach unten gelangt, dort aufgeheizt wird und diese Elemente aus der jungen Kruste auslaugt. Wenn die an gelösten Mineralen angereicherten heißen Lösungen dann aufsteigen und in das nahe am Gefrierpunkt liegende bodennahe Wasser ausfließen, fallen diese Lösungsbestandteile als Sulfidminerale aus.

Die Energie und Nährstoffe an den hydrothermalen Schloten versorgen ungewöhnliche Kolonien fremdartig wirkender Organismen, die ihre Energie nicht von der Sonne, sondern aus dem Erdinneren beziehen (vgl. Abb. 11.15). In diesen Ökosystemen an den Spreading-Zentren gedeihen, ähnlich wie in den heißen Quellen auf dem Festland, chemoautotrophe hyperthermophile Mikroorganismen, die großen Muscheln und oftmals mehrere Meter langen Röhrenwürmern als Nahrung dienen. Einige Wissenschaftler gehen davon aus, dass das Leben auf der Erde im Umfeld dieser an Energie und chemischen Substanzen reichen hydrothermalen Schlote entstanden ist (vgl. Kap. 11).

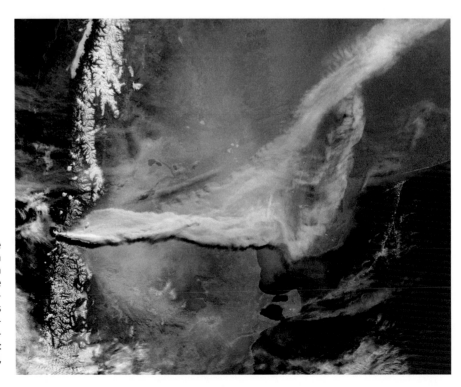

Abb. 12.23 Das Satellitenbild zeigt die riesige Aschewolke, die am 13. Juni 2011 vom Vulkan Cordón Gaulle in Zentral-Chile aufgestiegen ist. Die Aschewolke erstreckte sich über eine Entfernung von 800 km von den schneebedeckten Anden (*links* im Bild) bis nach Buenos Aires (*rechts* im Bild). Die Asche umrundete die gesamte Erde und führte in Australien und Neuseeland zur Schließung von Flughäfen (Foto: mit frdl. Genehm. der NASA, Jeff Schmaltz, MODIS Rapid Response Team at NASA GSFC)

Vulkanismus und Atmosphäre

Vulkanausbrüche in der Lithosphäre beeinflussen Wetter und Klima, denn sie führen zu Veränderungen der Zusammensetzung und den Eigenschaften der Atmosphäre. Bei heftigen Eruptionen gelangen schwefelhaltige Gase bis in Höhen von mehreren Kilometern (Abb. 12.23). Durch zahlreiche chemische Reaktionen entsteht aus diesen Gasen schließlich ein Aerosol (eine Suspension aus kleinen Schwebstoffteilchen), das viele Millionen Tonnen Schwefelsäure enthalten kann. Derartige Aerosole können große Teile des Sonnenlichts absorbieren, sodass die Oberfläche der Erde für ein oder zwei Jahre abkühlt. Die Eruption des Pinatubo, eine der größten explosiven Eruptionen des 20. Jahrhunderts, führte im Jahr 1992 zu einer globalen Abkühlung um etwa 0,5 °C. (Die Chlor-Emissionen des Pinatubo beschleunigten außerdem den Abbau des Ozons in der Atmosphäre, des natürlichen Schutzschilds, der die Menschheit vor der ultravioletten Strahlung der Sonne schützt.)

Staubpartikel, die 1815 während der Eruption des Vulkans Tambora in Indonesien in die Stratosphäre gelangten, verursachten eine weit stärkere Abkühlung als die Eruption des Pinatubo. Die nördliche Hemisphäre litt im folgenden Jahr unter einem sehr kalten Sommer: in Neuengland gab es einer Chronik zufolge „keinen Monat ohne Frost noch ohne Schnee" und Vergleichba-res wird auch aus Süddeutschland berichtet, wo es im Sommer fast täglich regnete und auf der Schwäbischen Alb am 31. Juli Schnee fiel. Der Temperaturrückgang und die Ablagerung der Asche führten weltweit zu Ernteausfällen. Große Hungersnöte unter der Bevölkerung führten in diesem „Jahr ohne Sommer" zum Tod von nahezu 90.000 Menschen.

Die weltweite Verteilung der Vulkane

Lange bevor die Theorie der Plattentektonik aufgestellt wurde, war den Geologen die Konzentration der Vulkane an den Rändern des Pazifischen Ozeans aufgefallen – und sie nannten diesen Saum den „Zirkumpazifischen Feuerring" (vgl. Abb. 2.6). Die Erklärung dieses Feuerrings als Folge der Subduktion von Lithosphärenplatten war einer der großen Erfolge dieser neuen Theorie. In diesem Abschnitt wird nun gezeigt, dass sich mithilfe der Plattentektonik alle wesentlichen vulkanischen Erscheinungsformen im Zusammenhang mit der weltweiten Verteilung der Vulkane erklären lassen (Abb. 12.24).

Abb. 12.25 zeigt die Verteilung der auf dem Festland oder über dem Meeresspiegel liegenden aktiven Vulkane der Erde. Ungefähr 80 % treten an konvergenten Plattengrenzen auf, 15 % an

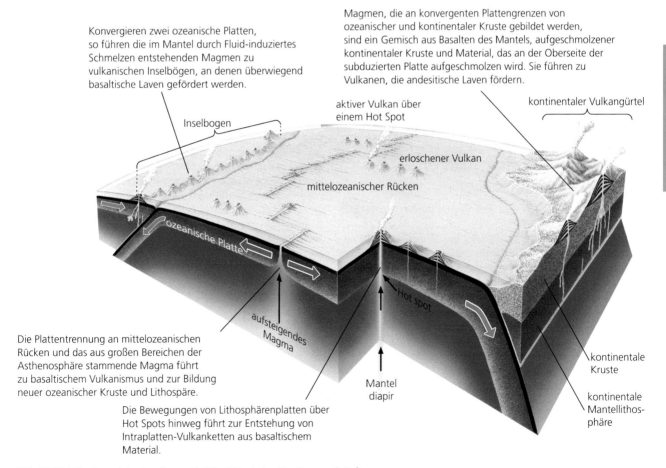

Konvergieren zwei ozeanische Platten, so führen die im Mantel durch Fluid-induziertes Schmelzen entstehenden Magmen zu vulkanischen Inselbögen, an denen überwiegend basaltische Laven gefördert werden.

Magmen, die an konvergenten Plattengrenzen von ozeanischer und kontinentaler Kruste gebildet werden, sind ein Gemisch aus Basalten des Mantels, aufgeschmolzener kontinentaler Kruste und Material, das an der Oberseite der subduzierten Platte aufgeschmolzen wird. Sie führen zu Vulkanen, die andesitische Laven fördern.

Inselbogen

aktiver Vulkan über einem Hot Spot

kontinentaler Vulkangürtel

erloschener Vulkan

mittelozeanischer Rücken

ozeanische Platte

Hot Spot

aufsteigendes Magma

kontinentale Kruste

kontinentale Mantellithosphäre

Die Plattentrennung an mittelozeanischen Rücken und das aus großen Bereichen der Asthenosphäre stammende Magma führt zu basaltischem Vulkanismus und zur Bildung neuer ozeanischer Kruste und Lithospäre.

Mantel diapir

Die Bewegungen von Lithosphärenplatten über Hot Spots hinweg führt zur Entstehung von Intraplatten-Vulkanketten aus basaltischem Material.

Abb. 12.24 Vulkanismus ist weltweit eng mit plattentektonischen Vorgängen verknüpft

Teil IV

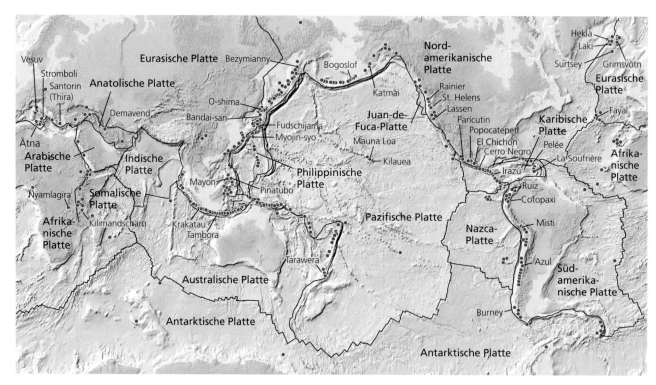

Abb. 12.25 Die aktiven Vulkane der Erde (*rote Punkte*) sind nicht zufällig verteilt. Ungefähr 80 % sind an konvergenten Plattengrenzen, 15 % an divergenten Plattengrenzen gebunden und die wenigen verbleibenden sind Intraplattenvulkane. Die Plattengrenzen sind *schwarz* dargestellt. Nicht auf der Karte eingetragen sind die zahlreichen aktiven untermeerischen Vulkane an den mittelozeanischen Rücken

divergenten Plattenrändern und der Rest innerhalb der Platten. Außer den hier dargestellten gibt es noch zahlreiche weitere aktive Vulkane. Der größte Teil der geförderten Laven stammt aus submarinen Vulkanen an den Spreading-Zentren der mittelozeanischen Rücken.

Vulkanismus an Spreading-Zentren

Wie bereits erwähnt fließen an dem weltweiten System der mittelozeanischen Rücken ständig große Mengen basaltischer Laven aus – die ausreichend waren, dass der gesamte heutige Meeresboden entstehen konnte. Die dafür erforderliche Lava entsteht unter den einige Kilometer breiten und sich über Tausende von Kilometern erstreckenden Riftstrukturen der mittelozeanischen Rücken (vgl. Abb. 12.24). Die geförderten Magmen bilden sich durch Dekompressionsschmelzen der im Erdmantel vorhandenen Peridotite (vgl. Kap. 4).

Divergente Plattengrenzen sind als Teilbereiche der mittelozeanischen Rücken zu verstehen, die durch Transformstörungen gegeneinander versetzt sind (vgl. Abb. 2.7). Detaillierte Kartierungen des Meeresbodens haben ergeben, dass die einzelnen Segmente dieser Rücken sehr kompliziert gebaut sein können. Sie bestehen oftmals aus kürzeren, parallel verlaufenden Spreading-Zentren, die um einige Kilometer gegeneinander versetzt sind und sich teilweise überlappen. Jedes dieser Spreading-

Zentren bildet gewissermaßen einen „Achsenvulkan", der auf seiner gesamten Länge in unterschiedlichem Ausmaß Lava fördert. Die Basalte der unmittelbar benachbarten „Achsenvulkane" können sich in ihrer chemischen Zusammensetzung geringfügig unterscheiden, was darauf hindeutet, dass die Vulkane getrennte Fördersysteme besitzen.

Auf Island überragt der Mittelatlantische Rücken den Meeresspiegel und große Ausbrüche basaltischer Laven sind häufig. Der jüngste große Vulkanausbruch ereignete sich 2010 unter dem Gletscher des Eyjafjallajökull an der Südküste Islands. Dabei gelangten große Mengen sehr feinkörniger Asche hoch in die Atmosphäre, die mehrere Wochen lang den Luftverkehr über Westeuropa störten (vgl. Exkurs 12.1).

Vulkanismus an Subduktionszonen

Die auffälligsten Erscheinungen an Subduktionszonen sind die Vulkanketten, die über der abtauchenden Platte aus ozeanischer Lithosphäre parallel zu den konvergierenden Plattengrenzen verlaufen. Dabei ist es gleichgültig, ob die überfahrende Platte aus kontinentaler oder ozeanischer Lithosphäre besteht (Abb. 12.24). Die Magmen dieser an Subduktionszonen gebundenen Vulkane entstehen dadurch, dass von der abtauchenden Lithosphäre flüchtige Bestandteile, vor allem Wasser, in die darüberliegende Asthenosphäre aufsteigen. Dort wird durch diese

Exkurs 12.1 Vulkanische Aschewolken über Europa

Am 14. April 2010 begann am Vulkan Eyjafjallajökull auf Island eine Reihe von Vulkanausbrüchen, die den Luftverkehr über Westeuropa sechs Tage lang zum Erliegen brachten. Diese Eruptionen führten zur Schließung der meisten größeren Flughäfen, die wiederum die Annulierung zahlreicher Flüge von und nach Europa zur Folge hatte und damit die umfangreichste Störung des Luftverkehrs seit dem Zweiten Weltkrieg war. Zahlreiche Passagiere saßen tagelang mit wenig Komfort auf den Flughäfen fest, da ihre Flüge nacheinander gestrichen wurden und die Menschen darum kämpfen mussten, alternative Transportmöglichkeiten oder auch Übernachtungsmöglichkeiten zu finden.

In der Woche nach der Eruption saßen schätzungsweise 250.000 britische, französische und irische Staatsbürger im Ausland fest. Die europäische Wirtschaft dürfte Verluste von nahezu 2 Mio. US-Dollar gehabt haben, und die Luftverkehrsgesellschaften sprachen von Verlusten in Höhe von bis zu 250 Mio. US-Dollar pro Tag.

Die Eruptionen waren vergleichsweise exakt vorhergesagt worden. Die seismische Aktivität im und um den Eyjafjallajökull begann Ende 2009 und nahm bis zum 20. März 2010 an Intensität und Häufigkeit zu, als es zu einer ersten kleinen Eruption kam. Ein zweiter, etwas stärkerer Ausbruch ereignete sich am 14. April, wobei 250 Mio. Kubikmeter Asche gefördert wurden.

Die Aschewolke stieg bis in eine Höhe von 9000 m auf. Wenn sie auch nicht so groß war wie die Aschenwolke bei der Eruption des Mount St. Helens in Oregon 1980, gelangt sie doch hoch genug in die Atmosphäre, um in einen Jetstream zu gelangen, der zu diesem Zeitpunkt Island überquerte. Diese von Westen kommende Luftströmung transportierte die Asche nach Europa, wo sie sich über weite Bereiche des Kontinents ausbreitete.

Dieses am 16. April 2010 aufgenommene Foto zeigt die vom Eyjafjallajökull im Süden Islands aufsteigende Aschewolke unmittelbar vor Sonnenuntergang (Foto: © AP Photo/Brynjar Gauti)

Ein Großteil dieser Asche entstand durch Wechselwirkung von heißer Lava mit dem Gletschereis und Wasser, wodurch sie mit Korngrößen unter 2 mm ausgesprochen feinkörnig war. Wenn Asche dieser Größe in die Strahltriebwerke der Flugzeuge gelangt, kann es durch die im Innern der Triebwerke herrschenden hohen Temperaturen (bis zu 2000 °C) zum Schmelzen der Asche und zur Bildung einer klebrigen Lava kommen, die zum Ausfall der Triebwerke führen kann. Im extremsten Fall mussten die Flugzeuge buchstäblich im Gleitflug die Aschewolke verlassen, ehe die Triebwerke neu gestartet werden konnten.

Der Ausbruch des Eyjafjallajökull dauerte zum Glück nur einen Monat, bis Juni 2010 wurde kaum noch Asche gefördert. Auf Island sind weitere Vulkanausbrüche jederzeit zu erwarten und die Konsequenzen für die Landwirtschaft und die Umwelt Europas sind potenziell erheblich. Derzeit beobachten die Geologen sehr sorgfältig den in der Nähe liegenden Vulkan Katla, dessen Eruptionen in der Vergangenheit oft denen des Eyjafjallajökull folgten.

Teil IV

fluiden Komponenten der Schmelzpunkt des Mantelgesteins herabgesetzt, sodass es zum Schmelzvorgang kommt (Kap. 4). Diese Magmen sind weit heterogener als die Basalte an den mittelozeanischen Rücken. Ihre chemische Zusammensetzung reicht von basisch bis sauer, das heißt von basaltisch bis rhyolithisch, wobei intermediäre (andesitische) Laven auf dem Festland am häufigsten sind.

Wo die Oberplatte aus ozeanischer Lithosphäre besteht, bilden die Vulkane der Subduktionszone Inselbögen wie etwa die Aleuten vor Alaska oder die Marianen im westlichen Pazifischen Ozean. Wo ozeanische Lithosphäre unter einem Kontinent subduziert wird, vereinigen sich die Vulkane und vulkanischen Ge-

steine auf dem Festland zu einem durchgehenden Vulkangürtel wie beispielsweise in den Anden; sie kennzeichnen dort die Subduktion der ozeanischen Nazca-Platte unter der kontinentalen Südamerikanischen Platte. In gleicher Weise führte im nördlichen Kalifornien, Oregon und Washington die Subduktion der kleinen Juan-de-Fuca-Platte unter dem Westrand Nordamerikas zur Bildung des Kaskadengebirges mit seinem aktiven Vulkanismus.

Das Gebiet der japanischen Inseln ist ein hervorragendes Beispiel für einen Komplex aus Intrusiv- und Effusivgesteinen, die sich an der dortigen Subduktionszone im Laufe vieler Millionen Jahre bildeten. In diesem relativ kleinen Land sind sämtliche

Arten vulkanischer Gesteine von oft sehr unterschiedlichem Alter zu finden, die in Wechsellagerung mit basischen und intermediären Intrusivgesteinen, metamorphen Vulkaniten und auch Sedimentgesteinen auftreten. Die Sedimentgesteine stammen ihrerseits aus der Verwitterung und Erosion der Magmatite. Die Erosion dieser sehr verschiedenartigen Gesteine hat mit zu den charakteristischen Landschaftsformen beigetragen, die in so zahlreichen klassischen und modernen japanischen Bildern und Tuschezeichnungen dargestellt sind.

Intraplattenvulkanismus: Die Manteldiapir-Hypothese

Der Vulkanismus an den Spreading-Zentren lässt sich mit Schmelzprozessen als Folge der Druckentlastung und die Magmabildung an Subduktionszonen durch den hohen Anteil an flüchtigen Bestandteilen erklären. Doch welche Prozesse führen zu Intraplattenvulkanismus, das heißt zu Vulkanen, die in großer Entfernung von Plattengrenzen auftreten?

Hot Spots und Manteldiapire Betrachten wir die Inseln von Hawaii im Zentrum der Pazifischen Platte. Diese Inselkette beginnt am südöstlichen Ende mit den aktiven Vulkanen auf Hawaii und setzt sich nach Nordwesten in einer Reihe von zunehmend älteren erloschenen, erodierten und abgetauchten vulkanischen Rücken und Bergen fort. Im Gegensatz zu den seismisch aktiven mittelozeanischen Rücken sind entlang der Hawaii-Kette große Erdbeben selten, von kleineren Erdbeben unmittelbar im Ausbruchsgebiet der Vulkane einmal abgesehen. Das heißt, die Inselkette ist im Wesentlichen aseismisch (ohne Erdbeben) und wird daher als **aseismischer Rücken** bezeichnet. Vulkanisch aktive Hot Spots am Beginn der zunehmend älter werdenden aseismischen Rücken treten auch anderswo im Pazifik sowie in einigen anderen großen Ozeanen auf. Die aktiven Vulkane der Insel Tahiti am südöstlichen Ende der Gesellschaftsinseln und die Galápagos-Inseln am Westende des aseismischen Nazca-Rückens sind weitere Beispiele (vgl. Abb. 12.25).

Als das Prinzip der Plattenbewegungen weitgehend bekannt war, konnte man zeigen, dass diese aseismischen Rücken nichts anderes sind als Vulkanketten, die dadurch entstanden sind, dass die sie tragende Platte über einen vulkanisch aktiven **Hot Spot** hinweggewandert ist, der relativ zur Erdoberfläche stationär ist, so als ob ein Schweißbrenner fest im Erdmantel verankert wäre (Abb. 12.26). Ausgehend von diesen Hinweisen vermutete man, dass solche Hot Spots die vulkanischen Auswirkungen von heißem plastischem Material sind, das in eng begrenzten schlauchförmigen Zonen aus großen Tiefen des Erdmantels (möglicherweise sogar von der Grenze Kern/Mantel) als sogenannter **Manteldiapir** aufsteigt. Nach dieser Hypothese der Manteldiapire beginnen aufsteigende Peridotite zu schmelzen, sobald sie die seichteren Stockwerke mit ihren geringeren Drücken erreichen; dabei entstehen basaltische Magmen. Diese Magmen durchdringen die Lithosphäre und fließen an der Oberfläche aus. Dort, wo sich die Platte direkt über dem Hot Spot befindet, ist gleichzeitig ein aktiver Vulkan tätig, der jedoch erlischt, wenn

sich die Platte vom Hot Spot wegbewegt. Die Bewegung der Platte führt demzufolge zu einer Reihe erloschener, zunehmend älterer Vulkane. Wie Abb. 12.26a zeigt, entsprechen die Inseln von Hawaii genau diesem Muster; sie zeigt außerdem, dass die Pazifische Platte sich mit einer Geschwindigkeit von etwa 100 mm pro Jahr über den Hot Spot von Hawaii hinwegbewegt.

Einige Aspekte des innerhalb der Kontinente auftretenden **Intraplattenvulkanismus** konnten ebenfalls mit dieser Hypothese der Manteldiapire erklärt werden. Der Yellowstone ist ein solches Beispiel. Die lediglich 630.000 Jahre alte Yellowstone-Caldera im Nordwesten von Wyoming (USA) ist mit ihren Geysiren, heißen Quellen, Hebung und Erdbeben noch immer aktiv. Sie ist das jüngste Glied in einer Kette zunehmend älterer und heute erloschener Calderen, die wohl die Bewegung der Nordamerikanischen Platte über den Yellowstone Hot Spot hinweg nachzeichnet (Abb. 12.26b). Das älteste Glied dieser Kette, ein Vulkangebiet in Oregon, war vor 16 Ma aktiv und bildete die Flutbasalte des Columbia-Plateaus. Eine einfache Berechnung zeigt, dass sich die Nordamerikanische Platte in den vergangenen 16 Ma mit einer Geschwindigkeit von 25 mm pro Jahr über den Yellowstone Hot Spot hinweg nach Südwesten bewegt hat. Lässt man die relative Bewegung der Nordamerikanischen und Pazifischen Platte außer Acht, stimmen Geschwindigkeit und Richtung mit den von Hawaii bestimmten Plattenbewegungen überein.

Bestimmung der Plattenbewegungen mithilfe der Hot Spots Geht man davon aus, dass die Hot Spots über den aus dem tiefen Mantel aufsteigenden Diapiren ortsfest sind, lässt sich aus der weltweiten Verteilung der mit ihnen verknüpften Vulkanreihen errechnen, wie sich das globale System der Platten in Relation zum tieferen Mantel bewegt hat. Diese Ergebnisse werden oft auch als „absolute Plattenbewegungen" bezeichnet, um sie von den relativen Bewegungen der Platten zueinander zu unterscheiden. Die aus den Spuren der Hot Spots abgeleiteten absoluten Plattenbewegungen erklären darüber hinaus auch die Antriebskräfte der Plattenbewegungen. Platten, von deren Ränder große Bereiche subduziert werden, wie etwa bei der Pazifischen, der Nazca-, der Cocos-, der Indischen und Australischen Platte, bewegen sich in Relation zu den Hot Spots sehr rasch; auf der anderen Seite bewegen sich diejenigen Platten, von denen keine wesentlichen Teile subduziert werden, wie beispielsweise von der Eurasischen und der Afrikanischen Platte, deutlich langsamer. Diese Beobachtung bestätigt die Hypothese, dass die Zugkräfte („slab pull") der großflächig nach unten abtauchenden Platten hoher Dichte die wesentlichen Antriebsmechanismen der Plattenbewegungen sind (vgl. Kap. 2).

Aus den Spuren der Hot Spots lässt sich die Geschichte der rezenten Plattenbewegungen relativ zum tiefen Mantel vergleichsweise gut rekonstruieren. Über längere Zeiträume hinweg ergeben sich jedoch gewisse Schwierigkeiten. Zum Beispiel sollte nach der Hypothese der ortsfesten Hot Spots der scharfe Knick im aseismischen Rücken von Hawaii vor etwa 43 Ma – an dem er in die nach Norden ausgerichtete Emperor-Seamount-Kette übergeht (vgl. Abb. 12.21) – mit einer plötzlichen Änderung der Bewegungsrichtung der Pazifischen Platte übereinstimmen. Anhand der magnetischen Isochronen ist jedoch eine solche Änderung nicht zu erkennen, daher bezweifeln einige Geowissenschaftler die Hypothese der ortsfesten Hot Spots. Andere haben darauf

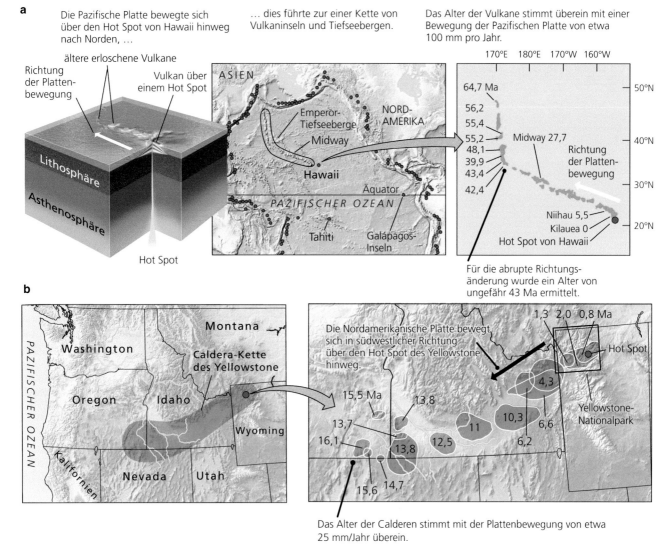

Abb. 12.26a,b Die Bewegung einer Lithosphärenplatte über einen Hot Spot hinterlässt eine Reihe zunehmend älterer Vulkane. **a** Die Inselkette von Hawaii und ihre Fortsetzung im Nordwestpazifik (die Emperor Seamounts) zeigt das nach Nordwesten immer höher werdende Alter. **b** Eine Reihe zunehmend älter werdender Calderen kennzeichnet die Bewegung der Nordamerikanischen Platte in den vergangenen 16 Ma über einen kontinentalen Hot Spot hinweg (nach: Wheeling Jesuit University/NASA, *Classroom of the Future*)

hingewiesen, dass Manteldiapire in einem Erdmantel mit Konvektionsbewegungen nicht notwendigerweise relativ zueinander ortsfest bleiben müssen, sondern sich durch die verändernden Konvektionsströmungen ebenfalls verlagern können.

Große Vulkanprovinzen Die Entstehung von basaltischen Spalteneruptionen auf Kontinenten, wie jene, die das Columbia-River-Plateau und die weitaus größeren Lavaplateaus in Brasilien, Paraguay, Indien und Sibirien bildeten, ist noch Gegenstand der Diskussion. Aus der Erdgeschichte ist bekannt, dass in der vergleichsweise kurzen Zeit von einer Million Jahren bis zu mehrere Millionen Kubikkilometer Lava gefördert werden können.

Flutbasalte sind nicht auf Kontinente begrenzt, sondern bilden auch ausgedehnte submarine Plateaus wie etwa das Otong-Java-Plateau im Norden der Insel Neuguinea oder Teile des Kergue-

len-Plateaus im südlichen Indischen Ozean. Dies sind nur einige Beispiele für die sogenannten **großen Vulkanprovinzen** („Large Igneous Provinces", LIP's) der Erde (Abb. 12.27). Sie bestehen aus mächtigen großflächig verbreiteten, überwiegend basischen Effusiv- und Intrusivgesteinen, deren Entstehung durch andere Prozesse erfolgen muss, als durch normales Seafloor-Spreading. Diese Vulkanprovinzen bestehen entweder aus kontinentalen Flutbasalten und den damit verbundenen Intrusivgesteinen oder aus submarinen Flutbasalten sowie aus den durch Hot Spots entstandenen aseismischen Rücken.

Die Spalteneruptionen, die einen großen Teil Sibiriens mit Laven überdeckten, sind für die Geobiologen von besonderem Interesse, weil sie zeitgleich mit dem größten Massenaussterben der Erdgeschichte auftraten, das sich vor 251 Ma am Ende des Perms ereignete (vgl. Kap. 11). Einige Geowissenschaftler gehen davon

Teil IV

Abb. 12.27 Globale Verbreitung der großen Vulkanprovinzen (Large Igneous Provinces) auf Kontinenten und in Ozeanen. Diese Provinzen sind gekennzeichnet durch ungewöhnlich hohe Produktionsraten basaltischer Magmen (nach: M. Coffin & O. Eldholm (1994), *Reviews of Geophysics* 32: 1–36, Abb. 1)

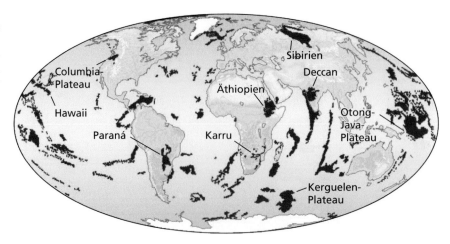

aus, dass dieser Vulkanausbruch Ursache des Massenaussterbens war, möglicherweise weil die in die Atmosphäre freigesetzten vulkanischen Gase zu einer erheblichen Klimaveränderung geführt haben (vgl. Abschn. 24.12).

Viele Geologen sind der Meinung, dass nahezu alle großen Vulkanprovinzen an Hot Spots durch Manteldiapire entstanden sind. Die geförderte Lavamenge aus dem gegenwärtig aktiven Hot Spot der Erde, Hawaii, ist jedoch im Vergleich zu den produzierten Lavamengen bei den Ausbrüchen der Flutbasalte verschwin-

dend klein. Wie lassen sich diese ungewöhnlich großen Ausbrüche solcher aus dem Mantel stammenden basaltischen Laven erklären? Einige Geowissenschaftler gehen davon aus, dass derart große Lavamengen dann entstehen, wenn ein neuer Manteldiapir von der Kern/Mantel-Grenze aufsteigt. Nach dieser Hypothese bahnt sich eine große pilzförmige und rasch aufsteigende Front des heißen Diapirs den Weg nach oben. Sobald diese die Obergrenze des Erdmantels erreicht, entsteht durch Druckentlastung eine immens große Menge an Magma, die in Form von Flutbasalten an die Erdoberfläche gelangt (Abb. 12.28). Andere bezwei-

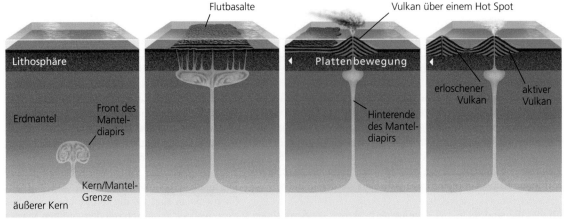

Abb. 12.28 Ein theoretisches Modell zur Entstehung von Flutbasalten und großen Vulkanprovinzen. Von der Kern/Mantel-Grenze steigt hinter einer turbulenten pilzförmigen Front ein neuer Manteldiapir auf. Wenn die Front des Manteldiapirs die Obergrenze des Erdmantels erreicht, flacht sie ab. Dabei entsteht ein großes Reservoir basaltischer Schmelzen, die als Flutbasalte an der Erdoberfläche ausfließen

feln allerdings diese Hypothese und weisen darauf hin, dass die kontinentalen Flutbasalte häufig an präexistente Schwächezonen in den Lithosphärenplatten gebunden sind – ein Hinweis, dass die Magmen durch Konvektionsbewegungen im oberen Mantel entstehen. Die Genese dieser großen Vulkanprovinzen ist noch immer Gegenstand intensiver geologischer Forschungen.

Vulkanismus und menschliches Dasein

Große Vulkanausbrüche sind für Geologen nicht nur von akademischem Interesse. Mehr als 600 Mio. Menschen leben nahe genug an aktiven Vulkanen, um unmittelbar von Vulkanausbrüchen betroffen zu werden. Eine Wiederholung der größten innerhalb der geologischen Überlieferung beobachteten Eruptionen könnte unsere gesamte Zivilisation zum Erliegen bringen oder sogar völlig zerstören. Wir müssen das von den Vulkanen ausgehende Gefahrenpotenzial kennen, um die von ihnen ausgehenden Risiken zu reduzieren. In einer Welt mit ständig wachsendem Konsum ist jedoch auch eine Beurteilung des Nutzens erforderlich, den die menschliche Gesellschaft in Form von mineralischen Rohstoffen, fruchtbaren Böden und geothermischer Energie aus den vulkanischen Vorgängen zieht.

Vulkanische Risiken

Vulkanausbrüche nehmen in der Mythologie und Geschichte der Menschheit eine bevorzugte Stellung ein. Die ursprüngliche Quelle des Mythos vom verschwundenen Kontinent Atlantis war möglicherweise der gewaltige explosive Ausbruch auf Thira, der heutigen Insel Santorin, in der Ägäis. Bei dieser Eruption, die sich 1623 v. Chr. ereignete, brach eine Caldera von ungefähr 7 bis 10 km Durchmesser ein, die heute noch als bis zu 500 m tiefe Lagune mit zwei kleinen aktiven Vulkanen im Zentrum erkennbar ist. Die vulkanischen Trümmermassen und der dabei entstandene Tsunami zerstörten in einem großen Bereich des östlichen Mittelmeerraums Dutzende von Küstenstädten. Von einigen Historikern wurde das mysteriöse Verschwinden der minoischen Kultur auf diese Katastrophe zurückgeführt – inzwischen weiß man jedoch, dass diese Kultur erst Jahrzehnte später unterging.

Von den 500 bis 600 aktiven Vulkanen der Erde, die über dem Meeresspiegel liegen, forderte zumindest jeder sechste Menschenleben. Bis heute sind in diesem Jahrhundert lediglich etwa 600 Menschen bei Vulkanausbrüchen ums Leben gekommen, davon mehr als die Hälfte beim Ausbruch des Vulkans Merapi in Indonesien im Jahre 2010. Doch die Geschichte lehrt uns, dass dieses Glück nicht von Dauer ist. Allein in den vergangenen 500 Jahren fanden mehr als 250.000 Menschen bei Vulkanausbrüchen den Tod (Abb. 12.29a). Vulkane können auf vielfältige Weise Menschenleben vernichten und Eigentum zerstören. Einige davon sind in Abb. 12.29b aufgeführt und in Abb. 12.30 dargestellt. Zwei dieser von Vulkanen ausgehenden Gefahren, Tsunamis und pyroklastische Ströme, wurden bereits genannt, auf einige weitere wird nachfolgend eingegangen.

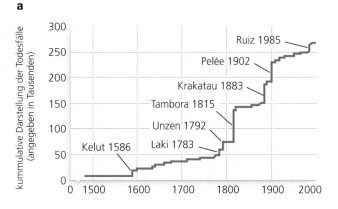

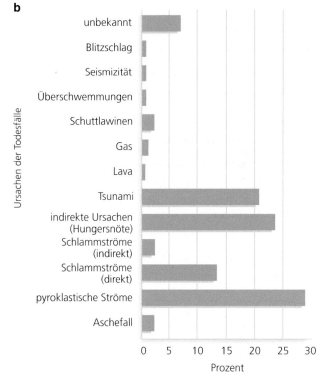

Abb. 12.29a,b **a** Kumulative Statistik der Todesopfer durch Vulkanausbrüche seit 1500 n. Chr. Die sieben, diese Statistik beherrschenden Eruptionen sind mit Namen bezeichnet; sie forderten jeweils über 10.000 Menschenleben und sind insgesamt für zwei Drittel aller Todesfälle verantwortlich. **b** Ursachen der durch Vulkane verursachten Todesfälle seit 1500 n. Chr (nach: T. Simkin, L. Siebert & R. Blong (2001), *Science* 291: 255)

Lahare Zu den gefährlichsten vulkanischen Ereignissen gehören die reißenden Schlamm- und Schuttströme aus wassergesättigtem vulkanischem Material, die als **Lahare** bezeichnet werden. Sie bilden sich, wenn beispielsweise ein pyroklastischer Strom auf einen Fluss oder ein Schneefeld trifft. Außerdem können Lahare entstehen, wenn die Wand eines Kratersees bricht und plötzlich Wasser ausfließt, wenn durch einen Lavastrom Gletschereis schmilzt oder auch wenn heftige Regenfälle frische Ascheablagerungen in Schlammströme verwandeln. Eine Schichtenfolge in der Sierra Nevada von Kalifornien (USA) enthält 8000 km³ als Lahar abgelagertes Material, eine Menge, die ausreichen würde, um den US-Bundesstaat Delaware – oder Luxemburg und das Saargebiet zusammengenommen – mit ei-

Abb. 12.30 Einige vulkanische Gefahren, die Menschenleben fordern oder Sachschäden verursachen (B. Meyers et al./USGS)

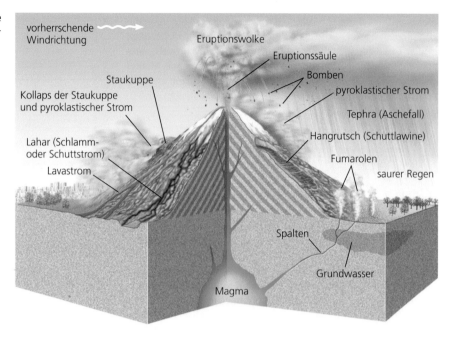

Abb. 12.31 Die Stadt Armero (Kolumbien) wurde 1985 nach der Eruption des lange inaktiven Vulkans Nevado del Ruiz unter Laharen begraben (Foto: © STF/ASP/Getty Images)

ner Schicht von über 1000 m Mächtigkeit zu überdecken. Von Laharen ist bekannt, dass sie riesige Blöcke über viele Kilometer transportieren können. Als 1985 in Kolumbien der Nevado del Ruiz ausbrach, flossen Lahare, die durch das Abschmelzen von Gletschereis in der Nähe des Gipfels ausgelöst wurden, die Hänge herab und begruben die 50 km entfernt liegende Stadt Armero, in der 25.000 Menschen ums Leben kamen (Abb. 12.31).

In den von Eismassen bedeckten Vulkangebieten ist eine der größten Gefahrenquellen der sturzbachartige Abfluss von Hoch-

wasser, wenn durch das geförderte Magma große Mengen Gletschereis schmelzen; diese extrem wasserreiche Form eines Lahars wird als Gletscherlauf (isländisch: *Jökulhlaup*) bezeichnet.

Kollaps eines Vulkankörpers Ein Schichtvulkan wird aus Tausenden von Lavaergüssen beziehungsweise Ascheablagerungen oder beidem aufgebaut, wobei meist kein stabiles Gebilde entsteht. Eine Flanke des Vulkans kann zu steil werden und losbrechen oder abrutschen. In den vergangenen Jahren entdeckten Vulkanologen zahlreiche prähistorische Beispiele für katastrophenartige Zusammenbrüche, bei denen – möglicherweise ausgelöst durch Erdbeben – einst große Teile eines Vulkans weggebrochen waren und sich im geschlossenen Verband als ein alles zerstörender Erdrutsch hangabwärts bewegt hatten. Solche Zerstörungen an Vulkankegeln ereignen sich weltweit etwa viermal pro Jahrhundert. Der kollabierende Flankenbereich des Mount St. Helens war die verheerendste Auswirkung der Eruption im Jahre 1980 (vgl. Abb. 12.6).

Untersuchungen des Meeresbodens vor Hawaii ergaben an den unter Wasser liegenden Hängen des Hawaii-Rückens Rutschmassen von gigantischem Ausmaß. Als sich diese Massenbewegungen ereigneten, lösten sie wahrscheinlich ungeheuer starke Tsunamis aus. Tatsächlich fand man auf einer Insel der Hawaii-Gruppe ungefähr 300 m über dem Meeresspiegel marine Sedimente mit Korallenschutt. Diese Sedimente wurden möglicherweise durch einen großen Tsunami abgelagert, der von einem prähistorischen Flankenkollaps ausgelöst worden war.

Die Südflanke des Vulkans Kilauea bewegt sich derzeit mit der – geologisch gesehen – sehr hohen Geschwindigkeit von 100 mm pro Jahr in Richtung Meer. Diese Bewegung wurde jedoch erst richtig bedrohlich, als sie sich am 8. November 2000 um ein Vielfaches beschleunigte. Ein ganzes Netz von Bewegungsmessern ermittelte über einen Zeitraum von 36 Stunden eine gefährliche Zunahme der Geschwindigkeit auf etwa 50 mm pro Tag, danach stellte sich wieder die normale Geschwindigkeit ein. Seit diesem Zeitpunkt wurden vergleichbare Vorgänge, wenn auch in unterschiedlichem Ausmaß, alle 2–3 Jahre beobachtet. Irgendwann, vielleicht in mehreren tausend Jahren oder auch früher, wird die Flanke losbrechen und in den Ozean abrutschen. Dieses katastrophale Ereignis könnte einen Tsunami auslösen, der für Hawaii, Kalifornien und sämtliche Küstengebiete des Pazifiks verhängnisvoll wäre.

Einbruch einer Caldera Der Einbruch einer großen Caldera ist zwar selten, aber eines der verheerendsten Naturphänomene auf der Erde. Die kontinuierliche Überwachung der Bewegungen einer Caldera ist wegen ihres langfristig großen Zerstörungspotenzials heute eine wichtige Aufgabe der geologischen Dienste. Glücklicherweise kam es seit Menschengedenken zu keinen katastrophalen Einbrüchen, dennoch beobachten Seismologen sehr kritisch das zunehmende Auftreten kleiner Erdbeben in der Caldera des Yellowstone und des Long Valley, aber auch andere Hinweise, die auf Aktivitäten in den darunter befindlichen Magmakammern schließen lassen. Beispielsweise führt in den Boden aufsteigendes CO_2 aus einem tief in der Kruste liegenden Magma seit 1992 am Mammoth Mountain, einem Vulkan am Rande der Long-Valley-Caldera, zum Absterben der Bäume. Einige Bereiche der Yellowstone-Caldera heben sich seit 2004 mit Geschwindigkeiten bis zu 7 cm pro Jahr und im Zentrum der Caldera trat in einer zweiwöchigen Periode von Dezember 2008 bis Januar 2009 ein Schwarm von mehr als 100 kleinen Erdbeben auf. Wie im Falle der Long-Valley-Caldera sind auch diese Beobachtungen die Folge des Aufstiegs von Magma in mittlere Tiefenbereiche der Erdkruste.

Eruptionswolken Eine weniger tödliche aber dennoch kostspielige Gefahr sind die Ausbrüche von Aschewolken, die, wenn Flugzeuge sie durchfliegen, zur Zerstörung der Triebwerke führen. Mehr als 60 Verkehrsflugzeuge wurden bereits durch solche Wolken beschädigt. Bei einer Boeing 747 fielen zeitweise alle vier Triebwerke aus, weil sie Asche von einem in Alaska ausbrechenden Vulkan eingesaugt hatten und zum Stillstand kamen. Glücklicherweise gelang dem Piloten eine Notlandung. Inzwischen geben zahlreiche Länder bei Vulkanausbrüchen Warnungen heraus, wenn damit zu rechnen ist, dass in der Nähe von Luftverkehrsstraßen Asche in die Atmosphäre gelangt. Der Ausbruch des Eyjafjallajökull auf Island im April und Mai 2010 brachte den gesamten Luftverkehr über dem Nordatlantik zum Erliegen und den Luftverkehrsgesellschaften entstanden wirtschaftliche Verluste in Höhe von mehreren Milliarden US-Dollar.

Verringerung der Risiken gefährlicher Vulkane

Auf der Welt gibt es derzeit etwa 100 hochgefährliche Vulkane und etwa 50 Vulkanausbrüche pro Jahr. Diese Vulkanausbrüche sind nicht zu verhindern, doch ihre katastrophalen Auswirkungen können durch die Kommunikation von Wissenschaft und Öffentlichkeitsarbeit beträchtlich verringert werden. Die Vulkanologie ist heute so weit fortgeschritten, dass alle gefährlichen Vulkane der Erde bekannt sind und auch ihr Gefahrenpotenzial aus den vulkanischen Ablagerungen früherer Eruptionen abgeschätzt werden kann. Einige der potenziell gefährlichen Vulkane in den Vereinigten Staaten und Kanada sind in Abb. 12.32 dargestellt. Diese Risikoeinschätzung kann dazu herangezogen werden, um entsprechende Zonen auszuweisen, in denen die Landnutzung eingeschränkt wird – eine sehr wirkungsvolle Maßnahme, um Verluste jeglicher Art zu verringern.

Solche Untersuchungen zeigten auch, dass der Mount Rainier im US-Bundesstaat Washington – wegen seiner Nähe zu den dicht bevölkerten Ballungsgebieten von Seattle und Tacoma – die vielleicht größte vulkanische Bedrohung in den Vereinigten Staaten darstellt (Abb. 12.33). Zumindest 80.000 Menschen und deren Wohn-, Büro- und Industriegebäude sind in den durch Lahare gefährdeten Zonen des Mount Rainier einem Risiko ausgesetzt. Ein Vulkanausbruch könnte Tausende von Menschenleben fordern und die Wirtschaft des pazifischen Nordwestens weitgehend lahmlegen.

Vorhersage von Vulkanausbrüchen Bei den genannten Risiken erhebt sich die Frage: Sind Vulkanausbrüche vorhersagbar? In vielen Fällen lautet die Antwort: Ja. Durch eine instrumentelle Überwachung lassen warnende Anzeichen wie etwa Erdbeben, Aufwölbungen, Hebungsvorgänge und Gasausbrüche im Umfeld eines Vulkans die nahe bevorstehende Eruption erkennen. Die gefährdete Bevölkerung kann im Gefahrenfall evakuiert werden, sofern die Behörden dementsprechend organisiert und darauf vorbereitet sind. Wissenschaftler, die den Mount St. Helens überwacht hatten, konnten im Jahre 1980 die

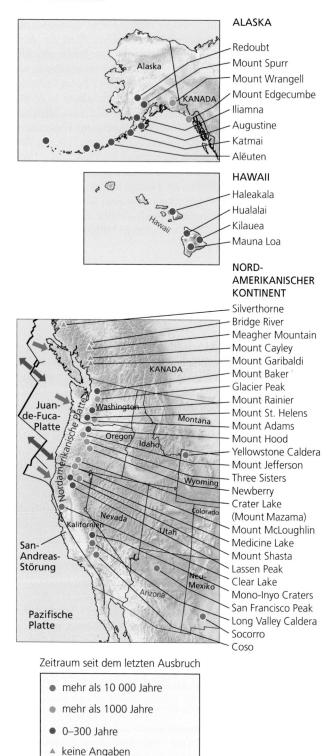

ALASKA
- Redoubt
- Mount Spurr
- Mount Wrangell
- Mount Edgecumbe
- Iliamna
- Augustine
- Katmai
- Alëuten

HAWAII
- Haleakala
- Hualalai
- Kilauea
- Mauna Loa

NORD-
AMERIKANISCHER
KONTINENT
- Silverthorne
- Bridge River
- Meagher Mountain
- Mount Cayley
- Mount Garibaldi
- Mount Baker
- Glacier Peak
- Mount Rainier
- Mount St. Helens
- Mount Adams
- Mount Hood
- Yellowstone Caldera
- Mount Jefferson
- Three Sisters
- Newberry
- Crater Lake
  (Mount Mazama)
- Mount McLoughlin
- Medicine Lake
- Mount Shasta
- Lassen Peak
- Clear Lake
- Mono-Inyo Craters
- San Francisco Peak
- Long Valley Caldera
- Socorro
- Coso

Zeitraum seit dem letzten Ausbruch

- mehr als 10 000 Jahre
- mehr als 1000 Jahre
- 0–300 Jahre
- ▲ keine Angaben

Abb. 12.32 Potenziell gefährliche Vulkane in den Vereinigten Staaten und Kanada. Die Vulkane innerhalb der Vereinigten Staaten sind entsprechend der Zeit seit ihrem letzten Ausbruch mit unterschiedlichen Farben dargestellt. Diejenigen, die in jüngster Zeit ausgebrochen sind, gelten als die potenziell gefährlichsten. (Diese Gruppierung gilt vorbehaltlich einer Revision durch weitere Untersuchungen. Vergleichbare Risikoabschätzungen liegen für die kanadischen Vulkane nicht vor.) Man beachte den Zusammenhang zwischen den Vulkanen des Kaskadengebirges, die sich von Kalifornien bis nach British Columbia erstrecken, und der Subduktionszone zwischen der Nordamerikanischen Platte und der Juan de Fuca-Platte (nach: R. A. Bailey, P. R. Beauchemin, F. P. Kapinos & D. W. Klick/USGS)

Abb. 12.33 Blick von Tacoma, Washington (USA) auf den Mount Rainier (Foto: © Patrick Lynch/Alamy)

Bevölkerung vor einem unmittelbar bevorstehenden Ausbruch warnen (vgl. Exkurs 12.2). Die erforderlichen Infrastrukturen seitens der Regierungsbehörden waren vorhanden, um solche Warnungen zu beurteilen und die Räumung der gefährdeten Gebiete durchzuführen, sodass nur wenige Menschen den Tod fanden.

Eine weitere erfolgreiche Warnung wurde einige Tage vor der katastrophalen Eruption des Pinatubo auf den Philippinen am 15. Juni 1991 herausgegeben. Eine Viertelmillion Menschen wurde evakuiert, darunter auch etwa 16.000 Angehörige des nahe gelegenen US-Luftwaffenstützpunkts (der danach aufgegeben wurde). Zehntausende Menschenleben wurden so vor den Laharen gerettet, die alles auf ihrem Weg zerstörten. Die Zahl der Todesopfer beschränkte sich auf wenige Menschen, die den Anordnungen nicht folgten. Im Jahre 1994 wurden 30.000 Einwohner von Rabaul (Papua-Neuguinea) erfolgreich auf dem Land- und Seeweg evakuiert, Stunden bevor zwei Vulkane auf beiden Seiten der Stadt ausbrachen und den größten Teil von ihr zerstörten oder verwüsteten. Viele verdanken ihr Leben der Regierung – wegen der Durchführung von Evakuierungsübungen – und auch den Wissenschaftlern des lokalen Vulkanobservatoriums, die eine Warnung veröffentlichten, als ihre Seismographen Bodenerschütterungen durch den oberflächennahen Aufstieg von Magma registrierten.

Kontrolle von Vulkanausbrüchen Kann eine Vulkaneruption unter Kontrolle gebracht werden? Wohl kaum, weil große Vulkane Energie in einer Größenordnung freisetzen, die unsere Überwachungsmöglichkeiten bei weitem überfordert. Unter gewissen Umständen und im bescheidenen Rahmen lassen sich die Schäden gering halten. Der vielleicht erfolgreichste Versuch, vulkanische Tätigkeit unter Kontrolle zu halten, wurde im Januar 1973 auf der isländischen Insel Heimaey unternommen. Durch Beregnen der vorrückenden Lava mit Meerwasser kühl-

ten und verlangsamten die Isländer den Lavastrom und verhinderten, dass dieser den Hafeneingang blockierte. Darüber hinaus bewahrten sie auch einige Häuser vor der Zerstörung.

Auch in den kommenden Jahren wird die beste Maßnahme zum Schutz der Bevölkerung noch immer die Errichtung von Warnsystemen und die Evakuierung von Siedlungen sowie Einschränkungen beim Siedlungsbau in potenziell gefährdeten Gebieten sein.

Exkurs 12.2 Mount St. Helens: Gefährlich, aber vorhersagbar

Der Mount St. Helens ist der aktivste und explosivste Vulkan in den heutigen Vereinigten Staaten (Abb. 12.4). Er hat eine 4500 Jahre währende Geschichte mit verheerenden Lavaergüssen, heißen pyroklastischen Strömen, Laharen und großräumigen Ascheablagerungen. Am 20. März 1980 deutete eine Serie von Erdbeben unterhalb des Vulkans nach 123 Jahren der Ruhe den Beginn einer neuen Eruptionsphase an. Diese Erdbeben veranlassten den US Geological Survey, eine offizielle Gefahrenwarnung herauszugeben. Die erste Dampf- und Ascheeruption erfolgte eine Woche später aus einem auf dem Gipfel neu entstandenen Krater.

Im April registrierten die Seismographen eine Zunahme der harmonischen Beben (vulkanischer Tremor), die eine Bewegung von Magmen unter dem Mount St. Helens erkennen ließen; an der oberen Nordostflanke beobachtete man überdies eine verdächtige Aufwölbung. Der US Geological Survey gab eine dringlichere Warnung aus, mit der die Bevölkerung aufgefordert wurde, die Umgebung zu verlassen. Am 18. Mai erfolgte unvermittelt der Höhepunkt der Eruption. Ein heftiges Erdbeben löste offenbar den Kollaps des nördlichen Berghangs und damit den größten, jemals registrierten Hangrutsch aus. Als ein riesiger Schuttstrom den Hang hinabstürzte, wurden unter hohem Druck stehende Gase und Wasserdampf in einer ungeheuren seitlich erfolgenden Explosion freigesetzt, die die Nordflanke des Berges wegsprengte.

Der Geologe David A. Johnston vom US Geological Survey überwachte den Vulkan von einem 8 km weiter nördlich gelegenen Beobachtungspunkt aus. Er dürfte die sich ausbreitende Explosionswelle gesehen haben, ehe er seine letzte Funkmeldung durchgab: „Vancouver, Vancouver, es geht los!" Ein gewaltiger Strom aus überhitzter, 500 °C heißer Asche, Gasen und Wasserdampf schoss mit orkanartiger Geschwindigkeit aus der abgesprengten Vulkanflanke nach Norden und verwüstete eine bis zu 20 km vom Vulkan entfernte und 30 km breite Zone. Eine vertikale Eruption schleuderte eine Aschesäule in eine Höhe von 25 km, doppelt so hoch, wie Verkehrsflugzeuge fliegen. Die Aschewolke trieb mit dem Wind nach Osten und Nordosten und machte noch

in einem Gebiet 250 km weiter im Osten den Tag zur Nacht. Sie lagerte sich über weiten Teilen der Bundesstaaten Washington, Idaho und Westmontana in Form einer bis zu 10 cm mächtigen Ascheschicht ab. Die bei der Explosion freigesetzte Energie entsprach ungefähr 25 Mio. Tonnen TNT. Der Gipfel des Vulkans war weggerissen worden, seine Gesamthöhe war damit um 400 m niedriger und seine nördliche Flanke verschwunden. An deren Stelle klaffte ein riesiges Loch.

Die örtliche Verwüstung war eindrucksvoll. In einer inneren Zone von etwa 10 km wurde der dichte Wald völlig entwurzelt und unter mehreren Metern pyroklastischer Schuttmassen begraben. Außerhalb dieses Areals, bis in etwa 20 km Entfernung, wurden die Äste von den Bäumen gerissen oder Bäume wie Streichhölzer umgeknickt und in radialer Fallrichtung vom Schlot wegzeigend eingeregelt. In einer Entfernung von 26 km war die Druckwelle aus heißen Gasen noch so stark, dass dadurch ein Lastwagen umstürzte, dessen Plastikteile schmolzen. Einige Angler erlitten Verbrennungen und überlebten nur, weil sie in einen Fluss sprangen. Mehr als 60 weitere Menschen verloren durch die Explosion und andere Auswirkungen ihr Leben.

Da das Bergsturz- und das pyroklastische Material sich mit Grundwasser, geschmolzenem Schnee und Gletschereis vermischt hatten, war ein Schlammstrom entstanden. Er floss 28 km weit durch das Tal des Toutle River und füllte dort den Talboden bis zu 60 m hoch auf. Jenseits dieses Lahars floss das mit Schlamm beladene Wasser in den Columbia River, wo die Sedimente die Schifffahrtsrinne blockierten, sodass in Portland zahlreiche Schiffe auf Grund liefen.

Die Erdbeben und auch die magmatische Tätigkeit hielten in den vergangenen 26 Jahren an. Nach mehr als einem Jahrzehnt der Ruhe erwachte der Vulkan im September 2004 erneut: Es kam zu einer Reihe von schwächeren Wasserdampf- und Asche-Eruptionen, die bis in das Jahr 2005 andauerten. Der Aufstieg der Quellkuppe (Abb. 12.14b) lässt vermuten, dass diese Aktivitätsphase noch einige Zeit anhalten dürfte.

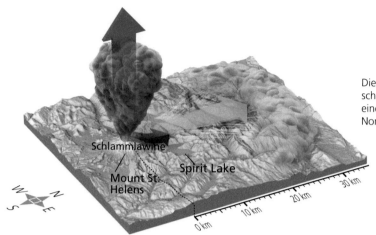

Die Eruption des Mount St. Helens am 18. Mai 1980 schleuderte eine Aschewolke in die Stratosphäre und eine Schlammlawine und eine Druckwelle in Richtung Norden.

(**17. Mai, 15:00 Uhr**) Blick auf den Mount St. Helens einen Tag vor dem Ausbruch. Die Nordseite des Vulkans hat sich durch das in den vergangenen zwei Monaten in geringe Tiefen aufgestiegene Magma aufgewölbt (Foto: © Keith Ronnholm)

(**18. Mai, 8:33 Uhr**) Ein Erdbeben und ein riesiger Erdrutsch führten durch die Druckentlastung zur Freisetzung einer Aschewolke und einer seitlich gerichteten Druckwelle (Foto: © Keith Ronnholm)

Rohstoffe aus Vulkanen

Wir haben die Schönheit und auch die Zerstörungskraft der Vulkane kennen gelernt. Es sollte jedoch nicht vergessen werden, dass Vulkane aber auch in mancherlei Hinsicht zu unserem Wohlergehen beitragen, wenn auch oft nur indirekt. Böden auf vulkanischem Untergrund sind durch die darin enthaltenen mineralischen Nährstoffe außergewöhnlich fruchtbar. Die geförderten vulkanischen Gesteine, Gase und Dämpfe sind häufig die Quelle wichtiger Industrieminerale und Chemierohstoffe, etwa von Bimsstein, Borsäure, Ammoniak, Kohlendioxid und zahlreichen Metallen. Die hydrothermale Tätigkeit ist verantwortlich für die Ablagerung ungewöhnlicher Minerale, in denen relativ seltene Elemente, vor allem Metallverbindungen in wirtschaftlich bedeutenden Erzlagerstätten angereichert sind. Das in den Vulkansystemen der mittelozeanischen Rücken in Spalten zirkulierende Meerwasser ist ein wichtiger Faktor bei der Bildung von Erzen und für die Erhaltung des chemischen Gleichgewichts in den Ozeanen.

In einigen Gebieten, in denen der geothermische Gradient steil ist, kann die Wärme aus dem Erdinneren zum Beheizen von Ge-

bäuden und zum Betrieb elektrischer Generatoren genutzt werden. Die **geothermische Energie** ist abhängig vom Grad der Aufheizung des Wassers beim Durchfluss durch heißes Gestein (dem Wärmespeicher), das in mehreren hundert oder tausend Meter Tiefe unter der Erdoberfläche lagert. Das heiße Wasser bzw. der Dampf kann durch niedergebrachte Bohrungen an die Oberfläche gefördert werden. In der Regel handelt es sich dabei um natürlich vorkommendes Grundwasser, das auf Spalten im Gestein nach unten sickert. Darüber hinaus kann Wasser auch künstlich von der Erdoberfläche aus in den Untergrund eingeleitet werden.

Die bei weitem am häufigsten genutzte geothermische Energiequelle ist das natürlich auftretende Grundwasser, das auf Temperaturen zwischen 80 und 180 °C aufgeheizt wird. In diesem relativ niedrigen Temperaturbereich kann das Wasser für die Beheizung von Wohnhäusern, Gewerbe- und Industriebetrieben verwendet werden. Mehr als 20.000 Wohnungen werden bereits heute in Frankreich durch warmes Wasser beheizt, das aus dem Untergrund des Pariser Beckens entnommen wird. Reykjavik, die Hauptstadt Islands, das auf dem Mittelatlantischen Rücken liegt, wird ausschließlich mit geothermischer Energie beheizt.

Abb. 12.34 The Geysers in Kalifornien sind mit die weltweit größten Lieferanten von natürlichem Dampf. Ihre geothermische Energie wird für das 120 km südlicher liegende San Francisco in Strom umgewandelt (Foto: © Charles E. Rotkin/Corbis)

Wärmespeicher mit Temperaturen über 180 °C werden zur Erzeugung von elektrischer Energie genutzt. Sie treten in erster Linie in Gebieten mit jungem Vulkanismus auf, in Form von heißem, trockenem Gestein, heißem Grundwasser oder natürlichem Dampf. Natürlich vorkommendes heißes Wasser, das bis über den Siedepunkt aufgeheizt ist, und natürlicher Dampf sind hoch geschätzte Ressourcen. Die größte Anlage zur Erzeugung von elektrischer Energie aus natürlichem Dampf befindet sich bei „The Geysirs", 120 km nördlich von San Francisco. Sie erzeugt mehr als 600 MW elektrische Energie (Abb. 12.34). Etwa 70 geothermische Kraftwerke in Kalifornien, Utah, Nevada und auf Hawaii erzeugen zusammengenommen 2800 MW elektrische Energie, eine ausreichende Menge, um ungefähr 1 Mio. Menschen zu versorgen.

Zusammenfassung des Kapitels

Die wichtigsten vulkanischen Ablagerungen: Laven werden auf der Grundlage des abnehmenden SiO_2-Gehalts und der zunehmenden Menge an Magnesium und Eisen in saure (rhyolithische), intermediäre (andesitische) und basische (basaltische) Schmelzen unterteilt. Basaltische Laven sind vergleichsweise flüssig, andesitische und rhyolithische Laven sind höher visko, also zäher. Pyroklasten entstehen durch explosive Ausbrüche, in Abhängigkeit von ihrer Korngröße unterscheidet man zwischen Asche, Lapilli, Bomben und Blöcken.

Vulkanische Oberflächenformen: Die chemische Zusammensetzung und der Gasgehalt der Schmelzen sind wichtige Faktoren, die den Ausbruchsmechanismus und die Oberflächenformen der Vulkane beeinflussen. Ein Schildvulkan entsteht durch die wiederholte Förderung von basaltischer Lava aus einem Zentralschlot. Andesitische und rhyolithische Laven sind zähflüssiger und brechen gewöhnlich explosionsartig aus. Die dabei entstehenden Pyroklasten häufen sich zu einem Schlackenkegel auf. Ein Schicht- oder Stratovulkan besteht aus einem Wechsel von Aschelagen und Lavaergüssen. Die rasche Förderung

von Magma aus einer Magmakammer wenige Kilometer unter der Oberfläche mit nachfolgendem Einbruch des Daches der Magmakammer hinterlässt an der Erdoberfläche eine große Einbruchsstruktur, eine Caldera. Basaltische Laven können sowohl aus Spalten an mittelozeanischen Rücken als auch auf den Kontinenten ausfließen, wo sie sich als Decken in Form von Flutbasalten über die Landschaft ausbreiten. Pyroklastische Spalteneruptionen können ausgedehnte Gebiete mit Aschenablagerungen überdecken.

Zusammenhang zwischen Vulkanismus und Plattentektonik: Die großen Massen an basaltischer Lava, aus denen die ozeanische Kruste besteht, entstehen durch dekompressives Schmelzen und fließen an den Spreading-Zentren der mittelozeanischen Rücken aus. In den Vulkangürteln der Konvergenzzonen, in denen ozeanische und/oder kontinentale Platten kollidieren, sind andesitische Laven häufig. Rhyolithische Laven entstehen durch Aufschmelzen von saurer kontinentaler Kruste. Innerhalb der Platten kommt es über Hot Spots zu basaltischem Vulkanismus. Hot Spots sind Auswirkungen von Manteldiapiren – von heißem Mantelmaterial, das nach oben steigt.

Einige Gefahren und nützliche Auswirkungen des Vulkanismus: Vulkane können durch pyroklastische Ströme, durch Tsunamis, Lahare, den Kollaps eines Vulkankörpers, den Einbruch einer Caldera, durch Eruptionswolken und die Förderung von Asche Menschenleben vernichten und Besitztum zerstören. In den vergangenen 500 Jahren wurden 250.000 Menschen durch Vulkanausbrüche getötet. Positive Auswirkungen des Vulkanismus sind nährstoffreiche Böden und die hydrothermalen Prozesse, die für die Bildung zahlreicher wirtschaftlich wichtiger Erzlagerstätten wichtig sind. Die geothermische Energie, die in Gebieten mit hydrothermaler Tätigkeit genutzt wird, gewinnt als Energiequelle zunehmend an Bedeutung.

Teil IV

Ergänzende Medien

12-1 Animation: Vulkantypen

12-2 Animation: Entstehung des Crater Lake

12-3 Animation: Entstehung des Shiprock

12-4 Animation: Vulkanismus und Plattentektonik

12-1 Video: Schlackenkegel in Nordarizona: Sunset- und SP-Krater

12-2 Video: Crater Lake: Eine Caldera im Kaskadengebirge

12-3 Video: Der Ätna: Europas größter aktiver Vulkan

12-4 Video: White Island: Hydrothermale Erscheinungen in Neuseeland

12-5 Video: White Island: Ein Stratovulkan im Pazifischen Ozean

12-6 Video: Weltstadt Neapel

12-7 Video: Der Vesuv und die plinianische Eruption im Jahr 79 n. Chr.

12-8 Video: Die Äolischen Inseln

12-9 Video: Hawaii: Hot Spot und Vulkane

12-10 Video: Lavaströme auf Hawaii

Teil IV

Erdbeben

13

Der Tsunami des Tohoku-Erdbebens von 2011 brandet über die Uferbarriere herein, die zum Schutz der Stadt Miyako vor zerstörenden Wellen errichtet wurde (Foto: © AP Photo/Mainichi Shimbun, Tomohiko Kano)

Teil IV

Unter allen Naturkatastrophen sind Erdbeben – was Leben und Besitztum der Menschen betrifft – mit Sicherheit die größte Bedrohung. Unsere zerbrechliche, aus Bauwerken aller Art bestehende Lebenswelt, ruht zwangsläufig auf einer aktiven Erdkruste, die gegenüber Erdbeben und deren Sekundärerscheinungen wie etwa Bodenverschiebungen, Erdrutschen und Tsunamis äußerst anfällig ist. Einige katastrophale Ereignisse des vergangenen Jahrhunderts sind ernüchternde Beispiele für diese Tatsache.

An einem schönen Aprilmorgen des Jahres 1906 wurde die Bevölkerung Nordkaliforniens durch Donnern und heftige Bodenbewegungen geweckt, die durch das Aufreißen der Erdkruste entlang der San-Andreas-Störung verursacht wurden und das stärkste Erdbeben auslösten, das Nordamerika jemals erlebte. Die nachfolgende Brandkatastrophe zerstörte die Stadt San Francisco, und als man das Feuer schließlich unter Kontrolle hatte, waren nahezu 3000 Einwohner ums Leben gekommen (Abb. 13.1).

Knapp ein Jahrhundert später, am 26. Dezember 2004, brach westlich der indonesischen Insel Sumatra an einer wesentlich größeren Störung – der Mega-Überschiebung der Subduktionszone am Sunda-Inselbogen – die ozeanische Kruste auf, der Meeresboden wurde abrupt gehoben, und diese Vertikalbewegung löste einen der größten Tsunamis aus, der sich über den gesamten Indischen Ozean ausbreitete. Durch die gigantische Welle ertranken an den Küsten von Thailand bis Afrika mehr als 220.000 Menschen. An einer anderen Mega-Überschiebung vor Japan ereignete sich am 11. März 2011 ein Erdbeben, bei dem ein noch größerer Tsunami entstand, der nahezu 20.000 Menschenleben forderte. Seit dem kalifornischen Erdbeben 1906 bis heute sind weltweit mehr als zwei Millionen Menschen durch Erdbeben ums Leben gekommen. Um die allzu häufigen Todesfälle und Zerstörungen durch solche Katastrophen zu verringern, wurde lange nach Möglichkeiten zur Vorhersage von Erdbeben gesucht, wann und wo sie sich ereignen könnten und vor allem welche Maßnahmen zu treffen sind, wenn sie sich ereignet haben.

Rein wissenschaftlich betrachtet sind die seismischen Aktivitäten eine Folge plattentektonischer Bewegungen. Daher konzentrierten sich alle Bemühungen, die Gefährdung durch Erdbeben zu vermindern, auf zunehmend bessere Kenntnisse der geologisch aktiven Erde.

Dieses Kapitel beschreibt die wesentlichen Vorgänge während eines Erdbebens und wie Seismologen anhand von seismischen Wellen Erdbeben lokalisieren, ihre Stärke bestimmen und was getan werden kann, um Schäden und Todesfälle bei Erdbeben zu minimieren. Bis heute ist eine zuverlässige Vorhersage von Erdbeben nicht möglich; wir können jedoch Maßnahmen ergreifen, um ihre zerstörende Wirkung zu verringern. Wir können unsere geologischen Kenntnisse nutzen, um diejenigen Orte anzugeben, wo sich mit hoher Wahrscheinlichkeit schwere Erdbeben ereignen können, oder bei der Planung von Bauwerken mit den Bauingenieuren zusammenarbeiten, um Gebäude, Staudämme, Brücken und andere Baumaßnahmen so zu planen und zu errichten, dass sie den seismischen Erschütterungen standhalten und infolgedessen dazu beitragen, die Menschen in den gefährdeten Ballungsgebieten auf seismische Ereignisse vorzubereiten, um entsprechend reagieren zu können.

Was sind Erdbeben?

In Kap. 7 wurde bereits erwähnt, dass durch Plattenbewegungen in den schmalen Zonen entlang der Plattengrenzen enorme Spannungskräfte entstehen. Diese Kräfte deformieren die spröde reagierenden Gesteine der kontinentalen Kruste und können auf einfache Weise durch die Begriffe Spannung, Deformation und Festigkeit beschrieben werden. Spannung bedeutet in diesem Zusammenhang die lokal wirkende Kraft pro Flächeneinheit, die eine Deformation der Gesteine verursacht. Deformation ist der Relativbetrag der Verformung, angegeben als prozentualer Anteil der Deformation (beispielsweise Kompression eines Gesteins um ein Prozent seiner ursprünglichen Länge). Wenn Gesteine über einen kritischen Wert der Scherspannung hinaus beansprucht werden, der als Festigkeit oder Bruchgrenze bezeichnet wird, kommt es zum Bruch. Das heißt, das Gestein verliert seinen Zusammenhalt und zerbricht in zwei oder auch mehr Teile.

Wenn Gesteine, die kontinuierlich Deformationskräften ausgesetzt sind, plötzlich an einer bereits vorhandenen oder auch neu entstehenden Störung zerbrechen, kommt es zu einem **Erdbeben**. Die meisten großen Erdbeben entstehen durch Bewegungen an bereits vorhandenen Störungen, an denen die Festigkeit des Gesteins im Bereich der Störungsfläche schon durch vorangegangene Erdbeben verringert wurde. Die beiden Krustenblöcke beiderseits der Störung verschieben sich ruckartig und setzen dabei Energie in Form von **seismischen Wellen** frei, die wir als Bodenbewegungen wahrnehmen. Wenn es an der Störung zu Bewegungen kommt, wird die Spannung abgebaut und auf einen Wert reduziert, der unter der Gesteinsfestigkeit liegt. Nach dem Erdbeben baut sich die Spannung allmählich wieder auf und führt schließlich

Abb. 13.1 Dieses von George Lawrence 5 Wochen nach dem Erdbeben von San Francisco am 18. April 1906 aus einem Ballon aufgenommene Bild zeigt die Zerstörung der Stadt durch das Erdbeben und die nachfolgende Brandkatastrophe. Der Blick geht von Nob Hill in Richtung Geschäftsviertel (Foto: © Corbis)

irgendwann wieder zu einem Erdbeben. Störungen, an denen es als Folge dieses Erdbebenzyklus' wiederholt zu Erdbeben kommt, werden als aktive Störungen bezeichnet; sie treten im Wesentlichen im Bereich der Plattengrenzen auf, da sich dort aufgrund der Plattenbewegungen die Spannungen und Deformationsvorgänge konzentrieren.

Die Theorie der elastischen Rückformung

Das Erdbeben an der San-Andreas-Störung, das im Jahr 1906 San Francisco zerstörte, ist das bis heute am besten untersuchte historische Erdbeben. Durch die Kartierung der Versatzbeträge des Untergrundes entlang der Störung und die Auswertung der Seismogramme des Erdbebens zeigte sich, dass der Bruchvorgang unmittelbar westlich der Golden Gate Bridge begann und sich über eine Entfernung von 400 km in südöstlicher Richtung bis San Juan Battista und nach Nordwesten bis zum Kap Mendocino ausbreitete (Abb. 13.2). Aufgrund von Beobachtungen veröffentlichte der mit den Untersuchungen beauftragte Wissenschaftler Henry Fielding Reid von der Johns Hopkins University im Jahre 1910 die **Theorie der elastischen Rückformung**, eine heute noch allgemein anerkannte Hypothese zur Entstehung von Erdbeben an aktiven Störungen.

Um das Phänomen zu veranschaulichen, stellen wir uns eine Horizontalverschiebung zwischen zwei Krustenblöcken vor, über die Vermessungsingenieure – wie in Abb. 13.3a – auf den Boden gerade Linien senkrecht zur Störung gezogen haben, die von einem Block zum anderen verlaufen. Die beiden Blöcke werden durch Plattenbewegungen in entgegengesetzte Richtungen verschoben. Da sie durch das Gewicht der überlagernden Gesteine zusammengepresst werden, hält sie die Reibung an der Störung zusammen. Sie können sich nicht verschieben, ähnlich wie ein Auto durch eine angezogene Handbremse am Rollen gehindert wird. Anstatt an der Störung aneinander vorbeizugleiten, bauen sich Spannungen auf, welche die Blöcke in unmittelbarer Nähe der Störung elastisch deformieren, wie das an den gebogenen Linien in Abb. 13.3b erkennbar ist. Elastische Deformation bedeutet, dass die Blöcke ihren alten Zustand annehmen, wenn die Deformationsspannung plötzlich nachlässt.

Da die langsamen Plattenbewegungen die Blöcke weiterhin in entgegengesetzte Richtungen pressen, dauern auch die langsamen elastischen Deformationsbewegungen an – vielleicht über Jahrzehnte, Jahrtausende oder Jahrmillionen, erkennbar an der Verbiegung der Linien. Die Gesteinsdeformation setzt sich so lange fort, bis schließlich an irgendeiner Stelle der Störung der Reibungswiderstand überwunden wird und es dort zum Bruch – zu einem Erdbeben – kommt. Die Blöcke bewegen sich abrupt und der Bruch dehnt sich über einen gewissen Bereich der Störung aus. Abbildung 13.3d zeigt, dass die beiden Blöcke nach dem Erdbeben wieder ihren ursprünglichen Zustand vor der Deformation angenommen haben. Die gedachten gebogenen Linien verlaufen wieder gerade und die beiden Blöcke sind bleibend gegeneinander verschoben. (Man beachte dabei, dass sich der vor dem Bruch errichtete Zaun während der Rückformung

Abb. 13.2 Karte von Kalifornien. Sie zeigt die einzelnen Abschnitte der San-Andreas-Störung, an denen es 1680, 1857 und 1906 zu Erdbeben kam (Southern California Earthquake Center)

gebogen hat.) Der Betrag dieser Verschiebung wird allgemein als **Versatzbetrag**, im Fall einer Horizontalverschiebung auch als **Sprungweite** bezeichnet. Das in Abb. 13.3 dargestellte Foto zeigt, dass der bei dem Erdbeben von 1906 entstandene Versatz etwa 4 m betrug. Die maximale Geschwindigkeit der Bewegung an der Störung betrug etwa 1 m/s, daher erfolgte die Verschiebung innerhalb weniger Sekunden. Nachdem die Bewegung an der Störung zur Ruhe gekommen ist, baut sich durch die ständige Bewegung der Krustenblöcke beiderseits der Störung ein neues Spannungsfeld auf und damit beginnt der Erdbebenzyklus erneut.

Die Energie, die sich durch die elastische Deformation der beiden Blöcke langsam aufbaut, wenn diese in entgegengesetzte Richtung geschoben werden, ist vergleichbar mit der zunehmenden elastischen Energie, die sich in einem Gummiband aufbaut, wenn es langsam gedehnt wird. Die plötzliche Freisetzung von Energie bei einem Erdbeben, die sich in einer Bewegung entlang der Störung äußert, ist analog dem heftigen Zurückschnellen (der elastischen Rückformung) beim Reißen des Gummibands. Ein Teil dieser Energie wird in Form von seismischen Wellen abgestrahlt, die bis in große Entfernung von der Störung zu heftigen Erschütterungen führen können.

Die Theorie der elastischen Rückformung geht davon aus, dass es an Störungen periodisch zum Aufbau und zur Freisetzung von elastischer Energie kommen sollte, und dass der Zeitraum zwischen den Bruchvorgängen, das **Rekurrenzintervall** (die **Wiederkehrzeit**), ebenfalls weitgehend konstant sein sollte (vgl. Abb. 13.3). Die Wiederkehrzeit lässt sich auf einfache Weise berechnen, indem man den Versatzbetrag jeder Bewegungsphase durch die langfristige Bewegungsgeschwindigkeit dividiert. Die langfristige Bewegungsrate an der San-Andreas-Störung beträgt beispielsweise 30 mm/Jahr, was besagt, dass ein Erdbeben mit einem Versatzbetrag von 4 m ein Rekurrenzintervall von ungefähr 130 Jahren hat. Die meisten aktiven Störungen einschließlich

Teil IV

DIE DEFORMATION DER GESTEINE ERFOLGT ELASTISCH UND BEI EINEM ERDBEBEN KOMMT ES ZUR RÜCKFORMUNG

A

Einige Jahre nach der letzten Bodenbewegung errichtete ein Farmer über eine rechtsseitige Horizontalverschiebung hinweg eine Steinmauer.

B

In den nachfolgenden 150 Jahren führte die Relativbewegung der Krustenblöcke auf beiden Seiten der blockierten Störung zur Deformation des Untergrunds und der Steinmauer.

C

Unmittelbar vor dem nächsten Aufreißen der Störung wird über dem bereits deformierten Gebiet ein neuer Zaun gebaut.

D

Durch den Bruch an der Störung werden die Spannungen abgebaut und durch die elastische Rückformung kehren die Gesteinsblöcke in ihren ursprünglichen Spannungszustand zurück. Sowohl die Steinmauer als auch der Zaun werden an der Störung um den Betrag gegeneinander verschoben.

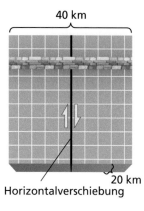

40 km

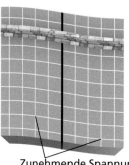

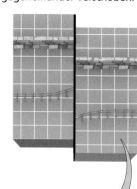

20 km

Horizontalverschiebung

Zunehmende Spannungen führen zur Deformation der Gesteine

DIE SPANNUNG BAUT SICH SO WEIT AUF, BIS DIE GESTEINSFESTIGKEIT ÜBERSCHRITTEN WIRD

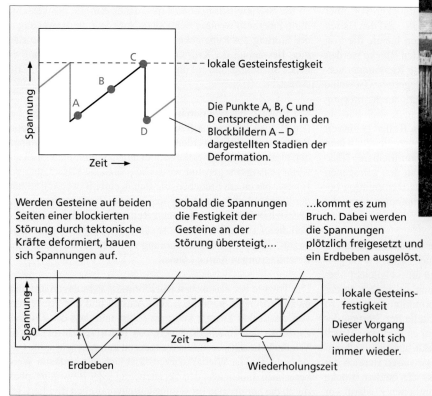

lokale Gesteinsfestigkeit

Die Punkte A, B, C und D entsprechen den in den Blockbildern A – D dargestellten Stadien der Deformation.

Werden Gesteine auf beiden Seiten einer blockierten Störung durch tektonische Kräfte deformiert, bauen sich Spannungen auf.

Sobald die Spannungen die Festigkeit der Gesteine an der Störung übersteigt,...

...kommt es zum Bruch. Dabei werden die Spannungen plötzlich freigesetzt und ein Erdbeben ausgelöst.

lokale Gesteinsfestigkeit

Dieser Vorgang wiederholt sich immer wieder.

Erdbeben

Wiederholungzeit

Dieser in der Nähe von Bolinas (Kalifornien) quer über die San-Andreas-Störung gebaute Zaun wurde bei dem großen Erdbeben von San Francisco im Jahr 1906 um nahezu 4 m verschoben.

Abb. 13.3 Scherbruch-Hypothese zur Entstehung eines Erdbebenzyklus'. Nach dieser Theorie bauen sich im Laufe der Zeit als Folge der Plattenbewegungen Spannungen auf. Übersteigt die Spannung die Gesteinsfestigkeit, kommt es zum Erdbeben. Die unter Spannungen stehenden Gesteine werden elastisch deformiert und nehmen bei einem Erdbeben wieder ihren ursprünglichen Zustand an (Foto: G. K. Gilbert/USGS)

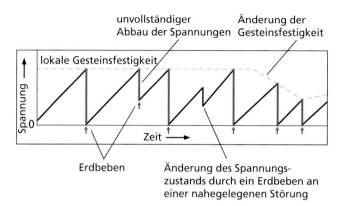

Abb. 13.4 Unregelmäßigkeiten innerhalb eines Erdbebenzyklus' können durch unterschiedlichen Spannungsabbau, Änderungen des Spannungsfeldes durch Erdbeben an nahe gelegenen Störungen und lokal unterschiedliche Gesteinsfestigkeit hervorgerufen werden

der San-Andreas-Störung folgen jedoch nicht dieser einfachen Theorie. So muss beispielsweise keineswegs die gesamte, seit dem letzten Erdbeben aufgebaute Spannung beim nächsten freigesetzt werden, das heißt, die Rückformung war unvollkommen oder die Spannungen an einer Störung werden nicht so kontinuierlich aufgebaut oder sie können sich aufgrund von Erdbeben an benachbarten Störungen verändern (Abb. 13.4). Darüber hinaus kann sich langfristig auch die Festigkeit der an die Störung grenzenden Gesteine ändern. All diese Unwägbarkeiten sind nur einige der Gründe, weshalb Erdbeben so schwer bis gar nicht vorherzusagen sind.

Krustenbewegungen bei Erdbeben

Der Ausgangspunkt, an dem die Verschiebungsbewegung einsetzt, ist der **Herd** oder das **Hypozentrum** eines Erdbebens (Abb. 13.5). Der unmittelbar über dem Erdbebenherd an der Erdoberfläche gelegene Ort wird als **Epizentrum** bezeichnet. Beispielsweise könnte man in einem Nachrichtenbericht hören: „Seismologen des U. S. Geological Survey berichten, dass das Epizentrum des verheerenden Erdbebens der vergangenen Nacht in Kalifornien 6 km östlich des Rathauses von Los Angeles lag. Die Herdtiefe betrug 10 km."

Bei den meisten in der kontinentalen Kruste auftretenden Erdbeben liegen die Herdtiefen etwa zwischen 2 und 20 km. Herdtiefen von mehr als 20 km sind bei Erdbeben auf den Kontinenten selten, da sich das Material der kontinentalen Kruste bei den in größeren Tiefen herrschenden Druck- und Temperaturbedingungen eher duktil als spröde verhält (wie auch heißes Wachs

unter Belastung fließt, während kaltes Wachs bricht; Kap. 7). An Subduktionszonen jedoch, an denen kalte ozeanische Lithosphäre in den Mantel abtaucht, entstehen Erdbeben bis in Tiefen von 700 km.

Der Bruchvorgang setzt nicht überall sofort ein. Er beginnt am Erdbebenherd und breitet sich in der Regel mit einer Geschwindigkeit von 2–3 km/s über die Störungsfläche aus (Abb. 13.5). Wo die Spannung nicht mehr ausreicht, um ein Aufbrechen der Störung zu ermöglichen – etwa dort, wo das Gestein eine höhere Festigkeit aufweist oder wo die Bruchbildung auf duktiles Material trifft, in dem sich der Bruch nicht weiter ausbreiten kann – endet der Bruchvorgang. In späteren Abschnitten wird gezeigt, dass die Stärke eines Erdbebens im Zusammenhang steht mit der Gesamtfläche, an welcher der Bruch erfolgt. Die meisten Erdbeben sind schwach und der Verschiebungsbetrag ist wesentlich kleiner als die Herdtiefe. Daher pausen sich die Störungsflächen in der Regel nicht bis zur Erdoberfläche durch.

Bei großen Erdbeben sind Brucherscheinungen an der Oberfläche jedoch die Regel. So kam es im Jahre 1906 bei dem großen Erdbeben von San Francisco in einem 470 km langen Abschnitt der San-Andreas-Störung an der Oberfläche zu horizontalen Versatzbeträgen von durchschnittlich 4 m (Abb. 13.3). Bei den stärksten Erdbeben kann sich der Bruchvorgang bis über 1000 km erstrecken und der Versatz der beiden Schollen kann Werte bis zu mehreren Dutzend Meter erreichen. So betrug beispielsweise die Länge der Bewegungsbahn bei dem Erdbeben von Sumatra 2004 mindestens 1200 km und der vertikale Versatz im Mittel 13 m. Im Allgemeinen gilt: je länger die Bruchbildung an der Störung, desto größer ist auch der Versatz.

Wie schon erwähnt führt die plötzliche Bewegung der beiden Blöcke zum Zeitpunkt des Erdbebens zu einer Verminderung der Spannung an der Störung und setzt einen großen Teil der gespeicherten elastischen Energie frei. Der größte Teil dieser Energie wird an der Störung in Reibungswärme umgewandelt, ein Teil wird jedoch in seismische Energie, das heißt in seismische Wellen umgesetzt, die sich von der Bruchfläche weg radial über die gesamte Erde ausbreiten, ähnlich wie sich Wasserwellen in konzentrischen Kreisen um den Punkt ausbreiten, wo ein Stein in einen ruhigen Teich hineingeworfen wurde. Die ersten seismischen Wellen entstehen unmittelbar am Erdbebenherd, obwohl die Bewegungen der beiden Schollen an der Störung so lange seismische Wellen erzeugen, bis die Bewegung und damit der Bruch zur Ruhe gekommen ist. Bei einem großen Erdbeben entstehen durch die sich ausbreitende Störung über einen Zeitraum von mehreren Sekunden bis Minuten kontinuierlich seismische Wellen. Diese Wellen können auf der gesamten Länge der Störung – selbst noch in großer Entfernung vom Epizentrum – zu Schäden führen. So wurden 1906 entlang der San-Andreas-Störung auch weit nördlich von San Francisco liegende Städte erheblich zerstört.

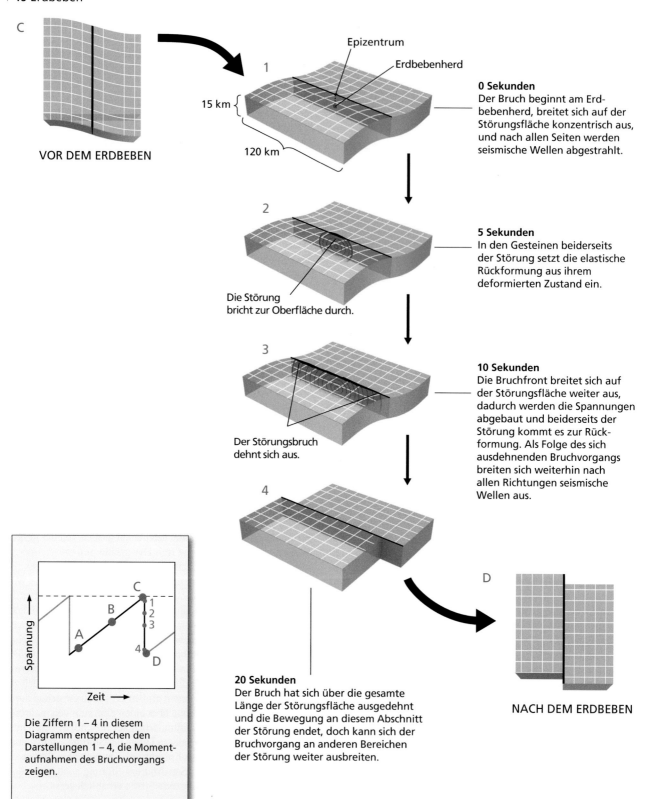

Epizentrum
Erdbebenherd

0 Sekunden
Der Bruch beginnt am Erd-
bebenherd, breitet sich auf der
Störungsfläche konzentrisch aus,
und nach allen Seiten werden
seismische Wellen abgestrahlt.

15 km

120 km

VOR DEM ERDBEBEN

Die Störung
bricht zur Oberfläche durch.

5 Sekunden
In den Gesteinen beiderseits
der Störung setzt die elastische
Rückformung aus ihrem
deformierten Zustand ein.

Der Störungsbruch
dehnt sich aus.

10 Sekunden
Die Bruchfront breitet sich auf
der Störungsfläche weiter aus,
dadurch werden die Spannungen
abgebaut und beiderseits der
Störung kommt es zur Rückformung. Als Folge des sich
ausdehnenden Bruchvorgangs
breiten sich weiterhin nach
allen Richtungen seismische
Wellen aus.

Spannung →
Zeit →

Die Ziffern 1 – 4 in diesem
Diagramm entsprechen den
Darstellungen 1 – 4, die Momentaufnahmen des Bruchvorgangs
zeigen.

20 Sekunden
Der Bruch hat sich über die gesamte
Länge der Störungsfläche ausgedehnt
und die Bewegung an diesem Abschnitt
der Störung endet, doch kann sich der
Bruchvorgang an anderen Bereichen
der Störung weiter ausbreiten.

NACH DEM ERDBEBEN

Abb. 13.5 Während des Erdbebens beginnt die Bewegung der Störung am Erdbebenherd und breitet sich von dort auf der Störungsfläche weiter aus. Die Blockbilder 1–4 sind Momentaufnahmen der Störungsbewegungen, die den mit Ziffern versehenen Punkten des Diagramms entsprechen

Teil IV

Vor- und Nachbeben

Nahezu alle großen Erdbeben lösen kleinere, sogenannte **Nachbeben** aus. Diese Nachbeben folgen dem Hauptbeben in Serien, die durch Phasen weitgehender seismischer Ruhe unterbrochen sind; ihre Herde liegen in der unmittelbaren Umgebung der Herdfläche des Hauptbebens (Abb. 13.6). Diese Nachbeben sind das beste Beispiel für die Komplexität, die durch die einfache Theorie der elastischen Rückformung nicht beschrieben werden kann. Obwohl durch die Bewegung des Hauptbebens an der Störungsfläche die Spannung in weiten Bereichen der Störungsfläche vollständig abgebaut oder zumindest reduziert wird, kann sie in anderen Teilbereichen der Störungsfläche, an denen keine Bewegung erfolgte, oder in deren Umgebung verstärkt werden. Wenn diese Spannungen größer werden als die Gesteinsfestigkeit, kommt es zu Nachbeben.

Anzahl und Stärke der Nachbeben ist vor allem von der Magnitude des Hauptbebens abhängig, ihre Häufigkeit nimmt mit der Zeit ab, die seit dem Hauptbeben vergangen ist. Die Nachbeben in der Folge eines Hauptbebens der Magnitude 5 erstrecken sich meist nur über einen Zeitraum von wenigen Wochen, während die Nachbeben eines Erdbebens der Magnitude 7 über mehrere Jahre andauern können. Die Magnitude des stärksten Nachbebens liegt normalerweise eine Größenordnung unter der des Hauptbebens. Nach dieser Faustregel treten bei einem Beben der Magnitude 7 Nachbeben auf, die maximal Magnitude 6 erreichen.

In dicht besiedelten Gebieten können jedoch die Bodenerschütterungen stärkerer Nachbeben immer noch sehr gefährlich sein und die durch das Hauptbeben verursachten Schäden verschlimmern. Am 4. September 2010 führte ein Erdbeben der Magnitude 7,1 westlich von Christchurch, der zweitgrößten Stadt Neuseelands, zu erheblichen Zerstörungen, doch kam niemand ums Leben und nur einige wenige Menschen wurden verletzt. Am 22. Februar 2011 führte jedoch ein Nachbeben der Magnitude 6,3, das sich unmittelbar unter Christchurch ereignete, zum Einsturz von Gebäuden und forderte 185 Menschenleben (Abb. 13.7). Die durch das Nachbeben entstandenen Schäden lagen in der Größenordnung von 15 Mrd. US-Dollar, ein Vielfaches dessen, was das Hauptbeben fünf Monate zuvor verursacht hatte. Weitere starke Nachbeben erschütterten die Stadt am 13. Juni und im Dezember 2011 und verursachten zusätzliche Schäden in Höhe von 4 Mrd. US-Dollar, außerdem wurden Dutzende von Menschen verletzt. Auch in den kommenden Jahren sind dort noch immer Nachbeben zu erwarten.

Vorbeben sind kleine Erdbeben, die sich kurz vor dem Hauptbeben im Bereich des Erdbebenherds ereignen (vgl. Abb. 13.6). Bei vielen großen Erdbeben gehen dem Hauptereignis ein oder auch mehrere Vorbeben voraus. Daher versuchen Seismologen, sie für eine Vorhersage heranzuziehen, wann und wo sich ein großes Erdbeben ereignen könnte. Bedauerlicherweise ist es ausgesprochen schwer, Vorbeben von anderen kleinen Erdbeben zu unterscheiden, die an aktiven Störungen rein zufällig oder häufig

UNMITTELBAR VOR DEM ERDBEBEN

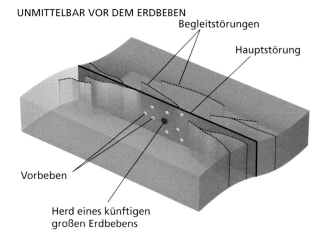

Begleitstörungen

Hauptstörung

Vorbeben

Herd eines künftigen großen Erdbebens

WÄHREND DES ERDBEBENS

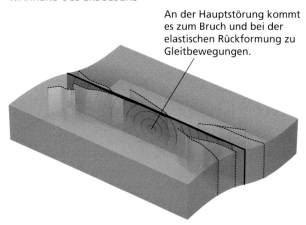

An der Hauptstörung kommt es zum Bruch und bei der elastischen Rückformung zu Gleitbewegungen.

UNMITTELBAR NACH DEM ERDBEBEN

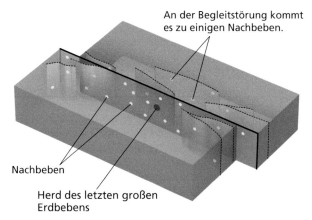

An der Begleitstörung kommt es zu einigen Nachbeben.

Nachbeben

Herd des letzten großen Erdbebens

Abb. 13.6 Nachbeben sind schwächere Erdbeben, die einem großen Beben folgen. Unmittelbar vor dem Hauptbeben treten in der Nähe des Erdbebenherdes vereinzelt Vorbeben auf

Teil IV

Abb. 13.7 Ruine der Christchurch Cathedral, eines der zahlreichen Gebäude, die bei dem Erdbeben am 22. Februar 2012 in der Innenstadt von Christchurch (Neuseeland) zerstört wurden. Dieses Beben war ein Nachbeben des schweren Erdbebens, das sich am 4. September 2010 westlich von Christchurch ereignet hatte, aber geringere Schäden verursachte (Foto: © EPA/David Wethey/Landov)

auftreten; aus diesem Grund erwies sich diese Methode bisher selten als erfolgreich. Dem Erdbeben von Tohoku mit der Magnitude 9, das einen großen Tsunami auslöste, der am 11. März 2011 in Japan über Honshu hereinbrach, ging 50 Stunden vor dem Hauptbeben ein Vorbeben der Magnitude 7,2 voraus. In gewisser Hinsicht war das Hauptbeben ein anormal starkes „Nachbeben". Was sich aber im Nachhinein als Vorbeben erwies, wurde damals lediglich als normales Beben der Magnitude 7,2 an der Subduktionszone betrachtet.

Wie diese Beispiele zeigen, lassen sich Vorbeben, Hauptbeben und Nachbeben nur eindeutig voneinander trennen, wenn die Erdbebenserie abgeschlossen ist. Während der Erdbebenserie ist es ungewiss, ob sich das Hauptbeben, das stärkste der Serie, noch ereignen wird.

Erforschung von Erdbeben

Wie jede experimentelle Wissenschaft stützt sich die Seismologie bei der Untersuchung von Erdbeben auf Daten, die mit Messinstrumenten und durch Geländebeobachtungen erhoben werden. Mit diesen Daten können Seismologen den Erdbebenherd lokalisieren, die Stärke und Anzahl der Beben bestimmen und ihren Zusammenhang mit Störungszonen besser deuten.

Seismographen

Ein moderner **Seismograph**, der die bei Erdbeben entstehenden seismischen Wellen aufzeichnet, ist für Geophysiker das, was

ein modernes Teleskop für Astronomen ist: Ein Instrument zur Beobachtung unerreichbarer Gebiete (Abb. 13.8). Ein idealer Seismograph müsste völlig erschütterungsfrei gelagert sein, sodass keine direkte Verbindung mit dem Untergrund besteht. Sobald sich der Boden bewegt, könnte der Seismograph die variierenden Abstände zwischen dem unbewegten Seismographen und dem sich bewegenden Boden messen. Bisher gibt es keine Möglichkeit, einen Seismographen völlig entkoppelt vom Erdboden zu lagern, obwohl das „Global Positioning System" (GPS) diese Einschränkung allmählich aufhebt. Deshalb müssen Seismologen (vorläufig) Kompromisse eingehen. Bei einem Seismographen ist eine mehr oder weniger schwere Masse weitgehend entkoppelt vom Erdboden aufgehängt, sodass der Untergrund auf und ab oder seitlich hin und her schwingen kann, ohne die Masse dadurch in nennenswerte Schwingungsbewegungen zu versetzen.

Eine Möglichkeit für eine solche entkoppelte Aufhängung besteht darin, die Masse an einer Spiralfeder aufzuhängen (Abb. 13.8a). Wenn sich der Boden durch seismische Wellen hebt und senkt, bleibt die Masse aufgrund ihrer Massenträgheit weitgehend in Ruhe (denn ein Gegenstand in Ruhe neigt dazu, in Ruhe zu verbleiben); Masse und Untergrund bewegen sich jedoch relativ zueinander, weil sich die Feder dehnen oder zusammendrücken lässt. Auf diese Weise kann die durch seismische Wellen verursachte vertikale Verschiebung der Erde über eine Schreibspitze auf einem mit dem Erdboden verbundenen Registrierpapier oder – heute digital – von einem Rechner aufgezeichnet werden. Eine solche Aufzeichnung wird als **Seismogramm** bezeichnet.

Eine weitere Möglichkeit einer entkoppelten Aufhängung besteht darin, die träge Masse eines Seismographen an einem Scharnier aufzuhängen. Ein Seismograph, bei dem die Masse ähnlich wie eine Schwingtür (Abb. 13.8b) an einem Scharnier aufgehängt ist, kann in der Waagerechten frei schwingen und so die horizontalen Bodenbewegungen registrieren. Bei den heutigen Seismographen werden modernste elektronische Verfahren verwendet, um die Bewegungen der Masse zu verstärken, bevor sie – ebenfalls elektronisch – aufgezeichnet werden.

Eine typische Erdbebenstation ist normalerweise mit Instrumenten ausgestattet, die Vertikalbewegungen wie auch Horizontalbewegungen in Ost-West- und Nord-Süd-Richtung und damit alle Vektoren der Bodenbewegungen registrieren können. Moderne Seismographen können noch Bodenbewegungen in der Größenordnung von 10^{-8} cm registrieren – eine höchst erstaunliche Leistung, wenn man bedenkt, dass derartig winzige Bewegungen im atomaren Größenbereich liegen.

Seismische Wellen

Wird irgendwo ein Seismograph aufgestellt, so wird er innerhalb weniger Stunden den Durchgang seismischer Wellen aufzeichnen, die sich von einem Erdbeben irgendwo auf der

a Seismograph zur Registrierung vertikaler Bewegungen

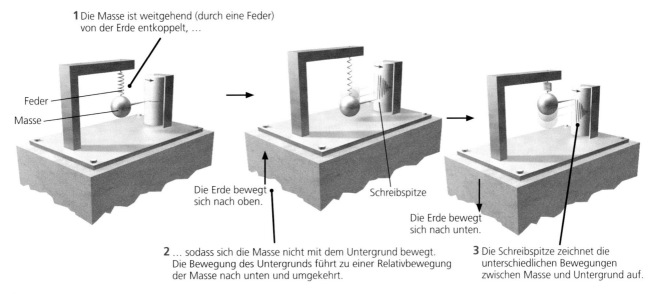

1 Die Masse ist weitgehend (durch eine Feder) von der Erde entkoppelt, …

Feder

Masse

Die Erde bewegt sich nach oben.

Schreibspitze

Die Erde bewegt sich nach unten.

2 … sodass sich die Masse nicht mit dem Untergrund bewegt. Die Bewegung des Untergrunds führt zu einer Relativbewegung der Masse nach unten und umgekehrt.

3 Die Schreibspitze zeichnet die unterschiedlichen Bewegungen zwischen Masse und Untergrund auf.

b Seismograph zur Registrierung horizontaler Bewegungen

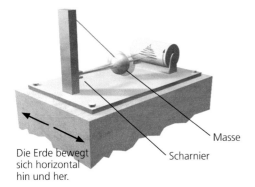

Masse

Die Erde bewegt sich horizontal hin und her.

Scharnier

Abb. 13.8 Ein Seismograph besteht aus einer schweren Masse, die mit einer Registriereinheit verbunden ist. Wegen der nahezu erschütterungsfreien Aufhängung an der Feder (a) beziehungsweise am Scharnier (b) und wegen ihrer Trägheit ist die Masse weitgehend von den Bewegungen des Untergrunds entkoppelt

Erde ausgebreitet haben. Die Wellen pflanzen sich vom Bebenherd über die gesamte Erde fort und erreichen den Seismographen in drei getrennten Wellenzügen (Abb. 13.9a). Die zuerst ankommenden Wellen werden als **Primärwellen** oder **P-Wellen** bezeichnet. Dann folgen die **Sekundärwellen** oder **S-Wellen**. Sowohl die P- als auch die S-Wellen durchlaufen als sogenannte Raumwellen das gesamte Innere der Erde. Schließlich treffen die verschiedenen Formen der **Oberflächenwellen** ein, die sich ausschließlich entlang der Erdoberfläche ausbreiten.

Die P-Wellen verhalten sich in den Gesteinen analog zu Schallwellen, die sich in der Luft ausbreiten. Allerdings durchlaufen P-Wellen festes Gestein mit einer Geschwindigkeit von ungefähr 6 km/s und sind damit etwa um den Faktor 20 schneller als Schallwellen in Luft. Ebenso wie die Schallwellen sind P-Wellen **Kompressions-** oder **Longitudinalwellen**, die sich in Festkörpern, Flüssigkeiten oder Gasen durch periodische Kompression (Druck) und Dilatation (Zug) des Mediums ausbreiten (Abb. 13.9b). Man kann sich P-Wellen etwa so vorstellen, dass bei ihrer Ausbreitung das Material wechselweise komprimiert und gedehnt wird, das heißt, die Teilchen schwingen in Fortpflanzungsrichtung der Welle.

S-Wellen durchlaufen Festgesteine mit etwa der halben Geschwindigkeit der P-Wellen. Sie werden als **Scher-** oder **Transversalwellen** bezeichnet, weil die Bodenteilchen in einer Ebene senkrecht (transversal) zur Ausbreitungsrichtung schwingen (Abb. 13.9b). In Flüssigkeiten oder Gasen können sich Scherwellen nicht ausbreiten.

Die Geschwindigkeiten, mit denen sich die P- und S-Wellen ausbreiten, hängen von der Dichte und den spezifischen elastischen Eigenschaften der Gesteine ab; sie sind höher, wenn der Widerstand gegen ihre Bewegung größer ist. Um einen Festkörper zusammenzudrücken, sind größere Kräfte erforderlich, als

Teil IV

Exkurs 13.1 Der Tsunami-Stein von Aneyoshi

Auf einem Hügel an der Küste von Tohoku im Nordosten der Insel Honshu (Japan) steht in dem Fischerdorf Aneyoshi ein Gedenkstein, dessen Alter unbekannt ist und der mit japanischen Schriftzeichen folgende Inschrift trägt: „Hohe Wohnungen bedeuten für unsere Nachkommen Frieden und Harmonie. Erinnert euch an die Katastrophen der großen Tsunamis. Baut keine Häuser, die tiefer liegen als dieser Stein." Aneyoshi, heute Teil der Stadt Miyako, wurde wieder einmal aus Bequemlichkeit unten am Meer errichtet, wo die Fischer ihre Boote festmachten, doch lediglich vier Bewohner überlebten im Jahre 1896 einen Tsunami und lediglich zwei Einwohner den Tsunami von 1933. Der Stein erinnert die Menschen daran, warum sie heute in höher liegenden Gebieten wohnen.

Die Geschichte wurde zur Weissagung, als am 11. März 2011, um 14.46 Uhr die vor der Küste liegende Überschiebung, die die Japanische von der Pazifischen Platte trennt, anfing sich zu bewegen. Der Bruchvorgang begann auf der Störungsfläche an einer kleinen Stelle in einer Tiefe von 30 km unter dem Meeresspiegel, ungefähr 100 km südöstlich von Aneyoshi, und setzte sich ähnlich wie ein Riss in Glas rasch nach außen hin fort und erreichte Geschwindigkeiten bis zu 3 km/s (mehr als 10.000 km/h). Als die Bewegung nach einigen Minuten endete, hatte sich die Pazifische Platte an einer Störungsfläche von der Größe Südcarolinas um bis zu 40 m unter Japan geschoben. Die seismischen Wellen dieses Bebens von Tohoku, das eine Magnitude von 9,0 erreichte, breiteten sich über die gesamte Erdoberfläche und durch das gesamte tiefe Erdinnere aus und führten dazu, dass die Erde wie eine Glocke mehrere Tage lang in Schwingungen versetzt wurde.

Die Verschiebung der Insel Honshu nach Osten und über die Pazifische Platte führte fast augenblicklich zu einer Hebung des Meeresbodens um bis zu 10 m und verdrängte mehrere hundert Milliarden Tonnen Wasser, die sich als riesiger Tsunami von der Störung weg ausbreiteten. In weniger als einer Stunde erreichten die Wasserwellen, die sich langsamer als die seismischen Wellen ausbreiten, aber ein weitaus größeres Zerstörungspotenzial besitzen, die Buchten und Meeresarme der japanischen Küste und nahmen, als sie sich der Küste näherten, an Höhe zu. In den engen Häfen bildeten die Wellen ungeheuer hohe Wasserwände (Tsunami bedeutet im Japanischen „Hafenwelle"), die die küstennahen Städte überfluteten, Boote, Autos und Gebäude mitrissen, und diese stellenweise mehrere Kilometer landeinwärts zurückließen.

Der Tsunami-Stein von Aneyoshi (Foto: © Ko Sasaki/The New York Times/Redux)

Die sich rasch ausbreitende Woge der Verwüstung wurde aus den aufgestiegenen Hubschraubern und von Überlebenden auf höher liegenden Gebieten oder Dächern der Gebäude auf schreckenerregenden Videofilmen festgehalten. Der Tsunami überflutete die Barrieren, die zum Schutz des Stadtzentrums von Miyako errichtet wurden und zerstörte nahezu die gesamte, 1000 Boote umfassende Fischereiflotte – lediglich 30 Boote blieben mehr oder weniger unbeschädigt. Hunderte von Menschen, die nicht rechtzeitig fliehen wollten oder konnten, ertranken. Obwohl die genaue Zahl unbekannt bleiben wird, kamen an der Küste von Tohoku nahezu 20.000 Menschen um. Eine der höchsten Wellen – die höchste in der jüngeren Geschichte Japans – erreichte eine Höhe von 39 m über der Wasserlinie und reichte bis knapp unter dem Tsunami-Stein von Aneyoshi. Die Einwohner in Ihren Häusern oberhalb des Steins waren in Sicherheit.

---

einen Festkörper zu scheren. Demzufolge breiten sich P-Wellen in Festkörpern stets rascher aus als S-Wellen und deshalb erreichen die P-Wellen eines Erdbebens die Seismographen früher als die S-Wellen. Dieses physikalische Prinzip erklärt außerdem, warum sich S-Wellen in Luft, Wasser und im flüssigen Erdkern nicht ausbreiten können: Gase und Flüssigkeiten besitzen keinen Widerstand gegen Scherkräfte, das heißt ihr Schermodul ist $\mu = 0$.

Oberflächenwellen breiten sich, wie der Name sagt, entlang der Erdoberfläche und in den äußersten Schichten aus, da sie – wie Wellen auf dem Meer – für ihre Ausbreitung eine

a   **Die an einem Erdbebenherd entstehenden seismischen Wellen erreichen selbst weit entfernt liegende Seismographen.**

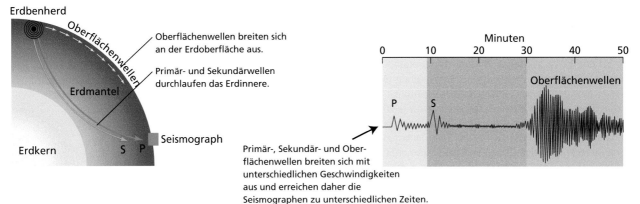

Erdbenherd

Oberflächenwellen

Oberflächenwellen breiten sich an der Erdoberfläche aus.

Primär- und Sekundärwellen durchlaufen das Erdinnere.

Erdmantel

Seismograph

Erdkern

Primär-, Sekundär- und Oberflächenwellen breiten sich mit unterschiedlichen Geschwindigkeiten aus und erreichen daher die Seismographen zu unterschiedlichen Zeiten.

b   **Seismische Wellen sind durch die unterschiedliche Deformation des Untergrundes charakterisiert.**

P-Wellen

P-Wellen (Primärwellen) sind Kompressions- oder Longitudinalwellen, die sich im Gestein rasch ausbreiten.

Scheitel der Kompressionswelle

P-Wellen breiten sich als Folge der sich ändernden Kompression und Dehnung aus; jedes Bodenteilchen schwingt in Fortpflanzungsrichtung vor und zurück.

Das rote Quadrat zeigt Kompression und Dehnung eines Gesteins.

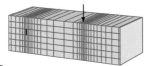

Fortpflanzungsrichtung

S-Wellen

S-Wellen (Sekundärwellen) breiten sich mit etwa der halben Geschwindigkeit der P-Wellen aus.

Scheitel der S-Welle

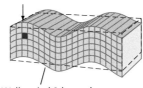

S-Wellen sind Scher- oder Transversalwellen. Jedes Bodenteilchen bewegt sich senkrecht zur Fortpflanzungsrichtung.

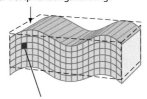

Das rot markierte Quadrat zeigt mit dem Übergang von einem Quadrat zu einem Parallelogramm die Scherbewegung beim Durchlaufen der Transversalwellen.

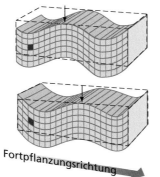

Fortpflanzungsrichtung

Oberflächenwellen

Oberflächenwellen breiten sich entlang der Erdoberfläche aus, da sie für ihre Ausbreitung eine freie Oberfläche benötigen. Man unterscheidet zwei Arten von Oberflächenwellen.

Bei den Rayleigh-Wellen bewegt sich der Untergrund in einer retrograd-elliptischen Bahn, die mit zunehmender Tiefe unter der Erdoberfläche allmählich endet.

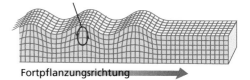

Fortpflanzungsrichtung

Bei den Love-Wellen bewegt sich der Untergrund ausschließlich seitwärts ohne vertikale Komponente.

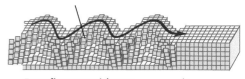

Fortpflanzungsrichtung

Abb. 13.9a,b a Die drei Arten seismischer Wellen breiten sich mit unterschiedlichen Geschwindigkeiten und auf unterschiedlichen Wegen zu den Seismographen aus, wo sie aufgezeichnet werden. **b** Die drei Typen seismischer Wellen sind durch unterschiedliche Formen der Gesteinsdeformation gekennzeichnet. Die *roten Quadrate* zeigen die Deformation eines Gesteinsausschnitts beim Durchgang der seismischen Wellen

Teil IV

freie Oberfläche benötigen. Ihre Geschwindigkeit ist nur wenig langsamer als die der S-Wellen. Auch hier unterscheidet man zwei Arten von Oberflächenwellen: Rayleigh- und Love-Wellen. Bei den **Rayleigh-Wellen** erfolgt die Bewegung der Bodenteilchen retrograd-elliptisch, während die Partikelbewegung bei den **Love-Wellen** eine reine Horizontalbewegung ist (Abb. 13.9b). Erstere verursachen eine rollende Bewegung, letztere verschieben den Untergrund in seitlicher Richtung. Oberflächenwellen verursachen bei schweren Flachherdbeben die größten Zerstörungen, vor allem in Sedimentbecken, wo Reflexionen in den oberflächennahen Sedimenten zur Vergrößerung ihrer Amplituden führen und damit wesentlich stärkere Erschütterungen verursachen als in den Gesteinen des Grundgebirges.

Seismische Wellen und ihre zerstörende Wirkung wurden während der gesamten historisch überlieferten Geschichte beobachtet und beschrieben. Aber erst gegen Ende des 19. Jahrhunderts konnten Seismologen (Wissenschaftler, die sich mit der Untersuchung seismischer Wellen und deren Ursachen befassen) Instrumente entwickeln, mit denen sich solche Wellen exakt aufzeichnen und untersuchen ließen. Mithilfe von seismischen Wellen kann die Lage der Erdbebenherde lokalisiert und die Art der tektonischen Bewegung im Herd bestimmt werden. Darüber hinaus sind sie auch das wichtigste Instrumentarium, um das Erdinnere zu erforschen.

Lokalisierung des Epizentrums

Die Lokalisierung des Epizentrums ähnelt dem Vorgehen, mit dem sich bei einem Gewitter aus dem Zeitunterschied zwischen der Wahrnehmung des Blitzes und dem Hören des Donners die Entfernung bestimmen lässt: je größer der Zeitunterschied zwischen Blitz und Donner, desto größer die Entfernung des Gewitters. Da sich Lichtwellen rascher ausbreiten als Schallwellen, entsprechen die Lichtwellen des Blitzes den P-Wellen eines Erdbebens, während der Donner mit den langsameren S-Wellen vergleichbar ist.

Die Zeitdifferenz zwischen dem Eintreffen der P- und der S-Wellen am Ort des Seismographen hängt von der Entfernung ab, die diese Wellen jeweils vom Erdbebenherd aus zurückgelegt haben. Je länger der zeitliche Abstand, desto größer ist die Entfernung, die die Wellen zurückgelegt haben. Seismologen haben weltweit ein Netzwerk empfindlicher Seismographen und extrem genau gehende Uhren installiert, um die Ankunft der seismischen Wellen sowohl von Erdbeben als auch von unterirdischen Atombombenexplosionen festzuhalten, deren Explosionsorte bekannt waren. Aus diesen Ergebnissen haben sie **Laufzeitkurven** entwickelt, die zeigen, wie viel Zeit die verschiedenen seismischen Wellen benötigen, um eine bestimmte Entfernung zurückzulegen.

Um die ungefähre Entfernung zum Epizentrum zu bestimmen, ermitteln Seismologen aus den Seismogrammen die Zeit-

spanne, die zwischen dem Eintreffen der ersten P-Wellen und dem der ersten S-Wellen liegt. Dann verwenden sie eine Tabelle oder eine wie in Abb. 13.10 dargestellte Laufzeitkurve, um die Entfernung des Seismographen zum Epizentrum zu ermitteln. Ist die Epizentralentfernung für drei oder besser noch mehr Stationen bestimmt, lässt sich das Epizentrum mithilfe einer einfachen geometrischen Konstruktion ermitteln (vgl. Abb. 13.10). Außerdem kann daraus der Zeitpunkt der Bodenerschütterung im Epizentrum abgeleitet werden, da die Ankunftszeit der P-Wellen für jede Station bekannt ist. Anhand eines Diagramms oder einer Tabelle lässt sich schließlich ermitteln, wie lange die Wellen bis zum Erreichen der Erdbebenstation gebraucht haben. Diese Auswertung wird heute automatisch von Computern durchgeführt, die die Daten eines großen Netzwerks von Seismographen auswerten, um für jedes Erdbeben das Epizentrum, die Herdtiefe und den Beginn des Bebens zu bestimmen.

Bestimmung der Erdbebenstärke

Die Lokalisierung des Epizentrums ist nur ein erster Schritt auf dem Weg zum Verständnis der bei einem Erdbeben ablaufenden Vorgänge. Der Seismologe muss darüber hinaus auch noch die jeweilige Stärke oder Magnitude bestimmen. Neben anderen gleichfalls wichtigen Variablen (Entfernung zum Epizentrum, geologische Verhältnisse), ist die Magnitude der wichtigste Faktor, der die Intensität der seismischen Wellen und damit die potenzielle Zerstörungskraft eines Erdbebens kennzeichnet.

Richter-Magnitude Charles Richter, ein kalifornischer Seismologe, entwickelte im Jahre 1935 ein einfaches Verfahren, das jedem Erdbeben eine numerische Größe zuweist, die heute als **Richter-Magnitude** oder häufig auch als „Wert auf der Richterskala" bezeichnet wird (Abb. 13.11). Richter hatte in jungen Jahren Astronomie studiert und lernte dabei, wie die Astronomen eine logarithmische Skala benutzten, um die Helligkeit der Sterne zu bestimmen, die über einen großen Bereich variiert. Analog dazu verwendete Richter als Maß für die Erdbebenstärke den dekadischen Logarithmus der maximalen Amplitude, das heißt der stärksten Bodenbewegung der seismischen Wellen, gemessen in tausendstel Millimetern, die auf einem genormten Seismographentyp in einem genormten Abstand (Herdentfernung 100 km) registriert wurde und der damit die **Magnituden-Skala** definiert.

Auf der Richterskala unterscheiden sich zwei Erdbeben mit gleicher Entfernung zum Seismographen, die in ihrer Magnitude um den Betrag 1 auf der Richterskala voneinander abweichen, im Ausmaß der Bodenbewegungen um den Faktor 10 voneinander. Die Bodenbewegungen eines Erdbebens der Magnitude 3 sind demnach zehnmal so groß wie die eines Erdbebens der Magnitude 2. In gleicher Weise erzeugt ein Erdbeben der Magnitude 6 Bodenbewegungen, die um den Faktor 100 größer sind als die eines Bebens der Magnitude 4. Die Zunahme der in Form

1 Seismische Wellen breiten sich vom Erdbebenherd konzentrisch nach allen Richtungen aus und erreichen entfernt liegende Erdbebenstationen zu unterschiedlicher Zeit.

2 Da sich P-Wellen mehr als doppelt so schnell ausbreiten wie S-Wellen, nimmt der zeitliche Abstand zwischen der Ankunft der verschiedenen Wellenarten mit wachsendem Abstand zum Epizentrum zu.

3 Durch Vergleich der beobachteten Laufzeitdifferenz mit dem entsprechenden Abstand der P- und S-Wellen können Seismologen die Entfernung zwischen Station und Epizentrum ermitteln.

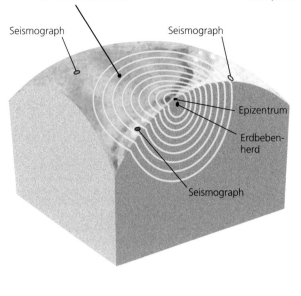

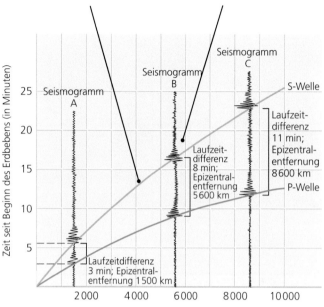

vom Epizentrum zurückgelegte Entfernung (in Kilometern)

4 Schlägt man auf einer Karte um jede Erdbebenstation jeweils einen Kreis, dessen Radius dem aus der Laufzeitkurve berechneten Stationsabstand entspricht, …

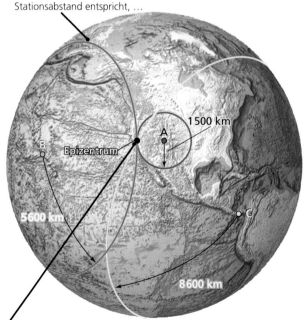

5 … so liegt das Epizentrum im Schnittpunkt der Kreise.

Abb. 13.10 Aus den Seismogrammen von drei oder mehr Erdbebenstationen kann das Hypozentrum eines Erdbebens ermittelt werden

Teil IV

Abb. 13.11 Die maximale Amplitude der Bodenbewegung, korrigiert um den Abstand zwischen P- und S-Wellen, dient zur Bestimmung der Richter-Magnitude eines Erdbebens (© California Institute of Technology)

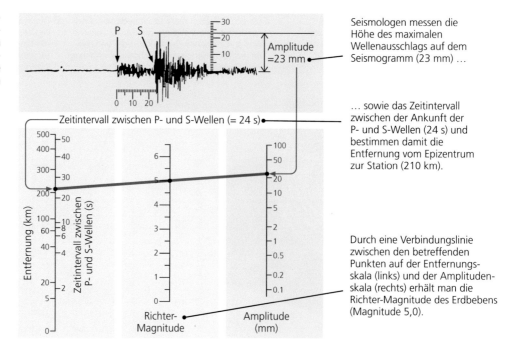

Seismologen messen die Höhe des maximalen Wellenausschlags auf dem Seismogramm (23 mm) …

… sowie das Zeitintervall zwischen der Ankunft der P- und S-Wellen (24 s) und bestimmen damit die Entfernung vom Epizentrum zur Station (210 km).

Durch eine Verbindungslinie zwischen den betreffenden Punkten auf der Entfernungsskala (links) und der Amplitudenskala (rechts) erhält man die Richter-Magnitude des Erdbebens (Magnitude 5,0).

von seismischen Wellen freigesetzten Energie ist noch weitaus größer und entspricht pro Magnitude ungefähr dem Faktor 32. Ein Erdbeben der Magnitude 7 setzt 32 × 32 oder etwa 1000-mal mehr Energie frei als ein Beben der Magnitude 5.

Da seismische Wellen, wenn sie sich vom Erdbebenherd weg ausbreiten, in der Regel allmählich schwächer werden, musste die Entfernung zwischen Seismograph und Bruchzone durch einen Faktor korrigiert werden, der diese Schwächung der Bodenbewegungen berücksichtigt. Hierfür entwickelte Richter ein einfaches Diagramm, mit dem Seismologen an den unterschiedlichsten Orten sehr rasch nahezu identische Werte für die Magnitude eines Erdbebens ermitteln können, ungeachtet der Entfernung ihrer Instrumente vom Erdbebenherd (Abb. 13.11). Dieses Verfahren kam weltweit zur Anwendung.

Moment-Magnitude Obwohl die Richter-Magnitude ein gängiger Begriff ist und historisch gesehen ein wesentlicher Beitrag zur Quantifizierung der seismischen Intensität war, bevorzugen Seismologen heute ein anderes Maß für die Stärke eines Erdbebens, das direkt mit den physikalischen Vorgängen am Erdbebenherd in Beziehung gesetzt werden kann. Das **seismische Moment** eines Erdbebens ist definiert als das Produkt aus Bruchfläche, mittlerem Verschiebungsbetrag an der Störung und dem Schermodul, einer Materialkonstanten des Gesteins im Herdgebiet. Die jeweilige **Moment-Magnitude** steigt um eine Einheit bei einer Verzehnfachung der Bruchfläche (vgl. Abschn. 24.13). Obwohl sich sowohl bei dem von Richter verwendeten Verfahren als auch bei der Bestimmung der Moment-Magnitude ungefähr dieselben numerischen Werte ergeben, kann die Moment-Magnitude aus den Seismogrammen weitaus genauer bestimmt werden. Überdies lässt sie sich aus Messungen im Gelände unmittelbar an der Störung direkt ermitteln.

Magnitude und Erdbebenhäufigkeit Starke Erdbeben sind viel seltener als schwache Beben. Diese Beobachtung kann durch ein einfaches Verhältnis zwischen Erdbebenhäufigkeit und Magnitude ausgedrückt werden (Abb. 13.12). Weltweit treten jährlich ungefähr 1.000.000 Erdbeben mit Magnituden größer 2 auf, und diese Zahl nimmt für jede Magnitudeneinheit um den Faktor zehn ab. Demzufolge ereignen sich etwa 100.000 Erdbeben der Magnitude größer 3, ungefähr 1000 der Magnitude größer 5 und etwa 10 mit Magnituden über 7.

Nach diesem statistischen Erfahrungswert müsste sich im Mittel pro Jahr etwa ein Erdbeben der Magnitude größer 8 und pro 10 Jahre ein Erdbeben mit einer Magnitude größer 9 ereignen. Tatsächlich trifft dies für die allerschwersten Erdbeben wie etwa das Beben an der Überschiebung der Subduktionszone vor Japan im Jahre 2011 (Moment-Magnitude 9,0), Sumatra im Jahre 2004 (9,1), Alaska im Jahre 1964 (9,1) und Chile im Jahre 1960 (9,5) und 2010 (9,5) mehr oder weniger zu, wenn man den Wert über einige Jahrzehnte hinweg mittelt. Jedoch selbst die größten Megaüberschiebungen an den Subduktionen sind noch zu klein, um ein Erdbeben der Magnitude 10 auszulösen. Daher gehen die Seismologen davon aus, dass solche Extremereignisse dieser Regel nicht folgen, das heißt sie treten seltener als einmal pro Jahrhundert auf.

Intensität der Bodenbewegungen Die Magnitude eines Erdbebens beschreibt nicht notwendigerweise das Ausmaß der verursachten Zerstörung, da diese im Allgemeinen mit der Entfernung von der Störung abnimmt: Ein Beben der Magnitude 8 in unbesiedeltem Gebiet, 2000 km von der nächsten Stadt entfernt, dürfte kaum Zerstörungen verursachen, während ein Beben der Magnitude 6 unmittelbar unter einer Stadt zu verheerenden Schäden führen kann. Die Zerstörungen durch die Erdbeben vom

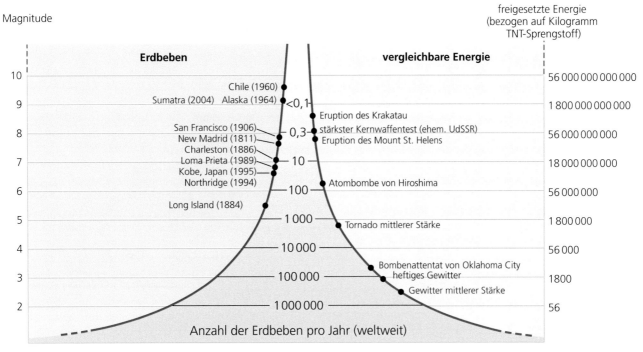

Magnitude

freigesetzte Energie
(bezogen auf Kilogramm
TNT-Sprengstoff)

Erdbeben   **vergleichbare Energie**

10	56 000 000 000 000
Chile (1960)	
9 Sumatra (2004) Alaska (1964) <0,1	1 800 000 000 000
	Eruption des Krakatau
San Francisco (1906) stärkster Kernwaffentest (ehem. UdSSR)	
8 New Madrid (1811) 0,3 Eruption des Mount St. Helens	56 000 000 000
Charleston (1886)	
7 Loma Prieta (1989) 10	18 000 000 000
Kobe, Japan (1995)	
Northridge (1994)	
6 100 Atombombe von Hiroshima	56 000 000
Long Island (1884)	
5 1 000 Tornado mittlerer Stärke	1 800 000
4 10 000	56 000
Bombenattentat von Oklahoma City	
3 100 000 heftiges Gewitter	1800
Gewitter mittlerer Stärke	
2 1 000 000	56

Anzahl der Erdbeben pro Jahr (weltweit)

Abb. 13.12 Zusammenhang zwischen Moment-Magnitude (*Skala links*), Energiefreisetzung bei Erdbeben (*Skala rechts*), Anzahl der Erdbeben weltweit (Skala in den *horizontalen Linien* im *farbigen Feld*) und anderen Formen plötzlicher Energiefreisetzung (nach: IRIS Consortium, http://www.iris.edu)

22. Februar und 13. Juni 2011 in Christchurch unterstreichen diesen wichtigen Gesichtspunkt.

Bereits im späten 19. Jahrhundert, noch ehe Ch. Richter seine Magnituden-Skala aufgestellt hatte, entwickelten Seismologen und Bauingenieure Methoden, um die Intensität eines Erdbebens direkt aus den zerstörenden Wirkungen abschätzen zu können. Eine erste solche **Intensitätsskala** war die Mercalli-Intensitätsskala, benannt nach den italienischen Seismologen und Vulkanologen Guiseppe Mercalli, der diese Skala im Jahr 1902 aufgestellt hatte.

Um ein Maß für die Intensität eines Bebens anzugeben, die sich unmittelbar aus den beobachteten örtlichen Auswirkungen auf Menschen und Bauwerke ergibt, modifizierte der Seismologe Ch. Richter 1935 diese Skala mit dem Ziel, einen vergleichbaren Maßstab für Kalifornien zu erarbeiten. Er bezeichnete diese Skala als **Modifizierte Mercalli-Skala**. Sie ist auch heute noch in den Vereinigten Staaten in Gebrauch. Da sich solche Intensitätsskalen an den örtlichen Gegebenheiten orientieren müssen, wurden auch für Europa entsprechende Anpassungen vorgenommen; hier findet inzwischen die von Grünthal 1998 erarbeitete Europäische Makroseismische Skala (kurz EMS-98) Anwendung (Tab. 13.1). Intensitätsskalen beruhen insgesamt auf subjektiven Wahrnehmungen und nicht auf physikalischen Messungen. Sie ordnen der Intensität der Bodenerschütterung an einer bestimmten Lokalität einen Zahlenwert in römischen Ziffern zwischen I und XII zu. Für Stufe I gilt, dass solche Erschütterungen in der Regel von Personen nicht wahrgenommen und nur von Seismographen registriert werden, während ein Erdbeben der Stufe V

in Gebäuden von den meisten Menschen wahrgenommen wird. Stufe XII der EMS-98 schließlich ist gekennzeichnet durch „völlige Zerstörung nahezu aller Konstruktionen".

Durch Beobachtungen an zahlreichen Stellen und Befragung zahlreicher Personen, die das Erdbeben in den betroffenen Gebieten erlebt haben, erstellen Seismologen Karten, auf denen Gebiete mit unterschiedlichen Intensitätswerten durch Linien gleicher seismischer Intensität, sogenannten Isoseisten, gegeneinander abgegrenzt werden. Abbildung 13.13 zeigt eine solche Intensitätskarte für das Erdbeben von New Madrid vom 16. Dezember 1811, einem Erdbeben der Magnitude 7,7 im äußersten Südosten von Missouri, das bis nach Boston wahrgenommen wurde. Obwohl die Intensitäten in der unmittelbaren Umgebung der Bruchzone am höchsten sind, sind sie generell vom lokalen geologischen Bau abhängig. So sind beispielsweise in Gebieten mit gleicher Entfernung vom Erdbebenherd die Erschütterungen auf Lockersedimenten (vor allem auf wassergesättigten Sedimenten in Küstennähe) deutlich stärker als auf festem Grundgebirge. Solche Isoseistenkarten liefern den Bauingenieuren wichtige Ausgangsdaten für die Konstruktion von erdbebensicheren Bauwerken.

Rekonstruktion der Herdvorgänge

Aus den von Seismographen aufgezeichneten Bodenbewegungen lassen sich die räumliche Orientierung der Störungsfläche und

Tab. 13.1 Kurzform der Europäischen Makroseismischen Skala EMS-98

EMS Intensität	Definition	Beschreibung der maximalen Wirkungen
I	nicht fühlbar	Nicht fühlbar.
II	kaum bemerkbar	Nur sehr vereinzelt von ruhenden Personen wahrgenommen.
III	schwach	Von wenigen Personen in Gebäuden wahrgenommen. Ruhende Personen fühlen ein leichtes Schwingen oder Erschüttern.
IV	deutlich	Im Freien vereinzelt, in Gebäuden von vielen Personen wahrgenommen. Einige Schlafende erwachen. Geschirr und Fenster klirren, Türen klappern.
V	stark	Im Freien von wenigen, in Gebäuden von den meisten Personen wahrgenommen. Viele Schlafende erwachen. Wenige werden verängstigt. Gebäude werden insgesamt erschüttert. Hängende Gegenstände pendeln stark, kleine Gegenstände werden verschoben. Türen und Fenster schlagen auf oder zu.
VI	leichte Gebäudeschäden	Viele Personen erschrecken und flüchten ins Freie. Einige Gegenstände fallen um. An vielen Häusern, vornehmlich in schlechtem Zustand, entstehen leichte Schäden wie feine Mauerrisse und das Abfallen von z. B. kleinen Verputzteilen.
VII	Gebäudeschäden	Die meisten Personen erschrecken und flüchten ins Freie. Möbel werden verschoben. Gegenstände fallen in großen Mengen aus Regalen. An vielen Häusern solider Bauart treten mäßige Schäden auf (kleinere Mauerrisse, Abfall von Putz, Herabfallen von Schornsteinteilen). Vornehmlich Gebäude in schlechterem Zustand zeigen größere Mauerrisse und Einsturz von Zwischenwänden.
VIII	schwere Gebäudeschäden	Viele Personen verlieren das Gleichgewicht. An vielen Gebäuden einfacher Bausubstanz treten schwere Schäden auf; d.h. Giebelteile und Dachgesimse stürzen ein. Einige Gebäude sehr einfacher Bauart stürzen ein.
IX	zerstörend	Allgemeine Panik unter den Betroffenen. Sogar gut gebaute gewöhnliche Bauten zeigen sehr schwere Schäden und teilweisen Einsturz tragender Bauteile. Viele schwächere Bauten stürzen ein.
X	sehr zerstörend	Viele gut gebaute Häuser werden zerstört oder erleiden schwere Beschädigungen.
XI	verwüstend	Die meisten Bauwerke, selbst einige mit gutem erdgebundenem Konstruktionsentwurf und -ausführung, werden zerstört.
XII	vollständig verwüstend	Nahezu alle Konstruktionen werden zerstört.

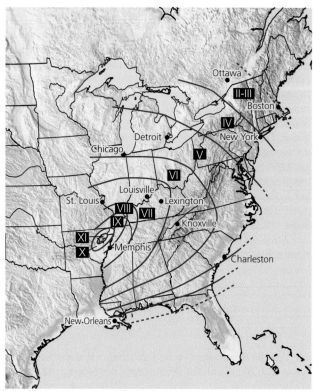

die Richtung des Versatzes ermitteln – Parameter, die insgesamt als **Herdvorgang** bezeichnet werden. Dieser Herdvorgang gibt Auskunft darüber, ob das Beben das Ergebnis einer Abschiebung, einer Auf- oder Überschiebung oder einer Horizontalverschiebung war, die entweder eine rechts- oder linksseitige Horizontalverschiebung sein kann. Aus diesen Angaben lässt sich dann das lokale tektonische Spannungsfeld ermitteln (Abb. 13.14).

Bei Erdbeben, deren Bewegungsbahnen bis an die Erdoberfläche aufreißen, kann vereinzelt die Richtung des Versatzes sowie die Orientierung der Störung unmittelbar aus Beobachtungen an der Störungsfläche abgeleitet werden. Wie wir jedoch gesehen haben, liegen die meisten Hypozentren in so großer Tiefe, dass sich die Störungen nicht bis an die Oberfläche durchpausen; daher sind Seismologen gezwungen, die Herdvorgänge aus Seismogrammen abzuleiten.

Abb. 13.13 Isoseisten nach der modifizierten Mercalli-Skala für das Erdbeben von New Madrid, Missouri (USA) mit der Magnitude 7,7, das sich am 16. Dezember 1811 im Grenzgebiet von Missouri, Arkansas und Tennessee ereignet hatte. In der Nähe der Störung erreichte die Intensität Werte über IX, 200 km vom Epizentrum entfernt wurden noch immer Intensitäten bis VI ermittelt (siehe Tab. 13.1) (nach: Carl. W. Stover & Jerry L. Cossman (1993). – USGS Prof. Paper 1527)

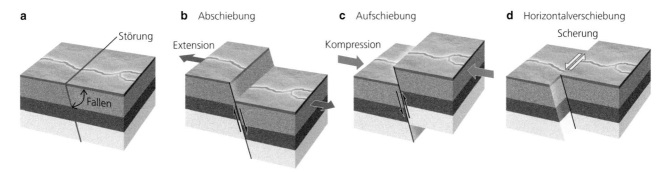

Abb. 13.14a–d Die drei wichtigsten Bewegungsformen, durch die an Störungen Erdbeben ausgelöst werden, und die ihnen zugrunde liegenden Spannungszustände. **a** Situation vor Beginn der Bewegung, **b** Abschiebung durch Dehnung, **c** Aufschiebung durch Kompression, **d** Horizontalverschiebung durch Scherung (in diesem Fall linksseitig)

Ungeachtet der Herdtiefe ist dies bei großen Erdbeben nicht weiter schwierig, weil inzwischen weltweit genügend Seismographen aufgestellt wurden, sodass jeder erdenkliche Herd eines beliebigen Bebens buchstäblich umringt ist. Wie Seismologen festgestellt haben, ist in bestimmten Richtungen von einem Epizentrum aus die erste von Seismographen registrierte Bodenbewegung – die P-Welle – eine Stoßbewegung vom Bebenherd weg, die auf Vertikalseismographen einen Ausschlag nach oben erzeugt. In anderen Richtungen ist die erste Bewegung des Untergrunds eine Zugbewegung in Richtung auf den Bebenherd zu und verursacht auf einem Vertikalseismographen einen Ausschlag nach unten. Bei Horizontalverschiebungen liegen die Richtungen der stärksten Stoßbewegungen auf einer Achse, die gegenüber der Störungsfläche um 45° gedreht und senkrecht zur Richtung der stärksten Zugbewegung orientiert ist (Abb. 13.15). Diese Stoß- beziehungsweise Zugbewegungen können in Abhängigkeit von den Positionen der Seismographen in vier Sektoren zerlegt werden. Eine der beiden Sektorengrenzen kennzeichnet die Orientierung der Störungsfläche, die andere Grenze verläuft senkrecht zur Bewegungsbahn. Die Richtung des Versatzes ergibt sich aus der Verteilung der initialen Stoß- und Zugbewegungen. Auch wenn Hinweise an der Oberfläche fehlen, lässt sich mithilfe der Messinstrumente feststellen, ob die auslösenden Kräfte innerhalb der Kruste eines konkreten Bebens Kompressions-, Extensions- oder Scherkräfte waren.

GPS-Messungen und „stille" Erdbeben

Wie bereits in Kap. 2 erwähnt, lassen sich mit GPS-Empfängern auch langsame Bewegungen der Lithosphärenplatten ermitteln. Mithilfe solcher Geräte kann außerdem die sich aus solchen Bewegungen ergebende Deformation oder auch die bei einem Erdbeben auftretende plötzliche Verschiebung an einer Störung gemessen werden.

Heute verwendet man GPS-Beobachtungen in der Seismik vor allem, um an aktiven Störungen eine andere Art von Bewegung zu untersuchen. Seit einigen Jahren ist bekannt, dass

sich ein Abschnitt der San-Andreas-Störung in Kalifornien (USA) eher kontinuierlich durch Kriechen bewegt als durch plötzlichen Bruch. Diese kriechende Bewegung führt bei Bauwerken, die quer über die Störung hinweg verlaufen, zu Verformungen oder bei Gehwegen und Straßen zu Rissen in den Belägen. Vor kurzem konnten mit einem neu errichteten Netz von GPS-Stationen an konvergenten Plattengrenzen Oberflächenbewegungen nachgewiesen werden, die auf kurzzeitige Kriechbewegungen in der Tiefe zurückzuführen sind und die sich zeitweise über Tage oder Wochen erstrecken. Sie werden als „stille" Erdbeben bezeichnet, weil dabei praktisch keine zerstörenden seismischen Wellen entstehen, obwohl trotzdem große Mengen von gespeicherter Deformationsenergie freigesetzt werden.

Diese Beobachtungen werfen zahlreiche Fragen auf, auf die Geologen derzeit nach Antworten suchen. Welche Vorgänge sind dafür verantwortlich, dass Störungen blockiert sind und die Krustenblöcke sich dann an einigen Stellen ruckartig bewegen, während es in anderen Bereichen zu Kriechbewegungen kommt? Treten in diesen Gebieten durch die Freisetzung von Deformationsenergie in Form von stillen Erdbeben katastrophale Erdbeben weniger häufig auf oder sind sie weniger stark? Können diese stillen Erdbeben für eine Vorhersage potenziell zerstörender Erdbeben herangezogen werden?

Die globale Verteilung der Erdbeben

Mit einem ganzen Netzwerk empfindlicher Seismographen werden weltweit Erdbeben lokalisiert, ihre Magnituden bestimmt, der Herdvorgang ermittelt. Diese Methoden liefern neue Erkenntnisse über die tektonischen Vorgänge in Größenordnungen, die deutlich kleiner sind als die Lithosphärenplatten selbst. In den folgenden Abschnitten wird die globale Verteilung der Erdbeben unter den Aspekten der Plattentektonik zusammengefasst. Weiter wird gezeigt, wie durch regionale Untersuchungen aktiver Störungssysteme unsere Kenntnisse über Erdbeben an den Plattenrändern und im Inneren von Platten weiter verbessert werden.

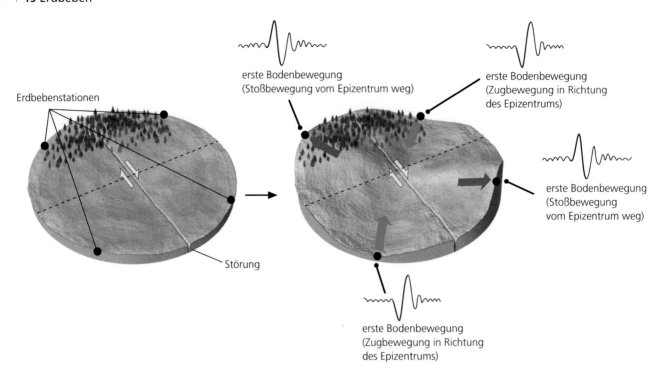

Abb. 13.15 Die ersten von einer seismographischen Station registrierten P-Wellen-Einsätze dienen dazu, die Richtung der Störungsfläche und die Richtung der Bewegung zu bestimmen. In diesem Fall handelt es sich um eine rechtssinnige Horizontalverschiebung. Man beachte, dass die Bewegungen identisch wären, wenn die Fläche senkrecht zur Störung mit einem linkssinnigen Versatz aufreißen würde. Seismologen können normalerweise zwischen beiden Möglichkeiten wählen, weil sie die Bewegungsrichtung an der Störung aus zusätzlichen Informationen kennen, beispielsweise durch Geländebeobachtungen an der Störungsfläche oder durch die Anordnung der Nachbeben auf der Störungsfläche

Das Gesamtbild: Erdbeben und Plattentektonik

Eine Karte der **Seismizität**, wie sie in Abb. 13.16 dargestellt ist, zeigt die Verteilung der Epizentren von Erdbeben, die sich weltweit seit 1976 ereignet haben. Die auffälligste Erscheinung dieser Karte, die den Seismologen seit vielen Jahrzehnten bekannt ist, sind die Erdbebengürtel an den Rändern der größeren Platten. Die Herdmechanismen der in diesen Zonen beobachteten Erdbeben (Abb. 13.17) entsprechen den Störungsformen an den unterschiedlichen, in Kap. 7 besprochenen Plattengrenzen.

Divergente Plattengrenzen Die schmalen Erdbebenzonen in den Ozeanen folgen dem Verlauf der mittelozeanischen Rücken und den Transformstörungen zwischen den versetzten Segmenten dieser Rücken. Die Auswertung der P-Wellen-Einsätze ergab, dass die Erdbeben an der Rückenachse auf normale Abschiebungen zurückzuführen sind. Die Störungen verlaufen parallel zum Rücken und fallen in Richtung auf den Scheitelgraben ein. Diese Abschiebungen lassen erkennen, dass erwartungsgemäß Dehnungskräfte am Werk sind, da die Lithosphärenplatten durch Seafloor-Spreading auseinandergezogen werden. Auch in Bereichen, in denen die kontinentale Kruste gedehnt wird, wie etwa in den Ostafrikanischen Grabensenken und in der Basin-and-Range-Provinz im Westen Nordamerikas, ereignen sich die Erdbeben an normalen Abschiebungen.

Transformstörungen An Transformstörungen, an denen die einzelnen Segmente der mittelozeanischen Rücken gegeneinander versetzt werden, ist die Erdbebenhäufigkeit deutlich größer. Vom Herdvorgang her handelt es sich um Horizontalverschiebungen, was auch zu erwarten ist, wenn Platten in entgegengesetzter Richtung aneinander vorbeigleiten. Darüber hinaus ergibt sich aus dem Herdvorgang für die Erdbeben an den Transformstörungen zwischen den einzelnen Abschnitten des Rückens, dass es sich bei einem Versatz des Rückenkamms nach rechts um eine linksseitige (sinistrale) und bei einem Versatz des Rückenkammes nach links demzufolge um eine rechtsseitige (dextrale) Horizontalverschiebung handelt. Diese Richtungen sind genau dem entgegengesetzt, was erforderlich wäre, um den Versatz des Rückenkammes zu verursachen, sie stimmen jedoch mit der Richtung des Versatzes überein, der sich aus dem Seafloor-Spreading ableitet. Mitte der 1960er Jahre lieferten diese diagnostischen Merkmale der Transformstörungen den Seismologen weitere Indizien, die die Hypothese des Seafloor-Spreading untermauerten. Die Bewegungen an Transformstörungen, die wie etwa die San-Andreas-Störung in Kalifornien oder die Alpine-Störung auf Neuseeland (beides rechtsseitige Horizontalverschiebungen) auf dem Festland verlaufen, stimmen mit den Aussagen der Plattentektonik überein.

Konvergente Plattengrenzen Die weltweit stärksten Erdbeben treten an konvergenten Plattengrenzen auf. Dazu gehören die vier größten Erdbeben der vergangenen hundert Jahre: das

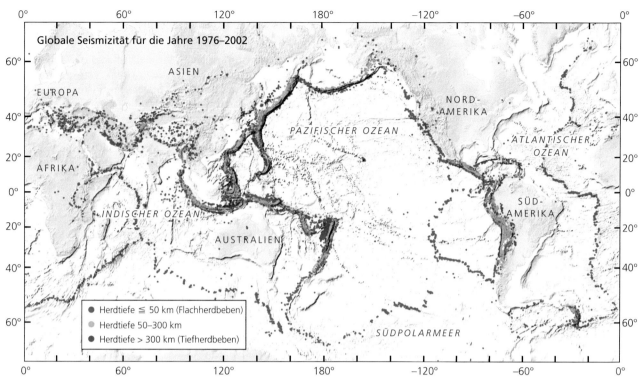

Abb. 13.16 Übersichtskarte der seismischen Aktivitäten im Zeitraum zwischen Januar 1976 und Oktober 2013. Jeder Punkt kennzeichnet das Epizentrum eines Erdbebens mit einer Magnitude >5. Die Farben kennzeichnen die zugehörigen Herdtiefen. Man beachte die Konzentration der Erdbeben an den Grenzen zwischen den größeren Lithosphärenplatten (Kartengrundlage: Daten von Global CMT catalog; Zeichnung: M. Boettcher)

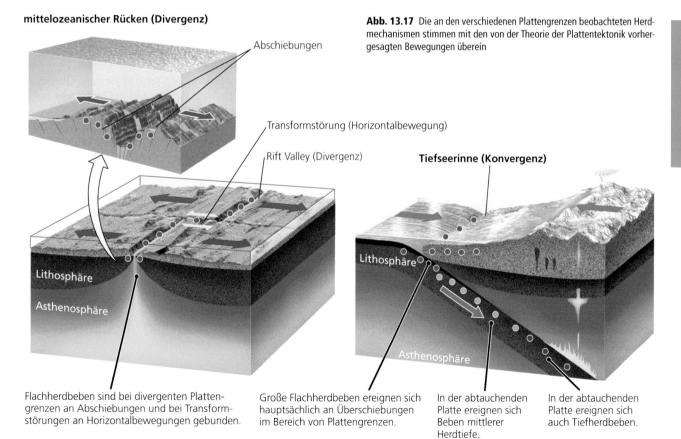

Abb. 13.17 Die an den verschiedenen Plattengrenzen beobachteten Herdmechanismen stimmen mit den von der Theorie der Plattentektonik vorhergesagten Bewegungen überein

Erdbeben von Tohoku (2011; Magnitude 9,0), die Erdbeben von Sumatra (2004), Alaska (1964) und das größte von allen, das Erdbeben an der Subduktionszone westlich von Chile (1960; Magnitude 9,5). Bei diesem verheerenden Erdbeben in Chile, dem stärksten bisher registrierten Beben überhaupt, schob sich die Kruste der Nazca-Platte an einer Bruchfläche, die größer war als der US-Bundesstaat Arizona, im Durchschnitt um 20 m unter die kontinentale Kruste der Südamerikanischen Platte. Die Herdvorgänge zeigen insgesamt, dass diese Erdbeben durch horizontalen Druck an enorm großen Überschiebungen, sogenannten Mega-Überschiebungen, ausgelöst werden, die generell Plattengrenzen kennzeichnen, an denen eine Platte unter die andere abtaucht. Bei allen Beben kam es zu einem vertikalen Versatz am Meeresboden und damit zu verheerenden Tsunamis, die die Küsten verwüsteten.

Auch die Erdbeben mit den größten Herdtiefen sind an konvergente Plattengrenzen gebunden. Nahezu alle Erdbeben, die in Herdtiefen von mehr als 100 km stattfinden, führen zum Zerbrechen der abtauchenden ozeanischen Platten an den Subduktionszonen. Der Herdvorgang dieser tiefen Erdbeben zeigt eine Vielzahl von Richtungen; sie stimmen jedoch mit der Deformation überein, die innerhalb einer abtauchenden Platte zu erwarten ist, die gravitativ nach unten in den Erdmantel mit seinen Konvektionsbewegungen gezogen wird. Die tiefsten Erdbeben mit Herdtiefen zwischen 600 und 700 km ereignen sich in den ältesten – und damit auch kältesten – abtauchenden Platten, wie etwa unter Südamerika, Japan und den Inselbögen des Westpazifiks.

Intraplatten-Erdbeben Obwohl die meisten Erdbeben an Plattengrenzen gebunden sind, zeigt die Karte in Abb. 13.16, dass ein geringer Prozentsatz der sich weltweit ereignenden Erdbeben auch innerhalb der Platten auftreten. Die Herde solcher Erdbeben liegen meist in geringer Tiefe und in der Mehrheit auf den Kontinenten. Zu diesen Erdbeben gehören einige der schwersten in der Geschichte Nordamerikas: eine Serie von drei schweren Erdbeben bei New Madrid, Missouri (1811–1812), das Erdbeben von Charleston, Südcarolina von 1886 und das Erdbeben von Cape Ann in der Nähe von Boston, Massachusetts 1755. In Europa zählen die mäßig schweren Beben der Schwäbischen Alb dazu.

Eines der stärksten Intraplatten-Erdbeben (Magnitude 7,6) ereignete sich im Jahr 2001 bei Bhuj im Bundesstaat Gujarat im Westen Indiens. Man schätzt, dass etwa 20.000 Menschen starben. Das Hypozentrum dieses Erdbebens lag auf einer zuvor nicht bekannten Überschiebung 1000 km südlich der Grenze zwischen der Indischen und der Eurasischen Platte. Die für den Bruchvorgang verantwortlichen, durch Kompression hervorgerufenen Spannungen sind das Ergebnis der noch immer andauernden Kollision dieser beiden Platten. Offensichtlich können sich innerhalb einer Lithosphärenplatte selbst in großer Entfernung von derzeitigen Plattengrenzen noch erhebliche Kräfte in der Kruste entwickeln und dort zu Bruchtektonik führen.

Regionale Störungssysteme

Obwohl die Herdvorgänge der meisten starken Erdbeben mit den von der Theorie der Plattentektonik vorgegebenen Störungsformen übereinstimmen, besteht eine Plattengrenze in den seltensten Fällen aus nur einer Störung, vor allem dann, wenn kontinentale Kruste daran beteiligt ist. In der Regel erstreckt sich der Bereich der Krustendeformation zwischen den beteiligten Platten über ein ganzes System sich gegenseitig beeinflussender Störungen. Ein interessantes Beispiel ist in diesem Zusammenhang das Störungssystem im Süden Kaliforniens (Abb. 13.18).

Dessen Hauptstörung, die San-Andreas-Störung, ist eine rechtsseitige Horizontalverschiebung, die Kalifornien vom Salton Sea an der mexikanischen Grenze in nordwestlicher Richtung durchzieht, bis sie nördlich von San Francisco bei Point Arena in den Pazifischen Ozean hinaus verläuft (vgl. Abb. 7.7). Auf beiden Seiten der San-Andreas-Störung treten zahlreiche Begleitstörungen auf, an denen sich ebenfalls starke Erdbeben ereignen. Es ist sogar so, dass die verheerendsten Erdbeben in Südkalifornien im vergangenen Jahrhundert an diesen Begleitstörungen stattfanden.

Warum ist das Störungssystem der San-Andreas-Verwerfung so kompliziert gebaut? Dies liegt sicher zum Teil am Verlauf der Störung. Eine Biegung der Störung nördlich von Los Angeles führt in diesem Bereich zu Kompression und zu Überschiebungen (vgl. Abb. 7.22). Diese Überschiebungstektonik an der „Großen Biegung" war verantwortlich für die beiden zurückliegenden Erdbeben – das Erdbeben von San Fernando (1971) mit der Magnitude 6,6 und 65 Todesopfern und das Beben von Northridge (1994) mit der Magnitude 6,7 und 58 Toten (vgl. Abb. 13.18). Im Verlauf der vergangenen Millionen Jahre führte diese Überschiebungstektonik zum Aufstieg der San Gabriel Mountains bis in Höhen zwischen 1800 und 3000 m.

Ein weiteres Problem ist die Dehnungstektonik in der Basin-and-Range-Provinz im Osten von Kalifornien, die sich über große Teile der Staaten Nevada, Utah und Arizona erstreckt (vgl. Kap. 7 und 10). Dieser ausgedehnte Bereich der Krustendehnung ist mit dem Störungssystem der San-Andreas-Verwerfung durch eine Reihe von Störungen verbunden, die an der Ostseite der Sierra Nevada und durch die Mojave-Wüste verlaufen. Störungen dieses Systems waren für die Erdbeben von Landers (1992; Magnitude 7,3) und Hector Mine (1999; Magnitude 7,1) wie auch für das Beben im Owens Valley (1872; Magnitude 7,6) verantwortlich.

Erdbeben: Gefahren und Risiken

Allein in den letzten zehn Jahren forderten Erdbeben weltweit 700.000 Menschenleben und zerstörten die wirtschaftlichen Strukturen ganzer Regionen. Die Vereinigten Staaten hatten dabei noch Glück, obwohl zwei Erdbeben an der San-Andreas-

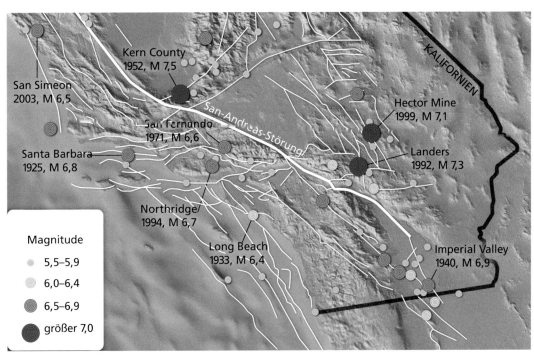

Abb. 13.18 Karte des Störungssystem von Südkalifornien. Sie zeigt den Verlauf der San-Andreas-Störung (*dicke weiße Linie*) und ihrer Begleitstörungen (*dünne weiße Linien*). Die farbigen Kreise kennzeichnen die Epizentren von Erdbeben der Magnitude >5,5, die sich im 20. Jahrhundert ereignet haben. Die bedeutenderen Erdbeben sind durch Namen, Jahr und Magnitude gekennzeichnet (Mit frdl. Genehm. von Southern California Earthquake Center)

Störung in Kalifornien, das Erdbeben von Loma Prieta im Jahre 1989 (Magnitude 7,1), das sich ungefähr 80 km südlich von San Francisco ereignete, und das Beben von Northridge 1994 (Magnitude 6,9) zu den teuersten Naturkatastrophen in der Geschichte der Vereinigten Staaten gehörten. Die Schadenssumme belief sich beim Beben von Loma Prieta auf über 10 Mrd. Dollar und beim Northridge-Beben auf über 40 Mrd. Dollar, da sich beide Erdbeben in der Nähe dicht besiedelter Gebiete ereigneten. Sechzig Menschen kamen jeweils ums Leben, doch wäre die Zahl der Toten um ein Mehrfaches größer gewesen, hätte es keine bindenden Normen für erdbebensicheres Bauen gegeben (Abb. 13.19).

Erdbeben mit hoher Zerstörungskraft sind in Japan noch weitaus häufiger als in Kalifornien. Die schriftlichen Aufzeichnungen der verheerenden Erdbeben in Japan, die 2000 Jahre zurückreichen, sind tief im Bewusstsein der japanischen Bevölkerung verankert. Vielleicht ist deshalb Japan das am besten vorbereitete Land im Umgang mit Erdbeben. Dort gibt es konsequente Schulungsmaßnahmen für die breite Öffentlichkeit, strenge Baunormen und empfindliche Warnsysteme. Trotz dieser Vorbereitungen sind bei dem vernichtenden Erdbeben von Kobe (Magnitude 6,9) am 16. Januar 1995 mehr als 5600 Menschen ums Leben gekommen (Abb. 13.20). Die Zahl der Opfer und die enormen Schäden an Gebäuden (50.000 Gebäude wurden zerstört) sind teilweise auf die weniger strengen Baunormen zurückzuführen, die vor 1980 noch gültig waren, als ein Großteil der Stadt erbaut wurde, aber sicher auch darauf, dass das Epizentrum sehr nahe bei der Stadt lag. Der Tsunami des Erdbebens von Tohoku 2011 forderte wesentlich

mehr Menschenleben (nahezu 20.000). Diese Katastrophe war verbunden mit der Kernschmelze und Explosion des Kernkraftwerks von Fukoshima-Daiichi, einem der größten Kernkraftwerke der Welt (Abb. 13.31). Obwohl die Gesamtkosten noch ermittelt werden, gilt dieses Erdbeben schon jetzt als die bisher teuerste Naturkatastrophe.

Abb. 13.19 In diesem Wohnhaus in Northridge Meadows bei Los Angeles (USA) starben bei dem Erdbeben von Northridge im Jahre 1994 sechzehn Menschen. Die Erdbebenopfer bewohnten das Erdgeschoss und wurden getötet, als die oberen Stockwerke einstürzten. Es wären noch wesentlich mehr Gebäude eingestürzt, wenn die neueren Gebäude nicht entsprechend den strengen Normen für erdbebensicheres Bauen errichtet worden wären (Foto: © Nick Ut, Files/AP Photo)

geschleudert wird. Nur sehr wenige von Menschen errichtete Bauwerke halten solchen heftigen Erschütterungen stand und diese wenigen werden in der Regel erheblich beschädigt.

Der Einsturz von Gebäuden und anderen Bauwerken ist die wesentliche Ursache für Sachschäden und Verluste von Menschenleben. In den Städten kommen die meisten Menschen durch einstürzende Gebäude um Leben. Die Verluste an Menschenleben sind vor allem in den dicht besiedelten Gebieten der Entwicklungsländer besonders hoch, da die Gebäude häufig aus Ziegeln und Mörtel ohne Stahlarmierung erbaut werden. Am 20. Januar 2010 zerstörte ein Erdbeben der Magnitude 7 in Port au Prince auf Haiti 250.000 Wohngebäude und 30.000 Geschäftshäuser, wobei 230.000 Menschen den Tod fanden. Es war dies, was die Zahl der Todesopfer betrifft, eine der schwersten Erdbebenkatastrophen (Abb. 13.21). Um solche Katastrophen in Zukunft zu vermeiden, sind deutlich verbesserte konstruktive Maßnahmen erforderlich, damit die Bauwerke diesen Erschütterungen standhalten.

Hangbewegungen und andere Bodeneffekte Die primären Auswirkungen der Bruchbildung und der Bodenerschütterungen lösen eine Anzahl sekundärer Gefahren aus. Dazu gehören beispielsweise Rutschungen, Lawinen oder andere Formen von Bodeneffekten, die zu Massenbewegungen führen (vgl. Kap. 16). Wenn durchnässte Böden intensiven seismischen Erschütterungen ausgesetzt werden, verhalten sie sich wie Flüssigkeiten und werden instabil. Der Untergrund fließt einfach weg und reißt Gebäude, Brücken und alles andere mit sich. Bodenverflüssigung zerstörte bei einem Erdbeben im Jahre 1964 das Wohngebiet der Turnagain Hights bei Anchorage in Alaska (USA) (vgl. Abb. 16.16), im Jahre 1989 während des Loma Prieta-Erdbebens den Nimitz Freeway bei San Francisco und 1995 zahlreiche Gebiete um Kobe, Japan. Bodenverflüssigung war auch für den größten Teil der Schäden verantwortlich, die bei der Erdbebenserie in Christchurch, Neuseeland im Jahr 2010–2011 entstanden sind, wobei in der gesamten Stadt zahlreiche Gebäude und vor allem die Wasser- und Abwasserleitungen zerstört wurden.

In einigen Fällen verursachten die von seismischen Bodenerschütterungen ausgelösten Hangbewegungen weit stärkere Zerstörungen als die eigentlichen Bodenerschütterungen. Ein großes Erdbeben löste im Jahre 1970 in Peru eine aus Gesteinen und Schnee bestehende Lawine mit einem Volumen von etwa 50 Mio. Kubikmeter aus, die die Bergstädte Yungay und Ranrahirca zerstörte (vgl. Abb. 16.25). Von den mehr als 66.000 bei dem Erdbeben getöteten Bewohnern kamen allein ungefähr 18.000 Menschen in der Lawine um.

Tsunamis Starke Erdbeben unter den Ozeanen, sogenannte Seebeben, können zerstörende Meereswellen auslösen, die als „seismische Wogen" oder besser als Tsunamis (japanisch: „Hafenwelle") bezeichnet werden. Tsunamis sind die bei weitem gefährlichsten Naturereignisse mit dem höchsten Zerstörungspotenzial und den meisten Opfern. Sie treten vor allem bei großen Seebeben auf, die durch Bewegungen an den Subduktionszonen ausgelöst werden.

Wenn es an solchen Megaüberschiebungen zu Bewegungen kommt, dann kann der Meeresboden auf der landwärtigen Seite

Abb. 13.20 Diese Hochstraße in Kobe kippte im Jahre 1995 bei einem Erdbeben (Foto: © TWPhoto/Corbis)

Ursachen von Erdbebenschäden

Erdbeben sind nur der Beginn einer ganzen Reihe von Kettenreaktionen, in der die primären Auswirkungen der Bruchbildung und Bodenerschütterung sekundäre Effekte wie beispielsweise Erdrutsche und Tsunamis auslösen, aber auch im dicht bebauten Umfeld zerstörende Vorgänge wie etwa Brände oder den Einsturz von Bauwerken verursachen.

Bruchbildung und Bodenbewegungen Die primären Gefahren sind Brüche und Spalten, die dann aufreißen, wenn sich Störungen bis zur Erdoberfläche durchpausen. Hinzu kommen bleibende Absenkung oder Hebung der Erdoberfläche durch die Bewegung an Störungen und schließlich die Bodenerschütterungen durch seismische Wellen, die sich während des Erdbebens ausbreiten. Durch seismische Wellen können Bauwerke so stark erschüttert werden, dass sie einstürzen. Die Bodenbeschleunigung in der Nähe des Epizentrums kann bei einem starken Erdbeben die Werte der Fallbeschleunigung erreichen und sogar übertreffen, sodass ein ruhender Gegenstand buchstäblich in die Luft

Abb. 13.21 Durch das Erdbeben von Haiti am 20. Januar 2010 zerstörtes Wohngebiet in Port-au-Prince (Foto: © Comeron Davidson/Corbis)

Teil IV

der Bruchfläche um bis zu 10 m gehoben werden, wobei durch diese ruckartige Vertikalverschiebung große Massen des darüber liegenden Meerwassers verdrängt werden. Die dadurch entstehende Welle breitet sich mit Geschwindigkeiten von mehr als 800 km/h über die Ozeane aus (was der Reisegeschwindigkeit eines Verkehrsflugzeuges entspricht). Auf dem offenen Meer sind Tsunamis kaum wahrnehmbar, doch sobald sie die flachen Küstengewässer erreichen, werden sie zwar langsamer, aber immer steiler und gefährlich hoch, bis sie schließlich als geschlossene, mehrere Dutzend Meter hohe Wasserwände über die Küsten hereinbrechen (Abb. 13.22). Diese haushohen Wassermassen können sich in Abhängigkeit vom Gefälle der Küste mehrere 100 m oder sogar mehrere Kilometer weit landeinwärts ausbreiten.

An Mega-Überschiebungen ausgelöste Tsunamis sind im Pazifischen Ozean am häufigsten, da dieser von aktiven Subduktionszonen umgeben ist. Die zerstörende Kraft eines solchen Tsunamis gelangte durch furchterregenden Videoaufnahmen, die am 11. März 2011 von Amateurfilmern aufgenommen wurden, in das Bewusstsein der breiten Öffentlichkeit, als der Tsunami des Tohoku-Bebens über die Küstengebiete im Nordosten Japans hereinbrach. In der Küstenstadt Miyako erreichten die Wassermassen eine Höhe von 38 m über dem Meeresspiegel und zerstörten nahezu alles, was auf ihrem Weg lag (vgl. Exkurs 13.1). In den tiefliegenden Gebieten nahe der Hafenstadt Sendai drang der Tsunami bis zu 20 km landeinwärts vor und führte riesige

Mengen schwimmender Trümmermassen aus Gebäuden, Booten, Personen- und Lastwagen mit sich (Abb. 13.23). Die Wellen breiteten sich über den gesamten Pazifischen Ozean hinweg aus und erreichten an der Küste Chiles noch eine Höhe von mehr als zwei Metern, 16.000 km von seinem Ursprung entfernt.

Das Tsunami-Warnsystem in Japan und im zirkumpazifischen Bereich arbeitete wie vorgesehen. Die Warnzeiten an der japanischen Küste nahe des Epizentrums waren jedoch für eine vollständige Evakuierung zu kurz. Trotzdem verdanken viele tausend Menschen dem Warnsystem ihr Leben.

Als das Erdbeben von Sumatra mit der Magnitude 9,2 am 26. Dezember 2004 einen ozeanweiten Tsunami auslöste, der die Küstenstreifen Indonesiens, Thailands, Sri Lankas und die Ostküste Afrikas überflutete, war dort noch kein Warnsystem installiert (Abb. 13.24). Innerhalb von 15 min erreichte die erste Welle die Küste Sumatras. Wenige Augenzeugen überlebten dort, doch geologische Untersuchungen nach dem Tsunami ergaben, dass die maximale Wellenhöhe an den Stränden der Westküste ungefähr 15 m betrug und in der Endphase Höhen zwischen 25 und 35 m erreichte, wobei das Wasser bis zu 2 km landeinwärts vordrang und auf seinem Weg die meisten Bauwerke, die gesamte Vegetation und nahezu alle Lebewesen vernichtete (Abb. 13.25). Man geht davon aus, dass an der Küste Sumatras mehr als 150.000 Menschen ums Leben kamen, obwohl niemand genaue Zahlen

ENTSTEHUNG EINES TSUNAMI

Karte der Wellenhöhe (Farbe) und Laufzeit (weiße Linien) des Tsunami, der beim Tohoku-Erdbeben am 11. März 2011 ausgelöst wurde und sich über den gesamten Pazifischen Ozean hinweg ausbreitete.

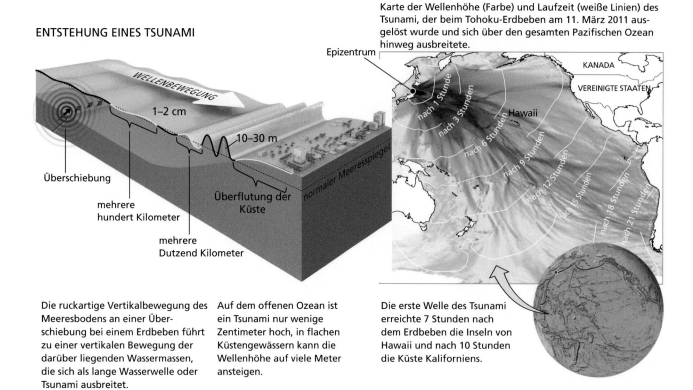

Die ruckartige Vertikalbewegung des Meeresbodens an einer Überschiebung bei einem Erdbeben führt zu einer vertikalen Bewegung der darüber liegenden Wassermassen, die sich als lange Wasserwelle oder Tsunami ausbreitet.

Auf dem offenen Ozean ist ein Tsunami nur wenige Zentimeter hoch, in flachen Küstengewässern kann die Wellenhöhe auf viele Meter ansteigen.

Die erste Welle des Tsunami erreichte 7 Stunden nach dem Erdbeben die Inseln von Hawaii und nach 10 Stunden die Küste Kaliforniens.

Abb. 13.22 Erdbeben an Mega-Überschiebungen können Tsunamis auslösen, die sich über den ganzen Ozean ausbreiten (Karte: NOAA, Pacific Marine Environmental Laboratory)

Abb. 13.23 Diese Videoaufnahme aus einem Hubschrauber zeigt den Tsunami, wie er nach dem Tohoku-Beben vom 11. März 2013 in der Nähe von Sendai, Japan, die mitgeführten Schutt- und Trümmermassen, selbst komplette Häuser, über Ackerland ausbreitet (Foto: © AP Photo/NHK TV)

Abb. 13.24 Der durch das Sumatra-Beben 2004 ausgelöste Tsunami überflutete ohne Vorwarnung die Küste von Phuket, Thailand (Foto: mit frdl. Genehm. von © David Rydevik)

Abb. 13.25 Diese kleine Landspitze bei Banda Aceh, an der Westküste von Sumatra, war zuvor bis an die Wasserlinie von dichtem Dschungel bedeckt. Durch den anbrandenden Tsunami 2004 wurde die Vegetation bis in eine Höhe von 15 m vollständig weggerissen (Foto: mit frdl. Genehm. von © José Borrero, University of Southern California Tsunami Research Group)

Teil IV

nennen kann, da zahlreiche Leichen unauffindbar ins Meer gespült wurden.

Submarine Rutschungen oder Vulkanausbrüche können ebenfalls Tsunamis auslösen. Bei der Explosion des Vulkans Krakatau zwischen Sumatra und Java im Jahre 1883 entstand ein Tsunami, der eine Höhe von 40 m erreicht haben soll und durch den an den anliegenden Küsten 36.000 Menschen umgekommen sein sollen.

Brände Zu den sekundären Gefahren eines Erdbebens gehören vor allem Brände, die durch zerborstene Gasleitungen oder herabhängende elektrische Leitungen verursacht werden. Die Zerstörung der Wasserleitungen durch ein Erdbeben kann die Brandbekämpfung nahezu unmöglich machen – ein Umstand, der im Jahre 1906 ganz wesentlich zur Brandkatastrophe nach dem Erdbeben von San Francisco beigetragen hat (vgl. Abb. 13.1). Die meisten der 140.000 Todesopfer beim Erdbeben von Kanto im Jahre 1923, einer der größten Katastrophen Japans, kamen in den Städten Tokio und Yokohama durch Brände um.

Verminderung von Erdbebengefahren

Bei der Abschätzung einer möglichen Zerstörung durch Erdbeben oder andere Naturkatastrophen ist es wichtig, zwischen Gefährdung und Risiko zu unterscheiden. Im Falle von Erdbeben beschreibt der Begriff **seismische Gefährdung** die Intensität der seismischen Erschütterungen und Bodenveränderungen, die langfristig in einem bestimmten Gebiet zu erwarten sind. Die Gefährdung ist abhängig von der Nähe des Ortes zu einer aktiven Störung, an der Erdbeben entstehen können; sie kann in Form einer Karte der Erdbebengefährdung dargestellt werden. Abbildung 13.26 zeigt die vom US Geological Survey erstellte Karte der seismischen Gefährdung für das Gebiet der Vereinigten Staaten. Eine vergleichbare Karte für Deutschland, Österreich und die Schweiz ist in Abb. 13.27 wiedergegeben.

Im Gegensatz dazu beschreibt das **seismische Risiko** die langfristig zu erwartenden Schäden in einem bestimmten Gebiet wie etwa einem Verwaltungsbezirk oder Bundesland, meist angegeben als Verluste in Währungseinheiten pro Jahr. Das Risiko ist nicht nur abhängig von der potenziellen seismischen Gefährdung, sondern auch von der Anfälligkeit einer Region gegen-

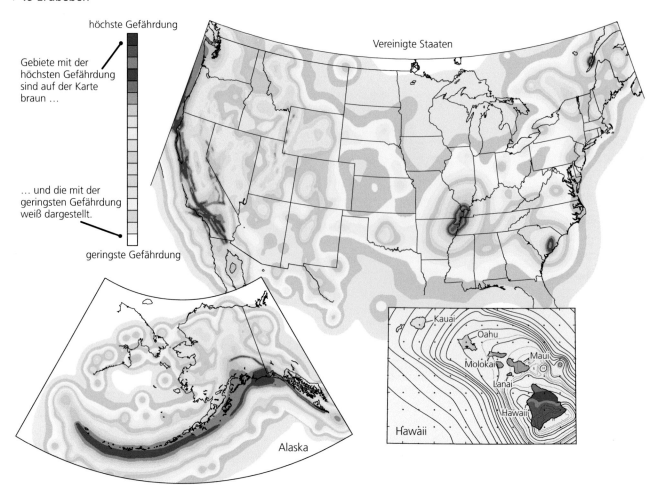

höchste Gefährdung

Gebiete mit der
höchsten Gefährdung
sind auf der Karte
braun …

… und die mit der
geringsten Gefährdung
weiß dargestellt.

geringste Gefährdung

Vereinigte Staaten

Alaska

Kauai
Oahu
Molokai
Lanai
Maui
Hawaii
Hawaii

Abb. 13.26 Karte der seismischen Gefährdung für das Territorium der Vereinigten Staaten. Die Gebiete stärkster Gefährdung befinden sich an den Plattengrenzen der Westküste und Alaskas sowie an der Südküste der Insel Hawaii (Big Island). Im Zentrum und Osten der Vereinigten Staaten befinden sich die Regionen höchster Gefährdung bei New Madrid, Missouri, um Charleston (South Carolina), im Osten von Tennessee und in Teilen des Nordostens (US Geological Survey, http://geoha-zards.cr.usgs.gov/eq/)

über seismisch bedingten Zerstörungen (aufgrund der Bevölkerungsdichte, Anzahl der Gebäude und diverser Infrastruktur) und seiner seismischen Belastbarkeit, das heißt wie anfällig die Bausubstanz eines bestimmten Gebiets gegenüber seismischen Erschütterungen ist. Da in jedem Fall zahlreiche geologische und wirtschaftliche Faktoren berücksichtigt werden müssen, ist die Abschätzung des seismischen Risikos keine einfache Aufgabe. Das Ergebnis der ersten umfassenden nationalen Untersuchung durch die nordamerikanische Federal Emergency Management Agency aus dem Jahre 2001 zeigt Abb. 13.28.

Der Unterschied zwischen seismischer Gefährdung und seismischem Risiko ergibt sich aus dem Vergleich der beiden Karten. Obwohl beispielsweise der Grad der seismischen Gefährdung in Alaska und Kalifornien jeweils hoch ist, ist Kalifornien stärker gefährdet, woraus sich insgesamt auch ein höheres Gesamtrisiko ergibt. Das seismische Risiko ist in Kalifornien am höchsten und beträgt etwa 75 % des gesamten Risikos der Vereinigten Staaten. Allein auf den Verwaltungsbezirk Los Angeles entfallen 25 % des Gesamtrisikos.

Gegen eine seismische Gefährdung kann aktiv nur wenig unternommen werden, da es keine Möglichkeiten gibt, Erdbeben zu vermeiden oder zu beeinflussen. Es gibt jedoch einige wichtige Schritte, die unsere Gesellschaft unternehmen könnte, um das seismische Risiko zu verringern, sofern die Gefährdung eindeutig charakterisiert ist.

Charakterisierung der Gefährdung Der erste Schritt besteht darin, der alten Redensart zu folgen: „Erkenne den Feind". Über Größe und Häufigkeit der Brucherscheinungen an aktiven Störungen ist bisher nur wenig bekannt. Beispielsweise können wir erst seit etwa zehn Jahren abschätzen, dass durch die Erdbeben an der Kaskaden-Subduktionszone, die sich von Nordkalifornien über Oregon, Washington bis nach British Columbia erstreckt, ein Tsunami ausgelöst werden könnte, der von seinem Ausmaß her mit dem Tsunami vergleichbar wäre, der im Jahre 2004, von Sumatra ausgehend, die Anliegerstaaten des Indischen Ozeans verwüstete. Diese Gefahr wurde offensichtlich, als Geologen Hinweise auf ein Erdbeben der Magnitude 9 fanden, das sich im Jahr 1700 ereignete, lange

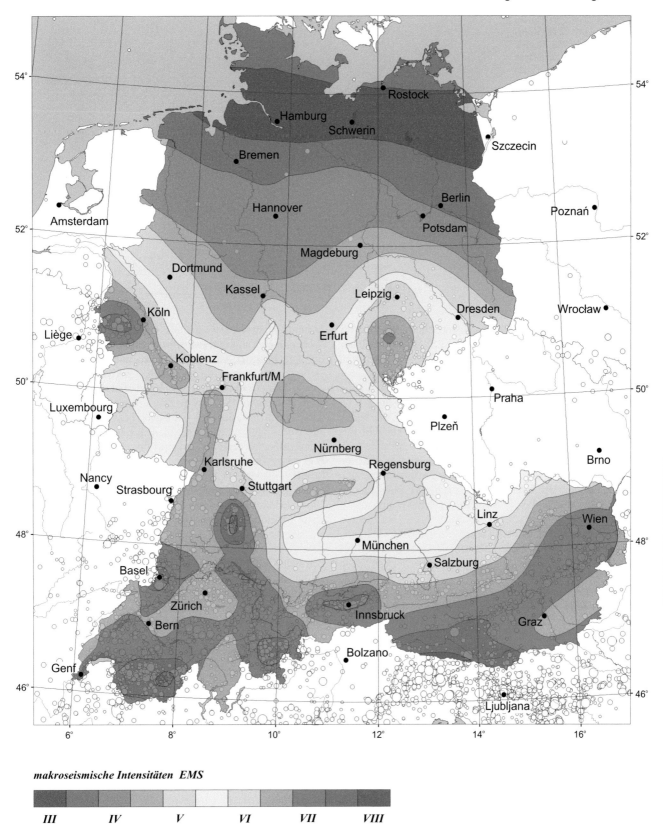

makroseismische Intensitäten EMS

III   IV   V   VI   VII   VIII

Abb. 13.27 Karte der seismischen Gefährdung für die Staaten Deutschland, Österreich und Schweiz. Die Erdbebengefährdung ist in Form berechneter Intensitäts-werte für eine Nichtüberschreitenswahrscheinlichkeit von 90 % in 50 Jahren dargestellt (aus: G. Grünthal, D. Mayer-Rosa & W.A. Lenhardt (1998): Abschätzung der Erdbebengefährdung für die D-A-CH-Staaten – Deutschland, Österreich, Schweiz. – Bautechnik 75 (10): 753–767)

Teil IV

Abb. 13.28 Übersichtskarte des seismischen Risikos für das Staatsgebiet der Vereinigten Staaten. Diese Karte zeigt die derzeitigen jährlichen volkswirtschaftlichen Verluste durch Erdbeben („Annualized Earthquake Losses", AEL) bezogen auf die einzelnen Verwaltungsbezirke (Federal Emergency Management Agency (2001). – Report 366, Washington, D. C.)

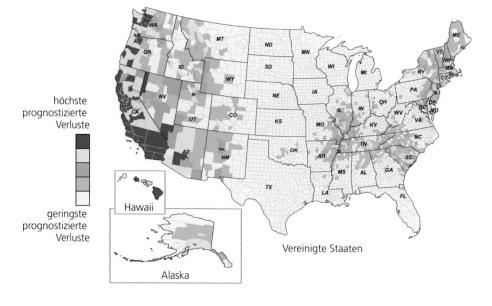

höchste
prognostizierte
Verluste

geringste
prognostizierte
Verluste

Hawaii

Alaska

Vereinigte Staaten

bevor irgendwelche schriftlichen historischen Berichte für dieses Gebiet existierten. Jenes Erdbeben führte an der Küste des Kaskadengebirges zu erheblichen Bodensenkungen und hinterließ zahlreiche überflutete, abgestorbene Küstenwälder. In Japan lief ein mindestens fünf Meter hoher Tsunami auf die Küste auf, der in historischen Berichten auf den 26. Januar 1700 datiert ist. Ein solches Ereignis kann sich jederzeit wiederholen, das ergibt sich aus den plattentektonischen Vorgängen. Die Juan-de-Fuca-Platte wird an der Nordostküste des Pazifischen Ozeans mit einer Geschwindigkeit von 40 mm pro Jahr unter die Nordamerikanische Platte subduziert. Geologen erörtern derzeit, ob diese Subduktion durch abrupte seismische Bewegungen erfolgt oder durch kontinuierliche Kriechbewegungen – vielleicht auch durch „stille Erdbeben". Nach der derzeit herrschenden Meinung ist davon auszugehen, dass der zeitliche Abstand zwischen zwei Beben der Magnitude 9 etwa 500 bis 600 Jahre beträgt.

Obwohl das Ausmaß der seismischen Gefährdung für einige Gebiete der Erde, vor allem für die Vereinigten Staaten und Japan, hinlänglich bekannt ist, fehlen solche Informationen noch für viele andere Regionen. In den 1990er Jahren förderten die Vereinten Nationen ein Programm zur weltweiten Kartierung der seismischen Gefährdung als Teil eines internationalen Programms zur Reduzierung von Naturkatastrophen („International Decade of Natural Disaster Reduction"). Das Ergebnis dieser Zusammenarbeit war die erste globale Darstellung der Erdbebengefährdung (Abb. 13.29). Diese Karte beruht in erster Linie auf Erdbeben in historischer Zeit, sodass die seismische Gefährdung in einigen Gebieten, in denen die historische Überlieferung spärlich oder nur lückenhaft ist, möglicherweise zu gering angesetzt ist. Um die seismische Gefährdung im globalen Maßstab richtig zu erfassen, ist noch weitaus mehr Arbeit erforderlich.

Flächennutzung Das Risiko, Gebäude oder andere Bauwerke einem Erdbeben auszusetzen, kann durch eine sinnvolle Beschränkung der Bodennutzung erheblich reduziert werden. Dies funktioniert dort sehr gut, wo der Gefahrenherd genau

bekannt ist, wie etwa im Falle einer Störung. Der Bau von Wohngebieten auf aktiven Störungen, wie das in Abb. 13.30 gezeigte Beispiel, ist ausgesprochen unklug, da nur wenige Gebäude den Deformationen standhalten können, denen sie mit großer Wahrscheinlichkeit ausgesetzt sind, wenn die Störung aufreißt. Im Jahre 1971 riss bei dem Erdbeben von San Fernando unter dem dicht besiedelten Gebiet von Los Angeles eine Störung auf, wobei nahezu hundert Gebäude zerstört wurden. Der Staat Kalifornien reagierte 1972 darauf mit einem Gesetz, das den Bau neuer Gebäude auf aktiven Störungen einschränkt. Bei bereits vorhandenen Gebäuden wird von den Immobilienmaklern verlangt, dass sie potenzielle Käufer diesbezüglich informieren. Unverständlich bleibt, dass von diesem Gesetz die in öffentlicher Hand befindlichen oder auch industriell genutzten Gebäude ausgenommen sind.

Um eine Gefährdung durch Erdbeben oder Tsunamis auszuschließen, sollte die Standortsuche für Kernkraftwerke oder andere gefährlichen Industrieanlagen absoluten Vorrang haben, doch zeigen die Erfahrungen in Japan, wie die weiteren Überlegungen, etwa der Bedarf an Kühlwasser für die Reaktoren, zu törichten und gefährlichen Kompromissen führen können. An der japanischen Küste wurden in den vergangenen paar Jahren zwei Kernkraftanlagen durch Erdbeben erheblich zerstört, das Kraftwerk von Kashiwasaki-Kariwa 2007 und die Anlage von Fukushima-Daiichi 2012 (Abb. 13.31). Die zunehmenden Bedenken hinsichtlich der Erdbebensicherheit von Kernkraftwerken veranlassten die japanische Regierung zunächst dazu, eine Anzahl von Kernkraftwerken stillzulegen, was allerdings Befürchtungen hinsichtlich einer künftigen Energieverknappung auslöste. Inzwischen sollen nach dem Willen der Regierung zahlreiche Kernkraftwerke wieder ans Netz gehen.

Erdbebensicheres Bauen Obwohl eine gezielte Anwendung dieser Vorschriften dazu beiträgt, das von lokalen Gefahren wie Bodenverschiebungen oder Bodenverflüssigung ausgehende Risiko zu vermindern, sind sie dort wenig effektiv, wo sich

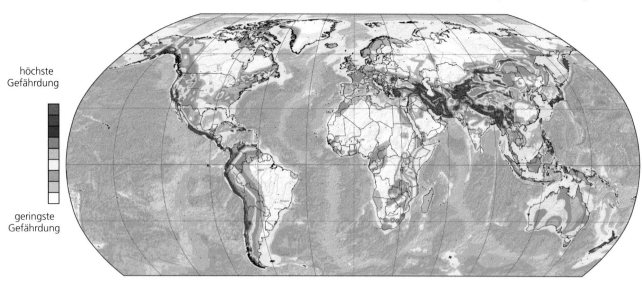

Abb. 13.29 Weltkarte der seismischen Gefährdung (K. M. Shedlock et al. (2000): *Seismological Research Letters,* 71: 679–686)

Abb. 13.30 Wohngebiete, die auf der Halbinsel San Francisco von der San-Andreas-Störung durchschnitten werden und die erbaut wurden, bevor der Staat Kalifornien Gesetze erlassen hatte, die das Bauen in solchen Gebieten einschränkten. Die *rote Linie* kennzeichnet den ungefähren Verlauf der Störung, an der während des Erdbebens im Jahre 1906 der Boden aufriss und sich um etwa 2 m verschob (Foto: © Michael Rymer)

die seismischen Erschütterungen über weite Bereiche verteilen wie beispielsweise in Los Angeles oder San Francisco. Die von seismischen Bodenerschütterungen ausgehenden Risiken können am besten durch eine sinnvolle Planung und Konstruktion von Bauwerken vermindert werden. Normen für die Konstruktion und den Bau neuer Gebäude sind durch **Bauvorschriften** vorgegeben, die von staatlichen und örtlichen Behörden erlassen worden sind. Diese Bauvorschriften geben die Kräfte vor, denen ein Bauwerk standhalten muss. Sie beruhen auf der maximalen Intensität der Bodenerschütterung, die von der seismischen Gefährdung ausgeht. Nach einem Erdbeben untersuchen Bauingenieure die zerstörten Gebäude und arbeiten entsprechende Empfehlungen

zur Modifizierung der Bauvorschriften aus, um in Zukunft Schäden durch ähnliche Erdbeben zu vermeiden.

Die in den Vereinigten Staaten ausgearbeiteten Bauvorschriften reduzierten erfolgreich die Anzahl der Todesopfer durch Erdbeben. In den dreißig Jahren zwischen 1981 und 2012 kamen beispielsweise bei elf starken Erdbeben im Westen der Vereinigten Staaten lediglich 146 Menschen ums Leben, während im selben Zeitraum weltweit mehr als eine Million Menschen bei Erdbeben starben. Trotzdem könnte rein konstruktiv noch weitaus mehr getan werden. Die Zerstörungen durch die nicht vermeidbaren Erdbeben könnten alleine dadurch deutlich reduziert werden, dass man die Erdbebensicherheit älterer Bauwerke durch zusätzliche Baumaßnahmen erhöht, aber auch durch spezielle Baumaterialien oder durch neuartige Konstruktionen, indem man beispielsweise die Gebäude auf beweglichen Tragwerken errichtet, um sie von den Bodenerschütterungen zu entkoppeln.

Notfallmaßnahmen Die zuständigen Behörden müssen Notversorgungen, Rettungsmannschaften, Evakuierungsmaßnahmen, Feuerlöschpläne und andere Schritte im Voraus gründlich planen und auf das Eintreten von Notfällen vorbereitet sein, um die Folgen schwerer Erdbeben zu verringern. Für jeden Einzelnen beginnt die Vorbereitung auf ein Erdbeben vor allem zu Hause mit geeigneten Schutzmaßnahmen für sich und seine Angehörigen.

Wenn sich ein Erdbeben ereignet hat, überträgt ein ganzes Netzwerk von Seismographen automatisch die entsprechenden Informationen an zentrale Stellen. In Bruchteilen von Sekunden können Rechner daraus den Erdbebenherd ermitteln, die Magnitude bestimmen und den Herdvorgang rekonstruieren. Wenn Erdbebenstationen mit sogenannten Strong-Motion-Sensoren ausgerüstet sind, Seismographen, die auch stärkste Bodenbewegungen exakt registrieren, können diese automatisch arbeitenden Systeme fast in Echtzeit genaue Karten liefern, wo die Bodenerschütterungen so stark waren, dass erhebliche Schäden zu erwar-

Abb. 13.31 Das von einer Drohne am 24. März 2011 aufgenommene Bild zeigt die Reaktorgebäude des Kernkraftwerks von Fukoshima-Daiichi, die, nachdem der Tsunami die Anlage zerstört hatte, explodiert waren (Foto: © AP Photo/Air Photo Service)

ten sind. Mit solchen Informationen ließen sich dann umgehend Hilfsmaßnahmen einleiten und für einen solchen Einsatz speziell ausgerüstete Rettungsmannschaften könnten so rasch wie möglich vor Ort sein, um Menschen aus den Trümmermassen zu bergen und weitere Verluste von Eigentum durch Brände und andere Sekundärerscheinungen zu verhindern. Außerdem könnten über die Massenmedien Angaben zur Magnitude und zum Bereich des Epizentrums verbreitet werden, um auf diese Weise die bei solchen Katastrophen aufkommenden Panikreaktionen der Bevölkerung zu vermeiden und die durch kleinere Nachbeben ausgelösten Ängste abzubauen.

Erdbeben-Frühwarnsysteme Mithilfe der beschriebenen Technik ist es möglich, Erdbeben bereits zu einem sehr frühen Zeitpunkt der Bewegung an Störungen nachzuweisen, die Stärke der nachfolgenden Bodenerschütterungen vorherzusagen und die Menschen zu warnen, noch ehe die heftigen Bewegungen einsetzen, die Zerstörungen verursachen können. Die Erdbeben-Frühwarnsysteme stellen in der Nähe des Epizentrums stärkere Bodenbewegungen fest und übermitteln Warnungen vor Ankunft der seismischen Wellen (da sich Radiowellen rascher ausbreiten als Erdbebenwellen). Die potenziellen Warnzeiten sind in erster Linie von der Entfernung zwischen Nutzer und Epizentrum des Erdbebens abhängig. Es gibt allerdings in der engeren Umgebung um das Epizentrum eine Zone, in der eine Frühwarnung nicht

möglich ist, jedoch in etwas größerer Entfernung können Warnungen in einem Zeitraum von wenigen Sekunden bis zu ungefähr einer Minute vor den stärksten Bodenbewegungen herausgegeben werden.

Erdbeben-Frühwarnsysteme werden bereits in mehreren Ländern eingesetzt: Japan, Rumänien, Taiwan, Türkei; in den Vereinigten Staaten wird derzeit ein Prototyp entwickelt. Japan ist derzeit das einzige Land mit einem flächendeckenden System, das offizielle Warnungen herausgibt. Ein nationales Netzwerk aus nahezu 1000 Seismographen dient dem Nachweis von Erdbeben und veröffentlicht Warnungen, die über Internet, Satelliten und Mobiltelefone übertragen werden, aber auch an automatisch arbeitende Kontrollsysteme, die beispielsweise Züge anhalten oder empfindliche Geräte in einen abgesicherten Modus schalten. In den Vereinigten Staaten werden in den Staaten Kalifornien und Washington Erdbeben-Frühwarnsysteme entwickelt, doch für ihre volle Einsatzfähigkeit fehlt bisher noch die finanzielle Unterstützung vom Kongress oder den gesetzgebenden Körperschaften der Bundesstaaten.

Tsunami-Warnsysteme Die von dem Sumatra-Erdbeben 2004 und dem Tohoku-Beben 2011 ausgelösten großen Tsunamis verdeutlichen die Probleme, die mit Tsunami-Warnsystemen verbunden sind. Da sich Tsunami-Wellen etwa zehnmal langsamer ausbreiten als seismische Wellen, bliebe nach einem Seebeben meist ausreichend Zeit, oftmals mehrere Stunden, um die Menschen in den entfernteren Küstenregionen vor der drohenden Katastrophe zu warnen. Die vom „Pacific Tsunami Warning Center" auf Hawaii unmittelbar nach dem Erdbeben von Tohoku veröffentlichten Warnungen ermöglichten es, auf Hawaii und anderen Inseln oder an den Westküsten Nord- und Südamerikas noch vor Ankunft der Wellen Evakuierungsmaßnahmen durchzuführen (vgl. Abb. 13.22). Bedauerlicherweise gab es im Indischen Ozean noch kein solches Warnsystem, daher lief der Tsunami im Grunde genommen ohne Vorwarnung auf die Küsten auf und tötet mehrere zehntausend Menschen.

Problematisch wird es allerdings in Gebieten, die in der Nähe einer aktiven vor der Küste vorhandenen Störungszone liegen, in denen die Tsunamis so rasch die Küste erreichen, dass keine Zeit bleibt, um die Küstenorte zu warnen. Eines dieser Gebiete ist Papua-Neuguinea, wo im Jahre 1988 in den Küstenorten nahe des Epizentrums bis zu 3000 Menschen durch einen Tsunami das Leben verloren. Solche Siedlungen können zwar durch den Bau von Sperrwänden, die eine Überflutung verhindern sollen, geschützt werden, doch sind sie teuer und wurden in nennenswertem Umfang bisher nur in Japan erprobt, wenn auch mit wechselndem Erfolg (Abb. 13.32).

Abb. 13.32 Diese Tsunami-Barriere wurde gebaut, um die Stadt Taro in Japan zu schützen – sie wurde jedoch von dem Tsunami des Tohoku-Erdbebens zerstört (Foto: © Carlos Baria/Reuter/Landov)

Das beste und einfachste Warnsystem ist noch immer: Wenn man ein starkes Erdbeben verspürt oder sich am Strand das Meer zurückzieht, sollte man schnellstens die tiefer liegenden Bereiche der Küste verlassen und höher liegende Gebiete aufsuchen.

Exkurs 13.2 Italienische Wissenschaftler wegen fahrlässiger Tötung verurteilt. Begründung: Fehleinschätzung des Erdbebenrisikos kurz vor dem Erdbeben von L'Aquila 2009.

Am 6. April 2006 verwüstete ein Erdbeben der Magnitude 6,3 die Bergstadt L'Aquila in Italien, 309 Einwohner fanden den Tod, mehr als 1500 Menschen wurden verletzt und mehrere Zehntausend wurden obdachlos. In der Folge dieser Katastrophe verklagte ein Staatsanwalt den stellvertretenden Direktor des italienischen Ministeriums für Zivilschutz und sechs Berater der Kommission für große Risiken, ein hochkarätiges Gremium, wegen fahrlässiger Tötung aufgrund von Aussagen, die vor dem Erdbeben veröffentlicht wurden.

Dieser Fall wurde sehr rasch unter den Wissenschaftlern zum „Cause celebre". Die Anklageschrift wollte die Wissenschaftler dafür verantwortlich machen, dass sie die örtliche Bevölkerung vor einem drohenden Erdbeben nicht ausreichend gewarnt hätten – gewissermaßen für das Scheitern einer Vorhersage. Es ist hinlänglich bekannt, dass schwere Erdbeben kurzfristig nicht vorhergesagt werden können. Warum wollte ein italienisches Gericht Wissenschaftler dafür bestrafen, weil sie etwas nicht taten, was (noch immer) nicht machbar ist?

Wissenschaftliche Organisationen aus allen Teilen der Welt schickten Protestschreiben an den italienischen Staatspräsidenten. Trotzdem befand ein italienisches Gericht nach einem jahrelangen Verfahren alle sieben Angeklagten für schuldig im Sinne der Anklage und verurteilte sie zu sechs Jahren Haft und zu Geldstrafen in Höhe von mehr als 10 Mio. Euro.

Was ereignete sich wirklich in L'Aquila?

Die seismische Aktivität in diesem Teil Italiens nahm im Januar 2009 deutlich zu. Eine Anzahl schwacher Erdbeben, Beben eines Erdbebenschwarms, wurden in weiten Teilen Italiens wahrgenommen und führten zu Räumungen von Schulgebäuden und anderen Vorbeugemaßnahmen. Im Februar und März wurde die Berichterstattung durch eine Reihe von Erdbebenvorhersagen angeheizt, die von einem Bewohner L'Aquilas namens Gioacchino Giuliani veröffentlicht wurden, der in einem nationalen physikalischen Labor als Techniker arbeitete. Diese Vorhersagen erfolgten nicht in öffentlichem Auftrag und erwiesen sich als Fehlalarme, in den Medien wurde jedoch darüber ausführlich berichtet und sie lösten bei einigen Menschen panikartige Reaktionen aus, die dazu führten, dass sie ihre Wohnungen räumten.

Die Wissenschaftler der Regierung reagierten auf diese chaotische Situation mit der klaren Feststellung, dass es keine präzisen Methoden für eine Erdbebenvorhersage gäbe, dass

Erdbebenschwärme in diesem Teil Italiens häufig seien und dass die Wahrscheinlichkeit wesentlich stärkerer Erdbeben gering wäre. Doch diese Zusicherungen zerstreuten die Bedenken der breiten Öffentlichkeit nicht, die durch Giulianis fortwährende Vorhersagen hervorgerufen wurden. Deshalb rief die Regierung am 31. März übereilt die Risiko-Kommission zu einer Sitzung in L'Aquila zusammen. Diese Kommission stellte fest, „... dass es keinen Grund gibt zu behaupten, dass eine Serie von Erdbeben mit geringer Magnitude als sichere Vorläufer eines starken Erdbebens betrachtet werden kann". Diese Aussage war wissenschaftlich korrekt – die meisten Erdbebenschwärme in Italien haben keine wesentlich stärkeren Erdbeben zur Folge, sie spielte jedoch die Tatsache herunter, die von den meisten Seismologen akzeptiert wird: Die Chancen für ein schweres Erdbeben steigen während eines Erdbebenschwarms.

Auf einer Pressekonferenz nach der Zusammenkunft des Ministeriums für Zivilschutz (DCP) sagte der stellvertretende Direktor des DCP, der kein Seismologe ist, dass „... die Gemeinschaft der Wissenschaftler uns sagt, dass keine Gefahr droht, weil eine kontinuierliche Abgabe von Energie erfolgt. Die Situation sieht günstig aus." Diese Feststellung war wissenschaftlich **nicht** korrekt, weil selbst während eines stärkeren Erdbebenschwarms durch die schwachen Erdbeben die regionalen tektonischen Spannungen nicht abgebaut werden können, die zu einem schweren Erdbeben führen (vgl. Abschn. 24.13).

Der seismische Tremor dauerte bis in den April hinein, und führte zu weiteren Räumungen von Schulgebäuden. Kurz vor 23 Uhr am 5. April, nur wenige Stunden vor dem Hauptbeben, erschütterte ein stärkeres Erdbeben der Magnitude 3,9 die Stadt. In einem Interview mit der Zeitschrift „Nature Magazine" beschrieb Vincenzo Vittorini, wie er mit seiner Frau und seiner verängstigten neun Jahre alten Tochter darüber diskutierte, ob sie den Rest der Nacht nicht besser im Freien verbringen sollten – eine übliche Reaktion auf die seismische Tätigkeit in diesem Teil Italiens. Mit dem Argument, dass in den offiziellen Aussagen behauptet wurde, dass jedes schwache Beben das Potenzial für ein stärkeres vermindert, überzeugte er seine Familie, in ihrem Wohnhaus zu bleiben. Das Gebäude wurde bei dem Hauptbeben um 3.23 Uhr völlig zerstört und seine Frau und seine Tochter kamen zusammen mit fünf weiteren Bewohnern ums Leben. Nahezu jeder Einwohner der Stadt L'Aquila, einschließlich des Staatsanwalts, verlor Verwandte oder Freunde. Tragische Aussagen wie die Vittorinis trugen wesentlich zur Anklageerhebung bei, die der Risiko-Kommission zur Last legte, sie hätte „unvollständige, ungenaue und widersprüchliche Informationen über die Art, Ursache und künftige Entwicklung der seismischen Gefahren" veröffentlicht.

Im Nachhinein ist es klar, dass den italienischen Wissenschaftlern eine einfache Ja oder Nein-Frage zur Falle wurde: „Werden wir von einem starken Erdbeben betroffen?" Aus den Kenntnissen heraus, die die Wissenschaftler eine Woche vor dem Erdbeben haben konnten, war ein großes Erdbeben nicht sehr wahrscheinlich, die Wahrscheinlichkeit lag bei etwa 1:100. Dennoch hatte die Erdbebentätigkeit die Wahrscheinlichkeit eines starken Erdbebens über den langjährigen Mittelwert hinaus erhöht; große Erdbeben sind während eines Erdbebenschwarms wahrscheinlicher als in Zeiten ohne seismische Aktivität. Beunruhigt durch Giulianis Vorhersagen, erwähnten die Behörden weder diese zunehmende Gefahr, noch konzentrierten sie sich darauf, den Einwohnern von L'Aquila vorbereitende Maßnahmen zu empfehlen, die durch die seismische Aktivität durchaus gerechtfertigt gewesen wären. Stattdessen versuchten sie, die Bevölkerung zu beruhigen, indem sie dementsprechende Aussagen machten, die als gesicherte Vorhersage gedeutet wurden: „Es wird kein großes Erdbeben geben."

Wenige Wissenschaftler würden die Verdienste der angeklagten Staatsbeamten in Frage stellen, die guten Glaubens versuchten, die Öffentlichkeit unter den chaotischen Verhältnissen zu schützen. Im Nachhinein ist das Versagen der Angeklagten, die erhöhte Gefahr nicht stärker betont zu haben, zwar äußerst bedauerlich, aber die Untätigkeit eines unter Stress stehenden Beratungsgremiums und falsche Interpretationen durch Nichtwissenschaftler, die dieses politische System vertreten, kann wohl schwerlich als kriminelle Handlung zu Lasten der einzelnen Wissenschaftler betrachtet werden. Die betroffenen Angeklagten haben gegen das Urteil Berufung eingelegt, und es ist zu hoffen, dass sich der richterliche Sachverstand durchsetzt.

Einige Wochen nach der Katastrophe von L'Aquila ernannte die Regierung eine internationale Expertenkommission, die einer der Verfasser dieses Lehrbuches (THJ) leitete, um Richtlinien zur Verbesserung der Erdbebenvorhersage in Italien auszuarbeiten. Ihr Abschlussbericht bestätigt, dass eine Erdbebenvorhersage von hohem Wahrscheinlichkeitsgrad praktisch mit keinem der heute bekannten Verfahren möglich ist, und wandte sich dem Problem zu, wie mit kurzfristigen Erdbebenvorhersagen, bei denen die Möglichkeit schwerer Erdbeben unverändert gering ist, von Staats wegen umgegangen werden soll. Um die Öffentlichkeit zu unterrichten und um Informationslücken zu schließen, die zu inoffiziellen Vorhersagen und Fehlinformationen führen, sind fundierte Aussagen erforderlich, was über die gegenwärtigen Gefahren bekannt ist, und was nicht. Alarmpläne sollten vereinheitlicht werden, um die Entscheidungen auf den verschiedenen Regierungsebenen zu erleichtern, die zum Teil auf objektiven Kosten-Nutzen-Analysen beruhen, aber auch auf psychologischer Vorbereitung und Durchhaltevermögen.

Die Überprüfung durch die Kommission befand das italienische System zwar für unzulänglich, doch konnten sie auch auf kein Land verweisen, in dem eine funktionstüchtige Erdbebenvorhersage besser ist. Gebiete, die hohen seismischen Gefahren ausgesetzt sind, können aus L'Aquila ihre Lehren ziehen. Dazu gehört unter anderem die zwingende

Notwendigkeit, die Rolle der wissenschaftlichen Berater, deren Aufgabe es ist, objektive Informationen über die natürlichen Gefahren zu liefern, von jener der staatlichen Entscheidungsträger zu trennen, die die sozialen, wirtschaftlichen und politischen Vorteile vorbeugender Maßnahmen gegen die Kosten von Fehlentscheidungen abwägen müssen. Die Anklagevertreter von L'Aquila haben diese Rollen falsch interpretiert.

Anmerkung: Im November 2014 wurden die Angeklagten, sehr zum Ärger der Einwohner von L'Aquila, in zweiter Instanz freigesprochen, das Urteil wurde Ende 2015 bestätigt.

Trümmer des Rathauses von L'Aquila nach der Zerstörung durch das Erdbeben vom 6. April 2009. (Foto: © Alessandro Bianchi/Reuters/Corbis)

Können Erdbeben vorhergesagt werden?

Könnten wir Erdbeben präzise vorhersagen, wäre die Bevölkerung vorbereitet, Menschen könnten aus gefährdeten Gebieten evakuiert werden und zahlreiche andere Aspekte einer drohenden Katastrophe ließen sich verhindern. Doch wie genau lassen sich Erdbeben vorhersagen?

Bei einem Erdbeben versteht man unter Vorhersage die exakte Angabe über Ort, Zeit, Magnitude und Herdvorgang. Durch eine Verknüpfung der aus den plattentektonischen Bewegungen gewonnenen Informationen mit einer detaillierten Kartierung der regionalen Störungssysteme ist es möglich, verlässlich vorherzusagen, an welchen Störungen sich längerfristig Erdbeben ereignen werden. Präzise Angaben, wann und wo genau eine bestimmte Störung aufreißt und ein starkes Beben verursacht, erweisen sich jedoch als schwierig.

Langfristige Vorhersagen

Bittet man einen Seismologen, den Zeitpunkt des nächsten großen Erdbebens vorherzusagen, so wird die Antwort wahrschein-

lich lauten: „Je länger das letzte große Erdbeben zurückliegt, desto kürzer ist die Zeit bis zum nächsten". Dieses durchschnittliche **Rekurrenzintervall** – die Zeit, die erforderlich ist, um ausreichend hohe Spannungen aufzubauen – lässt sich mithilfe der relativen Geschwindigkeit der Plattenbewegungen und dem zu erwartenden Versatzbetrag berechnen, der sich aus den Beobachtungen vergangener Erdbeben ergibt. Wir können die zeitlichen Abstände zwischen großen Erdbeben bis zu einigen Tausend Jahren zurückbestimmen, indem wir Bodenschichten altersmäßig datieren, die an den Störungen gegeneinander versetzt sind (Abb. 13.33).

Obwohl diese Verfahren normalerweise ähnliche Resultate ergeben, ist der Unsicherheitsfaktor der Vorhersage groß, das heißt, er liegt bei bis zu 100 % des durchschnittlichen Rekurrenzintervalls. An Südkaliforniens San-Andreas-Störung beträgt beispielsweise das Zeitintervall zwischen großen Erdbeben 110 bis 180 Jahre, doch können die Intervalle zwischen den einzelnen Erdbeben erheblich länger oder kürzer als dieser Durchschnittswert sein. In einem Abschnitt dieser Störung ereignete sich im Jahre 1857 ein großes Erdbeben, während sich der andere (der südlichste) Teil seit dem letzten großen Erdbeben im Jahre 1680 nicht mehr bewegt hat (vgl. Abb. 13.2). Daher ist jederzeit mit einem Erdbeben zu rechnen – es kann sich schon morgen oder erst in einigen Jahrzehnten ereignen.

Weil die Vorhersage-Intervalle in Größenordnungen von Jahrzehnten oder Jahrhunderten liegen, wird diese Methode der

Abb. 13.33 Ein Geologe untersucht in einem Graben, der die San-Jacindo-Störung (eine Begleitstörung des San-Andreas-Störungssystems in Südkalifornien) quert, Gesteins- und Torflagen, die in prähistorischer Zeit von Erdbeben deformiert wurden. Durch die C-14-Datierung der Torflagen lassen sich die großen Erdbeben an dieser Störung rekonstruieren. Solche Information helfen den Wissenschaftlern bei der Vorhersage künftiger Ereignisse (Foto: mit frdl. Genehm. von Tom Rockwell, San Diego State University)

Erdbebenvorhersage als langfristige Vorhersage bezeichnet, um sie von dem zu unterschieden, was die Bevölkerung wirklich möchte – die kurzfristige Vorhersage eines Erdbebens an einer bestimmten Störung möglichst genau in Zeiträumen von Tagen oder sogar Stunden vor dem tatsächlichen Ereignis.

Kurzfristige Vorhersagen

In der Tat gab es einige erfolgreiche kurzfristige Erdbebenvorhersagen. Im Jahre 1975 wurde im Nordosten Chinas ein Erdbeben vorhergesagt, wenige Stunden bevor es sich dann bei Haicheng tatsächlich ereignete. Die chinesischen Seismologen nutzten für ihre Vorhersage Hinweise, die sie als typische Vorläuferphänomene betrachteten: Schwärme kleinerer Erdbeben und auch eine rasche Deformation des Untergrunds, die mehrere Stunden vor der Hauptterschütterung auftritt. Nahezu eine Million Menschen, die durch eine öffentliche Schulungskampagne auf diese Situation vorbereitet waren, verließen in den Stunden vor dem Beben ihre Häuser und Arbeitsplätze. Obwohl zahlreiche Städte und Dörfer völlig zerstört wurden, gab es nur einige hundert Tote und es besteht kein Zweifel, dass Zehntausende von Menschenleben gerettet werden konnten. Schon im darauf folgenden Jahr zerstörte ein nicht vorhergesagtes Erdbeben die chinesische Stadt Tangshan, wobei etwa 240.000 Menschen umkamen. Eindeutige Vorläuferphänomene, wie sie beim Beben von Haicheng aufgetreten waren, hatten sich bei den nachfolgenden starken Erdbeben nicht wiederholt.

Trotz zahlreicher Methoden, die in Erwägung gezogen werden, gibt es derzeit noch kein verlässliches Verfahren der Erdbeben-

vorhersage für einen Zeitraum von Tagen oder Wochen. Niemand wird behaupten wollen, dass eine kurzfristige Erdbebenvorhersage unmöglich sei, dennoch sind Seismologen sehr skeptisch, dass dies in naher Zukunft möglich sein wird.

Wir haben einige brauchbare Leitlinien, wie sich die Erdbebenwahrscheinlichkeit im Laufe der Zeit verändert. Wir wissen, dass Erdbeben sowohl räumlich als auch zeitlich in Schwärmen auftreten – beispielsweise folgen auf große Erdbeben nach kurzer Zeit Nachbeben – und die Seismologen haben gezeigt, dass die Chancen für ein potentiell zerstörendes Erdbeben in Perioden zunehmender seismischer Aktivitäten steigen. Doch die Deutung dieser Art von Informationen kann schwierig sein – denn selbst wenn die seismische Aktivität groß ist, sind exakte Vorhersagen schwerer Erdbeben noch immer nicht möglich. In seismischen Krisensituationen ist es für die Öffentlichkeit oft nicht klar, wie sich die Gefahr verändert. Beispielsweise führte vor dem verheerenden Erdbeben in L'Aquila am 6. April 2009 die mangelhafte Kommunikation über die Wahrscheinlichkeit eines sich möglicherweise kurzfristig ereignenden Erdbebens zur strafrechtlichen Verfolgung der wissenschaftlichen Berater der italienischen Regierung wegen fahrlässiger Tötung (vgl. Exkurs 13.2). Vorhersagen, die auf einer Häufung von Erdbeben beruhen, werden nun eingesetzt, um den italienischen Behörden zu helfen, die sich verändernden seismischen Risiken zu bewerten. Diese Methoden zur kurzfristigen Vorhersage werden auch auf andere Gebiete ausgedehnt, unter anderem auch auf Kalifornien.

Mittelfristige Vorhersagen

Die Unsicherheiten einer langfristigen Vorhersage können durch die Untersuchungen des Verhaltens der regionalen Störungssysteme verringert werden. Eine der Strategien besteht darin, die Hypothese der elastischen Rückformung zu verallgemeinern. Die in Abb. 13.3 dargestellte sehr einfache Version dieser Hypothese beschreibt, wie an einem isolierten Bereich der Störung der sich kontinuierlich aufbauende tektonische Spannungszustand periodisch in einer Reihe von Bewegungen an der Störungsfläche abgebaut wird. Wie jedoch am Beispiel von Südkalifornien gezeigt wurde (Abb. 13.18), treten Störungen selten isoliert auf. Stattdessen stehen sie in einem komplizierten Störungssystem miteinander in Verbindung. Ein Bruchvorgang in einem Abschnitt des Systems verändert das Stressfeld in der gesamten Umgebung (vgl. Abb. 13.4). In Abhängigkeit von der Geometrie des Störungssystems kann diese Änderung des Spannungszustands die Wahrscheinlichkeit eines Erdbebens in den angrenzenden Abschnitten der Störung entweder erhöhen oder verringern. Anders formuliert, wann und wo sich in einem Teilbereich des Störungssystems Erdbeben ereignen, hat einen Einfluss darauf, wann und wo an einer anderen Stelle des Systems weitere Erdbeben ausgelöst werden.

Wenn bekannt ist, auf welche Weise Änderungen des Spannungsfelds die Häufigkeit kleiner seismischer Ereignisse erhöhen oder verringern, könnten Seismologen in der Lage sein, Erdbeben für einen Zeitraum von einigen Jahren oder vielleicht sogar von einigen Monaten vorherzusagen, wenn auch mit erheblicher Unsicherheit. Die Überwachung derartiger Ereignisse mit einem Netzwerk von Seismographen könnte dann gewissermaßen ein regionales „Stress-Ventil" erkennen lassen, an dem sich die Spannungen lösen. Eines Tages könnte man in einer Nachrichtensendung vielleicht hören: „Das nationale Gremium zur Beurteilung der Erdbebenwahrscheinlichkeit geht davon aus, dass sich im kommenden Jahr mit einer Wahrscheinlichkeit von 50 % im südlichen Abschnitt der San-Andreas-Störung ein Erdbeben der Magnitude 7 oder größer ereignen wird." Ein großer Teil der gegenwärtigen Forschung konzentriert sich auf das Ziel, eine wissenschaftliche Grundlage für eine mittelfristige Vorhersage zu schaffen.

Die Möglichkeit, solche Vorhersagen zu veröffentlichen, würde allerdings auch schwerwiegende Fragen aufwerfen. Wie sollte die Bevölkerung auf eine Bedrohung reagieren, die weder unmittelbar bevorsteht noch vielleicht zu einem späteren Zeitraum eintritt? Eine mittelfristige Vorhersage würde die Möglichkeit eines Ereignisses nur im zeitlichen Rahmen von Monaten bis Jahren abgeben können – also nicht hinreichend genau, um Gebiete zu evakuieren, die durch ein bevorstehendes Erdbeben zerstört werden könnten. Fehlalarme wären häufig. Welche Auswirkungen hätten zuverlässige Vorhersagen für den Wert von Eigentum und andere Investitionen in dem bedrohten Gebiet? Dies sind allerdings Fragen, die eher Politiker und weniger die Naturwissenschaftler betreffen.

Zusammenfassung des Kapitels

Was ist ein Erdbeben: Ein Erdbeben ist eine Erschütterung des Untergrunds, die auftritt, wenn spröde Festgesteine, die durch tektonische Kräfte unter Spannung stehen, plötzlich an einer Störung zerbrechen. Bei dieser Bewegung wird die elastische Energie, die sich über Jahre hinweg durch geringe, aber stetige Gesteinsdeformation aufgebaut hat, im Verlauf von Sekunden oder Minuten freigesetzt, wobei ein Teil in Form seismischer Wellen abgegeben wird. Der Bereich, an dem der Bruch einsetzt, wird als Erdbebenherd oder Hypozentrum bezeichnet, der darüber an der Erdoberfläche liegende Punkt ist das Epizentrum. Bei den auf den Kontinenten auftretenden Erdbeben liegen die Hypozentren selten in Tiefen von mehr als 20 km. An Subduktionszonen treten jedoch Erdbebenherde bis in Tiefen von 690 km auf.

Seismische Wellen: Bei Erdbeben entstehen drei Arten von Wellen, die von Seismographen aufgezeichnet werden. Zwei Arten von Erdbebenwellen durchlaufen das Erdinnere: P-(Primär-)Wellen, die sich am schnellsten und durch alle Zustandsformen der Materie ausbreiten, sowie S-(Sekundär-)Wellen, die sich nur in Festkörpern ausbreiten können und die sich mit ungefähr der halben Geschwindigkeit der P-Wellen fortpflanzen. P-Wellen sind Kompressions- oder Longitudinalwellen, die sich durch periodische Kompression und Dilatation ausbreiten, S-Wellen sind Scher- oder Transversalwellen, bei denen sich die Gesteinspartikel senkrecht zur Fortpflanzungsrichtung bewegen. Love- und Rayleigh-Wellen

breiten sich an der Oberfläche und bis in geringe Tiefen der Erde aus. Bei den Rayleigh-Wellen erfolgt die Bewegung der Gesteinsteilchen retrograd-elliptisch, bei den Love-Wellen ist die Bodenbewegung eine reine Horizontalbewegung. Oberflächenwellen breiten sich langsamer aus als S-Wellen.

Die Erdbebenmagnitude und wie sie gemessen wird: Die Magnitude ist ein Maß für die Stärke eines Erdbebens. Die Richter-Magnitude ist proportional zum dekadischen Logarithmus der Amplitude der stärksten vom Seismographen aufgezeichneten Bodenbewegung. Heute bevorzugen Seismologen die Moment-Magnitude, da sie in direkter Beziehung zu den physikalischen Eigenschaften steht, durch die es zum Bruch und damit zu einem Erdbeben kommt. Sie beruht auf dem Produkt des über die Herdfläche integrierten Versatzbetrags, der Größe der Störungsfläche und der Festigkeit des Gesteins.

Die Häufigkeit von Erdbeben: Pro Jahr ereignen sich etwa eine Million Erdbeben mit Magnituden größer 2 und diese Anzahl nimmt für jede Magnitudeneinheit um den Faktor 10 ab. Demzufolge ereignen sich etwa 100.000 Erdbeben mit Magnituden größer 3, etwa 1000 Beben mit Magnituden größer 5 und etwa 10 Erdbeben mit Magnituden größer 7. Ein Erdbeben der Magnitude größer 8 tritt nur alle drei Jahre auf. Die stärksten Erdbeben mit Moment-Magnituden von 9 bis 9,9 sind selten und auf Mega-Überschiebungen an Subduktions- und Kollisionszonen beschränkt.

Was bei einem Erdbeben die Art der Störung bestimmt: Der Herdvorgang eines Erdbebens wird durch die Art der Plattengrenze bestimmt, an der es auftritt. An divergenten Plattengrenzen entstehen durch Zugspannung Abschiebungen. Durch Scherspannungen hervorgerufene Horizontal- oder Seitenverschiebungen sind auf Transformstörungen beschränkt. Die insgesamt schwersten, durch Druckspannungen verursachten Erdbeben ereignen sich an den Mega-Überschiebungen konvergenter Plattengrenzen. Nur eine geringe Anzahl von Erdbeben ereignet sich normalerweise auf den Kontinenten in großer Entfernung von Plattengrenzen.

Die Gefahren eines Erdbebens: Erschütterungen des Untergrunds können zu Schäden oder Zerstörungen an Gebäuden und anderen Infrastrukturen führen. Hinzu kommen Sekundäreffekte wie etwa Erdrutsche und Brandkatastrophen. Durch Seebeben am Meeresboden können Tsunamis entstehen, die beim Erreichen der flachen Küstengewässer großflächige Zerstörungen verursachen.

Minderung der Schäden von Erdbeben: Durch eine sinnvolle Beschränkung der Bodennutzung können neue Baumaßnahmen an aktiven Störungszonen eingeschränkt und in stark gefährdeten Gebieten die Konstruktion von Bauwerken durch entsprechende Bauvorschriften so weit vorgegeben werden, dass sie den zu erwartenden seismischen Belastungen standhalten können. Derzeit ist ein Netzwerk von Seismographen und anderen Sensoren im Aufbau, um frühzeitig vor Erdbeben und Tsunamis zu warnen. Behörden können vorausplanen, vorbereitet sein und Frühwarnsysteme errichten. Die in erdbebengefährdeten Gebieten lebende Bevölkerung sollte informiert sein, welche Vorsorgemaßnahmen getroffen werden können, und was zu tun ist, wenn sich ein Beben ereignet.

Vorhersage von Erdbeben: Wissenschaftler können zwar den Grad der potenziellen Erdbebengefährdung für ein bestimmtes Gebiet abschätzen, Erdbeben lassen sich jedoch nicht mit der Genauigkeit vorhersagen, die erforderlich wäre, um die Bevölkerung Stunden oder Wochen im Voraus zu warnen. Es bleibt zu hoffen, dass mit besseren Kenntnissen, wie Veränderungen des Spannungsfeldes die Häufigkeit von Erdbeben erhöhen oder verringern, solche Voraussagen in Zukunft möglich sind.

Ergänzende Medien

13-1 Animation: Erdbeben und Plattengrenzen

13-2 Animation: Tsunamis

13-1 Video: Die San-Andreas-Störung

Teil IV

Die Erforschung des Erdinneren

14

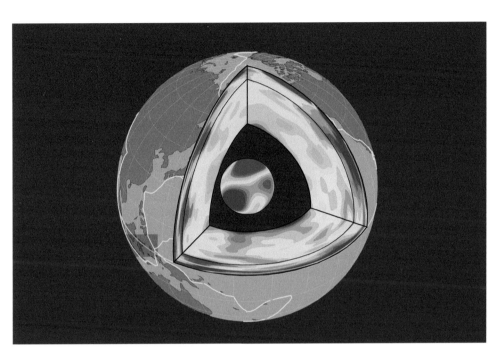

Seismische Wellen können verwendet werden, um Strukturen darzustellen, die durch dynamische Prozesse im Erdinneren entstehen. Das Bild zeigt in einem Schnitt die unterschiedlichen Ausbreitungsgeschwindigkeiten der S-Wellen im Erdmantel und auf der Oberfläche des inneren Erdkerns. Die *gelben Linien* an der Erdoberfläche sind Plattengrenzen (mit frdl. Genehm. von J. H. Woodhouse, Oxford University)

© Springer-Verlag Berlin Heidelberg 2017
J. Grotzinger, T. Jordan, *Press/Siever Allgemeine Geologie*, DOI 10.1007/978-3-662-48342-8_14

Teil IV

Der Mensch hat Bergwerke bis in Tiefen von über 4000 m angelegt, um Gold und Minerale zu fördern, und er brachte auf der Suche nach Kohlenwasserstoffen Bohrungen bis in fast 10.000 m Tiefe nieder. Trotz dieser zweifellos hervorragenden Leistungen haben diese Tiefenaufschlüsse lediglich die Oberfläche unseres Planeten angekratzt. Der in diesen Tiefen der Erde herrschende, alles zerstörende Druck und die glühend heißen Temperaturen machen das Innere unseres Planeten in absehbarer Zeit und wohl auch in der Zukunft völlig unzugänglich. Dennoch hat man inzwischen aus Messungen an und über der Erdoberfläche zahlreiche Informationen über den Aufbau und die Zusammensetzung des Erdinneren gewonnen.

Eine der besten Informationsquellen liefert die Seismologie. In Kap. 13 wurde bereits erwähnt, wie seismische Wellen zu heftigen Bodenerschütterungen und Zerstörungen führen. Die dabei freigesetzte Energie kann jedoch dazu herangezogen werden, um die tiefsten Bereiche des Erdinneren gewissermaßen zu „durchleuchten". Sie ermöglicht uns außerdem die Anfertigung dreidimensionaler Bilder der geologischen Strukturen in der unteren Kruste, wie beispielsweise vom Aufsteigen und Absinken der Konvektionsströmungen innerhalb des gesamten Erdmantels und von der Funktionsweise des äußeren und inneren Erdkerns.

Darüber hinaus wurden unsere Kenntnisse über das Erdinnere durch die in Vulkanen geförderten Gesteine, durch das Verhalten des Gesteinsmaterials unter hohen Drücken und Temperaturen im Labor sowie durch Informationen, die aus dem Schwerefeld und dem Magnetfeld der Erde abgeleitet werden können, erheblich erweitert. Dieses Kapitel befasst sich mit der Erforschung des Erdinneren bis zum Erdmittelpunkt in nahezu 6400 km Tiefe. Wir werden sehen, wie sich mithilfe seismischer Wellen eine Vorstellung vom Aufbau der Erdkruste, des Erdmantels und des Erdkern erarbeitet werden konnte. Wir gehen den hohen Temperaturen tief im Erdinneren nach und befassen uns eingehend mit den beiden Geosystemen, die von der Wärmekraftmaschine im Erdinneren angetrieben werden: das System Plattentektonik, das durch die Konvektionsbewegungen im Erdmantel angetrieben wird, und das System Geodynamo, das im äußeren Erdkern das Magnetfeld der Erde erzeugt.

Die Erforschung des Erdinneren mit seismischen Wellen

Alle Wellen – seien es Licht-, Schall- oder seismische Wellen – weisen ein gemeinsames Merkmal auf: ihre Ausbreitungsgeschwindigkeit variiert je nachdem, welches Material sie durchlaufen. Lichtwellen breiten sich im Vakuum am schnellsten aus, in Luft etwas langsamer und noch langsamer in Wasser. Schallwellen breiten sich andererseits in Wasser schneller aus als in Luft und in einem Vakuum überhaupt nicht.

Der Grund ist einfach: Schallwellen sind Druckschwankungen, die sich ausbreiten. Ohne ein Medium, das komprimiert werden kann wie etwa Luft oder Wasser, gibt es keine Schallwellen. Je mehr Kraft erforderlich ist, um irgendein Material zusam-

menzupressen, desto rascher breitet sich der Schall darin aus. Die Geschwindigkeit des Schalls in Luft beträgt an der Erdoberfläche im Allgemeinen 0,34 km/s ($\approx$ 1230 km/h – oder in der Fliegersprache: Mach 1). Wasser setzt einer Kompression mehr Widerstand entgegen als Luft, folglich ist die Ausbreitungsgeschwindigkeit von Schallwellen in Wasser mit 1,5 km/s wesentlich größer. Feste Materialien setzen einer Kompression noch wesentlich mehr Widerstand entgegen und deshalb breiten sich Schallwellen darin auch mit deutlich höheren Geschwindigkeiten aus: In Granit beträgt die Ausbreitungsgeschwindigkeit des Schalls etwa 6 km/s.

Wellenarten

Wie bereits in Kap. 13 erwähnt wurde, besteht ein Teil der bei einem Erdbeben entstehenden seismischen Wellen aus **Kompressionswellen** (Longitudinalwellen, Primärwellen), die sich (wie Schallwellen) durch Zug- und Druckbewegungen ausbreiten, die anderen sind Scherwellen (Transversalwellen, Sekundärwellen), deren Bewegungen senkrecht zur Ausbreitungsrichtung verlaufen (vgl. Abb. 13.10). Festkörper setzen der Kompression einen höheren Widerstand entgegen als einer Scherung, daher breiten sich Kompressionswellen rascher aus als Scherwellen. Dieses physikalische Prinzip erklärt auch die in Kap. 13 besprochene Beziehung: Die Primäreinsätze der in den Seismogrammen erscheinenden Wellen sind stets die Kompressionswellen (daher die Bezeichnung Primär- oder P-Wellen), während die Sekundäreinsätze den Scherwellen (Sekundär- oder S-Wellen) zugeordnet sind. Somit ist auch verständlich, warum die Geschwindigkeit von Scherwellen in Gasen und Flüssigkeiten Null ist. Fluide Phasen bieten Formveränderungen keinen Widerstand und deshalb können sich Scherwellen in Gasen oder Flüssigkeiten wie etwa Luft, Wasser oder im flüssigen Eisen des äußeren Erdkerns nicht ausbreiten.

Aus Seismogrammen lassen sich die Geschwindigkeiten der P- und S-Wellen durch einfache Division der bis zum Seismographen zurückgelegten Entfernung durch die Laufzeit auf einfache Weise berechnen. Aus der Ausbreitungsgeschwindigkeit lässt sich wiederum ableiten, welches Gesteinsmaterial die Wellen auf ihrem Weg durchlaufen haben. Beispielsweise breiten sich P- und S-Wellen in den Gesteinen der ozeanischen Kruste (Gabbro) mit einer Geschwindigkeit aus, die um etwa 20 % höher ist als die Ausbreitungsgeschwindigkeit in den Gesteinen der kontinentalen Kruste (Granit); in dem aus Peridotit bestehenden oberen Mantel ist die Ausbreitungsgeschwindigkeit dagegen um etwa 30 % höher als in der kontinentalen Kruste.

Die Begriffe Laufzeiten und Ausbreitung klingen nach einem scheinbar einfachen Sachverhalt, doch wenn sich Wellen in mehr als einem Material fortpflanzen, werden die Verhältnisse weit komplizierter. Treffen Wellen auf eine Grenzfläche zwischen zwei unterschiedlichen Materialien, wird ein Teil der Wellen **reflektiert**, während der andere Teil in das zweite Material übertritt, genauso wie Licht an einer Fensterscheibe teils reflektiert, teils durchgelassen wird. Wenn Wellen durch

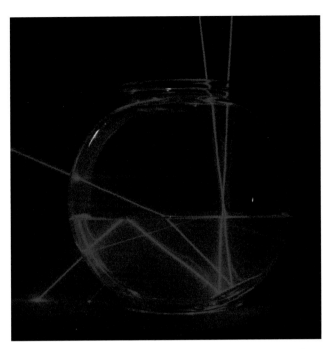

Abb. 14.1 Bei diesem Experiment treten zwei Laserstrahlen unter minimal veränderten Winkeln von oben in ein Gefäß mit Wasser ein. Beide Strahlen werden von einem Spiegel am Boden des Gefäßes reflektiert. Einer der Strahlen wird an der Grenzfläche Wasser/Luft reflektiert, tritt durch die Glaswand (*ganz links*) wieder aus und erzeugt auf dem Tisch den hellen Fleck. Der größte Teil des Lichts des zweiten Laserstrahls wird beim Übergang von Wasser in Luft gebrochen, obwohl auch ein geringer Anteil reflektiert wird und auf dem Tisch einen zweiten Fleck erzeugt (Foto: © Susan Schwartzenberg/The Exploratorium, San Francisco)

die Grenzfläche zwischen zwei Medien treten, ändern sie ihre Richtung – sie werden **gebrochen**, weil ihre Fortpflanzungsgeschwindigkeit im zweiten Material nicht dieselbe ist wie im ersten. Abb. 14.1 zeigt einen Laserstrahl, der beim Übertritt von Luft in Wasser gebrochen wird. Auch eine P- oder S-Welle wird gebrochen, wenn sie von einem Material in das andere übergeht. Durch die Untersuchungen, in welcher Form seismische Wellen an den Grenzflächen im Erdinneren gebrochen und reflektiert werden, konnte der schalenförmige Aufbau der Erde mit Kruste, Mantel und Erdkern mit hoher Genauigkeit ermittelt werden (vgl. Abb. 1.12).

Die Ausbreitung seismischer Wellen in der Erde

Würde die Erde aus einem homogenen Material mit konstanten Eigenschaften von der Oberfläche bis zum Mittelpunkt bestehen, könnten sich P- und S-Wellen vom Erdbebenherd aus geradlinig durch das Erdinnere ausbreiten und auf kürzestem Weg einen entfernten Seismographen erreichen. Als vor etwa 100 Jahren das erste globale Netzwerk von Seismographen errichtet und in Betrieb gegangen war, entdeckte man jedoch, dass sich die Wellen nicht geradlinig ausbreiten, sondern an Grenzflächen im Erdinneren reflektiert und gebrochen werden.

Im Erdinneren gebrochene Wellen Aus den Beobachtungen der Laufzeiten und dem durch die Refraktion bedingten Betrag der Krümmung nach oben konnten die Seismologen zeigen, dass sich die P-Wellen in tiefer liegenden Gesteinen rascher ausbreiten als in Gesteinen nahe der Erdoberfläche. Das war insofern nicht überraschend, weil die Gesteine in großen Tiefen höherem Druck ausgesetzt sind und die Minerale in dichter gepackte Kristallstrukturen übergehen. Die Atome in diesen dichter gepackten Strukturen setzen weiterem Druck einen größeren Widerstand entgegen, weshalb P-Wellen diese Gesteine mit höheren Geschwindigkeiten durchlaufen.

Die Seismologen waren jedoch sehr überrascht, was sich bei zunehmend größerer Herdentfernung zeigte (Abb. 14.2). Nachdem die P- und S-Wellen eine Entfernung von 11.600 km durchlaufen hatten, verschwanden sie plötzlich. Wie die Kapitäne in der Luftfahrt und der Nautik bevorzugen auch die Seismologen, die an der Erdoberfläche zurückgelegten Strecken in Winkelgraden von 0° am Erdbebenherd bis 180° auf der gegenüberliegenden Seite anzugeben. Ein Grad entspricht hierbei an der Erdoberfläche einer Entfernung von 111 km, folglich entsprechen 11.600 km einer Winkeldistanz von 105° (Abb. 14.2). Als man Seismogramme betrachtete, die jenseits dieser Entfernungen aufgezeichnet wurden, fehlten die charakteristischen P- und S-Welleneinsätze, die in den Seismogrammen, die in kürzeren Entfernungen registriert wurden, so deutlich in Erscheinung treten. Jenseits eines Winkelabstands von 142° (= 15.800 km) erschienen die P-Wellen erneut, wenn auch mit zeitlicher Verzögerung gegenüber der erwarteten Laufzeit. Die S-Wellen blieben jedoch verschwunden.

Im Jahre 1906 fasste der britische Seismologe R. D. Oldham diese Beobachtungen zusammen und lieferte damit die ersten Hinweise, dass die Erde einen flüssigen äußeren Kern hat. Da dieser äußere Kern flüssig ist, können sich S-Wellen dort nicht ausbreiten, denn Flüssigkeiten besitzen keinen Widerstand gegen Scherkräfte. Auf diese Weise besteht jenseits eines Winkelabstands von 105° – vom Erdbebenherd aus gemessen – für S-Wellen eine **Schattenzone** (Abb. 14.2b). Die Ausbreitung der P-Wellen ist komplizierter (Abb. 14.2a). Bei einem Winkelabstand von 105° treffen die Wellen ebenfalls auf die Grenze Kern/Mantel. An dieser Grenze nimmt die Geschwindigkeit der P-Wellen fast um die Hälfte ab, denn sie werden nach unten in Richtung Erdmittelpunkt gebrochen. Beim Austritt aus dem Kern kommt es erneut zur Brechung und Richtungsänderung. Aufgrund der zweimaligen Richtungsänderung tauchen diese Wellen erst verzögert mit einem Winkelabstand von 142° (vom Herd aus berechnet) wieder auf. Folglich existiert zwischen 105 und 142° eine Schattenzone, in der keine P-Wellen die Erdoberfläche erreichen. Der längere Weg erklärt auch die zeitliche Verzögerung, mit der die P-Wellen jenseits des Kernschattens wieder auftreten.

An Grenzflächen im Erdinneren reflektierte Wellen Als man Seismogramme von Stationen auswertete, die in einer Winkelentfernung von weniger als 105° registriert wurden, fand man Einsätze von Wellen, die an der Kern/Mantel-Grenze reflektiert wurden. Man bezeichnete die Kompressionswellen, die an der Oberfläche des äußeren Kerns reflektiert wurden, als PcP- und die entsprechenden Scherwellen als ScS-Wellen („c" steht für eine Reflexion am Erdkern). Im Jahre 1914 ge-

a Ausbreitung der P-Wellen im Erdkörper. Die gestrichelten blauen Linien zeigen die Ausbreitung der Wellenfronten durch das Erdinnere in Zwei-Minuten-Intervallen. Die Entfernungen sind in Winkelabständen, ausgehend vom Erdbebenherd, angegeben. Die Schattenzone für P-Wellen erstreckt sich über einen Winkelbereich von 105° bis 142°. Die P-Wellen erreichen innerhalb dieser Zone die Oberfläche deshalb nicht, weil sie beim Eintritt in den Kern und beim Verlassen des Kerns abgelenkt werden.

b Die größere Schattenzone der S-Wellen erstreckt sich über einen Winkelbereich von 105° bis 180°. Obwohl die S-Wellen auf den Kern auftreffen, können sie sich im flüssigen äußeren Kern nicht ausbreiten; sie fehlen daher in einem Winkelbereich von über 105° vom Erdbebenherd aus gemessen.

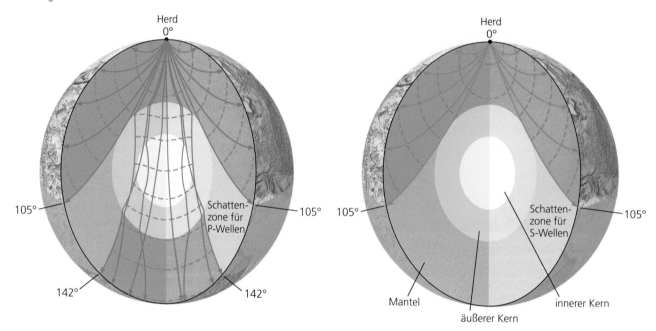

Abb. 14.2a,b Der Erdkern verursacht Schattenzonen für P- und S-Wellen. Der Verlauf der seismischen Wellen von einem Erdbebenherd durch das Erdinnere ist für P-Wellen durch *blaue Linien*, für S-Wellen durch *grüne Linien* dargestellt. Die *gestrichelten Linien* zeigen die Ausbreitung der Wellen im Abstand von zwei Minuten. Die Entfernungen werden in Winkelgraden vom Erdbebenherd aus angegeben. **a** Die Schattenzone der P-Wellen erstreckt sich von 105 bis 142°; **b** die größere Schattenzone der S-Wellen liegt zwischen 105 und 180°

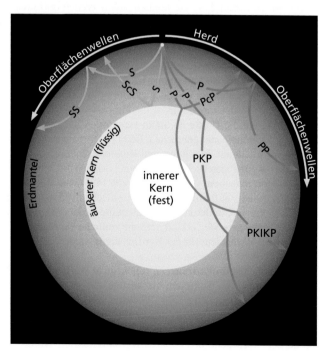

lang es dem deutschen Seismologen Beno Gutenberg, aus den Laufzeiten dieser am Kern reflektierten Wellen die Tiefenlage der Kern/Mantel-Grenze zu bestimmen, die nach den heute vorliegenden Messungen bei 2890 km liegt. Abbildung 14.3 zeigt einige Beispiele für den Verlauf solcher am Erdkern reflektierter seismischer Wellen.

Darüber hinaus zeigt Abb. 14.3 die Ausbreitung und Benennung anderer Wellen, die in den Seismogrammen deutlich hervortretenden Welleneinsätzen zugeordnet werden können. Beispielsweise wird eine von der Erdoberfläche ins Erdinnere reflektierte Kompressionswelle als PP-Welle und eine Scherwelle mit ent-

Abb. 14.3 Seismologen benutzen ein einfaches Benennungsschema, um den Verlauf der verschiedenen Wellenarten zu beschreiben. PcP- und ScS-Wellen sind Longitudinal- beziehungsweise Transversalwellen, die am Kern reflektiert werden. An der Erdoberfläche reflektierte Wellen werden als PP- beziehungsweise SS-Wellen bezeichnet. PKP-Wellen sind P-Wellen, die den flüssigen äußeren Kern, PKIKP-Wellen sind P-Wellen, die den festen inneren Kern durchlaufen haben. Oberflächenwellen breiten sich dagegen wie Wellen auf der Wasseroberfläche eines Teiches ausschließlich an der Oberfläche aus

a

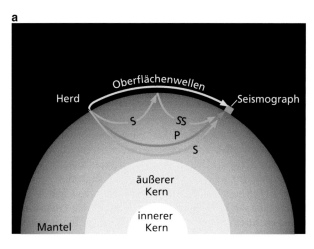

b

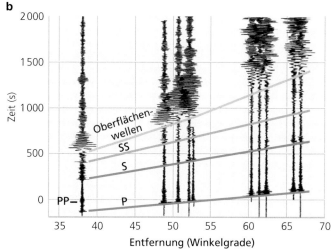

Abb. 14.4a,b **a** P- und S-Wellen werden im Erdmantel nach oben gebrochen und können auch an der Erdoberfläche reflektiert werden. Die an der Erdoberfläche reflektierten Wellen werden mit einem doppelten Buchstaben (PP oder SS) gekennzeichnet. **b** Seismogramme, die in unterschiedlicher Entfernung von einem Erdbebenherd im Gebiet der Aläuten vor Alaska aufgezeichnet wurden. Die *farbigen Linien* zeigen die Einsätze der P-, S-, und der Oberflächenwellen, sowie der an der Erdoberfläche reflektierten PP- und SS-Wellen

sprechendem Verlauf als SS-Welle bezeichnet. Abbildung 14.4 zeigt den Verlauf solche reflektierten Wellen im Erdinneren anhand mehrerer Seismogramme, die in unterschiedlichen Herdentfernungen aufgezeichnet wurden.

Kompressionswellen, die den äußeren Kern durchlaufen haben, werden mit groß „K" kenntlich gemacht. Eine PKP-Welle ist demzufolge eine Kompressionswelle, die vom Erdbebenherd ausgehend Kruste, Mantel und äußeren Kern und zurück bis zum Seismographen an der Erdoberfläche durchlaufen hat. Im Jahre 1936 entdeckte die dänische Seismologin Inge Lehmann (Abb. 14.5) den inneren Erdkern durch die Beobachtung von Kompressionswellen, die an seiner äußeren Grenze gebrochen wurden, deren Tiefenlage sie mit 5100 km bestimmte. Der Wellenverlauf durch den inneren Kern wird mit dem Symbol „I" gekennzeichnet, und daher werden die von Lehmann beobachteten Wellen als PKIKP-Wellen bezeichnet. Andere Seismologen entdeckten außerdem Kompressionswellen (PKiKP), die an der Grenzfläche äußerer-/innerer Kern reflektiert werden („i" steht hierbei für eine Reflexion; vgl. Abb. 14.3).

Abbildung 14.7 zeigt, dass im festen inneren Erdkern S-Wellen auftreten, die sich mit Geschwindigkeiten von etwa 4500 m/s ausbreiten. Da sich im äußeren Kern aufgrund seines flüssigen Zustands keine S-Wellen ausbreiten, war das Erscheinen von Scherwellen im inneren Kern zunächst schwer zu erklären. Es hat sich jedoch gezeigt, dass Erdbebenwellen bei der Reflexion ihren Typ ändern können. So kann aus einer ankommenden Kompressionswelle außer einer P-Welle auch eine Scherwelle entstehen und umgekehrt aus einer Scherwelle nicht nur wieder eine Scherwelle, sondern auch eine Kompressionswelle. Wel-

Abb. 14.5 Die dänische Seismologin Inge Lehmann entdeckte im Jahr 1936 den inneren Erdkern (Foto: SPL/Science Source)

len, die ihren Weg teils als Kompressions- teils als Scherwelle zurücklegen, werden **Wechselwellen** genannt und ihrem Verhalten entsprechend mit Symbolen wie PSP oder SSP bezeichnet. Im Allgemeinen entstehen bei einem Erdbeben sämtliche in Abb. 14.3 und Abb. 14.4 dargestellten Wellenarten.

Teil IV

Angewandte Seismik

Seismische Wellen liefern nicht nur Hinweise auf den Schalenbau des Erdinneren, es sind auch Methoden entwickelt worden, um seismische Wellen in den oberflächennahen Schichten der Erdkruste zur Erkundung nutzbarer Lagerstätten im weitesten Sinne, zur Untersuchung des Baugrunds und vermehrt auch für umweltrelevante Untersuchungen einzusetzen. Diese Arbeitsrichtung der Geophysik bezeichnet man als **angewandte Seismik**. Sie beruht auf der Auswertung künstlich erzeugter seismischer Wellen, die den Untergrund durchlaufen (Abb. 14.6). Sofern dieser nicht homogen, sondern geschichtet ist, kommt es an Grenzflächen, an denen sich die Wellengeschwindigkeit (richtiger die Schallhärte oder Impedanz als Produkt aus Dichte und Ausbreitungsgeschwindigkeit) sprunghaft ändert, zur Brechung (Refraktion) oder Reflexion. Die gebrochenen oder reflektierten Wellen können wieder an die Erdoberfläche zurückgelangen, wo sie mithilfe kleiner Seismographen (Geophone – bei Messungen auf See: Hydrophone) aufgezeichnet werden. Eine Zuordnung der Grenzflächen zu bestimmten Schichtgrenzen oder auch Aussagen, welche Gesteinseinheiten an den Reflexionshorizonten miteinander in Kontakt stehen, sind allein durch seismische Verfahren meist nicht zu erzielen, sondern nur in Verbindung mit entsprechenden Messungen an Tiefbohrungen möglich.

Zur Erzeugung seismischer Wellen werden unter anderem Sprengladungen, Fallgewichte, Schwingungsmaschinen oder bei der Seeseismik auch Luftpulsoren verwendet. Für viele Untersuchungen wird heute das Vibroseis-Verfahren eingesetzt, weil es kostengünstiger und die Signalform besser kontrollierbar ist.

Außerdem kann das Frequenzspektrum gezielt auf die Problemstellung abgestimmt werden. Ganz allgemein entscheidet die Energiequelle über die Eindringtiefe, und der gemessene Frequenzumfang bestimmt das strukturelle Auflösungsvermögen.

Die von Geophonen registrierten seismischen Signale werden durch aufwendige elektronische Filter- und Korrekturverfahren weiter verbessert. In der angewandten Seismik werden sowohl die Longitudinalwellen als auch die Scherwellen ausgewertet, die Oberflächenwellen werden normalerweise bereits bei der Registrierung unterdrückt oder ausgefiltert. Auch bei Longitudinalwellen werden durch entsprechende elektronische Filter die Frequenzen zwischen 20 und 80 Hz von störenden hoch- und niederfrequenten Wellen abgetrennt, da die Reflexionen bevorzugt in diesem Frequenzbereich liegen. Aus solchermaßen aufbereiteten seismischen Signalen werden nun die Laufzeiten und teilweise auch die Amplituden der Wellen abgeleitet, um daraus mithilfe verschiedener Auswertungsverfahren den strukturellen Bau des Untergrunds zu ermitteln.

In methodischer Hinsicht werden in der angewandten Seismik für routinemäßige Untersuchungen je nach Aufgabenstellung entweder die an Grenzflächen refraktierten oder die reflektierten Wellen verwendet, dementsprechend unterscheidet man zwischen **Refraktionsseismik** und **Reflexionsseismik**.

Refraktionsseismik Bei der Refraktionsseismik werden die ersten Einsätze der auf direktem oder gebrochenem Wege ankommenden Wellen ausgewertet. Trifft eine seismische Welle unter einem sogenannten kritischen Winkel auf eine Grenzfläche (Exkurs 14.1), so breitet sich die gebrochene Welle entlang der Grenzfläche der

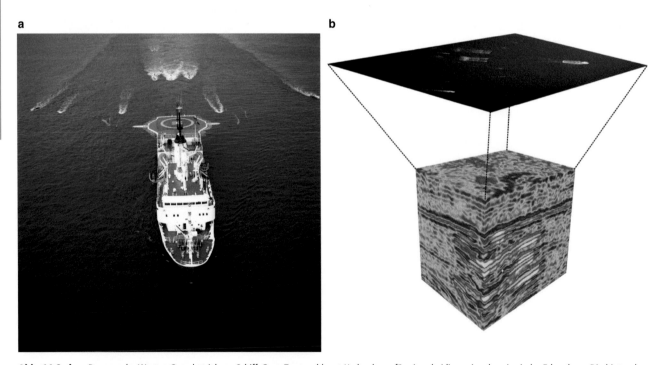

a **b**

Abb. 14.6a,b **a** Das von der WesternGeco betriebene Schiff *Geco Topaz* schleppt Hydrophone für eine dreidimensionale seismische Erkundung. Die hinter dem Schiff aufsteigenden Blasen sind Druckluftexplosionen, die Druckwellen erzeugen. Die Reflexionen dieser Wellen ergeben ein dreidimensionales Bild der im Untergrund vorhandenen Strukturen. **b** Durch seismische Untersuchungen erzeugtes dreidimensionales Bild. Die Farben entsprechen Sedimentschichten unter dem Meeresboden, von denen einige Erdöl und Erdgas enthalten können (Foto: **a** mit frdl. Genehm. von © John Lawrence Photography/Alamy; PB)

beiden Schichten mit der Geschwindigkeit des unteren Mediums und damit in der Regel rascher aus als die direkt laufende Welle. Dabei gibt sie beständig Wellenenergie in die obere Schicht ab. Diese ebenfalls unter dem kritischen Winkel abgestrahlte Welle erreicht die Erdoberfläche und wird von den Geophonen registriert.

Aus refraktionsseismischen Messungen lässt sich nicht nur die Geschwindigkeitsverteilung, sondern auch die Tiefenlage von Schichten ermitteln, die durch abrupte Geschwindigkeits- beziehungsweise Impedanzänderungen gekennzeichnet sind. Trotz dieser Möglichkeiten steht die Refraktionsseismik heute etwas im Schatten der Reflexionsseismik. Sie wird nur noch in Einzelfällen zur Lagerstättenerkundung eingesetzt. Hauptsächlich wird sie derzeit für die Erforschung der tieferen Grenzflächen innerhalb der Erdkruste angewendet.

Reflexionsseismik Die Reflexionsseismik ist das inzwischen am häufigsten angewendete geophysikalische Verfahren. Ausgewertet werden hierbei die Laufzeiten der an Grenzflächen im Un-

tergrund reflektierten Wellen (Exkurs 14.2). Treffen Wellen auf Grenzflächen, an denen sich die Geschwindigkeit der Wellen abrupt ändert, so durchläuft ein Teil der Wellen diese Grenzschicht. Die übrigen werden entweder gebrochen oder reflektiert. Dadurch läuft ein Teil der Wellen nach einer gewissen Eindringtiefe an die Erdoberfläche zurück, ähnlich wie bei einer vom Schiff aus vorgenommenen Echolotung des Meeresbodens. Die durchgehenden Wellen können bei nicht homogenem Untergrund in größerer Tiefe wieder auf Grenzflächen stoßen, wo es erneut zu einer Trennung in reflektierte und durchgehende seismische Wellen kommt.

Um aus den Laufzeiten die Tiefenlage eines Reflektors zu ermitteln, muss die Geschwindigkeitsverteilung der seismischen Wellen möglichst genau bekannt sein. Unter dieser Voraussetzung erhält man die Lage der reflektierenden Schichten und damit ein Abbild des Untergrunds, in dem sich auch Störungen durch Versatz der Reflektoren oder durch Neigungsänderungen erkennen lassen. Neben der Strukturanalyse bildet die Reflexionsseismik auch die Grundlage der seismischen Stratigraphie.

Exkurs 14.1 Die Erforschung des Untergrunds mit seismischen Wellen: Refraktionsseismik

Für die Bestimmung der Krustenmächtigkeit und der Ausbreitungsgeschwindigkeit der P-Wellen in der Erdkruste und in den oberen Bereichen des Mantels entwickelten die Seismologen ein im Gelände durchführbares Verfahren. Ausgehend von einem Schusspunkt, an dem durch Zünden eines Sprengsatzes P-Wellen erzeugt werden, werden in einer bestimmten Mindestentfernung vom Schusspunkt auf einer geraden Profil-Linie an der Erdoberfläche Geophone ausgelegt. Die Länge des Messprofils richtet sich hierbei nach der Tiefenlage der zu untersuchenden Schichten.

Als typische Raumwellen breiten sich die P-Wellen in einer homogenen Schicht mit der Geschwindigkeit v_1 nach allen Richtungen aus. Ein Teil der Wellen läuft entlang der Erdoberfläche, ein weiterer Teil breitet sich in tiefer liegende Schichten aus. Falls die Wellengeschwindigkeit v_2 in der unteren Schicht größer ist als die Geschwindigkeit v_1 der oberen Schicht, beträgt bei einem Einfallswinkel von $\sin i_0 = v_1/v_2$ der Brechungswinkel $i_1 = 90°$. Das heißt, alle Wellen, die unter einem Winkel $> i_0$ auf die Grenzfläche treffen, werden totalreflektiert und breiten sich entlang der Grenzfläche in der unteren Schicht mit der höheren Geschwindigkeit v_2 aus, wobei laufend, und ebenfalls unter dem kritischen Winkel, eine Welle in die obere Schicht abgestrahlt wird (vgl. Abbildung).

Bei der Auswertung der Laufzeiten werden in einem Diagramm die Entfernungen der Geophone vom Schusspunkt auf der Abszisse und die entsprechenden Laufzeiten der Wellen (T) zu den Geophonen als Ordinaten aufgetragen. Die ersten Einsätze der nahe am Schusspunkt liegenden Geophone (linker Ast der Laufzeitkurve) stammen von den direkt laufenden Wellen. Die ersten Einsätze der vom Schusspunkt

entfernt liegenden Geophone (rechter Ast der Laufzeitkurve) stammen von der in der unteren Schicht verlaufenden und von dort abgestrahlten Welle. Bei ebenen Schichtgrenzen und unter der Voraussetzung, dass die Geschwindigkeit in den einzelnen Schichten konstant ist, besteht die Laufzeitkurve der Refraktionsseismik aus Strecken von Geraden, die durch Knicke ineinander übergehen.

Die Laufzeiten der an der Erdoberfläche entlang verlaufenden P-Wellen ergeben eine Gerade durch den Nullpunkt des Diagramms. Da ihre Steigung dem Wert

$$\frac{1}{v_1}$$

entspricht, ergibt sich aus der Steigung dieser Kurve die Geschwindigkeit der P-Welle in der durchlaufenen Schicht.

Für Wellen, die die untere Schicht durchlaufen, ergibt sich aus den Seismogrammen eine Gerade mit der Steigung

$$\frac{1}{v_2}.$$

Da die Ausbreitungsgeschwindigkeit dieser P-Wellen größer ist als in der Kruste, ist die Steigung dieser Geraden kleiner und sie schneidet die Ordinate im Punkt $(0 \mid T)$.

Aus den in dem Laufzeitdiagramm ermittelten Werte v_1, v_2 und T lässt sich die Mächtigkeit D der Schicht nach folgender Formel ermitteln:

$$D = \frac{T}{2} \cdot \frac{v_1 \cdot v_2}{\sqrt{v_2{}^2 - v_1{}^2}}$$

Teil IV

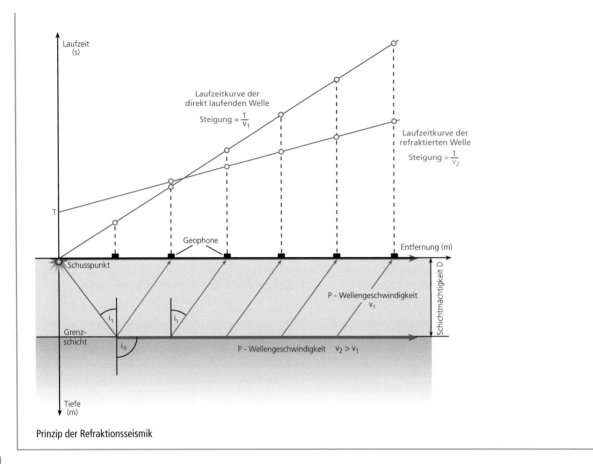

Prinzip der Refraktionsseismik

Exkurs 14.2 Die Erforschung des Untergrundes mit seismischen Wellen: Reflexionsseismik

Bei reflexionsseismischen Untersuchungen werden die Einsätze und Amplituden der an Grenzflächen reflektierten Wellen ausgewertet. Daher unterscheidet sich auch die Aufstellung der Geophone. Während bei der Refraktionsseismik die Geophone in einer gewissen Entfernung vom Schusspunkt ausgelegt werden, sind sie bei der Reflexionsseismik auf dem Festland in der Regel symmetrisch zum Schusspunkt angeordnet, für seismische Erkundungen auf See werden sie in Reihe hinter dem Schiff hergezogen.

Für reflexionsseismische Untersuchungen ist, methodisch bedingt, eine möglichst genaue Kenntnis der Wellengeschwindigkeiten im Untergrund eine wesentliche Voraussetzung. Bei homogener Geschwindigkeitsverteilung v_1 und ebenem Reflektor in der Tiefe D beträgt die Laufzeit (Lotzeit) T zwischen Schusspunkt, Reflektor und Geophon im einfachsten Falle, das heißt bei sehr nahe am Schusspunkt liegenden Geophonen

$$T = \frac{2D}{v_1};$$

damit ergibt sich für die Tiefenlage des Reflektors

$$D = \frac{1}{2T} \cdot v_1$$

Bei variabler Ausbreitungsgeschwindigkeit ist die Geschwindigkeit v durch eine mittlere Ausbreitungsgeschwindigkeit v = 2D/T zu ersetzen.

Für eine exakte Auswertung sind diese einfachen Formeln nicht anwendbar, sie geben lediglich das Prinzip wieder. Normalerweise sind an den reflexionsseismischen Daten zum Teil sehr aufwendige Korrekturen vorzunehmen, bis die Tiefenlage und Lagerungsform der Schichten endgültig zu ermitteln sind.

Teil IV

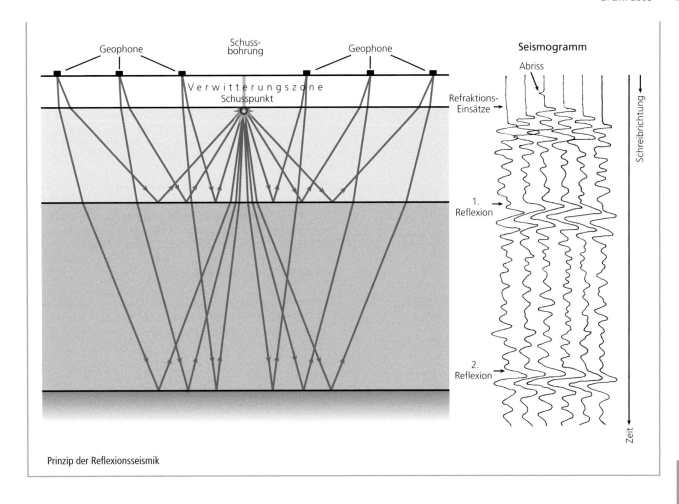

Prinzip der Reflexionsseismik

Zusammensetzung und Aufbau des Erdinneren

Durch die Bestimmung der Laufzeiten von Longitudinal- und Transversalwellen zahlreicher Erdbeben weltweit und von unterirdischen Kernwaffenversuchen, die an bekannten Testorten gezündet wurden, entwickelten Seismologen eine detaillierte Modellvorstellung, wie sich die Geschwindigkeit der verschiedenen seismischen Wellen von der Erdoberfläche bis zum Erdmittelpunkt mit der Tiefe verändern. Dieses in Abb. 14.7 dargestellt Modell wird auf einfache Weise verständlich, wenn man ihm von der Erdkruste bis zum inneren Erdkern folgt.

Erdkruste

Durch Labormessungen an vielen verschiedenen Gesteinsarten aus Kruste und Mantel ließ sich eine Tabelle mit den jeweiligen Ausbreitungsgeschwindigkeiten seismischer Wellen für sämtliche Gesteine der Erde zusammenstellen. Dabei haben sich bei-

spielweise für P-Wellen in magmatischen Gesteinen folgende Geschwindigkeiten ergeben:

- saure Gesteine der oberen kontinentalen Kruste (Granit): 6 km/s,
- basische Gesteine der ozeanischen Kruste beziehungsweise der tiefen kontinentalen Kruste (Gabbro): 7 km/s,
- ultrabasische Gesteine des oberen Mantels (Peridotit): 8 km/s.

Die gesteinsbedingten Geschwindigkeiten der P-Wellen unterscheiden sich, weil die Wellengeschwindigkeit von der Dichte des Materials, der Scherfestigkeit und dem Widerstand gegen Formänderung abhängig ist, die sich mit der chemischen Zusammensetzung und der Kristallstruktur ändern. Ganz allgemein gilt: je höher die Gesteinsdichte, desto höher die Ausbreitungsgeschwindigkeit der P-Wellen; die typische Dichte für Granit, Gabbro und Peridotit liegt bei 2,6 g/cm³, 2,9 g/cm³ und 3,3 g/cm³.

Durch die Bestimmung der Ausbreitungsgeschwindigkeit von P-Wellen ist bekannt, dass die kontinentale Kruste überwiegend aus granitischen Gesteinen geringer Dichte besteht. Außerdem zeigten diese Messungen, dass auf dem Tiefseeboden kein Granit vorhanden ist. Dort besteht die Kruste ausschließlich aus Basalt

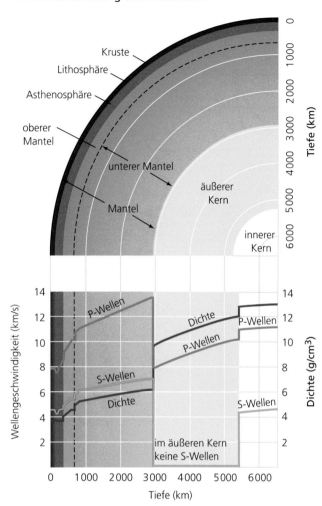

Abb. 14.7 Der aus seismischen Daten abgeleitete Schalenbau der Erde. Das *untere Diagramm* zeigt die Geschwindigkeitsänderungen der Longitudinal- und Transversalwellen sowie die Änderung der Dichte in Abhängigkeit von der Tiefe. Das obere Bild ist ein Schnitt durch die Erde im gleichen Tiefenmaßstab; er zeigt, dass diese Geschwindigkeitsänderungen durch den Schalenbau verursacht werden

Erdmantel

Der obere Mantel, der sich von der Moho bis in eine Tiefe von 410 km erstreckt, besteht im Wesentlichen aus Peridotit, einem ultrabasischen, überwiegend aus Olivin und Pyroxen zusammengesetzten Gestein hoher Dichte. Diese Minerale enthalten weniger SiO_2, dafür mehr Magnesium und Eisen als die typischen Gesteine der Erdkruste (vgl. Kap. 4). Die einzelnen Schichten des Erdmantels konnten mithilfe der S-Wellen-Geschwindigkeiten näher erforscht werden (Abb. 14.8). Die im oberen Erdmantel vorhandene Schichtung ist im Wesentlichen die Folge der auf die Peridotite einwirkenden steigenden Drücke und Temperaturen. Olivine und Pyroxene unterliegen unter den im obersten Mantel herrschenden Bedingungen partiellen Schmelzvorgängen, jedoch führt in größeren Tiefen der steigende Druck dazu, dass die Atome in diesen Mineralen dichter zusammenrücken und kompaktere Kristallstrukturen bilden.

Der Mantel unmittelbar unterhalb der Moho ist vergleichsweise kalt. Wie die Kruste ist er Bestandteil der Lithosphäre, der starren Schale, aus der die Platten bestehen (vgl. Kap. 1). Die Mächtigkeit der Lithosphäre beträgt im Mittel etwa 100 km, sie schwankt jedoch regional in starkem Maße. So ist sie an den Spreading-Zentren, wo aus heißem aufsteigendem Mantelmaterial neue ozeanische Kruste entsteht, praktisch nicht vorhanden. Unter kalten konsolidierten Kratonen erreicht sie dagegen Mächtigkeiten von mehr als 200 km.

An der Basis der Lithosphäre nimmt die Geschwindigkeit der S-Wellen abrupt ab, ein sicheres Kennzeichen für den Beginn der „Low-Velocity-Zone", einer Zone, in der die S-Wellen-Geschwindigkeit deutlich niedriger ist. In einer Tiefe von 100 km erreicht die Temperatur den Schmelzpunkt des Peridotits, sodass einige seiner Mineralphasen partiell aufgeschmolzen werden. Obwohl der Anteil an geschmolzenem Material gering ist (in den meisten Bereichen beträgt er weniger als ein Prozent), reicht dies aus, um die Festigkeit des Gesteins und damit auch die Ausbreitungsgeschwindigkeit der S-Wellen zu verringern. Da durch das partielle Schmelzen das Gestein leichter in der Lage ist zu fließen, wird diese Zone geringer Wellengeschwindigkeit als identisch mit der Obergrenze der Asthenosphäre betrachtet, der sich plastisch verhaltenden Schicht, auf der die starren Lithosphärenplatten gleiten. Dies stimmt mit der Vorstellung überein, dass die Asthenosphäre Herkunftgebiet der meisten basaltischen Magmen ist (vgl. Kap. 4 und 12).

Die Untergrenze der Low-Velocity-Zone liegt unter der ozeanischen Kruste in etwa 200 bis 250 km Tiefe. Dort steigt die Geschwindigkeit der S-Wellen wieder auf einen Wert an, der für Peridotit in festem Zustand typisch ist. Unter den alten stabilen Kratonen, wo sich der kältere, zur Lithosphäre gehörende Mantel, bis in diese Bereiche erstreckt, ist die Low-Velocity-Zone nur sehr schwach ausgeprägt.

Ab einer Tiefe von ungefähr 200 bis 400 km nimmt die Geschwindigkeit der S-Wellen erwartungsgemäß wieder mit der Tiefe zu. In diesen Bereichen steigt zwar der Druck kontinuierlich, die Temperatur steigt jedoch nicht so stark wie nahe der

und Gabbro, überlagert von Sedimentmaterial unterschiedlicher Mächtigkeit. Unterhalb der Kruste nimmt die Geschwindigkeit der P-Wellen an der sogenannte **Mohorovičić-Diskontinuität** (kurz: **Moho**) sprunghaft auf 8 km/s zu. Diese abrupte Geschwindigkeitszunahme markiert die sehr scharfe Grenze zwischen den Gesteinen der Kruste und den Gesteinen des unterlagernden Erdmantels. Die Geschwindigkeit von 8 km/s spricht dafür, dass der Erdmantel unter der **Moho** vorwiegend aus Peridotit hoher Dichte besteht.

Die seismischen Daten zeigen auch, dass die Erdkruste unter den Ozeanen dünn (ungefähr 7 km), unter den stabilen Kontinenten etwas dicker (ungefähr 33 km) und am mächtigsten (bis zu 70 km) unter den hohen Gebirgen der Orogenzonen ist. Die größere Höhenlage der Kontinente in Relation zum tiefen Meeresboden lässt sich durch das Prinzip der **Isostasie** erklären, das besagt, dass das Gesamtgewicht der Lithosphäre bei Kontinenten und Ozeanen identisch sein muss (vgl. Abschn. 24.14).

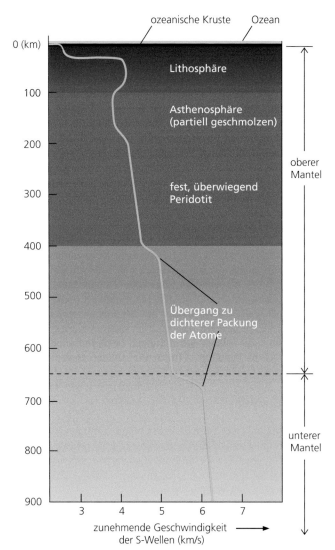

Abb. 14.8 Struktur des Erdmantels unter alter ozeanischer Lithosphäre. Die Kurve zeigt die Ausbreitungsgeschwindigkeit der S-Wellen bis zu einer Tiefe von 900 km. Änderungen der S-Wellengeschwindigkeit kennzeichnen die spröde reagierende Lithosphäre und die sich duktil verhaltende Asthenosphäre sowie eine Übergangszone, in der durch Zunahme des Drucks eine Umordnung der Atome zu einer dichter gepackten Kristallstruktur (Phasenänderung) erfolgt

setzung übergeht, jedoch mit einer dichter gepackten Struktur. Wird Olivin im Labor hohem Druck ausgesetzt, geht er bei Druck- und Temperaturbedingungen, die einer Tiefe von etwa 400 km entsprechen, in eine Phase über, die einer verzerrten Spinellstruktur gleicht und eine um 7,5 % höhere Dichte aufweist. Darüber hinaus entsprechen die im Labor gemessenen sprunghaften Zunahmen der P- und S-Wellen-Geschwindigkeiten den bei seismischen Wellen in dieser Tiefe beobachteten Werten.

Im Bereich unter 410 km ändern sich die Eigenschaften des Mantels mit zunehmender Tiefe nur noch geringfügig, aber in einer Tiefe von 660 km nimmt die Geschwindigkeit der S-Wellen erneut abrupt zu, ein Hinweis auf einen zweiten Phasenübergang zu einer noch wesentlich dichter gepackten Struktur. Laboruntersuchungen an Olivin bestätigten die Existenz einer Phasenumwandlung unter den in dieser Tiefe herrschenden Druck- und Temperaturbedingungen.

Da zwischen 410 und 670 km zumindest zwei größere Phasenübergänge erfolgen, wird dieser Bereich auch als **Übergangszone** bezeichnet. Phasenübergang bedeutet in diesem Zusammenhang den Übergang in eine andere Kristallstruktur ohne Änderung der chemischen Zusammensetzung. Einige Geologen vertraten jedoch die Meinung, dass die Geschwindigkeitszunahme der seismischen Wellen in einer Tiefe von 660 km teilweise durch eine Änderung der chemischen Zusammensetzung zustande kommt. Dieses Problem war für das Verständnis des Systems Plattentektonik von erheblicher Bedeutung, denn eine Änderung der chemischen Verhältnisse würde bedeuten, dass die Konvektion und damit der Antrieb der Plattenbewegungen nicht wesentlich unter diese Tiefen hinab reicht, mit anderen Worten: Die Konvektionsbewegungen im Erdmantel erfolgen in zwei voneinander getrennten Kreisläufen (vgl. Abb. 2.18b). Die Ergebnisse detaillierter Untersuchungen über den Aufbau des Erdmantels haben jedoch gezeigt, dass es in diesen Bereichen des Erdmantels zu keinen oder nur sehr geringen chemischen Veränderungen kommt.

Unterhalb der Übergangszone in 660 km Tiefe nimmt die Geschwindigkeit der seismischen Wellen allmählich zu und zeigt bis fast zur Grenze Kern/Mantel kein ungewöhnliches Verhalten. Dieser relativ homogene und mehr als 2000 km mächtige Bereich wird als unterer Mantel bezeichnet.

Oberfläche – eine Folge der Konvektionsvorgänge in der Asthenosphäre. Diese beiden Effekte von Druck und Temperatur sind dafür verantwortlich, dass der Anteil des geschmolzenen Materials mit der Tiefe abnimmt und das Gesteinsmaterial nicht mehr duktil, sondern starr reagiert, und damit erhöht sich auch die Ausbreitungsgeschwindigkeit der S-Wellen.

Etwa 400 km unter der Erdoberfläche steigt die Geschwindigkeit der S-Wellen in einem engen Bereich von knapp 20 km Mächtigkeit um etwa zehn Prozent. Diese sprunghafte Zunahme der seismischen Geschwindigkeiten wird durch eine **Phasenumwandlung** erklärt, bei der das Mineral Olivin unter dem herrschenden hohen Druck in ein Mineral derselben chemischen Zusammen-

Grenze Kern/Mantel

An der Grenze Kern/Mantel in 2890 km Tiefe kommt es zu den extremsten Veränderungen der Materialeigenschaften innerhalb des gesamten Erdinneren. Aus der Art, wie seismische Wellen an dieser Grenzfläche reflektiert werden, ist davon auszugehen, dass es sich um eine sehr scharfe Grenze handelt. Hier erfolgt ein abrupter Übergang von einem festen Silicatgestein in eine flüssige Legierung aus Eisen und Nickel. Da diese als Fluid keinen Widerstand gegen Formveränderung aufweist, geht die Geschwindigkeit der S-Wellen von etwa 7,5 km/s auf Null zurück. Die Geschwindigkeit der P-Wellen verringert sich von etwas mehr als 13 km/s auf etwa

8 km/s und verursacht dadurch die Schattenzone des Erdkerns. Die Dichte nimmt dagegen um etwa 4 g/cm³ zu (vgl. Abb. 14.7). Diese sprunghafte Dichtezunahme, die sogar deutlich größer ist als die Zunahme der Dichte an der Erdoberfläche beim Übergang von Atmosphäre zu Lithosphäre, ist dafür verantwortlich, dass die Grenze Kern/Mantel vergleichsweise eben ist (möglicherweise könnte man darauf sogar Skateboard fahren) und keine nennenswerte Durchmischung von Mantel und Erdkern erfolgt.

Die Grenze Kern/Mantel ist offenbar ein sehr aktiver Bereich. Die vom Erdkern nach außen abgegebene Wärme erhöht die Temperatur an der Basis des Mantels um bis zu 1000 °C (vgl. Abb. 14.10). Die an der Basis des Mantels durchlaufenden seismischen Wellen zeigen ein besonders kompliziertes Verhalten. Dies lässt auf einen Bereich außergewöhnlicher geologischer Aktivität schließen. In einer geringmächtigen Schicht über der Grenze Kern/Mantel entdeckten Seismologen unlängst eine deutliche Geschwindigkeitsabnahme der seismischen Wellen um etwa 10 % und mehr. Dies könnte ein Hinweis sein, dass der Mantel – zumindest an einigen Stellen – im unmittelbaren Kontakt zum Erdkern partiell geschmolzen ist. In Kap. 12 wurde erwähnt, dass einige Geowissenschaftler davon ausgehen, diese heiße Region sei der Ursprungsort der Manteldiapire, die bis zur Erdoberfläche aufsteigen und dort zur Entstehung vulkanischer Hot Spots führen wie etwa unter Hawaii oder dem Yellowstone.

Die unterste, etwa 300 km mächtige Grenzschicht des Erdmantels dürfte auch der endgültige „Friedhof" für einen Teil des abgetauchten Lithosphärenmaterials sein, das an der Oberfläche subduziert wurde, so etwa der eisenreicheren Anteile der ozeanischen Kruste mit ihrer höheren Dichte. Es ist daher durchaus möglich, dass es in diesem Bereich unmittelbar über der Grenze Kern/Mantel zu einer umgekehrten Form der Tektonik wie an der Erdoberfläche kommt, beispielsweise zur Akkumulation von schwerem eisenreichem Material, das chemisch eigenständige „Antikontinente" bildet, die durch Konvektionsströmungen fortwährend an der Kern/Mantel-Grenze hin und her geschoben werden. Welche geologischen Vorgänge in diesem ungewöhnlichen Bereich im Einzelnen ablaufen, ist noch weitgehend unbekannt.

Erdkern

Es gibt inzwischen zahlreiche Hinweise, die die Hypothese stützen, dass der Erdkern aus Eisen und Nickel besteht. Diese Metalle sind im Universum ausgesprochen häufig (vgl. Kap. 1); darüber hinaus besitzen sie eine ausreichend hohe Dichte, um die Masse des Erdkerns von etwa einem Drittel der gesamten Erdmasse (aber einem Sechstel des Erdvolumens) zu erklären und um gleichzeitig der Theorie zu entsprechen, dass der Erdkern durch gravitative Differenziation entstanden ist (vgl. Kap. 9)). Diese erstmals im späten 19. Jahrhundert von Emil Wiechert geäußerte Hypothese wurde durch die Entdeckung von Meteoriten bestätigt, die fast ausschließlich aus Eisen und Nickel bestehen und vermutlich bei der Zerstörung eines Planeten entstanden

sind, der ebenfalls einen Kern aus Eisen und Nickel besaß (vgl. Abb. 1.10).

Messungen im Labor unter vergleichbar hohen Druck- und Temperaturbedingungen machten eine geringfügige Überarbeitung dieser Hypothese erforderlich. Eine rein aus Eisen und Nickel bestehende Legierung weist eine um zehn Prozent zu hohe Dichte auf und stimmt mit den Daten des äußeren Kerns nicht überein. Folglich ist davon auszugehen, dass der Erdkern geringe Mengen eines leichteren Elements enthält. Hierfür kommen in erster Linie Sauerstoff und Schwefel in Frage, obwohl die genaue chemische Zusammensetzung des Erdkerns noch Gegenstand intensiver Forschung und Diskussion ist.

Seismische Untersuchungen haben ergeben, dass der Kern unmittelbar unter dem Erdmantel zwar flüssig ist, jedoch nicht bis zum Erdmittelpunkt. Wie Lehmann als Erste entdeckt hatte, werden P-Wellen, die bis in Tiefen von 5150 km eingedrungen sind, plötzlich schneller und beweisen damit das Vorhandensein eines aus Metall bestehenden inneren Erdkerns, der größenmäßig etwa zwei Drittel des Mondes entspricht. Seismologen haben gezeigt, dass sich im inneren Kern S-Wellen ausbreiten, was frühere Vermutungen bezüglich eines festen inneren Kerns bestätigte. Tatsächlich haben Berechnungen ergeben, dass sich der innere Kern geringfügig rascher dreht als der Erdmantel und sich gewissermaßen wie ein „Planet im Planeten" verhält.

Der Mittelpunkt der Erde ist kein Ort, an dem man sich gerne aufhalten möchte. Der dort herrschende Druck ist extrem hoch und beträgt etwa den viermillionenfachen Wert des Luftdrucks an der Erdoberfläche. Außerdem ist es dort auch noch ziemlich heiß, wie wir noch sehen werden.

Temperatur im Erdinneren

Hinweise auf die Wärme im Erdinneren finden sich überall: Vulkane oder heiße Quellen, aber auch in Bergwerken und Bohrungen, in denen die Temperatur mit der Tiefe ansteigt. Die innere Wärme der Erde ist Ursache der Konvektionsbewegungen im Erdmantel, die ihrerseits Antrieb des Systems Plattentektonik und auch des Geodynamos im Erdkern sind, durch den das Magnetfeld der Erde erzeugt wird.

Die Wärme im Erdinneren stammt aus unterschiedlichen Quellen. Während der Entstehung unseres Planeten erwärmte die beim Aufprall von Materieklumpen freigesetzte kinetische Energie die äußeren Bereiche der Erde, während die bei der Differenziation des Erdkerns freigesetzte gravitative Energie das Erdinnere aufheizte (vgl. Kap. 9). Beim Zerfall der radioaktiven Elemente wie Uran, Thorium und Kalium entsteht noch immer Wärme.

Schon kurz nachdem die Erde entstanden war, begann ihre Abkühlung, die bis heute anhält, weil Wärme aus dem heißen Inneren zur kalten Oberfläche abfließt. Die Temperatur im Erd-

Exkurs 14.3 Glaziale Rückformung: Ein Experiment der Natur zur Isostasie

Drückt man ein schwimmendes Stück Kork mit dem Finger nach unten und lässt es wieder los, taucht der Kork sofort wieder auf. Ein in Sirup eingetauchter Kork wird wesentlich langsamer auftauchen, weil der Widerstand der viskosen Flüssigkeit den Vorgang verzögert.

Wie bequem wäre es, könnten wir irgendwo ein Stück Erdkruste nach unten drücken, die nach unten wirkende Kraft entfernen und uns dann in den Sessel zurücklehnen und beobachten, wie das nach unten gedrückte Gebiet wieder nach oben steigt. Aus diesem Vorgang könnten wir einiges über das Prinzip der Isostasie erfahren, insbesondere über die Viskosität des Erdmantels und deren Einfluss auf die Geschwindigkeit epirogener Hebungs- und Senkungsbewegungen.

Die Natur war so entgegenkommend, dieses Experiment für uns in Skandinavien durchzuführen. Die Auflast bestand in diesem Fall aus dem Gewicht einer Inlandeismasse von etwa 2 bis 3 km Mächtigkeit. Eine solche Eisdecke kann sich mit Beginn einer Eiszeit in der geologisch kurzen Zeitspanne von einigen tausend Jahren bilden. Durch die Eislast wird die Kruste nach unten in den Erdmantel hineingedrückt, gleichzeitig entsteht dadurch an ihrer Unterseite eine Ausbeulung, die genügend Mantelmaterial verdrängt und den nötigen Auftrieb liefert.

Aus den Informationen in Abschn. 24.14 und der Dichte des Gletschereises ($0,92\,\mathrm{g/cm^3}$) sowie der Dichte des Mantelmaterials ($3,3\,\mathrm{g/cm^3}$) lässt sich errechnen, wie weit eine 3000 mächtige Eisschicht die Kruste nach unten eindrücken muss, um ein isostatisches Gleichgewicht zu erreichen:

$$(0,92\,\mathrm{g/cm^3} : 3,3\,\mathrm{g/cm^3}) \times 3,0\,\mathrm{km} = 0,84\,\mathrm{km}$$

Mit zunehmender Erwärmung schmilzt die Eisdecke rapide ab. Mit dem Schwinden der Auflast beginnt der Wiederaufstieg der nach unten gedrückten Kruste und sie erreicht schließlich wieder ihr ursprüngliches Niveau, das in diesem Fall 840 m höher liegt als unter der vollen Eislast. Zu derartigen Senkungs- und Hebungsvorgängen kam es in Norwegen, Schweden und Finnland, aber auch in Kanada und den anderen ehemals stark vergletscherten Gebieten der Nordhalbkugel. Die jüngste Inlandeismasse schmolz dort vor etwa 12.000 Jahren ab und seitdem hebt sich kontinuierlich das Festland.

Die Geschwindigkeit dieser Rückformung lässt sich durch die Datierung ehemaliger Strandlinien ermitteln, die heute bereits hoch über dem Meeresspiegel liegen. Abbildung 10.21 zeigt eine Abfolge von Strandterrassen in Nordkanada, die es ermöglichten, die Geschwindigkeit dieser isostatisch bedingten Rückformung und damit auch die Viskosität des Erdmantels zu bestimmen. Die Viskosität ist außerordentlich hoch. Selbst die sich plastisch verhaltende Asthenosphäre, in der der größte Teil der Fließbewegung im Verlauf der Rückformung stattfindet, besitzt eine Viskosität, die bei den im Erdmantel herrschenden Temperaturen um den Faktor 10 größer ist als die Viskosität von Quarzglas.

STADIUM 1
Zu Beginn einer Kaltzeit entsteht eine Inlandeismasse, die im Verlauf von wenigen tausend Jahren ständig an Mächtigkeit zunimmt.

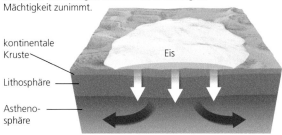

kontinentale Kruste

Eis

Lithosphäre

Asthenosphäre

STADIUM 2
Durch die Auflast der Eisdecke wird die Kruste nach unten in den Erdmantel gedrückt. Gleichzeitig entsteht dadurch an der Unterseite eine Ausbeulung, die den notwendigen Auftrieb liefert.

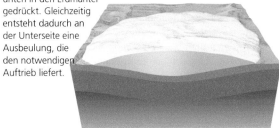

STADIUM 3
Gegen Ende der Kaltzeit führt die rasche Erwärmung zum Abschmelzen der Eisdecke. Die nach unten gedrückte Kruste beginnt wieder aufzusteigen.

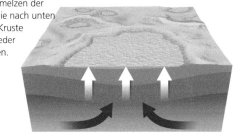

STADIUM 4
Der Aufstieg dauert auch nach dem Abschmelzen der Eismasse lange an und die Kruste erreicht langsam wieder ihre ursprüngliche Höhenlage.

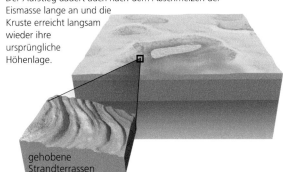

gehobene Strandterrassen

Das Prinzip der Isostasie erklärt die postglaziale Hebung. Die anhand von Terrassen ermittelte Geschwindigkeit der Hebung ermöglicht Rückschlüsse auf die Viskosität des Erdmantels einschließlich der Asthenosphäre, in der großenteils die Fließbewegung während des Aufstiegs erfolgt

inneren ergibt sich folglich aus einem Gleichgewicht zwischen der erzeugten und der abgegebenen Wärme.

Wärmetransport aus dem Erdinneren

Die Erde kühlt im Wesentlichen durch zwei Prozesse ab: durch den langsamen Transport aufgrund der Wärmeleitung und durch den rascheren Wärmetransport aufgrund der Konvektion. In der Lithosphäre dominiert die Wärmeleitung, während in weiten Bereichen des Erdinneren der Wärmetransport durch Konvektion die dominierende Rolle spielt.

Wärmeleitung in der Lithosphäre Die Wärmeenergie eines Materials resultiert aus den Bewegungen der Atome: Je höher die Bewegungsenergie der Atome ist, desto höher sind Wärmeenergie und Temperatur des Materials. Die **Wärmeleitung** erfolgt dadurch, dass Atome und Moleküle bei ihren thermisch angeregten Bewegungen gegeneinander stoßen und somit auf mechanischem Wege die Bewegungsenergie von den wärmeren Bereichen zu den kalten weitergeben. Die Wärme wird bei diesem Vorgang von Zonen hoher Temperatur in kältere Bereiche übertragen.

Die Materialien unterscheiden sich in ihrer Fähigkeit, Wärme zu leiten. Metalle sind bessere Wärmeleiter als Kunststoffe (der Metallgriff einer Bratpfanne erwärmt sich rascher als ein Kunststoffgriff). Gesteine und Böden sind schlechte Wärmeleiter, deshalb sind im Untergrund verlegte Leitungen weniger empfindlich gegen das Einfrieren als oberirdische und deshalb weisen auch Weinkeller und andere Hohlräume im Untergrund trotz großer jahreszeitlicher Temperaturschwankungen an der Erdoberfläche eine nahezu konstante Temperatur auf. Gesteine leiten Wärme so schlecht, dass ein Lavaerguss von 100 m Mächtigkeit ungefähr 300 Jahre benötigt, um von $1000\,°C$ auf Oberflächentemperatur abzukühlen. Da die Abkühlungszeit einer Schicht darüber hinaus mit dem Quadrat ihrer Mächtigkeit zunimmt, würde ein doppelt so mächtiger Lavastrom (200 m) viermal so lange (1200 Jahre) für seine Abkühlung benötigen.

Die Ableitung der Wärme durch die Oberfläche der Lithosphäre führt zu ihrer allmählichen Abkühlung. Dadurch nimmt die Mächtigkeit der Lithosphäre zu, etwa so wie die obere kalte Schicht in einer Schüssel mit heißem Wachs im Laufe der Zeit dicker wird. Genauso wie Wachs kontrahieren auch die Gesteine und deshalb nimmt mit abnehmender Temperatur ihre Dichte zu. Folglich nimmt auch die mittlere Dichte der Lithosphäre im Lauf der Zeit zu, und bedingt durch das Prinzip der Isostasie sinkt ihre Oberfläche auf ein tieferes Niveau ab. So gesehen ragen die mittelozeanischen Rücken nur deshalb so weit heraus, weil die Lithosphäre dort noch jung, dünn und heiß ist, wohingegen die Tiefsee-Ebenen deshalb tiefer liegen, weil die Lithosphäre dort alt, kalt, dichter und mächtiger ist.

Aus diesen Betrachtungen heraus stellten Geologen eine einfache, aber sehr zutreffende Theorie in Bezug auf das Relief der Meeresböden auf, die die morphologischen Großformen der Ozeanbecken erklärt. Diese Theorie besagt, dass die Tiefe der Ozeane in erster Linie vom Alter des Meeresbodens abhängt.

Da sich die Tiefe der Abkühlung mit der Quadratwurzel der Abkühlungszeit verändert, müsste die Meerestiefe ebenfalls mit der Quadratwurzel des Alters des Meeresbodens zunehmen. Anders ausgedrückt, müsste ein 40 Ma alter Meeresboden doppelt so tief abgesunken sein als ein Meeresboden, der lediglich 10 Ma alt ist (da $\sqrt{40/10} = \sqrt{4} = 2$). Diese mathematisch einfache Beziehung stimmt mit dem Relief des Meeresbodens in der Nähe der mittelozeanischen Rücken erstaunlich gut überein (Abb. 14.9).

Die Abkühlung der Lithosphäre durch Wärmeleitung ist für eine Vielzahl anderer geologischer Erscheinungen verantwortlich, etwa für die Subsidenz passiver Kontinentalränder oder die Entwicklung zahlreicher Sedimentbecken. Sie erklärt auch, warum die aus ozeanischer Kruste abfließende Wärmemenge in der Nähe der Spreading-Zentren hoch ist und abnimmt, wenn die ozeanische Lithosphäre älter wird, und sie erklärt auch, warum die mittlere Mächtigkeit der ozeanischen Lithosphäre etwa 100 km beträgt. Die Bestätigung dieser Theorie war einer der größten Erfolge für die Plattentektonik.

Die Abkühlung durch Wärmeleitung erklärt jedoch nicht alle Aspekte des Wärmeflusses im Bereich der Erdoberfläche. Meeresgeologen haben nachgewiesen, dass ein Meeresboden, der älter als etwa 100 Ma ist, nicht mehr weiter absinkt, wie dies die Theorie fordert. Darüber hinaus ist die Abkühlung durch einfache Wärmeleitung zu ineffektiv, um für die gesamte Abkühlung der Erde im Verlauf ihrer Geschichte verantwortlich zu sein. Es lässt sich nachweisen, dass wenn die 4,5 Mrd. Jahre alte Erde lediglich durch Wärmeleitung abgekühlt wäre, bisher nur ein geringer Teil der Wärme aus Tiefen über 500 km die Erdoberfläche erreicht hätte. Der Mantel, der in der Frühzeit der Erdgeschichte aufgeschmolzen wurde, wäre noch weitaus heißer als heute. Um diese Sachverhalte zu verstehen, müssen wir die zweite Form des Wärmetransports betrachten: die Konvektion, die Wärme aus dem Erdinneren wesentlich effizienter abtransportiert als die Wärmeleitung.

Konvektion im Erdmantel und Erdkern Wenn ein Fluid – eine Flüssigkeit oder ein Gas – erwärmt wird, dehnt es sich aus und steigt nach oben, weil seine Dichte geringer ist als die des umgebenden Materials. In den von dem aufsteigenden Fluid gewissermaßen frei gemachten Raum strömt kälteres Material nach, das nun seinerseits erwärmt wird und nach oben steigt, so dass ein Kreislauf entsteht. Durch diesen als **Konvektion** bezeichneten Prozess wird Wärme weit effizienter transportiert als durch Wärmeleitung, weil sich das aufsteigende Material selbst bewegt und seine Wärme mitführt. Im Grunde läuft beim Erwärmen von Wasser im Kochtopf der gleiche Vorgang ab (vgl. Abb. 1.16). Flüssigkeiten sind schlechte Wärmeleiter. Würde sich die Wärme nicht durch Konvektion so rasch verteilen, würde es lange dauern, bis das Wasser den Siedepunkt erreicht. Wenn ein Schornstein zieht, wenn Pfeifenrauch aufsteigt oder wenn sich an einem heißen Tag Wolken bilden, ist dies eine Folge von Konvektionsbewegungen.

Es wurde bereits erwähnt, wie mithilfe seismischer Wellen nachgewiesen wurde, dass der äußere Kern flüssig ist. Andere Da-

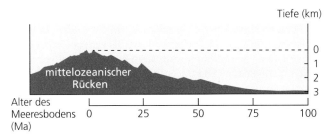

Tiefe (km)

Alter des
Meeresbodens 0   25   50   75   100
(Ma)

Entfernung vom Rückenkamm (km)

Atlantik
(30 mm/Jahr) 0   50   100   150

Pazifik
(120 mm/Jahr) 0   200   400   600

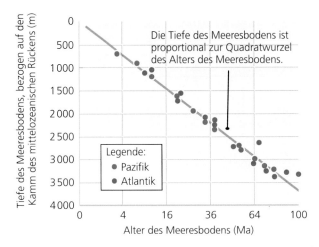

Abb. 14.9 Die Morphologie der mittelozeanischen Rücken im Atlantischen und Pazifischen Ozean zeigt, wie die Wassertiefe proportional zur Quadratwurzel des Alters der Lithosphäre zunimmt, wenn sich die Platten von den Spreading-Zentren wegbewegen. Dieselbe theoretische Kurve – abgeleitet aus der Annahme, dass die Lithosphäre durch Wärmeleitung abkühlt – stimmt mit den Daten bei der Meeresbecken überein, obwohl das Seafloor-Spreading im Pazifischen Ozean weitaus rascher erfolgt als im Atlantischen Ozean

ten zeigen, dass das eisenreiche Material im äußeren Kern eine geringe Viskosität (Widerstand gegen bleibende Verformung) besitzt und Konvektionsbewegungen daher möglich sind. Diese Konvektionsbewegungen im äußeren Erdkern transportieren Wärme sehr effizient innerhalb des Kerns und erzeugen auf diese Weise das Magnetfeld der Erde, ein Phänomen, das wir in diesem Kapitel noch eingehend kennen lernen werden. An der Grenze Kern/Mantel fließt die Wärme schließlich in den Erdmantel ab.

Das Auftreten von Konvektionsbewegungen im festen Erdmantel ist weitaus überraschender, doch ist inzwischen bekannt, dass sich die Gesteine des unter der Lithosphäre liegenden Mantels duktil verhalten und wie eine hochviskose Substanz fließen können, sofern sie über einen längeren Zeitraum hinweg entsprechenden Kräften ausgesetzt sind (vgl. Exkurs 14.1). Wie in den Kap. 1 und 2 bereits erwähnt wurde, sind Seafloor-Spreading und Plattentektonik unmittelbare Hinweise auf Konvektionsbewegungen in festem Zustand. Durch den Aufstieg von heißem Material unter den mittelozeanischen Rücken entsteht neue Lithosphäre, die abkühlt, wenn sie sich seitlich wegbewegt. Nach einer gewissen Zeit

sinkt sie in den Mantel ab, wo sie schließlich resorbiert und wieder aufgeheizt wird. Dieser zyklische Prozess ist eine Art Konvektionsbewegung, da durch die Bewegung von Materie Wärme aus dem Erdinneren an die Erdoberfläche transportiert wird.

Temperaturverteilung im Erdinneren

Es gibt viele Gründe, warum sich Geologen für den geothermischen Gradienten – die Zunahme der Temperatur mit der Tiefe – im Erdinneren interessieren. Temperatur und Druck bestimmen den Zustand der Materie (fest oder flüssig), ihre Viskosität (den Widerstand gegen eine Fließbewegung) und wie dicht die Atome in den Kristallgittern gepackt sind. Eine Kurve, die den geothermischen Gradienten im Erdinneren wiedergibt, wird als **Geotherme** bezeichnet. Abbildung 14.10 zeigt den Vergleich einer möglichen Geotherme (gelb) mit den Schmelzkurven der Materialien des Erdmantels und Erdkerns (rot). Diese Schmelzkurven zeigen, wie der Beginn des Schmelzvorgangs von dem mit der Tiefe zunehmenden Druck abhängig ist.

An der Erdoberfläche kann die Temperatur in Bergwerken bis in Tiefen von etwa 4000 m und in Bohrlöchern bis in nahezu 10 km unmittelbar gemessen werden. Dabei ergab sich in der normalen kontinentalen Kruste ein geothermischer Gradient zwischen 20 und 30 °C pro km. Die unter der Kruste herrschenden Bedingungen können aus Laven und Gesteinen abgeleitet werden, die bei Vulkanausbrüchen an die Oberfläche gelangen. Diese Daten deuten darauf hin, dass an der Basis der Lithosphäre Temperaturen zwischen 1300 und 1400 °C herrschen. Wie Abb. 14.10 zeigt, liegt bei diesen Temperaturen die Geotherme über dem Schmelzpunkt der Mantelgesteine. Die Geotherme schneidet die Schmelzkurve unter dem größten Teil der ozeanischen Kruste in einer Tiefe von ungefähr 100 km und unter dem größten Teil der kontinentalen Kruste etwas tiefer (150 bis 200 km). Ab dieser Tiefe bis zu dem Punkt, an dem die Geotherme unter die Schmelzkurve sinkt (in Tiefen von 200 bis 250 km) ist das Mantelmaterial partiell geschmolzen. Diese Beobachtungen stimmen sowohl mit dem Auftreten einer Zone überein, in der sich die Geschwindigkeit der S-Wellen deutlich verringert (Low-Velocity-Zone; vgl. Abb. 14.8), als auch mit den zahlreichen Hinweisen, die dafür sprechen, dass ein großer Teil der basaltischen Schmelzen durch partielles Schmelzen im oberen Teil der Asthenosphäre entsteht.

Der nahe der Erdoberfläche steil verlaufende geothermische Gradient lässt erkennen, dass die Wärme in der Lithosphäre durch Wärmeleitung transportiert wird. Unterhalb der Lithosphäre steigen die Temperaturen nicht mehr so rasch an. Wäre dies nicht der Fall, dann wären die Temperaturen in den tieferen Bereichen des Mantels so hoch (mehrere zehntausend Grad), dass der untere Mantel geschmolzen wäre, was mit den seismischen Befunden nicht übereinstimmt. Stattdessen nimmt der geothermische Gradient auf etwa 0,5 °C pro km ab. Dies entspricht einem Gradienten, der in einem Mantel mit Konvektionsbewegungen zu erwarten ist. Der Temperaturrückgang kommt dadurch zustande, dass sich durch Konvektion kälteres Material von der Außenfläche des Mantels mit wärmerem Material aus größeren Tiefen ver-

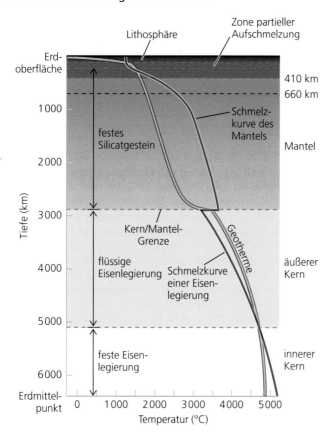

Abb. 14.10 Eine hypothetische Geotherme, die den Temperaturanstieg mit zunehmender Tiefe beschreibt (*gelbe Linie*). Zuerst steigt die Geotherme im oberen Mantel über die Schmelzkurve – jene Temperatur, bei der Peridotit zu schmelzen beginnt (*rote Linie*) –, wodurch die partiell geschmolzene Low-Velocity-Zone entsteht. Dasselbe geschieht im äußeren Erdkern, in dem die Eisen-Nickel-Legierung geschmolzen ist. Im größten Teil des Mantels und im festen inneren Kern sinkt die Geotherme unter die Schmelzkurve

mischt und auf diese Weise die Temperaturunterschiede ausgeglichen werden (genauso wie durch eine im Badewasser erzeugte Bewegung die Temperaturunterschiede ausgeglichen werden).

In den mittleren Bereichen des Erdmantels kommt es in Tiefen von 410 und 660 km zu den erwähnten Phasenumwandlungen, erkennbar an der Geschwindigkeitszunahme der seismischen Wellen (vgl. Abb. 14.8). Mithilfe der Seismik lassen sich die Tiefenlagen (und folglich auch die erforderlichen Drücke), in der diese Phasenumwandlungen erfolgen, exakt bestimmen, sodass hieraus wiederum in Hochdruckversuchen experimentell die für diese Phasenumwandlungen erforderlichen Temperaturen ermittelt werden können. Die Werte aus diesen Laborversuchen stimmen mit der in Abb. 14.10 dargestellten Geotherme weitgehend überein.

Über die Temperaturen in größerer Tiefe liegen nur in begrenztem Umfang Informationen vor. Die meisten Geologen sind sich darüber einig, dass die Konvektionsbewegungen im gesamten Erdmantel erfolgen und das Material vertikal durchmischen, wodurch der geothermische Gradient niedrig bleibt. An der Basis des Mantels ist jedoch zu erwarten, dass die Temperaturen rascher ansteigen, da die Kern/Mantel-Grenze eine vertikale

Durchmischung verhindert. Die Konvektionsbewegungen an der Grenze Kern/Mantel verlaufen – wie die in der Nähe der Erdkruste – in erster Linie eher seitwärts als vertikal. In der Nähe dieser Grenze wird Wärme vom Kern in den Mantel vor allem durch Wärmeleitung übertragen, und daher sollte der geothermische Gradient wie in der Lithosphäre hoch sein.

Seismische Ergebnisse haben gezeigt, dass der äußere Kern flüssig ist, das bedeutet, er ist so heiß, dass seine Bestandteile aus Eisen und Nickel geschmolzen sind. Labordaten deuten überdies darauf hin, dass die Temperatur möglicherweise über 3000 °C liegt – übereinstimmend mit dem hohen geothermischen Gradienten an der Basis des Mantels, der gemäß den Konvektionsmodellen zu erwarten ist. Der innere Kern dagegen ist fest. Da seine chemische Zusammensetzung aus Eisen und Nickel nahezu dieselbe ist wie die des äußeren Kerns, müsste die Grenze zwischen innerem und äußerem Kern der Tiefenlage entsprechen, in der die Geotherme die Schmelzkurve des Erdkerns schneidet. Diese Hypothese fordert, dass die Temperatur im Erdmittelpunkt wenig unter 5000 °C liegt.

Zahlreiche diesbezügliche Aspekte sind noch strittig, vor allem im Hinblick auf die unteren Bereiche der Geotherme. Beispielsweise gehen einige Geologen davon aus, dass die Temperaturen im Zentrum bei Werten zwischen 6000 und 7000 °C liegen. Zur Klärung dieser Meinungsverschiedenheiten sind noch weit mehr Laboruntersuchungen und genauere Berechnungen erforderlich.

Ein räumliches Bild des Erdinneren

Bisher haben wir betrachtet, wie sich die Eigenschaften der Materialien mit der Tiefe ändern. Eine solche eindimensionale Beschreibung wäre dann ausreichend, wenn unser Planet eine perfekte symmetrisch gebaute Kugel wäre; bedauerlicherweise ist es jedoch nicht so. An der Erdoberfläche lassen sich die lateralen (geographischen) Unterschiede im Aufbau der Erde auf einfache Weise erkennen, die durch die Kontinente, Ozeane und auch die grundlegenden Erscheinungen der Plattentektonik vorgegeben sind: Spreading-Zentren an mittelozeanischen Rücken, Subduktionszonen an Tiefseerinnen und Gebirgszüge, die durch Kontinent-Kontinent-Kollisionen aufgestiegen sind.

Unterhalb der Erdkruste ist zu erwarten, dass die Konvektionsbewegungen zu Temperaturdifferenzen in den einzelnen Bereichen des Mantels führen. Die nach unten gerichteten Strömungen, die beispielsweise an subduzierte Lithosphärenplatten gebunden sind, sind vergleichsweise kalt, während die nach oben steigenden Strömungen, wie etwa Manteldiapire, relativ heiß sind. Computermodelle zeigen, dass die durch Konvektionsbewegungen im Erdmantel hervorgerufenen lateralen Temperaturunterschiede in der Größenordnung von mehreren hundert Grad liegen dürften. Aus Laboruntersuchungen an Gesteinen ist bekannt, dass solche Temperaturunterschiede zu geringfügigen lokalen Schwankungen der Ausbreitungsgeschwindigkeit der S-Wellen führen. So verringert sich beispielsweise durch einen Temperaturanstieg von 100 °C die Ausbreitungsgeschwindigkeit der S-Wellen in den Peridotiten des Erdmantels um etwa 1 % (oder mehr, wenn das Gestein nahe seinem Schmelzpunkt ist). Wenn es im Mantel tatsächlich Konvektionsbewegungen gibt, sollten sich die Ausbreitungsgeschwindigkeiten der seismischen Wellen von Ort zu Ort um mehrere Prozentpunkte unterscheiden. Diese geringen lateralen Laufzeitunterschiede seismischer Wellen lassen sich mithilfe der seismischen Tomographie in Form von dreidimensionalen Karten darstellen.

Seismische Tomographie

Die seismische Tomographie beruht letztendlich auf einem Verfahren, das in der Medizin unter dem Begriff „Axiale Computer-Tomographie" (CAT) Anwendung findet, um räumliche Bilder von Organen zu erzeugen. Das Organ wird dabei aus unterschiedlichen Richtungen von Röntgenstrahlen erfasst, und ein Computer berechnet anhand der Schwächung, die die Röntgenstrahlen in unterschiedlichen Richtungen erfahren, das Abbild des absorbierenden Gewebes. In gleicher Weise lassen sich die bei Erdbeben entstehenden seismischen Wellen, die das Erdinnere in vielen verschiedenen Richtungen durchlaufen und weltweit von Tausenden von Seismographen registriert werden, dazu verwenden, dreidimensionale Bilder des Erdkörpers zu konstruieren. Nach einer mit den Ergebnissen der Laboruntersuchungen übereinstimmenden Hypothese bestehen Bereiche, die von seismischen Wellen rascher durchlaufen werden, aus dichterem und damit kälterem Gesteinsmaterial (wie beispielsweise subduzierten ozeanischen Lithosphärenplatten), während Gebiete, in denen sich seismische Wellen verlangsamen, auf relativ heißes aufsteigendes Material (wie beispielsweise aufsteigende Manteldiapire) hindeuten.

Mithilfe der seismischen Tomographie ließen sich im Erdmantel Strukturen erkennen, die eindeutig auf Konvektionsbewegungen zurückzuführen sind. In den 1990er Jahren konstruierten Geowissenschaftler der Harvard University auf der Basis der unterschiedlichen Ausbreitungsgeschwindigkeiten von S-Wellen ein tomographisches Modell des Erdmantels. Dieses Modell ist in Abb. 14.11 als Querschnitt der Erde sowie in einer Reihe von Weltkarten für bestimmte Tiefenbereiche von wenig unterhalb der Kruste bis zur Grenze Kern/Mantel dargestellt. Nahe der Oberfläche zeichnen sich deutlich die Strukturen der Plattentektonik ab. Der Aufstieg von heißem Mantelmaterial an den mittelozeanischen Rücken ist in den Farben für warme Bereiche dargestellt, die kalte Lithosphäre in den alten Ozeanbecken und unter den Kratonen ist entsprechend durch Farben für kalte Gebiete gekennzeichnet. In größerer Tiefe werden diese Erscheinungen deutlich differenzierter und zeigen keinerlei Abhängigkeit von den tektonischen Erscheinungen an der Oberfläche. Diese komplexe Verteilung scheint viel eher ein Abbild der Konvektionsbewegungen im Erdmantel darzustellen. Einige Großstrukturen sind jedoch deutlich zu erkennen. So tritt beispielsweise im zentralen Pazifischen Ozean unmittelbar über der Kern/Mantel-Grenze ein roter Bereich mit vergleichsweise niedrigen S-Wellengeschwindigkeiten auf, umgeben von einem breiten blauen Ring mit höheren S-Wellengeschwindigkeiten (Abb. 14.11e). Seismologen gehen davon aus, dass diese Zone höherer Wellengeschwindigkeiten eine Art „Friedhof" für ozeanische Lithosphäre darstellt, die in den vergangenen 100 Ma unter den Vulkanbögen des Pazifischen Ozeans – dem zirkumpazifischen Feuerring – subduziert wurde.

Der Querschnitt durch den Erdmantel (Abb. 14.11a) zeigt eindeutig Material der einstmals ausgedehnten Farallon-Platte, die fast vollständig unter Nordamerika subduziert wurde (vgl. Kap. 10). Das schräg nach unten abtauchende Material der Platte (blau) scheint den gesamten Mantel durchdrungen zu haben. Außerdem zeigt das Bild das Absinken von kaltem Gesteinsmaterial unter Indonesien, einer weiteren Subduktionszone. Darüber hinaus ist ein größerer gelber Fleck aus heißem Gestein erkennbar, der als extrem großer Manteldiapir (als „Superplume") gedeutet wird, der unter einem gewissen Winkel von der Kern/Mantel-Grenze tief unter Südafrika aufsteigt. Diese heiße aufsteigende Masse, die das darüberliegende kältere Material nach oben drückt, könnte die weit herausgehobenen, in mehreren hundert Meter Höhe über dem Meeresspiegel liegenden Hochländer von Südafrika erklären (Abb. 10.20e) Die anderen kleineren Bereiche aus heißerer und kälterer Materie könnten als Hinweise auf einen Stoffaustausch zwischen der Lithosphäre, dem Erdmantel und der Schicht aus heißerem Material an der Grenze Kern/Mantel gedeutet werden.

Das Schwerefeld der Erde

Dieselben Temperaturunterschiede, die seismische Wellen beschleunigen oder verlangsamen, verändern auch die Dichte der Gesteine im Erdmantel. Laboruntersuchungen ergaben, dass die durch eine Temperaturerhöhung um 300 °C verursachte Ausdehnung des Gesteins eine Reduktion der Dichte um etwa ein Prozent zur Folge hat. Das erscheint zunächst vernachlässigbar wenig. Die Masse des Erdmantels ist jedoch mit $4 \cdot 10^{21}$ t enorm groß, daher können selbst geringe Veränderungen in der Verteilung der Masse zu messbaren Unterschieden der Schwerebeschleunigung führen.

Das Schwerefeld kann nicht nur gemessen werden, sondern die Massenverteilung innerhalb der Erde ist auch an Aufwölbungen und Einsenkungen der Oberfläche unseres Planeten erkennbar. Durch sorgfältige Untersuchungen ließ sich zeigen, dass die durch Radarhöhenmessungen von Satelliten aus ermittelte Gestalt der Erde mit der durch seismische Tomographie ermittelten Verteilung der Konvektionsbewegungen weitgehend übereinstimmt (Exkurs 14.4). Diese Übereinstimmung ermöglichte eine weitere Differenzierung des Modells der Konvektionssysteme im Erdmantel.

Teil IV

a Tomographischer Schnitt durch die Erde

Ein tomographischer Schnitt durch die Erde zeigt heiße Regionen, wie etwa einen großen Manteldiapir, der unter Südafrika vom Erdkern aufsteigt,...

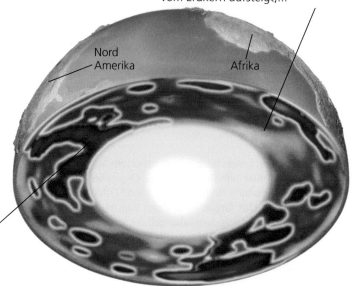

Nord
Amerika

Afrika

...und kältere Regionen wie etwa die unter die Nordamerikanische Platte abtauchenden Reste der Farallon-Platte.

b – e Weltkarten für vier verschiedene Tiefenbereiche

b

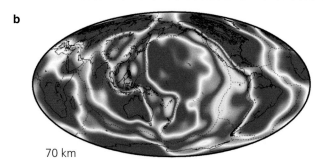

70 km

In der Nähe der Erdoberfläche liegen die heißen Gesteine der Asthenosphäre im Bereich der ozeanischen Spreading-Zentren.

c

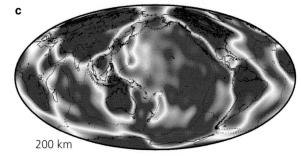

200 km

In tieferen Bereichen erkennt man die kalte Lithosphäre der konsolidierten Kratone sowie die warme Asthenosphäre unter den Ozeanen.

d

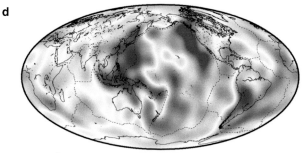

500 km

Noch tiefer im Mantel stimmen die Strukturen nicht mehr mit der Position der Kontinente überein.

e

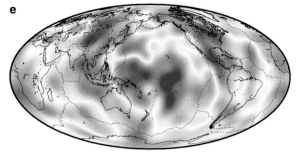

2800 km (nahe der Grenze Kern/Mantel)

In der Nähe der Kern/Mantel-Grenze zeigt die Geschwindigkeitsverteilung der S-Wellen kalte Gebiete um den Pazifischen Ozean, die als "Friedhöfe" der abtauchenden Lithosphärenplatten gedeutet werden.

Teil IV

Exkurs 14.4 Das Geoid: die Gestalt der Erde

Die Oberfläche der Ozeane ist an Stellen, wo die Gravitation größer ist, nach oben gewölbt und wo die Gravitation geringer ist, nach unten. Diese unterschiedliche Höhenlage der Meeresoberfläche ist durch Radar-Höhenmessungen von Satelliten aus sehr genau und mit hervorragender räumlicher Auflösung gemessen worden. Durch Ausgleich der Wellenbewegungen und anderer Schwankungen lassen sich selbst kleinräumige Unterschiede der Gravitation kartenmäßig darstellen, das heißt Strukturen lokaler Dimension, die durch geologische Erscheinungen am Meeresboden wie beispielsweise Tiefseeberge oder Störungen erzeugt werden (vgl. Kap. 20). Solche Schwereunterschiede werden jedoch auch durch großräumige Erscheinungen wie etwa Konvektionsströmungen im Erdmantel hervorgerufen.

Ein völlig ruhiger Ozean hat einen mittleren Meeresspiegel, der von der Form her dem entspricht, was Geophysiker als Geoid bezeichnen. Die Oberfläche eines ruhenden Wasserkörpers ist völlig eben und waagerecht in dem Sinne, dass die Gravitation senkrecht zu seiner Oberfläche ausgerichtet ist andernfalls würde das Wasser „bergabwärts" fließen – damit die Oberfläche wieder eben wäre. Das Geoid ist physikalisch betrachtet eine Äquipotenzialfläche, die in einer bestimmten Höhe in Bezug zur Erdoberfläche verläuft und überall senkrecht zur lokal herrschenden Gravitation ausgerichtet ist. Da der Meeresspiegel näherungsweise dem Geoid entspricht, wird als Bezugshöhe normalerweise das Niveau des Meeresspiegels verwendet. Bestimmt man die Höhe eines Berges relativ zum Meeresspiegel, so bestimmt man in Wirklichkeit die Höhe des Berges über dem lokalen Niveau des Geoids. In diesem Sinne entspricht das Geoid unmittelbar der Gestalt des Erdkörpers. Aus der Form des Geoids lässt sich an jedem Punkt der Oberfläche unseres Planeten Betrag und Richtung der Schwerkraft berechnen und daraus können wiederum Hinweise auf die unterschiedliche Gesteinsdichte im Erdinneren abgeleitet werden.

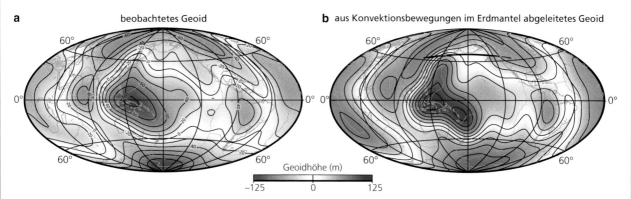

a beobachtetes Geoid

b aus Konvektionsbewegungen im Erdmantel abgeleitetes Geoid

Geoidhöhe (m)

−125 0 125

a Die Zeichnung zeigt eine geglättete Darstellung des Geoids und damit die wahre Gestalt der Erde, die aus Satellitendaten konstruiert wurde. Die Höhenlinien im Abstand von 20 m zeigen, wie sich der Meeresspiegel ohne laterale Unterschiede der Gesteinsdichte vom Referenzellipsoid unterscheidet. b Karte des Geoids, berechnet für ein Modell mit Konvektionsbewegungen im Erdmantel. Es stimmt mit der Temperaturverteilung im Erdmantel überein, die aus der seismischen Tomographie abgeleitet wurde. Durch den Vergleich dieser Beobachtungen mit einem theoretischen Modell ergaben sich wesentlich bessere Kenntnisse hinsichtlich der Konvektionsbewegungen im Erdmantel [a NASA; b Modell von B. Hager, Massachusetts Institute of Technology; Karten von L. Chen und T. Jordan, University of Southern California]

Auf den Ozeanen lässt sich das Geoid auf einfache Weise mittels Radarhöhenmessung ermitteln. Wie kommt man jedoch auf dem Festland zu diesen Informationen? Es zeigte sich, dass das Geoid für die gesamte Erde aus den Bahndaten von Satelliten berechnet werden kann. Räumliche Masseunterschiede im Erdmantel üben auf die Satelliten eine schwache Anziehung aus und verändern geringfügig ihre Umlaufbahnen. Durch Beobachtung dieser Bahnänderungen über längere Zeiträume hinweg lassen sich zweidimensionale Karten des Geoids sowohl über den Kontinenten als auch über den Ozeanen erstellen.

Zur einheitlichen Beschreibung der Form des Geoids ist es erforderlich, eine Bezugsfläche zu definieren, die dem Geoid hinreichend genau entspricht. Eine derartige Bezugsfläche ist das sogenannte Referenzellipsoid, ebenfalls eine Potenzial-

Abb. 14.11 Ein durch seismische Tomographie erzeugtes dreidimensionales Modell des Erdmantels. Bereiche mit hoher S-Wellengeschwindigkeit (*blau* und *violett*) kennzeichnen kältere und dichtere Gesteine, Gebiete mit geringerer S-Wellengeschwindigkeit (*rot* und *gelb*) kennzeichnen weniger dichte Gesteine. **a** Schnitt durch die Erde. **b–c** Weltkarte für vier unterschiedliche Tiefen der Erde [*S-Wellengeschwindigkeiten von* G. Ekström und A. Dziewonski, Harvard University; Schnitt a M. Gurni (2001). – *Scientific American* (March): 40; Karten b–e von L. Chen und T. Jordan, University of Southern California]

Bezugsfläche, der ein sogenannter Normal-Schwerepotenzialwert zugeordnet ist, und die von der Form her einem idealen Rotationsellipsoid entspricht.

Eine geglättete Version des Geoids zeigt die großräumigen Strukturen des Gravitationsfelds der Erde. Relativ zum Referenzellipsoid schwankt das Geoid zwischen einer Höhe von −110 m in der Nähe der Küste der Antarktis bis zu einer Höhe von +100 m auf der Insel Neuguinea im westlichen Pazifischen Ozean.

Vergleicht man das Geoid mit Abb. 14.11d und 14.11e, so zeigt das Geoid gewisse Ähnlichkeiten mit den großräumigen Strukturen in den tieferen Bereichen des Erdmantels. Diese Übereinstimmung spricht dafür, dass die räumlich bedingten Unterschiede sowohl der Gesteinsdichte als auch der Geschwindigkeiten der S-Wellen in Zusammenhang mit den Temperaturunterschieden stehen, die sich aus großräumigen Konvektionsströmungen im Erdmantel ergeben.

Die Geophysiker Brad Hager und Mark Richards überprüften in den 1990er Jahren diese Hypothese. Unter Verwendung von Labordaten zur Eichung berechneten sie zuerst die räumliche Verteilung der Dichteunterschiede aus den unterschiedlichen Geschwindigkeiten der seismischen Wellen, die durch seismische Tomographie kartiert wurden. Daraus erstellten sie ein Rechnermodell der Konvektionsströmungen, indem sie annahmen, dass die schwereren Bereiche des Mantels nach unten sinken, während die leichteren nach oben steigen. Schließlich berechneten sie daraus die Form des Geoids, die diesem Konvektionsmodell entsprechen sollte. Das Bild zeigt die vergleichsweise gute Übereinstimmung des Modells mit dem beobachteten Geoid, vor allem was die großräumigen Strukturen betrifft. Diese Übereinstimmung bestätigte die Vorstellung der Geologen, dass sowohl die Ergebnisse der seismischen Darstellungen als auch das Gravitationsfeld durch Temperaturunterschiede innerhalb der Konvektionssysteme des Erdmantels erklärt werden können.

Das Magnetfeld der Erde und der Geodynamo

Wie im Erdmantel, so erfolgt auch im äußeren Erdkern der größte Teil des Wärmetransports durch Konvektion. Doch sowohl die Methode der seismischen Tomographie als auch die Untersuchungen des Schwerefelds der Erde, die wesentliche Hinweise auf Konvektionsbewegungen im Erdmantel erbrachten, lieferten nahezu keine Informationen über Konvektionsbewegungen im Erdkern.

Das Problem liegt im flüssigen Zustand des äußeren Kerns. Der Erdmantel verhält sich wie ein hochviskoser Festkörper, der sehr langsam fließt. Als Folge entstehen durch Konvektionsbewegungen Bereiche, in denen die Temperaturen wesentlich höher oder niedriger sind als dies der durchschnittlichen Geotherme des Mantels entspricht. Man erkennt diese Regionen in Abb. 14.11 als Bereiche, in denen die Dichte und die Geschwindigkeit der seismischen Wellen deutlich geringer beziehungsweise höher sind als im Durchschnitt des Mantels. Im Gegensatz dazu hat der äußere Kern eine geringe Viskosität, er fließt nahezu wie Wasser oder flüssiges Quecksilber. Selbst geringe, durch Konvektion verursachte Dichteunterschiede werden als Folge der raschen Fließbewegungen des flüssigen Kerns unter dem Einfluss der Schwerkraft rasch ausgeglichen. Daher bleiben Temperaturunterschiede von wenigen Grad Celsius im äußeren Kern nicht über längere Zeit hinweg erhalten. Die etwaigen, durch Konvektionsbewegungen verursachten lateralen Unterschiede der Dichte oder der Ausbreitungsgeschwindigkeit seismischer Wellen sind viel zu gering und können mit der Methode der seismischen Tomographie nicht sichtbar gemacht werden; darüber hinaus verursachen sie auch keine messbaren Deformationen des Erdkörpers.

Diese Konvektionsbewegungen im äußeren Erdkern lassen sich jedoch durch Beobachtungen des Magnetfelds der Erde nach-

weisen. Bereits in Kap. 1 wurde kurz auf das Magnetfeld der Erde und auf seine Erzeugung durch das System Geodynamo im Erdkern eingegangen. In Kap. 2 erwähnten wir die Umpolungen des Magnetfelds und den konservierten Paläomagnetismus der Effusivgesteine, der für die Bestimmung des Seafloor-Spreading herangezogen werden konnte. In den folgenden Abschnitten wird noch etwas ausführlicher auf die Eigenschaften und die Entstehung des Magnetfelds im Geodynamo des äußeren Erdkerns eingegangen.

Dipol-Feld

Das einfachste Instrument zum Nachweis des Erdmagnetfelds ist der Kompass, der bereits vor mehr als 2200 Jahren von den Chinesen erfunden wurde. Viele Jahrhunderte benutzten ihn Forschungsreisende und Schiffskapitäne zur Orientierung und Navigation; die Funktionsweise dieses alten Geräts war ihnen jedoch völlig unbekannt. Im Jahre 1600 gab William Gilbert, Leibarzt der Königin Elizabeth I., erstmals eine wissenschaftlich begründete Erklärung. Er behauptete, dass „… die gesamte Erde ein großer Magnet ist", dessen Feld auf den kleinen Magneten der Kompassnadel einwirkt und sie in Richtung des magnetischen Nordpols ausrichtet.

Die Wissenschaftler zu Gilberts Zeiten stellten sich das Magnetfeld in Form von Kraftlinien vor, etwa so, wie sie durch die Ausrichtung von Eisenfeilspänen, die sich auf einem Blatt Papier über einem Stabmagneten befinden, sichtbar gemacht werden können. Gilbert konnte überdies zeigen, dass diese Kraft- oder Feldlinien am magnetischen Nordpol in die Erde eintauchen und am magnetischen Südpol wieder auftauchen, genauso als ob sich im Erdmittelpunkt ein starker Stabmagnet befinden würde, dessen Längsachse um etwa 11° gegen die Rotationsachse der Erde geneigt ist (Abb. 1.17). Anders ausgedrückt: der Verlauf der Kraftlinien des Erdmagnetfelds gleicht dem Verlauf der Kraftlinien, die von einem magnetischen Dipol ausgehen.

Die Komplexität des Magnetfelds

Gilbert löste ein wichtiges Problem der seefahrenden Nationen, die für eine exakte Navigation auf den Kompass angewiesen waren. Seine Erklärung war jedoch nur teilweise richtig. Wir wissen heute, dass die Ursache des Magnetfelds ein Geodynamo ist, der durch Konvektionsbewegungen im flüssigen äußeren Erdkern angetrieben wird und kein im Erdmittelpunkt befindlicher Permanentmagnet (der überdies durch die im Erdkern herrschenden hohen Temperaturen sofort zerstört würde). Dieser Geodynamo entsteht durch rasche Konvektionsbewegungen im flüssigen, eisenreichen und elektrisch leitenden äußeren Kern. Das von diesem Geodynamo erzeugte Magnetfeld ist wesentlich komplizierter aufgebaut als ein einfaches Dipolfeld, und es ist als Folge dieser Flüssigkeitsbewegungen im äußeren Erdkern ständigen Schwankungen unterworfen.

Einige Jahrzehnte nach Gilberts Erklärung ergaben sorgfältige Beobachtungen, dass sich das Magnetfeld im Laufe der Zeit ändert. Es überrascht kaum, dass einige der besten Hinweise von der Britischen Admiralität stammten, die systematisch Stärke und Richtung des Magnetfelds exakt registrierte. Die Navigationsoffiziere mussten ihre Kompassangaben von Zeit zu Zeit um den Betrag der Deklination, das heißt um den Winkel zwischen geographisch Nord und geomagnetisch Nord korrigieren. Diese Korrekturen zeigten auch, dass der geomagnetische Nordpol seine Position mit einer Geschwindigkeit zwischen 5 und 10° pro Jahrhundert ändert (Abb. 14.12). Dass diese langsamen zeitlichen Veränderungen durch Konvektionsbewegungen tief im Erdkern verursacht werden, war den britischen Seefahrern damals natürlich unbekannt.

Nicht-Dipolfeld Messungen an der Erdoberfläche haben gezeigt, dass nur etwa 90 % des Erdmagnetfelds durch einen einfachen magnetischen Dipol im Erdmittelpunkt beschrieben werden können (vgl. Abb. 1.17). Die restlichen 10 % des Magnetfelds, von den Geophysikern als **Nicht-Dipolfeld** bezeichnet, zeigen eine deutlich kompliziertere Struktur. Sie wird durch den Vergleich der für einen einfachen Stabmagneten berechneten Feldstärke (Abb. 14.13a) mit dem beobachteten Magnetfeld erkennbar (Abb. 14.13b). Extrapoliert man die Feldlinien in das Erdinnere bis zur Grenze Kern/Mantel, nimmt die Stärke des Nicht-Dipolfelds in Relation zur Stärke des Dipolfelds zu (Abb. 14.13c). Der schlecht leitende Erdmantel scheint die komplexe Struktur des Magnetfelds auszugleichen und dadurch erscheint das Dipolfeld stärker, als es in Wirklichkeit ist.

Säkularvariation Die Aufzeichnungen des Magnetfelds in den vergangenen 300 Jahren (von denen viele von der britischen Marine stammen) zeigten, dass sowohl die Dipol- als auch die Nicht-Dipol-Anteile langsamen zeitlichen Veränderungen unterliegen, doch erfolgt diese **Säkularvariation** bei den Nicht-Dipol-Anteilen deutlich rascher. Diese Säkularvariation wird sichtbar, wenn man das heutige Magnetfeld an der Kern/Mantel-Grenze (Abb. 14.13c) mit Karten vergleicht, die für die

Abb. 14.12 Wanderung des magnetischen Nordpols, abgeleitet aus Kompassmessungen des Erdmagnetfelds seit dem Jahr 1600. Die Veränderungen der Pol-Lage sind auf Konvektionsbewegungen im flüssigen äußeren Erdkern zurückzuführen

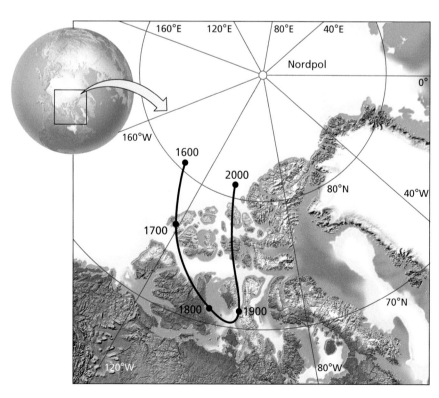

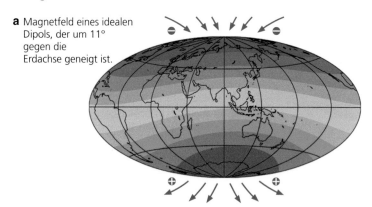

a Magnetfeld eines idealen Dipols, der um 11° gegen die Erdachse geneigt ist.

b Magnetfeld an der Oberfläche im Jahr 2000.

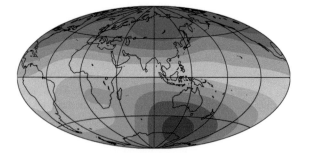

c Magnetfeld an der Kern/Mantel-Grenze im Jahr 2000.

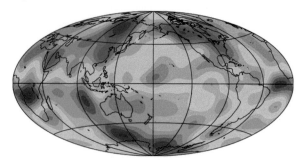

d Magnetfeld an der Kern/Mantel-Grenze im Jahr 1900.

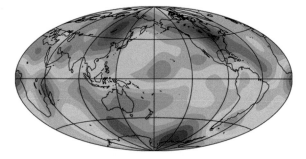

e Magnetfeld an der Kern/Mantel-Grenze im Jahr 1800.

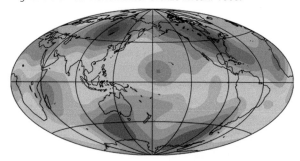

Abb. 14.13 Das Magnetfeld der Erde verändert sich im Laufe der Zeit. Die *blauen Flächen* zeigen die Feldstärke des nach innen gerichteten Feldes, die *orangefarbenen Flächen* jene des nach außen gerichteten Felds. Das an der Oberfläche kartierte Magnetfeld **b** ist komplizierter, als das von einem einfachen Dipol erzeugte Feld **a**, und zeigt noch weitere Komplikationen, wenn es bis zur Kern/Mantel-Grenze extrapoliert wird **c**. Das Nicht-Dipolfeld ändert sich ebenfalls im Laufe der Zeit **c–e**, verursacht durch Konvektionsbewegungen im flüssigen äußeren Erdkern (Karten: mit frdl. Genehm. von J. Bloxham, Harvard University)

vergangenen Jahrhunderte rekonstruiert wurden (Abb. 14.13d, e). Solche Änderungen der Feldstärke ereignen sich in Zeiträumen von Jahrzehnten und deuten darauf hin, dass die Bewegungen im flüssigen äußeren Erdkern, also innerhalb des Systems Geodynamo, in der Größenordnung von Millimetern pro Sekunde erfolgen.

Aus dieser Säkularvariation ergeben sich Hinweise auf die Konvektionsvorgänge im äußeren Kern. Mithilfe extrem leistungsfähiger Rechner konnten Wissenschaftler die komplizierten Konvektionsbewegungen und elektromagnetischen Wechselwirkungen im äußeren Kern simulieren, die für den Geodynamo charakteristisch sind. Die bei einer solchen Simulation erzeugten magnetischen Feldlinien sind in Abb. 14.14 dargestellt. Außerhalb des Erdkerns entsprechen diese Feld-

linien weitgehend einem Dipol, doch in der Nähe der Kern/Mantel-Grenze wird ihr Verlauf komplizierter. Innerhalb des eigentlichen Kerns sind sie durch die starken Konvektionsbewegungen völlig verwickelt.

Umkehr des Magnetfelds Durch Computer-Simulationen lässt sich außerdem ein weiteres merkwürdiges Verhalten des Systems Geodynamo erklären: die spontane Umpolung des Magnetfelds. Wie in Kap. 2 erwähnt wurde, ändert das Magnetfeld seine Polarität in unregelmäßigen Zeitabständen, die von einigen zehntausend Jahren bis zu Millionen Jahren reichen können; dann wird der magnetische Nordpol zum Südpol und umgekehrt, als ob sich der in Abb. 1.16 dargestellte Stabmagnet um 180° gedreht hätte. In jüngster Zeit ließen sich bei Computer-Simulationen des Geodynamos auch diese sporadisch und ohne äußeren An-

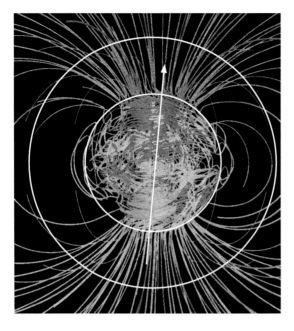

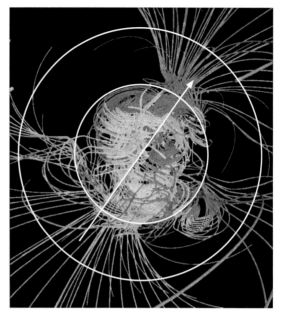

STADIUM 1
Magnetischen Feldlinien mit normaler Ausrichtung vor der Inversion. Die magnetischen Feldlinien im Erdmantel entsprechen denen eines magnetischen Dipols.

STADIUM 2
Beginn der Inversion. Der Geodynamo beginnt spontan mit der Neuordnung des Magnetfelds; dies führt im äußeren Kern zu einem komplexeren Verlauf der Feldlinien und einer Abnahme der Stärke der Dipolkomponente des Magnetfelds.

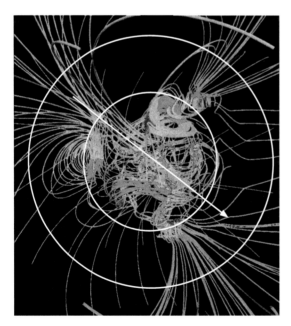

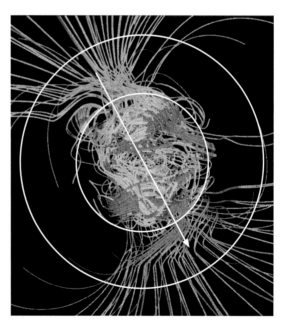

STADIUM 3
Die Inversion des Magnetfelds setzt sich mit raschen Veränderungen in der Struktur des Felds fort, das weiterhin eine schwache Dipolkomponente aufweist.

STADIUM 4
Die Inversion ist nahezu abgeschlossen, das Dipolfeld nimmt an Stärke zu und sein Nordpol weist nun nach Süden.

Abb. 14.14 Computer-Modelle haben gezeigt, dass spontane Veränderungen innerhalb des Geodynamos zu Inversionen des Magnetfelds führen (mit frdl. Genehm. von G. Glatzmaier, University of California, Santa Cruz)

Teil IV

lass auftretenden Umpolungen nachvollziehen (Abb. 14.14), mit anderen Worten: das Magnetfeld der Erde kehrt spontan und ausschließlich durch interne Wechselwirkungen seine Richtung um.

Dieses Verhalten zeigt einen grundlegenden Unterschied zwischen dem Geodynamo und den in Kraftwerken verwendeten Generatoren. Ein dampfgetriebener Generator ist ein künstliches System, das vom Menschen für eine bestimmte Aufgabe konstruiert wurde. Im Gegensatz dazu ist der Geodynamo ein Beispiel für ein selbstorganisierendes natürliches System – ein System, dessen Verhalten nicht durch externe Zwänge bestimmt ist, sondern sich aus internen Wechselwirkungen ergibt.

Die beiden anderen Geosysteme – Plattentektonik und Klima – zeigen ebenfalls eine breite Vielfalt von selbstorganisierendem Verhalten. Die Erklärung, auf welche Art und Weise sich solche Systeme selbst organisieren, ist eine der großen Herausforderungen für die modernen Geowissenschaften. In Kap. 15 werden wir bei der Besprechung des Klimasystems noch einmal auf dieses Thema eingehen.

Paläomagnetismus

Wiederholt wurde gezeigt, wie die in Gesteinen konservierte Magnetfeldorientierung, die auch als fossiler Magnetismus oder **Paläomagnetismus** bezeichnet wird, zu einer äußerst wichtigen Informationsquelle hinsichtlich der erdgeschichtlichen Entwicklung wurde. Das auf ozeanischer Kruste kartierte Streifenmuster bestätigte den Vorgang des Seafloor-Spreading und es liefert noch immer die besten Angaben für eine Erklärung, wie sich die Plattenbewegungen seit dem Auseinanderbrechen von Pangaea vor 200 Ma entwickelt haben (vgl. Kap. 2). Der in den alten kontinentalen Gesteinen konservierte Paläomagnetismus war die wesentliche Voraussetzung für die Rekonstruktion älterer Großkontinente wie etwa Rodinia (vgl. Kap. 10).

Außerdem ermöglichte der Paläomagnetismus die Rekonstruktion der zeitlichen Entwicklung des Erdmagnetfelds. Die ältesten bisher gefundenen magnetisierten Gesteine haben ein Alter von etwa 3,5 Mrd. Jahren und belegen, dass die Erde zu diesem Zeitpunkt schon ein Magnetfeld besaß, das sich vom heutigen nicht wesentlich unterschied. Eine bereits in den ältesten Gesteinen vorhandene Magnetisierung stimmt mit der in Kap. 1 erwähnten Vorstellung einer Differenziation der Erde überein; sie bedeutet umgekehrt aber auch, dass schon zu einem sehr frühen Zeitpunkt der 4,5 Mrd. Jahre umfassenden Erdgeschichte ein flüssiger Erdkern mit Konvektionsbewegungen vorhanden war.

Wir wollen uns noch etwas eingehender mit den gesteinsbildenden Vorgängen befassen, die solche bemerkenswerten Schlussfolgerungen ermöglichen.

Thermoremanente Magnetisierung In den frühen 1960er Jahren fand ein australischer Student die Reste einer Feuerstelle an einem ehemaligen Lagerplatz, den die Ureinwohner Australiens einst benutzt hatten. Er entnahm sorgfältig einige Steine, die im Feuer gelegen hatten und deren räumliche Orientierung er zuvor dokumentiert hatte. Dann bestimmte er die Richtung der Magnetisierung dieser Steine und stellte fest, dass sie genau entgegengesetzt zur heutigen Feldrichtung orientiert war. Er vermutete gegenüber seinem ungläubigen Professor, dass zumindest vor 30.000 Jahren, als das Lager benutzt worden war, das irdische Magnetfeld entgegen der heutigen Richtung orientiert war, das heißt, eine Kompassnadel hätte damals nach Süden und nicht nach Norden gezeigt.

Bekanntlich wird der Magnetismus bei hohen Temperaturen zerstört. Viele magnetisierbare Stoffe haben die Eigenschaft, dass sie beim Abkühlen unter den sogenannten **Curie-Punkt** von ungefähr 500 °C in Richtung des umgebenden Magnetfelds magnetisiert werden. Der Grund liegt in der Ausrichtung der ferromagnetischen Minerale oder bestimmter Atomgruppen in Richtung des herrschenden Magnetfelds, solange das Material heiß ist. Kühlt das Material ab, werden die Atome unbeweglicher und an Ort und Stelle fixiert, wobei die atomaren Magnete sich nach der Richtung der magnetischen Kraftlinien ausrichten. Dieser Vorgang wird als **thermoremanente Magnetisierung** bezeichnet, weil im Gestein gewissermaßen die ursprüngliche Magnetfeldrichtung aufgezeichnet bleibt, auch wenn das Feld seine Richtung später ändert. Der australische Student konnte die Richtung des zu dem Zeitpunkt herrschenden Magnetfelds ermitteln, als die Steine nach dem letzten Feuer abkühlten (Abb. 14.15).

Die thermoremanente Magnetisierung der Lavaströme und der neu gebildeten ozeanischen Kruste beruht auf demselben Vorgang. Die Entdeckung der Umpolungen des Erdmagnetfelds und die Möglichkeit, diese zu messen, war ein wichtiges Argument bei der Ausarbeitung der Theorie der Plattentektonik.

Detritus-Remanenz Auch einige Sedimentgesteine können eine remanente Magnetisierung aufweisen. Marine Sedimente entstehen, wenn Sedimentpartikel im Ozean auf den Boden absinken und diagenetisch verfestigt werden. Enthalten diese Partikel auch magnetische Minerale wie beispielsweise Magnetit (Fe_3O_4), werden die magnetischen Sedimentkomponenten beim Absinken durch das Wasser in Richtung des herrschenden Erdmagnetfelds ausgerichtet. Diese Orientierung bleibt auch dann im Sediment erhalten, wenn es durch diagenetische Prozesse zu Gestein verfestigt wird. Diese sogenannte **Detritus-Remanenz** oder **Sedimentations-Remanenz** eines Sedimentgesteins ist demzufolge auf eine parallele Ausrichtung dieser winzigen Magnete zurückzuführen, die sich wie kleine Kompasse in Richtung des zur Zeit der Ablagerung vorherrschenden Felds orientieren (Abb. 14.16).

Magnetostratigraphie Durch die Verbindung paläomagnetischer Daten und absoluter Altersbestimmungen wurde die zeitliche Abfolge der Umpolungen des Magnetfelds für die letzten 170 Mio. Jahre detailliert ausgearbeitet (Abb. 14.17). Diese Informationen konnten umgekehrt wieder dazu verwendet werden, um andere Gesteine altersmäßig zu datieren. Die magnetostratigraphische Zeitskala wird nicht nur von Geologen, sondern auch

Abb. 14.15 Vor 30.000 Jahren war das irdische Magnetfeld genau umgekehrt gepolt wie heute. Das belegen unter anderem Steine von prähistorischen Feuerstellen, deren Magnetisierung der heutigen Feldrichtung entgegengerichtet ist. Als diese Steine nach dem letzten Feuer abkühlten, wurden sie in Richtung des damaligen Magnetfelds magnetisiert und überlieferten dessen Orientierung

vor 30 000 Jahren   heute

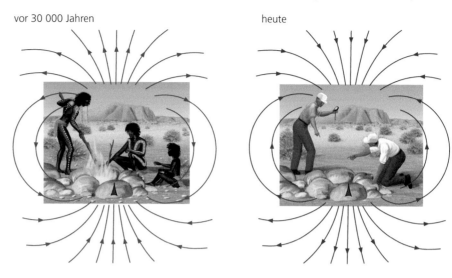

1

Die zusammen mit anderen Sedimenten in die Ozeane transportierten magnetischen Minerale werden beim Absinken durch die Wassersäule entsprechend dem herrschenden Magnetfeld eingeregelt.

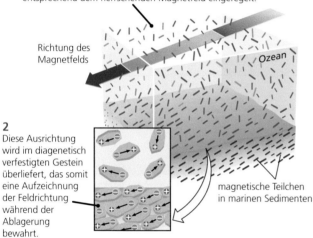

Richtung des Magnetfelds

Ozean

2

Diese Ausrichtung wird im diagenetisch verfestigten Gestein überliefert, das somit eine Aufzeichnung der Feldrichtung während der Ablagerung bewahrt.

magnetische Teilchen in marinen Sedimenten

Abb. 14.16 Sedimentschichten werden bei ihrer Ablagerung in Richtung des herrschenden Erdmagnetfelds magnetisiert

von Archäologen und Anthropologen verwendet. Beispielsweise wurde die Magnetostratigraphie zur Datierung terrestrischer Sedimente herangezogen, die fossile Reste unseren eigenen hominiden Vorfahren enthielten.

Wie bereits in Kap. 2 erwähnt wurde, sind die Perioden normaler Polarität (der gleichen wie heute) und der invers magnetisierten Perioden, die als **Chrone** bezeichnet werden, unterschiedlich lang, sie scheinen aber im Durchschnitt 500.000 Jahre gedauert zu haben. Den größeren Epochen sind kurzzeitige Umpolungen des Felds überlagert. Diese sogenannten **Subchrone** dürften überall zwischen mehreren tausend bis zu einigen Millionen Jahren gedauert haben. Der australische Student fand offenbar in den Steinen des Lagerfeuers der australischen Ureinwohner (vgl.

Abb. 14.15) ein neues inverses Subchron innerhalb der heutigen normal magnetisierten Epoche.

Magnetfeld und Biosphäre

Aus der Gesteinsabfolge ist bekannt, dass der Geodynamo seit der frühen Erdgeschichte aktiv ist und das Leben daher in einem starken Magnetfeld entstanden ist. Das blieb nicht ohne Folgen und erwies sich mitunter als überraschend. Beispielsweise entwickelten zahlreiche Organismen wie etwa Tauben, Meeresschildkröten, Wale und selbst Bakterien bestimmte Sinnesorgane, die ihnen mithilfe des Magnetfelds eine exakte Orientierung ermöglichen (Abb. 14.18). Diese Sinnesorgane beruhen auf winzigen Kristallen des Minerals Magnetit (Fe_3O_4), die, als sie in dem Organismus auf biologischem Wege gebildet wurden, durch das Normalfeld der Erde eine Magnetisierung erfuhren (vgl. Abb. 11.8b). Solche Kristalle wirken wie kleine Kompasse, mit deren Hilfe sich die Organismen im Erdmagnetfeld orientieren. Geobiologen entdeckten vor einiger Zeit außerdem, dass einige Tiere sogar in bestimmter Weise angeordnete Magnetitkristalle verwenden, um die Stärke des Magnetfelds zu ermitteln, die ihnen weitere Informationen für die Orientierung liefert.

Das Magnetfeld ist jedoch nicht nur ein brauchbares Bezugssystem für manche fliegenden und schwimmenden Organismenarten, es ist auch ein wesentlicher Bestandteil des Systems Erde, der für die Erhaltung einer reichhaltigen und empfindlichen Biosphäre an der Erdoberfläche äußerst wichtig ist. Obwohl der Geodynamo im Erdkern in großer Tiefe arbeitet, reichen seine magnetischen Kraftlinien weit in den Weltraum hinaus und bilden dort eine Barriere, die unsere Erdoberfläche vor der zerstörenden Strahlung des Sonnenwinds schützt. Ohne den Schutzschild eines starken Magnetfelds wäre dieser intensive Strom hochenergetischer, elektrisch geladener Partikel für die meisten Organismen tödlich.

Teil IV

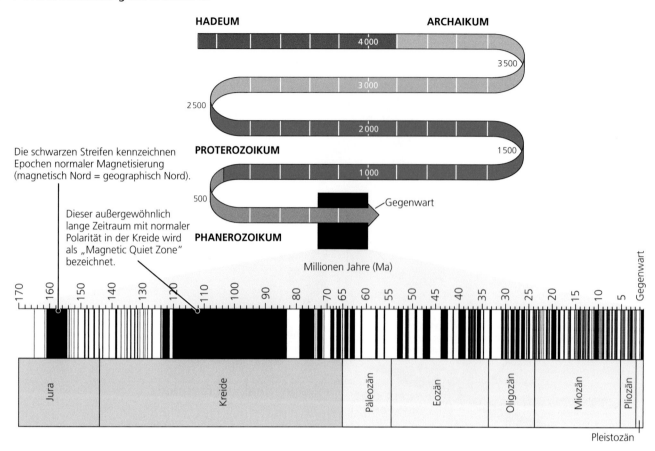

HADEUM   ARCHAIKUM

4 000
3 500
2 500
3 000
2 000
1 500
PROTEROZOIKUM   1 000
500   Gegenwart

Die schwarzen Streifen kennzeichnen Epochen normaler Magnetisierung (magnetisch Nord = geographisch Nord).

Dieser außergewöhnlich lange Zeitraum mit normaler Polarität in der Kreide wird als „Magnetic Quiet Zone" bezeichnet.

PHANEROZOIKUM

Millionen Jahre (Ma)

170 160 150 140 130 120 110 100 90 80 70 65 60 55 50 45 40 35 30 25 20 15 10 5   Gegenwart

Jura   Kreide   Paläozän   Eozän   Oligozän   Miozän   Pliozän

Pleistozän

Abb. 14.17 Die paläomagnetische Zeitskala beginnt vor 170 Ma und reicht bis zur Gegenwart. Normal magnetisierte Epochen sind *schwarz*, invers magnetisierte Epochen sind *weiß* dargestellt

Teil IV

Abb. 14.18 Ein Schwarm heimkehrender Tauben kurz vor der Landung in ihrem Taubenschlag in Villaclara (Kuba), nach einem über 240 km langen Flug von Havanna quer über die Insel. Diese Vögel nutzen das Magnetfeld der Erde, um den langen Weg zurück zu ihrem Taubenschlag zu finden. Neueste Hinweise sprechen dafür, dass die heimkehrenden Tauben das Magnetfeld mithilfe von Rezeptoren im Innenohr und Schnabel wahrnehmen (Foto: © Desmond Boylan/ Reuters/Corbis)

Würde darüber hinaus das Magnetfeld des Geodynamos aus irgendeinem Grund zusammenbrechen, würde durch das Bombardement des Sonnenwinds und der anderen ionisierenden Strahlen aus dem Weltraum die Atmosphäre allmählich verschwinden und damit auch die terrestrische Umwelt zerstört werden. Dies scheint auf dem Mars tatsächlich passiert zu sein. Der in der Kruste des Mars konservierte Paläomagnetismus wurde durch Satelliten nachgewiesen. Deshalb wissen wir, dass der Rote Planet in der Vergangenheit einen aktiven Geodynamo besaß, der ein starkes Magnetfeld erzeugte. Irgendwann in der frühen Geschichte des Mars hörte der Geodynamo auf zu arbeiten, möglicherweise weil der Kern des Mars so weit abgekühlt war, dass er erstarrte. Der Planet war fortan dem Sonnenwind ausgesetzt, was in der Folge weitgehend zum Verlust seiner Atmosphäre führte – bis auf eine dünne Schicht, die wir heute beobachten.

Zusammenfassung des Kapitels

Seismische Wellen und der Aufbau von Erdkruste und Erdmantel: Durch den Zusammenhang zwischen der Geschwindigkeit seismischer Wellen und den Gesteinstypen war es möglich, den Aufbau des Erdinneren zu erforschen. Dabei zeigte sich, dass die kontinentale Kruste überwiegend aus Granit und der Meeresboden aus Basalt und Gabbro besteht. Die Erdkruste und der äußere Teil des Erdmantels bilden zusammen die starre Lithosphäre. Unter der Lithosphäre befindet sich die Asthenosphäre, eine eher plastisch reagierende Schicht des Erdmantels, auf der die Lithosphärenplatten gleiten. An der Oberfläche der Asthenosphäre sind die Temperaturen hoch genug, dass Peridotit partiell schmilzt. Dadurch entsteht eine Zone, in der die Ausbreitungsgeschwindigkeit der S-Wellen abrupt abnimmt. Unter einer Tiefe von 200 bis 250 km nimmt die Geschwindigkeit der S-Wellen wieder mit der Tiefe zu. In Tiefen von 410 bzw. 660 km steigt die Geschwindigkeit der S-Wellen sprunghaft an, bedingt durch Phasenumwandlungen in den Mineralen des Erdmantels. Unterhalb von 660 km Tiefe liegt der untere Mantel, ein Bereich von 200 km Mächtigkeit, in dem die Geschwindigkeit der seismischen Wellen allmählich ansteigt.

Seismische Wellen und der Aufbau des Erdkerns: Seismische Wellen, die an der Kern/Mantel-Grenze reflektiert werden, lassen erkennen, dass sich in einer Tiefe von 2890 km die chemische Zusammensetzung ändert. Das Aussetzen der S-Wellen unter der Kern/Mantel-Grenze spricht dafür, dass der äußere Kern flüssig ist. Aus den Geschwindigkeiten der seismischen Wellen ergibt sich, dass der flüssige äußere Kern in einer Tiefe von 5150 km in den festen inneren Kern übergeht. Mehrere Hinweise sprechen dafür, dass der Erdkern überwiegend aus einer Eisen-Nickel-Legierung mit geringen Anteilen an Sauerstoff und Schwefel besteht.

Die Temperaturen im Erdinneren: Im Inneren der Erde ist es deswegen heiß, weil noch ein Großteil der bei der Entstehung der Erde freigesetzten Wärme zurückgehalten wurde; hinzu kommt die Wärme, die beim Zerfall der radioaktiven Elemente entsteht. Im Laufe der Zeit kühlte das Erdinnere ab, der Erdkern und der Erdmantel überwiegend durch Konvektion, die Lithosphäre dagegen durch Wärmeleitung. Als Geotherme bezeichnet man eine Kurve, die die Temperaturzunahme mit der Tiefe beschreibt. In der kontinentalen Kruste steigt die Temperatur normalerweise pro km Tiefe um 20–30 °C. Die Temperaturen liegen an der Basis der Lithosphäre zwischen 1300 und 1400 °C. Sie sind damit hoch genug, dass Mantelperidotite zu schmelzen beginnen. Die Temperatur im flüssigen äußeren Erdkern beträgt möglicherweise über 3000 °C, die Temperatur im Erdmittelpunkt liegt bei etwa 5000 °C.

Seismische Tomographie und die Strukturen des Erdmantels: Mithilfe der seismischen Tomographie ist man in der Lage, ein dreidimensionales Bild des Erdkörpers zu konstruieren. Bereiche, in denen die Geschwindigkeiten der seismischen Wellen gering sind, kennzeichnen relativ kalte Gesteine höherer Dichte, Bereiche mit geringen Wellengeschwindigkeiten kennzeichnen warme Gesteine geringer Dichte. Nahe der Erdoberfläche zeichnen sich in der Tomographie deutlich die Strukturen der Plattentektonik ab, vom Aufstieg von heißem Mantelmaterial unter den mittelozeanischen Rücken bis zu kalter Lithosphäre, die sich bis tief unter die Kratone erstreckt. Darüber hinaus zeigt die Tomographie Erscheinungsformen der Mantelkonvektion wie etwa in den unteren Mantel absinkende Lithosphärenplatten und den Aufstieg von Manteldiapiren innerhalb des Erdmantels.

Das Schwerefeld der Erde und der Aufbau des Erdinneren: Schwankungen der Schwerebeschleunigung an der Erdoberfläche und die dadurch hervorgerufenen Veränderungen an der Gestalt des Erdkörpers können heute durch Höhenmessungen von Satelliten aus ermittelt werden. Diese Schwankungen entstehen vor allem durch Temperaturunterschiede aufgrund von Konvektionsbewegungen im Erdmantel, die wiederum die Dichte der Gesteine beeinflussen (hohe Temperaturen führen zur Abnahme der Dichte und zur Reduzierung der Geschwindigkeiten seismischer Wellen). Das beobachtete Gravitationsfeld stimmt mit den Konvektionsbewegungen im Erdmantel überein, die mithilfe der seismischen Tomographie abgebildet werden können.

Das Magnetfeld der Erde und der flüssige äußere Erdkern: Durch Konvektionsbewegungen im äußeren Erdkern entsteht in der elektrisch leitenden eisenreichen Flüssigkeit ein permanenter Geodynamo, der ein Magnetfeld erzeugt. Das durch den Geodynamo an der Erdoberfläche erzeugte Magnetfeld entspricht weitgehend dem Magnetfeld eines Dipols, es besitzt jedoch auch eine Nicht-Dipol-Komponente. Karten des Magnetfelds, die aus systematischen Kompassmessungen zusammengestellt wurden, zeigen, dass sich die magnetische Feldstärke an der Erdoberfläche im Verlauf der letzten Jahrhunderte verändert hat. All diese Beobachtungen ermöglichen Rückschlüsse auf die raschen Konvektionsbewegungen, die den Geodynamo antreiben.

Der Paläomagnetismus und seine Bedeutung: Geologen haben entdeckt, dass sich Minerale in manchen Gesteinen in Richtung des bei ihrer Bildung herrschenden Erdmagnetfelds eingeregelt haben. Diese remanente Magnetisierung bleibt über Millionen von Jahren in den Gesteinen erhalten. Die Magnetostratigraphie lässt erkennen, dass das Magnetfeld der Erde seine Polarität im Laufe der Erdgeschichte häufig geändert hat. Die chronologische Abfolge dieser Feldumkehrungen wurde detailliert erfasst, so dass die Richtung der remanenten Magnetisierung einer Gesteinsabfolge Hinweise auf das stratigraphische Alter der Gesteine gibt.

Teil IV

Ergänzende Medien

14.1 Animation: P- und S-Wellen

Exogene Geosysteme

Teil V

System Klima

Momentaufnahme des Klimasystems, aufgenommen von Sensoren mehrerer Satelliten. Sie zeigt die Wolkendecke (*weiß*), die Oberflächentemperaturen der Ozeane (von den *wärmsten* in *Rot* bis zu den *kältesten* in *Dunkelblau*) und die Erdoberfläche einschließlich der Vegetationsbedeckung (von der *geringsten* in *Braun* bis zur *dichtesten* in *Grün*) (Foto: R. B. Husar/NASA Visible Earth)

© Springer-Verlag Berlin Heidelberg 2017
J. Grotzinger, T. Jordan, *Press/Siever Allgemeine Geologie*, DOI 10.1007/978-3-662-48342-8_15

In den vorangegangenen Kapiteln befassten wir uns mit dem Erdinneren, um die Wärmekraftmaschine des Systems Plattentektonik und den Geodynamo zu erkunden. In diesem Kapitel kehren wir nun zurück an die Erdoberfläche und betrachten dort ein globales Geosystem, das nicht von der inneren Wärme der Erde, sondern von der Wärme der Sonne angetrieben wird: das System Klima.

Kaum ein Faktor innerhalb der Geowissenschaften ist für unser Wohlergehen wichtiger als das System Klima. Im Verlauf der gesamten Erdgeschichte war das Kommen und Gehen von Organismen eng mit Klimaveränderungen verbunden. Selbst die kurze Geschichte unserer eigenen Spezies wurde erheblich von Klimaveränderungen geprägt: Ackerbau betreibende Gemeinschaften entwickelten sich erst vor 11.700 Jahren, als das raue Klima der letzten Eiszeit rasch in das mildere und gemäßigtere Klima des Holozäns überging. Heute setzt eine wirtschaftlich von fossilen Brennstoffen abhängige globalisierte Gesellschaft mit einer unglaublichen Geschwindigkeit eine immer größere Menge Treibhausgase in die Atmosphäre frei, mit möglicherweise verheerenden Konsequenzen: globale Erwärmung, Anstieg des Meeresspiegels und ungünstige Veränderungen des Wettergeschehens. Das System Klima ist ein riesiger und unglaublich komplizierter Mechanismus, und ob wir es wahrhaben wollen oder nicht, die steuernden Faktoren befinden sich in unseren Händen. Wir sitzen gewissermaßen auf dem Fahrersitz und betätigen des Gaspedal, deshalb sollten wir eigentlich viel besser verstehen, wie diese Maschinerie funktioniert.

In diesem Kapitel betrachten wir die wichtigsten Komponenten des Systems Klima und die Art und Weise, wie diese Komponenten zusammenwirken und das Klima gestalten, in dem wir heute leben. Wir untersuchen die geologischen Belege für Klimaveränderungen und diskutieren die wichtige Rolle des Kohlenstoffkreislaufs für die Regulierung des Klimas. Schließlich betrachten wir Hinweise auf die globale Erwärmung und deren Zusammenhang mit der vom Menschen ausgelösten Veränderung der atmosphärischen Zusammensetzung.

Kenntnisse über das System Klima geben uns das notwendige geistige Rüstzeug für breit angelegte Untersuchungen der zahlreichen geologischen Prozesse, die die Oberfläche unseres Planeten formen: Verwitterung, Erosion, Sedimenttransport durch Wind und Wasser oder auch die Wechselwirkung der Systeme Plattentektonik und Klima – das sind die Themen der folgenden sieben Kapitel.

Sie führen uns weiter zum letzten Themenkreis dieses Buches: Die geologische Perspektive zum Bedarf an Ressourcen und die Einflüsse der menschlichen Gesellschaft auf die Umwelt.

Komponenten des Systems Klima

An jedem Punkt der Erde ändert sich die von der Sonne abgegebene Wärmeenergie täglich, jährlich und auch in zeitlich längeren Zyklen, die insgesamt mit der Bewegung der Erde durch das Sonnensystem in Zusammenhang stehen. Diese zyklische Schwankung der Sonnenenergie führt an der Erdoberfläche zu entsprechenden Veränderungen: am Tag steigen die Temperaturen und bei Nacht kühlt es ab, im Sommer wird es wärmer und im Winter kälter. Unter dem Begriff Klima werden die charakteristischen, nahe der Erdoberfläche an einem bestimmten Ort oder in einer bestimmten Region herrschenden atmosphärischen Zustände zusammengefasst. Es ist das Ergebnis einer täglichen und jahreszeitlichen statistischen Beschreibung relevanter Klimaparameter wie Lufttemperatur, Luftfeuchtigkeit, Bewölkung, Niederschlagsmenge, Windgeschwindigkeit, Sonnenscheindauer und anderer Wetterbedingungen über einen bestimmten Beobachtungszeitraum, im Allgemeinen von mindestens 30 Jahren. Tabelle 15.1 zeigt als Beispiel eine Temperaturstatistik für die Wetterstation Potsdam, von der seit den 1890er Jahren Klimadaten erhoben werden. Sie enthält neben den mittleren Temperaturen der einzelnen Monate auch die Messwerte der Temperaturschwankungen (Maximal- und Minimaltemperaturen sowie

Tab. 15.1 Klimadaten der Station Potsdam, Bezugszeitraum 1961 bis 1990, angegeben in °C [aus Schröder (2000): Die Klimate der Welt – Enke im Georg Thieme Verlag]

	Januar	Februar	März	April	Mai	Juni
Mittlere Temperatur	–0,9	0,2	3,7	8,0	13,2	16,6
Mittlere Maximaltemperatur	1,7	3,5	8,1	13,5	19,1	22,4
Mittlere Minimaltemperatur	–3,4	–2,7	0,0	3,4	8,0	11,5
Absolute Maximaltemperatur	13,6	18,6	25,7	31,8	32,5	34,2
Absolute Minimaltemperatur	–20,9	–19,9	–14,0	–5,8	–2,6	2,2
	Juli	August	September	Oktober	November	Dezember
Mittlere Temperatur	17,9	17,5	13,9	9,4	4,2	0,7
Mittlere Maximaltemperatur	23,6	23,4	19,2	13,7	7,1	3,0
Mittlere Minimaltemperatur	13,0	12,7	9,8	6,0	1,7	–1,7
Absolute Maximaltemperatur	36,3	36,5	32,9	27,8	21,2	15,5
Absolute Minimaltemperatur	6,2	5,4	0,1	–3,5	–16,6	–24,5

Teil V

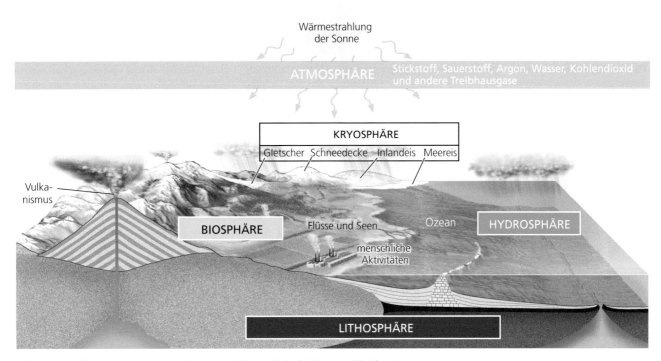

Abb. 15.1 Das Klimasystem der Erde besteht aus komplizierten Wechselwirkungen zahlreicher Komponenten

deren Mittelwerte). Zusätzlich zur normalen Wetterstatistik umfasst eine vollständige wissenschaftliche Beschreibung des Klimas auch die nicht atmosphärischen Umweltkomponenten der Erdoberfläche wie Bodenfeuchtigkeit, Oberflächenabfluss in Gewässern, Oberflächentemperaturen der Ozeane und die Geschwindigkeit der Oberflächenströmungen in den Meeren.

Das System Klima schließt alle Bereiche des Systems Erde und alle Wechselwirkungen ein, die für eine Erklärung erforderlich sind, wie sich das Klima in Zeit und Raum verhält (Abb. 15.1). Die wichtigsten Komponenten des Systems Klima sind Atmosphäre, Hydrosphäre, Kryosphäre, Lithosphäre und Biosphäre. Jede dieser Komponenten spielt – abhängig von ihrer Fähigkeit, Energie zu speichern und zu transportieren – im System Klima eine unterschiedliche Rolle.

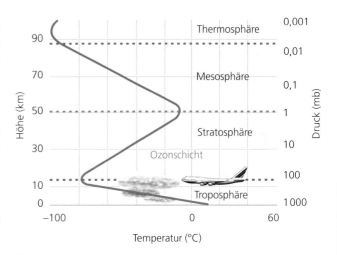

Abb. 15.2 Der Aufbau der Atmosphäre mit Temperatur- (*blaue Linie*) und Druckverteilung in Abhängigkeit von der Höhe

Atmosphäre

Die Erdatmosphäre ist derjenige Teilbereich des Klimasystems, der sich am leichtesten und schnellsten verändert. Wie das Erdinnere besteht auch die Atmosphäre aus unterschiedlichen Schichten (Abb. 15.2). Etwa drei Viertel ihrer Masse sind in der untersten Schicht, der **Troposphäre** konzentriert, die eine durchschnittliche Mächtigkeit von etwa 11 km aufweist. Über der Troposphäre folgt die **Stratosphäre**, eine kühlere und trockenere Schicht, die bis in eine Höhe von etwa 50 km reicht. Die über der Stratosphäre liegende äußere Atmosphäre endet nicht abrupt, sondern wird kontinuierlich dünner und geht allmählich in den Weltraum über.

In der Troposphäre kommt es aufgrund der ungleichen Erwärmung der Erdoberfläche durch die Sonne zu erheblichen Konvektionsbewegungen, die zu Stürmen und anderen kurzzeitigen Wetterstörungen führen können. Wird die Luft erwärmt, dehnt sie sich aus, ihre Dichte nimmt ab und sie steigt nach oben; umgekehrt sinkt kalte, schwere Luft nach unten. Die dadurch entstehenden Konvektionssysteme in der Troposphäre (auf die in Kap. 19 näher eingegangen wird) in Verbindung mit der Erdrotation führen zu einer Reihe von mehr oder weniger richtungskonstanten Windsystemen (Zirkulationsgürtel). In den gemäßigten Breiten transportieren die generell in östliche

Teil V

Richtung wehenden Winde eine bestimmte Masse Luft in etwa einem Monat um die Erde. Die walzenförmige Luftzirkulation in den Windgürteln transportiert gleichzeitig Wärmeenergie von den heißeren äquatorialen Bereichen zu den kalten Polarregionen.

Die Atmosphäre besteht aus einem Gemisch verschiedener Gase, überwiegend jedoch aus molekularem Stickstoff (78,08 Volumenprozent) und Sauerstoff (20,94 Volumenprozent), hinzu kommen Argon (0,938 Volumenprozent), Kohlendioxid (0,0385 Volumenprozent) und andere Gase einschließlich Methan und Ozon (0,035 Volumenprozent); die prozentualen Angaben sind dabei jeweils auf trockene Luft bezogen. Zu den nicht genannten restlichen Gasen gehört Wasserdampf, der in der Nähe der Erdoberfläche in höchst unterschiedlichen Konzentrationen vorhanden ist (bis zu 3, normalerweise jedoch etwa 1 Volumenprozent). Wasserdampf (H_2O) und Kohlendioxid (CO_2) sind die wesentlichen Treibhausgase in der Atmosphäre.

Ozon (O_3) ist ein höchst reaktionsfähiges Treibhausgas, das in erster Linie durch die ultraviolette Strahlung der Sonne entsteht, indem sie molekularen Sauerstoff ionisiert. In den unteren Bereichen der Atmosphäre ist Ozon nur in geringen Mengen vorhanden, es ist jedoch ein so effizientes Treibhausgas, dass es selbst in diesen geringen Konzentrationen eine wichtige Rolle bei der Regulierung der Oberflächentemperatur der Erde spielt. Der größte Teil des Ozons befindet sich in der Stratosphäre, wo es in einer Höhe zwischen 25 und 30 km in maximaler Konzentration angereichert ist (Abb. 15.2). Dieser Ozonschild absorbiert den größten Teil der solaren ultravioletten Strahlung und schützt dadurch die Biosphäre an der Erdoberfläche vor der potenziell zerstörenden Wirkung der Sonnenstrahlung.

Hydrosphäre

Die Hydrosphäre umfasst alles Wasser auf, über und unter der Erdoberfläche und damit die Ozeane, Binnenseen, Flüsse, Bäche und das Grundwasser, das sich im Grenzbereich zur Lithosphäre befindet. Nahezu das gesamte flüssige Wasser befindet sich in den Ozeanen (1350 Mio. Kubikkilometer). Binnenseen, Flüsse und Grundwasser enthalten lediglich ein Prozent (15 Mio. Kubikkilometer). Auch wenn die auf den Kontinenten befindlichen Bestandteile der Hydrosphäre gering sind, spielen sie im System Klima als Speicher eine entscheidende Rolle: sie speichern die Feuchtigkeit auf dem Festland und sorgen für die Rückführung der Niederschläge in die Ozeane und die Versorgung der Ozeane mit Salzen und anderen Mineralen.

Obwohl sich das Wasser in den Ozeanen langsamer bewegt als die Luft in der Atmosphäre, kann Wasser eine wesentlich größere Wärmemenge speichern als Luft. Aus diesem Grund transportieren Meeresströmungen sehr effizient Wärmeenergie. Die aus konstanter Richtung über die Ozeane wehenden Windsysteme übertragen einen Teil ihrer Bewegungsenergie auf die Oberfläche. Auf diese Weise entstehen in den Ozeanen großräumige Zirkulationssysteme (Abb. 15.3a).

Diese Zirkulationssysteme bestehen sowohl aus vertikalen, als auch horizontalen Strömungen. Beispielsweise fließt der Golfstrom aus dem Karibischen Meer und dem Golf von Mexiko an der Ostküste Nordamerikas entlang nach Norden, biegt ab nach Nordosten und sorgt mit dem mitgeführte warmen Wasser im Nordatlantik und in Europa für ein wärmeres Klima. Im Nordatlantik kühlt dieses Wasser ab und sein Salzgehalt nimmt zu (weil in hohen Breiten die Süßwasserzufuhr aus Flüssen geringer ist als die Verdunstung). Kaltes Wasser hat eine höher Dichte als warmes Wasser und Salzwasser eine höhere Dichte als Süßwasser, daher sinkt das kühlere und salzhaltigere Wasser nach unten ab. Auf diese Weise entsteht eine kältere Tiefenströmung, die als Teil eines **thermohalinen Strömungskreislaufs** nach Süden fließt – thermohalin, weil dieser Kreislauf durch unterschiedliche Temperaturen und Salzkonzentrationen angetrieben wird. In globalem Maßstab wirkt diese thermohaline Zirkulation wie ein riesiges Förderband, das die Ozeane durchzieht und Wärme von den äquatorialen Bereichen zu den Polen transportiert (Abb. 15.3b). Veränderungen innerhalb dieses Zirkulationssystems können das globale Klima in erheblichem Maße beeinflussen.

Kryosphäre

Die aus Eis und Schnee bestehende Teilkomponente des Systems Klima wird als **Kryosphäre** bezeichnet. Sie umfasst ein Volumen von 33 Mio. Kubikkilometer Eis, die überwiegend in den Eiskappen und Gletschern der Polargebiete festgelegt sind. Heute überdecken diese Eismassen etwa 10 % der Festlandsfläche, das heißt etwa 15 Mio. Quadratkilometer, und sie speichern ungefähr 75 % des Süßwassers der Erde. Zum sogenannten schwimmenden Eis gehört das Meereis sowie das gefrorene Fluss- und Seewasser. Die Rolle der Kryosphäre unterscheidet sich im Klimasystem von der Rolle der flüssigen Hydrosphäre, da Eis vergleichsweise ortsfest ist und nahezu die gesamte auftreffende Sonnenenergie reflektiert.

Der von der Jahreszeit abhängige Wasseraustausch zwischen Kryosphäre und Hydrosphäre ist ein wichtiger Vorgang innerhalb des Klimasystems. Im Winter überdeckt das Meereis auf dem Nordpolarmeer normalerweise eine Fläche von 14–16 Mio. Quadratkilometer (Abb. 15.4) und im Südpolarmeer von etwa 17–20 Mio. Quadratkilometer; es nimmt im Sommer auf etwa ein Drittel der Fläche ab. Ungefähr ein Drittel der Landoberfläche ist jahreszeitlich bedingt von Schnee bedeckt, abgesehen von zwei Prozent befinden sich diese fast ausschließlich auf der Nordhalbkugel. Abschmelzender Schnee ist die wichtigste Quelle für den größten Teil des in der Hydrosphäre vorhandenen Süßwassers. Beispielsweise bestehen die jährlichen Niederschläge in der Sierra Nevada und in den Rocky Mountains zu 60 bis 70 % aus Schnee, der im Frühjahr bei der Schneeschmelze als Wasser in den Flüssen abfließt. Während der Vereisungsphasen wurden zwischen der Kryosphäre und der Hydrosphäre noch weitaus größere Mengen Wasser ausgetauscht. Beim letzten Vereisungsmaximum vor 20.000 Jahren lag der Meeresspiegel um 130 m tiefer als heute und das Volumen der Kryosphäre war um den Faktor drei größer.

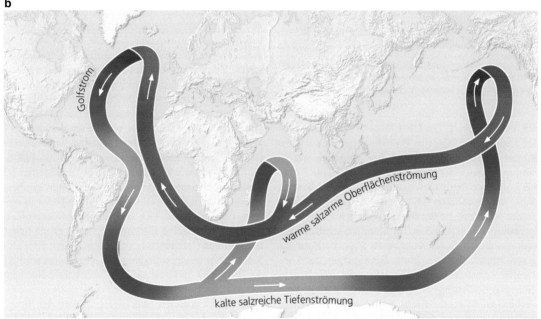

Abb. 15.3a,b Die beiden großen Strömungssysteme der Ozeane. **a** Die von Windsystemen erzeugten Oberflächenströmungen; **b** schematische Darstellung des thermohalinen Strömungskreislaufs, durch den Wärme aus den äquatorialen Gebieten in die kalten Polarregionen transportiert wird (a U. S. Naval Oceanographic Office)

Lithosphäre

Der für das Klimasystem wichtigste Teil der Lithosphäre ist die Oberfläche der Festländer, die insgesamt etwa 30 % der gesamten Erdoberfläche einnehmen. Die Ausbildung der Festlandsfläche bestimmt, in welchem Umfang Sonnenenergie absorbiert oder in die Atmosphäre abgegeben wird. Wenn die Temperatur der Erdoberfläche steigt, dann strahlt die Landoberfläche mehr Wärmeenergie in Form von infraroter Strahlung in die Atmosphäre zurück und an der Erdoberfläche verdunstet mehr Wasser

und geht in die Atmosphäre über. Da die Verdunstung beträchtliche Mengen an Energie erfordert, kühlt die Landoberfläche ab. Deshalb sind die Bodenfeuchte und andere, die Verdunstung beeinflussende Faktoren, beispielsweise die Vegetation und der Abfluss von Wasser im Untergrund, für die Regelung der Oberflächentemperatur äußerst wichtig.

Das Relief hat durch seinen Einfluss auf Luftströmungen und Luftzirkulation eine direkte Auswirkung auf das Klima. Luftmassen, die über hohe Gebirgszüge ziehen, regnen auf der Luvseite ab und verursachen auf der Leeseite des Gebirges einen

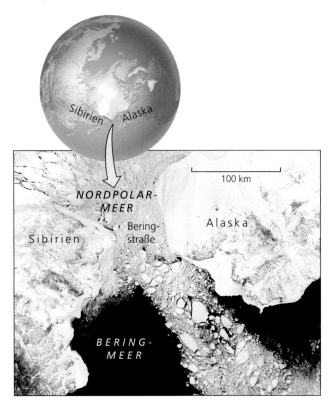

Abb. 15.4 Das Volumen an Meereis unterliegt jahreszeitlichen Schwankungen. Das Satellitenbild zeigt aufbrechendes Meereis, das sich im Mai 2002 durch die Beringstraße in den Nordpazifik ausbreitet (Foto: NASA MODIS Satellite)

Regenschatten (vgl. Abb. 17.3). Über längere Zeiträume hinweg konnten Geologen zahlreiche Veränderungen des Klimas nachweisen, die Folgen plattentektonischer Vorgänge waren. Die insgesamt asymmetrische Verteilung der Kontinente – eine unmittelbare Folge der Plattenbewegungen – führt im System Klima zu einer vergleichbaren Asymmetrie der Hemisphären. Änderungen der Morphologie des Meeresbodens als Folge von Seafloor-Spreading waren Auslöser für Meeresspiegelschwankungen, während die Drift der Kontinente über die Pole zur Entstehung von Inlandeismassen führte. Bewegungen der Kontinente können Meeresströmungen blockieren oder neue Durchlässe für Strömungen schaffen und den globalen Wärmetransfer entweder verhindern oder erleichtern. Solle es durch künftige tektonische Bewegungen zur Schließung des engen Kanals zwischen den Bahama-Bänken und Florida kommen, durch den heute der Golfstrom fließt, dürften in Nordwesteuropa die Temperaturen drastisch zurückgehen.

Vulkanismus, der ebenfalls an die Lithosphäre gebunden ist, beeinflusst das Klima durch die Veränderung der atmosphärischen Zusammensetzung. Größere Vulkanausbrüche können in der Stratosphäre zur Akkumulation von Staubteilchen und zur Bildung von Aerosolen führen, die verhindern, dass die Sonnenstrahlung die Erde erreicht, wodurch vorübergehend die Temperatur der Atmosphäre absinkt. Nach der heftigen Eruption des Tambora in Indonesien im Jahre 1815 erlebte die Nordhalbkugel 1816 das berüchtigte „Jahr ohne Sommer", das

verbreitet zu Missernten führte. Große Vulkanausbrüche in der jüngeren Vergangenheit, wie etwa der Ausbruch des Krakatau (1883), El Cichón (1982) und Pinatubo (1991), führten jeweils bis ungefähr 14 Monate nach dem Ausbruch weltweit zu einem mittleren Temperaturrückgang von 0,3 °C (die lokalen Temperaturschwankungen waren zum Teil größer). Erst nach etwa vier Jahren erreichten die Temperaturen wieder ihre normalen Werte.

Biosphäre

Die Biosphäre umfasst alle Organismen, die auf oder in der Nähe der Erdoberfläche, in der Atmosphäre und den Gewässern leben. Leben ist auf der Erdoberfläche überall zu finden, doch die Menge der Lebewesen ist von den lokalen Klimaverhältnissen abhängig, wie auf dem Satellitenbild deutlich erkennbar ist, das die Verteilung der Biomasse aus Pflanzen und Algen zeigt (Abb. 15.5).

Die gesamte in den lebenden Organismen gebundene und von ihnen transportierte Energiemenge ist, global betrachtet, vergleichsweise gering: von den Pflanzen wird weniger als 0,1 % des Energieflusses der Sonne für die Photosynthese verbraucht und geht in die Biosphäre über. Die Biosphäre ist jedoch durch die in Kap. 11 beschriebenen Stoffwechselprozesse eng an die anderen Komponenten des Klimasystems gebunden. Beispielsweise kann die Pflanzendecke der Kontinente die Temperatur der Atmosphäre beeinflussen, da Pflanzen für die Photosynthese die Sonnenenergie absorbieren und diese bei der Atmung als Wärme und Wasserdampf freisetzen, weil sie aus dem Boden Wasser aufnehmen und als Wasserdampf abgeben. Außerdem beeinflussen Organismen die Zusammensetzung der Atmosphäre, indem sie Treibhausgase wie Kohlendioxid (CO_2) und Methan (CH_4) entweder aufnehmen oder abgeben. Durch die Photosynthese der Pflanzen und Algen geht CO_2 von der Atmosphäre in die Biosphäre über. Ein Teil des im CO_2 enthaltenen Kohlenstoffs gelangt von der Biosphäre in die Lithosphäre, wenn er als Schalenmaterial in Form von Calciumcarbonat abgeschieden oder als organische Substanz in marinen Sedimenten eingelagert wird. Daher spielt die Biosphäre im Kreislauf des Kohlenstoffs eine zentrale Rolle.

Natürlich ist auch der Mensch Bestandteil der Biosphäre, wenn auch kein ganz gewöhnlicher. Unser Einfluss auf die Biosphäre nimmt rapide zu und wir sind inzwischen zu den aktivsten Verursachern von Umweltveränderungen geworden. Als organisierte Gesellschaft verhalten wir uns völlig anders als die übrigen Arten. Beispielsweise können wir Klimaveränderungen wissenschaftlich untersuchen und unsere Aktivitäten unserem Kenntnisstand entsprechend (theoretisch) modifizieren.

Eine der anthropogen bedingten Veränderungen innerhalb des Systems Klima, die von größter Bedeutung ist, ist der jüngste Anstieg der Treibhausgase in der Atmosphäre. Daher betrachten wir zunächst diejenigen Faktoren, die die Temperaturen an der Erdoberfläche regulieren, sowie die Rolle, die Treibhausgase bei diesem Prozess spielen.

Teil V

Abb. 15.5 Die Biosphäre der Erde, dargestellt durch die globale Verbreitung der aus Algen und Pflanzen bestehenden Biomasse in den Ozeanen und auf dem Festland. Grundlage ist eine Kartierung des NASA-Satelliten SeaWiFS (Foto: NASA/Goddard Space Flight Center)

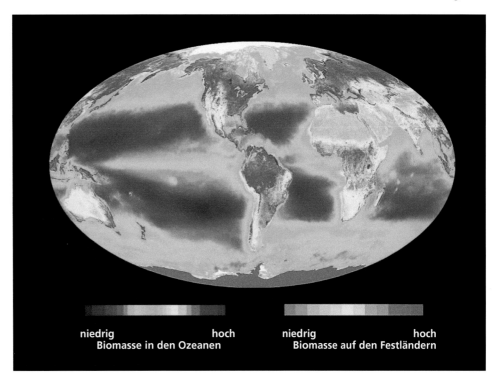

niedrig   hoch   niedrig   hoch
Biomasse in den Ozeanen   **Biomasse auf den Festländern**

Treibhauseffekt

Die Sonne ist ein gelber Stern, der ungefähr die Hälfte seiner Strahlung (45 %) im sichtbaren Bereich des elektromagnetischen Spektrums abgibt. Die andere Hälfte besteht teils aus infraroter Strahlung (45 %), die eine größere Wellenlänge und geringere Energie besitzt, und teils aus ultravioletter Strahlung (10 %), die kürzere Wellenlängen und eine dementsprechend höhere Energiedichte aufweist. Die Tatsache, dass die Strahlung im sichtbaren Spektralband am intensivsten ist, ist übrigens kein Zufall – unsere Augen entwickelten sich so, dass ihre Empfindlichkeit für gelbes Licht optimiert wurde. In der Umlaufposition der Erde beträgt die durchschnittliche Menge der Strahlung, die auf die Erdoberfläche gelangt, über das Jahr gerechnet 342 W/m² (1 W = 1 Joule/s). Verglichen damit ist der Wärmefluss durch Konvektionsbewegungen im Erdmantel äußerst gering und beträgt lediglich 0,06 W/m². Letztendlich stammt die gesamte Energie, die das Klimasystem antreibt, von der Sonne (Abb. 15.6).

Es ist allgemein bekannt, dass die Oberflächentemperatur, gemittelt über die täglichen und jahreszeitlichen Schwankungen, weltweit konstant bleibt. Daher muss die Erdoberfläche wieder Energie mit einer Rate von exakt 342 W/m² in den Weltraum abstrahlen. Auch ein nur geringfügig kleinerer Anteil würde zu einer Erwärmung und ein geringfügig höherer zu einer Abkühlung der Oberfläche führen. Anders formuliert: es besteht auf der Erde ein Gleichgewicht zwischen auftreffender und abgegebener Strahlungsenergie. Wie aber wird dieses Gleichgewicht erreicht?

Ein Planet ohne Treibhausgase

Angenommen, die Erde hätte überhaupt keine Atmosphäre, sondern wäre wie der Mond lediglich eine aus Gesteinen bestehende Kugel, dann würde ein Teil des auf der Oberfläche auftreffenden Lichts – abhängig von der Oberflächenfarbe – wieder in den Weltraum zurückgestrahlt und der andere von den Gesteinen absorbiert werden. Ein idealer weißer Körper würde die gesamte Sonnenenergie reflektieren, ein idealer schwarzer Körper die gesamte Wärmeenergie absorbieren. Der Anteil der reflektierten Strahlung wird als (die) **Albedo** eines Planeten bezeichnet (lat. *albus* = weiß). Obwohl der Vollmond hell erscheint, bestehen die Gesteine des Mondes an seiner Oberfläche überwiegend aus dunklem Basalt. Daher beträgt seine Albedo lediglich etwa 7 %, mit anderen Worten: der Mond ist physikalisch betrachtet ein dunkelgrauer, fast schwarzer Körper.

Die abgegebene Wärmestrahlung eines schwarzen Körpers wird bei steigender Temperatur intensiver, bei sehr hoher Temperatur entsteht auch sichtbare Strahlung. Ein kalter Eisenstab ist schwarz und gibt nur wenig Wärme ab. Erwärmt man den Stab auf eine Temperatur von etwa 100 °C, dann gibt er Wärme in Form von infraroter Strahlung ab (wie ein Zentralheizungskörper). Erhitzt man den Stab auf 1000 °C, glüht er hellorange und strahlt Wärme auch in Form sichtbarer Wellenlängen ab (wie ein elektrischer Heizofen).

Ein der Sonne ausgesetzter schwarzer Körper erwärmt sich so weit, bis seine Temperatur exakt den richtigen Wert erreicht hat, um die auftreffende Wärmeenergie wieder zurück in den Weltraum abstrahlen zu können. Dasselbe Prinzip lässt sich auf einen

1 Die von der Sonne auf die Erdoberfläche abgegebene Energie beträgt im Mittel 342 W/m².

2 Die aus dem Erdinneren an die Oberfläche gelangende Wärmeenergie ist deutlich geringer und liegt im Mittel bei 0,06 W/m².

3 Um eine konstante Temperatur aufrechtzuerhalten, muss die von der Erde abgegebene Wärmemenge durch die Sonnenenergie ausgeglichen werden.

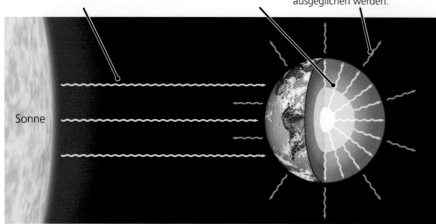

Sonne

Abb. 15.6 Der Energieausgleich der Erde wird durch die Rückstrahlung der auftreffenden Sonneneinstrahlung in den Weltraum erreicht. Die aus dem Erdinneren abgegebene Wärmemenge ist im Vergleich zur Sonnenenergie vernachlässigbar klein

„grauen Körper" wie den Mond anwenden, außer dass in diesem Fall die reflektierte Energie vom Strahlungsgleichgewicht ausgeschlossen werden muss. Und bei rotierenden Körpen wie Mond oder Erde, müssen darüber hinaus die Tag- und Nachtzyklen mit berücksichtigt werden. Die Tagestemperatur des Mondes beträgt 130 °C, seine Nachttemperatur fällt auf −170 °C, also keine sehr angenehmen Bedingungen.

Die Erde dreht sich rascher um ihre Achse, als der Mond sich um die Erde dreht, daher gleichen sich die extremen Unterschiede zwischen Tages- und Nachttemperaturen etwa aus. Der von der Erdoberfläche reflektierte Anteil der einfallenden Lichtstrahlung (Albedo), etwa 31 %, ist deutlich höher als der des Mondes, da die blauen Ozeane sowie die weißen Wolken und Eismassen der Erde stärker reflektieren als die dunklen Basalte des Mondes. Würde die Erdatmosphäre keine Treibhausgase enthalten, läge die mittlere Oberflächentemperatur, die erforderlich wäre, um die nicht reflektierte Sonneneinstrahlung auszugleichen, bei ungefähr −19 °C. Damit wäre es so kalt, dass das gesamte auf dem Planeten vorhandene Wasser gefriert. Stattdessen liegt die durchschnittliche Oberflächentemperatur der Erde bei milden 14 °C. Die Temperaturdifferenz von 33 °C ist die (lebenswichtige) Folge des Treibhauseffektes.

Die Treibhausatmosphäre der Erde

Treibhausgase wie Wasserdampf, Kohlendioxid, Methan und Ozon absorbieren die direkt von der Sonne, aber auch von der Erdoberfläche abgestrahlte Energie und reflektieren sie als infrarote Strahlung in alle Richtungen und damit auch nach unten zur Erdoberfläche. Auf diese Weise wirken sie wie das Glas eines Treibhauses, das Lichtenergie durchlässt, die Wärme jedoch in der Atmosphäre zurückhält. Durch diese zurückgehaltene Wärme steigt die Temperatur in den bodennahen Bereichen in Relation

zur Temperatur in den höheren Schichten der Atmosphäre an, eine Erscheinung, die als **Treibhauseffekt** bezeichnet wird.

Wie die Erdatmosphäre die auftreffende und abgegebene Strahlung ausgleicht, zeigt Abb. 15.7. Der nicht unmittelbar reflektierte Anteil der auftreffenden Strahlung wird von der Atmosphäre und der Erdoberfläche absorbiert. Um eine ausgeglichene Strahlungsbilanz zu erreichen, strahlt die Erde dieselbe Energiemenge als Infrarotstrahlung in den Weltraum zurück. Wegen der von den Treibhausgasen zurückgehaltenen Wärme ist die Energiemenge, die von der Erdoberfläche sowohl in Form von Strahlung als auch über warme Luftströmungen und Feuchtigkeit abtransportiert wird, deutlich größer als die Energiemenge, die die Erde unmittelbar durch Sonneneinstrahlung erhält. Der Überschuss entspricht genau der Menge Infrarotstrahlung, die von den Treibhausgasen auf die Erde abgestrahlt wird. Diese „Rückstrahlung" ist dafür verantwortlich, dass die Erdoberfläche um 33 °C wärmer ist, als sie es ohne Treibhausgase wäre.

Ausgleich des Klimasystems durch Rückkopplungen

Wie erreicht das System Klima tatsächlich das in Abb. 15.7 dargestellte Strahlungsgleichgewicht? Warum liefert der Treibhauseffekt eine Gesamterwärmung von 33 °C und keine höheren oder tieferen Temperaturwerte? Die Antworten auf diese Fragen sind nicht einfach, da sie von Wechselwirkungen zwischen den zahlreichen Komponenten des Klimasystems abhängig sind. Die wichtigsten Interaktionen beruhen auf Rückkopplungseffekten.

Man unterscheidet zwei Arten von Rückkopplung: **positive Rückkopplung**, bei der die Veränderung einer Regelgröße zur Verstärkung des ursprünglichen Prozesses führt, und **negative**

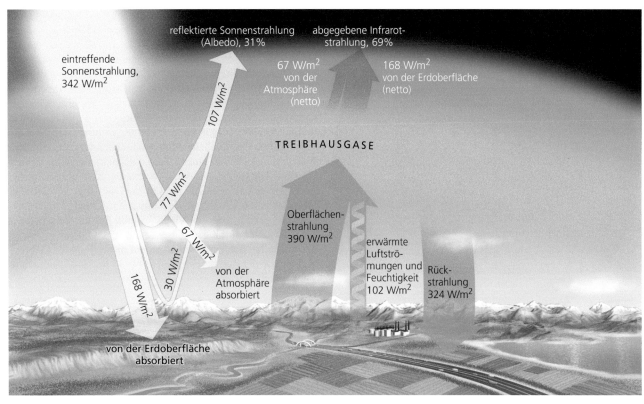

Abb. 15.7 Um das Strahlungsgleichgewicht aufrecht zu erhalten, strahlt die Erde im Durchschnitt so viel Energie in den Weltraum ab, wie sie von der Sonne erhält (340 W/m²). Von der auftreffenden Strahlung werden 100 W/m² (= 29 %) reflektiert, 161 W/m² werden von der Erdoberfläche und 79 W/m² von der Atmosphäre absorbiert. Durch Strahlung, warme Luftströmungen und Feuchtigkeit wird mehr Energie von der Erdoberfläche abgeführt (502 W/m²) als zugeführt wird. Die in der Atmosphäre vorhandenen Treibhausgase reflektieren den größten Teil dieser Wärmeenergie als Infrarotstrahlung auf die Erdoberfläche zurück (342 W/m²) (IPCC (2013): Climate Change: The Physical Science Basis)

Rückkopplung, die eine Abschwächung des Vorgangs zur Folge hat. Das heißt, positive Rückkopplungseffekte verstärken Veränderungen innerhalb des Systems, negative Rückkopplungseffekte stabilisieren normalerweise ein System gegen Veränderungen.

Einige dieser Rückkopplungseffekte innerhalb des Klimasystems, die – infolge des Strahlungsgleichgewichts – die Oberflächentemperaturen ganz wesentlich beeinflussen, werden nachfolgend genannt.

- **Wasserdampf-Rückkopplung**: Ein Temperaturanstieg führt in der Atmosphäre aufgrund der höheren Verdunstung zu einer Zunahme des Wasserdampfgehalts. Da Wasserdampf ein Treibhausgas ist, verstärkt diese Zunahme den Treibhauseffekt und dadurch steigt die Temperatur weiter an – eine positive Rückkopplung.
- **Albedo-Rückkopplung**: Ein Temperaturanstieg vermindert in der Kryosphäre die Akkumulation von Eis und Schnee. Dadurch nimmt die Albedo ab, was eine verstärkte Absorption der Sonnenstrahlung nach sich zieht und damit zu einer weiteren Erwärmung führt – ein anderes Beispiel einer positiven Rückkopplung.
- **Strahlungs-Rückkopplung**: Ein Temperaturanstieg in der Atmosphäre führt zu einer erheblichen Zunahme der als

Infrarotstrahlung in den Weltraum abgegebenen Energiemenge. Dies verringert den Temperaturanstieg – eine negative Rückkopplung, die das Klima der Erde gegenüber größeren Veränderungen stabilisiert und verhindert, dass die Ozeane gefrieren oder sich übermäßig erwärmen und somit die gleichmäßigen Umweltbedingungen für aquatische Lebensformen erhalten bleiben.
- **Biotische Rückkopplung**: Eine Zunahme des CO_2-Gehalts in der Atmosphäre fördert das Pflanzenwachstum. Durch verstärktes Wachstum wird der Atmosphäre CO_2 entzogen und in kohlenstoffreiche organische Substanzen umgewandelt. Damit verringert sich der Treibhauseffekt – eine negative Rückkopplung.

Rückkopplungen können innerhalb der Komponenten des Systems Klima zu komplizierten Wechselwirkungen führen. So äußert sich die Zunahme des Wasserdampfs in der Atmosphäre in einer verstärkten Wolkenbildung. Da Wolken die Sonneneinstrahlung stärker reflektieren als Meere und Festland, verstärken sie den Anteil der vom Planeten reflektierten Strahlung und dadurch kommt es zwischen Wasserdampf und Temperatur zu einer negativen Rückkopplung. Andererseits absorbieren Wolken sehr wirksam die von der Erdoberfläche nach oben gerichtete Infrarotstrahlung, und deshalb verstärkt eine Zunahme der Wolkendecke die Erwärmung der Erdoberfläche und damit den Treibhauseffekt;

Teil V

Abb. 15.8 Numerische Klimamodelle dienen zur Vorhersage künftiger Klimaveränderungen. Dieses mit Unterstützung des US Department of Energy entwickelte globale Klimamodell zeigt die Wechselwirkungen zwischen Atmosphäre, Hydrosphäre, Kryosphäre und Erdoberfläche. Die *Farben* in den Ozeanen kennzeichnen die Oberflächentemperaturen, die *Pfeile* zeigen die Windgeschwindigkeiten an der Oberfläche (Warren Washington & Gary Strand/National Center for Atmospheric Research)

zwischen Wasserdampf und Temperatur besteht also auch eine positive Rückkopplung. Ergibt sich nun aus der Gesamtwirkung der Wolkendecke ein positive oder eine negative Rückkopplung?

Die Beantwortung dieser Frage erwies sich als äußerst schwierig. Die Erde hat nur ein Klimasystem, dessen Komponenten über ein erstaunlich kompliziertes Netzwerk von Wechselwirkungen miteinander in Verbindung stehen, weit jenseits einer experimentell überprüfbaren Größenordnung. Deshalb ist es oftmals unmöglich, aus den Daten eine Trennung positiver und negativer Rückkopplungseffekte vorzunehmen. Um die Funktionsweise des Klimasystems genauer erforschen zu können, sind Wissenschaftler auf Computermodelle angewiesen.

Klimamodelle und ihre Grenzen

Ganz allgemein formuliert ist ein **Klimamodell** eine Simulation des Systems Klima, bei der ein oder auch mehrere Parameter des Klimaverhaltens simuliert werden können. Einige Modelle sind so ausgelegt, dass sich damit lokale oder regionale Klimaprozesse wie etwa die Wechselwirkungen von Wolken und Wasserdampf beschreiben lassen. Interessanter sind jedoch globale Modelle, die Klimaveränderungen in der Vergangenheit beschreiben oder vorhersagen, wie sich das globale Klima in der Zukunft entwickeln könnte.

Im Grunde beruhen solche Klimamodelle auf Nachbildungen des natürlichen Systemverhaltens wie etwa den Bewegungen innerhalb der Atmosphäre oder der Ozeane – Bewegungen, die insgesamt auf den grundlegenden Gesetzen der Physik beruhen. Diese allgemein gehaltenen Zirkulationsmodelle erfassen Luft-und Wasserströmungen, die von der Sonne angetrieben werden. Ihre Dimensionen reichen von kleinen Störungen, beispielsweise Stürme in der Atmosphäre oder Wirbelbildungen in den Ozeanen, bis hin zu globalen Strömungen wie etwa den Windgürteln innerhalb der Atmosphäre oder der thermohalinen Zirkulation in den Ozeanen. Dazu werden in einem dreidimensionalen Netzwerk, das viele Millionen oder oft Milliarden geographisch festgelegte Punkte umfasst, die wesentlichen physikalischen Variablen wie Temperatur, Druck, Dichte, Geschwindigkeit u. a. graphisch dargestellt. Zur numerischen Lösung der sehr komplizierten mathematischen Gleichungen, die das Verhalten der Variablen an jedem dieser Punkte in Abhängigkeit von der Zeit beschreiben (Abb. 15.8), sind Großrechner erforderlich.

Die Ergebnisse solcher Berechnungen werden täglich in den Wetterkarten der Fernsehprogramme gezeigt. Die meisten Wettervorhersagen basieren inzwischen auf einem bestimmten Modell, das die aktuellen, in Tausenden von Stationen beobachteten Wetterverhältnisse sehr genau beschreibt und über ein allgemein gültiges Zirkulationsmodell der Atmosphäre die weitere Entwicklung ableitet. Solche numerischen Wettervorhersagen werden im Grunde mit denselben Rechnerprogrammen erstellt, die auch bei der Berechnung von Klimamodellen zur Anwendung kommen.

Die Simulation des Klimas ist jedoch deutlich schwieriger als die Wettervorhersage. Bei einer kurzfristigen Wettervorhersage für die nächsten Tage können langsam ablaufende Prozesse wie Änderungen der atmosphärischen Treibhausgase oder der Meeresströmungen vernachlässigt werden. Dagegen erfordern Klimavorhersagen nicht nur eine Simulation solch langsamer Prozesse, einschließlich aller Rückkopplungseffekte, sondern auch die Berücksichtigung der rasch ablaufenden Bewegungen von Luftmassen. Darüber hinaus müssen die Simulationen auf längere Zeiträume, das heißt über Jahrzehnte hinweg in die Zukunft extrapoliert werden. Derartig umfangreiche Berechnungen erfordern selbst auf leistungsfähigen Großrechnern Rechenzeiten von mehreren Wochen.

Wegen ihrer Komplexität sind die gegenwärtigen Modelle des Klimasystems noch mit Mängeln behaftet und ihre Voraussagen sind daher mit einer gewissen Skepsis zu betrachten. Zahlreiche Fragen sind noch offen, beispielsweise wie Wolken die Temperaturen der Atmosphäre beeinflussen. Die aus diesen Modellen abgeleiteten Prognosen führten zu heftigen Debatten zwischen Experten und Regierungsbehörden, die sich mit der Vermeidung und den Konsequenzen der vom Menschen verursachten Klimaveränderungen befassen. Auf diese Vorhersagen wird in Kap. 23 näher eingegangen.

Klimaschwankungen

Das Klima der Erde unterscheidet sich in starkem Maße von Ort zu Ort: an den Polen ist es kalt und trocken, in den Tropen ist es drückend heiß und feucht. Die Schichtenfolge zeigt, dass in der langen Erdgeschichte mehrmals Perioden globaler Erwärmung mit globalen Kältepeerioden wechselten. Diese Klimaänderungen erfolgen offenbar in unregelmäßigen Abständen, spektakuläre Veränderungen können jedoch auch innerhalb von wenigen Jahrzehnten auftreten oder sich über Zeiträume von vielen Millionen Jahren hinweg erstrecken.

Einige Klimaveränderungen können auf Faktoren außerhalb des Klimasystems zurückgeführt werden, wie etwa Schwankungen der von der Sonne zur Erde abgegebenen Strahlungsmenge oder Änderungen in der durch plattentektonische Vorgänge bedingten Verteilung von Land und Meer. Andere ergeben sich aus Veränderungen innerhalb des eigentlichen Klimasystems, etwa die Zunahme der Inlandeismassen, die den Albedo-Effekt verstärken. Beide Arten von Klimaänderungen, ob extern oder intern verursacht, können durch Rückkopplungen verstärkt oder abgeschwächt werden. In diesem Abschnitt betrachten wir einige dieser Klimaveränderungen und befassen uns mit deren Ursachen. Beginnen wollen wir mit den kurzfristigen und eher regionalen Klimaschwankungen.

Kurzfristige regionale Klimaschwankungen

Das regionale und lokale Klima ist stärkeren Schwankungen unterworfen als das durchschnittliche globale Klima, da eine Mittelwertbildung über größere Bereiche oder auch längere Zeiträume zu einem Ausgleich der Extremwerte führt und kleinere Schwankungen somit nicht mehr in Erscheinung treten. Über Zeiträume von Jahren oder Jahrzehnten ergeben sich die vorherrschenden regionalen Schwankungen aus den Wechselwirkungen zwischen atmosphärischer Zirkulation und der Meeres- beziehungsweise Festlandsoberfläche. Sie treten in bestimmten geographischen Verteilungsmustern auf, obwohl Zeitpunkt und Ausmaß sehr ungleichmäßig sein können.

Eines der bekanntesten Beispiele ist die anomale Erwärmung des östlichen Pazifischen Ozeans, die alle drei bis sieben Jahre auftritt und etwa ein Jahr anhält. Die Fischer Perus bezeichnen ein solches Ereignis als **El Niño** (span. das Christkind), weil diese Erwärmung der Oberflächengewässer vor der Küste Südamerikas typischerweise stets etwa um die Weihnachtszeit auftritt. Ein solches El Niño-Ereignis führt zum Rückgang der Fischbestände, deren Nährstoffversorgung vom Aufstieg des kalten Tiefenwassers abhängig ist, und kann daher für die vom Fischfang abhängige Bevölkerung verheerende Auswirkungen haben.

Wissenschaftler haben gezeigt, dass El Niño – und eine entsprechende, als **La Niña** bezeichnete Abkühlungsphase – Bestandteil der natürlichen Schwankungen beim Austausch von Wärme zwischen der Atmosphäre und dem tropischen Pazifik sind. Diese Schwankungen werden als **ENSO** oder El Niño Southern Oscillation bezeichnet (Abb. 15.9).

Normalerweise führt der Luftdruckgradient zu Passatwinden, die von Ost nach West wehen und das warme tropische Oberflächenwasser der Ozeane nach Westen schieben. Diese Wasserbewegung führt dazu, dass vor Peru kaltes Wasser aus großen Tiefen nach oben steigt und das nach Westen geschobene Oberflächenwasser ersetzt. Sporadisch flauen die Passatwinde ab und gelegentlich kommt es sogar zu einer Umkehr der Windrichtung. Damit endet der Aufstieg des kalten Tiefenwassers und die Wassertemperaturen im tropischen Pazifik gleichen sich aus (= El Niño-Ereignis). In anderen Zeiten verstärken sich die Passatwinde und damit verstärken sich auch die Temperaturunterschiede zwischen östlichem und westlichem Pazifik (= La Niña-Ereignis). Dieses periodisch auftretende Pendeln der Luftdruckverteilung wird als „Southern Oscillation" bezeichnet.

Außer einem Rückgang des Fischfangs im westlichen Pazifik führt ein solches El Niño-Ereignis in weiten Teilen der Erde zu Änderungen der Windsysteme und der Niederschlagsverteilung. Das El Niño-Ereignis zwischen 1997 und 1998 war das bisher gravierendste, denn es führte in Australien und Indonesien zu Dürreperioden, in Peru, Equador und Kenia zu ergiebigen Niederschlägen und zu Überschwemmungen und in Kalifornien zu schweren Stürmen, Erdrutschen und Überschwemmungen (Abb. 15.10). In vielen Gebieten kam es zu Missernten und der Fischfang ging mehrere Jahre lang zurück. Nach einer groben Schätzung dürfte diese globale Störung der Wetterverhältnisse und der Ökosysteme etwa 23.000 Menschen das Leben gekostet und Sachschäden in Höhe von 33 Mrd. Dollar verursacht haben.

Ähnliche Wetter- und Klimaschwankungen haben Klimatologen auch in anderen Gebieten nachgewiesen. Ein Beispiel ist die Nordatlantische Oszillation (NAO), eine höchst unregelmäßig auftretende Schwankung in der Luftdruckverteilung zwischen Island und den Azoren, die einen starken Einfluss auf die Bewegung von Stürmen über dem Atlantik hat und deshalb die Wetterverhältnisse in Europa und Teilen Asiens beeinflusst. Die Kenntnisse dieser Abläufe verbessern nicht nur die langfristigen Wetterprognosen, sie können auch wesentliche Informationen über die regionalen Auswirkungen der vom Menschen verursachten Klimaveränderungen liefern.

Langfristige Klimaschwankungen: Die Eiszeiten des Pleistozäns

Einige der stärksten Klimaschwankungen innerhalb der Erdgeschichte führten zu den Vereisungszyklen des Pleistozäns, die vor etwa 1,8 Mio. Jahren einsetzten. Ein derartiger Vereisungszyklus beginnt mit einem allmählichen Rückgang der Temperatur um etwa 6–8 °C von einem warmen Interglazial (Warmzeit) zu einer Kaltzeit oder Eiszeit (Glazial). Wird das Klima kälter,

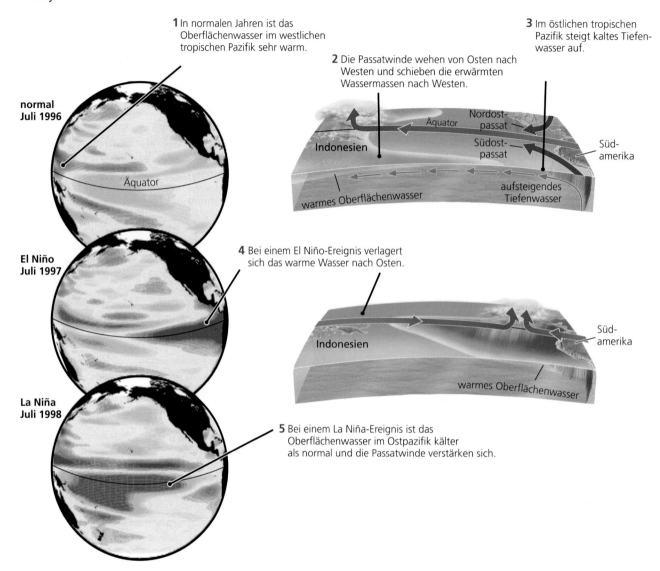

1 In normalen Jahren ist das Oberflächenwasser im westlichen tropischen Pazifik sehr warm.

2 Die Passatwinde wehen von Osten nach Westen und schieben die erwärmten Wassermassen nach Westen.

3 Im östlichen tropischen Pazifik steigt kaltes Tiefenwasser auf.

normal Juli 1996

Äquator

Nordost-passat

Südost-passat

Indonesien

Süd-amerika

warmes Oberflächenwasser

aufsteigendes Tiefenwasser

El Niño Juli 1997

4 Bei einem El Niño-Ereignis verlagert sich das warme Wasser nach Osten.

Indonesien

Süd-amerika

warmes Oberflächenwasser

La Niña Juli 1998

5 Bei einem La Niña-Ereignis ist das Oberflächenwasser im Ostpazifik kälter als normal und die Passatwinde verstärken sich.

Abb. 15.9 El Niño–Southern Oscillation (ENSO) ist eine natürliche Schwankung des Wärmeaustausches zwischen der Atmosphäre und dem Oberflächenwasser des tropischen Pazifischen Ozeans (US-French TOPEX/Poseidon Missio)

geht Wasser von der Hydrosphäre in die Kryosphäre über. Die von Meereis bedeckten Gebiete dehnen sich aus und im Winter fällt auf den Kontinenten mehr Schnee, als im Sommer abtaut. Dehnen sich die Eiskappen an den Polen bis in die niedrigeren Breiten aus, wird mehr Sonnenenergie in den Weltraum reflektiert, wodurch die Temperaturen an der Erdoberfläche weiter fallen – ein Beispiel für den Rückkopplungseffekt der Albedo. Der Meeresspiegel sinkt weltweit und große Teile der Kontinentalschelfe, die normalerweise unter dem Meeresspiegel liegen, fallen trocken. Am Höhepunkt einer Eiszeit – dem Maxmium der Vereisung – überdecken große Inlandeismassen mit Mächtigkeiten zwischen 2 und 3 km weite Gebiete (Abb. 15.11). Die Eiszeiten enden abrupt mit einem plötzlichen Anstieg der Tem-

peraturen, und sobald das Inlandeis abschmilzt, geht das Wasser von der Kryosphäre wieder in die Hydrosphäre über und der Meeresspiegel steigt.

Zeitlicher Verlauf der pleistozänen Eiszeit

Der genaue zeitliche Verlauf der pleistozänen Temperaturschwankungen lässt sich aus den Mengenverhältnissen der beiden Sauerstoffisotope O-16 (^{16}O) und O-18 (^{18}O) rekonstruieren, die in den Sedimenten des Meeresbodens und im Gletschereis überliefert wurden. Die marinen Sedimente des Pleistozäns enthalten zahlreiche fossile Foraminiferen, kleine einzellige marine Organismen, die Gehäuse aus Calciumcarbonat ($CaCO_3$)

Abb. 15.10 Durch das El Niño-Ereignis von 1997/98 ausgelöste Sturmwellen bedrohen in Del Mar, Kalifornien (USA) Häuser an der Pazifikküste (Foto: © Reuters/Landov)

Abb. 15.11 Am Höhepunkt der letzten Vereisung vor etwa 20.000 Jahren war der größte Teil Nordamerikas von Inlandeismassen bedeckt. Durch das Absinken des Meeresspiegels fielen weite Bereiche der Schelfgebiete trocken, erkennbar an der ausgedehnten Küstenlinie von Florida (© Wm. Robert Johnston)

aufbauen. Das Mengenverhältnis der in diesen Gehäusen eingebauten Sauerstoffisotope ist vom Sauerstoff-Isotopenverhältnis des Meerwassers abhängig, in dem diese Mikrofossilien lebten. Wassermoleküle (H_2O), die das leichtere und häufigere Sauerstoffisotop O-16 (^{16}O) enthalten, verdunsten normalerweise rascher, als Wassermoleküle mit dem schwereren Sauerstoffisotop O-18 (^{18}O). Während einer Kaltzeit kommt es daher im Meerwasser zu einer Anreicherung von O-18, da das O-16 enthaltende Meerwasser an der Oberfläche verdunstet und im Gletschereis eingeschlossen wird, und damit steigt in den kaltzeitlichen Ozeanen das Verhältnis $^{18}O/^{16}O$.

Paläoklimatologen nutzen das $^{18}O/^{16}O$-Verhältnis in den marinen Sedimentlagen zur Bestimmung der Oberflächentemperaturen und des Eisvolumens während der Bildungszeit der Sedimente. Abbildung 15.12 zeigt die aus den Sauerstoff-Isotopenverhältnissen ermittelten globalen Klimaschwankungen im Verlauf der vergangenen 1,8 Mio. Jahre.

Da das $^{18}O/^{16}O$-Verhältnis in den Ozeanen während der Kaltzeiten ansteigt, nimmt dieses Verhältnis in den Eislagen der wachsenden Gletscher entsprechend ab. Die beste Dokumentation der Klimaschwankungen während der letzten 500.000 Jahre lieferten Eiskerne, die von russischen Wissenschaftlern der Vostok-Eisstation im Inlandeis der östlichen Antarktis erbohrt wurden, sowie die von amerikanischen und europäischen Wissenschaftlern aus dem grönländischen Eisschild entnommenen Eisbohrkerne (Exkurs 15.1). Aus den Sauerstoff-Isotopenverhältnissen in den Bohrkernen lässt sich die Temperatur der Atmosphäre während ihrer Bildung ermitteln. Weitere Informationen ergaben sich aus den Luftblasen, die bei der Akkumulation der Eismassen eingeschlossen wurden. Abbildung 15.13 zeigt den Temperaturverlauf und die Konzentration der Treibhausgase Kohlendioxid und Methan, die in den Vostok-Eiskernen gemessen wurden.

Teil V

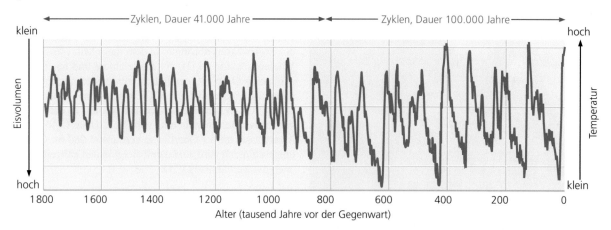

Abb. 15.12 Globale Klimaschwankungen im Verlauf der letzten 1,8 Mio. Jahre, ermittelt aus dem Verhältnis der Sauerstoff-Isotope $^{18}O/^{16}O$ in marinen Sedimenten. Die Maxima entsprechen Interglazialen (hohe Temperaturen, geringes Eisvolumen, hoher Meeresspiegelstand) und die Minima kennzeichnen Kaltzeiten (niedrige Temperaturen, großes Eisvolumen, niedriger Meeresspiegelstand) (L. E. Lisiecki and M. E. Raymo (2005). – *Paleoceanography* 20: 1003)

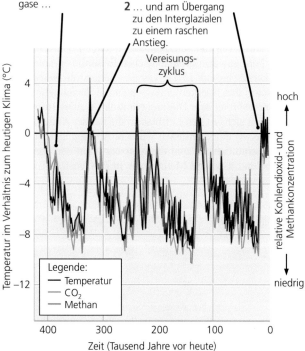

1 Während der Kaltzeiten kommt es sowohl zu einem Rückgang der Temperaturen als auch der atmosphärischen Treibhausgase …

2 … und am Übergang zu den Interglazialen zu einem raschen Anstieg.

3 In den vergangenen 10.000 Jahren – im Holozän – war das Klima vergleichsweise warm und stabil.

Abb. 15.13 Diese drei Datensätze wurden an den Vostok-Eiskernen gemessen, die aus den bis in eine Tiefe von 3600 m im Inlandeis der Antarktis niedergebrachten Bohrungen stammen. Die Temperaturen wurden aus den Sauerstoff-Isotopenverhältnissen ermittelt (*schwarze Linie*), die Konzentrationen der beiden wichtigsten Treibhausgase Kohlendioxid (*blaue Linie*) und Methan (*rote Linie*) wurden an Luftproben bestimmt, die in kleinen Blasen im Eis der Antarktis eingeschlossen sind (IPCC (2001): Climate Change: The Scientific Basis)

Milanković-Zyklen Die in Abb. 15.12 während des Pleistozäns erkennbaren Maxima und Minima stimmen weitgehend mit den in den Eisbohrkernen (Abb. 15.13) dokumentierten Vereisungszyklen überein. Warum aber schwankt das Klima auf diese Art und Weise? Die Antwort hierauf ergibt sich möglicherweise aus Schwankungen der Intensität der Sonneneinstrahlung. Wir wissen, dass es im Winter kälter wird, weil die Menge der in einer bestimmten geographischen Breite auf der Erde auftreffenden Sonneneinstrahlung wegen der Neigung der Erdachse geringer ist. Können jedoch die Kälteperioden der Eiszeit durch einen Rückgang der Sonneneinstrahlung über so lange Zeiträume hinweg erklärt werden?

Die Antwort scheint „ja" zu sein. Es gibt tatsächlich geringe periodische Schwankungen in der Intensität der Sonneneinstrahlung auf der Erde. Diese Schwankungen haben ihre Ursache in den **Milanković-Zyklen**, periodischen Schwankungen der Erdumlaufbahn um die Sonne, benannt nach einem serbischen Geophysiker, der diese Zyklen in den 1920er Jahren als Erster berechnete. Seine Berechnungen ergaben drei Zyklen, die das Klima der Erde beeinflussen und die mit den globalen Klimaschwankungen korrelieren (Abb. 15.14).

Erstens ändert sich die Umlaufbahn der Erde um die Sonne – einmal ähnelt sie einer Kreisbahn, im anderen Falle einer Ellipse. Diese Abweichung der Erdumlaufbahn von einem Kreis wird als **Exzentrizität** bezeichnet. Eine nahezu kreisförmige Umlaufbahn hat eine geringe Exzentrizität, eine deutlich elliptische dagegen eine hohe Exzentrizität (Abb. 15.14a). Die auf die Erde gelangende Sonneneinstrahlung schwankt abhängig vor der Exzentrizität im Mittel geringfügig (zwischen 0,005 und 0,058) mit einer Periode von 100.000 Jahren.

Zweitens verändert sich zyklisch der Neigungswinkel der Erdachse. Derzeit beträgt er 23,5°, er schwankt jedoch zwischen 21,5 und 24,5° mit einer Periode von 40.000 Jahren. Auch diese Schwankungen führen zu geringen Veränderungen der Sonneneinstrahlung (Abb. 15.14b).

Exkurs 15.1 Das Bohren von Eiskernen in der Antarktis und auf Grönland

Auf der Forschungsstation Vostok in der Antarktis arbeiteten russische Wissenschaftler mehrere Jahrzehnte lang daran, die im Eis der Antarktis konservierte Entwicklung von Klimaindikatoren zu erforschen. In den 1970er Jahren brachten sie bis zu 2000 m tiefe Bohrungen in das Inlandeis der östlichen Antarktis nieder und zogen für Laboruntersuchungen eine Reihe von Eisbohrkernen. Diese Bohrkerne zeigten eine deutliche Schichtung, die den jährlichen Zyklen der Eisbildung aus Schnee entspricht. Eine sorgfältige Zählung dieser Jahreslagen von oben nach unten ergab das Alter der Eisschichten, etwa so wie sich aus den Jahresringen das Alter eines Baumes ermitteln lässt. Sie bestimmten die im Eis überlieferten Sauerstoff-Isotopenverhältnisse sowie die Zusammensetzung der im Eis eingeschlossenen kleinen Gasblasen. Aus dieser stratigraphischen Abfolge rekonstruierten sie den exakten Verlauf der Vereisungszyklen während der vergangenen 160.000 Jahre.

Im Jahr 1998 waren an der Station Vostok schließlich Bohrungen bis in eine Tiefe von 3600 m niedergebracht worden. Sie durchfuhren damit Eis, das sich im Verlauf der letzten vier Vereisungszyklen gebildet hatte und erweiterten dadurch unsere Kenntnisse der Klimaentwicklung auf mehr als 400.000 Jahre vor unserer Gegenwart. Diese Daten lieferten weitere Hinweise, dass die zyklischen Schwankungen der Erdumlaufbahn – die Milanković-Zyklen – den Wechsel von Glazialen und Interglazialen beeinflussen. Darüber hinaus zeigten sie, dass die Oberflächentemperaturen mit den Konzentrationen der Treibhausgase in der Atmosphäre korrelieren. Die Ergebnisse der Eisstation Vostok wurden durch Bohrungen an anderen Stellen der Antarktis und auf Grönland bestätigt.

Dieser Erfolg wurde nicht ohne Schwierigkeiten erreicht. Die in einer Höhe von 3500 m über NN nahe dem Zentrum der Antarktis liegende Forschungsstation ist ein äußerst strapaziöser Standort für Forschungsarbeiten. Die jährliche Durchschnittstemperatur beträgt −65 °C, die tiefste verlässliche Temperaturmessung an der Eisoberfläche ergab einen Wert von −89,2 °C und wurde dort 1984 gemessen. Die Wissenschaftler mussten nicht nur diesen extremen Bedingungen standhalten, sie mussten auch sehr sorgfältig darauf achten, dass die Eisbohrkerne beim Bohrvorgang, beim Transport in die Laboratorien und während der Aufbewahrung nicht schmolzen. Außerdem hatten sie darauf zu achten, dass es zu keinen falschen Ergebnissen kam, etwa durch Reaktionen von Kohlendioxid mit Verunreinigungen innerhalb des Eises. Unsere Anerkennung gilt der Geduld und der Erfindungsgabe dieser ausdauernden Forschergruppe. Nur dadurch war es möglich, dass diese Eisbohrkerne einen so wichtigen Beitrag zum Verständnis der globalen Klimaveränderungen leisten konnten.

Russische Wissenschaftler der antarktischen Forschungsstation Vostok entnehmen mit großer Sorgfalt aus einem Kernrohr den Eisbohrkern. Die durch jährliche Zyklen der Eisbildung entstandenen Lagen sind im Eisbohrkern deutlich erkennbar (Foto: © Alexey Ekaikin/Landov)

Teil V

a Exzentrizität (100.000 Jahre)

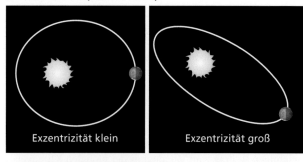

b Neigungswinkel (41.000 Jahre)

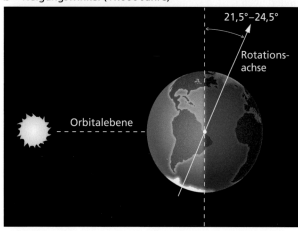

c Präzession (23.000 Jahre)

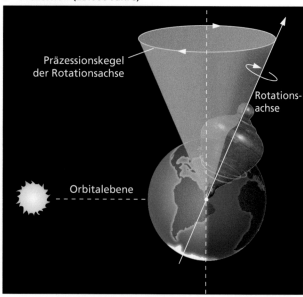

Abb. 15.14a–c Drei Faktoren der Milankovié-Zyklen beeinflussen die Menge der Sonnenstrahlung auf der Erde. **a** Die Exzentrizität; sie ist ein Maß für die Ellipsenform der Erdumlaufbahn um die Sonne. **b** Die Ekliptik; sie kennzeichnet den Neigungswinkel zwischen der Rotationsachse der Erde und der Vertikalen auf der Umlaufbahn. **c** Die Präzession; sie ist ein kreiselartiges Taumeln der Erdachse um die Senkrechte zur Erdbahnebene

Drittens pendelt die Position der Rotationsachse geringfügig um die Senkrechte zur Erdumlaufbahn, woraus sich eine **Präzession** oder ein „Taumeln" mit einer Periode von ungefähr 23.000 Jahren ergibt (Abb. 15.14c). Auch dadurch verändert sich die Menge der Sonneneinstrahlung, wenn auch in geringerem Ausmaß als durch die Schwankungen der Exzentrizität und der Neigung der Rotationsachse.

Zusammenhang zwischen Milanković-Zyklen und Eiszeiten

Die Temperaturkurve in Abb. 15.12 lässt zahlreiche kleine Maxima und Minima erkennen, in den letzten 500.000 Jahren zeigt sie jedoch einen ausgeprägten sägezahnförmigen Verlauf:

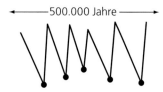

Im Einzelnen sind fünf Maxima der Vereisung erkennbar, in denen das Eisvolumen groß und die Temperaturen niedrig waren (in der Skizze durch schwarze Punkte gekennzeichnet). Daraus ergibt sich für die Glaziale ein durchschnittlicher zeitlicher Abstand von 100.000 Jahren, der weitgehend mit den Zeiten großer Exzentrizi-

tät übereinstimmt, in denen die Erde weniger Sonneneinstrahlung erhielt, ein eindeutiger Beweis für einen Milanković-Zyklus.

Betrachten wir in Abb. 15.12 die erste halbe Million Jahre, das heißt den Zeitraum zwischen 1,8 und 1,3 Mio. Jahren, dann sind auch dort zahlreiche kleine Klimaschwankungen erkennbar, die großen Maxima und Minima sind jedoch häufiger (vgl. nachfolgende Skizze).

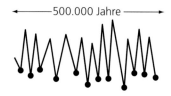

In diesem Zeitraum sind insgesamt 12 Kaltzeiten erkennbar, woraus sich in den 500.000 Jahren ein durchschnittlicher Abstand der Kaltzeiten von 41.646 Jahren pro Zyklus ergibt. Dieser kürzere Abstand entspricht weitgehen den 41.000 Jahre dauernden Veränderungen des Neigungswinkels der Erdrotationsachse relativ zur Senkrechten auf der Erdumlaufbahn – ein weiterer Milanković-Zyklus. Ähnlich wie die Exzentrizität ist auch die Schwankung des Neigungswinkels der Rotationsachse mit 3° sehr gering (vgl. Abb. 15.14b), sie reicht jedoch offensichtlich aus, um Eiszeiten auszulösen.

Die durch die Milanković-Zyklen verursachten Änderungen der Sonneneinstrahlung sind jedoch insgesamt zu gering, um den starken Rückgang der jährlichen Durchschnittstemperaturen von den Interglazialen zu den Glazialen erklären zu können. Daher müssen im System Klima noch irgendwelche positiven Rückkopplungseffekte eine Rolle spielen, die die Sonneneinstrahlung verstärken. Die in Abb. 15.13 gezeigten Diagramme lassen erkennen, dass an diesem Rückkopplungseffekt Treibhausgase beteiligt sein könnten. Die Kohlendioxid- und Methankonzentrationen in der Atmosphäre folgen exakt den Temperaturschwankungen: die warmen Interglaziale sind durch hohe Konzentrationen, die Glaziale dagegen durch niedrige Konzentrationen gekennzeichnet. Wie jedoch dieser Rückkopplungseffekt zustande kommt, ist bisher noch wenig erforscht, er unterstreicht jedoch die Bedeutung des Treibhauseffekts auch bei langfristigen Klimaschwankungen.

Darüber hinaus sind auch andere Aspekte noch weitgehend unbekannt. Beispielsweise zeigt Abb. 15.12, dass die 41.000 Jahre umfassende Periodizität den Klimaverlauf bis vor etwa 1 Million Jahre beherrscht hat. Erst dann zeigen die Abstände der Maxima und Minima etwas stärkere Schwankungen um schließlich nach etwa 70.000 Jahren in die 100.000 Jahre umfassenden Zyklen überzugehen. Was waren die Ursachen für diesen Übergang? Die Klimatologen zerbrechen sich noch immer den Kopf.

Offen gesagt wissen wir noch nicht, was im Einzelnen genau die Eiszeiten auslöste. Die Klimakurve zeigt, dass der 41.000 Jahre dauernde Vereisungszyklus nicht auf das Pleistozän beschränkt ist, sondern zumindest bis in das Pliozän (5,3–1,8 Ma) zurück reicht, als die Antarktis von Eis bedeckt wurde. Die globale Abkühlung des Klimas, die zu dieser Vereisung führte, begann bereits im Miozän (vor 23–5,3 Ma). Die Ursache ist noch immer umstritten, obwohl die meisten Wissenschaftler davon ausgehen, dass sie auf irgendeine Weise mit der Drift der Kontinente zusammenhängt. Nach einer Hypothese führte die Kollision des Indischen Subkontinents mit Eurasien und die sich daraus ergebende Gebirgsbildung im Himalaja zu einer stärkeren Verwitterung der Silicatgesteine, wodurch der Kohlendioxidgehalt der Atmosphäre verringert wurde. Eine andere Hypothese geht von einer Veränderung der ozeanischen Zirkulation aus, die mit der Öffnung der Drake-Straße zwischen Südamerika und der Antarktis (vor 25 Ma) und der Schließung der Landenge von Panama zwischen Nord- und Südamerika (vor ungefähr 5 Ma) verbunden war. Möglicherweise ergab sich diese Abkühlung auch durch das Zusammenwirken all dieser Vorgänge.

Langfristige Klimaschwankungen: Die Eiszeiten des Paläozoikums und Proterozoikums

Außer der pleistozänen Eiszeit gibt es in den Schichtenfolgen des Permokarbons sowie des Ordoviziums und zumindest zweimal im Proterozoikum deutliche Hinweise auf ältere Inlandvereisungen. In den meisten Fällen lassen sich diese Ereignisse durch plattentektonische Prozesse in Verbindung mit der Albedo-Rückkopplung und weiteren Rückkopplungseffekten innerhalb des Klimasystems erklären.

In den meisten Epochen der Erdgeschichte gab es an den Polen keine größeren Festlandsmassen und damit auch keine Eiskappen. Meeresströmungen zirkulierten durch die offenen Polargebiete und brachten Wärme aus den Äquatorialgebieten mit; sie sorgten dafür, dass auf der Erde überall weitgehend gleiche Temperaturbedingungen herrschten. Wenn jedoch größere Festlandgebiete in Positionen drifteten, die diesen effizienten Wärmetransport in den Ozeanen verhinderten, verstärkten sich die Temperaturunterschiede zwischen Äquator und den Polen. Die Polargebiete kühlten ab – es entstanden Eiskappen.

Einige Geowissenschaftler gehen davon aus, dass die Erde im jüngeren Proterozoikum vollständig mit Eis bedeckt war („snowball earth") und dass sich die Erde nur deshalb wieder erwärmte, weil durch Vulkane Treibhausgase in die Atmosphäre gelangten. Auf diese Hypothese wird in Kap. 21 noch näher eingegangen.

Klimaschwankungen während der jüngsten Kaltzeit

Innerhalb der Vereisungszyklen zeigen die Temperaturschwankungen keinen sehr regelmäßigen Verlauf (vgl. Abb. 15.13). Die 100.000 Jahre dauernden Vereisungszyklen wurden von kurzzeitigen Klimaschwankungen überlagert, von denen einige etwa so lange dauerten wie die Übergänge von den glazialen zu den interglazialen Epochen. Durch die Kombination von Informationen aus den Eiskernen der Polargebiete, den Gebirgsgletschern, limnischen Ablagerungen und Tiefseesedimenten ergab sich für die letzte Vereisung eine Abfolge kurzzeitiger Klimaschwankungen mit einer Auflösung bis in die Größenordnung von Jahrzehnten, in manchen Fällen sogar nur von Jahren.

Die letzte pleistozäne Eiszeit war in Nordeuropa die Weichsel- und im alpinen Gebiet die Würm-Kaltzeit, denen in Nordamerika die Wisconsin-Vereisung entspricht. Die Temperaturen begannen vor etwa 120.000 Jahren zu sinken und erreichten im Zeitraum zwischen 21.000 und 18.000 Jahren ihre tiefsten Werte. Danach stiegen sie dann vor 11.700 Jahren auf die für Interglaziale typischen Werte an und kennzeichneten damit das Ende des Pleistozäns und den Beginn des Holozäns.

Die nachfolgende Zusammenfassung gibt einen Überblick über die wesentlichen Merkmale dieser bemerkenswerten Chronik:

- Während der letzten Eiszeit schwankte das Klima in starkem Maße mit kürzeren (1000 Jahre dauernden) Temperaturschwankungen innerhalb der längeren Zyklen. Die extremsten Temperaturunterschiede traten dabei im Bereich des Nordatlantiks auf, wo die lokalen Temperaturen um bis zu 15 °C anstiegen oder fielen. Jeder 10.000 Jahre dauernde Zyklus umfasste dort eine Reihe von zunehmend kälter werdenden, etwa 1000 Jahre dauernden Klimaschwankungen und endete abrupt mit einer Erwärmung. Die verstärkte Bildung von Eisbergen und von Süßwasser als Folge der Erwärmung führte in den Ozeanen zu Änderungen der thermohalinen Zirkulation und in den Tiefseesedimenten zur Ablagerung großer Mengen glazigener Sedimente.

- Der Übergang von der Würm- oder Weichsel-Kaltzeit in das heutige Interglazial, das Holozän, war ebenfalls mit raschen Klimaschwankungen verbunden. Vor ungefähr 14.500 Jahren erwärmte sich das Klima sehr rasch. Danach erfolgte eine Abkühlung auf kaltzeitliche Werte mit einem erneuten Gletschervorstoß in der „Jüngeren Dryaszeit" zwischen 13.000 und 11.500 Jahren und schließlich erwärmte sich das Klima vor ungefähr 11.700 Jahren auf nahezu die heutigen Temperaturen. Die Erwärmung erfolgte in beiden Fällen sehr rasch, in weiten Bereichen der Erde kam es in Zeiträumen zwischen 30 und 50 Jahren nahezu synchron zu einem Übergang von glazialen zu interglazialen Temperaturverhältnissen. Offensichtlich kann das gesamte Klimasystem in einem kürzeren als ein Menschenleben umfassenden Zeitraum von einem Zustand (Kaltzeit) in einen anderen (Warmzeit) übergehen. Vor diesem Hintergrund wird die von der Menschheit ausgelöste globale Klimaveränderung eher durch sehr plötzliche Übergänge zu neuen und nie gekannten Klimaverhältnissen gekennzeichnet sein als durch eine allmähliche Erwärmung.

- Im Vergleich mit den vorangegangenen Interglazialen des Pleistozäns ist das ungewöhnlich lange Holozän, was das Klima betrifft, deutlich beständiger. Regional schwankten die Temperaturen im Zeitraum von etwa 1000 Jahren im Bereich von 5 °C. Die globalen Temperaturschwankungen waren jedoch erheblich geringer und lagen im Mittel bei 2 °C. Diese konstanten Klimaverhältnisse nach dem Ende der letzten Kaltzeit förderten im Holozän zweifellos die rasche Ausbreitung der Landwirtschaft und der Zivilisation.

Einige Experten machen folgende Rechnung auf: Hätte die menschliche Zivilisation keine Fortschritte gemacht, hätte sich das Klima – als Folge der durch den Milanković-Zyklus bedingten abnehmenden Sonneneinstrahlung in Verbindung mit einem Rückgang der in der Atmosphäre vorhandenen Treibhausgase – längst in Richtung einer neuen Eiszeit verschlechtert. Nach einer Hypothese führte die Ausbreitung der Zivilisation vor 8000 Jahren zur Freisetzung großer Mengen an Treibhausgasen, vor allem durch Rodung und Ausdehnung der Landwirtschaft, und verlängerte dadurch das Interglazial über seine natürlichen Grenzen hinaus.

Was immer auch der Grund sein mag, die Untersuchungen an den Eisbohrkernen zeigen, dass seit Ende des Pleistozäns bis zum Beginn des industriellen Zeitalters die Konzentrationen der Treibhausgase in der Atmosphäre relativ konstant waren. Der durchschnittliche Kohlendioxidgehalt schwankte beispielsweise zwischen 260 und 280 ppm (parts per million, Teile pro Million), und damit im gesamten Zeitraum um weniger als 10 %. Diese Situation änderte sich jedoch im frühen 19. Jahrhundert mit dem Beginn der ersten industriellen Revolution, als die anthropogene Emission von Treibhausgasen rasch zunahm.

Der Kohlenstoffkreislauf

In den vergangenen 200 Jahren stieg der Kohlendioxidgehalt in der Atmosphäre um nahezu 50 %, von etwa 270 ppm auf mehr als 400 ppm (Mitte 2013). Niemals im Verlauf der letzten 400 Jahre und möglicherweise sogar der letzten 20 Mio. Jahre enthielt die Atmosphäre so viel Kohlendioxid. Die CO_2-Konzentration nimmt derzeit mit einer bisher nie dagewesenen Geschwindigkeit von 0,5 % pro Jahr zu und damit rascher als jemals im Verlauf der gesamten Erdgeschichte.

Doch die Situation könnte sich noch verschlimmern. Im Zeitraum zwischen 2000 und 2009 wurden durch menschliche Aktivitäten im Durchschnitt 8,6 Gt Kohlenstoff pro Jahr in die Atmosphäre freigesetzt (1 Gigatonne (Gt) = 1 Milliarde Tonnen = 10^{12} Kilogramm. Die Emissionen werden in Gigatonnen Kohlenstoff und nicht als Kohlendioxid angegeben, vgl. Abschn. 24.15). Davon entfallen 7,8 Gt auf die Verbrennung fossiler Energieträger und weitere 1,1 Gt gelangten durch Brandrodung von Wäldern und durch andere intensive Landnutzungen in die Atmosphäre. Wären diese Mengen in der Atmosphäre verblieben, hätte die Zunahme des Kohlendioxids nahe bei 1 % pro Jahr gelegen, dem mehr als doppelten Wert des beobachteten Anstiegs. Andererseits werden der Atmosphäre pro Jahr durch natürliche Vorgänge 4,9 Gt Kohlenstoff entzogen. Wo bleibt all der Kohlenstoff?

Die Antwort auf diese Frage ergibt sich aus dem **Kohlenstoffkreislauf**, der kontinuierlichen Bewegung des Kohlenstoffs zwischen den verschiedenen Komponenten des Systems Erde. Der Kohlenstoffkreislauf wurde bereits bei der Besprechung der biogeochemischen Stoffkreisläufe in Kap. 11 erwähnt, doch nun betrachten wir die geochemischen Stoffkreisläufe etwas ausführlicher.

Geochemische Stoffkreisläufe und ihre Funktion

Unter den Begriff „geochemische Kreisläufe" versteht man Systeme geochemischer Kreisläufe, die den Materialfluss chemischer Verbindungen von einem Bestandteil (Kompartiment) des Systems Erde in einen anderen beschreiben. Bei der Besprechung der geochemischen Zyklen betrachten wir die Komponenten des Systems Erde – die Atmosphäre, Hydrosphäre, Kryosphäre, Lithosphäre und Biosphäre – als **geochemische Speicher** oder Zwischenspeicher, in denen Kohlenstoff und andere chemische Substanzen (zeitweise) zurückgehalten werden können, die durch Transportprozesse miteinander in Verbindung stehen. Durch die Quantifizierung der verschiedenen Stoffmengen, die gespeichert oder zwischen den Speichern transportiert werden, gewinnen wir neue Einblicke in die Funktionsweise des Systems Erde.

Verweilzeit Speicher nehmen durch Zufluss chemische Substanzen auf und verlieren diese durch Abfluss. Entspricht der Zufluss dem Abfluss, so bleibt die Menge innerhalb des Speichers konstant, obwohl kontinuierlich chemische Substanzen zu- und abfließen. Die mittlere Zeitdauer, die ein Atom oder Molekül eines bestimmten Elements oder einer Verbindung in einem Speicher verbleibt, ehe es diesen wieder verlässt, ist die sogenannte **Verweilzeit** oder Verweildauer dieser chemischen Substanz in einem Speicher.

Die Verweilzeit kann am einfachsten am Beispiel einer vollen Bar erklärt werden, in die mehr Menschen hinein wollen, als von den Behörden erlaubt ist. Sobald die Bar voll besetzt ist und damit ihre Aufnahmekapazität erreicht hat, weist der Türsteher die Leute am Eingang ab. Während der lebhaftesten Zeit, in der die Leute auf ihren Einlass warten, ist die Bar bis zu ihrer Kapazität gefüllt, sie hat ihren Sättigungsgrad erreicht und befindet sich in einem Gleichgewichtszustand, in dem die Anzahl der eingelassenen Gäste genau der Zahl der Gäste entspricht, die die Bar verlassen. Obwohl einige Gäste früh kommen und lange bleiben und andere nach kurzer Zeit die Bar verlassen, gibt es eine durchschnittliche Zeitspanne zwischen dem Eintritt und Weggang einer Person. Diese mittlere Zeitspanne ist die **Verweilzeit** (oder Verweildauer). Sie ergibt sich aus der maximalen Kapazität des Raumes geteilt durch die Menge der pro Zeiteinheit eintretenden Personen (Zufluss) oder weggehenden Personen (Abfluss). Beträgt beispielsweise die Kapazität eines Raumes 30 Personen und durchschnittlich alle zwei Minuten kommt ein neuer Gast hinzu, so ergibt sich daraus eine mittlere Verweilzeit der Gäste von 60 min.

In gleicher Weise können wir uns den zeitlich begrenzten Verbleib chemischer Substanzen in den Ozeanen als die mittlere Verweilzeit vorstellen, die zwischen Zufluss einer Substanz und seinem Abfluss durch Sedimentation oder andere Vorgänge vergeht. Die Verweilzeit von Natrium ist extrem lang. Sie beträgt etwa 48 Ma, weil Natrium in Meerwasser leicht löslich ist (die Speicherkapazität ist für Natrium groß) und Flüsse nur relativ geringe Mengen enthalten (der Eintrag ist vergleichsweise gering). Eisen verbleibt im Gegensatz dazu nur ungefähr 100 Jahre in den Ozeanen, weil die Löslichkeit von Eisen im Meerwasser extrem gering (was die Gesamtmenge in den Ozeanen begrenzt) und die Zufuhr relativ groß ist.

Die Verweilzeiten der chemischen Elemente und Verbindungen in der Atmosphäre sind kürzer als die in den Ozeanen, da die Atmosphäre ein geringeres Speichervolumen hat als die Ozeane und der Materialfluss in und aus der Atmosphäre relativ hoch sein kann. Schwefeldioxid hat eine Verweildauer von einigen Stunden bis Wochen. Sauerstoff mit ungefähr 21 % Anteil in der Atmosphäre hat eine Verweilzeit von 6000 Jahren. Der chemisch sehr träge Stickstoff mit einem Anteil von über 78 % in der Atmosphäre hat eine Verweilzeit von 400 Mio. Jahren. Ein Stickstoffmolekül, das im jüngeren Paläozoikum vor etwa 300 Ma in die Atmosphäre gelangt ist, befindet sich mit großer Wahrscheinlichkeit noch immer dort.

Chemische Reaktionen In vielen Fällen beeinflussen chemische Reaktionen maßgeblich die Verweildauer einer chemischen Substanz innerhalb eines Speichers. In Kap. 5 haben wir beispielsweise gesehen, dass Calcium-Ionen (Ca^{2+}) mit jeweils zwei Hydrogencarbonat-Ionen ($2\,HCO_3^-$) unter Bildung von Calciumcarbonat ($CaCO_3$) reagieren, das als Sediment abgelagert und somit der Lösung entzogen wird. Wie viel Calcium im Meerwasser

in Lösung bleibt, hängt von der Verfügbarkeit an Hydrogencarbonat-Ionen ab, die wiederum von der Kohlendioxidzufuhr in das Meerwasser abhängig ist. Wenn Kohlendioxid im Meerwasser gelöst wird, entsteht bei der Reaktion mit Wasser Kohlensäure (H_2CO_3), die in Wasserstoff- (H^+) und Hydrogencarbonat-Ionen (HCO_3^-) dissoziiert. Ein Teil dieser Hydrogencarbonat-Ionen reagiert mit Carbonat-Ionen unter Bildung weiterer Hydrogencarbonat-Ionen (Abb. 15.15). Als Folge nimmt der Säuregehalt des Meerwassers zu und die Konzentration der Carbonat-Ionen nimmt ab. Diese Abnahme der Carbonat-Ionen beeinträchtigt die Fähigkeit mariner Organismen, etwa von Korallen, Muscheln und Foraminiferen, durch die Ausfällung von Calciumcarbonat Schalen und Skelettelemente zu bilden. Wie wir noch sehen werden, ist diese **Versauerung** der Ozeane einer der bedrohlichsten Aspekte des anthropogen ausgelösten Klimawandels.

Transport über Schnittstellen Die Materialflüsse zwischen den Speichern werden von Prozessen gesteuert, die chemische Stoffe in die Speicher hinein und wieder heraus transportieren (Abb. 15.16). Beispielsweise gelangen durch vulkanische Prozesse Gase, Aerosole und Staub von der Lithosphäre in die Atmosphäre. Der Wind nimmt den Staub in die Atmosphäre auf und durch den Einfluss der Schwerkraft gelangt dieser wieder auf die Erde zurück. Der äolische Transport von Staub ist ein wesentlicher Vorgang beim Transfer von Mineralen aus der Lithosphäre in die Hydrosphäre, obwohl der bei weitem größte Materialfluss von gelösten oder in Suspension befindlichen Mineralen an den Mündungen der Flüsse erfolgt.

Verdunstung und Niederschläge transportieren enorme Mengen von Wasser zwischen der Atmosphäre und den Oberflächen der Festländer und Meere. An der Meeresoberfläche gehen Gasmoleküle von ihrem in Wasser gelösten Zustand in die Atmosphäre über. Dieser Materialfluss wird durch Lösung der in der Atmosphäre enthaltenen Bestandteile ausgeglichen, die in Form von Regen oder auch durch die direkte Lösung von Gasen im Meerwasser in die Ozeane zurückgelangen.

Die Sedimentation ist der wichtigste Materialfluss, durch den die Ozeane in einem stationären Zustand verbleiben, in erster Linie deshalb, weil dadurch der Zustrom chemischer Bestandteile im Flusswasser ausgeglichen wird. Gelangen die Sedimente in größere Tiefen, werden sie zu Bestandteilen der ozeanischen Kruste. Dort verbleiben sie, bis sie durch Subduktion in den Erdmantel übergehen oder durch Akkretion der kontinentalen Kruste angegliedert werden. Über längere Zeiträume hinweg führt die Hebung der kontinentalen Bereiche dazu, dass die Krustengesteine der Verwitterung und Erosion ausgesetzt werden und damit der Materialfluss zwischen den Speichern aufrechterhalten wird.

Wie wir in Kap. 11 gesehen haben, ist die Biosphäre ein außergewöhnlicher Speicher, weil jeder einzelne Organismus in Wechselwirkung mit seiner Umwelt steht. Die wichtigsten Transportvorgänge in und aus der Biosphäre sind Aufnahme und Abgabe der in der Atmosphäre vorhandenen Gase durch Atmung, die Aufnahme von Nährstoffen aus der Lithosphäre und Hydrosphäre sowie der Abfluss dieser Nährstoffe durch Tod und Abbau der Organismen. Der Kohlenstoffkreislauf, der entscheidend

Teil V

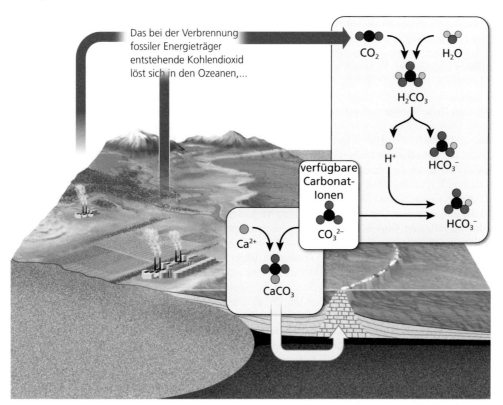

Das bei der Verbrennung fossiler Energieträger entstehende Kohlendioxid löst sich in den Ozeanen,...

...wo es mit dem Wasser unter Bildung von Kohlensäure reagiert,...

...die in Wasserstoff- und Hydrogencarbonat-Ionen dissoziiert.

Die Wasserstoff-Ionen reagieren mit den Carbonat-Ionen, wobei weitere Hydrogencarbonate-Ionnen entstehen.

Als Folge ergibt sich insgesamt eine Verringerung des für die Kalk abscheidenden marinen Organismen verfügbaren Carbonats.

Abb. 15.15 Der Anstieg des CO_2-Gehalts in der Atmosphäre führt im Meerwasser zu einer Reihe chemischer Reaktionen, durch die der Säuregehalt des Wassers ansteigt, was wiederum die Fähigkeiten der marinen Organsimen reduziert, Skelettelemente aus Calciumcarbonat zu bilden

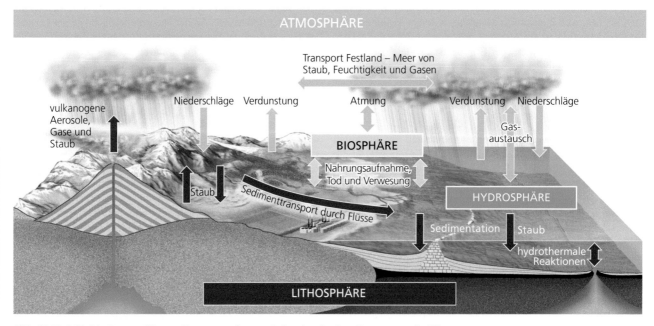

Abb. 15.16 Zahlreiche Prozesse führen zu Transportvorgängen zwischen den einzelnen Komponenten des Klimasystems

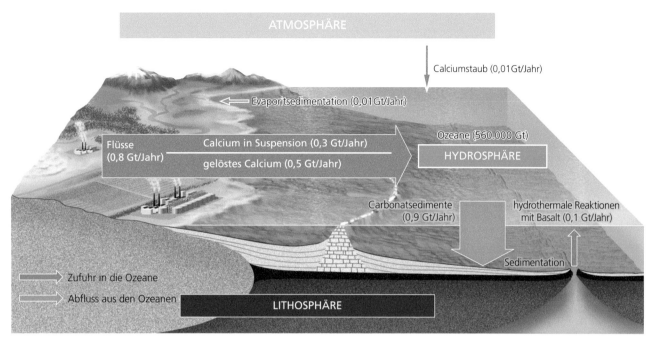

Abb. 15.17 Der Calciumkreislauf zeigt die Materialflüsse in und aus den Ozeanen, angegeben in Gigatonnen (Gt = 10^{12} kg) pro Jahr. Der Zufluss von Calcium in die Ozeane entspricht etwa dem Abfluss, sodass insgesamt ein Gleichgewichtszustand herrscht

von der biologischen Zufuhr von Kohlenstoff in und aus der Atmosphäre durch lebende Organismen abhängig ist, ist ganz eindeutig ein solcher biogeochemischer Kreislauf.

Beispiel: Der Calciumkreislauf

Ehe wir auf den Kreislauf des Kohlenstoffes etwas näher eingehen, betrachten wir den Kreislauf des Calciums, der ein vergleichsweise einfaches Abbild der Vorstellung liefert, die einem geochemischen Kreislauf zugrunde liegt (Abb. 15.17). Die Ozeane enthalten ungefähr 560.000 Gt gelöstes Calcium bezogen auf eine Gesamtmasse der Ozeane von ungefähr $1{,}4 \times 10^9$ Gt. Calcium gelangt über die Fluss-Systeme der Erde kontinuierlich und in großen Mengen in diesen Speicher. Dieses Calcium stammt aus der Verwitterung von Mineralen wie etwa Calcit, Gips, calciumreicher Plagioklase und anderen Calciumsilicaten. Eine weitaus kleinere Menge wird durch äolischen Transport von Staub abgeliefert.

Würde den Ozeanen kontinuierlich diese bei der Verwitterung frei werdenden Calciummengen zugeführt, wären sie – sofern es keine Möglichkeit der Entnahme des überschüssigen Calciums aus dem Ozean gäbe – sehr rasch an diesem Element übersättigt. Der Materialfluss, der den Calciumgehalt in den Ozeanen relativ konstant hält, ist die zuvor beschriebene Sedimentation von Calciumcarbonat. Eine geringe Menge Calcium wird außerdem als Gips in Evaporitlagerstätten ausgefällt. Über längere Zeiträume hinweg betrachtet, werden die Calcium enthaltenden Sedimente herausgehoben, sie verwittern und das darin enthaltene Calcium gelangt in die Ozeane zurück.

Die Calciummenge, die von den Ozeanen aufgenommen werden kann, ist weitaus größer als der Zufluss und Abfluss von Calcium, daher ist die Verweilzeit vergleichsweise lang. Aus der Division der in den Ozeanen gelösten Calciummenge (derzeit 560.000 Gt) durch den jährlichen Zufluss (0,9 Gt) ergibt sich eine Verweilzeit von mehr als 600.000 Jahren.

Der Kohlenstoffkreislauf

Der Kohlenstoffkreislauf enthält vier wesentliche Speicher: die Atmosphäre, die Ozeane der Erde einschließlich ihrer Organismen, die Landoberfläche einschließlich aller Landpflanzen und Böden sowie die tiefere Lithosphäre (Abb. 15.18). Der Kohlenstoff-Materialfluss zwischen diesen Speichern lässt sich in Form von Teilsystemen beschreiben. In Zeiten, in denen das Klima der Erde stabil ist, befindet sich jeder dieser Teilzyklen in einem Gleichgewichtszustand und kann daher durch einen konstanten Materialfluss charakterisiert werden.

Gasaustausch Atmosphäre–Ozean Der Austausch von CO_2 über die Schnittstelle Atmosphäre–Ozean beläuft sich auf einen mittleren Kohlenstoff-Fluss von etwa 80 Gt pro Jahr. Dieser Prozess ist von zahlreichen Faktoren abhängig, beispielsweise von der Luft- und Wassertemperatur und der Zusammensetzung des Meerwassers, vor allem aber von der Windgeschwindigkeit, die den Gasaustausch durch das Aufwühlen des Oberflächenwassers und die Bildung von Gischt verstärkt. Das im Meerwasser gelöste Kohlendioxid wird aus der Lösung freigesetzt und geht durch die Verdunstung der Gischt in die Atmosphäre über, wäh-

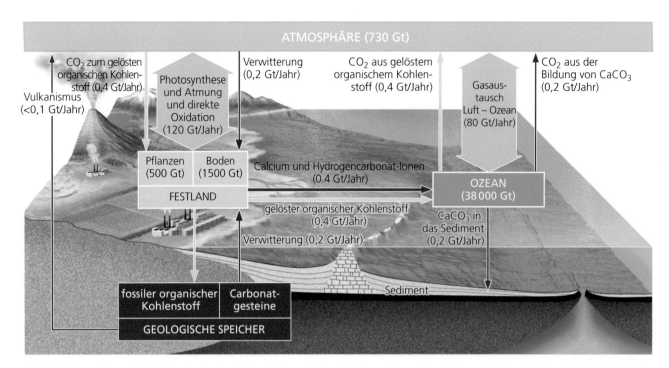

Abb. 15.18 Der Kohlenstoffkreislauf beschreibt den Kohlenstoff-Fluss zwischen der Atmosphäre und den anderen wichtigen Speichern. Der in jedem Speicher befindliche Kohlenstoff ist jeweils in Gigatonnen, der Materialfluss in Gigatonnen pro Jahr angegeben (nach: IPCC (2001): Climate Change: The Scientific Basis)

rend CO_2 aus der Atmosphäre durch Lösung in der Gischt und über die Niederschläge direkt in die Ozeane übergeht.

Gasaustausch Atmosphäre–Biosphäre Dieser Teilzyklus mit dem größten Kohlenstoff-Materialfluss von 120 Gt/Jahr ergibt sich aus dem CO_2-Austausch zwischen der terrestrischen Biosphäre und der Atmosphäre während der Photosynthese, Atmung und Zersetzung. Pflanzen nehmen bei der Photosynthese diese gesamte Menge an CO_2 auf und etwa die Hälfte wird durch Atmung wieder in die Atmosphäre abgegeben. Die andere Hälfte wird als organischer Kohlenstoff in das Gewebe der Pflanzen eingebaut – in Blätter, Holz, Wurzeln und Samen. Die Pflanzen werden von Tieren gefressen und Mikroorganismen besorgen ihren Abbau. Beide Prozesse führen zur einer Oxidation des Pflanzengewebes, bei der CO_2 entsteht. Der größte Teil des bei diesem Prozess freigesetzten organischen Kohlenstoffs – ungefähr die dreifache Menge der gesamten Pflanzenmasse – wird in den Böden gespeichert. Ein weiterer Teil (ungefähr 4 Gt) gelangt durch direkte Oxidation über Waldbrände und andere Verbrennungsprozesse in die Atmosphäre.

Ein kleiner Teil des im Pflanzengewebe aufgenommen CO_2 (0,4 Gt/Jahr) wird in Oberflächengewässern gelöst und durch Flüsse in die Ozeane transportiert; von dort gelangt dieser gelöste organische Kohlenstoff (DOC = dissolved organic carbon) durch Atmung der marinen Organismen in die Atmosphäre zurück und wird schließlich bei der Photosynthese wieder von Pflanzen aufgenommen.

Gasaustausch Lithosphäre–Atmosphäre Durch die Verwitterung von Carbonatgesteinen werden der Lithosphäre pro Jahr etwa 0,2 Gt Kohlenstoff entzogen, etwa dieselbe Menge stammt aus der Atmosphäre. Dieses im Niederschlagswasser gelöste CO_2 bildet Kohlensäure, die mit den in den Gesteinen vorhandenen Carbonaten unter Bildung von Carbonat- und Hydrogencarbonat-Ionen reagiert, die wiederum durch Flüsse in die Ozeane transportiert werden. Dort kehren die Schalen tragenden Organismen die Reaktion der Carbonatverwitterung um, indem sie Calciumcarbonat ausfällen und äquivalente Mengen an Kohlenstoff als CO_2 in die Atmosphäre abgeben. Dieser Teilzyklus zeigt eine der Möglichkeiten, wie der Kohlenstoffkreislauf mit dem Kreislauf des Calciums verknüpft ist.

Eine weitere Verbindung ergibt sich aus der Verwitterung der Silicatgesteine, von denen die meisten ebenfalls erhebliche Mengen an Calcium enthalten. Bei deren Verwitterung gelangt Calcium über die Oberflächengewässer in die Ozeane, wo die Calcium-Ionen mit den Carbonat- bzw. Hydrogencarbonat-Ionen unter Bildung von Calciumcarbonat reagieren und auf diese Weise der Atmosphäre CO_2 entziehen. Der gesamte Kohlenstoff-Fluss aus der Silicatverwitterung ist vergleichsweise gering (weniger als 0,1 Gt/Jahr) und wird wie der Vulkanismus – durch den ebenfalls nur geringen Mengen in die Atmosphäre gelangen – bei den kurzfristigen Simulationen des Klimas normalerweise nicht berücksichtigt. Über längere Zeiträume betrachtet, können die Auswirkungen der Silicatverwitterung jedoch erheblich sein, denn im Gegensatz zur Verwitterung der Carbonate wird hier der Atmosphäre CO_2 entzogen und zeitweilig in der Lithosphäre gespeichert. Beispielsweise wurde durch den Aufstieg des Himalaja und des Hochlands von Tibet, der vor 40 Mio. Jahren einsetzte, die Verwitterung möglicherweise so verstärkt, dass sich der CO_2-Gehalt der Atmosphäre verringerte, was in der Konsequenz zur Abkühlung des Klimas beitrug, die schließlich zur pleistozänen Vereisung führte (vgl. Exkurs 22.1).

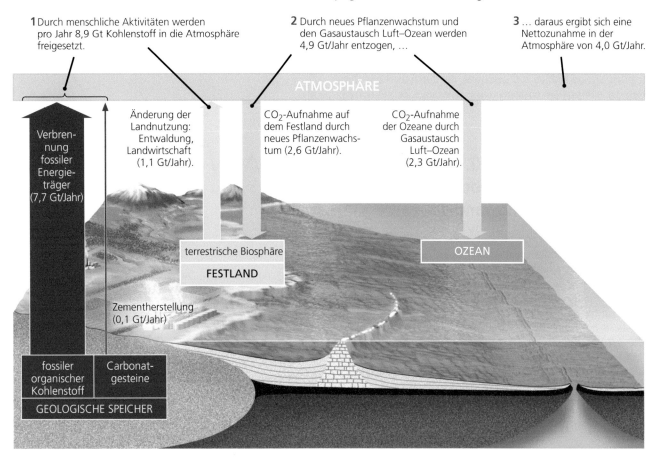

1 Durch menschliche Aktivitäten werden pro Jahr 8,9 Gt Kohlenstoff in die Atmosphäre freigesetzt.

2 Durch neues Pflanzenwachstum und den Gasaustausch Luft–Ozean werden 4,9 Gt/Jahr entzogen, ...

3 ... daraus ergibt sich eine Nettozunahme in der Atmosphäre von 4,0 Gt/Jahr.

ATMOSPHÄRE

Verbrennung fossiler Energieträger (7,7 Gt/Jahr)

Änderung der Landnutzung: Entwaldung, Landwirtschaft (1,1 Gt/Jahr).

CO_2-Aufnahme auf dem Festland durch neues Pflanzenwachstum (2,6 Gt/Jahr).

CO_2-Aufnahme der Ozeane durch Gasaustausch Luft–Ozean (2,3 Gt/Jahr).

terrestrische Biosphäre
FESTLAND

OZEAN

Zementherstellung (0,1 Gt/Jahr)

fossiler organischer Kohlenstoff

Carbonatgesteine

GEOLOGISCHE SPEICHER

Abb. 15.19 Ein Großteil des durch den Menschen in die Atmosphäre freigesetzten CO_2 wird von den Ozeanen und durch Pflanzenwachstum absorbiert. Der Rest verbleibt in der Atmosphäre und erhöht die CO_2-Konzentration. Die in diesem Diagramm dargestellten Materialflüsse (angegeben in Gigatonnen pro Jahr) beziehen sich auf den Zeitraum zwischen 2000 und 2009 (*IPCC (2013):* Climate Change: The Physical Science Basis)

Anthropogen verursachte Störungen des Kohlenstoffkreislaufs

Nach Kenntnis dieser Zusammenhänge befassen wir uns erneut mit den durch Menschen verursachten CO_2-Emissionen. Abbildung 15.19 zeigt, was mit dem Kohlenstoff geschah, der durch menschliche Aktivitäten in der Zeit zwischen 2000 und 2009 der Atmosphäre zugeführt wurde. Von den insgesamt 8,9 Gt /Jahr durch Menschen in die Atmosphäre freigesetzten Kohlenstoff verblieben lediglich 45 % (4,0 Gt/Jahr) in der Atmosphäre. Der Rest wurde etwa zu gleichen Teilen von den Ozeanen (2,3 Gt/Jahr) und der Landoberfläche (2,6 Gt/Jahr) aufgenommen.

Obwohl diese Verringerung des Kohlenstoffs in der Atmosphäre dazu dient, die Geschwindigkeit der globalen Erwärmung zu vermindern, was ohne Zweifel positive Auswirkungen hat, kann dies für das Leben in den Ozeanen katastrophale Folgen haben. Die anthropogenen Kohlenstoff-Emissionen werden von den Ozeanen aufgenommen, wodurch deren Säuregehalt ansteigt, und diese Versauerung der Ozeane erhöht die Löslichkeit des Calciums im Meerwasser und erschwert den wichtigsten marinen Organismen die Bildung von Hartteilen aus Calciumcarbonat (vgl. Abb. 15.15). Korallenriffe sind bereits davon betroffen (Abb. 15.20), und wenn sich die

Abb. 15.20 Marine Organismen, die Hartteile aus Calciumcarbonat bilden, wie etwa diese Korallen im Great-Barrier-Riff vor Australien, sind durch die Versauerung der Ozeane in ihrer Existenz bedroht (Foto: © Charles Stirling (Diving)/ Alamy)

derzeitige Entwicklung fortsetzt, könnte die Versauerung der Meere in den nächsten Jahrzehnten zu einem Rückgang der Population der häufigsten marinen Organismen wie etwa den Echinodermen führen. Einige Wissenschaftler gehen davon aus, dass diese Form der globalen Veränderung sowohl an der Ost- als auch der Westküste Nordamerikas bereits zu einem in jüngster

Teil V

Zeit beobachteten massiven Aussterben der Seesterne geführt hat.

Was auf den Festländern geschieht, ist weniger klar. Was mit der großen Menge Kohlenstoff geschieht, die durch die Landpflanzen der Atmosphäre entzogen wird, war lange Zeit unbekannt (vgl. Abschn. 24.15).

Die Erwärmung im 20. Jahrhundert: Menschliche Fingerabdrücke im globalen Klimawandel

Woher wissen wir, dass sich das Klima auf der Erde verändert, oder dass dieser Klimawandel die Folge unseres eigenen Handelns ist? Der Mensch beobachtet die globalen Temperaturen schon seit langer Zeit. Das Thermometer, das wichtigste Instrument zur Bewertung des Klimas, wurde zu Beginn des 18. Jahrhunderts erfunden, als der Amerikaner Daniel Fahrenheit 1724 die erste standardisierte Temperaturskala erarbeitete. Seit etwa 1880 werden die Temperaturen weltweit von unzähligen Wetterstationen auf den Festländern und auf Schiffen registriert, um daraus die mittleren jährlichen Oberflächentemperaturen so exakt wie möglich bestimmen zu können.

Obwohl diese Durchschnittswerte von Jahr zu Jahr und von Jahrzehnt zu Jahrzehnt erheblich schwanken, geht der Trend allgemein nach oben (Abb. 15.21). Zwischen dem Ende des 19. und dem Beginn des 21. Jahrhunderts stiegen die mittleren Oberflächentemperaturen um etwa 0,6 °C (Abb. 15.21a), eine Klimaentwicklung, die als **„Erwärmung des 20. Jahrhunderts"** bezeichnet wird.

Die Erwärmung des 20. Jahrhunderts erfolgt weltweit betrachtet nicht überall gleichmäßig. Abbildung 15.22 zeigt die geographischen Schwankungen der durchschnittlichen Jahrestemperaturen in den Jahren 1912, 1962 und 2012, wobei die einzelnen Gebiete entsprechend den Temperaturdifferenzen – bezogen auf die Basiswerte von 1951 bis 1980 – in jeweils unterschiedlichen Farben dargestellt sind. Global ergibt sich zwischen 1912 und 2012 ein mittlerer Temperaturanstieg um 0,9 °C, der weitgehend der Erwärmung des 20. Jahrhunderts entspricht (vgl. Abb. 15.21). Einige regionale Unterschiede sind größer, andere sind geringer. In der Arktis war der Temperaturanstieg beispielsweise deutlich höher als der Mittelwert, während er im zentralen Pazifischen Ozean sehr gering war. Im Allgemeinen erwärmten sich die Oberflächen der Festländer stärker als die Ozeane. Der größte Teil der Erwärmung erfolgte in den vergangenen 50 Jahren. In weiten Gebieten der Nordkontinente stiegen die Temperaturen in der Zeit zwischen 1962 und 2012 um mehr als 1 °C.

Es ist weithin bekannt, dass die Aktivitäten der Menschen für die steigende CO_2-Konzentration in der Atmosphäre verantwortlich sind, weil die Kohlenstoffisotope der fossilen Brennstoffe ein charakteristisches Verhältnis aufweisen, das exakt mit der sich ändernden Isotopenzusammensetzung des in der Atmosphäre

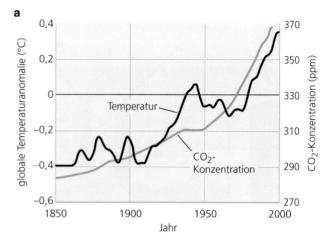

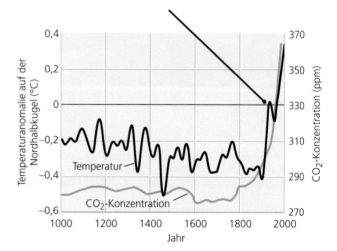

Abb. 15.21a,b Ein Vergleich der Oberflächentemperatur-Anomalien (*schwarze Linie*) und der CO_2-Konzentration der Atmosphäre (*blaue Linie*) zeigt die in jüngerer Zeit zunehmende Erwärmung. **a** Globale jährliche Durchschnittstemperatur-Anomalien, errechnet aus Thermometermessungen und den CO_2-Konzentrationen für den Zeitraum zwischen 1850 und 2010. **b** Globale jährliche Durchschnittstemperatur-Anomalien auf der Nordhalbkugel, ermittelt aus Jahresringen, Eisbohrkernen und anderen Klimaindikatoren, und die CO_2-Konzentration der Atmosphäre für das vergangene Jahrtausend. In beiden Abbildungen sind die Anomalien definiert als Abweichung gegenüber dem Mittelwert der zwischen 1961 und 1990 gemessenen Temperaturen (IPCC (2013)*: Climate Change: The Physical Science Basis*)

vorhandenen Kohlenstoffs übereinstimmt. Doch mit welcher Sicherheit können wir davon ausgehen, dass die Erwärmung im 20. Jahrhundert eine direkte Folge des CO_2-Anstiegs ist, das heißt das Ergebnis eines verstärkten Treibhauseffekts und nicht etwa die Folge natürlicher Klimaschwankungen.

Um diese und andere Fragen bezüglich der Klimaveränderungen auf der Erde beantworten zu können, gründeten die Vereinten Nationen mit dem sogenannten Weltklima-Rat (Intergovernmental Panel on Climate Change, IPCC) eine spezielle zwischen-

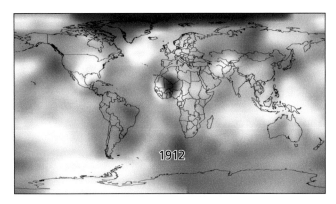

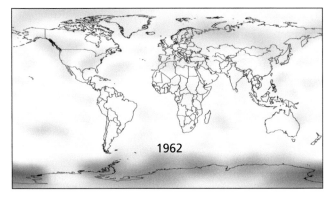

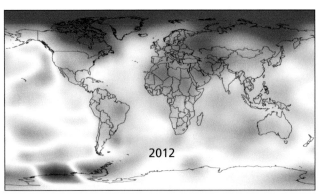

Temperaturunterschied

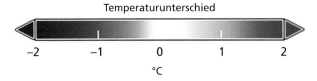

−2   −1   0   1   2

°C

Abb. 15.22 Temperaturabweichungen in den Jahren 1912 (*oben*), 1962 (*Mitte*) und 2012 (*unten*), bezogen auf die lokalen Durchschnittstemperaturen des Zeitraums zwischen 1951 und 1980. Der durchschnittliche Temperaturunterschied zwischen 1912 und 2012 beträgt weltweit etwa 0,8 °C und stimmt mit der Erwärmung des 20. Jahrhunderts weitgehend überein (vgl. Abb. 15.20). In der Arktis lag die Erwärmung um ein Mehrfaches über diesem Mittelwert, während sie im zentralen Pazifischen Ozean vergleichsweise gering war (Foto: NASA's Goddard Space Flight Center Visualization Studio)

staatliche wissenschaftliche Organisation. Die Aufgabe des IPCC besteht darin, eine übereinstimmende auf wissenschaftlichen Untersuchungen basierende Übersicht über die Klimaveränderungen in den vergangenen fünfzig Jahren zu erarbeiten und die potenziellen Auswirkungen und sozioökonomischen Folgen einer globalen, anthropogen ausgelösten Erwärmung für Umwelt und Gesellschaft abzuschätzen. Ein Großteil der Informationen über das System Klima, die in diesem Lehrbuch widergegeben werden, wurden den Sachstandsberichten des IPCC entnommen (Exkurs 15.2).

Die Erwärmung im 20. Jahrhundert liegt innerhalb der Schwankungsbreite der Temperaturen, die für das Holozän abgeleitet worden sind. In Wirklichkeit waren die Durchschnittstemperaturen in vielen Gebieten der Erde in der Zeit vor 10.000 bis 8000 Jahren wahrscheinlich höher als heute. Der Klimaverlauf ist im 20. Jahrhundert, verglichen mit der Abfolge und der Geschwindigkeit der Klimaveränderungen im vergangenen Jahrtausend, jedoch eindeutig anomal. Obwohl für die Zeit vor dem 19. Jahrhundert keine unmittelbaren Temperaturmessungen vorliegen, ermöglichen die Daten von Eisbohrkernen, Jahresringen und anderen Klimaindikatoren (Proxi-Daten) den Temperaturverlauf auf der nördlichen Hemisphäre für diesen Zeitraum zu rekonstruieren (Abb. 15.21b). Dabei ergab sich für die Epoche zwischen 1000 und 1900 eine zwar unregelmäßige, aber kontinuierliche globale Abkühlung. Außerdem zeigte sich, dass die Schwankungen der durchschnittlichen Oberflächentemperaturen in jedem dieser Jahrhunderte in der Größenordnung von wenigen Zehntel Grad lagen.

Ein zweites, und für viele Experten zwingenderes Argument ergibt sich aus der Übereinstimmung des beobachteten Ablaufs der Erwärmung und dem durch optimiertere Klimamodelle vorhergesagten verstärkten Treibhauseffekt. Modelle, die Veränderungen der atmosphärischen Treibhausgase berücksichtigen, bestätigten nicht nur den Ablauf der Temperaturverhältnisse, sondern auch die geographischen und höhenbedingten Temperaturveränderungen in der Atmosphäre, die manche Wissenschaftler als „Fingerabdrücke" eines verstärkten Treibhauseffekts bezeichnen. Beispielsweise sagen Modelle des verstärkten Treibhauseffekts voraus, dass im Fall einer globalen Erwärmung die nächtlichen Tiefsttemperaturen an der Oberfläche rascher ansteigen als die Tageshöchsttemperaturen und dass sich dadurch die täglichen Temperaturschwankungen verringern werden. Die Klimadaten des letzten Jahrhunderts bestätigen diese Vorhersagen.

Ein weiterer Fingerabdruck der globalen Erwärmung waren die Veränderungen der Gebirgsgletscher in den niederen Breiten. Die Gletscher in Höhen über 5000 m NN in Afrika, Südamerika und Tibet (Abb. 15.23) schmolzen im Verlauf der letzten hundert Jahre deutlich ab, eine Beobachtung, die mit dem Prognosen der Klimamodelle übereinstimmen.

Wie in diesem Kapitel bereits erwähnt wurde, können bislang wenig bekannte Aspekte des Klimasystems bei prognostizierenden Klimamodellen zu erheblichen Fehlern führen. Trotzdem spricht die gute Übereinstimmung der gemessenen Klimaentwicklung mit den grundlegenden physikalischen Zusammen-

Teil V

Exkurs 15.2 Der Weltklimarat (Intergovernmental Panel on Climate Changee, IPCC)

Das Klimasystem der Erde ist unglaublich komplex und daher ist eine Prognose bezüglich der Reaktionen auf die anthropogenen Emissionen von Treibhausgasen nicht unbedingt eine einfache Aufgabe. Niemand kann mehr die gewaltige Anzahl der Forschungen zum Klimawandel überblicken, die weltweit von Tausenden von Wissenschaftlern durchgeführt werden, und selbst die Experten sind sich in wichtigen Punkten uneinig. Im Jahre 1988 wurde von den Vereinten Nationen und der Weltorganisation für Meteorologie (World Meteorological Organization, WMO) der „Zwischenstaatliche Ausschuss über Klimaveränderung" (kurz Weltklimarat – Intergovernmental Panel on Climate Change, IPCC) ins Leben gerufen, um politischen Entscheidungsträgern und einer breiten Öffentlichkeit eine fundierte wissenschaftliche Darstellung des aktuellen Kenntnisstandes bezüglich des Klimawandels und seinen potenziellen Folgen für die

Umwelt und die menschliche Gesellschaft zu Verfügung zu stellen.

Das IPCC ist für alle Mitglieder der UN und der WMO offen, und derzeit sind 195 Länder in diesem Ausschuss vertreten. Die wichtigsten Aufgaben des IPCC ist die Erstellung sogenannter Sachstandsberichte (Assessment Reports), die seit 1990 im Abstand von sechs Jahren veröffentlicht werden. Tausende von Wissenschaftlern aus allen Teilen der Welt haben auf freiwilliger Basis als Autoren, Mitarbeiter und Gutachter ihren Beitrag zu dieser Arbeit geleistet. Jeder der bisher erschienenen Berichte enthielt die wichtigsten wissenschaftlichen Zusammenfassungen bezüglich der Klimaveränderungen in der Vergangenheit und Zukunft.

Zusammenkunft der verantwortlichen Autoren des 5. IPCC-Sachstandsberichts im Juni 2011 in Changwon, Korea (Foto: © Benjamin Kriemann/ IPCC)

Der erste vom IPCC im Jahre 1990 veröffentlichte Sachstandsbericht spielte als Basis für die „Klimakonvention der Vereinten Nationen", dem wichtigsten internationalen Vertrag zur Reduzierung der globalen Erwärmung und den Konsequenzen eines Klimawandels, eine maßgebliche Rolle. Der zweite Sachstandsbericht des IPCC wurde 1995 herausgegeben und enthielt essenzielle Fakten, die von den Unterhändlern 1997 in das Kyoto-Protokoll aufgenommen wurden. Der dritte Sachstandsbericht erschien 2001 und der vierte im Jahre 2007.

Der fünfte, 2013 erschienene Sachstandbericht besteht aus drei Berichten von Arbeitsgruppen. Der erste Teilbericht mit dem Titel „Die naturwissenschaftlichen Grundlagen des Klimawandels" umfasst mehr als 2000 Seiten und wurde im

September 2013 zunächst als Entwurf veröffentlicht. Zahlreiche der in diesem Kapitel und anderswo in diesem Buch genannten Daten zum Klimawandel wurden entsprechend den Angaben des Sachstandsberichtes von 2013 auf den neusten Stand gebracht. Die Endfassung des fünften Sachstandsberichts erschien im Januar 2014 und enthält Berichte über die Risiken und Folgen des Klimawandels sowie über Anpassungs- und Minderungsoptionen.

Im Jahre 2007 ging der Friedensnobelpreis zu gleichen Teilen an das IPCC und an den US-amerikanischen Politiker Al Gore „… für ihre Bemühungen ein breiteres Wissen über den vom Menschen verursachten Klimawandel zu erlangen und zu verbreiten und damit die notwendigen Grundlagen zu schaffen, diesen Veränderungen entgegenzuwirken".

Teil V

Abb. 15.23 Der Glaziologe Lonnie Thompson auf dem Dasuopu-Gletscher (Tibet) in einer Höhe von 5300 m. Die Entnahme von Eisbohrkernen aus diesem Gletscher liefert Hinweise auf die anomale globale Erwärmung im zwanzigsten Jahrhundert (Foto: © Lonnie Thompson/Byrd Polar Research Center, Ohio State University)

hängen der verstärkten Treibhauserwärmung vermehrt für die Hypothese, dass der Mensch Auslöser der jüngsten Klimaerwärmung ist. Auf diese Klimaerwärmung und ihre Folgen für die menschliche Gesellschaft wird in Kap. 23 noch gesondert eingegangen.

Zusammenfassung des Kapitels

Das System Klima: Das Klimasystem umfasst alle Komponenten des Systems Erde und alle Wechselwirkungen innerhalb dieser Komponenten, die bestimmen, wie sich das Klima in Zeit und Raum verhält. Die wichtigsten Komponenten des Klimasystems sind Atmosphäre, Hydrosphäre, Kryosphäre und Biosphäre. Jeder dieser Bestandteile spielt innerhalb des Klimasystems eine Rolle, die von seiner Fähigkeit abhängt, Masse und Energie zu speichern oder zu transportieren.

Der Treibhauseffekt: Wenn die Erdoberfläche von der Sonne erwärmt wird, strahlt sie Wärme in die Atmosphäre zurück. Kohlendioxid und andere Treibhausgase absorbieren einen Teil dieser infraroten Strahlung und strahlen sie nach allen Richtungen und damit auch auf die Erdoberfläche wieder ab. Diese Strahlung sorgt dafür, dass die Temperaturen in der Atmosphäre höher sind, als sie ohne Treibhausgase wären, ähnlich den wärmeren Lufttemperaturen in einem Gewächshaus.

Klimaschwankungen in der Vergangenheit: Natürliche Klimaschwankungen treten zeitlich und räumlich in höchst unterschiedlichen Größenordnungen auf. Einige sind auf externe Einflüsse zurückzuführen, wie etwa Schwankungen der Sonneneinstrahlung, oder auf eine andere Verteilung der Festländer und Ozeane aufgrund der Drift der Kontinente. Andere sind die Folge intern bedingter Schwankungen innerhalb des Klimasystems. Zu den kurzfristigen regionalen Klimaschwankungen gehört der El Niño- (ENSO) Effekt an der Westküste Perus. Langfristige Klimaschwankungen waren beispielsweise die Vereisungszyklen innerhalb des Pleistozäns mit Schwankungen der Oberflächentemperaturen von 6 bis 8 °C.

Eiszeiten und ihre Ursachen: Altersbestimmungen an Gletscherablagerungen auf dem Festland und an marinen Sedimenten haben gezeigt, dass sich die Inlandeismassen gegen Ende des Pliozäns und im Pleistozän mehrfach ausgedehnt und zurückgezogen haben. In jeder Kaltzeit kam es zu einer Verlagerung großer Wassermassen von der Hydrosphäre in die Kryosphäre, verbunden mit einer Ausdehnung der Eismassen und einem Absinken des Meeresspiegels. Die bisher beste Erklärung für die Ursache dieser Vereisungszyklen sind die Milanković-Zyklen, kleine periodische Schwankungen der Erdumlaufbahn durch das Sonnensystem, durch die sich die auf der Erdoberfläche auftreffende Intensität der Sonneneinstrahlung verändert. Diese Schwankungen werden durch positive Rückkopplungseffekte aufgrund der in der Erdatmosphäre vorhandenen Treibhausgase verstärkt. Die globale Abkühlung, die zu den pleistozänen Eiszeiten führte, war die Folge plattentektonischer Prozesse, die zu einer Neuverteilung der Kontinente und damit zu einer Änderung der Meeresströmungen führte.

Geochemische Kreisläufe: Geochemische Kreisläufe beschreiben den Materialfluss von chemischen Elementen und Verbindungen von einer Komponente des Systems Erde in eine andere. Die Atmosphäre, Hydrosphäre, Kryosphäre, Lithosphäre und Biosphäre dienen als geochemische Speicher, die durch Transportprozesse chemischer Substanzen miteinander in Verbindung stehen. Befindet sich ein Speicher im Gleichgewichtszustand, entsprechen sich Zufuhr und Entnahme. Die Verweilzeit einer chemischen Substanz errechnet sich aus der Gesamtmenge der chemischen Substanz im Speicher, geteilt durch die Zufuhr.

Kohlenstoffkreislauf: Der Kohlenstoffkreislauf beschreibt den Kohlenstoff-Materialfluss zwischen den fünf wesentlichen Speichern, der Atmosphäre, der Hydrosphäre, der Kryosphäre, der Lithosphäre und der Biosphäre. Wichtige Teilvorgänge des Kohlenstoffkreislaufs sind der Gasaustausch zwischen der Atmosphäre und der Meeresoberfläche, der Transport von Kohlendioxid zwischen Biosphäre und Atmosphäre durch Photosynthese, Atmung und direkte Oxidation, der Transport von gelöstem organischem Kohlenstoff durch die Oberflächengewässer zu den Ozeanen und die Verwitterung und Ausfällung von Calciumcarbonat.

Auswirkungen der anthropogen verursachten Kohlenstoffemissionen: Die durch Menschen verursachten Kohlenstoffemissionen verstärken durch den damit verbundenen Anstieg der CO_2-Konzentration den Treibhauseffekt. Ein Teil dieses Kohlendioxids wird in den Ozeanen gelöst, wo es mit dem Meerwasser unter Bildung von Kohlensäure reagiert. Die sich daraus ergebende Versauerung der Ozeane führt zu einem Anstieg der Hydrogencarbonat-Ionen auf Kosten der Carbonat-Ionen, was den Organismen die Bildung von Hartteilen aus Calciumcarbonat erschwert.

Anthropogen verursachte Klimaerwärmung des 20. Jahrhunderts: Die beobachtete Zunahme der Durchschnittstemperatur an der Erdoberfläche um ungefähr 0,6 °C im Verlauf des 20. Jahrhundert korreliert mit einem signifikanten Anstieg von CO_2 und anderen Treibhausgasen in der Atmosphäre. Die sich verändernden Isotopenverhältnisse des in der Atmosphäre vorhandenen Kohlenstoffs zeigt, dass er durch die Verbrennung fossiler Energieträger freigesetzt wurde. Die meisten Klimaexperten sind heute davon überzeugt, dass die Erwärmung im 20. Jahrhundert ganz wesentlich vom Menschen ausgelöst wurde und dass sie im 21. Jahrhundert fortdauern wird, da der Gehalt an Treibhausgasen in der Atmosphäre weiterhin ansteigt.

Ergänzende Medien

15-1 Animation: Klimasysteme

15-2 Animation: Strömungssysteme

15-3 Animation: Kohlenstoffkreislauf

Teil V

Verwitterung, Erosion und Massenbewegungen

16

Am 1. Juni 2005 wurden in der Nähe des Bluebird Canyon bei Laguna Beach in Kalifornien (USA) zahlreiche Häuser zerstört, als sie auf einem von Wasser durchnässten Berghang abrutschten (Foto: © Steven Gorges/Long Beach Press-Telegram/Corbis)

Teil V

© Springer-Verlag Berlin Heidelberg 2017
J. Grotzinger, T. Jordan, *Press/Siever Allgemeine Geologie*, DOI 10.1007/978-3-662-48342-8_16

So fest die härtesten Gesteine auch sein mögen, wenn sie den Atmosphärilien und Temperaturschwankungen ausgesetzt sind, unterliegen alle Gesteine der Verwitterung und dem Zerfall – ähnlich wie alte Autos rosten oder alte Zeitungen vergilben. Im Gegensatz zu Autos und Zeitungen dauert ihr Zerfall jedoch Tausende bis Millionen von Jahren.

In diesem Kapitel betrachten wir drei geologische Prozesse, die dafür sorgen, dass Gesteine mechanisch zerkleinert, chemisch umgewandelt und die dabei entstehenden Produkte über kurze Entfernungen verfrachtet werden: Verwitterung, Erosion und Massenbewegungen. Diese drei Prozesse sind die Folge von Wechselwirkungen zwischen den Systemen Klima und Plattentektonik.

Die Verwitterung ist der erste Schritt zur Abtragung der durch plattentektonische Prozesse aufgestiegenen Gebirge. Sobald Gebirge im Aufstieg begriffen sind, führen chemische Umwandlung und mechanische Zerkleinerung zusammen mit Regen und Wind, Eis und Schnee auch schon wieder zur Abtragung dieser Gebirge. Erosion und Massenbewegungen sind Prozesse, durch die das verwitterte Gesteins- beziehungsweise Bodenmaterial hangabwärts oder in Windrichtung transportiert wird.

Als **Erosion** werden im Allgemeinen Prozesse bezeichnet, bei denen das verwitterte Material gewissermaßen Korn für Korn in der Regel durch strömende Medien abtransportiert wird. Im deutschen Sprachraum wurde der Begriff früher etwas enger gefasst und ausschließlich für die lineare fluviatile Abtragung verwendet. Der linearen Erosion wurde die **Denudation** gegenübergestellt, die alle Prozesse der flächenhaften Abtragung einschließt.

Sowohl Massenbewegungen als auch die Erosion tragen letztendlich dazu bei, dass das verwitterte Material an der Erdoberfläche von seinem Entstehungsort abtransportiert und nachfolgend zur Ablagerung gelangt; gleichzeitig wird an der Erdoberfläche beständig frisches unverändertes Gestein der Verwitterung ausgesetzt.

Verwitterung, Erosion, Massenbewegungen und der Kreislauf der Gesteine

In Kap. 5 betrachteten wir die Verwitterung allgemein als einen Vorgang, durch den die Locker- und Festgesteine an der Erdoberfläche einer ständig fortschreitenden Zerstörung unterliegen. Durch Verwitterung entstehen nicht nur alle Tonminerale und Böden dieser Erde, sondern auch die gelösten Substanzen, die durch Flüsse den Ozeanen zugeführt werden. Die chemische Verwitterung führt zu einer Veränderung oder auch zur vollständigen Auflösung der Minerale eines Gesteins. Die physikalische Verwitterung sorgt für eine Auflockerung und Zerkleinerung des festen Gesteins durch mechanische Vorgänge ohne Veränderung der chemischen Zusammensetzung. Die chemische und physikalische Verwitterung unterstützen und verstärken sich gegenseitig.

Durch die chemische Verwitterung werden Gesteinskomponenten anfälliger gegenüber einer weiteren Zerstörung. Je kleiner die Gesteinstrümmer durch die physikalische Verwitterung werden, desto größer wird ihre Oberfläche, an der die chemische Verwitterung angreifen kann.

Sind die Gesteine durch die Verwitterung erst einmal mechanisch zerkleinert oder chemisch verändert, bilden sie entweder Schuttdecken beziehungsweise Böden, oder sie werden durch die Prozesse der Erosion – normalerweise durch Wasser, Eis oder Wind – von ihrem Entstehungsort abtransportiert und in tieferen Lagen als Sedimente abgelagert. Durch Erosion gelangt das Verwitterungsmaterial von den Hängen in die Täler, den Ausgangspunkten der Flussläufe.

Als **Massenbewegungen** bezeichnet man sämtliche Transportvorgänge, durch die große Mengen von verwittertem oder unverwittertem Gesteins- beziehungsweise Bodenmaterial, oft in einem singulären Vorgang, unter dem Einfluss der Schwerkraft hangabwärts transportiert werden. Die Produkte solcher Massenbewegungen – durch Verwitterung entstandene Gesteinsbruchstücke, aber auch große Blöcke aus unverwittertem Gestein – sammeln sich in den Tälern und werden von dort durch Flüsse abtransportiert. Hat das Material erst einmal Bäche und Flüsse erreicht, gelangt es auf sehr effiziente Weise, oft über ganze Kontinente hinweg, schließlich in die Ozeane. Auf diesen fluviatilen Transport des Sedimentmaterials von seinem Entstehungsort in den Gebirgen bis in die Ozeane wird in Kap. 18 näher eingegangen.

Die Verwitterung ist einer der wichtigsten Prozesse im Kreislauf der Gesteine. Sie verändert nicht nur die Morphologie der Erdoberfläche, sondern auch das Gesteinsmaterial, sodass letztendlich alle Gesteine in Sedimente und Böden übergehen.

Die folgenden Abschnitte befassen sich zunächst vor allem mit den Aspekten der chemischen Verwitterung, da sie in gewisser Weise die wesentliche Antriebskraft der gesamten Verwitterungsprozesse ist. Beispielsweise sind die Auswirkungen der physikalischen Verwitterung, auf die anschließend eingegangen wird, weitgehend vom chemischen Zerfall der Minerale abhängig. Ehe wir uns mit diesen beiden Formen der Verwitterung im Detail beschäftigen, betrachten wir diejenigen Faktoren, die insgesamt die Verwitterung beeinflussen.

Geologische Faktoren der Verwitterung

Alle Gesteine unterliegen der Verwitterung, aber wie sie verwittern und vor allem wie rasch, ist ausgesprochen unterschiedlich. Die vier wichtigsten Faktoren, die den Zerfall und die Zerstörung der Gesteine beeinflussen, sind die Eigenschaften des Ausgangsgesteins, das Klima, eine vorhandene oder fehlende Bodenbedeckung und die Zeitdauer, während der die Gesteine den Einwirkungen der Atmosphärilien ausgesetzt sind. Diese vier Faktoren sind in Tab. 16.1 zusammengefasst.

Tab. 16.1 Die wichtigsten, die Verwitterungsgeschwindigkeit beeinflussenden Faktoren

	Verwitterungsgeschwindigkeit		
	gering		hoch
Eigenschaften des Ausgangsgesteins			
Löslichkeit der Minerale	gering (z.B. Quarz)	mäßig (z.B. Pyroxen, Feldspat)	hoch (z.B. Calcit)
Gefüge	massig	einige Schwächezonen	stark zerbrochen oder dünnschichtig
Klima			
Niederschläge	gering	mäßig	hoch
Temperatur	kalt	gemäßigt	heiß
Vorhandensein oder Fehlen von Boden und Vegetation			
Mächtigkeit der Bodenbedeckung	keine Bodenbedeckung	geringe bis mittlere Mächtigkeit	groß
biologische Tätigkeit	spärlich	mäßig	hoch
Dauer der Exposition	kurz	mäßig lange	lange

Eigenschaften des Ausgangsgesteins

Die Beschaffenheit des Ausgangsgesteins beeinflusst die Verwitterung, weil unterschiedliche Minerale mit unterschiedlichen Intensitäten und Geschwindigkeiten verwittern und das Gefüge die Anfälligkeit des Gesteins gegenüber der mechanischen Zerstörung mitbestimmt.

An den Inschriften auf alten Grabsteinen ist unmittelbar erkennbar, dass die verschiedenen Gesteine unterschiedlich schnell verwittern. Eingemeißelte Buchstaben auf einem frisch errichteten Grabstein heben sich deutlich und mit scharfen Konturen von der polierten Oberfläche ab. Nach etwa hundert Jahren ist in einem gemäßigten feuchten Klima die Oberfläche eines Kalksteins stumpf, die Umrisse der Buchstaben werden unscharf, ähnlich wie der auf einem Stück Seife eingeprägte Name nach mehrfachem Händewaschen verschwindet (Abb. 16.1). Granit lässt dagegen nur geringe Veränderungen erkennen. Die Unterschiede bei der Verwitterung von Granit und Kalkstein sind die Folge der unterschiedlichen mineralischen Zusammensetzung. Vorausgesetzt es steht genügend Zeit zur Verfügung, zerfallen selbst die widerstandsfähigsten Gesteine. Nach einigen hundert Jahren wird auch ein Denkmal aus Granit bis zu einem gewissen Grad verwittert sein und seine Oberflächen und die Inschriften unscharf und verwaschen.

Klima: Niederschlag und Temperatur

Die Geschwindigkeit sowohl der chemischen als auch der physikalischen Verwitterung ist nicht nur abhängig von den Eigenschaften des Ausgangsgesteins, sondern auch vom Klima, vor al-

lem von der Temperatur und Niederschlagsmenge, denen dieses Gestein ausgesetzt ist. Hohe Temperaturen und Niederschlagsmengen wie in den feuchten Tropen begünstigen die chemische Verwitterung. Ein kühles und trockenes Klima verlangsamt hingegen diesen Prozess. In kalten Klimazonen ist das Wasser häufig gefroren und folglich chemisch inaktiv, in ariden Gebieten herrscht dagegen ein Mangel an Wasser.

Andererseits kann in Klimazonen, in denen die chemische Verwitterung gering ist, die physikalische Verwitterung höchst effizient sein. Gefriert beispielsweise Wasser in Klüften und Spalten, wirkt es wie ein Keil, es erweitert sie und zerstört so auf mechanischem Weg das Gestein. In den gemäßigten Klimazonen führt der Wechsel von Gefrieren und Tauen als Folge der Temperaturschwankungen durch Expansion und Kontraktion zum Zerbrechen der Gesteine.

Auswirkung der Bodenbedeckung

Obwohl Böden selbst Verwitterungsprodukte sind, beeinflusst ihr Vorhandensein oder Fehlen die chemische und physikalische Verwitterung anderer Substanzen. Durch die Bodenbildung entsteht ein gewisser positiver Rückkoppelungseffekt, da der bei diesem Vorgang entstandene Boden die weitere Bodenbildung begünstigt und verstärkt. Wenn sich erst einmal eine Bodenschicht zu bilden beginnt, wird sie zum geologisch wirksamen Faktor, der für eine beschleunigte Verwitterung der Gesteine sorgt. Der Boden hält das Niederschlagswasser zurück und bietet Lebensraum für eine Vielzahl von Pflanzen, Bakterien, Pilzen und Bodentieren. Ihre Stoffwechselprodukte, vor allem das bei der Atmung und beim Abbau des organischen Materials entstehende Kohlendioxid (CO_2), verursachen eine saure Bodenreak-

Teil V

Abb. 16.1 Diese Grabsteine aus dem frühen 19. Jahrhundert in Wellfleet, Massachusetts (USA) zeigen das Ergebnis der chemischen Verwitterung. Der Stein *rechts*, ein Kalkstein, ist so stark verwittert, dass die Schrift unleserlich ist. Die Inschrift des linken Steins, ein metamorpher Schiefer, blieb unter denselben Klimabedingungen erhalten (Foto: mit frdl. Genehm. von R. Siever)

tion, die in Verbindung mit der Bodenfeuchtigkeit die chemische Verwitterung fördert und zu einer Umwandlung oder Lösung der Minerale führt. Die Pflanzenwurzeln und die den Boden durchwühlenden Organismen unterstützen die physikalische Verwitterung, weil dadurch Zutrittskanäle für Sickerwasser entstehen. Die chemische und physikalische Verwitterung führen ihrerseits zusammen mit der biologischen Tätigkeit wiederum zur Bildung von weiterem Bodenmaterial.

Der Faktor Zeit

Je mehr Zeit für die Verwitterung zur Verfügung steht, desto stärker schreiten Gesteinsumwandlung, Lösung und mechanische Zerstörung des Gesteins voran. Gesteine, die seit vielen tausend Jahren an der Erdoberfläche aufgeschlossen sind, zeigen Verwitterungsrinden, die mit Mächtigkeiten zwischen mehreren Millimetern bis zu mehreren Dezimetern das frische, unverwitterte Gestein bedecken. In trockenen Klimaten ergaben sich für einige dieser Rinden eine Wachstumsrate in der Größenordnung von lediglich 0,006 mm pro 1000 Jahre.

Betrachten wir nun die beiden wesentlichen Formen der Verwitterung, die chemische und die physikalische Verwitterung, etwas eingehender.

Chemische Verwitterung

Die Einwirkung von Wasser, anorganischen und organischen Säuren sowie Gasen wie CO_2 und O_2 auf die in den Gesteinen vorhandenen Minerale führt zu chemischen Reaktionen, durch die Minerale und Gesteine in ihrem Aufbau verändert oder vollständig zerstört und gelöst werden, aber auch neue Minerale entstehen. Die Summe dieser äußerst komplexen nebeneinander und nacheinander ablaufenden Prozesse wird als chemische Verwitterung bezeichnet. Wir wollen unsere Untersuchungen mit der chemischen Verwitterung des Feldspats beginnen, dem häufigsten Mineral der Erdkruste.

Die Rolle des Wassers: Feldspäte und andere Silicate

Feldspäte sind Silicatminerale, die durch chemische Reaktionen in Tonminerale übergehen. Das Verhalten der Feldspäte bei der Verwitterung trägt aus zwei Gründen ganz wesentlich zum Verständnis der Verwitterungsprozesse bei:
1. Feldspäte sind wichtige Bestandteile vieler Magmatite, Metamorphite und Sedimentgesteine und sie zählen zu den häufigsten Mineralen der Erdkruste.
2. Die gleichen chemischen Lösungs- und Umwandlungsprozesse, die für die Feldspatverwitterung charakteristisch sind, treten auch bei vielen anderen Mineralen auf.

Wie wir bereits wissen, besteht Granit neben Feldspäten aus einer Reihe weiterer Minerale, die mit unterschiedlicher Intensität verwittern. Eine Probe aus frischem unverwittertem Granit ist hart und fest, weil der miteinander verzahnte Mineralbestand aus Quarz, Feldspäten und den anderen Kristallen aufgrund starker Kohäsionskräfte fest zusammenhält. Wenn aber die Feldspäte in einen lose zusammenhaftenden Ton umgewandelt werden, wird der Gesteinsverband geschwächt und die Komponenten trennen sich (Abb. 16.2). In diesem Fall fördert die chemische Verwitterung der Silicate zu Tonmineralen auch die physikalische Verwitterung, weil das Gestein nun leicht entlang

Teil V

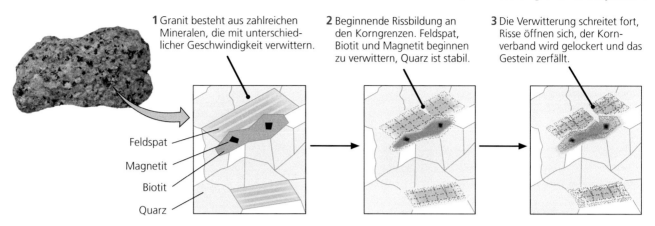

1 Granit besteht aus zahlreichen Mineralen, die mit unterschiedlicher Geschwindigkeit verwittern.

2 Beginnende Rissbildung an den Korngrenzen. Feldspat, Biotit und Magnetit beginnen zu verwittern, Quarz ist stabil.

3 Die Verwitterung schreitet fort, Risse öffnen sich, der Kornverband wird gelockert und das Gestein zerfällt.

Feldspat
Magnetit
Biotit
Quarz

Abb. 16.2 Mikroskopische Betrachtung verschiedener Stadien des Granitzerfalls (Foto: © John Grotzinger/Ramón Rivera-Moret/Harvard Mineralogical Museum)

der sich erweiternden Risse und Spalten an den Mineralgrenzen bricht.

Eines von mehreren möglichen bei der Verwitterung von Feldspäten entstehenden Tonminerale ist der weiße bis cremefarbene **Kaolinit**, benannt nach dem Berg Kao-ling im tropischen Südwestchina, wo er erstmals gewonnen wurde. Die chinesischen Kunsthandwerker hatten den reinen Kaolinit schon jahrhundertelang als Rohstoff für die Keramik- und Porzellanindustrie verwendet, ehe ein europäischer Besucher im 18. Jahrhundert eine Probe davon nach Europa brachte.

Nur im extrem ariden Klima einiger Wüsten- und Polargebiete sind Feldspäte relativ verwitterungsbeständig. Diese Beobachtung deutet darauf hin, dass Wasser eine wesentliche Komponente bei der chemischen Umwandlung von Feldspat in Kaolinit ist. Kaolinit ist ein wasserhaltiges Alumosilicat. Bei der Reaktion, durch die Kaolinit entsteht, unterliegen die Feldspäte dem Vorgang der **Hydrolyse**, das heißt, sie nehmen in ihre Kristallstruktur Wasser auf. Darüber hinaus geben sie bestimmte chemische Bestandteile ab.

Der einzige Bereich eines Festkörpers, der für die Reaktion mit einer Flüssigkeit zur Verfügung steht, ist seine Oberfläche. Vergrößert man die Oberfläche, nimmt auch die Geschwindigkeit einer chemischen Reaktion zu. Wenn man beispielsweise Kaffeebohnen sehr fein mahlt, vergrößert sich das Verhältnis ihrer Oberfläche zum Volumen. Je feiner die Kaffeebohnen gemahlen sind, desto rascher reagieren sie mit Wasser, desto mehr Kaffee wird aus den Bohnen extrahiert und desto stärker wird das Getränk. Dasselbe gilt für Minerale und Gesteine: je kleiner die Bruchstücke, desto größer ist die reaktionsfähige Oberfläche. Wie Abb. 16.3 zeigt, nimmt dieses Verhältnis enorm zu, wenn die mittlere Korngröße abnimmt.

Kohlendioxid, Verwitterung und Klimasystem

Wie Wasser ist auch Kohlendioxid an den chemischen Reaktionen der Verwitterung beteiligt. Daher haben schwankende Kohlendioxidkonzentrationen in der Atmosphäre entsprechend

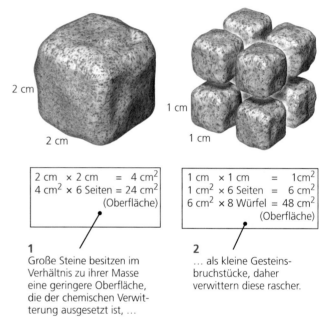

2 cm

2 cm

1 cm

1 cm

| $2\ cm \times 2\ cm = 4\ cm^2$ |
| $4\ cm^2 \times 6\ Seiten = 24\ cm^2$ |
| (Oberfläche) |

| $1\ cm \times 1\ cm = 1 cm^2$ |
| $1\ cm^2 \times 6\ Seiten = 6\ cm^2$ |
| $6\ cm^2 \times 8\ Würfel = 48\ cm^2$ |
| (Oberfläche) |

1 Große Steine besitzen im Verhältnis zu ihrer Masse eine geringere Oberfläche, die der chemischen Verwitterung ausgesetzt ist, …

2 … als kleine Gesteinsbruchstücke, daher verwittern diese rascher.

Abb. 16.3 Wenn ein Gestein in kleinere Stücke zerbricht, vergrößert sich die Oberfläche, die für die chemischen Verwitterungsreaktionen zur Verfügung steht

unterschiedliche Verwitterungsgeschwindigkeiten zur Folge (Abb. 16.4). Höhere Kohlendioxidgehalte in der Atmosphäre führen auch in den Böden zu einer Erhöhung der ohnehin bereits hohen Kohlendioxidgehalte und damit zu einer Beschleunigung der Gesteinsverwitterung. Wie in Kap. 15 gezeigt wurde, verursacht die Zunahme des Treibhausgases Kohlendioxid eine Erwärmung des Klimas und beschleunigt dadurch auch die Verwitterung. Umgekehrt wird bei der Verwitterung calciumreicher Gesteine der Atmosphäre Kohlendioxid entzogen und wirkt der globalen Erwärmung des Klimas entgegen. Auf diese Weise verbindet die chemische Verwitterung die beiden Systeme Plattentektonik und Klima miteinander. Wenn bei der Verwitterung immer mehr CO_2 verbraucht wird und die Atmosphäre dadurch abkühlt, geht auch die Verwitterungsrate zurück, dadurch steigt wiederum der Kohlendioxidgehalt der Atmosphäre, das Klima wird wieder wärmer und damit schließt sich der Kreislauf.

Teil V

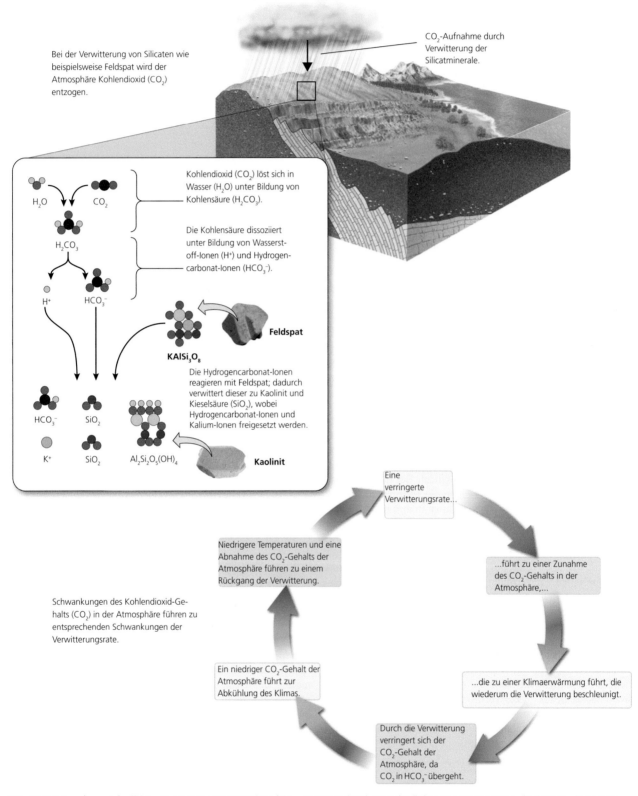

Bei der Verwitterung von Silicaten wie beispielsweise Feldspat wird der Atmosphäre Kohlendioxid (CO_2) entzogen.

CO_2-Aufnahme durch Verwitterung der Silicatminerale.

Kohlendioxid (CO_2) löst sich in Wasser (H_2O) unter Bildung von Kohlensäure (H_2CO_3).

Die Kohlensäure dissoziiert unter Bildung von Wasserstoff-Ionen (H^+) und Hydrogen-carbonat-Ionen (HCO_3^-).

H_2O CO_2

H_2CO_3

H^+ HCO_3^-

Feldspat

$KAlSi_3O_8$

Die Hydrogencarbonat-Ionen reagieren mit Feldspat; dadurch verwittert dieser zu Kaolinit und Kieselsäure (SiO_2), wobei Hydrogencarbonat-Ionen und Kalium-Ionen freigesetzt werden.

HCO_3^- SiO_2

K^+ SiO_2 $Al_2Si_2O_5(OH)_4$ **Kaolinit**

Schwankungen des Kohlendioxid-Gehalts (CO_2) in der Atmosphäre führen zu entsprechenden Schwankungen der Verwitterungsrate.

Eine verringerte Verwitterungsrate...

...führt zu einer Zunahme des CO_2-Gehalts in der Atmosphäre,...

...die zu einer Klimaerwärmung führt, die wiederum die Verwitterung beschleunigt.

Durch die Verwitterung verringert sich der CO_2-Gehalt der Atmosphäre, da CO_2 in HCO_3^- übergeht.

Ein niedriger CO_2-Gehalt der Atmosphäre führt zur Abkühlung des Klimas.

Niedrigere Temperaturen und eine Abnahme des CO_2-Gehalts der Atmosphäre führen zu einem Rückgang der Verwitterung.

Abb. 16.4 Schwankungen des Kohlendioxidgehalts der Atmosphäre führen zu entsprechend unterschiedlichen Verwitterungsraten, die ihrerseits die Verwitterung beeinflussen. Auf diese Weise besteht eine Verbindung zwischen der Lithosphäre und dem System Klima (Fotos: © John Grotzinger/Ramón Rivera-Moret/Harvard Mineralogical Museum)

Teil V

Die Rolle von Kohlendioxid bei der Verwitterung Die Reaktion von Feldspat mit destilliertem Wasser unter Laborbedingungen ist ein extrem langsamer Vorgang. Es würde viele tausend Jahre dauern, bis selbst eine kleine Menge Feldspat unter solchen Verhältnissen „verwittert" wäre. Wenn wir die Verwitterung im Labor beschleunigen wollten, müssten wir eine starke Säure wie beispielsweise Salzsäure zugeben, um in wenigen Tagen nennenswerte Mengen Feldspat in Lösung zu bringen. Eine Säure setzt in einer Lösung Wasserstoff-Ionen (H^+) frei – eine starke Säure mehr als eine schwache. Da Wasserstoff-Ionen eine starke Tendenz haben, sich mit anderen Substanzen chemisch zu verbinden, sind Säuren ausgezeichnete Lösungsmittel.

An der Erdoberfläche ist Kohlensäure (H_2CO_3) die häufigste natürlich vorkommende Säure und sie ist auch die Säure, die für die Verwitterungsintensität verantwortlich ist. Diese schwache Säure entsteht durch Lösung einer geringen Menge von gasförmigem Kohlendioxid (CO_2) aus der Atmosphäre im Regenwasser:

$$\text{Kohlendioxid} + \text{Wasser} \rightarrow \text{Kohlensäure}$$
$$CO_2 \qquad\qquad H_2O \qquad\qquad H_2CO_3$$

Im Regenwasser ist jedoch nur sehr wenig Kohlendioxid gelöst, da die Kohlendioxidkonzentration in der Atmosphäre äußerst gering ist. Nur ungefähr 0,03 % der Moleküle in der Atmosphäre bestehen aus Kohlendioxid. Der Kohlensäuregehalt des Regenwassers beträgt lediglich 0,0006 g/l.

Da durch die Verbrennung von Öl, Gas und Kohle der Kohlendioxidgehalt in der Atmosphäre ansteigt, nimmt auch der Kohlensäuregehalt im Regenwasser geringfügig zu. Der dadurch zum Teil entstehende sogenannten „Saure Regen" beschleunigt die Verwitterung, doch der weit größere Teil der Säure stammt nicht vom Kohlendioxid, sondern von gasförmigen Schwefel- und Stickstoffverbindungen, die mit Wasser unter Bildung von Schwefel- und Salpetersäure – äußerst starken Säuren – reagieren. Diese Säuren beschleunigen die Verwitterung in weitaus stärkerem Maße als die Kohlensäure. Vulkane und Sümpfe setzen ebenfalls gasförmige Kohlenstoff-, Schwefel- und Stickstoffverbindungen in die Atmosphäre frei; doch der größte Teil dieser Substanzen gelangt als Industrieabgase in die Atmosphäre.

Obwohl Regenwasser nur relativ geringe Mengen an gelöstem Kohlendioxid (Kohlensäure) enthält, reicht dies aus, dass im Laufe der Zeit große Gesteinsmengen in Lösung gehen. Die chemische Verwitterung der Feldspäte kann durch folgende Formel beschrieben werden:

$$\text{Kalifeldspat} + \text{Kohlensäure} + \text{Wasser} \rightarrow$$
$$2\,KAlSi_3O_8 \qquad 2\,H_2CO_3 \qquad H_2O$$

gelöster	+	gelöste	+ gelöstes +	gelöstes
Kaolinit		Kieselsäure	Kalium	Hydrogen-carbonat
$Al_2Si_2O_5(OH)_4$		$4\,SiO_2$	$2\,K^{+2}$	$2\,HCO_3^-$

Diese einfache Verwitterungsreaktion zeigt die drei wichtigsten chemische Auswirkungen bei der chemischen Verwitterung von Silicaten:

1. Es kommt zur Lösung von Kationen und der Kieselsäure.
2. Es kommt zur Bildung von Hydraten, das heißt, in die Minerale wird Wasser eingebaut.
3. Die Lösungen reagieren weniger stark sauer.

Vor allem durch die im Regenwasser enthaltene Kohlensäure wird die Verwitterung der Feldspäte wie folgt begünstigt (vgl. Abb. 16.4):

- Eine geringe Menge Kohlensäuremoleküle dissoziiert unter Bildung von Wasserstoff-Ionen (H^+) und Hydrogencarbonat-Ionen (HCO_3^{2-}), wodurch das Wasser schwach sauer reagiert.
- Das schwach sauer reagierende Wasser löst Kalium-Ionen und Kieselsäure aus den Feldspäten heraus. Zurück bleibt ein Rückstand aus Kaolinit – ein festes Tonmineral. Die Wasserstoff-Ionen der Säure verbinden sich mit den Sauerstoff-Ionen der Feldspäte unter Bildung von Wasser, das in die Kaolinitstruktur eingebaut wird. Der Kaolinit wird entweder zu einem Bestandteil des Bodens oder er wird zusammen mit den gelösten Kieselsäure- Kalium- und Hydrogencarbonat-Ionen durch Regen und Flüsse abtransportiert und gelangt schließlich in die Ozeane.

Die Rolle des Bodens bei der Verwitterung Da wir nun die chemischen Reaktionen kennen, die bei der Verwitterung der Feldspäte durch schwach saures Regenwasser ablaufen, verstehen wir auch, warum Feldspäte auf freiliegenden Gesteinsoberflächen weitaus besser erhalten sind als im feuchten Boden. Die chemische Reaktion der Feldspatverwitterung liefert uns zwei unabhängige, aber miteinander in Verbindung stehende Hinweise: die für diese Reaktion zur Verfügung stehende Menge an Wasser und Säure. Die Feldspäte auf einem kahlen Felsen verwittern nur, solange dieser vom Regenwasser feucht gehalten wird. Während der gesamten Trockenperioden ist Tau die einzige Feuchtigkeit, mit der nackter Fels in Berührung kommt. Im feuchten Boden jedoch stehen die Feldspäte fortwährend im Kontakt mit dem Bodenwasser in den Poren – den Hohlräumen zwischen den einzelnen Bodenteilchen. Folglich verwittern Feldspäte in feuchtem Boden kontinuierlich.

Außerdem ist die Säurekonzentration im Porenwasser des Bodens höher als im Niederschlagswasser. Versickert Regenwasser im Boden, so kommt zu dem mitgeführten Kohlendioxid aus der Luft noch weiteres Kohlendioxid hinzu, das durch Atmung von den Wurzeln der Pflanzen, von zahlreichen Bodentieren sowie von Bakterien und Pilzen abgegeben wird, die pflanzliche und tierische Rückstände abbauen, und das sich unmittelbar zu Kohlensäure umsetzt. Unlängst gelang der Nachweis, dass Bakterien selbst dann noch organische Säuren freisetzen, wenn sich das Wasser Hunderte von Metern tief im Untergrund befindet. Diese organischen Säuren beschleunigen die Verwitterung von Feldspäten und auch anderer Minerale der im Untergrund liegenden Gesteine. Durch den Stoffwechsel der Bodenbakterien steigt der Kohlendioxidgehalt gegenüber der Atmosphäre bis auf den hundertfachen Wert.

Teil V

In den feuchten Tropen verwittern Gesteine rascher und intensiver als in den gemäßigten bis kalten Klimazonen. Der wesentliche Grund hierfür ist, dass Pflanzen und Bakterien in feuchtwarmen Klimagebieten rasch hohe Bestandsdichten erreichen und damit die notwendigen Säuremengen liefern, welche die Verwitterung fördern. Darüber hinaus laufen die meisten chemischen Reaktionen, einschließlich die der Verwitterung, unter erhöhten Temperaturen schneller ab.

Andere Silicate verwittern zu anderen Tonmineralen

So wie Feldspäte verwittern und z. B. in Kaolinit übergehen, können auch andere Silicatminerale wie Amphibole, Pyroxene, Glimmer und Olivine zu Tonmineralen verwittern. Die Verwitterungsreaktionen dieser Silicate folgen dem generellen Ablauf der Feldspatverwitterung. Wenn das Mineral verwittert, wird Wasser aufgenommen und in die Lösung werden Kieselsäure und Kationen wie Natrium, Kalium, Calcium und Magnesium abgegeben. Welche Arten von Tonmineralen sich bilden, ist von zwei Faktoren abhängig:

- von der Zusammensetzung der Ausgangssilicate und
- vom Klima.

Beispielsweise bildet sich bei der Verwitterung von basischen Magmatiten und vulkanischen Aschen das zur Smectitgruppe gehörende Tonmineral **Montmorillonit**, das bei der Aufnahme größerer Wassermengen stark quillt. Dieses Tonmineral ist auch als Verwitterungsprodukt anderer Silicate weit verbreitet, vor allem in semiariden Gebieten wie den Hochebenen der südwestlichen Vereinigten Staaten. **Illit** ist ein Tonmineral, das bevorzugt in Böden des gemäßigten Klimas auftritt; es bildet sich aus den nahe verwandten Glimmermineralen. Da es eine Vielzahl von Silicaten, zahlreiche Klimazonen und auch unterschiedliche Tonminerale gibt, ist eine Vorhersage der Verwitterungsvorgänge hin zu speziellen Tonmineralen eine besondere Aufgabe für Geologen und Bodenkundler.

Nicht alle Silicate verwittern zu Tonmineralen. Leicht verwitternde Silicate, beispielsweise einige Pyroxene und Olivine, können in humidem Klima vollständig in Lösung gehen und hinterlassen keinen Rückstand. Quarz, eines der am langsamsten verwitternden Minerale unter den gesteinsbildenden Silicaten, geht ebenfalls ohne Bildung von Tonmineralen in Lösung.

Bei der Verwitterung von Silicaten können sich außer Tonmineralen auch noch andere Substanzen bilden. **Bauxit** beispielsweise, ein tonähnliches Material aus Aluminiumhydroxiden, ist das wichtigste Ausgangsmaterial zur Herstellung von Aluminium. Er entsteht, wenn Tonminerale, die aus verwitterten Silicaten stammen, so stark verwittern, dass sie dabei ihr gesamtes Silicium und sämtliche anderen Ionen mit Ausnahme von Aluminium abgeben. Bauxit bildet sich in tropischen Gebieten mit ausgiebigen Niederschlägen und einer dementsprechend intensiven Verwitterung. Dort finden sich auch die größten wirtschaftlich nutzbaren Lagerstätten. In Europa sind diese Lagerstätten vor allem im Mittelmeerraum zu finden wie beispielsweise das Vorkommen von Les Beaux in Südfrankreich, das für die Benennung des Erzes ausschlaggebend war. Deutschland besitzt am Vogelsberg nur ein sehr kleines, im Tertiär entstandenes Bauxitvorkommen von geringer Qualität.

Die Rolle des Sauerstoffs bei der Verwitterung

Eisen ist eines der acht häufigsten Elemente der Erdkruste. Metallisches Eisen, also das chemische Element in seiner reinen Form, tritt in der Natur sehr selten auf. Man findet es lediglich in bestimmten Meteoritenarten, die aus anderen Bereichen des Sonnensystems kommend auf der Erde aufschlagen. Die meisten Eisenerze, die zur Herstellung von Eisen und Stahl verwendet werden, sind Verwitterungsprodukte. Sie bestehen aus Eisenoxidmineralen, die bei der Verwitterung ursprünglich eisenreicher Silicatminerale wie Pyroxen und Olivin entstanden sind. Das bei der Lösung dieser Minerale freigesetzte Eisen reagiert mit dem Sauerstoff der Atmosphäre unter Bildung von Eisenoxidmineralen.

Eisen kann in den Mineralen in sehr unterschiedlicher Form vorliegen: als metallisches Eisen, in zweiwertiger und in dreiwertiger Form. Im metallischen Eisen der Meteoriten sind die Eisenatome ungeladen, das heißt, sie haben bei der Reaktion mit anderen Elementen weder Elektronen aufgenommen noch Elektronen abgegeben. In Silicatmineralen wie Pyroxen liegt das Eisen in zweiwertiger Form als Fe^{2+} vor. Das bedeutet, die Eisenatome haben von der Gesamtzahl der Elektronen, die sie in ihrem metallischen Zustand hatten, zwei abgegeben und sind als Folge in Kationen übergegangen. Im **Hämatit** (Fe_2O_3), dem häufigsten Eisenoxid an der Erdoberfläche, ist Eisen dreiwertig (Fe^{3+}); als Eisenatome haben sie drei Elektronen aus ihrem ursprünglichen Elektronenbestand abgegeben. Auch zweiwertige Eisen-Ionen können durch Abgabe eines weiteren Elektrons oxidieren und gehen von Fe^{2+} in Fe^{3+} über. Die meisten Eisenoxide, die sich an der sauerstoffreichen Oberfläche der Erde gebildet haben, sind Oxide des dreiwertigen Eisens. Die vom Eisen abgegebenen Elektronen werden in einem als **Oxidation** bezeichneten Vorgang von den Sauerstoffatomen aufgenommen, die dadurch in Sauerstoff-Ionen (O^{2-}) übergehen. Folglich oxidieren die Sauerstoffatome der Atmosphäre das zweiwertige zum dreiwertigen Eisen. Die Oxidation ist, wie die Hydrolyse, einer der wesentlichen chemischen Verwitterungsprozesse.

Wenn ein eisenreiches Mineral wie beispielsweise Pyroxen Wasser ausgesetzt ist, löst sich seine Silicatstruktur auf – Kieselsäure wird frei und die zweiwertigen Eisen-Ionen gehen in Lösung, in der die zweiwertigen Eisen-Ionen durch Sauerstoff zu dreiwertigen oxidiert werden (Abb. 16.5). Aufgrund der Stärke der chemischen Bindung zwischen dem dreiwertigen Eisen und Sauerstoff ist das dreiwertige Eisen unter den an der Erdoberfläche herrschenden Bedingungen in Wasser weitgehend unlöslich und fällt in Form von dreiwertigem Eisenoxid beziehungsweise als Oxidhydrat aus.

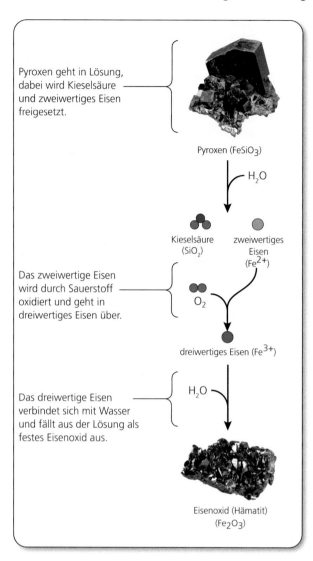

Pyroxen geht in Lösung, dabei wird Kieselsäure und zweiwertiges Eisen freigesetzt.

Pyroxen (FeSiO₃)

H_2O

Kieselsäure (SiO₂)

zweiwertiges Eisen (Fe²⁺)

Das zweiwertige Eisen wird durch Sauerstoff oxidiert und geht in dreiwertiges Eisen über.

O_2

dreiwertiges Eisen (Fe³⁺)

Das dreiwertige Eisen verbindet sich mit Wasser und fällt aus der Lösung als festes Eisenoxid aus.

H_2O

Eisenoxid (Hämatit) (Fe₂O₃)

Abb. 16.5 Allgemeiner Ablauf der chemischen Reaktionen während der Verwitterung eisenhaltiger Minerale wie Pyroxen in Gegenwart von Sauerstoff und Wasser (Fotos: © John Grotzinger/Ramón Rivera-Moret/Harvard Mineralogical Museum)

Die gesamte Verwitterungsreaktion kann durch folgende Reaktionsgleichung beschrieben werden:

Eisenpyroxen	+	Sauerstoff	
$4\,FeSiO_3$		O_2	$\rightarrow$
Hämatit	+	gelöste Kieselsäure	
$2\,Fe_2O_3$		$4\,SiO_2$	

Obwohl die Gleichung das nicht klar erkennen lässt, ist für den Ablauf dieser Reaktion Wasser erforderlich.

Nicht nur die eisenführenden Silicatminerale, sondern auch Eisensulfide und all die anderen Minerale, die zweiwertiges Eisen enthalten, unterliegen der Oxidation. Bei Eisensulfiden wie etwa Pyrit (FeS_2) werden außer den Eisen-Ionen auch die Sulfid-Ionen oxidiert. Bei dieser Reaktion entsteht

das Eisenmineral Goethit und Schwefelsäure nach folgender Reaktion:

$4\,FeS_2$	+	$15\,O_2$	+	$10\,H_2O$	=	$4\,FeOOH$
Pyrit		Sauerstoff		Wasser		Goethit
					+	$8\,H_2SO_4$
						Schwefelsäure

Ganz allgemein verwittern die meisten in Gesteinen verbreiteten Eisenminerale zu den charakteristischen roten und braunen Farben des oxidierten Eisens (Abb. 16.6). Eisenoxide treten als Überzüge und Inkrustationen auf, welche die Böden und verwitterten Oberflächen Eisen führender Gesteine färben. Die roten Böden der Mittelmeergebiete, der Savannen, der tropischen Regenwaldgebiete und anderer feuchtwarmer Regionen, aber auch die gelblichen bis bräunlichen Böden unserer Klimazone sind durch Eisenoxide und Eisenoxidhydrate gefärbt. In kalten Gebieten verwittern Eisenminerale so langsam, dass die im Eis der Antarktis eingefrorenen Eisenmeteoriten weitgehend unverwittert sind.

Eisenoxide sind unter entsprechenden Klimabedingungen an der Erdoberfläche nur bedingt stabil. Sie unterliegen der Hydratation, der Anlagerung von Wassermolekülen an die Minerale.

Hydratation: Die Anlagerung von Wassermolekülen

Bei der Hydratation umgeben sich bestimmte Kationen von Mineralen mit Wassermolekülen, das heißt mit einer Hydrathülle, wodurch neue Mineralformen entstehen, ohne dass eine chemische Reaktion stattgefunden hat. Ein typisches und sehr verbreitetes Beispiel für eine Hydratation ist die Wasseraufnahme von Hämatit unter Bildung von Goethit oder der Übergang von Anhydrit zu Gips. Da die Hydratation mit einer Volumenzunahme verbunden ist, führt dies häufig auch zu einer mechanischen Zerstörung der Gesteine.

Lösungsverwitterung: Die rasche Verwitterung von Carbonat- und Salzgesteinen

Selbst das am schnellsten verwitternde Silicatmineral Olivin löst sich im Vergleich mit einigen anderen gesteinsbildenden Mineralen relativ langsam. Dagegen gehen Evaporitminerale wie Anhydrit, Gips oder Steinsalz im humiden Klima sehr rasch in Lösung. Sie sind nur im ariden Klimabereich verhältnismäßig verwitterungsresistent. Auch die Carbonatgesteine, die aus den Calcium- beziehungsweise Calcium-Magnesiumcarbonaten Calcit und Dolomit bestehen, gehören zu den Gesteinen, die in humiden Gebieten sehr rasch verwittern. Historische Bauwerke aus Kalkstein zeigen demzufolge relativ rasch die Auswirkung der chemischen Lösung durch Regenwasser. In sehr mächtigen Kalksteinabfolgen bilden sich häufig Höhlen, da das Wasser im

Teil V

Abb. 16.6 Die verwitternden Gesteine des Monument Valley in Arizona (USA) werden durch rote und braune Eisenoxide gefärbt (Foto: © Charles & Josette Lenars/Corbis/Aurora Photos)

Untergrund große Mengen an Carbonatmineralen löst. Landwirte und Gärtner geben den Böden gemahlenen Kalkstein oder Dolomit zu, der während der Wachstumsphase rasch gelöst wird und somit einer Versauerung des Bodens entgegenwirkt.

Wenn Kalksteine in Lösung gehen, bleiben nahezu keine Tonminerale zurück. Der Kalkanteil löst sich vollständig und seine Bestandteile werden in ionischer Form weggeführt.

Kohlensäure beschleunigt die Auflösung von Kalksteinen in gleicher Weise wie im Fall der Silicatverwitterung. Die gesamte Reaktion für die Lösung von Calcit, dem Hauptbestandteil der Kalksteine, in Niederschlagswasser oder anderem kohlendioxidhaltigem Wasser lautet:

$$\text{Calcit} \quad + \quad \text{Kohlensäure}$$
$$CaCO_3 \quad\quad H_2CO_3$$
$$\text{Calcium-Ion} \quad + \quad \text{Hydrogencarbonat-Ion}$$
$$Ca_2^+ \quad\quad 2\,HCO_3^{-1}$$

Diese Reaktion läuft nur in Anwesenheit von Wasser ab, das Kohlensäure und gelöste Ionen enthält. Wenn Calcit in Lösung geht, werden die Calcium- und die Hydrogencarbonat-Ionen in der Lösung weggeführt. Dolomit [$CaMg(CO_3)_2$], ein anderes häufiges Carbonatmineral, geht auf ähnliche Weise in Lösung. Im Idealfall entstehen gleiche Mengen von Calcium- und Magnesium-Ionen.

Weitere Formen der chemischen Verwitterung

Außer den genannten Verwitterungsvorgängen kennt man noch weitere Formen der chemischen Verwitterung, auf die noch kurz eingegangen werden soll.

Komplexierung: Die Bindung von Metall-Ionen an organische Substanz In den Böden entstehen sowohl bei der Zersetzung von organischen Substanzen als auch durch aktive Abscheidung von Pflanzenwurzeln einfach aufgebaute organische Säuren. Diese bewirken nicht nur eine Lösung der Minerale, sondern sind darüber hinaus auch in der Lage, mit den aus Kristallgittern freigesetzten Kationen wasserlösliche stabile metallorganische Komplexe zu bilden. In dieser Bindungsform bleiben Metall-Ionen auch noch unter physikalisch-chemischen Bedingungen und bei Konzentrationen in Lösung, bei denen sie in ionischer Form normalerweise ausgefällt werden; daher können sie leicht abtransportiert werden.

Rauchgasverwitterung: Anthropogen verursachte Verwitterung Bei der Verbrennung fossiler Energieträger kommt es vor allem in den industriellen Ballungszentren und Großstädten zu einer erheblichen Anreicherung von CO_2, SO_2 und NO_x in der Atmosphäre. Durch die Reaktion dieser Gase mit Regenwasser entstehen teilweise äußerst aggressive Säuren, die in Verbindung mit den Niederschlägen in Gesteine und Bauwerke eindringen und sie schädigen und zerstören. Chemisch betrachtet handelt es sich bei der Rauchgasverwitterung um eine spezielle Form der Hydrolyse.

Chemische Stabilität

Warum variiert die Verwitterungsgeschwindigkeit der verschiedenen Minerale in einem derart weiten Bereich? Dieses breite Spektrum ergibt sich aus der unterschiedlichen chemischen Stabilität der Minerale bei Anwesenheit von Wasser unter gegebenen Temperaturen.

Chemische Stabilität ist ein Maß für die Tendenz einer chemischen Substanz, in einem bestimmten Umweltmilieu eher in der vorgegebenen chemischen Form zu bleiben, als spontan zu reagieren und in eine andere chemische Form überzugehen. Chemische Substanzen sind in Relation zu ihrer Umgebung oder zu bestimmten physiko-chemischen Bedingungen entweder stabil oder instabil. Feldspat beispielsweise ist unter den tief in der Erdkruste herrschenden Bedingungen stabil (hohe Temperaturen und geringe Mengen an Wasser), unter den Verhältnissen an der Oberfläche (niedrige Temperaturen und reichlich Wasser) jedoch ausgesprochen instabil. Zwei Merkmale eines Minerals – die Löslichkeit und die Lösungsgeschwindigkeit – bestimmen seine chemische Stabilität.

Löslichkeit Ein Maß für die Löslichkeit eines Minerals ist die Menge der bei Sättigung in Wasser gelösten Substanz. Sättigung bedeutet, dass das Wasser nur eine bestimmte Menge von der gelösten Substanz aufnehmen kann. Je höher die Löslichkeit eines Minerals ist, desto geringer ist die Verwitterungsstabilität. Zum Beispiel sind Evaporite, die Steinsalz enthalten, unter den meisten Verwitterungsbedingungen instabil. Steinsalz ist in Wasser leicht löslich (etwa 350 g/l) und wird bereits durch geringe Mengen Wasser aus dem Boden herausgelöst. Im Gegensatz dazu ist Quarz unter den meisten Verwitterungsbedingungen stabil, weil seine Löslichkeit in Wasser mit ungefähr 0,008 g/l Wasser äußerst gering ist; daher kann Quarz auch nicht so einfach aus dem Böden herausgelöst werden.

Lösungsgeschwindigkeit Die Lösungsgeschwindigkeit eines Minerals ist durch die Menge einer chemischen Substanz gegeben, die in einer bestimmten Zeit in einer untersättigten Lösung gelöst wird. Je schneller ein Mineral in Lösung geht, desto weniger stabil ist es. So löst sich Feldspat mit einer wesentlich höheren Geschwindigkeit als Quarz und ist in erster Linie nur aus diesem Grund gegenüber der Verwitterung instabiler als Quarz.

Relative Stabilität der häufigsten gesteinsbildenden Minerale Die relative chemische Stabilität der verschiedenen Minerale ermöglicht es, die Verwitterungsintensität für ein bestimmtes Gebiet zu ermitteln. In den tropischen Regenwäldern bleiben nur die stabilsten Minerale im Boden erhalten, da dort die chemische Verwitterung sehr intensiv ist. Dagegen bleiben in Gebieten wie den Wüsten Nordafrikas, wo die Verwitterung deutlich geringer ist, selbst Denkmäler aus Alabaster (Gips) erhalten, und dasselbe gilt auch für viele andere instabile Minerale. Tabelle 16.2 zeigt die relative Stabilität der häufigen gesteinsbildenden Minerale. Steinsalz und die Carbonatminerale sind am instabilsten, Eisen- und Aluminiumoxide sind dagegen die stabilsten Minerale.

Physikalische Verwitterung

Nach diesem Überblick über die chemische Verwitterung wenden wir uns dem anderen Teilbereich zu, der physikalischen Verwitterung. Ihre Wirkung wird am deutlichsten bei der Be-

Tab. 16.2 Relative Verwitterungsgeschwindigkeit der häufigsten Minerale

Stabilität der Minerale	Verwitterungs-geschwindigkeit
stabil	**gering**
Eisen(III)oxid (Hämatit)	
Aluminiumhydroxid (Gibbsit)	
Quarz	
Tonminerale	
Muskovit	
Kaliumfeldspat (Orthoklas)	
Biotit	
natriumreicher Feldspat (Albit)	
Amphibol	
Pyroxen	
calciumreicher Feldspat (Anorthit)	
Olivin	
Calcit	
Halit (Steinsalz)	
instabil	**hoch**

trachtung der ariden Gebiete erkennbar, wo die chemische Verwitterung nur eine untergeordnete Rolle spielt.

Welche Faktoren bestimmen die mechanische Zerstörung der Gesteine?

Gesteine können auf sehr unterschiedliche Weise mechanisch zerkleinert werden, wie etwa durch Spannungen an natürlich vorgegebenen Schwächezonen. Hinzu kommen biologische und chemische Aktivitäten von Tieren und Pflanzen.

Natürliche Schwächezonen Gesteine weisen natürliche Schwächezonen auf, an denen sie leichter zerbrechen. Sedimentgesteine wie Sandsteine und Schiefertone, die durch die Ablagerung von übereinanderliegenden Schichten entstanden sind, brechen bevorzugt an diesen Schichtgrenzen auseinander. Die Folition metamorpher Gesteine wie zum Beispiel in kristallinen Schiefern führt dazu, dass diese Gesteine sehr leicht spalten und deshalb als Dachschiefer Verwendung finden. Granite und andere Gesteine, die keine Foliation zeigen, werden als massig bezeichnet, was in diesem Zusammenhang bedeutet, dass sie keine vorgegebenen Schwächezonen aufweisen. Massige Gesteine zerbrechen gewöhnlich entlang von Flächen, die in sehr gleichmäßigen Abständen von einem bis zu mehreren Metern den Gesteinsverband durchziehen und als **Klüfte** (Abb. 16.7) bezeichnet werden. Wie wir in Kap. 7 gesehen haben, entstehen Klüfte und andere, etwas unregelmäßiger verlaufende Trennflächen durch Deformation,

Teil V

Abb. 16.7 Durch Verwitterung erweiterte Klüfte durchziehen in zwei Richtungen das Gestein; Point Lobos State Reserve, Kalifornien (USA) (Foto: © Jeff Foott/ Discovery Channel Images/Getty Images, Inc.)

Abkühlung und Kontraktion, während das Gestein noch tief in der Kruste versenkt ist. Wenn die Gesteine durch Hebung und Erosion allmählich an die Oberfläche gelangen und die Massen des überlagernden Gesteins durch Erosion entfernt werden, öffnen sich die Klüfte und Trennflächen aufgrund der Druckentlastung geringfügig. Sind die Klüfte erst einmal etwas geöffnet, greifen sowohl die chemische als auch die physikalische Verwitterung an diesen Trennfugen an.

Tätigkeit von Organismen Physikalische wie chemische Verwitterung werden durch die Tätigkeit von Organismen beeinflusst. Bakterien und Algen dringen in Spalten ein und erzeugen dort Mikrorisse. Die von diesen Organismen abgegebenen Säuren fördern die biologisch-chemische Verwitterung. Dies gilt sowohl für Organismen, die in Spalten eindringen, als auch für Organismen, die an der Gesteinsoberfläche Krusten bilden. In manchen Gebieten sind die Böden von Säure produzierenden Pilzen besiedelt, die einen erheblichen Beitrag zur chemischen Verwitterung leisten.

In Klüfte und winzige Spalten eindringende Pflanzenwurzeln üben durch ihr Dickenwachstum einen seitlichen Druck auf das Gestein aus. Sie wirken wie ein Keil, der die Öffnungen des Gesteins erweitert und damit den anderen Verwitterungsagenzien die Zerstörung des Gesteins erleichtern (vgl. Abb. 5.2). Auch die im Boden grabenden oder wühlenden Tiere können Gesteine zerstören.

Frostsprengung Ein äußerst wirksamer Mechanismus zur Erweiterung von Rissen und Spalten ist die Frostsprengung, die auf die Expansion des gefrierenden Wassers zurückzuführen ist. Wenn Wasser gefriert, dehnt es sich aus, die nach außen gerichtete Kraft ist stark genug, um die Spalten zu erweitern und schließlich das Gestein zu sprengen (Abb. 16.8). Unter günstigen Bedingungen kann dadurch bei $-22\,°C$ ein Druck von 210 MPa entstehen. Derselbe Prozess führt zum Zerreißen des Kühlers im Auto, wenn das Kühlwasser friert, weil kein Frostschutzmittel zugegeben wurde. Frostsprengung ist dort besonders intensiv, wo Wasser episodisch gefriert und taut wie etwa in den kühlgemäßigten Klimazonen und im Hochgebirge.

Abb. 16.8 Durch Frosteinwirkung gespaltener Gneisblock in den Bergen der Sierra Nevada (Kalifornien) (Foto: © Susan Rayfield/Science Source)

Salzsprengung Auch Minerale, die in Spalten aus Lösungen auskristallisieren, können so starke Expansionskräfte ausüben („Kristallisationsdruck"), dass Gesteine zerbrechen. Dieses Phänomen tritt besonders in ariden Gebieten auf, wo die aus der chemischen Verwitterung stammenden gelösten Substanzen auskristallisieren, wenn das Lösungsmittel verdunstet. Gewöhnlich handelt es sich bei solchen Mineralen um Calciumcarbonat, gelegentlich um Gips und selten um Steinsalz.

Temperaturverwitterung Wie alle Stoffe ändern auch Minerale und Gesteine bei Erwärmung und Abkühlung ihr Volumen. Diese in den Gesteinen in unterschiedliche Richtung erfolgende, mehr oder weniger große thermische Expansion und Kontraktion führt zu erheblichen Druck- und Zugspannungen und damit zu einer Auflockerung des Mineral- und Gesteinsverbandes. Die **Temperatur-** oder **Insolationsverwitterung** ist vor allem in Klimazonen mit großen Temperaturunterschieden verbreitet, wie etwa in den Wärmewüsten. Die täglichen Temperaturschwankungen (in Wüsten kann die Temperatur während der Dämmerung binnen

Abb. 16.9 Abschalung (Exfoliation) am Half Dome, Yosemite-Nationalpark (Kalifornien) (Foto: © Tony Waltham)

einer Stunde von über 40 °C auf Werte unter 15 °C fallen) führen längerfristig zur Schwächung und schließlich zum Zerfall des Gesteins. Dabei ist der Verwitterungseffekt durch Temperaturwechsel umso geringer, je kleiner die Gesteinskomponenten sind.

Immer wieder stößt man jedoch auf Angaben, vor allem im amerikanischen Schrifttum, in denen die Wirkung der Temperaturverwitterung in Frage gestellt wird. Wesentliches Argument ist die Tatsache, dass zahlreiche Versuche, den natürlichen Zerstörungsvorgang im Labor zu simulieren, indem Gesteine starken Temperaturschwankungen ausgesetzt werden, zu keinem vergleichbaren Ergebnis führten. Es ist allerdings die Frage, ob sich Laborexperimente über einen Zeitraum von wenigen Monaten mit einer natürlichen Verwitterung, die über Tausende von Jahren wirksam ist, überhaupt vergleichen lassen.

Exfoliation und Wollsackverwitterung Es gibt zwei Arten der Gesteinszerstörung, die nicht unmittelbar mit bereits angelegten Klüften oder Spalten in Verbindung stehen. Als **Exfoliation** (Schalenverwitterung) bezeichnet man einen Prozess der physikalischen Verwitterung, bei dem es vor allem in kluftarmen Gesteinen wie etwa Granit durch Druckentlastung zum Abschälen großer, ebener oder gebogener Gesteinsplatten kommt. Aufschlüsse, die eine solche Exfoliation zeigen, können aussehen wie die Schalen einer großen Zwiebel (Abb. 16.9). Die durch Druckentlastung entstandenen Gesteinsschalen liegen im Allgemeinen parallel zur Landoberfläche und sind daher normalerweise zu den Talsohlen hin geneigt.

Als sogenannte **konzentrischschalige** oder **sphäroidale Verwitterung** finden sich vergleichbare Verwitterungserscheinungen auch bei einzelnen Blöcken grobkörniger Gesteine wie Granite oder grobklastische Sandsteine. Auch hier kommt es zur Abschuppung meist zentimeterdicker Schalen jeweils parallel zur Oberfläche des Blocks. Die vom Kern abgelösten konzentrischen Verwitterungsschalen zerfallen später zu Grus. Bei fortschreitender Verwitterung löst sich schließlich auch der Kern auf. Das

Abblättern und Abschuppen dünnerer Gesteinsplättchen wird auch als **Desquamation** bezeichnet.

Obwohl diese einander ähnelnden Verwitterungsformen verhältnismäßig häufig auftreten, gibt es bisher noch keine befriedigende Erklärung dafür. Manche Geologen vermuten, dass diese beiden Verwitterungsformen durch eine ungleichmäßige Verteilung von Expansion und Kontraktion entstehen, verursacht durch chemische Verwitterung und Temperaturschwankungen.

Die **Wollsackverwitterung** beruht ebenfalls auf einer Lockerung des Gesteinsgefüges durch die physikalische Verwitterung. Da dieser Vorgang vor allem an den durch Klüfte erzeugten Kanten und Ecken wirksam ist, ergeben sich rundliche Verwitterungsformen. Durch Wollsackverwitterung entstehen unter anderem die Felsburgen, die für die Bergkuppen vieler Kristallingebiete wie etwa im Harz oder im Dartmoor in Südengland kennzeichnend sind.

Quellung Werden Tongesteine der Verwitterung ausgesetzt, lagern die Schichtsilicate in ihre Zwischenschichten und auf ihren Kristallgrenzen – verbunden mit einer Volumenzunahme – Wassermoleküle ein. Die dadurch entstehenden Quelldrücke sind zwar vergleichsweise gering, sie reichen jedoch für eine mechanische Verwitterung aus.

Wechselwirkungen zwischen physikalischer Verwitterung und Erosion

Wie in Kap. 5 gezeigt wurde, sind Verwitterung und Erosion eng miteinander verbundene interagierende Prozesse. Physikalische Verwitterung und Erosion hängen beispielsweise stark davon ab, wie Wind, Wasser und Eis Gesteinspartikel aus ihrem Entstehungsort abtransportieren. Durch die physikalische Verwitterung werden große Gesteinsblöcke in kleinere Komponenten zerlegt,

Teil V

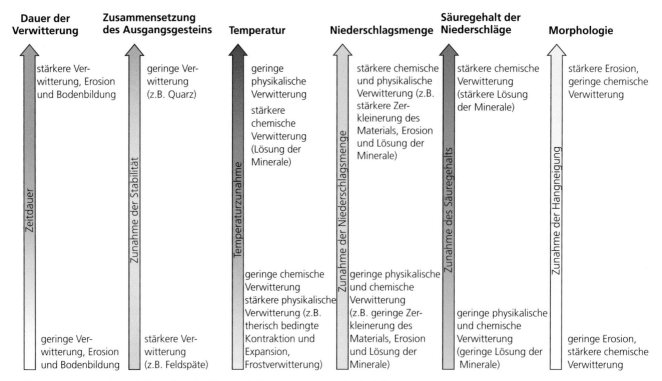

Abb. 16.10 Zusammenfassende Darstellung der Faktoren, die Verwitterung und Erosion beeinflussen

die leichter zu erodieren und zu transportieren sind als größere Gesteinskörper.

Die Hangneigung beeinflusst sowohl die physikalische als auch die chemische Verwitterung, die ihrerseits die Erosion beeinflussen. Auf steilen Hängen sind Verwitterung und Erosion weitaus intensiver und durch die Erosion werden die Hänge sanfter. Der größte Teil des Verwitterungsmaterials wird durch fließendes Wasser abgetragen, aber auch der Wind kann die feineren Teilchen auswehen und Gletschereis kann selbst größere, vom anstehenden Gestein losgerissene Blöcke fortbewegen.

Die chemische Verwitterung ist in großen Höhen gering, da dort die Temperaturen in der Regel niedrig sind, die Bodendecke geringmächtig ist oder fehlt und die Vegetationsdecke nur lückenhaft oder gar nicht vorhanden ist. In großen Höhen und in vereisten Gebieten, in denen das Gestein vom Eis losgerissen wird, überwiegt dagegen die physikalische Verwitterung. Auch steht die Korngröße des Gesteinsmaterials, das durch die physikalische Verwitterung entstanden ist, zu den Erosionsprozessen in enger Beziehung. Sobald das verwitterte Material transportiert wird, kann es als Folge der chemischen Verwitterung hinsichtlich seiner Korngröße, Kornform und Zusammensetzung erneut verändert werden. Wenn der Transport endet, beginnt die Ablagerung des durch die Verwitterung entstandenen Sediments.

Das in Abb. 16.10 gezeigte Diagramm fasst die Prozesse der Verwitterung und Erosion zusammen.

Böden: Rückstände der Verwitterung

Nicht alle Verwitterungsprodukte werden erodiert und sofort durch Flüsse oder andere Transportmittel weggeführt. Auf mäßig steilen und sanften Hängen, Ebenen und in Niederungen verbleibt eine häufig differenzierte Deckschicht aus lockerem, sehr heterogenem, verwittertem Material, die das anstehende Gestein überdeckt. Sie kann Bruchstücke von verwittertem und unverwittertem Ausgangsgestein, Tonminerale, Eisen- und andere Metalloxide neben weiteren Verwitterungsprodukten enthalten. Dieses Material, das ursprünglich während der Verwitterung durch die Zerstörung von Gesteinen entstanden ist, zu dem einerseits neues Material hinzukam, andererseits aber Teile des ursprünglichen Materials abtransportiert und das durch mechanische Durchmischung und chemische Reaktionen weiter verändert wurde, wird als **Boden** bezeichnet.

Ein wichtiger Bestandteil der meisten Böden der Erde ist organisches Material, sogenannter **Humus.** Er besteht aus den Abbau- und Umwandlungsprodukten abgestorbener pflanzlicher und tierischer Substanzen. Vor allem in Waldgebieten liefert der jährliche Laubfall die wesentlichen organischen Ausgangsstoffe für die Humusbildung, aber auch in den weiten Steppen und Savannen mit ihren Grasflächen existieren mächtige Humusböden. Darüber hinaus haben Böden die Fähigkeit, Pflanzenwachstum zu unterstützen. Jedoch gilt dies nicht für alle Böden, denn Böden gibt es auch in Gebieten wie etwa in der Antarktis oder auf dem Mars, wo Leben nur beschränkt möglich ist oder insgesamt fehlt.

Die Böden unterscheiden sich in ihrer Farbe: Das Spektrum reicht von leuchtenden Rot- und Brauntönen eisenhaltiger Bodensubstrate bis zu schwarzen Böden, die reich an organischem

Material sind. Sie unterscheiden sich aber auch in Bezug auf ihre Bodenarten, mineralischen Komponenten. Manche enthalten große Mengen Gerölle und Sand, andere bestehen ausschließlich aus Ton, viele aus Lehm (Sand-Schluff-Tongemisch). Böden sind leicht erodierbar. Auf sehr steilen Hängen, oder wo aufgrund der großen Höhe oder des Klimas kein Pflanzenwachstum möglich ist, bilden sich auch keine oder nur rudimentäre Böden. Bodenkundler, Agronomen und Geologen untersuchen die Zusammensetzung und Genese von Böden im Hinblick auf ihre landwirtschaftliche Eignung, aber auch wegen ihrer Bedeutung als Indikatoren für die in der Vergangenheit herrschenden Klimaverhältnisse.

Böden entstehen an der Schnittstelle der Geosysteme Plattentektonik und Klima. Sie sind entscheidend für das Leben auf den Kontinenten der Erde, und sie sind eine wertvolle natürliche Ressource der Menschheit. Böden sind die wichtigsten Nährstoffspeicher für die Landwirtschaft und Ökosysteme, die erneuerbare natürliche Ressourcen produzieren. Sie filtern unser Wasser, binden Schadstoffe und bauen sie ab und sie bilden den notwendigen Untergrund für unsere Gebäude und Infrastruktur. Darüber hinaus regulieren sie das globale Klima, da sie Kohlendioxid sowohl speichern als auch freisetzen. Böden enthalten doppelt so viel Kohlenstoff wie die Atmosphäre und dreimal mehr als die gesamte Vegetation der Erde.

Böden als Geosysteme

Wie bereits mehrfach gezeigt werden konnte, erweist sich der Versuch, die Erde als eine Reihe interagierender Systeme zu betrachten, als äußerst sinnvoll für das Verständnis der auf der Erde ablaufenden Prozesse. Böden bilden hier keine Ausnahme, denn auch sie können als Geosystem mit Ausgangsmaterial, Prozess und Endprodukt beschrieben werden (Abb. 16.11).

Ausgangsmaterial: Verwittertes Gestein, Organismen und Staub Böden entstehen aus verwitterndem Gesteinsmaterial, hinzukommen als weitere Ausgangsmaterialien organische Substanzen aus der Biosphäre sowie Staub aus der Atmosphäre. Wie schon erwähnt, führt die physikalische Verwitterung zur Auflockerung und Zerkleinerung der Gesteine und die chemische Verwitterung zur Lösung und Umwandlung der primären Minerale wie etwa von Feldspat zu Tonmineralen. Pflanzen und andere Organismen besiedeln das Bodensubstrat und nach ihrem Absterben wird ihr Gewebematerial zu Humus ab- und umgebaut. Auch die Atmosphäre liefert Ausgangsmaterial für die Böden, dabei handelt es sich jedoch überwiegend um anorganischen Staub.

Prozesse: Transformationen und Translokationen Wenn Böden altern und reifen, führen die zu- und abgeführten Stoffe in einer Reihe von **Transformationsprozessen** (Umwandlungsprozessen) zu Veränderungen. Beispielsweise bildet die Zufuhr von zersetztem Pflanzenmaterial die Nahrungsgrundlage für neues Pflanzenwachstum, das wiederum die Bildung von Humus verstärkt, ein positiver Rückkopplungseffekt innerhalb des Systems Boden. Zahlreiche Transformationsprozesse ergeben sich aus den Verwitterungsvorgängen von Feldspäten und anderen Mineralen, die schließlich zur Bildung von Tonmineralen führen.

Translokationsprozesse sind laterale und vertikale Stoffverlagerungen innerhalb des sich entwickelnden Bodens. Wesentliches Transportmedium bei diesen Translokationen ist das Wasser, das im Wesentlichen die im Oberboden gelösten Stoffe sowie kleinste Teilchen transportiert. Wenn Wasser nach Niederschlägen den Boden von oben nach unten durchsickert, kommt es zu einer Umverteilung bestimmte Substanzen, ein Vorgang der als **Bleichung** bezeichnet wird. Wenn jedoch die Temperaturen ansteigen und an der Bodenoberfläche Wasser verdunstet, steigt Wasser kapillar auch von unten nach oben. Organismen spielen bei diesen Translokationsprozessen ebenfalls eine wichtige Rolle. Sie durchwühlen ständig die Böden und vermischen dabei Material aus verschiedenen Bodentiefen.

Böden sind äußerst dynamische Systeme und reagieren empfindlich auf Klimaveränderungen, auf Wechselwirkungen mit Organismen und auch auf anthropogene Einflüsse. Ihre Bildung und Entwicklung wird von fünf Faktoren beeinflusst:

1. **Mineralbestand des Ausgangsgesteins**: die Löslichkeit der Minerale, die Korngröße, Lagerungsdichte und Porosität, die Klüfte und Schieferungsflächen.
2. **Klima**: die Temperatur, die Niederschlagsmenge und Niederschlagsverteilung, sowie deren jahreszeitliche Schwankungen.

Exkurs 16.1 Die wichtigsten bodensystematischen Kategorien und Bodentypen Mitteleuropas

Die Bildung der Böden beginnt stets an der Oberfläche der Fest- oder Lockergesteine und setzt sich im Laufe der Zeit in die Tiefe fort. Sichtbarer Ausdruck dieser Bodenentwicklung ist die Ausbildung von Bodenhorizonten, die sich in ihren Eigenschaften, ihrer Genese und ihrer Zusammensetzung deutlich voneinander unterscheiden. In Abhängigkeit von Ausgangsgestein, Klima, Relief, Flora und Fauna und Zeit als den wichtigsten Faktoren der Bodenbildung, kann die Entwicklung vom Ausgangssubstrat zu einem differenzierten Boden einen sehr unterschiedlichen Verlauf nehmen.

Vor allem dem Einfluss des Niederschlags-, Hang- und Grundwassers wird so große Bedeutung zugemessen, dass in der in Deutschland verwendeten Bodensystematik (a) Landböden, (b) Grundwasser beeinflusste Böden und (c) Unterwasserböden getrennt betrachtet werden.

Je nach Intensität und Dauer der Einwirkung bodenbildender Faktoren entstehen Böden unterschiedlicher Entwicklungsstadien und folglich auch unterschiedlicher Profildifferenzierung. Dabei werden Böden mit gleichen pedogenen (bodenspezifischen) Merkmalen, durch die sie sich in charakteristischer Weise von Böden eines anderen Entwicklungsstadiums unterscheiden, zu einem **Bodentyp** zusammengefasst. Böden mit gleicher oder ähnlicher Horizontabfolge oder auch gleicher spezifischer Dynamik werden in Klassen gruppiert. Oberste Kategorie dieses Systems sind die Abteilungen. Sie fassen Böden mit gleichem Wasserregime zusammen. Demzufolge ergeben sich die Abteilungen terrestrische, semiterrestrische und subhydrische Böden. Hinzu kommen als eigenständige Abteilungen die Moore und die anthropogenen Böden.

Trotz dieser scheinbar strengen systematischen Gliederung sollte stets berücksichtigt werden, dass Böden keine statischen, sondern ausgesprochen dynamische Systeme sind. Änderungen innerhalb der bodenbildenden Faktoren oder auch nur an einem der Faktoren können die Bodenentwicklung in eine völlig neue Richtung lenken. Ausdruck dafür sind die zahlreichen Übergangsformen zwischen den Bodentypen, die als Subtypen ebenfalls Eingang in die Bodensystematik gefunden haben.

Einige der wichtigsten Bodentypen Mitteleuropas werden nachfolgend genannt und kurz beschrieben. Soweit möglich sind auch die Bezeichnungen der international gültigen Bodensystematik „World Reference Base for Soils" jeweils in eckigen Klammern angegeben.

ABTEILUNG LANDBÖDEN (Terrestrische Böden)

Hier sind alle Böden ohne Grundwassereinfluss zusammengefasst. Das der Schwerkraft unterliegende Sickerwasser durchströmt die Böden überwiegend von oben nach unten bis zum Grund- oder Stauwasser. Auch die von Stauwasser beeinflussten Böden werden zu den terrestrischen Böden gestellt. Diese Großgruppe umfasst verschiedene Bodenklassen, von denen die wichtigsten beschrieben werden:

Terrestrische Rohböden entwickeln sich unabhängig davon, ob es sich um ein Fest- oder Lockergestein als Ausgangssubstrat handelt. Als Initialstadium der Bodenbildung zeigen sie in der Regel nur ein wenig ausgeprägtes Profil mit der Abfolge Ai/C (Ai = Initialstadium), denn aufgrund der eingeschränkt wirksamen Verwitterung und rudimentären biologischen Aktivität ist auch die Humusbildung minimal und eine Bodendifferenzierung kaum entwickelt. Diese Böden weichen daher nur geringfügig vom Ausgangssubstrat ab. Auf Festgestein entwickelt sich ein **Syrosem** [Lithic Leptosol], auf Lockermaterial entsteht ein Bodentyp, der als **Lockersyrosem** [Arenosol bzw. **Regosol**] bezeichnet wird.

Diese Böden sind insgesamt typisch für die Erosionslagen der Bergregionen, vor allem der Hochgebirge.

A/C-Böden Böden dieser Klasse haben einen voll entwickelten A-Horizont mit deutlichem Humusgehalt, der unmittelbar dem C-Horizont auflagert. Die Eigenschaften der einzelnen Bodentypen werden im Wesentlichen vom Chemismus des Ausgangsgesteins und von der Humusform bestimmt. Wichtige Böden sind **Ranker** (auf Festgestein) [Leptosole], **Regosol** (auf Lockergestein) [Regosole], **Rendzina** (auf Carbonatgesteinen und Gipsvorkommen) [Rendzic Leptosole] sowie **Pararendzina** (auf carbonatischem Lockergestein) [Calcaric Regosole bzw. Calcaric Leptosole], ein in Lösslandschaften sehr verbreiteter Bodentyp.

Schwarzerden [Chernozeme] bildeten sich in Mitteleuropa vorwiegend im frühen Holozän auf ausgedehnten und vom Klima begünstigten Lössdecken der letzten Vereisung. Kennzeichnend ist der sehr mächtige, durch die Anreicherung von Humus dunkle Oberboden.

Ihre Entwicklung endete mit dem Einsetzen eines feuchteren Klimas. In Form von degradierten Schwarzerden findet man sie heute als Relikte in größerer Verbreitung im Bereich der Magdeburger Börde, der Hildesheimer Börde und im Oberrheingebiet (Mainzer Becken, Vorderpfalz), in kleineren Arealen auch in anderen Teilen Mitteldeutschlands.

Braunerden [Cambisole bzw. Cambric Umbrisole] zeigen einen humosen A-Horizont und darunter einen deutlich entwickelten B-Horizont, der durch fein verteilte oxidische Eisenverbindungen braun gefärbt ist und keine Verlagerungsmerkmale aufweist. Braunerden sind der in Mitteleuropa am weitesten verbreitete Bodentyp. In typischer Ausbildung finden wir diese Böden in den Mittelgebirgen, aber auch auf pleistozänen und holozänen Sanden auf.

Parabraunerden und Lessivés [Luvisole und Albeluvisole] sind ebenfalls typische Böden der gemäßigt-humiden Klimagebiete Eurasiens und Nordamerikas und entwickeln sich bevorzugt auf Lockersedimenten. Ihr wichtigstes Charakteristikum ist der an Tonsubstanz verarmte Oberboden über einem mit Ton angereicherten Unterboden. In Mitteleuropa sind diese Böden weit verbreitet, vor allem in Löss- und Moränengebieten.

Podsole [Podzole] sind Böden des kalt- bis kühl-humiden Klimabereichs mit hohen Niederschlägen. Sie entwickeln sich auf nährstoffarmen Substraten, die nur von Pflanzen mit geringen Nährstoffansprüchen besiedelt werden können. In Mitteleuropa sind sie auf den sandigen Sedimenten des Norddeutschen Tieflands weit verbreitet. In den Mittelgebirgen treten sie gelegentlich auf Granit- und Sandstein-Fließerden auf. Kennzeichnend für diese Böden ist ein im Oberboden hell gefärbter Bleichhorizont über einem dunklen, oben oftmals braunschwarzen, unten rotbraunen Anreicherungshorizont, der je nach Verfestigungsgrad als Orterde oder als Ortstein bezeichnet wird.

Pelosole [z.T. Vertisole, Planosole] In dieser Klasse werden Böden zusammengefasst, deren Feinsubstanz zu mehr als 45 % aus Material der Tonfraktion besteht. Dies sind die Böden tonreicher Ausgangsgesteine. Demzufolge findet man solche Pelosole in Mitteleuropa verbreitet auf nahezu allen Tonstein- und Tonmergelserien des Mesozoikums, aber auch auf pleistozänen Beckentonen oder tonreichen Geschiebemergeln.

Stauwasserböden Zur Bodenklasse der Stauwasserböden werden Böden gezählt, in denen sich das Sickerwasser über einem weitgehend undurchlässigen Horizont im Unterboden staut. Im Sommer verschwindet das Wasser in den höheren Bodenbereichen durch Verdunstung und Evapotranspiration, sodass für diese Böden ein Wechsel zwischen Vernässung und Austrocknung typisch ist. Während der Vernässungsphase wird die Bodendynamik durch Reduktionsvorgänge bestimmt, in den Trockenphasen gelangt Luft in die Böden und es herrschen oxidierende Verhältnisse. Dies führt im Unterboden zu einer charakteristischen grau/rostbraunen Marmorierung.

Stauwasserböden, zu denen die Bodentypen **Pseudogley** [Stagnosol, Stagnic Luvisol bzw. Planosol] und **Stagnogley** [Planosol bzw. **Albeluvisol**] gehören, sind im humiden Klima weit verbreitet. Wir finden sie in Mitteleuropa in Gebieten mit mittleren Jahresniederschlägen >700 mm,

beispielsweise auf den hoch gelegenen Verebnungsflächen und Oberhängen der Mittelgebirge. In trockeneren Gebieten entwickeln sich solche Stauwasserböden auch auf verlehmten und stärker verdichteten Lockersedimenten.

Kolluvisole Bei Böden dieser Bodenklasse ist das Substrat der Bodenbildung durch Wasser oder Wind über kürzere Strecken transportiert und nachfolgend mit einer gewissen Mächtigkeit abgelagert worden. Je nach Transportmedium unterscheidet man die Bodentypen Kolluvium (fluviatiles Kolluvium) und Äolium (äolisches Kolluvium). Kolluvisole sind vergleichsweise junge Böden; sie treten in Mitteleuropa meist kleinflächig und normalerweise im kultivierten Hügelland auf.

ABTEILUNG GRUNDWASSERBÖDEN
(Semiterrestrische Böden)

In dieser bodensystematischen Abteilung sind die Bodenklassen Auenböden, Gleye und Marschen zusammengefasst. Diese Böden nehmen bezüglich ihres Wasserhaushalts eine Zwischenstellung zwischen den terrestrischen und den subhydrischen bzw. semisubhydrischen Böden ein. Die Entstehung der semiterrestrischen Böden ist auf einen mehr oder weniger schwankenden, zum Teil aber auch hohen, nur wenig unter der Bodenoberfläche liegenden Grundwasserspiegel zurückzuführen. Hinzu kommt vielfach eine episodische beziehungsweise periodische Überflutung oder Überstauung der Böden.

Gleye [Gleysole] Die Bodentypen Gley, Nassgley, Anmoorgley und Moorgley sind in Mitteleuropa auf sehr unterschiedlichen Gesteinen zwar weit verbreitet, nehmen jedoch stets nur kleinere Flächen in Senken und am Rand von Mooren ein, in denen der Grundwasserstand hoch ist. Unter dem moorartigen Ah-Horizont folgt eine über dem langjährigen Grundwasserspiegel liegende rostfarbene Oxidationszone (Go-Horizont), die von der im Grundwasser liegenden grauen, graublauen bis graugrünen Reduktionszone (Gr-Horizont) unterlagert wird.

Auenböden [Fluvisole] mit ihren Bodentypen Rambla, Paternia, Borowina, Tschernitza und Vega sind die charakteristischen Böden der Talauen sowohl von Flüssen der Bergländer als auch von Flüssen in Tiefebenen. Unter natürlichen Bedingungen werden sie periodisch überflutet, wobei dann stets, wenn auch in unterschiedlichem Maße, Sedimentmaterial in Form von Auenlehm abgelagert wird. Eine Absenkung des Grundwassers, entweder durch Regulierung oder durch Eintiefung der Fließgewässer, führt dazu, dass sich die Auenböden zu terrestrischen Böden weiterentwickeln und die Auendynamik verschwindet.

Marschen sind in Mitteleuropa auf die Küstenzonen der Nordsee beschränkt. An den Flussmündungen dringen sie innerhalb des Gezeitenbereichs zum Teil weiter in das Bin-

Teil V

nenland vor und gehen dort allmählich in Auenböden über. Demzufolge wird aus Sicht der Bodenbildung zwischen den Bodentypen See-, Brack- und Flussmarsch unterschieden. Sie sind sehr nahe mit den Gleyen verwandt.

ABTEILUNG SEMISUBHYDRISCHE UND SUBHYDRISCHE BÖDEN

In dieser Abteilung werden Bodenklassen zusammengefasst, die entweder in der ständig unter dem Einfluss von Ebbe und Flut stehenden Gezeitenregion der Meeresküsten (semisubhydrische Wattböden) entstehen oder am Grunde von Binnengewässern aller Größen (subhydrische Böden). Typisch für diese Böden ist, dass sie allseitig von Wasser durchdrungen sind und dass unter einem Wasserkörper, der sie von der Atmosphäre trennt, ein humoser Horizont entwickelt ist, der in charakteristischer Weise aus humifiziertem Plankton besteht. Folgende Bodentypen lassen sich unterscheiden: Protopedon als Rohboden, Dy oder Braunschlammboden, Sapropel und Gyttja. Unter geologischen Aspekten sind subhydrische Böden limnische Sedimente.

ABTEILUNG MOORE

Moore [Histosole] sind Böden, die einen Torfhorizont von mindestens 30 cm Mächtigkeit aufweisen und deren Humushorizonte mindestens 30 % organische Substanz enthalten. Genetisch unterscheidet man Niedermoore und Hochmoore. Niedermoore (topogene Moore) entstehen subhydrisch, vorwiegend im Uferbereich als Folge der Verlandung stehender Gewässer, wobei die Ufervegetation das organische Ausgangsmaterial des Torfs liefert. Hochmoore entwickeln sich letztlich aus den Niedermooren, wölben sich gegenüber ihrer Umgebung uhrglasförmig auf und werden dadurch unabhängig vom Grundwasser (ombrogene Moore, Regenwassermoore). Zwischen beiden steht das Übergangsmoor.

Entsprechend ihrer Genese ist die Verbreitung der Moore in Mitteleuropa eng mit den Klimaverhältnissen und der Oberflächengestaltung seit dem Abschmelzen der pleistozänen Eismassen verbunden. Die meisten Hochmoore finden sich daher in den niederschlagsreichen küstennahen Bereichen der Nord- und Ostsee und im nördlichen Alpenvorland. Darüber hinaus gibt es kleinere Hochmoore auch in vielen Mittelgebirgen, wo hohe Niederschlagsraten und – morphologisch bedingt – ein geringer Wasserabfluss die Moorbildung begünstigen.

ABTEILUNG ANTHROPOGENE BÖDEN oder KULTOSOLE

Unter diesem Begriff werden Böden zusammengefasst, die durch landwirtschaftliche, forstliche und gartenbauliche Kulturmaßnahmen oder auch durch Rekultivierung in ihrem Profilaufbau vollständig verändert wurden, sodass die ursprüngliche Horizontabfolge weitgehend zerstört ist.

Typische anthropogene Böden [Anthrosole] sind die Rigosole, Hortisole [Hortic Anthrosole] und der Plaggenesch [Plaggic Anthrosole]. Rigosole sind Böden, die, wie im Fall der Weinbergböden, durch tiefreichende Bodenbearbeitung (Rigolen) erzeugt wurden, wobei häufig Fremdmaterial mit eingebracht wurde. Hortisole sind Gartenböden, die durch tiefe Bodenbearbeitung über lange Zeit hinweg, verbunden mit intensiver organischer Düngung und Bewässerung entstanden sind. Sie finden sich in allen intensiv genutzten Gartenbaugebieten. Plaggenesch ist in seiner Verbreitung auf Westfalen und das Emsland beschränkt, wo seit Jahrhunderten flach abgehobene Stücke von stark humosem und durchwurzeltem Oberboden (sogenannte Plaggen) im Stall als Streu Verwendung fanden. Danach wurden diese Gras- und Heideplaggen mitsamt dem aufgenommenen enthaltenen Stallmist wieder auf die ursprünglichen Böden aufgebracht.

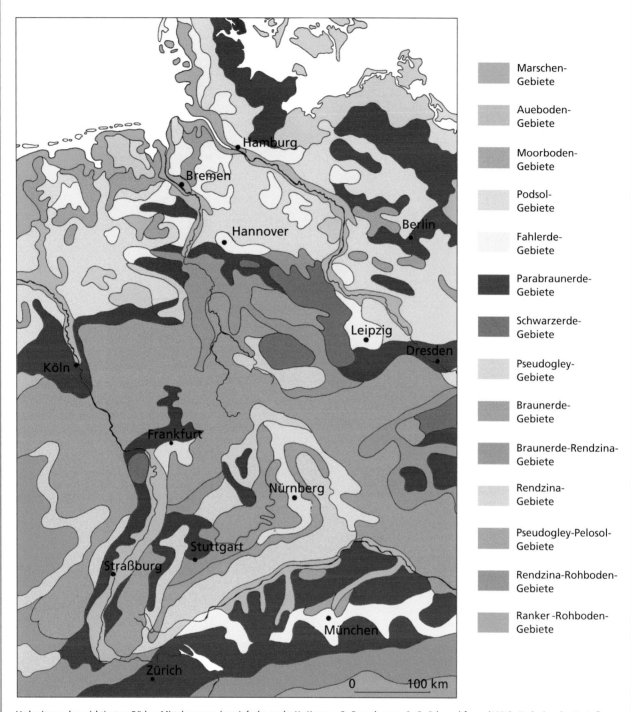

Verbreitung der wichtigsten Böden Mitteleuropas (vereinfacht nach: H. Kuntze, G. Roeschmann & G. Schwerdtfeger (1994): Bodenkunde, 5. Auflage. – Stuttgart, Ulmer)

Teil V

Abb. 16.11 Böden sind Geosysteme, die sich durch Zufuhr von neuem Material und Abtransport von ursprünglichem Material sowie durch physikalische und chemische Prozesse entwickeln. Die Umwandlungsprozesse können in Translokations- und Transformationsprozesse unterteilt werden. Die unterschiedlichen Bodenhorizonte, die ein Bodenprofil kennzeichnen, sind in der schematischen Darstellung ebenfalls erkennbar

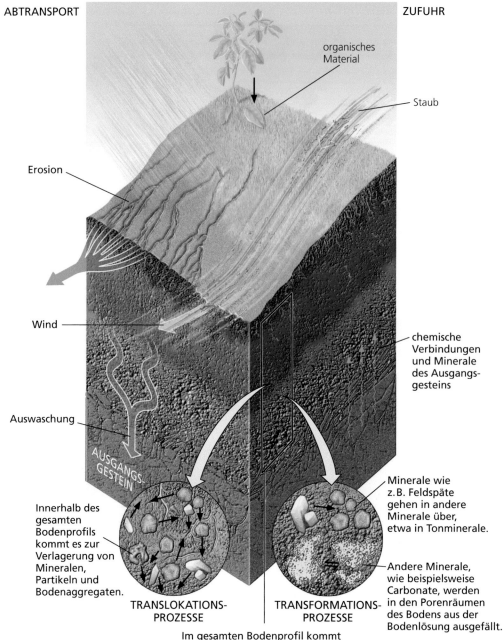

ABTRANSPORT

ZUFUHR

organisches Material

Staub

Erosion

chemische Verbindungen und Minerale des Ausgangsgesteins

Wind

Auswaschung

AUSGANGS-GESTEIN

Innerhalb des gesamten Bodenprofils kommt es zur Verlagerung von Mineralen, Partikeln und Bodenaggregaten.

Minerale wie z. B. Feldspäte gehen in andere Minerale über, etwa in Tonminerale.

Andere Minerale, wie beispielsweise Carbonate, werden in den Porenräumen des Bodens aus der Bodenlösung ausgefällt.

TRANSLOKATIONS-PROZESSE

TRANSFORMATIONS-PROZESSE

Im gesamten Bodenprofil kommt es zu Translokations- und Transformationsprozessen.

3. **Relief**: die Höhenlage und Geländeform, die Neigung und Ausrichtung des Hangs zur Himmelsrichtung. Flache gegen die Sonne gerichtete Hänge fördern eine raschere Bodenentwicklung.
4. **Organismen**: Diversität und Anzahl der im Boden lebenden Organismen.
5. **Zeit**: die Zeitspanne, die für die Bodenbildung zur Verfügung steht.

Endprodukt: Bodenprofile In den meisten Böden bilden sich im Laufe ihrer Entwicklung deutlich erkennbare Horizonte. Die Zusammensetzung und das Erscheinungsbild eines Bodens wird als **Bodenprofil** bezeichnet. Ein solches Bodenprofil kann aus bis zu 6 Bodenhorizonten bestehen, kennzeichnenden Schichten, die sich in Farbe und Gefüge unterscheiden, normalerweise mehr oder weniger parallel zur Geländeoberfläche verlaufen und in einem vertikalen Schnitt durch einen Boden erkennbar sind (vgl. Abb. 16.11).

Der oberste Bodenhorizont ist in unseren Breiten normalerweise der O-Horizont oder Auflagehorizont. Er ist meist geringmächtig und besteht aus organischem Rohmaterial wie Blättern und mehr oder weniger zersetzter organischer Substanz. Darunter folgt der A-Horizont, der in typischer Ausbildung selten mächtiger als ein Meter ist. Normalerweise ist dies ein dunkel gefärbter Bodenhorizont, da er als Folge der Transformationsprozesse den höchsten Gehalt an organischer Substanz aufweist. Darunter folgt der häufig gebleichte E-Horizont, der überwiegend aus unlöslichen Residualmineralen wie etwa Quarz besteht und gegenüber dem A-Horizont durch Translokationsprozesse unter anderem an Eisen und Mangan und anderen löslichen Substanzen verarmt ist. Unter dem E-Horizont befindet sich der B-Horizont, in dem nur noch geringe Mengen an organischem Material enthalten sind. In diesem Horizont reichern sich die Abbau- und Umwandlungsprodukte der im E-Horizont gelösten Minerale sowie Eisen- und Aluminiumhydroxide in Form dünner Lagen, Linsen und Überzüge an. Welche Minerale oder Verbindungen sich konzentrieren, ist abhängig vom Klima. Unter ariden Klimaverhältnissen reichern sich beispielsweise Carbonatminerale oder Gips an, wobei zu beachten ist, dass dort der Lösungsstrom von unten nach oben verläuft. Unter dem B-Horizont folgt schließlich das von der Bodenbildung nicht oder nur wenig beeinflusste Ausgangsmaterial des Solums, das im Falle von Lockermaterial durch den Buchstaben C, im Falle von Festgestein mit R gekennzeichnet wird.

Böden sind entweder autochthon oder allochthon, das heißt, es handelt sich entweder um Rückstandsbildungen „in situ" oder das Bodenmaterial wurde durch Wasser oder Wind transportiert und dann abgelagert. Die meisten Böden sind Rückstandsbildungen; sie entwickeln sich an Ort und Stelle aus dem anstehenden Gestein zur Verwitterungsdecke und schließlich zu einem Boden mit deutlich ausgebildeten Bodenhorizonten. Böden bilden sich umso rascher und werden umso mächtiger, je intensiver die Verwitterung oder der jährliche Anfall an organischer Substanz ist. Doch selbst bei starker Verwitterung kann es Tausende von Jahren dauern, bis der A-Horizont so weit entwickelt ist, dass er Ernteerträge abwirft, da die chemische Verwitterung nur innerhalb der kurzen Zeit, in der Regenwasser versickert, besonders wirksam ist. In trockenen Perioden laufen die Verwitterungsreaktionen zwar weiter ab, aber nur sehr langsam und auch nur dann, wenn eine gewisse Restfeuchtigkeit im Boden zurückbleibt. Trocknet ein Boden zwischen den Regenperioden völlig aus, kommt die chemische Verwitterung fast vollständig zum Erliegen.

Verschwemmte, sogenannte kolluviale Böden sammeln sich vor allem in den Tallagen, nachdem das Bodensubstrat von den umgebenden Hängen erodiert und hangabwärts transportiert worden ist. Sie sind an ihrem Gefüge und ihrer Zusammensetzung zu erkennen, weil sie eher Böden als normalen Sedimenten ähnlich sind. In einigen Fällen sind die tieferen Bodenhorizonte in den Hanglagen noch erhalten. Die Umlagerung von Bodenmaterial ist eine Folge der immer intensiver werdenden Bodennutzung. So führt vor allem der Ackerbau auf großen geneigten Flächen zu erheblicher Abspülung. Solche umgelagerten Böden (Kolluvien) verdanken ihre Mächtigkeit in erster Linie der Verlagerung und weniger der Verwitterung an Ort und Stelle. Kolluviale Böden sind daher vor allem im beackerten Hügelland, am Fuß der Hänge, in Senken oder in Tälern sehr häufig, wo sie

als wertvolle Anbauflächen genutzt werden; sie sollten nicht mit normalen Sedimenten verwechselt werden, die von Flüssen, Wind und Eis transportiert und abgelagert worden sind. Der Hangabspülung entgegen wirkt die Stabilisierung der Hänge durch Terrassierung.

Paläoböden: Rückschlüsse auf das Klima der Vergangenheit

Seit einiger Zeit gilt das Interesse auch den älteren, fossilen Böden, die als charakteristische Horizonte innerhalb bestimmter Schichtenfolgen überliefert sind und ein Alter bis über eine Milliarde Jahre aufweisen können. Diese **Paläoböden**, wie sie bezeichnet werden, sind vor allem deshalb interessant, weil sie Hinweise auf das Klima der erdgeschichtlichen Vergangenheit enthalten und sogar über die Menge an Kohlendioxid und Sauerstoff in der damaligen Atmosphäre Auskunft geben. Milliarden Jahre alte Paläoböden weisen aufgrund ihrer mineralogischen Zusammensetzung darauf hin, dass es in diesem frühen Stadium der Erdgeschichte keine Oxidation in den Böden gegeben hat und dass Sauerstoff noch kein wesentlicher Bestandteil der Atmosphäre war.

Bodenbildung ist nur ein erster Schritt bei der Entwicklung der Landschaft. Verwitterung und Gesteinszerfall destabilisieren häufig den Untergrund und führen schließlich zu tiefgreifenden Veränderungen, die durch Massenbewegungen ausgelöst werden. Sie sind ein wesentlicher Bestandteil der Abtragung, besonders in hügeligem und gebirgigem Gelände.

Massenbewegungen

Am Morgen des 1. Juni 2005, als die Einwohner von Laguna Beach in Kalifornien (USA) erwachten oder bereits ihren Morgenkaffee genossen, brach unter ihnen die Erde auf und setzte sich in Bewegung. Sieben Häuser, jedes im Wert von mehreren Millionen Dollar, wurden zerstört, als eine große Masse aus Boden und verwittertem Gestein nachgab und sich hangabwärts bewegte. Zwölf andere Häuser wurden schwer beschädigt und mehr als hundert weitere mussten geräumt werden, nachdem die Bewohner besorgt auf Geologen gewartet hatten, die ihre Grundstücke begutachten und entscheiden sollten, ob eine Rückkehr gefährlich wäre. Einige Häuser stürzten vollständig ein, andere brachen buchstäblich in zwei Hälften und wieder andere blieben auf dem Scheitel des Hügels stehen, wo sie über die große Abrisskante hinausragten, an der die rutschende Erdmasse losgebrochen war.

Dieses Ereignis wurde durch extreme, jahreszeitlich bedingte Niederschlagsmengen ausgelöst, den zweithöchsten, die in diesem Teil Kaliforniens jemals registriert worden waren. Sie durchtränkten den Boden und das verwitterte Gestein und schu-

Abb. 16.12 Ein größerer Schlammstrom zerstörte 2005 in La Conchita (Kalifornien) zahlreiche Häuser (Foto: © AP Photo/Kevork Djansezian)

ten und Fließen können die Massenbewegungen von kleinen, fast unmerklichen, hangabwärts gerichteten Bodenverschiebungen auf einem sanften Hang bis zu riesigen Bergstürzen reichen, bei denen Tonnen von Erde und Gesteinsmaterial aus mehr oder weniger steilen Berghängen auf die Talböden herabstürzen.

Jedes Jahr fordern Massenbewegungen weltweit ihren Tribut an Menschenleben und Eigentum. Ende Oktober und Anfang November 1998 brachte einer der katastrophalsten Wirbelstürme des 20. Jahrhunderts, der Hurrikan „*Mitch*", wolkenbruchartige Niederschläge nach Mittelamerika. Der Untergrund wurde mit Wasser gesättigt und es kam zu verheerenden Überschwemmungen und Erdrutschen. Mindestens 9000 Menschen kamen dabei ums Leben und die Zerstörungen verursachten Schäden in Höhe von mehreren Milliarden Dollar, da die Überschwemmungen und Rutschungen das mitgeführte Material auf den einstmals fruchtbaren Böden absetzten und die Mais-, Bohnen-, Kaffee- und Erdnussernte vernichteten. Eines der am schlimmsten betroffenen Gebiete lag an der Grenze von Nicaragua und Honduras, wo mindestens 1500 Menschen durch wiederholte Erdrutsche und Schlammströme verschüttet wurden. Dutzende von Dörfern wurden einfach ausgelöscht – begraben unter einem Meer von Schlamm. Die Hänge des Vulkans Casita rutschten ab und setzten sich als fließende, mehr als 7 m hohe Schlammwand in Bewegung. Für Menschen im unmittelbaren Bereich der Lawine gab es kein Entrinnen und viele von ihnen wurden lebendig begraben, als sie versuchten, dem rasch fließenden Schlamm zu entkommen.

Die gewaltige Zerstörungskraft solcher Massenbewegungen sollte Veranlassung genug sein, dringend Methoden zur Vorhersage zu entwickeln. Gleichzeitig müsste schnellstens dafür gesorgt werden, dass es nicht mehr durch unsachgemäße Eingriffe in natürliche Abläufe zu Massenbewegungen kommt. Die meisten natürlichen Massenbewegungen lassen sich zwar nicht verhindern, aber wir können die Bebauung und Landnutzung mit entsprechenden Vorschriften so weit steuern, dass die Verluste möglichst gering gehalten werden. Massenbewegungen verändern die Landschaft. Sie hinterlassen an den Berghängen sichtbare Narben, wenn große Mengen von Gesteins- und Bodenmaterial von den Hängen herabstürzen oder abgleiten. Das transportierte Material endet dann in Form von Muren oder Schuttkegeln auf dem Talboden und häuft sich dort gelegentlich so hoch auf, dass ein Wasserlauf im Tal aufgestaut wird. Die entweder direkt im Gelände oder auf Luftbildern kartierten Abrissnarben und Schuttablagerungen sind Hinweise auf Massenbewegungen in der Vergangenheit. Anhand solcher Anhaltspunkte können Geologen vorhersagen, ob in Zukunft dort mit neuen Massenbewegungen zu rechnen ist und somit rechtzeitig Warnungen herausgeben.

Massenbewegungen werden von drei wesentlichen Faktoren beeinflusst (Tab. 16.3):

1. Von der Beschaffenheit und den Eigenschaften des Hangmaterials. Die Hänge können aus **unkonsolidiertem Material**, das heißt aus lockerem und unverfestigtem Material oder aus verfestigtem, **konsolidiertem Material** bestehen.

fen damit in einem ohnehin instabilen Umfeld die Voraussetzungen für diese Katastrophe. Bereits zuvor hatten in diesem Jahr vergleichbar hohe Niederschläge in Kalifornien zu ähnlichen Katastrophen geführt, wobei in La Conchita ebenfalls 10 Menschenleben zu beklagen waren, als ihre Häuser von den Erdmassen verschüttet wurden (Abb. 16.12).

Diese Ereignisse in Südkalifornien sind letztendlich nur eine Form von vielen, unter dem Einfluss der Schwerkraft hangabwärts gerichtete Bewegungen von nassen bis trockenen Boden-, Gesteins- und Schlammmassen, die man insgesamt als **Massenbewegungen** bezeichnet. Diese Massenbewegungen setzen sich dabei in erster Linie nicht durch die Wirkung irgendeines Abtragungsfaktors in Gang, wie etwa fließendes Wasser, Wind oder Gletschereis. Statt dessen treten Massenbewegungen immer dann auf, wenn die Festigkeit des Hangmaterials durch die einwirkende Schwerkraft überwunden wird. Das Material bewegt sich dabei entweder langsam und kaum wahrnehmbar hangabwärts oder manchmal auch plötzlich in einem katastrophalen Ausmaß. Durch verschiedene Kombinationen aus Fallen, Kriechen, Glei-

Tab. 16.3 Massenbewegungen beeinflussende Faktoren

Art des Materials	Wassergehalt	Hangneigung	Hangstabilität
LOCKERMATERIAL			
lockerer Sand oder sandiger Silt	trocken feucht	Böschungswinkel	hoch mäßig
unkonsolidiertes Gemisch aus Sand, Silt, Bodenmaterial und Gesteinsbruchstücken	trocken feucht	mittel	hoch gering
	trocken feucht	steil	hoch gering
FESTGESTEIN			
geklüftetes und tektonisch deformiertes Gestein	trocken oder feucht	mäßig bis steil	mäßig
massiges Gestein	trocken oder feucht trocken oder feucht	mäßig steil	hoch mäßig

2. Vom Wassergehalt des Materials. Der Wassergehalt hängt davon ab, wie porös das Material ist und welche Niederschlagsmengen oder andere Wasserzutritte es aufnehmen kann.
3. Von der Steilheit und Instabilität der Hänge. Sie trägt dazu bei, dass das Material je nach den herrschenden Bedingungen entweder zum Stürzen, Kriechen, Gleiten oder Fließen neigt.

Alle drei Faktoren sind in der Natur wirksam; Hangstabilität und Wassergehalt werden jedoch am stärksten durch Eingriffe des Menschen beeinflusst, etwa durch Erdaushub für Gebäude und Straßenbau. Alle drei Faktoren führen zum selben Ergebnis: Sie verringern den Widerstand gegen eine Bewegung, die Schwerkraft überwiegt und das Hangmaterial beginnt zu stürzen, kriechen, gleiten oder zu fließen.

Eigenschaft des Hangmaterials

Das Hangmaterial tritt in den verschiedensten Geländesituationen in sehr unterschiedlichen Ausprägungen auf und ist in starkem Maße von den örtlichen geologischen Gegebenheiten abhängig. So können metamorphe Gesteine auf der einen Seite eines Tales durch tektonische Spannungsfelder stark aufgelockert sein, während ein anderer, nur wenige hundert Meter entfernter Hang aus stabilem massigem Granit besteht. Hänge aus Lockermaterial mit hohem Tonanteil sind am wenigsten stabil.

Unkonsolidierter Sand und Silt Die Rolle, die Hangneigung und Hanginstabilität bei Massenbewegungen spielen, ist am einfachsten am Verhalten von lockerem Sand erkennbar. In der Kindheit hat fast jeder von uns im Sandkasten mit dem charakteristischen Böschungswinkel eines trockenen Sandhaufens Bekanntschaft gemacht, dem Winkel zwischen der Böschung des Sandhügels und der Horizontalen. Dieser Böschungswinkel ist stets derselbe, gleichgültig ob der Haufen nur wenige Zentimeter oder mehrere Meter hoch ist. Für die meisten Sande beträgt dieser Winkel etwa 35°. Wird am Fuß des Hügels sehr

langsam und vorsichtig etwas Sand abgegraben, wird der Böschungswinkel vorübergehend etwas steiler und bleibt kurzzeitig auch erhalten. Sobald aber jemand in seiner Nähe den Boden erschüttert, rutscht der Sand kaskadenartig den Hang hinab, und der Hang des Sandhaufens nimmt wieder seinen ursprünglichen Winkel von 35° an.

Der ursprüngliche und sich immer wieder einstellende Winkel eines Sandhangs ist der **natürliche Böschungswinkel** oder **Schüttungswinkel**, das heißt der maximale Winkel, bei dem ein Hang aus lockerem Material noch stabil und damit standfest ist. Ein Hang mit einem steileren als dem natürlichen Böschungswinkel ist instabil und wird normalerweise wieder in den stabilen Böschungswinkel zusammenrutschen. Sand oder Silt bilden Hügel mit Hangneigungen, die wegen der Reibungskräfte zwischen den Partikeln in etwa dem natürlichen Böschungswinkel entsprechen oder etwas weniger steil sind. Wird jedoch immer mehr Sand aufgehäuft und der Hang wird steiler, nehmen die Reibungskräfte ab und der Sandhügel rutscht plötzlich ab.

Der natürliche Böschungswinkel ist von einer Anzahl von Faktoren abhängig wie etwa von der Größe und Form der Partikel (Abb. 16.13a). Größere, flachere und eckigere Komponenten von lockerem Material bleiben auch bei steilerem Winkel noch standfest. Außerdem variiert der natürliche Böschungswinkel mit der zwischen den Teilchen vorhandenen Feuchtigkeitsmenge. Feuchter Sand weist einen größeren Böschungswinkel auf als trockener Sand, weil die Feuchtigkeit zwischen den Körnern zu einem festeren Zusammenhalt führt, sodass sie der Bewegung Widerstand entgegensetzen. Ursache dieser Kornbindung ist die **Oberflächenspannung**, die Anziehungskraft zwischen Molekülen an einer Oberfläche (Abb. 16.13b). Sie ist beispielsweise für die runde Form fallender Wassertropfen verantwortlich oder führt dazu, dass eine dünne Rasierklinge oder eine Büroklammer auf einer glatten Wasseroberfläche schwimmen kann. Zu viel Wasser in den Porenräumen hat den gegenteiligen Effekt. Ist der Sand mit Wasser gesättigt, das heißt, wenn der gesamte Porenraum zwischen den Körnern mit Wasser gefüllt ist, wird der Sand zu einem flachen, fladenartigen Gebilde auseinanderfließen (Abb. 16.13c). Er verhält sich nun ähnlich wie eine

Teil V

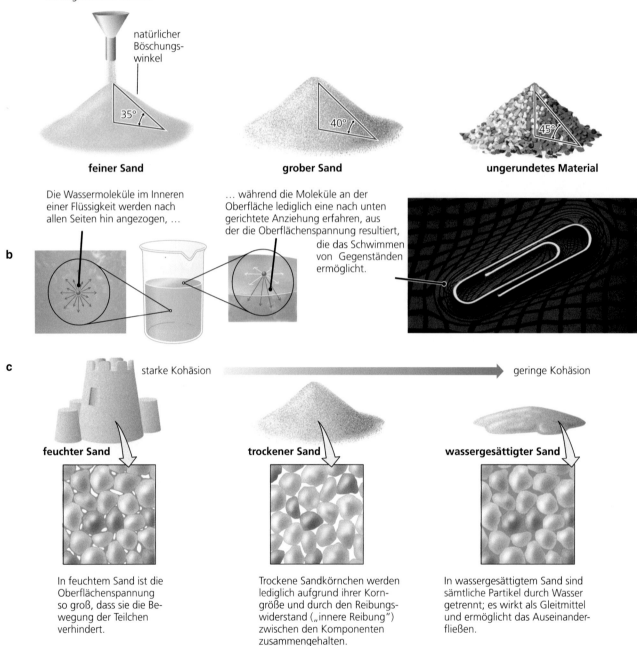

a Aufgeschüttete Partikel bilden einen natürlichen Böschungswinkel, der von der Korngröße und dem Rundungsgrad der Komponenten abhängig ist. Feinkörniger Sand bildet einen flacheren Böschungswinkel als ungerundete Gerölle.

natürlicher Böschungs- winkel

35°

feiner Sand

40°

grober Sand

45°

ungerundetes Material

b Die Wassermoleküle im Inneren einer Flüssigkeit werden nach allen Seiten hin angezogen, …

… während die Moleküle an der Oberfläche lediglich eine nach unten gerichtete Anziehung erfahren, aus der die Oberflächenspannung resultiert, die das Schwimmen von Gegenständen ermöglicht.

c starke Kohäsion → geringe Kohäsion

feuchter Sand

trockener Sand

wassergesättigter Sand

In feuchtem Sand ist die Oberflächenspannung so groß, dass sie die Bewegung der Teilchen verhindert.

Trockene Sandkörnchen werden lediglich aufgrund ihrer Korngröße und durch den Reibungswiderstand („innere Reibung") zwischen den Komponenten zusammengehalten.

In wassergesättigtem Sand sind sämtliche Partikel durch Wasser getrennt; es wirkt als Gleitmittel und ermöglicht das Auseinanderfließen.

Abb. 16.13a–c Der natürliche Böschungswinkel eines Hangs aus unverfestigtem Material ist abhängig von der Form der Partikel und dem Wassergehalt des Hangmaterials

Flüssigkeit, weil das Wasser die einzelnen Kornoberflächen voneinander trennt und die Kornreibung so stark verringert, dass sich die Körner frei gegeneinander verschieben können. Die Oberflächenspannung, die feuchten Sand zusammenhält, ermöglicht auch den Bau kunstvoller Sandburgen (Abb. 16.14). Läuft die Flut auf und der Sand wird mit Wasser gesättigt, stürzt die Burg ein. In gleicher Weise, wenn auch in anderem Ausmaß, sind Rutschungen an Berghängen vom Wassergehalt der Böden

abhängig. Hohe Niederschläge füllen die Porenräume und führen zu katastrophalen Grundbrüchen.

Unkonsolidierte Gemische Hangmaterial aus einem Gemisch von unkonsolidiertem Sand, Silt, Ton, Boden und Gesteinsbruchstücken (typischer Hangschutt), bildet mäßig steile bis steile Hänge (vgl. Tab. 16.3). Die blättchenförmigen Tonminerale, der Gehalt der Böden an organischer Substanz und die Stabilität

Abb. 16.14 Diese Sandburg behält ihre Form, weil sie aus feuchtem Sand gebaut wurde. Die Steilheit der Wände ist auf die Oberflächenspannung zurückzuführen, die den feuchten Sand zusammenhält (Foto: © cynwulf/morguefile.com)

der Gesteinsbruchstücke sind wesentliche Faktoren, die die Fähigkeit des Materials verändern, Hänge mit einem bestimmten Böschungswinkel zu bilden.

Konsolidiertes Material Hänge in konsolidiertem, trockenem Material, beispielsweise in Felsgestein, mit verfestigten und verkitteten Sedimenten und Böden mit Vegetation, können weit steiler und unregelmäßiger sein, als Hänge aus Lockermaterial. Wenn sie übersteilt werden oder die Vegetation Lücken bekommt, können sie ebenfalls instabil werden. Die Partikel verfestigter Sedimente – wie etwa dichte Tone oder Tonstein – haften durch kohäsive Kräfte zusammen, die bei einer dichten Packung an den Berührungsflächen der Teilchen auftreten. **Kohäsion** ist ganz allgemein die Anziehungskraft zwischen den Komponenten eines festen Materials, die dicht beisammenliegen. Je größer die Kohäsion innerhalb eines Material ist, desto größer ist der Widerstand gegen eine Bewegung.

Wassergehalt

Die Wirkung des Wasser auf konsolidiertes Material entspricht dessen Auswirkung auf unverfestigtes Material. Massenbewegungen von konsolidiertem Material lassen sich gewöhnlich auf den Einfluss des Wassergehalts zurückführen, wobei oftmals andere Faktoren hinzukommen, beispielsweise ein Rückgang der Vegetation oder eine Übersteilung des Hangs. Wenn der Untergrund mit Wasser gesättigt ist, werden die Schwächezonen innerhalb des festen Materials gewissermaßen „geschmiert", die Reibung zwischen den Teilchen verringert sich, die Teilchen oder größeren Aggregate können sich leichter gegeneinander verschieben und das Material beginnt dann ähnlich wie eine Flüssigkeit zu fließen. Dieser Vorgang wird als **Verflüssigung** bezeichnet.

Hangneigung

Felshänge variieren von relativ sanften Hängen aus leicht verwitterbaren Schiefertonen oder vulkanischen Aschelagen bis hin zu senkrechten Felswänden aus massigem Granit oder Quarzit. Die Stabilität dieser Hänge ist abhängig von der Verwitterung und der Gesteinsauflockerung. Schiefertone zum Beispiel verwittern relativ leicht und zerbrechen gewöhnlich in zahllose kleine Fragmente, die eine dünne Lage aus lockerem ungerundetem Schuttmaterial bilden und das im Untergrund anstehende Gestein überdecken (Abb. 16.15a). Die dabei sich einstellende Hangneigung entspricht etwa dem natürlichen Böschungswinkel von lockerem grobem Sand. Da sich der Verwitterungsschutt allmählich zu einem steileren als dem natürlichen Böschungswinkel entsprechenden Hang aufhäuft, wird ein Teil des lockeren Materials schließlich abrutschen.

Im Gegensatz dazu setzen Kalksteine und harte, verfestigte Sandsteine in aridem Klima der Abtragung Widerstand entgegen und zerbrechen in große Blöcke; sie bilden in den oberen Bereichen steile und im unteren Bereich flachere Hänge, die von Schutt überdeckt werden (Abb. 16.15b). Die steilen Felswände im oberen Bereich sind vergleichsweise stabil, abgesehen von einzelnen Gesteinsmassen, die gelegentlich auf die darunter liegenden, schuttbedeckten Hänge hinabstürzen und hinabrollen. Wo solche Sandsteine in Wechsellagerung mit Schiefertonhorizonten auftreten, zeigen die Hänge im Profil eine deutliche Treppung. Da die Schiefertone unter den Sandsteinschichten abrutschen, werden die härteren Schichten unterschnitten, sie sind dadurch weniger standfest und stürzen schließlich in großen Blöcken hangabwärts.

Auch die Lagerungsform der Schichten beeinflusst ihre Standfestigkeit, besonders wenn die Schichten parallel zur Hangneigung einfallen.

Teil V

a

b

Abb. 16.15a,b Die Stabilität eines aus Festgesteinen bestehenden Hangs ist vom Verwitterungsgrad und der Klüftigkeit der Gesteine abhängig, aus denen er besteht. **a** Dieser kleine Aufschluss ist verwittert und das Gestein zerfällt in einzelne Blöcke, die als Schutt bezeichnet werden. **b** Auf Hängen, wo größere Gesteinsblöcke aus der Wand fallen oder herabrollen, bildet der Hangschutt kegelförmige Schutthalden (Fotos: © a John Grotzinger; b Phil Stoffer/US Geological Survey)

Auslösende Faktoren von Massenbewegungen

Wenn durch die richtige Kombination von äußeren und inneren Faktoren ein Berghang instabil wird, beispielsweise durch Feuchtigkeit und übersteiltem Böschungswinkel, ist ein Hangrutsch oder Schuttstrom unvermeidlich. Es fehlt nur noch das auslösende Ereignis. Häufig wird ein Hangrutsch, eine Mure oder ein Schlammstrom, wie etwa der von Laguna Beach, durch ein heftiges Unwetter ausgelöst. Zahlreiche Massenbewegungen entstehen auch durch Bodenerschütterungen, etwa im Zusammenhang mit Erdbeben. Andere können ohne ein bestimmtes erkennbares Ereignis niedergehen, einfach nur durch eine zu-

nehmende Versteilung des Hangfußes durch die Erosion, bis der Hang plötzlich nachgibt.

Durch geologische Gutachten kann auf das von Massenbewegungen ausgehende Schadenspotenzial aufmerksam gemacht werden, doch nur dann, wenn Städteplaner und Bauträger die Gutachten auch berücksichtigen und der Bau oder Erwerb von Häusern in instabilen Gebieten unterlassen wird. Die verheerenden Massenbewegungen in Südkalifornien im Jahr 2005 sind eindeutig auf ungewöhnlich hohe jahreszeitliche Niederschläge im Winter 2004/2005 zurückzuführen. Diese Regenfälle waren wiederum die Folge eines El Niño-Ereignisses (vgl. Kap. 15), von dem Geowissenschaftler wissen, dass es in regelmäßigen Abständen auftritt.

Bei dem großen Erdbeben am 27. März 1964 in Alaska entstanden die meisten Schäden in der Stadt Anchorage durch Rutschungen, die das Beben ausgelöst hatte. Massenbewegungen von Gesteinen, Erde und Schnee richteten in den Wohngebieten von Anchorage große Zerstörungen an. An den Seeufern und entlang der Meeresküste kam es zu großen submarinen Rutschungen. Auf die Ebenen unterhalb der 30 bis 35 m hohen, aus einer Wechsellagerung von Ton und Silt bestehenden Steilhänge gingen riesige Erdrutsche nieder. Während des Erdbebens waren die Bodenerschütterungen so heftig, dass die wassergesättigten, sandigen Schichten innerhalb der Tone in den flüssigen Zustand übergingen, ein Prozess, der als **Bodenverflüssigung** bezeichnet wird und im Zusammenhang mit dem Wassergehalt bereits erwähnt wurde. Enorme Blöcke aus Ton und Silt wurden von den Steilufern losgerüttelt; sie glitten zusammen mit den verflüssigten Sedimenten über den flachen Untergrund und hinterließen ein völlig verwüstetes Gebiet aus durcheinander gewürfelten Gesteinsblöcken und eingestürzten Gebäuden (Abb. 16.16). Häuser und Straßen wurden durch die Rutschmassen mitgerissen und zerstört. Der ganze Vorgang dauerte nur fünf Minuten und begann ungefähr zwei Minuten nach dem ersten Erdbebenstoß. In einer Ortschaft kamen drei Menschen ums Leben und 75 Häuser wurden zerstört.

Untersuchungen der Hangstabilität sowohl in Kalifornien als auch in Alaska und zur Wahrscheinlichkeit wiederholt auftretender ergiebiger Niederschläge und Erdbeben hatten schon früh gezeigt, dass beide Gebiete für Erdrutsche geradezu prädestiniert waren. In einem mehr als ein Jahrzehnt vor dem Beben erstellten geologischen Gutachten wurde vor den Risiken einer baulichen Erschließung dieses Teils von Alaska gewarnt, in dem 1964 die größten Schäden auftraten, aber die großartige landschaftliche Schönheit dieser Gegend siegte über die menschliche Vernunft. Dasselbe gilt für das südliche Kalifornien. In Alaska bezahlten Menschen dafür mit ihrem Leben. In Laguna Beach gab es glücklicherweise nur Sachschäden, doch selbst diese waren in einem Gebiet, in dem der durchschnittliche Preis eines Hauses deutlich über einer Million Dollar liegt, ganz erheblich.

Abb. 16.16a,b a Erdrutsch in den Turnagain Heights (Alaska), ausgelöst durch das Erdbeben im Jahre 1964. **b** Die beiden Schnitte durch das Steilufer bei Anchorage (Alaska) zeigen die Situation vor und nach dem Erdbeben (Foto: NOAA/ Therkot/Landov)

a

b

vor dem Erdbeben

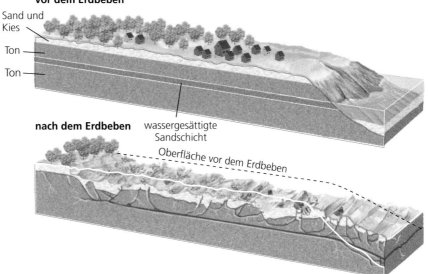

Sand und Kies

Ton

Ton

nach dem Erdbeben wassergesättigte Sandschicht

Oberfläche vor dem Erdbeben

Klassifikation von Massenbewegungen

Obwohl jede Art von Massenbewegung in den Medien wenig spezifisch als **Erd-**, **Hang-** oder **Bergrutsch** bezeichnet wird, unterscheiden sich Massenbewegungen durch eigene charakteristische Merkmale, zwischen denen es allerdings Übergangsformen gibt. In diesem Lehrbuch wird der Begriff Erdrutsch nur in diesem allgemeinen Sinn verwendet, um Massenbewegungen zu kennzeichnen.

Geologen unterteilen Massenbewegungen nach folgenden Merkmalen, die in Abb. 16.17 zusammengefasst sind:

1. nach der Art des rutschenden Materials (beispielsweise ob Festgestein oder unkonsolidiertes Material),
2. nach der Geschwindigkeit der Bewegung (zwischen wenigen Zentimetern pro Jahr bis zu vielen Kilometern pro Stunde),
3. nach der Art der Bewegung, die rutschend sein kann (der Großteil des Materials bewegt sich mehr oder weniger geschlossen als Einheit) oder fließend (das Material bewegt sich, als wäre es flüssig).

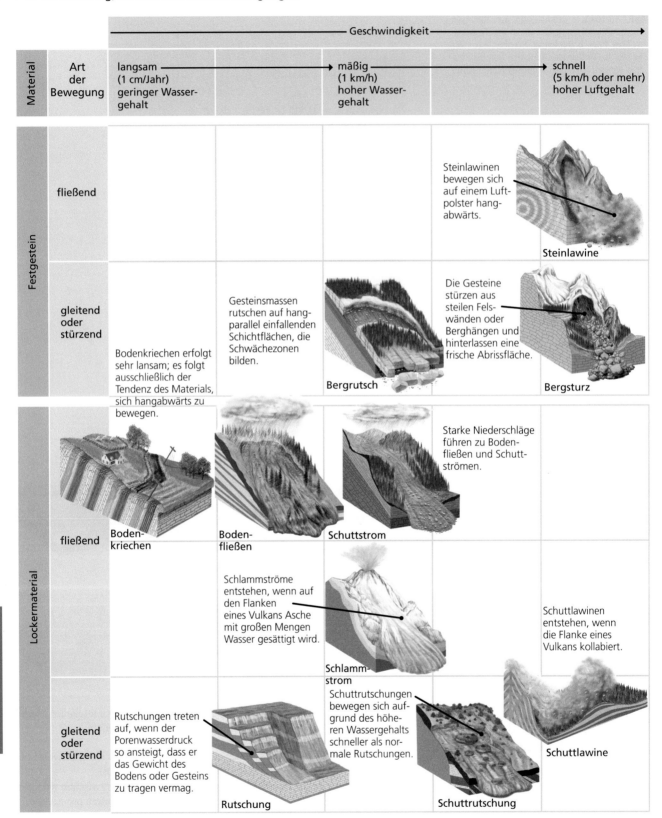

Material	Art der Bewegung	Geschwindigkeit		
		langsam (1 cm/Jahr) geringer Wassergehalt	mäßig (1 km/h) hoher Wassergehalt	schnell (5 km/h oder mehr) hoher Luftgehalt
Festgestein	fließend			Steinlawinen bewegen sich auf einem Luftpolster hangabwärts. **Steinlawine**
Festgestein	gleitend oder stürzend	Bodenkriechen erfolgt sehr lansam; es folgt ausschließlich der Tendenz des Materials, sich hangabwärts zu bewegen.	Gesteinsmassen rutschen auf hangparallel einfallenden Schichtflächen, die Schwächezonen bilden. **Bergrutsch**	Die Gesteine stürzen aus steilen Felswänden oder Berghängen und hinterlassen eine frische Abrissfläche. **Bergsturz**
Lockermaterial	fließend	**Bodenkriechen**	**Bodenfließen** / **Schuttstrom**	Starke Niederschläge führen zu Bodenfließen und Schuttströmen.
Lockermaterial	gleitend oder stürzend	Rutschungen treten auf, wenn der Porenwasserdruck so ansteigt, dass er das Gewicht des Bodens oder Gesteins zu tragen vermag. **Rutschung**	Schlammströme entstehen, wenn auf den Flanken eines Vulkans Asche mit großen Mengen Wasser gesättigt wird. **Schlammstrom** Schuttrutschungen bewegen sich aufgrund des höheren Wassergehalts schneller als normale Rutschungen. **Schuttrutschung**	Schuttlawinen entstehen, wenn die Flanke eines Vulkans kollabiert. **Schuttlawine**

Abb. 16.17 Massenbewegungen werden nach der Art des sich bewegenden Materials, nach der Geschwindigkeit und der Art der Bewegung unterschieden

a

b

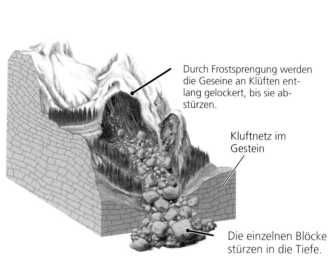

Durch Frostsprengung werden die Geseine an Klüften entlang gelockert, bis sie abstürzen.

Kluftnetz im Gestein

Die einzelnen Blöcke stürzen in die Tiefe.

Abb. 16.18a,b a Bergsturz bei Grindelwald (Schweiz). b Bei einem Bergsturz stürzen einzelne Blöcke im freien Fall aus einer Felswand oder einem steilen Berghang (Foto: © Pascal Lauener/Reuters Schweiz/Landov)

Die Art und die Geschwindigkeit werden in starkem Maße vom Wasser- und Luftgehalt des rutschenden Materials bestimmt.

Einige Bewegungen weisen sowohl Merkmale des Rutschens als auch des Fließens auf; der überwiegende Teil der Masse kann beispielsweise rutschen, während andere Bereiche an der Basis sich wie eine Flüssigkeit verhalten. Massenbewegungen in diesem Übergangsbereich werden nach den dominierenden Mechanismen klassifiziert. Es ist dabei nicht immer einfach, die exakten Mechanismen anzugeben, da die Art der Bewegung aus dem abgelagerten Schuttmaterial rekonstruiert werden muss, oft erst, nachdem das Ereignis schon lange vorüber ist.

Massenbewegungen in Festgesteinen

Massenbewegungen in Festgesteinen umfassen Berg- beziehungsweise Felsstürze sowie Bergrutsche und Steinlawinen aus kleineren Blöcken oder größeren Gesteinsmassen. Bei einem **Berg-** oder **Felssturz** fallen einzelne Blöcke frei aus einer Felswand oder von einem steilen Berghang herab (Abb. 16.18). Die Verwitterung schwächt das anstehende Gestein entlang von Klüften, bis der geringste Druck – oftmals verursacht durch die Ausdehnung des Wassers beim Gefrieren in einer Spalte – ausreicht, um einen Bergsturz auszulösen. Die Geschwindigkeiten

der frei fallenden Gesteine erreichen unter allen Gesteinsbewegungen die höchsten Werte, dagegen sind die Transportweiten am kürzesten; sie liegen im Allgemeinen nur im Meterbereich, in Ausnahmefällen auch bei einigen hundert Metern. Hinweise auf die Herkunft des Bergsturzes liefern die Gesteinsblöcke, die sich am Fuß der Felswand in Form von **Schutthalden** ansammeln und die mit den Aufschlüssen in der Felswand verglichen werden können. Diese Schutthalden vergrößern sich äußerst langsam und bilden über lange Zeit hinweg am Fuß der Felswände steinige Hänge.

Bei einem **Bergrutsch** stürzen die Gesteine nicht im freien Fall aus der Wand, sondern gleiten die Hänge hinab. Obwohl auch diese Bewegungen mit hoher Geschwindigkeit ablaufen, sind sie langsamer als Berg- bzw. Felsstürze, weil die Gesteinsmassen als geschlossene Einheit, mehr oder weniger im Verband, auf hangabwärts gerichteten Schicht- oder Kluftflächen nach unten gleiten (Abb. 16.19).

Steinlawinen unterscheiden sich von Bergrutschen durch ihre höheren Geschwindigkeiten und Transportweiten (Abb. 16.20). Sie bestehen aus mehr oder weniger großen Mengen von Gesteinsmaterial, das beim Fallen und Rutschen in kleinere Stücke zerbricht und sich dann auf einem Luftkissen mit einer Geschwindigkeit von vereinzelt über 100 km/h hangabwärts bewegt. Große Steinlawinen werden nicht selten durch Erdbeben ausgelöst und sie gehören zu den katastrophalsten Massenbe-

Teil V

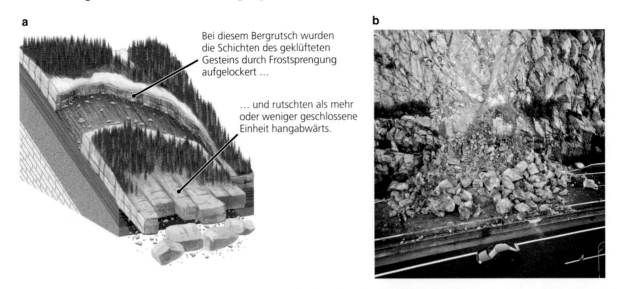

Abb. 16.19a,b **a** Bei einem Bergrutsch bewegen sich die Gesteinsmassen als mehr oder weniger geschlossene Einheit mit hoher Geschwindigkeit hangabwärts. **b** Bergrutsch in Nordost-Spanien (Foto: Cabalar/EPA/Newscom)

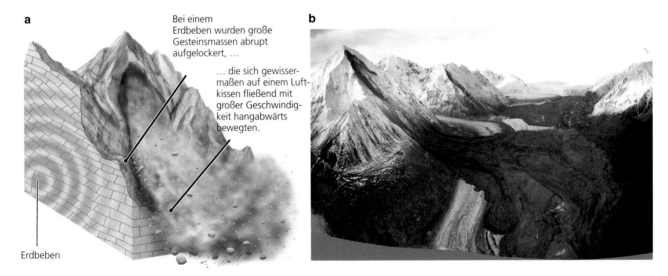

Abb. 16.20a,b **a** In einer Steinlawine bewegen sich große Massen von zerkleinertem Gesteinsmaterial mit hoher Geschwindigkeit mehr fließend und springend als gleitend hangabwärts. **b** Die in dem Foto erkennbaren zwei Steinlawinen wurden am 3. November 2002 durch ein Erdbeben an der Denali-Störung in Alaska ausgelöst. Die Steinlawinen gingen an den nach Süden exponierten Hängen der Berge ab, bewegten sich über den etwa 2,5 km breiten Black Rapids-Gletscher und brandeten teilweise am Gegenhang nach oben (Foto: Dennis Trabant/USGS; Fotomosaik: Rod March/USGS)

wegungen. Ihre Zerstörungskraft ergibt sich aus ihrem großen Volumen (viele erreichen Volumina von über 500.000 m³) und ihrer Fähigkeit, Material mit großer Geschwindigkeit über Tausende von Metern zu transportieren.

Die meisten Massenbewegungen in Festgesteinen sind auf die höheren Regionen der Gebirge beschränkt, im tiefer liegenden, eher hügeligen Gelände sind sie selten. Diese Bewegungen treten gewöhnlich dort auf, wo Verwitterung und mechanische Zerstörung Gesteine erfasst hat, die durch tektonische Deformation, relativ lockeren Schichtverband oder durch die bei der Metamorphose entstandenen Schieferungsflächen bereits für das Auseinanderbrechen anfällig waren. In vielen dieser Gebiete bildeten

sich durch die zwar seltenen, aber umso größeren Bergstürze und Bergrutsche ausgedehnte Schutthalden.

Massenbewegungen in unkonsolidiertem Gesteinsmaterial

Massenbewegungen in unkonsolidiertem Material, das häufig pauschal als **Schutt** bezeichnet wird, bestehen aus einem Gemisch von Bodensubstrat, zerkleinertem Gesteinsmaterial, Bäumen und Sträuchern. Hinzu kommen Gebrauchsgegen-

a

Gebäudefundamente
bekommen Risse.

Bäume zeigen
Säbelwuchs.

Straßen reißen auf.

Leitungsmasten neigen
sich hangabwärts.

b

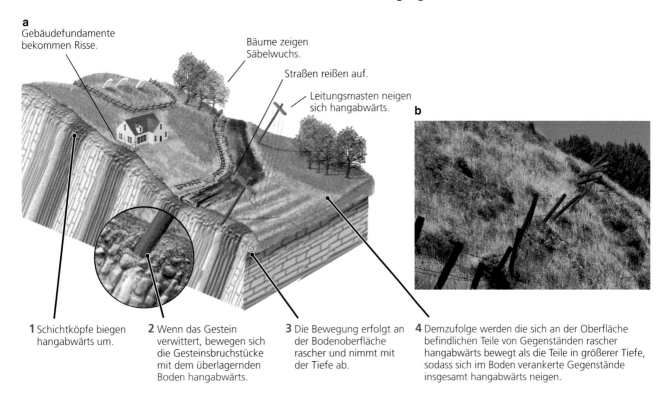

1 Schichtköpfe biegen hangabwärts um.

2 Wenn das Gestein verwittert, bewegen sich die Gesteinsbruchstücke mit dem überlagernden Boden hangabwärts.

3 Die Bewegung erfolgt an der Bodenoberfläche rascher und nimmt mit der Tiefe ab.

4 Demzufolge werden die sich an der Oberfläche befindlichen Teile von Gegenständen rascher hangabwärts bewegt als die Teile in größerer Tiefe, sodass sich im Boden verankerte Gegenstände insgesamt hangabwärts neigen.

Abb. 16.21a,b a Bodenkriechen ist die hangabwärts verlaufende Bewegung von Boden- oder anderem Deckmaterial mit einer Geschwindigkeit von etwa 1–10 cm pro Jahr. b Ein durch Bodenkriechen verschobener Zaun in Marin County (Kalifornien) (Foto: © Travis Amos)

stände – von Zäunen über Autos bis zu Häusern, je nachdem, wo das Material abgerutscht ist. Die meisten Massenbewegungen laufen in unkonsolidierten Gesteinsmassen langsamer ab als in Festgesteinen, vor allem wegen der geringeren Hangneigungswinkel, bei denen diese Materialien bereits in Bewegung geraten. Obwohl sich einige unverfestigte Gesteinsmassen als zusammenhängende Einheiten bewegen, fließen viele andere wie hochviskose Flüssigkeiten. (Die Viskosität oder Zähigkeit ist ein Maß für den Widerstand, die eine Flüssigkeit dem Fließen entgegensetzt.)

Die langsamste Massenbewegung von Lockermaterial ist das **Bodenkriechen** (Abb. 16.21). Dabei bewegen sich Boden oder andere Erosionsprodukte in Abhängigkeit von der Art des Bodens, des Klimas, der Hangneigung und der Vegetationsdichte mit einer Geschwindigkeit von ungefähr 1–10 mm pro Jahr hangabwärts. Die Bewegung besteht in einer sehr langsamen Verformung und Verlagerung der Bodendecke, wobei die oberen Schichten des Bodens schneller abwärts gleiten als die unteren Lagen. Bewegungen dieser Art sind die Ursache dafür, dass anscheinend fest im Boden verankerte Bäume, Leitungsmasten und Zäune dazu tendieren, sich hangabwärts zu neigen oder langsam hangabwärts zu kriechen. Das große Gewicht der rutschenden Bodenmassen kann schlecht gegründete Stützmauern zerstören und in Gebäudefundamenten und Wänden zur Rissbildung führen. In kalten Regionen, z. B. den polaren und subpolaren Klimaten, in denen die tieferen Bodenzonen ganzjährig gefroren sind, kommt es durch den saisonal bedingten Wechsel von Gefrieren und Auftauen des Wassers in den oberen Bodenschichten zu

einer weiteren Form des Bodenkriechens, die als **Solifluktion** bezeichnet wird. Dabei bewegt sich die oberste Bodenschicht während der Auftauphase auf dem gefrorenen Untergrund langsam hangabwärts und führt dabei Boden- und Gesteinsmaterial sowie anderen Schutt mit sich.

Bodenfließen und Schuttströme sind Massenbewegungen von Erd- oder Gesteinsmaterial in mehr oder weniger flüssigem Zustand, die mit Geschwindigkeiten bis zu mehreren Kilometern pro Stunde etwas rascher ablaufen als das Bodenkriechen; dies beruht in erster Linie auf dem geringeren Widerstand gegen die Fließbewegung. **Bodenfließen** ist eine Massenbewegung von relativ feinkörnigem Material wie etwa von wassergesättigten Böden, verwitterten Schiefertonen und Tonsteinen (Abb. 16.22). **Schuttströme** sind fluide Massenbewegungen aus Gesteinsbrocken, die in einer aus Schlamm bestehenden Matrix schwimmen (Abb. 16.23). Der größte Teil des Materials ist gröber als die Sandfraktion; die Bewegung ist normalerweise auch rascher als beim Bodenfließen. Die erwähnte Rutschmasse von Laguna Beach (Kalifornien) war ein solcher Schuttstrom. In einigen Fällen können Schuttströme Geschwindigkeiten bis zu 100 km/h erreichen.

Schlammströme sind fließende Massen meist aus einem Gemisch von Schlamm, Bodensubstrat und Gesteinsmaterial; die Korngröße ist kleiner als die Sandfraktion und der Wassergehalt ist hoch (Abb. 16.24). Schlamm hat nur eine geringe innere Reibung und deshalb bewegen sich Schlammströme meist schneller als das Bodenfließen oder Schuttströme.

Teil V

a

Der feinkörnige wasserdurchlässige
Boden hat große Mengen
Niederschlagswasser aufgenommen,...

... dadurch wurde
er aufgelockert ...

wasser-
durch-
lässiger
Boden

wasser-
undurch-
lässige
Gesteine

... und bewegte sich mit
relativ geringer Geschwindigkeit
auf den wasserundurchlässigen
Gesteinen hangabwärts.

b

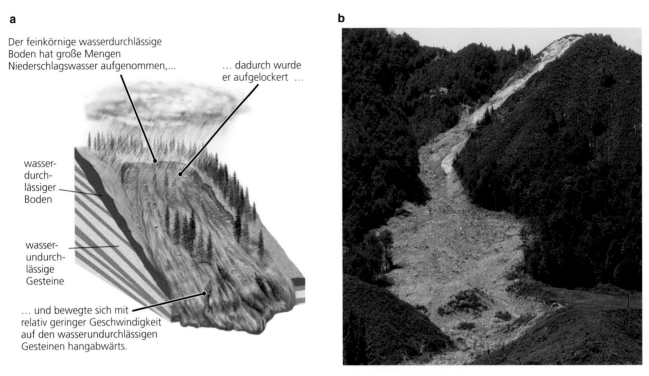

Abb. 16.22a,b **a** Bodenfließen ist die hangabwärts gerichtete Bewegung von relativ feinkörnigem Material, das Strecken bis zu einigen Kilometern pro Stunde zurücklegen kann. **b** Bodenfließen im Buller Valley auf der Südinsel von Neuseeland (Foto: © G. R. Roberts/Science Source)

a

gerodete Hänge

Das aus Schiefertonen hervorgegangene Verwitterungsmaterial
wurde zusammen mit Gesteinsbruchstücken vom Regen durchnässt, ...

Schieferton

geklüftetes
Gestein

... und bewegte sich
als Schuttstrom,
einem Gemisch aus
Schlamm, Boden-
substrat und Gesteins-
material hangabwärts.

b

Abb. 16.23a,b **a** Ein Schuttstrom besteht aus Material, das gröber als die Sandfraktion ist und das sich mit Geschwindigkeiten von wenigen Kilometern pro Stunde, in einigen Fällen bis zu hundert Kilometern pro Stunde bewegt. **b** Ein Schuttstrom in Oberbayern (Foto: © Erin Paul Donovan/Alamy)

Viele Schlammströme bewegen sich mit Geschwindigkeiten von mehreren Kilometern pro Stunde. Schlammströme treten am häufigsten in hügeligen semiariden Gebieten auf; sie entstehen, wenn das feinkörnige Material mit Wasser gesättigt ist. Schlammströme aus wassergesättigtem pyroklastischem Material, sogenannte Lahare, werden durch Vulkanausbrüche ausgelöst, wenn durch einen heißen Lavastrom Schnee und Eis geschmolzen wird (vgl. Kap. 12). In gleicher Weise entstehen Schlammströme, wenn trockenes, von Rissen durchzogenes Lockermaterial bei anhaltenden Niederschlägen immer mehr Wasser aufnimmt. Dadurch verändern sich seine physikalischen Eigenschaften, die innere Reibung nimmt ab, und die

a

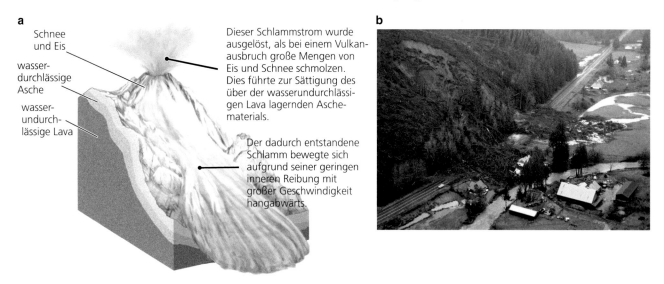

Schnee und Eis

wasser-durchlässige Asche

wasser-undurch-lässige Lava

Dieser Schlammstrom wurde ausgelöst, als bei einem Vulkan-ausbruch große Mengen von Eis und Schnee schmolzen. Dies führte zur Sättigung des über der wasserundurchlässi-gen Lava lagernden Asche-materials.

Der dadurch entstandene Schlamm bewegte sich aufgrund seiner geringen inneren Reibung mit großer Geschwindigkeit hangabwärts.

b

Abb. 16.24a,b **a** Schlammströme bewegen sich normalerweise rascher als Erdrutsche, da sie große Mengen Wasser enthalten. **b** Ein Erdbeben in Tadschikistan löste im Januar 1989 an den von Regenfällen aufgeweichten Hängen bis zu 15 m mächtige Schlammströme aus (Foto: © Washington State DOT/Seattle Times/MCT/Newscom)

Masse setzt der Bewegung immer weniger Widerstand ent-gegen. Die während der Trockenheit stabilen Hänge werden instabil, und irgendeine geringe Störung löst die Bewegung der wassergesättigten Lockermassen aus. Die Schlammströme flie-ßen die oberen Hänge hinab und breiten sich auf den Talböden aus. Wo Schlammströme aus engen Tälern auf weite, flache Talhänge und Ebenen hinaustreten, fließen sie auseinander und überdecken große Gebiete mit ihrem nassen Schuttmaterial. Schlammströme können auf ihrem Weg große Blöcke, Bäume und sogar Häuser mitreißen.

Die schnellsten Massenbewegungen von unkonsolidiertem Material sind **Schuttlawinen** oder **Muren** (Abb. 16.25), die bevorzugt in niederschlagsreichen Gebirgsgegenden auftreten. Ihre Geschwindigkeit ergibt sich aus dem Zusammenwirken von hohem Wassergehalt und steiler Hangneigung. Wasser-gesättigter Schutt kann sich mit einer Geschwindigkeit bis zu 70 km/h und mehr bewegen, dies entspricht der Geschwindig-keit von Wasser, das einen mäßig steilen Hang hinabfließt. Schuttlawinen reißen alles mit, was sich auf ihrem Weg be-findet.

Am Nevado de Huascarán in Peru, einem der höchsten Berge der Anden, legte im Jahre 1962 eine solche Schuttlawine in ungefähr sieben Minuten eine Strecke von nahezu 15 km zurück, zerstörte acht kleinere Städte fast völlig und tötete 3500 Menschen. Acht Jahre später, am 31. Mai 1970, führte am gleichen Berg ein Erd-beben der Magnitude 7,9 zum Abriss einer großen Eismasse vom Gipfel. Als das Eis in kleinere Stücke zerbrach, mischte es sich mit dem Schutt der oberen Hänge und löste schließlich eine Eis-Schutt-Lawine aus. Auf ihrem Weg ins Tal nahm sie immer mehr Schutt auf und beschleunigte ihre Geschwindigkeit auf das fast unglaubliche Tempo von 280 km/h. Mehr als 50 Mio. Kubik-meter schlammige Schuttmassen rasten die Täler hinab, fegten Dutzende von Dörfern hinweg und töteten 18.000 Menschen

(Abb. 16.25b). Am 30. Mai 1990 erschütterte ein Erdbeben an derselben Subduktionszone ein anderes Berggebiet im Norden Perus und löste erneut Schlammströme und Schuttlawinen aus. Das geschah einen Tag vor einer geplanten Gedenkfeier zur Er-innerung an das Unglück vor 20 Jahren. Für solche Gebiete nahe an konvergenten Plattengrenzen, wo durch Hebungsvorgänge und Vulkanismus immer wieder instabile Hänge entstehen und Erdbeben ausgesprochen häufig sind, ist es dringend nötig, Me-thoden zu entwickeln, mit deren Hilfe Erdbeben und die von ihnen ausgelösten gefährlichen Massenbewegungen vorhersag-bar werden.

Eine **Rutschung** ist ein langsames Abgleiten von unverfestig-tem Material, das sich als geschlossene Einheit in Bewegung setzt und an ihrem Entstehungsort eine Abrissnarbe zurücklässt (Abb. 16.26). In den meisten Fällen gleitet die Rutschmasse auf einer Sohlfläche, die wie ein Löffel konkav nach oben offen ist. Schneller als solche „normale" Rutschungen sind **Schuttrutschungen** (Abb. 16.27), bei denen das Boden- und Gesteinsmaterial überwiegend in einer oder auch in mehreren Einheiten auf Schwächezonen – beispielsweise auf wassergesät-tigten Tonschichten – entweder innerhalb oder an der Basis der Schuttmassen abgleitet. Während des Gleitens verhält sich das Material teilweise wie ein chaotischer, wahllos durchmischter Schuttstrom. Diese Rutschbewegung kann im weiteren Verlauf in ein Fließen übergehen, wenn sich das Material rasch hang-abwärts bewegt und dabei ähnlich wie eine Flüssigkeit durch-mischt wird.

Teil V

a

In einer Schlammlawine bewegen sich lockere Asche und Gesteinsbruchstücke mit großer Geschwindigkeit hangabwärts, da die innere Reibung durch den hohen Wassergehalt und die aufgenommene Luft erheblich verringert wird.

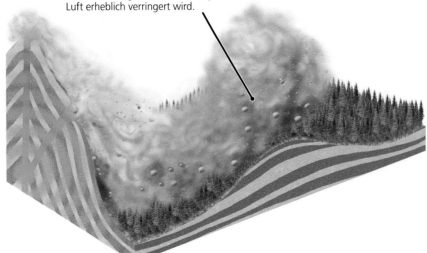

Abb. 16.25a,b a Eine Schuttlawine ist aufgrund des hohen Wassergehalts und der Bewegung an steilen Hängen die schnellste Massenbewegung, die in lockerem, nicht konsolidiertem Material auftreten kann. **b, c** Im Jahre 1970 löste ein Erdbeben am Nevado de Huascarán (Peru) eine Schuttlawine aus, die die Städte Yungay und Ranrahica unter sich begrub, wobei 18.000 Menschen den Tod fanden. Die Schuttlawine legte mit einer Geschwindigkeit bis zu 280 km/h eine Entfernung von 17 km zurück. Man geht davon aus, dass sie aus 50 Mio. Kubikmetern Wasser, Schlamm und Gesteinsmaterial bestand (Fotos: © Lloyd Cluff/Corbis)

b

Die Städte Yungay und Ranrahirca, ehe die von einem Erdbeben am Huascarán in Peru ausgelöste Schlammlawine die beiden Städte unter sich begrub.

c

Die Lawine hat die einstigen Siedlungsflächen meterhoch verschüttet.

a

Abrissnarbe

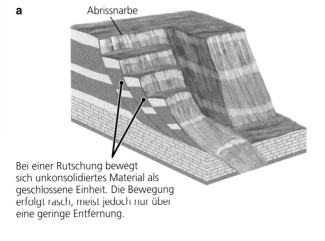

Bei einer Rutschung bewegt sich unkonsolidiertes Material als geschlossene Einheit. Die Bewegung erfolgt rasch, meist jedoch nur über eine geringe Entfernung.

b

Abrissnarbe

Abb. 16.26a,b a Eine Rutschung ist ein langsames Abgleiten von unkonsolidiertem Material, das sich als geschlossene Einheit bewegt. **b** Bodenrutschung in North Carolina (USA) (Foto: © Marli Bryant Miller)

a

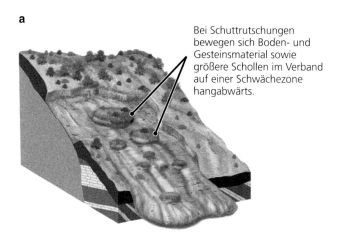

Bei Schuttrutschungen bewegen sich Boden- und Gesteinsmaterial sowie größere Schollen im Verband auf einer Schwächezone hangabwärts.

b

Abb. 16.27a,b **a** Eine Schuttrutschung bewegt sich entweder als mehr oder weniger kompakte Einheit oder auch in Form mehrerer Einheiten; ihre Geschwindigkeit ist höher als die einer Rutschung. **b** Die Schuttrutschung am Hope Princeton (British Columbia, Kanada) ereignete sich im Jahr 1965 (Foto: © Joy Spurr/© Bruce Coleman/Photoshot)

Massenbewegungen im marinen Bereich

Obwohl niemand eine submarine Rutschung bezeugen kann, wissen wir, dass der Meeresboden von Massenbewegungen nicht ausgenommen ist, da solche Ereignisse auch aus den am Meeresboden auftretenden Rutschmassen rekonstruiert werden können. In den vergangenen 450.000 Jahren glitt beispielsweise am Mittelatlantischen Rücken von der Wand des Scheitelgrabens eine Masse von 4 mal 5 km in die Tiefe. Die Wände waren durch tektonische Vorgänge und Hydrothermalmetamorphose anfällig für Massenbewegungen geworden. Diese durch Instabilität des Hangs entstandene Schuttlawine floss mehr als 11 km in die Riftstruktur hinein und bildete dort einen Schuttfächer mit einem Volumen von nahezu 20 Mrd. Kubikmeter. Die submarine Flanke des Vulkans Mauna Loa (Hawaii) ist in großen Bereichen von Blockschutt bedeckt. Es sind Reste einer Rutschmasse, die sich von der heutigen Küstenlinie seewärts bis in Tiefen von 5000 m erstreckt. Die Blöcke und Gesteinstrümmer bestehen aus einer Mischung von Lava und vulkanogenen Sedimenten. Solche submarinen Rutschungen werden durch plötzlich erfolgende Eruptionen entweder von submarinen Vulkanen oder, wie in diesem Fall, von einem an den Ozean angrenzenden Vulkan auf der Insel ausgelöst.

Entstehung von Massenbewegungen

Wie die Steilheit eines Hangs, die Zusammensetzung des Hangmaterials und dessen Wassergehalt bei der Entstehung von Massenbewegungen zusammenwirken, lässt sich am besten verstehen, wenn man natürliche Massenbewegungen untersucht und auch diejenigen mit einbezieht, die durch menschliche Eingriffe in die Landschaft ausgelöst worden sind. Um die Ursachen rezenter Rutschungen zu ermitteln, verknüpfen Geologen Augenzeugenberichte mit geologischen Untersuchungen am Ausgangspunkt der Rutschung einschließlich Verteilung und Art des in die Täler niedergegangen Schuttmaterials zu einem Gesamtbild. Die Ursache prähistorischer Rutschungen können nur dort aus geologischen Hinweisen abgeleitet werden, wo die entsprechenden Schuttmassen noch vorhanden sind und auf ihre Dimension, Form und Zusammensetzung hin untersucht werden können.

Natürliche Ursachen von Rutschungen

Der im Jahr 1925 im Tal des Gros Venture River im Westen Wyomings (USA) abgegangene Erdrutsch zeigt, wie Wasser, Hangmaterial und Hangstabilität zusammenwirken und Rutschungen im anstehenden Gestein auslösen können (Abb. 16.28). Der im Frühjahr abschmelzende Schnee sowie heftige Regenfälle führten damals sowohl zum Anstieg des Flusses als auch des Grundwassers. Ein dort ansässiger Viehzüchter blickte beim Ausreiten nach oben und sah, wie die ganze Talseite auf seine Ranch zukam. Vom Tor seines Anwesens aus musste er zusehen, wie die Rutschmasse mit einer Geschwindigkeit von ungefähr 80 km/h hinter ihm vorbeiraste und alles, was er besaß, unter sich begrub.

Ungefähr 37 Mio. Kubikmeter Gestein und Boden waren an dieser Talseite abgerutscht, brandeten mehr als 30 m auf der anderen Talseite wieder hoch und fielen dann erneut auf den Talboden zurück. Der größte Teil der Rutschung bestand aus einem wilden Durcheinander von Sandsteinblöcken, Schieferton und Bodenmaterial; ein großer Hangabschnitt, der mit Boden und Kiefernwald bedeckt war, glitt im Verband ab. Die Rutschung staute den Fluss auf, und im Verlauf der folgenden beiden Jahre entstand dort ein großer See. Bald überflutete er den Damm, durchbrach ihn und das mit großer Geschwindigkeit abfließende Wasser des Sees überschwemmte das darunter liegende Tal.

Teil V

Abb. 16.28a,b Der Gros-Ventre-Erdrutsch aus dem Jahr 1925. **a** Die Abrissnarbe der Rutschung ist im Grand-Teton-Nationalpark, Wyoming, noch immer
erkennbar. **b** Entstehung des Erdrutsches (Foto: © Garry Hayes/Geotripper Images; b nach: W. C. Alden (1928): Landslide and Flood at Gros Ventre, Wyoming.
– Transactions of the American Institute of Mining, Metallurgical, and Petroleum
Engineers: 345–361)

b

STADIUM 1
Eine Schicht aus wenig verfestigtem, undurchlässigem Schieferton wird von durchlässigem Sandstein überlagert; beide Schichten
fallen unter nahezu demselben Winkel wie der Hang in Richtung
Gros-Ventre-Tal ein.

STADIUM 2
Die vom Fluss fast vollständig erodierte
Sandsteinschicht war an ihrem
unteren Rand praktisch ohne Widerlager.

STADIUM 3
Abschmelzender Schnee und
heftige Niederschläge im
Frühjahr führten zur Wasser-
sättigung des Sandsteins und
der Oberfläche des Schiefertons, die zur Gleitbahn
wurde.

STADIUM 4
Der Verlust der Reibung zwischen
Sandstein und dem durchfeuchteten
Schieferton führte dazu, dass das
gesamte Sandsteinpaket in den Fluss
abrutschte.

STADIUM 5
Die Rutschmasse füllte
den Talboden und bildete
einen Damm, hinter dem
sich der Fluss zu einem
großen See aufstaute.

STADIUM 6
Der Fluss durchbrach das unverfestigte
Schuttmaterial, und das plötzlich abfließende
Wasser führte in den unterhalb liegenden Gebieten
zu einer katastrophalen Überschwemmung.

a

Abb. 16.29 Die tragischen Auswirkungen eines Bergsturzes am Stausee von Vajont in den italienischen Alpen waren gemäß einer geologischen Analyse vorhersehbar. Eine kleine Rutschung im Jahr 1960 warnte vor der Gefahr einer Massenbewegung an den Hängen des Stausees. Im Oktober 1963 führte dann ein großer Erdrutsch dazu, dass das Wasser des Stausees in Sekundenschnelle verdrängt wurde, über die Staumauer schwappte und das darunter liegende Gebiet überflutete. Dabei kamen etwa 3000 Menschen ums Leben

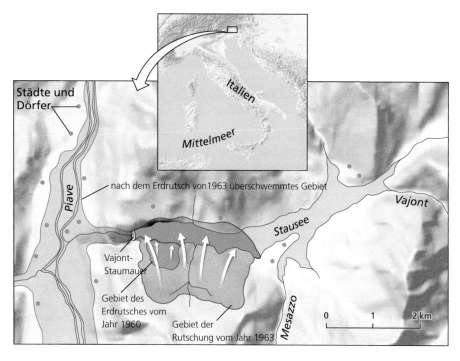

Die Gros-Ventre-Rutschung hatte ganz natürliche Ursachen. Aufgrund der Gesteinsabfolge und der Tektonik im Bereich des Tals war eine Rutschung vorprogrammiert. Auf der Talseite, auf der sich die Rutschung ereignete, fällt eine durchlässige, erosionsfeste Sandsteinserie mit ungefähr 20° parallel zum Talhang gegen den Fluss hin ein. Der Sandstein überlagert Schichten aus undurchlässigen, weichen Schiefertonen, die bei erhöhter Durchfeuchtung zu Rutschungen neigen. Die Bedingungen für eine Rutschung wurden geradezu ideal, als der Flusslauf am Fuß des Talhangs die Sandsteine fast durchschnitten hatte und diese damit praktisch ohne Widerlager waren. Nur die Reibung auf der Schichtfläche zwischen Schieferton und Sandstein hatte die Sandsteinschicht lange Zeit vor dem Abrutschen bewahrt. Das Entfernen des Widerlagers der Sandsteine durch den Fluss kam dem Übersteilen eines Sandhaufens gleich, wenn der Sand an seiner Basis abgegraben wird. Die heftigen Niederschläge und die Schneeschmelze sättigten den Sandstein und die Oberfläche des unterlagernden Schiefertons mit Wasser und bildeten auf der Schichtfläche an der Obergrenze des Schiefertons eine Gleitschicht. Was nun genau die Rutschung auslöste, ist nicht bekannt, aber ab einem gewissen Punkt überwand die Schwerkraft den Reibungswiderstand und nahezu das gesamte Sandsteinpaket rutschte auf der wassergesättigten Oberfläche des Schiefertons ab.

Dammbildung in einem Flusstal und das Aufstauen eines Sees sind häufige Folgen eines Erdrutsches. Da der größte Teil der Rutschmasse durchlässig und weich ist, wird ein solcher Damm, wenn der See einen ausreichend hohen Wasserstand erreicht hat oder ihn überflutet, sehr bald durchbrochen. Der See entleert sich dann plötzlich und verursacht dabei eine katastrophale Sturzflut (Abb. 16.28).

Rutschungen durch menschliche Eingriffe in die Landschaft

Obwohl die meisten Massenbewegungen auf natürliche Ursachen zurückzuführen sind, werden Rutschungen auch durch menschliche Eingriffe ausgelöst oder ohnehin gefährdete Gebiete werden für Rutschungen anfälliger. Baumaßnahmen, vor allem der Aushub von Material, die zur Versteilung oder Unterschneidung der Hänge führen, oder Eingriffe in die Landschaft durch die Rodung ganzer Hänge erhöhen die Anfälligkeit für Rutschungen. Eine sorgfältige Planung und der Bau von Entwässerungssystemen in den gefährdeten Gebieten verhindern, dass die Hänge noch instabiler werden. Manche geologischen Situationen sind jedoch so rutschgefährdet, dass sich dort jegliche Baumaßnahmen eigentlich von selbst verbieten. Ein solches Gebiet ist Vajont, ein Tal in Italien, das von steilen Hängen begrenzt ist, die aus einer Wechselfolge von Kalksteinen und Schiefertonen bestehen. In diesem Tal hatte man für einen Stausee eine Betonstaumauer errichtet (mit 265 m Höhe die zweithöchste der Welt). In der Nacht zum 9. Oktober 1963 rutschte eine 2,0 km lange, 1,6 km breite und mehr als 150 m mächtige Gesteinsmasse mit einem Volumen von 240 Mio. Kubikmetern in das tiefe Wasser des Staubeckens. Das Schuttmaterial füllte das Staubecken auf eine Entfernung bis zu 2 km oberhalb der Staumauer in Sekundenschnelle auf und erzeugte eine riesige Welle, die über die Krone der Staumauer schwappte. Über 3000 Menschen starben in der gewaltigen Sturzflut, die als 70 m hohe Welle durch das Tal raste.

Die für die Planung verantwortlichen Ingenieure hatten in Vajont drei Warnzeichen nicht beachtet (Abb. 16.29):

Teil V

1. die Verwitterungsanfälligkeit der zerklüfteten und tektonisch beanspruchten Schichten aus Kalksteinen und Schiefertonen, aus denen die steilen Wände des Stausees bestanden,
2. die Abrissstelle einer älteren Rutschung an den Wänden über dem Stausee,
3. eine Vorwarnung in Form eines kleinen Felssturzes im Jahre 1960, also nur drei Jahre vor dem Unglück.

Obwohl der Erdrutsch im Jahre 1963 nur bedingt natürliche Ursachen hatte und nicht verhindert werden konnte, hätten seine Folgen vermieden werden können, wenn das Staubecken in einem geologisch stabileren Gebiet geplant worden wäre, in dem Überflutungen der Staumauer durch plötzliche Erdrutsche hätten ausgeschlossen werden können. Die meisten Massenbewegungen sind zwar unabwendbar, doch können Schäden und Verluste durch sorgfältige Planungsvorgaben erheblich verringert werden.

Zusammenfassung des Kapitels

Verwitterung und die sie beeinflussenden Faktoren: Die Gesteine zerfallen an der Erdoberfläche (a) durch chemische Verwitterung – der chemischen Umwandlung oder völligen Lösung der Minerale – sowie (b) durch physikalische (mechanische) Verwitterung, der Zerkleinerung der Gesteine durch mechanische Prozesse. Durch Erosion und Denudation werden die Verwitterungsprodukte von ihrem Entstehungsort abtransportiert und bilden das Ausgangsmaterial für neue Sedimente. Die Verwitterung wird von der Art des Ausgangsgesteins beeinflusst, da die verschiedenen Minerale mit unterschiedlichen Intensitäten und Geschwindigkeiten verwittern. Auch das Klima beeinflusst in starkem Maße die Verwitterung: hohe Temperaturen und ergiebige Niederschläge beschleunigen die Verwitterung, während Kälte und Trockenheit die Verwitterung hemmen. Eine vorhandene Bodendecke begünstigt die chemische Verwitterung, da stets ausreichend Feuchtigkeit und von Organismen gebildete Säuren zur Verfügung stehen. Je länger ein Gestein der Verwitterung unterliegt, desto stärker zerfällt es.

Prozesse der chemischen Verwitterung: Die Verwitterung von Feldspat, dem häufigsten Silicatmineral, dient als Beispiel für die verschiedenen Verwitterungsprozesse der meisten Silicatminerale. Bei Anwesenheit von Wasser verwittert Feldspat in erster Linie durch Hydrolyse; dabei entstehen Tonminerale wie Kaolinit, Montmorillonit und Illit. Im Wasser gelöstes Kohlendioxid (CO_2) fördert die chemische Verwitterung durch die Bildung von Kohlensäure (H_2CO_3). In diesem schwach sauer reagierenden Wasser gehen Kalium und SiO_2 in Lösung, zurück bleibt Kaolinit. Eisen, das in zahlreichen Mineralen in zweiwertiger Form vorliegt, verwittert durch Oxidation unter Bildung von Oxiden und Hydroxiden des dreiwertigen Eisens. Die Geschwindigkeit, mit der diese Prozesse ablaufen, ist sehr unterschiedlich und hängt von der chemischen Stabilität der Minerale unter den jeweils herrschenden Verwitterungsbedingungen ab.

Prozesse der physikalischen Verwitterung: Bei der physikalischen Verwitterung werden Gesteine an bereits vorhandenen Schwächezonen entlang der Kristallgrenzen oder anderer Trennflächen zerkleinert. Die physikalische Verwitterung wird durch Frostsprengung, die Kristallisation von Mineralen in Klüften und Spalten sowie durch das Dickenwachstum von Pflanzenwurzeln verstärkt – Prozesse, die bereits vorhandene Risse erweitern. Mikroorganismen tragen sowohl zur chemischen, als auch zur physikalischen Verwitterung bei. Besondere Formen der Verwitterung wie etwa Exfoliation entstehen durch Wechselwirkungen zwischen chemischer Verwitterung und Temperaturänderungen.

Wichtige Faktoren für die Bodenbildung: Böden sind ein Gemisch aus Tonmineralen, anderen Verwitterungsprodukten und organischer Substanz (Humus). Sie entstehen durch Zufuhr von neuem und Abtransport von ursprünglichem Material sowie durch mechanische Durchmischung und chemische Reaktionen. Die fünf wesentlichen Faktoren der Bodenbildung sind der Mineralbestand des Ausgangsmaterials, Klima, Relief, Organismen und Zeit.

Massenbewegungen und die beteiligten Materialien: Massenbewegungen sind hangabwärts gerichtete Gleit-, Fließ- oder Sturzbewegungen großer Massen von Material unter dem Einfluss der Schwerkraft. Die Bewegungen können so langsam erfolgen, dass sie nicht direkt wahrnehmbar sind, aber auch so rasch, dass ein Entkommen nicht möglich ist. Die Massen können aus verfestigtem Material einschließlich Gesteinen und verfestigten Sedimenten bestehen, oder aus unverfestigtem Material. Zu den Massenbewegungen von Festgesteinen gehören Bergstürze, Bergrutsche und Steinlawinen. Unverfestigtes Material bewegt sich in Form von Bodenkriechen, als Rutschungen, Schuttrutschungen, als Schuttlawinen, Bodenfließen sowie als Schlamm- und Schuttströme.

Auslösende Faktoren katastrophaler Massenbewegungen: Die drei Faktoren, die für die Anfälligkeit eines Materials für hangabwärts gerichtete Bewegungen die größte Bedeutung haben, sind die Art des Hangmaterials, der Wassergehalt des Materials und die Neigung des Hangs. Hänge aus Lockermaterial werden zunehmend instabil, wenn sie steiler werden als der natürliche Böschungswinkel – dem maximalen Neigungswinkel beim Aufschütten von lockerem Material. Hänge aus Festgestein werden ebenfalls instabil, wenn sie übersteilt oder unterschnitten werden oder wenn die Vegetation entfernt wird. Das vom Hangmaterial aufgenommene Wasser trägt ebenfalls zur Instabilität bei, indem es die innere Reibung herabsetzt oder auf den Schwächezonen des Materials eine gewisse Schmierwirkung ausübt. Massenbewegungen können durch Erdbeben, hohe Niederschlagsmengen oder allmähliche Übersteilung der Hänge als Folge der Erosion ausgelöst werden.

Ergänzende Medien

16-1 Animation: Massenbewegungen

16-1 Video: Ein simpler Durchschlag: Ein Bergsturz in Glenwood Springs (Colorado)

16-2 Video: Konzentrisch-schalige (sphäroidale) Verwitterung

16-3 Video: Massenbewegung I

16-4 Video: Massenbewegung II

Teil V

Der Kreislauf des Wassers und das Grundwasser

17

Der Angel-Wasserfall in Venezuela ist der höchste Wasserfall der Erde. Das Wasser stürzt 914 m vom Auyun Tepui, einem hoch aufragenden abgeflachten Sandstein-Plateau in die Tiefe. Er wurde nach dem Piloten Jimmy Angel benannt, der in den 1930er Jahren auf dem Auyun Tepui eine Bruchlandung machte (Foto: © Miquel Gonzalez/Iaif/Redux)

Teil V

© Springer-Verlag Berlin Heidelberg 2017
J. Grotzinger, T. Jordan, *Press/Siever Allgemeine Geologie*, DOI 10.1007/978-3-662-48342-8_17

Manche kennen vielleicht die Zeilen aus Samuel Taylor Coleridge's Gedicht eines alten Seemanns: „Wasser, überall Wasser, aber keinen Tropfen zum Trinken ...". Ungefähr 71 % der Erdoberfläche sind von Wasser bedeckt, doch nur ein geringer Teil dieses Wassers ist für den menschlichen Gebrauch nutzbar. Ohne Wasser kann der Mensch nur einige Tage überleben. Die von der modernen Zivilisation verbrauchte Wassermenge ist jedoch weitaus größer als für das reine Überleben erforderlich wäre. Wasser wird in der Industrie, in der Landwirtschaft und für unsere Infrastruktur wie etwa für Abwassersysteme in ungeheuren Mengen verbraucht. Die Erkenntnisse der Hydrologie und Hydrogeologie werden zunehmend wichtiger, da der Bedarf an den insgesamt begrenzten Wasserressourcen ständig steigt.

In den beiden vorangegangenen Kapiteln haben wir erfahren, dass Wasser die Voraussetzung für eine Vielzahl geologischer Prozesse ist. In Kap. 15 wurde erläutert, dass der Wasseraustausch zwischen der Atmosphäre und den Ozeanen eine entscheidende Rolle für die Regulierung des Klimas auf der Erde spielt. Die Klimaexperten haben inzwischen erkannt, dass fundierte Kenntnisse des Wasserkreislaufs eine wichtige Voraussetzung zur Vorhersage des Klimas ist. In Kap. 16 wurde schließlich gezeigt, dass Wasser auch für die Verwitterung und Erosion eine sehr bedeutende Rolle spielt, da es als Lösungsmittel für die in den Gesteinen und Böden enthaltenen Minerale dient, aber auch als Transportmittel für das gelöste und verwitterte Material. Der Kreislauf des Wassers verbindet all diese Prozesse. In den Kap. 18 und 20 werden wir erfahren, wie die Flüsse und Bäche und das Gletschereis der Kryosphäre die Landschaften auf den Kontinenten mitgestalten. Dieses Kapitel befasst sich mit der Verteilung, Bewegung und den Eigenschaften des Wassers auf und unterhalb der Erdoberfläche. Danach verfolgen wir den Weg des Wassers im Untergrund und durch die im Untergrund vorhandenen Speicher etwas eingehender. Hierbei wird uns hoffentlich bewusst werden, dass mit dieser begrenzten Ressource sehr sorgfältig umgegangen werden muss.

Der Kreislauf des Wassers

Welche Mengen und mit welcher Geschwindigkeit können wir Wasser aus den Speichern im Untergrund entnehmen, ohne sie zu erschöpfen? Welche Auswirkungen hat der Klimawandel auf die Grundwasservorräte? Fundierte Entscheidungen hinsichtlich der Erhaltung und Bewirtschaftung der Wasservorräte erfordern fundierte Kenntnisse über die Bewegung des Wassers über und unter der Erdoberfläche und vor allem auch darüber, wie dieser Wasserkreislauf auf natürliche Veränderungen und anthropogene Einflüsse reagiert. Diese Forschungsrichtung wird als Hydrologie bezeichnet.

Materialflüsse und Speicher

Das Wasser in Binnenseen, Ozeanen und in den polaren Eiskappen oder auch wie sich das Wasser in Flüssen und Gletschern an der Erdoberfläche bewegt, ist klar erkennbar. Schwerer

vorstellbar sind die enormen, in der Atmosphäre und im Untergrund gespeicherten Wassermengen sowie der Zustrom und Abfluss dieser Wasserspeicher. Wenn Wasser verdunstet, geht es als Wasserdampf in die Atmosphäre über. Versickert Regen im Untergrund, sammelt sich das Wasser unter der Erdoberfläche und bildet das **Grundwasser**. Da Organismen ebenfalls Wasser aufnehmen, werden auch geringe Mengen in der Biosphäre gespeichert.

Jeder dieser Bereiche, in denen sich Wasser ansammelt, wird als Reservoir oder **Speicher** bezeichnet. Die größten natürlichen Speicher der Erde sind nach der Größe geordnet: die Ozeane, die Gletscher und polaren Eismassen, das Wasser im Untergrund, Seen und Flüsse sowie die Atmosphäre und Biosphäre. Die Verteilung des Wassers auf die einzelnen Speicher ist in Abb. 17.1 dargestellt. Obwohl die gesamte Wassermenge in Flüssen und Seen relativ gering ist, sind diese Speicher für die Menschheit von großer Bedeutung, da sie mit wenigen Ausnahmen keine gelösten Salze oder andere chemische Substanzen in höheren Konzentrationen enthalten und somit das Wasser gewissermaßen „gebrauchsfertig" liefern.

Speicher haben Zuflüsse, über die ihnen Wasser in Form von Niederschlägen oder durch Flüsse zugeführt wird, und Abflüsse, über die sie das Wasser abgeben, etwa durch Verdunstung oder den Abfluss von Flüssen. Wenn Zufluss- und Abflussmenge einander entsprechen, bleibt das Volumen des Speichers konstant, selbst wenn Wasser ständig zu- und abfließt. Dieser laufende Austausch bedeutet, dass eine bestimmte Wassermenge eine bestimmte Durchschnittszeit – die so genannte **Verweilzeit** – innerhalb eines Speichers verbringen muss.

Wie viel Wasser gibt es?

Die gesamten Wasservorräte der Erde sind enorm und betragen ungefähr 1,46 Mrd. km³, verteilt auf die verschiedenen Speicher. Wenn dieses Wasser das Festland der Vereinigten Staaten überdecken würde, lägen die 50 Bundesstaaten unter einer ungefähr 145 km mächtigen Wasserschicht. Diese Gesamtmenge ist konstant, selbst wenn die Abflussmengen von einem Speicher zum anderen von Tag zu Tag, von Jahr zu Jahr und von Jahrhundert zu Jahrhundert schwanken können. Über diese geologisch kurzen Zeiträume gibt es insgesamt betrachtet weder einen Wasserzustrom aus dem Erdinneren noch einen Verlust in das Erdinnere oder eine nennenswerte Wasserabgabe aus der Atmosphäre in den Weltraum.

Der Kreislauf des Wassers

Das Wasser auf und unter der Erdoberfläche bewegt sich oder zirkuliert zwischen den zahlreichen Speichern, den Ozeanen, der Atmosphäre und dem Festland auf und unter der Erdoberfläche. Dieser kontinuierliche Transport des Wassers – vom Ozean in

a

SALZWASSER 95,96 %   SÜSSWASSER 4,04 %

Meere
$(1,40 \times 10^9 \text{ km}^3)$

Gletscher und polare
Eismassen 2,97 %
$(4,34 \times 10^7 \text{ km}^3)$

Atmosphäre 0,001 %
$(1,5 \times 10^4 \text{ km}^3)$

Seen und Flüsse 0,009 %
$(1,27 \times 10^5 \text{ km}^3)$

Grundwasser 1,05 %
$(1,54 \times 10^7 \text{ km}^3)$

Biosphäre 0,0001 %
$(2 \times 10^3 \text{ km}^3)$

b

c

d

e

Abb. 17.1a–e Die Verteilung des Wassers auf der Erde (Fotos: b © John Grotzinger; © Ron Niebrugge/WildNatureImages.com; d © Viktor Lyagushkin/National Geographic Creative; e © Charlie Munsey Corbis)

die Atmosphäre durch Verdunstung und von dort über die Niederschläge zur Erdoberfläche, dann durch den Abfluss und das Grundwasser wieder in Flüsse und schließlich zurück in die Ozeane – wird als **hydrologischer Zyklus** oder **Wasserkreislauf** bezeichnet (Abb. 17.2).

Im Rahmen der an der Erdoberfläche herrschenden Temperaturbereiche kann Wasser seinen Aggregatzustand zwischen drei Phasen ändern – flüssig (Wasser), gasförmig (Wasserdampf) und fest (Eis). Die Übergänge in eine jeweils andere Phase sind wichtige Mechanismen innerhalb des Wasserkreislaufs, durch die das Wasser von einem Speicher in andere gelangt. Die externe Energiezufuhr durch die Sonne treibt den hydrologischen Kreislauf an – vorwiegend durch die Verdunstung von Wasser aus den Meeren und den Transport von Wasserdampf in die Atmosphäre.

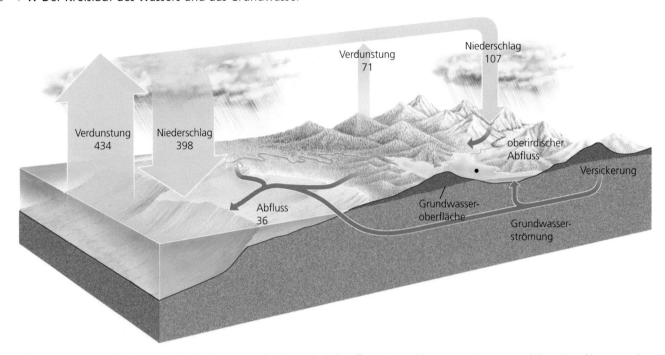

Abb. 17.2 Der Kreislauf des Wassers beschreibt die Bewegung des Wassers durch die Erdkruste, Atmosphäre, Ozeane, Binnenseen und Flüsse. Die Zahlen entsprechen den Wassermengen (in Tausend Kubikkilometer pro Jahr), die jährlich zwischen diesen Speichern ausgetauscht werden

Sobald bei einer bestimmten Luftfeuchtigkeit eine Temperaturgrenze unterschritten wird, kondensiert der Wasserdampf zu winzigen Wassertröpfchen, die Wolken bilden und schließlich als Regen oder Schnee – zusammengefasst unter der Bezeichnung **Niederschlag** – wieder auf die Kontinente und Ozeane fallen. Ein Teil der Niederschläge verdunstet bereits an der Erdoberfläche oder auf dem Blattwerk der Pflanzen (**Evaporation**), ein weiterer Teil dringt durch **Versickerung (Infiltration)** in den Boden ein und bewegt sich als **Sickerwasser** durch Risse, Klüfte und Bodenporen nach unten, ein Teil dieses versickernden Wassers verdunstet im Oberboden, steigt als Wasserdampf empor und gelangt in die Atmosphäre zurück. Ein weiterer Anteil bewegt sich durch die Biosphäre, das heißt, er wird von den Pflanzenwurzeln aufgenommen, in die Blätter befördert und gelangt von dort durch **Transpiration** als Wasserdampf in die Atmosphäre zurück (Evaporation und Transpiration werden in der Praxis oft als **Evapotranspiration** zusammengefasst). Der Rest des Niederschlagswassers versickert schließlich langsam in das Grundwasser. Die Verweilzeit des Wassers im Grundwasserspeicher ist relativ lang, aber schließlich gelangt es über Quellen und Bäche, die in Flüsse und Seen münden, wieder an die Oberfläche zurück und fließt den Ozeanen zu.

Niederschläge, die nicht im Untergrund versickern, fließen an der Oberfläche ab und sammeln sich allmählich in Bächen und Flüssen. Die Gesamtmenge der Niederschläge – einschließlich des Anteils, der vorübergehend in oberflächennahe Bereiche versickert und dann an die Oberfläche zurückgelangt beziehungsweise an der Oberfläche oder mit dem Grundwasser abfließt – wird als **Abfluss** bezeichnet. Ein Teil des oberirdischen Abflusses kann später in das Grundwasser übergehen oder aus den Flüssen und Seen verdunsten, der größte Teil fließt jedoch in die Meere.

Schnee kann zu Gletschereis umgewandelt werden, das entweder durch Abschmelzen als Wasser die Ozeane erreicht oder durch **Sublimation** – den direkten Übergang von der festen Phase (Eis) in die Gasphase (Wasserdampf) – in die Atmosphäre übergeht.

Der größte Teil des Wassers, das aus den Ozeanen verdunstet, kehrt als Regen oder Schnee direkt wieder ins Meer zurück. Der Rest fällt auf das Festland und verdunstet beziehungsweise versickert dort oder kehrt als Abfluss in die Ozeane zurück.

Abbildung 17.2 zeigt, wie sich im Kreislauf des Wassers der gesamte Fluss zwischen den Speichern gegenseitig ausgleicht. Die Erdoberfläche beispielsweise bekommt Wasser in Form von Niederschlägen zugeführt und gibt dieselbe Menge Wasser über Verdunstung und Abfluss wieder ab. Das Meer erhält Wasser durch Abfluss und Niederschlag und gibt dieselbe Wassermenge durch Verdunstung wieder ab. Aus den Ozeanen verdunstet mehr Wasser, als sie durch Niederschläge zurückerhalten. Der Verlust wird durch das Wasser ausgeglichen, das als Abfluss von den Kontinenten ins Meer zurückgelangt. Global betrachtet bleibt die Größe jedes Speichers konstant, jedoch führen Klimaschwankungen lokal zu Veränderungen des Gleichgewichts zwischen Verdunstung, Niederschlägen, Abfluss und Versickerung.

Wie viel Wasser können wir verbrauchen?

Lediglich ein sehr geringer Anteil der riesigen Wasservorräte ist für die menschliche Gesellschaft brauchbar. Letztendlich werden unsere gesamten Wasservorräte vom globalen Kreislauf des Wassers beherrscht und kontrolliert. Beispielsweise sind die in den

Ozeanen gespeicherten 96 % des Wassers für den Menschen im Wesentlichen nicht brauchbar. Nahezu das gesamte Wasser, das wir verbrauchen, ist Süßwasser – Wasser das keine oder nur wenig Salze gelöst hat. Durch die Entsalzung von Meerwasser werden in Gebieten wie dem ariden Nahen Osten, in denen Wassermangel herrscht, inzwischen geringe, aber stetig zunehmende Mengen an Süßwasser erzeugt. Unter natürlichen Bedingungen stammt alles Süßwasser nur von Niederschlägen, Flüssen, Seen, Grundwasser und von Wasser, das auf dem Festland durch Abtauen von Eis und Schnee entsteht. Da all dieses Süßwasser letztlich durch Niederschläge geliefert wird, ist die oberste vorstellbare Grenze für den Verbrauch von natürlichem Süßwasser theoretisch durch die Gesamtmenge der Niederschläge auf den Kontinenten festgelegt.

Hydrologie und Klima

Für die meisten praktischen Zwecke sind die lokalen hydrologischen Gegebenheiten weitaus wichtiger als das globale Gesamtbild, das heißt die in einem bestimmten Gebiet vorhandene Wassermenge und die Art, wie das Wasser von einem Speicher in den anderen gelangt. Den stärksten Einfluss auf die örtlichen hydrologischen Verhältnisse übt das Klima aus, insbesondere die Temperaturverhältnisse und die Niederschläge. In Mitteleuropa herrscht ein gemäßigtes Klima: während des Jahres fällt genügend Regen, und Wasservorräte sind sowohl an der Oberfläche als auch im Untergrund in reichem Maße vorhanden. In den feuchtwarmen Klimazonen, in denen es während des ganzen Jahres häufig regnet, sind die Wasservorräte sowohl an der Oberfläche als auch im Untergrund groß. In den ariden oder semiariden Tropen und Subtropen, in denen es selten regnet, ist Wasser dagegen ein kostbarer Rohstoff. In den kühlen bis kalten Klimazonen ist die Wasserversorgung nicht nur durch regelmäßigen Regen, sondern auch durch das Schmelzwasser von Schnee und Eis gesichert. In einigen Teilen der Welt wechseln regenreiche Jahreszeiten, zum Beispiel die Monsunregenzeit oder die mediterranen Winterniederschläge, mit langen Trockenperioden, in denen die Wasservorräte zurückgehen, die Flüsse austrocknen und die Vegetation abstirbt.

Luftfeuchtigkeit, Niederschlag und Landschaft

Viele geographisch bedingte Schwankungen des Klimas hängen mit der durchschnittlichen Lufttemperatur und dem jeweiligen Wasserdampfgehalt zusammen, denn beide Faktoren beeinflussen die Niederschlagsmenge. Die **relative Luftfeuchtigkeit** entspricht der in der Luft tatsächlich enthaltenen Menge Wasserdampf, dividiert durch die maximal mögliche Menge, welche die Luft bei derselben Temperatur aufnehmen kann. Dieser maximale Wert heißt **Sättigungswert**. Beträgt die relative Luftfeuchtigkeit bei einer Lufttemperatur von 15 °C beispielsweise 50 %, dann entspricht die Wasserdampfmenge der Hälfte des Sättigungswerts, den die Luft bei 15 °C insgesamt als Maximalmenge aufnehmen kann.

Warme Luft kann weit mehr Wasserdampf aufnehmen als kalte Luft bei gleicher relativer Luftfeuchtigkeit. Wenn ungesättigte warme Luft stark genug abkühlt, wird sie mit Wasser übersättigt. Ein Teil des Wasserdampfes kondensiert und bildet Wassertröpfchen. Diese kondensierten Wassertröpfchen bilden Wolken. Wir können die Wolken deshalb sehen, weil sie – wie Nebel – aus sichtbaren Wassertröpfchen bestehen, die das Licht streuen, und nicht aus unsichtbarem, lichtdurchlässigem Wasserdampf. Wenn genügend Feuchtigkeit in den Wolken kondensiert ist und die Tröpfchen groß und damit so schwer werden, dass die Luftströmungen sie nicht mehr im Schwebezustand halten können, fallen sie als Regen auf die Erde.

Weltweit fallen die meisten Niederschläge in den feuchtwarmen Tropen rund um den Äquator, wo sowohl das Oberflächenwasser der Ozeane als auch die Luft von der Sonne stark erwärmt werden. Unter diese Bedingungen verdunstet ein großer Teil des Wassers, weshalb die relative Luftfeuchtigkeit sehr hoch ist. Wenn die Luft erwärmt wird, dehnt sie sich aus, ihre Dichte nimmt ab und sie steigt nach oben. Wenn weitgehend wassergesättigte Luftmassen über den tropischen Ozeanen in große Höhen aufsteigen und mit dem Wind auf einen angrenzenden Kontinent gelangen, kühlen sie ab, die Luftfeuchtigkeit kondensiert und die Luft wird übersättigt. Die Folge sind starke Regenfälle auf dem Festland, selbst noch in großen Entfernungen von der Küste.

Ab etwa 30° nördlicher und südlicher Breite sinken die Luftmassen, die in den Tropen ihre Niederschläge abgegeben haben, wieder nach unten zur Erdoberfläche. Diese kalte, trockene Luft erwärmt sich und nimmt beim Absinken Feuchtigkeit auf. Dadurch entsteht ein wolkenloser Himmel und ein arides Klima. In diesen Breiten liegen daher viele der großen Wüstengebiete der Erde.

Das polare Klima ist normalerweise ebenfalls sehr trocken. In den polaren Gebieten sind Meer und Luft so kalt, dass die Verdunstung aus dem Meer gering ist und die Luft nur wenig Feuchtigkeit aufnehmen kann. Zwischen den tropischen und polaren Extremen liegen die gemäßigten Klimazonen, in denen Niederschläge und Temperaturen um die Mittelwerte zwischen den beiden genannten Extremen schwanken.

Diese hier beschriebenen Klimazonen sind, wie wir in Kap. 19 sehen werden, die Folge der atmosphärischen Zirkulationssysteme. Auch plattentektonische Vorgänge beeinflussen das Klima. Beispielsweise erzeugt der Aufstieg von feuchtwarmer Luft an Gebirgen einen **Regenschatten**, das heißt, auf den von der Hauptwindrichtung abgewandten leeseitigen Hängen breiten sich niederschlagsarme Gebiete aus. Feuchtigkeitsgesättigte Luft steigt auf der windzugewandten Seite der Bergkette auf, kühlt sich ab und regnet auf den Hängen und in der Gipfelregion dieser „Wetterseite" große Mengen Wasser ab. Nach einiger Zeit erreicht die Luftmasse den windabgewandten leewärtigen Hang, hat dort aber bereits einen Großteil ihrer Feuchtigkeit verloren (Abb. 17.3). Wenn die Luft auf die tiefer gelegenen Hänge fällt, erwärmt sie sich erneut, die relative Feuchtigkeit nimmt ab, und damit geht auch die für Regen zur Verfügung stehende Luftfeuchtigkeit weiter zurück. Diesen trockenen, warmen Fallwind bezeichnet man allgemein als **Föhnwind**. Ein Beispiel für eine typische Regenschatten-Situation fin-

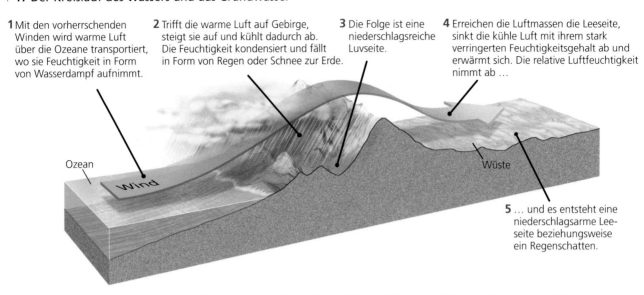

1 Mit den vorherrschenden Winden wird warme Luft über die Ozeane transportiert, wo sie Feuchtigkeit in Form von Wasserdampf aufnimmt.

2 Trifft die warme Luft auf Gebirge, steigt sie auf und kühlt dadurch ab. Die Feuchtigkeit kondensiert und fällt in Form von Regen oder Schnee zur Erde.

3 Die Folge ist eine niederschlagsreiche Luvseite.

4 Erreichen die Luftmassen die Leeseite, sinkt die kühle Luft mit ihrem stark verringerten Feuchtigkeitsgehalt ab und erwärmt sich. Die relative Luftfeuchtigkeit nimmt ab …

Ozean

Wind

Wüste

5 … und es entsteht eine niederschlagsarme Leeseite beziehungsweise ein Regenschatten.

Abb. 17.3 Als Regenschatten bezeichnet man Gebiete mit geringen Niederschlägen auf der leewärtigen, der windabgewandten Seite von Gebirgen

Abb. 17.4 Dieses Hirsefeld in Mali am Rand der Sahara zeigt die Auswirkungen einer langen Dürreperiode auf Böden und Ernte. Das Bild wurde bereits 1984/1985 aufgenommen, doch die Dürreperiode dauert bis heute an (Foto: © Thomas van Houtryve/VII Network/ Corbis)

det sich auf der Ostseite des Kaskadengebirges in Oregon (USA). Die vorherrschend vom Pazifik kommenden feuchten Luftmassen führen an den Westhängen des Gebirges zu hohen Niederschlagsmengen und zu üppigen Wäldern. Die Osthänge auf der anderen Seite des Gebirges sind dagegen trocken und öde. Analoge Verhältnisse kennen wir von den Alpen; dort gibt es allerdings je nach Wetterlage und Windströmung einen Nordföhn (italienische Seite) oder einen Südföhn (bayerische) Seite.

Genauso wie die morphologischen Erscheinungen einer Landschaft die Niederschlagsverteilung verändern, verändert die daraus resultierende Niederschlagsverteilung auch die Verwitterung und Erosionsrate, die ihrerseits die Landschaft formen. In Kap. 22 wird noch detaillierter darauf eingegangen, wie die Systeme Plattentektonik und Klima gemeinsam die für die Land-

schaftsentwicklung essenziellen hydrologischen Verhältnisse beeinflussen.

Trockenzeiten

In fast allen Klimazonen kann es zu Trockenzeiten mit deutlich reduzierten Niederschlägen kommen, wobei diese Perioden Monate bis Jahre dauern können, aber aride Regionen sind von Natur aus besonders anfällig für ihre Auswirkungen. Da keine Ergänzung durch Niederschläge erfolgt, geht die Wasserführung der Flüsse zurück und sie trocknen schließlich völlig aus; in den Wasserspeichern schwindet das Wasser, die Böden trock-

Teil V

nen aus, bekommen Risse und die Vegetation stirbt ab. Wenn in solchen Gebieten dann auch noch das Bevölkerungswachstum weiter zunimmt, steigt auch der Wasserbedarf. Dann kann eine Trockenperiode zur Erschöpfung der ohnehin bereits knappen Wasservorräte führen.

Die schwersten Dürrekatastrophen der letzten Jahrzehnte betrafen die Sahelzone an der Südgrenze der Sahara (Abb. 17.4). Lange Trockenperioden führten dort zur Ausdehnung der Wüstengebiete und brachten in großem Umfang Ackerbau und Weidewirtschaft zum Erliegen. Hunderttausende von Menschen verhungerten.

Eine weitere länger anhaltende, aber weniger schwere Trockenperiode betraf von 1987 bis zum Februar 1993 große Teile Kaliforniens, bis schließlich wolkenbruchartige Regenfälle die Trockenheit beendeten. Während der Trockenheit sanken der Grundwasser- und der Wasserspiegel in den Stauseen auf den niedrigsten Stand der letzten 15 Jahre ab. Damals wurden zwar einige Maßnahmen zur Einschränkung des Wasserverbrauchs eingeführt, aber Schritte, mit denen die extensive Nutzung der Wasservorräte für die Bewässerung begrenzt werden sollte, stießen auf starken politischen Widerstand der Farmer und der Agrarindustrie. Offenbar gelangt der Wasserverbrauch erst dann in das Bewusstsein der breiten Öffentlichkeit, wenn sich eine Wasserknappheit abzeichnet (vgl. Exkurs 17.1).

Ein Beispiel für ein kurzfristiges Ereignis mit großen Auswirkungen war die Dürreperiode in Neuseeland 2013. Das Land litt von Ende 2012 bis April 2013 unter Trockenheit. Ausmaß und Verbreitung waren ungewöhnlich, denn sie betraf zur gleichen Zeit die gesamte Nordinsel und Teile der Südinsel. Viele Weidegebiete werden dort nicht bewässert und sind von den Niederschlägen abhängig. Die ausgebliebenen Niederschläge führten zu Ernteausfällen und reduzierten die Weidegebiete in einem Land, in dem die Landwirtschaft einer der wichtigsten Erwerbszweige ist. Auch in anderen Gebieten sind Trockenperioden nicht ungewöhnlich: In der Bundesrepublik waren im Sommer 1959 Einschränkungen des Wasserverbrauchs nötig; im Sommer 1994 kam es durch Trockenheit in Norddeutschland zu enormen Ernteausfällen. Selbst das für sein feuchtes Klima bekannte England litt im Sommer 1989 unter erheblichem Wassermangel.

Unsere Klimageschichte ermöglicht uns gewisse Ausblicke auf das Ausmaß von Trockenperioden. Der Südwesten der Vereinigten Staaten litt beispielsweise erst kürzlich unter Trockenheit. In der 400 Jahre umfassenden Epoche zwischen 1500 und 1900 war es im Südwesten jedoch im Durchschnitt deutlich trockener als im vergangenen Jahrhundert. Aus der geologischen Überlieferung kennt man Trockenperioden, die ein größeres Ausmaß erreichten und länger anhielten als die gegenwärtige (zumindest bis dato). Sind die jüngsten Trockenperioden lediglich kurzzeitige Klimaschwankungen oder sind sie Anzeichen für die Rückkehr in eine ausgedehnte Trockenperiode? Wie wird ein globaler Klimawandel die Niederschläge in Nordamerikas Südwesten beeinflussen? Durch eine eingehende Erforschung der Vergangenheit können Geologen und Klimatologen wertvolle Hinweise zur Vorhersage der künftigen Entwicklung finden.

Die Hydrologie des Abflusses

Welcher Anteil der auf dem Festland gefallenen Niederschläge endet als Abfluss? Ein deutliches, kurzzeitiges Beispiel für den Zusammenhang zwischen Niederschlagsmenge und lokalem Abfluss in Bächen und Flüssen sind die Überschwemmungen nach sintflutartigen Regenfällen. Werden jedoch in einem großen, von einem Fluss entwässerten Gebiet über einen längeren Zeitraum hinweg – etwa ein Jahr lang – Niederschlagsmenge und Abfluss gemessen, so ist dieser Zusammenhang weniger ausgeprägt, aber immer noch deutlich erkennbar, wie die beiden Karten von Niederschlag und Abfluss für die Vereinigten Staaten in Abb. 17.5 zeigen. Vergleichen wir diese Karten, so erkennen wir, dass in Gebieten mit geringen Niederschlägen wie beispielsweise Südkalifornien, Arizona und New Mexico nur ein geringer Teil der Niederschläge abfließt. In solchen trockenen Regionen geht ein großer Teil des Niederschlags durch Verdunstung und Versickerung verloren. In humiden Gebieten wie den südöstlichen Vereinigten Staaten fließt dagegen ein weit höherer Anteil der Niederschläge oberirdisch in Flüssen ab. Ein großer Fluss kann aus einem Gebiet mit hohen Niederschlagsraten große Wassermengen in Gebiete mit geringem Niederschlag transportieren. Der Colorado River beispielsweise entspringt im US-Bundesstaat Colorado, also in einem Gebiet mit mittleren Niederschlagsmengen und fließt dann in Westarizona und Südkalifornien durch ein arides Gebiet. Vergleichbares gilt für den Nil.

Der größte Teil des Oberflächenabflusses erfolgt global betrachtet über die großen Flüsse. Die vielen Millionen kleiner und mittelgroßer Fließgewässer transportieren etwa die Hälfte des gesamten Abflusses der Erde. Die andere Hälfte wird durch ungefähr 70 große Flüsse abgeführt, davon fast die Hälfte allein vom Amazonas. Er führt ungefähr zehnmal mehr Wasser als der Mississippi – der größte Fluss Nordamerikas (Tab. 17.1). Die großen Flüsse transportieren schon deshalb größere Wassermengen, weil sie das Wasser über ein ausgedehntes System von kleineren Flüssen und Bächen sammeln, die ein großes Einzugsgebiet entwässern. Beispielsweise bedeckt das Einzugsgebiet des Mississippi etwa ein Drittel der Fläche der Vereinigten Staaten (Abb. 17.6).

Das oberirdische Wasser sammelt sich häufig in natürlichen Seen sowie durch das Aufstauen von Flüssen in künstlichen Stauseen und wird dort gespeichert. Auch Sumpf-, Moor- und Marschgebiete, sogenannte **Feuchtgebiete**, wirken im System des oberirdischen Abflusses als wichtige Speicherräume (Abb. 17.7). All diese Wasserspeicher können, wenn ihr Volumen groß genug ist, kurzzeitige Zuflüsse durch starke Regenfälle aufnehmen, ohne dass es zu Überschwemmungen kommt. Während der trockenen Jahreszeiten oder in Trockenperioden speisen diese Speicher kontinuierlich Wasser entweder in die Flüsse oder in die Versorgungsnetze für den menschlichen Gebrauch ein. Auf diese Weise gleichen die Speicher jahreszeitliche oder jährliche Schwankungen des Abflusses aus und geben an die flussabwärts liegenden Gebiete eine gleichmäßige Wassermenge ab. Gerade im Zusammenhang mit dem Hochwasserschutz sind sie besonders wichtig, da sie einen Teil des Wassers zurückhalten und somit auf natürliche und künstliche Weise zur Hochwasserre-

Teil V

Exkurs 17.1 Wasser, ein kostbarer Rohstoff

Bis vor kurzem hielt die Bevölkerung der Vereinigten Staaten ihre Wasserversorgung für gesichert. Wissenschaftliche Untersuchungen über die verfügbaren Vorräte und den Bedarf der Verbraucher zeigen jedoch, dass in zahlreichen Gebieten der Vereinigten Staaten (und dasselbe gilt für Europa und viele andere Regionen der Welt) immer häufiger mit Wasserknappheit gerechnet werden muss, was zu wachsenden Konflikten zwischen den verschiedenen Verbrauchergruppen – der Bevölkerung, Industrie, Landwirtschaft und den Erholungssuchenden – führen wird, wem die größeren Nutzungsrechte zustehen.

In den vergangenen Jahren wurden Dürreperioden und die zwangsweisen Einschränkungen des Wasserverbrauchs, wie in Kalifornien, Florida und Colorado geschehen, durch die Massenmedien weithin bekannt gemacht und weckten in der Öffentlichkeit das Bewusstsein, dass sich die amerikanische Nation bezüglich der Wasserversorgung großen Problemen gegenübergestellt sieht – Problemen, denen sich auch viele andere Nationen nicht mehr verschließen können. Doch wie immer bei langfristigen Prognosen nimmt das öffentliche Interesse ebenso schnell zu wie wieder ab, so wie sich auch Trockenheit und reichliche Niederschläge abwechseln, und auch die Regierungsbehörden streben längerfristige Lösungen nicht mit der notwendigen Dringlichkeit an, die das Problem eigentlich verdient hätte. Hier einige Fakten zum Nachdenken:

■ Der Mensch benötigt zum Überleben pro Tag etwa 2–3 l Wasser als Getränk. In den Vereinigten Staaten liegt der Pro-Kopf-Verbrauch bei ungefähr 250 l pro Tag, in Deutschland bei 124 l. Betrachtet man den Wasserverbrauch einschließlich der konsumierten Produkte, so ergibt sich in den Vereinigten Staaten ein Tagesverbrauch von rund 6000 l pro Kopf, in Deutschland von 5288 l (Stand 2014).

■ Die Industrie verbraucht ungefähr 38 % und die Landwirtschaft etwa 43 % der entnommenen Wassermenge.

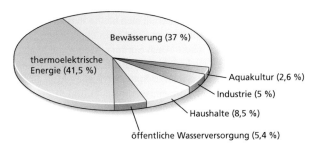

Wasserverbrauch in den Vereinigten Staaten 2005, aufgegliedert nach Verwendungszweck (Daten: US Geological Survey, USGS Circular 1344)

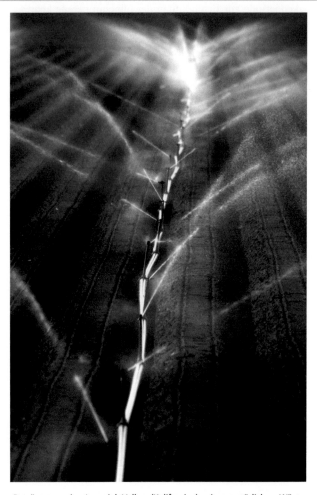

Bewässerung im Imperial Valley (Kalifornien), einer natürlichen Wüste (Foto: © David McNew/Getty Images)

■ Der Pro-Kopf-Verbrauch von Trinkwasser im häuslichen Bereich liegt in den Vereinigten Staaten um das Zwei- bis Vierfache über dem Verbrauch in Westeuropa, wo die Verbraucher bis zu 350 % mehr für ihr Wasser bezahlen.

■ Obwohl in den Bundesstaaten des amerikanischen Westens ein Viertel der Niederschläge fällt, liegt der Wasserverbrauch (überwiegend aufgrund von Bewässerungsmaßnahmen) um das Zehnfache über dem der östlichen Bundesstaaten, und das bei viel niedrigeren Kosten. In Kalifornien, das den größten Teil seines Wassers über große Entfernungen herantransportieren muss, werden 85 % zur Bewässerung verwendet, 10 % für Städte und Gemeinden und 5 % für industrielle Zwecke. Bei einer Verminderung des zur Bewässerung verwendeten Wassers um 15 % würde für die öffentliche Wasserversorgung und die Industrie die doppelte Wassermenge zur Verfügung stehen.

■ Das gesamte in den Vereinigten Staaten und anderswo verbrauchte Wasser fließt letztlich wieder in den Wasserkreislauf zurück. Häufig gelangt es dabei jedoch in einen für die menschliche Verwendung ungünstig liegenden Speicher, und oft hat auch die Qualität des Wassers deutlich abgenommen. So weist das erneut genutzte Wasser der Bewässerungsanlagen meist höhere Salzgehalte auf und enthält oftmals auch Pestizide. Die verschmutzten Abwässer der Städte gelangen über die Flüsse schließlich ins Meer zurück.

- Die herkömmlichen Methoden zur Deckung des steigenden Wasserbedarfs, wie die Errichtung von Staudämmen und Trinkwasserspeichern oder das Bohren von Brun-

nen, sind extrem teuer geworden, da ein Großteil der leicht erschließbaren, guten Vorkommen erschöpft sind. Der Bau neuer Staudämme zur Speicherung größerer Wasservorräte geht zu Lasten der Umwelt und ist unpopulär, beispielsweise das Fluten bewohnter Gebiete (Donau-, Oder-Niederungen) und verursacht nachteilige Veränderungen der Flussläufe ober- und unterhalb der Staudämme sowie in den Hochwasserpoldern. Die Finanzierung dieser Kosten führte schon oft zur Verzögerung oder Ablehnung der Pläne zum Bau neuer Trinkwasserspeicher.

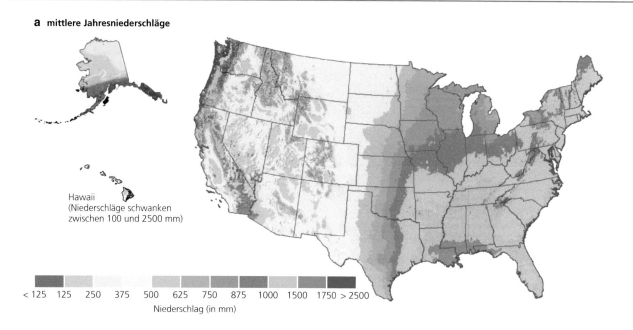

a mittlere Jahresniederschläge

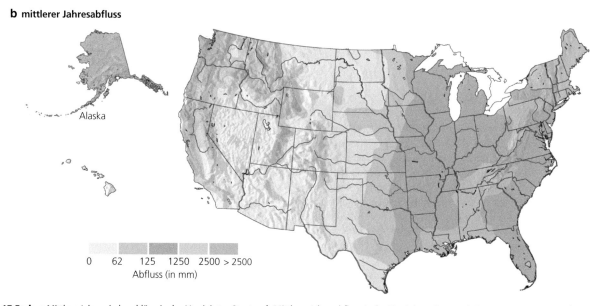

b mittlerer Jahresabfluss

Abb. 17.5a,b a Mittlere Jahresniederschläge in den Vereinigten Staaten. b Mittlerer Jahresabfluss in den Vereinigten Staaten (a Daten: US Department of Commerce (1968): Climatic Atlas of the United States; b Daten: USGS Professional Paper (1979): 1240-A)

Abb. 17.6 Der Mississippi und seine Nebenflüsse bilden das größte Entwässerungssystem der Vereinigten Staaten

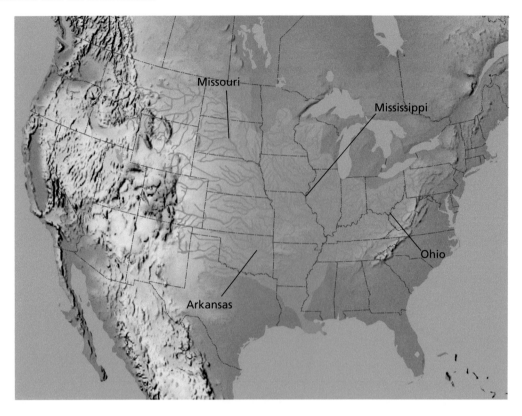

Tab. 17.1 Wasserführung einiger großer Flüsse

Fluss	Wasserführung (m³/s)
Amazonas, Südamerika	175.000
Rio de la Plata, Südamerika	79.300
Kongo, Afrika	39.600
Jangtsekiang, Asien	21.800
Brahmaputra, Asien	19.800
Ganges, Asien	18.700
Mississippi, Nordamerika	17.500
Wolga, Europa	8060
Rhein, Europa	2330

gulierung beitragen. Aus diesem Grund vertreten viele Wissenschaftler die Meinung, dass die Entwässerung von natürlichen Feuchtgebieten zur Gewinnung von Bau- und Ackerland beendet werden muss. Die Anliegerstaaten des Rheins haben am Oberrhein bereits wieder mit dem Ausbau von Hochwasserspeichern (Poldern) begonnen, nachdem viele natürliche Speicher bei der Flussregulierung beseitigt worden waren und die Häufigkeit von stärkeren Hochwasserereignissen flussabwärts im Laufe weniger Jahrzehnte erkennbar angestiegen ist.

Darüber hinaus sind Feuchtgebiete für die biologische Diversität von erheblicher Bedeutung, denn sie sind Lebensraum für zahlreiche Pflanzen und „Kinderstube" für eine große Anzahl von

Vögeln, Amphibien und Säugetieren. Aus all diesen Gründen haben zahlreiche Regierungen Gesetze erlassen, die eine künstliche Entwässerung der Feuchtgebiete für den Bau von Siedlungen einschränken. Dennoch verschwinden viele der noch vorhandenen Feuchtgebiete, weil die bauliche Erschließung weiterhin betrieben wird. In den Vereinigten Staaten sind inzwischen mehr als die Hälfte der ursprünglichen Feuchtgebiete verschwunden, die vor Beginn der Besiedlung durch die europäischen Einwanderer noch vorhanden waren. In Kalifornien und Ohio sind lediglich noch 10 % der Feuchtgebiete übrig geblieben und für Europa ließen sich ähnliche Zahlen nennen.

Hydrologie des Grundwassers

Grundwasser entsteht, wenn Niederschläge in Böden und andere lockere Oberflächensedimente einsickern oder auch in Risse und Spalten des Gesteins im Untergrund eindringen. Dieses Grundwasser, das innerhalb der letzten Jahre durch Niederschläge entstanden ist, wird als **meteorisches Wasser** bezeichnet (griech. *metéoron*: Himmelserscheinung, daher auch der Begriff Meteorologie). Die unter der Erdoberfläche liegenden gewaltigen Grundwasserreservoire enthalten ungefähr 29 % des gesamten, in Seen, Flüssen, Gletschern, Polareis und in der Atmosphäre gespeicherten Süßwassers. Viele tausend Jahre haben Menschen diese Ressourcen genutzt, entweder durch das Bohren flacher Brunnen oder durch Fassen der natürlichen Quellen, die an der Oberfläche ausfließen. Quellen sind direkte Hinweise auf das unter der Oberfläche fließende Grundwasser (Abb. 17.8).

   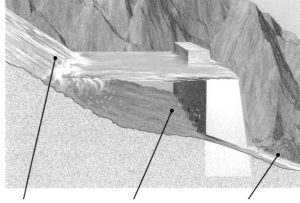

In Trockenzeiten führen Flüsse   ... und auch nur geringe   In regenreichen Zeiten führen   ... die   ... und in Trockenzeiten lang-
nur wenig Wasser zu, ...   Wassermengen ab.   Flüsse große Wassermengen zu, ...   gespeichert ...   sam wieder abgegeben werden.

Abb. 17.7 Wie ein natürlicher See oder ein Stausee speichern auch Feuchtgebiete wie Moore oder Sumpfgebiete das Wasser in Zeiten mit starkem Abfluss, um es in Trockenperioden mit geringem Abfluss langsam wieder abzugeben

Porosität und Permeabilität

Wenn Wasser in und durch den Untergrund fließt, welche Faktoren bestimmen dann seinen Weg und seine Fließgeschwindigkeit? Mit Ausnahme von Höhlen und Kluftsystemen gibt es im Untergrund keine offenen Räume für Seen oder Flüsse. Der einzig verfügbare Speicherraum für Wasser sind Poren, Klüfte und Spalten im Boden beziehungsweise anstehenden Gestein. Demzufolge unterscheidet man auch zwischen Poren- und Kluftgrundwasserleitern. Poren findet man in jeder Art von Gestein und Boden, jedoch sind es meist wenige und kleine Poren; ein großes Porenvolumen besitzen vor allem die geologisch jungen lockeren Kiese und Sande der Talfüllungen, aber auch einige Sand- und Kalksteine.

In Kap. 5 wurde bereits erwähnt, dass der gesamte Anteil des Porenraums in Gesteinen, Böden und Sedimenten die jeweilige **Porosität** bestimmt, das heißt den prozentualen Anteil am Gesamtvolumen, der von den Poren eingenommen wird.

Dieser Porenraum besteht überwiegend aus dem Raum zwischen den Gesteinspartikeln (Sandkörner, Gerölle) und den Rissen oder Spalten im Festgestein (Abb. 17.9). Sein Anteil kann von wenigen Prozenten am Gesamtanteil des Gesteines bis zu 50 % erreichen, wo Teile des Gesteins durch chemische Verwitterung gelöst wurden. Die Porosität der Sedimentgesteine liegt typischerweise bei Werten zwischen 5 und 15 %. Die meisten Magmatite und Metamorphite besitzen nur ein geringes Porenvolumen, es sei denn, es kam zu Bruchbildung.

Betrachtet man den Porenraum eines Gesteins etwas genauer, so lassen sich drei Formen der Porosität unterscheiden: Porosität, bedingt durch den Porenraum zwischen den Komponenten (Interpartikel- oder Zwickelporosität), Porosität bedingt durch Klüfte und Spalten (Kluftporosität) und die Porosität, die durch Lösung von Komponenten entstanden ist (Lösungsporosität oder Hohlraumporosität). Die für Böden, Sedimente und Sedimentgesteine typische Interpartikelporosität ist von der Größe und Form der Teilchen abhängig, aus denen Böden und siliciklastische Sedimentgesteine bestehen, sowie von der Dichte ihrer Packung. Je lockerer die Komponenten gepackt sind, desto größer ist der zwischen den Komponenten vorhandene Porenraum. Je kleiner die Sedimentpartikel sind und je stärker sie in Form und Größe variieren, desto dichter können sie gepackt werden. Minerale, die die Komponenten verkitten, reduzieren naturgemäß die Interpartikelporosität. Insgesamt schwankt die Interpartikelporosität zwischen 10 und 40 %.

Teil V

Abb. 17.8 Grundwasseraustritt in einer Felswand; Vasey's Paradise, Marble Canyon im Grand-Canyon-Nationalpark (Arizona), wo durch das steile Relief Wasser aus dem Untergrund als natürliche Quelle an der Oberfläche ausfließen kann (Foto: © Inge Johnsson/Alamy)

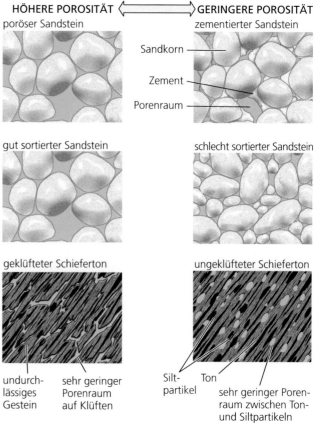

HÖHERE POROSITÄT ⟨⟩ GERINGERE POROSITÄT

poröser Sandstein

zementierter Sandstein

Sandkorn

Zement

Porenraum

gut sortierter Sandstein

schlecht sortierter Sandstein

geklüfteter Schieferton

ungeklüfteter Schieferton

undurchlässiges Gestein

sehr geringer Porenraum auf Klüften

Siltpartikel Ton

sehr geringer Porenraum zwischen Ton- und Siltpartikeln

Abb. 17.9 Die Porosität der Gesteine ist von mehreren Faktoren abhängig. In Sandsteinen sind sowohl der Grad der Zementation als auch die Sortierung der Komponenten wichtig. In Schiefertonen ist die Porosität auf kleine Räume zwischen den winzigen Komponenten beschränkt, sie kann jedoch durch Fracking erhöht werden

In Magmatiten und Metamorphiten ist die Porosität deutlich geringer, da hier der Porenraum überwiegend auf natürliche Trennflächen wie Risse, Klüfte, Spalten oder Schieferungsflächen zurückzuführen ist. Tektonisch stark beanspruchte und geklüftete Gesteine können aufgrund ihrer Risse und Spalten nennenswerte Kluftporenräume enthalten, die bis zu 10 % des Gesteinsvolumens erreichen, obwohl die Porosität normalerweise bei etwa 1–2 % liegt.

In Kalksteinen und anderen leicht löslichen Gesteinen wie Evaporiten schwankt der Porenraum in Abhängigkeit davon, wie viele Poren beim Lösen durch Grundwasser oder bei der Verwitterung entstanden sind. Dabei bilden sich meist sehr unregelmäßige Hohlräume unterschiedlichster Form. Die Lösungsporosität kann sehr hoch sein und Werte bis über 50 % erreichen; Höhlen sind Beispiele für extrem große Lösungshohlräume.

Obwohl die Porosität angibt, wie viel Wasser ein Gestein aufnehmen kann, wenn alle Poren gefüllt sind, liefert sie keinen Hinweis, wie rasch das Wasser durch die Poren fließen kann. Wasser durchdringt ein poröses Material zwischen den Körnern und in den Klüften. Je enger die Porenräume sind, desto mühsamer ist der Weg und desto langsamer bewegt sich das Wasser. Wie schnell das Wasser ein Gestein durchdringt, hängt von der

Durchlässigkeit oder **Permeabilität** ab. Im Allgemeinen besteht ein gewisser Zusammenhang zwischen Porosität und Permeabilität: Je größer die Porosität, desto höher ist meist auch die Permeabilität, doch bilden die Tone hier eine Ausnahme: sie besitzen eine hohe Porosität, jedoch eine extrem geringe Permeabilität. Die Permeabilität hängt davon ab, wie groß die Poren des jeweiligen Gesteins sind, wie gut sie miteinander in Verbindung stehen und wie krümmungsreich der Weg um die Gesteinspartikel ist, den das Wasser beim Durchfließen nehmen muss. Die in Carbonatgesteinen durch Lösen entstandenen Verbindungswege führen zu einer hohen Permeabilität. Höhlensysteme haben die höchste Permeabilität, durch sie kann nicht nur Wasser fließen, sie können oftmals auch von Menschen begangen werden.

Sowohl Porosität als auch Permeabilität sind wichtige Parameter bei der Suche nach Grundwasservorräten. Grundsätzlich wird ein guter Grundwasserspeicher ein Fest- oder Lockergesteinskörper sein, der nicht nur eine hohe Porosität hat, um große Wassermengen aufzunehmen, sondern auch eine hohe Permeabilität, sodass das Wasser leicht daraus entnommen werden kann. Ein Gestein mit hoher Porosität, aber geringer Permeabilität kann zwar eine große Menge Wasser speichern; weil aber das Wasser darin sehr langsam fließt, ist die Wassergewinnung aus einem solchen Gestein schwierig. Tabelle 17.2 fasst den Grad der Porosität und Permeabilität verschiedener Gesteinstypen zusammen.

Grundwasserspiegel und Grundwasseroberfläche

Wenn bei einer Bohrung Proben des durchfahrenen Bodens und Gesteins nach oben gebracht werden, ist zu erkennen, dass das Material von oben nach unten zunehmend feuchter wird. In geringer Tiefe ist das Probenmaterial mit Wasser untersättigt, das heißt, die Poren sind nicht vollständig mit Wasser gefüllt, sondern enthalten auch etwas Luft. Dieser Bereich wird als die **ungesättigte Zone** oder häufig auch als **vadose Zone** oder **Sickerwasserzone** bezeichnet. Darunter, in der **gesättigten** oder **phreatischen Zone**, sind die Poren des Bodens oder Gesteins vollständig mit Wasser (dem Grundwasser) gefüllt. Von ungesättiger oder von gesättigter Zone spricht man sowohl in Locker- als auch in Festgesteinen. Die Grenze zwischen den beiden Zonen ist die **Grundwasseroberfläche**, die gewöhnlich

auch, obwohl nicht ganz zutreffend, als Grundwasserspiegel bezeichnet wird (Abb. 17.10). Wenn ein Brunnen bis unter die Grundwasseroberfläche gebohrt wird, fließt das Wasser aus der gesättigten Zone dem Bohrloch zu und pendelt sich darin auf einen bestimmten Wasserstand ein. Dieses Niveau entspricht dem **Grundwasserspiegel**. Grundwasserspiegel und Grundwasseroberfläche entsprechen sich also nur bedingt in ihrem Niveau unter der Erdoberfläche. Meist liegt aufgrund des Kapillarsaums die Grundwasseroberfläche höher als der Grundwasserspiegel.

Grundwasser bewegt sich ausschließlich unter dem Einfluss der Schwerkraft, wobei nur ein Teil des Sickerwassers in der ungesättigten Zone nach unten zur Grundwasseroberfläche gelangt. Ein gewisser Anteil des Wassers verbleibt nämlich in der ungesättigten Zone, weil es in kleinen Porenräumen durch Kapillarkräfte in der Schwebe gehalten wird – durch Adhäsionskräfte, die zwischen den Wassermolekülen und den Oberflächen der Teilchen wirken, sowie durch die Oberflächenspannung (Kohäsionskräfte). Wie in Kap. 16 besprochen wurde, hält die Oberflächenspannung auch den Sand im Sandkasten oder am Strand feucht, obwohl darunter Räume liegen, in die das Wasser unter dem Einfluss der Schwerkraft einsickern könnte. Die Verdunstung von Wasser in den Porenräumen der ungesättigten Zone ist sowohl durch den Effekt der Oberflächenspannung als auch durch die relative Luftfeuchtigkeit innerhalb der Porenräume, die vermutlich nahe bei 100 % liegt, deutlich reduziert.

Wenn wir an mehreren Stellen Brunnen bohren und den Stand des Grundwasserspiegels in den Brunnen messen, dann können wir eine Karte vom Niveau des Grundwasserspiegels erstellen. Dabei wird die Höhe des Grundwasserspiegels auf eine horizontale Fläche bezogen, sodass man den sogenannten **Grundwasserstand** erhält. Die Ermittlung des Grundwasserstands ist für die Beurteilung hydrogeologischer Fragestellungen sehr wichtig. Ein Schnitt durch die Landschaft könnte dann wie Abb. 17.11a aussehen. Die Grundwasseroberfläche folgt der jeweiligen Form der Erdoberfläche, doch die Neigung der Grundwasseroberfläche ist in der Regel geringer. Der Wasserspiegel in Flüssen und Seen und der Austrittspunkt der Quellen entspricht dem Grundwasserspiegel. Aufgrund der Schwerkraft bewegt sich das Grundwasser dem Gefälle folgend beispielsweise von einem hochliegenden Gebiet (z. B. Hügelland) in Bereiche, in denen das Niveau der Grundwasseroberfläche niedriger liegt, wie etwa an einem Quellaustritt, wo Grundwasser an der Oberfläche ausfließt.

Tab. 17.2 Porosität und Permeabilität einiger Grundwasser leitender Gesteine

Gesteinsart	Porosität	Permeabilität
Kies	sehr hoch	sehr hoch
grob- bis mittelkörniger Sand	hoch	hoch
feinkörniger Sand und Silt	mittel	mittel bis gering
Sandstein, mäßig verkittet	mittel bis gering	gering
geklüfteter Schieferton oder Metamorphit	gering	sehr gering
ungeklüfteter Schieferton	sehr gering	sehr gering

Teil V

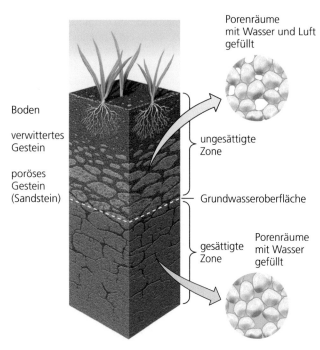

Porenräume mit Wasser und Luft gefüllt

Boden

verwittertes Gestein

poröses Gestein (Sandstein)

ungesättigte Zone

Grundwasseroberfläche

gesättigte Zone

Porenräume mit Wasser gefüllt

Abb. 17.10 Die Grundwasseroberfläche entspricht der Grenze zwischen der ungesättigten und der gesättigten Zone. Beide Zonen können sowohl in Locker- als auch in Festgestein liegen

Wasser gelangt in die gesättigte Zone durch Grundwasserneubildung und verlässt sie durch Abfluss (Abb. 17.11b). Die Infiltration von Wasser in den Untergrund wird als **Grundwasserneubildung** bezeichnet. Sie erfolgt im Wesentlichen durch Regen und Schmelzwasser. Der Austritt von Grundwasser an der Oberfläche wird **Abfluss** genannt. Grundwasser verlässt die gesättigte Zone durch Verdunstung, über Quellen oder durch Brunnen, aus denen Wasser gefördert wird.

Außerdem kann Wasser über Flüsse in die gesättigte Zone gelangen und diese wieder verlassen. Zur Grundwasserneubildung kommt es, wenn das Strombett über dem Grundwasserspiegel liegt. Das auf diese Weise infiltrierende Wasser wird als **Uferfiltrat** oder Seihwasser bezeichnet, der entsprechende Fluss als **influenter Fluss** bezeichnet. Diese Form der Grundwasserneubildung ist charakteristisch für aride Gebiete, wo der Grundwasserspiegel meist tief liegt. Im umgekehrten Fall, wenn die Fließrinne den Grundwasserspiegel an- oder unterschneidet, fließt Wasser aus dem Grundwasser in den Fluss ab. **Effluente Flussverhältnisse** sind für humide Klimazonen typisch. Diese vom Grundwasser gespeisten Flüsse fließen noch lange Zeit, nachdem der oberirdische Abfluss bereits aufgehört hat ("Trockenwetterabfluss"). Folglich kann der Grundwasservorrat durch Flüsse, die in das Grundwasser einspeisen, vergrößert und durch Flüsse, in die Grundwasser abfließt, umgekehrt verringert werden.

Grundwasserleiter

Gesteine und Lockersedimente, die Grundwasser speichern und weiterleiten, werden als **Grundwasserleiter** oder Aquifer bezeichnet. Wasser kann sich dabei in den Grundwasserleitern als gespanntes oder ungespanntes (freies) Grundwasser bewegen. Freies Grundwasser fließt durch Schichten mit einer mehr oder weniger gleichen Permeabilität, die sowohl in den Gebieten der Grundwasserneubildung als auch in den Abflussgebieten bis an die Oberfläche reichen. Die Obergrenze des Grundwasserspeichers ist dabei überall durch das Niveau der Grundwasseroberfläche gegeben (vgl. Abb. 17.11a).

Viele durchlässige Grundwasserleiter, beispielsweise Sandsteine, sind oben und unten von tonigen Schichten geringer Durchlässigkeit begrenzt. Das Grundwasser kann somit durch diese relativ undurchlässigen Schichten oder **Grundwassergeringleiter** (Aquitarde) oder **Grundwassernichtleiter** (Aquiclude) entweder nur sehr langsam oder überhaupt nicht hindurchfließen. Wenn Grundwassernichtleiter sowohl über als auch unter einem Grundwasserleiter lagern, engen sie die Bewegung des Grundwassers auf diesen Grundwasserleiter ein. Das Grundwasser kann also nicht so hoch aufsteigen, wie es seinem hydrostatischen Druck entspricht. Unter diesen Verhältnissen liegt ein **gespanntes** oder **artesisches Grundwasser** vor, in dem der Grundwasserstrom unter hydrostatischem Druck steht (Abb. 17.12).

Die undurchlässigen Schichten über dem Grundwasserleiter verhindern, dass Niederschläge unmittelbar in den Grundwasserleiter einsickern. Stattdessen wird der Grundwasserleiter durch Niederschlagswasser gespeist, das dort in den Untergrund einsickert, wo die Gesteine in topographisch höher liegenden Gebieten zutage treten. Dort können die Niederschläge versickern, da kein Grundwassernichtleiter die Infiltration verhindert. Danach fließt das eingesickerte Wasser im Untergrund dem Gefälle des Grundwasserleiters folgend abwärts.

Gespanntes Grundwasser steht unter hydrostatischem Druck, das heißt, an jedem Punkt innerhalb des Grundwasserleiters entspricht der Druck dem Gewicht der Wassersäule, die im Grundwasserleiter über diesen Punkt hinausragt. Wird gespanntes Grundwasser zum Bau eines Brunnens an einer Stelle angebohrt, wo die Erdoberfläche niedriger liegt als der Grundwasserspiegel im Grundwasserleiter eines höher gelegenen Einsickerungsgebiets, dann fließt das Wasser aus dem Brunnen unter seinem eigenen hydrostatischen Druck frei an der Erdoberfläche aus (Abb. 17.13). Jeder Brunnen, der auf diese Weise selbsttätig an der Oberfläche ausfließt, wird nach der Landschaft Artois in Nordfrankreich als **artesischer Brunnen** bezeichnet. Artesisches Grundwasser aus bis zu 80 m tiefen Schächten wurde am Südrand des Atlas-Gebirges schon vor mehr als 600 Jahren von den Arabern erschlossen. Artesische Brunnen sind sehr gesucht, da die Wassergewinnung keine Energie erfordert. In Gebieten mit einem stark wechselnden Gesteinsaufbau sind auch die Grundwasserverhältnisse etwas differenzierter. Werden beispielsweise in einer Wechselfolge mehrere Grundwasserleiter durch schwer oder nahezu undurchlässige Gesteinseinheiten voneinander getrennt, sodass eindeutig abgrenzbare Grund-

a

1 Niederschlagswasser versickert in durchlässigen Böden und Gesteinen...

ungesättigte Zone

Grundwasseroberfläche

2 ...und fließt im Untergrund als Grundwasserstrom in Richtung Flüsse und Seen.

Grundwasserströmung gesättigte Zone

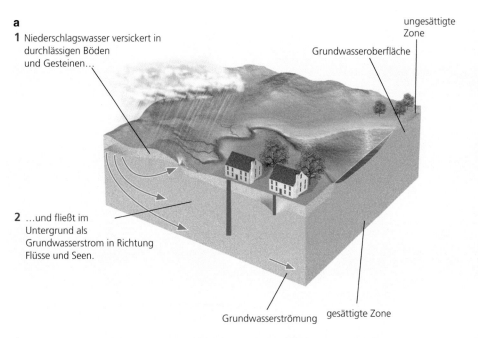

b

In Regenperioden liegt die Grundwasseroberfläche hoch und sowohl aus flachen als auch aus tiefen Brunnen kann Wasser entnommen werden.

1 Ergiebige Niederschläge ergänzen das Grundwasser...

effluenter Fluss

Grundwasser-oberfläche hoch

Quellen schütten

2 ...und Grundwasser wird in Flüsse und Seen abgegeben.

In Trockenperioden liegt die Grundwasseroberfläche tief, und nur aus tiefen Brunnen kann Wasser entnommen werden.

1 In Trockenperioden wird Wasser durch Verdunstung aus den Böden abgegeben,...

influenter Fluss

2 ...Quellen versiegen, Flüsse trocknen aus...

Grundwasseroberfläche tief

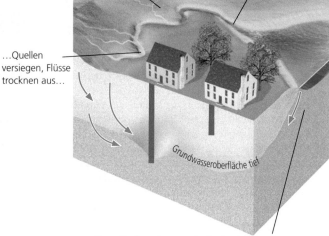

3 ... die Grundwasseroberfläche sinkt, und Wasser aus Flüssen und Seen versickert im Untergrund und ergänzt das Grundwasser in Böden und Gesteinen.

Abb. 17.11a,b Die Dynamik der Grundwasseroberfläche in durchlässigen, oberflächennahen Schichten für den gemäßigten Klimabereich. **a** Die Grundwasser-oberfläche folgt der allgemeinen Morphologie der Erdoberfläche, ihr Relief ist jedoch flacher. **b** Das Niveau der Grundwasseroberfläche schwankt abhängig vom Gleichgewicht zwischen dem Wasser, das durch Versickern in den Untergrund gelangt (Grundwasserneubildung) und dem Wasser, das durch Verdunstung sowie über Quellen und Flüsse wieder abgegeben wird (Abfluss)

Teil V

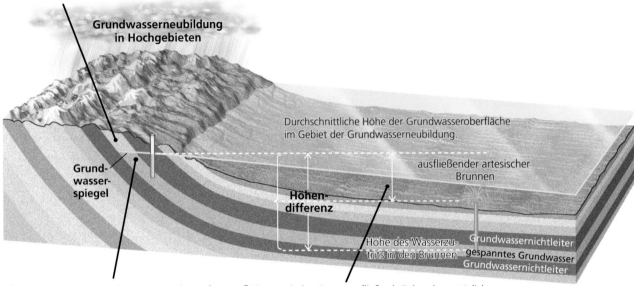

1 Gespanntes Grundwasser entsteht dort, wo ein Grundwasserleiter von zwei Grundwassernichtleitern eingeschlossen wird.

Grundwasserneubildung in Hochgebieten

Durchschnittliche Höhe der Grundwasseroberfläche im Gebiet der Grundwasserneubildung.

ausfließender artesischer Brunnen

Grund-
wasser-
spiegel

Höhen-
differenz

Höhe des Wasserzu-
tritts in den Brunnen

Grundwassernichtleiter
gespanntes Grundwasser
Grundwassernichtleiter

3 Wenn die Oberkante des Brunnenrohrs auf gleicher Höhe wie die Grundwasseroberfläche im Einsickerungsgebiet liegen würde, gäbe es keinen Druckunterschied und damit keinen Wasseraustritt.

2 Ein artesischer Brunnen fließt als Folge des natürlichen Druckunterschieds zwischen der Höhe der Grundwasseroberfläche im Bereich der Grundwasserneubildung und der Oberkante des Brunnenrohrs an der Oberfläche aus.

Abb. 17.12 Wo Grundwasserleiter zwischen zwei Grundwassernichtleitern (Schichten mit geringer Durchlässigkeit) eingeschlossen ist, entsteht ein gespannter Grundwasserleiter, durch den das Wasser unter hydrostatischem Druck fließt

wasservorkommen übereinander auftreten, dann ist der Grundwasserkörper in einzelne **Grundwasserstockwerke** gegliedert. Oftmals ist auch der Verlauf der Grundwasseroberfläche etwas komplizierter. In der ungesättigten Zone kann innerhalb einer gut durchlässigen Sandschicht beispielsweise eine regional begrenzte wenig durchlässige Tonschicht – ein Grundwassernichtleiter – vorhanden sein, auf der sich vor allem nach stärkeren Niederschlägen ein eigener Grundwasserkörper ausbildet (Abb. 17.14). Dieser Grundwasserkörper in dem oberflächennahen Grundwasserleiter wird als **schwebender Grundwasserleiter** oder **schwebendes Grundwasserstockwerk** bezeichnet, weil er über dem tieferen zusammenhängenden Hauptgrundwasserleiter liegt. Meist bilden schwebende Grundwasserkörper lediglich kleinere, flächenmäßig begrenzte und nur wenige Meter mächtige Linsen, doch erstrecken sich auch einige über Hunderte von Quadratkilometern.

Abb. 17.13 Aus einem artesischen Brunnen fließt das Wasser unter seinem eigenen hydrostatischem Druck aus (Foto: © John Dominis/Time Life Pictures/ Getty Images)

Teil V

Abb. 17.14 Ein schwebendes Grundwasserstockwerk entsteht in Gebieten mit geologisch komplex aufgebautem Untergrund – hier durch einen Grundwassernichtleiter aus Schieferton, der über dem Hauptgrundwasserleiter in einem Sandstein-Grundwasserleiter lagert. Die Dynamik der Grundwasserneubildung und Grundwasserentnahme kann sich bei einem schwebenden Grundwasserstockwerk von der des Hauptgrundwasserleiters unterscheiden

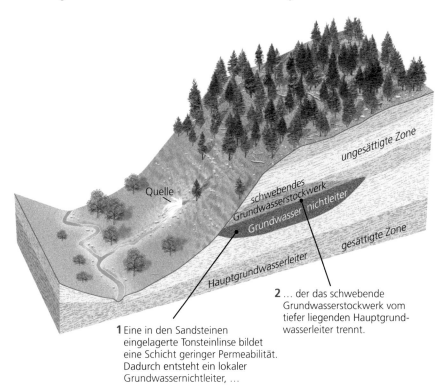

Quelle

ungesättigte Zone

schwebendes Grundwasserstockwerk

Grundwasser nichtleiter

gesättigte Zone

Hauptgrundwasserleiter

2 … der das schwebende Grundwasserstockwerk vom tiefer liegenden Hauptgrundwasserleiter trennt.

1 Eine in den Sandsteinen eingelagerte Tonsteinlinse bildet eine Schicht geringer Permeabilität. Dadurch entsteht ein lokaler Grundwassernichtleiter, …

Gleichgewicht zwischen Grundwasserneubildung und Grundwasserabfluss

Wenn Grundwasserneubildung und -abfluss im Gleichgewicht stehen, bleibt der Grundwasservorrat und damit auch die Lage der Grundwasseroberfläche konstant, obwohl durch den Grundwasserleiter ständig Wasser fließt. Abflussmenge und Grundwasserneubildung stehen jedoch nur dann im Gleichgewicht, wenn Niederschläge regelmäßig ausreichende Wassermengen liefern, die der Gesamtmenge des Abflusses in Flüssen, der Entnahme aus Brunnen und der Schüttung von Quellen entsprechen.

Wegen der jahreszeitlich bedingten Schwankungen der Niederschlagsmengen werden sich Grundwasserneubildung und -abfluss nicht zu jedem Zeitpunkt völlig ausgleichen. Typischerweise sinkt der Grundwasserspiegel in den trockeneren Jahreszeiten ab und steigt in den niederschlagsreichen Perioden mit Verzögerung wieder an (vgl. Abb. 17.11b). Der Unterschied zwischen Grundwasserhochstand im Frühjahr und Tiefstand im Herbst beträgt in Mitteleuropa normalerweise etwa 1 m. Wenn die Grundwasserneubildung zurückgeht, wie etwa bei längeren Trockenperioden, ergibt sich daraus ein länger anhaltendes Ungleichgewicht und insgesamt eine stärkere Absenkung des Grundwasserspiegels.

Dasselbe Ungleichgewicht kann sich auch durch eine Zunahme der Abflussmenge ergeben, etwa durch steigende Wasserentnahme aus Brunnen. Die Sohle von weniger tiefen Brunnen endet dann bereits in der ungesättigten Zone und eine Förderung daraus wird unmöglich, die Brunnen fallen trocken. Wenn aus einem Grundwasserleiter über einen Brunnen das Wasser rascher entnommen wird, als es durch Zufluss wieder ergänzt werden kann, sinkt der Wasserspiegel rund um dem Brunnen trichterförmig ab, es entsteht ein sogenannter **Absenkungs-** oder **Entnahmetrichter** (Abb. 17.15). Das trifft für die meisten Entnahmestellen zu. Dehnt sich der Entnahmetrichter unter die Sohle eines Brunnens aus, fällt der Brunnen trocken. Wenn jedoch die Sohle des Brunnens über der Basis des Grundwasserleiters liegt, kann eine weitere Vertiefung des Brunnens in den Grundwasserleiter hinein eine Erhöhung der Wasserentnahme ermöglichen, selbst bei hohen Förderraten. Wird jedoch der Brunnen so weit vertieft, dass dadurch der gesamte Grundwasserleiter erfasst wird, und steigt das Entnahmevolumen auch noch auf einem hohen Wert an, dann kann bei steigender Entnahme der Grundwasserleiter erschöpft werden, weil der Entnahmetrichter schließlich die Grundwassersohle erreicht. Der Grundwasserleiter kann sich nur dann regenerieren, wenn die Entnahmemenge so weit reduziert wird, dass für den Grundwasserzufluss und damit für die Erneuerung des Grundwassers genügend Zeit zur Verfügung steht.

Eine extreme Entnahme von Wasser kann nicht nur zur Erschöpfung des Grundwasserleiters führen, sie kann auch noch andere unerwünschte Nebeneffekte auslösen. Sinkt der Druck des Wassers in den Porenräumen ab, kann sich das Sediment, das den Grundwasserleiter überlagert, senken und dabei dolinenartige Einsenkungen bilden (Abb. 17.16). Wenn bestimmten Sedimenttypen das Wasser entzogen wird, unterliegen sie außerdem einer Kompaktion. Die Volumenabnahme spiegelt sich in einer Absenkung der Erdoberfläche wider. Eine auf solche Effekte zurückzuführende Subsidenz trat in Mexico City und Venedig auf, aber auch zahlreiche andere Gebiete mit starker Grundwasserentnahme wie etwa das San Joaquin Valley in Kalifornien

Teil V

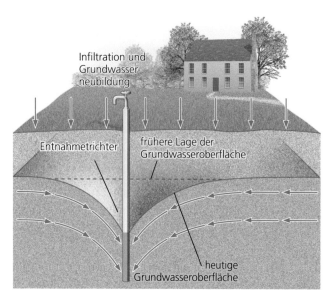

Abb. 17.15 Wenn die Entnahme aus einem Brunnen größer ist als der Zufluss, kommt es in der Umgebung des Brunnens zu einer Absenkung des Grundwasserspiegels unter Bildung eines Entnahmetrichters. Der Wasserstand im Brunnen fällt auf den abgesenkten Stand des Grundwasserspiegels

oder in Deutschland das hessische Ried südlich von Frankfurt sind klassische Beispiele hierfür. Im San Joaquin Valley sank die Erdoberfläche in drei Jahren um nahezu einen Meter ab. Obwohl mit einigen Verfahren versucht wurde, die Absenkung rückgängig zu machen, etwa durch Verpressen von Wasser in das Grundwassersystem, waren diese Versuche nicht sehr erfolgreich, weil der größte Teil des verdichteten Materials sich nicht so einfach wieder auf sein früheres Volumen ausdehnen ließ. Die beste Methode, eine weitere Absenkung zum Stillstand zu bringen, ist die Verminderung der Grundwasserentnahme. Insel- und Küstenbewohner sehen sich einem anderen Problem gegenübergestellt, wenn die Entnahmemengen von Süßwasser im Verhältnis zum Zufluss zu hoch sind: dem Einbruch von Salzwasser in die Brunnen. In der Nähe der Küstenlinie oder wenig seewärts davon liegt im Untergrund die sogenannte Süßwasser-/Salzwassergrenze, die das Salzwasser unter und neben dem Meer von dem unter dem Festland lagernden Süßwasser trennt. Diese Grenze verläuft innerhalb des Grundwasserleiters mehr oder weniger steil von der Küstenlinie landeinwärts, und zwar so, dass das Salzwasser das Süßwasser des Grundwasserleiters unterlagert (Abb. 17.17a). Im Untergrund vieler vom Meerwasser umgebener Inseln schwimmt auf einem Basiskörper aus Meerwasser eine Süßwasserlinse. Das Süßwasser schwimmt deshalb oben, weil seine Dichte ($1,00\,g/cm^3$) geringer ist als die des Meerwassers ($1,02\,g/cm^3$) – ein zwar kleiner, aber wichtiger Unterschied. Normalerweise hält der Druck des leichteren Süßwassers den Rand des Salzwassers in einer gewissen Entfernung zur Küste. Diese Grenze zwischen Süß- und Salzwasser wird durch das Gleichgewicht zwischen Grundwasserneubildung und Entnahme aufrechterhalten. Solange sich im Grundwasserleiter Wasserentnahme und Erneuerung des Süßwassers durch Niederschläge ausgleichen, kann kontinuierlich Süßwasser gefördert werden. Wird aber das Süßwasser rascher entnommen als es zuströmen kann, entwickelt sich an der Oberfläche des Grundwasserleiters

Abb. 17.16 Übermäßige Entnahme von Grundwasser im Antelope Valley (Kalifornien), führte bei Rogers Lakebed auf dem Luftwaffenstützpunkt Edwards zu Rissen und Bodensenkungen. Diese im Januar 1991 entstandene Spalte ist ungefähr 625 m lang (Foto: James W. Borchers/USGS)

der übliche Entnahmetrichter. Spiegelbildlich zu diesem Entnahmetrichter bildet sich darunter ein umgekehrter Trichter, der von der Grenze Süßwasser/Salzwasser nach oben gerichtet ist. Der Entnahmetrichter im oberen Teil des Grundwasserleiters erschwert die Süßwassergewinnung, und der umgekehrte Trichter darunter führt an der Brunnensohle zu einem Zustrom von Salzwasser (Abb. 17.17b). Menschen, die sehr nahe an der Küste leben, werden zuerst davon betroffen. Städte auf Cape Cod (Massachusetts), auf Long Island (New York) und in vielen anderen küstennahen Gebieten (Nordseeinseln) sind mit diesem Problem konfrontiert, einige Kommunen mussten bereits über Plakataktionen bekannt machen, dass das städtische Trinkwasser einen höheren Salzgehalt aufweist, als von den Umweltbehörden für gesundheitlich unbedenklich betrachtet wird. Es gibt keine andere Lösung für diese Probleme als eine Reduzierung der Grundwasserentnahme – oder, wie in einigen anderen Gebieten schon praktiziert wird, eine künstliche Einleitung von Wasser über Schluckbrunnen in den Grundwasserleiter.

Eine der zu erwartenden Auswirkungen der globalen Erwärmung ist der Anstieg des Meeresspiegels. Steigt der Meeresspiegel, so steigt auch der Rand des Salzwassers am Übergang zum Grundwasserleiter. Das Meerwasser kann dann leichter in den küstennahen Grundwasserleiter eindringen und das Grundwasser versalzen.

a

1 Die Grenze zwischen süßem und salzhaltigem Grundwasser wird in Küstengebieten durch ein Gleichgewicht zwischen Grundwasserentnahme und -neubildung im Süßwasser-Grundwasserleiter bestimmt.

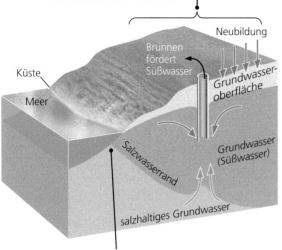

2 Normalerweise hält der Druck des Süßwassers den Rand des Salzwasserkörpers in einer gewissen Entfernung vor der Küste.

b

1 Eine übermäßige Entnahme verringert den Druck des Süßwassers und bewirkt, dass das Salzwasser landeinwärts vordringt.

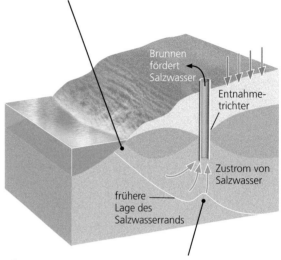

2 Diese Bewegung führt nicht nur zur Bildung eines Entnahmetrichters, sondern auch zu einem umgekehrten Entnahmetrichter, der Salzwasser in den Brunnen eindringen lässt. Ein Brunnen, der früher Süßwasser lieferte, fördert dann Salzwasser.

Abb. 17.17 Die Grenze zwischen süßem und salzhaltigem Grundwasser wird in Küstenbereichen durch ein Gleichgewicht zwischen Grundwasserentnahme und Grundwasserneubildung im Süßwasser-Grundwasserleiter bestimmt

Die Geschwindigkeit der Grundwasserbewegung

Die Geschwindigkeit, mit der sich das Wasser im Untergrund bewegt, beeinflusst das Gleichgewicht zwischen Abfluss und Zufluss. Der größte Teil des Grundwassers fließt sehr langsam, eine natürliche Erscheinung, die letztlich auch unseren Grundwasservorräten zugutekommt. Würde sich das Grundwasser so schnell wie das Wasser in Flüssen bewegen, würden die Grundwasserleiter während einer niederschlagsfreien Periode rasch austrocknen, wie das bei vielen kleinen Flüssen und Bächen der Fall ist. Andererseits schließt die geringe Fließgeschwindigkeit des Grundwassers eine rasche Erneuerung der Grundwasservorräte aus, wenn durch exzessives Abpumpen der Grundwasserspiegel abgesenkt wurde.

Obwohl das gesamte Grundwasser generell langsam durch die Grundwasserleiter fließt, bewegt es sich in einigen Grundwasserleitern langsamer als in anderen. Die Ursachen hierfür wurden Mitte des 19. Jahrhunderts durch Henry Darcy ermittelt, der Stadtbaumeister der französischen Stadt Dijon war. Bei der Untersuchung der städtischen Wasserversorgung maß er in verschiedenen Brunnen das Niveau des Grundwasserspiegels und kartierte seine unterschiedlichen Höhenlagen innerhalb dieses Gebiets. Er berechnete die Entfernungen, die das Wasser von Brunnen zu Brunnen zurücklegte und bestimmte daraus die Permeabilität oder Durchlässigkeit des Grundwasserleiters. Er kam dabei zu folgenden Ergebnissen:

- Für einen bestimmten Grundwasserleiter und eine bestimmte Fließstrecke ist die Geschwindigkeit, mit der Wasser von einem Ort zum anderen fließt, direkt proportional zum Höhenunterschied des Grundwasserspiegels; das heißt, wenn der Höhenunterschied zunimmt, nimmt auch die Fließgeschwindigkeit zu.
- Für einen bestimmten Grundwasserleiter und einen bestimmten Höhenunterschied ist die Fließgeschwindigkeit umgekehrt proportional zur horizontalen Entfernung, die das Wasser zurücklegt; das heißt, wenn die Entfernung zunimmt, nimmt die Fließgeschwindigkeit ab. Das Verhältnis von Höhendifferenz und der von der Strömung zurückgelegten horizontalen Entfernung ist der sogenannte **hydraulische Gradient**.

Dieses Verhältnis zwischen Fließgeschwindigkeit und hydraulischem Gradienten besitzt allgemeine Gültigkeit, unabhängig davon, ob das Wasser sich durch einen gut sortierten Kiesgrundwasserleiter oder einen aus siltführendem Sandstein bestehenden Grundwasserleiter bewegt. Man könnte vermuten, dass das Wasser durch ein offenes Rohr rascher fließt als durch die verschlungenen Windungen der Porenräume in einem feinerkörnigen und weniger permeablen silfführenden Sandstein. Darcy erkannte die Bedeutung der Permeabilität und setzte in seine Gleichung als Maß für die Durchlässigkeit eines Gesteins den **Durchlässigkeitsbeiwert** oder **Durchlässigkeitskoeffizienten K** ein. Da die anderen Faktoren gleich bleiben, ergibt sich daraus: Je größer die Permeabilität und je leichter das Fließen erfolgt, desto höher ist auch die Fließgeschwindigkeit.

Abb. 17.18 Das Darcy'sche Gesetz beschreibt die Geschwindigkeit der Grundwasserbewegung

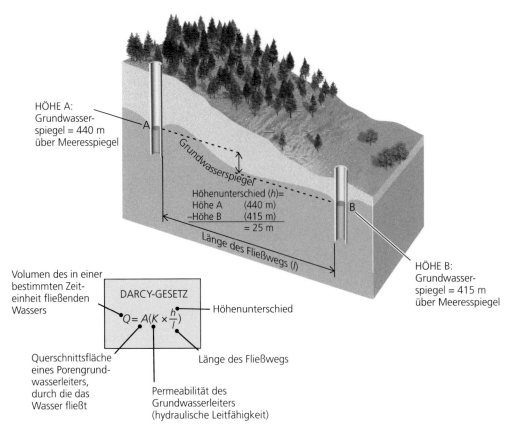

HÖHE A:
Grundwasserspiegel = 440 m
über Meeresspiegel

Grundwasserspiegel

Höhenunterschied (h)=
Höhe A   (440 m)
–Höhe B   (415 m)
= 25 m

Länge des Fließwegs (l)

HÖHE B:
Grundwasserspiegel = 415 m
über Meeresspiegel

Volumen des in einer bestimmten Zeiteinheit fließenden Wassers

DARCY-GESETZ

$$Q = A\left(K \times \frac{h}{l}\right)$$

Höhenunterschied

Querschnittsfläche eines Porengrundwasserleiters, durch die das Wasser fließt

Länge des Fließwegs

Permeabilität des Grundwasserleiters (hydraulische Leitfähigkeit)

Das **Darcy'sche Gesetz**, das diese gegenseitigen Beziehungen zusammenfasst, kann in Form einer einfachen Gleichung ausgedrückt werden (Abb. 17.18): Das Volumen des in einer bestimmten Zeiteinheit fließenden Wassers (Q) ist proportional zum vertikalen Höhenunterschied der Grundwasseroberfläche (h), geteilt durch die Länge des Fließweges (l); A ist das Symbol für die Querschnittsfläche, durch die das Wasser fließt, K ist die hydraulische Leitfähigkeit (ein Maß für die spezifische Permeabilität eines Gesteins) und μ ist die Viskosität des Fluids (in diesem Falle Wasser). Der K-Wert ist darüber hinaus von den Eigenschaften des Fluids abhängig, vor allem von dessen Dichte und Viskosität, die bei der Betrachtung anderer Fluide von Bedeutung sind.

$$Q = A\left(K \times \frac{h}{l}\right)$$

Die nach dem Darcy'schen Gesetz berechneten Fließgeschwindigkeiten wurden experimentell bestätigt. Messungen zeigten, wie lange es dauert, bis ein neutraler Markierungsstoff von einem Brunnen in einen anderen gelangt. In den meisten Grundwasserleitern fließt das Grundwasser mit einer Geschwindigkeit von wenigen Zentimetern pro Tag. In sehr durchlässigen Schottern beträgt die Geschwindigkeit in den höheren Bereichen bis zu 15 cm pro Tag. Dies ist um Größenordnungen langsamer als die normale Fließgeschwindigkeit in offenen Gewässern, die in der Größenordnung von 20–50 cm/s liegt. Mit Hilfe des Darcy'schen Gesetzes lässt sich somit insgesamt das Verhalten des Grundwassers erklären und liefert damit auch wichtige Erkenntnisse für die Bewirtschaftung unserer Wasservorräte.

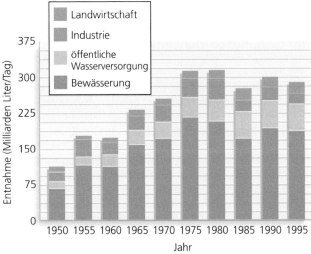

Abb. 17.19 Grundwasserentnahme im Zeitraum zwischen 1950 und 2005 in den Vereinigten Staaten (US Geological Survey)

Grundwasservorräte und ihre Bewirtschaftung

Große Teile Nordamerikas decken ihren Wasserbedarf ausschließlich durch Grundwasser. Der Bedarf an Grundwasserressourcen hat zugenommen, da die Bevölkerungszahl steigt und der Verbrauch für die Bewässerung landwirtschaftlicher Flächen dadurch ebenfalls angestiegen ist (Abb. 17.19). In vielen Gebieten der Great Plains und anderen Teilen des Mittleren Westens besteht der Untergrund aus Sandsteinen, von denen die meisten

Teil V

gespanntes Grundwasser enthalten (vgl. Abb. 17.12). Die Neubildung des Grundwassers in diesen Grundwasserleitern findet in den westlichen High Plains statt, den Vorbergen der Rocky Mountains. Von dort fließt das Grundwasser dem Gefälle folgend über Hunderte von Kilometern nach Osten. In diese Grundwasserleiter, die eine wertvolle Grundwasserressource sind, wurden mehrere Tausend Bohrungen niedergebracht.

Das Darcy'sche Gesetz besagt, dass das Wasser im Grundwasserleiter mit Geschwindigkeiten fließt, die proportional zu dem Gefälle zwischen den Gebieten der Grundwasserneubildung und dem Entnahmepunkt sind. In den Great Plains ist das Gefälle gering, folglich durchfließt das Wasser die Grundwasserleiter auch mit geringer Geschwindigkeit und ergänzt sie nur sehr langsam. Zunächst waren viele dieser gebohrten Brunnen artesische Brunnen, das Wasser floss also frei an der Oberfläche aus. Als immer mehr Brunnen gebohrt wurden, sank der Grundwasserspiegel ab und das Wasser musste fortan hochgepumpt werden. Weil durch extensive Entnahme aus einigen dieser Grundwasserleiter das Wasser rascher entnommen wurde, als es durch den langsamen Grundwasserzufluss erneuert werden konnte, wurden die Grundwasservorräte allmählich erschöpft (Exkurs 17.2).

Exkurs 17.2 Der Ogallala-Grundwasserleiter, eine gefährdete Grundwasser-Ressource

Mehr als hundert Jahre lang hat der Ogallala-Grundwasserleiter, eine Abfolge aus Sand- und Kieshorizonten, Trinkwasser für die Bevölkerung der Städte und Dörfer, für Viehfarmen und Bauernhöfe in weiten Teilen der High Plains der Vereinigten Staaten geliefert. Die Bevölkerung dieses Gebiets stieg jedoch von wenigen tausend Einwohnern am Ende des 19. Jahrhunderts auf heute nahezu eine Million an. Die Wasserentnahme aus dem Grundwasserleiter, in erster Linie für die Bewässerung, war so maßlos – aus 170.000 Brunnen wurden pro Jahr 6 Mrd. Kubikmeter entnommen –, dass die Erneuerung durch Niederschläge mit der Entnahme nicht Schritt halten konnte. Der Wasserdruck in den Brunnen ist kontinuierlich zurückgegangen und der Grundwasserspiegel ist um 30 m und mehr gefallen.

Der Ogallala-Grundwasserleiter der südlichen Great Plains ergänzt sich auf natürlichem Wege äußerst langsam, da die Niederschlagsmengen sehr gering sind, die Verdunstungsrate hoch und das Einzugsgebiet vergleichsweise klein ist. Das Wasser im Ogallala-Grundwasserleiter versickerte während der letzten Vereisung vor etwa 10.000 Jahren im Untergrund, als das Klima in den Great Plains wesentlich humider war. Bei der derzeitigen Neubildungsrate und unter der Voraussetzung, dass kein Wasser mehr entnommen wird, würde es mehrere tausend Jahre dauern, bis der Grundwasserspiegel wieder seinen einstigen Stand und seine ursprünglichen Druckverhältnisse erreicht hätte. Mithilfe künstlicher Anreicherungsversuche hat man Wasser aus flachen Seen, die sich in niederschlagsreichen Monaten auf den High Plains bilden, in den Grundwasserleiter eingespeist und erreichte dadurch eine gewisse Zunahme der Grundwasserneubildung, doch langfristig ist der Grundwasserleiter noch immer gefährdet.

Man schätzt, dass die restlichen, im Ogallala-Grundwasserleiter vorhandenen Grundwasservorräte im 21. Jahrhundert nur einige Monate reichen werden. Wenn dieser wertvolle Wasserspeicher im Untergrund trockenfällt, werden ungefähr 5,1 Mio. Hektar bewässertes Land im westlichen Texas und im östlichen New Mexico austrocknen. Diese Region liefert derzeit 12 % der Gesamtproduktion der Vereinigten Staaten an Baumwolle, Mais, Hirse und Weizen und hat darüber hinaus einen wesentlichen Anteil an der Viehfutterproduktion.

Andere Grundwasserleiter in den nördlichen Great Plains und anderswo in Nordamerika befinden sich in einem ähnlich bedrohlichen Zustand. In drei großen Gebieten der Vereinigten Staaten – Arizona, den High Plains und Kalifornien – sind die Grundwasservorräte in hohem Maße erschöpft.

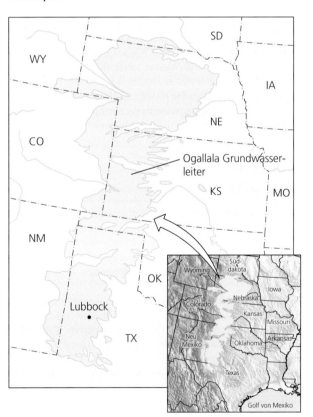

Große Teile der südlichen Great Plains, die High Plains, werden vom Ogallala-Grundwasserleiter unterlagert, dessen Verbreitung der blauen Fläche entspricht. Das Gebiet der Grundwasserneubildung liegt am Westrand des Grundwasserleiters (US Geological Survey)

Teil V

Grundwasserleiter in Kenia

Eine neuere Untersuchung der potenziellen Grundwasser-Ressourcen in Kenia wurde von Juli 2012 bis Juli 2013 durchgeführt. Diese Untersuchung konzentrierte sich auf ein Gebiet von mehr als 36.000 km² im Nordwesten Kenias und sollte die verfügbaren Grundwasser-Ressourcen in einem von Trockenheit und Hungersnöten heimgesuchten Gebiet beurteilen. Um exakte Grundwasserkarten zu erstellen, wurden konventionelle Luftbilder und Radaraufnahmen zusammen mit geographischen Untersuchungen, Klimakarten und reflexionsseismischen Daten verwendet. In dem ariden Gebiet Turkana wurden insgesamt fünf Grundwasserleiter entdeckt: ein Grundwasserleiter im Lotikipi-Becken (ungefähr von der Größe des US-Bundesstaats Rhode Island, ca. 4000 km²), ein kleinerer im Lodwar-Becken sowie drei andere kleinere Grundwasserleiter, die durch Bohrungen noch bestätigt werden müssen. Die Mindestreserven dieser Grundwasserleiter werden auf 250 Mrd. Kubikmeter geschätzt. Geologisch besteht der Nordwesten Kenias aus Sandsteinen und vulkanogenem Material, und diese porösen Gesteine sind ideale Grundwasserspeicher. Diese potenziell riesigen Grundwasservorräte können die Lebensqualität der Menschen in Kenia deutlich verbessern, die heute unter Trockenheit, Hungersnot und Armut leiden. Das Wasser kann nicht nur als Trinkwasser, sondern auch zur Bewässerung der Felder und für eine vermehrte Viehhaltung genutzt werden. Um zu beurteilen, ob die Wasserqualität für Trinkwasser ausreicht, wie viel Wasser tatsächlich im Untergrund vorhanden ist, wie leicht es zugänglich und wie teuer seine Erschließung wäre, sind noch weitere Untersuchungen erforderlich. Die Erneuerungsrate muss ermittelt werden, damit der Grundwasserspeicher nicht rascher erschöpft wird, als er ergänzt werden kann.

Fossiles Wasser

In einem der tiefsten Bergwerke der Erde entdeckten Geologen in Gesteinen Hohlräume, die mit 1,5 Mrd. Jahre altem Wasser gefüllt sind. Diese Entdeckung beruht auf einer neuen Datierungsmethode, die auf Xenon-Isotopen beruht. Xenon und andere Edelgase liefern exakte Angaben, wann Fluide letztmalig in Kontakt mit der Atmosphäre standen.

Das einzige Wasser, das noch älter ist, stammt aus winzigen, stecknadelkopfgroßen Einschlüssen in Mineralen, die in mehr als 3 Mrd. Jahre alten Gesteinen enthalten sind. Aber Wasser in diesem Ausmaß, das tatsächlich aus dem Gestein ausfließt, war zuvor unbekannt. Das Wasser tritt in Klüften auf, die vor Jahrmilliarden entstanden sind, als tektonische Kräfte in Verbindung mit der Bildung eines Kontinents in den metamorphen Gesteinen zu ausgedehnten Kluftsystemen führten. Einige dieser Klüfte enthielten wirtschaftlich wertvolle Minerale, während andere nur mit Wasser gefüllt waren, das nie in Kontakt mit der Atmosphäre stand.

Diese Entdeckung hat Konsequenzen bezüglich der Bewohnbarkeit tieferer Krustenbereiche. Das Wasser enthält Wasserstoff und Methan, das von Mikroorganismen, die an ein Leben in einer extremen Umwelt angepasst sind, genutzt werden kann (vgl. Kap. 11). Wenn Wissenschaftler beweisen können, dass Mikroorganismen auch in dieser Umwelt existieren, dann würde das zeigen, dass sich diese Mikroorganismen – zusammen mit dem Wasser – in der Isolation über vielleicht Milliarden Jahre hinweg entwickelt haben. Und da wir uns zunehmend fragen, ob der Mars potenziell bewohnbar wäre, sollten wir die Möglichkeit in Betracht ziehen, dass ähnliche Mikroorganismen vergleichbare Spaltensysteme im Untergrund des Mars besiedeln können.

Eine ähnliche Entwicklung zeichnet sich auch in den artesischen Grundwasserleitern im Bereich des Pariser Beckens ab. Seit ihrer Erschließung Mitte des 19. Jahrhunderts ist die Druckhöhe von ursprünglich über 30 m allmählich auf heute unter 10 m zurückgegangen. Es ist lediglich eine Frage der Zeit, bis auch dort die Wassergewinnung durch Pumpen erfolgen muss.

Um die Nachhaltigkeit der Grundwasserressourcen zu erhöhen, kam eine Vielzahl innovativer Ansätze zur Anwendung. Beispielsweise wurde in einigen Gebieten exzessiver Entnahme versucht, die Grundwasserneubildung in den Grundwasserleitern künstlich zu erhöhen. Auf Long Island (New York), bohrten die Wasserbehörden ein ausgedehntes System von Schluckbrunnen, um aufbereitetes Abwasser von der Oberfläche her in den Grundwasserleiter einzuspeisen. Darüber hinaus wurden über den natürlichen Einsickerungsgebieten große flache Becken angelegt, um den oberirdischen Abfluss einschließlich der Niederschläge von Unwettern und der Industrieabwässer aufzufangen und so umzuleiten, dass die Infiltration von Oberflächenwasser erhöht wird. Die für dieses Programm verantwortlichen Behör-

den wussten, dass Stadtentwicklung und Bodenversiegelung die Grundwasserneubildung verringern, weil dadurch die Infiltration erheblich beeinträchtigt wird. Da Verstädterung und Landverbrauch zunehmen, wird Wasser durch undurchlässige Materialien, die zum Befestigen großer Bereiche wie Straßen, Gehwege und Parkplätze verwendet werden, am Versickern in den Untergrund gehindert. Eine solche Versiegelung vergrößert die Menge des oberirdisch abfließenden Niederschlagswassers und vermindert die natürliche Infiltration in den Untergrund so stark, dass den Grundwasserleitern ein Großteil ihres Zuflusses entzogen wird. Dieses Problem tritt in den dicht besiedelten Regionen von Mitteleuropa vorerst nur in sehr begrenztem Ausmaß in Erscheinung, da die versiegelte Fläche bisher nur wenige Prozent der Gesamtoberfläche ausmacht. Zur Vorbeugung und als Gegenmaßnahme könnte beispielsweise der Abfluss von Starkregen aufgefangen und systematisch zur künstlichen Grundwasseranreicherung herangezogen werden, wie das auf Long Island der Fall ist, wo der Grundwasserleiter durch die Maßnahmen der Behörden wieder aufgefüllt wurde, wenn auch nicht bis zu seinem ursprünglichen Niveau. Traditionell werden in Deutschland, wo möglich, Trinkwassertalsperren und Stauseen zur Abflussregulierung genutzt.

Im Orange County, in der Nähe von Los Angeles (Kalifornien), liegt die jährliche Niederschlagsrate bei etwa 375 mm; diese Menge Wasser muss eine Bevölkerung von 2,5 Mio. Menschen versorgen. Das im Westen dieses Gebietes vorhandene Grundwasser deckt etwa 75 % des Wasserbedarfs. Der Grundwasserspiegel sinkt jedoch immer weiter ab und droht die Versorgung zu verschlechtern. Um das Wasserangebot zu erweitern, betreibt die Wasserbehörde von Orange County 23 Schluckbrunnen, in die ein Gemisch aus geklärtem Abwasser und Grundwasser aus einem zweiten Grundwasserleiter eingeleitet wird, der sich unter dem Hauptgrundwasserleiter des Orange County befindet. Das wiederverwendete Wasser entspricht nach zusätzlicher Aufbereitung von der Reinheit her den Trinkwasservorschriften, da die meisten Schadstoffe bereits durch die Filterwirkung des Grundwasserleiters entfernt werden.

Abb. 17.20 Die Luray-Caverns, Virginia (USA). Stalaktiten an der Decke und Stalagmiten am Boden sind zu einer Tropfsteinsäule zusammengewachsen (Foto: © Ivan Vdovin/Alamy)

Erosion durch Grundwasser

Jährlich besuchen Tausende von Menschen Höhlen, sei es zur Besichtigung sehenswerter Tropfsteinbildungen wie beispielsweise in der Mammouth Cave in Kentucky (USA) oder prähistorischer Tierdarstellungen wie in Lascaux (Frankreich) und Altamira (Spanien), oft aber auch aus reiner Abenteuerlust, um wenig bekannte Höhlen zu erforschen. Diese enorm großen offenen Räume im Untergrund sind durch das Auflösen von Kalkstein – seltener von anderen leicht löslichen Gesteinen wie etwa Gips – durch das Grundwasser entstanden. Die Mengen an Kalkstein, die bis zur Entstehung einer Höhle gelöst werden müssen, sind ungeheuer groß. Die riesige Mammoth Cave besteht zum Beispiel aus einem Dutzende von Kilometern langen System aus großen und kleinen miteinander verbundenen Kammern, und auch der große Saal in den Carlsbad Caverns von New Mexico ist mehr als 1200 m lang, 200 m breit und 100 m hoch.

Kalksteinabfolgen sind in den höheren Bereichen der Erdkruste weit verbreitet, doch Höhlen bilden sich nur dort, wo diese relativ löslichen Gesteine unmittelbar an oder in der Nähe der Oberfläche liegen und wo ausreichend Kohlendioxid oder Schwefeldioxid enthaltendes Wasser im Untergrund versickert und große Gesteinsmengen lösen kann. Wie wir bereits in Kap. 16 gesehen haben, wird die Auflösung von Kalkstein durch das im Regenwasser gelöste atmosphärische Kohlendioxid verstärkt. Wasser, das durch den Boden sickert, nimmt dabei zusätzlich Kohlendioxid auf, das von Pflanzenwurzeln, Mikroorganismen und anderen bodenbewohnenden Organismen abgegeben wird; dadurch hat es einen weitaus höheren CO_2-Gehalt als Regenwasser. Wenn sich dieses kohlendioxidreiche Wasser durch die ungesättigte in die gesättigte Zone bewegt, löst es auf seinem Weg Carbonatminerale und dadurch entstehen Hohlräume. Weil die Kalksteine bevorzugt entlang von Klüften und Spalten gelöst werden, werden diese allmählich erweitert und vergrößern sich zu einem Netzwerk von Hohlräumen und engen Verbindungswegen. Ein großer Teil der Lösungsvorgänge findet in der

gesättigten Zone statt. Da die Höhlen mit Wasser gefüllt sind, erfolgt der Lösungsvorgang auch an der gesamten Oberfläche der Hohlräume – am Boden, an den Wänden und an den Decken.

Wir können Höhlen erforschen, die einst unterhalb des Grundwasserspiegels herausgelöst wurden, heute aber als Folge einer Absenkung des Grundwasserspiegels in der ungesättigten Zone liegen. In diesen nun mit Luft gefüllten Höhlen tropft das mit Calciumcarbonat gesättigte Wasser von der Decke. Beim Heruntertropfen wird ein Teil des gelösten Kohlendioxids, das aus dem durchsickerten Boden aufgenommen wurde, wieder in die Atmosphäre der Höhle entweichen. Die Abgabe von Kohlendioxid aus dem Grundwasser verringert die Löslichkeit des Calciumcarbonats und deshalb wird mit jedem Wassertropfen an der Decke eine kleine Menge Calciumcarbonat ausgefällt. Jeder Tropfen fügt ein klein wenig mehr hinzu, und allmählich beginnt ein kleiner Zapfen aus Calciumcarbonat, ein sogenannter **Stalaktit**, von der Decke nach unten zu wachsen. Wenn der Wassertropfen von der Spitze des Zapfens auf den Boden auftrifft, entweicht weiteres Kohlendioxid; am Boden unter dem Stalaktiten wird wieder eine geringe Menge Calciumcarbonat abgeschieden und dadurch beginnt ein unregelmäßiger, kegelförmiger **Stalagmit** nach oben zu wachsen. Schließlich können Stalaktit und Stalagmit zusammenwachsen – es entsteht ein **Stalagnat**, eine durchgehende Säule (Abb. 17.20).

In Höhlen entdeckte man extremophile Mikroorganismen (vgl. Kap. 11); einige Geologen gehen davon aus, dass die Carlsbad Caverns zum Teil dadurch entstanden sind, dass diese extremophilen Organismen den im Gips ($CaSO_4$) enthaltenen Schwefel als Energiequelle verwendeten und als Nebenprodukt Schwefelsäure freisetzten. Diese Schwefelsäure beschleunigte den Lösungsvorgang der Kalksteine und damit die Höhlenbildung.

Stellenweise kann durch die Auflösung der Kalksteine das Dach einer Höhle so dünn werden, dass es einbricht und an der darüber liegenden Erdoberfläche eine trichterförmige Einsenkung, eine sogenannte **Doline** (**Erdfall**) entsteht (Abb. 17.21). Solche

Abb. 17.21 Durch den Einsturz einer Höhle in geringer Tiefe entstand in Winter Park, Florida (USA), eine große Doline. Solche Einstürze können so plötzlich erfolgen, dass fahrende Autos hineinstürzen und verschüttet werden (Foto: © AP Photo)

Dolinen sind an der Oberfläche von kavernösen, höhlenreichen Kalksteinserien häufig, manche erreichen Durchmesser bis zu mehreren hundert Metern. Wo sich Dolinen vergrößern, verbinden sie sich zu länglichen oder auch unregelmäßigen Hohlformen, den **Uvalas** und schließlich zu großen **Karstwannen** oder **Poljen**. Fortschreitende Kalklösung führt mit der Zeit zu einer charakteristischen hügeligen, durch Dolinen und Höhlen gekennzeichneten Morphologie, die nach einer Kalksteinhochfläche im westlichen Slowenien als **Karst** bezeichnet wird (Abb. 17.22).

Im Gegensatz zu den Landschaften mit einer mehr oder weniger dichten Oberflächenentwässerung fehlt in den Karstgebieten ein oberirdisches Entwässerungssystem fast völlig. Kleinere Bäche oder Flüsse fließen nur kurze Strecken an der Oberfläche und verschwinden dann im Untergrund. Daher sind **Trockentäler** ein typisches Merkmal dieser Landschaftsform. Im Untergrund bewegt sich das Wasser vergleichsweise rasch durch ein System von Höhlen und Spalten. Dort, wo der Karstwasserspiegel angeschnitten wird, tritt dieses Wasser als Karstquelle in charakteristischen Quelltöpfen wieder aus, deren Schüttung teilweise zwar sehr kräftig ist, jedoch starken Schwankungen unterliegt, wie der Blautopf oder die Aachquelle in Süddeutschland belegen.

Die Verkarstung ist in solchen Gebieten am weitesten fortgeschritten, in denen drei Faktoren zusammenwirken:
1. ein Klima mit hohen Niederschlägen, das eine üppige Vegetation zur Folge hat (sie liefert kohlendioxidreiches Wasser),
2. intensiv zerklüftete Kalksteinserien,
3. nennenswerte hydraulische Gradienten.

Karstgebiete sind deshalb überwiegend auf warm-humide und gemäßigt-humide Klimazonen beschränkt. Lange Trockenzeiten behindern die Entwicklung ebenso wie lange Frostperioden. In Wüstengebieten, wo praktisch kein Regen fällt, bilden sich keine Karstlandschaften. Die ausgeprägtesten und am besten entwickelten Karstgebiete finden wir daher im tropisch-humiden Klima. Dort, wo mächtige Carbonatgesteine vorhanden sind, bildet sich eine besondere Form der Karstmorphologie, der sogenannte **Turm-** oder **Kegelkarst**, gekennzeichnet durch steilwandige kegel- oder zuckerhutförmige Berge (Abb. 17.23). Sie sind die Erosionsreste einer ehemals mächtigen durchgehenden

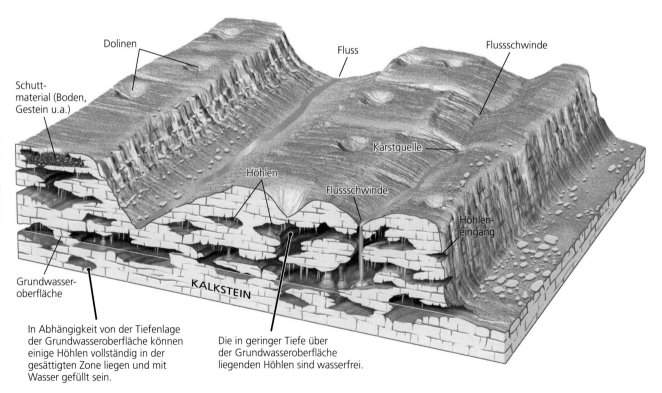

Abb. 17.22 Typische Erscheinungsformen der Karstmorphologie sind Höhlen, Dolinen und in den Untergrund versickernde Flüsse

Abb. 17.23 Turm- oder Kegelkarst in Südost-China. Die steilwandigen Felstürme bilden eine spektakuläre Landschaft (Foto: © Dennis Cox/Alamy)

Kalksteinserie, die bis auf diese bizarren Berge durch Lösungsvorgänge entfernt wurde.

Karstgebiete sind anfällig für zahlreiche Umweltprobleme, unter anderem auch für die Absenkung der Erdoberfläche durch Einsturz von unterirdischen Hohlräumen und Dolinenbildung. Außer in Südchina findet man solche karstmorphologischen Erscheinungen in Nordamerika in den Kalksteingebieten von Indiana und Kentucky, auf der Halbinsel Yucatán (Mexiko), auf Kuba, in Venezuela, in Indonesien und Vietnam, aber auch in Mitteleuropa, vor allem im Bereich der Schwäbischen und Fränkischen Alb. Auch die herausgehobenen jungtertiären Korallenkalke tropischer Vulkaninseln sind in starkem Maße verkarstet.

Wasserqualität

Im Gegensatz zu vielen Menschen in anderen Teilen der Welt hat die Bevölkerung der Industrienationen das Glück, dass das für die Wasserversorgung zur Verfügung stehende Wasser in der Regel frei von bakteriellen Verunreinigungen und zum größten Teil auch weitgehend frei von chemischen Schadstoffen ist und daher bedenkenlos als Trinkwasser verwendet werden kann. Da jedoch die Flüsse zunehmend verschmutzt und auch immer mehr Grundwasserleiter durch toxische Substanzen kontaminiert werden, müssen die Vorräte an frischem sauberem Wasser zunehmend als endliche Ressource betrachtet werden. Viele Menschen reisen bereits heute mit ihrem eigenen, in Flaschen abgefüllten Trinkwasservorrat, der entweder aus heimischen Aufbereitungsanlagen stammt oder aus im Handel käuflichem Quellwasser besteht.

Verunreinigung der Wasservorräte

Die Qualität des Grundwassers ist oftmals durch eine Vielzahl von Verunreinigungen gefährdet. Meist handelt es sich um chemische Substanzen, obwohl auch mikrobielle Verunreinigungen unter bestimmten Voraussetzungen negative Auswirkungen für die Gesundheit haben können.

Bleibelastung Blei ist bekannt als umweltbelastendes Produkt industrieller Fertigungsprozesse, bei denen Verunreinigungen in die Atmosphäre gelangen. Kondensiert der in der Atmosphäre vorhandenen Wasserdampf, gelangt das Blei zusammen mit den Niederschlägen auf die Erde. Für die öffentliche Wasserversorgung wird Blei routinemäßig durch chemische Aufbereitungsverfahren entfernt, ehe das Wasser in das Versorgungsnetz eingespeist wird. Doch in zahlreichen älteren Häusern, wo Bleirohre noch immer häufig sind, kommt es zu einer gewissen Bleikontamination. Selbst das in neueren Bauwerken verwendete Weichlot zur Verbindung von Kupferleitungen oder auch das für Wasserhähne verwendete Metall sind eine, wenn auch sehr untergeordnete Quelle der Verunreinigung. Der Ersatz alter Bleileitungen durch Kunststoff- oder nicht rostende Stahlrohre kann die Bleikontamination deutlich verringern. Selbst eine so einfache Maßnahme, wie das Wasser vor Gebrauch für eine Minute laufen zu lassen, hilft bei alten Leitungen.

Weitere chemische Verunreinigungen Bei einer Vielzahl von industriellen Prozessen entstehen chemische Substanzen, die das Grundwasser verunreinigen können (Abb. 17.24). Vor einigen Jahrzehnten, als über die Auswirkungen des Giftmülls auf die Gesundheit und Umwelt noch weitaus weniger bekannt war, wurde der bei Industrie, Bergbau und Militär anfallende Müll, von dem heute bekannt ist, dass er gesundheitsgefährdend ist, auf Deponien abgelagert, in Flüssen und Ozeanen verkippt oder unter Tage eingelagert. Obwohl viele dieser Schadstoffquellen inzwischen beseitigt sind, befinden sich Schadstoffe aufgrund der geringen Fließgeschwindigkeit des Grundwassers, noch immer in den Grundwasserleitern, und noch immer gelangen toxische Substanzen aus einer Anzahl anderer Quellen in das Grundwasser. Die Beseitigung chlorierter Lösungsmittel wie etwa Trichlorethylen, das als Reinigungsmittel in der Industrie breite Verwendung findet, bildet ein erhebliches Problem. Diese Lösungsmittel verbleiben in der Umwelt, da sie aus verunreinigtem Wasser nur schwer zu entfernen sind. Durch die Verfeuerung von Kohle und

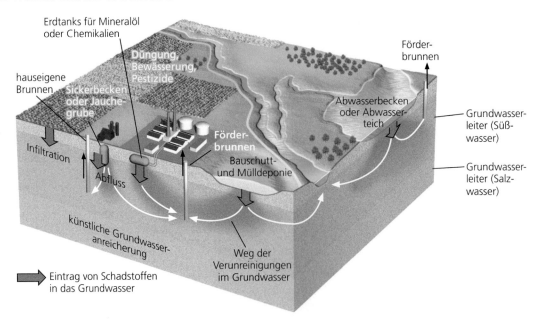

Abb. 17.24 Zahlreiche Aktivitäten des Menschen können zu Verunreinigungen des Grundwassers führen. Verschmutzungen durch oberflächennahe Schadstoffquellen wie beispielsweise Müllkippen oder Sickergruben erreichen über das Sickerwasser die Grundwasserleiter. Durch die Entnahme aus Brunnen gelangen die Verunreinigungen in die kommunale Wasserversorgung (nach: US Environmental Protection Agency)

die Verbrennung von Haushalts- und Klinikmüll gelangt Quecksilber in die Atmosphäre und anschließend in das Grundwasser. Erdtanks für Mineralöl und Benzin können undicht werden, auch Streusalz gelangt zwangsläufig in den Boden und schließlich in die Grundwasserleiter. Die in der Landwirtschaft verwendeten Pestizide, Herbizide und Düngemittel werden vom Regen in den Boden eingewaschen und können nach unten in die Grundwasserleiter einsickern. In einigen landwirtschaftlich genutzten Gebieten, wo in starkem Maße Stickstoffdünger zum Einsatz kommen, kann das Grundwasser hohe Nitratgehalte aufweisen. Nach einer neuen Studie überstiegen in den Vereinigten Staaten 21 % der untersuchten Flachbrunnen zur Trinkwassernutzung die erlaubte maximale Nitratmenge von 10 mg/l. Hohe Nitratwerte stellen für Säuglinge unter sechs Monaten eine ernsthafte Gefahr dar, an dem sogenannten Blue-Baby-Syndrom („Blausucht" infolge reduzierter Sauerstoffaufnahme) zu erkranken.

Zu einem besonderen Problem entwickelten sich in den letzten Jahrzehnten die Einträge von Medikamentenrückständen, vor allem von Antibiotika und Kontrazeptiva, die trotz Einsatz moderner Klärtechnik und Wasseraufbereitung in die Grundwasserleiter gelangen.

Radioaktive Stoffe Für das Problem von Verunreinigungen durch radioaktive Abfälle gibt es noch keine einfache Lösung. Einer der großen Nachteile der Einlagerung radioaktiver Abfälle in den Untergrund besteht darin, dass das radioaktive Material mit dem Grundwasser in Kontakt geraten und gelöst werden kann und auf diese Weise in die Grundwasserleiter gelangt. Aus den Vorratstanks und unterirdischen Lagern der US-Atomwaffenfabriken in Oak Ridge (Tennessee) und Hanford (Washington) kam es bereits einmal zu einer Verunreinigung des in geringer Tiefe liegenden Grundwassers.

Mikroorganismen Die häufigste Ursache mikrobieller Grundwasserverunreinigungen sind undichte Klär- und Jauchegruben. Solche Gruben sind in Gebieten ohne Kanalisationssystem weit verbreitet als Absetzbecken, die in geringen Tiefen eingegraben sind und in denen die festen Substanzen der häuslichen Abwässer durch Bakterien zersetzt werden. Um eine Kontamination des Grundwassers zu vermeiden, sollten die Jauchegruben durch Klärgruben ersetzt werden. Diese müssen sich in ausreichender Entfernung von Trinkwasserbrunnen befinden, besonders wenn sie in oberflächennahen Grundwasserleitern gebaut werden.

Beseitigung der Verunreinigungen

Können wir die Verunreinigung der Grundwasservorräte rückgängig machen? Die Antwort ist ein eingeschränktes „Ja", denn der Prozess ist kostspielig und dauert sehr lange. Je schneller ein Grundwasserleiter sich ergänzt, desto einfacher ist er zu sanieren. Wenn die Grundwassererneuerung rasch erfolgt und wenn einmal die Quelle der Verunreinigung beseitigt ist, gelangt wieder sauberes Wasser in den Grundwasserleiter, der in verhältnismäßig kurzer Zeit seine Qualität zurückgewinnt. Selbst eine relativ rasche Sanierung kann jedoch Jahre in Anspruch nehmen.

Die Verunreinigung von langsam sich erneuernden Speichern bringt größere Probleme mit sich, da die Geschwindigkeit der Grundwasserbewegung so gering sein kann, dass es lange Zeit dauert, bis eine aus großer Entfernung stammende Verunreinigung überhaupt erkennbar ist. Nach dieser Zeit ist es für eine rasche Sanierung meist zu spät. Selbst wenn das Gebiet der Grundwasserneubildung dekontaminiert ist, sind die tiefliegenden kontaminierten Grundwasserspeicher, in denen das Wasser Hunderte von Kilometern zurückgelegt hat, noch nicht frei von Schadstoffen.

Falls die öffentliche Wasserversorgung durch Schadstoffe verunreinigt ist, können wir zwar das Wasser fördern und chemisch aufbereiten, um die Kontamination unschädlich zu machen, doch

Tab. 17.3 Grenzwerte für einige ausgewählte chemische Stoffe (Quelle: Trinkwasserverordnung [TrinkwV 2001])

Bezeichnung	berechnet als	Grenzwert [mg l^{-1}]
Aluminium	Al	0,2
Ammonium	NH_4^-	0,5
Arsen	As	0,01
Blei	Pb	0,04
Cadmium	Cd	0,005
Chrom	Cr	0,05
Eisen	Fe	0,2
Mangan	Mn	0,05
Phosphor	PO_4^{3-}	6,7
Quecksilber	Hg	0,001
Chlorid	Cl^-	250
Cyanid	CN^-	0,05
Fluorid	F^-	1,5
Nitrat	NO_3^-	50
Nitrit	NO_2^-	0,5
organische Chlorverbindungen (insgesamt)	–	0,01
Phenole	$(C_6H_5O_4)$	0,0005

das Verfahren ist teuer. Als Alternative wäre denkbar, das Wasser aufzubereiten, so lange es noch im Untergrund lagert. Bei einem experimentell mäßig erfolgreichen Verfahren in dieser Richtung wurde kontaminiertes Wasser in einen mit Eisenfeilspänen gefüllten Tank im Untergrund eingeleitet, damit diese mit den Verunreinigungen reagieren und das Wasser entgiften sollten. Durch die Reaktion der Eisenfeilspäne mit den Verunreinigungen entstanden neue, nicht toxische Verbindungen, die von den Eisenfeilspänen gebunden wurden.

Ist das Wasser trinkbar?

Ein großer Teil des in den Grundwasserreserven vorhandenen Wassers ist für Trinkzwecke nicht geeignet, nicht etwa weil es anthropogen verunreinigt ist, sondern weil es von Natur aus große Mengen an gelösten Substanzen enthält.

Wasser, das angenehm schmeckt und für den menschlichen Genuss geeignet ist, wird als **Trinkwasser** bezeichnet. Die Mengen der im Trinkwasser gelösten Stoffe sind äußerst gering und werden normalerweise über ihre Masse in Milligramm oder Mikrogramm pro Liter angegeben – je nach dem, in welcher Konzentration sie auftreten. Trinkbares Grundwasser von guter Qualität enthält in der Regel zwischen 100 und 500 mg gelöste Stoffe pro Liter, da selbst die reinsten natürlichen Wasservorkommen geringe Mengen an gelösten Substanzen enthalten, die von der Verwitterung und Auswaschung der Böden und Sedimente stammen. Lediglich destilliertes Wasser enthält weniger als 1 mg/l gelöste Substanzen (es ist als Trinkwasser ungeeignet). Wasser

mit Gehalten über 1000 mg/l Wasser wurde bis vor einiger Zeit als **Mineralwasser** bezeichnet.

Geologische Untersuchungen der Flüsse und Grundwasserleiter ermöglichen es, sowohl die Qualität unserer Wasserressoucen zu verbessern, als auch deren Quantität zu erhöhen. Die vielen Fälle der Grundwasserverunreinigung führten zur Aufstellung von Richtlinien zur Gewährleistung der Wasserqualität, die auf medizinischen Untersuchungen beruhen. Diese Studien beschränkten sich auf die Auswirkungen bei Aufnahme einer durchschnittlichen Menge Wasser, das unterschiedliche Gehalte an verunreinigenden Elementen und Verbindungen aufweist. Beispielsweise legte die Trinkwasserverordnung (TrinkwV) von 2001 (Tab. 17.3) für die Bundesrepublik Deutschland die erlaubte Konzentration von Arsen, dessen Giftwirkung hinlänglich bekannt ist, auf maximal 0,01 mg/l fest, während der Grenzwert in den Vereinigten Staaten bei 0,05 mg/ festgelegt wurde (Abb. 17.25). Eine natürliche (geogene) Verunreinigung durch Arsen ist in Bangladesch ein großes Problem, wo das Trinkwasser zu 97 % dem Grundwasser entnommen wird. Derzeit suchen Geologen nach geeigneten Stellen, an denen neue Bohrungen niedergebracht werden können, die Wasser mit akzeptablen Arsengehalten liefern.

Grundwasser ist fast immer frei von festen Bestandteilen, vor allem, wenn es aus einem Sand- oder Sandsteingrundwasserleiter in einen Brunnen einsickert. Der vielfach gewundene Durchgangsweg um die Sandkörner wirkt als feiner Filter, der kleine Tonteilchen und alle anderen Festsubstanzen zurückhält. Selbst Bakterien und größere Viren werden darin zurückgehalten. Grundwasserleiter aus Kalkstein oder Granit sind in der Regel Kluftgrundwasserleiter und daher weniger wirksame Filter. Wenn in einem Brunnen Bakterien auftreten, so

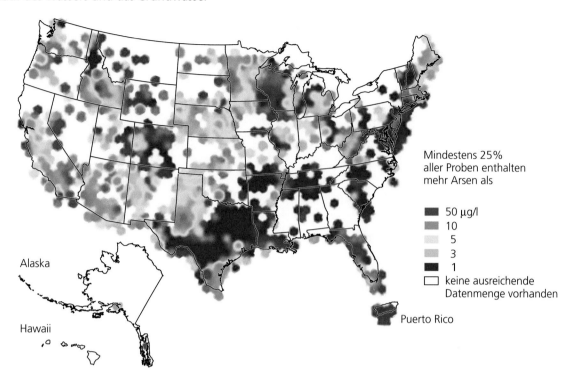

Abb. 17.25 Zwischen 1991 und 1998 wurde im Rahmen des National Water Quality Assessment-Programms wurde in den gesamten Vereinigten Staaten der Arsen-, Radon- und Urangehalt in Grundwasserproben bestimmt. Die Karte zeigt die Arsengehalte, angegeben in Mikrogramm pro Liter (µg/l) (US Geological Survey)

Alaska

Hawaii

Mindestens 25% aller Proben enthalten mehr Arsen als

■ 50 µg/l
■ 10
5
3
1
□ keine ausreichende Datenmenge vorhanden

Puerto Rico

ist das normalerweise auf Verunreinigungen zurückzuführen, die entweder von außen her durch das Material der Pumpen in das Grundwasser gelangt sind oder von einer anderen Schadstoffquelle stammen, wie etwa einer Klärgrube in der Nähe des Brunnens.

Oft hat das Grundwasser, obwohl ansonsten gesundheitlich völlig unbedenklich und trinkbar, einen unangenehmen Geschmack. Manches „schmeckt" nach Eisen oder säuerlich. Grundwasser, das durch Kalksteine fließt, löst Carbonatminerale und enthält daher Calcium-, Magnesium- und Hydrogencarbonat-Ionen, die das Wasser „hart" machen. Dieses Wasser kann zwar gut schmecken, es ist jedoch schwierig, damit Seifenschaum oder Seifenlauge herzustellen. Wasser, das durch moorige Wälder oder sumpfige Böden fließt, kann organische Kohlenwasserstoffverbindungen oder Schwefelwasserstoff enthalten, der dem Wasser einen unangenehmen Geschmack nach faulen Eiern verleiht.

Woraus ergeben sich diese Qualitäts- und Geschmacksunterschiede im normalen Trinkwasser? Ein großer Teil des qualitativ hochwertigen und wohlschmeckenden Wassers der öffentlichen Wasserversorgungen stammt aus Seen und künstlich angelegten Oberflächengewässern, viele davon sind ganz einfach Sammelbecken für Regenwasser. Aber es gibt auch Grundwasser, das genauso gut schmeckt. Im Allgemeinen handelt es sich um Grundwasser, das durch Gesteine fließt, die langsam verwittern. Die überwiegend aus Quarz bestehenden Sandsteine geben nur geringe Mengen an gelösten Substanzen ab, und deshalb hat das durch Sandsteine hindurchsickernde Wasser einen angenehmen Geschmack.

Wie wir gesehen haben, ist die Kontamination des Grundwassers vor allem bei einem in geringen Tiefen liegenden Grundwasser-

leiter ein Problem und die Sanierung ist schwierig. Doch gibt es überhaupt tiefer liegende Grundwasserleiter, die wir nutzen können?

Wasser in der tiefen Erdkruste

Die meisten Gesteine unterhalb der Grundwasseroberfläche sind mit Wasser gesättigt. Selbst in den tiefsten niedergebrachten Erdölbohrungen findet man in einer Tiefe von etwa 8 bis 9 km in durchlässigen Gesteinsserien noch immer Wasser. In diesen Tiefen bewegt sich das Wasser extrem langsam, möglicherweise mit Geschwindigkeiten von weniger als 1 cm pro Jahr, und hat deshalb viel Zeit, um selbst weitgehend unlösliche Mineralstoffe aus den Gesteinen herauszulösen. Die gelösten Substanzen in diesem Tiefenwasser weisen eine höhere Konzentration auf als im oberflächennahen Grundwasser und folglich ist dieses Wasser nicht trinkbar. So ist zum Beispiel Grundwasser, das durch leicht lösliche Salzlager fließt, normalerweise in hohem Maße mit Natriumchlorid angereichert.

In Tiefen über 12 bis 15 km zeigen die Magmatite und Metamorphite des Grundgebirges, die überall die sedimentären Serien der oberen Krustenbereiche unterlagern, eine extrem geringe Porosität und Permeabilität. Die einzigen Porenräume in diesem Grundgebirge sind dünne Risse und die Korngrenzen zwischen den Mineralen. Obwohl auch diese Gesteine mit Wasser gesättigt sind, enthalten sie wegen der geringen Porosität nur wenig Wasser (Abb. 17.26). Selbst einige Gesteine des Erdmantels enthalten vermutlich Wasser, wenn auch in äußerst geringen Mengen.

Teil V

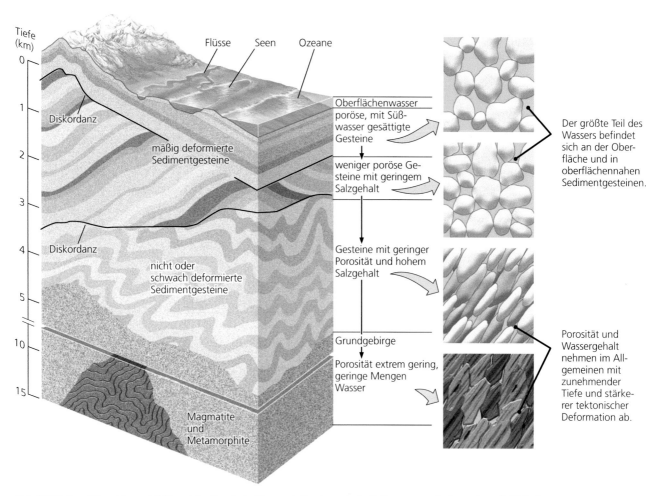

Abb. 17.26 Porosität und Permeabilität, und damit auch der Wassergehalt, nehmen in der Erdkruste generell mit zunehmender Tiefe ab

Thermalwasser

In einigen tieferen Bereichen der Erdkruste, wie etwa an Subduktionszonen, spielt Thermalwasser, das gelöstes Kohlendioxid enthält, bei den chemischen Reaktionen während der Metamorphose eine wichtige Rolle (vgl. Kap. 6). Dieses heiße Wasser ist an der Lösung von Mineralen und an deren Fällung beteiligt.

Der größte Teil der Thermalwässer auf den Kontinenten ist auf meteorisches Wasser zurückzuführen, das in die tieferen Bereiche der Kruste eingesickert ist. Da die Geschwindigkeiten, mit der das meteorische Wasser bis in diese Tiefen versickert, äußerst gering sind, können Thermalwässer sehr alt sein. Es wurde ermittelt, dass das Wasser der Hot Springs in Arkansas von Schnee stammt, der vor mehr als 4000 Jahren dort gefallen ist und dessen Schmelzwasser langsam in den Untergrund einsickerte. Auch Wasser, das aus Magmen freigesetzt wird, ist Thermalwasser. In Gebieten mit magmatischer Tätigkeit wird das versickernde meteorische Wasser durch die heißen Gesteinsmassen aufgeheizt und vermischt sich dann mit dem aus dem Magma freigesetzten Wasser.

Thermalwasser ist mit chemischen Substanzen angereichert, die bei hohen Temperaturen aus dem Gestein herausgelöst werden.

Solange das Wasser ausreichend warm ist, bleiben auch diese Stoffe in Lösung. Da aber Thermalwasser sehr rasch abkühlt, wenn es an die Oberfläche gelangt, können sich daraus verschiedene Minerale abscheiden, wie beispielsweise Opal (eine Modifikation von SiO_2), Calcit oder Aragonit (beides Modifikationen von Calciumcarbonat). Krusten aus Calciumcarbonat, die sich an heißen Quellen in Kalksteingebieten absetzen, bilden das Sintergestein **Travertin**, das poliert wegen seiner Schönheit sehr geschätzt ist und vielseitig Verwendung findet. Besonders imposante Travertinablagerungen findet man beispielsweise am Austritt der Mammoth Hot Spring im Yellowstone-Nationalpark (Abb. 17.27), in Pamukkale in der Türkei oder auch in der Toskana. Überraschenderweise entdeckte man in diesen heißen Quellen extremophile Mikroorganismen, die selbst in Temperaturbereichen über dem Siedepunkt des Wassers lebensfähig sind. Möglicherweise sind sie sogar an der Bildung dieser Kalkkrusten beteiligt. Noch innerhalb der Erdkruste verbliebene hydrothermale Wässer sind außerdem, wenn sie nach einem gewissen Aufstieg abkühlen, für die Ablagerung einiger der reichsten Erzlagerstätten der Erde verantwortlich (vgl. Kap. 3).

Wo Thermalwasser rasch und ohne großen Wärmeverlust nach oben gelangt und oft mit Siedetemperatur ausfließt, bilden sich heiße Quellen und Geysire. Während heiße Quellen kontinuier-

Abb. 17.27 Die Sinterkalkablagerungen der Mammouth Hot Springs im Yellowstone-Nationalpark (Wyoming, USA) bilden große bogenförmige Terrassen aus Aragonit und Calcit (Foto: © John Grotzinger)

lich ausfließen, stoßen Geysire heißes Wasser und Dampf intermittierend aus (vgl. Abb. 12.21).

Die Theorie, die diese intermittierende Aktivität von Geysiren erklärt, ist ein Beispiel für geologische Schlussfolgerungen, denn die Bewegung des heißen Wassers im Untergrund erfolgt in Tiefenlagen von einigen hundert Metern unter der Erde und ist nicht zu beobachten. Es ist anzunehmen, dass die Geysire im Gegensatz zu den Leitungssystemen der heißen Quellen durch ein System sehr unregelmäßig geformter und gewundener Brüche, Nischen und Öffnungen, zum Teil in der Form von Siphonen, mit der Erdoberfläche verbunden sind (Abb. 17.28). Infolge dieser Unregelmäßigkeiten in den Zuleitungssystemen der Geysire wird Wasser in Nischen zurückgehalten, wodurch auch verhindert wird, dass sich das Wasser im Untergrund mit dem oberflächennahen Wasser mischt und auf diese Weise abkühlt. Das Wasser erwärmt sich in der Tiefe durch den Kontakt mit dem heißen Gestein. Wenn es den Siedepunkt erreicht hat, beginnt Wasserdampf aufzusteigen und erhitzt dabei das oberflächennahe Grundwasser. Durch den erhöhten Druck wird schließlich eine Eruption ausgelöst. Nach der Druckentlastung folgt eine Ruhephase, in der sich die Hohlräume im Untergrund wieder langsam mit Wasser auffüllen.

Im Jahre 1997 veröffentlichen Geologen die Ergebnisse einer neuen Technik, mit der sie Daten über die Aktivität der Geysire ermittelt hatten. Sie versenkten in einem Geysir eine winzige Videokamera bis in eine Tiefe von 7 m unter Gelände. An diesem Punkt war der Förderkanal des Geysirs verengt. Weiter unten erweiterte sich der Förderkanal zu einer großen Kammer, die ein wild brodelndes Gemisch aus Dampf, Wasser und etwas Ähnlichem wie Kohlendioxid-Blasen enthielt. Diese unmittelbaren Beobachtungen haben die zuvor geäußerte Theorie der intermittierenden Tätigkeit von Geysiren auf eindrucksvolle Weise bestätigt.

Bei der Suche nach neuen und sauberen Energiequellen haben sich Geologen auch mit Thermalwasser beschäftigt. Im Norden Kaliforniens, auf Island, in Italien und Neuseeland wird der heiße Dampf, der in Gebieten mit heißen Quellen und Geysiren durch hydrothermale Tätigkeit entsteht, zum Antrieb von Turbinen für die Erzeugung elektrischer Energie verwendet. Wie in Kap. 23 noch gezeigt wird, wird heißes Wasser in naher Zukunft in immer stärkerem Maße für die Energiegewinnung genutzt werden.

So wichtig hydrothermale Wässer für die Energieerzeugung, Lagerstättenbildung und wegen ihrer möglichen Heilqualitäten auch sein mögen, sie liefern keinen Beitrag zu den Wasservorräten an der Erdoberfläche, was in erster Linie daran liegt, dass sie große Mengen an gelösten Stoffen enthalten.

Mikroorganismen in tiefen Grundwasserleitern

Auf der Suche nach Trinkwasser untersuchten Geologen in den letzten Jahren Grundwasserleiter, die bis in einigen Tausend Meter Tiefe reichen. Sie hatten dabei zwar keinen Erfolg, entdeckten jedoch eine bemerkenswerte Wechselwirkung zwischen Biosphäre und Lithosphäre. Sie fanden große Mengen im Grundwasser lebende Mikroorganismen. Diese chemoautotrophen Mikroorganismen gewinnen ihre Energie weit außerhalb der Reichweite des Sonnenlichts durch Lösung und Metabolisierung bestimmter, in den Gesteinen vorhandener Minerale. Abgesehen von der Tatsache, dass die Mikroorganismen daraus ihrer Energie gewinnen, tragen diese Stoffwechselreaktionen zur Verwitterung im Untergrund bei. Die dabei freigesetzten chemischen Stoffwechselprodukte machen das Grundwasser ungenießbar.

Geobiologen gehen davon aus, dass die Vorfahren dieser Mikroorganismen in den Poren von Sedimenten eingeschlossen und nachfolgend in große Tiefe versenkt wurden, wo sie von der

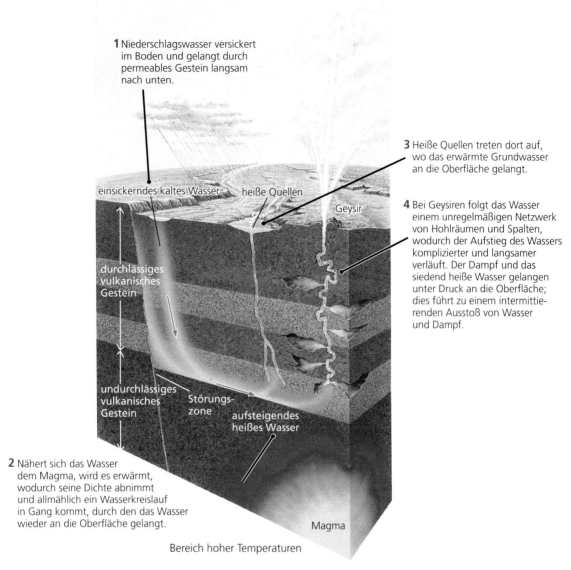

1 Niederschlagswasser versickert im Boden und gelangt durch permeables Gestein langsam nach unten.

einsickerndes kaltes Wasser

heiße Quellen

Geysir

durchlässiges vulkanisches Gestein

undurchlässiges vulkanisches Gestein

Störungszone

aufsteigendes heißes Wasser

2 Nähert sich das Wasser dem Magma, wird es erwärmt, wodurch seine Dichte abnimmt und allmählich ein Wasserkreislauf in Gang kommt, durch den das Wasser wieder an die Oberfläche gelangt.

3 Heiße Quellen treten dort auf, wo das erwärmte Grundwasser an die Oberfläche gelangt.

4 Bei Geysiren folgt das Wasser einem unregelmäßigen Netzwerk von Hohlräumen und Spalten, wodurch der Aufstieg des Wassers komplizierter und langsamer verläuft. Der Dampf und das siedend heiße Wasser gelangen unter Druck an die Oberfläche; dies führt zu einem intermittierenden Ausstoß von Wasser und Dampf.

Magma

Bereich hoher Temperaturen

Abb. 17.28 Die Grundwasserzirkulation über einem Magmakörper führt zur Entstehung von Geysiren oder heißen Quellen

Oberfläche vollständig isoliert waren. Diese tiefen Grundwasserleiter dürften in einigen Fällen über mehrere hundert Millionen Jahre keinen Kontakt zur Erdoberfläche gehabt haben. Doch die Mikroorganismen leben dort noch immer und ernähren sich von chemischen Substanzen, die sie durch das Lösen von Mineralen freisetzen, und sie bringen ohne Beeinträchtigung durch andere Organismen ständig neue Generationen von Nachkommen hervor. Dieses lediglich aus Mikroorganismen bestehende Ökosystem ist möglicherweise das älteste der Erde und bestätigt das bemerkenswerte Gleichgewicht, das zwischen Leben und Umwelt erreicht werden kann.

Zusammenfassung des Kapitels

Bewegung des Wasser im hydrologischen Kreislauf: Die Bewegung des Wassers im hydrologischen Kreislauf führt zu einem konstanten Gleichgewicht zwischen den Speichern an oder nahe der Erdoberfläche. Diese Speicher umfassen die Ozeane, Seen und Flüsse, die Gletscher und das Polareis wie auch das Grundwasser. Durch Evaporation aus den Ozeanen, durch Evaporation und Transpiration (Evapotranspiration) von den Kontinenten und durch Sublimation von den Gletschern steigt Wasser in die Atmosphäre auf. Von dort gelangt es durch Niederschläge in Form von Regen, Hagel, Nebel oder Schnee schließlich wieder in die Ozeane und auf die Kontinente. Ein Teil der Niederschläge, die auf das Festland fallen, kehrt über den Abfluss in Flüssen in die Ozeane zu-

Teil V

rück. Der Rest versickert im Untergrund und geht in das Grundwasser über. Infolge der klimatischen Unterschiede kommt es zu lokalen Schwankungen bei der Verdunstung, den Niederschlagsmengen, beim Abfluss der Flüsse und bei der Versickerung.

Bewegung des Wassers im Untergrund: Grundwasser bildet sich durch das Einsickern der Niederschläge in Böden, Lockersedimente und Festgesteine, die als Grundwasserleiter dienen. Die Grenze zwischen der gesättigten und der ungesättigten Zone wird als Grundwasseroberfläche bezeichnet. Das Grundwasser bewegt sich infolge der Schwerkraft dem Gefälle folgend bergab und tritt dort, wo die Grundwasseroberfläche die Erdoberfläche schneidet, schließlich an Quellen aus oder strömt direkt den Flüssen zu. Grundwasser kann als freies Grundwasser (wenn die Grundwasseroberfläche innerhalb des Grundwasserleiters liegt) oder als gespanntes Grundwasser vorliegen (wenn der Grundwasserleiter oben und unten von schlecht durchlässigen bis undurchlässigen Schichten umschlossen ist). Liegt in einem gespannten Grundwasser der Entnahmepunkt tiefer als die Grundwasseroberfläche, fließt das Wasser in einem artesischen Brunnen selbständig an der Oberfläche aus. Die Grundwasserbewegung wird durch das Darcy'sche Gesetz beschrieben, das die Geschwindigkeit in Relation zum Gefälle des Grundwasserspiegels und zur Permeabilität des Grundwasserleiters setzt.

Faktoren, die eine Nutzung der Grundwasservorräte beeinflussen: Da die Bevölkerungszahl in vielen Regionen der Erde zunimmt, steigt auch der Bedarf an Grundwasser, besonders dort, wo Bewässerungsanlagen weit verbreitet sind. Übersteigt die Grundwasserentnahme die Neubildung, werden die Grundwasserleiter erschöpft, mit der Folge, dass viele Jahre lang keine Aussicht auf eine Regenerierung des Grundwasserkörpers besteht. Durch künstliche Versickerung können manche solcher Grundwasserkörper ergänzt werden. Die Verunreinigung des Grundwassers mit Industriemüll, radioaktivem Abfall und Abwasser verringert die nutzbaren Trinkwasservorräte.

Einflüsse geologischer Prozesse auf das Grundwasser: Die Erosion durch Niederschlags- und Grundwasser in humiden Gebieten mit kalkigen Schichtenfolgen lässt eine typische Karstlandschaft mit Höhlen, Dolinen und im Untergrund versickernden Flüssen entstehen. In großen Tiefen enthalten die Gesteine nur noch geringe Mengen Wasser, da ihre Porosität deutlich geringer ist. Durch die Erwärmung des nach unten versickernden Wassers entsteht Thermalwasser, das in Form von Geysiren und heißen Quellen wieder an die Oberfläche gelangt.

Ergänzende Medien

17-1 Animation: Der Kreislauf des Wassers

Flüsse: Der Transport zum Ozean

18

Luftbild von Mäandern des Adelaide River in Australien. Mäander sind typische Erscheinungen bei Flüssen, die in einer breiten Talsohle oder in der Ebene fließen (Foto: Peter Bowater/Science Source)

Teil V

© Springer-Verlag Berlin Heidelberg 2017
J. Grotzinger, T. Jordan, *Press/Siever Allgemeine Geologie*, DOI 10.1007/978-3-662-48342-8_18

Vor der Zeit von Auto und Flugzeug reiste der Mensch bevorzugt auf Flüssen. Im Jahre 1803 erwarben die Vereinigten Staaten von Amerika von Frankreich das Gebiet von Louisiana. Diese ungeheuer große Landfläche von über 2 Mio. Quadratkilometern umfasste das gesamte heutige Gebiet von Texas und Louisiana bis hinauf nach Montana und North Dakota. Im Jahre 1804 beauftragte Thomas Jefferson, der damalige Präsident der Vereinigten Staaten, Meriwether Lewis und William Clark mit der Leitung einer Expedition durch dieses neue Gebiet bis in den Westen Nordamerikas. Eines der wichtigsten Ziele war die kartenmäßige Erfassung der Flüsse im Westen, denn diese spielten für die Erschließung der unerforschten Grenzgebiete eine wichtige Rolle. Lewis und Clark entschlossen sich, den Mississippi und seine Quellflüsse bis zu deren Ursprung, und von dort aus auch den westlich davon liegenden Bereich bis zum Pazifischen Ozean zu erforschen. Dabei legten sie insgesamt eine Strecke von 6000 km zurück, über 3200 km davon folgten sie allein dem Mississippi – und das ausschließlich stromaufwärts.

Die von Lewis und Clark aufgenommenen Karten sowie ihre schriftlichen Reiseberichte enthielten eine Fülle von Ekenntnissen, die nur deshalb erworben werden konnten, weil sie einem der großen Flüsse folgten, die das Innere Nordamerikas entwässern. Auch auf anderen Kontinenten und in anderen Ländern waren es die großen Flüsse, die eine ähnliche Begeisterung bei Forschern und Entdeckern auslösten: In Südamerika waren es Amazonas und Orinoco, in Asien der Jangtse und der Indus und in Afrika waren es die berühmten Quellen des Nils.

Doch dienten Flüsse nicht nur als Zugangswege für legendäre abenteuerliche Expeditionen, sie sind auch Orte, an denen Menschen sich niederließen und Siedlungen errichteten. In den meisten Gebieten der Erde liegt fast jede kleinere oder größere Stadt an einem mehr oder weniger großen Fluss. Die Flüsse dienen als Wasserstraßen für die Binnenschifffahrt, aber auch als Wasserspender und -speicher für die ansässige Bevölkerung und Industrie. Ihre bei Hochwasser abgelagerte Sedimentfracht liefert fruchtbare Auenböden für die landwirtschaftliche Nutzung. Der Nil und seine alljährlichen Überflutungen waren schon im alten Ägypten für die Landwirtschaft lebensnotwendig und sind es auch heute noch. Doch das Leben an einem Fluss birgt auch Gefahren. Wenn Flüsse über die Ufer treten, zerstören sie Leben und Eigentum in oft verheerendem Ausmaß.

Flüsse sind die natürlichen Lebensadern der Kontinente. Ihr Erscheinungsbild zeigt unmittelbar das Zusammenwirken von Klima und plattentektonischen Vorgängen. Die Plattentektonik führt zur Hebung des Festlands und zur Ausbildung eines ausgeprägten Reliefs mit typischen steilen Hängen. Das Klima bestimmt, wo Niederschläge auftreten. Die abfließenden Niederschläge tragen durch das Einschneiden von Tälern ihrerseits zur Abtragung der Gesteine und Böden dieser Gebirge bei. Der größte Teil des auf den Festländern fallenden Niederschlagswassers kehrt zusammen mit einem Großteil der durch Erosion abgetragenen Sedimente über die Flüsse in die Ozeane zurück. Flüsse sind für das Verständnis, welche Rolle Klima und Wasser auf der Erde spielen, von so entscheidender Bedeutung, dass die Entdeckung von ehemaligen Flüssen auf dem Mars eine ganze

Serie von Raumfahrtmissionen ausgelöst hat, mit dem Ziel, nach Hinweisen auf Wasser und auf ein anderes Klima in ferner Vergangenheit zu suchen.

In diesem Kapitel betrachten wir, wie Flüsse entstehen und wie sie geologisch tätig sind, beispielsweise wie sie in großem Ausmaß Täler einschneiden und ganze Netzwerke von Flüssen bilden und wie sie im kleineren Maßstab festes Gestein zerkleinern und erodieren. Schließlich untersuchen wir noch, wie Wasser fließt und auf welche Art und Weise Strömungen Sediment verfrachten. Zum Abschluss betrachten wir dann Flüsse als Geosysteme, die durch Wechselwirkungen zwischen den Systemen Plattentektonik und Klima entstehen.

Flusstäler, Fließrinnen und Talauen

Wenn Flüsse an der Oberfläche der Festländer über anstehenden Fels oder Lockersedimente fließen, erodieren sie dieses Material und schneiden Täler ein. Die Identifizierung und Kartierung der Flusstäler war für Lewis und Clark während ihrer Expedition vor 200 Jahren äußerst wichtig. Als sie stromaufwärts zogen und der Fluss sich teilte, mussten sie stets entscheiden, welchem der beiden Flussarme sie folgen sollten beziehungsweise welcher der größere von beiden war. Sie legten ihren Entscheidungen allgemeine Beobachtungen zugrunde: die Breite der Flusstäler und die Tiefe der Fließrinne. War das Tal ausreichend breit, und vor allem war das Flussbett ausreichend tief für ihre Boote? Ein enges Tal und eine geringe Wassertiefe hätten bedeutet, dass dieser Fluss sie lediglich eine kürzere und damit nicht erwünschte Strecke weitergeführt hätte. Breitere Täler und tiefere Fließrinnen bedeuteten dagegen eine längere Fahrtstrecke auf dem Hauptfluss stromaufwärts.

Flusstäler

Ein **Flusstal** umfasst den gesamten Bereich zwischen der oberen Begrenzung der Talhänge beiderseits des Flusses. Der Querschnitt vieler Flusstäler ist V-förmig (Kerbtal), aber etliche zeigen auch ein ebenes und breites Talprofil (Kastental) (Abb. 18.1). Im Talboden liegt das eigentliche **Flussbett**, die Fließrinne, in der sich das Wasser bewegt. Bei niedrigem Wasserstand fließt der Fluss ausschließlich am Grund seiner Fließrinne. Bei hohem Wasserstand nimmt der Fluss jedoch den größten Teil des Flussbetts ein oder verlässt es sogar. In etwas breiteren Tälern befindet sich auf beiden Seiten des Flussbetts die **Talaue**, ein ebenes Gebiet, das ungefähr im gleichen Niveau wie die Oberkante der Fließrinne liegt. Dieser Teil des Tals wird bei Hochwasser überschwemmt und mit Sedimenten aus der Fließrinne überdeckt.

In Gebirgen sind die Flusstäler eng und steilwandig, der größte Teil des Talbodens wird vom Flussbett eingenommen (Abb. 18.2). Nur bei niedrigem Wasserstand liegt eine schmale

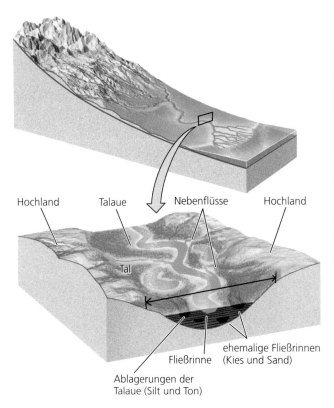

Abb. 18.2 Dieser Abschnitt des San Juan River (Utah, USA) ist ein hervorragendes Beispiel für ein tief eingeschnittenes mäandrierendes Kerbtal mit V-förmigem Querschnitt (Foto: © DEA/PUBLIC AER FOTO/De Agostini/Getty Images)

Abb. 18.1 Ein Fluss fließt in einem Flussbett, das in einem breiten, ebenen Talboden, der durch Erosion in Hochgebieten entstanden ist, hin und her pendelt. In steilen Tälern sind die Talauen nur schmal oder fehlen ganz

Talaue frei. In solchen Tälern schneiden sich die Flüsse unmittelbar in das anstehende Gestein ein, insgesamt ein Vorgang, der für tektonisch aktive, erst in jüngerer Zeit herausgehobene Gebirge typisch ist. Die Erosion der Talhänge wird hierbei durch die Verwitterung und durch gravitative Massenbewegungen noch unterstützt. In Tiefländern, wo die tektonische Heraushebung längst zur Ruhe gekommen ist, formt der Fluss sein Tal durch die Erosion von Sedimenten und transportiert diese flussabwärts. Sofern ausreichend Zeit zur Verfügung steht, führen diese Prozesse zu sanften Hangformen und zu Talauen von vielen Kilometern Breite.

Grundrissformen der Flussläufe

Flussläufe zeigen, wenn sie durch ihre Talauen fließen, eine Vielzahl von Grundrissformen. Ihre Fließrinnen können stellenweise in der Mitte der Talaue liegen oder auch an den Rand des Tals verlagert sein. In manchen Abschnitten können sie gerade verlaufen, doch den größten Teil ihrer Laufstrecke folgen sie im Talboden verschiedenen, unregelmäßig wechselnden Richtungen und teilen sich an manchen Stellen auch in mehrere Fließrinnen auf. Ein Maß für die Grundrissform eines Flusslaufs ist die **Sinuosität** (S). Sie ergibt sich aus dem Verhältnis der Länge eines Flussabschnitts mit all seinen Krümmungen (L) zur geradlinig gemessenen Entfernung (E) zwischen Anfangs-

und Endpunkt der betrachteten Strecke ($S = L/E$). Bei gerade verlaufenden Flussabschnitten ist der Wert der Sinuosität folglich $S = 1$. Abgesehen von den geraden Laufstrecken lassen sich bei Flüssen zwei wesentliche Grundrissformen herausstellen: mäandrierende und verwilderte beziehungsweise verflochtene Flüsse.

Mäander In einer großen Anzahl von Talauen verlaufen die Fließrinnen in engeren bis weiteren Bögen und Schlingen, die als **Mäander** bezeichnet werden. Das Wort stammt vom griechischen *„maiandros"*, dem heutigen Menderes an der türkischen Westküste, der bereits im Altertum wegen seines gewundenen, verschlungenen Laufs bekannt war. Mäander sind bei Flüssen mit geringem Gefälle in Ebenen oder Tiefebenen sehr häufig, weil sich hier die Flussläufe typischerweise in unverfestigte Sedimente – feinen Sand, Silt oder Ton – oder andere leicht erodierbare Gesteine eintiefen können. Solche in einer Talsohle liegenden Mäander werden auch **freie Mäander** genannt. Wo die Fließrinne ein steileres Gefälle aufweist und sich durch härtere Gesteine ihren Weg bahnt, sind Mäander zwar weniger ausgeprägt, aber immer noch vergleichsweise häufig. In solchen Gebieten wechseln mäandrierende mit langen, relativ geraden Flussabschnitten.

Manche mäandrierende Flüsse haben **Talmäander** eingeschnitten, tiefe mäandrierende Kerbtäler, die praktisch keine Talaue aufweisen (Abb. 18.2). Andere Flüsse können in einer etwas breiteren, von steilen, felsigen Talwänden begrenzten Talaue mäandrieren. Warum diese beiden Erscheinungen auftreten, ist unbekannt, doch wissen wir, dass das Mäandrieren nicht nur bei Flüssen, sondern auch bei einer Vielzahl anderer Strömungen weit verbreitet ist. So mäandriert der Golfstrom als großräumige Meeresströmung im westlichen Atlantik. Lavaströme auf dem Festland mäandrieren ebenfalls. Inzwischen wurden auch auf dem Mars in trockenen Flussläufen Mäander gefunden (vgl. Abb. 9.20) und auch in Lavaströmen auf dem Mars und der Venus.

Teil V

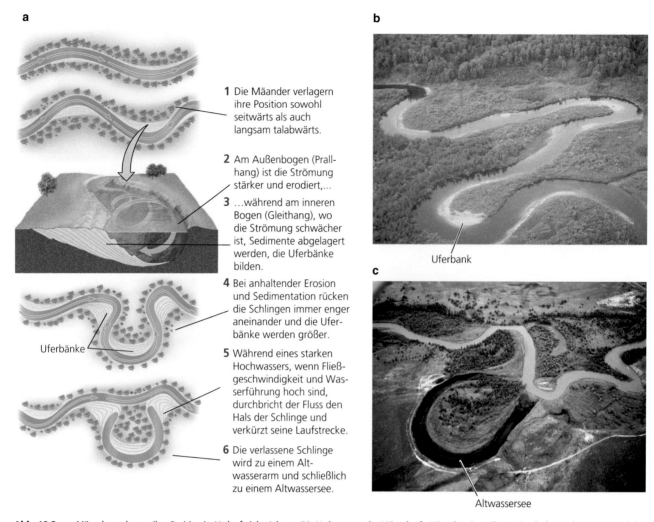

a

1 Die Mäander verlagern ihre Position sowohl seitwärts als auch langsam talabwärts.

2 Am Außenbogen (Prall-hang) ist die Strömung stärker und erodiert,...

3 ...während am inneren Bogen (Gleithang), wo die Strömung schwächer ist, Sedimente abgelagert werden, die Uferbänke bilden.

4 Bei anhaltender Erosion und Sedimentation rücken die Schlingen immer enger aneinander und die Ufer-bänke werden größer.

5 Während eines starken Hochwassers, wenn Fließ-geschwindigkeit und Was-serführung hoch sind, durchbricht der Fluss den Hals der Schlinge und verkürzt seine Laufstrecke.

6 Die verlassene Schlinge wird zu einem Alt-wasserarm und schließlich zu einem Altwassersee.

Uferbänke

b

Uferbank

c

Altwassersee

Abb. 18.3a–c Mäander verlagern ihre Position im Verlauf vieler Jahre. **a** Die Verlagerung der Mäander. **b** Mäander eines Flusses in Alaska. **c** Altwasser im Tal des Blackfoot River, Montana (Foto: b © Peter Kresan/kresanphotography.com; c © James Steinberg/Science Source)

Teil V

Die Mäander in einer Flussaue verlagern sich im Laufe vieler Jahre durch die Erosion am äußeren Ufer einer Schlinge, dem **Prallhang**, wo die Strömung am stärksten ist (Abb. 18.3a). Gleichzeitig mit der Erosion am Prallhang wird am inneren Ufer einer Flussschlinge, am **Gleithang**, wo die Strömung schwächer ist, bogenförmig Sediment in Form einer sogenannten **Uferbank** abgelagert. Die Verlagerung des Flusslaufs kann sehr rasch er-folgen. Einige Mäander des Mississippi verändern ihre Position bis zu 20 m pro Jahr. Mit der Verlagerung der Mäander wandern auch die Uferbänke, wobei sie eine Abfolge von Kies, Sand und Silt auf dem Teil der Talaue hinterlassen, über den die Fließrin-nen sich seitlich verlagerten.

Mäander verändern ihre Position in einer schlangenartigen Bewegung von einer Seite zur anderen und auch flussabwärts, vergleichbar der Bewegung eines langen Seils, das auf dem Boden in horizontaler Richtung ruckartig hin- und her bewegt wird (Abb. 18.3b). Da Mäander wandern, was manchmal sehr unregelmäßig erfolgt, rücken manche Schlingen immer enger zusammen, bis der Fluss während eines stärkeren Hochwassers den „Hals" der Schlinge durchschneidet und dadurch seinen Lauf

wesentlich verkürzt. Die abgetrennte Schlinge wird zu einem **Altwasserarm**, der zunächst an beiden Enden offen bleibt und noch von einem Teil der Strömung durchflossen wird. Werden schließlich beide Enden mit Sediment verfüllt, entsteht aus dem Altwasserarm ein **Altwassersee** (Abb. 18.3c).

Viele mäandrierende Flüsse sind in der Vergangenheit künstlich begradigt, durch Dämme eingeengt und von ihrem Hochwas-serbett, der Talaue, isoliert worden. Durch die in den Jahren von 1817–1870 durchgeführte Regulierung des Oberrheins verkürzte sich die Laufstrecke zwischen Basel und Mainz um 82 km. Ähn-liches passierte am Mississippi, nachdem das US Army Corps of Engineers seit 1878 den Strom kanalisiert hat, wodurch sich in einem Zeitraum von 13 Jahren die Länge des unteren Mississippi um 243 km verkürzt hat. Ein Teil der katastrophalen Folgen des Rhein-Hochwassers im Jahre 1993 oder des Mississippi-Hoch-wassers im selben Jahr ist auf diese Kanalisierungsmaßnahmen zurückzuführen und auch auf die hohen künstlichen Uferdämme, die dabei errichtet wurden. Ohne Flussregulierung treten Hoch-wasser zwar häufiger auf, sind aber weniger stark. Infolge der Kanalisierung werden die Schäden bei Hochwasser katastrophal,

Abb. 18.4 Dieser Abschnitt des Joekulgilkvisl auf Island ist typisch für einen verwilderten Fluss (Foto: © Dirk Bleyer/imagebrok/imagebroker.net/Super Stock)

wenn es wie im Jahre 1993 die künstlich errichteten Schutzdämme durchbricht. Die Folge solcher Regulierungsmaßnahmen ist außerdem die Zerstörung vieler Feuchtgebiete, womit auch ein Großteil der natürlichen Flora und Fauna in den Talauen verschwindet.

Aus Sorge um die Umwelt gibt es inzwischen in Europa und Nordamerika zahlreiche Beispiele für Renaturierungsprojekte. So wird derzeit in Florida der Kissimmee River wieder in seinen ursprünglichen Zustand als mäandrierender Fluss zurückversetzt. Würde man ihn der eigenen Fließdynamik überlassen, würde es Jahrzehnte oder sogar Jahrhunderte dauern, bis der Kissimmee wieder seinen natürlichen Zustand erreicht. In Deutschland wurden Anfang 2015 von der Bundesregierung erhebliche Summen für die Rückverlegung von Deichen bewilligt.

Verflochtene (verwilderte) Flüsse Viele Flüsse benutzen unter natürlichen Bedingungen nicht nur eine, sondern mehrere Fließrinnen, die sich ähnlich wie ein geflochtener Haarzopf verzweigen und dann wieder zusammenfließen (Abb. 18.4). Diese **verflochtenen** oder **verwilderten Flüsse** findet man in vielen topographischen Positionen, deren Spektrum von den breiten Tälern der Tiefebenen bis zu den tektonisch angelegten, mit Sedimenten verfüllten Tälern in unmittelbarer Nachbarschaft von Gebirgszügen reicht. Verflechtungen bilden sich gewöhnlich dort, wo die Wasserführung der Flüsse großen Schwankungen unterliegt, in Verbindung mit hoher Sedimentfracht und leicht erodierbaren Ufern. Sie sind beispielsweise für die von der Abflussmenge und Fließgeschwindigkeit her stark schwankenden und periodisch mit Sediment überfrachteten Schmelzwasserflüsse vor den Gletscherrändern besonders typisch (Abb. 18.4).

Talauen

Die Talaue eines Flusses entsteht durch die periodische Verlagerung der Fließrinne über den Bereich des Talbodens. Dabei hinterlässt die Verlagerung des Flusses eine Reihe von Ufersand-

bänken, die letztlich die Oberfläche der Talaue bilden. Hinzu kommen Sedimente, die der Fluss auf der Talaue ablagert, wenn er bei Hochwasser über seine Ufer tritt. Talauen, die von einer geringmächtigen Sedimentschicht überdeckt werden, können auch auf erosivem Weg entstehen, wenn ein Fluss bei der Verlagerung seiner Fließrinne Festgesteine oder Lockersedimente abträgt.

Sobald das Hochwasser die Talaue überflutet, verringert sich die Fließgeschwindigkeit und die Strömung ist nicht mehr in der Lage, Sediment zu transportieren. Am schnellsten nimmt die Geschwindigkeit im unmittelbaren Uferbereich der Fließrinne ab. Dadurch lagert die Strömung entlang eines schmalen Streifens am Rande des Flussbetts große Mengen gröberer Sedimente ab, typischerweise Sand und Kies. Mehrfache Überschwemmungen führen zu immer höher anwachsenden natürlichen **Uferwällen**, die den Wasserlauf auch zwischen den Hochwassern einengen, selbst wenn der Wasserstand erhöht ist (Abb. 18.5). Wo sich die Uferwälle zu einer Höhe von mehreren Metern aufgeschichtet haben und die Fließrinne fast völlig vom Fluss eingenommen wird, liegt das Niveau der Talaue unter Flussniveau. Dies ist in alten, am Fluss liegenden Städten wie beispielsweise Vicksburg am Mississippi sichtbar, die auf einer Talaue erbaut wurden, wo die Menschen zum Uferwall hinaufblicken und wissen, dass das Wasser des Flusses „über ihren Köpfen" fließt.

Bei Hochwasser wird das feinere Sedimentmaterial – Silt und Ton – weit über die Flussufer hinweg verfrachtet und häufig über die gesamte Talaue als sogenannter **Hochflutlehm** verteilt und abgelagert, weil die Strömung fortwährend an Geschwindigkeit verliert. Geht das Hochwasser zurück, bleiben stehende Gewässer, Tümpel und Teiche zurück. Dort lagern sich schließlich die allerfeinsten Tone ab, da das Wasser durch Verdunstung und Versickerung allmählich verschwindet. Diese feinklastischen Ablagerungen der Talauen waren seit alters her eine geschätzte Ressource der Landwirtschaft. Das fruchtbare Schwemmland von Nil, Euphrat und Tigris trug zur Entwicklung der frühen Kulturen bei, die dort vor Jahrtausenden blühten. Heute spielt in Nordindien die ausgedehnte Talaue des Ganges noch immer eine wichtige Rolle für das tägliche Leben und die indische Landwirtschaft. Zahlreiche historische und auch neu gegründete Städte liegen in Talauen (Exkurs 18.1).

Einzugsgebiete

Jede Erhebung zwischen zwei Flüssen, gleichgültig ob sie nur wenige Meter hoch ist oder aus einer ganzen Bergkette besteht, bildet eine **Wasserscheide** – eine Grenzlinie, entlang der alle Niederschläge als Abfluss entweder auf der einen Seite oder der anderen ablaufen. Diese Wasserscheiden, die einen Fluss und seine Nebenflüsse gegenüber benachbarten Flüssen abgrenzen, kennzeichnen gleichzeitig auch das jeweilige **Einzugsgebiet**, das durch das Netzwerk der Bäche und Flüsse entwässert wird (Abb. 18.6). Die Größe der Einzugsgebiete reicht von einem engen Bereich wie etwa einer Schlucht, die einen kleinen Bach begrenzt, bis zu einem ausgedehnten Gebiet, das von ei-

Abb. 18.5 **a** Durch Hochwasser entstehen an den Ufern der Flüsse natürliche Uferwälle. **b** Natürliche Uferwälle am größten Mündungsarm des Mississippi in der Nähe von South Pass, (Louisiana, USA) (Foto: US Geological Survey National Wetlands Research Center)

a

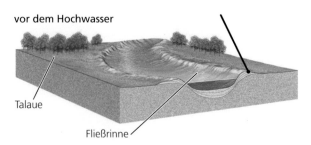

1 Bei **normalem Wasserstand** werden Sedimente nur im Flussbett abgelagert.

vor dem Hochwasser

Talaue

Fließrinne

2 Bei **Hochwasser** tritt der Fluss über seine Ufer und das Wasser breitet sich über die Talaue aus. Dadurch verringert sich die Fließgeschwindigkeit, im unmittelbaren Uferbereich wird gröberkörniges Sedimentmaterialabgelagert und bildet einen Uferwall.

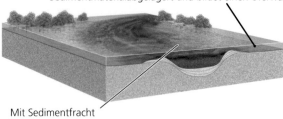

Mit Sedimentfracht beladenes Hochwasser.

nach vielen Hochwassern

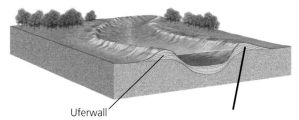

Uferwall

3 Nach **mehrfachen Überschwemmungen** engen die immer höheren Uferwälle den Wasserlauf auch zwischen den Hochwassern ein, selbst wenn der Wasserstand höher ist.

b

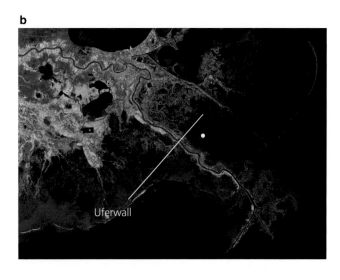

Uferwall

Exkurs 18.1 Stadtentwicklung in Überschwemmungsgebieten

Seit Beginn unserer Zivilisation haben Menschen die Talauen besiedelt. Talauen sind natürliche Siedlungsräume, denn sie verbinden einfache Transportmöglichkeiten auf Flüssen mit der Nähe fruchtbarer Ackerbauflächen. Doch solche Gebiete sind Überschwemmungen ausgesetzt, die ihrerseits zur Bildung dieser ebenen Talauen führten. Kleinere Überschwemmungen sind häufig und verursachen meist nur geringe Schäden, doch die im Abstand von wenigen Jahrzehnten auftretenden größeren Überschwemmungen können zu erheblichen Zerstörungen führen.

Vor ungefähr 4000 Jahren breiteten sich allmählich immer mehr Städte in den Talauen aus: in Ägypten entlang des Nils und im alten Mesopotamien entlang von Euphrat und Tigris. Im fernen Osten, etwa in Indien, entstanden Städte am Indus und in China entlang des Jangtse und des Huang-he. Auch zahlreiche Hauptstädte Europas liegen in Flussniederungen: London an der Themse, Paris an der Seine, Rom am Tiber, Wien und Budapest an der Donau.

Hochwasser zerstörten in regelmäßigen Abständen immer wieder die tiefer liegenden Bereiche dieser historischen und modernen Städte, die jedoch stets wieder saniert oder aufgebaut wurden. Heute sind die meisten großen Städte durch künstlich aufgeschüttete Uferdämme geschützt, die die natürlichen Uferwälle verstärken und erhöhen. Ausgedehnte Dammsysteme können zwar mit dazu beitragen, diese Städte vor Überschwemmungen zu schützen, doch sie können das Risiko trotzdem nicht vollständig ausschließen.

Im Jahre 1973 stieg der Mississippi bei St. Louis extrem an und trat in einem 77 Tage dauernden Hochwasser über seine Ufer. Das Hochwasser erreichte eine Rekordhöhe von 4,03 m über der kritischen Hochwassermarke, die Höhe, bei der der Fluss erstmals über die Ufer tritt. Im Jahre 1993 traten der Mississippi und seine Nebenflüsse erneut über die Ufer und übertrafen dabei die alte Rekordmarke mit einem Hochwasser, das offiziell als die zweitgrößte Überschwemmung in der Geschichte der Vereinigten Staaten bezeichnet wird (nach der Überschwemmung der Stadt New Orleans im Jahre 2005 durch den Wirbelsturm *Katrina*). Die Überschwemmung forderte 487 Menschenleben und verursachte Schäden in der Größenordnung von mehr als 15 Mrd. US-Dollar. In St. Louis lag der Pegel an 144 von insgesamt 183 Tagen zwischen April und September über der Hochwassermarke.

Eine nicht erwartete Folgeerscheinung dieses Hochwassers war eine großflächige Verschmutzung durch Schadstoffe, da durch das Hochwasser die in der Landwirtschaft verwendeten Chemikalien aus den Ackerböden ausgewaschen und in den überschwemmten Gebieten abgelagert wurden.

Um die ansässige Bevölkerung vor Überschwemmungen zu schützen, müssen diverse Probleme gelöst werden. Einige Geologen sind der Meinung, dass der Bau künstlicher Uferdämme den Mississippi auf unnatürliche Weise einengt und sicher zu extremen Überschwemmungen mit beiträgt. Ein von künstlichen Dämmen begrenzter Fluss ist nicht mehr in der Lage, seine Ufer zu erodieren und sein Flussbett zu verbreitern, um in Zeiten hoher Wasserführung zusätzliches Wasser in die Breite unbesiedelter Auengebiete abgeben zu können. Darüber hinaus werden auf der Talaue keine Sedimente mehr abgelagert. Im Falle von New Orleans sank die Talaue unter den Wasserspiegel des Mississippi und damit erhöhte sich die Wahrscheinlichkeit weiterer Überschwemmungen.

Was müssten Städte und Gemeinden in einer solchen Situation unternehmen? Einige Fachleute haben gefordert, alle Erschließungs- und Baumaßnahmen in den tiefer liegenden Gebieten der Talauen zu verbieten. Andere verlangten die Auflösung der bundesstaatlich unterstützten Katastrophenfonds, die für den Wiederaufbau der betroffenen Gebiete eingerichtet wurden. Harrisburg in Pennsylvania, das im Jahre 1972 von einem Hochwasser schwer getroffen worden war, wandelte einen Teil seiner zerstörten Uferbereiche in öffentliche Parkanlagen um.

In einer dramatischen Entscheidung sprachen sich nach dem Mississippi-Hochwasser im Jahre 1993 die Einwohner der Stadt Valmeyer in Illinois dafür aus, die gesamte Stadt in ein mehrere Kilometer entferntes, höher liegendes Gebiet umzusiedeln. Der neue Standort wurde mithilfe von Geologen des Illinois State Geological Survey festgelegt. Doch die Vorteile eines Lebens in den Talauen ziehen noch immer Menschen an und einige Einwohner, die zeitlebens in Überschwemmungsgebieten gewohnt haben, wollen bleiben und das Risiko in Kauf nehmen. Die Kosten zum Schutz bewohnter Gebiete in Flussniederungen sind inzwischen unerschwinglich, und sie werden auch weiterhin volkswirtschaftliche und sozialpolitische Probleme verursachen.

Teil V

Wie viele in Talauen erbaute Städte leidet auch Liuzhu in China sehr häufig unter Überschwemmungen. Dieses Hochwasser im Juli 1996 war das stärkste, das die Stadt in ihrer mehr als 500-jährigen Geschichte erlebt hat (Foto: © Xie Jiahua/China Features/Corbis Sygma)

Hochwasserkatastrophen vom Ausmaß der Mississippi-Hochwasser sind in Europa wahrscheinlich nicht zu erwarten. Aber auch an Rhein, Donau, Elbe und Oder haben sich in den letzten Dekaden extreme Hochwasser gehäuft, nachdem Flussregulierungen und Flächenversiegelung zugenommen hatten. Die Rhein-Anliegerstaaten haben nach dem letzten Hochwasser im Jahre 1993 bereits Hochwasser-Rückhaltebecken gebaut und vereinbart, weitere Retentionsräume zu schaffen, um extreme Überschwemmungen auch unter ökonomischen Gesichtspunkten zu vermeiden. Das letzte Hochwasser der Elbe im Jahre 2002 hat erneut zu heftigen Diskussionen bezüglich einer Bebauung von Talauen und Flussbegradigungen ausgelöst, mit dem Erfolg, dass der bereits geplante weitere Ausbau von Elbe und Donau (vorerst) ausgesetzt wurde. Im Jahr 2015 hat die Bundesregierung schließlich einen namhaften Betrag für die Rückverlegung von Deichen bereitgestellt.

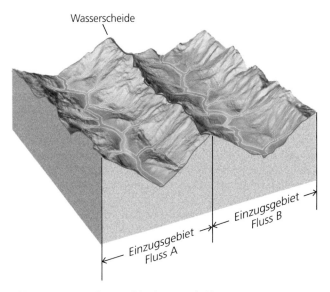

Abb. 18.6 Einzugsgebiete sind durch Wasserscheiden getrennt

nem großen Strom und seinen Nebenflüssen entwässert wird (Abb. 18.7).

Ein Kontinent ist in mehrere größere Einzugsgebiete unterteilt, die jeweils durch eine Haupt- oder kontinentale Wasserscheide getrennt sind. In Nordamerika trennt die kontinentale Wasserscheide entlang der Rocky Mountains alle in den Pazifik fließenden Gewässer von denen, die in den Atlantik münden. Lewis und Clark folgten dem Missouri bis zu seinem Quellgebiet an der kontinentalen Wasserscheide im Westen Montanas. Als sie diese überquert hatten, folgten sie einem der Quellflüsse des Columbia River und diesem dann bis zu seiner Mündung in den Pazifischen Ozean. Eine kontinentale Wasserscheide in Deutschland, auf die verschiedentlich auch an Straßen hingewiesen wird, trennt entlang der Streichrichtung der Schwäbischen Alb die Einzugsgebiete von Rhein (zur Nordsee) und Donau (zum Schwarzen Meer).

Viele Wasserscheiden behalten normalerweise ihre Position über lange Zeiträume bei, bis sie zu niedrigen Höhenrücken erodiert sind. Doch manche verlagern sich auch. Wenn ein Fluss auf der einen Seite der Wasserscheide weit schneller erodieren und Sedimente abtransportieren kann als ein Fluss auf der anderen Seite, wird die Wasserscheide ungleichmäßig abgetragen. Der aktivere Strom kann an solchen Stellen die Wasserscheide durchbrechen

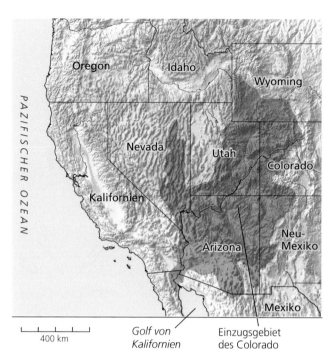

Abb. 18.7 Das Einzugsgebiet des Colorado umfasst eine Gesamtfläche von ungefähr 630.000 km² und damit einen großen Teil der südwestlichen Vereinigten Staaten. Das Einzugsgebiet ist von Wasserscheiden umgeben, die es gegen die benachbarten Einzugsgebiete abgrenzen (nach: US Geological Survey)

Muster, das als **dendritisches Entwässerungssystem** bezeichnet wird (griech. *dendron* = Baum). Dieses weitgehend zufällig angelegte Entwässerungsnetz ist für Gebiete typisch, in denen das unterlagernde Gestein homogen ist, beispielsweise auf horizontal lagernden Sedimenten, auf massigen Magmatiten oder auch Metamorphiten. Wo die intensivere Verwitterung entlang von Störungen oder Klüften im unterlagernden Gestein den Flusslauf beeinflusst, entwickelt sich ein eher regelmäßigeres **rechtwinkliges Entwässerungssystem**. Eine Sonderform des rechtwinkligen Flusssystems ist das **spalierartige Entwässerungsnetz**, das an die rechtwinklige Geometrie von Spalierobstbäumen erinnert. Dieses Muster entwickelt sich dort, wo Schichten verwitterungsresistenter Gesteine mit schneller verwitternden Gesteinen wechseln, beispielsweise in ausgeprägten Schichtstufenlandschaften oder in Gebieten, wo Sedimentgesteine zu parallelen Faltensträngen deformiert wurden. Die größeren Flüsse verlaufen jeweils parallel zur Längsrichtung der Schichtstufen in Tälern, in denen die leichter erodierbaren Gesteine ausgeräumt wurden (**subsequente Flüsse**). Mehr oder weniger im rechten Winkel dazu münden die dem Schichtfallen folgenden, meist längeren **konsequenten Nebenflüsse** und die entgegen dem Einfallen verlaufenden **obsequenten Flüsse**. Wenn die Entwässerung von einem zentralen, höher gelegenen Punkt ausgeht, etwa von einem Vulkan oder einer domartigen Aufwölbung, entsteht ein **radiales Entwässerungssystem** (Abb. 18.8).

Entwässerungsnetze und Erdgeschichte

Die Entwicklung der Entwässerungsmuster können wir entweder direkt beobachten oder aus der erdgeschichtlichen Vergangenheit ableiten. Manche Flüsse tiefen sich beispielsweise in Höhenrücken ein und bilden steilwandige Engtäler, Klammen oder Schluchten. Was veranlasst Flüsse dazu, sich ein enges Tal unmittelbar durch den Höhenzug einzuschneiden, anstatt an einer der beiden Seiten des Bergrückens entlangzufließen? Dieses Verhalten lässt sich anhand des geologischen Werdegangs eines solchen Gebiets erklären.

Wenn sich durch tektonische Vorgänge ein Höhenzug bildet, während dort bereits ein Fluss vorhanden ist, kann der Fluss mit derselben Geschwindigkeit, mit der der Höhenzug herausgehoben wird, eine steilwandige Schlucht einschneiden (Abb. 18.9). Ein solcher Fluss wird als **antezedenter Fluss** bezeichnet, weil er bereits vorhanden war, ehe sich Krustenteile gehoben haben und er seinen ursprünglichen Lauf trotz Änderungen des unterlagernden Gesteinsmaterials und der Morphologie beibehalten hat.

Werden andererseits horizontal lagernde Sedimentgesteine diskordant von gefalteten und bruchtektonisch geprägten Gesteinsserien mit unterschiedlicher Verwitterungsfestigkeit unterlagert, so bildet der Fluss normalerweise ein dendritisches Entwässerungssystem. Im Laufe der Zeit, wenn die weicheren Schichten erodiert sind, schneidet sich der Fluss in die unterlagernden Gesteine und damit in Strukturen ein, die älter sind als er selbst und räumt in den widerstandfähigen Gesteinen jeweils tiefe

und das Einzugsgebiet seines trägeren Nachbarn „erobern" – man spricht dann von einer **Flussanzapfung**. Sobald die Flüsse größer werden, nimmt die Häufigkeit solcher Erscheinungen ab, bei großen Flüssen sind Anzapfungen äußerst selten. Die Flussanzapfung erklärt auch einige merkwürdige Landschaftsformen, beispielsweise enge Trockentäler, die von keinem aktiven Fluss mehr durchflossen werden oder auch breit ausgeräumte Täler, die lediglich von einem kleinen Rinnsal entwässert werden. Wir kennen solche Flussanzapfungen in Form sogenannter „geköpfter Täler" aus dem Gebiet der Schwäbischen Alb, wo der Rhein und seine Nebenflüsse ihr Einzugsgebiet auf Kosten der Donau erweitert haben.

Entwässerungsnetze

Eine Gewässerkarte mit allen großen und kleinen Zuflüssen und ihren Vorflutern zeigt eine ganz bestimmte Anordnung der Nebenflüsse, die als **Entwässerungsnetz** oder **Entwässerungssystem** bezeichnet wird. Folgt man Wasserläufen stromaufwärts, so teilen sie sich Schritt für Schritt in immer kleinere **Nebenflüsse** auf – in ein Entwässerungsnetz, das ein charakteristisches Verzweigungsmuster zeigt.

Solche Verzweigungen sind ein generelles Merkmal vieler Netzwerke, in denen Material entweder gesammelt oder verteilt wird. Das vielleicht bekannteste Verzweigungsnetz ist das der Baumwurzeln und Zweige. Die meisten Flüsse folgen demselben

Teil V

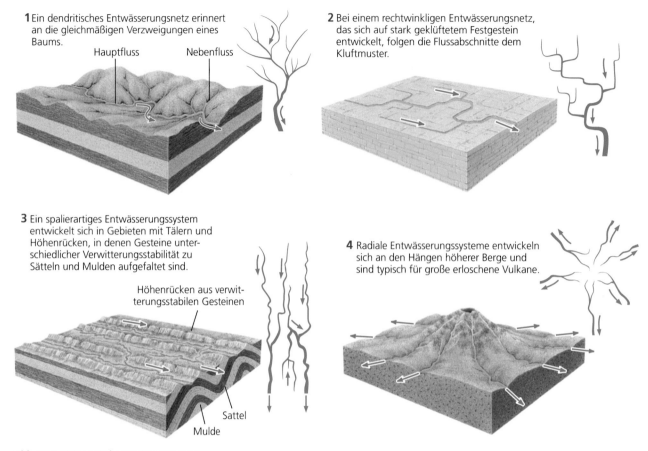

1 Ein dendritisches Entwässerungsnetz erinnert an die gleichmäßigen Verzweigungen eines Baums.

Hauptfluss   Nebenfluss

2 Bei einem rechtwinkligen Entwässerungsnetz, das sich auf stark geklüftetem Festgestein entwickelt, folgen die Flussabschnitte dem Kluftmuster.

3 Ein spalierartiges Entwässerungssystem entwickelt sich in Gebieten mit Tälern und Höhenrücken, in denen Gesteine unterschiedlicher Verwitterungsstabilität zu Sätteln und Mulden aufgefaltet sind.

Höhenrücken aus verwitterungsstabilen Gesteinen

Sattel
Mulde

4 Radiale Entwässerungssysteme entwickeln sich an den Hängen höherer Berge und sind typisch für große erloschene Vulkane.

Abb. 18.8 Einige typische Entwässerungsnetze

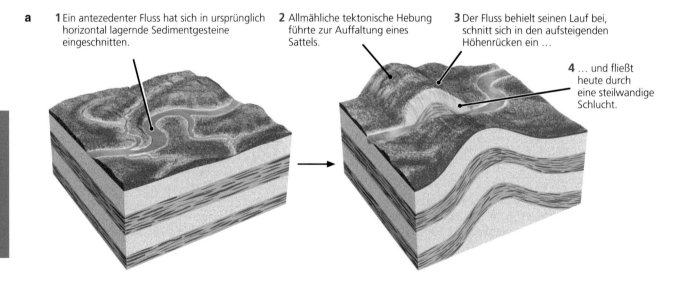

a

1 Ein antezedenter Fluss hat sich in ursprünglich horizontal lagernde Sedimentgesteine eingeschnitten.

2 Allmähliche tektonische Hebung führte zur Auffaltung eines Sattels.

3 Der Fluss behielt seinen Lauf bei, schnitt sich in den aufsteigenden Höhenrücken ein …

4 … und fließt heute durch eine steilwandige Schlucht.

Abb. 18.9a,b **a** Das Einschneiden einer steilwandigen Schlucht durch einen antezedenten Fluss. **b** Das Durchbruchstal des Delaware an der Grenze zwischen den US-Bundesstaaten Pennsylvania und New Jersey. Auf dieser Laufstrecke ist der Delaware ist ein antezedenter Fluss (© Foto: Michael P. Gadomski/Science Source)

b

Abb. 18.9a,b *(Fortsetzung)*

a **1** Auf horizontal lagernden Schichten ist ein dendritisches Flussnetz entstanden.

b **2** Die meisten horizontal lagernden Schichten wurden durch Erosion weitgehend entfernt.

3 Der Fluss schnitt in die verwitterungsstabilen Schichten des im Untergrund liegenden Sattels eine Schlucht (Durchbruchstal) ein.

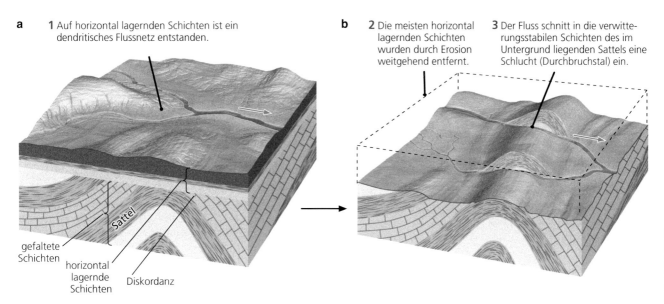

gefaltete Schichten

horizontal lagernde Schichten

Sattel

Diskordanz

Abb. 18.10a,b Entwicklung eines epigenetischen Flusses durch Erosion der horizontal lagernden Schichten, die diskordant auf gefalteten Schichten unterschiedlicher Verwitterungsfestigkeit lagern

Teil V

Schluchten aus (Abb. 18.10). Solche **epigenetischen Flüsse** fließen deswegen durch widerstandsfähige Gesteine, weil ihr Lauf auf einem höher gelegenen, lithologisch einheitlichen Niveau angelegt wurde, ehe die Tieferlegung begann. Epigenetische Flüsse behalten eher das früher entwickelte Muster bei, als sich an die neuen Verhältnisse anzupassen. Bei dem gezeigten Beispiel ist ein dendritisches Entwässerungsnetz auf eine Oberfläche übertragen worden, auf der sich sonst ein winkliges Flussnetz entwickelt hätte.

Die erosive Tätigkeit der Flüsse

Flüsse beginnen dort, wo das an der Landoberfläche abfließende Niederschlagswasser so rasch abläuft, dass es den Boden und das darunter lagernde Gestein abträgt, sich in den Untergrund einschneidet und eine Rinne entsteht. Ist erst einmal eine kleine Rinne vorhanden, nimmt diese vermehrt das an der Oberfläche abfließende Wasser auf. Damit nimmt auch die Tendenz zu, sich

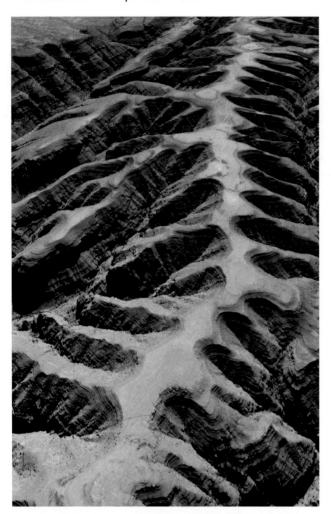

Abb. 18.11 Abfließendes Wasser führt an der Erdoberfläche zur Erosion des Untergrunds und damit zur Bildung von Gräben. Die noch kleineren Rinnen vereinigen sich zu größeren und diese gehen in den unteren Hangbereichen in Gräben von Bach- und Flussläufen über. Die hier gezeigten Gräben bildeten sich in der Wüste von Oman, wo das Wasser der vereinzelt auftretenden heftigen Starkregenfälle rasch an der Oberfläche abfließt und sich dabei erosiv einschneidet (Foto: mit frdl. Genehm. von Petroleum Development Oman)

einzuschneiden, das heißt, wenn sich die Rinne weiter vertieft, nimmt auch die Geschwindigkeit zu, mit der sie sich einschneidet, da immer mehr Wasser aufgenommen wird (Abb. 18.11).

Die Erosion von unverfestigtem Sedimentmaterial ist mühelos zu erkennen, denn wir können direkt beobachten, wie eine rasche Strömung lose Sandkörner vom Flussbett aufnimmt, fortträgt und dadurch das Flussbett erodiert. Bei höherem Wasserstand und vor allem bei Hochwasser lässt sich unmittelbar beobachten, wie Flüsse sogar die unverfestigten Sedimente der Flussufer auswaschen und unterspülen, die dann in die Strömung abrutschen und abtransportiert werden. Flüsse schneiden ihre Rinnen immer weiter in die höher gelegenen Bereiche ein. Dieser Prozess, der als **rückschreitende Erosion** bezeichnet wird, ist normalerweise sowohl mit einer Verbreiterung als auch mit einer Eintiefung

der Täler verbunden. Dieser Vorgang kann in leicht erodierbaren Böden und Gesteinen extrem rasch erfolgen und innerhalb weniger Jahre mehrere Meter betragen. Die Erosion in den weiter flussabwärts liegenden Gebieten ist schwieriger zu erkennen und wird dann am deutlichsten sichtbar, wenn durch katastrophale Ereignisse, wie etwa bei einem Erdbeben, Dämme brechen und die Wassermassen mit großer Geschwindigkeit flussabwärts strömen.

Die weitaus langsamere Erosion eines festen Gesteins ist nicht so einfach zu beobachten. Fließendes Wasser erodiert Festgesteine durch Abrasion, durch chemische und physikalische Verwitterung und durch das Unterschneiden der Uferbereiche.

Abrasion

Zu den wichtigsten Vorgängen, durch die ein Fluss Gesteine zerstört und erodiert, gehört die **Abrasion**. Die von den Flüssen mitgeführten Sandkörner und Gerölle wirken wie eine Art Sandstrahlgebläse, wodurch selbst die härtesten Gesteine abgeschliffen werden. In manchen Flüssen waschen die in Wasserwirbeln rotierenden Gerölle und Sandkörner an der Sohle des Flussbetts tiefe **Strudellöcher** oder **Strudeltöpfe** aus (Abb. 18.12). Bei niedrigem Wasserstand werden diese Gerölle und der Sand in den freiliegenden Strudelkesseln sichtbar – die Reste des Materials, das bei höherem Wasserstand ständig in diesen Kolken herumgewirbelt wird.

Chemische und physikalische Verwitterung

Die chemische Verwitterung führt in Fließrinnen in gleicher Weise wie auf dem Festland zu einer Zerstörung der Gesteine. Die physikalische Verwitterung in den Flüssen kann erheblich sein, da die aufprallenden Blöcke und das ständige, wenn auch schwächere Auftreffen von Kies und Sand das Gestein entlang von natürlichen Schwächezonen zerstört. Als Folge zerbricht das Gestein in den Fließrinnen wesentlich schneller als durch die langsamere Verwitterung auf einem sanft geneigten Berghang. Wenn durch diese Prozesse große Blöcke des an der Flusssohle anstehenden Gesteins erst einmal gelockert sind, können sie von starken, nach oben gerichteten Wasserwirbeln durch ruckartig einsetzende, heftige Zerrvorgänge aus dem Verband heraus und nach oben gezogen werden.

Die physikalische Verwitterung ist an Stromschnellen und Wasserfällen besonders stark. Stromschnellen sind Bereiche innerhalb eines Flusses, in denen die Strömungsgeschwindigkeit extrem zunimmt, weil an Felsterrassen das Gefälle des Flussbetts plötzlich größer wird. Aufgrund der hohen Geschwindigkeit und der erheblichen Turbulenz des Wassers zerbrechen Blöcke sehr rasch in kleinere Stücke und werden durch die starke Strömung weggeführt.

Abb. 18.12 Die Burke's Luck-Strudeltöpfe im Felsuntergrund des Blyde River Canyon Nature Reserve, Südafrika. Durch das fließende Wasser rotieren Gerölle in den Strudeltöpfen und kolken auf diese Weise im anstehenden Gestein tiefe Löcher aus (Foto: © Walter G. Allgöwer/ Age Fotostock)

Unterschneiden durch Wasserfälle

Wasserfälle entstehen dort, wo harte Gesteine der Erosion Widerstand leisten oder wo an Störungen Fließrinnen gegeneinander versetzt sind. Durch den ungeheuren Aufprall der gewaltigen herabstürzenden Wassermassen und herumwirbelnden Blöcke werden die Fließrinnen am Fuß von Wasserfällen mit großer Geschwindigkeit erodiert. Darüber hinaus erodieren Wasserfälle das unterlagernde Gestein der Steilwände, die den Wasserfall bilden. Wenn diese Steilwände durch Erosion unterschnitten werden, bricht das darüber liegende Flussbett nach, und der Wasserfall verlagert sich stromaufwärts (Abb. 18.13). Die Erosion durch Wasserfälle erfolgt am schnellsten bei horizontaler Lagerung, wenn die den eigentlichen Wasserfall bildenden, erosionsresistenteren harten Schichten von weicheren Gesteinen wie beispielsweise Schiefertonen, unterlagert werden. Historische Berichte von den Niagara-Fällen, den wohl bekanntesten Wasserfällen Nordamerikas, lassen erkennen, dass sich der westliche Bereich der Wasserfälle mit einer Geschwindigkeit von einem Meter pro Jahr stromaufwärts verlagert.

Sedimenttransport durch fließendes Wasser

Alle Strömungen fluider Phasen, gleichgültig ob Flüssigkeiten oder Gase, haben gemeinsame charakteristische Merkmale. Es gibt zwei grundlegende Strömungsarten, die sich mithilfe der Bewegungsbahnen, den sogenannten Stromlinien, darstellen lassen (Abb. 18.14). Im einfachsten Fall, der **laminaren Strömung**, verlaufen die geraden oder leicht gebogenen Stromlinien parallel zueinander, ohne dass sich die Schichten durchmischen oder kreuzen. Ein allgemein bekanntes Beispiel für diese Art von Fließen ist die langsame Fließbewegung von zähflüssigem Honig oder kaltem Öl. Eine wesentlich komplexere Form ist die **turbulente Strömung**, die ein verwirbeltes Muster von Stromlinien zeigt, bei dem sich die Stromlinien vermischen, überkreuzen und gegenseitig beeinflussen und dabei Wirbel beziehungsweise Strudel bilden. Schnell strömendes Flusswasser zeigt typischerweise diese Art der Bewegung. Die Turbulenz – der Grad bei dem es zu Unregelmäßigkeiten und Wirbelbildung in der Flüssigkeit kommt – kann entweder stark oder schwach sein. Bei turbulenter Fließbewegung kann in Abhängigkeit von der Fließgeschwindigkeit zwischen strömendem und schießendem Fließen unterschieden werden. Beim strömenden Fließen hat das Fließgewässer eine mehr oder weniger glatte Wasseroberfläche. Dagegen zeigt die Wasseroberfläche beim schießenden Fließen zahlreiche stehende Wellen unterschiedlicher Größe.

Teil V

Abb. 18.13 Die Wasserfälle des Iguaçú (Grenzgebiet zwischen Argentinien und Brasilien) verlagern sich rückschreitend stromaufwärts, weil das hinabstürzende Wasser und das mitgeführte Sedimentmaterial auf den Untergrund aufschlagen und dadurch die Wand des Wasserfalls unterschneiden. Deutlich sind die steilen Wände des Flussbetts erkennbar, die durch das Rückschreiten des Wasserfalls (nach rechts) entstanden sind (Foto: © Donald Nausbaum/Getty Images)

Abb. 18.14 Laminares und turbulentes Fließen. Das Foto zeigt den Übergang vom laminaren zum turbulenten Fließen in einer Wasserströmung, die über eine glatte Platte fließt, sichtbar gemacht durch Farbstoff. Die Strömung verläuft von links nach rechts (Foto: © Henri Werlé, Onera The French Aerospace Lab)

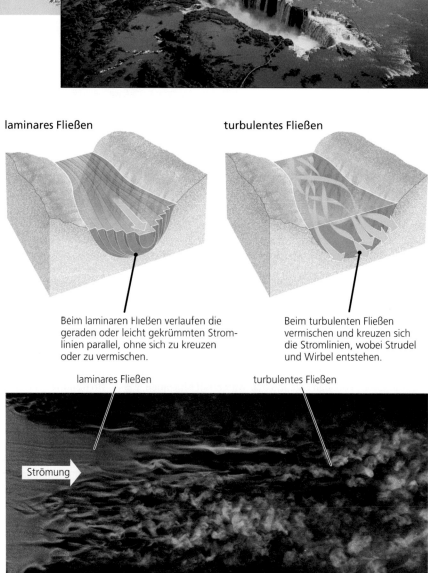

laminares Fließen

turbulentes Fließen

Beim laminaren Fließen verlaufen die geraden oder leicht gekrümmten Stromlinien parallel, ohne sich zu kreuzen oder zu vermischen.

Beim turbulenten Fließen vermischen und kreuzen sich die Stromlinien, wobei Strudel und Wirbel entstehen.

laminares Fließen

turbulentes Fließen

Strömung

Ob das Fließen laminar oder turbulent erfolgt, hängt von drei Faktoren ab:

1. von der Fließgeschwindigkeit,
2. von der Geometrie des strömenden Mediums (vor allem von der Schichtdicke),
3. von der Viskosität (der inneren Reibung einer Flüssigkeit, die dem Fließen Widerstand entgegensetzt).

Die Viskosität ergibt sich aus den Anziehungskräften zwischen den Molekülen einer Flüssigkeit; diese Kräfte erschweren das gegenseitige Aneinandervorbeigleiten benachbarter Moleküle beziehungsweise Molekülschichten und führen zur inneren Reibung. Je größer die Anziehungskräfte sind, desto größer ist auch der Widerstand der Moleküle, sich mit den benachbarten zu vermischen, und desto höher ist folglich die Viskosität. Kalter Sirup oder Speiseöl fließen beispielsweise beim Ausgießen träge und weitgehend laminar. Die Viskosität der meisten Flüssigkeiten, auch die von Wasser, nimmt mit steigender Temperatur ab. Durch Erwärmen der Flüssigkeit kann sich die Viskosität so weit verringern, dass das laminare in ein turbulentes Fließen übergeht.

Wasser hat bei den an der Erdoberfläche herrschenden Temperaturen eine geringe Viskosität; allein aus diesem Grund neigen die meisten Wasserläufe in der Natur zu turbulentem Fließen. Darüber hinaus führen in den Flüssen auch deren Geometrie und die schnelle Bewegung des Wassers zur Turbulenz. In der Natur ist laminares Fließen von Wasser wahrscheinlich nur in dem dünnen Wasserfilm von langsam abfließendem Regenwasser am Fuß eines sehr flachen Berghanges möglich und in den Städten vielleicht in den dünnen Rinnsalen am Bordsteinrand.

Da die meisten Flüsse und Bäche breit und tief sind und ihre Fließgeschwindigkeit hoch ist, weisen sie fast immer turbulente Strömungen auf. Eine Strömung kann im mittleren Bereich eines Flussbetts turbulent und an den Ufern, wo das Wasser flach ist und langsam fließt, durchaus laminar sein. Im Allgemeinen ist die Fließgeschwindigkeit in der Mitte des Flusses – im sogenannten **Stromstrich** – am höchsten. Wo hingegen Flüsse mäandrieren, ist die Strömungsgeschwindigkeit am Außenbogen der Mäander am größten. Normalerweise bezeichnen wir eine schnelle Fließbewegung als starke Strömung.

Erosion und Sedimenttransport

Strömungen unterscheiden sich in ihrer Fähigkeit, Sandkörner und anderes Sedimentmaterial zu erodieren und zu transportieren. Laminare Wasserströmungen können nur die kleinsten, leichtesten Partikel in der Größenordnung von Tonmineralen aufnehmen und transportieren. Turbulente Strömungen hingegen verfrachten in Abhängigkeit von ihrer Geschwindigkeit Komponeten der Tonfraktion bis hin zu Kies und Steinen. Wenn durch

turbulentes Fließen Partikel von der Sohle des Flussbetts aufgewirbelt werden, transportiert sie die Strömung flussabwärts; außerdem führt das turbulente Fließen dazu, dass auch gröbere Komponenten an der Gewässersohle rollend und gleitend mitgeführt werden. Die **Suspensionsfracht** eines Flusses umfasst das gesamte Material, das entweder zeitweilig oder aber permanent in der Strömung als Schwebstoff transportiert wird. Die **Boden-** oder **Geröllfracht** eines Flusses besteht aus dem in der Fließrinnen befindlichen Lockermaterial, das am Grund durch Gleiten und Rollen verfrachtet wird und unmittelbar mit der Strömung interagiert (Abb. 18.15). Darüber hinaus transportieren Flüsse noch unterschiedliche Mengen gelöster Stoffe, die das Wasser beim Durchsickern des Bodens und der Gesteine aufgenommen hat. Im Wesentlichen handelt es sich bei dieser **Lösungsfracht** um die Ionen Calcium (Ca^{2+}), Natrium (Na^+), Magnesium (Mg^{2+}) und Kalium (K^+) sowie um Hydrogencarbonat (HCO_3^-), Sulfat (SO_4^{2-}) und Chlorid (Cl^-), die bei der chemischen Verwitterung freigesetzt werden.

Die Anteile von Bodenfracht, Suspensionsfracht und Lösungsfracht sind großen Schwankungen unterworfen und sind im Wesentlichen von der Fließgeschwindigkeit abhängig. Je höher die Strömungsgeschwindigkeit, desto größer ist die Menge und die Korngröße der als Suspensions- und Bodenfracht mitgeführten Partikel. Die Fähigkeit einer Strömung, Material einer bestimmten Korngröße zu transportieren, wird als ihre **Kompetenz** bezeichnet. Wenn die Geschwindigkeit zunimmt und gröbere Partikel in Suspension übergehen, nimmt auch die Suspensionsfracht zu. Gleichzeitig ist durch die höhere Geschwindigkeit auch ein größerer Teil der Bodenfracht in Bewegung, das heißt die Bodenfracht nimmt ebenfalls zu. Und schließlich kann eine Strömung umso mehr suspendiertes Material und Bodenfracht mit sich führen, je größer das Volumen ist, das in einer bestimmten Zeit über den Strömungsquerschnitt abfließt. Diese gesamte pro Zeiteinheit transportierte Sedimentfracht wird als die **Transportkapazität** einer Strömung bezeichnet.

Die Zusammenhänge zwischen Geschwindigkeit und Volumen einer Strömung beeinflussen sowohl die Transportkraft als auch die Transportkapazität des Flusses. Über den größten Teil seiner Laufstrecke fließt der Mississippi oder auch der Rhein in seinem Unterlauf mit mäßiger Geschwindigkeit und transportiert lediglich fein- bis mittelkörnige Komponenten von Ton- bis Sandgröße, aber davon gewaltige Mengen. Ein kleiner, rasch fließender Gebirgsfluss mit steilem Gefälle kann im Gegensatz dazu zwar größere Blöcke, aber insgesamt viel weniger Material transportieren.

Ob eine Strömung Sediment mitführen kann, ist abhängig von einem Gleichgewicht zwischen den hochwirbelnden Kräften, die Sedimentpartikel nach oben tragen, und der Schwerkraft, die sie nach unten zieht, sodass sie sich aus der Strömung als Teil einer Sedimentlage absetzen. Die Geschwindigkeit, mit der die Partikel unterschiedlicher Masse zu Boden sinken, wird als **Sinkgeschwindigkeit** bezeichnet. Kleine Komponenten der Silt- und Tonfraktion werden mühelos von der Strömung aufgenommen und sinken nur langsam ab, sie bleiben normalerweise

1 Eine über eine Schicht von Kies, Sand, Silt und Ton fließende Strömung transportiert eine aus feinkörnigem Material bestehende Suspensionsfracht …

3 Nimmt die Strömungsgeschwindigkeit zu, erhöht sich auch die Menge der mitgeführten Suspensionsfracht, …

5 Der Transport der gröberen Sedimentkomponenten erfolgt durch Saltation, der hüpfenden und springenden Bewegung am Flussbett.

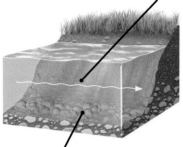 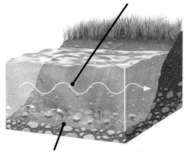 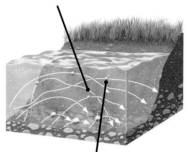

2 … und eine grobkörnige Bodenfracht, die durch Gleiten und Rollen mitgeführt wird.

4 … und die auf die Flusssohle ausgeübte Scherkraft führt zu einer erhöhten Bodenfracht.

6 Ganz allgemein springen kleinere Partikel höher und werden weiter verfrachtet als größere.

Abb. 18.15 Eine über eine Schicht aus Sand, Silt und Ton hinwegfließende Strömung transportiert das Sedimentmaterial auf drei Arten: als Suspensionsfracht, als Bodenfracht und durch Saltation

als Schwebeteilchen in Suspension. Die Sinkgeschwindigkeit größerer Partikel, wie etwa mittel- und grobkörniger Sand, ist weitaus höher. Deshalb bleiben die meisten gröberen Sedimentkomponenten in der Strömung auch nur kurze Zeit in Suspension, ehe sie absinken.

Nimmt die Strömungsgeschwindigkeit zu, beginnen sich die Sedimentpartikel der Bodenfracht durch einen dritten Vorgang zu bewegen, der als **Saltation** bezeichnet wird: eine episodische springende Fortbewegung am Flussbett. Dabei bewegen sich vorzugsweise Sandkörner durch Saltation, da sie leicht genug sind, um vom Fluss aufgenommen zu werden, aber schwer genug, um nicht mehr in Suspension transportiert werden zu können. Die Körner werden durch turbulente Wirbel von der Strömung aufgenommen und über kurze Strecken mitgetragen, bevor sie auf das Flussbett zurückfallen (Abb. 18.15). Wenn man in einer starken, Sand führenden Strömung steht, kann man eine Wolke springender Sandkörner sehen, die um die Knöchel herumwirbeln. Je größer ein Korn ist, desto länger wird es normalerweise auf dem Flussbett liegen bleiben, ehe es aufgewirbelt wird. Wenn es schließlich doch in die Strömung gelangt, wird es rasch wieder absinken. Je kleiner dagegen ein Korn ist, desto eher wird es aufgewirbelt und desto länger wird es in der Strömung verbleiben, bevor es wieder zu Boden sinkt.

Weltweit transportieren die Flüsse der Erde ungefähr 25 Mrd. Tonnen siliciklastisches Sedimentmaterial und weitere 2 bis 4 Mrd. t gelöstes Material in die Ozeane. Allein die Flüsse Südasiens und Ozeaniens haben an der Gesamtmenge einen Anteil von etwa 70 %, obwohl der in die Ozeane entwässernde Anteil nur etwa 15 % beträgt. Für einen Großteil der gegenwärtigen Flussfracht ist der Mensch verantwortlich. Nach Schätzungen lag der Sedimenteintrag vor dem Erscheinen des Menschen bei ungefähr 9 Mrd. t pro Jahr und damit bei weniger als der Hälfte des heutigen Wertes. Durch Rodung, Ackerbau und

der damit verbundenen beschleunigten Erosion erhöhte der Mensch in einigen Gebieten die Sedimentfracht der Flüsse. In anderen Gebieten verringert er jedoch auch durch den Bau von Staudämmen die Sedimentfracht, die hinter den Staumauern zurückgehalten wird. Um zu ermitteln, wie Flüsse überhaupt Sediment transportieren, bestimmen Geologen, Hydrologen und Wasserbauingenieure die Beziehung zwischen der Kraft, die eine Strömung auf Teilchen in der Suspensions- und Bodenfracht ausübt, und dem Durchmesser der Körner. Aus diesen Informationen lässt sich bestimmen, wie viel und wie schnell Sediment von einer bestimmten Strömung transportiert werden kann, und damit wiederum lässt sich abschätzen, wie Dämme und Brücken zu planen sind oder auch wie schnell etwa Staubecken hinter den Staumauern mit Sediment aufgefüllt werden. Umgekehrt lassen sich über die Korngrößen in Sedimenten und Sedimentgesteinen die Geschwindigkeiten ehemaliger Strömungen ableiten.

Der Zusammenhang zwischen der Korngröße der am Flussbett befindlichen Sedimentpartikel und der für ihre Erosion erforderlichen Fließgeschwindigkeit ist in Abb. 18.16 dargestellt. Dieses Diagramm zeigt auch, dass im Gegensatz zur vorangegangenen Diskussion der Kompetenz, für die Erosion bestimmter Komponenten am Flussbett höhere Strömungsgeschwindigkeiten erforderlich sind, wenn die Korngröße abnimmt. Grund hierfür ist die Tatsache, dass es einfacher ist, nicht bindige feinkörnige Komponenten in die Strömung aufzunehmen als bindige Sedimentbestandteile (Komponenten, die durch Kohäsions- und Adhäsionskräfte zusammengehalten werden, wie etwa toniges Material). Je geringer die Korngröße der bindigen Sedimentpartikel ist, desto höher muss die Strömungsgeschwindigkeit sein, die für die Erosion erforderlich ist. Für diese kleinen Korngrößen sind die Absetzgeschwindigkeiten so gering, dass selbst eine Strömung mit einer Geschwindigkeit von 20 cm/s diese Komponenten in Suspension hält und das Sediment transportiert.

Teil V

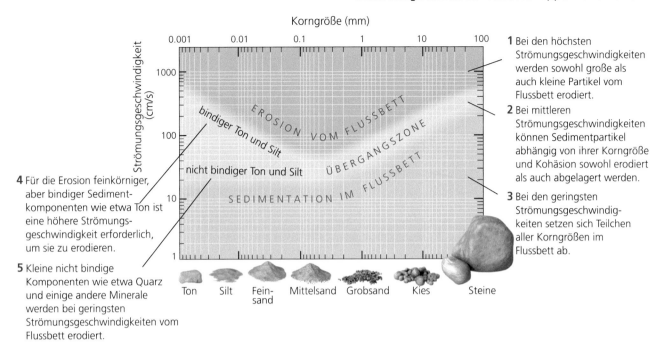

1 Bei den höchsten Strömungsgeschwindigkeiten werden sowohl große als auch kleine Partikel vom Flussbett erodiert.

2 Bei mittleren Strömungsgeschwindigkeiten können Sedimentpartikel abhängig von ihrer Korngröße und Kohäsion sowohl erodiert als auch abgelagert werden.

3 Bei den geringsten Strömungsgeschwindigkeiten setzen sich Teilchen aller Korngrößen im Flussbett ab.

4 Für die Erosion feinkörniger, aber bindiger Sedimentkomponenten wie etwa Ton ist eine höhere Strömungsgeschwindigkeit erforderlich, um sie zu erodieren.

5 Kleine nicht bindige Komponenten wie etwa Quarz und einige andere Minerale werden bei geringsten Strömungsgeschwindigkeiten vom Flussbett erodiert.

Abb. 18.16 Zusammenhang zwischen Strömungsgeschwindigkeit, Erosion und Sedimentation von Komponenten unterschiedlicher Korngröße. Der blaue Bereich kennzeichnet Strömungsgeschwindigkeiten, bei denen Partikel vom Flussbett erodiert werden. Der graue Bereich entspricht Geschwindigkeiten, bei denen Sedimentpartikel entweder erodiert oder abgelagert werden und der braune Bereich schließlich kennzeichnet Fließgeschwindigkeiten, bei denen sich Partikel am Boden absetzen (nach: F. Hjulström (1956), modifiziert von A. Sundborg: The River Klarälven. – Geografisk Annaler)

Schichtungsformen im Flussbett: Rippeln und Dünen

Wenn Sandkörner in einem Flussbett durch Saltation transportiert werden, bilden sie normalerweise schräg geschichtete Rippeln und subaquatische Dünen (vgl. Kap. 5). **Rippeln** sind kleine niedrige Dünen, die durch etwas breitere Tröge getrennt sind. Ihre Höhe schwankt von weniger als einem Zentimeter bis zu mehreren Zentimetern. Die Kämme haben stromauf (Luvseite) einen flachen und stromab (Leeseite) einen steileren Hang, die Rippelkämme verlaufen senkrecht zur Strömung. **Subaquatische Dünen** sind langgestreckte Sandrücken, die in größeren Flüssen auch mehrere Meter Höhe erreichen können. Sie zeigen jedoch im Großen und Ganzen dieselbe Form wie Rippeln und werden deshalb oft als **Groß-** oder **Megarippeln** bezeichnet. Auch wenn es schwieriger zu beobachten ist, entstehen Rippeln und Dünen unter Wasser auf dieselbe Weise und genauso häufig wie durch Wind auf dem Festland.

Wenn sich Sandkörner durch Saltation bewegen, werden sie an der stromaufwärts gerichteten Luvseite der Rippeln und Dünen abgetragen und auf der stromabwärts gewandten Leeseite wieder abgelagert. Der ständige flussabwärts erfolgende Versatz von Sandkörnern über die Kämme hinweg führt dazu, dass sich die Rippeln und Dünen stromab verlagern, mit einer Geschwindigkeit, die geringer ist als die der einzelnen Körner und sehr viel langsamer als die Strömungsgeschwindigkeit des Wassers (das Wandern der Rippeln und Dünen wird in Kap. 19 eingehender betrachtet).

Während die Rippeln und Dünen wandern, werden die Körner mit einem charakteristischen Winkel von 30 bis 45° am strömungsabgewandten Leehang abgelagert und bilden die typische **Schrägschichtung**. Die Größe der Schrägschichtungskörper ist jeweils proportional zur Größe der Rippeln beziehungsweise der Dünen. Selbst wenn die eigentliche Rippel- oder Dünenform nicht aufgeschlossen ist, lässt sich allein aus der Schrägschichtung die relative Geschwindigkeit der Strömung abschätzen.

Form und Wandergeschwindigkeit der Rippeln und Dünen ändern sich, wenn die Strömungsgeschwindigkeit zunimmt. Im unteren Strömungsregime, das heißt bei niedriger Fließgeschwindigkeit, bei der nur wenige Körner springend transportiert werden, ist die Sandschicht eines Flussbetts eben geschichtet. Bei geringfügig höheren Geschwindigkeiten steigt die Anzahl der springenden Körner, dadurch entstehen zunächst Rippeln, die in Strömungsrichtung wandern (Abb. 18.17). Mit zunehmender Strömungsgeschwindigkeit verschwinden sie jedoch wieder und bei ausreichender Wassertiefe bilden sich Großrippeln beziehungsweise subaquatische Dünen. Bei den Großrippeln entstehen zuerst solche mit geraden Kämmen, sogenannte 2-D-Rippeln, die bei höherer Strömungsgeschwindigkeit in 3-D-Rippeln mit unregelmäßigem Kammverlauf übergehen. Wenn diese Dünen größer werden, bilden sich auf ihren Luvseiten kleine Rippeln, die über die Dünen klettern. Bei sehr hohen Strömungsgeschwindigkeiten werden die Dünen zerstört, stattdessen entsteht unter einer dichten Wolke rasch springender Sandkörner eine ebene Schichtung. Die meisten

Teil V

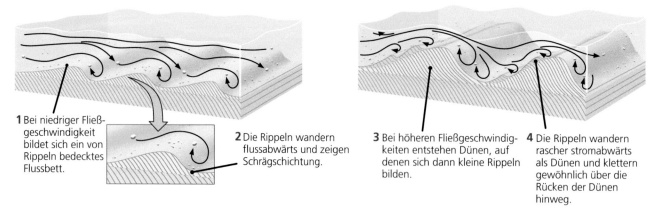

1 Bei niedriger Fließgeschwindigkeit bildet sich ein von Rippeln bedecktes Flussbett.

2 Die Rippeln wandern flussabwärts und zeigen Schrägschichtung.

3 Bei höheren Fließgeschwindigkeiten entstehen Dünen, auf denen sich dann kleine Rippeln bilden.

4 Die Rippeln wandern rascher stromabwärts als Dünen und klettern gewöhnlich über die Rücken der Dünen hinweg.

Abb. 18.17 Die Form einer Sedimentschicht ändert sich mit der Strömungsgeschwindigkeit (nach: D. A. Simmons & E. V. Richardson (1961): Forms of Bed Roughness in Alluvial Channels. – *American Society of Civil Engineers Proceedings* 87: 87–105)

Abb. 18.18 Zusammenhang zwischen Strömungsgeschwindigkeit, Wassertiefe und Sedimentstruktur, dargestellt für Sand der Korngröße 0,45–0,55 mm. Jedes Symbol entspricht einem Laborversuch mit entsprechender Strömungsgeschwindigkeit und Wassertiefe (Kreise = kleine Rippeln; Punkte = Großrippeln; Dreiecke = Ebenschichtung des oberen Strömungsregimes; ausgefüllte Dreiecke = Antidünen) (nach: J. C. Harms, J. B. Southard & G. V. Middleton (1982): Structures and Sequences, in: *Clastic Rocks*. – Society of Economic Paleontologists and Mineralogists, Short Course Notes 9)

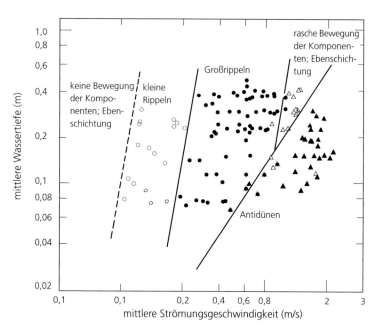

dieser Körner setzen sich kaum am Boden ab, weil sie sofort wieder hochgewirbelt werden. Einige verbleiben ständig in Suspension. Aus der Ebenschichtung des oberen Strömungsregimes heraus entwickeln sich schließlich mit zunehmender Strömung flache, symmetrische **Antidünen**, die sowohl stromauf als auch stromab wandern können und daher nach beiden Seiten einfallende Schrägschichtung zeigen.

Untersuchungen im Strömungskanal haben gezeigt, dass diese Abfolge von Sedimentstrukturen nicht ausschließlich eine Funktion der Strömungsgeschwindigkeit ist. Auch Korngröße und Wassertiefe üben einen wesentlichen Einfluss aus. So entstehen beispielsweise bei kleinen Korngrößen keine Dünen – die Rippeln gehen unmittelbar in die Ebenschichtung des oberen Strömungsregimes über. Die Abhängigkeit der Sedimentstruktur von der Strömungsgeschwindigkeit und Wassertiefe für eine bestimmte Korngröße zeigt Abb. 18.18, der Zusammenhang zwischen Sedimentstrukturen, Korngröße und Strömungsgeschwindigkeit ist in Abb. 18.19 dargestellt.

Deltas: Die Mündungen der Flüsse

Früher oder später enden alle Flüsse. Wenn sie in Seen oder ins Meer einmünden, vermischt sich ihr Wasser mit dem umgebenden Wasserkörper; da kein Gefälle mehr vorhanden ist, verlangsamt sich die Strömung rasch bis zum völligen Stillstand. Große Ströme wie etwa der Amazonas oder der Ganges können allerdings auch noch viele Kilometer weit draußen im Ozean eine schwache Strömung beibehalten. Wo kleine Flüsse an einer turbulenten, wellenbewegten Küste münden, endet deren Strömung bereits direkt hinter der Flussmündung.

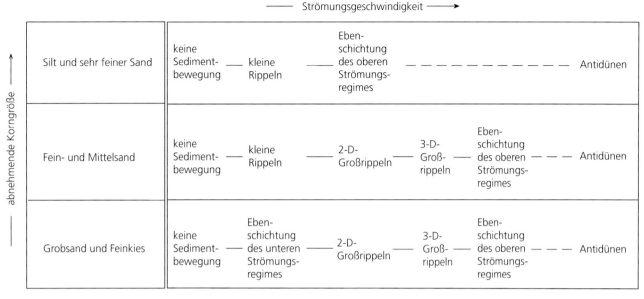

Abb. 18.19 Zusammenhang zwischen Strömungsgeschwindigkeit, Korngröße und Sedimentstruktur (nach: J. C. Harms, J. B. Southard & G. V. Middleton (1982): *Structures and Sequences*, in *Clastic Rocks*. – Society of Economic Paleontologists and Mineralogists, Short Course Notes 9)

Deltasedimentation

Ein Fluss verliert in seinem Unterlauf mit abnehmender Strömungsgeschwindigkeit die Fähigkeit, Sedimentmaterial zu transportieren. Das gröbste Material, normalerweise Sand, wird zuerst abgesetzt, meist unmittelbar an der Mündung. Feinere Sande werden etwas weiter transportiert und noch weiter draußen werden Silt und schließlich Ton abgelagert. Da der Boden eines Sees oder eines Meeres mit zunehmender Entfernung von der Küste gegen das tiefere Wasser hin abfällt, bildet das abgelagerte Material eine schräge Aufschüttungsebene, die als **Delta** bezeichnet wird. (Wir verdanken die Benennung „Delta" dem griechischen Historiker Herodot, der um 450 v. Chr. Ägypten bereiste. Der ungefähr dreieckig geformte Sedimentkörper an der Mündung des Nils veranlasste ihn, diese Ablagerungen nach dem griechischen Buchstaben Δ = Delta zu benennen.)

Wenn die Flüsse ihr Delta erreichen, wo das Gefälleprofil weitgehend dem Meeresniveau entspricht, kehren sie ihr normales, stromaufwärts verzweigtes Entwässerungssystem um. Anstatt von den Nebenflüssen immer mehr Wasser aufzunehmen, bilden sie eine Anzahl von **Mündungsarmen** – kleinere Flüsse, die sich in der Regel flussabwärts verzweigen und folglich Wasser und Sediment auf viele Kanäle verteilen. Das an der Oberfläche des Deltas abgesetzte Material, normalerweise Sand, bildet die horizontalen **Schichten der Deltaebene** („Topset Beds"). Weiter stromab werden feinkörniger Sand und Silt abgelagert, unter Bildung der sanft von der Küste weg einfallenden **Schichten der Deltafront** („Foreset Beds"), deren Schichtungsgefüge einer überdimensionalen Schrägschichtung gleicht. Seewärts von diesen Schichten der Deltafront breiten sich auf dem Meeresboden die geringmächtigen, horizontal lagernden feinklastischen Schichten des Deltafußes („Bottomset Beds") aus, die schließlich überdeckt werden, wenn das Delta seine Front weiter vorbaut. Abbildung 18.20 zeigt ein typisches großes Delta, das sich weit in das Meer hinaus vorgeschoben hat.

Das Wachstum eines Deltas

Mit dem Vorbau des Deltas verlagert sich gleichzeitig auch die Mündung des Flusses in das Meer hinaus und hinterlässt neues Land. Ein großer Teil dieses Festlandes besteht aus der Deltaebene, die lediglich einige Meter über dem Meeresspiegel liegt. Am seewärtigen Rand der Deltaebene liegen zwischen den Mündungsarmen weite Bereiche unter dem Meeresspiegel und bilden ausgedehnte Buchten, die allmählich mit feinklastischen Sedimenten verfüllt werden. Im Laufe der Zeit sind diese Bereiche soweit aufgefüllt, dass sie in Salzmarschen übergehen (Abb. 18.20).

In einem wachsenden Delta verlagert sich die Strömung ständig von einem Mündungsarm zum anderen mit kürzerer Laufstrecke zum Meer. Als Folge solcher Verlagerungen wächst das Delta über mehrere hundert oder tausend Jahre in eine Richtung, bricht dann in Form eines neuen Mündungsarms durch und beginnt – mit geänderter Richtung – Sedimente in das Meer zu transportieren. Auf diese Weise entstehen an den Mündungen größerer Flüsse Deltas von mehreren Tausend Quadratkilometern. Zum Vergleich: Das Delta der Rhône misst 1100 km², das der Donau 4000 km². Das größte Delta haben Ganges und Brahmaputra mit einer Fläche von zusammen 80.000 km².

Das Delta des Mississippi ist wie viele andere große Flussdeltas im Verlauf von Jahrmillionen gewachsen. Es entstand vor un-

Teil V

Abb. 18.20 Ein typisches großes marines Delta, das sich über viele Kilometer erstreckt und in dem feinkörnige Schichten der Deltafront unter einem sehr flachen Winkel, normalerweise 4–5° oder weniger, abgelagert werden. Vor den Mündungen der Deltaarme, in denen die Strömungsgeschwindigkeit plötzlich abnimmt, bilden sich Sandbänke (Mündungsbarren). Das Delta baut sich durch das Vorrücken der Mündungsbarren und der Sedimente der Deltaebene, der Deltafront und des Deltafußes weiter vor. Zwischen den Deltaarmen füllen sich die flachen Buchten mit feinkörnigen Sedimenten oder sie gehen in Salzmarschen über

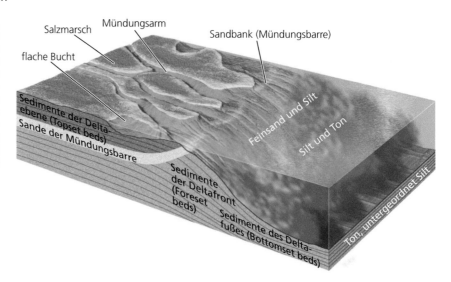

gefähr 150 Mio. Jahren im Gebiet der heutigen Mündung des Ohio in den Mississippi an der Südspitze von Illinois. Seitdem hat sich das Delta ungefähr 1600 km nach Süden vorgeschoben. Daraus entstand fast das gesamte Staatsgebiet von Louisiana und Mississippi sowie große Teile der angrenzenden Bundesstaaten. Abbildung 18.21 zeigt das Wachstum des Mississippi-Deltas im Verlauf der letzten 6000 Jahre und die Richtung, in die es sich möglicherweise künftig vorbauen wird. Heute rechnet man beim Mississippi mit einem jährlichen Zuwachs von 40 bis 100 m, während der Zuwachs beim Nil 33 m, bei der Rhône 20 m und beim Po etwa 130 m beträgt.

Deltas wachsen durch Ablagerung von Sediment und sie sinken in dem Maße ab, wie das Sediment der Kompaktion unterliegt und sich die Kruste unter der Last der Sedimente senkt. Venedig, erbaut auf Deltasedimenten der Alpenflüsse Norditaliens, sinkt kontinuierlich ab, doch nicht nur wegen der Subsidenz der Kruste, sondern auch infolge der Entnahme von Grundwasser aus den darunter liegenden Grundwasserleitern.

Anthropogene Einflüsse

Die auf den Deltaebenen vorhandenen Feuchtgebiete sind wertvolle natürliche Ressourcen, da sie, wie alle Feuchtgebiete, bei Überschwemmungen das Wasser speichern und für viele Pflanzen- und Tierarten Lebensraum sind. Wie die Feuchtgebiete in anderen Deltas sind auch die Feuchtgebiete des Mississippi-Deltas Angriffen von zwei Seiten ausgesetzt. Erstens reduzierten die seit den 1930er Jahren am Fluss erbauten Hochwasser-Rückhaltedämme die in das Delta transportierte Sedimentmenge und damit auch die Sedimentzufuhr in die Feuchtgebiete. Zweitens haben die vielen künstlichen Uferdämme die kleineren aber häufigen Überschwemmungen verhindert, die in Wirklichkeit die Feuchtgebiete mit Sedimentmaterial beliefern. Bei New Orleans sind die Talauen des Mississippi bereits unter das Niveau des Wasserspiegels im Fluss abgesunken, so dass das Risiko großer Überschwemmungen deutlich zugenommen hat.

Einflüsse von Wellen, Gezeiten und plattentektonischen Prozessen

Starke Wellen, küstenparallele Strömungen und Gezeiten beeinflussen Wachstum und Form der sich ins Meer vorbauenden Deltas. Daher unterscheidet man normalerweise zwischen flussdominierten Deltas (z. B. Mississippi-Delta), wellendominierten Deltas (z. B. Rhône-Delta) und gezeitendominierte Deltas (z. B. Ganges-Brahmaputra-Delta).

Bei flussdominierten Deltas baut der Fluss mithilfe des angelieferten Sedimentmaterials die sich episodisch verlagernden Mündungsarme vor – das Ergebnis ist ein typisches Vogelfußdelta (Abb. 18.21, rechts unten). Bei den wellendominierten Deltas können küstenparallele Strömungen das Sediment fast ebenso schnell an der Küste entlang verfrachten, wie es vom Fluss abgelagert wird. Die Deltafront wird dann zu einer langen Strandlinie mit lediglich einer leichten, seewärts gerichteten Ausbuchtung unmittelbar an der Mündung. In gezeitendominierten Deltas formen die in das Delta ein- und ausströmenden Gezeiten die Deltasedimente zu langgestreckten Sandbänken um, die parallel zur Strömungsrichtung und damit in den meisten Gebieten ungefähr rechtwinkelig zur Küste angeordnet sind.

In Bereichen, wo Wellen und Gezeiten ausgesprochen stark sind, können sich keine Deltas bilden. Das durch Flüsse in das Meer gebrachte Sediment wird stattdessen entlang der Küstenlinie am Strand verteilt oder auch in das tiefere Wasser vor der Küste transportiert. Aus diesem Grund fehlen beispielsweise an der Ostküste Nordamerikas oder an der Nordsee Flussdeltas. Der Mississippi konnte nur deshalb ein Delta ausbilden, weil im Golf von Mexiko weder die Wellentätigkeit noch die Gezeiten sehr stark sind.

Auch die Prozesse der Plattentektonik üben einen gewissen Einfluss aus, ob und wo sich Deltas bilden, da für die Bildung von Deltas zwei weitere Voraussetzungen erfüllt sein müssen: Hebung im Einzugsgebiet, die zur Anlieferung großer Sedimentmassen führt, und Absenkung der Kruste im Bereich des Deltas, um für das Gewicht und das Volumen der riesigen

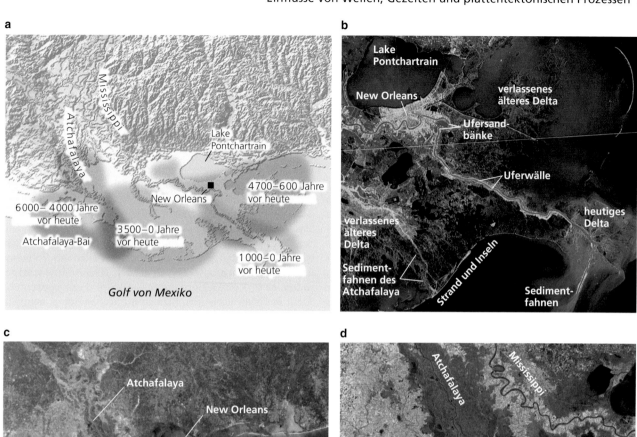

a

Mississippi

Atchafalaya

Lake Pontchartrain

4700–600 Jahre vor heute

New Orleans

6000–4000 Jahre vor heute

3500–0 Jahre vor heute

Atchafalaya-Bai

1000–0 Jahre vor heute

Golf von Mexiko

b

Lake Pontchartrain

New Orleans

verlassenes älteres Delta

Ufersand-bänke

Uferwälle

heutiges Delta

verlassenes älteres Delta

Strand und Inseln

Sediment-fahnen des Atchafalaya

Sediment-fahnen

c

Atchafalaya

New Orleans

Mississippi

Vom Mississippi mitgeführte, überwiegend aus Silt bestehende Sedimentfracht.

d

Atchafalaya

Mississippi

Atchafalaya-Delta

Golf von Mexiko

Die vom Atchafalaya angelieferte, überwiegend aus Silt bestehende Sedimentfracht …

… nimmt zu, wenn sich in Zukunft das Delta verlagert.

Abb. 18.21 In den vergangenen 6000 Jahren baute der Mississippi sein Delta erst in einer Richtung vor. Diese änderte sich, als der Fluss seine Strömung von einem großen Mündungsarm in einen anderen verlagerte. **a** Dem heutigen Delta gingen Deltas im Osten und Westen voraus. **b** Der für dieses Satellitenbild des Mississippi-Deltas verwendete Infrarotfilm gibt die Vegetation in *Rot*, relativ klares, sauberes Wasser in *Dunkelblau* und Wasser mit suspendierter Sedimentfracht in *Hellblau* wieder. *Oben links* liegen New Orleans und der Lake Pontchartrain. In der Bildmitte sind gut ausgebildete Uferwälle und Sandbänke zu erkennen. *Unten links* liegen Strände und Inseln. Sie sind aus Sand entstanden, der durch Wellen und Strömungen aus dem Flussdelta verfrachtet worden ist. **c** Satellitenbild des Mississippi-Deltas. **d** Dieses Bild zeigt den Sedimenteintrag des Mississippi und des Atchafalaya in den Golf von Mexiko. Ein starkes Hochwasser könnte theoretisch den größten Teil des Abflusses vom Mississippi in den Atchafalaya umlenken, wodurch ein neues Delta entstehen würde. Der Bau künstlicher Dämme durch das Army Corps of Engineers hat dies bisher verhindert (b aus: G. T. Moore (1979): Mississippi River Delta from Landsat 2. – Bulletin of the American Association of Petroleum Geologists; c NASA; d US Geological Survey National Wetlands Research Center)

Teil V

Sedimentmengen Raum zu schaffen. Zwei der großen Deltas der Erde, das Mississippi-Delta und das Rhône-Delta, erhalten ihre Sedimentfracht in erster Linie von entfernter liegenden Gebirgszügen – von den Rocky Mountains und Appalachen beziehungsweise von den Alpen. Beide Deltas befinden sich in derselben plattentektonischen Position, das heißt auf einem passiven, ursprünglich durch Riftvorgänge entstandenen Kontinentalrand. An dem aktiven, durch eine Kontinent-Kontinent-Kollision entstandenen Kontinentalrand, an dem der Himalaja aufsteigt, entstanden die großen Deltas des Indus und Ganges. An aktive Subduktionszonen sind nur wenige große Deltas gebunden. Der Grund dürfte wohl sein, dass es für einen großen

Fluss wie beispielsweise den Columbia River in Washington und Oregon schwer ist, durch einen Vulkangürtel (das Kaskadengebirge) hindurch reichlich Sediment in das Meer zu transportieren. Darüber hinaus sind ozeanische Inselbögen – was ihre Festlandsfläche betrifft – zu klein, um große Mengen an klastischem Sediment zu liefern.

Flüsse als Geosysteme

Flüsse sind dynamische Geosysteme, die sich als Folge von Klimaänderungen oder plattentektonischen Prozessen ständig verändern, was wiederum deren Wasserführung und Sedimenttransport beeinflusst. Von einer Brücke oder vom Boot aus betrachtet scheint die Strömung eines Flusses, was Geschwindigkeit und Wassermenge betrifft, gleichmäßig zu sein. Doch Volumen und Strömungsgeschwindigkeit können sich an einer bestimmten Stelle von Monat zu Monat und von Jahreszeit zu Jahreszeit deutlich verändern. Über längere Zeiträume hinweg verändern sie auch die Form ihrer Täler (Abb. 18.22). Auf dem Weg von den engen Tälern des Oberlaufs zu den breiten Talauen der mittleren und unteren Flussabschnitte ändern sich fortwährend Strömungsgeschwindigkeit und Größe der Fließrinnen. Solche langfristigen Veränderungen der Wasserläufe sind meist Anpassungen an das mittlere Wasservolumen und an die Fließgeschwindigkeit (ausgenommen Hochwasser); dasselbe gilt auch für die Tiefe und Breite des Flussbetts.

Von ihren Quellgebieten in der Nähe der Wasserscheiden bis zu ihren Mündungen in Meere oder Binnenseen reagieren alle Flüsse auf Klimaveränderungen (wie etwa Niederschläge) und tektonische Bewegungen (Hebung und Senkung der Erdkruste). Wie wir beobachten können, vereinigen sich einzelne Gerinne zu immer größeren Flüssen und schließlich, wie im Falle des Mississippi, zu einem einzigen großen Strom. Niederschläge, die in den Quellgebieten fallen, können sich noch weit flussabwärts bemerkbar machen, wo das Wasservolumen das Volumen der Fließrinnen überschreiten kann und der Fluss seine Uferdämme überflutet und eine Überschwemmung verursacht. Auf diese Weise verbreiten sich die in einem Teil des Systems ablaufenden Prozesse und Auswirkungen über das ganze System und beeinflussen damit das Verhalten in einem anderen Teil.

Der Sedimenttransport verhält sich auf ähnliche Weise, obwohl dafür längere Zeiträume erforderlich sind. Wenn in den Quellgebieten über längere Zeit mehr Niederschläge fallen, etwa weil langfristig das Klima feuchter wird oder sich die tektonische Hebung beschleunigt, dann nimmt sowohl die Erosionsrate als auch der Sedimenteintrag zu. Als Folge wird durch das gesamte Flussnetz eine „Woge" von Sedimentmaterial transportiert, bis diese schließlich das Mündungsdelta erreicht, wo sie sich in der Schichtenfolge als Periode ungewöhnlich hoher Sedimentakkumulation bemerkbar macht. Auf diese Beziehungen zwischen Klima und Tektonik und deren Einflüsse auf die Landschaftsentwicklung wird in Kap. 22 noch einmal eingegangen.

Wie sich Wasser und Sedimentmaterial insgesamt durch das Geosystem Fluss hindurchbewegen, wird von einigen wichtigen Parametern bestimmt. Dazu gehören Abfluss, Längsprofil und Änderung der Erosionsbasis.

Abfluss

Ein Maß für die Stärke einer Strömung ist der **Abfluss**. Als Abfluss wird das Wasservolumen bezeichnet, das in einer gegebenen Zeiteinheit durch einen bestimmten Querschnitt des Gewässers fließt. (Man beachte, dass in Kap. 17 der Abfluss als das Volumen des Wassers definiert wurde, das in einer bestimmten Zeit den Grundwasserleiter verlässt. Beide Bezeichnungen sind gerechtfertigt, da es sich in beiden Fällen um Volumina von Strömungen pro Zeiteinheit handelt.) Der Abfluss wird gewöhnlich in Kubikmetern pro Sekunde (m^3/s) angegeben und kann in einem normalen, kleineren Fluss zwischen ungefähr 0,25 und 300 m^3/s schwanken. Bei einem gut untersuchten mittelgroßen Fluss in Schweden, dem Klarälven, schwankt beispielsweise der Abfluss zwischen 500 m^3/s bei Niedrigwasser und 1320 m^3/s bei Hochwasser. Der Abfluss des Mississippi beträgt bei Niedrigwasser 1400 m^3/s und bei Hochwasser über 57.000 m^3/s.

Der Abfluss wird an jeder beliebigen Stelle durch den Zustrom ausgeglichen, sei es durch Niederschläge oder den Zufluss von Grundwasser. Wenn der Abfluss größer ist als der Zufluss, wie etwa in Trockenzeiten, sinkt der Wasserspiegel des Flusses erheblich ab. Ist dagegen der Zufluss größer als der Abfluss, dann steigt der Wasserstand, und wenn das Ungleichgewicht zwischen Abfluss und Zufluss zu groß ist, kommt es zu Überschwemmungen.

Man ermittelt den Abfluss durch Multiplikation der Geschwindigkeit einer Strömung und der Querschnittsfläche (in unserem Fall die Breite, multipliziert mit der Tiefe des Teils der Fließrinne, die vom Wasser eingenommen wird):

$$\text{Abfluss} = \text{Querschnitt} \times \text{Geschwindigkeit der Strömung}$$
$$= (\text{Breite} \times \text{Tiefe}) \times (\text{zurückgelegte Entfernung pro s})$$

Abb. 18.23 zeigt diese Beziehung. Damit sich der Abfluss erhöht, muss entweder die Geschwindigkeit gesteigert oder die Querschnittsfläche vergrößert werden, oder beides. Wenn man beispielsweise den Abfluss eines Gartenschlauchs durch Aufdrehen des Wasserhahns erhöht, strömt das Wasser am anderen Ende mit höherer Geschwindigkeit aus. Die Querschnittsfläche des Schlauchs, sein Durchmesser, kann sich nicht verändern, daher nimmt der Abfluss zu. Wenn der Abfluss eines Flusses an einem bestimmten Punkt zunimmt, nimmt normalerweise sowohl die Fließgeschwindigkeit als auch der Querschnitt zu. (Die Geschwindigkeit wird außerdem durch das Gefälle der Fließrinne und die Rauheit der Gewässersohle und der Seitenwände beeinflusst, die wir in diesem Zusammenhang hier vernachlässigen können). Die Querschnittsfläche wird deshalb größer, weil der

Fluss einen größeren Teil der Breite und Tiefe der Fließrinne einnimmt.

Der normale Abfluss nimmt in den meisten Flüssen stromabwärts zu, da aus den **Nebenflüssen** immer mehr Wasser aufgenommen wird. Eine Zunahme des Abflusses bedeutet, dass auch die Breite und Tiefe oder die Geschwindigkeit zunehmen müssen. Die Geschwindigkeit der Strömung nimmt jedoch stromab nicht so stark zu, wie vielleicht aus der Zunahme des Abflusses zu erwarten wäre, allein schon wegen der Abnahme des Gefälles im Unterlauf (abnehmendes Gefälle reduziert die Geschwindigkeit). Wenn der Abfluss stromabwärts nicht signifikant steigt und das Gefälle sich stark verringert, nimmt die Fließgeschwindigkeit eines Flusses ab.

Hochwasser

Ein Hochwasser ist ein extremes Beispiel für einen erhöhten Abfluss, der sich aus einem kurzzeitigen Ungleichgewicht zwischen Zustrom und Abfluss ergibt. Sobald der Abfluss zunimmt, steigt auch die Strömungsgeschwindigkeit und das Wasser füllt allmählich das gesamte Flussbett aus. Steigt der Abfluss weiter, erreicht der Fluss seinen Hochwasserstand und tritt über die Ufer. Einige Flüsse treten nahezu jedes Jahr, wenn der Schnee schmilzt oder nach starken Niederschlägen über ihre Ufer, andere nur in unregelmäßigen Abständen. Manche Überschwemmungen bringen hohe Wasserstände, die tagelang die Talaue überfluten. Alle anderen Extremfälle sind kleine Hochwasser, die kaum über die Ufer treten, bevor sie wieder zurückgehen. Solche kleineren Hochwasser sind weitaus häufiger und ereignen sich im Durchschnitt alle zwei bis drei Jahre. Große Überschwemmungen dagegen sind im Allgemeinen seltener und treten gewöhnlich nur alle 10, 20 oder 30 Jahre auf.

Da es unmöglich ist, den Wasserstand oder Abfluss eines Hochwassers in irgendeinem Jahr exakt vorherzusagen, sind Vorhersagen lediglich als Wahrscheinlichkeitsangaben zu betrachten. Für einen bestimmten Fluss könnte beispielsweise eine Wahrscheinlichkeit von 20 % bestehen, dass jährlich ein Hochwasser mit einem Abfluss von angenommen 1500 m³/s auftreten wird. Diese Wahrscheinlichkeit entspricht der durchschnittlichen Wiederkehrzeit oder Jährlichkeit, in diesem Fall fünf Jahre (20 % = 1:5), die zwischen den beiden Hochwasserereignissen mit einem Abfluss von 1500 m³/s liegt. Wir bezeichnen eine Flut mit diesem Abfluss als eine 5-Jahres-Flut. Ein starkes Hochwasser mit einem Abfluss von angenommen 2600 m³/s, wird bei demselben Fluss wahrscheinlich nur alle 50 Jahre auftreten und wird deshalb als 50-Jahres-Flut bezeichnet. Ähnlich wie bei Erdbeben haben größere Überschwemmungen auch längere Wiederkehrzeiten. Die jährliche Wahrscheinlichkeit und Wiederkehrzeit für eine Reihe von Abflussmengen wird in einem sogenannten Hochwasser-Häufigkeitsdiagramm dargestellt.

Die Wiederkehrzeit von Hochwasser mit einem bestimmten Abfluss schwankt von Fluss zu Fluss. Sie ist von drei Faktoren abhängig:

1. vom Klima des Gebietes,
2. von der Breite der Talaue und
3. von der Größe des Flussbetts.

In trockenen Klimagebieten kann beispielsweise das Wiederholungsintervall eines 2600 m³/s-Hochwassers wesentlich länger sein als dasjenige eines 2600 m³/s-Hochwassers in einem ähnlichen Fluss, der nur periodisch Wasser durch Niederschläge erhält. Aus diesem Grund sind für jeden einzelnen größeren Fluss solche Hochwasser-Häufigkeitsdiagramme erforderlich, nur so sind für die unterschiedlichen Wasserstände angemessene Hochwasserschutz- und Vorsorgemaßnahmen in gefährdeten Städten und Landstrichen zu erreichen. Ein solches Hochwasser-Häufigkeitsdiagramm für einen bestimmten Fluss, in diesem Falle für den Skykomish im US-Bundesstaat Washington, zeigt Abb. 18.24.

Die Vorhersage von Überschwemmungen und deren Höhe wurde wesentlich verlässlicher, als vermehrt automatische Niederschlags- und Pegelmessungen in Verbindung mit neuen Computermodellen eingeführt wurden. Damit ist es bereits mehrere Monate im Voraus möglich, Anstieg und Rückgang des Wasserspiegels vorherzusagen und damit auch mehrere Tage im Voraus verlässliche Hochwasserwarnungen zu veröffentlichen. Diese Informationen sind auch aus anderen Gründen wertvoll, die von der Bewirtschaftung der Wasservorräte bis zur Planung von Freizeitaktivitäten reichen (vgl. Abschn. 24.18).

Längsprofil eines Flusses

Wir haben festgestellt, dass an jeder beliebigen Stelle eines Flusses die Strömung den Zu- und Abfluss ausgleicht – auch wenn beide während eines Hochwassers kurzzeitig aus dem Gleichgewicht geraten. Dies zeigen Untersuchungen, die sich mit den Veränderungen von Abfluss, Fließgeschwindigkeit, Dimension der Fließrinne und besonders mit dem Gefälle entlang der gesamten Laufstrecke – von der Quelle bis zur Mündung – befassen: Im Idealfall herrscht auf der gesamten Laufstrecke in der Fließrinne und auf der Talaue ein dynamisches Gleichgewicht zwischen Eintiefung und Sedimentation.

Dieses Gleichgewicht wird von fünf Faktoren beeinflusst:

1. vom Reliefunterschied (einschließlich dem Gefälle),
2. vom Klima,
3. von der Strömung (sowohl vom Abfluss als auch der Geschwindigkeit),
4. vom Widerstand des Gesteins gegen Verwitterung und Erosion sowie
5. von der Sedimentfracht.

Eine bestimmte Kombination dieser Faktoren wie starkes Relief, feuchtes Klima, hoher Abfluss und hohe Fließgeschwindigkeit

Teil V

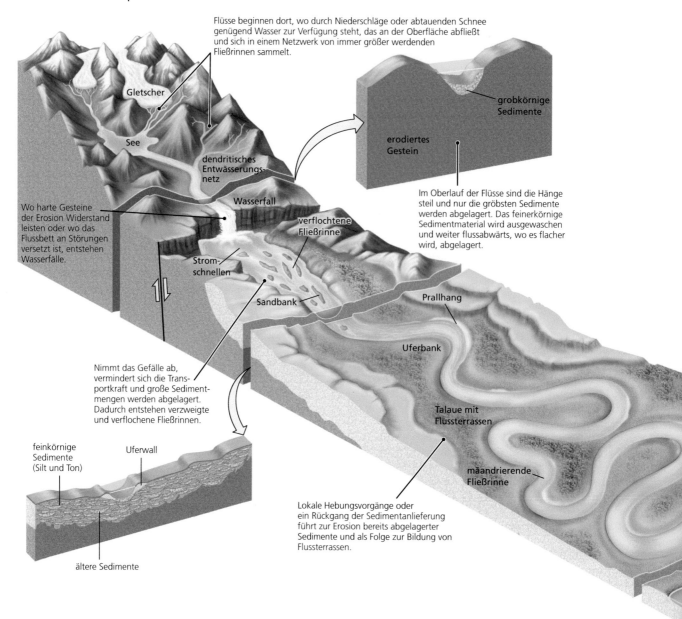

Flüsse beginnen dort, wo durch Niederschläge oder abtauenden Schnee genügend Wasser zur Verfügung steht, das an der Oberfläche abfließt und sich in einem Netzwerk von immer größer werdenden Fließrinnen sammelt.

Gletscher

See

dendritisches Entwässerungsnetz

grobkörnige Sedimente

erodiertes Gestein

Im Oberlauf der Flüsse sind die Hänge steil und nur die gröbsten Sedimente werden abgelagert. Das feinerkörnige Sedimentmaterial wird ausgewaschen und weiter flussabwärts, wo es flacher wird, abgelagert.

Wo harte Gesteine der Erosion Widerstand leisten oder wo das Flussbett an Störungen versetzt ist, entstehen Wasserfälle.

Wasserfall

verflochtene Fließrinne

Stromschnellen

Sandbank

Prallhang

Uferbank

Nimmt das Gefälle ab, vermindert sich die Transportkraft und große Sedimentmengen werden abgelagert. Dadurch entstehen verzweigte und verflochene Fließrinnen.

Talaue mit Flussterrassen

feinkörnige Sedimente (Silt und Ton)

Uferwall

mäandrierende Fließrinne

ältere Sedimente

Lokale Hebungsvorgänge oder ein Rückgang der Sedimentanlieferung führt zur Erosion bereits abgelagerter Sedimente und als Folge zur Bildung von Flussterrassen.

Abb. 18.22 Flüsse transportieren Wasser und Sediment von ihrem Oberlauf in die Ozeane

sowie hartes Gestein und geringe Sedimentfracht führen dazu, dass der Fluss in das anstehende Gestein ein steiles Tal einschneidet und das gesamte von dieser Erosion stammende Sedimentmaterial flussabwärts verfrachtet. Im Gegensatz dazu dürfte der Fluss weiter stromab, wo das Relief niedriger ist und wo er über leicht erodierbares Sediment fließt, Sandbänke und Auensedimente ablagern und das Flussbett durch Sedimentation aufhöhen.

Das **Längsprofil** eines Flusses vom Quellgebiet bis zur Mündung lässt sich dadurch darstellen, dass man die jeweilige topographische Höhenlage seines Flussbetts gegen die Entfernung von der Quelle aufträgt. Abbildung 18.25 zeigt das Gefälle der Flüsse Platte und South Platte vom Oberlauf im US-Bundesstaat Colorado bis zu deren Mündung in Nebraska. Die Längsprofile aller Flüsse, von den kleinen Rinnsalen bis zu den großen Strö-

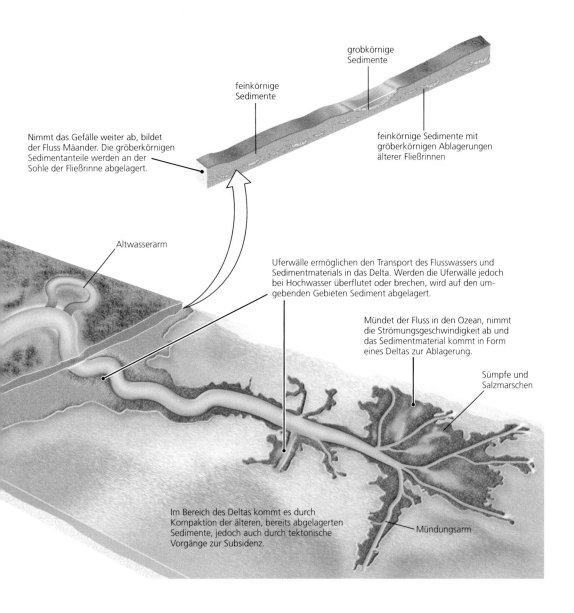

grobkörnige
Sedimente

feinkörnige
Sedimente

feinkörnige Sedimente mit
gröberkörnigen Ablagerungen
älterer Fließrinnen

Nimmt das Gefälle weiter ab, bildet
der Fluss Mäander. Die gröberkörnigen
Sedimentanteile werden an der
Sohle der Fließrinne abgelagert.

Altwasserarm

Uferwälle ermöglichen den Transport des Flusswassers und
Sedimentmaterials in das Delta. Werden die Uferwälle jedoch
bei Hochwasser überflutet oder brechen, wird auf den umgebenden Gebieten Sediment abgelagert.

Mündet der Fluss in den Ozean, nimmt
die Strömungsgeschwindigkeit ab und
das Sedimentmaterial kommt in Form
eines Deltas zur Ablagerung.

Sümpfe und
Salzmarschen

Im Bereich des Deltas kommt es durch
Kompaktion der älteren, bereits abgelagerten
Sedimente, jedoch auch durch tektonische
Vorgänge zur Subsidenz.

Mündungsarm

Teil V

men zeigen dasselbe, generell konkav nach oben offene Profil mit einem bemerkenswert steilen Gefälle im Oberlauf und einem flachen, fast ebenen Gefälle im Unterlauf bis zur Mündung.

Warum folgen alle Ströme diesem Profil? Die Antwort ergibt sich aus der Kombination der Faktoren, die Erosion und Sedimentation beeinflussen. Da alle Flüsse bergab fließen, liegen ihre Quellen höher als ihr Unterlauf. Sie erodieren im Oberlauf schneller als im Unterlauf, da dort das Gefälle steiler ist und die Fließgeschwindigkeit sehr hoch sein kann, was die Erosion des Untergrunds beschleunigt. Im Unterlauf gewinnt die Sedimentation zunehmend an Bedeutung. Unterschiede im Relief und die genannten anderen Faktoren können das Längsprofil im Ober- und Unterlauf des Flusses zwar steiler oder flacher gestal-

a

Ein Fluss mit einer kleineren Querschnittsfläche und einer geringen Strömungsgeschwindigkeit hat einen geringeren Abfluss …
(3 m × 10 m = 30 m² × 1 m/s = 30 m³/s)

b

… als ein Fluss mit größerer Querschnittsfläche und höherer Fließgeschwindigkeit.
(9 m × 10 m = 90 m² × 2 m/s = 180 m³/s)

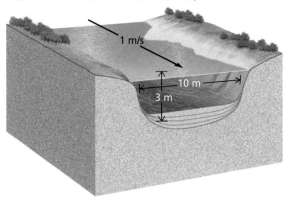
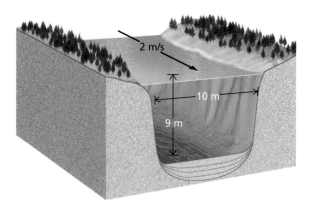

Abb. 18.23a,b Die Abflussmenge eines Flusses ist abhängig von der Fließgeschwindigkeit und der Querschnittsfläche der Strömung (Daten aus: T. Dunne & L. B. Leopold (1978): *Water in Environmental Planning*. San Francisco, W. H. Freeman)

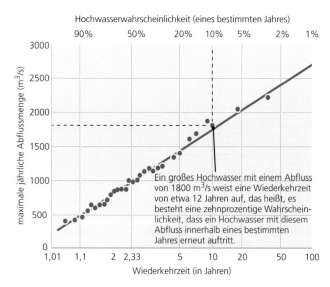

Abb. 18.24 Die Häufigkeitskurve der jährlichen Hochwasser für den Skykomish bei Gold Bar, Washington. Diese Kurve gibt die Wahrscheinlichkeit an, mit der ein Hochwasser einer bestimmten Abflussmenge in einem bestimmten Jahr auftritt (nach: T. Dunne & L. B. Leopold (1978): *Water in Environmental Planning*. San Francisco, W. H. Freeman)

ten, doch an der allgemein konkaven nach oben offenen Form ändert das nichts.

Erosionsbasis Das Längsprofil eines Flusses wird durch die **Erosionsbasis** an seinem unteren Ende gesteuert, die jenem Höhenniveau entspricht, bei dem der Fluss in einen größeren stehenden Wasserkörper mündet, also in einen Binnensee oder ein Meer. Ströme können sich nicht tiefer als ihre Erosionsbasis einschneiden, denn sie ist gewissermaßen der Hangfuß oder die untere Grenze des Längsprofils. Ändert sich durch tektoni-

sche Vorgänge die natürliche Erosionsbasis, beeinflussen sie das Längsprofil in voraussagbarer Weise. Wird die regionale Erosionsbasis etwa durch eine Störung höher gelegt oder steigt der Meeresspiegel, äußert sich das in einem veränderten Längsprofil: der Fluss bildet Rinnen- und Auensedimente, bis die neue Höhenlage der Erosionsbasis erreicht wird (Abb. 18.26).

Vergleichbare Auswirkungen auf das Längsprofil hat das künstliche Aufstauen eines Flusses, das eine neue lokale Erosionsbasis schafft (Abb. 18.27). Das Gefälle des Flusses nimmt oberhalb des Staudamms ab, weil die neue lokale Erosionsbasis hinter dem Staudamm das Längsprofil abflacht. Dadurch verringert sich die Fließgeschwindigkeit und gleichzeitig auch die Kapazität des Flusses, Sedimentmaterial zu transportieren. Das zwingt den Fluss, einen Teil seiner mitgeführten Sedimentfracht im Flussbett abzulagern, was die Krümmung der Kurve etwas flacher werden lässt als vor dem Bau des Staudamms. Am Auslauf des Damms passt der Fluss sein Profil den neuen Verhältnissen an; da er nun viel weniger Sediment transportiert, vertieft er zwangsläufig unmittelbar unterhalb des Staudamms sein Flussbett.

Diese verstärkte Erosion beeinflusste die Sandbänke und Ufer unterhalb des Glen-Canyon-Staudamms im Grand-Canyon-Nationalpark ganz erheblich. Neben den Lebensräumen der Tiere und archäologischen Fundstellen sind auch die als Erholungsgebiete genutzten Uferbereiche bedroht. Würde man den Abfluss bei Hochwasser um einen gewissen Prozentanteil erhöhen – so haben Wasserbauingenieure errechnet –, würde auch wieder genügend Sand abgelagert werden, um die durch Erosion entstandenen Verluste auszugleichen. Diese Berechnungen wurden durch einen Großversuch bestätigt, bei dem 1996 am Glen-Canyon-Damm ein künstliches, kontrolliertes Hochwasser erzeugt wurde. Als der Staudamm geöffnet wurde, strömten ungefähr 38 Mrd. Liter Wasser in den Can-

a

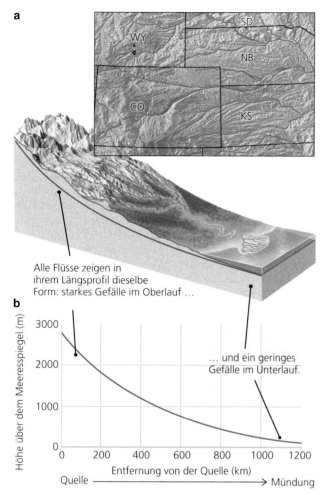

Alle Flüsse zeigen in ihrem Längsprofil dieselbe Form: starkes Gefälle im Oberlauf …

… und ein geringes Gefälle im Unterlauf.

b

Abb. 18.25a,b **a** Schematisches Längsprofil eines typischen Flusses. **b** Längsprofil des Platte und South Platte vom Oberlauf des South Platte in Colorado bis zur Einmündung des Platte in den Missouri in Nebraska. Alle Fließgewässer, ob kleine Bäche oder größere Ströme, zeigen in ihrem Längsprofil dieselbe Form, obwohl die Kurven steiler oder flacher sein können (Daten aus: H. Gannett (1901): *Profiles of Rivers in the United States*. – US Geological Survey Water Supply Paper 4)

yon mit einer Geschwindigkeit, die ausgereicht hätte, den 100 Stockwerke hohen Willis- (den früheren Sears-) Tower in Chicago in 17 min zu füllen. Dieser Versuch zeigte, dass sich erodierte Gebiete bei Hochwasser durch Sedimentation regenerieren.

Fällt der Meeresspiegel um nennenswerte Beträge, ändert sich die Erosionsbasis und damit auch das Längsprofil. Die regionale Erosionsbasis aller in den Ozean mündenden Flüsse wird tiefer gelegt, und in die älteren Flussablagerungen schneiden sich nun erneut Täler ein. Wenn die Absenkung des Meeresspiegels so groß ist wie während der letzten Vereisungsperiode, schneiden die Flüsse steile Täler in die Küstenebenen und den Kontinentalschelf ein.

Ausgeglichene Flüsse Im Laufe der Jahre stabilisiert sich das Längsprofil eines Flusses, da er tieferliegende Bereiche allmählich auffüllt und höhere erodiert und somit ein ausgegli-

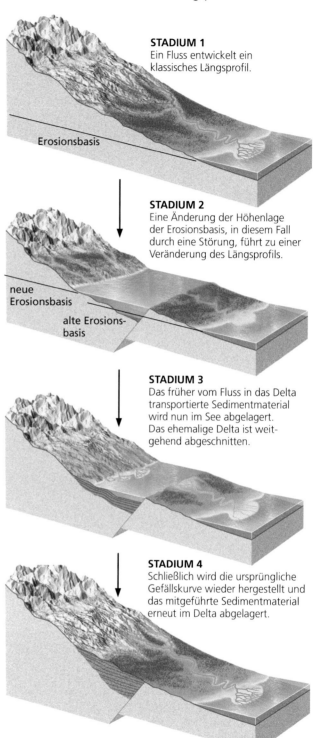

STADIUM 1
Ein Fluss entwickelt ein klassisches Längsprofil.

Erosionsbasis

STADIUM 2
Eine Änderung der Höhenlage der Erosionsbasis, in diesem Fall durch eine Störung, führt zu einer Veränderung des Längsprofils.

neue Erosionsbasis

alte Erosionsbasis

STADIUM 3
Das früher vom Fluss in das Delta transportierte Sedimentmaterial wird nun im See abgelagert. Das ehemalige Delta ist weitgehend abgeschnitten.

STADIUM 4
Schließlich wird die ursprüngliche Gefällskurve wieder hergestellt und das mitgeführte Sedimentmaterial erneut im Delta abgelagert.

Abb. 18.26 Die Erosionsbasis beeinflusst das untere Ende des Längsprofils. Ändert sich die Erosionsbasis, passt sich das Längsprofil im Laufe der Zeit der neuen Erosionsbasis an

Teil V

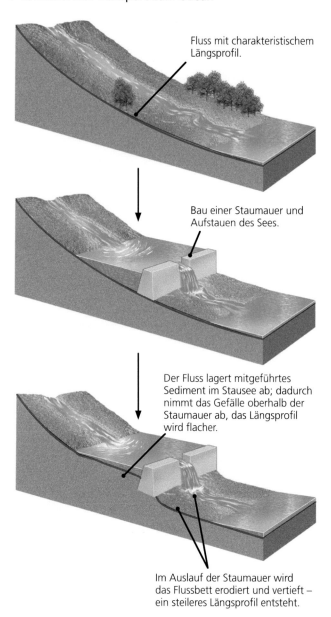

Fluss mit charakteristischem Längsprofil.

Bau einer Staumauer und Aufstauen des Sees.

Der Fluss lagert mitgeführtes Sediment im Stausee ab; dadurch nimmt das Gefälle oberhalb der Staumauer ab, das Längsprofil wird flacher.

Im Auslauf der Staumauer wird das Flussbett erodiert und vertieft – ein steileres Längsprofil entsteht.

Abb. 18.27 Eine durch menschlichen Eingriff verursachte Änderung der Höhenlage der Erosionsbasis und ihre Auswirkungen auf das Längsprofil eines Flusses

chenes Längsprofil (Gleichgewichtsprofil) erreicht, als Folge des Gleichgewichts zwischen Erosion und Sedimentation. Entscheidend für dieses Gleichgewicht ist nicht nur seine Erosionsbasis, sondern auch die Höhenlage des Quellgebiets und all die anderen bereits erwähnten Faktoren, die das Gleichgewicht des Flussprofils steuern. Im Gleichgewichtszustand wird der Fluss als **ausgeglichener Fluss** bezeichnet, bei dem Gefälle, Geschwindigkeit und Abfluss so zusammenwirken, dass zwar Sediment transportiert wird, insgesamt aber weder Sedimentation noch Erosion stattfindet. Wenn die Bedingungen, die zu einem ausgeglichenen Flussprofil führen, in irgendeiner Form verändert werden, ändert sich auch das Längsprofil, bis ein neues Gleichgewicht erreicht ist.

Wo die regionale Erosionsbasis über geologische Zeiträume hinweg konstant bleibt, spiegelt das Längsprofil ein Gleichgewicht zwischen tektonischer Hebung und Erosion auf der einen Seite und Transport und Ablagerung auf der anderen Seite wider. Überwiegt die Heraushebung, was gewöhnlich im Oberlauf der Fall ist, ist das Profil im Oberlauf eines Flusses normalerweise steil und zeigt an, dass Erosion und Transport vorherrschen. Wenn die Heraushebung nachlässt und das Gebiet im Oberlauf erodiert ist, wird das Längsprofil flacher.

Auswirkung des Klimas Das Längsprofil eines Flusses wird in erheblichem Maße vom Klima beeinflusst, vor allem durch den Einfluss von Temperatur und Niederschlag auf die Verwitterung und Erosion (vgl. Kap. 16). Hohe Temperaturen und hohe Niederschläge fördern Verwitterung und Erosion der Böden und Hänge und damit den Sedimenttransport der Flüsse. Außerdem führen höhere Niederschläge zu einem höheren Abfluss und folglich zu einer verstärkten Erosion des Flussbetts. Eine Untersuchung des Sedimenttransports über die Gesamtfläche der Vereinigten Staaten ergab, dass die globale Änderung des Klimas im Verlauf der vergangenen 50 Jahre für eine generelle Zunahme des Abflusses verantwortlich ist. Kurzzeitige sedimentäre Aufschüttungen oder Erosion können die Folgen von Klimaveränderungen, in erster Linie von Temperaturschwankungen sein.

Schwemmfächer Plattentektonische Prozesse können in mehrfacher Weise zu Veränderungen im Längsprofil eines Flusses führen. Typische Bereiche, in denen sich Flüsse plötzlichen Veränderungen anpassen müssen, sind Gebirgsränder, an denen ein Gebirgszug abrupt in eine sanft geneigt Ebene übergeht. Dort verlassen die Flüsse ihre engen Gebirgstäler und fließen in tieferem Niveau in relativ breiten, ebenen Tälern weiter. An solchen Gebirgsrändern, in der Regel an steilen Bruchstufen, setzen die Flüsse große Sedimentmengen in kegel- oder fächerförmigen Schüttungskörpern ab, die als **Schwemmfächer** bezeichnet werden (Abb. 18.28). Diese Ablagerungen entstehen durch eine plötzliche Abnahme der Strömungsgeschwindigkeit, wenn der Flusslauf sich stark erweitert. In geringerem Maße trägt auch die Abnahme des Gefälles vor dem Gebirgsrand zum Rückgang der Strömungsgeschwindigkeit bei. Die Oberfläche des Schwemmfächers zeigt normalerweise ein nach oben offenes konkaves Profil, das den steileren Gebirgsteil des Profils mit dem sanfteren Profil des Tales oder der Ebene verbindet. An den steilen, oberen Hängen des Fächers herrscht grobkörniges Material vor – von Blöcken bis zu Kies und Sand. Weiter unten bestehen die Ablagerungen aus feinerem Sand, Silt und Ton. Die Schwemmfächer vieler benachbarter Flüsse können am Gebirgsrand seitlich ineinander übergehen und auf diese Weise gemeinsam einen langgestreckten Sedimentkeil bilden, wodurch die Umrisse der einzelnen Fächer verwischt werden.

Flussterrassen Tektonische Heraushebung führt zur Veränderung des Gleichgewichts eines Flusstales. Dadurch entstehen ebene stufenförmige Flächen, die das Flusstal in höherem Niveau über längere Strecken begleiten. Solche **Flussterrassen** sind Relikte ehemaliger Talauen, aus einer Zeit, ehe die regionale Hebung, die Tieferlegung der Erosionsbasis oder ein zunehmender Abfluss den Fluss dazu zwangen, sich in seine vorhandene Talaue

Teil V

einzuschneiden. Diese Terrassen bestehen aus Auensedimenten und treten meist paarweise auf, jeweils eine Stufe beiderseits des Flusslaufs auf demselben Niveau (Abb. 18.29). Die Abfolge der Terrassen bildenden Vorgänge beginnt damit, dass ein Fluss eine Talaue bildet. Eine rasche tektonische Heraushebung verändert das Gleichgewicht des Flusses und zwingt ihn, sich tiefer in die Sedimente der Talaue einzuschneiden. Mit der Zeit stellt der Fluss ein neues Gleichgewicht auf einem tieferen Niveau her. Er kann dabei eine weitere Talaue bilden, die später ebenfalls der Heraushebung unterliegen kann und durch eine erneute Tiefenerosion zu einem weiteren, tiefer liegenden Terrassenpaar umgestaltet wird. Ebenso wie aus älteren Auenablagerungen können Flüsse auch aus anstehendem Gestein Terrassen herausschneiden (Felsterrassen). Ein bekanntes Beispiel zeigt der Rhein beim Durchbruch durch das Rheinische Schiefergebirge, wobei hier die Terrassenbildung im Zusammenhang mit der schwankenden Wasserführung im Verlauf der quartären Vereisungen steht.

Seen

Seen sind echte Störfaktoren im Längsprofil der Flüsse, wie sehr einfach zu erkennen ist, wenn hinter einem Staudamm ein künstlicher See aufgestaut wurde (vgl. Abb. 18.2). Seen sind stehende Wasserkörper, und ihre Größe reicht von kleinen Teichen mit wenigen hundert Metern Durchmesser bis zum wasserreichsten und tiefsten See der Erde, dem Baikalsee im Süden Sibiriens, der ungefähr 20 % des gesamten in Flüssen und Seen weltweit vorhandenen Süßwassers enthält. Der Baikalsee liegt in einer kontinentalen Riftzone, einer für tiefe Seen typischen plattentektonischen Position. Die Speicherwirkung einer Grabensenke ist das Ergebnis von Bruchtektonik, die den normalen Abfluss des Wassers verhindert. Als Folge können zwar Flüsse problemlos hineinfließen, jedoch so lange nicht abfließen, bis ein genügend hoher Wasserstand einen Ausfluss erlaubt. Die Häufigkeit von Seen in den nördlichen Vereinigten Staaten und Kanada, in Schweden, Finnland wie auch im nordöstlichen Deutschland ist eine Folge der schürfenden Tätigkeit der Gletscher, aber auch von Toteismassen und einer Unterbrechung der normalen Entwässerung durch Gletschereis und glazigene Schuttmassen. Früher oder später, wenn sich die klimatischen und tektonischen Verhältnisse stabilisieren, werden solche Seen abfließen, sobald ein neuer Ausfluss entsteht und sich das Längsprofil damit ausgleicht. Im anderen Falle verlanden sie oder trocknen aus. Geologisch betrachtet sind Seen daher nur relativ kurzlebige Erscheinungen.

Da selbst die größten Seen verglichen mit den Ozeanen kleine Wasserkörper sind, werden sie auch stärker von Wasserverunreinigungen in Mitleidenschaft gezogen als die Ozeane. Chemische und andere Industriebetriebe führten beispielsweise zu einer bedrohlichen Verschmutzung des Baikalsees, aber auch der Eriesee im Grenzgebiet zwischen den Vereinigten Staaten und Kanada wies viele Jahre lang eine hohe Belastung an Schadstoffen auf, wenn auch in jüngster Zeit durch Kläranlagen eine gewisse Verbesserung der Wasserqualität erreicht wurde.

Zusammenfassung des Kapitels

Die Bildung von Tälern, Fließrinnen und Talauen: Durch den kontinuierlichen Abfluss schneiden die Flüsse Täler ein und beiderseits ihrer Fließrinne bildet sich eine mehr oder weniger breite Talaue. Die Talhänge können steil oder auch sanft geneigt sein. Die Fließrinne kann mäandrieren, gerade verlaufen oder auch verflochten sein. In Zeiten normaler Wasserführung wird das gesamte Flusswasser und Sediment innerhalb der Fließrinne transportiert. Bei Hochwasser tritt der Sedimente führende Fluss über seine Ufer und überflutet die Talaue. Sobald das Hochwasser den Talboden überschwemmt, nimmt die Fließgeschwindigkeit ab und die Flussfracht wird in Form von natürlichen Uferwällen sowie als Auensedimente abgelagert.

Flussnetze als Sammelsysteme und Deltas als Verteilungssysteme: Flüsse und ihre Nebenflüsse bilden ein sich stromaufwärts verzweigendes Flussnetz, welches das aus einem bestimmten Einzugsgebiet abfließende Wasser und Sedimentmaterial sammelt. Jedes Einzugsgebiet ist durch eine Wasserscheide von den angrenzenden Einzugsgebieten getrennt. Flussnetze zeigen unterschiedliche Verzweigungsmuster: dendritisch, rechtwinklig, spalierartig oder radial, jeweils in Abhängigkeit von den Landschaftsformen, dem Gesteinstyp im Untergrund und der Lagerungsform der Schichten im Einzugsgebiet. Mündet ein Fluss in einen Binnensee oder in das Meer, setzt er seine Sedimentfracht unter Bildung eines Deltas ab. Auf der Deltaebene verzweigt sich der Fluss stromabwärts in mehrere Seitenarme, die ihre Sedimentfracht als Ablagerungen der Deltaebene, der Deltafront und des Deltafußes absetzen. Wo Wellen, Gezeiten und Küstenlängsströmungen sehr stark sind, werden die Deltas dementsprechend modifiziert oder fehlen völlig. Die Bildung von Deltas wird durch tektonische Vorgänge wie etwa Hebung des Einzugsgebiets oder Senkung des Deltagebiets beeinflusst.

Erosion, Transport und Sedimentation durch fließendes Wasser: Jedes Fluid fließt in Abhängigkeit von seiner Geschwindigkeit, Viskosität und Fließgeometrie entweder laminar oder turbulent. Flüsse fließen unter natürlichen Bedingungen stets turbulent. Das turbulente Fließen ist für die Art des Sedimenttransports verantwortlich, der entweder in Suspension (Feinfraktion), durch Saltation (Sand) oder rollend und schiebend an der Sohle des Flussbetts (Sand und Kies) erfolgt. Die Sinkgeschwindigkeit ist ein Maß für die Geschwindigkeit, mit der Sedimentpartikel auf den Boden des Flussbetts absinken. Fließendes Wasser ist in der Lage, auch in festem Gestein Erosionsarbeit zu leisten: durch Abrasion, durch chemische Verwitterung oder durch physikalische Verwitterung, indem Sand, Gerölle und Blöcke auf das Gestein aufprallen, oder durch Unterspülen und Unterschneiden der Uferbereiche. Wenn Flüsse durch Saltation Sand transportieren, entstehen im Flussbett Rippeln und subaquatische Dünen mit charakteristischer Schrägschichtung.

Teil V

Abb. 18.28 Schwemmfächer (Tucki Wash) im Death Valley (Kalifornien, USA). Schwemmfächer sind große kegel- oder fächerförmige Ablagerungen von Sedimentmaterial, die sich dort bilden, wo die Strömungsgeschwindigkeit der Flüsse am Rande eines Gebirges plötzlich langsamer wird (Foto: © Marli Miller)

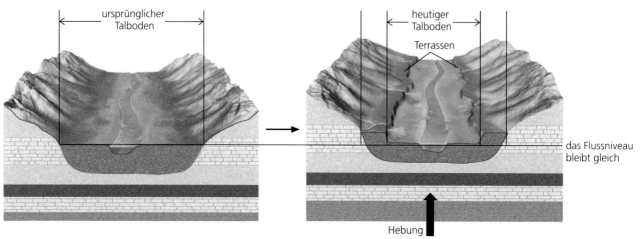

Abb. 18.29 Flussterrassen entstehen, wenn ein Fluss durch Hebung der Landoberfläche gezwungen ist, sich in seinen Talboden einzuschneiden und in einem tieferen Niveau wieder eine neue Talaue aufzuschütten. Die Terrassen sind Reste früherer Talböden

Das Längsprofil als Abbild des Gleichgewichts zwischen Erosion und Sedimentation: Ein Fluss befindet sich auf seiner gesamten Laufstrecke in einem dynamischen Gleichgewicht zwischen Erosion und Sedimentation. Dieses Gleichgewicht hängt von der Landschaftsform, der Abflussmenge, der Fließgeschwindigkeit, dem Gefälle und der Sedimentfracht ab. Das Längsprofil eines Flusses ist Abbild der Höhenlage seiner Fließrinne zwischen seinem Quellgebiet und der Erosionsbasis an seiner Mündung in einen See oder in das Meer.

Ergänzende Medien

18-1 Animation: Grundrissformen der Flussläufe

18-2 Animation: Einzugsgebiete

18-1 Video: Geologie und Kriegsführung: Die Schlacht von Monte Cassino

18-2 Video: Große Hochwasser des Mississippi

18-3 Video: Der Mississippi

Teil V

Wind und Wüsten

19

Die Sanddünen in der Namib (Südwestafrika) gehören zu den größten der Welt (Foto: © John Grotzinger)

Teil V

© Springer-Verlag Berlin Heidelberg 2017
J. Grotzinger, T. Jordan, *Press/Siever Allgemeine Geologie*, DOI 10.1007/978-3-662-48342-8_19

Vermutlich wurde jeder schon einmal von einem heftigen Sturm überrascht, gegen den man sich anstemmen oder an einem festen Gegenstand Halt suchen musste. London, das nur selten von starken Winden betroffen ist, erlebte am 25. Januar 1990 einen solchen Sturm. Bei Windgeschwindigkeiten von mehr als 175 km/h wurden Dächer abgedeckt, stürzten Lastwagen um und das Gehen auf den Straßen war praktisch unmöglich. In den Wüsten sind starke Winde fast normal und halten oft tagelang an. Staubstürme sind ebenfalls häufig und viele Winde sind auch stark genug, um Sandkörner transportieren zu können und Sandstürme zu erzeugen.

In jüngster Zeit nahmen die Bedenken wegen der Ausdehnung der großen Wüsten zu. Die Verhältnisse in Südspanien wurden beispielsweise so trocken, dass sich die Menschen immer häufiger fragen, ob sich die Sahara über das Mittelmeer hinweg bis nach Südeuropa ausbreitet. Der Prozess der **Desertifikation**, bei dem Land durch einen Rückgang der Niederschläge unfruchtbar wird und in eine Wüste übergeht, rückt mehr und mehr in den Brennpunkt der Wissenschaftler, die sich mit dem Klimasystem der Erde beschäftigen.

Die Fähigkeit des Windes, Erosionsarbeit zu leisten oder Sedimentmaterial zu transportieren und abzulagern, gleicht in vielem der Fähigkeit des Wassers. Das ist insofern nicht überraschend, da dieselben allgemeinen physikalischen Gesetze für die Bewegungen fluider Phasen gleichermaßen für Flüssigkeiten und Gase gelten. Durch die geringe Dichte der Luft sind jedoch Luftströmungen weniger wirkungsvoll als fließendes Wasser, obwohl die Windgeschwindigkeiten häufig deutlich höher sind als die Strömungsgeschwindigkeit der Gewässer. Es gibt aber noch weitere Unterschiede. Im Gegensatz zu einem Fluss, dessen Abfluss durch Niederschläge ansteigt, transportiert der Wind Sedimentmaterial dann am effizientesten, wenn Niederschläge fehlen.

In diesem Kapitel befassen wir uns mit der Erosion, dem Transport und der Ablagerung durch Wind und wie sie zur Gestaltung der Landoberfläche beitragen. Wir betrachten die Wüstengebiete vor allem auch deshalb, weil zahlreiche geologische Prozesse, die diese ariden Gebiete formen, mit der Wirkung des Windes in Verbindung stehen. Außerdem betrachten wir die typischen Erscheinungen, die Wüstenlandschaften kennzeichnen, und wie diese Landschaften auf der Erde verbreitet sind.

Die Windsysteme der Erde

Wind ist eine natürliche Luftströmung, die parallel zur Erdoberfläche unseres rotierenden Planeten gerichtet ist. Die alten Griechen nannten den Gott des Windes „Aeolus" und Geologen verwenden für die durch den Wind bedingten Prozesse die Bezeichnung **äolisch**. Obwohl Winde allen Gesetzen der Strömungen fluider Phasen gehorchen, die auch für die Strömungen in Flüssen gelten (vgl. Kap. 18), gibt es doch gewisse Unterschiede. Im Gegensatz zur Wasserströmung in einem Flussbett ist der Wind im Allgemeinen nicht durch feste Begrenzungen eingeengt – ausgenommen, er weht unmittelbar an der Erdoberfläche oder durch enge Täler. Luftströmungen können sich in der Atmosphäre nach allen Richtungen – einschließlich nach oben – frei ausbreiten.

Geschwindigkeit und Richtung der Winde wechseln zwar von Tag zu Tag, doch über längere Zeiträume hinweg betrachtet wehen sie bevorzugt aus einer Richtung, weil sich die Erdatmosphäre in bevorzugten globalen Windgürteln bewegt, in denen die Winde hauptsächlich aus einer Richtung kommen (Abb. 19.1). In den gemäßigten Klimazonen zwischen 30 und 60° nördlicher bzw. südlicher Breite wehen die Winde vorherrschend aus Westen und werden demzufolge als **Westwinde** bezeichnet. In den Tropen, die beiderseits des Äquators bis zum 30. Breitengrad reichen, wehen die **Passatwinde** oder Tradewinds („trade" war zur Zeit der Großsegler die Bezeichnung für „Spur" oder „Richtung" der stetig wehenden Passatwinde) aus östlicher Richtung.

Diese vorherrschenden Windgürtel entstehen, weil die Sonne einen bestimmten Bereich der Erdoberfläche erwärmt, am intensivsten in der Nähe des Äquators, da dort die Sonneneinstrahlung nahezu senkrecht auf die Erdoberfläche trifft. In den hohen Breiten und an den Polen heizt die Sonne die Erdoberfläche weniger stark auf, weil dort die Sonneneinstrahlung unter einem flacheren Winkel auftrifft. Die heiße Luft, die eine geringere Dichte besitzt als kalte, steigt am Äquator auf, fließt in Richtung der Pole und sinkt, da sie abkühlt, allmählich nach unten. Da die Luft in großer Höhe sehr rasch abkühlt, sinkt sie bereits im Bereich der subtropischen Hochdruckgürtel bei ungefähr 30° nördlicher und südlicher Breite wieder nach unten und fließt dann als der Passatwind an der Erdoberfläche zum Äquator zurück.

Dieses einfache Zirkulationsmuster der Luftströmungen zwischen dem Äquator und den Polen wird durch die Erdrotation wesentlich komplizierter. Sie führt dazu, dass jede Luft- oder Wasserströmung auf der nördlichen Halbkugel nach rechts und auf der Südhalbkugel nach links abgelenkt wird. Dieser Einfluss der Erdrotation auf die Luftströmungen der Erde wird nach ihrem Entdecker als **Coriolis-Effekt** bezeichnet. Der Coriolis-Effekt ist auf beiden Hemisphären für die Ablenkung von sowohl nordwärts als auch südwärts gerichteten warmen und kalten Luftströmungen verantwortlich. Wenn beispielsweise Winde an der Erdoberfläche nach Süden in die heißen Äquatorialgebiete wehen, werden sie nach rechts abgelenkt; sie kommen somit eher aus Nordosten als aus Norden. Das gilt beispielsweise für den Nordostpassat. Die Westwinde der Nordhalbkugel sind die ursprünglichen Nordströmungen, die nach rechts abgelenkt werden und folglich aus Südwest kommen. In der Nähe des Äquators steigt die Luft überwiegend nach oben, weshalb an der Erdoberfläche kaum Wind weht.

Sobald die Luft am Äquator aufsteigt, kühlt sie ab – das führt in den Tropen zu Wolkenbildung und reichlichen Niederschlägen. Diese nun trockene und kalte Luft sinkt bei ungefähr 30° Nord und 30° Süd allmählich auf die Erdoberfläche ab, erwärmt sich und nimmt Wasserdampf auf, wodurch ein klarer Himmel und ein trockenes, arides Klima entsteht. In diesen Breiten liegen

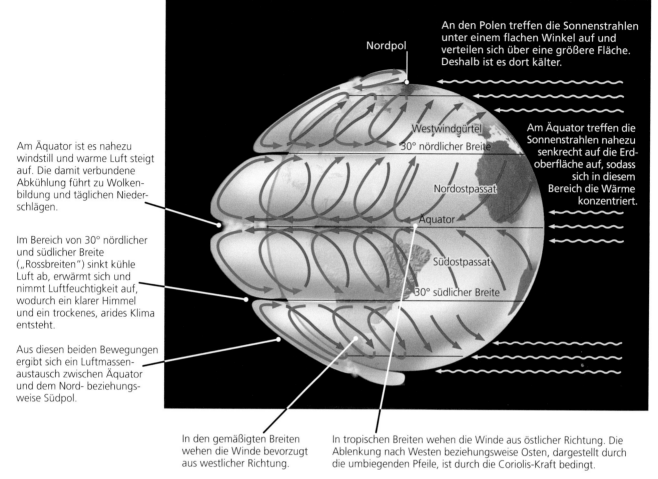

Nordpol

An den Polen treffen die Sonnenstrahlen unter einem flachen Winkel auf und verteilen sich über eine größere Fläche. Deshalb ist es dort kälter.

Westwindgürtel
30° nördlicher Breite

Am Äquator treffen die Sonnenstrahlen nahezu senkrecht auf die Erdoberfläche auf, sodass sich in diesem Bereich die Wärme konzentriert.

Nordostpassat

Äquator

Südostpassat

30° südlicher Breite

Am Äquator ist es nahezu windstill und warme Luft steigt auf. Die damit verbundene Abkühlung führt zu Wolkenbildung und täglichen Niederschlägen.

Im Bereich von 30° nördlicher und südlicher Breite („Rossbreiten") sinkt kühle Luft ab, erwärmt sich und nimmt Luftfeuchtigkeit auf, wodurch ein klarer Himmel und ein trockenes, arides Klima entsteht.

Aus diesen beiden Bewegungen ergibt sich ein Luftmassenaustausch zwischen Äquator und dem Nord- beziehungsweise Südpol.

In den gemäßigten Breiten wehen die Winde bevorzugt aus westlicher Richtung.

In tropischen Breiten wehen die Winde aus östlicher Richtung. Die Ablenkung nach Westen beziehungsweise Osten, dargestellt durch die umbiegenden Pfeile, ist durch die Coriolis-Kraft bedingt.

Abb. 19.1 Die Erdatmosphäre zirkuliert in Windgürteln, die durch die unterschiedliche Einstrahlung der Sonne und die Erdrotation entstehen

viele der großen Wüstengebiete der Erde wie etwa die Sahara. Wenn sich weltweit das Klima ändert, dann dürften sich auch diese Zonen absinkender trockenerer Luftmassen verändern, indem sich ihre Randbereiche an einigen Stellen verschieben oder erweitern und an anderen möglicherweise etwas verkleinern. Auf diese Weise könnte sich ein Bereich am Rand einer Wüste, der ohnehin bereits an Trockenheit leidet, langfristig zu einem immer wüstenähnlicheren Gebiet entwickeln, das im Endstadium schließlich Teil der Wüste wird.

Wind als Transportmittel

Viele von uns kennen heftige Regenschauer oder Schneestürme aus eigener Erfahrung, oft sind es starke Stürme, verbunden mit ergiebigen Niederschlägen. Weniger bekannt sind uns dagegen trockene Stürme, die ununterbrochen tagelang Sand und Staub verwehen. Diese Sand- und Staubstürme führen enorme Mengen von aufgenommenem Material mit sich. Wie viel der Wind an Sand, Silt und Staub transportieren kann, hängt von der Windstärke, der Korngröße und ganz generell von dem an der Oberfläche lagernden Material des Gebiets ab, über das er weht.

Windstärke

Abb. 19.2 zeigt, wie viel Sand von Winden unterschiedlicher Geschwindigkeit jeweils von einem 1 m breiten Streifen an der Oberfläche einer Sanddüne erodiert werden kann. Ein starker Wind mit einer Geschwindigkeit von 48 km/h ist in der Lage, an einem einzigen Tag von dieser kleinen Oberfläche eine halbe Tonne Sand zu verfrachten (ungefähr das Volumen von zwei großen Koffern), und die Sandmengen, die bei höheren Geschwindigkeiten bewegt werden können, nehmen rasch zu. Kein Wunder also, dass durch einen mehrere Tage dauernden Sandsturm ganze Häuser begraben werden.

Korngröße

Der Wind übt auf dem Festland dieselbe Art von Kraft auf Sedimentpartikel aus wie eine Flussströmung in ihrem Flussbett auf Sandkörner und Gerölle. Wie das Wasser in den Flüssen, so strömt auch Luft fast immer turbulent. Wie wir in Kap. 18 gesehen haben, ist das turbulente Strömungsverhalten von drei

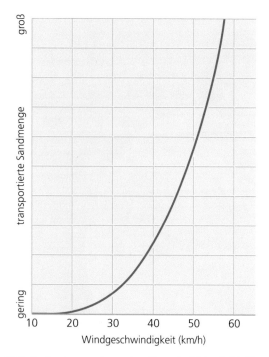

Abb. 19.2 Die Sandmenge, die an einer Dünenoberfläche täglich über jeden Meter Breite transportiert wird, nimmt mit steigender Windgeschwindigkeit rasch zu. Starke, mehrere Tage anhaltende Winde können enorme Sandmengen transportieren (nach: R. A. Bagnold (1941): The Physics of Blown Sand and Desert Dunes. – London, Methuen)

Eigenschaften eines Fluids abhängig: von der Geschwindigkeit, der Schichtdicke und der Viskosität. Die extrem geringe Dichte und Viskosität der Luft führen selbst schon bei einer leichten Brise zu turbulentem Strömungsverhalten. Turbulenz und die gerichtete Bewegung der Luftströmung wirken zusammen, um Sedimentpartikel in den Windstrom hochzuwirbeln und zumindest über eine gewisse Entfernung zu transportieren.

Selbst die leichteste Brise trägt bereits **Staub** mit sich, das feinste Material. Staub besteht normalerweise aus Komponenten mit Durchmessern unter 0,01 mm, einschließlich Silt und Ton, enthält aber oftmals auch noch etwas gröbere Partikel. Staub kann bereits durch leichte Winde viele Kilometer hoch in die Atmosphäre hinaufgetragen werden. Um gröbere Partikel wie beispielsweise Sandkörner zu transportieren, die Durchmesser über 0,06 mm haben, sind allerdings höhere Windgeschwindigkeiten erforderlich. Leichte Winde können diese Körner auf einer sandigen Unterlage zwar ins Rollen bringen, aber erst ein stärkerer Wind ist in der Lage, Sandkörner in den Luftstrom aufzuwirbeln. Im Allgemeinen kann der Wind wegen der niedrigen Viskosität und Dichte der Luft größere Partikel nicht transportieren. So stark Winde auch sein mögen, sie können nur selten größere Gerölle auf die Art und Weise bewegen, wie das in rasch fließenden Gewässern geschieht.

Oberflächenbedingungen

Wind kann nur dann Material transportieren, wenn an der Erdoberfläche trockenes Material wie etwa trockene Böden, Sedimente oder anstehendes Gestein zur Verfügung steht. In feuchtem Boden sind die Partikel durch Kohäsionskräfte gebunden und können durch Wind nicht erodiert und verfrachtet werden. Der Wind kann zwar von verwitterten, schwach zementierten Sandsteinen Sandkörner loslösen und mit sich führen, er ist aber nicht in der Lage, von Granit oder Basalt Partikel zu erodieren.

Äolisch transportiertes Material

Der Wind nimmt Material vom Untergrund auf und transportiert es über erstaunlich große Entfernungen. Das meiste Material ist Staub, obwohl auch Sand äolisch verfrachtet werden kann.

Äolisch transportierter Staub Die Fähigkeit der Luft, Staub aufzunehmen, ist erstaunlich. Staub enthält mikroskopisch kleine Gesteins- und Mineralbruchstücke aller Art, besonders von Silicaten, was wegen ihrer Häufigkeit im Spektrum gesteinsbildender Minerale auch zu erwarten ist. Ein Teil der im Staub vorhandenen Silicatminerale sind Tonminerale, die zum Beispiel in trockenen Ebenen aus den Böden ausgeblasen wurden, ein anderer Teil besteht aus dem bei Eruptionen freigesetzten vulkanischen Aschematerial. Organisches Material wie etwa Pollen und Bakterien sind im Staub ebenfalls enthalten. Auf der windabgewandten Seite von Waldbränden sind außerdem Holzkohlepartikel sehr häufig. Findet man solche Partikel in Sedimenten, ist dies ein deutlicher Hinweis auf Waldbrände in der geologischen Vergangenheit. Seit dem Beginn der industriellen Revolution setzen wir neue Arten von Staub in die Atmosphäre frei, von der Asche verbrannter Kohle bis hin zu den vielen festen chemischen Verbindungen, die bei Fertigungsprozessen, durch die Verbrennung von Abfällen und in Verbrennungsmotoren entstehen.

Bei großen Staubstürmen kann 1 km³ Luft bis zu 1000 t Staub mit sich führen, das entspricht dem Volumen eines kleinen Hauses. Wenn solche Stürme über Hunderte von Quadratkilometern hinwegziehen, können sie mehr als 100 Mio. Tonnen Staub enthalten und diesen als mehrere Meter dicke Schicht wieder ablagern (Exkurs 19.1 beschreibt vergleichbare Staubstürme auf dem Mars). Feinkörniges Material aus der Sahara wird bis nach Deutschland und England verfrachtet und selbst jenseits des Atlantischen Ozeans wurde in Florida, auf der Karibikinsel Barbados und im Amazonasbecken Saharastaub nachgewiesen. Durch äolischen Transport gelangen jährlich etwa 260 Mio. Tonnen Material von der Sahara in den Atlantischen Ozean. Wissenschaftler auf Forschungsschiffen haben noch weit draußen auf dem Ozean durch Wind verfrachtetes Material gefunden; heute lässt sich dieser Vorgang unmittelbar aus dem Weltall beobachten (Abb. 19.3). Vergleiche der Zusammensetzung des Staubs mit der Zusammensetzung der Tiefseesedimente innerhalb dessel-

Exkurs 19.1 Staubstürme und Windhosen auf dem Mars

Unter allen Planeten des Sonnensystems ist der Mars der Erde am ähnlichsten. Obwohl der Mars eine dünnere Atmosphäre besitzt, gibt es dort jahreszeitlich sich ändernde Wetterverhältnisse und eine ähnliche Tageslänge wie auf der Erde von 24 Stunden und 37 min. Außerdem hat der Mars mit Eis, Boden und Sedimenten eine komplex aufgebaute Oberfläche. Wie in Kap. 9 gezeigt wurde, deutet eine Vielzahl von Oberflächenerscheinungen darauf hin, dass an der Oberfläche des Mars in früherer Zeit Wasser geflossen ist.

Heute ist der Mars kalt und trocken und seine Oberfläche wird von zahlreichen äolischen Prozessen beherrscht. Diese schufen eine Vielzahl typischer Oberflächenformen und führten auch zur Ablagerung sehr unterschiedlicher Sedimente, deren Spektrum von ausgedehnten Staubschichten bis hin zu eher lokal auftretenden Dünenfeldern aus Sand und Silt reicht. Mithilfe des Marsroboters *Spirit* wurden auch grobklastische Ablagerungen aus basaltischem und hämatitischem Material identifiziert. Es ist davon auszugehen, dass diese äolischen Sedimente durch Staubstürme gebildet wurden, die mit einer Geschwindigkeit von etwa 30 m/s, das heißt mit 108 km/h über den gesamten Planeten hinweg wehen (Abb. 9.18). Obwohl diese Windgeschwindigkeit geringer ist als die der stärksten Stürme auf der Erde und die Atmosphäre des Mars eine geringere Dichte aufweist als die Erdatmosphäre, sind die Winde auf dem Mars ausreichend stark, um eine Akkumulation äolischer Ablagerungen sowie erosive Erscheinungsformen zu erzeugen, die denen der Erde ähnlich sind. Selbst die rötliche Farbe der Marsatmosphäre verdankt ihre Entstehung den in Suspension befindlichen Staubmengen, die von den Staubstürmen aufgenommen wurden.

So wie sich auf dem Mars die Jahreszeiten ändern, ändert sich auch das Wetter. Als der Marsroboter *Spirit* im Januar 2004 landete, untersuchte er viele Monate lang den Planeten, ohne irgendwelche Hinweise auf jüngere äolische Vorgänge zu finden. Im März 2005, mehr als ein Jahr nach seiner Landung, registrierten seine Kameras erstmals aktive Windhosen – ein Zeichen, dass sich auf der Marsoberfläche die Jahreszeit änderte. Während der windigen und staubigen Jahreszeit werden die globalen Staubstürme lokal von Windhosen begleitet. Windhosen treten dann auf, wenn die Sonne die Oberfläche des Planeten erwärmt. Die aufgeheizten Böden und Gesteine erwärmen unmittelbar an der Oberfläche die unterste Schicht der Atmosphäre; diese warme Luft löst

sich vom Boden ab, steigt in kleinräumigen Wirbeln nach oben und nimmt dabei wie ein kleiner Tornado den Staub an der Oberfläche auf.

Blick auf zwei Windhosen, die vom Boden des Gusev-Kraters aufsteigen. Aufgenommen wurde dieses Bild von Mars-Roboter *Spirit* am 21. August 2005 vom Gipfel des Husband Hill. Diese Windhosen bewegen sich mit einer Geschwindigkeit von etwa 10 bis 15 km/h über die Oberfläche (Foto: NASA/JPL)

Diese Staubstürme und auch die Wirbelstürme beeinträchtigen unmittelbar unsere Möglichkeiten, die Oberfläche des Mars zu erforschen. Die zum Mars geschickten Roboter sind bezüglich ihrer Mobilität und ihrer Möglichkeiten, Forschungsarbeiten durchführen zu können, auf Sonnenenergie angewiesen. Letztendlich ist ihre Nutzung durch die Zeitspanne begrenzt, in der sich auf den Solarpaneelen so viel Staub abgesetzt hat, dass die Stromversorgung endet. Für diesen Niederschlag von Staub auf den Sonnenpaneelen und damit auch für den Zusammenbruch der Energieversorgung sind die planetarischen Staubstürme in erheblichem Maße mit verantwortlich. Falls sich jedoch Windhosen oder Wirbelstürme über den Rover hinwegbewegen, kann man hoffen, dass sie die Sonnenpaneele vom Staub befreien und somit ihre Nutzungsdauer verlängern.

ben Gebiets haben gezeigt, dass der äolisch verfrachtete Staub einen wesentlichen Beitrag zur Sedimentbildung in den Ozeanen liefert und dass auf diese Weise bis zu einer Milliarde Tonnen Sediment pro Jahr in die Ozeane gelangen. Ein großer Teil dieses Staubs stammt von Vulkanen; auf dem Meeresboden lassen sich einzelne Ascheschichten identifizieren, die bei sehr großen Vulkanausbrüchen in die Atmosphäre gelangt sind.

Vulkanische Asche ist deswegen so häufig, weil sie zum Teil extrem feinkörnig ist und bei den Vulkanausbrüchen hoch in die Atmosphäre hinausgeschleudert wird, wo sie weiter verfrachtet werden kann als der nicht vulkanische Staub, der in der Nähe der Erdoberfläche vom Wind transportiert wird. Bei Vulkanausbrüchen gelangen oftmals riesige Staubmengen in die höheren Luftschichten. Der vulkanische Staub vom Ausbruch des Pina-

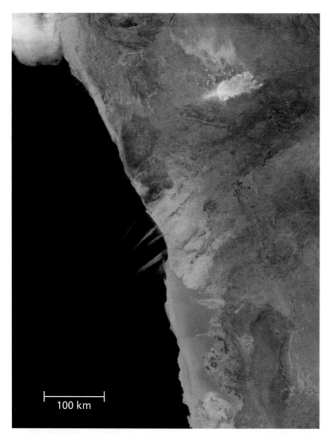

Abb. 19.4 Mattierte gerundete Quarzkörner von Sanddünen aus dem Oman (Foto: © John Grotzinger)

Abb. 19.3 Satellitenbild von Staubstürmen, die im September 2002 in der Wüste Namib entstanden sind. Sand und Staub wird als Folge starker Winde von rechts (Osten) nach links (Westen) auf das Meer hinaus verfrachtet. Das Sediment kann viele tausend Kilometer weit über die Ozeane transportiert werden (Foto: NASA)

tubo auf den Philippinen im Jahr 1991 kreiste mehrmals um die Erde, die feinsten Teilchen setzten sich erst in den Jahren 1994 und 1995 ab.

Der Anteil an mineralischem Staub in der Atmosphäre steigt, wenn die Böden durch intensive Landwirtschaft, Entwaldung, Erosion und veränderte Landnutzung geschädigt werden. Ein großer Teil des Staubes dürfte aus der Sahelzone stammen, einem semiariden Gebiet am südlichen Rand der Sahara, wo Trockenheit und Überweidung für eine erhebliche Staubfracht verantwortlich sind.

Äolisch transportierter Staub beeinflusst das Klima in vielfältiger Weise. Er streut und absorbiert sowohl die auftreffende sichtbare als auch die abgestrahlte infrarote Strahlung. Im sichtbaren Teil des Spektrums bewirkt dieser Staub insgesamt eine Abkühlung, während er im infraroten Bereich durch Absorption der reflektierten Strahlung zur Erwärmung führt.

Äolisch transportierter Sand Durch Wind transportierter Sand kann aus fast jeder Art von Mineralkörnern bestehen, die bei der Verwitterung gebildet werden; Quarzkörner herrschen jedoch bei weitem vor. Quarz dominiert schon deshalb, weil er ein überaus häufiger Bestandteil vieler an der Oberfläche anste-

hender Gesteine ist, vor allem von Sandsteinen. Nur in einigen wenigen Gebieten sind in äolischen Sanden Feldspäte stärker vertreten. Gesteinsbruchstücke feinkörniger Schiefertone oder auch feinkristalliner Metamorphite und Magmatite sind ungewöhnlich, weil diese Materialien durch den kontinuierlichen Aufprall der springenden Körner bis in kleinste Korngrößen zerbrechen.

Viele äolisch transportierte Sandkörner zeigen mattierte, milchglasartige (angeraute und getrübte) Oberflächen wie die Innenseite einer mattierten Glühbirne (Abb. 19.4). Zum Teil entsteht die Kornmattierung durch den vom Wind verursachten Aufprall, doch zum größeren Teil ist sie das Ergebnis einer langsamen aber stetigen Anlösung durch Tau. Selbst winzige Taumengen, die auch in aridem Klima vorkommen, reichen aus, um mikroskopisch kleine Grübchen und Vertiefungen herauszulösen, die eine matte Kornoberfläche erzeugen. Da solche matten Oberflächen ausschließlich im äolischen Milieu auftreten, sind sie ein sicherer Hinweis für äolischen Transport.

Der größte Teil des äolisch verfrachteten Sandes stammt aus der unmittelbaren Umgebung. Da Sand in Bodennähe überwiegend springend transportiert wird, werden die meisten Sandkörner nach einem relativ kurzen Transportweg, meist nach wenigen hundert Kilometern, in Form von Dünen angehäuft. Die ausgedehnten Dünengebiete der großen Wüsten, etwa der Sahara und Saudi-Arabiens, sind Ausnahmen. In solchen großen Sandgebieten dürften die Sandkörner über mehr als 1000 km transportiert worden sein.

Äolisch verfrachtete Partikel aus Calciumcarbonat reichern sich dort an, wo Bruchstücke von Muschelschalen und Korallen häufig sind, beispielsweise auf den Bermudas und auf vielen Koralleninseln des Pazifischen Ozeans. Das White Sands National Monument in New Mexico ist ein berühmtes Beispiel für Sanddünen aus erodierten Gipskristallen, die ursprünglich als Evaporitsedimente in den dort vorhandenen Playa-Seen abgelagert worden sind.

Abb. 19.5 Diese Windkanter im Taylor Valley der Antarktis entstanden in kaltem Klima durch die Korrasionswirkung von äolisch transportiertem Sand (Foto: © Ronald Sletten)

Die geologische Wirkung des Windes

Wind allein kann bei der Abtragung großer Felsmassen, die an der Oberfläche freiliegen, wenig ausrichten. Nur wenn das Gestein durch chemische und physikalische Verwitterung bereits zerstört ist, können Partikel aufgenommen werden. Aber sie werden nur dann durch den Wind aufgewirbelt, wenn sie trocken sind, denn feuchter Boden und feuchte Gesteinsbruchstücke halten durch Kohäsionskräfte zusammen. Folglich leistet der Wind in ariden Klimazonen die wirkungsvollste Erosionsarbeit dort, wo die starken Winde trocken sind und jede Feuchtigkeit rasch verdunstet.

Korrasion

Äolisch transportierter Sand ist gewissermaßen ein kräftiges natürliches Sandstrahlgebläse; seine abschleifende Wirkung wird als **Korrasion** oder **Windschliff** bezeichnet. Die gebräuchliche Methode zur Reinigung von Gebäuden und Denkmälern mit Druckluft und Quarzsand arbeitet ebenfalls nach dem Sandstrahlprinzip: Feste Oberflächen werden durch die mit hoher Geschwindigkeit aufprallenden Partikel abgetragen. Die natürliche Korrasion ist hauptsächlich in der Nähe des Bodens wirksam, da dort die meisten Sandkörner transportiert werden. Korrasion führt nicht nur zur Rundung und Abtragung des anstehenden Gesteins, sondern auch der losen Blöcke und Gerölle und sie mattiert auch die dort gelegentlich zu findenden Glasflaschen.

Windkanter sind vom Wind zugeschliffene Gerölle oder Felsbrocken, die mehrere gerundete oder fast ebene Oberflächen zeigen, die an scharfen Kanten zusammenlaufen (Abb. 19.5). Jede Oberfläche oder Facette entsteht durch Sandstrahlwirkung auf der dem Wind zugekehrten Seite des Gerölls. Gelegentliche Stürme verändern die Lage der Gerölle und setzen eine neue Seite dem Wind aus, die wiederum zu einer Facette geschliffen wird. Windkanter findet man außer in Wüsten auch in glazigenen Kiesablagerungen – in Gebieten, wo die notwendige Kombination von Kies, Sand und starken Winden gegeben ist.

Deflation

Wenn Staub-, Silt- und Sandpartikel locker gelagert und trocken genug sind, um durch den Wind aufgewirbelt und fortgetragen zu werden, entsteht auf der Landoberfläche allmählich eine flache Senke. Dieser als **Deflation** bezeichnete Prozess tritt auf trockenen Flächen und in Wüsten, aber auch auf zeitweise ausgetrockneten Flussauen und Seeböden auf (Abb. 19.6). Durch Deflation entstehen meist flache Senken oder Eintiefungen, so genannte **Deflationswannen**. Wo eine dichte Vegetation gedeiht, verläuft die Deflation weitaus langsamer, selbst die spärliche Pflanzendecke arider und semiarider Gebiete kann sie erheblich vermindern. Die Wurzeln halten den Boden zusammen, und an den Stängeln und Blättern bricht sich der Wind, wodurch die Bodenoberfläche geschützt wird. Wo eine Vegetationsdecke fehlt, schreitet die Deflation rasch voran, entweder aus natürlichen Gründen wie zum Beispiel infolge Trockenheit oder künstlich verursacht durch Ackerbau, Baumaßnahmen oder Fahrspuren von Kraftfahrzeugen.

Wenn aus einem Gemisch von Kies, Sand und Silt in Sedimenten und Böden die feinkörnigeren Bestandteile durch Deflation weggeführt werden, kommt es schließlich zu einer Anreicherung der gröberen Komponenten wie beispielsweise Kies, der zu groß ist, um durch Wind verfrachtet zu werden. Werden etwa über Jahrtausende hinweg aus mächtigen Flussablagerungen die feinkörnigeren Bestandteile ausgeweht, reichert sich der Kies als **Wüstenpflaster** (Steinpflaster) oder **Lesedecke** an – eine

Abb. 19.6 Flache Deflationswanne im San Luis Valley (Colorado, USA). Der Wind wehte das trockene, feine Material fort und es entstand eine charakteristische flache Senke. Deflationserscheinungen treten in Trockengebieten dort auf, wo die Vegetation lückenhaft ist (Foto: © Breck P. Kent)

Schicht aus gröberem Kies, die den Boden oder die Sedimente darunter vor weiterer Abtragung schützt.

Die Theorie der Bildung von Steinpflastern ist nicht allgemein anerkannt, da viele solcher Steinpflaster offenbar nicht auf diese Weise entstanden sind. Eine neue Theorie besagt, dass manche Steinpflaster auch durch Ablagerung äolischer Sedimente entstehen können. Das grobe Gesteinspflaster bleibt an der Oberfläche, während der äolisch transportierte Staub durch Lücken des Steinpflasters hindurch rieselt, dabei durch bodenbildende Prozesse verändert wird und sich in tieferen Horizonten anreichert (Abb. 19.7).

Wind als Sedimentbildner

Wenn der Wind nachlässt, kann er mitgeführten Sand, Silt und Ton nicht mehr transportieren. Das gröbere Material wird in vielfältig geformten Sanddünen abgelagert, die Größen von niedrigen, kleinen Hügeln bis zu Sandrücken von über 100 m Höhe erreichen. Das feinere Material setzt sich als mehr oder weniger geschlossene Decke ab. Geologen haben die heutigen Ablagerungsprozesse beobachtet und sie mit den Strukturen fossiler Sedimente, vor allem hinsichtlich Schichtung und Gefüge verglichen, um aus älteren Sand- und Staubablagerungen die ehemaligen Klimaverhältnisse und Windrichtungen abzuleiten.

Entstehung von Sanddünen

Sanddünen treten in relativ wenigen Bildungsräumen auf. Die meisten von uns kennen Dünen, die sich entlang der Meeresküste oder an den Ufern großer Seen hinter dem Strand bilden – wie etwa die Dünengebiete der Nord- und Ostsee oder die größte Düne Europas in Pyla an der Bucht von Arcachon in Südwestfrankreich. Gelegentlich entstehen Dünen auch in semiariden und ariden Gebieten auf den sandigen Talauen großer Flüsse. Am eindrucksvollsten sind zweifellos die Dünenfelder, die in einigen Wüstengebieten große Flächen bedecken und Höhen bis zu 250 m erreichen – echte Berge aus Sand (Abb. 19.8). Dünen entstehen nur in Gebieten, in denen lockerer Sand im Übermaß zur Verfügung steht: Strandsande an den Küsten, Sandbänke oder sandige Auenablagerungen in Flusstälern oder sandiges Gesteinsmaterial im Untergrund der Wüsten. Ein weiterer gemeinsamer Faktor in diesen Gebieten ist die Windstärke. Am Meer und an großen Seen wehen vom Wasser her starke auflandige Winde gegen den Strand, und ähnlich starke Winde von manchmal längerer Dauer sind auch in den Wüstengebieten außerordentlich häufig.

Wie bereits erwähnt, kann der Wind feuchtes Material nur schwer aufnehmen – das ist der Grund, warum die meisten Sanddünen nur in den trockenen Klimazonen auftreten. Eine Ausnahme bilden Dünengürtel entlang solcher Meeresküsten, wo Sand reichlich vorhanden ist und im Wind so rasch trocknet, dass selbst in feuchtem Klima Dünen entstehen. Anders als in ariden Klimaten bildet sich hier auf Dünen, die nicht weit vom Strand entfernt sind, eine Vegetationsdecke und ein Boden, sodass der Sand nicht mehr weiter verblasen werden kann.

Wenn das Klima feuchter wird, kann sich eine stabilisierende Pflanzendecke entwickeln und die Düne ruht; wird jedoch das Klima wieder arider, kann sie erneut zu wandern beginnen. Es

a

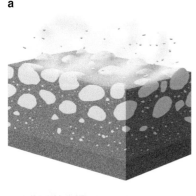

1
Eine neue Theorie besagt, dass Steinpflaster durch die Ablagerung von äolisch transportiertem feinkörnigem Material auf heterogenen Böden oder Sedimenten entstehen.

2
Durch Niederschläge wird das äolisch transportierte Sediment durch die grobe Geröllschicht hindurch geschlämmt.

b

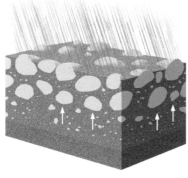

3
Unter den Geröllen lebende Mikroorganismen bilden Gasblasen, die dazu führen, dass die Gerölle nach oben steigen und ihre Position an der Oberfläche beibehalten.

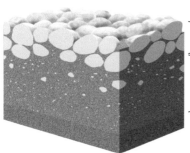

Mächtigkeit der Geröllschicht bleibt konstant.

Da über Jahrtausende hinweg Material angeliefert wird, nimmt die Mächtigkeit dieser Schicht zu.

4
Im Laufe der Zeit wird durch diesen Vorgang die unter den Geröllen akkumulierende Staubschicht immer dicker.

5
Die kontinuierliche Anlieferung von Staub führt schließlich zu einer mächtigen Sedimentschicht.

Abb. 19.7 Nach einer neueren Hypothese entstehen Wüstenpflaster durch die Wechselwirkung von Klima und Mikroorganismen mit äolischen Sedimenten und Boden (Foto: © John Grotzinger)

gibt geologische Belege, dass in den Trockenzeiten vor 200 bis 300 Jahren Sanddünen in den westlichen High Plains der Vereinigten Staaten und Kanadas wieder reaktiviert worden sind und über die Plains wanderten.

Entstehung und Wanderung von Sanddünen

Sand bewegt sich im Wind unmittelbar an der Erdoberfläche durch eine Kombination von Schieben und Rollen sowie durch Saltation, der hüpfenden Bewegung von zeitweise in Suspension befindlichen Körnern im Transportmedium Luft. Die Saltation erfolgt in Luftströmungen auf dieselbe Weise wie in einem Fluss (vgl. Abb. 18.15). In der Luft ist sie jedoch weit ausgeprägter. Sandkörner werden über einer Sandlage häufig mehr als 50 cm,

über einer kiesbedeckten Oberfläche bis zu 2 m hoch aufgewirbelt, weitaus höher, als Körner derselben Größe im Wasser springen können. Der Grund hierfür liegt teilweise in der geringeren Viskosität der Luft, die die springenden Körner weniger bremst als das höher viskose Wasser. Hohe Sprünge von Sandkörnern werden außerdem durch den Aufprall der fallenden Körner auf die Oberfläche verursacht. Dieser Aufprall wird durch die Luft kaum abgebremst und daher werden die an der Oberfläche liegenden Körner in einer Art „Spritzeffekt" wieder in die Luft geschleudert. Wenn springende Körner auf die Bodenoberfläche aufprallen, können sie außerdem andere Körner, die zu groß sind, um in die Luft geschleudert zu werden, vorwärts stoßen und dadurch gewissermaßen ein Kriechen der Sandschicht in Windrichtung verursachen. Ein mit hoher Geschwindigkeit auf der Oberfläche auftreffendes Sandkorn ist in der Lage, ein anderes Korn von der sechsfachen Größe seines eigenen Durchmessers vorwärts zu bewegen.

Teil V

Abb. 19.8 Längsdüne im Quaidam-Becken (China) (Foto: © David Rubin)

Die fast unvermeidliche Konsequenz der Bewegung von Sandmassen durch den Wind ist die Bildung von Rippeln und Dünen, ganz ähnlich wie sie durch Wasser entstehen (Abb. 19.9). Die Rippeln im Sand sind, wie ihre Gegenstücke unter Wasser, normalerweise Transversalrippeln, das heißt ihre Kämme sind senkrecht zur Strömung ausgerichtet. Bei niedrigen bis mäßigen Windgeschwindigkeiten entstehen zunächst kleine Rippeln. Nimmt die Geschwindigkeit zu, so werden die Rippeln größer. Auch diese Rippeln wandern in Windrichtung über die Rücken größerer Dünen hinweg. Da in Trockengebieten fast immer ein Wind weht, zeigt eine Sandschicht an der Oberfläche auch fast immer mehr oder weniger ausgeprägte Rippeln.

Ausreichend Sand und Wind vorausgesetzt, kann jedes Hindernis, beispielsweise ein großer Felsen oder eine Vegetationsgruppe, den Keim einer Düne bilden. Die Stromlinien des Winds trennen sich wie die des Wassers an Hindernissen, vereinigen sich auf der windabgewandten Seite wieder und erzeugen auf der Leeseite der Hindernisse einen Strömungsschatten. Die Windgeschwindigkeit ist im Windschatten weitaus geringer als im Hauptstrom um das Hindernis; sie ist niedrig genug, dass sich die Sandkörner dort ablagern können. Da die Geschwindigkeit im Windschatten so gering ist, können diese Körner auch nicht mehr hochgewirbelt werden. Sie lagern sich als **Sandwehe** ab, als kleiner Sandhügel auf der Leeseite von Hindernissen (Abb. 19.10). Dauert dieser Vorgang fort, wird die Sandwehe ihrerseits zu einem Hindernis; wenn genügend Sand zur Verfügung steht und der Wind weiterhin lange genug aus derselben Richtung weht, wird die Sandwehe schließlich zur Düne. Außerdem können Dünen durch die Vergrößerung von Rippeln entstehen, wie das auch bei den subaquatischen Dünen der Fall ist.

Abb. 19.9 Windrippeln im White Sands National Monument (New Mexico, USA). Obwohl sie komplexe Formen aufweisen, sind die Rippeln stets senkrecht zur Windrichtung orientiert (Foto: © John Grotzinger)

a Frühstadium: Im Windschatten bilden sich kleine Sandwehen.

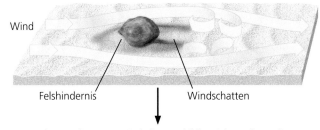

Wind

Felshindernis   Windschatten

Zwischenstadium: Im Windschatten bilden sich größere, aber noch getrennte Sandwehen.

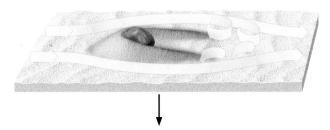

Endstadium: Die Sandwehen schließen sich zur Düne zusammen.

b

Abb. 19.10a,b Sanddünen bilden sich auf der Leeseite von Hindernissen, hier hinter einem Stein. **a** Das Hindernis erzeugt durch Trennung der Stromlinien einen Windschatten, in dem die Wirbel schwächer sind als der Hauptwindstrom. In diesem Windschatten setzen sich die Sandkörner ab und häufen sich zu einer Sandwehe auf, die schließlich zur Düne wird. **b** Sandwehen am Owens Lake (Kalifornien, USA) (a nach: R. A. Bagnold (1941): The Physics of Blown Sand and Desert Dune. – London Methuen; b (Foto: © Marli Miller))

Sobald eine Düne weiterwächst, beginnt der gesamte Hügel durch die gleichgerichtete Bewegung einer großen Anzahl einzelner Sandkörner nach Lee zu wandern. Die Sandkörner springen kontinuierlich in Richtung auf die Kammlinie des flach angeböschten, dem Wind zugewandten Luvhangs und fallen dort schließlich auf den im Windschatten liegenden Leehang (Abb. 19.11). Diese Sandkörner bilden im oberen Teil des Leehangs allmählich eine steile, instabil Sandmasse. Dieses Gebilde wird periodisch instabil, sein Material rutscht oder fällt kaskadenartig, spontan und frei den **Leehang** hinab und bildet einen neuen Hang mit einem flacheren Böschungswinkel. Sieht man von dieser kurzzeitigen, instabilen Übersteilung des Hangs einmal ab, so hat die Leeseite einen stabilen und konstanten Neigungswinkel – den natürlichen Böschungswinkel. Wie wir in Kap. 16 erfahren haben, nimmt dieser Winkel mit abnehmendem Rundungsgrad und zunehmender Größe der Partikel zu.

Übereinanderfolgende, im natürlichen Böschungswinkel abgelagerte Schichten erzeugen Schrägschichtung – ein charakteristisches Merkmal äolischer Dünen. Wenn Dünen gehäuft in Form von Dünenfeldern auftreten, deren Dünen sich gegenseitig überlagern und diese später in einer mächtigen Schichtenfolge eingelagert werden, bleibt die Schrägschichtung selbst dann noch erhalten, wenn die ursprünglichen Formen der Dünen längst verschwunden sind. Schrägschichtungseinheiten in Sandsteinen von etlichen Metern Mächtigkeit sind deutliche Hinweise auf äolisch entstandene Dünen. Aus den Richtungen dieser Schrägschichtungseinheiten lassen sich außerdem die in der geologischen Vergangenheit vorherrschenden Windrichtungen, die sogenannten Paläo-Windrichtungen, rekonstruieren. Auf dem Mars überlieferte Schrägschichtungskörper (Abb. 9.25b) sind eindeutige Belege für äolisch entstandene Dünen.

Wenn auf der Luvseite mehr Sand abgelagert als über den Kamm auf die Leeseite geblasen wird, nimmt die Düne an Höhe zu. Die meisten Dünen erreichen Höhen von wenigen Metern bis zu mehreren Dutzend Metern. Die riesigen Sanddünen in Saudi-Arabien können bis zu 250 m hoch werden, was wohl die maximale Höhe für Dünen zu sein scheint. Die Erklärung für die Begrenzung der Dünenhöhe ergibt sich aus der Beziehung zwischen dem Verhalten der Stromlinien, der Windgeschwindigkeit und der Morphologie. Die Stromlinien steigen über dem Rücken einer Düne nach oben und werden, wenn die Düne höher wächst, immer mehr zusammengedrängt, wie das in Abb. 19.11 deutlich erkennbar ist. Strömt eine große Menge Luft durch einen eingeengten Raum, dann nimmt die Strömungsgeschwindigkeit zu. Schließlich wird die Windgeschwindigkeit auf dem Kamm der Düne so groß, dass die Sandkörner vom Dünenkamm genauso schnell weggeblasen werden, wie sie den Luvhang hinauftransportiert werden. Sobald dieses Gleichgewicht erreicht ist, bleibt die Höhe der Düne konstant.

Teil V

1 Eine Düne oder Rippel wandert durch die Bewegung der einzelnen Sandkörner. Weil Sand von der Luvseite abgetragen und auf der Leeseite angelagert wird, schiebt sich die gesamte Düne langsam in Windrichtung vorwärts.

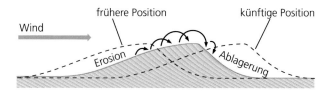

2 Die auf der Luvseite der Düne ankommenden Sandkörner wandern durch Saltation über den Dünenkamm, ...

3 ... wo die Windgeschwindigkeit abnimmt und der abgelagerte Sand auf dem Leehang abrutscht.

4 Dieser Prozess funktioniert ähnlich wie ein Förderband, das die Düne in Windrichtung bewegt.

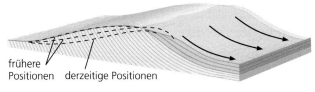

5 Wenn eine Düne in die Höhe wächst, werden die Stromlinien stärker zusammengedrückt, sodass die Windgeschwindigkeit zunimmt. Erreicht die Düne eine Höhe, in der der Wind so stark ist, dass die Sandkörner genauso rasch weggeweht werden wie sie den Luvhang emporwandern, endet das Höhenwachstum der Düne.

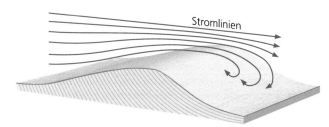

Abb. 19.11 Sanddünen wachsen und wandern, da der Wind Sandkörner durch Saltation verfrachtet

Dünenformen

Wenn man mitten in einem großen Dünengebiet steht, wird man sich wohl über die scheinbar regellose Anordnung der welligen Hänge wundern. Um hier ein System zu erkennen, ist ein geübtes Auge und gelegentlich sogar eine Beobachtung aus der Luft erforderlich. Die generellen Formen der Sanddünen und ihre Anordnung sind nicht zufällig. Sie hängen von einer Vielzahl von Faktoren ab, vor allem von der verfügbaren Sandmenge sowie von der Richtung, Dauer und Stärke des Winds. Insgesamt können vier wesentliche Dünenformen unterschieden werden: Sicheldünen (Barchane), Parabeldünen, Transversaldünen (Querdünen) und Longitudinaldünen (Längsdünen) (Abb. 19.12).

Außer den vier genannten Dünentypen gibt es auch zusammengesetzte Formen. Extrem ausgedehnte, hohe, hügelartige Dünen werden als **Draa** bezeichnet. Es handelt sich um Formen sich gegenseitig überlagernder Dünen, die in einigen Gebieten Höhen bis zu 450 m erreichen. Diese großen Dünen bewegen sich wesentlich langsamer als kleine, an einigen Stellen höchstens 0,5 m pro Jahr. Wo in weiten Gebieten Sand in ausreichender Menge zur Verfügung steht und die Windgeschwindigkeit ausreichend hoch ist, bilden sich große Dünenfelder. Die ausgedehntesten Gebiete dieser Art sind die **Ergs**, gewissermaßen reine „Sandmeere", die in den großen Wüstengebieten der Erde wie beispielsweise der Großen Arabischen Wüste (Rub al-Khali, arab. „leeres Viertel") oder in Namibia auftreten. Solche Ergs können Flächen bis zu 500.000 km² überdecken, das entspricht ungefähr der Größe Spaniens.

Staubablagerungen und Löss

Nimmt die Geschwindigkeit des mit Staub beladenen Winds ab, sinkt der Staub zu Boden und es entsteht **Löss**, eine Sedimentdecke, die im Wesentlichen aus Material der Siltfraktion besteht. Lössablagerungen sind ungeschichtet; in massigen, über 1 m mächtigen Ablagerungen bildet der Löss normalerweise vertikale Risse und bricht bei der Erosion an den für Löss typischen steilen bis senkrechten Wänden ab (Abb. 19.13). Die senkrechten Risse dürften durch ein Zusammenspiel von Durchwurzelung und dem ausschließlich nach unten erfolgenden Durchsickern des Niederschlagswassers entstehen, doch sind die genauen Vorgänge noch nicht bekannt.

Löss überdeckt bis zu 10 % der Erdoberfläche. Die bedeutendsten Lössablagerungen treten in China und Nordamerika auf. In China sind eine Million Quadratkilometer von Löss bedeckt (Abb. 19.14). Die großen Lössablagerungen verteilen sich dort über weite Gebiete im Nordwesten mit Mächtigkeiten zwischen 30 und 100 m – in Extremfällen auch bis über 300 m. Der Staub, der auch heute noch bis nach Zentralchina, Peking und Ostasien verweht wird, stammt aus der Wüste Gobi und anderen ariden Gebieten Zentralasiens. Einige dieser Lössablagerungen in China sind bereits 2 Mio. Jahre alt. Sie wurden zur selben Zeit abgelagert, in der auch die Heraushebung des Himalaja und

Sicheldünen (Barchane) sind bogenförmige Dünen, die oftmals in Gruppen oder gelegentlich auch als Einzeldünen auftreten. Die Enden der Sicheldünen weisen leewärts. Barchane sind das Ergebnis einer begrenzten Sandanlieferung und richtungskonstanter Winde.

Parabeldünen Im Gegensatz zu Barchanen, denen sie bei oberflächlicher Betrachtung ähneln, sind die Sichelenden der Parabeldünen dem Wind zugewandt und die konvexe Seite ist die windabgewandte, vorrückende Leeseite.

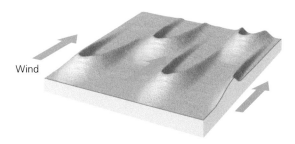

Wind

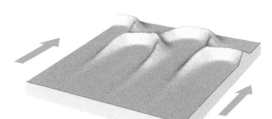

Transversaldünen (Querdünen) sind langgestreckte Höhenrücken, die quer zur vorherrschenden Windrichtung angeordnet sind. Solche Dünen bilden sich in ariden Gebieten, in denen reichlich Sand vorhanden ist und eine Vegetation fehlt.

Längsdünen (Longitudinaldünen) sind lang gestreckte, mehr oder weniger parallel zur vorherrschenden Windrichtung verlaufende Sandrücken. Diese Dünen können Höhen bis zu 100 m und Längen von vielen Kilometern erreichen. Die meisten Gebiete, in denen Längsdünen auftreten, verfügen nur über eine mäßige Sandanlieferung, haben einen rauen Untergrund und Winde, die stets ungefähr in derselben Richtung wehen.

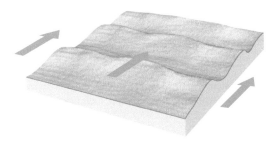

Abb. 19.12 Die Form und Anordnung der Sanddünen ist von der verfügbaren Sandmenge und der Richtung, Dauer und Geschwindigkeit des Windes abhängig

Abb. 19.13 Löss mit fossilen Bodenhorizonten in Elba (Nebraska, USA) (Foto: Daniel R. Muhs, US Geological Survey)

Teil V

der damit verbundenen Gebirge in Westchina erfolgte; dadurch gelangte das Landesinnere in den Regenschatten und das Klima wurde trockener. Die tektonische Hebung dieser Gebirge im Pleistozän war für das kalte trockene Klima in weiten Teilen Asiens verantwortlich. Solche Klimaverhältnisse verhinderten eine Vegetationsdecke, was zum Austrocknen der Böden und als Folge zu ausgedehnter Winderosion und äolischem Sedimenttransport führte.

Abb. 19.14 Alte Höhlenwohnungen in Lössablagerungen, Provinz Shanxi (Nordchina) (Foto: © Ashley Cooper/Age Fotostock)

Die am besten untersuchten Lössvorkommen Nordamerikas liegen am Oberlauf des Mississippi. Als Liefergebiet des Staubes dienten die im Pleistozän abgelagerten, reichlich vorhandenen Silt- und Tonsedimente auf den ausgedehnten Schotterfeldern der Schmelzwasserflüsse. Starke Winde trockneten die Schotterfluren aus. Da ein kühles Klima sowie eine hohe Sedimentationsrate die Bildung einer Vegetationsdecke verhinderten, wehten sie in diesen Gebieten ungeheure Mengen Staub aus, die sich dann weiter im Osten absetzten. Der Löss bildet dort eine Decke von mehr oder weniger konstanter Mächtigkeit, sowohl auf Hügeln als auch in Tälern, entweder in oder nahe der ehemals vergletscherten Gebiete. Regionale Mächtigkeitsänderungen im Zusammenhang mit den vorherrschenden westlichen Winden bestätigen seine äolische Entstehung. Der Löss ist auf den östlichen Hängen der großen Talauen zwischen 8 und 30 m mächtig und damit mächtiger als auf den westlichen Talseiten; von den Flussauen nimmt diese Mächtigkeit in Windrichtung weiter nach Osten rasch auf 1–2 m ab. Lössvorkommen sind auch in Mitteleuropa weit verbreitet. Die sogenannte Typuslokalität, von der dieses Sediment erstmals beschrieben und benannt wurde, liegt am rechten Neckarufer oberhalb von Heidelberg.

Die auf Löss entstandenen Böden (in Mitteleuropa vor allem in den Börden) sind äußerst fruchtbar, leicht zu bearbeiten und verfügen über einen guten Wasserhaushalt. Ihre Kultivierung bringt jedoch auch Probleme mit sich. Vor allem das Pflügen und die Bearbeitung mit schwerem Gerät zerstört das Bodengefüge, sodass das Niederschlagswasser überwiegend an der Oberfläche abfließt und die Böden erodiert werden und selbst kleine Rinnsale tiefe Erosionsrinnen darin einschneiden können. Überdies wird das Material durch den Wind ausgeblasen, besonders dann, wenn die Böden über längere Zeit brach liegen oder nicht mit geeigneten Nutzpflanzen kultiviert werden.

Wüstengebiete

Von allen Gebieten der Erde sind die Wüsten die einzigen, in denen Erosion, Sedimenttransport und Ablagerung überwiegend durch den Wind erfolgt. Die Wüsten der Erde gehören mit zu den lebensfeindlichsten Gebieten für Pflanzen, Tiere und Menschen, und doch sind viele Menschen von diesen heißen, trockenen scheinbar unbelebten Zonen mit ihren nackten Felsen und Sanddünen fasziniert. Das trockene Klima der Wüsten schafft unwirtliche, aber dennoch fragile Bedingungen, in denen menschliche Einflüsse noch nach Jahrzehnten erkennbar sind.

Alles in allem nehmen aride Gebiete eine Fläche von ungefähr 27,5 Mio. Quadratkilometern ein, das entspricht einem Fünftel der Landfläche der Erde; semiaride Steppengebiete und Halbwüsten überdecken ein weiteres Siebtel. Wenn wir die verschiedenen Ursachen für die Existenz großer Wüstengebiete in der heutigen Welt zugrunde legen – die Auswirkungen der Windsysteme auf das Klima, die Gebirgsbildung und die Kontinentaldrift –, dann können wir nach dem Aktualitätsprinzip davon ausgehen, dass es in der gesamten Erdgeschichte schon immer ausgedehnte Wüstengebiete gegeben hat. Umgekehrt können Wüstengebiete in der erdgeschichtlichen Vergangenheit humide Gebiete gewesen sein, die als Folge langfristiger Klimaveränderungen zunehmend arider wurden.

Geographische Verbreitung der Wüsten

Die Verbreitung der großen Wüsten der Erde wird im Wesentlichen von der Niederschlagsmenge bestimmt, die wiederum von einer Anzahl weiterer Faktoren beeinflusst wird (Abb. 19.15). Die Sahara, die Namib und die Kalahari in Afrika, die Wüsten-

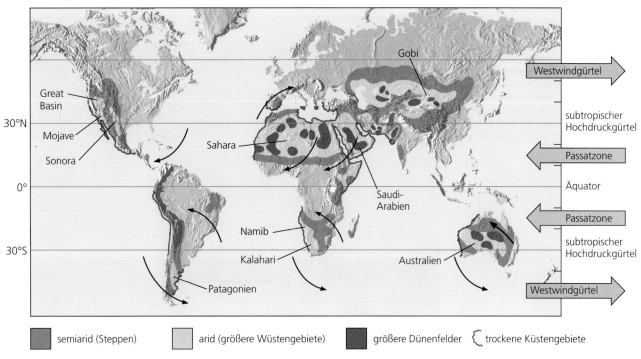

Abb. 19.15 Die großen Wüstengebiete der Erde (mit Ausnahme der polaren Wüsten). Man beachte den Zusammenhang zwischen ihren Vorkommen und den vorherrschenden Windrichtungen und den Gebirgszügen. Sanddünen nehmen nur einen kleinen Teil der gesamten Wüstenfläche ein (nach: K. W. Glennie (1970): Desert Sedimentary Environments. – New York Elsevier)

gebiete Australiens, Nordamerikas, Zentralasiens und Chiles weisen mit die geringsten Niederschläge der Erde auf, normalerweise weniger als 25 mm pro Jahr, in einigen Gebieten sogar weniger als 5 mm. Diese subtropischen Wüsten liegen gleichzeitig auch in den wärmsten Gebieten der Erde zwischen etwa 15 und 35° nördlicher und südlicher Breite (auch „Rossbreiten" oder „Kalmen" genannt), in denen die vorherrschenden Windsysteme dazu führen, dass trockene Luftmassen nach unten sinken (vgl. Abb. 19.1). In diesen Passat- oder Wendekreiswüsten, zu denen die Sahara, die Wüsten Arabiens und Australiens gehören, herrscht ein nahezu gleichbleibend hoher Luftdruck; die Sonne brennt Woche für Woche von einem wolkenlosen Himmel und die Luftfeuchtigkeit und damit die Chance für Niederschläge ist äußerst gering.

Wüsten können auch in mittleren Breiten, zwischen 30° und 50° nördlicher beziehungsweise südlicher Breite entstehen, in Gebieten mit geringen Niederschlägen, wo feuchte Winde entweder durch hohe Gebirgsketten abgehalten werden oder von den Ozeanen, ihrem Sättigungsgebiet, große Entfernungen zurücklegen müssen. Typische Beispiele sind das Great Basin und die Mojave-Wüste in den westlichen Vereinigten Staaten und die Wüsten Innerasiens. Die nordamerikanischen Wüsten liegen beispielsweise im Regenschatten der westlichen Küstengebirge. Die Wüste Gobi und die anderen Wüsten Innerasiens liegen so weit im Landesinneren, dass die ankommenden Winde ihre gesamte, über dem Ozean aufgenommene Feuchtigkeit bereits abgeregnet haben, lange bevor sie das Innere des Kontinents erreicht haben. Im Gegensatz zu den Passatwüsten sind diese außertropischen Binnen- oder Kontinentalwüsten durch kalte Winter gekennzeichnet.

Küstenwüsten treten an Kontinentalrändern auf, wo durch kaltes aufsteigendes Tiefenwasser die vom Meer her auf das Festland wehenden Winde abgekühlt werden. Dadurch kondensiert die enthaltene Luftfeuchtigkeit und es entstehen die typischen Küstennebel. Erreicht die Luft das warme Festland, hat sie nur noch einen ganz geringen Feuchtigkeitsgehalt, sodass es kaum mehr zu Niederschlägen kommt – und als Folge bilden sich in den Küstengebieten Wüsten. Die Küstenwüsten in Peru und Südwestafrika gehören mit zu den trockensten Gebieten der Erde.

Die bisher erwähnten Wüsten sind allesamt Wärmewüsten, in denen die Niederschlagsmengen gering und die Temperaturen im Sommer hoch sind.

Eine weitere Wüstenform bildet sich in den polaren Breiten. In diesen kalten, trockenen Gebieten gibt es deshalb kaum Niederschläge, weil die absinkende Kaltluft der polaren Hochdruckgebiete extrem wenig Feuchtigkeit aufnehmen kann. Die Dry-Valley-Region im Süd-Victoria-Land in der Antarktis ist so trocken und kalt, dass man sie durchaus mit dem Mars vergleichen kann. Letztendlich können Wüsten auch entstehen, wenn der Boden die Feuchtigkeit nicht speichern kann. Beispiele für solche sogenannten edaphischen Wüsten finden sich auf Island oder den Kanarischen Inseln (Cañadas-Caldera auf Teneriffa).

Die Rolle der Plattentektonik Wüsten sind in gewissem Sinne auch eine Folge plattentektonischer Prozesse. Gebirge, die Regenschatten erzeugen, sind durch die Kollision konvergierender kontinentaler und ozeanischer Platten entstanden. Die Entfernung zwischen Innerasien und den Ozeanen ist deshalb so groß, weil dieser Kontinent eine riesige Landmasse ist, die

Teil V

Abb. 19.16a,b Das Klima war in der Sahara nicht immer so arid wie heute. **a** Auf konventionellen Satellitenaufnahmen, die nur die unmittelbare Erdoberfläche abbilden, ist in der Sahara außer Sand nichts zu erkennen. **b** Da die in Radar-Systemen verwendeten Mikrowellen einige Meter in die oberflächennahen Schichten eindringen können, ist auf Radarbildern dagegen ein dichtes Netzwerk von Flussläufen zu erkennen, die von Sand überdeckt sind (Fotos: NASA/JPL Imaging Radar Team)

a

b

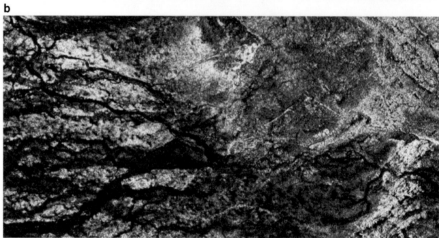

durch Kontinentaldrift aus kleineren Platten hervorgegangen ist. Große Wüstengebiete liegen heute in niederen Breiten, weil die Landmassen durch plattentektonische Bewegungen aus höheren in niedere Breiten gelangt sind. Wenn in einem künftigen plattentektonischen Szenario der nordamerikanische Kontinent um etwa 2000 km nach Süden driften würde, würden in den Vereinigten Staaten und Kanada die Steppen der nördlichen Great Plains in eine heiße trockene Wüste übergehen. Vergleichbares ist mit Australien bereits geschehen. Als dieser Kontinent vor etwa 20 Mio. Jahren – verglichen mit seiner heutigen Position – weiter im Süden lag, herrschte dort im Inneren ein warmes humides Klima. Seitdem bewegte sich Australien nach Norden in eine aride subtropische Zone und infolgedessen ist im Inneren eine Wüste entstanden.

Klimaveränderungen Durch regionale Klimaveränderungen können semiaride Gebiete in Wüsten übergehen – ein Vorgang, der als **Desertifikation** bezeichnet wird. Klimatische Veränderungen, deren Ursachen noch nicht völlig erforscht sind, können die Niederschlagsmengen im Lauf von Jahrzehnten oder Jahrhunderten verringern. Nach einer solchen Periode extremer Trockenheit kann die Region durchaus wieder zu gemäßigten Klimaverhältnissen zurückkehren. Es scheint, dass das Klima in der Sahara im Laufe der vergangenen 10.000 Jahre zwischen mehr oder weniger ariden Klimaverhältnissen wechselte. Aus den von

Satelliten aufgenommenen Radarbildern haben wir Hinweise, dass hier vor einigen tausend Jahren ein ausgedehntes System von Flussläufen existierte (Abb. 19.16). Inzwischen ausgetrocknet und überdeckt von jüngeren Sedimenten, transportierten diese alten Entwässerungssysteme in feuchteren Klimaperioden große Mengen fließendes Wasser durch die nördliche Sahara.

Die Sahara wird sich im Zuge einer klimabedingten Desertifikation vermutlich nach Norden ausdehnen (vgl. Abschn. 24.19). Ein von der ESA (European Space Agency) zur Überwachung der Wüsten durchgeführtes Projekt zeigt, dass mehr als 300.000 km² der europäischen Mittelmeerküsten mit einer Bevölkerung von 16 Mio. Menschen von Desertifikation bedroht sind, ein Gebiet, das nahezu der Fläche des US-Bundesstaats New York entspricht. Als in den Jahren 2005 und 2012 die dort herrschende Trockenheit ein historisches Ausmaß erreichte, verwüsteten Brände die Südküste Spaniens. Die Temperaturen stiegen wochenlang auf neue Rekordwerte. War das nur ein langer, heißer Sommer oder waren es die ersten Anzeichen einer langfristigen Klimaveränderung, die durch Übervölkerung und Übernutzung dieser fragilen Ökosysteme der Trockengebiete in ihren Auswirkungen nur noch schlimmer wird?

Hinweise für das letztgenannte Szenario scheinen sich abzuzeichnen. Die Böden werden aufgrund der länger anhaltenden

Trockenzeit unfruchtbar, sie werden anfälliger für äolischen Transport und Deflation. Die Grundwasserspiegel haben neue Tiefstände erreicht, und es ist keine Frage, dass es in Europa zunehmend wärmer wird: im 20. Jahrhundert stieg die Temperatur im Mittel um 0,7 °C. Die 1990er Jahre waren das heißeste Jahrzehnt seit Beginn der Wetteraufzeichnungen in der Mitte des 19. Jahrhunderts. Insgesamt wurden in diesem Zeitraum zwei der fünf bisher heißesten Jahre registriert.

Die Rolle des Menschen Die Klimaschwankungen in der Geschichte der Sahara und der anderen Wüsten sind auf natürliche Ursachen zurückzuführen, doch auch die vielfältigen Aktivitäten der Menschen sind heute in verstärktem Maße für eine gewisse Desertifikation mit verantwortlich. Das uneingeschränkte Bevölkerungswachstum in den semiariden Randgebieten der Wüsten zusammen mit einer zunehmenden landwirtschaftlichen Nutzung und vermehrten Viehhaltung, werden gegenwärtig als wesentliche Ursache für die Ausdehnung vieler Wüstengebiete betrachtet. Wenn eine wachsende Bevölkerung ihr Auskommen in einem zunehmend trockeneren Lebensraum finden muss, können die Folgen in semiariden Gebieten ein katastrophales Ausmaß erreichen. In Spanien kommt es derzeit an der Mittelmeerküste, ausgerechnet in den trockensten Gebieten, zur stärksten Ausdehnung der städtebaulich und landwirtschaftlich genutzten Flächen. Ehemalige Ackerflächen sind heute schon wegen der Übernutzung (bis zu vier Ernten pro Jahr) vegetationslos. Durch die wirtschaftliche Erschließung und den boomenden Tourismus wurde das ohnehin trockene Land buchstäblich zugepflastert, wodurch die verbliebene Landschaft noch weiter austrocknet. Im Jahre 2004 wurden an der spanischen Mittelmeerküste mehr als 350.000 neue Häuser erbaut, viele mit einem Schwimmbad im Garten und einem in der Nähe liegenden Golfplatz, die beide große Mengen Wasser benötigen. Für sich allein betrachtet dürfte keine dieser Unternehmungen eine negative Auswirkung haben. Insgesamt jedoch addieren sie sich und führen mittelfristig zur Desertifikation.

„Lasst die Wüsten blühen" war einst in einigen Ländern mit Wüstengebieten ein Schlagwort, das den umgekehrten Prozess forderte. Dort wurde fleißig und in großem Maßstab bewässert, um die semiariden und ariden Gebiete in fruchtbares Ackerland zu verwandeln. Das Central Valley in Kalifornien (USA), wo ein großer Teil des nordamerikanischen Obstes und Gemüses produziert wird, ist ein Beispiel von riesigem Ausmaß. Wenn das für die Bewässerung genutzte Wasser (wie nahezu jedes natürlich vorkommende Wasser) gelöste Salze enthält, dann werden sich, wenn das Wasser verdunstet, diese gelösten Substanzen als Salze im Boden anreichern. Ironischerweise kann daher die Bewässerung in ariden und semiariden Gebieten durch die allmähliche Anreicherung von Salzen zur Desertifikation führen.

Verwitterung in Wüstengebieten

So einzigartig Wüsten auch sind, es laufen dort genau dieselben geologischen Prozesse ab wie anderswo: Die physikalische und chemische Verwitterung sind in den Wüsten in gleicher Weise wirksam, sie stehen jedoch in einem anderen Verhältnis zueinan-

der. In den Wüsten überwiegen die physikalischen Prozesse der Verwitterung gegenüber den chemischen. Die chemische Verwitterung der Feldspäte und der anderen Silicatminerale verläuft langsamer, weil das für diese Reaktion erforderliche Wasser nur selten vorhanden ist. Zudem wird das wenige tonige Material, das dabei entsteht, in den Wüsten normalerweise durch den starken Wind bereits verweht, ehe es sich anreichern kann. Die langsame chemische Verwitterung und der stetige Windtransport wirken zusammen und verhindern die Bildung nennenswerter Böden selbst dort, wo eine spärliche Vegetation einen Teil des Verwitterungsmaterials festhält. Die Böden der Wüsten sind daher normalerweise geringmächtig und nur lückenhaft verbreitet. Sand, Kies, Gesteinsschutt unterschiedlicher Größe und auch nackter Fels sind für einen großen Teil der Wüstenflächen charakteristisch.

Nach ihren Substrattypen lassen sich mehrere Wüstenarten unterscheiden. Die **Fels-** und **Steinwüste**, die **Hamada**, besteht aus schlecht gerundeten Gesteinsbruchstücken. Die **Kies-** oder **Geröllwüste**, die **Serir**, besteht aus gerundetem Material unterschiedlicher Korngrößen und bildet sich häufig deshalb, weil das feinere Material ausgeblasen wird. Die von großen Dünenfeldern eingenommenen Wüstengebiete werden als **Sandwüste** oder **Erg** bezeichnet.

Die Farben der Wüste Die häufig rostroten bis orangebraunen Farben der verwitterten Oberflächen in Wüsten sind auf die Eisenminerale Hämatit und Goethit (mit jeweils dreiwertigem Eisen) zurückzuführen. Diese Minerale entstehen während der langsamen Verwitterung eisenhaltiger Silicatminerale wie beispielsweise der Pyroxene. Selbst in geringsten Mengen färben Eisenoxide die Oberflächen der Sande, Gerölle und Tone ausgesprochen intensiv.

Wüstenlack ist ein charakteristischer dunkelbrauner, manchmal glänzender Überzug auf vielen Gesteinsoberflächen der Wüste. Es handelt sich um eine Mischung aus Tonmineralen mit geringen Anteilen an Mangan- und Eisenoxiden. Wüstenlack bildet sich vermutlich durch das Zusammenwirken von Tau, der chemischen Verwitterung – unter Bildung von Tonmineralen und Eisen- beziehungsweise Manganoxiden – sowie dem fest haftenden, äolisch transportierten Staub auf den freiliegenden Gesteinsoberflächen. Gesteine, in deren „Lack" die Ureinwohner Amerikas vor Jahrhunderten Bilder eingekratzt haben, zeigen immer noch den Kontrast zwischen dem dunklen Lack und dem hellen unverwitterten Gestein darunter (Abb. 19.17). Die Bildung von Wüstenlack erfordert einige tausend Jahre. Einige geologisch gesehen alte Vorkommen von Wüstenlack in Nordamerika gehören altersmäßig in das Miozän; der Nachweis von Wüstenlack in alten Sandsteinabfolgen ist jedoch äußerst schwierig.

Flüsse als primäre Faktoren der Erosion Winderosion hat in den Wüsten eine größere Bedeutung als anderswo, aber sie erreicht auch dort nicht das Ausmaß der fluviatilen Erosion. In Wüsten führen die meisten Flüsse zwar nur gelegentlich Wasser, weil es selten regnet, aber trotzdem leisten sie auch hier den Großteil der Erosionsarbeit.

Selbst in der trockensten Wüste fällt gelegentlich Regen. In Wüstengebieten, in denen Sand und Kies vorherrschen, versickern die seltenen Niederschläge relativ rasch im Boden und im dar-

Abb. 19.17 Von den Ureinwohnern Amerikas in Wüstenlack eingeritzte Felszeichnungen; Newspaper Rock, Canyonlands (Utah, USA). Die Zeichnungen sind mehrere hundert Jahre alt, aber sie erscheinen wie frisch in den Wüstenlack geritzt, der sich im Verlauf von mehreren tausend Jahren gebildet hat (Foto: © Peter Kresan/kresanphotography.com)

a

b

Abb. 19.18a,b Ein großer Teil des gesamten Abflusses erfolgt bei Hochwasserereignissen. **a** Ein nur episodisch von Wasser durchflossenes Trockental während eines Sommergewitters, Saguaro National Monument (Arizona, USA). **b** Dasselbe Trockental einen Tag nach dem Hochwasser. Das abgelagerte grobe Schuttmaterial überdeckt den gesamten Talboden (Fotos: © Peter Kresan/kresanphotography.com)

unterliegenden Gestein, sodass zeitweise die Bodenfeuchtigkeit in der ungesättigten Zone ergänzt wird. Ein Teil des Sickerwassers verdunstet dort sehr langsam in den offenen Porenräumen zwischen den Körnern. Eine weitaus geringere Menge erreicht schließlich die tiefliegende Grundwasseroberfläche, die in manchen Gebieten mehrere hundert Meter unter der Erdoberfläche liegt. Wo der Grundwasserspiegel nahe genug an die Oberfläche herankommt, sodass die Wurzeln von Palmen und anderen Pflanzen ihn erreichen können, entstehen Oasen.

Wenn es jedoch in den Wüsten regnet, dann regnet es in Form heftiger Wolkenbrüche. Dabei fällt innerhalb kurzer Zeit so viel Regen, dass die Versickerung nicht Schritt halten kann und nur ein Teil der Wassermassen im Untergrund versickert. Deshalb fließt der Großteil der Niederschläge als Oberflächenwasser ab. Da keine Vegetation den Abfluss hindert, erfolgt er sehr rasch was in den völlig ausgetrockneten Talböden, den Wadis, zu Schichtfluten führt. Als Folge fließt ein großer Teil des in der Wüste fließenden Wassers als Hochwasser ab (Abb. 19.18a). Die Erosionsleistung solcher Hochwasser führenden Flüsse ist enorm, weil der überwiegende Teil des lockeren Verwitterungsschutts nicht von der Vegetation festgehalten wird. Wüstenflüsse können so stark mit Sedimentfracht beladen sein, dass sie häufig eher schnellen Schlammströmen als Flüssen gleichen. Durch die schleifende Wirkung der Sedimentfracht, die sich mit der Geschwindigkeit des Hochwassers bewegt, können diese Flüsse tiefe Täler in das anstehende Gestein einschneiden.

Sedimentation und Sedimente der Wüste

Wüsten bestehen aus höchst unterschiedlichen Sedimentationsräumen. Diese verändern sich in erheblichem Maße, wenn durch Niederschläge plötzlich tosende Flüsse oder ausgedehnte Seen entstehen. Dazwischen liegen lang anhaltende Trockenperioden, in denen die Sedimente zu Sanddünen zusammengeweht werden.

Fluviatile Sedimente Trocknen die mit Sediment überladenen Schichtfluten aus, hinterlassen sie auf der Sohle der Wüstentäler charakteristische Ablagerungen. Dabei überdeckt meist eine ebenschichtige Sedimentlage aus grobem Schutt den gesamten Talboden, ohne dass sich die normale Differenzierung in Fließrinne, Uferwälle und Talauen ausbildet (Abb. 19.18b). Die Sedimente vieler anderer Wüstentäler zeigen ganz deutlich die Verzahnung von Sedimenten der Fließrinnen und der Talauen mit äolischen Sedimenten. Die Kombination von fluviatilen und äolischen Prozessen in der Vergangenheit führte zur Bildung großräumiger äolischer Sandsteindecken, getrennt durch Schichten aus Hochwassersedimenten sowie durch Sandsteinlagen, die zwischen den Dünenfeldern abgelagert wurden.

Ausgedehnte Schwemmfächer an den Gebirgsrändern sind markante Erscheinungen in Wüsten, weil viele Wüstenflüsse einen großen Teil ihrer Sedimentfracht bereits auf diesen Schwemmfächern ablagern (vgl. Abb. 18.28). Das rasche Versickern des Flusswassers in dem durchlässigen Material des Schwemmfächers entzieht den Flüssen so viel Wasser, dass die Sediment-

Teil V

fracht nicht weiter flussabwärts transportiert werden kann. Große Teile der Schwemmfächer in den ariden Bergländern sind durch Schutt- und Schlammströme entstanden.

Äolische Sedimente Die bei weitem eindrucksvollsten Akkumultionsformen der Wüste sind Sanddünen. Die Größe der Dünenfelder schwankt zwischen wenigen Quadratkilometern und ausgedehnten „Sandmeeren", wie sie in den großen Wüsten auftreten, beispielsweise auf der Arabischen Halbinsel oder in der Namib (vgl. Abb. 19.8). Solche riesigen Dünenfelder oder Ergs können Flächen bis zu 500.000 km² überdecken; dies entspricht der doppelten Fläche des US-Bundesstaats Nevada.

Auch wenn Film und Fernsehen oft die Vorstellung vermitteln, dass Wüsten überwiegend aus Sand bestehen, machen Sandwüsten in Wirklichkeit nur ein Fünftel der gesamten Wüstengebiete aus (vgl. 19.15); die anderen vier Fünftel sind Felswüsten oder sind mit Steinpflastern überdeckt. Nur wenig mehr als ein Zehntel der Sahara wird von Sand eingenommen und in den Wüsten der südwestlichen Vereinigen Staaten sind Sanddünen noch deutlich seltener.

Evaporitsedimente In ariden Gebirgstälern und intramontanen Becken bilden sich häufig permanente oder temporäre Seen, sogenannte **Salzseen** oder **Playaseen** (Abb. 19.19). In diesen Seen reichern sich die von den Wüstenflüssen mitgeführten gelösten Minerale an und wenn das Wasser dieser Seen verdunstet, werden die darin gelösten Minerale immer stärker konzentriert und fallen allmählich aus. Solche Seen, meist Endseen, sind deshalb Bildungsort bisweilen sehr ungewöhnlicher Evaporitminerale, beispielsweise von Soda (Natriumcarbonat) oder Borax (Natriumborat) neben anderen Salzen. Wenn das gesamte Wasser verdunstet ist, gehen die Seen in Salztonebenen (Playas) über – flach lagernde Schichten aus Ton, die manchmal mit ausgefällten Salzkristallen überkrustet sind.

Landschaftsformen der Wüsten

Die Landschaftsformen der Wüstengebiete gehören zu den vielfältigsten der Erde. Ausgedehnte, tiefliegende, ebene Gebiete werden von Playas, Wüstenpflastern und Dünenfeldern eingenommen. Die Hochländer bestehen meist aus nacktem Fels und sind an vielen Orten von steilen Flusstälern und Schluchten durchschnitten. Das Fehlen einer Vegetations- und Bodendecke lässt die Landschaftsformen insgesamt schärfer und schroffer erscheinen als in humideren Klimagebieten. Im Gegensatz zu den rundlichen, mit Böden und Vegetation bedeckten Hangformen der meisten humiden Gebiete bilden die durch Verwitterung in den Wüsten entstehenden groben und in ihrer Größe sehr unterschiedlichen Gesteinsbruchstücke steile Hänge, an deren Fuß große Massen von schlecht gerundetem Schuttmaterial liegen (Abb. 19.20).

Weite Bereiche der Wüstenlandschaften werden – wie auch in den humiden Regionen – von Flüssen geformt. Die so entstandenen Täler sind typische Trockentäler, die in den südwestlichen Vereinigten Staaten als **Arroyos**, im Nahen Osten und in Nordafrika als **Wadis** bezeichnet werden. Die Täler der Wüstengebiete zeigen dieselbe Vielfalt von Querprofilen wie andernorts auch, doch ein weit größerer Teil weist steile Wände auf – eine Folge der raschen Erosion durch Überschwemmungen und der geringen Niederschläge, die zwischen den Hochwasserereignissen zu einer Verflachung der Talhänge führen würden.

Wüstenflüsse liegen wegen der relativ seltenen Niederschläge weit auseinander, aber ihre Entwässerungsnetze gleichen im Allgemeinen denen anderer Gebiete – bis auf einen wichtigen Unterschied: Viele Wüstenflüsse enden, ohne die Wüsten zu durchqueren oder ohne in größere, dem Meer zufließende Flüsse zu münden. Die meisten enden an der Basis der Schwemmfächer. Das Aufstauen der Flüsse durch Dünen oder in geschlossenen Tälern führt zur Bildung von Playaseen.

Teil V

Abb. 19.20 Wüstenlandschaft bei Kofa Butte, Kofa National Wildlife Refuge in Arizona (USA). Kennzeichnend sind steile Felswände und ausgedehnte Schuttmassen, die bei der Verwitterung unter ariden Bedingungen entstehen (Foto: © Peter Kresan/kresanphotography)

Eine charakteristische Landschaftsform der Wüste sind die **Pediment** genannten Gebirgsfußflächen auf Festgesteinen. Pedimente sind weite, sanft geneigte Flächen vor einem Gebirgsrand. Sie entstehen durch rückschreitende Erosion und Denudation einer in Abtragung begriffenen Gebirgsfront (Abb. 19.21). Das Pediment breitet sich wie eine Schürze am Fuß der Gebirgsfront aus, da sich dort geringmächtige Ablagerungen aus fluviatilen Sanden und Kiesen bilden. Durch lang andauernde Erosion entstehen schließlich ausgedehnte Flächen mit einigen kleineren Inselbergen (Abb. 19.22). Ein Schnitt durch ein typisches Pediment und seine Berge zeigt einen ziemlich steilen Gebirgshang, der mit scharfem Knick in das sanft geneigte Pediment übergeht. Die Oberfläche des Pediments ist in typischer Ausbildung mit geringmächtigen fluviatilen Sanden und Kiesen überdeckt, die am unteren Ende in Playa-Sedimente oder Talfüllungen übergehen.

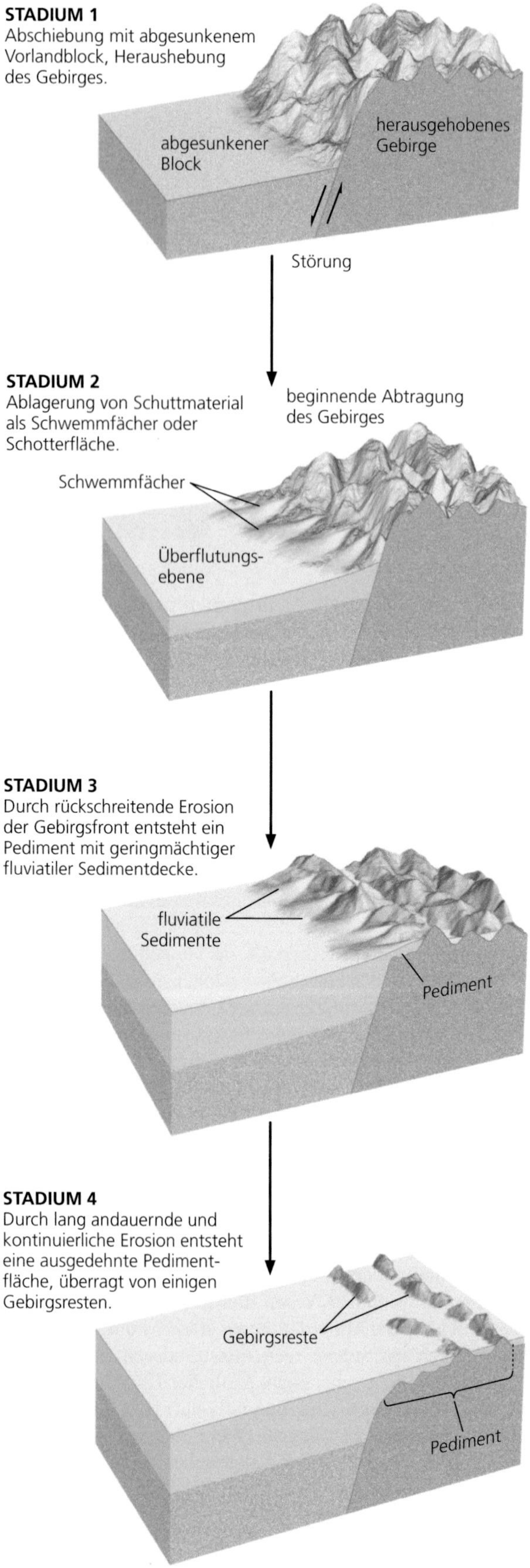

Abb. 19.21 Pedimentflächen entstehen durch Erosion und Rückverlegung von Gebirgsfronten

STADIUM 1
Abschiebung mit abgesunkenem Vorlandblock, Heraushebung des Gebirges.

abgesunkener Block

herausgehobenes Gebirge

Störung

STADIUM 2
Ablagerung von Schuttmaterial als Schwemmfächer oder Schotterfläche.

beginnende Abtragung des Gebirges

Schwemmfächer

Überflutungsebene

STADIUM 3
Durch rückschreitende Erosion der Gebirgsfront entsteht ein Pediment mit geringmächtiger fluviatiler Sedimentdecke.

fluviatile Sedimente

Pediment

STADIUM 4
Durch lang andauernde und kontinuierliche Erosion entsteht eine ausgedehnte Pedimentfläche, überragt von einigen Gebirgsresten.

Gebirgsreste

Pediment

Abb. 19.22 Cima Dome (Arizona, USA) ist eine Pedimentfläche in der Mojave-Wüste. Die Oberfläche ist von einer geringmächtigen Lage aus fluviatilen Sedimenten bedeckt. Die beiden Bergkuppen *links* und *rechts* sind die letzten Erosionsreste des ehemaligen Gebirges (Foto: © Marli Miller)

Es gibt viele Hinweise, dass das Pediment und die Erosionsplattform von episodisch fließendem Wasser geformt werden. Dabei behalten die Berghänge am oberen Ende des Pediments ihre Steilheit, wenn sie infolge fortschreitender Abtragung zurückweichen; sie gehen nicht in gerundete, sanftere Hangformen über, wie es im humiden Klima der Fall ist. Wir wissen jedoch noch nicht, wie sich unter ariden Klimabedingungen die einzelnen Gesteinstypen und Erosionsprozesse gegenseitig beeinflussen, damit insgesamt diese steilen Hänge erhalten bleiben, während sich die Pedimentfläche erweitert.

Zusammenfassung des Kapitels

Entstehung der Windsysteme: Die Erde ist umgeben von atmosphärischen Zirkulationssystemen. Sie sind das Ergebnis der Erwärmung der Erdatmosphäre am Äquator, wo warme Luft aufsteigt und in Richtung zu den Polen strömt. Auf dem Weg dorthin kühlt die Luft allmählich ab und sinkt nach unten. Diese kältere Luft fließt an der Erdoberfläche zum Äquator zurück. Windgeschwindigkeit und Windrichtung ändern sich zwar täglich, über längere Zeiträume hinweg wehen die Winde aber vorherrschend aus einer bestimmten Richtung. Der durch die Rotation der Erde verursachte Coriolis-Effekt führt auf der Nordhalbkugel zu einer Ablenkung der Luftströmungen nach rechts, auf der Südhalbkugel nach links.

Erosion und Transport von Sand und feinklastischem Material durch Wind: Wind kann trockenes Sedimentmaterial aufwirbeln und verfrachten, ähnlich wie fließendes Wasser. Bei Luftströmungen gibt es jedoch Einschränkungen bezüglich der Korngrößen (selten größer als grobkörniger Sand) und der Fähigkeit, Sedimentmaterial über längere Zeit in Suspension zu halten. Diese Einschränkung ist auf die insgesamt geringe Viskosität und Dichte der Luft zurückzuführen. Äolisch transportiertes Material kann aus vulkanischer Asche, Quarzkörnern und anderen Mineralbruchstücken sowie aus Tonmineralen bestehen, aber auch aus organischem Material wie Pollen und Bakterien. Wind ist in der Lage, große Mengen Sand und Staub zu verfrachten. Die Sandkörner werden vor allem durch Saltation bewegt, während die feinerkörnigen Staubpartikel in Suspension transportiert werden. Die Erosionsarbeit des Windes erfolgt in erster Linie durch Korrasion und Deflation.

Ablagerung von Dünen und Staub: Lässt der Wind nach, wird Sand in Form von Dünen abgelagert, die sich in Form und Größe unterscheiden. Dünen entstehen in den aus Sand bestehenden Wüstengebieten, an Küsten oder in Flusstälern auf sandigen Auenablagerungen und damit insgesamt in Gebieten, in denen lockerer Sand im Übermaß zur Verfügung steht und mäßige bis starke Winde wehen. Die Bildung von Dünen beginnt mit Sandwehen auf der Leeseite von Hindernissen; sie können Höhen bis zu 250 m erreichen, obwohl die meisten lediglich einige Dutzend Meter Höhe aufweisen. Dünen wandern in Windrichtung, denn die Sandkörner werden auf der dem Wind zugewandten, flach angeböschten Seite der Dünen aufwärts transportiert und rollen später an den steileren leeseitigen Hängen wieder hinab. Die Form und Anordnung der Sanddünen ist abhängig von der Richtung, der Stärke, der Dauer des Windes und der vorhandenen Sandmenge. Wenn die Geschwindigkeit des mit Staub beladenen Windes abnimmt, setzt sich der Staub als dünne Lösslage ab. Die Lössschichten in zahlreichen, ehemals vom Gletschern bedeckten Gebieten wurden durch Winde abgelagert, die in den Glazialzeiten über die Aufschüttungsebenen der Ton und Silt führenden Schmelzwasserflüsse der Gletscher hinwegwehten. Löss kann in den windabgewandten Teilen staubbedeckter Wüstengebiete große Mächtigkeiten erreichen.

Teil V

Formung der Wüstenlandschaften durch Wind und Wasser: Wüstengebiete entstehen im Regenschatten von Gebirgsketten, an den Küsten mit angrenzenden kalten Meeresströmungen, generell in subtropischen Gebieten, in denen kalte Luftmassen absinken, sowie im Inneren der Kontinente aufgrund fehlender Luftfeuchte. Es handelt sich stets um Gebiete, in denen die Luft trocken ist und Niederschläge selten sind. In den Wüstengebieten dominiert die physikalische Verwitterung, während die chemische Verwitterung mangels Wasser gering ist. Die meisten Wüstenböden sind flachgründig und nackte Gesteinsoberflächen sind häufig.

Bei der Gestaltung der Landschaft spielt der Wind in den Wüsten eine größere Rolle als anderswo, dennoch sind Flüsse für einen Großteil der Erosion in den Wüsten verantwortlich, obwohl sie nur episodisch Wasser führen. In den Gebirgstälern und Senken der ariden Gebiete bilden sich Playa-Seen, in denen es aufgrund der starken Verdunstung zur Ablagerung von Evaporitmineralen kommt. Die auffälligsten Erscheinungen der Wüstenlandschaften sind die Pedimentflächen, ausgedehnte sanft geneigte Flächen, die durch Verwitterung aus Festgesteinen entstanden sind, als sich Gebirgsränder durch rückschreitende Erosion zurückverlagerten, wobei ihre steilen Hänge erhalten geblieben sind.

Ergänzende Medien

19-1 Animation: Die Entstehung von Steinpflastern

19-1 Video: Prozesse der Wüsten I

19-2 Video: Prozesse der Wüsten II

Das Meer

20

Die Zerstörungen des Vergnügungsparks und der Strandpromenade in Seaside Hights (New Jersey, USA) nach dem Hurrikan *Sandy* vom 18. November 2012 (Foto: © msand/morguefile.com)

Teil V

© Springer-Verlag Berlin Heidelberg 2017

J. Grotzinger, T. Jordan, *Press/Siever Allgemeine Geologie*, DOI 10.1007/978-3-662-48342-8_20

In der Geschichte der Menschheit waren jene 71 % der Erdoberfläche, die von den Meeren bedeckt werden, die längste Zeit eine völlig unbekannte Welt. Die vielen an den Küsten lebenden Menschen kannten zwar die Kraft der Wellen, das Steigen und Fallen der Gezeiten und die zerstörende Wirkung heftiger Sturmfluten, doch über die Ursachen und die ihnen zugrunde liegenden Kräfte konnten sie lediglich Vermutungen anstellen. Heute wissen wir, dass sie das Ergebnis von Wechselwirkungen zwischen den beiden Systemen Klima und Sonne sind. Die Gezeiten entstehen durch das Zusammenspiel der Gravitationskräfte von Erde, Sonne und Mond und die Brandung an der Küste; die Stürme sind die Folge von Interaktionen zwischen Atmosphäre und Hydrosphäre.

Und was ist mit der Tiefsee, die für Menschen ohne spezielle Beobachtungsverfahren und Geräte nicht zugänglich ist? Die Beschaffenheit des Meeresbodens außerhalb der unmittelbaren Küstengewässer blieb bis in die Mitte des 19. Jahrhunderts ein Geheimnis. Im Jahr 1872 lief die *HMS Challenger* aus ihrem Heimathafen in England für eine vierjährige Expedition zur Erkundung der Ozeane aus – ein kleines Holzschiff der britischen Kriegsmarine, das für die ersten wissenschaftlichen Meeresbeobachtungen umgerüstet worden war. Die *Challenger*-Expedition entdeckte große Gebiete mit untermeerischen Hügeln, ausgedehnten Ebenen, außergewöhnlich tiefen Rinnen und submarinen Vulkanen.

Heute suchen Geowissenschaftler noch immer nach Antworten auf Fragen, die diese frühen Entdeckungen schon damals aufwarfen. Welche tektonischen Kräfte haben einerseits zum Aufstieg der submarinen Gebirgsketten geführt und andererseits die Tiefseerinnen abgesenkt? Warum sind einige Bereiche weitgehend eben und andere dagegen hügelig? Obwohl die Ozeanographen in der ersten Hälfte des 20. Jahrhunderts bereits einige wichtige Entdeckungen gemacht hatten, blieben die meisten ihrer Fragen bis zur umwälzenden Entdeckung der plattentektonischen Prozesse in den späten 1960er Jahren unbeantwortet. Wie schon in Kap. 2 erwähnt, hat die geologische und geophysikalische Erforschung der Ozeanböden – und nicht die der Kontinente – zur Theorie der Plattentektonik geführt.

In diesem Kapitel untersuchen wir die an den Küsten und Stränden wirkenden Prozesse und betrachten den Einfluss von Wellen, Gezeiten und schweren Stürmen. Danach wenden wir uns weiter seewärts den von Wasser bedeckten Rändern der Kontinente zu und beenden das Kapitel mit der Besprechung des Tiefseebodens und seinen vielfältigen geologischen Erscheinungen.

Unterschiede im geologischen Bau der Ozeane und Kontinente

Die Plattentektonik lieferte das grundlegende Verständnis für den unterschiedlichen geologischen Bau der Kontinente und Ozeane. In einer gewissen Entfernung von den Kontinentalrändern fehlen am Tiefseeboden gefaltete und bruchtektonisch beanspruchte Gebirge. Stattdessen ist die plattentektonische Deformation weitgehend auf Dehnungsvorgänge und Vulkanismus an den mittelozeanischen Rücken, Hot Spots und Subduktionszonen beschränkt. Darüber hinaus spielen die in den vorangegangenen Kapiteln behandelten Verwitterungs-und Erosionsvorgänge in den Ozeanen eine weit geringere Rolle als auf den Festländern, weil es in den Ozeanen keine so effizienten Prozesse der Gesteinszerstörung gibt wie auf dem Festland, wo Gefrieren und Tauen oder andere erosive Kräfte wie beispielsweise Flüsse und Gletscher wirksam sind. Strömungen in der Tiefsee können zwar Sediment erodieren und transportieren, aber sie können die aus Basalt bestehenden Plateaus und Hügel der ozeanischen Kruste nicht effizient angreifen.

Da auf dem größten Teil des Meeresbodens die tektonische Deformation, Verwitterung und Erosion gering ist, wird der geologische Bau der Ozeane von Vulkanismus und Sedimentation beherrscht. Durch Vulkanismus entstehen mittelozeanische Rücken, Inselgruppen inmitten der Ozeane wie etwa die Hawaii-Inseln und in der Nähe von Tiefseerinnen vulkanische Inselbögen. Der Großteil des restlichen Meeresbodens wird jedoch von der Sedimentation geprägt. Unverfestigte Sedimente aus Silt, Ton und Calciumcarbonat überdecken die flachen Hügel und Ebenen des Meeresbodens, und sobald neue ozeanische Kruste an den mittelozeanischen Rücken entstanden ist, werden darauf Sedimente abgelagert. Je weiter sich die Platten von den mittelozeanischen Rücken wegbewegen, desto mehr Sediment sammelt sich auf ihnen an. Die Sedimentation erfolgt in der Tiefsee weitaus kontinuierlicher als in den meisten terrestrischen Sedimentbildungsräumen. Daher werden in den Schichtenfolgen der ozeanischen Sedimente wesentlich mehr Einzelheiten des geologischen Geschehens überliefert als in den kontinentalen, oft gestörten Sedimentserien – zum Beispiel eine detaillierte Abfolge von Klimaveränderungen.

Diese Überlieferung ist jedoch zeitlich begrenzt, weil die ozeanischen Platten durch Subduktion kontinuierlich wieder in den Mantel zurückgeführt werden und damit werden auch die ozeanischen Schichtenfolgen durch Metamorphose und Aufschmelzung zerstört. Es dauert im Durchschnitt nur einige Dutzend Millionen Jahre, bis die Kruste, die an einem mittelozeanischen Rücken entstanden ist, über einen ganzen Ozean hinwegdriftet und in einer Subduktionszone abtaucht. Wie in Kap. 2 schon erwähnt wurde, stammen die ältesten auf den heutigen Ozeanböden überlieferten Sedimente aus dem Jura, das heißt, sie sind höchstens etwa 180 Ma alt und liegen derzeit am Westrand der Pazifischen Platte (Abb. 2.15). In den kommenden 10 Ma werden die auf diesem Krustenbereich lagernden Sedimente an einer Subduktionszone wieder in den Erdmantel verschwinden.

Die fünf großen Ozeane (Atlantischer, Pazifischer und Indischer Ozean, Nord- und Südpolarmeer) bilden einen zusammenhängenden Wasserkörper, der oft auch als Weltmeer bezeichnet wird. Der Begriff „Meer" ist etwas weiter gefasst und schließt auch die etwas kleineren Wasserkörper ein, die im Fall der Rand- oder Binnenmeere bis zu einem gewissen Grad oder nahezu vollständig von den größeren Ozeanen abgetrennt sind. Beispielsweise ist das Mittelmeer durch die enge Straße von Gibraltar mit dem Atlantischen Ozean und durch den Suez-Kanal über das Rote Meer mit dem Indischen Ozean verbunden. Andere Meere, etwa die Nord-

Exkurs 20.1 Der Salzgehalt des Meerwassers

Der Salzgehalt und damit die gesamte Menge an gelösten Salzen beträgt im offenen Ozean im Durchschnitt 3,5 Masseprozent. Wie die nachfolgende Tabelle zeigt, machen bereits die hier aufgeführten Ionen ungefähr 99 % der im Ozeanwasser gelösten Salze aus, und davon wiederum die Ionen Na^+ und Cl^- alleine ungefähr 86 %. Nahezu jedes Element, das auf dem Festland vorkommt, ist auch in gelöster Form im Meerwasser vorhanden, jedoch überwiegend nur in Spuren. So enthält das Meerwasser beispielsweise etwa 0,000 000 004 % Gold. Obwohl diese Konzentration äußerst gering erscheint, enthält jeder Kubikkilometer Meerwasser etwa 4,4 Kilogramm Gold, was sich bei einem Gesamtvolumen von 1,3 Mrd. km^3 Meerwasser auf insgesamt 5,7 Mio. Tonnen Gold summiert. Darüber hinaus enthält das Meerwasser auch noch gelöste Gase, vor allem Sauerstoff und Kohlendioxid.

Hauptbestandteile des Meerwassers, bezogen auf eine Salinität von 3,432 % [Quelle: Garrison, Oceanography, 1993]

Bestandteil	Konzentration [g/kg]	Gewichts- prozent
Chlor (Cl^-)	18,980	1,90
Natrium (Na^+)	10,556	1,10
Sulfat (SO_4^{2-})	2,649	0,30
Magnesium (Mg^{2+})	1,272	0,10
Calcium (Ca^{2+})	0,400	0,04
Kalium (K^+)	0,380	0,04
Hydrogencarbonat (HCO_3^-)	0,140	0,01
Summe	34,377	3,49

Der mittlere Salzgehalt der Ozeane von 3,5 % schwankt in Abhängigkeit von den geographischen Gegebenheiten. Hohe Niederschläge in den Tropen führen beispielsweise in äquatorialen Breiten zu einem Rückgang der Salinität auf etwa 3,45 %. Andererseits wird dem Meerwasser in den ariden Tropen und Subtropen durch Verdunstung Wasser entzogen, wodurch sich der Salzgehalt auf ungefähr 3,6 % erhöht.

Noch weitaus stärker ist der Salzgehalt in Nebenmeeren von den dort herrschenden Klimaverhältnissen abhängig. So liegt er in der westlichen Ostsee – ein Nebenmeer in gemäßigt-humidem Klima – durch die hohen Niederschlagsmengen und Süßwasserzuflüsse bei lediglich 1,1 %. Im Gegensatz dazu beträgt der Salzgehalt im Persischen Golf – einem Nebenmeer in aridem Klima mit einer hohen Verdunstungsrate und geringen Süßwasserzuflüssen – in den oberflächennahen Wasserschichten 3,8 und in Bodennähe 4,0 %. Diese Unterschiede in der Salinität scheinen insgesamt gering, dennoch zählen sie zu den wesentlichen Antriebskräften der globalen Meeresströmungen (Kap. 15).

Auch wenn den Ozeanen pro Jahr mehr als 2,5 Mrd. t an gelösten Substanzen zugeführt werden und durch submarinen Vulkanismus noch weiteres Material hinzukommt, war der Salzgehalt der Weltmeere im Verlauf der langen Erdgeschichte wohl relativ konstant, eine Folge des Gleichgewichts zwischen Zufuhr und Entnahme durch Sedimentbildung.

---

see und der Atlantische Ozean, stehen über breite Zugangswege miteinander in Verbindung. Das Meerwasser weist in den Ozeanen bemerkenswerterweise von Jahr zu Jahr und von Ort zu Ort durchschnittlich überall eine konstante chemische Zusammensetzung auf (Exkurs 20.1). Dieses in den Ozeanen herrschende chemische Gleichgewicht wird durch die individuelle Zusammensetzung der einmündenden Flüsse und Ströme sowie durch die Zusammensetzung des angelieferten Sedimentmaterials und durch die Neubildung von Sediment in den Ozeanen bestimmt.

Prozesse der Küstenbildung

Die Küsten sind ausgedehnte Gebiete, wo die unterschiedlichen Landschaftselemente Festland, Flüsse und Meer aufeinandertreffen. Umweltprobleme wie etwa Küstenerosion und die Verschmutzung der Flachwassergebiete machen die Küsten zu einem Schwerpunkt geologischer Forschungen. Die Land-

schaftsformen der Küsten zeigen selbst innerhalb eines einzigen Kontinents auffällige Gegensätze (Abb. 20.1). An der Küste von North Carolina beispielsweise und in weiten Teilen von Nord- und Ostsee erstrecken sich entlang der flachen Küstenebenen über viele Kilometer lange, gerade Sandstrände (Abb. 20.1a). Dort ist der Einfluss tektonischer Prozesse nur gering und die Formung der Küste erfolgt im Wesentlichen durch Strömungen, die durch die sich brechenden Wellen entstehen.

Dagegen begrenzen in Oregon oder an der Straße von Dover wie auch auf Rügen felsige Steilküsten die hoch liegenden Küstenbereiche, während die wenigen vorhandenen Strände aus Geröllen und gröberen Blöcken bestehen. Obwohl dort die Wirkung der Wellen erheblich ist, sind diese Landschaften durch tektonische Hebung entstanden. Viele Küsten tropischer Inseln, beispielsweise in der Karibik, werden zum offenen Meer hin von Korallenriffen gesäumt, die durch biogene Sedimentbildung entstanden sind (Abb. 20.1d). Wie wir noch sehen werden, arbeiten Plattentektonik, Erosion und Sedimentation zusammen, um diese große Vielfalt an Küstenformen und Materialien hervorzubringen.

Teil V

Abb. 20.1a–d Küsten zeigen eine Vielzahl von Formen. **a** Ein langgestreckter, geradliniger Sandstrand auf der Insel South Pea (North Carolina, USA). **b** Felsküste, Mount Desert Island (Maine, USA). Diese einst von Gletschern überdeckte Küste ist seit dem Ende der letzten Eiszeit vor 11.000 Jahren in Hebung begriffen. **c** Die Zwölf Apostel, eine Gruppe von neun Brandungspfeilern bei Port Campell (Australien). Sie entstanden aus Sedimentgesteinen, die bei der Rückverlagerung der Küste als Erosionsreste stehen blieben. **d** Korallenriffe an der Küste Floridas (Fotos: a mit frdl. Genehm. von Bill Birkemeier/US Army Corps of Engineers; b © Neil Rabino-witz/Corbis; c © Christopher Groenhout/Getty Images, Inc.; d © Dr. Hays Cummins, Miami University)

Die wichtigsten geologisch aktiven Kräfte an der **Strandlinie**, der Grenzlinie zwischen Wasser und Strand, sind die von Wellen und Gezeiten erzeugten Strömungen. Zusammen erodieren sie selbst die widerstandsfähigsten Felsküsten. Außerdem transportieren sie das von der Erosion auf dem Festland bereitgestellte Sedimentmaterial und lagern es an den Stränden und im Flachwasser vor den Küsten ab.

Wie in den vorangegangenen Kapiteln ebenfalls gezeigt wurde, sind Strömungen die Ursache für die an der Erdoberfläche ablaufenden geologischen Prozesse; die Küsten bilden hier keine Ausnahme. Betrachten wir nun die verschiedenen Strömungen, die unsere Küsten formen.

Wellenbewegung: Der Schlüssel zur Dynamik der Küstenlinie

Jahrhundertelange Beobachtungen haben uns gelehrt, dass Wellen unterschiedliche Formen annehmen. Bei ruhigem Wetter laufen die Wellen, getrennt durch flache Wellentäler, gleichmäßig auf den Strand auf. Dagegen entstehen bei starken Winden oder bei Sturm Wellen, die sich in einer verwirrenden Vielfalt von Formen und Größen gegenseitig überlagern. Wellen können in gewisser Entfernung vor der Küste flach und sanft erscheinen, aber sobald sie sich dem Festland nähern, können sie hoch und steil werden. Hohe Wellen können sich mit enormer Gewalt am Strand brechen und dabei Betonmauern zerschmettern und Häuser am Strand zerstören. Um die Dynamik der Strandlinien zu verstehen und eine bewusste Entscheidung im Hinblick auf die Küstenentwicklung treffen zu können, müssen wir die Entstehung und Wirkung von Wellen kennen.

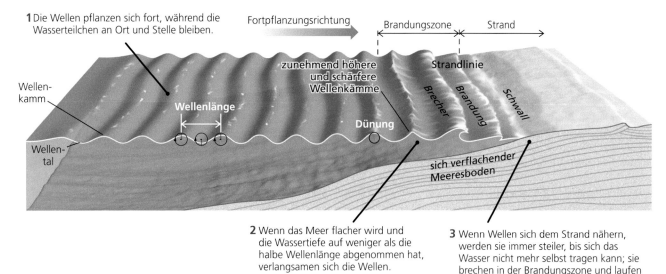

1 Die Wellen pflanzen sich fort, während die Wasserteilchen an Ort und Stelle bleiben.

Fortpflanzungsrichtung

Brandungszone

Strand

zunehmend höhere und schärfere Wellenkämme

Strandlinie

Wellen-kamm

Brecher

Brandung

Schwall

Wellenlänge

Dünung

Wellen-tal

sich verflachender Meeresboden

2 Wenn das Meer flacher wird und die Wassertiefe auf weniger als die halbe Wellenlänge abgenommen hat, verlangsamen sich die Wellen.

3 Wenn Wellen sich dem Strand nähern, werden sie immer steiler, bis sich das Wasser nicht mehr selbst tragen kann; sie brechen in der Brandungszone und laufen als Schwall auf die Küste auf.

Abb. 20.2 Die Wellentätigkeit wird von der Wassertiefe und der Form des Meeresbodens beeinflusst

Wellen entstehen durch den Wind, der über das Wasser weht und dabei die Bewegungsenergie der Luft auf das Wasser überträgt. Wenn eine leichte bis mäßige Brise mit einer Geschwindigkeit von 5 bis 20 km/h über eine ruhige Meeresoberfläche weht, entstehen allmählich sogenannte Kräuselwellen – kleine Wellen, die weniger als 1 cm hoch sind. Nimmt die Windgeschwindigkeit auf ungefähr 30 km/h zu, entstehen aus den Kräuselwellen typische Wellen. Noch stärkere Winde verursachen dementsprechend höhere Wellen, sie blasen die Wellenkämme weg und erzeugen auf den Wellen Schaumkronen. Die Höhe der Wellen ist von drei Faktoren abhängig:

- von der Windgeschwindigkeit,
- von der Dauer des Windes, und
- von der Distanz, die der Wind über das Wasser weht.

Stürme wehen hohe, unregelmäßige Wellen auf, die sich radial vom Sturmzentrum weg ausbreiten, ähnlich wie sich Wellen kreisförmig nach außen fortpflanzen, wenn ein Stein in ruhiges Wasser geworfen wird. Sobald sich die Wellen von einem Sturmzentrum weg in immer größer werdenden Kreisen ausbreiten, werden sie regelmäßiger und gehen in flache, breite, runde Wellen, in die sogenannte **Dünung** über, die sich Hunderte von Kilometern ausbreiten kann. Mehrere Stürme, die gleichzeitig in unterschiedlicher Entfernung von der Küstenlinie auftreten und von denen jeder sein eigenes Muster an Dünung erzeugt, sind auch für die oftmals unregelmäßigen Intervalle zwischen den am Strand auflaufenden Wellen verantwortlich.

Wer schon einmal Wellen auf dem Ozean oder auf einem Binnensee beobachtet hat, dem ist vielleicht aufgefallen, dass ein Holzstück oder ein anderer schwimmender Gegenstand beim Durchgang des Wellenkamms zwar ein wenig angehoben und etwas vorwärts bewegt wird, jedoch im nachfolgenden Wellental wieder zurücktreibt. Obwohl sich das Holzstück vor und zurück bewegt, bleibt es – wie auch das umgebende Wasser – an ungefähr derselben Stelle. Die Wassermoleküle bewegen sich auf einer Kreisbahn, obwohl sich die Wellen vorwärts in Richtung Küste bewegen.

Die äußere Form der Welle ist durch drei Merkmale festgelegt (Abb. 20.2):

1. durch die Wellenlänge, dem Abstand zwischen den Kämmen,
2. durch die Wellenhöhe, dem senkrechten Abstand zwischen Kamm und Wellental (die Wellenhöhe entspricht der doppelten Amplitude), und
3. durch die Periode, dem zeitlichen Abstand zwischen dem Eintreffen aufeinander folgender Wellenkämme.

Die Wellen pflanzen sich mit einer Geschwindigkeit fort, die sich aus der Grundgleichung zur Beschreibung einer Welle ergibt:

$$V = \frac{L}{T}$$

wobei V die Geschwindigkeit, L die Wellenlänge und T die Periode ist. Eine typische Welle mit einer Länge von 24 m und einer Periode von 8 s hätte eine Geschwindigkeit von 3 m/s. Die Perioden der meisten Wellen liegen zwischen wenigen Sekunden und maximal 15 bis 20 s; die Wellenlängen variieren zwischen ungefähr 6 und 600 m. Somit haben die meisten Wellen Geschwindigkeiten zwischen 3 und 30 m/s. Bei einer Wassertiefe unterhalb etwa der halben Wellenlänge ist die Wellenbewegung nur noch sehr gering. Deshalb werden Taucher und Unterseeboote bei tiefen Tauchgängen durch Wellen an der Wasseroberfläche nicht beeinträchtigt.

Die Brandungszone

In der Nähe der Küstenlinie wird die Dünung zunehmend höher und nimmt dort die bekannte scharfgratige Wellenform an.

Teil V

Solche Wellen werden als **Brecher** bezeichnet weil sie sich, wenn sie sich noch weiter der Küste nähern, brechen und die von Schaumblasen bedeckte Wasseroberfläche erzeugen, die wir **Brandung** nennen; der Bereich der sich brechenden Wellen kennzeichnet insgesamt die Brandungszone.

Der Übergang von Dünung zu Brechern erfolgt dort, wo die Wassertiefe auf weniger als die halbe Wellenlänge der Dünung abgenommen hat. Ab diesem Punkt wird die Wellenbewegung in der Nähe des Meeresbodens behindert, da sich das Wasser schließlich nur noch in horizontaler Richtung hin- und her bewegen kann (Abb. 20.2). Die beschränkte Bewegung der Wassermoleküle bremst die gesamte Welle ab. Ihre Periode bleibt jedoch gleich, da die Dünung weiterhin mit derselben Geschwindigkeit vom tieferen Wasser aufläuft. Aus der Wellengleichung ergibt sich, dass bei konstant bleibender Periode und abnehmender Wellenlänge auch die Geschwindigkeit abnehmen muss. Die typische Welle, die wir in unseren vorangegangenen Beispielen betrachtet haben, würde sich – obwohl sie dieselbe Periode von 8 s beibehält – auf eine Wellenlänge von 16 m verkürzen und ihre Geschwindigkeit folglich auf 2 m/s abnehmen. Sobald sich demzufolge die Wellen der Küste nähern, verringert sich der Abstand der Wellenkämme, die Wellenhöhe nimmt zu, die Wellenfronten werden steiler und ihre Kämme werden schärfer.

Läuft eine Welle auf den Strand auf, wird sie schließlich so steil, dass sich das Wasser nicht mehr selbst tragen kann – sie bricht sich in der Brandungszone (Abb. 20.2). Bei flach ansteigendem Meeresboden brechen sich die Wellen bereits weiter draußen, bei steil abfallendem Meeresboden näher an der Küste. Wo felsige Steilküsten direkt in tiefes Wasser übergehen, brechen sich die Wellen unmittelbar am Gestein mit einer Kraft – je nach Windstärke – von mehreren hundert Tonnen pro Quadratmeter, wobei das Spritzwasser der Brecher hoch in die Luft geschleudert wird. Bei solch großen Kräften ist es nicht überraschend, dass Betondämme, die zum Schutz von Bauwerken an der Küste errichtet wurden, rasch zerstört werden und daher ständig reparaturbedürftig sind.

Nach dem Brechen in der Brandungszone nähern sich die in ihrer Höhe nun reduzierten Wellen weiter dem Strand und brechen sich unmittelbar an der Küstenlinie erneut. Dort laufen sie als sogenannter **Schwall** auf den ansteigenden Strand auf und hinterlassen schließlich einen Spülsaum. An einem Sandstrand versickert dabei ein Teil des Wassers, während der Rest als Rückstrom oder **Sog** wieder abläuft. Der Schwall ist in der Lage, Sand und bei genügend hohen Wellen auch größere Gerölle oder sogar Blöcke zu transportieren. Der Sog nimmt dann das Material wieder in Richtung See mit.

Die Oszillationsbewegungen des Wassers in der Nähe der Küste sind stark genug, um Sandkörner und sogar Kies zu verfrachten. Durch die Wellentätigkeit kann feiner Sand selbst noch in einer Wassertiefe von ungefähr 20 m transportiert werden. Große, durch heftige Stürme erzeugte Wellen können bis in Tiefen von 50 m und mehr Sedimentmaterial vom Meeresboden entfernen. Im flacheren Wasser transportieren Sturmwellen die Sedimente in seewärtige Richtung und verringern dadurch die an den Küsten vorhandene Sandmenge.

Wellenrefraktion

Weit vor der Küste laufen die Kämme der Dünung zwar parallel zueinander, aber gewöhnlich unter irgendeinem Winkel schräg auf die Küstenlinie zu. Wenn sich die Wellen über einen seichter werdenden Meeresboden dem Strand nähern, biegen die Wellenzüge allmählich in eine küstenparallele Richtung um. Diese Richtungsänderung wird als **Wellenrefraktion** oder **Wellenbrechung** bezeichnet (Abb. 20.3a) und ist vergleichbar der Richtungsänderung von Lichtstrahlen bei der optischen Brechung (oder Refraktion), die dazu führt, dass ein Stab, der nur halb ins Wasser eintaucht, an der Wasseroberfläche scheinbar abgeknickt ist. Wenn sich eine Wellenfront unter einem gewissen Winkel dem Strand nähert, läuft der am nächsten zur Küste liegende Teil der Welle zuerst auf den flacher werdenden Meeresboden auf und daher wird die Wellenfront langsamer. Dann läuft der nächste Abschnitt der Welle auf den Boden auf und wird ebenfalls abgebremst. Inzwischen haben sich die am nächsten zur Küste befindlichen Wellenbereiche in noch flacheres Wasser fortbewegt und sind noch langsamer geworden. Folglich biegt die Wellenfront und damit auch der Wellenkamm in einem kontinuierlichen Übergang in Richtung auf die Küste um, sobald eine Welle langsamer wird (Abb. 20.3b).

Die Refraktion der Wellen führt an vorstehenden Landzungen zu einer intensiveren Wellentätigkeit, in tiefer eingeschnittenen Buchten ist sie weniger stark (Abb. 20.3c). An einer Landspitze wird das Wasser schneller seicht als entlang der beiden Küstenseiten, wo das Wasser tiefer ist. Daher kommt es dort zur Refraktion der Wellen, das heißt die Wellenfronten werden von jeder Seite her in Richtung auf den vorspringenden Küstenbereich umgelenkt. Die Wellen laufen an der Landspitze zusammen und setzen, wenn sie sich dort brechen, einen vergleichsweise größeren Anteil ihrer Energie frei als in den anderen Bereichen der Küste. Deshalb führt die Wellentätigkeit an Landzungen zu einer verstärkten Abtragung – Landzungen werden normalerweise weitaus rascher abgetragen als die geraden Abschnitte einer Küste.

In umgekehrter Weise wirkt die Wellenbrechung in einer Bucht. Im Zentrum der Bucht ist das Wasser im Allgemeinen tiefer, sodass die Wellen von dort nach allen Seiten in Richtung auf das flachere Wasser hin gebrochen werden. Dadurch wird die Energie der Wellenbewegung im Zentrum der Bucht vermindert, ein Grund, weshalb sich Buchten in der Regel gut als Häfen eignen.

Obwohl aufgrund der Brechung die Wellenfronten weitgehend parallel zur Küste verlaufen, treffen viele Wellen immer noch unter einem geringen Winkel auf. Wenn sie sich brechen, fließt der Schwall unter diesem Winkel schräg den Strandhang hinauf. Der Sog fließt jedoch meistens senkrecht zum Ufer wieder ab. Aus der Kombination dieser beiden Richtungen ergibt sich eine mehr oder weniger bogenförmige Bewegungsbahn, auf der das Wasser eine kurze Strecke den Strand entlangfließt (Abb. 20.3d). Die Sandkörner oder auch die Gerölle, die im Uferbereich durch Schwall und Sog transportiert werden, bewegen sich im Zickzack den Strand entlang, wobei das Material Hunderte von Metern pro Tag transportiert werden kann, ein Vorgang, der als **Küsten-** oder **Strandversetzung** bezeichnet wird.

Wellen, die unter einem gewissen Winkel auf eine Küstenlinie auftreffen, verursachen darüber hinaus einen **Küstenstrom** (Küstenlängsstrom), eine Strömung im Flachwasser parallel zur Küste. Dadurch, dass das Wasser mit dem Schwall und Sog im Zickzack an der Küste auf- und abläuft, entsteht insgesamt ein Materialtransport entlang der Küste in gleicher Richtung wie die Küstenversetzung. Der größte Teil des Nettotransports von Sand an vielen Küsten ergibt sich aus dieser Art von Strömung. Küstenlängsströmungen bestimmen im Wesentlichen die Form und Ausdehnung von Sandbänken und anderen sedimentären Küstenformen. Gleichzeitig können sie wegen ihrer Fähigkeit, lockeren Sand zu transportieren, große Mengen Sand von den Stränden entfernen. Küstenversetzung und Küstenlängsstrom können stark genug sein, um an den Stränden und im flachen Wasser große Materialmengen über weite Strecken zu verfrachten. Im tieferen, aber noch immer flachen Wasser (Wassertiefe weniger als 50 m) beeinflussen Küstenströme – vor allem bei starken Stürmen – den Meeresboden in erheblichem Maße.

Manche dieser Küstenströmungen können für unvorsichtige Schwimmer gefährlich werden. Eine solche Strömung ist beispielsweise die **Ripströmung** oder Brandungsrückströmung, eine eng begrenzte, starke ablandige Strömung, die an etwas steileren Küsten im Abstand von einigen hundert Metern im rechten Winkel vom Strand abfließt (vgl. Abb. 20.3d). Sie entsteht dann, wenn sich entlang der Küste eine Küstenlängsströmung ausbildet und sich das Wasser unmerklich aufstaut, bis ein kritischer Punkt erreicht ist. Dann bricht das Wasser in einem schmalen Bereich in Richtung auf die See durch und fließt als rasche Gegenströmung durch die ankommenden Wellen. Schwimmer können das Risiko, in die offene See hinausgetragen zu werden, dadurch vermeiden, dass sie parallel zur Küste schwimmen, um wieder aus dem Bereich des Ripstroms herauszukommen.

Gezeiten

Das zweimal tägliche Ansteigen und Fallen des Meeresspiegels, das wir als **Gezeiten** oder **Tiden** bezeichnen, ist den Seefahrern und Küstenbewohnern seit Jahrtausenden bekannt. Schon lange Zeit wusste man auch, dass ein Zusammenhang zwischen der Position und den Phasen des Mondes, der Höhe der Gezeiten und der Tageszeit besteht, an der das Wasser seinen Tidenhochstand erreicht. Erst im 17. Jahrhundert, als Isaac Newton das Gravitationsgesetz formulierte, wurde erkannt, dass die Gezeiten durch die Anziehungskraft des Mondes und der Sonne auf das Wasser der Weltmeere entstehen. Die Anziehungskraft zwischen zwei beliebigen Körpern nimmt mit wachsendem Abstand ab. Deshalb schwankt die Gezeiten erzeugende Kraft in den verschiedenen

a

b

1 Aus dem tiefen Wasser rasch ankommende Wellen.

Wellenkämme

2 Der Teil der Welle, der dem Strand am nächsten ist, wird langsamer, und dadurch biegen die Wellen in eine küstenparallele Richtung um, ein Vorgang, der als Wellenreaktion bezeichnet wird.

c

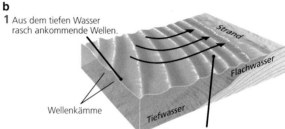

3 An Landspitzen biegen die Wellenzüge in Richtung der vorspringenden Küste um und verstärken dort den Wellenschlag.

Landspitze (Fels)

Sandstrand

4 Die Wellenfronten divergieren, dadurch vermindert sich ihre Auswirkung auf den Strandbereich.

d

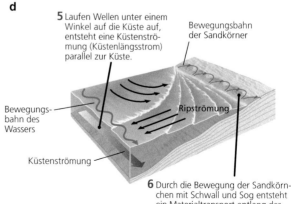

5 Laufen Wellen unter einem Winkel auf die Küste auf, entsteht eine Küstenströmung (Küstenlängsstrom) parallel zur Küste.

Bewegungsbahn der Sandkörner

Bewegungsbahn des Wassers

Ripströmung

Küstenströmung

6 Durch die Bewegung der Sandkörnchen mit Schwall und Sog entsteht ein Materialtransport entlang der Küste, der als Küsten- oder Strandversetzung bezeichnet wird.

Abb. 20.3a–d Wellenrefraktion. **a** Wellen laufen unter einem Winkel auf die Küste auf. **b** Nähern sich solche Wellen der Küste, biegen die Wellenkämme in eine küstenparallele Richtung um. **c** Die Refraktion verstärkt an Landspitzen die Erosion. **d** Durch die Wellenrefraktion entsteht eine Küstenströmung (Küstenlängsströmung) und ein Materialtransport entlang der Küste (Küstenversetzung) (Foto: © Carol Barington-Destination Ph/Aurora Photos)

Teil V

a

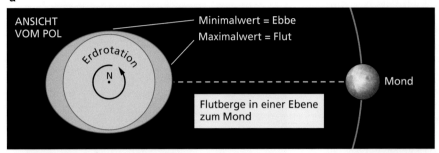

b

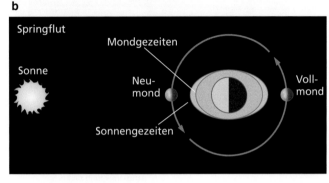
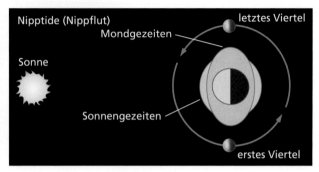

Abb. 20.4a,b Gezeiten entstehen durch die Massenanziehung von Erde, Mond und Sonne. **a** Die Massenanziehung des Mondes führt auf den Weltmeeren zu zwei Flutbergen. Einer davon liegt auf der dem Mond zugewandten, der andere auf der dem Mond abgewandten Seite. Da die Erde rotiert, bleiben die Flutberge auf einer Linie mit dem Mond. Sie bewegen sich über die Erdoberfläche und erzeugen die Flut. **b** Bei Neu- und bei Vollmond überlagern sich die Gezeiten von Sonne und Mond und führen zur höchsten Flut, der Springflut. Im ersten und letzten Viertel des Monds schwächen sich die Mond- und Sonnengezeiten gegenseitig, sodass die niedrigste Flut, eine Nippflut, auftritt

Teilen der Erde abhängig davon, ob sie näher oder weiter vom Mond entfernt sind.

Auf der Seite der Erde, die dem Mond zugewandt ist, ist die auf das Wasser wirkende Anziehung größer als die durchschnittliche Anziehung auf die gesamte feste Erde. Dies führt in den Meeresgebieten zur Entstehung eines Flutberges. Auf der vom Mond abgewandten Seite wird die feste Erde, da sie näher zum Mond steht als das Wasser, stärker in Richtung des Mondes angezogen als das Wasser, daher hat es den Anschein, als würde das Wasser – wiederum als Flutberg – von der Erde weggezogen.

Demzufolge entstehen auf den Ozeanen der Erde zwei Flutberge: einer auf der dem Mond zugewandten Seite, der andere auf der vom Mond am weitesten entfernten Seite (Abb. 20.4). Da sich die Erde dreht, liegen diese beiden Flutberge nahezu einander gegenüber. Einer der Flutberge befindet sich daher stets auf der Seite, die dem Mond zugewandt ist, der andere auf der gegenüberliegenden, vom Mond abgewandten Seite. Diese beiden Flutberge laufen über die rotierende Erde hinweg und äußern sich als Tidenhochwasser oder Flut.

Die Sonne ist zwar viel weiter entfernt als der Mond, hat aber eine so große Masse (und demzufolge auch eine große Anziehungskraft), dass sie ebenfalls Gezeiten verursacht. Insgesamt sind die Gezeiten erzeugenden Kräfte der Sonne geringer und betragen etwa 40 % der Gravitationskräfte des viel näher stehenden Mondes. Die von der Sonne verursachten Gezeiten verlaufen nicht synchron mit denen des Mondes. Die Sonne erzeugt

nur einmal am Tag einen Gezeitenberg, da die Erde einmal in 24 Stunden, der Länge eines Sonnentages, um ihre Achse rotiert. In Bezug auf den Mond dauert eine Erdumdrehung etwas länger – der Mondtag hat 24 Stunden und 50 min, der Grund, warum sich Ebbe und Flut pro Tag um 50 min verschieben. An einem Mondtag treten also an jedem Punkt der Erde im Verlauf von 24 Stunden und 50 min zweimal Hochwasser und zweimal Niedrigwasser auf.

Wenn Mond, Erde und Sonne in einer Linie stehen, summieren sich die Anziehungskräfte von Sonne und Mond. Die Folge ist eine **Springflut**, die höchste Flut, die alle zwei Wochen jeweils bei Vollmond und Neumond auftritt. Die schwächsten Fluten, die Nippfluten oder **Nipptiden**, treten dazwischen auf, das heißt im ersten und dritten Viertel des Mondes (Halbmond), wenn Sonne und Mond in Relation zur Erde im rechten Winkel, das heißt in Quadratur zueinander stehen und ihre Anziehungskräfte sich gegenseitig schwächen (Abb. 20.4b).

Gezeiten treten zwar regelmäßig und überall auf, jedoch schwankt der Tidenhub zwischen dem jeweiligen Wasserstand von Ebbe und Flut in den einzelnen Gebieten der Ozeane beträchtlich. Während die Flutberge des Wassers steigen und fallen, bewegen sie sich gleichzeitig über die Oberfläche des Meeres und stoßen dabei auf Hindernisse wie etwa Kontinente und Inseln, die die Strömung des Wassers behindern. In der Mitte des Pazifischen Ozeans, beispielsweise auf Hawaii, wo es keine Hindernisse oder enge Meeresstraßen gibt, beträgt der Unterschied zwischen Ebbe und Flut nur 50 cm. An der Pazifikküste bei Seattle dagegen,

Abb. 20.5 Wattgebiete, wie hier am Mont St. Michel an der französischen Kanalküste, können Hunderte von Quadratkilometern einnehmen, meist bilden sie aber nur schmale Streifen vor der Küste. Wenn eine sehr hohe Flut auf eine weite Wattfläche aufläuft, kann sie so rasch einströmen, dass die Gebiete schneller überflutet werden, als ein Mensch laufen kann. Strandwanderer sind daher gut beraten, sich vor Beginn einer Wanderung über die örtlichen Gezeitenverhältnisse zu informieren (Foto: Uwe Küchler, cc-by-sa-2.5)

wo die Küste des Puget Sund sehr unregelmäßig geformt ist, sind die Gezeitenströmungen auf enge Passagen beschränkt und der Tidenhub beträgt dort ungefähr 3 m. An bestimmten Orten treten bei den Gezeiten ungewöhnlich große Unterschiede auf, vor allem in Trichtermündungen wie beispielsweise der Bay of Fundy in Ostkanada, wo der Tidenhub über 12 m erreichen kann. An der französischen Kanalküste wird bei St. Malo wegen des großen Tidenhubs von mehr als 10 m ein Gezeitenkraftwerk betrieben, das sowohl die Ebbe- als auch die Flutströmung nutzt, um elektrische Energie zu erzeugen.

Wegen der großen Bedeutung der Gezeiten für Küstenbewohner und Seefahrt veröffentlichen die hydrographischen Behörden – in Deutschland das Bundesamt für Seeschifffahrt und Hydrographie – alljährlich Gezeitentabellen, in denen die zu erwartenden Fluthöhen und die jeweiligen Zeiten des Wasserhochstands angegeben sind. Diese Tabellen werden durch eine Kombination von lokalen Erfahrungswerten mit den astronomischen Bewegungen von Erde und Mond in Relation zur Sonne erstellt. Die Gezeitenbewegungen führen in Küstennähe zur Entstehung von Gezeitenströmungen, die Geschwindigkeiten von mehreren Kilometern pro Stunde erreichen können. Wenn das Wasser steigt, läuft es als **Flut** in Richtung auf die Küste, es überschwemmt die Meeresarme und Buchten, die flachen Küstenmarschen und strömt die kleinen Flüsse hinauf; ist der Gezeitenhochstand erreicht, beginnt der Wasserstand zu sinken, das heißt bei **Ebbe** fallen die niedriger liegenden Küstenbereiche wieder trocken. Solche Gezeitenströmungen schneiden in die ausgedehnten Sand- und Schlickbereiche des **Watts** mäandrierende Zu- und Abflussrinnen (Priele) ein, die bei Ebbe über und bei Flut unter dem Wasserspiegel liegen und aufgrund der Gezeitenströme eine enorme Dynamik aufweisen (Abb. 20.5). Wo Hindernisse die Gezeitenströmungen einengen und dadurch den Tidenhub vergrößern, können die Strömungsgeschwindigkeiten extrem hoch werden und in den Prielen können mehrere Meter hohe Sandbänke entstehen. Die französische Kanalküste und das Wattgebiet der Nordseeküste liefern anschauliche Beispiele hierfür.

Hurrikane und Sturmfluten

Hurrikane sind die schwersten Stürme der Erde – wirbelnde Massen dichter Wolken mit Durchmessern von mehreren hundert Kilometern, die ihre Energie von den warmen Oberflächengewässern der tropischen Ozeane aufnehmen. Der Begriff „Hurrikan" stammt aus der Maya-Sprache Mittelamerikas und bedeutet „Gott des Windes". Im westlichen Pazifischen Ozean und in Südchinesischen Meer werden tropische Wirbelstürme nach dem chinesischen Begriff Tai-feng („Großer Wind") als Taifune bezeichnet. In Australien, Bangladesch, Pakistan und Indien spricht man von Zyklonen und auf den Philippinen schließlich von Baguinos.

Wie immer sie auch genannt werden, diese schweren tropischen Stürme können katastrophale Zerstörungen anrichten und chaotische Verhältnisse hinterlassen. So zog beispielsweise im Jahr 1970 ein verheerender Wirbelsturm über die Küstengebiete von Bangladesch hinweg, der bis zu 500.000 Menschen das Leben kostete – die vielleicht schlimmste Naturkatastrophe mit den meisten Todesopfern der Nachkriegszeit. Ein weiterer Zyklon zog 1991 über dasselbe Gebiet hinweg, demzufolge mindestens 140.000 Menschen ertranken (Abb. 20.6). Der Sturm von 1991 war zwar stärker, die Anzahl der Todesopfer war jedoch wegen einer besseren Vorbereitung auf eine derartige Katastrophen, geringer: 2 Mio. Menschen wurden rechtzeitig evakuiert.

Die zerstörenden Auswirkungen dieser extrem starken anhaltenden Winde und sintflutartigen Niederschläge sind zwar rein intuitiv zu verstehen, doch die damit verbundenen Sturmfluten, die weite Gebiete unter Wasser setzen können, sind die potenziell gefährlicheren Auswirkungen eines Hurrikans. Als der Hurrikan *Katrina* am 29. August 2005 über New Orleans (Louisiana) hinwegzog, war die darauf folgende Katastrophe nicht so sehr die Folge der direkten Auswirkung des eigentlichen Hurrikans, sondern der damit verbundenen Sturmflut, die dazu führte, dass schließlich zahlreiche Abschnitte des künstlichen Dammsystems brachen, das New Orleans schützen sollte (vgl. Exkurs 20.2).

Die anschließende Überschwemmung von Teilen der Stadt forderte Hunderte von Menschenleben und hinterließ für nahezu einen Monat eine unter Wasser stehende, verlassene Stadt. Der Hurrikan *Sandy* war der zweitteuerste Wirbelsturm in der bisherigen Geschichte der Vereinigten Staaten (der zweite nach Hurrikan *Katrina*), der Ende Oktober 2012 die Ostküste der Vereinigten Staaten verwüstete. Während *Sandy* an der gesamten Ostküste zu einem Anstieg des Wasserspiegels führte, kam es an den Küsten New Jerseys, New Yorks und Connecticuts zu einer katastrophalen Sturmflut.

Entstehung von Hurrikanen Hurrikane entstehen über den ausgedehnten tropischen Meeresgebieten zwischen 8 und 20° nörd-

Abb. 20.6 Zerstörungen durch einen Zyklon (Wirbelsturm) in Chittagong (Bangladesch) 1991 (Foto: © Peter Charlesworth/LightRocket via Getty Images)

Exkurs 20.2 Die große Sturmflut von New Orleans

Am 25. August 2005 erreichte der Wirbelsturm *Katrina* als Hurrikan der Kategorie 1 den Süden Floridas, wobei 11 Menschen starben. Drei Tage später wurde dieser Hurrikan im Golf von Mexiko zu einem Monstersturm der Kategorie 5 mit maximalen Windgeschwindigkeiten bis zu 280 km/h und Böen bis zu 360 km/h. Am 28. August gab der Nationale Wetterdienst der Vereinigten Staaten einen Lagebericht heraus, in dem verheerende Zerstörungen an der Golfküste vorhergesagt wurden, worauf der Bürgermeister von New Orleans eine noch nie dagewesene zwingend verbindliche Evakuierung der Stadt anordnete.

Als *Katrina* am 29. August unmittelbar südlich von New Orleans auf das Festland überging, hatte der Sturm mit konstanten Windgeschwindigkeiten von 204 km/h die Kategorie 4 schon fast erreicht. Der niedrigste Luftdruck betrug 918 Millibar, was ihn zum drittstärksten Sturm machte, der in den Vereinigten Staaten je das Festland erreicht hatte. In den frühen Morgenstunden des 29. August kamen als Folge der direkten Auswirkungen des Sturmes rund 100 Menschen ums Leben.

Eine 5–9 m hohe Sturmflut überschwemmte praktisch die gesamte Küste von Louisiana, Mississippi, Alabama und die nördliche Golfküste Floridas. Die 9 m hohe Sturmflut in Biloxi (Mississippi) war die höchste jemals in den Vereinigten Staaten registrierte Sturmflut. Die Auswirkungen dieser Sturmflut in New Orleans waren katastrophal. Der Lake Pontchartrain, der in Wirklichkeit eine Küstenbucht ist, die in geringem Maße vom Meer beeinflusst wird, wurde von der Sturmflut überschwemmt. Gegen Mittag des 29. August brachen mehrere Abschnitte des Dammsystems, die das Wasser des Lake Pontchartrain von New Orleans abhalten sollten. Die danach einsetzende Überflutung führte dazu, dass 80 % des Stadtgebietes von New Orleans bis zu 8 m unter Wasser standen. Die Auswirkungen des Hochwassers forderten weitere 300 Menschenleben und bis zum 21. September stieg die Zahl der Toten auf über 1500, da Krankheiten und Unterernährung als indirekte Folgen der Sturmflut ihre Wirkung zeigten.

Hurrikan *Katrina* übertraf mit Schäden in Höhe von nahezu 200 Mrd. US-Dollar den Hurrikan Andrew, die bisher teuerste Naturkatastrophe in der Geschichte der Vereinigten Staaten. Außer Tausenden von Toten und Vermissten (über 4000 Personen) wurden mehr als 150.000 Gebäude zerstört und mehr als eine Million Menschen heimatlos – eine seit der großen Wirtschaftsdepression in den Vereinigten Staaten nicht mehr erreichte humanitäre Krisensituation.

a

Am Inner Harbor Navigational Canal tritt das Wasser über die Uferdämme und überflutet die Innenstadt von New Orleans (Foto: © Vincent Laforet-Pool/Getty Images)

Was geschah, und was hätte getan werden können, um die Zerstörungen in Grenzen zu halten? Wie bei den meisten Naturkatastrophen war dieses Ereignis die Folge selten auftretender aber mächtiger geologischer Kräfte, verbunden mit einer fehlenden Vorbereitung der Menschen. Niemand hatte ein Szenario dieses Ausmaßes erwartet oder gar eingeplant. Geowissenschaftler hatten vor Jahrzehnten bereits vorhergesagt, dass irgendwann einmal auch ein Hurrikan der Kategorie 4 oder 5 über New Orleans hinwegziehen würde. Die historischen Berichte über Wirbelstürme ließen eindeutig erkennen, dass mit Sicherheit ein solches Ereignis eintreten wird. Wie Abb. 20.11 zeigt, liegt New Orleans ungefähr in der Mitte der Zone, in der die Hurrikane auf das Festland der Vereinigten Staaten treffen. Die Stadt war jedoch lediglich auf Zerstörungen durch Hurrikane der Kategorie 3 und weniger vorbereitet. Aufgrund von Kürzungen des Bundeshaushalts blieb nur noch ein geringer Zuschuss übrig, um wenigstens die Schutzdämme am Ostufer instandzuhalten und zu verstärken, die vor dem Lake Pontchartrain schützen sollten. Dieses komplizierte System aus Betonmauern, Stahltoren und riesigen Erddämmen wurde nie vollständig fertiggestellt und dadurch war die Stadt weitgehend schutzlos. Außerdem ist es nicht leicht, eine Stadt vor den Sturmfluten eines Hurrikans zu schützen, wenn ihre Gehwege und Häuser im Durchschnitt vier Meter unter dem Meeresspiegel liegen. New Orleans ist in gleicher Weise für große Überschwemmungen des Mississippi anfällig, der ebenfalls durch ein künstliches Dammsystem zurückgehalten wird.

Auch wenn große katastrophale Ereignisse vergleichsweise selten sind, ist die Frage natürlich berechtigt, ob es der Mühe wert ist, sich darüber Gedanken zu machen. Wie die Erfahrung lehrt, dürfte das menschliche Gedächtnis wohl die falsche Entscheidung treffen. Kurzfristig können wir diesen Bedrohungen durch Zufall und viel Glück entkommen. Langfristig, das zeigen die historischen Berichte und die in den Schichtfolgen überlieferten Ereignisse, werden diese seltenen und zerstörenden Kräfte irgendwann ihren Tribut fordern, wenn wir nicht entsprechend darauf vorbereitet sind.

b

Einwohner der Stadt waten nach dem Hurrikan *Katrina* durch die Straßen von New Orleans (Foto: © James Nielsen/AFP/Getty Images)

Teil V

licher Breite, Bereiche mit hoher Luftfeuchtigkeit, schwachen Winden und hohen Wassertemperaturen (typischerweise 26 °C und höher). Diese Bedingungen sind im tropischen Nordatlantik und Pazifik im Sommer und frühen Herbst gegeben. Aus diesen Gründen dauert die Hurrikan-Saison auf der Nordhalbkugel von Juni bis November (Abb. 20.7), mit einem deutlichen Maximum im September.

Das erste Anzeichen für die Entstehung eines Hurrikans ist das gehäufte Auftreten von Gewitterzellen über den tropischen Meeresgebieten, in denen die Passatwinde zusammentreffen. Gelegentlich verlässt eine dieser Gewitterzellen die Konvergenzzone und begibt sich auf die Reise nach Westen. Die meisten Hurrikane, die den Atlantischen Ozean und den Golf von Mexiko durchqueren, entstehen im Bereich der Konvergenzzone unmittelbar vor Westafrika südwestlich der Kanaren und verstärken sich, während sie nach Westen über den tropischen Atlantik ziehen.

Zu Beginn eines Hurrikans, kondensiert der in der Luft vorhandene Wasserdampf unter Freisetzung großer Mengen an Wärmeenergie. Als Folge dieser Erwärmung der Atmosphäre nimmt die Dichte der umgebenden Luftmassen ab, sie beginnen nach oben zu steigen und im Bereich der erwärmten Luft fällt der Luftdruck auf Meereshöhe. Wenn immer mehr warme Luft nach oben steigt, nehmen Kondensation und Niederschläge zu, wodurch noch mehr Wärme freigesetzt wird. An diesem Punkt setzt ein positiver Rückkopplungsprozess ein, da die steigenden

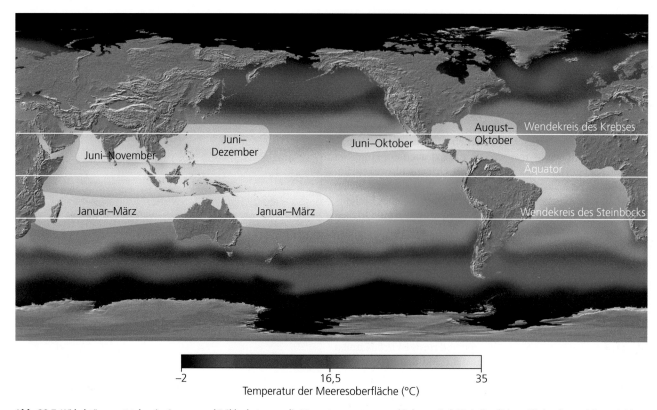

Abb. 20.7 Wirbelstürme entstehen im Sommer und Frühherbst, wenn die Meerestemperaturen am höchsten sind. Die hell gefärbten Flächen kennzeichnen Gebiete, in denen Wirbelstürme am häufigsten sind. Die Zeiten, in denen sie bevorzugt auftreten, sind ebenfalls angegeben (NASA/GSFC)

Temperaturen im Zentrum des Sturmes dazu führen, dass der Luftdruck auf Meereshöhe immer weiter fällt. Auf der Nordhalbkugel beginnen die Sturmwinde sich wegen des Coriolis-Effekts (vgl. Kap. 19) gegen den Uhrzeigersinn um den Bereich des niedrigsten Luftdrucks zu drehen, der schließlich zum Auge eines Wirbelsturms wird (Abb. 20.8).

Erreicht die Windgeschwindigkeit konstant den Wert von 37 km/h, wird dieses Sturmsystem als tropisches Tiefdruckgebiet bezeichnet. Nimmt die Windgeschwindigkeit auf 63 km/h zu, wird das System zum tropischen Sturm hochgestuft und bekommt einen Namen. Diese Tradition der alphabetisierten Namensgebung begann mit der Verwendung der im Zweiten Weltkrieg verwendeten Code-Namen wie etwa Albert, Bonnie, Charly usw. Wenn schließlich die Windgeschwindigkeit 119 km/h und damit Orkanstärke erreicht hat, wird der Sturm als Hurrikan bezeichnet und nach der Saffir-Simpson Hurrikan-Intensitätsskala eingestuft (Tab. 20.1). Diese Skala wird verwendet, um die potenziellen Sachschäden und den zu erwartenden Wasserstand an der Küste beim Übergang des Hurrikans auf das Festland abzuschätzen zu können. Sie entspricht in etwa der Makroseismischen Skala für Erdbeben (vgl. Tab 13.1).

Sturmfluten Nimmt ein Hurrikan an Intensität zu, steigt auf der Nordhalbkugel an der rechten Vorderfont des Sturmzentrums der Wasserspiegel über den Stand der umgebenden Meeresoberfläche an und bildet eine Flutwelle. Die Höhe dieser Flutwelle steht in direktem Zusammenhang mit dem tiefen Luftdruck im Auge

des Hurrikans und der Windstärke in der unmittelbaren Umgebung des sich drehenden Auges. Diese Flutwelle wird beherrscht von windinduzierten Wellen und hohem Seegang. Nähert sich der Hurrikan dem Festland, überschwemmt die Flutwelle die Küstengebiete und verursacht an den Gebäuden und Stränden erhebliche Schäden (Abb. 20.9). Jede Landmasse, jedes Hindernis in der Zugbahn der Sturmflut wird – abhängig von einer Anzahl von Faktoren – mehr oder weniger in Mitleidenschaft gezogen. Je stärker der Sturm und je flacher die Gewässer vor der Küste, desto höher ist die Flutwelle. Wenn die Flutwelle mit einem normalen Tidenhochwasser zusammenfällt, führt dies zu einer extrem hohen Sturmflut (Abb. 20.10).

Wie Hurrikan *Katrina* (2005) und *Sandy* (2012) eindeutig zeigten, hat die Sturmflut das deutlich stärkste Zerstörungspotenzial aller mit einem Hurrikan verbundenen Gefahren. Üblicherweise wird die Stärke eines Hurrikans durch seine Windstärke definiert (vgl. Tab. 20.1), doch fordert die Überflutung der Küstengebiete weitaus mehr Menschenleben als jeder noch so starke Wind. Von ihren Liegeplätzen losgerissene Boote, auf dem Hochwasser treibende Leitungsmasten und anderes Trümmermaterial zerstören oftmals noch diejenigen Gebäude, die vom Sturm verschont geblieben waren. Selbst ohne die Auswirkung der schwimmenden Trümmermassen können diese Sturmwellen Strände und Straßen erodieren und Brückenpfeiler unterspülen. Da ein großer Teil der dicht besiedelten amerikanischen Atlantik- und Golfküste weniger als 3 m über dem Meeresspiegel liegen, ist die Gefahr von Sturmfluten dort extrem groß.

Der Hurrikan *Sandy* war der zweitteuerste Wirbelsturm in der Geschichte der Vereinigten Staaten. Die Kosten der von ihm verursachten Schäden beliefen sich auf über 68 Mrd. US-Dollar (der zweithöchste Betrag nach dem Hurrikan *Katrina*) und er betraf Ende Oktober 2012 die Ostküste. Auf seiner Bahn zog er über einen Großteil der Karibik, darunter Jamaika, Haiti, die Dominikanische Republik, Puerto Rico, Kuba und die Bahamas. Dann nahm er Kurs auf die Ostküste und hinterließ in 24 Bundesstaaten Schäden. Bei Brigantine (New Jersey) ging der Wirbelsturm an Land, und weil *Sandy* dazu führte, dass an der gesamten Ostküste der Wasserspiegel anstieg, kam es an den Küsten von New Jersey, New York und Connecticut zu einer katastrophalen Sturmflut. Das Wasser überflutete Straßen, Tunnels und die U-Bahn-Linien und unterbrach im größten Teil dieses Gebietes die Energieversorgung. Die Zugbahn des Hurrikans war nahezu 8 Tage, bevor er die Ostküste erreicht hatte, exakt vorhergesagt worden und daher konnten bereits schon mehrere Tage im Voraus entsprechende Vorbereitungen getroffen werden. In New York wurden zwar die Zugänge und Schutzgitter der U-Bahnen verschlossen, aber trotzdem kam es zu Überflutungen. Es gab verbindliche Evakuierungsmaßnahmen, Schulen wurden

Abb. 20.8 Hurrikan *Katrina* am 28. August 2005, wenige Stunden bevor er über New Orleans (Louisiana, USA) hereinbrach. Auf der Nordhalbkugel rotieren die Luftmassen entgegen dem Uhrzeigersinn um das „Auge" des Hurrikans, in dem der Luftdruck am niedrigsten ist (Foto: NASA/Jeff Schmaltz, MODIS Land Rapid Response Team)

Tabelle 20.1 Saffir-Simpson-Hurrikanskala

Kategorie	Beschreibung
Kategorie 1	Windgeschwindigkeit 119–153 km/h; Anstieg des Meeresspiegels im Allgemeinen 1–1,5 m über Normal; keine wirklichen Schäden an Gebäuden. Zerstörungen hauptsächlich an nicht verankerten Wohnwagen, an Sträuchern und Bäumen. Einige Küstenstraßen überflutet, geringe Schäden an Hafenanlagen.
Kategorie 2	Windgeschwindigkeit 154–177 km/h; Anstieg des Wasserspiegels im Allgemeinen 2–2,5 m über Normal; Schäden an Dächern, Türen und Fenstern der Gebäude. Erhebliche Schäden an Büschen und Bäumen, einige umgestürzte Bäume. Beträchtliche Schäden an Wohnwagen, Schildern, schlecht gebauten Anlegestellen. Küstenstraßen und niedrig liegende Fluchtwege 2–4 Stunden vor Ankunft des Sturmzentrums überflutet. Kleine Schiffe an ungeschützten Ankerplätzen werden losgerissen.
Kategorie 3	Windgeschwindigkeit 178–209 km/h; Anstieg des Wasserspiegels im Allgemeinen 2,5–3,5 m über Normal. Einige Bauschäden an kleinen Wohnhäusern und Nebengebäuden, vereinzelt Schäden an Wandverkleidungen, Schäden an Büschen und Bäumen, Laub wird von den Bäumen weggeweht und große Bäume stürzen um; Wohnwagen und schlecht befestigte Schilder werden zerstört: Niedrig liegende Fluchtwege werden 3–5 Stunden vor Ankunft des Sturmzentrums überflutet. In Küstennähe werden kleinere Bauwerke durch das Hochwasser, höhere Bauwerke durch schwimmendes Treibgut zerstört. Gebiete, die im Inland ständig weniger als 1,5 m über NN liegen, stehen bis zu 3 m und mehr unter Wasser. Eine Evakuierung der niedrig gelegenen Wohnhäuser an der Küste kann erforderlich werden.
Kategorie 4	Windgeschwindigkeit 210–250 km/h; Anstieg des Wasserspiegels im Allgemeinen 3,5–5,4 über Normal. Erhebliche Schäden an Gebäudeverkleidungen und völlige Zerstörung von Dächern kleinerer Wohngebäude. Buschwerk, Bäume und alle Schilder stürzen um. Vollständige Zerstörung der Wohnwagen. Beträchtliche Schäden an Türen und Fenstern. Niedrig liegende Fluchtwege werden durch das steigende Hochwasser 3–5 Stunden vor Ankunft des Sturmzentrums unpassierbar. In Küstennähe schwere Zerstörungen in den unteren Stockwerken der Gebäude. Gebiete, die tiefer als 3 m über NN liegen, werden überflutet, umfangreiche Evakuierungsmaßnahmen der Wohngebiete bis zu 15 km landeinwärts sind erforderlich.
Kategorie 5	Windgeschwindigkeit über 250 km/h; Anstieg des Wasserspiegels mehr als 5,5 m über Normal. Vollständige Zerstörung der Dächer bei zahlreichen Wohne- und Industriegebäuden. Teils vollständige Zerstörung kleiner Gebäude, Nebengebäude werden weggeweht. Alle Büsche, Bäume und Schilder werden zerstört. Vollständige Zerstörung der Wohnwagen. Erhebliche und umfangreiche Schäden an Türen und Fenstern. Tief gelegene Fluchtwege werden 3–5 Stunden vor Ankunft des Sturmzentrums durch das steigende Wasser unpassierbar. Schwere Zerstörungen in den unteren Stockwerken aller Gebäude, die weniger als 4,5 m über NN und innerhalb einer Entfernung von 500 m zur Küste liegen. Umfangreiche Evakuierungsmaßnahmen der tief gelegenen Wohngebiete bis in eine Entfernung von 15–20 km von der Küste sind erforderlich.

Teil V

Abb. 20.9 Die Sturmflut eines Hurrikans kann an den Küsten zur völligen Zerstörung der Wohngebäude führen, deren Trümmer sich weiter landeinwärts auftürmen. Die hier gezeigten Schäden wurden 2005 durch den Hurrikan *Katrina* verursacht (Foto: © US Navy/ Getty Images)

Abb. 20.10 Eine Sturmflut entsteht durch das Zusammenwirken von Sturmwellen und normalem Gezeiten-Hochstand. Wenn Sturmwellen und Flut gleichzeitig auftreten, steigt der Wasserstand. Wenn beispielsweise der Hochwasserstand normalerweise 1 m beträgt und mit Sturmwellen von 5 m Höhe zusammenfällt, erreicht die Sturmflut einen Wasserstand von 6 m Höhe

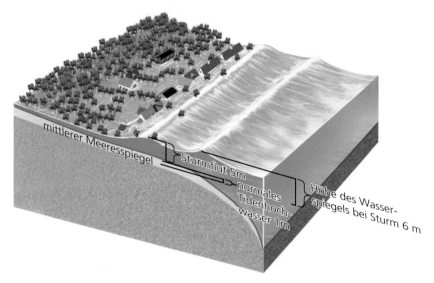

geschlossen, der öffentliche Nahverkehr wurde stillgelegt, die Flughäfen geschlossen und die Bus- und Bahnlinien wurden zeitweilig eingestellt.

Trotz dieser Vorkehrungen wurden Städte und Ortschaften von Wasser und Sand überflutet, Häuser wurden von ihren Fundamenten losgerissen, die Uferpromenade und die Landungsbrücke von New Jersey wurden zerstört und Boote sowie Autos wurden durcheinander gewirbelt. Darüber hinaus kam es in New York zu Bränden. Bäume fielen auf Stromleitungen und Transformatoren explodierten, was gefährliche Brände zur Folge hatte, die in den überfluteten Ortschaften schwer zugänglich und zu bekämpfen waren.

Landfall eines Hurrikans Da Wirbelstürme auf dem Ozean entstehen und über die tropischen Gewässer ziehen, erreichen die meisten von ihnen bereits in den niederen Breiten das Festland. Die meisten Hurrikane gehen in Florida und im nördlichen Golf von Mexiko auf das Festland über (Abb. 20.11). Weil jedoch die Wirbelstürme aufgrund des Coriolis-Effekts tendenziell nach Norden abgelenkt werden, erreichen die Wirbelstürme gelegentlich auch weiter oben an der Atlantikküste das Festland und können in seltenen Fällen auch die Neuenglandstaaten heimsuchen, doch ist ihre Intensität wegen der niedrigeren Temperaturen an der Meeresoberfläche stets geringer. Hurrikane, die lediglich an der Ostküste entlangziehen, überqueren schließlich in einem großen Bogen den Nordatlantik und treffen als Orkan-

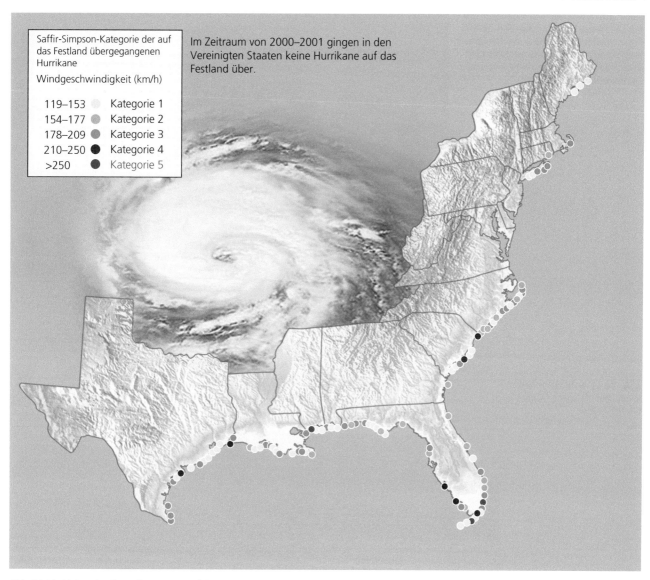

Saffir-Simpson-Kategorie der auf
das Festland übergegangenen
Hurrikane

Windgeschwindigkeit (km/h)

119–153	◯	Kategorie 1
154–177	◔	Kategorie 2
178–209	◕	Kategorie 3
210–250	●	Kategorie 4
>250	●	Kategorie 5

Im Zeitraum von 2000–2001 gingen in den
Vereinigten Staaten keine Hurrikane auf das
Festland über.

Abb. 20.11 Die im Atlantik vor der Küste Westafrikas entstehenden Hurrikane erreichen normalerweise in den südöstlichen Küstengebieten der Vereinigten Staaten und des Golfs von Mexiko das Festland. Ziehen Hurrikane über kaltes Wasser, verlieren sie an Energie, daher nimmt die Anzahl der auf das Festland übergehenden Wirbelstürme in den mittleren und nordöstlichen Küstengebieten deutlich ab (NOAA)

tief von Nordwesten her auf Europa. Die stärksten Hurrikane der Kategorien 4 und 5 sind normalerweise auf die niederen Breiten beschränkt.

Tropische Stürme, die sich zum Hurrikan entwickeln, werden durch Satelliten überwacht und verfolgt; die innerhalb der Stürme herrschenden Wetterbedingungen werden durch Spezialflugzeuge erfasst. Mit diesen Daten sind die Meteorologen in der Lage, über Rechnermodelle die Zugbahn des Sturmes und die weitere Entwicklung der Sturmstärke bis zu mehrere Tage im Voraus und mit ausreichender Genauigkeit vorherzusagen, noch ehe er auf das Festland trifft. Das „National Hurrican Center" der Vereinigten Staaten sagte beispielsweise exakt voraus, dass der Wirbelsturm *Katrina* als schwerer Hurrikan über New Orleans hinwegziehen wird, drei Tage bevor dies der Fall war.

Küstenformen

Die Auswirkungen der zuvor beschriebenen Vorgänge lassen sich am besten an den Küsten beobachten. Wellen, Küstenversetzung, Gezeitenströmungen und Sturmfluten stehen in Wechselwirkung mit den plattentektonischen Vorgängen und dem geologischen Bau der Küsten und führen zu einer Vielzahl von Küstenformen. Wie diese Faktoren insgesamt wirken, wird anhand der bekanntesten Küstenform, den Flachküsten, gezeigt.

Teil V

Abb. 20.12 Ein Gezeiten-Sandrücken bei Ebbe. Die flache Senke zwischen dem äußeren Rücken (bei Flut eine Untiefe) und dem höher liegenden Strand zeigt an einigen Stellen durch Gezeitenströmungen entstandene Rippelmarken (Foto: © David Hall/Alamy)

Abb. 20.13 Profil durch einen Sandstrand mit seinen wichtigsten Teilbereichen

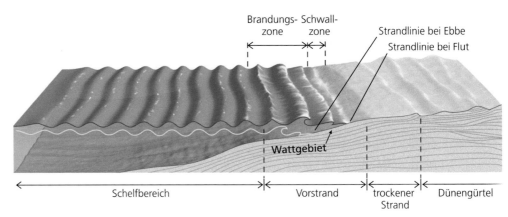

Flachküsten

Eine Flachküste ist eine Küstenform, deren unmittelbarer Strandbereich im Wesentlichen aus Sand und Geröllen besteht. Flachküsten können daher ihr Aussehen von Woche zu Woche und von Jahr zu Jahr verändern. Wellen und Gezeiten können Strände durch Ablagerung von Sand verbreitern und erweitern oder durch den Abtransport von Sedimenten auch verkleinern.

Viele dieser Küsten sind lange, gerade verlaufende Sandstreifen, die sich von weniger als 1 km bis über 100 km Länge erstrecken können; andere Flachküsten bestehen aus kleinen, halbmondförmigen Buchten zwischen Felsvorsprüngen. Zahlreiche Flachküsten werden landseitig von Dünenfeldern begrenzt, andere von Steilufern oder Steilwänden aus Locker- oder Festgesteinen. Darüber hinaus können sie auf ihrer seewärtigen Seite Gezeiten-Sandrücken aufweisen (Abb. 20.12).

Aufbau einer Flachküste In Abb. 20.13 sind die wichtigsten Bereiche einer Flachküste dargestellt, von denen nicht alle und zu allen Zeiten an den einzelnen Stränden vorhanden sein müssen. Am weitesten vor der Küste liegt der Schelfbereich, dann folgt die Brandungszone, wo das Meer allmählich seichter zu werden beginnt, bis es so flach ist, dass sich die Wellen brechen. Der Vorstrand umfasst die Brandungszone und, sofern vorhanden, die Gezeitenzone (zum Teil Wattgebiete) und schließlich unmittelbar am Strand den Uferhang, eine Böschung, die von Schwall und Sog der Wellen beherrscht wird. Da die Transportkraft des Schwalls größer ist als die des Sogs, wird gröberes Material zusammen mit feinerem auf das Ufer hinauf verfrachtet. Der zur Welle gehörende Sog kann jedoch nur die feineren Bestandteile wieder ins Meer zurücktransportieren. So entsteht landeinwärts ein Strandwall, dessen Material zur offenen See hin feiner wird. Je nach Wetterlage und Jahreszeit bilden sich oftmals mehrere Strandwälle in unterschiedlichem Niveau übereinander. Der höher liegende Teil des Strands, der sogenannte „trockene Strand",

Abb. 20.14 An einem Sandstrand besteht normalerweise ein Gleichgewicht zwischen Anlieferung und Abtransport von Sand durch Erosion, Sedimentation und Transport

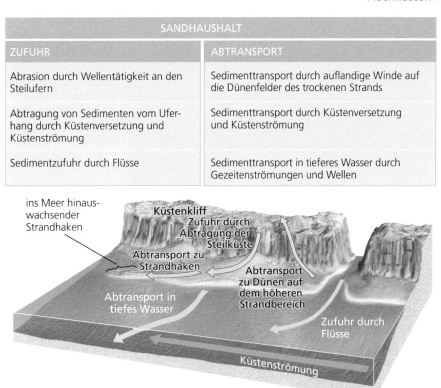

SANDHAUSHALT	
ZUFUHR	**ABTRANSPORT**
Abrasion durch Wellentätigkeit an den Steilufern	Sedimenttransport durch auflandige Winde auf die Dünenfelder des trockenen Strands
Abtragung von Sedimenten vom Uferhang durch Küstenversetzung und Küstenströmung	Sedimenttransport durch Küstenversetzung und Küstenströmung
Sedimentzufuhr durch Flüsse	Sedimenttransport in tieferes Wasser durch Gezeitenströmungen und Wellen

der nur noch gelegentlich überflutet wird, erstreckt sich vom Spülsaum bis zum höchsten Bereich und geht an der Landseite meist in ein System von Küstendünen über.

Sandhaushalt eines Strands Der Strand ist Schauplatz ständiger Bewegung. Jede Welle bewegt den Sand mit dem Schwall und Sog hin und her. Sowohl die Küstenversetzung als auch Küstenströmungen verfrachten Sand entlang der Strandlinie. Am Ende eines Strands und für eine gewisse Strecke auch darüber hinaus wird Sand abtransportiert und im tieferen Wasser abgelagert. Auf den höher liegenden Strandbereichen oder an den Küstenkliffen entstehen jedoch durch Erosion ständig Gesteinstrümmer und Sand, die das vom Strand weggespülte Material wieder ergänzen. Auch der über den Strand wehende Wind verlagert Sand – manchmal vom Strand weg in das Wasser auf den Schelf, manchmal landeinwärts auf das Festland.

All diese Prozesse führen zusammen zu einem Gleichgewicht zwischen Anlieferung und Abtragung von Sand und damit zu einem Strand, der scheinbar stabil ist, dessen Material in Wirklichkeit aber in jeder Richtung ausgetauscht wird. Der Sandhaushalt – Zufuhr und Abtransport von Sand durch Erosion und Sedimentation – ist in Abb. 20.14 für einen beliebigen Strand dargestellt. In jedem Küstenabschnitt wird Material auf unterschiedliche Weise angeliefert: durch Küstenversetzung, Küstenlängsströmungen, Erosion der höher gelegenen Küstenbereiche oder auch durch Flüsse, die dort ins Meer einmünden. Von demselben Küstenstreifen wird der Sand jedoch auch wieder abtransportiert: Wind verfrachtet Sand zu den angrenzenden Küstendünen, Küstenlängsströmungen und Küstenversetzung

verfrachten das Sedimentmaterial in Strömungsrichtung, im tieferen Wasser vorhandene Strömungen und die bei Stürmen auflaufenden Wellen transportieren ebenfalls Sand von den Stränden ab.

Gleichen sich Zufuhr und Abtransport insgesamt aus, befindet sich der Strand in einem dynamischen Gleichgewichtszustand und behält seine Gesamtform bei. Stehen Anlieferung und Abtransport nicht im Gleichgewicht, vergrößert oder verkleinert sich der Strand. Kurzzeitige Veränderungen des Gleichgewichts über Wochen, Monate oder Jahre hinweg sind naturgegeben. Eine Reihe schwerer Stürme kann beispielsweise große Sandmengen vom Strand weg in tieferes Wasser jenseits der Brandungszone verfrachten und somit den Strandbereich reduzieren. Danach, wenn über Wochen mit ruhigem Wetter und niedrigen Wellen eine langsame Rückkehr zum Gleichgewicht erfolgt, kann der Sand wieder auf den Strandbereich aufgespült werden und erneut einen breiten Strand aufbauen. Ohne diese permanente Verlagerung von Sand wäre eine Selbstreinigung der Strände von Abfall und anderen Umweltverschmutzungen nicht möglich. Innerhalb von einem oder zwei Jahren werden selbst Ölverschmutzungen abgewaschen oder mit Sedimentmaterial überdeckt, wenn auch die teerartigen Rückstände später stellenweise wieder freigespült werden können.

Häufige Strandformen Lange, breite Sandstrände entstehen dort, wo reichlich Sandzufuhr erfolgt und leicht erodierbare Sedimente oftmals die Küste aufbauen. Ist der Bereich hinter dem Strand flach und der Wind weht von der Küste her, säumen meist ausgedehnte Dünenfelder den Strand. Wenn die Küs-

Abb. 20.15 Der Bau von Buhnen zur Verringerung der Küstenerosion kann an der Leeseite der Buhne zur Erosion und damit zum Verlust von Teilen des Strandes führen, während sich an der entgegengesetzten Seite der Buhne der Sand akkumuliert (Foto: © Airphoto–Jim Wark)

Entsprechend den vorherrschenden Substraten unterscheidet man Sand-, Schlick- und Mischwatt, wobei die Korngröße seewärts zunimmt. Die höchsten und damit strandnächsten Bereiche des Watts werden bei Flut erst kurz vor Stillstand der auflaufenden Strömung überflutet und deshalb nur noch mit dem feinsten Sediment, dem aus Ton, Silt und organischem Material bestehenden **Schlick** überdeckt. Der Silt- und Tonanteil des Schlicks wird von den ins Meer mündenden Flüssen angeliefert und entlang der Küste verteilt. So konnte in der Deutschen Bucht ein Schlicktransport von der Rhein- und Maasmündung bis zur friesischen Wattenküste sowie von der Elbe nach Norden entlang der schleswig-holsteinischen Küste nachgewiesen werden. Die Wattenküsten in tropischen Meeren sind vielfach als Mangrovenküsten ausgebildet und werden von Mangrovenwäldern eingenommen.

Schutz der Strände Was geschieht nun, wenn an einem Strand die Sedimentanlieferung verhindert wird, beispielsweise durch eine Betonmauer, die als Erosionsschutz an einem Strand gebaut wird? Da der Strand durch Erosion mit Sand beliefert wird, verhindert die Mauer die Erosion und somit die Sandzufuhr, das heißt, der Strandbereich wird dadurch eher verkleinert. Derartige Versuche, einen Strand vor Abtragung zu schützen, die aber ohne Kenntnis des dynamischen Gleichgewichts unternommen werden, können in Wirklichkeit zu seiner Zerstörung führen.

An immer mehr Stränden verändert der Mensch dieses dynamische Gleichgewicht durch Bauwerke, um die Strände vor Erosion zu schützen. Wir errichten an den Küsten Sommerhäuser und Ferienhotels, legen befestigte Parkplätze an, schütten Deiche auf, bauen Molen, Buhnen und Wellenbrecher. Die Folge dieser oft wenig durchdachten Baumaßnahmen sind einerseits Landverluste an bestimmten Stellen und andererseits Anlandungen an anderen. Da sowohl Grundbesitzer und Bauunternehmer gegeneinander und gegen die staatlichen Behörden klagten, zogen Rechtsanwälte in Florida vor Gericht mit einer Klage bezüglich eines „Rechts auf Sand" – das Recht eines Strandes auf Sand, aus dem er von Natur aus besteht.

Um ein klassischen Beispiel hier zu verwenden, betrachten wir was geschieht, wenn eine schmale im rechten Winkel zur Küste verlaufende Buhne oder Mole errichtet wird. Im Laufe der folgenden Monate oder Jahre verschwindet der Sand vom Strand auf der einen Seite der Buhne, während er auf der anderen Seite den Strandbereich großflächig erweitert (Abb. 20.15). Landverlust einerseits und Anlandung andererseits sind das vorhersagbare Ergebnis normaler Küstenprozesse. Wellen, Küstenlängsströmungen und Küstenversetzung transportieren den Sand von der in Luv gelegenen Seite (normalerweise die vorherrschende Windrichtung) gegen die Buhne. Da diese als Hindernis wirkt und die Strömung behindert, wird der Sand dort abgelagert. Auf der Leeseite der Buhne nehmen die Strömungen wieder Sand auf und erodieren hier den Strand. Auf dieser Seite erfolgt jedoch durch die Strömungen nur eine geringe Zufuhr von Sand, weil sie von der Buhne verhindert wird. Als Folge befindet sich der Sandhaushalt im Ungleichgewicht und es kommt zu Landverlusten. Würde die Buhne beseitigt, nähme der Strand wieder seinen ursprünglichen Zustand an.

tenlinie durch tektonische Prozesse herausgehoben ist und die Gesteine fest und hart sind, ziehen Steilwände an den Küsten entlang und jeder schmale Strand, der sich dort bildet, besteht aus dem erodierten Material der Steilküsten. Dort, wo ein Strand auf tiefem Niveau liegt und große Mengen von Sand vorhanden sind, können durch starke Gezeitenströmungen ausgedehnte **Wattgebiete** entstehen, die bei Niedrigwasser trockenfallen. Je nach ihrer Lage zum Meer unterscheidet man drei Typen:

- offene Watten hinter Strandwällen,
- Buchten- oder Ästuarwatten im Ästuarbereich oder in Meeresbuchten sowie
- Rückseitenwatten hinter Düneninseln.

Offene Watten finden wir beispielsweise in der Deutschen Bucht zwischen Weser und Elbe sowie nördlich der Elbmündung, Ästuarwatten im Jadebusen, während hinter den Ostfriesischen Inseln typische Rückseitenwatten liegen. Alle Wattformen haben eines gemeinsam: sie sind nicht der Wellentätigkeit der offenen See ausgesetzt.

Abb. 20.16 Abfolge von fossilen Strand-terrassen an der Küste von Kalifornien. Jede Terrasse dokumentiert einen deutlich unter-schiedlichen Meeresspiegelstand. Der Mee-resspiegel wiederum wird vom Volumen der Inlandeismassen bestimmt (vgl. Kap. 15). Ist das Eisvolumen konstant, ist auch die Höhe des Meeresspiegels konstant und die Wellen erodieren in diesem Niveau die Küste (Foto: Dan Muhs/USGS)

Der einzige sinnvolle Weg, einen Strand zu schützen, besteht da-rin, ihn sich selbst zu überlassen. Betonwände und Buhnen lösen nur vorübergehend das Problem der Küstenerosion. Selbst wenn sie mit großem finanziellem Aufwand immer wieder instandge-setzt werden können – was in vielen Fällen nur mit öffentlichen Mitteln finanzierbar ist –, wird der Strand darunter leiden. Pro-jekte zur Wiederherstellung der Strände, wie etwa das Aufspülen großer Sandmengen aus den vor der Küste liegenden Bereichen, brachten zwar gewisse Erfolge (vgl. Abschn. 24.20), sind aber auch extrem kostspielig. Wir müssen deshalb früher oder später lernen, die Strände in ihrem natürlichen Zustand zu belassen.

Erosion und Sedimentation im Küstenbereich

Die Morphologie einer Küstenlinie beruht – wie die Landschafts-formen im Landesinneren – auf einem Zusammenspiel zwischen plattentektonischen Prozessen, die zur Hebung oder Senkung der Erdkruste führen, und der Abtragung beziehungsweise Se-dimentation, die die tiefer liegenden Gebiete auffüllt. Zu den unmittelbar formenden Faktoren einer Küste gehören:

- tektonisch bedingte Hebung des Küstengebiets, die zu erosi-ven Küstenformen führt;
- tektonisch bedingte Subsidenz des Küstengebiets, die zu se-dimentären Küstenformen führt;
- die Art der im Küstenbereich vorhandenen Gesteine oder Se-dimente;
- Schwankungen des Meeresspiegels, die zur Überflutung oder zum Auftauchen der Küste führen;
- die mittlere Wellenhöhe und die Wellenhöhe bei Sturm die die Erosion beeinflussen;
- der Tidenhub, der sowohl Erosion als auch Sedimentation beeinflusst.

Erosive Küstenformen An tektonisch herausgehobenen Fels-küsten spielt Erosion eine wichtige gestaltende Rolle. An solchen Küsten wechseln markante Steilwände mit Felsspornen, die in das Meer hineinragen. Dazwischen liegen enge Meeresarme und unregelmäßige Buchten mit schmalen Stränden. Entlang felsiger Küsten unterspülen die Wellen durch Lockern des Gefüges und Herauslösen von Gesteinsbruchstücken die steilen Felswände. Dies führt zur Entstehung von Brandungshohlkehlen und an den entstandenen Überhängen zum Absturz riesiger Blöcke, die im Wasser durch die ständige Wellenbewegung allmäh-lich zerkleinert werden. Wenn die Küstenkliffe durch Erosion zurückverlagert werden, bleiben im Meer weit vor der Küste manchmal isolierte Felsen – sogenannte Brandungspfeiler – stehen (Abb. 20.1c). Durch die erosive Tätigkeit der Brandung und der damit verbundenen Bewegung der Gerölle entsteht vor dem Kliff eine leicht zum Meer einfallende **Brandungsplatt-form** oder **Schorre**, die bei Ebbe gelegentlich sichtbar wird (Abb. 20.16). Diese flächenhafte Abtragung durch das Meer wird als **Abrasion** bezeichnet. Wenn die Erosion durch Wellen über lange Zeiträume fortdauert, begradigt sich die Küstenlinie, da Landvorsprünge schneller zurückweichen als Nischen und Buchten. Durch derartige Vorgänge wird die Küste insgesamt zurückverlegt, wobei auch die Steilwände aus dem Einflussbe-reich der Brandung und des Hochwassers gelangen und dadurch zu sogenannten „toten" Kliffen werden.

Wo relativ weiche Sedimente die Küste aufbauen, sind die Hänge sanfter geböscht und die Höhe der Steilufer ist geringer. Wellen erodieren dieses weichere Material sehr wirksam, sodass die Ab-tragung der Steilufer außerordentlich rasch erfolgen kann. Die hohen Küstenkliffe aus weichem glazigenem Material im Gebiet von Cape Cod in Massachusetts (USA) weichen beispielsweise um ungefähr 1 m pro Jahr zurück. Seit dem 19. Jahrhundert, als Henry David Thoreau den gesamten Strand unter den Kliffen abwanderte und in dem Buch „Cape Cod" über seine Reisen berichtete, sind ungefähr 6 km² des Küstenlands vom Meer ver-

a Strand in der Nähe des Leuchtturms von Chatham

Der Durchbruch der Nehrung im Jahre 1987, dargestellt im Bild unten rechts, hatte sich vor der Aufnahme dieses Bildes bereits wieder geschlossen.

b

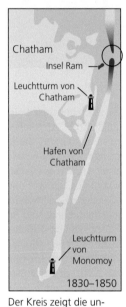    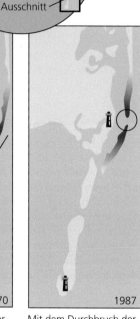

| 1830–1850 | 1870–1890 | 1910–1930 | 1950–1970 | 1987 |

Der Kreis zeigt die ungefähre Position, wo 1846 die Nehrung durchbrach; später verschwindet die Insel Ram.

Der Strand südlich des Durchbruchs löst sich auf und verlagert sich Richtung Festland und Monomoy.

Der südliche Strand ist verschwunden, seine Reste verbinden Monomoy mit dem Festland.

Der nördliche Strand vergrößert sich kontinuierlich durch Material von der Steilküste; Monomoy bricht vom Festland los.

Mit dem Durchbruch der Nehrung am 2. Januar in Höhe des Leuchtturms von Chatham (Kreis) beginnt ein neuer, 140 Jahre dauernder Zyklus.

Abb. 20.17a,b Wandernde Düneninseln bei Chatham (Massachusetts, USA) an der Südspitze von Cape Cod. **a** Das Luftbild zeigt Monomy Point in Massachusetts. Dieser langgestreckte Strandhaken baute sich vom Hauptteil der Düneninsel des Kaps im Norden (Hintergrund) nach Süden (Vordergrund) in tieferes Wasser vor. **b** Veränderung der Küstenlinie im Verlauf der letzten 160 Jahre bei Chatham, Cape Cod, Massachusetts (Foto: a © Steve Dunwell/The Image Bank/Getty Images; b nach: Cindy Daniels, Boston Globe, 23. Februar 1987)

schlungen worden. Dies entspricht einer Rückverlegung der Küste um ungefähr 150 m. Vergleichbar große Landverluste sind von vielen Küstengebieten bekannt. So verliert die Insel Sylt im Jahresdurchschnitt ungefähr 17 ha Land, das heißt, die Westküste wird dadurch jährlich um etwas mehr als 1 m zurückverlegt. Noch im 18. Jahrhundert waren die Felseninsel Helgoland und die sogenannte „Düne" eine zusammenhängende Landmasse, bis eine Sturmflut im 18. Jahrhundert die Düne von der Insel trennte. Seitdem wurde der dazwischenliegende Bereich bis unter das Gezeitenniveau abgetragen.

Diese Betrachtung der Küstenformen unterstreicht die Bedeutung der erosiven Prozesse in diesen aus Lockermaterial bestehenden Bereichen. Man schätzt, dass über 70 % der Gesamtlänge aller Sandstrände der Erde in den letzten Jahrzehnten mit einer Geschwindigkeit von mindestens 10 cm pro Jahr zurückverlegt worden sind, und etwa 20 % mit einer Geschwindigkeit von mehr als 1 m pro Jahr. Ein Großteil dieser Bewegungen kann auf den Aufstau von Flüssen zurückgeführt werden, durch den die Sedimentanlieferung im Küstenbereich deutlich zurückgegangen ist.

Teil V

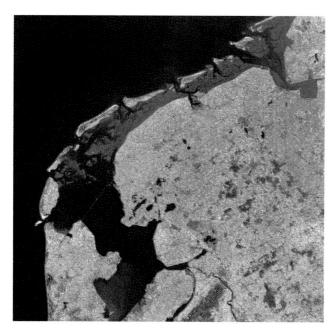

Abb. 20.18 Düneninseln trennen in Holland und Ostfriesland die Nordsee (*links*) von den seichten Gewässern und Wattgebieten vor der eigentlichen Küste (Foto: EOSAT)

Sedimentäre Küstenformen Wo durch tektonische Bewegungen die Erdkruste entlang einer Küste absinkt, lagern sich Sedimente ab. Solche Küsten sind durch lange, flache Strände und ausgedehnte, tiefliegende Küstenebenen aus sedimentären Schichtenfolgen gekennzeichnet. Die Küstenformen umfassen Nehrungen, flache Inseln aus Sand sowie weitläufige Wattgebiete. Lange Strände werden immer länger, weil Küstenströmungen Sand an das stromabwärts gelegene Ende des Strands verfrachten. Dort häuft er sich allmählich auf, zuerst als submarine Barre, die dann mit der Zeit über den Meeresspiegel aufsteigt und den Strand in Form einer schmalen Halbinsel erweitert, die als **Haken** oder **Strandhaken** bezeichnet wird. Erreicht ein solcher Haken die Gegenküste einer Bucht, entsteht eine **Nehrung**, die abgeschnittene Meeresbucht wird zum **Haff**. Andauernder küstenparalleler Materialversatz führt zur Bildung einer **Ausgleichsküste**. Die Südküste der Ostsee zeigt eindrucksvolle Beispiele für diese beiden sedimentären Prozesse.

Vor der Küste können lange Sandbarren entstehen und zu **Düneninseln** (Nehrungsinseln) aufgehöht werden, die eine Barriere zwischen den Wellen des offenen Ozeans und der eigentlichen Küstenlinie bilden. Düneninseln sind häufig, besonders an flachen Küsten aus leicht erodierbaren und transportierbaren Sedimenten oder schwach verfestigten Sedimentgesteinen, an denen zudem starke Küstenströmungen herrschen. Solche Düneninseln findet man beispielsweise an der südlichen und westlichen Nordseeküste (Abb. 20.18). Weitaus markanter jedoch sind die Düneninseln Nordamerikas an der Küste von New Jersey am Kap Hatteras und an der texanischen Küste des Golfs von Mexiko, wo die Düneninsel Padre Island eine Länge von 130 km erreicht. Tauchen diese aus Sandbänken hervorgegangenen Inseln über den Meeresspiegel auf, werden sie von Pflanzen besiedelt; sie stabilisieren die Insel und leisten bei Stürmen der Wellenero-

sion mehr Widerstand. Düneninseln sind normalerweise durch Wattgebiete oder seichte Lagunen von der eigentlichen Küste getrennt. Wie die Strände der Hauptküste stehen auch Düneninseln in einem dynamischen Gleichgewicht mit den sie formenden Kräften. Wird dieses Gleichgewicht durch natürliche Veränderungen des Klimas oder des Wellen- und Strömungsregimes oder aber durch bauliche Maßnahmen gestört, können auch die Küsten unmittelbar zerstört werden oder die Vegetation stirbt ab. Beides führt zu einer verstärkten Erosion bis hin zum völligen Verschwinden der Inseln unter der Meeresoberfläche. Nimmt die Sedimentanlieferung zu, vergrößern sich diese Düneninseln und werden insgesamt stabiler.

Im Verlauf von Jahrhunderten kommt es an den Küsten häufig zu erheblichen Veränderungen. Wirbelstürme oder Orkane mit ihren Sturmfluten können zur Entstehung neuer Meerespassagen und langer Strandhaken führen oder sie können solche durchbrechen. Derartige Veränderungen konnten durch zeitlich nacheinander aufgenommene Luftbilder bestätigt werden. Die Küste bei Chatham hinter Cape Cod (Massachusetts, USA) hat sich in den vergangenen 160 Jahren so grundlegend verändert, dass ein Leuchtturm an eine andere Stelle verlegt werden musste. Abbildung 20.17 zeigt die zahlreichen Veränderungen der Lage von Sandbänken im Norden und am langen Nehrungshaken von Monomoy Island, aber auch mehrere Durchbrüche zwischen den Sandbänken. Heute sind in Chatham viele Häuser gefährdet, doch es gibt wenig, was die Einwohner oder der Staat tun können, um den natürlichen Verlauf dieser Küstenprozesse zu beeinflussen.

Einflüsse von Meeresspiegelschwankungen

Die Küstenlinien der Erde dienen in gewisser Hinsicht als Barometer für drohende Veränderungen, die auf unterschiedlichste Weise von Menschen verursacht werden. Die Verschmutzung unserer Binnengewässer erreicht früher oder später unsere Strände, wenn etwa das Abwasser der kommunalen Mülldeponien oder das Öl der Tankschiffe an die Küsten gespült wird. Und wenn die Bebauung von Grundstücken an den Küsten ein immer stärkeres Ausmaß annimmt, werden wir die ständige Verkleinerung und vielleicht sogar das völlige Verschwinden vieler unserer schönsten Strandgebiete noch miterleben. Wenn dann noch durch die Klimaerwärmung oder durch das Abschmelzen der Gletscher der Meeresspiegel steigt, werden die Auswirkungen dieser Veränderungen zuerst an den Küsten sichtbar sein.

Küstenlinien reagieren äußerst empfindlich auf Meeresspiegelschwankungen, die das Auflaufen der Wellen oder den Tidenhub verändern und Küstenströmungen beeinflussen. Ein Anstieg oder Absinken des Meeresspiegels kann lokal als Folge einer tektonisch bedingten Subsidenz oder Hebung auftreten oder aber globales Ausmaß haben, wenn beispielsweise abschmelzende oder akkumulierende Inlandeismassen den Meeresspiegel verändern. Es bestehen erhebliche Befürchtungen, dass der durch Menschen ausgelöste globale Klimawandel zu einem Anstieg des Meeresspiegels und damit zu einer Überflutung der Küstengebiete führen wird (vgl. Kap. 21).

Teil V

In Zeiten, in denen der Meeresspiegel weltweit tief liegt, sind die vor den Küsten liegenden Gebiete der Erosion ausgesetzt. Flüsse erweitern ihre Laufstrecken auf die zuvor untermeerischen Bereiche und schneiden Täler in die freigelegten Küstenebenen ein. Wenn der Meeresspiegel dann wieder steigt und diese Küstengebiete überflutet werden, ertrinken auch die Flusstäler und auf den zuvor trockenen Festlandsgebieten werden marine Sedimente abgelagert. Heute reichen zahlreiche langgestreckte Trichtermündungen größerer Flüsse in viele Küstenbereiche der Atlantikküste Nordamerikas (Hudson, Potomac), Großbritanniens (Themse, Severn), Frankreichs (Gironde, Loire, Seine) oder Deutschlands (Elbe, Weser) hinein. Es handelt sich um ehemalige Flusstäler, die, als die letzte Eiszeit vor ungefähr 11.000 Jahren zu Ende ging, durch den nacheiszeitlichen Meeresspiegelanstieg überflutet wurden.

Solche „ertrunkenen" Flusstäler bezeichnet man als Trichtermündungen oder **Ästuare**. Es handelt sich um küstennahe Gewässer, die zwar mit dem Meer in Verbindung stehen, aber gleichzeitig von einem Fluss mit Süßwasser versorgt werden. Das Süßwasser des Flusses vermischt sich im Ästuar mit Meerwasser, lange bevor es die eigentliche Küste erreicht. An seinem oberen Ende, das oftmals viele Kilometer von der Mündung stromauf liegt, führt das Ästuar reines Süßwasser. Stromab, wenn es sich allmählich mit Meerwasser mischt, wird das Wasser zunehmend salzhaltiger und wird dann Brackwasser genannt. Vor dem Erreichen der Küstenlinie besteht es fast ausschließlich aus Meerwasser.

Über geologisch längere Zeiträume anhaltende Meeresspiegelschwankungen lassen sich durch Untersuchungen an Strandterrassen nachweisen (vgl. Abb. 20.16), der Nachweis kurzzeitiger Meeresspiegelschwankungen – in der Größenordnung eines Menschenlebens – kann jedoch schwierig sein. Solche lokale Schwankungen können mit Gezeitenpegeln gemessen werden, die den Meeresspiegelstand in Relation zu einer auf dem Festland befindlichen Festmarke registrieren. Die größte Schwierigkeit dabei ist, dass sich auch das Festland durch tektonische Deformation, Sedimentation und andere geologischen Veränderungen vertikal bewegen kann und dass diese Bewegungen in die Pegelmessungen einbezogen werden müssen. Ein neues Verfahren zur Überwachung von Meeresspiegelschwankungen beruht auf Satelliten-Höhenmessungen. Diese Satelliten senden Radarimpulse aus, die an der Meeresoberfläche reflektiert werden und das Niveau der Meeresoberfläche in Relation zur Umlaufbahn des Satelliten mit einer Genauigkeit von wenigen Zentimetern ergeben.

Mithilfe dieses Verfahrens konnten Ozeanographen nachweisen, dass der Meeresspiegel im Verlauf des letzten Jahrhunderts global um 17 cm angestiegen ist und derzeit um etwa 3 mm pro Jahr weiter steigt. Dieser jüngste Anstieg des Meeresspiegels entspricht einem weltweiten Temperaturanstieg, von dem die meisten Wissenschaftler inzwischen annehmen, dass er zumindest teilweise durch eine anthropogene Freisetzung von Treibhausgasen in die Atmosphäre verursacht wird (vgl. Kap. 23). Ein Teil dieses Anstiegs dürfte auf kurzfristige Schwankungen zurückzuführen sein, doch die Größenordnung des Meeresspiegelanstiegs entspricht den Klimamodellen, die eine durch den Treibhauseffekt hervorgerufene Erwärmung bei ihren Berech-

nungen berücksichtigen. Diese Modelle gehen davon aus, dass der Meeresspiegel im 21. Jahrhundert um weitere 0,31 m ansteigen wird, sofern nicht weltweit Anstrengungen unternommen werden, die Emission von Treibhausgasen zu reduzieren. Andere Klimatologen gehen allerdings davon aus, dass bereits für das Jahr 2050 ein Meeresspiegelanstieg um mehr als einen Meter zu erwarten ist.

Kontinentalränder

Seewärts vor der Küste liegt der Kontinentalschelf. Er wird begrenzt vom **Kontinentalhang**, der mehr oder weniger steil in die Tiefsee abfällt. Am Fuß des Kontinentalhangs befindet sich der **Kontinentalfuß**, der die sanft geneigte, aus tonigem und sandigem Material bestehende Fortsetzung des Kontinentalhangs und damit den Übergang zur **Tiefsee-Ebene** bildet (Abb. 20.19). Die Küstenbereiche, Schelfgebiete und Kontinentalhänge werden zusammenfassend als **Kontinentalränder** bezeichnet. Generell lassen sich zwei Typen unterscheiden: passive und aktive Kontinentalränder. Ein **passiver Kontinentalrand** entsteht dann, wenn ein Kontinent durch Seafloor-Spreading von einer Plattengrenze weit entfernt ist; die Gebiete vor der Ostküste Nordamerikas und Australiens sowie vor der Westküste Europas sind typische Beispiele hierfür. Wie der Name sagt sind sie tektonisch inaktiv: Vulkane fehlen und Erdbeben treten nur selten und in großen zeitlichen Abständen auf. Im Gegensatz dazu sind **aktive Kontinentalränder**, wie zum Beispiel der Westrand Südamerikas, durch die dort ablaufenden Subduktionsprozesse gekennzeichnet. Gelegentlich sind aktive Kontinentalränder auch an Transformstörungen gebunden. Die Bezeichnung „aktiv" bezieht sich auf die vulkanische Tätigkeit und auf die häufigen Erdbeben an diesen Kontinentalrändern. Aktive Kontinentalränder an Subduktionszonen umfassen sowohl eine vor der Küste liegende Tiefseerinne als auch einen vulkanischen Inselbogen oder einen vulkanischen Gebirgszug.

Die Schelfgebiete passiver Kontinentalränder bestehen im Wesentlichen aus horizontal bis schwach geneigt lagernden Flachwassersedimenten von mehreren Kilometern Mächtigkeit. Zur Ablagerung gelangen sowohl klastische terrigene als auch kalkige Sedimente (Abb. 20.19a). Dieselben Sedimenttypen treten zwar auch auf dem Schelf aktiver Ränder auf, sind dort aber mit großer Wahrscheinlichkeit tektonisch deformiert und enthalten neben Aschelagen und anderem pyroklastischem Material auch Tiefseesedimente. Die meisten aktiven Kontinentalränder an der Ostseite des Pazifischen Ozeans, beispielsweise westlich der Anden Südamerikas, sind durch einen schmalen Kontinentalschelf mit geringer Sedimentüberdeckung gekennzeichnet, der ohne Übergang in die Tiefseerinne abfällt (Abb. 20.19c).

Im Westpazifik wie beispielsweise vor den Marianen sind dagegen die Schelfgebiete zwischen dem Kontinent und der Subduktionszone breiter und in ausgedehnten Forearc-Becken werden mächtige Sedimentserien abgelagert (Abb. 20.19b). Der größte Teil dieser Sedimente stammt von der Erosion der Inselbögen,

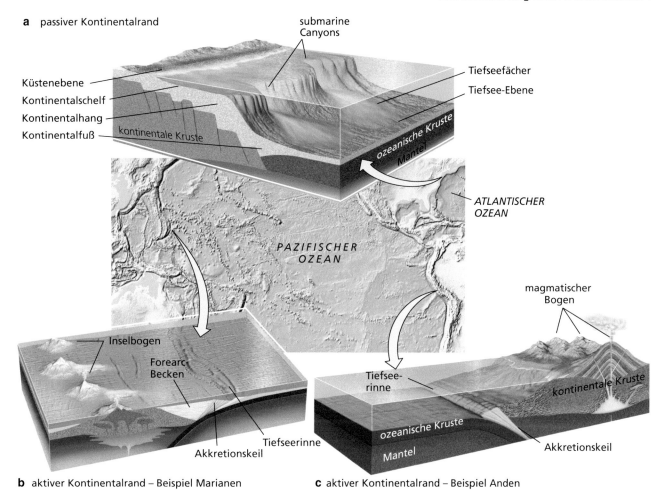

a passiver Kontinentalrand

b aktiver Kontinentalrand – Beispiel Marianen

c aktiver Kontinentalrand – Beispiel Anden

Abb. 20.19 Schematische Profile durch drei Typen von Kontinentalrändern. **a** Passiver Kontinentalrand, Beispiel nordamerikanische Ostküste; **b** aktiver Kontinental-rand, Beispiel Marianen; **c** aktiver Kontinentalrand, Beispiel Anden

teilweise werden sie jedoch auch unter Bildung eines Akkre-tionskeils von der abtauchenden ozeanischen Platte abgeschürft.

Kontinentalschelf

Die Schelfgebiete sind die wirtschaftlich bedeutendsten Bereiche der Ozeane, obwohl sie nur etwa 7,5 % der Ozeane einnehmen. Die Georges Bank vor Neuengland und die Grand Banks vor Neufundland gehörten bis vor kurzem zu den ertragreichsten Fischgründen. Seit längerer Zeit stehen auf dem Kontinental-schelf vor der Golfküste von Louisiana und Texas oder in der Nordsee riesige Bohrplattformen, die große Mengen Öl und Erdgas fördern.

Da sich die Schelfgebiete in nur geringer Wassertiefe befinden, fallen sie als Folge größerer Meeresspiegelschwankungen teil-weise trocken. Während der pleistozänen Vereisung lagen die gesamten Schelfgebiete, die heute in Wassertiefen von weniger als 100 m liegen, über dem Meeresspiegel. Damals entstand ein

großer Teil ihrer morphologischen Erscheinungsformen. Zu dieser Zeit waren die Schelfgebiete in den hohen Breiten von Eis bedeckt, was zu einem unregelmäßigen Relief mit flachen Tälern, Becken und Höhenzügen führte. Die Schelfgebiete der niederen Breiten zeigen dagegen ein weniger lebhaftes Relief. Sie werden lediglich von einzelnen Flusstälern und submarinen Mündungscanyons (Ganges, Kongo) durchschnitten.

Kontinentalhang und Kontinentalfuß

Die Wassertiefe auf dem Kontinentalhang und Kontinentalfuß ist so groß, dass der Meeresboden nicht von Wellen und Gezei-tenströmen beeinflusst wird. Deshalb kommen dort Ton, Silt und Sand zur Ablagerung, die über den flachen Kontinentalschelf hinweg auf den Hang transportiert werden. Der Kontinentalhang zeigt Anzeichen submariner Gleit- und Rutschvorgänge und ist von Erosionsrinnen und submarinen Canyons zerfurcht, die al-lerdings nur selten eine direkte Fortsetzung der großen Flüsse des Festlandes bilden. Die Ablagerungen von Sand, Silt und Ton auf

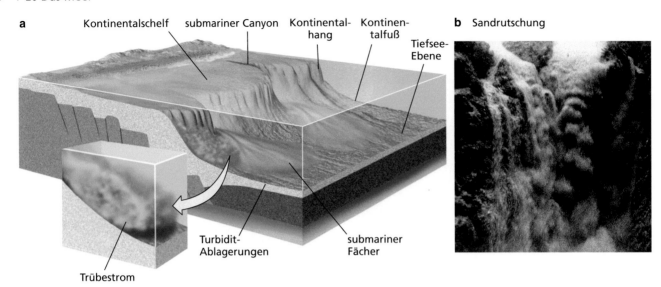

a Kontinentalschelf submariner Canyon Kontinental-hang Kontinen-talfuß Tiefsee-Ebene **b** Sandrutschung

Turbidit-Ablagerungen submariner Fächer

Trübestrom

Abb. 20.20a,b Trübeströme transportieren Sedimentmaterial vom Kontinentalschelf in tieferes Wasser. **a** Rutschungen am Kontinentalrand führen zur Entstehung von Trübeströmen, die große Mengen Sediment über den Kontinentalhang und den Kontinentalfuß bis auf die Tiefsee-Ebene transportieren. **b** Rutschung am Beginn eines in den Schelfrand eingeschnittenen submarinen Canyons (Foto: US Navy)

dem Kontinentalhang und bis hinab zum Kontinentalfuß sprechen darüber hinaus für einen aktiven Sedimenttransport in diesen tiefen Gewässern. Lange Zeit stellte sich die Frage, welche Art von Strömungen sowohl für die Erosion als auch für die Sedimentation auf dem Hang und Anstieg in so großen Tiefen verantwortlich sein könnten.

Die Antwort waren **Trübe-** oder **Suspensionsströme** – das sind Strömungen aus einem trüben Schlamm/Wasser-Gemisch, die über den Kontinentalhang hinabfließen (Abb. 20.20).

Wegen seiner in Suspension befindlichen Schwebfracht aus tonigem Material hat das trübe Gemisch eine höhere Dichte als das darüber befindliche klare Wasser und fließt daher mit großer Geschwindigkeit unmittelbar über dem Meeresboden unter dem sonst ruhigen Wasser entlang. Trübeströme können sowohl Sediment erodieren als auch transportieren. Sie entstehen, wenn das am Rand des Kontinentalhangs abgelagerte Sedimentmaterial auf dem Kontinentalhang abrutscht. Die plötzlich einsetzende submarine Rutschung, die spontan erfolgt oder auch von einem Erdbeben ausgelöst werden kann, führt zur Aufwirbelung des Sediments und in Bodennähe zur Entstehung einer dichten, trüben Wasserschicht. Diese trübe Schicht beginnt mit zunehmender Geschwindigkeit den Hang hinabzufließen. Wenn der Suspensionsstrom den sanfter geneigten Kontinentalfuß erreicht, verringert sich die Strömungsgeschwindigkeit und ein Teil des gröberen, sandigen Sedimentmaterials beginnt sich zuerst abzusetzen. Die Sedimentschichten, die von zahlreichen Trübeströmen übereinander abgelagert wurden, bilden einen submarinen Fächer (Tiefseefächer), der einem Schwemmfächer auf dem Festland sehr ähnlich ist. Einige der stärkeren Strömungen setzen sich über den Kontinentalfuß hinaus fort und schneiden Erosionsrinnen in die submarinen Fächer ein. Schließlich erreichen sie den ebenen Boden des Ozeans, das heißt die Tiefsee-Ebene. Dort breiten sie sich aus und das mitgeführte Material kommt in sich wiederholenden gradierten Schichten aus Sand, Silt und Ton (in dieser Reihenfolge) zur Ablagerung, die als **Turbidite** bezeichnet werden.

Neueste Arbeiten haben gezeigt, dass submarine Rutschungen, die Trübeströme auslösen, häufig sind. Manche können ein gewaltiges Ausmaß erreichen. Eine Rutschung hinterließ in einem großen Gebiet des westlichen Mittelmeers eine 8 bis 10 m mächtige Turbiditserie mit einem Gesamtvolumen von 500 km³. Submarine Rutschungen können mit Methanhydraten im Zusammenhang stehen, kristallinen Festsubstanzen aus Methan (einem Bestandteil von Erdgas) und Wasser. Unter dem in vielen Bereichen der Ozeane herrschenden hohen Druck und bei den niedrigen Temperaturen sind Gashydrate stabil, in tief versenkten Sedimenten gehen sie in den gasförmigen Zustand über (vgl. Kap. 11). Sinkt der Meeresspiegel ab, wie etwa während der Eiszeiten, verringert sich am Meeresboden der hydrostatische Druck, die Gashydrate entgasen und lösen dadurch Rutschungen aus. Die freigesetzten Gasmengen sind enorm. Man hat sich deshalb schon Gedanken über die Möglichkeit der untermeerischen Gewinnung dieser Gashydrate als Treibstoffe gemacht.

Submarine Canyons

Submarine Canyons sind tief in den Kontinentalschelf und Kontinentalhang eingeschnittene enge Täler. Sie wurden zu Beginn des 20. Jahrhunderts entdeckt und im Jahre 1937 erstmals im Detail kartiert. Ursprünglich ging man davon aus, dass sie von Flüssen erodiert worden sind. Zweifellos waren die flacheren Bereiche einiger Canyons in Zeiten mit niedrigem Meeresspiegelstand einstmals Flussrinnen. Doch diese Hypothese konnte unmöglich die alleinige Erklärung sein, denn die Basis der meisten dieser Canyons liegt in Tiefen von mehreren tausend Metern. Selbst in Zeiten der maximalen Absenkung des Meeresspiegels

Teil V

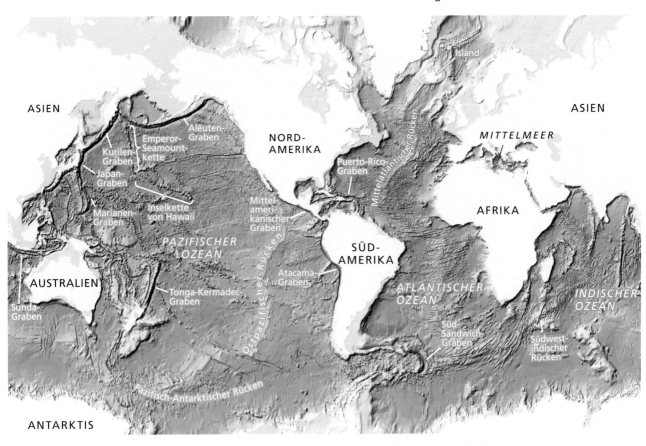

Abb. 20.21 Topographische Karte der Ozeane mit den wichtigsten morphologischen Erscheinungsformen des Meeresbodens

– während der Eiszeiten – konnten sich Flüsse nur bis in Tiefen von etwa 100 m einschneiden.

Auch wenn andere Strömungsarten in Betracht gezogen wurden, gelten Trübeströme heute als Ursache für die Entstehung der tieferen Bereiche der submarinen Canyons (vgl. Abb. 20.20). Ein Vergleich heutiger Canyons und ihrer Ablagerungen mit gut erhaltenen, ähnlichen Ablagerungen aus der geologischen Vergangenheit hat diese Annahme bestätigt, besonders was die Verteilung der auf den submarinen Fächern abgelagerten Turbidite betrifft.

Topographie des Tiefseebodens

Eine topographische Karte der Meeresgebiete (Abb. 20.21) zeigt die von den Ozeanen bedeckten wichtigsten geologischen Erscheinungsformen: die mittelozeanischen Rücken, die Vulkanreihen der Hot Spots, die Tiefseeberge, die Tiefseerinnen, Inselbögen und Kontinentalränder.

Die Herstellung einer solchen Karte des Tiefseebodens ist schwierig, weil das Sonnenlicht lediglich die obersten hundert Meter der Meere durchdringen kann. Es ist daher nicht möglich, den Meeresboden weder mithilfe von sichtbarem Licht noch mit Radar von einer Raumsonde aus zu kartieren, obwohl auf diese Weise die von Wolken verhüllte Oberfläche der Venus kartiert werden konnte. Interessanterweise ermöglichten Satellitenbilder die Kartierung unserer Nachbarplaneten mit einer weit höheren Auflösung, als dies bis heute für die Tiefsee möglich ist.

Erkundung des Ozeanbodens von Schiffen aus

Nur von Tauchfahrzeugen aus ist es möglich, den Meeresboden unmittelbar zu erkunden. Mithilfe dieser kleinen U-Boote ist man heute in der Lage, in großen Tiefen Beobachtungen zu machen und zu fotografieren (Abb. 20.22). Versehen mit mechanischen Greifarmen können Tauchroboter Gesteinsproben losbrechen, Proben von Sedimentmaterial sammeln und Exemplare der in der Tiefsee lebenden exotischen Tiere einfangen. Neuere Tauchfahrzeuge werden durch Wissenschaftler vom darüber befindlichen Mutterschiff aus ferngesteuert. Doch der Bau und Betrieb solcher Tauchfahrzeuge ist teuer, und sie können bestenfalls kleine Gebiete erfassen.

Für den größten Teil der Arbeit verwenden Ozeanographen heute Geräte, mit denen sich die Oberflächenformen des Meeresbodens indirekt vom Schiff aus erkunden lassen. Ein zu Beginn des 20. Jahrhunderts entwickeltes Echolot (Sonargerät) sendet von Bord Schallwellen zum Meeresboden aus, die wiederum vom

Teil V

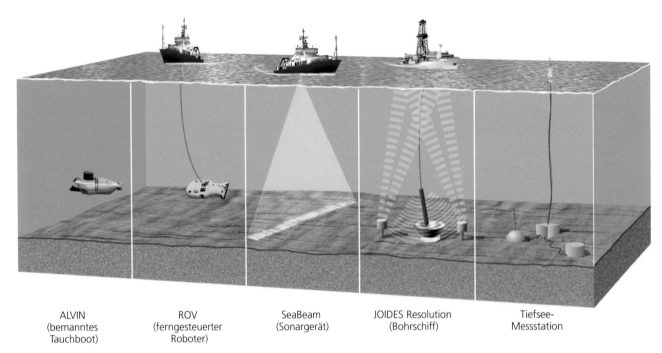

ALVIN
(bemanntes
Tauchboot)

ROV
(ferngesteuerter
Roboter)

SeaBeam
(Sonargerät)

JOIDES Resolution
(Bohrschiff)

Tiefsee-
Messstation

Abb. 20.22 Technische Methoden zur Erforschung des Meeresbodens. Das bemannte Tauchboot „*Alvin*" und ein ferngelenktes Tauchgerät (ROV = Remotely Ope-rated Vehicle) werden vom Schiff aus gesteuert. *SeaBeam*, ein fest im Schiffsrumpf montiertes Echolot, kartiert während der Fahrt kontinuierlich in einem breiten Streifen die Morphologie des Ozeanbodens. Das Bohrschiff *JOIDES Resolution* (vgl. Abb. 2.13), Bestandteil des ODP-Programms, baut mithilfe von sogenannten Trans-pondern das Bohrgestänge in ein vorhandenes Bohrloch am Meeresboden ein. Unbemannte Messstationen am Meeresboden registrieren über längere Zeiträume hinweg die Vorgänge im Untergrund und in der darüber liegenden Wassersäule

Ozeanboden reflektiert und von empfindlichen Mikrophonen an Bord registriert werden. Aus der Laufzeit zwischen Aussenden und Ankunft der Schallimpulse nach der Reflexion am Mee-resboden lässt sich über die Ausbreitungsgeschwindigkeit der Schallwellen im Wasser die Meerestiefe berechnen. Das Ergeb-nis ist ein lückenlos aufgezeichnetes Profil des Meeresbodens. Leistungsfähige Echolote werden darüber hinaus verwendet, um die stratigraphische Abfolge der Sedimentschichten unter dem Meeresboden zu erforschen (vgl. Abb. 14.6).

Viele der heutigen Forschungsschiffe sind mit einer Reihe fest im Rumpf installierter und speziell angeordneter Echolote aus-gerüstet, mit deren Hilfe während der Fahrt für einen etwa 10 km breiten Geländestreifen beiderseits des Schiffes ein detaillier-tes Bild der Tiefseemorphologie konstruiert werden kann (vgl. Abb. 20.22). Mit diesem Verfahren lässt sich der Meeresboden mit einer bisher einmaligen Auflösung selbst kleinräumiger geologischer Erscheinungen wie untermeerische Vulkane, Can-yons und Störungen kartieren; Abb. 20.23 zeigt einige dieser beeindruckenden Bilder des Meeresbodens, die auf diese Weise hergestellt wurden.

Andere Geräte werden von Schiffen geschleppt oder auf den Meeresgrund hinabgelassen, um beispielsweise die magnetischen Eigenschaften des Meeresbodens zu messen oder die Form un-termeerischer Steilhänge und Berge beziehungsweise die von der Kruste abgegebene Wärme zu erfassen. Unterwasserkameras, die auf Schlitten über den Ozeanboden geschleppt werden, liefern detaillierte Bilder vom Meeresgrund oder auch von den in der Tiefsee benthisch lebenden Organismen. Seit 1968 wurden im Rahmen des US Deep Sea Drilling Program (DSDP) und dessen Nachfolgeprojekt, dem internationalen Ocean Drilling Program (ODP), Hunderte von Bohrlöchern in Tiefen bis zu mehreren hun-dert Metern niedergebracht. Diese Bohrkerne haben nicht nur ein beispielloses dreidimensionales Bild des Meeresbodens geliefert, sondern auch Proben für detaillierte physikalische und chemische Untersuchungen.

Kartierung des Meeresbodens mit Satelliten

Trotz dieser hervorragenden Erfolge gibt es in den Ozeanen zahl-reiche Gebiete, die noch nicht untersucht und vermessen wurden, und deshalb sind unsere Kenntnisse vom Meeresboden noch im-mer lückenhaft. Vor nicht allzu langer Zeit entwickelten Wissen-schaftler jedoch eine Methode, mit deren Hilfe die Topographie der Meeresböden auf indirekte Weise kartiert werden kann. Die Höhe des Meeresspiegels ist nicht nur von Wellen und Strömungen abhängig, sondern auch von Änderungen der Massenanziehung, bedingt durch das Relief und die Zusammensetzung des unterla-gernden Meeresbodens. Die Massenanziehung eines Tiefseebergs führt beispielsweise zu einer Aufwölbung des Meeresspiegels, die bis zu 2 m höher als der mittlere Meeresspiegel sein kann. In glei-cher Weise ergibt sich durch die verminderte Massenanziehung über einer Tiefseerinne eine Eindellung des Meeresspiegels von bis zu 60 m unter dem mittleren Meeresspiegel.

Teil V

a Meeresboden vor der Küste Südkaliforniens

b An Transformstörungen versetzter mittelozeanischer Rücken.

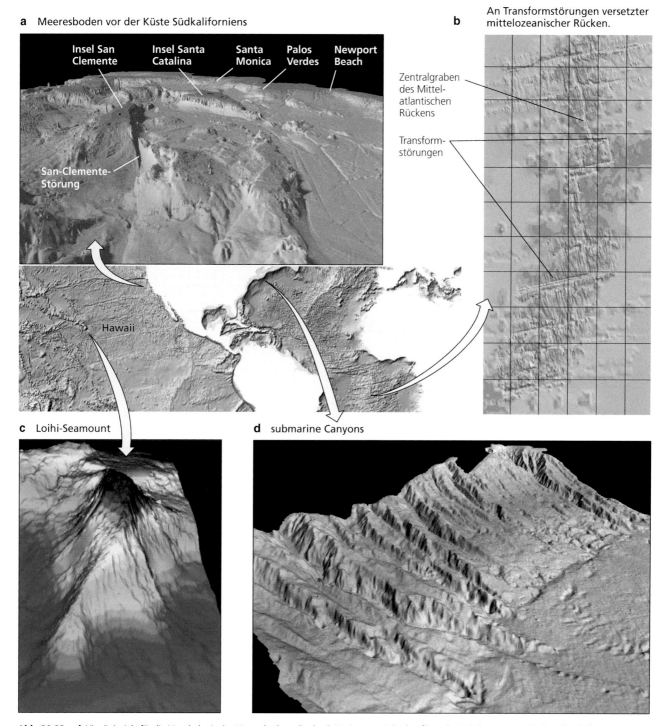

c Loihi-Seamount   **d** submarine Canyons

Abb. 20.23a–d Vier Beispiele für die Morphologie des Meeresbodens, die durch Kartierung mit hochauflösenden Echolotungen ermittelt und mithilfe von Rechnerprogrammen in dreidimensionale Bilder umgesetzt wurden. **a** Der Meeresboden vor der Küste von Südkalifornien; erkennbar sind die durch Störungen entstandenen Strukturen einer geologischen Provinz, die als California Borderland bezeichnet wird. **b** Der Mittelatlantische Rücken zwischen 25° und 36° südlicher Breite; erkennbar ist der an Nordost streichenden Transformstörungen versetzte Zentralgraben. **c** Der Loihi Seamount liegt unmittelbar südlich von Big Island und ist der jüngste Berg in der Reihe von Hot Spot-Vulkanen, die insgesamt die Inselkette von Hawaii bilden. **d** Schelfbereich (*oben*), Kontinentalhang (mittlerer und oberer Bereich des Bildes) und Kontinentalfuß (*unten rechts*) vor der Küste von Neuengland (USA). Die tief in den Kontinentalrand eingeschnittenen submarinen Canyons sind deutlich erkennbar (Fotos: a © Chris Goldfinger und Jason Chaytor, Oregon State University; b © EDA: Global Multi-Resolution Topography Synthesis; c © Dr. Robert Tyce, University of Rhode Island; d © L. Pratson & W. Haxby, Lamont-Doherty Earth Observatory University of Columbia, Palisades, NY 10964; aus: *Geology* (Januar) 1996)

Teil V

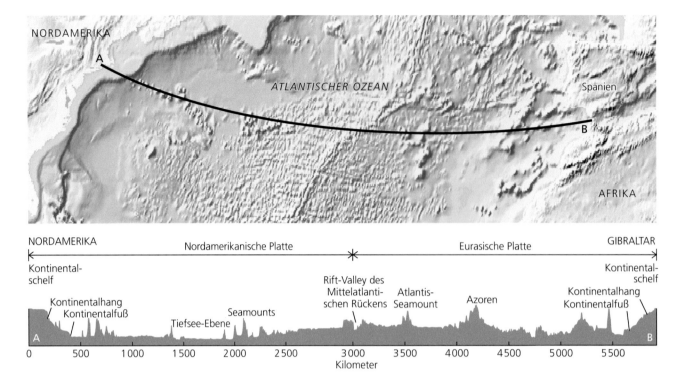

Abb. 20.24 Profil durch den Atlantik zwischen Neuengland (*links*) und Gibraltar (*rechts*)

Abb. 20.25 Profil durch die zentrale Grabenstruktur (Rift-Valley) des Mittelatlantischen Rückens. Das Profil zeigt einen Ausschnitt aus dem FAMOUS-Gebiet (French-American Mid-Ocean Undersea Study) südwestlich der Azoren. Das tiefe Tal, in dem der größte Teil der ozeanischen Kruste gefördert wird, ist von Störungen begrenzt (nach: ARCYANA (1975): Transform Fault and Rift Valley from Bathyscaph and Diving Saucer. – *Science 190: 108*)

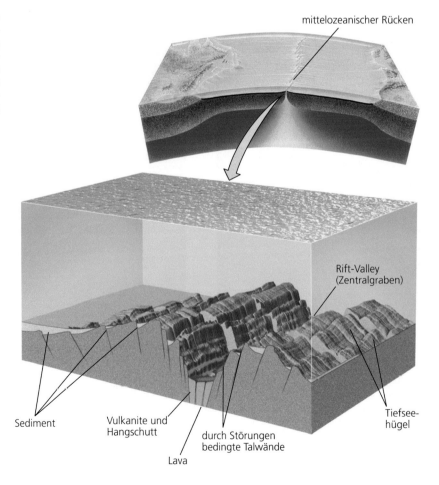

Nach diesem Verfahren ließen sich die wesentlichen morphologischen Erscheinungsformen des Meeresbodens aus Satellitendaten ableiten, als wäre kein Wasser vorhanden. Meeresgeologen verwendeten dieses Verfahren, um bisher unbekannte Reliefmerkmale des Meeresbodens zu kartieren, die bei Vermessungen vom Schiff aus nicht erkennbar waren, vor allem in den wenig untersuchten südlichen Gebieten der Ozeane. Die Satellitendaten ließen außerdem Strukturen unter der ozeanischen Kruste erkennen, darunter auch Schwereanomalien, die an Konvektionsströmungen im Erdmantel gebunden sind, auf die bereits in Kap. 14 eingegangen wurde.

Profile durch zwei Ozeane

Um eine Vorstellung von den unter den Ozeanen verborgenen geologischen Erscheinungsformen zu bekommen, unternehmen wir eine virtuelle Reise durch zwei der großen Ozeanbecken der Erde, durch den Atlantischen und den Pazifischen Ozean, so, als ob wir in einem Tauchfahrzeug am Meeresboden entlangfahren würden.

Ein Profil durch den Atlantik Das in Abb. 20.24 dargestellte Profil durch den Atlantik erstreckt sich von Nordamerika bis nach Gibraltar. An unserem Ausgangspunkt, der Küste Neuenglands, tauchen wir in Tiefen von 50 bis 200 m ab und fahren nach Osten über den Kontinentalschelf. Nachdem wir dann etwa 50 bis 100 km entlang dieser sanft geneigten Fläche über den Schelf gefahren sind, erreichen wir den Schelfrand, wo wir an einer ausgeprägten Schelfkante über den steileren Kontinentalhang weiter hinabtauchen. Dieser Hang ist überwiegend mit Ton und Silt bedeckt und fällt mit einem Winkel von ungefähr 4° nach unten ab. Das entspricht einem Gefälle von 70 m pro km, was wir auf dem Festland als merkliches Gefälle empfinden würden.

Der Kontinentalhang zeigt sehr unregelmäßige Formen und ist durchzogen von Erosionsrinnen und submarinen Canyons, tiefe, in den Hang und den landeinwärts liegenden Schelf eingeschnittene Täler (Abb. 20.23d). Im unteren Teil des Abhangs, in Tiefen von 2000 bis 3000 m, nimmt die Hangneigung allmählich ab. Dort geht der Kontinentalhang in einen Bereich mit schwachem Gefälle über, und damit erreichen wir den Kontinentalfuß oder Kontinentalanstieg.

Der Kontinentalfuß ist bis zu einigen hundert Kilometern breit und geht unmerklich in eine ausgedehnte Tiefsee-Ebene über, die in Tiefen zwischen 4000 und 6000 m weite Gebiete des Ozeanbodens einnimmt. Diese Tiefsee-Ebene wird von gelegentlich vorhandenen, versunkenen und meist erloschenen Vulkanen, den sogenannten **Tiefseebergen** oder **Seamounts** unterbrochen. Wenn wir über die Tiefsee-Ebene weiter nach Osten fahren, gelangen wir allmählich in ein ansteigendes Gebiet mit niedrigen Tiefseehügeln, deren Hänge mit feinkörnigen Sedimenten bedeckt sind. Fahren wir auf den Hügeln weiter nach oben, wird die Sedimentschicht zunehmend geringmächtiger, darunter erscheinen Aufschlüsse im Basalt. Wenn wir entlang des nun steiler werdenden Bergreliefs in Tiefen von ungefähr 3000 m auftauchen, steigen wir letztendlich an den Flanken und schließlich an den Bergen des Mittelatlantischen Rückens hoch.

Plötzlich gelangen wir auf dem Kamm des Rückens an den Rand eines tiefen, wenige Kilometer breiten Tals (Abb. 20.25). Diese vergleichsweise enge Spalte, die durch aktiven Vulkanismus gekennzeichnet ist, ist die Riftstruktur, an der zwei ozeanische Lithosphärenplatten auseinanderdriften. Überqueren wir dieses Tal und steigen an seinem Ostrand wieder hinauf, verlassen wir die Nordamerikanische Platte und erreichen die Eurasische Platte. Weiter nach Osten finden wir dieselben Oberflächenformen wie im Westen des Rückens, das Ganze nur in umgekehrter Folge, weil der Meeresboden beiderseits der Zentralspalte des Rückens von seinem Aufbau her mehr oder weniger symmetrisch ist. Über die schroffe Morphologie der Tiefseehügel an den Flanken des Mittelatlantischen Rückens hinab gelangen wir allmählich wieder auf die Tiefsee-Ebene, dann folgt der Anstieg über Kontinentalfuß und Kontinentalhang auf den Schelf vor der Küste Europas. Auf dem von uns genommenen Weg wird diese Symmetrie lediglich von einigen großen Tiefseebergen und den Vulkaninseln der Azoren etwas unterbrochen. Die Azoren sind das Ergebnis eines aktiven Hot Spots, möglicherweise verursacht durch die Wärme eines aufsteigenden Manteldiapirs.

Ein Profil durch den Pazifik Unsere zweite virtuelle U-Boot-Reise führt uns von Südamerika über den Boden des Pazifischen Ozeans nach Westen bis Australien (Abb. 20.26). Wir starten von der Westküste Chiles aus nach Westen und überqueren wieder einen Kontinentalschelf, allerdings ist dieser Schelf hier nur 50–70 km breit. Jenseits des Schelfrands ist der Kontinentalhang wesentlich steiler als der des Atlantiks, und er fällt bis in eine Tiefe von 8000 m ab. Diese lange, tiefe und schmale Einsenkung des Meeresbodens ist die Atacama-Tiefseerinne, der morphologische Hinweis der tief im Untergrund stattfindenden Subduktion der Nazca-Platte unter die Südamerikanische Platte.

Weiter am Meeresboden entlang, über die Tiefseerinne hinweg und aufwärts auf die höher liegende hügelige Region der Nazca-Platte gelangen wir nach kurzer Zeit an den aktiven Ostpazifischen Rücken. Er ist zwar niedriger als der Mittelatlantische Rücken, die Geschwindigkeit des Seafloor-Spreading ist jedoch mit etwa 150 mm pro Jahr die weltweit größte und entspricht etwa dem sechsfachen Wert des Mittelatlantischen Rückens. Auch er zeigt in der Kammregion den typischen Zentralgraben und Aufschlüsse in frischem Basalt. Auf der Westseite des Ostpazifischen Rückens überqueren wir den ausgedehnten zentralen Bereich der Pazifische Platte, der mit Tiefseebergen und Vulkaninseln übersät ist.

Schließlich gelangen wir zu einer weiteren Subduktionszone, gekennzeichnet durch die Tonga-Rinne, an der die Pazifische Platte unter der Indisch-Australischen Platte in den Erdmantel abtaucht. Mit fast 11.000 m Tiefe ist diese Rinne eine der tiefsten Stellen in den Weltmeeren. An der Westseite der Tiefseerinne steigen vom tiefen Meeresboden die vulkanischen Tonga- und Fidschi-Inseln auf. Jenseits dieses Inselbogens gelangen wir auf den tiefen Meeresboden zurück, der nun zur Indisch-Australischen Platte gehört, und erreichen wieder den Kontinentalfuß, Kontinentalhang und schließlich den Schelf im Osten Australiens, der weitgehend der Ostküste Nordamerikas ähnelt.

Teil V

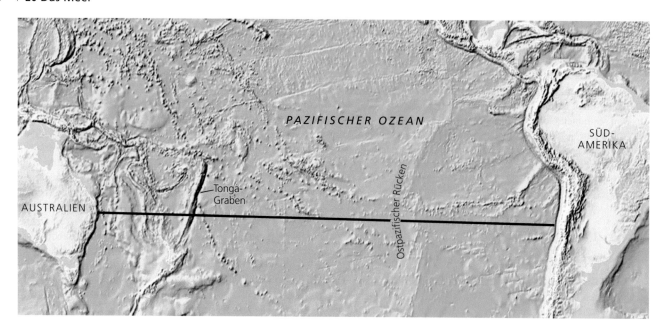

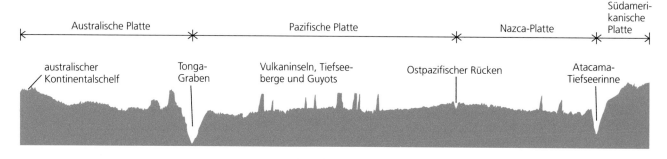

Abb. 20.26 Profil durch den Pazifischen Ozean zwischen Südamerika (*rechts*) und Australien (*links*)

Der Boden der Tiefsee

In größerer Entfernung von den Kontinentalrändern und den Subduktionszonen entsteht der Boden der Tiefsee in erster Linie durch vulkanische Tätigkeit, die durch plattentektonische Bewegungen hervorgerufen wird; die Sedimentation im offenen Ozean spielt dagegen nur eine untergeordnete Rolle.

Mittelozeanische Rücken Die mittelozeanischen Rücken sind langgestreckte Zonen vulkanischer und tektonischer Aktivität auf dem tiefen Meeresboden. Zentrum dieser Aktivität ist der Zentral- oder Scheitelgraben (engl. rift valley). Seine Talwände werden von steil einfallenden Störungen begrenzt und von basaltischen Lager- und Gesteinsgängen intrudiert (vgl. Abb. 20.25). Der Talboden ist von Basaltergüssen und Schuttblöcken von den Talwänden bedeckt, die mit etwas Sediment vermischt sind, das sich aus dem oberflächennahen Wasser abgesetzt hat.

Am Boden eines Zentralgrabens treten hydrothermale Quellen aus, da zirkulierendes Meerwasser die Spalten und Risse des Basalts in den Flanken des Rückens durchströmt. Dabei wird es, wenn es nach unten in die heißeren Bereiche des Basalts gelangt, aufgeheizt und tritt schließlich am Talboden des Zentralgrabens zum Teil mit Temperaturen bis zu 380 °C aus. Einige dieser Quellen werden „Schwarze Raucher" (engl. black smokers) genannt, weil sie durch gelösten Schwefelwasserstoff und Metallionen, die das heiße Wasser aus dem Basalt ausgelaugt und angereichert hat, dunkel gefärbt sind (vgl. Abb. 11.15). Andere Quellen bezeichnet man als „Weiße Raucher" (engl. white smokers), ihr Wasser ist hell, hat eine andere Zusammensetzung und niedrigere Temperaturen. Um die dunklen hydrothermalen Quellen bilden sich auf dem Meeresboden Hügel aus eisenreichen Tonmineralen, Eisen- und Manganoxiden sowie größere Ablagerungen von Eisen-, Zink- und Kupfersulfiden.

Die mittelozeanischen Rücken werden an zahlreichen Transformstörungen versetzt, die auch die Rift Valleys seitlich gegeneinander verschieben (Abb. 20.23b). Bewegt sich eine Platte an der anderen vorbei, kommt es an diesen Störungen zu schweren Erdbeben. Die an den Wänden solcher Transformstörungen entnommenen Gesteinsproben weisen meist einen für den Erdmantel typischen hohen Olivingehalt auf. Gesteine, die eine Zusammensetzung der basaltischen ozeanischen Kruste aufweisen, sind offenbar seltener. Dies lässt vermuten, dass der magmatische Prozess, bei dem ozeanische Kruste entsteht, an den Stellen, wo ein Spreading-Zentrum und eine Störung aneinanderstoßen, weniger effizient funktioniert.

Tiefseehügel und Tiefsee-Ebenen In größerer Entfernung von den mittelozeanischen Rücken besteht der Tiefseeboden aus einer Landschaft mit Hügeln, Plateaus, sedimentbedeckten Ebenen und Tiefseebergen. Tiefseehügel sind vor allem auf den Flanken der mittelozeanischen Rücken weit verbreitet. Sie erreichen in typischer Form eine Höhe von etwa 100 m und sind parallel zum Kamm des Rückens angeordnet (vgl. Abb. 20.25). Sie entstehen vor allem durch normale Abschiebungen in der neu gebildeten ozeanischen Kruste, wenn sie sich vom Zentralgraben wegbewegt. Nahezu die gesamten bruchtektonischen Vorgänge ereignen sich innerhalb der ersten Million Jahre nach der Entstehung der Platte, später kommen die diese Hügel begrenzenden Abschiebungen zur Ruhe.

Sobald die neue ozeanische Lithosphäre von den Spreading-Zentren wegdriftet, kühlt sie ab, kontrahiert und der Meeresboden sinkt nach unten. Aus den oberflächennahen Wasserschichten wird ständig Sedimentmaterial angeliefert, das auf dieser absinkenden hügeligen Oberfläche abgelagert wird und diese allmählich mit Tiefseeschlämmen und anderen Sedimenten überdeckt. In der Nähe der Kontinentalränder kommt terrigenes Sedimentmaterial hinzu, das über den Kontinentalhang transportiert wurde und mit zur Bildung der ausgedehnten Tiefsee-Ebenen beiträgt. Sie sind insgesamt die ebensten festen Flächen auf unserem Planeten.

Tiefseeberge, Inselketten und Tiefseeplateaus Der Meeresboden ist mit Zehntausenden von Vulkanen übersät. Die meisten befinden sich unter Wasser, nur einige wenige überragen als Vulkaninseln den Meeresspiegel. Tiefseeberge und Vulkaninseln können entweder isoliert, in Gruppen oder auch in Ketten auftreten. Die meisten, aber nicht alle Tiefseeberge sind durch Vulkanausbrüche in der Nähe aktiver Spreading-Zentren entstanden oder dort, wo eine Platte über einen Hot Spot driftet.

Einige der größeren Tiefseeberge, die sogenannten **Guyots**, weisen eine ebene Hochfläche auf, die Folge der einsetzenden Erosion, als die Gipfel dieser Vulkaninseln noch den Meeresspiegel überragten. Diese ehemaligen Inseln liegen heute unter dem Meeresspiegel, weil der Plattenteil, dem sie aufsitzen, abkühlte, kontrahierte und absank, während er sich von seinem Entstehungsort, einem Spreading-Zentrum oder Hot Spot, entfernte.

Zu den erstaunlichsten Erscheinungsformen der Tiefseebecken gehören die ausgedehnten Basaltplateaus. Einige sind möglicherweise an Triple Junctions entstanden, das heißt an Punkten, an denen drei divergente Plattengrenzen aufeinander stoßen. Andere sind mit umfangreichen Eruptionen von Hot Spots in großer Entfernung von Spreading-Zentren in Verbindung zu bringen. Eines der größten Plateaus der letztgenannten Art – und möglicherweise auch das Älteste – ist der Shatsky-Rücken im Nordwestpazifik, ungefähr 1600 km südöstlich von Japan. Nicht nur

diese ausgedehnten submarinen Plateaus, sondern auch die in Kap. 12 erwähnten gewaltigen Flutbasalte stehen nach Meinung mancher Wissenschaftler in enger genetischer Beziehung zu Hot Spot-Vulkanismus.

Sedimentation im offenen Ozean

Fast überall, wo Meeresgeologen oder Ozeanographen den Meeresboden untersuchen, finden sie eine mehr oder weniger mächtige Decke aus Sedimenten. Die kontinuierliche Sedimentation in den Ozeanen der Erde verändert die durch plattentektonische Prozesse geschaffenen Strukturen und führt in Gebieten mit rascher Sedimentation zu einer eigenständigen Morphologie. Die Sedimente bestehen im Wesentlichen aus zwei Arten: aus terrigenem Ton, Silt und Sand sowie aus biogen abgeschiedenem Schalen- und Skelettmaterial der im Meer lebenden Organismen. In der Nähe von Subduktionszonen sind außerdem Sedimente verbreitet, die von vulkanischen Aschen und Lavaergüssen stammen. In tropischen Meeresbuchten mit hohen Verdunstungsraten kommt es darüber hinaus zur Ablagerung von Evaporiten.

Sedimentation auf den Schelfgebieten

Die terrigene Sedimentation auf dem Kontinentalschelf wird im Wesentlichen von Wellen und Gezeiten beeinflusst. Die von Stürmen erzeugten Wellen verfrachten die Sedimente über die seichten und mäßig tiefen Gebiete des Schelfs hinaus, und auch die Gezeitenströmungen verbreiten die Sedimente auf dem Schelf. Wellen und Strömungen verteilen das von Flüssen angelieferte und an den Küsten erodierte Sedimentmaterial zu langgestreckten Sandkörpern sowie zu Lagen aus Silt und Ton. Trübeströme transportieren dieses Material schließlich über den Schelfrand hinaus in die Tiefsee. Die chemisch-biogenen Sedimente auf den Kontinentalschelfen stammen großenteils von den Hartteilen der im flachen Wasser lebenden Organismen, die Schalen und Skelette aus Calciumcarbonat bilden. Sie sind im Wesentlichen auf die niederen Breiten wie etwa die Florida Bay, das Gebiet vor der Halbinsel Yucatán, vor Westaustralien oder die Bahama-Bänke beschränkt. Die heutige geringe Verbreitung der Carbonatsedimente ist entschieden atypisch innerhalb der Erdgeschichte, als während zahlreicher Epochen eine weit verbreitete Carbonatsedimentation in ausgedehnten Epikontinentalmeeren stattgefunden hat. Zu den wichtigsten Carbonatbildungsräumen gehörten sowohl in der geologischen Vergangenheit als auch heute die Carbonatplattformen, deren Entstehung auf Wechselwirkungen zwischen Biosphäre und Lithosphäre beruht. In Bezug auf die Ausbildung der Schelfränder können hierbei mehrere Typen unterschieden werden (Abb. 20.27).

Geschützte Carbonatplattformen sind dadurch gekennzeichnet, dass ihr Rand in vergleichsweise flachem Wasser liegt und aus einem mehr oder weniger geschlossenen Riffgürtel oder aus langgestreckten Ooid-Dünen besteht. Beide verringern einer-

a geschützte Carbonatplattform

Lagune   Riff

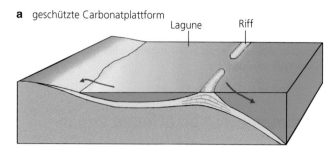

b offene Carbonatplattform (Carbonatschelf)

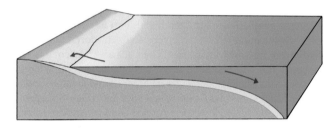

c Carbonatrampe

Lagune

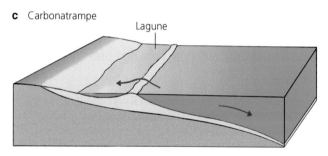

Abb. 20.27a–c Schematische Darstellung der wichtigsten Carbonatplattformen. Die Pfeile kennzeichnen die Richtung des Sedimenttransports (nach: N. P. James & A. C. Kendall (1992): Introduction to Carbonate and Evaporite Facies Models; in: Facies Models. – Geological Association of Canada)

seits die Wellentätigkeit, andererseits auch den Wasserzustrom, sodass in der Lagune hinter der Barriere ein Bereich geringer Wasserenergie existiert. Im Gegensatz dazu fehlt bei anderen Carbonatplattformen eine solche Riffbarriere, weshalb man diese Form auch als **offenen Carbonatschelf** bezeichnet, der am Schelfrand steil in die Tiefsee abfällt. Fehlt ein ausgeprägter Schelfrand und der Schelf geht mit einem Gefälle von weniger als 1° allmählich in tieferes Wasser über, bezeichnet man eine solche Carbonatplattform auch als **Carbonatrampe**. Da bei den offenen Carbonatplattformen bzw. Carbonatrampen ein schützender Riffgürtel fehlt, unterliegen ihre Sedimente denselben physikalischen Prozessen wie siliciklastische Sedimente. **Isolierte Carbonatplattformen** wie etwa die Bahama-Bänke sind Flachwassergebiete, die Durchmesser bis zu einigen hundert Kilometern aufweisen, außerhalb der Schelfgebiete liegen und allseitig von Wasser umgeben sind, das mehrere Tausend Meter tief sein kann. Diese isolierten Plattformen können von flachen, rampenartigen oder auch steil abfallenden Rändern umgeben sein. Sie entwickeln sich häufig aus Korallenriffen heraus (Abb. 20.28).

Riffe Riffe sind meist langgestrecke oder im Fall der Atolle (Exkurs 20.3) mehr oder weniger kreisförmige biogene Strukturen, die aus den Skeletten und Schalen von Millionen von Organismen bestehen. Heute werden Riffe überwiegend von Korallen aufgebaut, hinzu kommt eine reiche Begleitfauna aus Algen, Muscheln und Gastropoden. Im Gegensatz zu den in den anderen Carbonatbildungsräumen abgelagerten Sedimenten bestehen Riffe aus einem starren, wellenresistenten Gerüst aus Calcumcarbonat, das meist bis zum Meeresspiegel und oft noch geringfügig darüber hinaus wächst. Das Calciumcarbonat wird unmittelbar von den gerüstbildenden Organismen abgeschieden, ein aus Lockersedimenten bestehendes Zwischenstadium fehlt.

Optimale Bildungsbedingungen für Korallenriffe sind Wassertemperaturen zwischen 25 und 30 °C. Am üppigsten gedeihen sie in einer Wassertiefe von 4–10 m, sie leben aber in seltenen Fällen auch in Wassertiefen bis 30 m. Darüber hinaus benötigen Riffkorallen klares sauerstoffhaltiges Wasser mit einem Salzgehalt zwischen 2,7 und 3,8 %. Die heutigen Korallenriffe sind daher auf die tropischen Meere beschränkt. Im Atlantik liegen die nördlichsten Korallenriffe an der Küste der Bahamas auf etwa 32° nördlicher Breite.

Riffe bilden sich nicht nur auf ehemaligen Vulkaninseln (vgl. Exkurs 20.3), sondern auch auf den Schelfgebieten. Die dort der Küste entlang wachsenden und meist nur durch einen schmalen Wasserbereich von der Küste getrennten Riffe werden als Küsten- oder **Saumriffe** bezeichnet. Sind die Korallenriffe jedoch durch eine breite Lagune von der Küste getrennt, spricht man von **Barriereriffen**. Diese Riffe sind in der Regel wesentlich ausgedehnter als die Saumriffe. Das Great Barrier Reef an der Nordostküste Australiens erstreckt sich beispielsweise über eine Länge von nahezu 2000 km. In den Lagunen hinter diesen wallartigen Riffen finden sich oft isolierte Kuppenriffe (patch reefs) oder Säulenriffe (pinnacle reefs).

Mit Ausnahme der kleinen Kuppen- und Säulenriffe zeigen alle Korallenriffe denselben typischen Aufbau mit einer wellenresistenten **Riff-Front** (Vorriff) und einer **Riffplattform** (Riffkern), die in die **Lagune** (Backreef-Bereich) übergeht – Bereiche, die jeweils durch eine bestimmte Faunenvergesellschaftung gekennzeichnet sind.

Riffe und Evolution Heute werden Riffe zwar überwiegend von Korallen aufgebaut, in der geologischen Vergangenheit existierte jedoch eine Vielzahl riffbildender Organismen, darunter auch heute ausgestorbene Formen der Muscheln (Abb. 5.23). Diversifikation und Aussterben der Riffbildner im Laufe der Erdgeschichte lassen erkennen, dass Ökologie und Veränderungen der Umwelt einen erheblichen Einfluss auf die Evolution ausübten. Heute bedrohen natürliche und vom Menschen verursachte Einflüsse das Wachstum der Korallenriffe, die gegenüber Umweltveränderungen ohnehin sehr empfindlich reagieren. Infolge eines El Niño-Ereignisses erhöhte sich im westlichen Indischen Ozean die Oberflächentemperatur so weit, dass zahlreiche Riffe ausbleichten und abstarben. Die Riffkorallen der Florida Keys sterben aus einem völlig anderen Grund: es geht ihnen zu gut. Es zeigte sich, dass das in den landwirtschaftlich genutzten Gebieten der Halbinsel Florida gebildete Grundwasser in der Um-

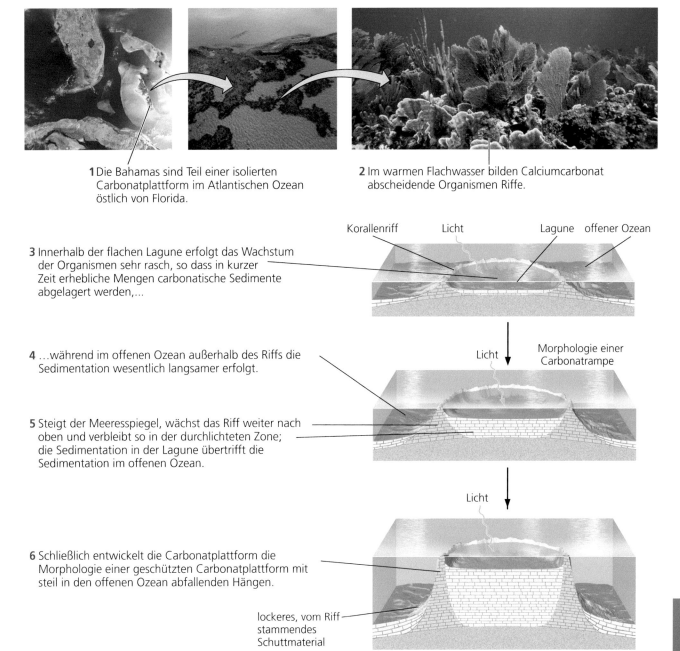

1 Die Bahamas sind Teil einer isolierten Carbonatplattform im Atlantischen Ozean östlich von Florida.

2 Im warmen Flachwasser bilden Calciumcarbonat abscheidende Organismen Riffe.

3 Innerhalb der flachen Lagune erfolgt das Wachstum der Organismen sehr rasch, so dass in kurzer Zeit erhebliche Mengen carbonatische Sedimente abgelagert werden,...

4 ...während im offenen Ozean außerhalb des Riffs die Sedimentation wesentlich langsamer erfolgt.

5 Steigt der Meeresspiegel, wächst das Riff weiter nach oben und verbleibt so in der durchlichteten Zone; die Sedimentation in der Lagune übertrifft die Sedimentation im offenen Ozean.

6 Schließlich entwickelt die Carbonatplattform die Morphologie einer geschützten Carbonatplattform mit steil in den offenen Ozean abfallenden Hängen.

Korallenriff   Licht   Lagune   offener Ozean

Licht   Morphologie einer Carbonatrampe

Licht

lockeres, vom Riff stammendes Schuttmaterial

Abb. 20.28 Durch Kalk abscheidende Organismen entstehen isolierte Carbonatplattformen (Fotos: NASA (*links*); © Manfred Capale/Age Fotostock; © Stephen Frink/Corbis)

gebung der Riffe in das Meer austritt und die Riffe dadurch viel zu hohen Nährstoffkonzentrationen ausgesetzt sind.

Sedimentation auf dem Kontinentalhang

Am Kontinentalhang und bis zu Tiefen von etwa 2000 m wie auch auf den angrenzenden Ozeanböden werden als typische Sedimente überwiegend terrigene Schlämme aus Silt und Ton abgelagert, die entsprechend ihrer Farben bezeichnet werden. Am weitesten verbreitet ist der Blauschlick, dessen dunkle blaugraue Farbe durch die darin enthaltene organische Substanz und durch fein verteiltes Eisensulfid verursacht wird. Um diese Sedimente des tieferen Wassers gegen die eigentlichen Ablagerungen des Tiefseebodens abzugrenzen, bezeichnet man sie als **hemipelagische Sedimente**. Solche hemipelagischen Ablagerungen überdecken ungefähr ein Fünftel des Meeresbodens.

Teil V

Exkurs 20.3 Darwins Korallenriffe und Atolle

Schon vor mehr als 200 Jahren haben Korallenriffe die Forscher und Reiseschriftsteller fasziniert. Seit der Zeit, als Charles Darwin zwischen 1831 und 1836 mit der *Beagle* die Ozeane befuhr, waren Korallenriffe auch Gegenstand wissenschaftlicher Diskussionen. Darwin war einer der Ersten, der die geologisch-biogenen Verhältnisse der Korallenriffe untersuchte, seine Theorie bezüglich ihrer Entstehung ist heute noch allgemein anerkannt.

Die von Darwin beschriebenen Korallenriffe waren **Atolle**, Koralleninseln im offenen Ozean mit kreisförmigen bis ovalen Lagunen, umschlossen von einer mehr oder weniger ringförmigen, von Korallenriffen gebildeten Inselkette. Die Außenseite eines Riffs ist die unter geringer Wasserbedeckung liegende wellenresistente **Riff-Front** oder das **Vorriff** – eine steile Böschung, die zum offenen Meer ausgerichtet ist. Das Vorriff besteht aus den ineinander verwachsenen Skeletten aktiv wachsender, Kalk abscheidender Korallen und Kalkalgen (Lithothamnien), die ein widerstandsfähiges, hartes Carbonatgestein bilden. Hinter dem Vorriff folgt der **Riffkamm** oder **Riffkern**, eine flache Plattform, die in ihrem inneren Bereich in eine seichte Lagune übergeht. Im Zentrum der Lagune kann bei Atollen eine Insel liegen. Teile des Riffs liegen ebenso wie die zentrale Insel über dem Meeresspiegel und können von Bäumen bestanden sein. Wie das eigentliche Riff wird auch die Lagune von einer Vielzahl spezifischer Pflanzen- und Tierarten bewohnt.

Korallenriffe sind normalerweise auf eine Wassertiefe von weniger als 20 m beschränkt, denn unterhalb dieser Tiefe ist das Meerwasser nicht genügend lichtdurchlässig, um den Riffe bildenden Korallen das Wachstum zu ermöglichen. Wie konnten dann Korallen ihre Riffe vom Boden des dunklen, tiefen Ozeans bis an die Oberfläche aufbauen? Darwin ging davon aus, dass dieser Vorgang mit einem Vulkan beginnt, der sich vom Meeresboden bis über den Meeresspiegel erhebt und eine Insel bildet. Wenn er zeitweise oder für immer zur Ruhe kommt, besiedeln Korallen und Algen seine Küstenhänge und bilden vom Typ her **Saum-** oder **Küstenriffe**, die an den Rändern einer zentralen Vulkaninsel wachsen. Durch Abrasion und Erosion kann die Vulkaninsel im Lauf der Zeit bis fast zum Meeresspiegel abgetragen werden.

Darwin folgerte, dass dann, wenn eine solche Vulkaninsel langsam unter den Meeresspiegel absinkt, die aktiv wachsenden Algen und Korallen kontinuierlich das Riff höher bauen müssen, um mit der Subsidenz Schritt halten zu können. Auf diese Weise würde die Vulkaninsel allmählich verschwinden; zurück bliebe ein ringförmiges Atoll, das eine zentrale **Lagune** umschließt. Mehr als 100 Jahre, nachdem Darwin seine Theorie geäußert hatte, durchfuhren Tiefbohrungen auf mehreren Inseln unter dem Korallenkalk vulkanisches Gestein und bestätigten seine Vermutung. Einige Jahrzehnte danach erklärte die Theorie der Plattentektonik dann sowohl den Vulkanismus als auch die Subsidenz, die sich aus der Abkühlung und Kontraktion der Platte ergab.

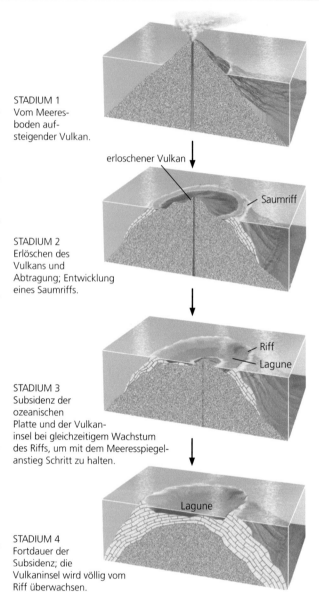

STADIUM 1
Vom Meeresboden aufsteigender Vulkan.

erloschener Vulkan

Saumriff

STADIUM 2
Erlöschen des Vulkans und Abtragung; Entwicklung eines Saumriffs.

Riff

Lagune

STADIUM 3
Subsidenz der ozeanischen Platte und der Vulkaninsel bei gleichzeitigem Wachstum des Riffs, um mit dem Meeresspiegelanstieg Schritt zu halten.

Lagune

STADIUM 4
Fortdauer der Subsidenz; die Vulkaninsel wird völlig vom Riff überwachsen.

Das Atoll Bora-Bora im südlichen Pazifischen Ozean. Im Zentrum befindet sich eine Vulkaninsel, umgeben von einem Saumriff, das die dahinter liegende Lagune schützt (Foto: © Jean-Marc Truchet/Stone/Getty Images)

Sedimentation in der Tiefsee

Weit von den Kontinentalrändern entfernt setzen sich nur noch sehr feinkörnige, überwiegend terrigene oder chemisch-biogen gefällte Partikel ab, die im Meerwasser schweben und äußerst langsam aus den oberflächennahen Wasserschichten absinken. Diese Sedimente des tiefen Ozeans, die sogenannten **pelagischen Sedimente**, sind durch ihre große Entfernung von den Kontinentalrändern, eine geringe Korngröße und eine sehr geringe Sedimentationsrate gekennzeichnet. Das terrigene Material besteht aus bräunlichen und grauen Tonen, die sich mit sehr geringer Sedimentationsgeschwindigkeit von nur wenigen Millimeter pro 1000 Jahre auf dem Meeresboden absetzen. Ein kleiner Teil davon, ungefähr 10 %, dürfte durch den Wind auf den offenen Ozean hinaus verfrachtet worden sein.

Die häufigsten chemisch-biogen gefällten, aus Calciumcarbonat bestehenden Komponenten in den pelagischen Sedimenten sind Gehäuse von Foraminiferen – kleinen einzelligen Organismen, die als Plankton in den oberflächennahen Wasserschichten des Meeres leben. Nach ihrem Tod sinken ihre Gehäuse und Skelettelemente allmählich auf den Meeresboden ab. Dort reichern sie sich als **Foraminiferenschlamm** an, ein feinstsandiges bis toniges Sediment, das vor allem Foraminiferengehäuse, aber auch Reste anderer Tier- und Pflanzengruppen enthält (Abb. 20.29). Meist sind sie jedoch durch einen hohen Anteil an Gehäusematerial der planktonisch lebenden Foraminiferengattung *Globigerina* charakterisiert und werden daher auch direkt als **Globigerinenschlamm** bezeichnet. Andere Carbonatschlämme bestehen überwiegend aus Schalenmaterial pelagischer Schnecken (Pteropoden) oder den winzigen Kalkplättchen der zu den Flagellaten gehörenden **Coccolithophoriden**.

In Tiefen von weniger als ungefähr 4000 m finden wir vor allem Foraminiferen- und andere Carbonatschlämme, die in den tieferen Bereichen des Meeres jedoch extrem selten sind. Das beruht nicht etwa auf einer fehlenden Anlieferung von Gehäusen, denn im oberflächennahen Meerwasser sind sie überall mehr als zahlreich vorhanden, außerdem werden die im freien Meerwasser lebenden Foraminiferen von den Verhältnissen des in großer Tiefe liegenden Meeresbodens in keiner Weise beeinflusst. Das Fehlen von Carbonatschlämmen unterhalb einer bestimmten Wassertiefe, der sogenannten **Carbonat-** oder **Kalk-Kompensationstiefe** (gewöhnlich als CCD abgekürzt), erklärt sich durch das Auflösen der Kalkschalen im tiefen Meerwasser (Abb. 20.30). Aufgrund des natürlichen Kreislaufs in den Ozeanen unterscheiden sich die tieferen Wasserschichten von den flacheren Gewässern in drei Punkten:

1. Das Tiefenwasser ist kälter. Kälteres und damit Wasser höherer Dichte sinkt in den polaren Breiten unter wärmeres tropisches Wasser ab und strömt am Meeresboden in Richtung Äquator.
2. Das Tiefenwasser enthält mehr Kohlendioxid, denn kaltes Wasser absorbiert nicht nur mehr Kohlendioxid als warmes Wasser, sondern das gesamte mitgeführte organische Material wird normalerweise während des langen Kreislaufs zu CO_2 oxidiert.
3. Das Tiefenwasser steht unter höherem hydrostatischem Druck; dieser ergibt sich aus dem Gewicht der überlagernden Wassersäule.

~1 mm

Abb. 20.29 Rasterelektronenmikroskopische Aufnahme eines Tiefseeschlamms. Sie zeigt Gehäuse sowohl Kalk- als auch SiO_2-abscheidender einzelliger Mikroorganismen (Foto: © Scripps Institution of Oceanography, University of California, San Diego)

Durch diese drei Faktoren erhöht sich im tieferen Wasser die Löslichkeit des Calciumcarbonats. Wenn die Gehäuse der abgestorbenen Foraminiferen unterhalb der CCD auf den Boden sinken, gelangen sie in Bereiche, die an Calciumcarbonat untersättigt sind und folglich gehen die Gehäuse in Lösung. In diesen Gebieten überwiegt somit ein fast carbonatfreier Ton, der vor allem im Pazifischen Ozean weit verbreitet ist und wegen seiner roten bis schokoladenbraunen Farbe als **Roter Tiefseeton** bezeichnet wird.

Weitere chemisch-biogen gebildete Sedimente sind **Kieselschlämme.** Sie entstehen dadurch, dass im Roten Tiefseeton Reste planktisch lebender Organismen eingelagert werden, deren Gehäuse aus amorpher Kieselsäure (Opal) bestehen. Im Wesentlichen sind das die Gehäuse von Diatomeen oder Radiolarien und demzufolge bezeichnet man diese Sedimente entweder als **Diatomeen-** oder als **Radiolarienschlämme.** Diatomeen sind grüne einzellige Kieselalgen, die in den oberflächennahen Wasserschichten der Ozeane in großer Häufigkeit auftreten. Da vor allem das kühle Wasser der arktischen und antarktischen Meere für Diatomeen ein günstiger Lebensraum ist, treten Diatomeenschlämme vorwiegend in den polaren Bereichen des Tiefseebodens auf. Radiolarien gehören zur Klasse der Strahlentierchen (Rhizopoda), die Skelette aus Kieselsäure abscheiden. Ihr Lebensraum liegt überwiegend in tropischen Gewässern. Daher finden wir Radiolarienschlämme heute in den nördlich des Äquators liegenden Bereichen des Pazifischen Ozeans; im Atlantischen Ozean fehlen Radiolarienschlämme völlig. Nach der Einbettung auf dem Meeresboden werden die Kieselschlämme diagenetisch verfestigt und gehen in Hornstein (Radiolarit, Chert) über.

Teil V

Abb. 20.30 Die Carbonat-Kompensationstiefe ist in den Ozeanen jene Grenze, unterhalb der Calciumcarbonat in Lösung geht. Wenn die Gehäuse von abgestorbenen Foraminiferen und anderen Schalen tragenden Organismen in tiefere Wasserbereiche absinken, gelangen sie in ein an Calciumcarbonat untersättigtes Milieu und werden deshalb aufgelöst

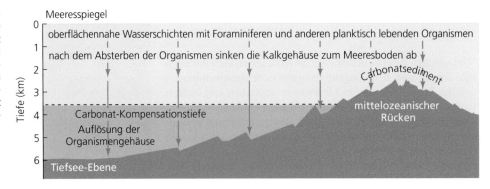

Einige Bestandteile der pelagischen Sedimente entstehen durch chemische Reaktionen des Meerwassers mit den Sedimenten des Meeresbodens. Die auffälligsten Bildungen daraus sind **Manganknollen**, schwarze, konzentrisch-schalige Aggregate von wenigen Millimetern bis zu mehreren Zentimetern Durchmesser. Diese Knollen bedecken große Gebiete des tieferen Ozeanbodens. Etwa zwischen 20 und 50 % des Meeresbodens im Pazifischen Ozean sind mit solchen Manganknollen übersät. Da sie neben Mangan und Eisen auch hohe Gehalte an Nickel und anderen Metallen aufweisen, könnten sie zu wichtigen Ressourcen werden, falls sie auf wirtschaftliche Art und Weise vom Meeresboden gefördert werden können und die Eigentumsrechte daran gesetzlich geregelt sind. Im Jahre 1982 wurde von den Vereinten Nationen ein internationales Seerechtsabkommen beschlossen, das die territorialen und wirtschaftlichen Rechte der Anrainerstaaten an den Ozeanen regelt. Zum Zeitpunkt der Abfassung dieses Buches waren diese Übereinkommen von den Vereinigten Staaten noch nicht unterzeichnet.

Zusammenfassung des Kapitels

Unterschiede im geologischen Bau der Kontinente und Ozeane: Die in den Ozeanen vorherrschenden geologischen Prozesse sind Vulkanismus und Sedimentation. Im Gegensatz zum Festland sind tektonische Deformation, Verwitterung und Erosion von untergeordneter Bedeutung. Die ozeanische Kruste an den mittelozeanischen Rücken, an denen sich Lithosphärenplatten trennen, wird von Sedimenten überdeckt und nach einigen Zehner Millionen Jahren durch Subduktion wieder zerstört. Die Tiefseesedimente liefern jedoch nahezu lückenlose Informationen ihrer relativ kurzen geologischen Entwicklungsgeschichte.

An der Küste wirkende Prozesse: Durch die tangentiale Schubkraft des Windes, der über das Meer weht, entstehen Wellen. Nähern sich die Wellen der Küste, gehen sie in der Brandungszone in Brecher über. Die Brechung der Wellenfronten führt zu Küstenlängsströmungen und Küstenversetzung, durch die Sediment entlang der Küste verfrachtet wird. Die Gezeiten, hervorgerufen durch die Massenanziehung von Mond und Sonne auf die Weltmeere, erzeugen ebenfalls Strömungen, die Sediment transportieren.

Auswirkungen von Hurrikanen an den Küsten: Hurrikane sind starke tropische Wirbelstürme mit extrem hohen Windgeschwindigkeiten und niedrigem Luftdruck. Letzterer führt zu einer Aufwölbung des Meeresspiegels, die beim Landgang des Hurrikans auf dem Festland zu einer Sturmflut führt, die in den tief liegenden Küstengebieten größere Schäden verursacht als der starke Wind.

Prozesse der Küstenformung: Wellen und Gezeiten formen in Wechselwirkung mit den Prozessen der Plattentektonik das Relief der Küsten – von Sandstränden und Wattgebieten bis hin zu tektonisch herausgehobenen Felsküsten.

Hauptbestandteile der Kontinentalränder: Die Kontinentalränder bestehen aus dem flachen Kontinentalschelf, dem mehr oder weniger steil in die Tiefsee abfallenden Kontinentalhang und dem Kontinentalfuß, einer sanft geneigten Schürze aus Sedimenten, die am unteren Ende des Kontinentalhangs abgelagert wurde. Aktive Kontinentalränder existieren dort, wo ozeanische Lithosphäre unter einem Kontinent subduziert wird, während passive Kontinentalränder dort entstehen, wo Riftvorgänge und Seafloor-Spreading die Kontinente von divergierenden Plattengrenzen wegtransportieren. Wellen und Gezeiten beeinflussen nur den Kontinentalschelf. Der Kontinentalhang wird dagegen in erster Linie durch Trübe- oder Suspensionsströme geformt, die große Sedimentmengen über den Kontinentalhang hinwegtransportieren. Durch Trübeströme entstehen außerdem die submarinen Canyons und Tiefseefächer.

Wichtige Merkmale des Tiefseebodens: Tiefseeboden entsteht, wenn an einem mittelozeanischen Rücken in einer Riftstruktur Basalt ausfließt. Wenn sich die neu gebildete ozeanische Kruste vom Zentralgraben des mittelozeanischen Rückens wegbewegt, entstehen durch Abschiebungen Tiefseehügel. Die neu gebildete ozeanische Kruste wird rasch von feinkörnigen Sedimenten überdeckt, die aus dem oberflächennahen Wasser ausgefällt werden. In der Nähe der Kontinentalränder kommt terrigenes Material hinzu und beide zusammen bilden den ebenen Tiefseeboden. Durch magmatische Prozesse entstehen am Meeresboden Vulkaninseln, untergetauchte Tiefseeberge, Guyots und untermeerische Basaltplateaus.

Sedimente des Schelfs und des offenen Ozeans: Die Sedimente des offenen Ozeans bestehen im Wesentlichen aus terrigenem und aus chemisch-biogen gebildetem Sedimentmaterial. Bei den terrigenen Sedimenten handelt es sich überwiegend um Ton, Silt und Sand, Material, das auf den Kontinenten erodiert und auf dem Kontinentalschelf durch Wellen und Gezeitenströmungen auf dem Kontinentalschelf abgelagert wurde. Die chemisch-biogenen Sedimente des Kontinentalschelfs bestehen aus dem Schalen- und Skelettmaterial kalkproduzierender Organismen und aus Korallenriffen. In flachen tropischen Meeresbuchten, in denen die Verdunstung hoch ist, kommt es zur Ablagerung von Evaporiten. Die Sedimente des offenen Ozeans – die pelagischen Sedimente – bestehen aus Rotem Tiefseeton, aus Foraminiferen- und Kieselschlämmen, die aus den carbonatischen beziehungsweise kieseligen Hartteilen der planktisch in den oberflächennahen Wasserschichten lebenden Mikroorganismen bestehen.

Gletscher: Die Tätigkeit des Eises

21

Zusammenfluss mehrerer Gletscher in der Nähe des Mt. Washington im Kaskadengebirge von British Columbia (Kanada) (Foto: © Chris Harris/Getty Images, Inc.)

Teil V

© Springer-Verlag Berlin Heidelberg 2017
J. Grotzinger, T. Jordan, *Press/Siever Allgemeine Geologie*, DOI 10.1007/978-3-662-48342-8_21

Vom Weltraum aus betrachtet ist die Erde mit ihren ausgedehnten blauen Ozeanen, den wirbelnden weißen Wolken und den weißen Eismassen und Schneefeldern durch die Farben des Wassers gekennzeichnet. Das System Erde transportiert in ständig sich verändernder Form Wasser über die Oberfläche unseres Planeten. Zu den wichtigsten Wasserspeichern dieses Systems gehört die aus Eis bestehende Komponente, die Kryosphäre, die bei Klimaschwankungen am deutlichsten ab- und zunimmt.

So groß sie auch sind, bedecken die Eismassen Grönlands und der Antarktis heute nur noch etwa 10 % der Festlandsfläche der Erde. Noch vor etwa 20.000 Jahren überdeckten Schnee und Eis eine nahezu dreimal größere Fläche als heute und große Bereiche Nordamerikas, Europas und Asiens lagen unter einer mächtigen Eisdecke. Doch bereits im nächsten Jahrhundert könnten durch die globale Erwärmung große Teile der heute vorhandenen Eisgebiete abgeschmolzen sein, mit weltweit erheblichen Konsequenzen für die Menschheit. Der Meeresspiegel würde ansteigen und küstennahe Städte und Tiefländer wären vom Meer bedroht. Die Klimazonen würden sich so verschieben, dass niederschlagsreiche Gebiete zu Wüsten werden und umgekehrt. Angesichts dieser Bedrohungen besteht kein Zweifel daran, dass der Erforschung der Kryosphäre mit all ihren Veränderungen – schon immer ein interessantes Forschungsgebiet – eine vordringliche praktische Bedeutung zukommt.

Die Landschaften vieler Kontinente wurden durch Gletscher geformt, die heute längst abgeschmolzen sind. In den Gebirgsregionen haben Gletscher typische steilwandige Täler ausgeschürft, Gesteinsoberflächen abgeschliffen und riesige Blöcke aus ihrem Gesteinsverband herausgerissen. Während der Eiszeiten im Pleistozän breiteten sich Gletscher über große Teile der Kontinente aus und modellierten die Landschaft weitaus stärker, als es die Flüsse oder der Wind vermochten. Die durch Gletschererosion anfallenden Schuttmengen sind enorm und sie werden durch das Eis bis zum Rand der Gletscher transportiert, wo sie entweder abgelagert oder durch Schmelzwasserströme abtransportiert und verteilt werden. Die Auswirkungen der Gletschertätigkeit beeinflussen Abfluss und Sedimentfracht der Flusssysteme, die Erosion und Sedimentation in den Küstengebieten und auch die in die Ozeane gelangenden Sedimentmengen.

In diesem Kapitel betrachten wir die Gletscher der Erde etwas eingehender, wie sie entstehen und wie sie sich im Lauf der Zeit verändern, wie sie Sedimentmaterial erodieren und ablagern, und wie sie beim Vorstoß und Rückzug auf der Erdoberfläche ihre Spuren hinterlassen. Weiter untersuchen wir, welche Rolle die Gletscher im System Klima spielen und werden sehen, welche Informationen uns die glazigenen Sedimente in Bezug auf Klimaschwankungen im Verlauf der Erdgeschichte liefern.

Das Material Eis

Für einen Geologen ist ein Stück Eis im weitesten Sinn ebenfalls ein „Gestein", eine Masse aus Kristallen des „Minerals" Eis. Wie die magmatischen Gesteine ist es durch das Erstarren einer Flüssigkeit entstanden, und wie die Sedimente wird es in Schichten an der Erdoberfläche abgelagert und kann sich zu großer Mächtigkeit anhäufen. Wie metamorphe Gesteine wird es unter Druck durch Rekristallisation umgewandelt: Gletschereis entsteht durch Überdeckung beziehungsweise Versenkung und Metamorphose des „Sediments" Schnee. Locker gepackte Schneeflocken – jede einzelne ein Kristall des „Minerals" Eis – altern und rekristallisieren zu dem festen „Gestein" Eis (Abb. 21.1).

Eis hat einige ungewöhnliche Eigenschaften. Seine Schmelztemperatur ist extrem niedrig (O °C), mehrere hundert Grad niedriger als die Schmelztemperatur der Silicatgesteine. Die Dichte der Gesteine ist höher als die ihrer Schmelzen, der Grund, weshalb Gesteinsschmelzen in der Lithosphäre nach oben steigen. Eis hat dagegen eine geringere Dichte als seine Schmelze, deshalb schwimmen Eisberge auf den Ozeanen.

Abb. 21.1 Ein typisches Mosaik von Gletschereiskristallen. Die winzigen runden und röhrenförmigen Flecken sind Luftblasen (Foto: mit frdl. Genehm. von Joan Fitzpatrick)

Obwohl Eis scheinbar hart ist, ist es erheblich weicher als die meisten Gesteine, und weil es vergleichsweise weich ist, kann es sich wie eine hochviskose Flüssigkeit langsam bergab bewegen. **Gletscher** sind große Eismassen auf dem Festland, die Hinweise liefern, dass sie sich aktiv bewegen oder bewegt haben. Aufgrund der Größe und Form unterteilen wir Gletscher in zwei Grundtypen, in **Talgletscher** und **Inlandeismassen**.

Talgletscher

Viele Skifahrer und Bergsteiger kennen die **Talgletscher**, die auch als **alpine Gletscher** bezeichnet werden (Abb. 21.2). Diese Eisströme bilden sich in den kalten Höhenlagen der Hochgebirge, wo sich der Schnee normalerweise in bestehenden Karen, Tälern oder Hangnischen anhäuft. Aus einem solchen deutlich umgrenzten Einzugsgebiet fließen sie in Gebirgstälern unter dem Einfluss der Schwerkraft langsam talabwärts. Dabei nehmen die meisten dieser Gletscher die gesamte Breite des Tales ein, dessen Gesteinsuntergrund dann von mehreren hundert Metern Eis überdeckt sein kann. In den wärmeren Klimazonen der niederen Breiten treten Talgletscher nur in Hochtälern oder den höchsten Gipfellagen auf, wie zum Beispiel das Gletschereis in Höhenlagen über 5000 m in den Mountains of the Moon an der Grenze zwischen Uganda und Zaire im Osten Zentralafrikas. Im kalten Klima der höheren Breiten können Talgletscher dagegen viele Kilometer lang werden und die gesamte Länge ihrer Täler einnehmen. An einigen Stellen treten sie als breite, fächerförmige Zungen in das tiefer liegende, an den Gebirgsrand angrenzende Vorland als **Vorland-** oder **Piedmontgletscher** aus. Wenn solche Gletscher in Tälern der Küstengebirge abfließen, reichen sie oftmals bis an die Meeresküste, wo gelegentlich größere Eismassen losbrechen und als Eisberge wegdriften, ein Vorgang, der als **Kalben** bezeichnet wird (Abb. 21.3).

Abb. 21.2 Der Herbert-Gletscher, ein Talgletscher bei Juneau, (Alaska, USA) (Foto: © Greg Dimijian/Science Source)

Abb. 21.3 Der kalbende Dawes-Gletscher in Alaska (USA). Gletscher kalben, wenn sie sich über die Küstenlinie hinaus bis in das Wasser vorschieben und vom Rand der aufschwimmenden Eismasse große Blöcke losbrechen (Foto: © Paul Souders/Corbis)

Teil V

Zu den Talgletschern gehören im weiteren Sinne auch die kleineren **Kargletscher**, die keine ausgeprägte Gletscherzunge haben und deren Eismassen im Wesentlichen auf die an den Bergflanken liegenden Hangmulden beschränkt sind. In den pleistozänen Eiszeiten waren solche Kare auch in den höheren Bereichen einiger europäischer Mittelgebirge vergletschert.

Inlandeismassen

Als **Inlandeis** bezeichnet man eine sich extrem langsam bewegende mächtige Eisdecke, die große Gebiete eines Kontinents oder andere Landmassen bedeckt (Abb. 21.4). Heute überdecken die größten Inlandeismassen der Erde weite Teile Grönlands und nahezu die gesamte Antarktis und damit insgesamt etwa 10 % der Landoberfläche der Erde – sie speichern ungefähr 75 % des auf der Erde vorhandenen Süßwassers.

In Grönland überdecken 2,6 Mio. Kubikkilometer Eis etwa 80 % der Gesamtfläche der 4,5 Mio. Quadratkilometer großen Insel (Abb. 21.5). Die Oberfläche der Eisdecke gleicht einer großen konvexen Linse, und nur noch einige hohe Gipfel überragen als isolierte Einzelberge, sogenannte **Nunataker** (oder Nunataks), die Eisoberfläche. An ihrem höchsten Punkt, in der Mitte der Insel, ist das Eis mehr als 3200 m mächtig. Von diesem zentralen Punkt aus fällt die Eisoberfläche nach allen Seiten zum Meer hin ab. An der von Gebirgen gesäumten Küste löst sich das Eis in schmalere Zungen auf, die sich – ähnlich wie Talgletscher – durch die Gebirgstäler bis zum Meer winden, wo durch das Abbrechen großer Schollen Eisberge entstehen.

Die schüsselförmige Einmuldung im Untergrund der grönländischen Eismasse ist in dem auf Abb. 21.5 5 dargestellten Schnitt deutlich erkennbar; sie wird durch das Gewicht des in der Mitte von Grönland auflagernden Eises hervorgerufen. Diese Auswirkung der Isostasie erklärt, warum die Küste Grönlands von Gebirgen gebildet wird.

Obwohl das grönländische Inlandeis ein beachtliches Ausmaß hat, ist es gegenüber dem antarktischen Eisschild verschwindend klein. Das Eis überdeckt 90 % des antarktischen Kontinents – ein

Abb. 21.4 Die Berge der Sentinel Range. Sie erreichen Höhen bis zu 4000 m und überragen als Nunataker die Hochfläche der antarktischen Inlandeismassen (Foto: © Google 2009 Data SIO, NOAA, U. S. Navy, NGA, GEBCO Image US Geological Survey)

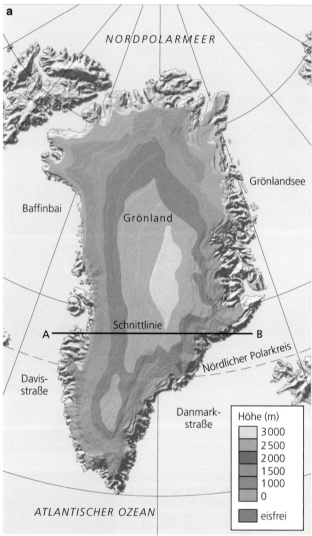

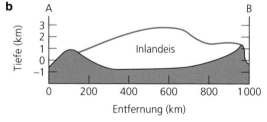

Abb. 21.5a,b Topographische Karte und Schnitt durch das Inlandeis Grönlands. **a** Verbreitung der Inlandeismassen und Höhenlage der Eisoberfläche. **b** Der schematische Schnitt durch das südliche Zentralgrönland zeigt die linsenartige Form der Eiskappe. Das Eis bewegt sich vom mächtigsten Bereich nach unten und außen (nach: R. F. Flint (1971): *Glacial and Quaternary Geology.* – New York, Wiley)

Gebiet von ungefähr 13,6 Mio. Quadratkilometern – und erreicht eine Mächtigkeit von ungefähr 4000 m (Abb. 21.6). Das Gesamtvolumen der antarktischen Eisdecke – ungefähr 30 Mio. Kubikkilometer – bildet etwa 90 % der Kryosphäre. Wie in Grönland ist auch das Eis der Antarktis im Zentrum aufgewölbt und fällt zu den Rändern hin ab.

Ein Teil der Antarktis ist von dünneren Eisschichten, dem sogenannten **Schelfeis** umgeben, das auf dem Ozean schwimmt und noch mit dem Hauptgletscher auf dem Festland verbunden ist. Am bekanntesten ist das auf dem Rossmeer schwimmende Ross-Schelfeis, eine Eisschicht von ungefähr der Größe des US-Bundesstaats Texas oder Frankreichs und der Beneluxstaaten zusammengenommen.

Eiskappen sind schildförmige Eismassen, die den Nord- und Südpol der Erde überdecken. Der größte Teil der in den höchsten nördlichen Breiten entstandenen Eiskappe der Arktis schwimmt als Meereis auf dem Nordpolarmeer und ist streng genommen kein Gletscher. Fast die gesamte Eiskappe der Antarktis lagert dagegen auf Festland, auf dem Kontinent Antarktika, und wird daher als Inlandeis bezeichnet.

Kleinere, wie das Inlandeis flächenhaft ausgebildete, wenig mobile Gletscher werden **Plateaugletscher** genannt. Ihre Ausdehnung ist im Wesentlichen von der Größe der Hochfläche abhängig. Typisches Beispiel eines Plateaugletschers ist der Jostedalsbre in Norwegen.

Abb. 21.6a,b Topographische Karte und Schnitt durch das Inlandeis der Antarktis. **a** Verbreitung und Höhenlage der Eisoberfläche. Die Schelfeisgebiete sind weiß dargestellt. **b** Der schematische Schnitt durch das Inlandeis der Antarktis und des darunter befindlichen Festlands (nach: U. Radok (1985): The Antarctic Ice. – *Scientific American* (August): S. 100; Daten aus International Antarctic Glaciological Project)

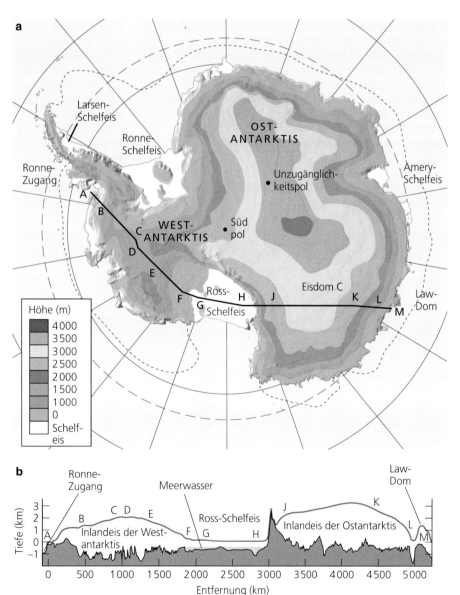

Entstehung von Gletschern

Die Bildung eines Gletschers beginnt mit ausgiebigen Schneefällen im Winter, die im Sommer nicht abschmelzen. Der Altschnee geht dadurch allmählich in Eis über, und wenn das Eis mächtig genug ist, beginnt es plastisch zu fließen.

Erste Voraussetzung: Niedrige Temperaturen und ausreichende Schneemengen

Damit ein Gletscher entstehen kann, müssen die Temperaturen so tief sein, dass der Schnee während des gesamten Jahres liegen bleibt. Solche Bedingungen herrschen in höheren Breiten, da die Sonnenstrahlen in den polaren und subpolaren Gebieten unter einem sehr flachen Winkel auftreffen (vgl. Abb. 19.1), und in großen Höhen, da die Atmosphäre bis in eine Höhe von etwa 10.000 m kontinuierlich abkühlt (vgl. Abb. 15.2). Deshalb sinkt die Schneegrenze – die Höhe, bei der Schnee im Sommer nicht vollständig abschmilzt – in Richtung auf die Pole kontinuierlich ab, wo Schnee und Eis das ganze Jahr über liegen bleiben und selbst auf Meeresspiegelhöhe nicht abschmelzen. In Äquator-nähe entstehen Gletscher nur auf Bergen, die über 5000 m hoch sind.

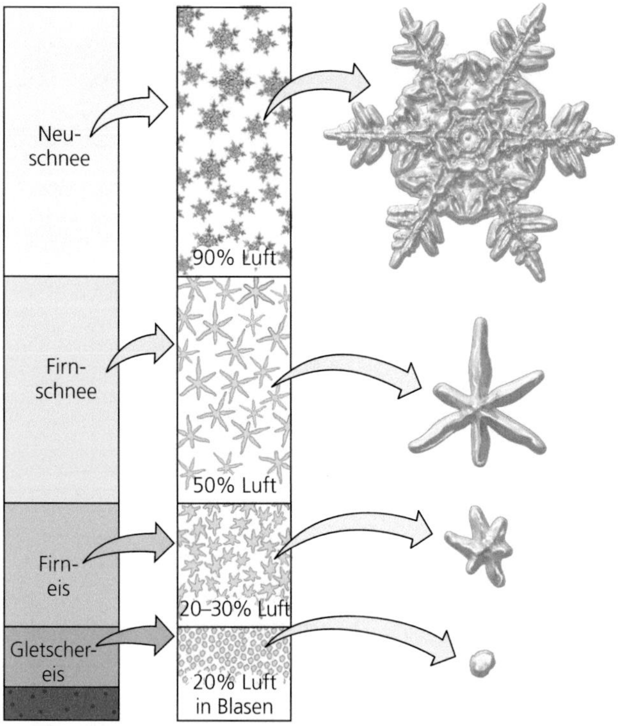

Schnee- und Gletscherbildung erfordern sowohl Niederschläge als auch Frost. Da die mit Feuchtigkeit beladenen Winde normalerweise den größten Teil des Schnees auf der Luvseite einer hohen Gebirgskette abgeben, ist die windabgewandte Gebirgsflanke in der Regel trocken und nicht vergletschert. Die meisten Berge der Anden in Südamerika liegen beispielsweise in einer Zone mit vorwiegend östlichen Winden. Deshalb bilden sich die Gletscher dort bevorzugt auf den niederschlagsreicheren Osthängen; die trockeneren Westseiten sind nur in geringem Maße von Schnee und Eis bedeckt.

Ein kaltes Klima ist nicht notwendigerweise auch schneereich. Beispielsweise hat Nome in Alaska ein arktisches Klima mit einer mittleren jährlichen Maximaltemperatur von 9 °C, doch fallen dort pro Jahr lediglich 44 mm Niederschlag und dies ausschließlich in Form von Schnee. Im Vergleich dazu hat die Stadt Caribou im US-Bundesstaat Maine ein kühles gemäßigtes Klima mit einer durchschnittlichen Maximaltemperatur von 25 °C im wärmsten Monat, die jährlichen Schneefälle belaufen sich jedoch auf beachtliche 310 cm. Dennoch sind die Verhältnisse in der Umgebung von Nome, wo wenig oder kein Schnee abschmilzt, bezüglich der Bildung von Gletschern günstiger als in Caribou, wo der gesamte Schnee im Frühjahr abschmilzt. In ariden Klimazonen ist die Entstehung von Gletschern ziemlich unwahrscheinlich, es sei denn, es ist wie in der Antarktis das ganze Jahr über so kalt, dass praktisch kein Schnee abschmilzt.

Akkumulation: Schnee wird zu Eis

Frisch gefallener Schnee ist eine pulverartige Masse aus locker gepackten Schneeflocken. Wenn die kleinen zerbrechlichen Eiskristalle am Boden altern, kommt es zur Bildung gleichkörniger Aggregate und die Masse der Schneeflocken geht durch Kompaktion in eine etwas dichtere körnige Form des Schnees über (Abb. 21.7). Wenn ständig neuer Schnee fällt und den älteren überdeckt, verdichtet sich der körnige Schnee weiter zu einer noch kompakteren Form, die als **Altschnee** oder **Firn** bezeichnet wird. Die weitere Überdeckung und Alterung führt schließlich zu festem Gletschereis, da selbst die kleinsten Körner rekristallisieren und dadurch alle anderen miteinander verkitten. Der gesamte Umwandlungsprozess kann in den niederen Breiten innerhalb weniger Jahre erfolgen, obwohl 10 bis 20 Jahre weitaus wahrscheinlicher sind. In den extrem kalten Regionen der zentralen Antarktis sind für diesen Vorgang einige tausend Jahre erforderlich. Ein typischer Gletscher wächst im Winter langsam, da der Neuschnee auf der Gletscheroberfläche erst noch in Eis umgewandelt werden muss. Die zu einem Gletscher jährlich hinzukommende Eismenge wird als **Akkumulation** bezeichnet.

Bei der Akkumulation schließen Schnee und Eis wertvolle Relikte aus der erdgeschichtlichen Vergangenheit ein und konservieren sie. Im Jahre 1992 entdeckten Bergsteiger die gut erhaltene Leiche eines vor 5000 Jahren lebenden prähistorischen

Abb. 21.7 Verschiedene Stadien beim Übergang von Schneekristallen in körnigen Firn, in Firneis und schließlich in kompaktes Gletschereis durch Sammelkristallisation. Die Veränderung der einzelnen Kristalle führt durch die Abgabe der eingeschlossenen Luft zu einer zunehmend höheren Dichte (nach: H. Bader et al (1939): Der Schnee und seine Metamorphose. – Beiträge zur Geologie der Schweiz)

Menschen („Ötzi"), die im Gletschereis der Ötztaler Alpen an der Grenze zwischen Italien und Österreich eingeschlossen war. In Nordsibirien wurden im pleistozänen Eis viele inzwischen ausgestorbene Tiere in hervorragendem Zustand überliefert, wie etwa das Wollhaarmammut, ein dem Elefanten ähnliches Großtier, das einst diese Gebiete durchstreifte. In gleicher Weise sind im Eis auch Staubpartikel und Luftblasen eingeschlossen (vgl. Abb. 21.1). Aus der chemischen Analyse solcher Luftblasen aus sehr altem, tief versenktem Eis der Antarktis und Grönlands wissen wir beispielsweise, dass der Kohlendioxidgehalt der Atmosphäre während der letzten Vereisung niedriger war als seit dem Rückzug der Gletscher (vgl. Abb. 15.13).

Ablation: Wo das Eis abschmilzt

Wenn sich ein Gletscher unter dem Einfluss der Schwerkraft langsam hangabwärts bewegt, erreicht er schließlich ein tieferes Niveau, in dem die Temperaturen über dem Gefrierpunkt liegen, und beginnt zu schmelzen. Die gesamte jährliche Volumenabnahme eines Gletschers wird als **Ablation** bezeichnet. Für den Verlust von Eis sind vier Faktoren verantwortlich:

1. Abschmelzen: wenn das Eis schmilzt, verliert der Gletscher an Material.
2. Kalben: sobald sich ein Gletscher über die Küstenlinie ins Meer vorschiebt, brechen Eismassen los und driften als Eisberge weg (vgl. Abb. 21.3).
3. Sublimation: in kaltem Klima geht das Eis der Gletscher direkt vom festen (Eis) in den gasförmigen Aggregatzustand (Wasserdampf) über.

4. Winderosion: starke Winde können das Eis erodieren, vor allem durch Abschmelzen und Sublimation.

Der größte Teil der Ablation durch Erwärmung erfolgt an der Gletscherstirn. Selbst wenn sich also ein Gletscher von seinem Nährgebiet weg bewegt, kann sich der vordere Eisrand in Richtung zum Nährgebiet zurückverlagern. Abschmelzen und Kalben sind insgesamt die beiden wichtigsten Vorgänge, durch die Gletscher den größten Teil ihrer Eismassen verlieren.

Gletscherhaushalt: Akkumulation minus Ablation

Das Verhältnis zwischen Akkumulation und Ablation, der Gletscherhaushalt, bestimmt entweder das Wachstum oder den Rückzug eines Gletschers (Abb. 21.8). Wenn die Akkumulation über einen längeren Zeitraum hinweg der Ablation entspricht, bleibt die Größe eines Gletschers konstant, selbst wenn er weiterhin aus seinem Entstehungsgebiet bergab fließt. Bei einem solchen Gletscher kommt es in seinem oberen Bereich, dem Nährgebiet, zur Akkumulation von Schnee und Eis, aber im gleichen Maße kommt es in seinen tiefer liegenden Bereichen, dem Zehrgebiet, zur Ablation. Wenn die Akkumulation die Ablation übersteigt, stößt der Gletscher vor; wenn umgekehrt die Ablation gegenüber der Akkumulation überwiegt, zieht sich der Gletscher zurück.

Der Haushalt eines Gletschers ändert sich von Jahr zu Jahr. In den vergangenen Jahrtausenden blieben zahlreiche Gletscher stationär, obwohl sich einige aufgrund regionaler Klimaschwankungen zurückzogen, während andere vorstießen. Im letzten

Abb. 21.8 Die Akkumulation von Gletschern erfolgt überwiegend im kälteren und höher liegenden Nährgebiet durch Schneefälle, während es im wärmeren, niedriger liegenden Zehrgebiet durch Abschmelzen, Kalben und Sublimation überwiegend zur Ablation kommt. Die Differenz zwischen Akkumulation und Ablation wird als Gletscherhaushalt bezeichnet

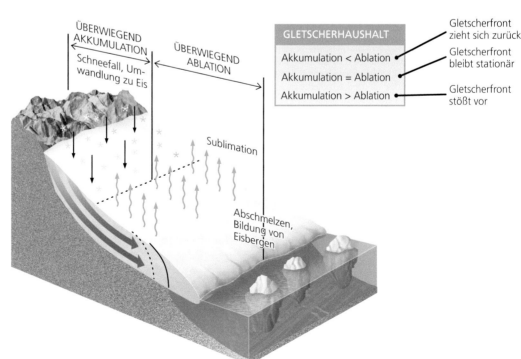

a

b

Abb. 21.9a,b Zwei Bilder des Qori-Kalis-Gletschers in Peru, aufgenommen vom gleichen Standort; **a** im Juli 1978 und **b** im Juli 2004. Zwischen 1998 und 2001 hat sich der Eisrand im Mittel um alarmierende 155 m pro Jahr zurückgezogen und damit 32-mal rascher als der durchschnittliche Rückzug zwischen 1963 und 1978 (Fotos: mit frdl. Genehm. von © Lonnie G. Thompson, Byrd Polar Research Center, The Ohio State University/NSIDC)

Jahrhundert zogen sich die Gletscher in den niederen Breiten als Folge der globalen Erwärmung zurück (Abb. 21.9). Da der Rückzug der Gletscher ein direkter Hinweis für Klimaveränderungen ist, werden die Gletscherhaushalte heute äußerst sorgfältig überwacht.

Bewegung der Gletscher

Wenn sich Eis zu einer entsprechenden Mächtigkeit anhäuft, die ausreicht, dass die Schwerkraft den Widerstand des Eises gegen das Fließen überwindet – normalerweise sind dafür mindestens einige Zehner Meter Mächtigkeit erforderlich –, beginnt es zu

fließen und wird erst dadurch zum Gletscher. Bei der Gletscherbewegung wird das Eis deformiert und gleitet durch plastisches Fließen langsam hangabwärts, vergleichbar dem laminaren Fließen einer langsam fließenden Wasserströmung (vgl. Abb. 18.14). Im Gegensatz zu dem einfach zu beobachtenden, raschen Fließen eines Flusses erfolgt die Gletscherbewegung jedoch so langsam, dass sich das Eis bei täglicher Beobachtung überhaupt nicht zu bewegen scheint.

Mechanismen der Gletscherbewegung

Die Gletscherbewegung erfolgt im Wesentlichen durch plastisches Fließen und durch Sohlgleitung (Abb. 21.10). Beim plastischen Fließen wird das Eis deformiert und bewegt sich auf internen Gleitbahnen. Bei der Sohlgleitung gleitet das Eis ausschließlich an seiner Basis, vergleichbar einem Eisblock, der auf einer schiefen Rampe abrutscht.

Bewegung durch plastisches Fließen Durch die auf den Gletscher einwirkende Schwerkraft kommt es innerhalb des Gletschers kurzzeitig an Korngrenzen zu winzigen Verschiebungen der einzelnen Eiskristalle gegeneinander sowie zu kristallinternen Verschiebungen (Translationen) auf Netzebenen um geringe Beträge in der Größenordnung von zehn Millionstel Millimetern (Abb. 21.10a). Der Gesamtbetrag dieser winzigen Bewegungen innerhalb der enormen Anzahl von Eiskristallen summiert sich zu einer erheblichen Bewegung der geschlossenen Eismasse in einem Vorgang, der als **plastisches Fließen** bezeichnet wird. Um sich diesen Vorgang besser vorstellen zu können, denke man sich einen zufällig angeordneten Stapel aus mehreren Kartenspielen, von denen jedes einzelne Spiel mit einem Gummiband zusammengehalten wird. Der gesamte Stapel kann durch viele kleine Gleitbewegungen zwischen den Karten der einzelnen Kartenspiele verschoben werden. Wenn Eiskristalle unter dem im tieferen Bereich des Gletschers herrschenden Druck wachsen, werden ihre mikroskopisch kleinen Gleitflächen parallel ausgerichtet und damit erhöht sich die Fließgeschwindigkeit.

In extrem kalten Gebieten, in denen die Temperatur im gesamten Gletscher einschließlich der Sohle deutlich unter dem Gefrierpunkt liegt, dominiert das plastische Fließen (Abb. 21.10b).

Das Eis an der Sohle dieser **kalten Gletscher** ist am Untergrund festgefroren und der größte Teil der Bewegung dieser kalten, trockenen Gletscher erfolgt durch plastische Deformation oberhalb der Gletschersohle. Durch die Bewegungen in der Nähe der gefrorenen Basis werden alle lösbaren Bruchstücke aus dem unterlagernden Gestein oder Boden losgerissen.

Wegen dieser Durchmischung von Gesteinsmaterial und Eis ist der Übergang zwischen dem auflagernden Eis und dem Untergrund normalerweise fließend, das heißt, es gibt keine scharfe Grenze zwischen reinem Eis und Gestein, vor allem wenn der Untergrund aus Lockersedimenten oder wenig verfestigten Sedimentgesteinen besteht. Stattdessen entsteht eine Übergangsschicht aus Eis mit einem hohen Anteil an Gesteinsmaterial und

a

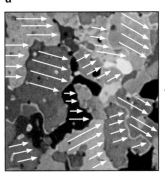

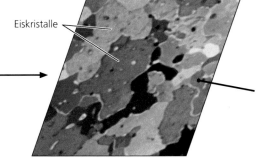

Eiskristalle

Die Fließbewegung eines Gletschers ergibt sich aus kurzzeitigen Verschiebungen an den Korngrenzen zahlreicher mikroskopisch kleiner Eiskristalle. Diese können gelängt oder rotiert werden, sie können wachsen oder rekristallisieren, und in einigen Fällen gleiten sie auch aneinander vorbei.

Gesamtbewegung des plastischen Fließens.

b   **PLASTISCHES FLIESSEN**

In kalten Gebieten, in denen das Eis an der Basis des Gletschers festgefroren ist, überwiegt das plastische Fließen.

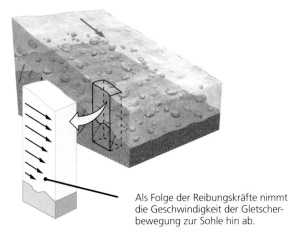

Als Folge der Reibungskräfte nimmt die Geschwindigkeit der Gletscherbewegung zur Sohle hin ab.

In kalten Gebieten bewegen sich Talgletscher überwiegend durch plastisches Fließen. Steckt man eine Reihe von Stangen senkrecht zur Bewegungsrichtung tief in das Gletschereis hinein, …

d

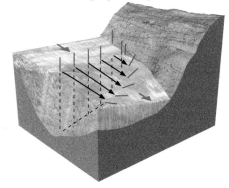

… so zeigt sich nach einigen Jahren, dass sich die Stangen in der Mitte rascher bewegt haben und sich nach vorne neigen. Das bedeutet, dass sich das Eis in der Mitte und an der Oberseite rascher bewegt als an den Rändern und an der Basis.

c   **SOHLGLEITUNG**

In mäßig kalten Gebieten bewegen sich die sehr mächtigen Gletscher überwiegend durch Sohlgleitung, da durch den hohen Druck das Eis an der Gletschersohle schmilzt.

Schmelz-wasser

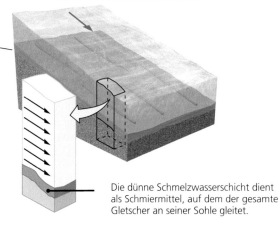

Die dünne Schmelzwasserschicht dient als Schmiermittel, auf dem der gesamte Gletscher an seiner Sohle gleitet.

Bei Inlandeismassen bewegt sich das Eis – wie die Pfeile zeigen – vom Gebiet der größten Mächtigkeit nach außen weg.

e

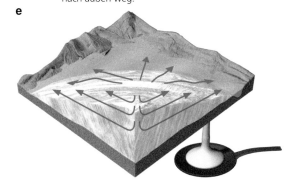

Abb. 21.10a,b Gletscherbewegung erfolgt auf zweierlei Art: durch plastisches Fließen und durch Sohlgleitung. **a** Deformation der Eiskristalle durch plastisches Fließen; **b** plastisches Fließen; **c** Sohlgleitung; **d** Fließbewegung in Talgletschern; **e** Fließbewegung in Inlandeismassen

Teil V

einem deformierten Untergrund, der erhebliche Mengen Eis enthält.

Bewegung durch Sohlgleitung Die andere Art der Gletscherbewegung ist die sogenannte **Sohlgleitung**, das Gleiten eines Gletschers an der Grenze zwischen Eis und Untergrund (Abb. 21.10c). Diese Bewegung erfolgt durch **Regelation** – ein Vorgang, der von der Temperatur an der Grenze zwischen Eis und Untergrund im Verhältnis zum Schmelzpunkt des Eises abhängt. An der Sohle des Gletschers steht das Eis durch das Gewicht der darüberliegenden Eismasse unter hohem Druck. Der Schmelzpunkt von Eis sinkt, wenn der Druck zunimmt, daher schmilzt das Eis an der Basis des Gletschers – wo das Gewicht der überlagernden Eismassen am größten ist – selbst bei Temperaturen, die unter dem Gefrierpunkt liegen. Diese Druckverflüssigung führt an der Grenze Untergrund/Eis zu einer Schmierschicht aus Wasser, auf der die gesamte Eismasse hangabwärts gleiten kann. Das ist letztlich derselbe Effekt, der das Schlittschuhlaufen ermöglicht. Unser Körpergewicht auf der schmalen Schlittschuhkufe liefert genügend Druck, dass unter der Kufe ein wenig Eis schmilzt, und dieses Schmelzwasser wirkt wie ein Schmiermittel, das die Kufe leicht über die Eisoberfläche gleiten lässt.

In den gemäßigten Breiten, in denen die Lufttemperatur zu bestimmten Jahreszeiten über dem Gefrierpunkt liegt, dürfte auch die Eistemperatur um den Schmelzpunkt schwanken, und zwar nicht nur am Grund des Gletschers, sondern auch in den höheren Bereichen innerhalb des Gletschers. Plastisches Fließen unter dem vom Eis ausgeübten Druck trägt durch die Reibung beim Gleitvorgang der Kristalle um winzige Beträge ebenfalls, wenn auch in geringem Maße, zu einer gewissen Erwärmung des Gletscherinneren bei. In diesen sogenannten **warmen** oder **temperierten Gletschern** tritt Wasser in Form von kleinen Tropfen zwischen den Eiskristallen auf, aber auch als größere Wasseransammlungen in Hohlräumen des Eiskörpers. Das im gesamten Gletscher vorhandene Wasser erleichtert und beschleunigt die internen Gleitbewegungen zwischen den Eisschichten.

Eisbewegung bei Talgletschern

Louis Agassiz, ein Schweizer Zoologe und Geologe des 19. Jahrhunderts, befasste sich als Erster mit den Bewegungen alpiner Talgletscher. Als junger Professor schlug er in den 1830er Jahren mit seinen Studenten Stöcke in das Eis eines Alpengletschers ein und maß über mehrere Jahre hinweg deren Lageänderung. Die schnellste Bewegung der Stöcke beobachtete er entlang der Mittellinie des Gletschers mit ungefähr 75 m pro Jahr, während sich die Stöcke in der Nähe der Ränder wesentlich langsamer bewegten. Die Verformung langer, tief in das Eis senkrecht hineingetriebener Röhren zeigte später, dass sich das Eis an der Basis des Gletschers langsamer als in der Mitte bewegt.

Diese Form der Deformation, bei der sich die im Zentrum liegenden Bereiche des Gletschers rascher bewegen als die am Rand oder an der Basis, ist charakteristisch für ein plastisches Fließverhalten (Abb. 21.10d). Bei anderen Talgletschern wurde außerdem beobachtet, dass die Bewegung mit einer eher einheitlichen Geschwindigkeit und als geschlossene Masse fast ausschließlich durch Sohlgleitung auf einer Gleitschicht aus Schmelzwasser am Untergrund erfolgt. Am häufigsten bewegen sich Talgletscher jedoch durch eine Kombination beider Vorgänge – teils durch plastisches Fließen innerhalb des Eiskörpers und teils durch Sohlgleitung.

Nach einer längeren Periode geringer Bewegung kann es sporadisch zu einer plötzlichen, starken, oft katastrophalen Vorstoßbewegung eines Talgletschers kommen, die als **Glacial Surge** (Gletscherwoge) bezeichnet wird. Solche Surges können mehrere Jahre andauern. Das Eis kann sich in dieser Zeit mit Geschwindigkeiten von mehr als 6 km pro Jahr bewegen, dem Tausendfachen der normalen Geschwindigkeit eines Gletschers. Die Mechanismen solcher Gletschervorstöße sind zwar noch nicht völlig geklärt, aber einem derartigen Gletschervorstoß scheint ein Anstieg des Wasserdrucks in den Schmelzwassertunneln an oder in der Nähe der Sohle vorauszugehen. Dieses unter Druck stehende Wasser beschleunigt offenbar die Sohlgleitung ganz erheblich.

In den oberen Bereichen der Gletscher bis in etwa 50 m Tiefe ist der Überlagerungsdruck gering. Bei diesem geringen Druck verhält sich das Eis wie ein starrer, spröder Festkörper, der zerbricht, wenn er durch das plastische Fließen der darunterliegenden Eismasse mitgeschleppt wird. Zahlreiche Bruchflächen, die sogenannten **Gletscherspalten**, zerlegen an Stellen, wo die Deformation des Gletschers besonders groß ist, die oberflächennahe Schicht des Gletschers in zahlreiche kleinere Blöcke (Abb. 21.11). Noch weitaus häufiger treten Gletscherspalten dort auf, wo die Deformation des Gletschers sehr stark ist wie etwa an Stellen, wo das Eis an den Felswänden gegen das anstehende Gestein gedrückt wird, aber auch in Kurven des Gletschertales und an Gefälleknicken, wo der Untergrund sich plötzlich versteilt. Die Bewegung des spröden oberflächennahen Eises in diesen Gebieten ist ein „Fließen", das aus den Gleitbewegungen zwischen unregelmäßigen Eisblöcken resultiert; in gewissem Maße ähnelt es der Bewegung von Krustenblöcken an Störungen.

Abb. 21.11a,b a Gletscherspalten am Emmons-Gletscher an der Nordostflanke des Mount Rainier, US-Bundesstaat Washington. **b** Gletscherspalten entstehen in einem Talgletscher am wahrscheinlichsten dort, wo die Deformation am stärksten ist (Foto: Walter Siegmund/ Wikimedia Commons; cc-by-sa-3.0)

a

b

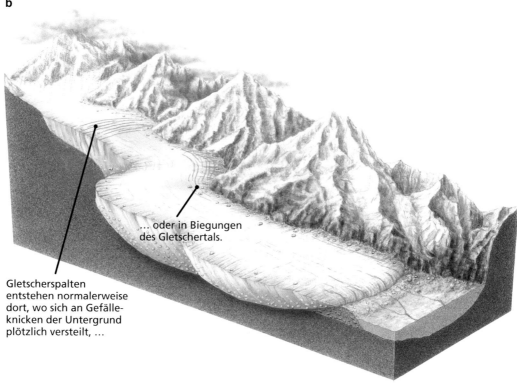

... oder in Biegungen des Gletschertals.

Gletscherspalten entstehen normalerweise dort, wo sich an Gefälleknicken der Untergrund plötzlich versteilt, ...

Teil V

Eisbewegung in der Antarktis

Die Antarktis scheint ein Gebiet zu sein, das ewig gefroren ist, doch auch dort bewegt sich das Eis. Die Eismassen fließen vom Zentrum des Kontinents nach außen zum Meer, Eisberge brechen los und stürzen in den Ozean, und durch die Inlandeismasse hindurch bewegen sich große geschlossene Eisströme. Diese Vorgänge sind insgesamt ein Hinweis für die äußerst dynamische Beziehung zwischen diesem fernen Kontinent und dem globalen Klima. Inlandeismassen in polaren Klimaten, bei denen die Sohlgleitung gering ist oder fehlt, zeigen die höchsten Geschwindigkeiten im Zentrum der Eismasse. Dort ist der Druck sehr hoch, und die wichtigste, die Eisbewegung hemmende Kraft ist die Reibung zwischen den sich mit unterschiedlichen Geschwindigkeiten bewegenden Eislagen (Abb. 21.10e).

Heute verwenden Wissenschaftler Satelliten- und Radarluftbilder, um Form und Gesamtbewegung der Gletscher kartenmäßig zu erfassen. Die Messungen zeigen, dass sich die Gletscher der Antarktis sehr rasch als 25 bis 80 km breite und 300 bis 500 km lange **Eisströme** bewegen (Abb. 21.12). Solche Ströme erreichen Geschwindigkeiten von 0,3–2,3 mm pro Tag – hohe Werte, verglichen mit der Gletscherbewegung in den angrenzenden Inlandeismassen von 0,02 mm pro Tag. Bohrungen im Eis haben ergeben, dass die Temperatur an der Basis eines solchen Eisstroms in der Nähe des Schmelzpunkts liegt und dass dort das Schmelzwasser mit weichem Sedimentmaterial vermischt ist.

Abb. 21.12a,b a Der Lambert-Gletscher in der Antarktis zeigt im Vordergrund Fließlinien, die für eine rasche Gletscherbewegung charakteristisch sind. **b** Die Karte zeigt die Geschwindigkeitsverteilung des Lambert-Gletschers. Die Pfeile kennzeichnen jeweils die Fließrichtung. Die Bereiche ohne Bewegung (*gelb*) sind entweder eisfreie Gebiete oder stationäres Eis. Die kleineren Seitengletscher bewegen sich im Allgemeinen mit geringeren Geschwindigkeiten zwischen 100 bis 300 m/Jahr (*grün*), die allmählich zunehmen, wenn die Seitengletscher auf der geneigten Oberfläche des Kontinents bergab fließen und die oberen Bereiche des Lambert-Gletschers erreichen. Der größte Teil des Lambert-Gletschers bewegt sich mit Geschwindigkeiten zwischen 400 und 800 m/Jahr (*blau*). Wenn das Amery-Schelfeis erreicht ist, breitet er sich aus, die Eisdecke wird dünner und die Geschwindigkeit nimmt auf etwa 1000 bis 1200 m/Jahr zu (*rot*). Das Bild zeigt ein Gebiet von etwa 570 km Länge und 380 km Breite (Fotos: a mit frdl. Genehm. von Richard Stanaway, Geodynamics Group, Research School of Earth Sciences, Australian National University; b RADARSAT Imagery from the 2000 Antarctic Mapping Mission, NASA Visible Earth)

a

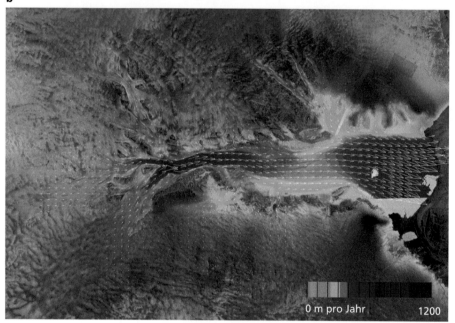

b

0 m pro Jahr   1200

Eine gängige Theorie besagt, dass zwischen der raschen Bewegung der Eisströme und der Deformation des wassergesättigten Sediments an der Basis ein Zusammenhang besteht. Ähnliche Eisströme könnten bei einer Erwärmung des Klimas entstehen, was zu einer Verringerung der Eismassen und zur raschen Entgletscherung führt. In der gegenwärtigen Periode der globalen Erwärmung könnten derartige Eisströme mit zum Rückzug der Gletscher und zur Instabilität der Inlandeismassen in der Westantarktis führen.

Durch eine Kartierung mithilfe hochauflösender Radar-Satellitenbilder wurde festgestellt, dass sich mehrere Gletscher der Ant-

arktis in lediglich drei Jahren um mehr als 30 km zurückgezogen haben. Im Verlauf der vergangenen 20 Jahre brachen von den Gletschern der Antarktis riesige Eisblöcke los. So löste sich beispielsweise im März 2000 vom Ross-Eisschelf ein Eisberg mit einer Fläche von 10.000 km² ab; das entspricht etwa der Fläche des US-Bundesstaats Delaware. Und in jüngerer Zeit, im Februar und März 2002, brach von der Nordostseite der Antarktischen Halbinsel ein Teil des Larsen-Eisschelfs mit einer Fläche von 520 km² los (Abb. 21.13), der sich anschließend in Tausende von Eisbergen auflöste.

Abb. 21.13 Abbruch des Larsen-Schelfeises. Dieses Satellitenbild wurde am 7. März 2002 aufgenommen, gegen Ende einer zweimonatigen Periode, in der sich ein großes Stück des Schelfeises vom Festland löste und zu Tausenden von Eisbergen auseinanderbrach. Die dunkelsten Farben (*rechts*) kennzeichnen das offene Wasser, die weißen Flächen sind Eisberge, Überreste des Schelfeises sowie Gletscher auf dem Festland. Der hellblaue Bereich ist eine Mischung aus Meerwasser und stark zerbrochenem Eis. Der Bildausschnitt entspricht einer Fläche von 150 × 185 km (Foto: NASA/GSFC/LaRC/ JPL, MISR Team)

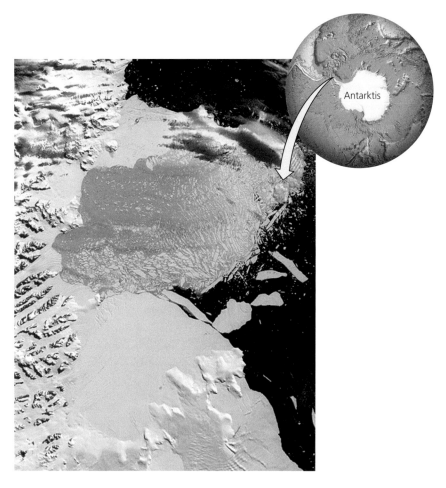

Geologen, die den Larsen-Eisschelf überwachen, hatten dieses Ereignis vorhergesagt. Geländebeobachtungen und Satellitenbilder zeigten, dass die Fließgeschwindigkeit dieses Eisstroms dramatisch zugenommen hatte, was als Hinweis auf eine gewisse Instabilität gedeutet wurde. Nach dem Auseinanderbrechen erhöhte sich die Fließgeschwindigkeit des Eisstrom weiter. Im Allgemeinen führt der Abbruch von Schelfeis zu einer gewissen Destabilisierung der sie nährenden Inlandeismassen, mit der Folge, dass diese Gletscher rascher den Ozeanen zufließen.

Die Instabilität der Eisschelfe nimmt mit alarmierender Geschwindigkeit bezüglich Ausmaß und Häufigkeit zu. Das jüngste Beispiel ist der Wilkins-Eisschelf, der am Südwestrand der Antarktischen Halbinsel eine Fläche von 14.000 km² einnimmt. Er begann zu Beginn des Jahres 2008 auseinanderzubrechen und seit 2013 scheint er kurz vor dem vollständigen Zusammenbruch zu stehen. Obwohl dieses Auseinanderbrechen als besorgniserregendes Symptom einer globalen Erwärmung betrachtet werden kann, wird es nicht zu einem Anstieg des Meeresspiegels führen (vgl. Exkurs 21.1).

Glazigene Landschaftsformen

Die Bewegung der Gletscher ist für eine Vielzahl geologischer Prozesse verantwortlich, für Erosion, Transport und Sedimentation. Genauso wie der eigene Fußabdruck im Sand nicht zu sehen ist, solange der Fuß im Abdruck steht, ist nichts von den Auswirkungen eines aktiven Gletschers auf seine Sohlfläche oder die Seitenwände sichtbar. Erst wenn das Eis abgeschmolzen ist, werden die vielfältigen Erscheinungen der Erosion und Sedimentation erkennbar. Folglich können wir aus der Morphologie der ehemals vergletscherten Gebiete und aus charakteristischen Landschaftsformen die von der Bewegung der Eismassen verursachten mechanischen Vorgänge ableiten.

Glazialerosion und Erosionsformen

Die erosive Tätigkeit der Gletscher ist weitaus effizienter, als die von Wasser oder Wind. Ein Talgletscher von nur wenigen hundert Metern Breite kann in einem einzigen Jahr mehrere Millionen Tonnen Gestein vom Untergrund losreißen und zer-

Teil V

Exkurs 21.1 Isostasie und Meeresspiegelschwankungen

Wenn das Schelfeis der Antarktis weiterhin so rapide abschmilzt, steigt dann auch der Meeresspiegel? Es zeigt sich, dass selbst dann, wenn im Verlauf der nächsten Jahrzehnte das gesamte Schelfeis der Erde in die Ozeane losbrechen sollte, sich die Höhe des Meeresspiegels nur wenig verändern würde. Grund hierfür ist das Prinzip der Isostasie, auf das in Kap. 14 bereits eingegangen wurde. Das Schelfeis schwimmt wie ein Eisberg auf dem Ozean. Wenn es schmilzt, hat das keine Auswirkung auf die Höhenlage des Meeresspiegels, aus demselben Grund, aus dem sich der Flüssigkeitsspiegel im Glas nicht verändert, wenn die Eiswürfel in einem Getränk schmelzen.

Der Auftrieb der Eisberge und des Schelfeises ist auf die Tatsache zurückzuführen, dass das unter dem Meeresspiegel befindliche Eisvolumen weniger wiegt, als das von ihm verdrängte Wasser. Dieser Auftrieb wirkt der Schwerkraft entgegen, die den Eisberg nach unten zieht. Größere Eisberge ragen weiter über den Wasserspiegel empor, tauchen aber auch tiefer ein, um den notwendigen Auftrieb zu erreichen. Wenn also Eisberge und Schelfeis schmelzen, ändert sich das Niveau des Meeresspiegels nicht, weil das beim Abschmelzen entstehende Wasservolumen exakt dem von einem Eisberg verdrängten Wasservolumen entspricht.

Wenn dagegen die Gletscher auf dem Festland abschmelzen, gelangt der größte Teil des Schmelzwassers als zusätzliches Wasser ins Meer. Damit vergrößert sich dessen Volumen und der Meeresspiegel steigt. Auch wenn Inlandeismassen unmittelbar in die Ozeane münden, verdrängen die abbrechenden Eisberge das Meerwasser und der Meeresspiegel steigt ebenfalls.

Daher führt die Zerstörung der Eisschelfe nur dann zu einem Anstieg des Meeresspiegels, wenn Teile des Schelfeises, die am Untergrund festgefroren sind, in den Ozean gelangen. In diesem Falle wird das Gewicht des Eises nicht mehr vom Kontinent getragen, sondern vom Meerwasser, das durch das Eis verdrängt wird und demzufolge ansteigt.

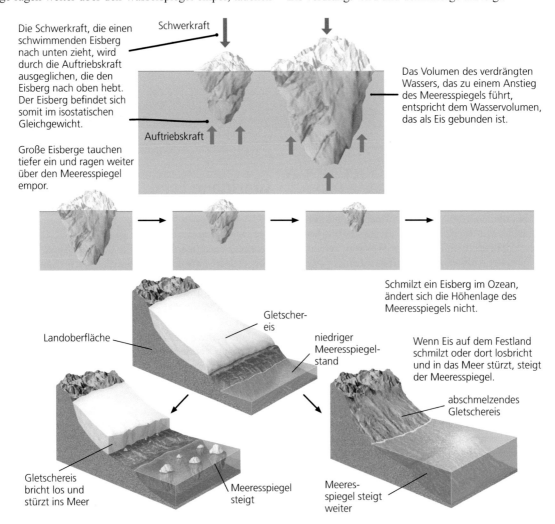

Die Schwerkraft, die einen schwimmenden Eisberg nach unten zieht, wird durch die Auftriebskraft ausgeglichen, die den Eisberg nach oben hebt. Der Eisberg befindet sich somit im isostatischen Gleichgewicht.

Große Eisberge tauchen tiefer ein und ragen weiter über den Meeresspiegel empor.

Schwerkraft

Auftriebskraft

Das Volumen des verdrängten Wassers, das zu einem Anstieg des Meeresspiegels führt, entspricht dem Wasservolumen, das als Eis gebunden ist.

Schmilzt ein Eisberg im Ozean, ändert sich die Höhenlage des Meeresspiegels nicht.

Landoberfläche

Gletschereis

niedriger Meeresspiegelstand

Wenn Eis auf dem Festland schmilzt oder dort losbricht und in das Meer stürzt, steigt der Meeresspiegel.

abschmelzendes Gletschereis

Gletschereis bricht los und stürzt ins Meer

Meeresspiegel steigt

Meeresspiegel steigt weiter

Nach dem Prinzip der Isostasie schwimmen Schelfeis und Eisberge und verdrängen dabei eine Wassermasse, die ihrer eigenen Masse entspricht. Daher führt ihr Abschmelzen zu keiner Veränderung des Meeresspiegels. Durch das Abschmelzen der Eismassen auf dem Festland wird jedoch den Ozeanen neues Wasser zugeführt und der Meeresspiegel steigt

Teil V

kleinern. Diese riesige Sedimentfracht wird vom Eis an die Stirn des Gletschers transportiert, wo sie beim Schmelzen des Eises abgelagert wird. Die gesamte Sedimentmenge, die pro Jahr in den Ozeanen abgelagert wird, war während der letzten Eiszeit um ein Vielfaches größer als während der eisfreien Interglaziale.

Bei der Erosionsarbeit der Gletscher lassen sich folgende Einzelprozesse unterscheiden:

1. **Exaration** – das Ausschürfen von Lockermaterial und anstehendem Festgestein im Bereich der Gletscherstirn.
2. **Detersion** – die Schleif-, Schramm- und Kratzwirkung der im Eis eingeschlossenen Gesteinstrümmer am Untergrund und an den Flanken des Gletschers.
3. **Detraktion** – das Herausbrechen der an der Gletscherunterseite angefrorenen Gesteinskomponenten durch die Bewegung der Eismasse.

Das an der Sohle und den Seiten eines Gletschers eingeschlossene, geklüftete und aufgelockerte Gesteinsmaterial wird am felsigen Untergrund unter dem Gletscher weiter zerkleinert und zermahlen. Dadurch zerbricht das aufgenommene Gestein in eine Vielzahl unterschiedlich großer Bruchstücke, von hausgroßen Blöcken bis zu feinem, pulverisiertem Material, das als **Gesteinsmehl** bezeichnet und als **Gletschermilch** oder Gletschertrübe mit dem Schmelzwasser abtransportiert wird. Aufgrund seiner geringen Korngröße und folglich großen Oberfläche unterliegt dieses Material sehr rasch der chemischen Verwitterung. Sofern das glazigene Schuttmaterial noch im Eis eingeschlossen ist und der Untergrund von mächtigen Eismassen überlagert wird, ist die chemische Verwitterung geringer als in den eisfreien Gebieten. Doch das am abschmelzenden Rand eines Gletschers aus dem Eis freigesetzte, fein zermahlene Material trocknet aus und zerfällt zu Staub. Wie in Kap. 19 bereits erwähnt wurde, kann der Wind diesen Staub verblasen und ihn schließlich als Löss ablagern, der für Kaltzeiten typisch ist.

Da der Gletscher an seiner Sohle Gesteinsblöcke mitschleppt, werden durch die Detersion sowohl das Unterlager als auch die Blöcke selbst gekritzt und geschrammt. Solche **gekritzten Geschiebe** und **Gletscherschrammen**, wie diese Abrasionserscheinungen genannt werden, sind eindeutige Hinweise für eine Gletscherbewegung. Ihre Orientierung gibt Auskunft über die Richtung der Eisbewegung; sie ist ein besonders wichtiger Faktor bei der Untersuchung von Inlandvereisungen, da hier die typischen Täler fehlen. Durch Kartieren der Gletscherschrammen über weite Gebiete, die ehemals vom Inlandeis bedeckt waren, lässt sich auf einfache Weise die Fließrichtung der Eismassen rekonstruieren (Abb. 21.14).

Kleinere, längliche Hügel aus dem im Untergrund anstehenden Gestein werden als **Rundhöcker** bezeichnet. Sie wurden auf ihrer stromaufwärts gerichteten Luvseite durch das vorrückende Eis abgeschliffen und geglättet. Auf ihrer stromabgewandten Seite hat das vorrückende Eis hingegen Blöcke aus dem Gesteinsverband herausgerissen und damit einen zerklüfteten, rauen und steilen Leehang geschaffen (Abb. 21.15). Diese asymmetrische Form der Hänge gibt Hinweise auf die Richtung der Eisbewegung.

Talgletscher schneiden beim Fließen von ihrem Entstehungsort zu ihrer tiefer liegenden Stirn ebenfalls eine Reihe von charakteristischen Erosionsformen ein (Abb. 21.16). Am Ursprung des Gletschers schürft das Eis durch das Herausbrechen und Herausziehen von Gesteinsmaterial normalerweise eine steilwandige, einem Amphitheater ähnliche Hohlform aus, ein sogenanntes **Kar**. Bei fortdauernder Erosion treffen benachbarte Kare am Beginn aneinandergrenzender Täler allmählich an den Bergrücken aufeinander, wodurch entlang der Trennlinie ein scharfer, schroffer Bergkamm entsteht, der als **Grat** bezeichnet wird. Liegen mehrere Kare an den Hängen eines Berggipfels, entsteht durch die weitere Erosion der Karhänge schließlich ein schroffer spitzer Berggipfel, ein sogenannter **Karling**. Typisches Beispiel hierfür ist das Matterhorn. Wenn sich ein Talgletscher von seinem Kar aus bergab bewegt, schürft er entweder ein Tal aus oder er vertieft und überformt ein bereits vorhandenes Tal zu einem charakteristischen **Trog-** oder **U-Tal**. Die Talböden solcher Gletschertäler sind weitgehend eben und ihre Wände sind im Gegensatz zu den V-förmigen Kerbtälern vieler Gebirgsflüsse steil oder fast senkrecht (vgl. Kap. 18).

Abb. 21.14 Gletscherschrammen auf einer Gesteinsoberfläche in Quebec (Kanada). Gletscherschrammen geben Hinweise auf die Richtung der Eisbewegung und sind daher besonders wichtige Anhaltspunkte für die Rekonstruktion der Eisbewegung von Inlandeismassen (Foto: © Michael P. Gadomski/Science Source)

Teil V

a Durch das Eis abgeschliffene und geglättete Oberfläche.

Bei der Bewegung des Eises über die Stufe entstehen an der Oberfläche der Eismasse Gletscherspalten.

Fließrichtung des Eises

geklüfteter Fels

b

Herausbrechen von Gesteinsblöcken durch das Eis, dadurch Bildung einer rauen Oberfläche.

Die daraus resultierende Geländeform wird als Rundhöcker bezeichnet.

Abb. 21.15a,b a Rundhöcker sind kleine längliche Hügel aus anstehendem Gestein, deren Oberfläche auf der dem Eisstrom zugewandten Seite abgeschliffen und auf der strömungsabgewandten Seite rau ist, weil das Eis dort an Klüften und Spalten Gesteinsbruchstücke losgerissen hat. **b** Ein Rundhöcker, der sogenannte Beehive, überragt im Acadia-Nationalpark in Maine (USA) den Sand Beach (Foto: © Jerry and Marcy Monkman/Aurora Photos)

Ein weiterer Unterschied zwischen Gletschern und Flüssen ergibt sich beim Zusammenfluss von Neben- oder Seitengletschern mit den Haupttalgletschern. Obwohl sich die Eisoberfläche am Zusammenfluss des Nebengletschers mit dem Haupttalgletscher auf gleicher Höhe befindet, liegt die Sohle des Seitentales wegen der geringeren Erosionskraft des Nebengletschers meist wesentlich höher als die des Haupttals. Wenn das Eis schmilzt, bleibt das Seitental als **Hängetal** zurück – ein Tal, dessen Boden hoch über dem Boden des Haupttals einmündet (vgl. Abb. 21.16). Sobald das Eis abgeschmolzen ist und die Täler von den Flüssen in Besitz genommen worden sind, entstehen an den Einmündungen der Hängetäler häufig Wasserfälle, die über die steilen Felswände hinabstürzen und die Hängetäler vom tiefer liegenden Haupttal trennen.

Anders als Flüsse können Talgletscher an den Küsten ihren Talboden wesentlich tiefer ausräumen, als es dem Meeresspiegel entspricht. Wenn sich das Eis zurückzieht, werden diese übertieften, steilwandigen Täler, die noch immer einen U-förmigen Querschnitt aufweisen, vom Meer überflutet (vgl. Abb. 21.16, unten). Die einstmals vom Gletschereis geschaffenen Meeresarme, die sogenannten **Fjorde**, bilden die spektakulären, schroffen Landschaften, die für die Küsten Norwegens, Alaskas, British Columbias, Chiles und Neuseelands so typisch sind.

Glazigene Ablagerungen und Landformen

Die Gletscher transportieren erodiertes Gesteinsmaterial jeglicher Art und Größe, das schließlich dort abgelagert wird, wo das Eis schmilzt. Eis ist als Transportmittel für Gesteinsschutt höchst effektiv, weil sich das vom Eis transportierte Material im Gegensatz zur aufgenommenen Flussfracht nicht absetzt. Wie Wasser- und Luftströmungen hat Eis nicht nur eine Kompetenz, das heißt die Fähigkeit, Partikel bestimmter Größe mitzuführen, sondern auch eine Kapazität, die der Sedimentmenge entspricht, die das Eis transportieren kann. Die Kompetenz der Gletscher ist extrem hoch. Sie können gewaltige Blöcke von vielen Metern Durchmesser mit sich führen, die sonst kein anderes Transportmittel fortbewegen kann. Die Transportkapazität der Eismassen ist ebenfalls ungeheuer groß. Manches Gletschereis enthält so große Mengen Gesteinsmaterial, dass es dunkel erscheint und eher wie ein Sediment aussieht, das durch Eis verkittet ist.

Wenn das Gletschereis schmilzt, setzt es seine schlecht sortierte, von der Korngröße her sehr heterogene Fracht von Blöcken, Geröllen, Sand, Silt und Ton ab. Dieses breite Spektrum an Korngrößen ist das kennzeichnende Merkmal, das glazigene Sedimente von den weitaus besser sortierten, fluviatil oder äolisch abgelagerten Sedimenten unterscheidet. Für die Geologen des frühen 19. Jahrhunderts, die sich der glazigenen Entstehung nicht bewusst waren, war dieses heterogene Materialgemenge äußerst rätselhaft. Sie bezeichneten es als Diluvium, weil es scheinbar in irgendeiner Form, möglicherweise sogar durch die biblische Sintflut, aus anderen Gebieten angeschwemmt sein musste. Heute bezeichnet man dieses Gesteinsmaterial als **Geschiebe** und versteht darunter alles Material glazigener Entstehung, das auf dem Festland oder am Meeresboden abgelagert wurde.

Abb. 21.16 Die Erosionsarbeit der Talgletscher führt zu charakteristischen Oberflächenformen (Fotos: (*oben rechts*) © Marli Miller; (*unten*, von *links* nach *rechts*) © Stephen Matera/Alamy; © Radomir Rezny/Alamy; © Philippe Body/Age Fotostock/robertharding.com)

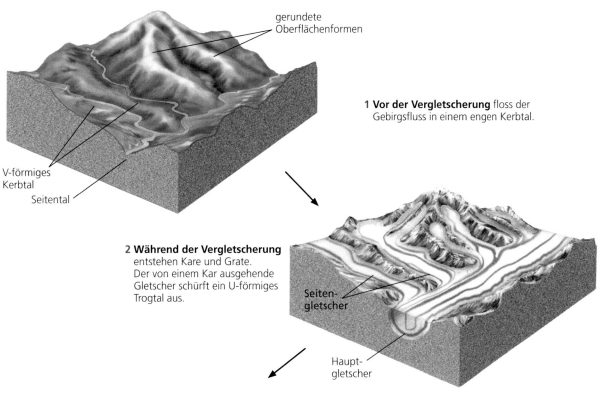

gerundete
Oberflächenformen

1 Vor der Vergletscherung floss der
Gebirgsfluss in einem engen Kerbtal.

V-förmiges
Kerbtal

Seitental

2 Während der Vergletscherung
entstehen Kare und Grate.
Der von einem Kar ausgehende
Gletscher schürft ein U-förmiges
Trogtal aus.

Seiten-
gletscher

Haupt-
gletscher

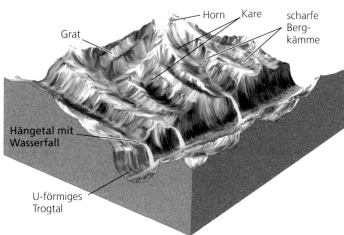

Horn Kare

Grat

scharfe
Berg-
kämme

3 Nach der Vergletscherung, wenn das Eis schmilzt
und sich zurückzieht, bleibt das Seitental als Hängetal
zurück.

Hängetal mit
Wasserfall

U-förmiges
Trogtal

Am Beginn eines Gletschertals befindet
sich in der Regel ein Kar mit nahezu senkrechten Wänden und einem ebenen oder
schüsselförmig ausgeschürften Karboden.

Grate sind scharfe, gezackte Rücken
zwischen Karwänden.

Ein Gletschertal zeigt einen U-förmigen
Querschnitt mit steilen Wänden,
Hängetälern und Wasserfällen.

Ein Fjord ist ein ehemaliges Trogtal,
das vom Meer überflutet wurde.

Teil V

Ein Teil der Geschiebefracht wird unmittelbar durch das abschmelzende Eis abgelagert. Dieses ungeschichtete und unsortierte Material wird als **Geschiebemergel** oder **Geschiebelehm** bezeichnet. Geschiebemergel enthalten Gesteinsbruchstücke sämtlicher Korngrößen, von tonigem Material bis zu großen Blöcken (Abb. 21.17). Die in den Geschiebemergeln häufig vorkommenden großen Blöcke werden wegen ihres andersartigen Gesteinscharakters, der sich oft von den lokal vorkommenden Gesteinen erheblich unterscheidet, als **erratische Blöcke** oder **Findlinge** bezeichnet. So findet man in den ehemals vereisten Gebieten Norddeutschlands häufig Blöcke, die aus Skandinavien stammen und deren Herkunft sich aus der mineralogischen Zusammensetzung ermitteln lässt.

Schmilzt das Eis, wird das darin enthaltene Sedimentmaterial abgesetzt und kann entweder von Schmelzwasserströmen aufgenommen werden, die in Tunneln sowohl innerhalb des Eises als auch unter dem Gletscher fließen, oder von dem an der Gletscherstirn austretenden Schmelzwasser abtransportiert werden. Durch die abgelagerte Gletscherfracht können Teile des Schmelzwassers aufgestaut werden und Seen bilden. Das vom Schmelzwasser transportierte Material ist wie jedes vom Wasser mitgeführte Sediment geschichtet, gut sortiert und kann auch Schrägschichtung aufweisen. Das durch Schmelzwasserströme aufgenommene und abgelagerte Geschiebematerial wird als **Sander** bezeichnet. Es bildet vor dem Eisrand oft ausgedehnte schwemmfächerähnliche Aufschüttungen, die **Sanderflächen** oder **Sanderebenen** genannt werden. Durch starke Winde kann das feinkörnige Sedimentmaterial von den Sanderflächen aufgenommen, über weite Strecken transportiert und als Löss wieder abgelagert werden.

Glazigene Sedimentserien sind an ihren typischen Sedimentgefügen wie eingelagerten Geschiebemergeln, Sandersedimenten, Löss, aber auch an Gletscherschliffen, gekritzten Geschieben und anderen spezifischen Erosionsformen erkennbar. Durch Kartieren solcher Abfolgen konnten Geologen zahlreiche Vereisungsphasen der geologischen Vergangenheit nachweisen.

Vom Eis abgelagerte Sedimente Mächtigere Abfolgen aus steinigem, sandigem und tonigem Material, die durch Gletschereis verfrachtet oder als Geschiebelehm abgelagert wurden, werden als **Moränen** bezeichnet. Man unterscheidet mehrere Arten von Moränen, die jeweils nach ihrer Position zum Gletscher benannt werden (Tab. 21.1). Eine der markantesten Moränenform von ihrer Größe und Erscheinung her ist die an der Gletscherstirn abgelagerte **Endmoräne**. Da das Eis ständig bergab fließt, gelangt immer mehr Sediment an den abschmelzenden Gletscherrand, wo sich das unsortierte Material in Form eines geschlossenen Walls oder auch einer bogenförmigen Kette von Hügeln und Kuppen aus Geschiebematerial ansammelt und absetzt. Eine Endmoräne kennzeichnet demzufolge den weitesten Vorstoß des Gletschers; sie ist für Geologen der beste Hinweis für die ehemalige Ausdehnung eines über längere Zeit stationären Talgletschers oder einer Inlandeismasse.

Ein Gletscher erodiert Gestein und unverfestigtes Material auch von seinen Talseiten und von seiner Sohle. Hinzu kommen Frostschutt von den angrenzenden Berghängen sowie Material von

Massenbewegungen, weil das Eis die über dem Gletscher liegenden Talwände unterschneidet. Das dort abgetragene Gesteinsmaterial, das als dunkler Sedimentstreifen entlang der Talseiten in das Eis eingebettet ist, scheidet sich als **Seitenmoräne** wieder ab. Wenn zwei oder mehrere Gletscher zusammenfließen, vereinigen sich die jeweiligen Seitenmoränen unterhalb des Zusammenflusses in der Mitte des größeren Gletscherstroms zu einer **Mittelmoräne**. Seiten- und Mittelmoränen bleiben nach dem Abschmelzen der Gletscher, ebenso wie die Endmoränen, als Längsrücken aus Schutt und Geschiebemergel zurück.

Schuttmaterial, das vom Gletscher an seiner Sohle abgeschürft, transportiert und unter dem Eis abgelagert wurde, wird als **Grundmoräne** bezeichnet. Die Erscheinungsform einer Grundmoräne reicht von geringmächtigen und ungleichmäßig verteilten Deckschichten, die durch freiliegende Kuppen des darunter anstehenden Gesteins unterbrochen sind, bis hin zu mächtigen Abfolgen, die den Untergrund völlig überdecken. Grundmoränen breiten sich stets hinter der Endmoräne aus, also in Richtung des ehemaligen Nährgebiets; sie sind im Landschaftsbild durch hügelige, wellige Oberflächenformen gekennzeichnet, wie sie zum Beispiel das Alpenvorland prägen. Ungeachtet ihrer Form und Lage zum Eisrand bestehen sämtliche Moränen aus Geschiebemergel. Abb. 21.17 zeigt die Prozesse, durch die bei einem Talgletscher die verschiedenen Moränen entstehen.

Eine markante Geländeform vieler Grundmoränenlandschaften sind die sogenannten **Drumlins**, große stromlinienförmige Hügel aus Geschiebematerial oder auch aus Festgestein, deren Längsachsen parallel zur Eisbewegung verlaufen (Abb. 21.18). Drumlins treten gewöhnlich in Gruppen auf und sehen von ihrer Form her wie lange, umgedrehte Löffel aus, wobei im Gegensatz zu den Rundhöckern die steile Seite gegen das Eis gerichtet ist und der flache Hang die strömungsabgewandte Seite kennzeichnet. Drumlins können Höhen von 25 bis über 50 m und Längen bis zu 1 km erreichen. Man geht davon aus, dass Drumlins unter Gletschern entstehen, die sich über ein plastisches Gemisch aus subglazialen Sedimenten und Wasser hinwegbewegen. Wenn diese plastische Masse auf einen Felshöcker oder ein anderes Hindernis trifft, ist sie steigendem Druck ausgesetzt. Dabei gibt sie Wasser ab und verfestigt sich unter Bildung eines stromlinienförmigen Körpers. Eine andere Hypothese besagt, dass Drumlins dadurch entstehen, dass bereits abgelagerte ältere Grundmoränen und fluvioglaziale Ablagerungen von einem neuen Gletschervorstoß überfahren worden sind. Exemplarisch ausgebildete Drumlins sind auch im voralpinen Vereisungsgebiet am Bodensee oder im Eberfinger Drumlinfeld südwestlich des Starnberger Sees in Oberbayern überliefert.

Aquatische Ablagerungen Auch die Ablagerungen des Schmelzwassers der Gletscher zeigen eine Vielzahl von Formen. **Kames** beispielsweise sind kleine Wälle oder flache Hügel aus geschichtetem und verstürztem Sand und Kies, die in der Nähe oder unmittelbar am Rande des abtauenden und zerfallenden Gletschers abgelagert wurden. Einige Kames sind Deltaschüttungen, die in Seen am Eisrand entstanden sind. Nach dem Trockenfallen des Sees blieben diese Deltas als Hügel mit ebener Hochfläche zurück. Solche Kames werden häufig gewerbsmäßig als Sand- und Kiesgruben genutzt und abgebaut.

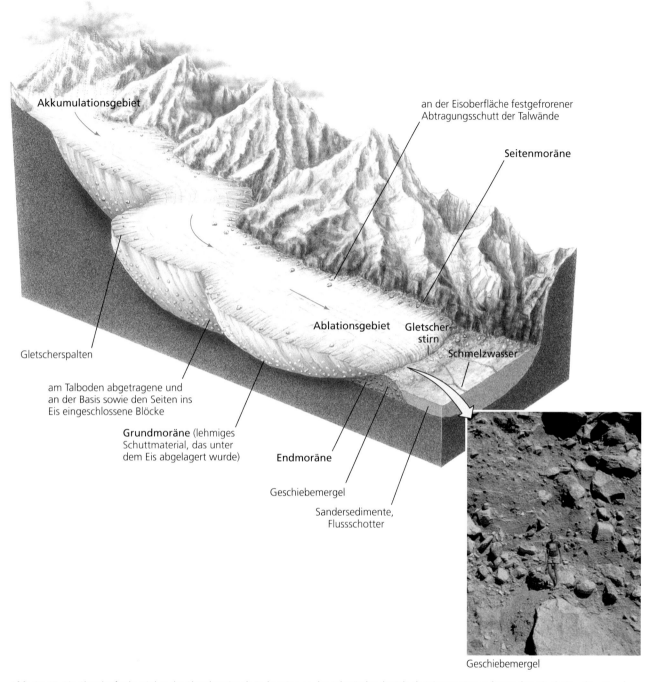

Akkumulationsgebiet

an der Eisoberfläche festgefrorener
Abtragungsschutt der Talwände

Seitenmoräne

Ablationsgebiet   Gletscherstirn

Schmelzwasser

Gletscherspalten

am Talboden abgetragene und
an der Basis sowie den Seiten ins
Eis eingeschlossene Blöcke

Grundmoräne (lehmiges
Schuttmaterial, das unter
dem Eis abgelagert wurde)

Endmoräne

Geschiebemergel

Sandersedimente,
Flussschotter

Geschiebemergel

Abb. 21.17 Die Gletscherfracht wird an der Gletscherstirn als Endmoräne, an den Felswänden des Tals als Seitenmoräne und unter dem Eis als Grundmoräne abgesetzt. Vor der Eisfront werden durch Schmelzwasserströme Sande und Schotter abgelagert. Das kleine Bild zeigt einen pleistozänen Geschiebelehm an der Ostseite der Sierra Nevada in Kalifornien. Man beachte die unterschiedlichen Korngrößen und das Fehlen einer Schichtung. Der große Block, auf dem eine Person steht, ist ein Beispiel für einen erratischen Block (Foto: © Marli Miller)

Oser sind lange, schmale, oft gewundene Rücken aus geschichtetem Sand und Kies, die als Schmelzwasserablagerungen in den Gebieten der Grundmoränen auftreten (vgl. Abb. 21.18). Sie sind über Kilometer ungefähr parallel zur Richtung der Eisbewegung zu verfolgen. Das gut sortierte, vom strömenden Wasser abgelagerte Material der Oser wie auch der gewundene Verlauf der Rücken lassen ihre Entstehungsweise erkennen. Oser wurden durch Schmelzwasserflüsse abgelagert, die in subglazial entstandenen Tunneln an der Sohle eines schmelzenden Gletschers geflossen sind.

Ehemals vergletscherte Gebiete sind stellenweise übersät mit Vertiefungen und abflusslosen Senken, die als **Toteislöcher**, **Kessel** oder **Sölle** (Sing.: Soll) bezeichnet werden. Viele die-

Tab. 21.1 Moränen

Moränentyp	Lage relativ zum Gletscher	Anmerkungen
Endmoräne	an der Gletscherstirn; sie kennzeichnet den weitesten, längere Zeit stationären Vorstoß der Eismasse	bildet nach Abschmelzen des Gletschers meist markante, parallel zum Eisrand verlaufende Wälle oder Höhenzüge
Seitenmoräne	seitlich vom Gletscher; sie besteht aus dem vom Gletscher erodierten Material, enthält aber auch Frostschutt von den angrenzenden Berghängen	bildet nach Abschmelzen des Gletschers einen mehr oder weniger hohen Wall am Hangfuß zu beiden Seiten des Tals
Mittelmoräne	entsteht beim Zusammenfluss zweier Talgletscher; die aneinanderstoßenden Seitenmoränen vereinigen sich zu der an der Gletscheroberfläche liegenden Mittelmoräne	bildet nach Abschmelzen des Gletschers einen parallel zu den Talwänden verlaufenden Wall
Grundmoräne	an der Gletschersohle; sie besteht aus dem vom Gletscher an der Sohle erodierten und mitgeführten Material	bildet je nach Mächtigkeit des Geschiebelehms ein flachwelliges bis kuppiges Relief

ser in den Sanderflächen liegenden Sölle sind steilwandig und werden von Teichen oder Seen eingenommen. Ihre Entstehung lässt sich am besten anhand der heute abschmelzenden Gletscher erklären. Wenn Gletscher abschmelzen, bleiben auf den Sanderflächen oftmals große, von der Hauptmasse des Gletschers isolierte Eisblöcke als sogenanntes **Toteis** zurück. Das Abschmelzen eines Eisblocks von 1 km Durchmesser kann 30 Jahre oder länger dauern. Im Lauf der Zeit wird der abschmelzende Block teilweise von Sand und Kies überdeckt, die durch – normalerweise verflochtene – Schmelzwasserflüsse in seine Umgebung transportiert und dort abgelagert wurden. Der Rand des aktiven Gletschers hat sich bis zum vollständigen Abschmelzen der Toteismasse vermutlich so weit zurückgezogen, dass nur noch ein geringer Teil der Sandersedimente die Hohlform erreicht, die von dem geschmolzenen Block zurückgelassen wurde. Die Sande und Kiese, die zuvor den Eisblock umgaben, umrahmen nun die Einsenkung, und wenn der Boden des Solls unter dem Grundwasserspiegel liegt, entsteht ein See.

Auf dem Grund von Eisstauseen werden Silt und Ton in einer Serie von wechselweise groben und feinen Lagen, sogenannten Warven, abgelagert (Abb. 21.18). Eine **Warve** besteht jeweils aus einem Schichtenpaar, das im Laufe eines Jahres durch das jahreszeitlich bedingte Gefrieren der Seeoberfläche entstanden ist. Im Sommer, wenn der See eisfrei ist, wird der helle, grobe Silt abgelagert, da in dieser Zeit reichlich Schmelzwasserflüsse vom Gletscher in den See einfließen. Im Winter, wenn die Oberfläche des Sees gefroren ist, ist das unter der Eisschicht liegende Wasser ruhig, die feinerkörnigen, dunklen Schwebstoffe – Ton zusammen mit organischem Material – setzen sich ab und bilden eine dünne, dunkle, feinkörnige Schicht über der gröberkörnigen Sommerlage.

Einige durch das Inlandeis entstandene Eisstauseen hatten eine riesige Ausdehnung von vielen tausend Quadratkilometern. Als die für das Aufstauen verantwortlichen Moränenzüge durchbrachen, liefen die Seen rasch aus und verursachten riesige Überschwemmungen. Im Osten des US-Bundesstaats Washington liegt ein Gebiet, das als „Channeled Scablands" bezeichnet wird (Abb. 21.19). Es ist von breiten, trockenen Fließrinnen durchzogen, den Hinterlassenschaften eines katastrophalen Hochwassers beim plötzlichen Ausfließen des glazigen gestauten Missoula-

Sees. Aus den riesigen Strömungsrippeln, Sandbänken und der Korngröße der Gerölle haben Geologen Fließgeschwindigkeiten von etwa 30 m/s ermittelt, bei einem Abfluss von 21 Mio. m³/s. Zum Vergleich: die Fließgeschwindigkeit eines normalen Flusses liegt bei weniger als einem Meter pro Sekunde und der Abfluss des Mississippi liegt bei einem starken Hochwasser in der Größenordnung von weniger als 50.000 m³/s.

Glaziomarine Sedimente Eisberge und Eisschollen können das von den Gletschern transportierte Material weit aufs Meer hinaus bis in gemäßigtere Klimazonen verfrachten. Beim Abschmelzen sinkt der Gesteinsschutt zum Meeresboden ab. Man findet das glaziomarin transportierte und abgelagerte gröbere Material, das von den Eisbergen freigesetzt wird, als **Dropstones** in den landferneren Meeressedimenten. Charakteristisch für Dropstones ist der meist schlechte Rundungsgrad und ihre sehr ungleichmäßige Verteilung in den normalerweise aus feingeschichteten marinen Tonsteinen bestehenden Sedimenten. Schichten, die reich an Dropstones sind, werden nach ihrem Entdecker als **Heinrich-Lagen** bezeichnet.

Permafrost

In sehr kalten Gebieten, wo die Sommertemperatur nie hoch genug wird, um mehr als eine dünne Oberflächenlage des Bodens aufzutauen, ist der Untergrund ständig gefroren. Dieser sogenannte Dauerfrostboden oder **Permafrost** überdeckt heute noch ungefähr 25 % der gesamten Festlandsfläche der Erde. Zusätzlich zum eigentlichen Bodensubstrat enthält der Permafrostboden neben dünnen Eiskristalllagen (Kammeis) auch große, bis mehrere Meter tiefe **Eiskeile**. Das Mengenverhältnis von Eis zu Boden und auch die Mächtigkeit des Permafrosts schwanken von Gebiet zu Gebiet. Der Begriff Permafrost ist ausschließlich durch die Temperatur definiert; der Feuchtigkeitsgehalt des Bodens, eine Überdeckung durch Schnee oder das Gebiet bleiben hierbei unberücksichtigt. Jedes Gestein oder jeder Boden, dessen Temperatur zwei Jahre und länger unter 0 °C liegt, wird als Permafrost bezeichnet.

In Alaska und Nordkanada ist der Dauerfrostboden ungefähr 300 bis 500 m mächtig, in Ostsibirien reicht der Permafrost mit mehr

Abb. 21.18 Von Eis und Schmelzwasser abgelagerte Sedimente. Drumlins in Patagonien, Argentinien; Soll (Toteisloch) im Norden von Minnesota (USA), pleistozäne Bändertone in einem Aufschluss in Stockholm (Schweden). Die hellen Lagen sind die gröberen Sedimente, die während der wärmeren Jahreszeit in einem See abgelagert wurden. Die dunklen Lagen bestehen aus tonigem Material, das sich zusammen mit organischer Substanz abgesetzt hat, als der See im Winter zugefroren war. Oser am Whitefish Lake, Northwest Territories (Kanada) (Fotos: (Drumlin) © Hauke Steinberg; (Soll) Carlyn Iverson/Getty Images, Inc.; (Bändertone) © University of Washington Libraries, Special Collections, John Shelton Collection, KC4536; (Oser) © All Canada Photos/Alamy)

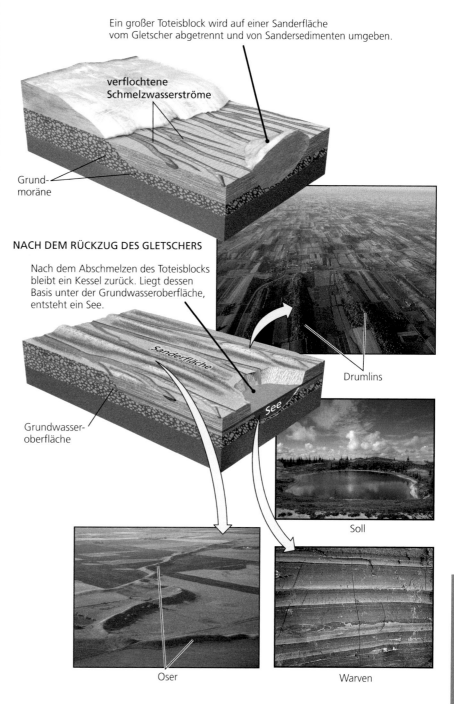

ABSCHMELZPHASE

Ein großer Toteisblock wird auf einer Sanderfläche vom Gletscher abgetrennt und von Sandersedimenten umgeben.

verflochtene Schmelzwasserströme

Grund-moräne

NACH DEM RÜCKZUG DES GLETSCHERS

Nach dem Abschmelzen des Toteisblocks bleibt ein Kessel zurück. Liegt dessen Basis unter der Grundwasseroberfläche, entsteht ein See.

Sanderfläche

See

Grundwasser-oberfläche

Drumlins

Soll

Oser

Warven

Teil V

als 1500 m noch wesentlich tiefer. Der Untergrund unter der Permafrostschicht, der **Talik**, der von den äußerst kalten Wintertemperaturen an der Oberfläche isoliert ist, ist nicht gefroren, da er von unten durch den Wärmestrom aus dem Erdinneren erwärmt wird. Permafrost ist bei Baumaßnahmen wie Straßen, Gebäudegründungen oder Pipelines für Öl oder Gas, etwa in Alaska oder Sibirien, ein schwer zu beherrschender Baugrund. Schwierigkeiten ergeben sich vor allem beim Bauaushub, weil dann die Oberfläche auftaut. Das Schmelzwasser kann in dem gefrorenen Boden unter der Baugrube nicht versickern und sammelt sich an der Oberfläche, sättigt dort den Boden und bringt ihn zum Fließen, Rutschen oder Einstürzen. Teile der Trans-Alaska-Pipeline wurden daher oberirdisch auf Stelzen verlegt, weil eine Untersuchung ergeben hatte, dass die Pipeline an einigen Stellen den umgebenden Permafrostboden auftauen und somit zu instabilen Bodenverhältnissen führen könnte (Abb. 21.20). Auch die neue Tibetbahn nach Lhasa hatte mit solchen Auftauproblemen zu kämpfen.

Abb. 21.19 Die von riesigen Erosionsrinnen und Auskolkungen durchzogenen Scablands im Osten des Bundesstaates Washington (USA) sind Zeugen einer einzigartigen pleistozänen Flut. Sie entstanden durch ein mehrmaliges katastrophales Hochwasser als Folge des Abflusses des Lake Missoula, einem großen Gletscherstausee. Dieses Luftbild zeigt die sogenannten Dry Falls, eine etwa 130 m hohe und nahezu 5 km breite Gruppe von bogenförmigen Steilwänden, die durch das Hochwasser ausgeschürft worden sind (Foto: © Bruce Bjornstad)

Permafrost nimmt ungefähr 82 % der Fläche Alaskas und 50 % von Kanada ein und überdeckt auch große Teile Sibiriens (Abb. 21.21). Außerhalb der Polargebiete tritt er in Hochgebirgsländern auf, besonders im Hochland von Tibet, aber auch in den Alpen. Mehrere hundert Meter mächtigen Permafrost findet man auf den Schelfgebieten vor den Küsten der Arktis, der dort bei Ölbohrungen in den küstennahen Gewässern erhebliche technische Probleme bereitet.

Vereisungszyklen und Klimaschwankungen

Derselbe Louis Agassiz, der erstmals die Geschwindigkeit der alpinen Gletscherbewegungen in der Schweiz ermittelt hatte, äußerte im Jahre 1837 als Erster die Vermutung, dass die Gletscher der Alpen in der geologisch jüngsten Vergangenheit weitaus größer und mächtiger gewesen sein mussten als heute. Während jener Eiszeit war die Schweiz von einer ausgedehnten Eismasse bedeckt, deren Mächtigkeit fast so groß war wie die Höhe der Berge, etwa vergleichbar den heutigen Verhältnissen auf Grönland. Er schloss dies aus der deutlich erkennbaren glazigenen Formung der hohen Berggipfel wie beispielsweise des Matterhorns (Abb. 21.22). Diese von Agassiz geäußerte Hypothese war umstritten und wurde nicht sofort akzeptiert.

Agassiz wanderte im Jahre 1846 in die Vereinigten Staaten aus und bekam eine Professur an der Harvard University. Dort setzte er seine geologischen und anderen naturwissenschaftlichen Studien fort. Sie führten ihn zu zahlreichen Orten in den nördlichen Teilen Europas und Nordamerikas, von den Gebirgen Skandinaviens und Neuenglands bis zu den sanften Hügeln des amerikanischen Mittelwestens. In all diesen sehr unterschiedlichen Gebieten entdeckte Agassiz die Zeugen glazigener Erosion und Sedimentation (Abb. 21.23). In den flachen Prärielandschaften sah er unter anderem Moränen, die ihn an die Endmoränen der alpinen Talgletscher erinnerten. Das heterogene Material der Geschiebe, darunter auch erratische Blöcke (Findlinge), überzeugten ihn bezüglich ihrer glazigenen Entstehung, und die gute Erhaltung dieser Lockersedimente deutete darauf hin, dass sie erst in jüngerer Zeit abgelagert worden sein konnten.

Abb. 21.20 Durch das Auftauen der Permafrostböden können in den hohen Breiten Bauwerke wie etwa die Trans-Alaska-Ölpipeline, die auf ihrem 1300 km langen Weg von der Prudhoe Bay nach Valdez über 675 km durch Permafrostgebiet führt, instabil werden. Wo die Pipeline über Permafrost verläuft, liegt sie auf speziell konstruierten vertikalen Stützen. Weil das Tauen des Permafrosts zum Einsinken der Stützen führen würde, sind sie mit Kühlelementen ausgerüstet, die den umgebenden Boden in gefrorenem Zustand halten sollen. Die Kühlaggregate enthalten Ammoniak, der im Untergrund verdampft, dann nach oben steigt, über Tage wieder kondensiert und die Wärme durch die beiden Aluminium-Radiatoren am oberen Ende jeder der senkrechten Stützen abführt (Foto: © George F. Herben/Getty Images, Inc.)

Abb. 21.21 Diese Karte zeigt die Verbreitung des Permafrosts auf der Nordhalbkugel, mit dem Nordpol im Zentrum. Das große Gebiet mit Hochgebirgspermafrost im oberen Teil der Karte ist das Hochland von Tibet (nach einer Karte von T. L. Pewe, Arizona State University)

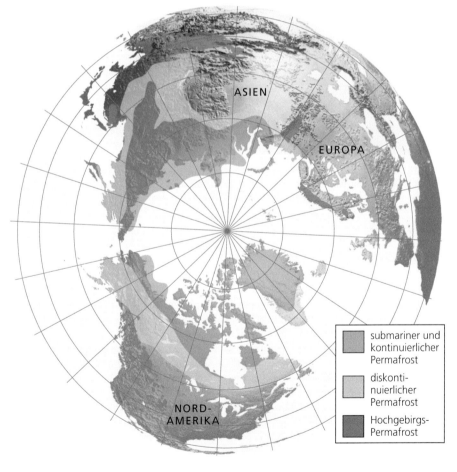

submariner und kontinuierlicher Permafrost

diskontinuierlicher Permafrost

Hochgebirgs-Permafrost

Teil V

Die von diesen Gletscherablagerungen überdeckten Gebiete waren so groß, dass das Eis, das sie hinterlassen hatte, nur eine Inlandeismasse gewesen sein konnte, die größer als Grönland oder die Antarktis war. Agassiz erweiterte seine Hypothese von der Eiszeit und behauptete nun, dass eine große Inlandvereisung die nordpolare Eiskappe sehr wirkungsvoll erweitert hatte – und zwar bis weit hinein in Gebiete, die heute im gemäßigten Klima liegen. Zum ersten Mal war von Eiszeiten die Rede.

Teil V

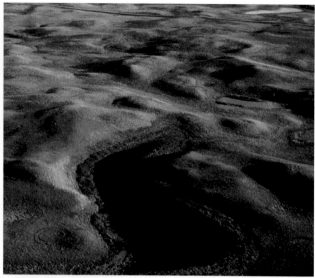

Abb. 21.23 Die Grundmoränenlandschaft auf der Hochebene „Coteau des Prairies" (South Dakota, USA) ist mit unregelmäßig geformten Hügeln und Seen übersät. Solche Landschaften sind eindeutige Hinweise auf die großen Inlandvereisungen während der pleistozänen Eiszeiten (Foto: © University of Washington Libraries, Special Collections, John Shelton Collection KC10367)

maximale Verbreitung der Weichsel-Eiszeit auf der Nordhalbkugel.

Die Weichseleiszeit war ein globales Ereignis, mit ein Grund dafür, dass diese Kaltzeit in verschiedenen Gebieten der Erde mit regionalen Namen belegt ist. Über Nordamerika, Europa und Asien bildeten sich Eismassen, die eine Mächtigkeit von 2000 bis 3000 m erreichten. Auf der Südhalbkugel dehnte sich das Eis der Antarktis aus, aber lediglich die Südspitzen Südamerikas und Afrikas waren von Eis bedeckt.

Abb. 21.22 Die hohen Gipfel der Alpen wie das berühmte Matterhorn wurden durch Inlandeis geformt, das so mächtig war wie die Berge selbst, ein zwingender Beleg für eine Kaltzeit in der jüngsten geologischen Vergangenheit (Foto: © Hubert Stadler/Corbis)

Die Weichsel- (Würm-) Kaltzeit

Das genaue Alter der von Agassiz untersuchten glazigenen Sedimente wurde durch radiometrische (C-14) und dendrochronologische Altersbestimmungen an Baumstämmen ermittelt, die in diese Sedimente eingebettet waren. Das jüngste Sedimentmaterial wurde vom Eis gegen Ende des Pleistozäns abgelagert. In Deutschland stießen die Eismassen zu dieser Zeit nach Süden bis etwa Berlin vor, an der Ostküste der Vereinigten Staaten ist der weiteste Vorstoß dieser Eisdecke durch die ausgedehnten Sand- und Geschiebelehm-Ablagerungen der Endmoränen dokumentiert, aus denen beispielsweise Long Island oder Cape Code bestehen. Nordamerikanische Geologen bezeichnen diese Kaltzeit als Wisconsin-Eiszeit, da sie in den von Eis überformten Gebieten dieses Bundesstaats besonders gut dokumentiert ist. In den Alpen wird diese Kaltzeit als Würm-Eiszeit bezeichnet, nach dem Abfluss des Starnberger Sees, früher Würmsee genannt. Die Weichsel-Eiszeit – identisch mit der Wisconsin- und Würm-Eiszeit – erreichte in der Zeit zwischen 21.000 und 18.000 Jahre ihre maximale Ausdehnung. Abb. 21.24 zeigt die

Eiszeiten und Meeresspiegelschwankungen

In der Weichsel-Kaltzeit waren zur Zeit der maximalen Eisverbreitung die sichtbaren Umrisse der Kontinente geringfügig größer als heute, da die sie umgebenden Schelfgebiete – von denen einige eine Breite von 100 km erreichen – durch den um etwa 130 m abgesunkenen Meeresspiegel trocken gefallen waren (vgl. Abb. 15.11). Diese Absenkung des Meeresspiegels war die Folge des Übergangs enormer Wassermengen von der Hydrosphäre in die Kryosphäre. Flüsse verlängerten ihre Fließrinnen über die freiliegenden Kontinentalschelfe hinaus und schnitten sich in den ehemaligen Meeresboden ein. In den Ländern jenseits der Eisdecken entwickelten sich damals bereits frühe Kulturen wie beispielsweise die Hochkultur Ägyptens, und auch die tiefliegenden Küstengebiete waren von Menschen besiedelt.

Die Zusammenhänge zwischen Meeresspiegelschwankungen und Kaltzeiten veranschaulichen die Wechselwirkung von Hydrosphäre und Kryosphäre innerhalb des Geosystems Klima (vgl. Kap. 15). Erwärmt sich die Erde oder kühlt sie ab, vergrößert

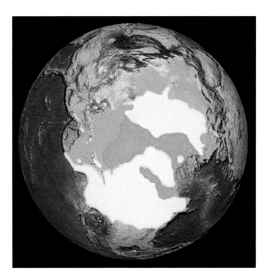

Abb. 21.24 Die Verbreitung von Inlandeismassen (*weiß*) und Meereises (*grau*) auf der Nordhalbkugel gegen Ende der Weichsel- bzw. Würm-Eiszeit vor 18.000 Jahren. Durch das Absinken des Meeresspiegels fielen die Kontinentalränder trocken (Mark McCaffrey, National Oceanic and Atmospheric Administration Paleoclimatology Program)

sich das Volumen der Kryosphäre oder es verkleinert sich. Als Folge der Isostasie wird jedoch der Meeresspiegel lediglich von den Inlandeismassen beeinflusst (Exkurs 21.1). Wenn das Volumen der Inlandeismassen zunimmt, dann verringert sich das Volumen des Meerwassers und folglich sinkt der Meeresspiegel. Wenn die Gletscher abschmelzen, steigt dagegen der Meeresspiegel an. Daher besteht zwischen Meeresspiegelschwankungen und Klimaveränderungen über die Wechselwirkung von Temperatur und Eisvolumen ein indirekter Zusammenhang. Sollten durch eine globale Erwärmung Teile der auf Grönland und in der Antarktis vorhandenen Eismassen abschmelzen, dürfte der Meeresspiegel deutlich ansteigen und die zivilisierte Welt vor ernsthafte Probleme stellen (vgl. Abschn. 24.21) – Probleme, auf die in Kap. 23 noch einmal eingegangen wird.

Die pleistozänen Eiszeiten

Bald nachdem Mitte des 19. Jahrhunderts die von Agassiz aufgestellte Eiszeit-Hypothese allgemein anerkannt worden war, entdeckte man, dass es im Verlauf des Pleistozäns mehrere **Kaltzeiten** (**Eiszeiten**) gegeben hatte, die jeweils von wärmeren Zwischenperioden, den **Interglazialen** (oder **Warmzeiten**) unterbrochen waren. Als Geologen die Gletscherablagerungen detailliert kartierten, erkannten sie, dass es mehrere klar unterscheidbare Komplexe eiszeitlicher Sedimente gab, wobei die unteren den früheren Vereisungsphasen entsprachen. Zwischen den älteren glazigenen Schichten lagen gut entwickelte Böden mit fossilen Pflanzen, die nur in warmen Klimazonen gedeihen konnten. Diese Fossilien waren der Beweis, dass die Gletscher sich zurückgezogen hatten, als das Klima wieder wärmer geworden war. Ebenso schwankte die Baumgrenze in den Alpen im Rhythmus des Wechsels von Warm- und Kaltzeiten. Zu Beginn

des 20. Jahrhunderts glaubte man, dass Nordamerika und Europa während des Pleistozäns von vier großen Vereisungsphasen betroffen waren, die in Nordamerika (von alt nach jung) als Nebraska-, Illinois-, Kansas- und Wisconsin-Kaltzeit bezeichnet werden. Ihnen stehen in Nordeuropa nach der klassischen stratigraphischen Gliederung die Elster-, Saale- und Weichsel-Kaltzeit, im alpinen Bereich die Günz-, Mindel-, Riß- und Würm-Kaltzeit gegenüber, wobei die Saale-Kaltzeit sicher der Kansas-Kaltzeit und die Wisconsin-Kaltzeit der Weichsel-Kaltzeit entspricht. Die Korrelation der älteren Kaltzeiten ist ein noch offenes Problem.

Im ausgehenden 20. Jahrhundert untersuchten Geologen und Ozeanographen die Sedimente der Ozeanböden nach Hinweisen auf frühere Eiszeiten (vgl. Kap. 15). Diese Sedimente, die in den Meeresbecken kontinuierlich und ungestört abgelagert wurden, lieferten eine wesentlich verlässlichere und vollständigere Dokumentation des Pleistozäns als die Gletscherablagerungen auf den Kontinenten und sie ergaben einen weitaus komplizierteren Ablauf der glazialen Vorstoß- und Rückzugsphasen. Durch die Untersuchung der Sauerstoff-Isotopenverhältnisse in den marinen Sedimenten weltweit, konnten Geologen den Klimaverlauf der vergangenen Jahrmillionen Jahren rekonstruierten (vgl. Abb. 15.12). Vor kurzem lieferten Untersuchungen an Eisbohrkernen noch wesentlich detailliertere Informationen über die Temperaturschwankungen während der jüngsten Eiszeit und über die Rolle, die Treibhausgase bei diesen Vereisungszyklen spielten (vgl. Abb. 15.13).

Ältere Vereisungsphasen

Die pleistozäne Vereisungsphase war im Lauf der Erdgeschichte kein einmaliges Ereignis. Seit Beginn des 20. Jahrhunderts wissen wir aus Gletscherschrammen und diagenetisch verfestigten ehemaligen Moränenablagerungen, sogenannten **Tilliten**, dass in der geologischen Vergangenheit viele Bereiche der Kontinente lange vor dem Pleistozän mehrfach von Eismassen überdeckt waren. Diese Tillite zeigen außerdem, dass es im Permokarbon, im Ordovizium und zumindest zweimal im Präkambrium zu ausgedehnten Vereisungen gekommen war (Abb. 21.25).

Die permokarbonischen Eismassen überdeckten vor ungefähr 300 Ma große Teile im Süden von Gondwana; ihre Tillite sind auf zahlreichen Kontinenten der Südhalbkugel überliefert (Abb. 21.25). Der Zusammenschluss der Südkontinente in der Nähe des Südpols unter Bildung des Gondwana-Kontinents dürfte zur Abkühlung und schließlich zur Vereisung Gondwanas beigetragen haben. Die Vereisung im Ordovizium war auf ein kleineres Gebiet beschränkt und ist am besten in Nordafrika nachgewiesen.

Die älteste sicher dokumentierte Vereisung ereignete sich vor etwa 2,4 Mrd. Jahren im Proterozoikum. Ihre glazigenen Ablagerungen kennt man aus Wyoming, vom kanadischen Teil der großen Seen, aus Nordeuropa und Südafrika. Einige Geologen gehen noch von einer älteren Eiszeit im Archaikum vor 3 Mrd. Jahren aus, doch ist diese Auffassung umstritten.

Teil V

Teil V

Die jüngste proterozoische Kaltzeit, die den Zeitraum zwischen 750 und 600 Ma umfasst, bestand aus mehreren Vereisungsphasen, jeweils getrennt durch Warmzeiten. Glazigene Sedimente aus dieser Epoche wurden auf allen Kontinenten nachgewiesen. Interessanterweise deutet die Rekonstruktion der Paläokontinente darauf hin, dass sich die Eismassen auf der Nordhalbkugel wesentlich weiter nach Süden ausgedehnt hatten, als während der pleistozänen Vereisungen, möglicherweise sogar bis zum Äquator. Dies führte so weit, dass einige Geologen davon ausgehen, dass die gesamte Erde – von Pol zu Pol – von Eis bedeckt war, eine kühne Hypothese, die als **Schneeball-Erde** bezeichnet wird (Abb. 21.25d).

Nach dieser Hypothese einer Schneeball-Erde gab es überall Eis, selbst die Ozeane waren gefroren. Die mittlere Temperatur lag weltweit bei etwa $-40\,°C$, wie heute in der Antarktis. Mit Ausnahme einiger wärmerer Bereiche in der Umgebung von Vulkanen dürften nur wenige Lebensformen existiert haben. Wie konnte es zu einem derart apokalyptischen Ereignis kommen und wodurch wurde es beendet? Die Lösung dieses Problems ergibt sich möglicherweise aus Rückkopplungseffekten innerhalb des Systems Klima (vgl. Kap. 15).

Nach einem Szenario sollten sich, als sich die Erde abkühlte, die an den Polen vorhandenen Eisschilde vergrößern und ihre weißen Oberflächen immer höhere Anteile der Sonneneinstrahlung reflektieren. Der zunehmende Albedo-Effekt führte zur weiteren Abkühlung des Planeten und zu einer weiteren Ausdehnung der Eisdecken. Dieser sich selbst verstärkende Prozess könnte sich so lange fortgesetzt haben, bis er schließlich die Tropen erreicht hatte und die Erde von einem bis zu 1000 m mächtigen Eispanzer umgeben war. Dieses Szenario wäre ein Beispiel für einen ausufernden Albedo-Rückkopplungseffekt.

Nach dieser Hypothese war die Erde viele Millionen Jahre von Eis bedeckt, während einige Vulkane, die sich durch die Eisoberfläche allmählich „hindurchgeschweißt" hatten, langsam Kohlendioxid in die Atmosphäre abgaben. Als der Kohlendioxidgehalt in der Atmosphäre schließlich einen kritischen Wert erreicht hatte, stieg die Temperatur an, das Eis schmolz ab und die Erde wurde wieder zu einem Treibhaus.

Die Hypothese einer Schneeball-Erde ist äußerst umstritten und einige Experten lehnen die Vorstellung ab, dass die Ozeane gefroren waren. Dennoch sind die Hinweise auf eine Vereisung in den niederen Breiten eindeutig und die Hypothese ist ein Beispiel dafür, wie Rückkopplungseffekte innerhalb des Geosystems Klima extreme Veränderungen bewirken können.

Zusammenfassung des Kapitels

Die wichtigsten Gletschertypen: Man unterscheidet zwei wesentliche Typen: Talgletscher und Inlandeismassen. Talgletscher sind Eisströme, die sich in den kalten Höhenlagen der Gebirge bilden und in Gebirgstälern talabwärts fließen. Inlandeismassen sind mächtige, extrem langsam sich bewegende Eisdecken, die ausgedehnte Bereiche eines Kontinents oder einer Landmasse über-

decken. Heute bedecken Inlandeismassen große Gebiete Grönlands und der Antarktis.

Entstehung der Gletscher: Gletscher entstehen dort, wo das Klima so kalt ist, dass der Schnee im Sommer nicht abschmilzt, sondern sich ansammelt und durch Umkristallisation zu Firn und schließlich zu Eis wird. Wenn sich Schnee anreichert, wird das darunterliegende Eis immer dicker; das geschieht sowohl im Gebirge am oberen Ende von Talgletschern als auch in den Zentren der Inlandeismassen. Die Eismächtigkeit nimmt so lange zu, bis das Eis schließlich so schwer wird, dass es unter dem Einfluss der Schwerkraft bergab gleitet.

Wachstum und Rückzug der Gletscher: Gletscher verlieren Eis durch Abschmelzen, Kalben, Sublimation und Winderosion. Das Verhältnis von Ablation (die Eismenge, die ein Gletscher pro Jahr verliert) zu Akkumulation wird als Gletscherhaushalt bezeichnet. Wenn die Ablation der Akkumulation von Neuschnee und Eis in den oberen Bereichen des Gletschers entspricht, bleibt die Größe des Gletschers konstant. Ist die Ablation größer als die Akkumulation, zieht sich der Gletscher zurück; wenn umgekehrt die Akkumulation größer ist als die Ablation, dehnt sich der Gletscher aus.

Bewegung der Gletscher: Gletscher bewegen sich durch eine Kombination von Gleitvorgängen an der Gletschersohle und plastischem Fließen im Eisinneren. In sehr kalten Gebieten dominiert das plastische Fließen, da dort die Gletschersohle am Untergrund festgefroren ist. Im wärmeren Klima sind Gleitvorgänge vorherrschend, weil das Schmelzwasser an der Basis des Gletschers gewissermaßen als Gleitmittel dient und damit die Bewegung der Eismassen über das Gestein erleichtert.

Glaziale Formung der Landschaft: Die Erosionswirkung der Gletscher beruht auf dem Abschürfen und Herauslösen des unterlagernden Gesteins sowie dem Zermahlen der aufgenommenen Komponenten zu Korngrößen zwischen Blöcken und Ton. Talgletscher erodieren in ihrem Entstehungsgebiet Kare, Karlinge und Felsgrate; auf ihren Fließstrecken schürfen sie U-förmige Trog- und Hängetäler aus, und wo sie an den Küsten in die Ozeane münden und ihre Täler unter den Meeresspiegel eintiefen, entstehen Fjorde. Gletschereis besitzt eine hohe Kompetenz und hohe Kapazität, das heißt das Eis besitzt die Fähigkeit, große Sedimentmengen sämtlicher Korngrößen aufzunehmen und mit sich zu führen, wobei es riesige Mengen bis zur Gletscherstirn vortransportiert; dort wird dieses Material beim Abschmelzen des Gletschers wieder aus dem Eis freigesetzt. Das Sediment kann von dem abschmelzenden Eis direkt in Form von Geschiebemergel oder aber durch Schmelzwasserflüsse als Sandersedimente abgelagert werden. Charakteristische, durch Gletscher entstandene Landformen sind Moränen, Drumlins, Kames, Oser und Sölle. Permafrost entsteht dort, wo in kalten Gebieten die Sommertemperatur nicht hoch genug

a Belege für Vereisungen

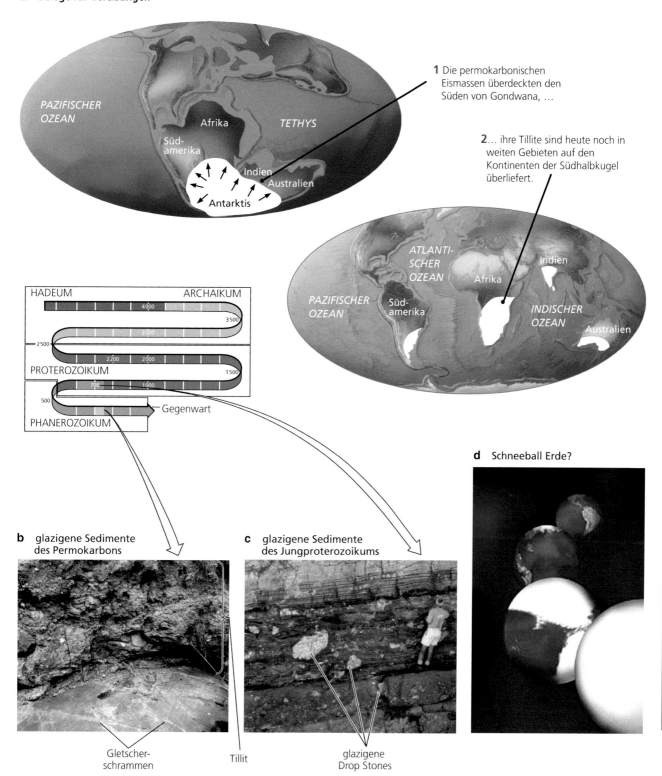

1 Die permokarbonischen Eismassen überdeckten den Süden von Gondwana, …

2 … ihre Tillite sind heute noch in weiten Gebieten auf den Kontinenten der Südhalbkugel überliefert.

d Schneeball Erde?

b glazigene Sedimente des Permokarbons

c glazigene Sedimente des Jungproterozoikums

Gletscher-schrammen Tillit glazigene Drop Stones

Abb. 21.25 Eiszeiten in der Vergangenheit. **a** Die erste Karte zeigt die Verbreitung der glazigenen Sedimente im Permokarbon vor mehr als 300 Ma. In dieser Zeit bildeten die Südkontinente den Großkontinent Gondwana; die Eismasse lag auf der Südhalbkugel über der Antarktis, vergleichbar dem heutigen Inlandeis. Die zweite Karte zeigt die heutige Verbreitung der glazigenen Ablagerungen des Permokarbons. **b** Glazigene Sedimente aus dem Permokarbon in Südafrika. **c** Glazigene Ablagerungen aus dem Jungproterozoikum. **d** Die mögliche Entwicklung der sogenannten Schneeball-Erde im jüngeren Präkambrium. In welchem Ausmaß die Erde von Eis bedeckt war, ist noch offen. Einige Geowissenschaftler gehen davon aus, dass selbst die Ozeane mit Eis bedeckt waren (Foto: John Grotzinger)

ist, um mehr als eine dünne Oberflächenschicht der Böden aufzutauen.

Schichtenfolge und Eiszeiten in der Erdgeschichte: Glazigene Lockersedimente aus dem Pleistozän nehmen in den hohen und mittleren Breiten, in denen heute ein gemäßigtes Klima herrscht, weite Flächen ein. Die große Verbreitung deutet darauf hin, dass Inlandeismassen einst weit über die Polargebiete hinaus verbreitet waren. Geologische Altersbestimmungen an Gletscherablagerungen auf dem Festland und an marinen Sedimenten haben gezeigt, dass während der pleistozänen Vereisungen mehrere Vorstoßphasen (Kaltzeiten oder Glaziale) mit entsprechenden Rückzugsphasen (Warmzeiten oder Interglaziale) der Inlandeismassen wechselten. Während der jüngsten Vereisung des Pleistozäns, der Weichsel-Eiszeit, waren die nördlichen Gebiete Europas, Asiens und Nordamerikas sowie viele Hochgebiete der Erde von Eis bedeckt und weite Gebiete auf den Kontinentalschelfen fielen trocken. In den Interglazialzeiten stieg der Meeresspiegel wieder an und die Schelfgebiete wurden überflutet.

Teil V

Ergänzende Medien

21-1 Animation: Die Entstehung von Gletschern

21-2 Animation: Eiszeiten

21-1 Video: Glazigene Ablagerungen: Geschiebelehm, Sander, erratische Blöcke und Löss

21-2 Video: Glazigene Seen und Feuchtgebiete

21-3 Video: Glazigene Landschaftsformen

Landschaftsentwicklung

22

Der rasche Aufstieg von Gebirgen führt zur Bildung von Flussterrassen, die Reste ehemaliger Talböden von Flüssen darstellen. Die Terrasse (*Vordergrund Mitte*) entstand durch den Indus, der sich tief in den Himalaja eingeschnitten hat (Foto: © D. W. Burbank)

Teil V

© Springer-Verlag Berlin Heidelberg 2017
J. Grotzinger, T. Jordan, *Press/Siever Allgemeine Geologie*, DOI 10.1007/978-3-662-48342-8_22

Wer hat nicht schon einmal den Horizont betrachtet und sich gefragt, warum die Erdoberfläche so und nicht anders aussieht oder welche Kräfte diese Oberfläche gestaltet haben. Von hohen, schneebedeckten Bergen über weite, sanft gewellte Hügelländer bis hin zu ausgedehnten Ebenen besteht das Landschaftsbild der Erde aus einer Vielzahl morphologischer Groß- und Kleinformen. Diese Landschaften entwickeln sich durch kaum wahrnehmbare Veränderungen, wobei tektonische Hebung, Verwitterung, Erosion, Transport und Sedimentation bei der Formung der Erdoberfläche zusammenwirken.

In der Vergangenheit waren solche Veränderungen in menschlichen Zeitbegriffen nicht wahrnehmbar; neue Technologien ermöglichen uns heute jedoch, die Geschwindigkeiten vieler solcher Prozesse unmittelbar zu messen. Diese technischen Möglichkeiten gaben auch der Geomorphologie wieder neue Impulse, einer Forschungsrichtung innerhalb der Geowissenschaften, die sich vor allem mit den Reliefformen der Erde und deren Entwicklung befasst. Mit der Kenntnis, wie langsam Landschaften entstehen, können wir nicht nur die Landressourcen sinnvoller

nutzen, sondern auch die Zusammenhänge zwischen den Systemen Plattentektonik und Klima erkennen. Für Geowissenschaftler ist die Geomorphologie eine echte Herausforderung, da sie von ihnen fordert, zahlreiche Arbeitsrichtungen der Geowissenschaften zusammenzuführen.

Stark vereinfacht dargestellt, ist unsere Landschaft das Ergebnis eines Zusammenspiels von Hebungs- und Abtragungsprozessen. Angetrieben vom System Plattentektonik wird die Erdkruste zu Gebirgen und Hochländern herausgehoben und damit der Verwitterung und Erosion ausgesetzt – Prozesse, die vom System Klima gesteuert werden. Die Oberflächenformen sind demzufolge das Ergebnis von Wechselwirkungen zwischen diesen beiden Geosystemen.

Die herausgehobenen Bereiche der Erdkruste können eng begrenzte oder große Gebiete umfassen und die Hebung kann rasch oder allmählich ablaufen. In gleicher Weise kann die Abtragung in eng begrenzten Gebieten oder großräumig erfolgen und sie kann sehr rasch oder auch langsam verlaufen. Somit sind die

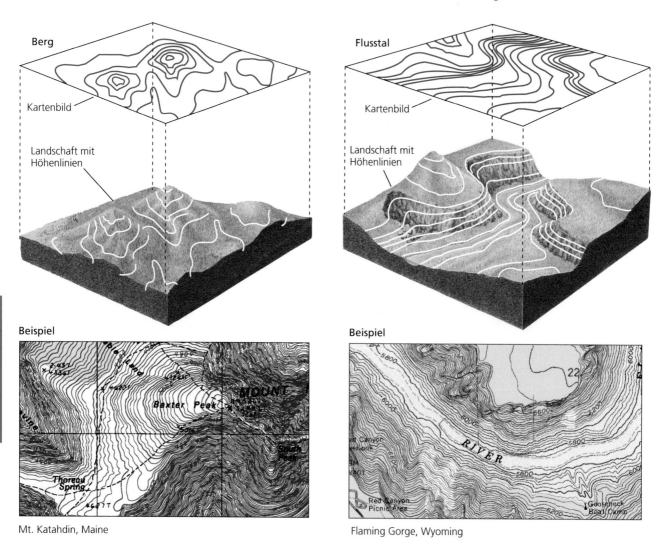

Abb. 22.1 Das Relief eines Berggipfels (*links*) und eines Flusstals (*rechts*) lässt sich in einer topographischen Karte durch Höhenlinien exakt wiedergeben. Höhenlinien verbinden Punkte gleicher Höhenlage. Je dichter die Höhenlinien beieinander liegen, desto steiler sind die Hänge (nach A. Maltman (1990): Geological Maps: An Introduction. – New York, van Nostrand Reinhold; Topographische Karten: USGS/DRG)

Teil V

Landschaftsformen ihrerseits vom Gleichgewicht dieser beiden Prozesse abhängig. Darüber hinaus beeinflussen sich Tektonik und Oberflächenprozesse gegenseitig. So kann der Aufstieg eines Gebirges beispielsweise zu regionalen (oder sogar globalen) Veränderungen des Klimas und folglich auch der Verwitterungsraten führen, die umgekehrt wiederum die weitere Heraushebung der Gebirge beeinflussen.

In diesem Kapitel betrachten wir, wie die Systeme Plattentektonik – und die damit verbundenen Teilprozesse wie Heraushebung, Verwitterung, Erosion, Massenbewegungen, Sedimenttransport und Ablagerung – in einem dynamischen Prozess zusammenwirken, der unser Landschaftsbild formt.

Oberflächenformen, Höhenlage und Relief

Der Begriff **Geomorphologie** bezieht sich sowohl auf die Landschaftsformen als auch auf das Teilgebiet innerhalb der Geowissenschaften, das sich mit den Reliefformen und deren Entwicklung befasst. Wir beginnen unsere Untersuchungen der Landschaftsentwicklung mit den grundlegenden Formen eines jeden Gebiets, die offensichtlich werden, wenn man die Erdoberfläche genauer betrachtet: die Höhe und die Schroffheit zerklüfteter Gebirge auf der einen Seite und die Tiefländer auf der anderen.

Die unterschiedlichen Höhenlagen und Oberflächenformen der Erde werden als ihr **Relief** bezeichnet (vgl. Abb. 1.8). Wir vergleichen die Höhen von Landschaftspunkten im Verhältnis zum mittleren Niveau des Meeresspiegels. Die Höhenlage oder der vertikale Abstand über dem Meeresspiegel wird als **Meereshöhe** oder in Deutschland auch **Höhe über Normalnull** (m NN) bezeichnet. Eine topographische Karte zeigt die Höhenlage eines Gebiets, die heute auf den meisten Karten durch **Höhenlinien** (Isohypsen) dargestellt ist, das heißt durch Linien, die benachbarte Punkte gleicher Höhe über dem Meeresspiegel miteinander verbinden (Abb. 22.1). Je enger die Höhenlinien beieinander liegen, desto steiler ist das Gelände und umgekehrt.

Schon vor Jahrhunderten haben Geowissenschaftler kartographische Grundlagen entwickelt, um geologische Informationen in einer Karte darstellen zu können. Obwohl das klassische Verfahren der trigonometrischen Geländeaufnahme für einige Zwecke noch immer herangezogen wird, basiert die moderne Vermessung auf Satellitenaufnahmen, konventionellen Luft- und Radarbildern, Entfernungsmessungen mit Lasergeräten (LIDAR) vom Flugzeug aus sowie auf weiteren technischen Verfahren, durch die nicht nur die Morphologie, sondern auch andere topographische Merkmale besser erkennbar sind (Abb. 22.2).

Eines dieser Merkmale ist der **Reliefunterschied** der Erdoberfläche, das heißt der vertikale Abstand zwischen dem höchsten und dem niedrigsten Punkt eines bestimmten Gebiets (Abb. 22.3). Wie diese Definition andeutet, schwankt der Reliefunterschied

in Abhängigkeit von der Größe des betrachteten Gebiets, in dem er ermittelt wird. Für geomorphologische Untersuchungen ist es daher zweckmäßig, drei wesentliche Bestandteile des Reliefunterschieds zu definieren: den Reliefunterschied eines Hangs (die Höhendifferenz zwischen Gipfel oder Kammlinie und dem Punkt, an dem der Flusslauf beginnt), den Reliefunterschied der Nebenflüsse (der Höhenunterschied entlang der Nebenflüsse bis zu ihrer Mündung in den Hauptfluss) und den Reliefunterschied der Hauptfließrinne (der Höhenunterschied entlang des Hauptflusses bis zu dessen Ende).

Der Reliefunterschied eines Gebiets wird anhand der Höhenlinien auf einer topographischen Karte ermittelt, indem die Höhe des niedrigsten Geländepunkts, gewöhnlich am Boden eines Flusstals, von der Höhe des höchsten Punkts, gewöhnlich der Gipfel der höchsten Erhebung, subtrahiert wird. Der Reliefunterschied, bezogen auf die horizontale Ausdehnung, ist ein Maß für die Schroffheit eines Geländes: Je größer der Reliefunterschied, desto schroffer sind in der Regel die Oberflächenformen. Der Mount Everest im Himalaja, der höchste Berg der Erde mit einer Höhe von 8850 m, liegt in einem Gebiet mit extrem großen Reliefunterschieden (Abb. 22.4a). Im Allgemeinen zeigen die meisten Regionen mit großen Erhebungen auch starke Reliefunterschiede und die meisten Gebiete mit niedrigen Erhebungen weisen dementsprechend geringe Reliefunterschiede auf, wenngleich es auch hier Ausnahmen gibt. Beispielsweise ist das Tote Meer zwischen Israel und Jordanien mit 392 m unter dem Meeresspiegel der weltweit tiefste Punkt auf dem Festland. Es ist jedoch von eindrucksvollen Bergen umgeben, die in diesem kleinen Bereich der Erde ein bedeutendes Relief erzeugen (Abb. 22.4b). Gebiete wie das Hochland von Tibet können zwar in großer Höhe liegen, aber trotzdem nur geringe Reliefunterschiede aufweisen (Abb. 22.4a).

Ein Flug über die Vereinigten Staaten hinweg würde uns zahlreiche, sehr unterschiedliche Landschaftsformen zeigen.

Die in Abb. 22.5 dargestellte digitalisierte Karte lässt diese groß- und kleinräumigen morphologischen Formen deutlich erkennen. Sie zeigt eine Gesamtübersicht der Vereinigten Staaten und Kanadas bei einer gleichzeitigen Wiedergabe von Strukturen bis zu einem Größenbereich von 2,5 km. Die mäßigen Erhebungen und das Relief der langgestreckten Höhenzüge und Täler der Appalachen stehen im deutlichen Gegensatz zu den flachen Hügeln und geringen Reliefunterschieden in den Ebenen des Mittelwestens. Noch eindrucksvoller ist der Gegensatz zwischen den Ebenen des Mittelwestens und den Rocky Mountains. Wenn wir diese verschiedenartigen Oberflächenformen näher untersuchen, können wir sie nicht nur anhand ihrer Höhen und Reliefunterschiede charakterisieren, sondern auch anhand der Steilheit der Hänge oder der Form der Berge, Hügel und Täler.

Abb. 22.2 Topographische Karten der Türkei und angrenzender Gebiete. **a** Digitales Höhenmodell (DEM). Die Höhenwerte wurden digital erzeugt, daher entspricht jeder Bildpunkt (Pixel) einem bestimmten Höhenwert. **b** Zur Herstellung dieser Hangneigungskarte wurden die Höhenwerte des digitalen Höhenmodells dazu herangezogen, um das jeweilige Gefälle zwischen benachbarten Bildpunkten zu berechnen. Die Neigung wurde dann als Winkelwert in Grad gegen die Horizontale dargestellt. Eine solche Hangneigungskarte ist äußerst praktisch, um Bereiche zu erkennen, in denen sich die Morphologie abrupt verändert wie etwa an einer Gebirgsfront oder an einer aktiven Bruchstufe (© Marin Clark)

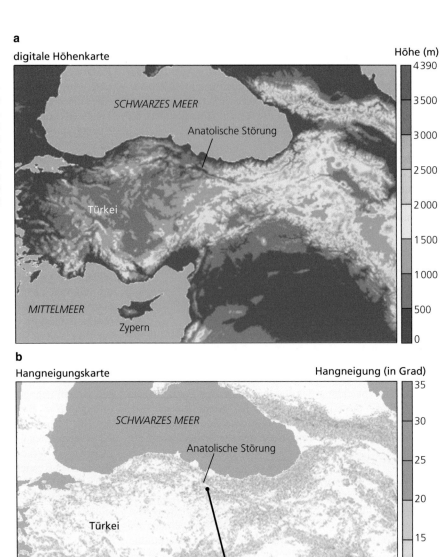

a

digitale Höhenkarte

Höhe (m)

SCHWARZES MEER

Anatolische Störung

Türkei

MITTELMEER

Zypern

b

Hangneigungskarte

Hangneigung (in Grad)

SCHWARZES MEER

Anatolische Störung

Türkei

Die steilen Hänge kennzeichnen möglicherweise die Position aktiver Störungen.

MITTELMEER

Zypern

Landschaftsformen, geschaffen durch Erosion und Sedimentation

Flüsse, Gletscher und Wind hinterlassen auf der Erdoberfläche ihre Spuren in einer Vielzahl von **Landschaftsformen**: schroffe Berghänge, enge oder weite Täler, Dünen, Flussniederungen und zahlreiche andere Erscheinungen. Ihre Größenordnung reicht von regionalen bis zu rein lokalen Geländeformen. Im regionalen Maßstab (mehrere zehntausend Kilometer) bilden Gebirgszüge an den Rändern der Lithosphärenplatten – rein morphologisch betrachtet – hohe Mauern. Im lokalen Bereich (einige Meter), wie etwa in einem Aufschluss, wird die Oberflächenform durch

die unterschiedlich starke Verwitterung der verschiedenen, unterschiedlich harten Gesteine beeinflusst. Dieses Kapitel befasst sich vor allem mit den regional bedeutenden Geländeformen, die insgesamt das Relief der Erdoberfläche bestimmen.

Berge und Hügel

Wir haben in diesem Lehrbuch das Wort „Berg" schon oft verwendet, doch können wir für diesen Begriff keine genauere Definition angeben, als dass ein Berg eine große Gesteinsmasse ist, die sich deutlich über ihre Umgebung erhebt. Die meisten Berge treten

Abb. 22.3 Der Höhenunterschied zwischen höchstem und niedrigstem Punkt eines bestimmten Gebiets wird als Relief bezeichnet

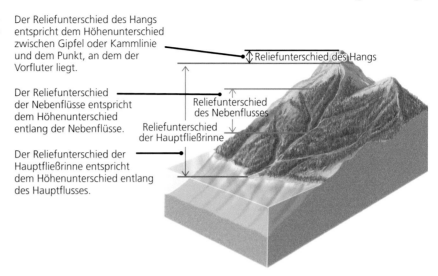

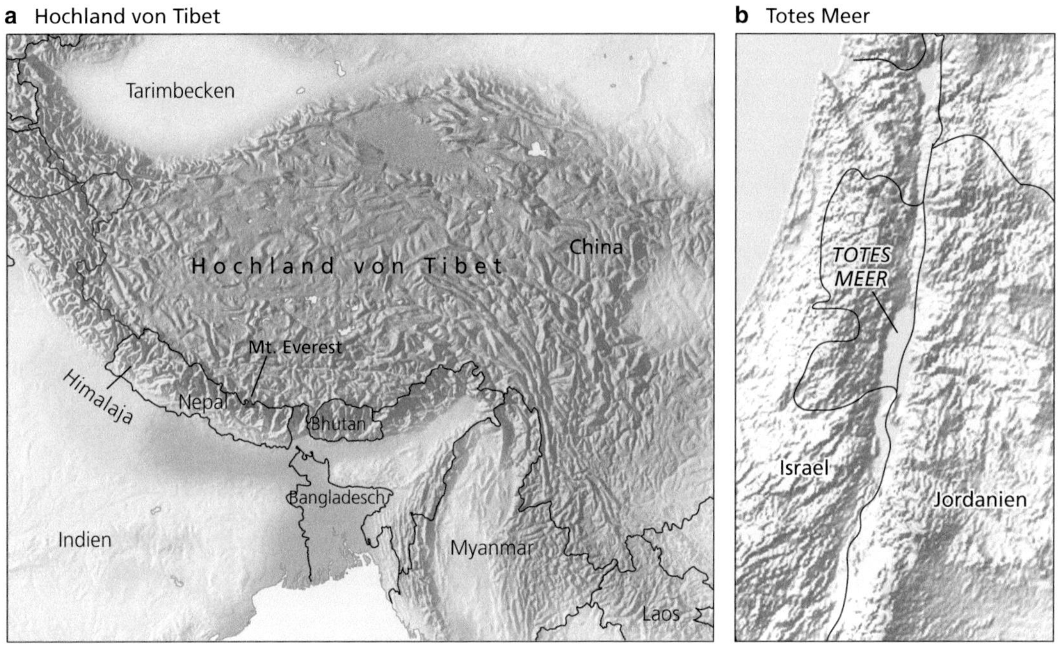

Der Reliefunterschied des Hangs entspricht dem Höhenunterschied zwischen Gipfel oder Kammlinie und dem Punkt, an dem der Vorfluter liegt.

Reliefunterschied des Hangs

Der Reliefunterschied der Nebenflüsse entspricht dem Höhenunterschied entlang der Nebenflüsse.

Reliefunterschied des Nebenflusses

Der Reliefunterschied der Hauptfließrinne entspricht dem Höhenunterschied entlang des Hauptflusses.

Reliefunterschied der Hauptfließrinne

a Hochland von Tibet

Tarimbecken

Hochland von Tibet

China

Mt. Everest

Himalaja

Nepal

Bhutan

Bangladesch

Indien

Myanmar

Laos

b Totes Meer

TOTES MEER

Israel

Jordanien

Abb. 22.4 Gebiete mit starkem Relief sind normalerweise, jedoch nicht immer, auch Gebiete großer Höhenlage. **a** Der Mount Everest, der höchste Berg der Erde, liegt in einem Gebiet mit starkem Relief. Das Hochland von Tibet nördlich davon liegt zwar in großer Höhe über NN, weist aber ein geringes Relief auf. **b** Das Tote Meer, der tiefste Punkt der Erde auf dem Festland, liegt in einem tektonischen Graben mit starkem Relief. [© Marin Clark und Nathan Niemi]

Teil V

in Gruppen auf und bilden mit anderen zusammen Gebirgszüge, in denen die unterschiedlichen Höhen der Gipfel leichter zu erkennen sind als bei isoliert stehenden Bergen (Abb. 22.6). Wenn einzelne Berge das umgebende Tiefland überragen, handelt es sich meist um isolierte Vulkane oder Erosionsreste ehemaliger Bergketten.

Wir unterscheiden Berge und Hügel nur nach ihrer Größe und aus Gewohnheit. Erhebungen, die in Niederungen mit geringem Relief als Berge bezeichnet werden, würde man in Gebieten mit hohen Bergen allenfalls Hügel nennen. Im Allgemeinen werden Geländeerhebungen, die ihre Umgebung um mehr als einige hundert Meter überragen, als Berge bezeichnet.

Berge und Hügel sind ein direktes oder indirektes Abbild der plattentektonischen Prozesse: Je jünger die tektonische Deformation ist, desto höher sind wahrscheinlich auch die Berge. Der Himalaja, das höchste Gebirge der Erde, ist gleichzeitig auch eines der jüngsten. Die Steilheit der Hänge in gebirgigen und hügeligen Gebieten entspricht im Allgemeinen der Höhe und dem Relief. Die steilsten Hänge findet man normalerweise an hohen Bergen mit starken Reliefunterschieden. Die Hänge von niedrigeren Bergen und geringerem Relief sind meist weniger steil und schroff. Wie in diesem Kapitel noch gezeigt wird, hängt das Relief eines Gebirges in hohem Maße auch davon ab, wie stark sich Gletscher und Flüsse – in Relation zur Hebung des Gebirges – in das anstehende Gestein eingeschnitten haben.

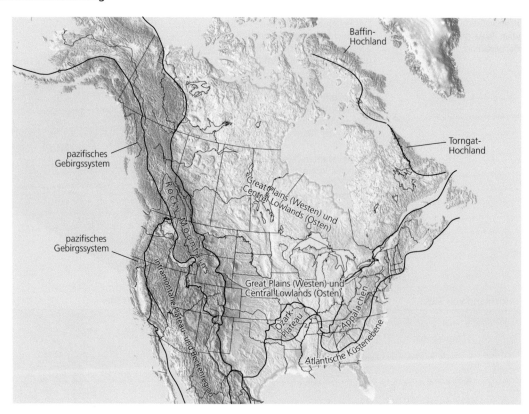

Abb. 22.5 Eine digitalisierte, durch Reliefschraffur erzeugte Karte der Oberflächenformen verdeutlicht die unterschiedlichen Landschaftsformen der Vereinigten Staaten und Kanadas (Gail P. Thelin & Richard. J. Pike/USGS, 1991)

Abb. 22.6 Die meisten Berge treten als Gebirgsketten auf und nicht als isolierte Gipfel. In diesem von Gletschern geformten Gebiet im Süden Argentiniens bilden alle Gipfel scharfe Grate (Foto: © Renato Granieri/Alamy)

Hochplateaus

Ein weit ausgedehntes, ebenes Gebiet, das sich durch eine gewisse einheitliche Höhenlage deutlich über das benachbarte Gebiet erhebt (zumindest auf einer Seite), wird als **Hochplateau** oder **Hochebene** bezeichnet. Die meisten Hochplateaus liegen in Höhenlagen unter 3000 m. Allerdings liegt das Hochland (Altiplano) von Bolivien in einer Höhe von 3600 m, und das in außergewöhnlicher Höhe liegende tibetische Hochland, das sich über eine Fläche von 1000 mal 5000 km erstreckt, weist eine durchschnittliche Höhenlage von fast 5000 m auf (Abb. 22.7). Solche Hochplateaus entstehen dann, wenn tektonische Vorgänge als Folge vertikal wirkender Kräfte zu einer (über)regionalen Heraushebung führen.

Abb. 22.7 Zwei Reliefdarstellungen des Hochlands von Tibet, des höchsten und flächenmäßig größten Hochlands der Erde

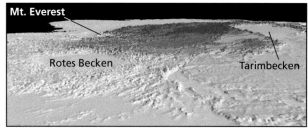

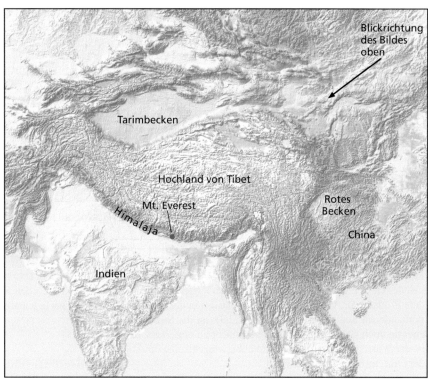

Abb. 22.8 Ein typischer Tafelberg im Monument Valley, Arizona (USA). Die ebene Hochfläche wird von verwitterungsresistenten Schichten gebildet (Foto: © Raymond Siever)

Teil V

Kleinere Hochplateaus ohne stärkeres Relief werden als **Hochflächen** bezeichnet, ein kleiner abgeflachter Einzelberg mit allseits steilen Hängen als **Tafelberg** oder in Nordamerika als **Mesa** (Abb. 22.8). Solche Tafelberge entstehen durch selektive Verwitterung unterschiedlich harter Gesteine.

Flusstäler

Beobachtungen an Flusstälern in verschiedenen Gebieten der Erde führten bereits in den Anfängen der Geologie zu einer der wichtigsten Theorien. Dieser Theorie zufolge wurden die Flusstäler durch die Erosionswirkung ihrer darin fließenden Gewässer geschaffen. Man erkannte, dass die sedimentären Gesteinsserien auf der einen Seite eines Tals mit denen auf der gegenüberliegenden Talseite übereinstimmten und dass beide Abfolgen einstmals als geschlossene, durchgehende Schichten abgelagert worden sein mussten. Der Fluss hatte demnach enorme Mengen der ursprünglich vorhandenen Gesteine abgetragen und als Sedimente abtransportiert. Derzeit versuchen Geowissenschaftler die Frage zu klären, welche physikalischen Prozesse insgesamt zur Erosion der Gesteine führen.

Auf welche Weise ein Fluss Gesteine erodiert, ist einerseits von der **Strömungsenergie** des Flusses abhängig, das heißt von dem Produkt aus Gefälle und Abfluss, und andererseits von der Fähigkeit des Gesteins, der Erosion Widerstand zu leisten, die sich aus dem Produkt von Volumen und Korngröße des in der Fließrinne vorhandenen Sediments ergibt (Abb. 22.9). Ist die Strömungsenergie hoch genug, um die Sedimentfracht zu entfernen, dann ist der Widerstand gegen die Erosion überwiegend eine Funktion der Gesteinshärte.

Wie sich zeigte, nimmt die Geschwindigkeit der Erosion ganz erheblich zu, wenn auch die Strömungsenergie zunimmt. An den meisten Tagen leistet ein Fluss kaum Erosionsarbeit, weil der Abfluss und demzufolge die Strömungsenergie gering ist. An den wenigen Tagen, an denen Abfluss und Strömungsenergie hoch sind, ist die Erosion deutlich stärker. Dieser Zusammenhang zeigt ein wesentliches Charakteristikum vieler Geosysteme: Durch seltene, aber große Ereignisse entstehen oft weitaus größere Veränderungen, als durch häufige kleine Ereignisse.

Die Erosion des Untergrunds beruht in den Bergregionen im Wesentlichen auf drei Vorgängen: Erstens, auf der Abrasion des anstehenden Gesteins durch die in Suspension befindlichen und durch Saltation transportierten Sedimentkomponenten, die sich am Boden und an den Seiten des Flussbetts entlangbewegen (vgl. Kap. 18). Zweitens, auf der Schleppkraft der Strömung, die dazu führt, dass aus der Fließrinne Gesteinsbruchstücke herausgerissen werden. Drittens, auf der erosiven Tätigkeit der Gletscher, durch die in großer Höhenlage Täler entstehen, die später von Bächen und Flüssen eingenommen werden. Die Ermittlung der relativen Bedeutung dieser drei Prozesse im bergigen Gelände ist eine der Möglichkeiten, wie sich die Einflüsse des Klimas von den Einflüssen der Tektonik auf die Landschaftsentwicklung unterscheiden lassen (vgl. Abschn. 24.22).

Flusstäler haben viele Bezeichnungen: Canyon, Schlucht, Klamm, Arroyo, Tobel und andere, alle weisen jedoch dieselben Grundformen auf. Ein Vertikalschnitt durch das Tal eines jungen Gebirgsflusses mit oder ohne einer schmalen Talsohle zeigt das einfache V-förmige Profil eines typischen **Kerbtals** (Abb. 22.9b). Ein weites, tiefer liegendes Flusstal mit einer ausgedehnten Talaue hat einen etwas offeneren muldenförmigen Querschnitt, der sich aber noch immer von dem U-förmigen Trogtal eines Gletschers unterscheidet. In Gebieten mit sehr unterschiedlichen Oberflächenformen und unterschiedlichen Gesteinstypen zeigen auch die Flusstäler unterschiedliche Formen und Dimensionen (Abb. 22.9b–d). Das Spektrum reicht von engen Schluchten in Gebirgen oder erosionsresistenten Gesteinen bis zu weiten, flachen Tälern in Ebenen oder leicht erodierbaren Gesteinen. Zwischen diesen Extremen entspricht die Breite eines Tales im Allgemeinen dem Erosionsstadium des Gebiets. Das heißt, in älteren Gebirgen, die bereits etwas abgetragen wurden und rundliche Gipfelformen zeigen, sind die Täler breiter und in den morphologisch tiefer liegenden, hügeligen Bereichen nimmt die Breite noch einmal deutlich zu.

Badlands sind von tiefen, eng stehenden Erosionsrinnen zerschnittene Gebiete. Ihre Oberflächenform entsteht durch die rasche Abtragung leicht erodierbarer Schiefertone oder Tonsteine wie beispielsweise in den Badlands von South Dakota (USA) (Abb. 22.10). Das gesamte Gebiet besteht praktisch aus ständig sich erweiternden Schluchten und Tälern, zwischen denen nur noch scharfe Kämme stehen geblieben sind.

Tektonisch bedingte Höhenzüge und Täler

In jungen Faltengebirgen bilden die Sättel (Antiklinalen) in den frühen Stadien der Faltung und Hebung morphologisch hervortretende Höhenzüge und die Mulden (Synklinalen) dementsprechend Täler (Abb. 22.11). Wenn jedoch die tektonische Aktivität nachgelassen hat und die Einflüsse von Klima und Verwitterung immer stärker dominieren und Erosionsrinnen und Täler tiefer in die Strukturen eingreifen, kann sich das Relief auch umkehren, sodass Sättel zu Tälern und Mulden zu Höhenzügen werden können. Das geschieht vor allem dort, wo die Gesteine, typischerweise Sedimente wie Kalksteine, Sandsteine und Schiefertone, einen starken Einfluss auf die Verwitterung und Erosion ausüben. Wenn die Gesteine in einem Sattel aus wenig widerstandfähigen Schichten wie etwa Schiefertonen bestehen, kann der Kern des Sattels leichter erodiert werden, sodass anstelle der Antiklinalform bald ein Sattel- oder Antiklinaltal entsteht (Abb. 22.12). Dagegen werden widerstandsfähige Gesteine in den tektonisch tiefer liegenden Bereichen innerhalb der Mulden mehr und mehr zu Höhenzügen – eine als **Reliefumkehr** oder Inversion bezeichnete Erscheinung. In einem Gebiet, das viele Millionen Jahre lang der Erosion ausgesetzt war, führt die regelmäßige Anordnung von langgestreckten, geraden Sätteln und Mulden zu einer ganzen Reihe mehr oder weniger paralleler Höhenrücken und Täler wie beispielsweise in den Appalachen (Abb. 22.13).

Teil V

a Eine Zunahme der Korngröße, des Sedimentvolumens und der Gesteinshärte erhöht den Widerstand gegen Erosion.

Eine Zunahme des Gefälles und des Abflusses führt zu verstärkter Erosion.

b In steilen, niederschlagsreichen Gebieten ist die Strömungsenergie höher als der Widerstand gegen Erosion. Das Sedimentmaterial wir abtransportiert und die Gesteinshärte wird zum bestimmenden Faktor der Erosion.

c Wird das Gefälle geringer, nimmt die Abflussmenge und damit auch die Strömungsenergie ab. Als Folge wird in der Fließrinne Sediment abgelagert und so eine weitere Erosion verhindert. Damit herrscht ein Gleichgewicht zwischen Strömungsenergie und Widerstand gegen Erosion.

d Nimmt das Gefälle noch weiter ab, wird die Strömungsenergie so gering, dass ein großer Teil des mitgeführten Sediments abgelagert wird; es kommt zur Aufschüttung der Fließrinne und schließlich zur Aufhöhung des Talgrunds.

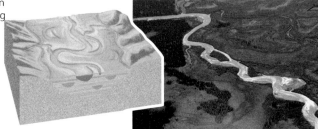

Abb. 22.9a–d **a** Die Erosion wird durch das Gleichgewicht zwischen der Strömungsenergie und dem Widerstand der Gesteine gegen Erosion beeinflusst. **b** Yellowstone River, Yellowstone-Nationalpark (Wyoming). **c** Snake River, Suicide Point (Idaho). **d** Denali National Park (Alaska). a nach: D. W. Burbank & R. S. Anderson (2001): *Tectonic Geomorphology*. – Oxford, Blackwell (Fotos: b © Karl Weatherly/Getty Images, Inc.; c © Dave G. Houser/Corbis; d © Dennis Macdonald/Getty Images Inc.)

Teil V

Abb. 22.10 Erosionsrinnen („Gullies") in den Badlands von South Dakota (USA). Die zahlreichen Rinnen schnitten sich in die leicht erodierbaren Sedimentgesteine ein (Foto: © Ilene McDonald/Alamy)

Tektonisch bedingte Steilränder

Auch Falten und Störungen, die durch Gesteinsdeformation im Zuge der Gebirgsbildung entstehen, hinterlassen auf der Erdoberfläche ihre Spuren. Diese morphologischen Ausprägungen der Deformation liefern oftmals Anhaltspunkte für den geologischen Bau, der diesen Strukturen zugrunde liegt. **Schichtstufen** sind asymmetrische Höhenzüge auf meist nur schwach geneigten und teilweise abgetragenen Gesteinsfolgen, in denen erosionsresistente Schichten, die Stufenbildner, mit weniger widerstandsfähigen und folglich leichter erodierbaren Schichten wechseln. Die flachere Seite der Schichtstufe besteht aus einem langgestreckten, sanft geneigten Hang, der durch das Einfallen erosionsfester Schichten zustande kommt. Die andere Seite wird von einer Steilstufe am Rand der widerstandsfähigen Schicht gebildet, wo diese durch die Abtragung einer weicheren, darunter lagernden Schicht unterschnitten wird (Abb. 22.14).

Weitaus steiler einfallende oder vertikal stehende erosionsresistente Schichten, wie sie etwa in Faltenstrukturen auftreten, werden zu schmalen, langgestreckten **Schichtkämmen** oder **Schichtrücken** erodiert – steilen, mehr oder weniger symmetrischen Bergrücken (Abb. 22.15). Steile Felswände werden außerdem durch fast vertikal stehende Störungen hervorgerufen und bilden sogenannte **Bruchstufen**, an denen eine Seite im Verhältnis zur anderen herausgehoben oder aber abgesunken ist (vgl. Abb. 7.9).

Interagierende Geosysteme beeinflussen die Oberflächenformen

Ganz allgemein werden Landschaftsformen durch ein Zusammenwirken der endogenen und exogenen „Wärmekraftmaschinen" der Erde gesteuert. Die endogene Wärmekraftmaschine ist

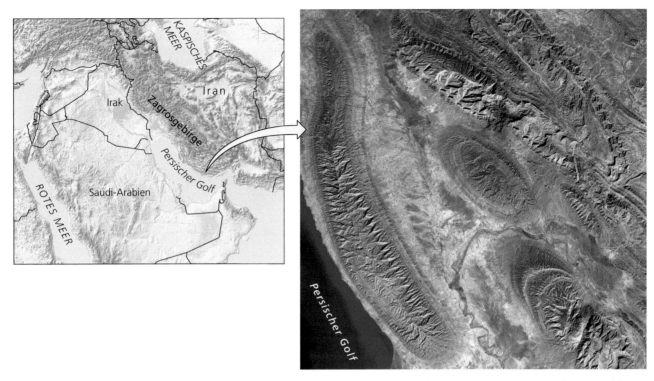

Abb. 22.11 Diese Valley-and-Ridge-Landschaft im Zagrosgebirge (Iran) ist typisch für ein Gebiet mit gefalteten Sedimentgesteinen. Die Deformation erfolgte im Pliozän und ist damit relativ jung, sodass die ursprüngliche Form der Sättel (Höhenrücken) und Mulden (Täler) durch Erosionsprozesse noch nicht wesentlich verändert wurde (Foto: NASA)

STADIUM 1
Harte, widerstandfähige Gesteine überlagern weniger widerstandsfähige Schichten. Die Sättel bilden morphologisch hervortretende Höhenzüge und die Mulden dementsprechend Täler, in denen Flüsse fließen. Die Nebenflüsse auf den Hängen der Sättel fließen rascher als die in den Tälern. Sie erodieren daher die Hänge schneller als der Vorfluter das Tal.

STADIUM 2
Die Nebenflüsse auf den Sätteln schneiden sich in die widerstandsfähigen Gesteine ein und räumen die weicheren Schichten im Liegenden aus. Auf dem Sattel entsteht ein steilwandiges Kerbtal.

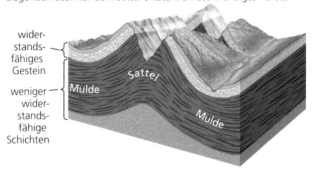

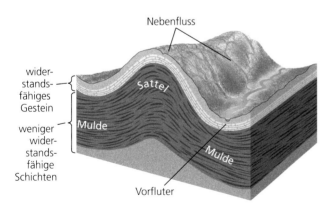

STADIUM 3
Dauert der Vorgang fort, entsteht ein Sattel- oder Antiklinaltal und über den Mulden bilden die widerstandsfähigen Gesteine Höhenzüge.

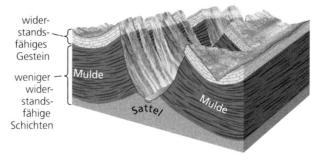

Abb. 22.12 Entwicklungsstadien von Höhenzügen und Tälern in Faltengebirgen. Im Anfangsstadium (Stadium 1) werden die Höhenzüge von Sätteln gebildet. In den späteren Stadien (Stadium 2 und 3) werden die Sättel bevorzugt abgetragen, während die Höhenzüge durch Deckschichten aus erosionsresistenten Gesteinen erhalten bleiben und in den weniger verwitterungsresistenten Schichten durch Erosion Täler ausgeräumt werden

Teil V

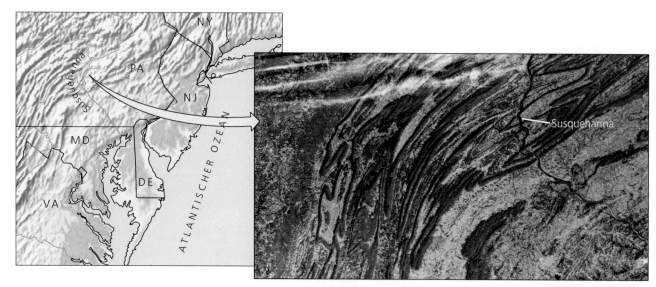

Abb. 22.13 Die Valley-and-Ridge-Provinz der Appalachen zeigt die typischen, tektonisch bedingten Oberflächenformen mit langgestreckten Sätteln und Mulden. Sie sind durch Faltung und Erosion im Lauf von vielen Millionen Jahren entstanden. Die deutlich hervortretenden Rücken (*orangerot*) bestehen aus erosionsresistenten Sedimentgesteinen (Foto: mit frdl. Genehm. von MDA Information Systems LLC)

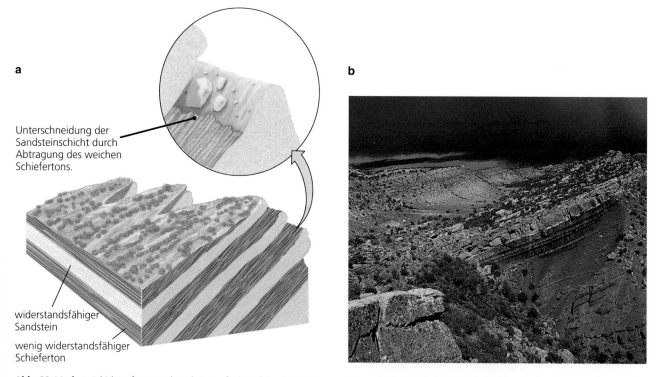

a

Unterschneidung der Sandsteinschicht durch Abtragung des weichen Schiefertons.

b

widerstandsfähiger Sandstein

wenig widerstandsfähiger Schieferton

Abb. 22.14a,b **a** Schichtstufen entstehen dort, wo flach einfallende Schichten erosionsresistenter Gesteine, etwa Sandsteine, durch Abtragung eines weniger widerstandsfähigen Gesteins, zum Beispiel Schieferton, unterschnitten werden. **b** Schichtstufen in tektonisch verstellten Sedimentgesteinen des Dinosaur National Monument, Colorado (USA) (Foto: © Marli Miller)

Teil V

Abb. 22.15 Schichtkämme in den Rocky Mountains bei Roxborough (Colorado, USA) (Foto: Image © 2009 DigitalGlobe Image US Geological Survey; Image USDA Farm Service Agency)

Antriebkraft der plattentektonischen Prozesse, die zur Hebung von Gebirgen und zur Bildung von Vulkanen führen. Die durch die Sonneneinstrahlung angetriebene exogene Wärmekraftmaschine beeinflusst sowohl das Klima als auch die Verwitterung und als Folge die Abtragung der Gebirge sowie die Verfüllung von Senkungszonen mit Sedimenten. Die Sonneneinstrahlung verursacht die Bewegungen in der Atmosphäre, die das Klima bestimmen und damit auch die unterschiedlichen Temperaturzonen der Erde hervorrufen, sie sorgt außerdem für die Niederschläge, die als Flüsse wieder von den Kontinenten abfließen. Demzufolge werden alle Oberflächenformen durch die Wechselwirkung von zwei globalen Geosystemen beeinflusst (Abb. 22.16).

Rückkopplung zwischen Klima und Relief

Viele Faktoren der Verwitterung und Erosion wirken in den verschieden Höhen mit unterschiedlichen Geschwindigkeiten. Daher reguliert das sich mit der Höhe ändernde Klima sowohl die Verwitterung als auch die Erosion und infolgedessen auch den Aufstieg der Gebirge.

In Kap. 16 wurden einige der Einflüsse des Klimas auf die Verwitterung, Erosion und Massenbewegungen genannt. Das Klima beeinflusst sowohl das Tauen und Gefrieren des Wassers als auch die Ausdehnung und Kontraktion der Gesteine. Ferner hat das

Klima Einfluss auf die Geschwindigkeit, mit der Minerale in Wasser gelöst oder in andere Minerale umgewandelt werden. Niederschläge und Temperaturen – die wichtigsten Faktoren des Klimas – beeinflussen wiederum die Verwitterung und Abtragung durch das Einsickern des Wassers in den Untergrund, den Abfluss der Gewässer und durch die Bildung von Gletschern, die insgesamt dazu beitragen, die Gesteins- und Mineralpartikel zu zerstören, abzutragen und sie hangabwärts zu transportieren.

Hohe Berge und ein starkes Relief verstärken die Zerstörung und die mechanische Zerkleinerung der Gesteine, teilweise unterstützt durch Gefrieren und Tauen. In großen Höhen, in denen ein kühleres Klima herrscht, schürfen die Gletscher mit ihrem eingefrorenen Schuttmaterial das Gestein ab und räumen tiefe Täler aus. Niederschläge führen dazu, dass sich das auf den Berghängen liegende lockere Gesteinsmaterial in Form von Bergrutschen und anderen Massenbewegungen rasch hangabwärts bewegt und damit wieder frisches Gestein dem Angriff der Atmosphärilien ausgesetzt wird. Flüsse fließen in Gebirgen schneller als in hügeligen Landschaften und demzufolge erodieren und transportieren sie das Sedimentmaterial auch rascher. Die chemische Verwitterung spielt bei der Erosion hoher Gebirge zwar eine wichtige Rolle, aber die mechanische Zerkleinerung der Gesteine erfolgt so rasch, dass das meiste Schuttmaterial noch weitgehend frisch erscheint. Die Produkte der chemischen Zersetzung – gelöstes Material und Tonminerale – werden von den steilen Hängen der Berge abtransportiert, sobald sie entstanden sind. Die in großen Höhen intensive Erosion führt zu einem Landschaftsbild mit steilen Hängen, engen, tief eingeschnittenen Flusstälern mit schmalen Talauen und ebenso schmalen Wasserscheiden (vgl. Abb. 22.9b).

In Tiefländern dagegen laufen Verwitterung und Abtragung langsam ab, und als Produkte der chemischen Verwitterung sammeln sich unter geeigneten Klimaverhältnissen Tonminerale in Form von mächtigen Böden an. Eine mechanische Zerkleinerung findet zwar auch in Tiefebenen statt, aber ihre Auswirkungen sind im Vergleich zur chemischen Verwitterung gering; dort dominiert eindeutig die chemische Verwitterung und die Sedimentation. Die meisten Flüsse fließen in breiten Tälern und schneiden sich nur wenig in den Untergrund ein; Gletscher fehlen – von den Polargebieten einmal abgesehen. Selbst in den Wüstengebieten der Tiefländer werden starke Winde mit ihrer Fracht die Gesteinsbruchstücke eher facettieren und die anstehenden Felsen nur abschleifen und zurunden, als sie zerkleinern. Daher zeigt ein Tiefland normalerweise sanfte Landschaftsformen mit weichen, gerundeten Hängen, sanft gewellten Hügeln und weiten Ebenen (vgl. Abb. 22.9d).

Genauso wie das Klima die Oberflächenformen prägt, beeinflusst umgekehrt die Morphologie auch das Klima. Beispielsweise verursachen Gebirge auf den leeseitigen Hängen einen Regenschatten (vgl. Abb. 17.3). Aufgrund dieses Regenschattens kommt es bevorzugt auf einer Seite von Gebirgen zur Erosion (Abb. 22.17). In Gebieten wie etwa Neuguinea, in denen der Unterschied zwischen der Niederschlagsmenge auf den luv- und leewärtigen Seiten der Gebirge extrem groß ist, gehen Geologen davon aus, dass die Heraushebung der tief in der Kruste versenkten Metamorphite von der Entwicklung der Niederschläge auf der Erdoberfläche beeinflusst wurde.

Teil V

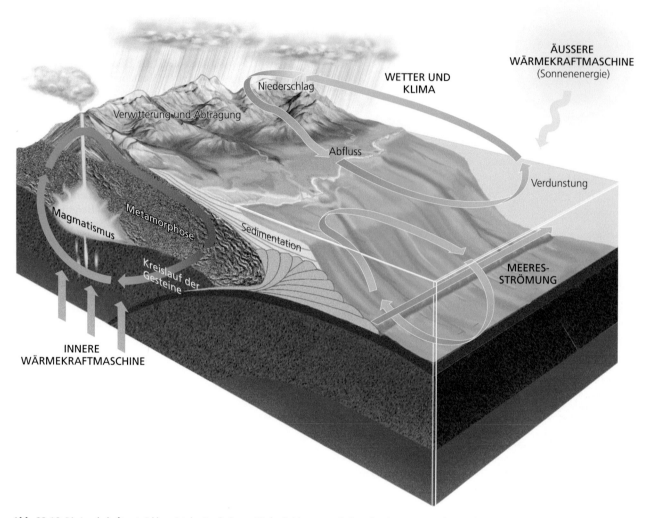

Abb. 22.16 Die Landschaftsentwicklung ist das Ergebnis von Wechselwirkungen zwischen den Geosystemen Plattentektonik und Klima

Rückkopplung zwischen Hebung und Erosion

Das endlose Wechselspiel zwischen den plattentektonischen Vorgängen, die zur Bildung von Gebirgen sowie zur Ausbildung eines Reliefs führen, und den exogenen Prozessen, die zur Zerstörung der Oberflächenformen führen, steht im Mittelpunkt intensiver Untersuchungen der Geomorphologen. Tektonische Hebung führt zu einer intensiven Abtragung (Abb. 22.18a), je höher daher ein Gebirge aufsteigt, desto rascher wird es abgetragen. Doch solange die Gebirgsbildung fortdauert, bleibt die Höhe konstant oder nimmt sogar noch zu. Wenn sich aber die Gebirgsbildung verlangsamt – möglicherweise aufgrund einer veränderten Geschwindigkeit der Plattenbewegungen, verlangsamt sich auch der Aufstieg oder er endet völlig. Sobald jedoch die Hebung langsamer erfolgt oder zum Stillstand kommt, überwiegt die Erosion und die Höhe der Berge nimmt ab. Dies erklärt auch, warum alte Gebirge wie die Appalachen oder die deutschen Mittelgebirge, verglichen mit den viel jüngeren Rocky Mountains

bzw. den Alpen, relativ niedrig sind. Dauert die Abtragung der Gebirge weiter fort, wird auch die Erosionsrate allmählich geringer, bis der gesamte Vorgang schließlich zum Stillstand kommt. Die Höhe eines Gebirges ist letztlich ein Gleichgewichtszustand zwischen tektonischer Hebung und Erosionsrate.

Merkwürdigerweise können über kürzere Zeiträume hinweg – Jahrtausenden bis Jahrmillionen – die Systeme Plattentektonik und Klima so miteinander interagieren, dass Gebirge als Folge der Erosion an Höhe zunehmen (Abb. 22.18b; Exkurs 22.1). Wir wissen bereits, dass Kontinente und Gebirge auf dem Erdmantel schwimmen, weil sie eine geringere Dichte als das Material des Erdmantels aufweisen. Unter einem Gebirge, wo die Erdkruste am dicksten ist, taucht eine Gebirgswurzel tief in den Erdmantel hinein und liefert den erforderlichen Auftrieb. Obwohl sich der Erdmantel unmittelbar unter der Erdkruste wie ein festes Gestein verhält, reagiert er, wenn über Jahrmillionen Kräfte auf ihn einwirken, durch langsames Fließen (vgl. Exkurs 14.3). Das Prinzip der Isostasie besagt, dass über solche Zeiträume hinweg

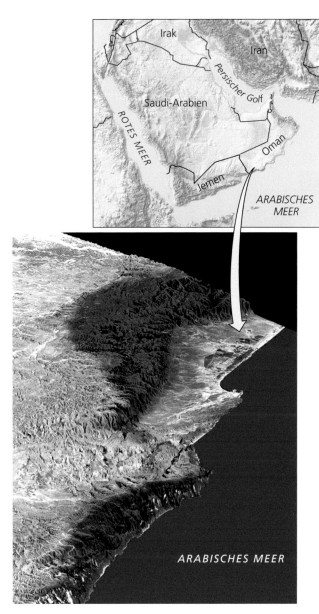

Abb. 22.17 Blick von Osten auf die Bruchstufe am Rand der Arabischen Halbinsel im Grenzgebiet zwischen Jemen und Oman. Dieses dreidimensionale Satellitenbild zeigt, wie die Morphologie das örtliche Klima bestimmt, das umgekehrt wiederum die Abtragung und Landschaftsentwicklung beeinflusst. Obwohl auf der Arabischen Halbinsel ein sehr trockenes Klima herrscht, entzieht die steile Stufe des Quara-Gebirges dem Monsun die Feuchtigkeit. Dadurch wird das Wachstum einer natürlichen Vegetation (*grüne Bereiche am Gebirgsrand und in den Tälern*) und die Bildung von Böden (*dunkelbraune Gebiete*) ermöglicht. Im Gegensatz dazu erscheinen die überwiegend trockenen Wüstengebiete hell. Diese Klimaverhältnisse sind der Grund, dass die Erosion fast ausschließlich auf der dem Arabischen Meer zugewandten Seite erfolgt. Die verstärkte Abtragung führt ihrerseits zu einer Rückverlegung des Stufenrands in Richtung Festland (von rechts nach links) (Foto: NASA)

der Mantel eine geringe Festigkeit aufweist und sich unter der Auflast von Kontinenten oder Gebirgen wie eine hochviskose Flüssigkeit verhält. Das Prinzip der Isostasie besagt weiterhin, dass im Zuge einer Orogenese das Gebirge unter dem Einfluss der Schwerkraft langsam absinkt und die Kruste sich nach un-

ten wölbt. Wenn diese Gebirgswurzel weit genug in den Mantel eintaucht, schwimmt das Gebirge, oder anders ausgedrückt, es befindet sich im Schwimmgleichgewicht. Werden in einem Gebirge die Täler durch Erosion weiter eingetieft (Abb. 22.18), dann nimmt das auf der Kruste lastende Gewicht ab, und somit ist nur noch eine kleinere Wurzel erforderlich, um das Gebirge im Schwimmgleichgewicht zu halten. Als Reaktion auf die Erosion der Täler steigt die Gebirgswurzel langsam nach oben. Dieser Vorgang, der als **isostatische Rückformung** bezeichnet wird, führt dazu, dass die Höhe der Berggipfel zunimmt (vgl. Abb. 22.18b). Doch über längere Zeiträume hinweg betrachtet werden auch diese Gipfel durch die Erosion zwangsläufig wieder abgetragen (vgl. Abb. 22.18a).

Modelle der Landschaftsentwicklung

Die starken morphologischen Gegensätze der Landschaften spornten die Wissenschaftler bereits sehr früh an, sich über deren Ursachen Gedanken zu machen. William M. Davis, Walther Penck und John Hack waren drei hervorragende und einflussreiche Geomorphologen, die sich mit diesem Problem intensiv auseinandersetzten. Davis ging davon aus, dass nach einem initialen tektonischen Hebungsvorgang eine lange Periode der Erosion folgt, in deren Verlauf die Morphologie der Erdoberfläche im Wesentlichen vom geologischen Alter abhängig ist. Diese von Davis vertretene Meinung beherrschte zu Beginn des 20. Jahrhunderts die Denkweise so stark, dass sie die seines Zeitgenossen Penck völlig in den Hintergrund drängte, der davon ausging, dass tektonische Hebung und Erosion sich wechselseitig beeinflussen und damit die Morphologie der Landschaft bestimmen. In den 1960er Jahren setzte sich ein neuer Denkansatz durch, als John Hack erkannte, dass die Heraushebung der Gebirge nur bis zum Erreichen einer kritischen Höhe möglich ist, selbst wenn sie über längere Zeiträume erfolgt. Gebirge, die keiner Erosion unterliegen, würden wegen der begrenzten Druckfestigkeit der Gesteine unter ihrem eigenen Gewicht zusammenbrechen.

Moderne Betrachtungsweisen der Landschaftsentwicklung verbinden Teilaspekte dieser älteren Vorstellungen und akzeptieren, dass es eine natürliche, zeitabhängige Weiterentwicklung der Landschaftsformen gibt. Man ist sich heute im Klaren darüber, dass die Entwicklung einer Landschaftsform in starkem Maße von der Zeitspanne abhängt, in der die Veränderungen auftreten. Die jeweilige Bedeutung der verschiedenen landschaftsformenden Prozesse schwankt in Abhängigkeit von der Zeitspanne, in der die morphologischen Veränderungen beobachtet werden. So waren Klimaveränderungen in den vergangenen 100.000 Jahren ein wichtiger Faktor der Landschaftsentwicklung, doch über einen Zeitraum von 100 Ma betrachtet, spielen Klimaveränderungen nur eine untergeordnete Rolle. Über diese längeren Zeitspannen hinweg kommt der tektonisch bedingten Hebung sicher die größere Bedeutung zu.

Teil V

Langfristig betrachtet ist die Höhe eines Gebirges ein Gleichgewichtszustand zwischen Hebung und Erosion.

1 Durch tektonische Bewegungen steigen Gebirge auf. Die Hebungsrate ist größer als die Abtragung.

2 Die Hebung verlangsamt sich, Abtragung und Hebung stehen im Gleichgewicht. Das Gebirge behält seine Höhenlage.

3 Die Hebung verlangsamt sich weiter, die Abtragung überwiegt, das Gebirge wird abgetragen.

4 Die Heraushebung kommt weitgehend zum Stillstand, die niedrigen Höhenzüge führen zu einem Rückgang der Niederschläge und damit auch der Abtragung.

5 Die Hebung endet und die Abtragung erfolgt langsamer. Die Höhe nimmt weiter ab, wenn die Landschaft in Flachländer und schließlich in Tiefebenen übergeht.

   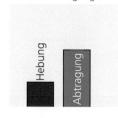 

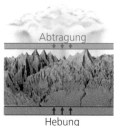 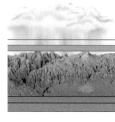 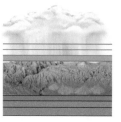  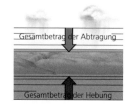

Zeit

Kurzfristig betrachtet nimmt die Höhe eines Gebirges als Folge der Erosion zu.

1 Die Kollision von Kontinenten führt zur Heraushebung eines Hochlands.

2 Die Hebung führt zu erhöhten Niederschlägen und damit zu verstärkter Erosion.

3 Als Reaktion auf die Abtragung steigt das Hochland isostatisch bedingt auf, so dass die Berggipfel größere Höhen erreichen als zu Beginn der Abtragung.

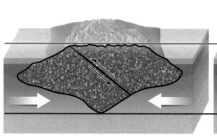 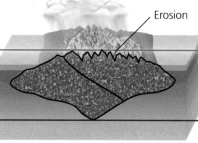 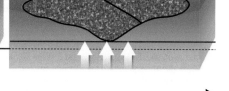

Zeit

Abb. 22.18a,b Die Höhe eines Gebirges ergibt sich aus dem dynamischen Gleichgewicht zwischen tektonischer Hebung und Erosion (nach: D. W. Burbank & R. S. Anderson (2001): *Tectonic Geomorphology*. – Oxford, Blackwell)

Die Davis'sche Zyklentheorie der Denudation

William M. Davis, ein Geologe aus Harvard, untersuchte zu Beginn des 20. Jahrhunderts überall auf der Erde Gebirge und Tiefebenen und entwickelte daraus eine Modellvorstellung, die sogenannte **Zyklentheorie der Denudation**. Sie beschreibt die Formenentwicklung der auf tektonischem Wege entstandenen schroffen Hochgebirge vom jugendlichen Reliefstadium über die mehr oder weniger ausgeglichenen Oberflächenformen im Reifestadium bis hin zu den niedrigen, flachen Höhenrücken des Altersstadiums und der tektonischen Stabilität (Abb. 22.19a). Davis ging davon aus, dass zu Beginn eines solchen Zyklus' eine kräftige und kurzzeitige tektonische Hebung erfolgt. In dieser ersten Phase entsteht das gesamte Relief.

Teil V

a Davis'sche Zyklentheorie

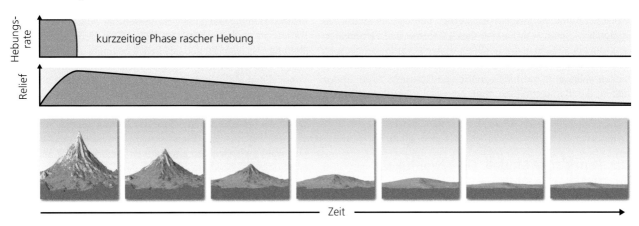

b Penck'sche Theorie

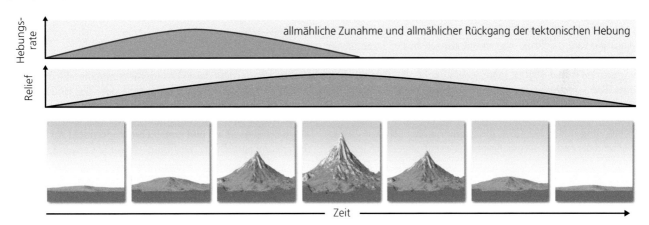

c Hack'sche Theorie

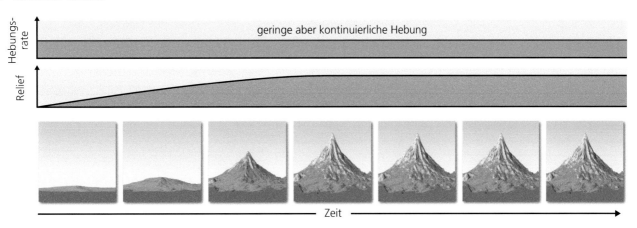

Abb. 22.19 Klassische Modelle der Landschaftsentwicklung durch tektonische Hebung und Erosion (nach: D.W. Burbank & R.S. Anderson (2001): Tectonic Geomorphology. – Oxford, Blackwell)

Die Denudation führt schließlich zur Endform der Entwicklung, einer relativ ebenen Rumpffläche oder Peneplain (Fastebene), auf der alle geologischen Strukturen und Gesteinsunterschiede völlig ausgelöscht sind. Davis betrachtete die weitgehend ebe- nen, ausgedehnten Diskordanzflächen als Beleg für die Existenz solcher Rumpfflächen in der geologischen Vergangenheit. Nur vereinzelt können noch isolierte Hügel als Reste ehemaliger Hö- henzüge vorhanden sein. Die meisten Geologen (jedoch nicht die Mehrzahl der Geomorphologen) akzeptierten damals Davis' Überlegung, dass Gebirge sehr rasch im Laufe kurzer geologischer Zeiträume herausgehoben werden und danach tektonisch stationär bleiben, während sie durch Erosion und Denudation langsam abgetragen und schließlich weitgehend eingeebnet werden. Die Davis'sche Zyklentheorie wurde zum Teil auch deswegen anerkannt, weil sich zahlreiche Beispiele dafür finden ließen, die als jugendliche, reife oder alte Oberflächenformen gelten konnten.

Das Penck'sche Modell: Gleichzeitigkeit von Hebung und Abtragung

Die Davis'sche Theorie wurde von seinem Zeitgenossen Walter Penck abgelehnt, der davon ausging, dass das Ausmaß der tektonischen Hebung und Deformation allmählich zunimmt, bis ein Höhepunkt erreicht ist und dann allmählich zurückgeht (Abb. 22.19b). Bedauerlicherweise war Davies aufgrund seiner Autorität und der Fülle von Publikationen in der Lage, seine Theorie wirkungsvoller zu präsentieren. Pencks Vorstellungen wurden bis in die 1950er Jahre hinein, mehr als 20 Jahre nach dem Tod von Davies, nicht die Beachtung geschenkt, die sie verdient hätten.

Penck ging davon aus, dass die geomorphologischen Prozesse während der gesamten Hebungsphase des aufsteigenden Gebirges wirksam sind. Wenn schließlich die Intensität der Hebung allmählich geringer wird, dominiert die Abtragung gegenüber der tektonischen Hebung und daraus ergibt sich eine Abnahme sowohl des Reliefs als auch der mittleren Höhe eines Gebirges. Diese Vorstellung war insofern neu, als Penck erstmals erkannt hatte, dass die Landschaftsentwicklung das Ergebnis eines Zusammenspiels von Hebung und Abtragung ist. Im Gegensatz dazu betonte die von Davis vertretene Zyklentheorie die Trennung dieser beiden Prozesse. In seinem Modell war das geologische Alter der Landschaft der entscheidende Faktor der Morphogenese.

Die Wahl zwischen den alternativen Theorien der Landschaftsentwicklung erforderte, dass bei der Gebirgsbildung die Geschwindigkeit der Hebung und der Abtragung bestimmt werden sollte. Neue Techniken wie etwa das Global Positioning System (GPS) und die Radar-Interferometrie lieferten sensationelle Karten bezüglich der Geschwindigkeit von Krustendeformation und Krustenhebung. Eine große Anzahl von Methoden zur Altersbestimmung (Tab. 22.1) ermöglichten die Datierung geomorphologisch wichtiger Flächen wie etwa die von einer Million Jahre alten Flussterrassen.

Ein vielversprechendes neues Datierungsverfahren beruht auf der Erkenntnis, dass durch kosmische Strahlung, die den obersten Bereich des anstehenden Gesteins oder der Böden durchdringt, geringe Mengen bestimmter radioaktiver Isotope entstehen. Eines davon ist Beryllium-10, das sich proportional zur Länge der Exposition und umgekehrt proportional zur Tiefe der Versenkung anreichert. Beryllium-10 wurde verwendet, um das

Tab. 22.1 Absolute Altersbestimmung von Landschaftselementen (nach: Burbank, D.W. & Anderson, R.S. (2001): Tectonic Geomorphology, S. 39, Blackwell, Oxford)

Methode	datierbarer Zeitraum (Jahre)	datierbares Material
RADIOMETRISCH		
Kohlenstoff-14	35.000	Holz, Schalenmaterial
Uran/Thorium	10.000–350.000	Carbonate (Korallen)
Thermolumineszenz	30.000–300.000	Quarzsilt
Optisch stimulierte Lumineszenz	0–300.000	Quarzsilt
KOSMOGEN		
in situ Beryllium-10, Aluminium-26	3–4 Mio.	Quarz
Helium, Neon	unbegrenzt	Olivin, Quarz
Chlor-36	0–4 Mio.	Quarz
CHEMISCH		
Tephrochronologie	0 bis mehrere Mio.	vulkanische Asche
PALÄOMAGNETISCH		
Identifikation von Feldinversionen	> 700.000	feinkörnige Sedimente, Lava
Säkularvariationen	0–700.000	feinkörnige Sedimente
BIOLOGISCH		
Dendrochronologie	10.000	Holz

Alter von Flussterrassen entlang des Indus im Himalaja miteinander zu vergleichen. Durch Auftragen der Höhenänderung gegen die Zeit ergaben sich die mittleren Hebungs- und Erosionsraten. Die Untersuchungen zeigten, dass die Erosionsraten im Himalaja zwischen 2 und 12 mm pro Jahr schwanken (vgl.

Abschn. 24.22). Auch anderswo wurden die tektonischen Hebungsraten hoher Gebirge in etwa derselben Größenordnung von 0,8 bis 12 mm pro Jahr gemessen, wobei jedoch die Angabe einer Jahresrate insgesamt problematisch ist, da die Abtragung nicht kontinuierlich verläuft.

Exkurs 22.1 Hebung von Gebirgen und Klimaveränderungen: Das Dilemma von Huhn und Ei

Eines der eindeutigsten Beispiele für den Zusammenhang der beiden Geosysteme Plattentektonik und Klima sind die Rückkopplungseffekte von Klimaveränderungen und der durchschnittlichen Höhe der Gebirge. Gegenwärtig besteht keine Einigkeit über die Art der Rückkopplungseffekte. Einige Geowissenschaftler vertreten den Standpunkt, dass die tektonisch bedingte Hebung der Gebirge zu Klimaveränderungen führt, andere dagegen sind der Meinung, dass umgekehrt eine Klimaveränderung den Aufstieg der Gebirge fördert. Diese Diskussion lässt sich am besten durch das klassische Problem charakterisieren: Was war zuerst da, das Huhn oder das Ei?

Die Diskussion um tektonische Hebung oder Klima wurde durch die Beobachtung ausgelöst, dass die Abkühlung des Klimas auf der Nordhalbkugel und der Aufstieg des Hochlands von Tibet nahezu gleichzeitig erfolgten. Mit einer mittleren Meereshöhe von 5000 m und einer Ausdehnung, die etwa der Hälfte der Fläche der Vereinigten Staaten entspricht, gehört das Hochland von Tibet zu den großartigsten morphologischen Erscheinungsformen der Erde (vgl. Abb. 22.7). Dieses Hochland liegt orographisch so hoch und umfasst eine derart große Fläche, dass es nicht nur für die asiatischen Monsunwinde verantwortlich ist, sondern auch die großräumige atmosphärische Zirkulation auf der nördlichen Hemisphäre beeinflusst. Wäre das Hochland von Tibet nicht vorhanden, würde dies auf der Nordhalbkugel möglicherweise zu einem anderen Klima führen.

Obwohl der Zeitpunkt der Abkühlung auf der Nordhalbkugel durch das Alter der glazigenen Sedimente und durch den auch in Tiefseebohrkernen erkennbaren Temperaturrückgang sehr exakt bestimmt wurde, ist der Aufstieg des Hochlands von Tibet bedauerlicherweise zeitlich nicht sehr genau datiert. Das ist einer der Gründe für diese Diskussion. Hätte die Hebung des Tibetischen Hochlands vor dem Beginn der Vereisung auf der Nordhalbkugel stattgefunden, dann könnte dies dafür sprechen, dass die tektonisch bedingte Hebung indirekt zu Klimaveränderungen führte. Wenn andererseits der Aufstieg dieses Hochlands gegenüber dem Einsetzen der Vereisung auf der Nordhalbkugel mit einer zeitlichen Verzögerung erfolgte, dann könnte dies dafür sprechen, dass die Klimaveränderung diese Hebung als isostatische Reaktion auf die verstärkte Erosion förderte.

Pro: Negativer Rückkopplungseffekt

Die Möglichkeit, dass die Gebirgsbildung die Vereisung auf der Nordhalbkugel gefördert hat, wurde bereits vor mehr als hundert Jahren erkannt. Geowissenschaftler, die heute diese Ansicht vertreten, gehen davon aus, dass beim Aufstieg des Tibetischen Hochlands mehrere wichtige Prozesse abgelaufen sind, die eine negative Rückkopplung zur Folge hatten. Bei diesem Szenario kam es durch die Hebung zu einer Veränderung der atmosphärischen Zirkulation, was konsequenterweise auf der Nordhalbkugel eine Abkühlung herbeiführte. In Tibet kam es zu einem Anstieg der Niederschläge, zur Vergletscherung und zu erhöhtem Abfluss. Dies wiederum hatte eine verstärkte Erosion zur Folge, die zum Entzug von CO_2 – einem der wichtigsten Treibhausgase – aus der Atmosphäre und damit auch zu einer weiteren Abkühlung, einer Zunahme der Niederschläge und zur verstärkten Erosion führte. Im Laufe der Zeit werden die Gebirge abgetragen und ihre Höhe nimmt ab. So gesehen ergibt sich aus einer Zunahme der Höhe, die wiederum das Klima modifiziert, im Endergebnis schließlich ein Rückgang der Höhe – und somit ist diese Reaktion eindeutig ein negativer Rückkopplungseffekt.

Kontra: Positiver Rückkopplungseffekt

Im Verlauf des letzten Jahrzehnts entdeckten Geologen, dass Klimaveränderungen zum Aufstieg von Gebirgen führen können. Bei diesem unerwarteten und scheinbar völlig widersinnigen Szenario führt eine anfängliche Abkühlung des Klimas zu einer erhöhten Niederschlagsrate, aus der sich eine verstärkte Erosion durch Gletscher und Flüsse ergibt. Ohne eine isostatische Reaktion würde sich aus einer Zunahme der Erosion ein negativer Rückkopplungseffekt ergeben, der insgesamt zu einer Abnahme der Gebirgshöhe führt. Berücksichtigt man jedoch den Einfluss der Isostasie, so hat die Erosion insgesamt eine Abnahme der Gebirgsmasse zur Folge, mit dem Ergebnis, dass das Gebirge aufsteigt und seine Gipfel neue und größeren Höhen erreichen (Abb. 22.18b). Das aufsteigende Gebirge würde zu einem positiven Rückkopplungseffekt führen und das Klima weiter modifizieren und auf diese Weise die Niederschläge und Erosionsrate und damit auch den weiteren Aufstieg des Hochlands verstärken.

Teil V

Das Hacks'sche Modell: Erosion und Hebung als dynamisches Gleichgewicht

John Hack entwickelte die Vorstellung der Gleichzeitigkeit von Erosion und Hebung weiter. Er ging davon aus, dass wenn sich Hebung und Abtragung über längere Zeiträume hinweg konstant verhalten, sich schließlich ein dynamisches Gleichgewicht zwischen Hebung und Abtragung einstellen müsste (Abb. 22.19c). In diesem Gleichgewichtszustand unterliegen die Oberflächenformen nur noch geringen Anpassungen und das Relief bleibt als Ganzes weitgehend unverändert.

Hack erkannte, dass die Gebirge nicht zu beliebigen Höhen aufsteigen können, selbst wenn die Hebungsraten extrem hoch wären. Gesteine zerbrechen, sobald sie ausreichend hohen Drücken ausgesetzt sind; daher ist es auch verständlich, dass Gebirge, wenn sie zu hoch und zu steil werden, unter ihrem eigenen Gewicht zusammenbrechen, bedingt durch den gravitativen Druck. Bei einer kontinuierlichen Hebung über eine kritische Höhe hinaus verhindern Massenbewegungen und Böschungsrutschungen eine weitere Zunahme der Höhe. Als Folge entsteht langfristig ein Gleichgewicht zwischen Hebung und Abtragung. Im Gegensatz zu den Modellvorstellungen von Davis und Penck erfordert Hacks Modell keinen Rückgang der Hebungsrate.

Eine faszinierende Konsequenz des Hack'schen Modells besteht darin, dass sich eine Landschaft überhaupt nicht zu entwickeln braucht, so lange Hebung und Abtragung im Gleichgewicht stehen. Dennoch zeigt die Erdgeschichte, dass ein aufsteigendes Gebirge schließlich auch wieder abgetragen wird. Über extrem lange Zeiträume hinweg liefern die Modelle von Davis und Penck die besseren Darstellungen, wie sich Geländeformen letztendlich verändern. Dominiert die Abtragung gegenüber der Hebung, werden die Hänge flacher und die morphologischen Formen runder (Abb. 22.18a). Da nur wenige Gebiete der Erde über mehr als 100 Ma hinweg tektonisch inaktiv sind, konnten sich die von Davis geforderten völlig ebenen Flächen in der Erdgeschichte nur sehr selten entwickeln. Das Modell eines dynamischen Gleichgewichts ist für Landschaften in tektonisch aktiven Gebieten, in denen eine bestimmte Hebungsrate über mehr als eine Million Jahre anhält, sicher das zutreffendere.

Zusammenfassung des Kapitels

Hauptbestandteile der Landschaft: Eine Landschaft wird anhand verschiedener Begriffe beschrieben: Das Relief oder die Oberflächenform ist durch die variablen Höhenlagen der Erdoberfläche über dem Meeresspiegel gegeben; der Reliefunterschied entspricht dem Höhenunterschied zwischen den höchsten und niedrigsten Punkten eines Gebiets. Die verschiedenen Geländeformen werden durch Flüsse, Gletscher, Massenbewegungen und Wind erzeugt. Die häufigsten Geländeformen sind Ebenen, Berge, Hügel und Höhenrücken sowie strukturbedingte Steilhänge und Skulpturformen, die zwar insgesamt durch tektonische Vorgänge entstanden sind, jedoch durch Erosion und Denudation modifiziert wurden.

Klima und Plattentektonik bestimmen die Landschaftsentwicklung: Landschaftsformen werden durch plattentektonische Prozesse, Verwitterung, Erosion und die Verwitterungsstabilität des Untergrunds bestimmt. Die Prozesse der Plattentektonik führen zum Aufstieg von Gebirgen und zur Freilegung des Gesteins. Die Erosion führt zum Einschneiden von Tälern und zur Bildung von Talhängen. Das Klima wiederum beeinflusst die Geschwindigkeit der Verwitterung und Abtragung. Klimaschwankungen und die unterschiedliche Verwitterungsbeständigkeit der Gesteine im Untergrund modifizieren in hohem Maße die Landschaftsentwicklung. Beides führt dazu, dass Wüsten und glazial geformte Landschaften sich deutlich unterscheiden.

Die Entwicklung der Landschaften: Die Entwicklung der Landschaft beginnt mit der tektonischen Heraushebung, die ihrerseits die Abtragung beeinflusst. Solange die tektonische Hebungsrate hoch ist, ist auch die Abtragungsgeschwindigkeit groß, die Gebirge sind hoch und steil. Nimmt die tektonische Aktivität ab, bleibt die Geschwindigkeit der Erosion hoch, die Landoberfläche wird abgetragen und die Bergformen werden rundlicher. Endet die Hebung, wird die Abtragung zum dominierenden Vorgang, die ehemals schroffen Berge entwickeln sich zu sanften Hügeln und ausgedehnten Ebenen weiter.

Teil V

Geowissenschaften und Gesellschaft

Teil VI

Mensch und Umwelt

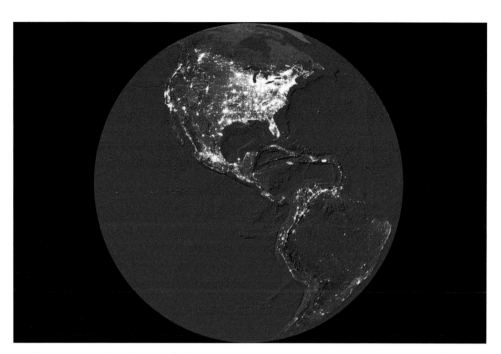

23

Die Kontinente Nord- und Südamerika bei Nacht. Erkennbar ist das Lichtermeer unserer globalisierten, in hohem Maße von Energie abhängigen Zivilisation. (Bild und Datenbearbeitung: NOAA's National Geographical Data Center, Earth Observation Group (http://ngdc.noaa.gov/eog/); DMSP-Daten von US Air Force Weather Agency)

© Springer-Verlag Berlin Heidelberg 2017
J. Grotzinger, T. Jordan, *Press/Siever Allgemeine Geologie*, DOI 10.1007/978-3-662-48342-8_23

In den vorangegangenen Kapiteln haben wir unter anderem gesehen, wie fundierte Kenntnisse des Systems Erde dazu beitragen können, die Lebensbedingungen der Menschen zu verbessern, da sie die Grundlagen schaffen, um natürliche Ressourcen aufzufinden, die Umwelt zu erhalten und die Risiken von Naturkatastrophen zu verringern. Dieser Fortschritt der menschlichen Zivilisation kann jedoch nicht als selbstverständlich betrachtet werden. Die Menschheit vermehrt sich mit unglaublicher Geschwindigkeit und die natürlichen Ressourcen sind zwangsläufig begrenzt. Die Umweltbedingungen und der allgemeine Wohlstand verbessern sich nicht in allen Teilen der Welt und Anzeichen für nachteilige Veränderungen der globalen Umwelt zeichnen sich inzwischen mit großer Deutlichkeit ab. Den Vorteil, den wir aus der Nutzung der natürlichen Ressourcen ziehen und gegen die Kosten dieser Nutzung abzuwägen, stellt nicht nur die Geowissenschaften, sondern unsere ganze Gesellschaft vor neue Herausforderungen.

Dieses Kapitel gibt einen Überblick über die Energieressourcen als Grundlage unserer gesamten Wirtschaft, auch unter dem Aspekt, wie die Nutzung dieser Ressourcen unsere Umwelt beeinflusst. Dabei konzentrieren wir uns auf zwei der drängendsten Probleme unserer Gesellschaft: den steigenden Bedarf an Energieressourcen, um unsere wirtschaftliche Entwicklung aufrechtzuerhalten und auf den potenziellen Klimawandel als der Folge dieser wirtschaftlichen Aktivitäten.

Derzeit ist unsere Wirtschaft von der Verbrennung nicht erneuerbarer Energieträger abhängig, unter Freisetzung des potenziell schädlichen Treibhausgases Kohlendioxid. Diese nüchterne Feststellung wirft einige schwierige Fragen auf: Wie lange reichen die Ressourcen unserer fossilen Energieträger und bis zu welchem Ausmaß wird die Zunahme des Kohlendioxidgehalts in der Atmosphäre durch die Verbrennung der fossilen Energieträger das globale Klima nachteilig verändern? Wie rasch müssen wir die fossilen Brennstoffe durch alternative Energieformen ersetzen? Diese Fragen sind von immenser politischer und wirtschaftlicher Bedeutung und gehen weit über den Bereich der Geowissenschaften hinaus; daher gibt es darauf auch keine streng wissenschaftlichen Antworten. Dennoch müssen die Entscheidungen, die wir als Gesellschaft treffen, auf wissenschaftlich fundierten Prognosen und Daten beruhen, wie sich das System Erde in den nächsten Jahrzehnten oder Jahrhunderten verändern wird. Vernünftige Vorhersagen sind jedoch nur dann möglich, wenn die Zivilisation als Teil dieses Systems mitberücksichtigt wird.

Die Zivilisation als globales Geosystem

Der Lebensraum des Menschen beschränkt sich auf die dünne Schnittstelle zwischen Himmel und Erde, in der die globalen Geosysteme – Klima, Plattentektonik und Geodynamo –zusammenwirken und für eine lebenserhaltende Umwelt sorgen. Wir haben durch die Entdeckung vieler intelligenter Möglichkeiten, die natürliche Umwelt zu nutzen, unseren Lebensstandard

ständig verbessert. Wir haben gelernt, Grundnahrungsmittel anzubauen, Minerale zu gewinnen und weiter zu verarbeiten, Gebäude zu errichten, Material zu transportieren und Güter aller Art herzustellen. Eine der Folgen war die explosionsartige Vermehrung der menschlichen Bevölkerung.

Als zu Beginn des Holozäns, vor ungefähr 10.000 Jahren das Klima wärmer wurde und der Ackerbau erste Erfolge zeigte, lebten auf unserem Planeten etwa 100 Mio. Menschen. Die Bevölkerung wuchs nur langsam. Die erste Verdoppelung auf 200 Mio. war vor ungefähr 5000 Jahren zu Beginn der Bronzezeit erreicht, als die Menschen erstmals lernten, Erze abzubauen, um daraus Metalle wie Kupfer und Zinn (aus denen Bronze besteht) zu gewinnen. Die zweite Verdopplung auf 400 Mio. war erst im Mittelalter vor etwa 700 Jahren erreicht. Doch als Anfang des 19. Jahrhunderts die Industrialisierung begann, wuchs die Weltbevölkerung rapide und erreichte um das Jahr 1800 eine Milliarde, 1927 lag sie bereits bei zwei und 1974 bei vier Milliarden. Mitte des 20. Jahrhunderts verkürzte sich der Zeitraum, in dem sich die Weltbevölkerung verdoppelte, auf lediglich 47 Jahre und damit auf weniger als ein Menschenleben. Zu Beginn des Jahres 2012 hatte sie die Grenze von sieben Milliarden überschritten, und obwohl das Bevölkerungswachstum rückläufig ist, dürfte die Gesamtbevölkerung um das Jahr 2030 sicher den Wert von acht Milliarden überschritten haben (Abb. 23.1).

Mit der explosionsartigen Zunahme der Weltbevölkerung wurde die Gier nach Energie und anderen Ressourcen nahezu unersättlich. Die Nachfrage nach natürlichen Ressourcen erhöht sich rapide, da sich die Zivilisation ausbreitet und die Menschen weltweit bemüht sind, ihre Lebensqualität zu verbessern. Unser

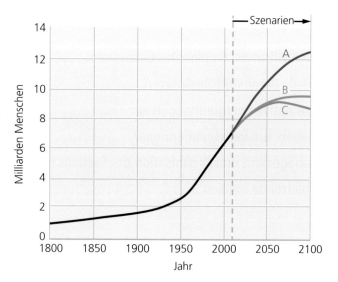

Abb. 23.1 Die schwarze Linie zeigt das globale Bevölkerungswachstum seit 1800. Die farbigen Linien stellen das künftige Bevölkerungswachstum dar. Sie entsprechen den drei, vom IPCC zugrunde gelegten Szenarien, um die Auswirkungen des Menschen auf das Klima der Erde abzuschätzen. In Szenario A (*rote Linie*) nimmt die Weltbevölkerung im 22. Jahrhundert weiter zu, in Szenario B (*grüne Linie*) bleibt sie konstant und in Szenario C (*blaue Linie*) nimmt sie nach 2070 ab (nach: IPCC (2013): Climate Change: The Physical Science Basis)

Energieverbrauch hat im Verlauf der vergangenen 70 Jahre um 1000 % zugenommen, derzeit steigt er doppelt so rasch wie die Bevölkerung. Der Blick aus dem Weltraum auf die Erde zeigt ein sich zunehmend ausbreitendes gleißendes Lichtermeer einer globalisierten, in hohem Maße von Energie abhängigen Zivilisation.

Der Mensch hat seit Anbeginn durch Entwaldung, Landwirtschaft und andere Formen der Landnutzung seine Umwelt in starkem Maße verändert. Doch die Folgen waren in früheren Zeiten lediglich auf lokale oder regionale Lebensräume beschränkt. Heute macht es die Energieerzeugung im industriellen Maßstab möglich, mit den Systemen Klima und Plattentektonik – was die Veränderungen der Umwelt an der Erdoberfläche anbetrifft – zu konkurrieren; dies sollen einige alarmierenden Beobachtungen deutlich machen:

- Seit der Erfindung des Kühlmittels Freon vor etwa 50 Jahren sind aus Kühl- und Klimaanlagen große Mengen dieser industriell hergestellten Kühlmittel in die Stratosphäre gelangt und haben besonders an den Polen große Teile der schützenden Ozonschicht zerstört.
- Im letzten halben Jahrhundert verwandelte der Mensch ungefähr ein Drittel der Waldflächen in landwirtschaftlich oder anderweitig genutzte Flächen.
- Seit Beginn der ersten industriellen Revolution am Anfang des 19. Jahrhunderts führte die Entwaldung und die Verbrennung fossiler Energieträger zu einem Anstieg des Kohlendioxids in der Atmosphäre um nahezu 50 %.

Wir sind nicht nur Teil des Systems Erde, wir verändern möglicherweise auch grundlegend die Funktionsweise dieses Systems. Innerhalb einer – geologisch gesehen – extrem kurzen Zeitspanne entwickelte sich die Zivilisation zu einem neuen, voll ausgereiften globalen Geosystem.

verwenden für diesen Tatbestand zwei Begriffe: Reserven und Ressourcen.

Reserven sind Lagerstätten eines bestimmten Materials, die bereits entdeckt sind und derzeit wirtschaftlich abgebaut werden können und auch rechtlich zum Abbau freigegeben sind. Wenn wir dagegen von **Ressourcen** sprechen, verstehen wir darunter die weltweit vorhandene Gesamtmenge eines bestimmten Rohstoffs, einschließlich der Menge, die künftig gewonnen werden kann. Die Ressourcen schließen folglich die Reserven ein wie auch die bekannten Lagerstätten, die derzeit nicht wirtschaftlich rentabel abgebaut werden können, ebenso die bisher noch nicht entdeckten Lagerstätten, von denen anzunehmen ist, dass sie bei weiterer Explorationstätigkeit noch aufgefunden werden (Abb. 23.2).

Die Reserven erlauben eine verlässliche Bewertung der Vorräte unter der Voraussetzung, dass die wirtschaftlichen und technologischen Bedingungen auf dem derzeitigen Stand bleiben. Wenn sich diese Bedingungen ändern, können Ressourcen zu Reserven und umgekehrt Reserven zu Ressourcen werden.

In vielen Fällen werden Ressourcen von minderer Qualität oder geringeren Gehalten, die nicht gewinnbringend abgebaut werden können oder nur schwer aufzubereiten und weiterzuverarbeiten sind, zu Reserven, sofern neue Technologien zur Verfügung stehen oder die Preise auf dem Weltmarkt steigen.

Dabei ist zu berücksichtigen, dass die Bewertung der Ressourcen weitaus weniger verlässlich ist, als die Bewertung der Reserven. Jede als repräsentativ genannte Zahl für die Ressourcen eines bestimmten Rohstoffes beruht lediglich auf einer fundierten Vermutung, wie viel davon in der Zukunft noch verfügbar sein wird. Wir können unsere natürlichen Rohstoffe weitaus besser

Natürliche Ressourcen

Der Begriff **natürliche Ressourcen** bezieht sich auf die von Menschen genutzte Energie, auf Wasser und alle Rohstoffe, die in der natürlichen Umwelt verfügbar sind. Als **erneuerbare Ressourcen** werden diejenigen Ressourcen bezeichnet, die kontinuierlich in der Umwelt erzeugt werden; wird beispielsweise ein Wald als Brennholz geschlagen, wächst er wieder nach und kann dann erneut als Brennholz genutzt werden. Als **nicht erneuerbare Ressourcen** werden solche natürlichen Ressourcen bezeichnet, die wir wesentlich rascher verbrauchen, als sie durch geologische Prozesse entstehen. So muss beispielsweise organisches Material tief versenkt und über Jahrmillionen hinweg höheren Temperaturen ausgesetzt werden, damit daraus Erdöl entsteht.

Die Versorgung mit jedem beliebigen Material, das wir der Erdkruste entnehmen, ist endlich. Seine Verfügbarkeit ist nicht nur von seiner Verteilung in zugänglichen Lagerstätten abhängig, sondern auch davon, wie viel wir dafür zu bezahlen bereit sind, um dieses Material aus der Erdkruste zu fördern. Geologen

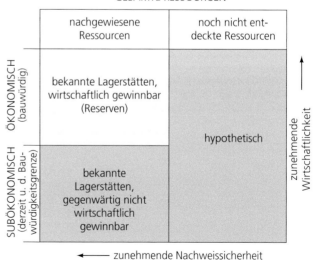

Abb. 23.2 Ressourcen schließen sowohl die Reserven als auch die bekannten derzeit wirtschaftlich nicht rentabel gewinnbaren Lagerstätten ein, sowie die bisher noch nicht entdeckten Lagerstätten, von denen anzunehmen ist, dass sie in der Zukunft noch aufgefunden werden

Teil VI

bewirtschaften, wenn wir die geologischen Rahmenbedingungen, unter denen sie auftreten, und die mit ihrer Gewinnung und Verwendung verbundenen Probleme berücksichtigen.

Energie-Ressourcen

Energie ist erforderlich, um Arbeit zu verrichten, sie ist daher die Grundlage aller Aspekte der menschlichen Zivilisation. Eine Krise in der Energieversorgung kann eine moderne Industriegesellschaft zum Stillstand bringen. Um den Zugang zu Energierohstoffen sicherzustellen, wurden bereits mehrfach Kriege geführt. Preisschwankungen bei Rohöl und anderen Brennstoffen führten zu wirtschaftlicher Rezession und Inflation.

Unser Energieverbrauch hat im Verlauf der letzten zwei Jahrhunderte zugenommen, doch unsere Energiequellen haben sich seit Beginn der industriellen Revolution verändert (Abb. 23.3). Noch vor etwa 150 Jahren wurde in den Vereinigten Staaten und Europa der größte Teil der verbrauchten Energie durch das Verbrennen von Holz gewonnen. Ein Holzfeuer ist chemisch betrachtet die Verbrennung von Biomasse – organische Substanz, die im Wesentlichen aus Kohlenwasserstoffverbindungen besteht. Diese Biomasse wird von Pflanzen und Tieren im Rahmen eines Nahrungsnetzes erzeugt, das letztendlich auf der Photosynthese beruht. Die primäre Energiequelle des Holzes ist das Sonnenlicht, das die grünen Pflanzen verwenden, um Kohlendioxid und Wasser in Kohlenhydrate umzuwandeln. Beim Verbrennen von Holz oder anderer Biomasse wird Wärmeenergie erzeugt, gleichzeitig gelangt das entstehende Kohlendioxid und

Wasser in die Umwelt zurück. Aufgrund dieser Fähigkeit wirkt die Biomasse kurzzeitig als Speicher für Sonnenenergie. Sie ist eine erneuerbare Energiequelle, da in der Biosphäre ständig neue Biomasse produziert wird. Vor Mitte des 19. Jahrhunderts deckte das Verbrennen von Holz und anderer von Pflanzern und Tieren erzeugten Biomasse (Walöl oder getrockneter Büffelmist) den größten Teil des menschlichen Energiebedarfs. Selbst heute noch entspricht die aus Biomasse gewonnene Energiemenge der gesamten, aus erneuerbaren Ressourcen stammenden Energie.

Ein Teil der Biomasse, die in der Karbonzeit vor mehr als 300 Ma in Sedimentgesteine eingeschlossen und in größere Tiefen versenkt worden war, ging durch Diagenese in Kohle über. Wenn wir diese Kohle verbrennen, gewinnen wir letztlich Sonnenenergie, die im Paläozoikum durch Photosynthese gespeichert wurde. Folglich ist die primäre Energiequelle dieser „fossilen Energie" dieselbe Sonnenstrahlung, die auch heute Antriebskraft des Klimasystems ist. Auch unsere anderen wichtigen Brennstoffe, Erdöl und Erdgas, sind durch Diagenese und Metamorphose aus organischer Substanz entstanden. Kohle, Erdöl und Erdgas werden daher insgesamt als **fossile Brennstoffe** bezeichnet.

Die Entstehung der Kohlenstoff-Wirtschaft

Der Mensch nutzte jahrtausendelang eine Vielzahl erneuerbarer Energiequellen einschließlich der Windkraft, Wasserkraft und auch der Arbeitskraft von Pferden, Ochsen und Elefanten, um Mühlen und andere Maschinen zu betreiben. Im späten 18. Jahrhundert erhöhte sich jedoch durch die zunehmende Industrialisie-

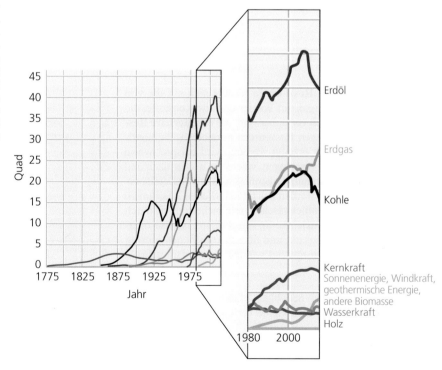

Abb. 23.3 Der gesamte Energieverbrauch der Vereinigten Staaten zwischen 1775 und 2011 wurde durch die Verbrennung von Holz, dann zunehmend von Kohle und Erdöl beherrscht. In den vergangenen wenigen Jahren (vergrößert dargestellt) war die Energiegewinnung aus Kohle und Erdöl rückläufig, während die Energie aus Erdgas und erneuerbaren Energiequellen wie Sonnenenergie und Windkraft zugenommen hat. Die Energieeinheiten sind in Quad angegeben (1 Quad = 10^15 BTU; 1 BTU = 1,055 kJ) (nach: US Energy Information Agency)

rung der Energiebedarf über das Maß dessen hinaus, was durch die traditionellen Energieressourcen gedeckt werden konnte. Ungefähr zur gleichen Zeit hatten James Watt und andere die Dampfmaschine entwickelt, die mit Kohle befeuert wurde und die Arbeit von Hunderten von Pferden verrichten konnte. Diese Technik verringerte die Energiekosten ganz erheblich, teilweise auch deshalb, weil damit der Kohleabbau in großem Maßstab möglich wurde. Die Verfügbarkeit von billiger Energie war gleichzeitig der Auslöser der ersten industriellen Revolution. Am Ende des 19. Jahrhunderts deckte die Kohle mehr als 60 % der Energieversorgung der Vereinigten Staaten (Abb. 23.3).

Im Jahre 1859 wurde von Colonel Edwin Drake in Nordamerika die erste Ölbohrung niedergebracht. Die Vorstellung, dass Erdöl ebenso wie Kohle gewinnbringend gefördert werden könnte, führte auch dazu, dass Skeptiker dieses Projekt als „Drakes Unsinn" bezeichneten (Abb. 23.4). Natürlich hatten sie Unrecht und bereits zu Beginn des 20. Jahrhunderts verdrängten Erdöl und Erdgas allmählich die Kohle als Energieträger erster Wahl. Sie verbrannten nicht nur rückstandsfreier und damit sauberer, sie hinterließen auch keine Asche und sie konnten sowohl durch Pipelines als auch per Schiff oder Bahn transportiert werden. Darüber hinaus war das aus Erdöl gewonnene Benzin und Dieselöl für die Verbrennung in den neu entwickelten Verbrennungsmotoren geeignet.

Heute beruht unser Wirtschaftssystem in erster Linie auf fossilen Brennstoffen. Zusammen decken Erdöl, Erdgas und Kohle etwa 85 % des weltweiten Energieverbrauchs. Wir können also zu Recht unser von diesen Energieträgern abhängiges Wirtschaftssystem als Kohlenstoff-Wirtschaft bezeichnen.

Energieverbrauch weltweit

Der Energieverbrauch wird normalerweise in Maßeinheiten angegeben, die auf den entsprechenden Energierohstoff zugeschnitten sind. So wird beispielsweise Erdöl in Barrel, Erdgas in Kubikmeter und Kohle in Tonnen angegeben. Ein Vergleich wird jedoch einfacher, wenn standardisierte Energieeinheiten verwendet werden, wie etwa in Großbritannien die British Thermal Unit (BTU) oder in Deutschland die Steinkohleeinheit (SKE). Der Einfachheit halber werden in diesem Buch die angelsächsischen Maßeinheiten beibehalten, dabei entsprechen 10^{15} BTU = 1 **Quad**; eine BTU wiederum entspricht 1,055 kJ oder 0,00003606 SKE.

Im Jahre 2012 verbrauchten die Vereinigten Staaten pro Jahr ungefähr 95 Quad Energie, verglichen mit etwa 530 Quad weltweit (Abb. 23.5). Damit verbrauchen die Vereinigten Staaten – mit einem Anteil von 4,5 % der Weltbevölkerung – etwa viermal mehr Energie pro Person als der Durchschnitt weltweit. Der Anteil der fossilen Brennstoffe lag bei 85 %, während der Anteil der erneuerbaren Energie lediglich 4,5 % der Gesamtmenge betrug. Der Energiefluss durch dieses System ist nicht besonders effizient: ungefähr 39 % der Energie wird nutzbringend eingesetzt, während 61 %, meist durch Wärmeverlust vergeudet werden. Außerdem zeigt Abb. 23.5, dass dieses System im Jahr 2012 ungefähr 1,4 Gt Kohlenstoff überwiegend als CO_2 in die Atmosphäre abgegeben hat.

Es gibt vielversprechende Anzeichen, dass sich durch neue energieeffizientere Technologien und durch zunehmende Schonung

Abb. 23.4 Edwin R. Drake (*rechts*) vor seiner Ölquelle, die das „Zeitalter des Erdöls" auslöste. Dieses Foto wurde im Jahre 1866 von John Mather in Titusville (Pennsylvania) aufgenommen (Foto: © Bettmann/Corbis)

Teil VI

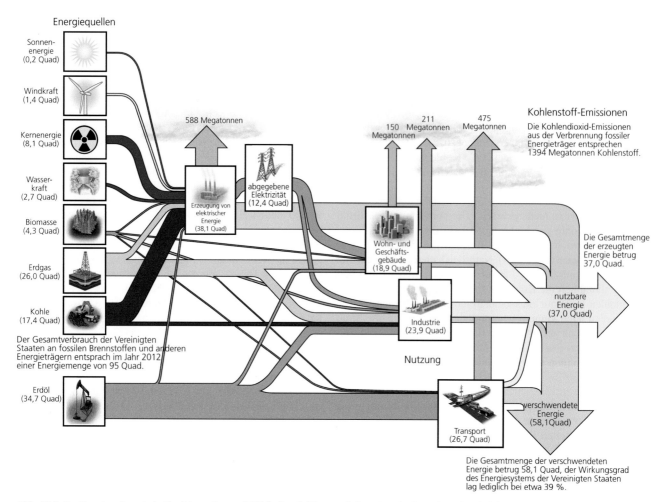

Abb. 23.5 Der Energieverbrauch der Vereinigten Staaten 2012 (in Quad). Die aus primären Energieträgern (Kästchen *links*) gewonnene Energie wird an Bevölkerung, Handel, Industrie und Transportgewebe geliefert (Kästchen *rechts*). Nicht dargestellt sind die geringen Anteile der geothermischen Energie an der elektrischen Energieerzeugung (0,2 Quad) (nach: Lawrence Livermore National Laboratory, nach Daten der Energy Information Administration)

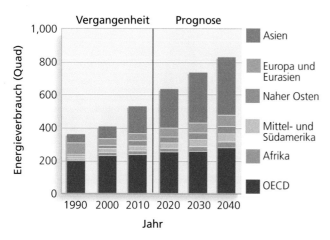

Abb. 23.6 Ehemaliger und künftiger Energieverbrauch im Zeitraum zwischen 1990 und 2040 nach Regionen (in Quad). Die OECD (Organisation für wirtschaftliche Zusammenarbeit) besteht aus den Ländern Westeuropas, Nordamerika und Australien (nach: US Energy Information Agency)

der Energieressourcen der „Energiehunger" der Vereinigten Staaten allmählich verringern wird. Tatsächlich ist der jährliche Verbrauch aller Energieformen zwischen 2007 und 2012 um 6 % zurückgegangen – der erste, mehrere Jahre anhaltende Rückgang innerhalb der jüngsten Geschichte. Global betrachtet wurden jedoch diese bescheidenen Verringerungen des Energieverbrauchs der Vereinigten Staaten, Japans und Westeuropas durch den Anstieg in den Entwicklungsländern, angeführt von den beiden bevölkerungsreichsten Ländern China (plus 8 % pro Jahr) und Indien (plus 7 % pro Jahr), mehr als ausgeglichen. Im Jahr 2007 übertraf der gesamte Energieverbrauch Chinas erstmalig den der Vereinigten Staaten. Chinas durchschnittlicher Energieverbrauch pro Kopf ist immer noch fast achtmal niedriger, bedingt durch seine große Einwohnerzahl. Da China und die anderen Entwicklungsländer bestrebt sind, ihren Lebensstandard zu erhöhen, steigt auch der Pro-Kopf-Verbrauch und beschleunigt den gesamten Energieverbrauch. Der weltweite Energieverbrauch wird bis 2020 auf mehr als 600 Quad veranschlagt (Abb. 23.6).

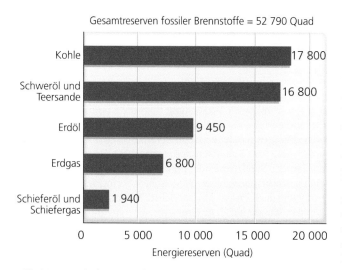

Gesamtreserven fossiler Brennstoffe = 52 790 Quad

Abb. 23.7 Die Abschätzungen der gesamten vorhandenen Energiereserven fossiler Brennstoffe belaufen sich auf ungefähr 53.000 Quad (nach: World Energy Council)

Energieressourcen für die Zukunft

Abbildung 23.7 zeigt einen groben Überblick über die noch vorhandenen, nicht erneuerbaren Energiereserven der Welt. Teilte man die Menge der gesamten Reserven (ungefähr 53.000 Quad) durch den derzeitigen jährlichen, in Abb. 23.6 angegebenen weltweiten Verbrauch (ungefähr 530 Quad), käme man (fälschlicherweise) zu dem Ergebnis, dass wir uns noch viele Jahrzehnte lang keine Sorgen über einen Rückgang der Energievorräte machen müssten. Wie wir noch sehen werden, sind jedoch die energiewirtschaftlichen Probleme wesentlich komplizierter. Einige Energiequellen werden vor anderen erschöpft sein, die verschiedenen Energiequellen sind nicht einfach gegeneinander austauschbar, und auch die Nachteile für die Umwelt bei einem Übergang von einer Energieform in andere nutzbare Energieformen könnten zu groß sein.

Natürlich können wir damit beginnen, unseren Energiebedarf durch einen zunehmend effizienteren Verbrauch der fossilen Energieträger und durch die Entwicklung und Nutzung alternativer Energieformen wie etwa der Kernenergie und erneuerbarer Energie zu decken. Die derzeitigen Prognosen deuten darauf hin, dass die Energieerzeugung aus erneuerbaren Energiequellen wie Sonnenenergie, Windkraft, Wasserkraft und geothermischer Energie oder Biokraftstoffen noch viele Jahrzehnte lang hinter den Erwartungen zurückbleiben wird, es sei denn, es käme zu einem unerwarteten technologischen Durchbruch. Dennoch würde die Entwicklung alternativer Energiequellen den Druck sowohl auf unsere fossilen Brennstoff-Ressourcen als auch auf ihre negativen Umwelteinflüsse verringern.

Kohlenstoff-Fluss und Energieerzeugung

Einer der wesentlichsten Nachteile der Verwendung fossiler Brennstoffe für die Umwelt dürfte der Klimawandel sein, der durch den Einfluss unserer Kohlenstoff-Wirtschaft auf den globalen Kohlenstoffkreislauf verursacht wird. Vor dem Erscheinen des Menschen auf der Erde wurde der Austausch von Kohlenstoff zwischen der Lithosphäre und den anderen Komponenten des Systems Erde durch die geringe Geschwindigkeit reguliert, mit der bei geologischen Prozessen organisches Material in den Untergrund versenkt wurde und von dort wieder an die Erdoberfläche gelangte. Dieser natürliche Kohlenstoffkreislauf ist durch das Aufkommen der Kohlenstoff-Wirtschaft unterbrochen worden, durch die heute ungeheuer große Mengen Kohlenstoff von der Lithosphäre direkt in die Atmosphäre freigesetzt werden. In Kap. 15 wurde gezeigt, dass das System Klima eng mit dem globalen Kohlenstoffkreislauf verbunden ist, weil Kohlendioxid eines der Treibhausgase ist. Die Konzentration dieses Gases ist von ihrem vorindustriellen Niveau von ungefähr 270 ppm rasch angestiegen und erreichte 2013 den Wert von knapp 400 ppm. Sofern die Verbrennung fossiler Energieträger unvermindert fortdauert, wird sich die Menge des in der Atmosphäre vorhandenen Kohlendioxids bis Mitte dieses Jahrhunderts gegenüber dem vorindustriellen Wert verdoppeln.

Der anthropogen bedingte Anstieg des Kohlendioxidgehalts und auch der anderen Treibhausgase führt bereits heute zu einer Verstärkung des Treibhauseffekts und der globalen Erwärmung. Es ist offenkundig, dass die Zukunft des Systems Klima und seiner lebenden Komponenten, der Biosphäre, davon abhängig ist, wie unsere Gesellschaft ihre Energieressourcen bewirtschaftet. Darauf wird in der Folge näher eingegangen.

Fossile Brennstoff-Ressourcen

Wirtschaftlich gewinnbare Lagerstätten unserer wichtigsten Energieträger, der fossilen Brennstoffe, entstehen nur unter ganz bestimmten geologischen Bedingungen. Ausgangsmaterial sind in allen Fällen organische Rückstände ehemaliger Lebewesen – Pflanzen, Algen, Bakterien und andere Mikroorganismen, die in Sedimenten eingebettet, diagenetisch umgewandelt und konserviert wurden.

Die Entstehung von Erdöl und Erdgas

Erdöl und Erdgas bilden sich in Sedimentbecken dort, wo die Produktion von biogenem Material hoch ist, die Sauerstoffversorgung in den bodennahen Wasserschichten und Sedimenten jedoch nicht ausreicht, um das gesamte darin enthaltene organische Material durch Oxidation abzubauen. In zahlreichen küstennahen Subsidenzbecken auf den Kontinentalrändern sind beide

Bedingungen erfüllt. In solchen Bereichen – und in geringerem Maße auch in Flussdeltas und Binnenseen – ist die Sedimentationsrate hoch und das organische Material wird rasch im Sediment eingebettet und somit dem Abbau entzogen.

Wenn organische Substanz über Millionen Jahre in der Tiefe eingeschlossen bleibt, kommt es infolge der dort erhöhten Druck- und Temperaturverhältnisse zu chemischen Reaktionen. Dadurch wird ein Teil des organischen Materials in diesen sogenannten **Muttergesteinen** allmählich in brennbare Kohlenwasserstoffe umgewandelt. Die einfachste Kohlenwasserstoffverbindung ist das Methan (CH_4), eine Verbindung, die wir auch als **Erdgas** bezeichnen. Erdöl (oder Rohöl) besteht aus einer Vielzahl komplexer flüssiger Kohlenwasserstoffverbindungen, darunter ketten- und ringförmige Moleküle aus Dutzenden von Kohlenstoff- und Wasserstoffatomen.

Erdöl entsteht nur unter ganz bestimmten Druck- und Temperaturbedingungen, wie sie bei einem normalen geothermischen Gradienten in etwa 2 bis 5 km Tiefe herrschen – ein Bereich, der als **Erdölfenster** bezeichnet wird (vgl. Abschn. 24.5). Die Temperaturen oberhalb dieses Fensters sind zu niedrig (norma-lerweise unter 50 °C), sodass das organische Material nicht in Erdöl umgewandelt werden kann, während die Temperaturen unterhalb des Erdölfensters so hoch sind (über 150 °C), dass die Bindungen in den Kohlenwasserstoffen aufbrechen und Methan, also lediglich Erdgas entsteht.

Mit fortschreitender Versenkung führt die Kompaktion des Erdölmuttergesteins zur Abwanderung (Migration) der gasförmigen oder flüssigen Kohlenwasserstoffverbindungen in angrenzende, höher gelegene Schichten aus permeablen Gesteinen wie beispielsweise Sandsteine oder poröse Kalksteine, die wir als **Speichergesteine** bezeichnen. Wegen ihrer geringen Dichte steigen Erdöl und auch Erdgas an die höchste Stelle auf, die sie erreichen können, wo sie auf dem Grundwasser schwimmen, das in fast allen Poren permeabler Gesteine vorhanden ist.

Die geologischen Voraussetzungen für eine Anreicherung von Öl und Gas in nennenswertem Umfang erfordern eine günstige Kombination aus geologischen Strukturen und Gesteinsarten, um eine undurchlässige Barriere für die aufsteigenden Kohlenwasserstoffe zu erzeugen, eine sogenannte **Ölfalle** (Abb. 23.8). Bestimmte Ölfallen sind durch Deformation der Schichtenfolge

Sattelstruktur

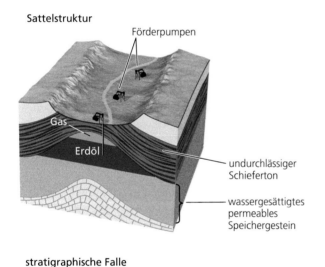

Verwerfung

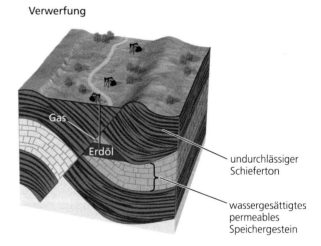

stratigraphische Falle

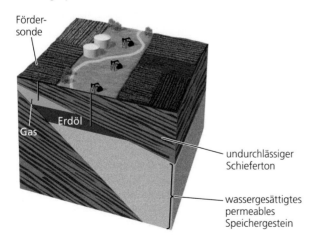

Salzstock

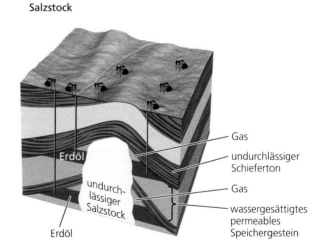

Abb. 23.8 Erdöl sammelt sich in Speichern, die durch den geologischen Bau vorgegeben sind. Dargestellt sind die vier häufigsten Typen

entstanden und werden deshalb als tektonische oder strukturelle Fallen bezeichnet.

Der wohl bekannteste Typ einer tektonischen Ölfalle sind Sattel- oder Antiklinalstrukturen, bei denen durchlässige Sandstein- oder Kalksteinschichten von undurchlässigen Schiefertonen überlagert werden (Abb. 23.8a). Öl und Gas sammeln sich im Kern der Sattelstruktur, das Gas am weitesten oben, darunter das Öl, das seinerseits auf dem Grundwasser der wassergesättigten Speichergesteine schwimmt (vgl. Abschn. 24.7). Ähnlich können durch eine Winkeldiskordanz oder durch den Versatz von Schichten an Störungen geneigt lagernde permeable Kalksteinschichten auf der gegenüberliegenden Seite der Störung an eine undurchlässige Schicht aus Schiefertonen grenzen und so eine andere Form von tektonischer Falle bilden (Abb. 23.8b). Andere Ölfallen, die sogenannten **stratigraphischen Fallen**, bilden sich aufgrund der ursprünglichen Sedimentverteilung im Ablagerungsraum, wenn beispielsweise geneigt lagernde Sandsteinschichten allmählich ausdünnen und in undurchlässige Schiefertone übergehen (Abb. 23.8c). Außerdem kann Öl von undurchlässigen Salzgesteinen wie etwa am Rand eines Salzstocks eingeschlossen werden (Abb. 23.8d).

Die Kohlenwasserstoff-Speicher, die Erdöl und Erdgas enthalten, sind komplexe geologische Systeme. Die Geowissenschaftler sind heute in der Lage, durch Anwendung verschiedener technischer Verfahren, wie etwa seismischer Bildgebungsverfahren (Abb. 14.6b), die Lage der Speichergesteine räumlich darzustellen. Die sich daraus ergebenden dreidimensionalen Modelle zeigen, wo sich der Großteil des Öls und Gases befindet und ermöglichen die Prognose, wie es den in den Speicher niedergebrachten Bohrungen zufließen wird.

Bei ihrer Suche nach Öl haben Geologen weltweit Tausende von stratigraphischen und tektonischen Fallen kartiert. Es hat sich gezeigt, dass nur ein Bruchteil davon Öl oder Gas in wirtschaftlich bauwürdigen Mengen enthält, weil eine Fangstruktur allein nicht genügt. Sie wird nur dann Öl enthalten, wenn auch die entsprechenden Muttergesteine vorhanden sind, wenn die notwendigen chemischen Reaktionen stattgefunden haben und wenn das Öl in die Falle einwandern, das heißt migrieren und dort auch bleiben konnte, ohne durch nachfolgende Erwärmung oder Deformation wieder zerstört zu werden. Obwohl Öl- und Gasvorkommen nicht unbedingt selten sind, sind die meisten großen und einfach zu findenden Lagerstätten bereits entdeckt; es wird also immer schwieriger, neue Felder aufzufinden.

Derzeit werden Versuche unternommen, effizientere Verfahren für die Gewinnung von Erdöl und Erdgas aus tief lagernden Gesteinen zu entwickeln. Das Niederbringen tiefer Bohrungen in die Erdkruste wurde zu einer sehr anspruchsvollen und teuren Angelegenheit (Abb. 23.9). Die Erdölingenieure verwenden inzwischen dreidimensionale Modelle, um die Bohrmeißel auf dem direktesten Weg in die reichsten Bereiche des Speichers zu lenken. In Speichergesteine, aus denen das Öl nur träge zur Sonde fließt, pressen sie unter hohem Druck Wasser ein, um den Fließvorgang zu beschleunigen, ein Prozess der als **hydraulisches Fracking** bezeichnet wird, oder sie pressen Kohlendioxid über speziell angesetzte Bohrungen in den Träger ein, damit das

Abb. 23.9 Neue, an Bord der Bohrplattformen im Golf von Mexiko angewendete Technologien ermöglichen die Gewinnung von Erdöl und Erdgas aus Speichergesteinen auch unter großer Wasserbedeckung. Eine Bohrung von einer solchen Plattform aus kann mehr als 100 Mio. Dollar kosten (Foto: © Larry Lee Photography/Corbis)

Öl in Bereiche fließt, wo es durch andere Bohrungen effizienter gewonnen werden kann. Durch diese Sekundärverfahren hat sich der Anteil der gewinnbaren Erdöl- und Erdgasanteile deutlich erhöht und damit auch die Reserven vergrößert.

Die weltweite Verteilung der Ressourcen

Im Zeitraum zwischen 2002 und 2012 verbrauchte die Welt ungefähr 0,3 Billionen Barrel Erdöl (1 Barrel = 159 l), die weltweiten Reserven nahmen jedoch nicht ab, sondern sie stiegen von 1,3 Billionen Barrel auf nahezu 1,7 Billionen Barrel. Die Exploration von Erdöl ist eine ungeheuer erfolgreiche geologische Tätigkeit.

Die Ölreserven und ihre Veränderungen pro Jahrzehnt sind in Abb. 23.10 nach Gebieten getrennt dargestellt. Die Ölfelder des Nahen Ostens – in Iran, Kuwait, Saudi-Arabien, dem Irak und im Gebiet um Baku in Aserbaidschan – enthalten etwa 48 % des gesamten Erdöls der Welt. Dort wurden die an organischem Material reichen Sedimente bei der Schließung des Tethys-Ozeans durch Faltung und Bruchtektonik deformiert und ließen ein nahezu ideales Gebiet für die Akkumulation von Kohlenwasserstoffen entstehen. Die größten, in dieser Konvergenzzone entdeckten

Reserven liegen in Saudi-Arabien im riesigen Ghawar-Ölfeld, dem größten der Welt. Seit Beginn der Förderung im Jahre 1948 produzierte das Ghawar-Feld bisher mehr als 70 Mrd. Barrel und dürfte im Verlauf der gesamten Produktionszeit noch weitere 70 Mrd. Barrel liefern.

Die meisten Ölreserven der westlichen Hemisphäre liegen in den höchst produktiven Gebieten um den Golf von Mexiko und dem Karibischen Meer mit Louisiana, Texas, Mexiko, Kolumbien und Venezuela. Die Verdreifachung der südamerikanischen Ölreserven zwischen 2002 und 2012 (vgl. Abb. 23.10) ist hauptsächlich das Resultat verbesserter Gewinnungsverfahren, die es ermöglichen, das schwere Öl des venezolanischen Orinoco-Beckens wirtschaftlich zu fördern, sowie der Entdeckung großer neuer Ölfelder im Atlantik vor der Küste Brasiliens. Hinzu kommen die ergiebigen Offshorefelder vor den Küsten Nigerias und Angolas.

Die Ölreserven der Vereinigten Staaten haben sich ebenfalls von 31 Mrd. Barrel im Jahr 2002 auf 35 Mrd. Barrel im Jahr 2012 erhöht; damit stehen die Vereinigten Staaten weltweit an zehnter Stelle innerhalb der erdölproduzierenden Länder. In den Vereinigten Staaten besitzen 31 Bundesstaaten wirtschaftlich gewinnbare Ölreserven und in den meisten anderen finden sich kleinere Ressourcen, deren Förderung sich derzeit nicht lohnt.

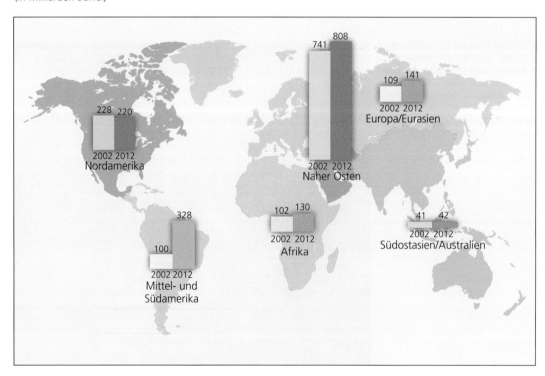

nachgewiesene Reserven
(in Milliarden Barrel)

Abb. 23.10 Die gesamten geschätzen Welt-Erdölreserven Ende des Jahres 2002 (*linke Säule*) und 2012 (*rechte Säule*) in Milliarden Barrel, aufgegliedert nach Regionen (nach: British Petroleum Statistical Review of World Energy 2013, Juni 2013)

Erdölförderung und Verbrauch

Im Jahr 2012 betrug die Menge des weltweit geförderten Erdöls ungefähr 31 Mrd. Barrel. Allein die Vereinigten Staaten produzierten 3,2 Mrd. Barrel und damit, abgesehen von Russland und Saudi-Arabien, mehr als jede andere Nation; sie verbrauchten jedoch fast 6,8 Mrd. Barrel. Die Lücke zwischen Produktion und Verbrauch von 3,6 Mrd. Barrel muss durch Importe geschlossen werden. Die Vereinigten Staaten sind das, was man als „reifen" Ölproduzenten bezeichnet, das heißt, dass die meisten Ölressourcen innerhalb der Landesgrenzen bereits zur Neige gehen. Die Produktion erreichte im Jahre 1970 ihren Höhepunkt, ist seitdem rückläufig und folgt ungefähr einer glockenförmigen Kurve (Abb. 23.11). Der höchste Punkt dieser Kurve wird nach dem bekannten Erdölgeologen, M. King Hubbert, als **Hubbert Peak** bezeichnet. Hubbert verwendete im Jahr 1956 ein einfaches mathematisches Modell und kam damit zu dem Ergebnis, dass die Erdölproduktion der Vereinigten Staaten, die zu diesem Zeitpunkt rapide anstieg, etwa zu Beginn der siebziger Jahre zurückgehen wird. Seine Argumente wurden rundweg als zu pessimistisch abgelehnt, die weitere Entwicklung gab ihm jedoch recht: Die Produktion erreichte 1970 ihren Höhepunkt und ist seitdem in einem Ausmaß rückläufig, das weitgehend dem von Hubbert für das ausgehende 20. Jahrhundert prognostizierten Rückgang der Förderung entspricht.

Im Jahre 2009 stieg die Erdölproduktion der Vereinigten Staaten wieder an und im Jahre 2012 lag die Produktion 30 % über ihrem tiefsten Wert im Jahr 2008. Dieser Anstieg als Zeichen eines neuen Ölbooms in den Vereinigten Staaten wurde ausgelöst durch die rasche Entwicklung der vor der Küste (offshore) liegenden Ölfelder und einer verbesserten Fördertechnik für die Vorkommen auf dem Festland einschließlich der umstrittenen Methode des Hydraulic Fracturing, kurz „Fracking" genannt.

Ende des Erdöls

Beim derzeitigen Verbrauch werden die gesamten bekannten Erdölreserven der Erde in etwa 55 Jahren verbraucht sein. Bedeutet dies, dass sie noch vor Ende dieses Jahrhunderts erschöpft sind? Nein, weil die Erdölressourcen weitaus größer sind als die Reserven.

Eigentlich werden die Ölvorräte niemals wirklich erschöpft sein. Wenn die Ressourcen zurückgehen, werden die Preise schließlich so weit ansteigen, dass es sich die Konsumenten nicht mehr leisten können, das Erdöl lediglich als Treibstoff zu verschwenden. Die wesentliche Verwendung findet Erdöl dann als Ausgangsmaterial für die Herstellung von Kunststoffen, Düngemitteln und einer Vielzahl petrochemischer Produkte. Die petrochemische Industrie ist heute schon ein wichtiger Verbraucher, sie verarbeitet derzeit etwa 7 % der Welt-Erdölproduktion. Wie der Erdölgeologe Ken Deffeyes einmal äußerte, werden die kommenden Generationen möglicherweise auf ein verschwenderisches Ölzeitalter zurückblicken und ungläubig fragen: „Sie verbrannten das Öl? All die herrlichen organischen Moleküle, und sie verbrannten sie einfach?"

Die wesentliche Frage ist nicht, wann das Öl erschöpft sein wird, sondern wann die Ölförderung nicht mehr steigt und beginnt rückläufig zu werden. Dieser Punkt – der Hubbert Peak der Welt-Erdölproduktion – ist der wirkliche Wendepunkt. Ist er einmal erreicht, nimmt die Differenz zwischen Versorgung und Bedarf sehr rasch zu und damit steigen die Preise ins Uferlose.

Wie nahe sind wir an diesem Hubbert Peak? Die Antwort auf diese entscheidende Frage ist Gegenstand heftiger Diskussionen. Einige pessimistische Prognosen gehen davon aus, dass wir uns sehr rasch dem Hubbert Peak nähern. Andererseits gehen optimistische Prognosen davon aus, dass durch die Entdeckung

Abb. 23.11 Die jährliche Erdölproduktion der Vereinigten Staaten zwischen 1860 und 2012 in Milliarden Barrel. Die Punkte entsprechen der geförderten Menge des jeweiligen Jahres. Die durchgezogene Linie zeigt die von Hubbert 1959 prognostizierte Produktionsmenge, die 1970 ihr Maximum erreichen und danach zurückgehen sollte. Die Produktion sank jedoch 2008 auf ein Minimum und nimmt seit dem wieder zu (aus: K. Deffeyes (2001): Hubberts Peak. – Princeton NJ, Princeton University Press; ergänzt durch Daten der US Energy Information Administration)

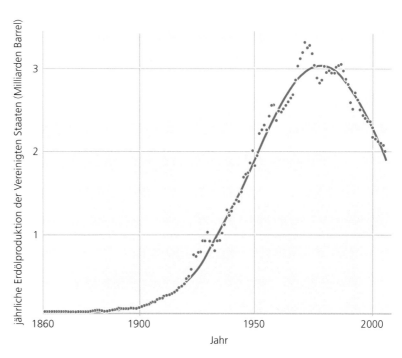

Abb. 23.12 Ölteppich im Golf von Mexiko, aufgenommen am 24. Mai 2010 vom NASA-Satelliten Terra, 34 Tage nach der Explosion auf der Bohrinsel *Deepwarter Horizon* (Foto: NASA/Goddard/MODIS Rapid Response Team)

neuer Erdöllagerstätten und durch verbesserte Fördermethoden – wie etwa Fracking und Bohrungen in tiefen Gewässern – genügend Erdöl zur Verfügung stehen wird, um den Weltbedarf für mehrere Jahrzehnte decken zu können. Der in Abb. 23.10 dargestellte jüngste Anstieg der Erdölreserven bestätigt diese Ansicht.

Erdöl und Umwelt

Die Gewinnung fossiler Energieträger kann aber auch eine erhebliche Anzahl von nachteiligen Auswirkungen für die Umwelt zur Folge haben. Am 20. April 2010 kamen bei einer Explosion an Bord der Bohrinsel *Deepwater Horizon* 11 Menschen ums Leben und 17 weitere wurden verletzt. Dieser Ölausbruch führte zur bisher größten Verschmutzung des Meeres, da in den folgenden drei Monaten rund 5 Mio. Barrel Rohöl in den Golf von Mexiko flossen (Abb. 23.12). Der sich ausbreitende Ölteppich führte an der Golfküste der Vereinigten Staaten zu einer erheblichen Zerstörung der Ökosysteme (Abb. 23.13).

Dieser Unglücksfall wie auch die früheren Störfälle vor der Küste der Halbinsel Yucatán 1979 und 1969 bei Santa Barbara (Kalifornien, USA) belebten erneut die Diskussion, ob die Förderung von Erdöl und Erdgas in empfindlichen Habitaten wie etwa im Arctic National Wildlife Refuge (ANWR) auf der Küstenebene vor

Abb. 23.13 Das nach der Explosion auf der *Deepwater Horizon* auslaufende Öl schädigte an der Golfküste die Tier- und Pflanzenwelt (Foto: © AP Photo/ Bill Haber)

Teil VI

Abb. 23.14 Karibu-Herde im Arctic National Wildlife Refuge (ANWR). Der Vorschlag, in dieser unberührten Landschaft nach Erdöl und Erdgas zu bohren, löste heftige Auseinandersetzungen aus (Foto: © Prisma Bildagentur/Alamy)

Nordalaska genehmigt werden sollte oder nicht (Abb. 23.14). Die Gesamtvorräte in diesem ANWR sind derzeit noch nicht vollständig bekannt, sie dürften sich jedoch auf bis zu 40 Mrd. Barrel belaufen. Der US Geological Survey geht davon aus, dass wenn der Rohölpreis hoch genug ist, mit konventionellen Fördermethoden etwa 6 bis 16 Mrd. Barrel gewonnen werden können. Es steht außer Zweifel, dass diese Ressourcen wirtschaftlich ein Gewinn für die amerikanische Nation wären. Die Produktion von Erdöl und Erdgas erfordert jedoch auch den Bau von Straßen, Pipelines und Wohngebäuden in einer ökologisch empfindlichen Umwelt, die ein besonders wichtiges Rückzugsgebiet für Karibus, Moschusochsen, Schneegänse und andere Wildtiere darstellt. Die Politiker sollten bei ihrer Entscheidung den kurzzeitigen wirtschaftlichen Nutzen dieser Bohrungen gegen die möglichen langfristigen Umweltschäden sehr sorgfältig abwägen.

Erdgas

Bei Erdgas liegen die Reserven weltweit in etwa der gleichen Größenordnung wie beim Erdöl (vgl. Abb. 23.7), und werden diese in den kommenden Jahren wahrscheinlich noch übertreffen. Die Abschätzungen der Erdgasreserven wurden in den vergangenen Jahren ständig nach oben korrigiert, da die Exploration zugenommen hat und in neuen geologischen Positionen wie beispielsweise in sehr tief liegenden Formationen, Überschiebungszonen, in Kohlelagerstätten und in dichten, wenig durchlässigen Sandsteinen und Schiefertonen neue Erdgasvorkommen entdeckt wurden.

Wie beim Erdöl ermöglichen neue Technologien eine effizientere Gewinnung von Erdgas und vergrößern darüber hinaus die Möglichkeit, aus anderen, bisher nicht nutzbaren Gesteinen Erdgas

wirtschaftlich zu fördern. Bei dem Verfahren der **hydraulischen Rissbildung** („Fracking") werden unter hohem Druck große Mengen Wasser und Quarzsand zusammen mit bestimmten Chemikalien in die Speichergesteine eingepresst, um im Gestein Risse zu erzeugen, durch die das Gas leichter zu Sonde strömt (Abb. 23.15). Dieses neue Verfahren löste bei der Förderung von Erdgas aus Schiefertonen wie etwa dem Marcellus Shale im Untergrund der nördlichen Appalachen und des Allegheny-Plateaus der westlichen Vereinigten Staaten (vgl. Kap. 5) geradezu einen Boom aus. Laut der amerikanischen Umweltschutzvereinigung *Climate Central* gibt es inzwischen in 36 Bundesstaaten rund 1,1 Mio. Bohrlöcher, aus denen durch Fracking Öl und Erdgas gefördert wird. Die Produktion von sogenanntem **Schiefergas** ist im letzten Jahrzehnt um das Zehnfache gestiegen und machte 2012 mit 141 Mio. Kubikmetern schon 23 % der Erdgasproduktion der Vereinigten Staaten aus (Abb. 23.16).

Die mit dem Fracking verbundenen Umweltschäden können jedoch erheblich sein, weil bei diesem Verfahren große Mengen Wasser erforderlich sind und die Rückstände der Schiefergasproduktion die lokalen Grundwasservorkommen verunreinigen können. Darüber hinaus erfolgt die Beseitigung des Abwassers und der beim Fracking anfallenden Chemikalien oftmals durch Injektion der Flüssigkeiten in tiefe Bohrungen. Dadurch besteht die Gefahr, dass sich der Boden hebt oder dass alte Störungszonen in der Erdkruste gewissermaßen geschmiert werden und es dann nachfolgend an diesen Störungen zu Erdbeben kommt (vgl. Kap. 13). Hierfür gibt es inzwischen bereits Beispiele, denn durch dieses Verfahren hat sich die seismische Aktivität in zahlreiche Gebieten der Vereinigten Staaten, wie etwa in Oklahoma, Texas und Ohio, in denen die Seismizität historisch dokumentiert bisher gering war, deutlich erhöht. In Deutschland wird das Fracking deshalb als Risikotechnologie eingestuft, obwohl sich die Vorräte an theoretisch förderbarem Schiefergas nach Schätzungen der Bundesanstalt für Geowissenschaften und Rohstoffe auf

Teil VI

Abb. 23.15 Das „Fracking" (hydraulische Rissbildung) ist eine Methode zur Gewinnung von Erdöl und Erdgas aus Schiefertonen und anderen Gesteinen mit geringer Permeabilität. Nach der Perforation der Verrohrung wird unter hohem Druck ein Gemisch aus Wasser und Sand in das Bohrloch gepumpt, um im Gestein Risse zu erzeugen, durch die Erdöl und Erdgas leichter zur Bohrung fließen können. Die Bohrungen werden in nahezu flach lagernden Schiefertonen häufig in die Horizontale umgelenkt

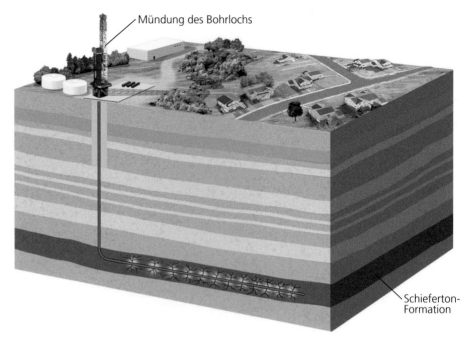

Mündung des Bohrlochs

Schieferton-Formation

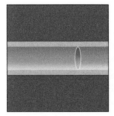
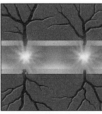
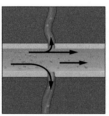
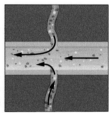

Das Bohrloch ist verrohrt und zementiert.

Verrohrung und Zementierung werden durch kleine Sprengladungen perforiert.

Das umgebende Gestein wird durch das Einpumpen von Wasser und Sand in das Bohrloch unter hohem Druck hydraulisch aufgebrochen.

Durch das Fracking entstehen kleine Risse, die durch den beigemischten Sand offen gehalten werden. Sie erhöhen die Permeabilität und ermöglichen den leichteren Zufluss von Erdöl und Erdgas zur Sonde.

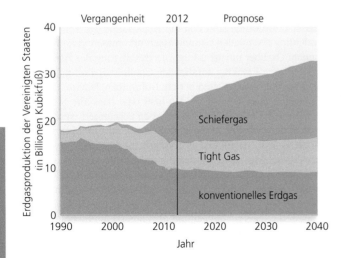

etwa 1,3 Billionen Kubikmeter belaufen und damit der gesamte Gasbedarf für 10 bis 15 Jahre gedeckt werden könnte.

Erdgas ist in mehrfacher Hinsicht ein gesuchter Brennstoff. Erdgas besteht überwiegend aus Methan (CH_4). Beim Verbrennen reagiert es mit dem Sauerstoff der Luft unter Abgabe von Energie in Form von Wärme, Kohlendioxid und Wasser. Es verbrennt somit sauberer als Kohle und Erdöl, da im Gegensatz zur Kohle weder Asche noch Schwefeldioxid (als Ursache des sauren Regens) oder andere Schadstoffe entstehen. Beim Verbrennen von

Abb. 23.16 Der Anteil von Schiefergas an der Erdgasproduktion der Vereinigten Staaten liegt derzeit bei rund einem Drittel; es ist davon auszugehen, dass der Anteil bis 2040 auf die Hälfte steigt

Erdgas werden pro Energieeinheit 30 % weniger Kohlendioxid freigesetzt als bei der Verbrennung von Erdöl und 40 % weniger als bei der Verbrennung von Kohle, deshalb wird beim Ersatz von Kohle durch Erdgas als Brennstoff für Kraftwerke die Kohlenstoffemission pro Quad elektrischer Energie erheblich reduziert. Erdgas lässt sich auf einfache Weise in Pipelines quer durch die Kontinente transportieren. Der Transport vom Fördergebiet zum Verbraucher auf dem Seeweg ist schwieriger, doch der Bau entsprechender Tanker und Hafenanlagen, in denen verflüssigtes Erdgas (Liquid Natural Gas, LNG) transportiert beziehungsweise abgefüllt werden kann, löst allmählich dieses Problem, obwohl die LNG-Anlagen wegen der potenziellen Gefahren (wie etwa das Risiko einer schweren Explosion) in den Orten, wo sie gebaut werden sollen, umstritten sind.

Der Anteil an Erdgas liegt in den Vereinigten Staaten bei etwa 33 % aller pro Jahr verbrauchten fossilen Brennstoffe (vgl. Abb. 23.5). Mehr als die Hälfte aller amerikanischen Häuser und die meisten industriell und gewerblich genutzten Gebäude sind an ein Verbundnetz angeschlossen, durch das Erdgas aus den Feldern der Vereinigten Staaten, Kanadas und Mexikos direkt zu den Verbrauchern transportiert wird. Der Anstieg der Erdgasressourcen veranlasste bereits einige Beobachter zu der Vermutung, dass wir derzeit von einer Erdöl-Wirtschaft in eine Methan-Wirtschaft übergehen.

Kohle

Die reichlich vorhandenen fossilen Pflanzenreste in den Kohle führenden Schichten weisen darauf hin, dass Kohle ein biogenes Sediment ist, das einst in Feuchtgebieten aus mächtigen Anreicherungen von pflanzlichem Material entstanden ist. Als das üppig wachsende Pflanzenmaterial abgestorben war, bedeckten Blätter, Zweige und Äste den wassergesättigten Boden. Die rasche Einbettung und die Überdeckung mit Wasser schützten das Pflanzenmaterial vor dem vollständigen Abbau, weil die Bakterien und Pilze, die pflanzliches Material zersetzen, vom erforderlichen Sauerstoff abgeschnitten waren. Die abgestorbene Vegetation reicherte sich an und ging allmählich in Torf über – eine lockere dunkelbraune Masse aus organischen Substanzen, in der kleine Zweige, Äste und andere Pflanzenteile noch deutlich erkennbar sind (Abb. 23.17). Die Anreicherung von Torf in einem sauerstoffarmen Milieu kann in den heutigen Sümpfen und

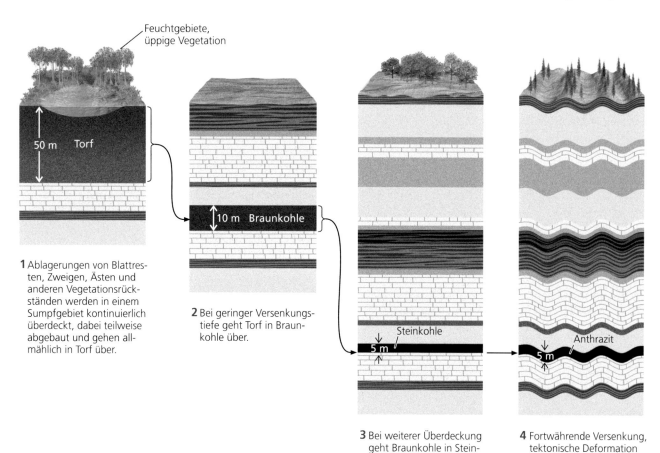

Feuchtgebiete, üppige Vegetation

50 m   Torf

10 m   Braunkohle

Steinkohle
5 m

Anthrazit
5 m

1 Ablagerungen von Blattresten, Zweigen, Ästen und anderen Vegetationsrückständen werden in einem Sumpfgebiet kontinuierlich überdeckt, dabei teilweise abgebaut und gehen allmählich in Torf über.

2 Bei geringer Versenkungstiefe geht Torf in Braunkohle über.

3 Bei weiterer Überdeckung geht Braunkohle in Steinkohle über.

4 Fortwährende Versenkung, tektonische Deformation und Wärme führen zu weiterer Inkohlung und damit zum Übergang von Steinkohle in Anthrazit.

Abb. 23.17 Die Entstehung von Kohleflözen beginnt mit der Ablagerung von Pflanzenresten in einem sauerstoffarmen Milieu

Teil VI

Torfmooren beobachtet werden. In trockenem Zustand brennt Torf leicht, weil er zu etwa 50 % aus Kohlenstoff besteht.

Im Lauf der Zeit und mit zunehmender Überdeckung wird der Torf zusammengepresst und entwässert. Durch Versenkung in tiefere Bereiche kommt es schließlich auch zu einer fortschreitenden Erwärmung. Als Folge chemischer Umsetzungen des pflanzlichen Materials erhöht sich der bereits hohe Kohlenstoffgehalt und der Torf geht in Braunkohle über, ein weiches braunschwarzes, kohleähnliches Material mit einem Kohlenstoffgehalt von ungefähr 70 %. Bei weiter steigenden Temperaturen und tektonischer Deformation, wie sie in größeren Tiefen mit entsprechender Überdeckung auftreten, kann die Braunkohle durch den Prozess der **Inkohlung** in Hartbraunkohle, danach in verschiedene Typen von Steinkohle und schließlich in Anthrazit übergehen. Je höher der Inkohlungsgrad, desto härter und glänzender ist die Kohle und desto höher ist auch der Kohlenstoffgehalt und damit ihr Brennwert. Anthrazit beispielsweise besteht zu über 90 % aus Kohlenstoff.

Kohleressourcen In vielen Sedimentgesteinen lagern riesige Kohlenressourcen. Obwohl Kohle seit Ende des 19. Jahrhunderts als wesentliche Energiequelle genutzt wird, wurden bisher lediglich etwa fünf Prozent der Kohleressourcen der Erde verbraucht. Nach einigen Schätzungen belaufen sich die Reserven auf etwa 860 Mrd. Tonnen, aus denen sich 17.800 Quad Energie gewinnen lassen, mehr als aus jedem anderen fossilen Energieträger. Die Nachfolgestaaten der früheren Sowjetunion, China und die Vereinigten Staaten besitzen zusammen ungefähr 85 % der Kohlevorräte der Welt (die Nachfolgestaaten der früheren Sowjetunion 50 %, China 20 %, Vereinigte Staaten 15 %), sie sind gleichzeitig auch die größten Förderländer. Die Vereinigten Staaten besitzen in zahlreichen Bundesstaaten ausgedehnte Kohlelagerstätten (Abb. 23.18), die beim derzeitigen Verbrauch pro Jahr (ungefähr eine Milliarde Tonnen pro Jahr) noch für einige hundert Jahre reichen werden. Von 1975, als der Ölpreis zu steigen begann, bis 2005 deckte die Kohle einen zunehmenden Anteil des Energiebedarfs der Vereinigten Staaten, in erster Linie als Brennstoff für Kraftwerke. Seitdem ist der Kohleverbrauch im selben Maße rückläufig, wie die Produktion von Erdgas angestiegen ist. Derzeit deckt die Kohle noch einen Anteil von 18 % des gesamten Energieverbrauchs der Vereinigten Staaten.

Kosten der Kohle Bei der Gewinnung und Nutzung der Kohle gibt es erhebliche Probleme, die ihre Nutzung weniger erstrebenswert machen als die von Öl und Gas. Der untertägige Abbau der Kohle ist gefährlich und fordert allein in China pro Jahr mehr als 2000 Menschenleben. Viele Bergleute leiden an Staublungen, einer Entzündung der Lungenbläschen, die durch das Einatmen von Kohle- und Gesteinsstaub verursacht wird. Die Kohlegewinnung im Tagebau – das Abräumen der Boden- und Deckschichten, um die kohleführenden Schichten freizulegen – bietet den Bergleuten zwar mehr Sicherheit, kann aber zur Verwüstung ganzer Landstriche führen, wenn das Land danach nicht wieder rekultiviert wird. Eine besonders landschaftszerstörende Form des Tagebaus, das „mountaintop mining", ist heute in den Appalachen im Osten der Vereinigten Staaten gebräuchlich. Dabei werden die Gipfel der Berge gesprengt und abgetragen, wobei bis zu 300 Höhenmeter eines Berggipfels entfernt werden, um die darunter befindlichen Kohlenflöze freizulegen (Abb. 23.19). Die anfallenden Boden- und Gesteinsmassen werden in den umliegenden Tälern auf Halde geschüttet.

Kohle ist bekanntermaßen ein schmutziger Brennstoff. Bei der Verbrennung entstehen im Mittel pro Energieeinheit 25 % mehr Kohlendioxid als bei der Verbrennung von Erdöl und 40 % mehr als bei der Verbrennung von Erdgas. Viele Kohlevorkommen enthalten beträchtliche Mengen an Pyrit, der bei der Verbrennung zu giftigem Schwefeldioxid oxidiert wird und in die Atmosphäre gelangt. Saurer Regen, der aus der Verbindung dieses Gases mit dem Niederschlagswasser entsteht, war in Skandinavien und Osteuropa, aber auch in Kanada und dem Nordosten der Vereinigten Staaten zu einem ernsthaften Problem geworden. Der anorganische Rückstand, der nach der Verbrennung von Kohle als Kohlenasche zurückbleibt, enthält zahlreiche metallische Verunreinigungen, von denen einige wie etwa Quecksilber oder Uran hoch toxisch sind. Der Aschegehalt kann pro 100 t verbrannter Kohle mehrere Tonnen betragen und erhebliche Entsorgungsprobleme schaffen. Ruß und Asche, die aus Schornsteinen entweichen, sind für die Bewohner der Umgebung ein Gesundheitsrisiko.

Behördliche Vorschriften fordern in Deutschland seit 1983 per Gesetz die Rauchgasentschwefelung für eine „saubere" Verbrennung der Kohle. Dadurch nahmen die Emissionen von Schwefel und toxischen Substanzen bereits erheblich ab. Gesetzliche Vorschriften verpflichten die Bergbauunternehmen außerdem zur Rekultivierung der durch Tagebau verwüsteten Landschaft und zur Reduzierung der Gefahren für die Bergleute. Doch diese Auflagen sind teuer und kommen zu den Gestehungskosten der Kohle hinzu, trotzdem ist die Kohle – verglichen mit Erdöl – ein deutlich preisgünstigerer Brennstoff.

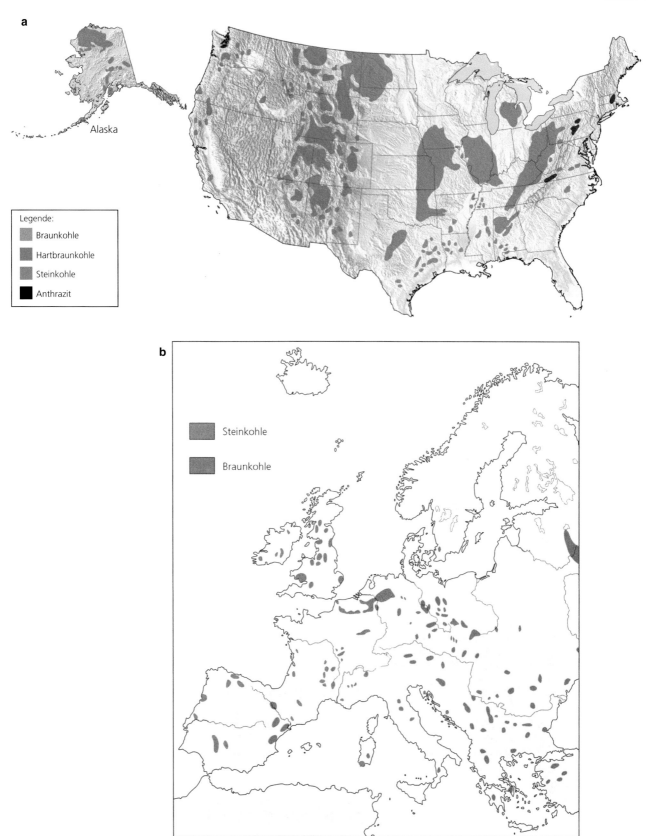

Abb. 23.18a,b Die Kohlevorkommen **a** in den Vereinigten Staaten und **b** in Europa (nach: a US Bureau of Mines; b E. Bederke & H. G. Wunderlich (1968): Atlas zur Geologie. – Mannheim, Bibliographisches Institut)

Abb. 23.19 Berggipfel in den Appalachen von West-Virginia werden gesprengt und abgeräumt, um den Abbau der darunter lagernden Kohle im Tagebau zu ermöglichen (Foto: Rob Perks, National Resources Defense Council, NRDC)

Unkonventionelle Kohlenwasserstoff-Ressourcen

Außer den genannten Lagerstätten kennt man noch weitere ausgedehnte Kohlenwasserstoffvorkommen: Muttergesteine, die reich an organischer Substanz sind und niemals den im Erdölfenster herrschenden Druck- und Temperaturbedingungen ausgesetzt waren wie beispielsweise die Ölschiefer, oder Gesteine, die einstmals Erdöl enthielten und seitdem gewissermaßen „ausgetrocknet" sind, wobei viele der flüchtigen Bestandteile abgegeben wurden. Dadurch ist ein extrem schweres Öl oder eine teerähnliche Substanz entstanden, die als **Bitumen** bezeichnet wird.

Zu den Lagerstätten des erstgenannten Typs gehören die Ölschiefer, feinkristalline tonreiche Sedimentgesteine, die große Mengen organische Substanz enthalten. In den 1970er Jahren begannen die Ölproduzenten mit Versuchen, die ausgedehnten Ölschiefervorkommen im Bereich des westlichen Colorado-Plateaus und im Osten von Utah zu erschließen, doch wurden diese Versuche in den 1980er Jahren, als die Ölpreise zu sinken begannen, weitgehend wieder aufgegeben. Die Bedenken hinsichtlich der Umweltschäden hatten zugenommen und die technischen Probleme waren noch immer nicht gelöst. Neue Verfahren der Erdölgewinnung wie das Fracking machten die Produktion von Schieferöl etwas effizienter, doch die Kosten und die Beeinträchtigung der Umwelt pro Energieeinheit sind erheblich. Wie bereits erwähnt, sind für die Erdöl- und Erdgasgewinnung durch Fracking große Mengen Wasser erforderlich – in den westlichen Vereinigten Staaten eine knappe und damit teure Ressource. Außerdem kann das Verpressen des Abwassers in tiefere Bodenschichten selbst in seismisch inaktiven Gebieten Erdbeben auslösen.

Eine Lagerstätte des zweiten Typs sind die **Teersande** in der Provinz Alberta in Kanada, für die eine Abschätzung prognostiziert,

dass sie Kohlenwasserstoff-Reserven enthalten, die etwa 170 Mrd. Barrel Erdöl entsprechen, bei einem Gesamtvorrat von etwa dem zehnfachen Betrag. Nahezu 600 Mio. Barrel Öl werden bisher pro Jahr aus diesen Ölsanden gewonnen, und die Produktion soll bis zum Jahr 2030 auf das Fünffache gesteigert werden und damit 5 % des Welt-Erdölbedarfs decken. Wie die Erschließung der Ölschiefer bringt auch der Abbau der Teersande erhebliche Umweltprobleme mit sich. Um ein Barrel synthetisches Rohöl zu erzeugen, müssen zwei Tonnen Ölsand abgebaut werden, wobei als Rückstand erhebliche Sandmengen anfallen, die ein Umweltproblem darstellen. Darüber hinaus ist die Produktion von Öl aus Teersanden ein wenig effizienter Vorgang, der etwa zwei Drittel der Energie erfordert, die er schließlich liefert und bei dem erheblich mehr CO_2 freigesetzt wird als bei der konventionellen Erdölförderung.

Alternative Energie-Ressourcen

Wenn wir weiterhin unsere fossilen Brennstoff-Ressourcen reduzieren, müssen alternative Energie-Ressourcen immer größere Anteile des Bedarfs decken. Wie rasch kann der Übergang zu einer Wirtschaft nach dem Erdöl erfolgen? Welche alternativen Energieformen haben das größte Potenzial, die fossilen Energieträger zu ersetzen?

Kernenergie

Die erste Verwendung des radioaktiven Isotops Uran-235 in größerem Umfang zur Erzeugung von Energie erfolgte im Jahre 1944 in einer Atombombe Die Kernphysiker, die als erste die

Abb. 23.20 Das Kraftwerk von Kashiwazaki-Kariwa (Japan) ist mit sieben Reaktoren und einer Gesamtkapazität von mehr als 8200 MW das größte Kernkraftwerk der Welt. Es wurde durch ein schweres Erdbeben der Magnitude 6,8 beschädigt, das sich am 16. Juli 2007 in diesem Gebiet ereignete (Foto: © STR/AFP/Getty Images)

bei dem spontanen Zerfall eines Atomkerns (Kernspaltung) frei werdenden ungeheuren Energiemengen beobachteten, erkannten schon damals die Möglichkeit einer friedlichen Nutzung dieser neuen Energiequelle. Nach dem Zweiten Weltkrieg bauten weltweit zahlreiche Länder Kernreaktoren, um **Kernenergie** zu erzeugen. In diesen Reaktoren wird die bei der Spaltung des angereicherten Urans-235 freigesetzte Wärme zur Erzeugung von Dampf genutzt, der wiederum Turbinen antreibt, die elektrische Energie erzeugen. Ein typischer Reaktor produziert ungefähr 1000 MW elektrische Energie (1 MW = 1 Million Watt). Große Kernkraftwerke bestehen aus meist mehreren Reaktoren (Abb. 23.20).

Kernenergie deckt einen erheblichen Anteil der elektrischen Energie, die in einigen Ländern wie etwa Frankreich (75 % im Jahr 2012), Slowakei (54 %) und Schweden (38 %) verbraucht wird. Dieser Anteil ist in den Vereinigten Staaten (19 %) und Deutschland (15,4 %) deutlich geringer. Zusammen liefern die Kernreaktoren der Vereinigten Staaten etwa 8,5 % des gesamten Energiebedarfs (Abb. 23.3). Die früheren Erwartungen, dass Kernbrennstoffe eine lange nutzbare, preisgünstige und was die Umwelt betrifft sichere Energiequelle darstellen, haben sich nicht erfüllt, vor allem wegen Problemen der Reaktorsicherheit und der langfristigen sicheren Lagerung radioaktiver Abfälle.

Uran-Reserven Uran tritt als Spurenelement in einigen Graniten mit einem durchschnittlichen Gehalt von 0,00016 % auf. Der Anteil des spaltbaren Isotops Uran-235, das für die Energiegewinnung benötigt wird, macht davon lediglich etwa 0,6 % aus; seine anderen, wesentlich häufigeren Isotope wie Uran-238 sind nicht so stark radioaktiv, dass sie als Brennstoffe in Kernreaktoren verwendet werden können. Dennoch ist Uran bis heute unsere größte abbaubare Energieressource mit einem potenziellen Energieinhalt von mindestens 240.000 Quad und damit deutlich größer als die Ressourcen aller fossilen Brennstoffe.

Bauwürdige Konzentrationen treten typischerweise in geringen Mengen als Uraninit (Pechblende) auf, ein Uranoxid, das in Gängen und Klüften von Graniten oder anderen sauren Magmatiten vorkommt. Wo Grundwasser vorhanden ist, wird das Uran in den an der Oberfläche lagernden Magmatiten oxidiert, geht dadurch in Lösung, wird mit dem Grundwasser transportiert und später in geeigneten Sedimentgesteinen als Uraninit wieder ausgefällt.

Risiken der Kernenergie Die größten Probleme der Kernenergie sind Reaktorsicherheit, die Verseuchung der Umwelt durch radioaktive Substanzen, aber vor allem die potenzielle Verwendung der radioaktiven Kernbrennstoffe zur Herstellung von Kernwaffen.

In den Vereinigten Staaten wurde 1979 bei einem Störfall des Reaktors von Three Miles Island in Pennsyslvania radioaktives Material freigesetzt. Obwohl aus dem kontaminierten Reaktorgebäude nur geringe Mengen in die Umwelt gelangten und niemand verletzt wurde, war man nur knapp einer Katastrophe entgangen. Weit schwerwiegender war die Zerstörung des Reaktors von Tschernobyl (Ukraine) im April 1986. Dort geriet der ohnehin mangelhaft konstruierte Reaktor aufgrund von technischem und menschlichem Versagen außer Kontrolle und wurde völlig zerstört. Radioaktives Material gelangte in die Atmosphäre und wurde vom Wind über Skandinavien und Mitteleuropa verteilt. Die Kontamination der Gebäude und des Bodens machte Hunderte von Quadratkilometern Land im Umkreis von Tschernobyl unbewohnbar. Die Nahrungsmittel in vielen Ländern waren durch die radioaktiven Niederschläge kontaminiert und mussten vernichtet werden. Die Zahl der Todesfälle durch den Krebs auslösenden radioaktiven Fallout dürfte noch in die Tausende gehen.

Die bisher größte Katastrophe ereignete sich, als der Tsunami des schweren Erdbebens von Tohoku am 11. März 2011 das Kernkraftwerk von Fukushima-Daiichi an der Nordostküste

Teil VI

von Honshu in Japan überflutete. Wie geplant schalteten sich die Reaktoren ab, doch der Tsunami zerstörte auch die Notstromgeneratoren und unterbrach damit die Stromversorgung der Kühlwasserpumpen, die zur Kühlung der noch immer heißen Reaktoren dienen sollten. In drei der sechs Reaktoren kam es zur vollständigen oder teilweisen Kernschmelze, zur Explosion von Wasserstoff, der bei der Kernschmelze entstanden war und damit auch zur Zerstörung der Reaktorgebäude, wobei radioaktives Material in die Atmosphäre gelangte. Mit dem zur Kühlung der zerstörten Reaktoren versprühten Wasser gelangte außerdem radioaktives Material in das Meer und wird noch immer in die Umwelt freigesetzt.

Das abgebrannte Uran der Kernreaktoren hinterlässt gefährliche radioaktive Rückstände, die beseitigt und dauerhaft so gelagert werden müssen, dass die radioaktive Strahlung abgeschirmt wird. Ein Verfahren zur langfristigen sicheren Endlagerung steht noch nicht zur Verfügung, sodass die radioaktiven Abfälle vorläufig in Zwischenlagern auf dem Reaktorgelände gelagert werden müssen. (Die auf dem Reaktorgelände von Fukushima lagernden abgebrannten Brennstäbe trugen ganz wesentlich zur radioaktiven Kontamination bei.) Viele Wissenschaftler gehen davon aus, dass nukleare Abfälle in geologischen „Behältern", das heißt in tiefliegenden, stabilen, undurchlässigen Gesteinsschichten eine sichere Endlagerung der hochradioaktiven Abfälle für Hunderttausende von Jahren, die bis zum völligen Abklingen der Radioaktivität erforderlich sind, sicher gelagert werden können. Frankreich, Finnland und Schweden haben bereits unterirdische Endlager für radioaktive Abfälle errichtet; in Deutschland wurde zwar ein Salzstock bei Gorleben untersucht, der Standort wurde jedoch von der Politik abgelehnt, obwohl aus geologischer Sicht keine Bedenken gegen eine Langzeitlagerung vorliegen. In den Vereinigten Staaten wurde in Nevada, in den Yucca-Mountains, eine größere Anlage zur Endlagerung erschlossen (Abb. 23.21), doch lokale Rechtsstreitigkeiten führten dazu, dass die Bundesregierung die Finanzierung der Baumaßnahmen 2010 einstellte. Derzeit besteht in den Vereinigten Staaten kein langfristiger Plan für ein nukleares Endlager.

Abb. 23.21 Luftbild vom Nordeingang des geplanten Versuchs-Endlagers in den Yucca Mountains im Kernwaffen-Versuchsgelände von Nevada (USA), nördlich von Las Vegas. Die Yucca Mountains bilden den Höhenrücken rechts des Zugangs. Die Finanzierung dieses Projekts wurden 2010 eingestellt (Foto: US Department of Energy)

Biokraftstoffe

Vor der auf Verbrennung der Kohle gegründeten industriellen Revolution Mitte des 19. Jahrhunderts wurde der Energiebedarf der Gesellschaft überwiegend durch das Verbrennen von Holz und anderer Biomasse gedeckt, die von Pflanzen und Tieren stammte. Selbst heute übertrifft die aus Biomasse gewonnene Energie noch die Gesamtmenge aller anderen aus erneuerbaren Ressourcen produzierten Energie.

Biomasse ist eine naheliegende Alternative für die fossilen Brennstoffe, da sie zumindest vom Prinzip her kohlenstoffneutral ist, das heißt, das bei der Verbrennung entstehende CO_2 wird schließlich durch die Photosynthese der Pflanzen wieder der Atmosphäre entzogen und dient zur Produktion von neuer Biomasse. Vor allem die aus Biomasse hergestellten flüssigen Biokraftstoffe wie etwa Ethanol (Ethylalkohol C_2H_6O) könnten Benzin als unseren wichtigsten Kraftstoff ersetzen.

Die Verwendung von Biokraftstoffen für den Transport von Gütern ist keineswegs neu. Der erste, von Nicolaus Otto im Jahr 1876 erfundene Viertaktmotor wurde mit Ethanol betrieben und der ursprüngliche Dieselmotor, patentiert von Rudolf Diesel im Jahr 1889, lief mit Pflanzenöl. Das erstmals 1903 von Henry Ford produzierte Modell T wurde so konstruiert, dass es mit Ethanol betrieben werden konnte. Doch bald danach wurde das in Pennsylvania und Texas erstmals geförderte Erdöl allgemein verfügbar und die Personen- und Lastwagen wurden fast vollständig auf die auf Erdöl basierenden Treibstoffe Benzin und Diesel umgerüstet.

Ethanol kann sowohl Benzin als auch Dieselkraftstoff zugemischt werden, mit dem die meisten heutigen Motoren betrieben werden können, doch ist die Akzeptanz der Kraftfahrer gering. Das hierfür erforderliche Ethanol wird in den Vereinigten Staaten überwiegend aus Mais und in Brasilien aus Zuckerrohr hergestellt. In den vergangenen 35 Jahren förderte die brasilianische Regierung den Anbau von Zuckerrohr, um das importierte Öl durch einheimisches Ethanol zu ersetzen; im Jahr 2012 stammten ungefähr 35 % des Treibstoffs aus Zuckerrohr, wodurch das Land ungefähr 50 Mrd. Dollar an Ölimporten einsparte. Im Januar 2012 produzierten die Vereinigten Staaten und Brasilien zusammen 68 % der gesamten Biokraftstoffe der Welt.

Eine vielversprechende Pflanze für die Produktion von Biomasse ist die Rutenhirse (*Panicum virgatum*), ein in den Great Plains von Nordamerika beheimatetes Präriegras (Abb. 23.22). Die Rutenhirse hat das Potenzial, bis zu 1000 Gallonen (etwa 3800 l) Ethanol pro Acre (=40 Ar) zu produzieren, verglichen mit den 665 Gallonen (etwa 2500 l) aus Zuckerrohr und 400 Gallonen (etwa 1500 l) aus Mais ein Mehrfaches, und sie kann an Standorten angebaut werden, auf denen andere landwirtschaftliche Nutzungsformen nur geringe Erträge liefern. Dennoch steht die Produktion von Biokraftstoffen im harten Konkurrenzkampf mit der Nahrungsmittelproduktion, denn eine Steigerung der Ersteren hat eine Preiserhöhung der Letzteren zur Folge, was wiederum den wirtschaftlichen Nutzen der Biokraftstoffe mindert.

Abb. 23.22 Die mehrjährige, in den Great Plains heimische Rutenhirse ist Ausgangsmaterial für eine effiziente Herstellung von Ethanol, dem bekanntesten Biokraftstoff. Hier erntet der Genetiker Michael Casler die Samen der Rutenhirse als Teil eines Zuchtprogramms, um die Ausbeute an Bioethanol aus dieser Pflanze zu erhöhen (Foto: Wolfgang Hoffmann/USDA)

Wo liegen die Vorteile der Biokraftstoffe für die Umwelt? Sind Biokraftstoffe wirklich kohlenstoffneutral? Wenn die benötigte Energie – zum Düngen der Pflanzen und für ihre Umwandlung in Biokraftstoffe oder um diese auf den Markt zu bringen – in erster Linie von fossilen Kraftstoffen stammt, ist die Antwort ein klares „Nein". Daher ist die Deutsche Nationalakademie Leopoldina zu dem Schluss gekommen, „dass die Nutzung von Biokraftstoffen heute und in der Zukunft keine Option für Länder wie Deutschland ist und kein tragender Bestandteil der Energiewende werden sollte, da die Erzeugung von Biokraftstoffen (mit Ausnahme der direkten Umwandlung von organischen Abfällen) deutlich mehr Fläche verbraucht als andere regenerative Energiequellen, mehr Treibhausgase verursacht, die Nährstoffbelastung der Böden und Gewässer fördert und in Konkurrenz zur Nahrungsmittelproduktion steht."

Eine weit verbreitete Nutzung von Biokraftstoffen zum Transport von Gütern würde zweifellos den Übergang von Kohlenstoff von der Lithosphäre in die Atmosphäre verringern, doch die Experten sind sich noch immer nicht über die Größenordnung dieser Reduktion einig.

Sonnenenergie

Die Verfechter der Sonnenenergie vertreten noch immer die Meinung, dass die Erde in jeder Stunde von der Sonne mehr Energie erhält, als die menschliche Zivilisation in einem Jahr verbraucht. Die Sonnenenergie oder **Solarenergie** ist ein hervorragendes Beispiel für eine Ressource, die auch bei Gebrauch nicht erschöpft wird. Die Sonne wird zumindest in den kommenden Milliarden Jahren weiterhin scheinen. Obwohl die Nutzung der Sonnenenergie zur Bereitung von Warmwasser für Wohngebäude, Industrie

Abb. 23.23 Das 2013 in Auftrag gegebene Ivanpah-System in der Mojave-Wüste in Kalifornien (USA) ist die größte Anlage der Welt zur Erzeugung von Solarstrom. Durch mehr als 170.000 Spiegel wird das Sonnenlicht auf drei mit Wasser gefüllte Türme konzentriert, um auf diese Weise Dampf zu produzieren. Damit werden Turbinen betrieben, die bis zu 392 MW elektrische Energie erzeugen können (Foto: © Gilles Mingasson/Getty Images for Bechtel)

und Handwerk mit den vorhandenen Technologien bereits profitabel ist, sind die Verfahren zur großtechnischen Umwandlung von Sonnenenergie in elektrische Energie noch ineffizient und teuer. Trotzdem nimmt die Erzeugung von Elektrizität aus Sonnenenergie sehr rasch zu, da als Reaktion auf Wahlentscheidungen und Subventionen von Regierungsseite große Anlagen gebaut werden. Das seit 2013 Elektrizität aus Sonnenenergie erzeugende Ivanpah-System in der Mojave-Wüste von Kalifornien ist das derzeit größte Sonnenkraftwerk, das in der Lage ist, bis zu 392 MW Elektrizität zu erzeugen (Abb. 23.23).

In der Vereinigten Staaten stieg der Anteil der Solarenergie von 0,065 Quad im Jahr 2004 auf fast 0,20 Quad im Jahr 2012, eine

Abb. 23.24 Der Drei-Schluchten-Staudamm am Yangtse in China ist etwa 2335 m lang und 185 m hoch. Seine 32 Generatoren können bis zu 22.500 MW elektrische Energie erzeugen (Foto: © AP photo/Xinhua Photo, Xia Lin)

Steigerung um das Dreifache innerhalb von nur acht Jahren, doch entspricht dies lediglich einem Anteil von 0,2 % des gesamten Energieverbrauchs der Vereinigten Staaten. Optimistische Prognosen gehen davon aus, dass der Anteil der weltweit durch die Umwandlung von Sonnenenergie produzierten elektrischen Energie auf bis zu 12 Quad ansteigen wird, was einem Anteil von ungefähr 2 % der gesamten Energieerzeugung entspricht.

Hydroelektrische Energie

Hydroelektrische Energie oder Hydroenergie wird durch Wasser erzeugt, das aufgrund der Schwerkraft ein bestimmtes Gefälle nach unten fließt, dabei Turbinen und Generatoren antreibt und auf diese Weise elektrische Energie produziert. Wasserfälle oder künstlichen Stauseen, aber auch Stauwehre in Flüssen oder Staumauern in Gezeitenzonen sind geeignete Orte, an denen mit Wasserkraftwerken Strom produziert werden kann. Hydroelektrische Energie ist von der Sonne abhängig, deren Energie Antriebskraft des Klimasystems ist und zu Niederschlägen führt, daher ist auch die hydroelektrische Energie eine erneuerbare Energie. Sie ist außerdem relativ sauber, risikofrei, ungefährlich und zudem preiswert zu erzeugen.

In den Alpen und in Skandinavien wird die Wasserkraft bereits seit langem genutzt. In Frankreich wurde in der Bretagne bei St. Malo das größte europäische Gezeitenkraftwerk errichtet. Das große Kraftwerk am Stausee von Itaipu versorgt ganz Südbrasilien mit Strom – Brasilien ist ein Land, das seinen Stromverbrauch vollständig aus hydroelektrischer Energie decken könnte. Das größte Wasserkraftwerk der Welt ist derzeit der Drei-Schluchten-Staudamm am Yangtse in China. Er ist in der Lage, 22.500 MW Strom zu erzeugen und damit nahezu 5 % des gesamten Energiebedarfs von China zu decken. Das Projekt war umstritten, weil durch das Aufstauen des Yangtse mehr als eine Million Menschen umgesiedelt werden mussten (Abb. 23.24).

In den Vereinigten Staaten liefern Wasserkraftwerke ungefähr 2,7 Quad pro Jahr oder geringfügig weniger als 3 % des jährlichen Energieverbrauchs der Nation. Das Energieministerium der Vereinigten Staaten hat mehr als 5000 Standorte ermittelt, an denen neue Wasserkraftwerke errichtet und wirtschaftlich betrieben werden könnten. Eine derartige Ausweitung würde jedoch auf Widerstand stoßen, weil durch die Staudämme wertvolles Ackerland, Siedlungsgebiete und Naturlandschaften überflutet werden und die Energieproduktion der Vereinigten Staaten um nur wenige Prozentpunkte ansteigen wird. Aus diesen Gründen erwarten die meisten Energieexperten, dass der Anteil der durch Wasserkraft erzeugten Energie in der Zukunft eher zurückgehen wird.

Windkraft

Windkraft wird durch Windräder oder Windturbinen erzeugt, die elektrische Generatoren antreiben (Abb. 23.25). Heute ist die Erzeugung von elektrischer Energie durch hoch effiziente Windkraftanlagen eine erneuerbare Energiequelle mit großen Zuwachsraten. Riesige Windparks, die aus mehr als 100 Turbinen bestehen, können so viel Energie wie ein mittelgroßes Kernkraftwerk erzeugen. Weltweit stieg die Menge der durch Windkraft erzeugten Energie zwischen 2000 und 2010 um das Zehnfache. Dänemark erzeugt 21 % seiner elektrischen Energie durch Wind, Portugal 18 % und Deutschland derzeit 8,5 %. In den Vereinigten Staaten verdreifachte sich zwischen 2005 und 2010 die Stromerzeugung durch Windkraft und deckt derzeit ungefähr 1,4 % der gesamten Energieerzeugung der Vereinigten Staaten ab (vgl. Abb. 23.5). Das Energieministerium der Verei-

Abb. 23.25 Diese Windräder sind Teil der Windkraftanlage des Alta Wind Energy Centers im Gebiet des Tehachapi-Passes in Kern County (Kalifornien, USA), der größten Windkraftanlage der Welt. Sie ist in der Lage, bis zu 1320 MW elektrische Energie zu erzeugen (Foto: © Lowell Georgia/Science Source)

nigten Staaten schätzt, dass für den Betrieb von Windkraftanlagen ausreichende Windgeschwindigkeiten in mehr als 6 % der Landoberfläche auftreten, und dass diese Winde das Potenzial haben, mehr als das 1,5-fache des derzeitigen Elektrizitätsbedarfs der Nation zu decken. Doch um diese Energiemenge zu produzieren, müssten Millionen von mindestens 100 m hohen Windrädern auf einer Fläche von mehreren hunderttausend Quadratkilometern errichtet werden. Der massive Eingriff in die Landschaft, der für die industrielle Windenergieerzeugung erforderlich wäre, aber auch der von den Turbinen erzeugte Infraschall machen in einigen Regionen die Standortwahl für neue Anlagen zu einem umstrittenen Umweltproblem.

Geothermische Energie

In Gebieten, in denen der geothermische Gradient ausreichend hoch ist, kann die Wärme aus dem Erdinneren zur Erzeugung von geothermischer Energie erschlossen werden (vgl. Kap 12). Nach einer isländischen Berechnung können pro Jahr aus den zugänglichen geothermischen Energiequellen bis zu 40 Quad elektrische Energie produziert werden, doch bisher wird nur ein geringer Bruchteil dieser Menge – ungefähr 0,3 Quad – tatsächlich erzeugt. Weitere 0,3 Quad geothermische Energie werden unmittelbar für Heizzwecke verwendet. Zumindest 46 Länder nutzen heute bereits irgendeine Form von geothermischer Energie, vor allem die häufigste Energiequelle: heißes Wasser mit Temperaturen zwischen 80 und 180 °C. In diesem Temperaturbereich kann das Wasser problemlos zum Heizen von Wohnhäusern, Gewerbe- und Industriebetrieben genutzt werden. Mehr als 20.000 Wohnungen werden heute in Frankreich bereits durch geothermisches Wasser aus dem Untergrund beheizt, das in aufgeheizten Gesteinen im Bereich des Pariser Beckens zirkuliert. Ähnliche

Projekte werden in Italien, Neuseeland und Island verstärkt gefördert. Geothermische Speicher mit Temperaturen über 180 °C werden zur Erzeugung von elektrischer Energie verwendet. Sie treten in erster Linie in Gebieten mit jungem Vulkanismus auf, in Form von heißem, trockenem Gestein, heißem Grundwasser oder natürlichem Dampf. Wasser mit derart hohen Temperaturen ist allerdings auf die wenigen Gebiete beschränkt, in denen das Oberflächenwasser auf Störungen und Spalten in den Untergrund versickern kann und tiefliegende Gesteine erreicht, die durch junge Magmentätigkeit aufgeheizt werden.

Obwohl es nicht so aussieht, dass die geothermische Energie das Erdöl als wesentliche Energiequelle ersetzen wird, könnte sie dazu beitragen, unseren künftigen Energiebedarf zu decken. Wie die meisten anderen Energiequellen, die wir bisher betrachtet haben, bringt auch die geothermische Energie einige Probleme mit sich. Wenn heißes Wasser entnommen wird, ohne es zu ersetzen, kann es regional zu Bodensenkungen kommen. Darüber hinaus kann das Thermalwasser Salze und toxische Substanzen enthalten, die aus dem heißen Gestein herausgelöst werden. Wie im Falle des Frackings kann die Entsorgung des Abwassers durch Verpressen in den Untergrund zu Erdbeben führen.

Globale Umweltveränderungen

Der Begriff **globale Umweltveränderung** gelangte in den Sprachgebrauch der Bevölkerung, als sich die Hinweise deutlich mehrten, dass die bei der Verbrennung von fossilen Energieträgern entstehenden Emissionen und anderen Aktivitäten des Menschen zu einer allmählichen Veränderung der chemischen Zusammensetzung der Atmosphäre führen. Die Menschheit macht sich zunehmend Sorgen über diese anthropogen ausge-

Teil VI

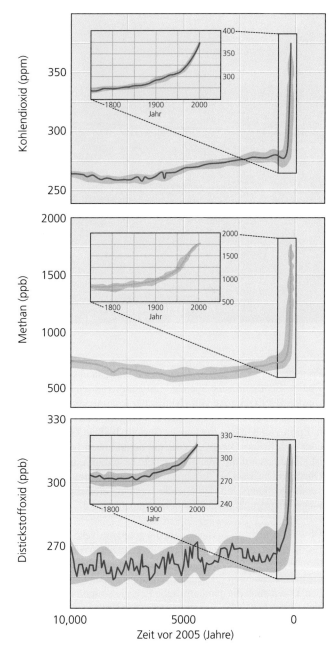

Abb. 23.26 Kohlendioxid-, Methan- und Distickstoffoxid-Gehalt der Atmosphäre im Verlauf der vergangenen 10.000 Jahre (*große Diagramme*) und in der Zeit zwischen 1750 und 2000 (*kleine Diagramme*). Diese vom IPCC zusammengestellten Messungen stammen aus Eisbohrkernen und Luftproben. Die schattierten Bereiche zeigen den Unsicherheitsbereich der Messungen (nach: IPCC (2007): Climate Change: The Physical Science Basis, Abb. SPM.1. – Cambridge University Press)

lösten Veränderungen, die in jedem Teilbereich des Klimasystems zu beobachten sind. Die drei schwerwiegendsten globalen anthropogen bedingten Veränderungen sind:

- Die globale Erwärmung, verursacht durch die zunehmende Konzentration von Kohlendioxid und anderen Treibhausgasen in der Atmosphäre.

- Die Versauerung der Ozeane aufgrund der Zunahme des in der Hydrosphäre gelösten Kohlendioxids.
- Der Rückgang der Diversität in der Biosphäre.

Die Folgen der anthropogen verursachten globalen Veränderungen motivieren die Politiker zu einer bisher nie dagewesenen Zusammenarbeit, da wir in jeder Hinsicht versuchen müssen, die „Tragödie des Allgemeinguts" zu verhindern: Die Plünderung unserer gemeinsamen Ressourcen durch Übernutzung (ein Modell, nach dem frei verfügbare aber begrenzte Ressourcen nicht effizient genutzt werden und durch Übernutzung bedroht sind, was auch die Nutzer selbst bedroht).

Benachbarte Staaten erlassen gemeinsame Verordnungen zur Regelung regionaler Umweltprobleme, und auch neue multinationale Abkommen werden geschlossen, die den Einfluss des Menschen auf das globale Geosystem beschränken sollen. Die Geowissenschaften liefern die notwendigen Kenntnisse, um vernünftige Entscheidungen bezüglich der globalen Umweltprobleme treffen zu können und mögliche Lösungen aufzuzeigen.

Treibhausgase und globale Erwärmung

Seit Beginn des Industriezeitalters führten die Verbrennung fossiler Energieträger, Entwaldung, aber auch Veränderungen der Landnutzung neben anderen menschlichen Eingriffen zu einem erheblichen Anstieg der Treibhausgaskonzentrationen in der Atmosphäre. Abb. 23.26 zeigt die Konzentrationen von drei Treibhausgasen in der Atmosphäre – Kohlendioxid, Methan und Distickstoffoxid – im Verlauf der vergangenen 10.000 Jahre. In allen drei Fällen blieben die Konzentrationen über den größten Teil des Holozäns relativ konstant, stiegen aber nach der Industriellen Revolution rapide an.

Die Methankonzentration nahm global um 150 % gegenüber ihrem vorindustriellen Wert zu und die Kohlendioxidkonzentration stieg um 48 %. In beiden Fällen lässt sich die beobachtete Zunahme durch anthropogene Einflüsse erklären, überwiegend durch Landwirtschaft und Verwendung fossiler Brennstoffe. Der von Methan verursachte Treibhauseffekt ist jedoch geringer als der von Kohlendioxid. Obwohl die Konzentration relativ stärker zugenommen hat, beträgt der Beitrag des Methans zur Treibhauserwärmung lediglich 30 %. Der postindustrielle Anstieg von Distickstoffoxid, in erster Linie durch die Landwirtschaft, lag bei ungefähr 20 % und trug nur geringfügig zur Treibhauserwärmung bei.

Die Zunahme der Konzentration dieser Treibhausgase war begleitet vom Anstieg der durchschnittlichen Temperaturen an der Erdoberfläche (vgl. Abb. 15.21). Die Vereinten Nationen, die dieses potenzielle Problem der Erderwärmung erkannt hatten, setzten im Jahre 1988 mit dem „Zwischenstaatlichen Ausschuss über Klimaveränderung", kurz: Weltklimarat (Intergovernmental Panel on Climate Change, IPCC), ein internationales Gremium ein, dessen Aufgabe es ist, die Wahrscheinlichkeit eines anthropogen ausgelösten Klimawandels und seine potenziellen Auswirkungen zu bewerten, aber auch mögliche Lösungen dieser Probleme zu erarbeiten (vgl. Exkurs 15.2). Der Weltklimarat bietet Hunderten von Naturwissenschaftlern und Politikern ein ständiges Forum, um diese Probleme gemeinsam zu lösen.

In seinen umfangreichen Sachstandsberichten, der letzte wurde 2013 veröffentlicht, zog das IPCC nachstehende Schlussfolgerungen:

- Seit Beginn des 20. Jahrhunderts bis zum Jahr 2012 ist die durchschnittliche Temperatur an der Erdoberfläche im Mittel um 0,98 °C gestiegen.
- Der größte Teil dieser Erwärmung wurde durch den anthropogen ausgelösten Anstieg der Treibhausgaskonzentrationen verursacht.
- Die Konzentrationen der Treibhausgase werden im Verlauf des 21. Jahrhundert durch die Tätigkeit des Menschen weiter ansteigen.
- Die Zunahme der Treibhausgase in der Atmosphäre wird im 21. Jahrhundert zu einer erheblichen globalen Erwärmung führen.

Prognosen bezüglich einer künftigen globalen Erwärmung

Die in Kap. 15 beschriebene Tendenz einer Erwärmung hat sich in das 21. Jahrhundert hinein fortgesetzt. Das Jahrzehnt von 2001 bis 2010 war das bisher wärmste seit Beginn der systematischen Temperaturmessungen im Jahr 1880. Das wärmste Jahr war 2010, gefolgt von 2005. Die insgesamt zehn wärmsten Jahre traten im Zeitraum nach 1997 auf.

Wie viel wärmer wird die Erde noch und wird die globale Erwärmung auch das lokale Klima beeinflussen? Die Beantwortung solcher Fragen erfordert Prognosen, die auf komplexen Modellen des Systems Erde beruhen. Diese Prognosen sind wenig gesichert, da sie stark von der Entwicklung der Bevölkerung und der globalen Wirtschaft einschließlich der Nutzung der Energievorräte und den getroffen politischen Entscheidungen zur Begrenzung der Treibhausgasemissionen (wenn überhaupt solche getroffen werden) abhängig sind. Das IPCC hat die Zunahme der CO_2-Konzentration in der Atmosphäre anhand einer Reihe von Szenarien vorhergesagt, die die verschiedenen Möglichkeiten aufzeigen. Jedes Szenario ist durch einen repräsentativen Konzentrationspfad (representative concentration pathway, RCP) gekennzeichnet, der von der erwarteten Gesamtkonzentration an Treibhausgasen in der Erdatmosphäre im Jahr 2100 ausgeht. Drei dieser Szenarien sind in Abb. 23.27 dargestellt:

- Szenario A geht von einer weiteren Nutzung der fossilen Brennstoffe als wichtigste Energiequelle aus, und damit von einem Anstieg der Treibhausgaskonzentrationen, dargestellt durch die roten Linien in Abb. 23.27. In diesem Szenario, vom IPCC als „RPC8.5" bezeichnet, beträgt die Kohlendioxid-Konzentration im Jahr 2100 maximal 900 ppm und damit mehr als das Dreifache des Gehalts vor der Industrialisierung.

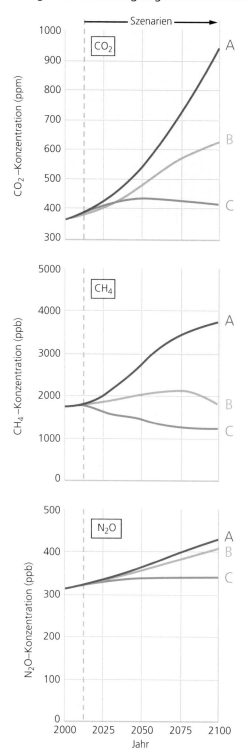

Abb. 23.27 Drei vom IPCC prognostizierte Szenarien oder „Repräsentative Konzentrationspfade" (RCP) zur Konzentrationsentwicklung von Kohlendioxid, Methan und Distickstoffoxid im Verlauf des 21. Jahrhunderts. Szenario A (*rote Linie*) geht von einem weiterhin hohen Anteil verbrannter fossiler Energieträger aus (RCP8.5); Szenario B (*grüne Linie*) geht von einer Stabilisierung der Emissionsrate im späteren 21. Jahrhundert aus (RCP6) und Szenario C (blaue Linie) beruht auf einem raschen Übergang zu nicht fossilen Brennstoffen (RCP2.6) (nach: IPCC (2013): Climate Change: The Physical Science Basis)

Teil VI

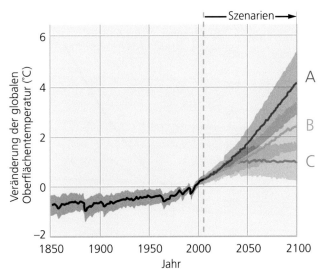

Abb. 23.28 IPCC-Prognosen zur Entwicklung der mittleren Jahrestemperaturen im Verlauf des 21. Jahrhunderts, abgeleitet aus den Szenarien A (*rote Line*), B (*grüne Linie*) und C (*blaue Linie*). Die schattierten Bereiche zeigen die Unsicherheitsbereiche der Messungen, bedingt durch die lückenhaften Kenntnisse des Klima-Systems (nach: IPCC (2013): Climate Change: The Physical Science Basis)

- Szenario B (grüne Linien, „RCP6") geht davon aus, dass die Kohlendioxidkonzentrationen sich im letzten Teil des 21. Jahrhunderts allmählich stabilisieren und Ende des 21. Jahrhunderts etwas mehr als 600 ppm erreichen werden, auf mehr als dem doppelten Wert des vorindustriellen Zeitalters. Dieses Szenario würde einen abrupten Übergang zu fossilen Brennstoffen mit geringerem Kohlenstoffgehalt wie etwa Erdgas sowie einen zunehmenden Anteil an Kernenergie und erneuerbaren Energiequellen erfordern.
- Szenario C (blaue Linien, „RCP2.6") geht von einem Maximum der CO_2-Konzentration um das Jahr 2050 aus, gefolgt einem allmählichen Rückgang der Kohlendioxidkonzentration gegen Ende des Jahrhunderts auf den gegenwärtigen Wert (400 ppm). Dieses Szenario würde einen wesentlich rascheren Übergang von den fossilen Brennstoffen zu sauberen Alternativen erfordern.

Hier ist anzumerken, dass diese Szenarien für das in Abb. 23.1 dargestellte Wachstum der Weltbevölkerung vom IPCC in Übereinstimmung mit den drei oben erwähnten RPC's entwickelt wurden. Beispielsweise entspricht das Szenario C einer im Jahr 2100 abnehmenden Weltbevölkerung.

Der IPCC hat diese Szenarien dazu verwendet, um die globalen Oberflächentemperaturen (Abb. 23.28) zu prognostizieren. Unter Berücksichtigung der in den Modellen des Systems Erde enthal-

Tab. 23.1 Potenzielle Klimaveränderungen und ihre Auswirkung auf die verschiedenen Systeme

Systeme	mögliche Auswirkungen
Wälder und übrige Vegetation	Verschiebung der Vegetationszonen Verringerung des Lebensraums veränderte Zusammensetzung der Ökosysteme
Artendiversität	Rückgang der Diversität Abwanderung von Arten Einwanderung neuer Arten
Feuchtgebiete in Küstennähe	Überflutung der Feuchtgebiete Verlagerung der Feuchtgebiete landeinwärts
aquatische Ökosysteme	Verlust von Lebensraum Einwanderung in neue Lebensräume Einwanderung neuer Arten
Küstengebiete	Überflutung der Küstenschutzanlagen zunehmendes Risiko von Überschwemmungen
Wasser-Ressourcen	Änderungen der Versorgungslage Änderungen von Trockenzeiten und Überschwemmungen Veränderungen der Wasserqualität und der Energieerzeugung aus Wasserkraft
Landwirtschaft	Änderung der Ernteerträge Verschiebung der relativen Produktivität innerhalb der Regionen
Gesundheitswesen	Änderung der Verbreitungsgebiete von Infektionskrankheiten Änderung der Anfälligkeit für hitze- und kältebedingte Krankheiten
Energie	Zunahme des Bedarfs an Kühlung Rückgang des Wärmeverbrauchs Änderung der Energieerzeugung aus Wasserkraft

Teil VI

tenen Unsicherheiten kam das IPCC zu dem Ergebnis, dass der mögliche Bereich des globalen Temperaturanstiegs im Verlauf des 21. Jahrhunderts zwischen 0,5 und 5,5 °C liegt. Der untere Wert kann nur durch eine rasche Reduzierung der Verbrennung fossiler Energieträger und den Übergang zu sauberen und ressourcenschonenden, effizienteren Energietechnologien erreicht werden. Unter dem weniger drastischen (aber noch immer optimistischen) Szenario B würde die Temperatur bis zum Jahr 2100 den Wert von 2 °C übersteigen und damit um den doppelten Wert der Erwärmung des 20. Jahrhunderts. In Szenario A, dem pessimistischsten, würde der Temperaturanstieg wahrscheinlich den Wert von 4 °C übersteigen.

Konsequenzen des Klimawandels

Es scheint offensichtlich, dass die von der Menschheit verursachten Emissionen von Treibhausgasen zu einer weiteren globalen Erwärmung und zu erheblichen Veränderungen im System Klima führen werden. Diese Veränderungen haben das Potenzial, die Zivilisation sowohl in positiver als auch negativer Weise zu beeinflussen. In einigen Regionen dürften sich die Klimaverhältnisse verbessern, in anderen hingegen verschlechtern. Einige potenzielle Auswirkungen des Klimawandels sind in Tab. 23.1 zusammengestellt.

Veränderungen des regionalen Wettergeschehens In welcher Weise verändert der verstärkte Treibhauseffekt zusammen mit anderen Faktoren wie etwa der Entwaldung die Temperaturen an der Erdoberfläche? Abbildung 23.29 zeigt die regionale Temperaturzunahme, wie sie von den drei IPCC-Szenarien prognostiziert wird. Diese geographisch bedingten Temperaturveränderungen zeigen in Abb. 15.21 einige Gemeinsamkeiten mit dem beobachteten Verteilungsmuster der Erwärmung im Verlauf des späten 20. Jahrhunderts. Insbesondere ist die Temperaturzunahme auf dem Festland größer als auf den Ozeanen, wobei sich die gemäßigten und polaren Bereiche der Nordhalbkugel am stärksten erwärmen. Daher dürfte die geographische Verteilung des Klimawandels wahrscheinlich ähnlich sein, wie bereits in den vergangenen Jahrzehnten. Das IPCC hat eine Anzahl von Tendenzen der regionalen Wetterverteilung zusammengestellt, die möglicherweise fortdauern:

- Die relative Luftfeuchtigkeit und die Häufigkeit starker Niederschläge hat auf eine Art und Weise zugenommen, die mit dem beobachteten Temperaturanstieg übereinstimmt. Erhöhte Niederschlagsmengen wurden in den östlichen Teilen Nord- und Südamerikas, in Nordeuropa sowie in Nord- und Innerasien beobachtet.
- Eine verstärkte Trockenheit wurde in der Sahelzone, im Mittelmeergebiet, in Südafrika und Teilen von Südasien registriert. Intensivere und längere Trockenperioden wurden seit den 1970er Jahren außerdem in weiten Gebieten, vor allem in den Tropen und Subtropen beobachtet.
- Veränderungen der Extremtemperaturen waren in den vergangenen 50 Jahren häufig zu beobachten. Kalte Tage, kalte Nächte und Frost waren eher selten, während warme Tage, heiße Nächte und Hitzewellen an Häufigkeit zunahmen.

Szenario A

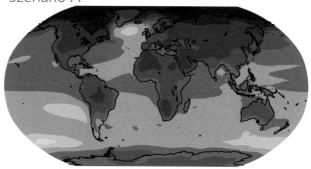

Szenario B

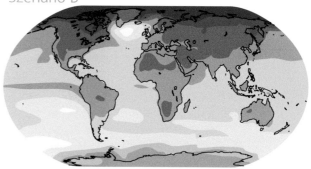

Szenario C

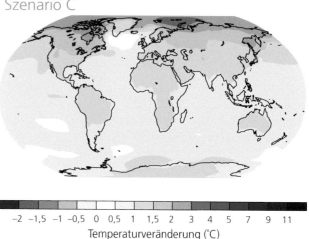

-2 -1,5 -1 -0,5 0 0,5 1 1,5 2 3 4 5 7 9 11
Temperaturveränderung (°C)

Abb. 23.29 Mittlere Jahrestemperaturen nach den Prognosen der in Abb. 23.28 angegebenen IPCC-Szenarien für den Zeitraum von 2080 bis 2100, dargestellt als Abweichungen von den im Zeitraum zwischen 1986 und 2005 an denselben Orten gemessenen Durchschnittstemperaturen (nach: IPCC (2013): Climate Change: The Physical Science Basis)

- Das Auftreten starker Hurrikane hat im Nordatlantik in einem Ausmaß zugenommen, das mit dem Anstieg der Oberflächentemperaturen der tropischen Meere übereinstimmt. Obwohl keine eindeutige Tendenz hinsichtlich der Anzahl der extrem starken Hurrikane (Kategorie 4 und 5) erkennbar ist, hat sich ihre Anzahl im Verlauf der vergangenen drei Jahrzehnte nahezu verdoppelt.

Teil VI

Abb. 23.30 Die globale Erwärmung führt in der Arktis zum Abschmelzen der Eiskappe. Diese beiden, aus Satelliten-Daten der NASA abgeleiteten Bilder zeigen im Vergleich die minimale Ausdehnung der polaren Eiskappe im September 1979 (*oben*) und im September 2012 (*unten*). Ein künftiger Vorteil für die Menschheit könnte die Öffnung der Nordwest-Passage und anderer kürzerer Seewege zwischen dem Atlantischen und Pazifischen Ozean sein (*rote Linien* in der *unteren* Abbildung) (Foto: NASA/Goddard Space Flight Center Scientific Visualization Studio)

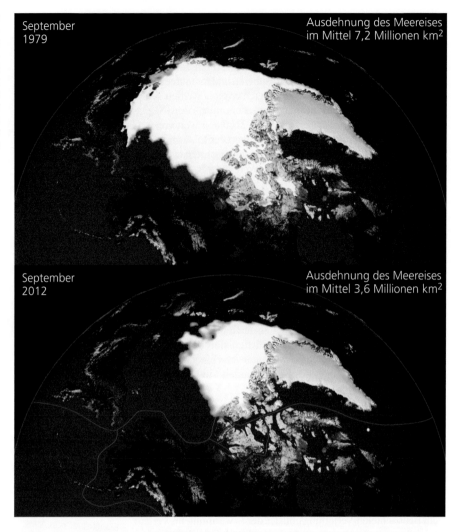

September 1979

Ausdehnung des Meereises im Mittel 7,2 Millionen km²

September 2012

Ausdehnung des Meereises im Mittel 3,6 Millionen km²

Abb. 23.31 Der Klimawandel zerstört bereits heute die Ökosysteme der Arktis und beeinflusst nachteilig die Lebensräume der arktischen Tierwelt wie etwa der Eisbären (Foto: © Thomas & Pat Leeson/Science)

Teil VI

Veränderungen in der Kryosphäre Nirgends sind die Auswirkungen der globalen Erwärmung so offensichtlich wie in den Polargebieten. Im Nordpolarmeer ist das Volumen des Meereises rückläufig und dieser Rückgang scheint sich zu beschleunigen. Die Ausdehnung der Eisdecke im September 2012 war für diesen Monat die geringste seit Beginn der Überwachung durch Satelliten im September 1978, sie überdeckte eine Fläche von lediglich 3,6 Mio. Quadratkilometern, ein Rückgang um den Faktor 2 gegenüber dem Minimalwert von 7,2 Mio. Quadratkilometern im Jahr 1979 (Abb. 23.30). Entsprechend der Klimamodelle dürfte ein Großteil des sommerlichen Nordpolarmeers innerhalb weniger Jahrzehnte eisfrei sein. Der Rückgang des Meereises führt bereits heute schon in der Arktis zu erheblichen Störungen der Ökosysteme (Abb. 23.31).

Die Temperaturen an der Oberfläche der Permafrostböden in der Arktis ist seit den 1980er Jahren um 3 °C gestiegen, das Auftauen des Permafrosts gefährdet bereits heute Bauwerke wie die Transalaska Pipeline (vgl. Abb. 21.20). Die maximale Fläche des jahreszeitlich bedingt gefrorenen Untergrundes hat sich auf der Nordhalbkugel seit 1900 um 7 % verkleinert, bei einem Rückgang im Frühjahr bis zu 15 %. Die Talgletscher in niedrigen Breiten haben sich während der Erwärmung des 20. Jahrhunderts deutlich zurückgezogen (vgl. Abb. 21.9). Geländearbeiten haben gezeigt, dass die Geschwindigkeit des Gletscherrückgangs und die Verluste der Schneedecke auf beiden Hemisphären zugenommen haben. Nach einer Untersuchung des US Geological Survey werden die Gletscher im Glacier-Nationalpark in Montana bis 2030 abgeschmolzen sein.

Anstieg des Meeresspiegels Wie in Kap. 21 erwähnt, hat das abschmelzende Meereis keinen Einfluss auf den Meeresspiegel, denn für den Anstieg sind ausschließlich die abschmelzenden Eismassen der Kontinente verantwortlich. Der Meeresspiegel steigt aber auch an, weil durch die globale Erwärmung die Ozeane wärmer werden und sich das Wasser um einen geringen Prozentsatz ausdehnt (vgl. Abschn. 24.21). Seit Beginn der industriellen Revolution ist der Meeresspiegel um ungefähr 30 cm gestiegen und steigt derzeit um ungefähr 3 mm pro Jahr.

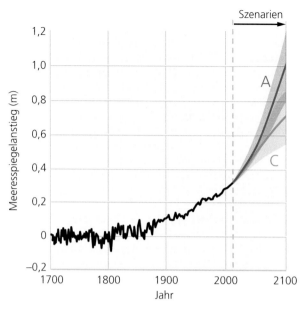

Abb. 23.32 Anstieg des Meeresspiegels zwischen 1700 und 2100. Die schwarze Linie zeigt den beobachteten Anstieg bis zum Jahr 2011. Die *rote Linie* entspricht der IPCC-Prognose des künftigen Meeresspiegelanstiegs im Verlauf des restlichen 21. Jahrhunderts gemäß Szenario A, die *blaue Linie* entspricht der Vorhersage gemäß Szenario C

Die auf den Szenarien des IPCC beruhenden Klimamodelle deuten darauf hin, dass der Meeresspiegel im Verlauf des 21. Jahrhunderts um bis zu einem Meter ansteigen könnte (Abb. 23.32), was in den tiefliegenden Gebieten wie etwa Bangladesch zu schwerwiegenden Problemen führen dürfte (Abb. 23.33). Dasselbe gilt auch für Gebiete an der Ostküste und der Golfküste der Vereinigten Staaten, wo die von Stürmen verursachten Überschwemmungen und Sturmfluten, wie etwa von Hurrikan Sandy und Katrina, noch deutlich schlimmere Auswirkungen hätten (vgl. Kap. 20).

Abb. 23.33 Luftbild der im Mai 2009 von einer Sturmflut betroffenen Küste von Bangladesch. In diesem nahezu auf Meeresniveau liegenden Gebiet würde es zu katastrophalen Überschwemmungen kommen, wenn der Meeresspiegel durch die globale Erwärmung ansteigt (Foto: © James P. Blair/National Geographic)

Wanderung der Arten und der Ökosysteme Wenn sich das lokale und regionale Klima verändert, verändern sich damit auch die Ökosysteme. Zahlreiche Pflanzen- und Tierarten dürften Schwierigkeiten bei der Anpassung an die rasche Klimaveränderung haben oder in andere geeignetere Lebensräume abwandern. Organismen, die einer raschen Erwärmung nicht gewachsen sind, sterben aus. Die globale Erwärmung wird bereits für eine Vielzahl von nachteiligen ökologischen Auswirkungen verantwortlich gemacht, wie etwa für die Zerstörung der arktischen Ökosysteme, da das Meereis und die Permafrostbereiche tauen, Tropenkrankheiten wie die Malaria werden sich künftig ausbreiten, wenn in größeren Bereichen der Erde tropische Klimaverhältnisse herrschen.

Das Potenzial katastrophaler Veränderungen im System Klima Die gegenwärtigen Konzentrationen von Kohlendioxid und Methan in der Atmosphäre übertreffen alles, was in den vergangenen 650.000 Jahren abgelaufen ist. Unser Klimasystem tritt daher in eine unbekannte Situation ein. Einige Wissenschaftler sind der Ansicht, dass die Glaubwürdigkeit eines künftigen Klimawandels unter dem Problem leidet, dass zu viele Menschen einfach planlos herumrennen und rufen „der Klimawandel kommt". Die meisten Wissenschaftler gehen jedoch davon aus, dass jene Prognosen noch zu vorsichtig sind, weil sie genau genommen einige Rückkopplungen innerhalb des Systems Klima nicht in Betracht ziehen, die den globalen Wandel erheblich verstärken könnten. Die in diesem Kapitel bereits erwähnte Versauerung der Ozeane ist eines der Beispiele, einige weitere sind:

- Die Destabilisierung der Inlandeismassen. Das Abschmelzen der grönländischen Gletscher führte im Jahr 2012 zum bisher stärksten Eisverlust und es gibt Anzeichen, dass sich die Eisströme innerhalb der Eisdecke stärker beschleunigen als erwartet. Die Gletscher Grönlands und der Antarktis beginnen ihr Eis rascher zu verlieren, als durch Schneefälle wieder Gletschereis gebildet werden kann, der Meeresspiegel könnte rascher steigen, als die derzeitigen Prognosen des IPCC vorhersagen.
- Die Unterbrechung der thermohalinen Zirkulation. Änderungen der Niederschlagsverteilung und der Verdunstung führen in den mittleren und höheren Breiten zu einer Abnahme des Salzgehalts im Meerwasser. Es wird vermutet, dass sich durch diese Änderung die globale thermohaline Zirkulation erheblich verringern könnte, die durch Temperatur- und Salinitätsunterschiede aufrechterhalten wird. Erhebliche Veränderungen des Golfstroms und anderer Aspekte des Klimasystems könnten die Folge sein.
- Freisetzung von Methan aus den Sedimenten des Meeresbodens und den Permafrostböden. In Kap. 11 wurde gezeigt, dass eine Freisetzung großer Mengen Methan aus dem Meeresboden vor ungefähr 55 Ma abrupt zu einer globalen Erwärmung geführt haben könnte, verbunden mit einem Massenaussterben an der Grenze Paläozän/Eozän. Gegenwärtig ist weitaus mehr Methan in den Sedimenten des Meeresbodens gespeichert, als am Ende des Paläozäns freigesetzt wurde. Wenn durch eine globale Erwärmung die Methan enthaltenden Gashydrate zu tauen beginnen, könnte ein weiterer Zyklus einer extremen Erwärmung einsetzen.

Versauerung der Ozeane

Wie in Kap. 15 bereits erwähnt, werden etwa 30 % des Kohlendioxids, das bei der Verbrennung fossiler Energieträger in die Atmosphäre freigesetzt wird, in den Ozeanen absorbiert (vgl. Abb. 15.19). Die Experten sind ernsthaft besorgt, dass die daraus resultierende zunehmende Versauerung der Ozeane den Verkalkungsprozess erschwert, der für das Wachstum der Muscheln und die Bildung der Hartteile der Korallen erforderlich ist.

Im Januar 2009 trafen sich 155 Meereskundler aus 26 Ländern unter der Schirmherrschaft der Vereinten Nationen zu einem Symposium und erarbeiteten die sogenannte Monaco-Deklaration mit folgendem Wortlaut: „Wir sind tief besorgt wegen der in jüngster Zeit erfolgenden raschen Veränderung der chemischen Zusammensetzung des Meerwassers und ihres Potenzials, innerhalb weniger Jahrzehnte die marinen Ökosysteme in erheblichem Maße zu gefährden. … Schwere Zerstörungen zeichnen sich bereits ab." Die Wissenschaftler wiesen vor allem auf den mit der Versauerung verbundenen Rückgang der Körpermasse von Muscheln und das verlangsamte Wachstum der Korallenriffe hin.

Die Versauerung dürfte wahrscheinlich nicht nur Organismen mit kalkigen Hartteilen beeinträchtigen – beispielsweise scheinen Seeanemonen und Quallen auf geringe Veränderungen der Wasserchemie ebenfalls empfindlich zu reagieren – stärkere Veränderungen der chemischen Zusammensetzung des Meerwassers gefährden auch die Lebensbedingungen der Seeigel und Tintenfische. Die zunehmende Versauerung des marinen Oberflächenwassers dürfte darüber hinaus die Konzentration der Spurenelemente wie etwa Eisen nachhaltig beeinflussen, ein wichtiger Nährstoff für das Wachstum zahlreicher Organismen.

Wenn durch die Aktivität des Menschen weiterhin mehr Kohlendioxid in die Atmosphäre gelangt, werden auch die Ozeane zunehmend versauern. Ob sich die marinen Organismen an diese bevorstehenden Veränderungen anpassen können, bleibt abzuwarten, die Auswirkungen für die menschliche Gesellschaft könnten jedoch erheblich sein. Kurzfristig könnten durch die Zerstörung der Ökosysteme der Korallenriffe und der von ihnen abhängigen Fischereiwirtschaft und Freizeitindustrie erhebliche wirtschaftliche Verluste in Höhe von mehreren Milliarden Dollar entstehen. Längerfristig könnte eine veränderte Stabilität der Korallenriffe ihre schützende Funktion für die Küsten reduzieren, hinzukommen direkte und indirekte Auswirkungen auf die kommerziell wichtigen Fisch- und Schalentierarten.

Die Versauerung der Ozeane ist zu unseren Lebzeiten im Grunde irreversibel. Selbst wenn wir wie von Zauberhand die CO_2-Konzentration in der Atmosphäre auf das Niveau von vor 200 Jahren reduzieren könnten, würde es mehrere Zehntausend Jahre dauern, bis die chemische Zusammensetzung der Meere zu den damals herrschenden Verhältnissen zurückkehren würde.

Abb. 23.34 Der Inselstaat Haiti in der Karibik ist heute zu 98 % entwaldet (Foto: Nasa)

Rückgang der Biodiversität

Im Jahre 2003 schlug der Chemiker und Nobelpreisträger Paul Crutzen vor, in die geologische Zeitskala eine neue Epoche einzuführen, das **Anthropozän**, das Zeitalter des Menschen – beginnend mit dem Jahr 1780, als die Erfindung der mit Kohle befeuerten Dampfmaschine von James Watt die industrielle Revolution einleitete. Die globalen Veränderungen, welche die Grenze Holozän/Anthropozän kennzeichnen, sind auch heute noch im Gang, und deshalb werden künftige Wissenschaftler, die den gesamten Verlauf der folgenden Jahrtausende überblicken können, diese geologische Grenze vielleicht etwas höher legen. Crutzens wichtigstes Argument war jedoch, dass sich diese globalen Veränderungen so rasch vollziehen, dass solche Haarspaltereien nur eine untergeordnete Rolle spielen. Wie bei anderen geologischen Grenzen in der Erdgeschichte wird auch hier ein Massenaussterben das wichtigste Kennzeichen sein.

In der Zeit zwischen 1850 und 1880 wurden bis zu 15 % der Landoberfläche gerodet und die Geschwindigkeit der Entwal-dung nimmt ständig zu. Nach Angaben der Vereinten Nationen werden pro Jahr mehr als 150.000 km² tropische Regenwälder einer anderen Landnutzung, vorwiegend dem Ackerbau zugeführt, das entspricht ungefähr einem Prozent der gesamten Ressourcen. Im Jahr 1950 bedeckten Wälder in Haiti noch 25 % der Fläche, bis zum Jahr 1987 verringerten sich die bewaldeten Anteile auf 10 % und heute betragen sie noch 2 % (Abb. 23.34). Andere Entwicklungsländer leiden unter ähnlichen Problemen.

Angesichts dieses raschen Verlusts an Lebensraum ist es auch nicht überraschend, dass die Anzahl der noch vorhandenen Arten – als wichtigstes Maß für die Biodiversität – abnimmt. Biologen gehen davon aus, dass derzeit mehr als 10 Mio. verschiedene Organismenarten leben, von denen lediglich 1,5 Mio. offiziell klassifiziert sind. Aussterberaten sind nur schwierig zu quantifizieren. Die Experten glauben, dass in den kommenden 30 Jahren bis zu einem Fünftel aller Arten verschwunden sein wird und etwa die Hälfte davon bereits in diesem Jahrhundert aussterben könnte. Der angesehener Biologe Peter Raven spricht das Problem offen aus: „Wir sind mit einer Episode des Artensterbens konfrontiert, das größer ist als alle anderen, die die Erde in den vergangenen 65 Mio. Jahren erlebt hat. Von allen globalen Problemen, die auf uns zukommen, ist es dasjenige, das am schnellsten abläuft und vor allem ist es auch dasjenige, das die gravierendsten Folgen haben wird. Und im Gegensatz zu anderen globalen ökologischen Problemen ist es völlig irreversibel."

Einige wie etwa der Soziobiologe E. O. Wilson gehen sogar so weit, diesen weltweiten Rückgang der Biodiversität als das sechste Aussterben zu bezeichnen und stellen es in eine Reihe mit den fünf anderen Massenaussterben innerhalb des Phanerozoikums (vgl. Abb. 11.17). Andere betrachten diese Extrapolation jedoch als etwas voreilig, weil selbst der heute erkennbare rasche Rückgang der Biodiversität nicht notwendigerweise die Fossilüberlieferung so tiefgreifend beeinflusst wie etwa das Massenaussterben am Ende der Kreidezeit oder auch das weniger schwere Massenaussterben, das mit einer globalen Erwärmung an der Grenze Paleozän/Eozän verbunden war.

Management und Organisation des Systems Erde

Bis zu einem gewissen Grad sind die Probleme, mit denen wir angesichts der anthropogen verursachten globalen Erwärmung konfrontiert werden, in jeder Hinsicht entmutigend. Wenn die Menschheit und ihr Energieverbrauch pro Kopf weiterhin mit der gegenwärtigen Geschwindigkeit zunimmt, wird unsere fortwährende Abhängigkeit von den fossilen Brennstoffen dazu führen, dass die Geschwindigkeit, mit der Kohlenstoff in die Atmosphäre freigesetzt wird, sich in 50 Jahren von 8 Gt pro Jahr auf zumindest 15 Gt im Jahr 2060 verdoppelt. Nach dem extremsten Szenario A des IPCC könnte der CO_2-Gehalt der Atmosphäre den Wert von 600 ppm übersteigen und danach weiter zunehmen, mit den erwähnten potenziell katastrophalen Folgen.

Die Überwachung der Kohlenstoff-Emissionen – die vielleicht wichtigste Aufgabe der zivilisierten Welt – erfordert eine außergewöhnliche Zusammenarbeit von Wissenschaftlern, Politikern und Öffentlichkeit.

Energiepolitik

Es gibt kaum Zweifel daran, dass wir unsere Energiequellen und die Art wie wir sie nützen ändern müssen. Eine Reihe von Fragen, mit denen sich die Politiker befassen müssen, betreffen die Finanzierung: wie viel Mittel sollten wir aufwenden, um die anthropogenen Kohlenstoffemissionen zu senken und rechtfertigt der Nutzen dieses Tuns die Kosten? Zu hohe Kosten könnten die Wirtschaftlichkeit infrage stellen und zu Verlusten von Arbeitsplätzen führen, doch die Vermeidung der schlimmsten Auswirkungen des Klimawandels können weniger kostspielig sein, als die Katastrophen erst dann zu bewältigen, nachdem sie entstanden sind.

Eine Teillösung – und sicherlich die preisgünstigste – wäre, die Energie effizienter zu nutzen und die Abwärme zu reduzieren. Im wahrsten Sinne ist eine effizientere Nutzung gleichbedeutend mit der Erschließung einer neuen Energiequelle. Einige Experten gehen davon aus, dass die Vereinigten Staaten durch preisgünstige effiziente Energiesparmaßnahmen ihre Emissionen an Treibhausgasen auf bis zu 50 % des heutigen Wertes senken könnten, beispielsweise durch Wärmeisolation von Gebäuden, Ersatz von konventionellen Glühlampen durch Leuchtstoffröhren oder LED-Lampen, Verbesserung des Wirkungsgrads bei Fahrzeugmotoren und durch eine verstärkte Nutzung von Erdgas. Die Einsparungen an Energie könnten sich pro Jahr auf mehrere hundert Milliarden US-Dollar belaufen. Diese bescheidenen Schritte würden zusätzlichen Nutzen bringen wie

Abb. 23.35 Ein großes Kohlekraftwerk bei Ordos, einer Stadt in Nord-China. China verdrängte die Vereinigten Staaten als Nation mit dem höchsten Ausstoß von Treibhausgasen. Die hauptsächlich auf Kohle basierende Wirtschaft Chinas, Indiens und anderer Entwicklungsländer wird in starkem Maße das künftige Klima beeinflussen (Foto: © Zuma/Wire/Newscom)

Teil VI

etwas niedrigere Produktionskosten und eine bessere Luftqualität.

Viele Beobachter werden sagen, dass fossile Brennstoffe in den Vereinigten Staaten einfach noch zu billig sind. Die CO_2-Emissionen sind tatsächlich nicht so hoch besteuert wie in den meisten anderen hochentwickelten Industrieländern, daher besteht auch nur ein geringer Anreiz zum sparsamen Umgang mit den vorhandenen Energiereserven und für einen Übergang zu neuen Energiequellen. Bei den gesamtwirtschaftlichen Kosten der fossilen Brennstoffe müssen auch die Kosten für die Reinhaltung der Luft, die Reinigungskosten bei Ölschadensfällen und andere Umweltzerstörungen eingepreist werden, außerdem die Kosten des Haushaltsdefizits, ebenso die militärischen Aufwendungen zur Verteidigung der Ölvorräte und die Kosten der globalen Erwärmung. Würde man all diese Kosten in die Energiepreise einrechnen, dann wären die alternativen Energiequellen sehr wohl mit den fossilen Brennstoffen konkurrenzfähig. Eine solche Aufrechnung der vollen Kosten ist bisher allerdings in den Vereinigten Staaten politisch nicht sehr populär.

Wir sehen uns außerdem dem Gebot der Fairness in der internationalen Politik verpflichtet. Die Vereinigten Staaten, Kanada, die Europäische Union und Japan mit einem Bevölkerungsanteil von lediglich 25 % der Weltbevölkerung sind für 75 % des globalen CO_2-Anstiegs und auch für die Zunahme der anderen Treibhausgase verantwortlich. Diese reichen Industrienationen sind eher in der Lage, die Kosten für die Reduktion ihrer Treibhausgasemissionen zu übernehmen, als die Entwicklungsländer. China ist bezüglich seines Wirtschaftswachstums beispielsweise von seinen großen Kohlevorräten abhängig, es stieg 2007 zum größten Produzenten von Treibhausgasen auf (Abb. 23.35). Die Entwicklungsländer fordern von den Industrieländern bereits heute finanzielle und technische Unterstützung zur Reduktion der Emissionen. Die Politiker sind sich darüber einig, dass diese Probleme des globalen Klimawandels nicht auf nationaler Ebene gelöst werden können, sondern nur im Rahmen einer internationalen Zusammenarbeit.

Nutzung alternativer Energie-Ressourcen

Wie gezeigt wurde, ist keine der alternativen Energiequellen – auch nicht in der Summe – in der Lage, die fossilen Brennstoffe kurzfristig zu ersetzen. Einige erneuerbare Energieressourcen wie Sonnenenergie, Windkraft und Biotreibstoffe gewinnen jedoch für unser Energiesystem zunehmend an Bedeutung. Sofern diese Technologien in den kommenden 50 Jahren offensiv umgesetzt werden, könnten die Kohlenstoffemissionen insgesamt im Bereich von Gigatonnen pro Jahr reduziert werden.

Ein weiterer Schritt, der unternommen werden könnte, ist die zunehmende Nutzung der Kernenergie. Die Kapazität der Kernkraftwerke, die derzeit bei etwa 350 Gigawatt liegt, könnte in den nächsten 50 Jahren verdreifacht werden, doch ist diese Option für viele von uns aus den bereits genannten Gründen keine attraktive Lösung. Potenzial für eine saubere Kerntechnik wäre

in der Kernfusion vorhanden. Doch verläuft die Entwicklung eines funktionierenden Prototyps nur sehr zögernd, weil die Umsetzung der technischen Hürden (konstante Aufrechterhaltung eines brennbaren Plasmas, extremste Anforderungen an das Material) noch auf sich warten lässt.

Modifizierung des Kohlenstoffkreislaufs

Gibt es Möglichkeiten, den Kreislauf des Kohlenstoffs zu modifizieren, um auf diese Weise die Anreicherung von Treibhausgasen in der Atmosphäre zu reduzieren? Es gibt inzwischen zahlreiche vielversprechende Technologien, die zum Ziel haben, Emissionen von Treibhausgasen dadurch zu vermindern, dass das bei der Verbrennung fossiler Energieträger entstehende CO_2 nicht in die Atmosphäre freigesetzt, sondern in andere Speicher eingepresst wird, eine Technologie, die als **Kohlenstoff-Sequestrierung** oder **CCS** (Carbon Dioxide Capture and Storage) bezeichnet wird.

Ein naheliegender alternativer Kohlenstoffspeicher ist die Biosphäre. In Kap. 15 wurde erwähnt, dass die Wälder der Atmosphäre in überraschend großem Ausmaß CO_2 entziehen. Eine gezielte Politik der Landnutzung, die nicht nur die heutige starke Entwaldung verringert, sondern auch die Aufforstung und Produktion anderer Biomasse fördert, könnte dazu beitragen, die anthropogen ausgelöste Klimaveränderung abzuschwächen.

Auch die Biotechnologie könnte einige Möglichkeiten liefern, um die Kapazität der Biosphäre zur Sequestrierung von Kohlenstoff zu erhöhen. Man könnte beispielsweise Bakterien so weit genetisch verändern, dass sie in der Lage sind, Methan aufzunehmen, den darin enthaltenen Kohlenstoff abzutrennen und Wasserstoff abzugeben. Wasserstoff ist der sauberste Brennstoff, bei seiner Verbrennung entsteht lediglich Wasser.

Eine weitere, allerdings umstrittene Möglichkeit ist die Düngung der marinen Biosphäre. Es ist bekannt, dass das Phytoplankton (Photosynthese betreibende marine Mikroorganismen) durch Photosynthese der Atmosphäre Kohlendioxid entziehen. In den meisten Bereichen der Ozeane ist die Produktivität des Planktons durch den Mangel an Nährstoffen wie Eisen allerdings begrenzt. Voruntersuchungen in den 1990er Jahren haben ergeben, dass das Wachstum des Planktons in den Ozeanen durch die Zugabe geringer Eisenmengen gefördert werden kann. Leider stellte sich heraus, dass die Düngung des Ozeans auf diese Weise auch das Wachstum der sich von Phytoplankton ernährenden Tiere fördert, und damit kehrte das CO_2 sehr rasch wieder in die Atmosphäre zurück.

Eine vergleichsweise einfache Technologie zur Kohlenstoff-Sequestrierung – die Speicherung von CO_2 im Untergrund – ist ein erfolgversprechender Ansatz. Das bei der Förderung von Erdöl und Erdgas anfallende Kohlendioxid wird bereits heute wieder in den Untergrund verpresst, um den Lagerstättendruck aufrechtzuerhalten und das Öl zu den Sonden zu drücken, um auf diese Weise die Entölung des Speichergesteins zu erhöhen. Wenn die Abtrennung und Untertage-Speicherung des CO_2, das bei der

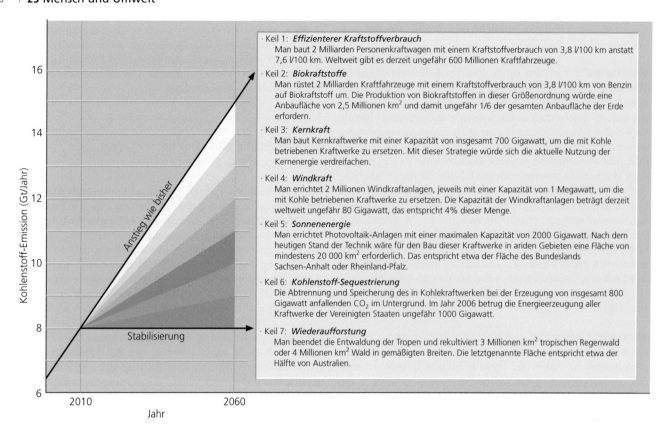

Abb. 23.36 Entsprechend Szenario A des IPCC ist zu erwarten, dass die Kohlenstoff-Emissionen im Verlauf der nächsten 50 Jahre um mindestens 7 Gt pro Jahr zunehmen. Das Problem der Stabilisierung der Kohlenstoff-Emissionen auf dem Niveau von 2010 mit 8 Gt pro Jahr kann in sieben sogenannte „Stabilisierungskeile" zerlegt werden, von denen jeder einer Reduzierung der Emissionen um 1 Gt pro Jahr bis zum Jahr 2060 entspricht. Die möglichen Strategien, diese Reduzierung um einen Keil mithilfe vorhandener Technologien zu erreichen, ist im Bereich der jeweiligen Keile angegeben (nach: S. Pacala & R. Socolow (2004): Stabilization Wedges: Solving the Climate Problem for the Next 50 Years with Current Technologies. – *Science, 305: 968–972*)

Verbrennung in den mit Kohle betriebenen Kraftwerken entsteht, wirtschaftlich machbar wäre, würden die weltweit reichlich vorhandenen Kohleressourcen der Erde als Ersatz für Erdöl deutlich an Bedeutung gewinnen.

Stabilisierung der Kohlenstoff-Emissionen

Die hier genannten Strategien und Technologien scheinen zwar erfolgversprechend zu sein, aber reichen sie auch aus? Bei dem Szenarium A des IPCC wird davon ausgegangen, dass die Kohlenstoff-Emissionen in den nächsten 50 Jahren um mindestens 7 Gt pro Jahr ansteigen. Lässt sich dieser Anstieg aufhalten? Oder anders formuliert, was müsste unternommen werden, um die Kohlenstoff-Emissionen auf ihrem heutigen Niveau zu stabilisieren?

Zwei Wissenschaftler der Universität Princetown, Stephen Pacala und Robert Socolow, erarbeiteten ein simples quantitatives System, um dieses spezielle Problem zu lösen. Sie gehen von Anfang an davon aus, dass es keine Einzellösung für dieses Problem gibt. Stattdessen zerlegen sie dieses Problem in überschau-

bare sogenannte **Stabilisierungskeile** (*stabilization wedges*), von denen jeder den vorhergesehenen Anstieg der Kohlenstoff-Emissionen in den kommenden 50 Jahren um 1 Gt pro Jahr reduziert (vgl. Abb. 23.36). Ein solcher Keil entspricht demzufolge einem Siebtel der Lösung.

Die Umsetzung jedes Stabilisierungskeils ist eine gewaltige Aufgabe. Um beispielsweise Keil 1 zu erreichen, müsste der durchschnittliche Kraftstoffverbrauch aller Personenkraftwagen der Erde, der bis Mitte dieses Jahrhunderts auf zwei Milliarden Kraftwagen ansteigen wird, um 50 %, das heißt von 7,6 l Benzin auf 3,8 l je 100 km reduziert werden. Diese Berechnung geht davon aus, dass ein Auto pro Jahr etwas mehr als 10.000 Meilen (=16.000 km) gefahren wird, was etwa dem derzeitigen Durchschnittswert entspricht. Eine in dieser Abbildung nicht dargestellte Alternative wäre, den derzeitigen Kraftstoffverbrauch konstant zu halten, die durchschnittlich gefahrene Strecke aber auf die Hälfte, das heißt von 16.000 auf 8000 km pro Jahr zu reduzieren. Eine weitere Alternative (Keil 2) bestünde darin, sämtliche Kraftwagen auf Biokraftstoffe umzurüsten. Um jedoch Biokraftstoffe in diesem Umfang zu produzieren, wäre ein Sechstel der gesamten Anbaufläche der Erde erforderlich. Daher würde sich diese Maßnahme nachteilig auf die landwirtschaftliche Produktivität und damit die Nahrungsversorgung auswirken.

Einige dieser Stabilisierungskeile beruhen auf umstrittenen oder teuren Technologien wie etwa einem Ausbau der Kernenergie um den Faktor 3 (Keil 3), einer steigenden Anzahl großer Windkraftanlagen in der Größenordnung von Millionen (Keil 4) oder der Überdeckung großer Wüstengebiete mit Solarzellen (Keil 5). Zumindest einer der Keile, die Abtrennung und Speicherung der Kohlenstoff-Emissionen aus Kohlekraftwerken (Keil 6) befindet sich im Bereich des derzeitig technisch Machbaren. Die letzte Option, das Ende der Entwaldung in den Tropen und die Aufforstung zusätzlicher großer Gebiete (Keil 7), wird im Prinzip von vielen Menschen bevorzugt, wäre jedoch ohne erhebliche Einschränkungen in den Entwicklungsländern wie etwa Brasilien nur schwer machbar oder durchsetzbar.

Die Stabilisierung der Kohlenstoff-Emissionen auf dem derzeitigen Stand würde die Gefahr eines globalen Klimawandels zwar reduzieren, aber nicht beseitigen. Das Stabilisierungs-Szenario für die nächsten 50 Jahre (das in Abb. 23.27 zwischen den Szenarien B und C liegt) würde noch einen Anstieg des Kohlenstoffgehalts in der Atmosphäre auf 500 ppm und damit auf das Doppelte des vorindustriellen Werts zulassen. Um die Konzentration unter diesem Wert zu halten, wäre während der zweiten Hälfte des 21. Jahrhunderts eine weitere Verminderung der Kohlenstoff-Emissionen erforderlich. Die Klimamodelle lassen erkennen, dass ein solches Szenario die durchschnittliche Temperatur der Erde um 2 °C erhöht, das heißt um mehr als das Dreifache der gesamten Erwärmung des 20. Jahrhunderts.

Trotzdem ist der beständige Anstieg der CO_2-Konzentration in der Atmosphäre nicht unabwendbar. Das in den Stabilisierungskeilen zur Verfügung stehende Angebot bildet den notwendigen technischen Rahmen für ein gemeinsames Handeln der Regierungen. Die Akzeptanz dieses Problems einer Stabilisierung bringt jedoch andere Schwierigkeiten mit sich, etwa die Zustimmung einer breiten Öffentlichkeit und den Abschluss internationaler Übereinkommen. Wie jedoch die Untersuchungen von Pacola und Sokolow zeigen, bleibt uns für gezielte Aktionen, um den anthropogen verursachten Klimawandel deutlich zu verringern, noch etwas Zeit. Ob wir die Möglichkeit wahrnehmen, ist ausschließlich von unserer Kenntnis des Problems, seiner potenziellen Lösung und der Konsequenz einer mangelnden Bereitschaft zum Handeln abhängig.

Nachhaltige Entwicklung

Der Begriff „nachhaltige Entwicklung" erscheint mit zunehmender Häufigkeit in den Medien, bei öffentlichen Diskussionen, im Schulunterricht und in wissenschaftlichen Publikationen. Dieser Begriff gelangte 1987 in das Bewusstsein einer breiten Öffentlichkeit durch die Veröffentlichung eines Berichts der World Commission on Environment and Development (der sogenannten Brundtland-Kommission) mit dem Titel „*Our Common Future*", in dem nachhaltige Entwicklung definiert wurde „... als Entwicklung, die den gegenwärtigen Bedürfnissen gerecht wird, ohne die Lebenschancen künftiger Generationen zu ge-

fährden". Diesen Begriff der nachhaltigen Entwicklung genauer zu definieren, ist schwierig, aber er bietet eine attraktive, wenn auch etwas utopische Vorstellung: eine Zivilisation, die durch eine umsichtige Steuerung ihrer Wechselwirkungen mit dem Gesamtsystem Erde vielen Generationen einen bewohnbaren Lebensraum gewährleistet.

Diese Nachhaltigkeit wirft jedoch zahlreiche wirtschaftliche und politische Fragen auf, über deren Antworten bei vielen Nationen keinesfalls Einigkeit herrscht. Die Ausarbeitung einer gemeinsamen globalen Strategie, wie die Zivilisation dieses Ziel erreichen soll, dürfte sich daher als schwierig erweisen. Eine wesentliche Voraussetzung dafür wären bessere Kenntnisse, wie die Geosysteme funktionieren, zusammenwirken und wie sie durch die Einwirkung des Menschen beeinflusst werden.

Der französische Schriftsteller Marcel Proust schrieb einmal: „Die wirkliche Entdeckungsreise besteht nicht in der Suche nach neuen Ländern, sondern in der Betrachtung mit neuen Augen." Wir hoffen, dass dieses Lehrbuch zu einem neuen Blick auf die kritischen Themen des globalen Wandels und die anderen Probleme der Geowissenschaften verholfen hat, denen sich Ihre Generation stellen muss.

Zusammenfassung des Kapitels

Die Zivilisation als Geosystem: Die menschliche Gesellschaft nutzt viele Möglichkeiten der Energiegewinnung im globalen Ausmaß; als Folge davon kann sie heute durch die von ihr hervorgerufenen Umweltveränderungen an der Erdoberfläche mit dem System Plattentektonik und Klima konkurrieren. Der größte Teil der heute vom Menschen verbrauchten Energie stammt von kohlenstoffhaltigen Brennstoffen. Die Ausweitung der Kohlenstoff-Wirtschaft hat durch neue Materialflüsse aus der Lithosphäre in die Atmosphäre den natürlichen Kohlenstoffkreislauf verändert. Wenn dieser Materialfluss unvermindert andauert, wird sich der Kohlendioxidgehalt der Atmosphäre gegenüber den vorindustriellen Zeiten bis Mitte des 21. Jahrhunderts verdoppeln.

Klassifizierung der natürlichen Ressourcen: Die natürlichen Ressourcen können in erneuerbare und nicht erneuerbare Ressourcen unterteilt werden, abhängig davon, ob sie durch geologische Prozesse mit der gleichen Geschwindigkeit ergänzt werden, wie sie verbraucht werden. Als Reserven bezeichnet man bekannte Vorräte natürlicher Ressourcen, die unter den derzeitigen Bedingungen wirtschaftlich gewonnen werden können.

Entstehung von Erdöl und Erdgas: Erdöl und Erdgas sind aus organischem Material entstanden, dessen Reste in sauerstoffarmen Sedimentbecken – typischerweise auf den Kontinenträndern – abgelagert worden sind. Diese organische Substanz gelangte mit zunehmender Überdeckung in tiefere Bereiche. Unter der Einwirkung von höheren Temperaturen und Drücken wurde das organische Material in flüssige und gasförmige Kohlenwasserstoffe

Teil VI

umgewandelt. Erdöl und Erdgas sammelten sich dort, wo geologische Strukturen, sogenannte Erdölfallen, undurchlässige Barrieren für ihren Aufstieg bildeten.

Versorgungsprobleme der Welt mit Erdöl: Erdöl gehört zu den nicht erneuerbaren Ressourcen, die ungleich schneller verbraucht werden, als sie durch geologische Prozesse erneuert werden können. Wenn daher das Öl aus den Kohlenwasserstoff-Lagerstätten der Erde entnommen wird, nimmt auch seine Verfügbarkeit ab und der Preis steigt. Die wichtigste Frage dabei ist nicht, wann die Vorräte erschöpft sein werden, sondern wann die Welt-Erdölproduktion den Hubbert Peak erreicht, das heißt nicht mehr weiter steigt, sondern allmählich zurückgeht. Optimistische Prognosen gehen davon aus, dass die vorhandenen Ressourcen den Bedarf auch in den kommenden Jahrzehnten decken werden.

Entstehung von Kohle und der Umfang der Ressourcen: Kohle entsteht durch Versenkung, Kompaktion und Diagenese von ehemaliger Sumpfvegetation. Kohle ist in Sedimentgesteinen als ungeheuer große Ressource vorhanden. Bei der Verbrennung von Kohle werden große Mengen Kohlendioxid und schwefelhaltige Gase in die Atmosphäre freigesetzt – die Ausgangsprodukte des sauren Regens. Darüber hinaus stellen der Abbau der Kohle und die bei der Verbrennung entstehenden toxischen Substanzen eine Gefahr sowohl für das menschliche Leben als auch für die Umwelt dar. Wegen ihrer großen Häufigkeit und den niedrigen Gestehungskosten wird ihr Verbrauch in den nächsten Jahrzehnten voraussichtlich weltweit noch steigen.

Die Perspektive alternativer Energiequellen: Alternative Energiequellen sind Kernkraft, Biokraftstoffe, Wasserkraft, Sonnenenergie, Windkraft und geothermische Energie. Insgesamt decken diese Energiequellen lediglich einen geringen Prozentsatz des Welt-Energiebedarfs. Kernkraft aus der Spaltung von Uran, der häufigsten gewinnbaren Energieressource der Erde, könnte eine wichtige Energiequelle sein, jedoch nur, wenn die Öffentlichkeit von ihrer Gefahrlosigkeit und Sicherheit überzeugt werden kann. Mit fortschreitender Technologie und Senkung der Kosten könnten jedoch die erneuerbaren Energiequellen Sonnenenergie, Windenergie und Energie aus Biomasse im 21. Jahrhundert zu wichtigen Energieressourcen werden.

Globale Erwärmung und ihre Folgen: Die Konzentrationen der Treibhausgase in der Atmosphäre werden im Verlauf des 21. Jahrhunderts weiter steigen, vor allem aufgrund der Verbrennung fossiler Energieträger und anderer menschlicher Aktivitäten. Die Größenordnung dieses Anstiegs ist davon abhängig, ob die menschliche Gesellschaft aktiv Schritte unternimmt, um die Emission von Treibhausgasen zu begrenzen. Die Prognosen bezüglich der Klimaerwärmung im Verlauf des 21. Jahrhunderts sind höchst unsicher, der Bereich schwankt zwischen 0,5 und 5,5 °C. Diese Erwärmung wird zu einer Zerstörung der Ökosysteme und zu einem verstärkten Aussterben der Arten führen. Die Ozeane werden sich erwärmen, das Wasser dehnt sich aus und der Meeresspiegel wird um bis zu einem Meter steigen. Die Eiskappe der Arktis wird weiterhin rasch abschmelzen und ein Großteil des Nordpolarmeeres wird möglicherweise eisfrei sein.

Weitere, anthropogen verursachte Veränderungen der Umwelt: Die Versauerung der Ozeane vermindert die Möglichkeiten der Schalentiere und Korallen, Schalen und Skelette aus Calciumcarbonat zu bilden; sie dürfte auch für andere marine Organismenformen nachteilige Folgen haben und marine Ökosysteme zerstören. Die Biodiversität der Ökosysteme auf dem Festland ist durch den Verlust von Lebensräumen und durch die Auswirkungen der globalen Erwärmung rückläufig. Das derzeit rasche Aussterben von Organismenarten führt zu einem Rückgang der Biodiversität, der mit den Massenaussterben in der geologischen Vergangenheit vergleichbar ist.

Stabilisierung der Kohlenstoff-Emissionen: Wenn unsere menschliche Gesellschaft weiterhin von fossilen Brennstoffen abhängig ist, werden die anthropogen bedingten Kohlenstoff-Emissionen in den nächsten 50 Jahren um mindestens 7 Gt pro Jahr ansteigen. Das Problem könnte durch die Umsetzung von sieben Stabilisierungskeilen gelöst werden, von denen jeder eine Strategie zur Reduktion der veranschlagten Zunahme der Kohlenstoff-Emissionen um 1 Gt pro Jahr zum Inhalt hat.

Ergänzende Medien

23-1 Animation: Die Entstehung von Erdöllagerstätten

Übungsaufgaben aus der geologischen Praxis

24

Teil VI

© Springer-Verlag Berlin Heidelberg 2017
J. Grotzinger, T. Jordan, *Press/Siever Allgemeine Geologie*, DOI 10.1007/978-3-662-48342-8_24

1 Die Dimensionen unseres Planeten

Wie entdeckte man, dass die Erde eine Kugel mit einem Umfang von (rund) 40.000 km ist? Vor Beginn des Jahres 1960 hatte noch niemand aus dem Weltraum auf die Erde herabgeblickt – und doch war ihre Form und Größe bereits seit langer Zeit bekannt.

Im Jahre 1492 segelte Christoph Kolumbus nach Westen, um auf diesem Wege nach Indien zu gelangen, da er an eine Theorie der Geodäsie glaubte, die von griechischen Philosophen aufgestellt worden war: Die Erde ist eine Kugel. Offensichtlich waren seine mathematischen Kenntnisse nicht sehr ausgeprägt, jedenfalls unterschätzte er den Umfang der Erde ganz erheblich. Statt eine Abkürzung nach Indien zu finden, legte er einen weiten Weg zurück und entdeckte anstatt der „Gewürzinseln" (Indien) einen neuen Kontinent. Hätte Kolumbus die Schriften der alten Griechen gründlicher gelesen, wäre ihm dieser Fehler nicht unterlaufen, weil diese bereits mehr als 1700 Jahre zuvor den Umfang der Erde relativ exakt bestimmt hatten.

Die Ehre, den Umfang der Erde berechnet zu haben, gebührt Eratosthenes, einem vielseitigen griechischen Gelehrten und Vorsteher der großen Bibliothek von Alexandria in Ägypten (Abb. 24.1). Etwa um das Jahr 250 v. Chr. berichtete ihm ein Reisender von einer interessanten Beobachtung: Am Mittag des ersten Tages im Sommer (am 21. Juni), fiel in der Stadt Syene (dem heutigen Assuan), nach unseren Maßgaben etwa 800 km südlich von Alexandria, das Sonnenlicht direkt auf den Boden eines tiefen Brunnens, da die Sonne dort genau im Zenith stand. Einem inneren Gefühl folgend überlegte sich Eratosthenes ein Experiment. Er stellte in seiner Stadt einen Stab senkrecht auf, der am Tag der Sommersonnwende (am 21. Juni) um 12 Uhr mittags einen Schatten warf.

Eratosthenes ging dabei von der Annahme aus, dass die Sonne in sehr großer Entfernung steht und die Lichtstrahlen in beiden Städten parallel zueinander verlaufen. Aus der Tatsache heraus, dass die Sonne in Alexandria einen Schatten warf, über Syene zur gleichen Zeit aber im Zenith stand, konnte Eratosthenes auf geometrisch einfache Weise zeigen, dass die Erdoberfläche gekrümmt sein musste. Da er wusste, dass eine Kugel die vollkommenste Krümmung aller geometrischer Körper aufweist, vertrat er die Hypothese, dass auch die Erde eine Kugel sei (Griechen bewunderten elegante geometrische Lösungen!). Durch Messen der Schattenlänge des Stabs in Alexandria errechnete er, dass wenn man durch beide Städte lotrechte Linien ziehen würde, sich diese im Erdmittelpunkt unter einem Winkel von 7°, das heißt unter 1/50 eines vollen Kreises (360°) schneiden würden. Die Entfernung zwischen diesen beiden Städten betrug ungefähr 800 km. Aus diesen Angaben berechnete Eratosthenes einen Erdumfang, der dem wahren Wert sehr nahe kam:

$$\text{Erdumfang E} = 50 \times \text{Entfernung Syene-Alexandria}$$
$$\text{E} = 50 \times 800\,\text{km} = 40.000\,\text{km}$$

Da nun der Erdumfang bekannt war, war es auch sehr einfach, den Radius der Erde zu bestimmen. Eratosthenes wusste, dass

Abb. 24.1 Wie Eratosthenes den Erdumfang berechnete

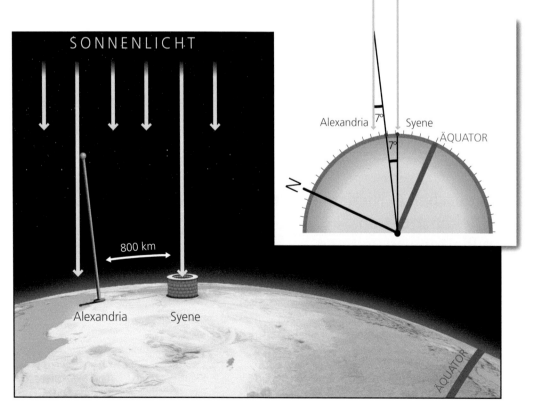

bei einem beliebigen Kreis der Umfang gleich 2π mal dem Radius entspricht, wobei π einen Zahlenwert von etwa 3,14 hat. Daher teilte er den errechneten Erdumfang durch 2π, um so den Radius der Erde zu bestimmen:

$$\text{Radius } r = \frac{\text{Umfang}}{2\pi}$$
$$r = \frac{40.000\,\text{km}}{6,28} = 6370\,\text{km}$$

Durch diese Berechnungen kam Eratosthenes zu einem einfachen und eleganten wissenschaftlichen Modell: Die Erde ist eine Kugel mit einem Radius von 6370 km.

Bei dieser überzeugenden Demonstration der wissenschaftlichen Arbeitsmethode machte Eratosthenes eine Beobachtung (Länge des Schattens), leitete daraus eine Hypothese ab (Kugelgestalt der Erde), verwendete eine mathematische Theorie (sphärische Trigonometrie) und entwickelte daraus ein bemerkenswert genaues Modell des Erdkörpers. Mit seinem Modell ließen sich darüber hinaus andere Messungen exakt voraussagen, wie etwa die Entfernung, bei der der Großmast eines Seglers unter dem Horizont verschwindet. Da nun die äußere Form und die Größe der Erde bekannt war, konnten die griechischen Astronomen nun auch die Größen von Sonne und Mond sowie deren Entfernungen von der Erde berechnen.

Diese Geschichte verdeutlicht, warum gut geplante Experimente und exakte Messungen für die wissenschaftliche Arbeitsmethode von zentraler Bedeutung sind: Sie liefern neue Erkenntnisse über unsere natürliche Umwelt.

Zusatzaufgabe:

Das Volumen einer Kugel ergibt sich aus folgender Formel:

$$\text{Volumen } V = \frac{4\pi}{3} \times \text{Radius } r^3$$

Bestimmen Sie das Volumen der Erde.

2 Was geschah in Niederkalifornien? – Die Rekonstruktion von Plattenbewegungen

Geographen und Geologen machten sich lange Zeit Gedanken über die ungewöhnlichen geographischen Verhältnisse auf der Halbinsel Niederkalifornien. Warum ist der Golf von Kalifornien so lang und schmal? Warum verläuft die Halbinsel Niederkalifornien parallel zur mexikanischen Küste?

Als der spanische Eroberer Hernando Cortéz im Jahre 1539 an der Küste von Kalifornien landete, ging er davon aus, dass er eine Insel entdeckt hatte. Jahrzehnte vergingen, ehe die Spanier

erkannt hatten, dass die Nordhälfte der „Insel Kalifornien" in Wirklichkeit die Westküste Nordamerikas war und die südliche Hälfte, Niederkalifornien, eine langgestreckte Halbinsel bildet, die durch den Golf von Kalifornien vom Festland getrennt ist.

Vier Jahrhunderte später lieferte die Theorie der Plattentektonik eine treffende Antwort für das Rätsel von Niederkalifornien. Weiter im Norden, in Alta California (dem „Goldenen Staat"), bewegt sich die Pazifische Platte an der San-Andreas-Störung an der Nordamerikanischen Platte vorbei (Abb. 24.2). Weiter im Süden bildet die divergente Plattengrenze zwischen der Pazifischen Platte und der kleinen Rivera-Platte ein Teilstück des Ostpazifischen Rückens, ein mittelozeanischer Rücken, an dem neue ozeanische Kruste gebildet wird, da sich diese beiden Platten trennen.

Durch die Kartierung der Erdbebenherde und der untermeerischen Vulkane konnten die Meeresgeologen zeigen, dass die San-Andreas-Störung über ein Dutzend kleiner Spreading-Zentren, die an Transformstörungen gegeneinander versetzt sind, mit dem Ostpazifischen Rücken in Verbindung steht – eine Plattengrenze, die sich wie eine Treppe durch die gesamte Länge des Golfs von Kalifornien hinzieht. Durch die Relativbewegung der Pazifischen und der Nordamerikanischen Platte wird Niederkalifornien in nordwestlicher Richtung parallel zu den Transformstörungen vom Festland weggeschoben, und der Golf von Kalifornien wird durch Seafloor-Spreading zunehmend erweitert.

Wie rasch geschieht das? Das lässt sich anhand der folgenden Formel ermitteln:

$$\text{Geschwindigkeit } v = \frac{\text{Entfernung}}{\text{Zeit}}$$

Hierfür sind zwei Angaben erforderlich:

- Die Strecke, um die sich Niederkalifornien von Mexiko getrennt hat, kann direkt aus der Karte entnommen werden (ungefähr 250 km).
- Die seit der Trennung vergangene Zeit lässt sich anhand der magnetischen Anomalien am Ostpazifischen Rücken ermitteln. Auf beiden Seiten dieses Spreading-Zentrums ist die magnetische Anomalie, die dem Kontinentalrand am nächsten liegt und damit die älteste ist, das invers magnetisierte Gilbert-Chron.

Aus der in Abb. 2.12c dargestellten magnetischen Zeitskala ergibt sich für die Trennung der beiden Platten ein Alter von ungefähr 5 Ma. Damit ergibt sich für die Geschwindigkeit v des Seafloor-Spreading im Golf von Kalifornien ein Wert von

$$v = \frac{\text{Entfernung}}{\text{Zeit}}$$
$$v = \frac{250\,\text{km}}{5\,\text{Ma}} = 50\,\text{km/Ma}$$
$$= 50\,\text{mm/a}$$

Naturgemäß handelt es sich bei diesem Wert um eine mittlere Geschwindigkeit. Wie kontinuierlich war diese Bewegung? Die Plattenbewegung könnte langsam begonnen und dann allmählich Geschwindigkeit aufgenommen haben oder rasch begonnen und sich dann verlangsamt haben. Würde Ersteres zutreffen, sollte

Abb. 24.2 Die Pazifische Platte (*links*) bewegt sich relativ zur Nordamerikanischen Platte (*rechts*) mit einer Geschwindigkeit von ungefähr 50 mm pro Jahr nach Nordwesten. Dadurch bewegt sich die Halbinsel Niederkalifornien vom mexikanischen Festland weg und öffnet den Golf von Kalifornien

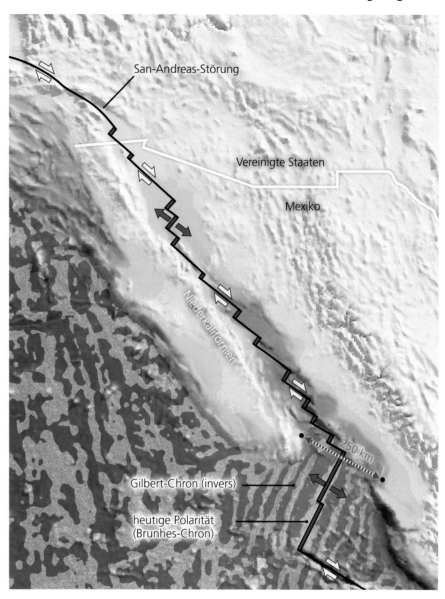

die heutige Geschwindigkeit der Plattentrennung größer als der Mittelwert sein, wenn Letzteres der Fall wäre, müsste die Trennung heute langsamer erfolgen.

Über GPS war es den Geologen möglich, diese Hypothese durch ein völlig anderes Verfahren zu überprüfen. Im Jahrzehnt zwischen 1990 und 2000 bestimmten sie mehrfach die Entfernungen zwischen Punkten beiderseits des Golfs von Kalifornien, die parallel zu den Plattenbewegungen angeordnet waren. Dabei ergab sich, dass sich die Entfernungen zwischen diesen Punkten in zehn Jahren um 500 mm oder 50 mm pro Jahr vergrößert hatten. Somit entspricht die heute gemessene Geschwindigkeit der Plattenbewegung der zuvor berechneten mittleren Geschwindigkeit, das heißt, es ist von keiner Verlangsamung oder Beschleunigung der Plattenbewegung auszugehen.

Vor mehr als 5 Ma, als Niederkalifornien noch Teil des Festlands war, lag die Grenze zwischen der Pazifischen und der Nordamerikanischen Platte irgendwo westlich des nordamerikanischen Kontinents. Vor 5 Ma verlagerte sich diese Grenze landeinwärts und damit begann im Golf von Kalifornien das Seafloor-Spreading. Seit dieser Zeit trennen sich die Platten mit einer nahezu konstanten Geschwindigkeit von 50 mm pro Jahr.

Diese Theorie hat zahlreichen Überprüfungen standgehalten. Beispielsweise sagt sie voraus, dass die derzeitige Bewegung an der San-Andreas-Störung ebenfalls vor 5 Ma begonnen hatte, und diese Aussage stimmt mit den Alterswerten der Gesteine, die an der heutigen San-Andreas-Störung gegeneinander versetzt sind, weitgehend überein.

Das Rätsel von Niederkalifornien ist nichts weiter als eine Kuriosität. Wie wir in den Kapiteln dieses Buches mehrfach gesehen haben, helfen Berechnungen der plattentektonischen Abläufe bei der Ermittlung des Gefahrenpotenzials von Erdbeben und bei der Suche nach Erzlagerstätten.

Teil VI

Zusatzaufgabe

Ermitteln Sie mit einem Globus und der in Abb. 2.15 dargestellten Isochronenkarte die mittlere Geschwindigkeit der Kontinentaldrift zwischen Nordamerika und Afrika. Wie gut stimmt diese Geschwindigkeit mit dem heutigen, durch GPS ermittelten Wert von 23 mm pro Jahr überein?

3 Lohnt sich der Abbau dieser Lagerstätte?

Die bei der Rocky Mining Corporation beschäftigten Geologen entdeckten bei ihren Erkundungsarbeiten Gold führende Basalte. Die leitenden Angestellten der Gesellschaft begutachteten ihre Karten, Diagramme und Messergebnisse sowie das räumliche Modell der Erzlagerstätte, doch letzten Endes drehte sich alles um die Frage: Lohnt sich der Abbau dieser Lagerstätte?

Die Suche nach Erzmineralen ist eine wichtige und herausfordernde Tätigkeit, die vielen Geologen Lohn und Brot gibt. Das Auffinden einer potenziellen Lagerstätte ist jedoch nur der erste Schritt zur Gewinnung des Rohstoffs. Ehe der Abbau beginnt, muss die Größe und Form der Lagerstätte sowie die Verteilung und Konzentration des Erzes ermittelt werden. Dies erfolgt durch ein engständiges Bohrraster, dessen Kernmaterial die gesamte Mächtigkeit der Lagerstätte sowie das umgebende Gestein erfassen muss. Die sich aus den Bohrkernen ergebenden Informationen sind die Grundlage eines dreidimensionalen Modells der Lagerstätte, und dieses Modell dient wiederum zur Bewertung, ob der Inhalt der Lagerstätte bauwürdig, das heißt groß genug ist und eine ausreichende Konzentration an Erzmineralen aufweist, um wirtschaftlich abgebaut werden zu können und damit die Anlage eines Bergwerks rechtfertigt. Geologen liefern hierzu wichtige Informationen von unmittelbar wirtschaftlicher Bedeutung für diesen rein sachlichen Prozess der Entscheidungsfindung.

Die Planung der Bergbauaktivitäten beruht typischerweise auf chemischen und mineralogischen Analysedaten der entnommenen Bohrkerne, mit deren Hilfe zwei Mengenangaben berechnet werden:

- der Gehalt der Lagerstätte, das heißt die Konzentration der Erzminerale innerhalb des wirtschaftlich wertlosen Trägergesteins,
- die Tonnage, das heißt die Menge an Erz, die potenziell aus der Lagerstätte abgebaut werden kann. Im Sprachgebrauch der Bergbauindustrie wird diese wegen des enormen Gesteinsvolumens meist in Tonnen angegeben, daher die Bezeichnung Tonnage.

Beide Mengenangaben sind wichtig, weil weder der Gehalt noch die Abbaumenge allein ausreicht, um den wirtschaftlichen Abbau einer Lagerstätte zu gewährleisten. Beispielsweise könnte der

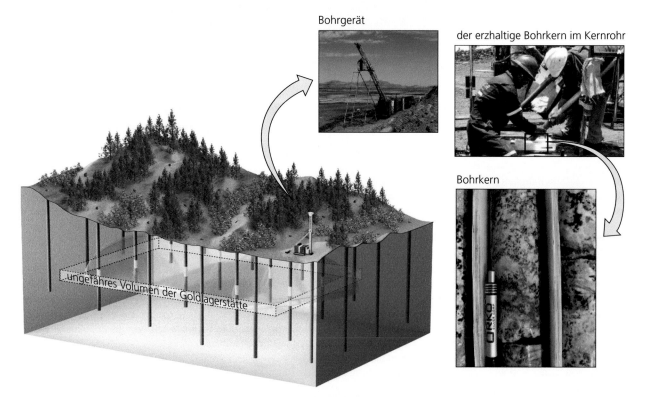

Bohrgerät

der erzhaltige Bohrkern im Kernrohr

Bohrkern

ungefähres Volumen der Goldlagerstätte

Abb. 24.3 Eine Erzlagerstätte wird abgebohrt, um Material für geochemische und mineralogische Untersuchungen zu erhalten. Dazu werden Kernbohrungen niedergebracht, bei denen eine zylindrische Gesteinssäule, der Bohrkern, mit einer diamantbesetzten Hohlbohrkrone aus dem Gestein herausgeschnitten wird. Der Bohrkern wird von einem Kernrohr aufgenommen, durch Federn gehalten, nach oben gebracht und dort dem Kernrohr entnommen (Fotos: Ben Whiting, P. Geol.)

Erzgehalt in Gängen sehr hoch, die Gesamtmasse jedoch gering sein, weil die vererzten Gänge selten sind. In einem anderen Fall könnte die Tonnage zwar groß sein, die Erzminerale könnten innerhalb des Gesteins jedoch so verteilt sein, dass die Kosten der Aufbereitung des Erzes zu hoch werden. Daher ist eine ideale Lagerstätte ein Vorkommen, das sowohl einen hohen Erzgehalt als auch eine große Menge Erz erwarten lässt (Abb. 24.3).

Der Gehalt der Lagerstätte ergibt sich aus dem prozentualen Gehalt des Metalls pro Gesteinsvolumen oder Gewichtseinheit, im Falle dieser Goldlagerstätte würde der Gehalt in Gramm pro Tonne angegeben. Die dafür erforderlichen Daten ergeben sich aus den Untersuchungen der Bohrkerne. Die Tonnage der Lagerstätte wird berechnet durch Extrapolation des in den einzelnen Bohrkernen bestimmten Gehalts auf das unbekannte Gesteinsvolumen zwischen den Kernbohrungen.

Die Tonnage entspricht der Erzmenge, die abgebaut werden könnte, wenn das gesamte Erz aus dem Gestein zu gewinnen wäre, doch ist dies nur selten der Fall. Je nach Abbauverfahren müssen Bergfesten oder auch Sicherheitsfesten zum Schutz der Tagesoberfläche stehen bleiben, die nicht abgebaut werden dürfen und das ist naturgemäß mit Abbauverlusten verbunden.

Die Bohrungen und die Analysen der Bohrkerne haben ergeben, dass der Basalt in der Rocky-Mining-Lagerstätte über alle Bohrungen gerechnet einen durchschnittlichen Goldgehalt von 0,02 % aufweist. Ferner ergaben die Untersuchungen, dass die Lagerstätte einen rechteckigen Grundriss besitzt, mit einer Fläche von 50 m Länge auf der Schmalseite und 1500 m auf der Längsseite; ihre Mächtigkeit beträgt 2 m.

Daraus ergibt sich folgendes Gesamtvolumen der Lagerstätte:

$$V_{(Lagerstätte)} = \text{Länge} \times \text{Breite} \times \text{Höhe}$$
$$= 50\,\text{m} \times 1500\,\text{m} \times 2\,\text{m} = 150.000\,\text{m}^3$$

Daraus ergibt sich ein Goldvolumen der Lagerstätte von

$$V_{(Gold)} = V_{(Lagerstätte)} \times \text{Goldgehalt}$$
$$= 150.000\,\text{m}^3 \times 0,02\,\% = 30\,\text{m}^3\,\text{Gold}$$

Die Masse M des Goldes ergibt sich aus

$$M = V_{(Gold)} \times \text{Dichte} = 30\,\text{m}^3 \times 19\,\text{g/cm}^3$$
$$= 30.000.000\,\text{cm}^3 \times 19\,\text{g/cm}^3$$
$$= 57.000.000\,\text{g} = 57.000\,\text{kg}$$

Der Goldpreis an der Börse wird im internationalen Handel in Dollar pro Feinunze (31,1 g) angegeben und gehandelt, in Deutschland und oftmals auch in Euro pro Kilogramm. Derzeit liegt der Goldpreis bei 1215 $ je Feinunze bzw. bei 34.500 € pro Kilogramm Gold in Barren.

Der potenzielle Wert dieser Lagerstätte beträgt somit

$$\text{Wert} = \text{Masse} \times \text{Preis}$$
$$= 57.000\,\text{kg} \times 34.500\,\text{€/kg} = 1.966.500.000\,\text{€}$$

Zusatzaufgaben

1. Die Geschäftsführer der Rocky Mining Corporation haben ermittelt, dass für den Abbau und Betrieb sowie die Rekultivierung des Grubengeländes Kosten in Höhe von 130.000.000 € anfallen. Ist der Abbau dann noch rentabel?

2. Berechnen Sie die Rentabilität bei Abbau- und Aufbereitungsverlusten von insgesamt 30 %.

4 Die Entstehung wirtschaftlich bedeutender Erzlagerstätten

Einige der wirtschaftlich bedeutendsten Erzlagerstätten sind durch das differenzierte Absinken von Kristallen in den Magmakammern entstanden. Die Lagerstätte des Bushveld-Komplexes in Südafrika und die von Stillwater in Montana (USA), unmittelbar nördlich des Yellowstone-Nationalparks, sind wohl die bekanntesten Beispiele hierfür. Diese Lagerstätten enthalten einige der größten Reserven von Metallen der Platingruppe, vor allem Platin und Palladium, doch treten auch große Mengen an Eisen, Zinn, Chrom und Titan auf. Diese Lagerstätten sind ehemalige Magmakammern, in denen die fraktionierte Kristallisation im Laufe der Zeit zur Bildung unterschiedlicher Minerale führte, die sich in wirtschaftlich bauwürdigen Konzentrationen am Boden der Magmakammer absetzten. Die Geologen erkannten, dass der Vorgang der Kristallabseigerung der Schlüssel für das Verständnis war, wie diese Lagerstätten entstanden sind (Abb. 24.4).

Zahlreiche geologische Prozesse beruhen auf der Bewegung von Partikeln in fluiden Phasen. Wir erkennen dieselben Grundprinzipien bei der Bewegung von Sandkörnern in Flüssen, beim Herausschleudern von Gesteinstrümmern in die Atmosphäre, beim Ausbruch eines Vulkans und beim Abseigern von Kristallen in Magmakammern. In all diesen Fällen wird die Bewegung der Partikel durch eine ganze Reihe von Faktoren bestimmt.

Am Beispiel des Palisaden-Lagergangs wurde gezeigt, dass wenn eine basaltische Schmelze abkühlt, als erstes Olivin auskristallisiert, gefolgt von Pyroxen und Plagioklas. Sind die Minerale auskristallisiert, sinkt jedes Mineral durch das verbliebene Magma hindurch und setzt sich am Boden der Magmakammer ab. Deshalb zeigt der Palisaden-Lagergang einen geschichteten Aufbau mit Olivin an der Basis, überlagert von Pyroxen und Plagioklas (vgl. Abb. 4.7).

Olivin kristallisiert nicht nur vor Plagioklas, sondern sinkt auch aufgrund seiner höheren Dichte rascher ab als Feldspat. Sowohl die fraktionierte Kristallisation als auch die Sinkgeschwindigkeit führen schließlich in den Magmakammern zur Segregation der Minerale.

Die Geschwindigkeit, mit der sich die Minerale absetzen, ist von ihrer Dichte und der Viskosität der verbliebenen Schmelze abhängig. Die Sinkgeschwindigkeit kann nach dem Stokes'schen Gesetz berechnet werden:

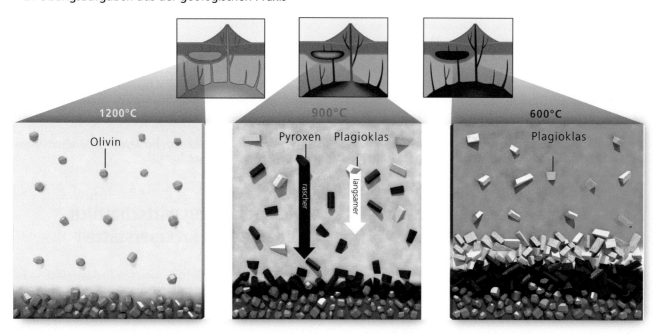

1200°C — Olivin

900°C — Pyroxen Plagioklas — rascher — langsamer

600°C — Plagioklas

Abb. 24.4 Fraktionierte Kristallisation im Lagergang der Palisades

$$v = \frac{gr^2(d_c - d_m)}{u}$$

Dabei ist v die Geschwindigkeit, mit der die Kristalle durch das Magma absinken; g ist die Schwerebeschleunigung ($980\,cm/s^2$), r ist der Radius des Kristalls; d_c ist die Dichte des Kristalls, d_m ist die Dichte des Magmas und u ist die Viskosität des Magmas.

Das Stoke'sche Gesetzt besagt, dass für die Geschwindigkeit, mit der sich ein Kristall durch ein Magma bewegt, drei Faktoren von Bedeutung sind:

1. Wenn ein Kristall größer wird, nimmt sein Radius zu. Weil r im Zähler steht, besagt das Stoke'sche Gesetz, dass große Kristalle rascher absinken als kleinere. Außerdem steht r im Quadrat, was besagt, dass eine geringe Zunahme der Kristallgröße eine weitaus größere Sinkgeschwindigkeit zur Folge hat.
2. Die Viskosität des Magmas (u) ist ein Maß für den Widerstand des Magmas gegen die Fließbewegung, oder in diesem Fall der Ausweichbewegung gegenüber dem absinkenden Kristall. Da u im Nenner der Formel steht, bedeutet dies, dass sich aus einer Zunahme der Viskosität des Magmas auch eine Abnahme der Sinkgeschwindigkeit ergibt.
3. Die Sinkgeschwindigkeit (v) ist außerdem von der Dichte des Kristalls (d_c) und des Magmas (d_m) abhängig. Die Sinkgeschwindigkeit nimmt zu, wenn die Dichte des Magmas abnimmt. In einem Magma von konstanter Dichte sinken daher Kristalle höhere Dichte rascher ab als Kristalle mit geringer Dichte.

Betrachten wir nun unter diesen Gesichtspunkten die fraktionierte Kristallisation im Palisaden-Lagergang, so lassen sich mit den Stoke'schen Gesetz die tatsächlichen Sinkgeschwindigkeiten der einzelnen Minerale bestimmen. Betrachten wir einen Olivinkristall mit einem Radius von 0,1 cm und einer Dichte von

$3,7\,g/cm^3$. Das Magma, durch das der Kristall absinkt, hat eine Viskosität von 3000 Poise (1 Poise $= 1\,g/cm \times s$).

Die Sinkgeschwindigkeit beträgt damit

$$v = \frac{\left(980\,cm/s^2\right) \times (0,1\,cm)^2 \times \left(3,7 - 2,6\,g/cm^3\right)}{3000\,(g/cm \times s)}$$

$$= 0,0036\,cm/s$$

$$= 12,96\,cm/h$$

Zusatzaufgabe

Berechnen Sie die Sinkgeschwindigkeit eines Plagioklas-Kristalls derselben Größe und mit einer Dichte von $2,7\,g/cm^3$.

5 Die Suche nach Erdöl und Erdgas

Die Suche nach neuen Erdöl- und Erdgaslagerstätten wird immer dringlicher, da die Treibstoffvorräte zurückgehen und geopolitische Probleme die Nationen zwingen, ihre Energieversorgung sicherzustellen. Um nach solchen Lagerstätten zu suchen, muss bekannt sein, wo und wie Erdöl und Erdgas entstehen (Abb. 24.5).

Der erste Schritt bei der Exploration nach Öl und Gas ist die Suche nach Sedimentgesteinen, die aus Lockersedimenten entstanden sind, die mit hoher Wahrscheinlichkeit reich an organischer Substanz waren. Hat man solche Gesteine gefunden, wird im nächsten Schritt ermittelt, in welche Tiefe sie versenkt wurden

Teil VI

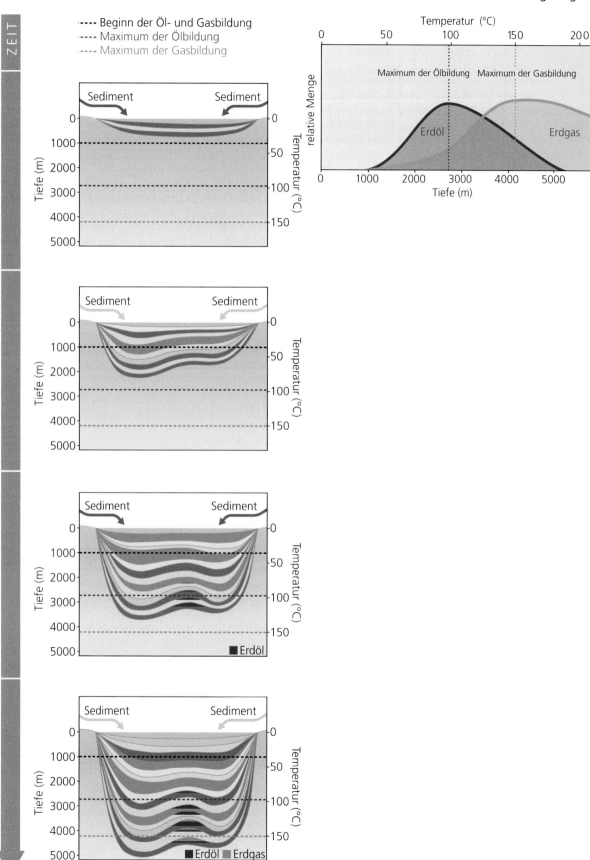

Abb. 24.5 Die Entstehung von Erdöl und Erdgas

und wie hoch die maximale Temperatur gewesen sein könnte, der sie ausgesetzt waren. Diese Faktoren bestimmen letztendlich die Aussichten, dass diese Gesteine Öl und Gas enthalten.

Zahlreiche feinklastische Sedimentgesteine wie etwa Schiefertone enthalten organisches Material. Die Subsidenz der Sedimentbecken, verbunden mit der Ablagerung weiterer Sedimentschichten, kann zu einer tiefen Versenkung der an organischem Material reichen Schichten führen. Gelangen sie zunehmend in tiefere Bereiche der Erdkruste, werden diese Gesteine immer stärker aufgeheizt. Die Geschwindigkeit, mit der die Temperatur mit der Tiefe zunimmt, wird als geothermischer Gradient bezeichnet (vgl. Kap. 6).

In Abhängigkeit vom geothermischen Gradienten innerhalb des Sedimentbeckens können die an organischem Material reichen Sedimente schließlich so weit aufgeheizt werden, dass die darin vorhandene organische Substanz in Erdöl und Erdgas übergeht. Dieser in Kap. 23 beschriebene Umwandlungsprozess wird als Reifung bezeichnet. Der Reifungsvorgang beginnt bereits unmittelbar nach der Ablagerung der Sedimente, er beschleunigt sich jedoch bei Temperaturen über 50 °C erheblich. Erdöl entsteht dann, wenn die Sedimente Temperaturen zwischen 60 und 150 °C ausgesetzt sind. Bei höheren Temperaturen wird das Erdöl instabil, die chemischen Bindungen brechen auf und das Erdöl geht in Erdgas über.

Geologen haben im Rocknest-Becken Schiefertone mit einem hohen Gehalt an organischer Substanz entdeckt, das einen geothermischen Gradienten von 35 °C/km aufweist. Das in der Abbildung dargestellte Diagramm zeigt den Zusammenhang zwischen Versenkungstiefe, Temperatur und relativer Erdöl- und Erdgasmenge, die in den Schiefertonen dieses Sedimentbeckens entstanden sind. Angenommen, die maximale Ölbildung erfolgt bei ungefähr 100 °C, lässt sich damit die Tiefe (T) ermitteln, in der die maximale Ölbildung stattgefunden hat:

$$\text{Tiefe d. max. Ölbildung} = \frac{\text{Temperatur d. max. Ölbildung}}{\text{geothermischer Gradient}}$$

$$T = \frac{100 \,^\circ C}{35 \,^\circ C}$$

$$= 2{,}85 \,\text{km} \,(2850 \,\text{m})$$

Gelangen solche Schiefertone mit einem hohen Anteil an organischer Substanz in Tiefen von 2850 m oder mehr, wäre zu erwarten, dass in diesem Sedimentbecken Erdöl gefunden wird. Wenn sie jedoch weniger tief als 2850 m versenkt wurden, sind die Aussichten deutlich geringer.

Zusatzaufgabe

Die Tiefe der maximalen Erdgasproduktion liegt im Rocknest-Becken bei 3575 m. Berechnen Sie die Temperatur, bei der die Gasbildung ihren maximalen Wert erreicht.

6 Kristalle, Dokumente der Erdgeschichte

Was sagen kleine Granatkristalle über die Geschichte ihres Bildungsraumes aus? Ist die plattentektonische Position bekannt, an der eine Gesteinsprobe entstanden ist, ergeben sich daraus Hinweise, welche anderen Minerale dort ebenfalls auftreten können. Geologen nutzen die sich verändernde chemische Zusammensetzung der Granatporphyroblasten, um die relative Geschwindigkeit zu bestimmen, mit der die Granat führenden Gesteine versenkt und wieder gehoben wurden. Diese Geschwindigkeiten sind wiederum Abbild bestimmter plattentektonischer Positionen (vgl. Abb. 6.13).

Die chemische Zusammensetzung eines Granatporphyroblasten verändert sich im Allgemeinen vom Zentrum zu den Randbereichen (vgl. Abb. 6.12). Diese Entwicklung gibt uns eine Vor-

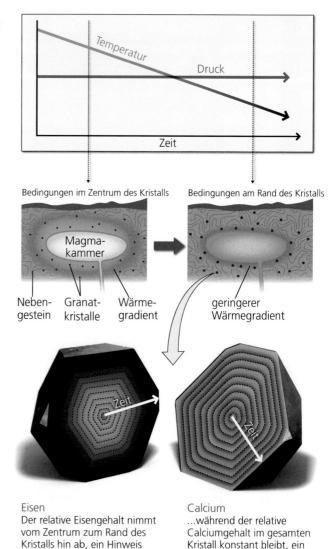

Eisen
Der relative Eisengehalt nimmt vom Zentrum zum Rand des Kristalls hin ab, ein Hinweis auf eine Abnahme der Temperatur,...

Calcium
...während der relative Calciumgehalt im gesamten Kristall konstant bleibt, ein Hinweis, dass der Druck konstant geblieben ist.

Abb. 24.6 Eisen und Calcium

stellung über die zeitlichen Veränderungen von Druck und Temperatur: Das Zentrum des Kristalls entspricht den anfänglichen Bedingungen und die Ränder den späteren. Änderungen des Calciumgehalts kennzeichnen Druckveränderungen, während der Eisengehalt auf Temperaturänderungen empfindlicher reagiert. Wir wissen bereits, dass eine Zunahme des Drucks innerhalb eines bestimmten Temperaturbereichs während der Subduktion an einer Kollisionszone Ozean-Kontinent wesentlich rascher erfolgt, als während einer Gebirgsbildung an einer Kontinent-Kontinent-Konvergenzzone. Umgekehrt steigt in einem Gestein, das von einer Magmaintrusion aufgeheizt wird, zwar die Temperatur, der Druck verändert sich jedoch kaum (Abb. 24.6).

Durch die Untersuchung der chemischen Zusammensetzung der Granatkristalle lassen sich diese sehr verschiedenen metamorphen Vorgänge voneinander unterscheiden. Dazu vergleicht man die Veränderung der Gehalte der entsprechenden Elemente (Calcium oder Eisen) mit der Summe der Häufigkeitsveränderungen aller Elemente, deren Gehalte sich im Granat verändern können: Calcium (Ca), Eisen (Fe), Magnesium (Mg) und Mangan (Mn). Die Berechnung der tatsächlichen Druck- und Temperaturveränderungen, denen das Gestein während der Metamorphose unterlag, erfordert weitere Daten, einschließlich der Zusammensetzung der vollständigen Mineralparagenese. Aber selbst ohne diese Details sind einige ungefähre Angaben möglich.

Die folgenden Daten wurden durch die Messung der Anzahl der Atome von vier Elementen im Zentrum und am Rand eines Granatporphyroblasten ermittelt

Element	Gehalt im Zentrum	Gehalt am Rand
Ca	0,30	0,30
Fe	2,25	1,98
Mg	0,20	0,52
Mn	0,25	0,20

Zuerst wird die relative Häufigkeit von Calcium und Eisen im Zentrum des Kristalls wie folgt berechnet:

$$\left(\frac{Ca}{Ca+Fe+Mg+Mn}\right)_{Zentrum} = \frac{0,30}{0,30+1,98+0,52+0,20}$$
$$= 0,10$$

$$\left(\frac{Fe}{Ca+Fe+Mg+Mn}\right)_{Zentrum} = \frac{2,25}{0,30+1,98+0,52+0,20}$$
$$= 0,75$$

Danach bestimmt man die relative Häufigkeit von Calcium und Eisen am Rand des Kristalls:

$$\left(\frac{Ca}{Ca+Fe+Mg+Mn}\right)_{Rand} = \frac{0,30}{0,30+1,98+0,52+0,20}$$
$$= 0,10$$

$$\left(\frac{Fe}{Ca+Fe+Mg+Mn}\right)_{Rand} = \frac{1,98}{0,30+1,98+0,52+0,20}$$
$$= 0,66$$

Welche Aussagen über die Metamorphosebedingungen, die zum Wachstum dieses Granatkristalls geführt haben, ergeben sich nun aus diesen Daten? Gelangte das Gestein an einer Subduktionszone in tiefere Stockwerke oder befand es sich in der Nähe einer Magmaintrusion?

Die Abnahme des Eisengehalts vom Zentrum zum Rand erfolgte ohne eine Änderung des Calciumgehalts. Diese Tatsache spricht dafür, dass die Metamorphose überwiegend durch Temperaturveränderungen erfolgte, ohne Änderungen des Drucks. Diese Bedingungen entsprechen mehr einer Metamorphose in der Nähe einer Magmaintrusion als an einer Subduktionszone.

Zusatzaufgabe

Dieselben Berechnungen zeigten, dass der Eisengehalt konstant blieb, der Calciumgehalt sich jedoch vom Kern zum Rand erheblich veränderte. Würde diese Elementverteilung mit einem Transport des Gesteins in eine Subduktionszone übereinstimmen?

7 Die Suche nach potenziellen Kohlenwasserstofflagerstätten auf geologischen Karten

Schon in der Antike wurde Erdöl an natürlichen Austritten gesammelt. Diese übelriechende, teerartige Substanz wurde verwendet, um Boote zu kalfatern, Räder zu schmieren und auch zu medizinischen Zwecken (normalerweise aber nicht als Brennstoff), bis in den 1850er Jahren der Prozess der Ölraffination entwickelt wurde. Der Bedarf stieg ab dieser Zeit explosionsartig, in erster Linie, weil das Öl aus Walspeck, das beste damals zur Verfügung stehende Brennmaterial für Lampen, entsetzlich teuer wurde (nach heutiger Währung kostete die Gallone, rund 4,5 l, damals etwa 60 $), da der Walbestand durch Überjagung erheblich zurückging.

Die Möglichkeit, durch Raffination aus Erdöl sauberes Lampenöl produzieren zu können, führte in Nordamerika zu einem ersten Öl-Boom. Die Gewinnung des „Schwarzen Goldes" hatte sein Zentrum im Gebiet um den Erie-See, wo große natürliche Ölaustritte entdeckt wurden – im Nordwesten von Pennsylvania, im Nordosten von Ohio und im Süden von Ontario. Die ersten Erdölpioniere, wie etwa der selbsternannte „Oberst" Edwin Drake in Pennsylvania, bohrten an den Austrittsstellen einfach Löcher in den Boden, doch erwies sich diese einfache Methode schon bald als unzureichende Strategie zur Befriedigung der neuen Gier nach Erdöl.

Könnten mithilfe geologischer Kenntnisse große, im Untergrund verborgene Erdölspeicher lokalisiert werden – das heißt in Gebieten, wo an der Oberfläche kein Erdöl aussickert? Eine positive Antwort lieferte im Jahr 1861 der in Connecticut geborene Geochemiker T. Sterry Hunt. Als Mitarbeiter des Geological Survey of Canada war Hunt in dem neuen Aufgabenfeld der Kartierung natürlicher Ressourcen tätig. Er dokumentierte 1850 die Erdölaustritte in Süd-Ohio, und als die Erdölproduktion dieses Gebietes weiter stieg, stellte er fest, dass die Austrittsstellen und die erfolgreichen, das heißt fündigen Bohrungen gewöhnlich mit den Scheitelpunkten tektonischer Faltenstrukturen zusammenfielen.

Hunt hatte darüber hinaus im Labor auch die physikalischen und chemischen Eigenschaften des Erdöls untersucht und wusste, dass es nur dann entsteht, wenn Sedimentgesteine mit einem hohen Gehalt an organischer Substanz höheren Drücken und Temperaturen ausgesetzt werden (vgl. Kap. 5). Erdöl ist spezifisch leichter als Wasser und wegen dieses Auftriebs steigt es an die Oberfläche. Hunt nahm weiter an, dass sich das aufsteigende Erdöl in porösen „Speichergesteinen" wie etwa Sandsteinen sammeln könnte, wenn diese von undurchlässigen Deckschichten, wie etwa von Schiefertonen, überlagert werden, die den weiteren Aufstieg des Erdöls verhindern. Darüber hinaus sollte die Wahrscheinlichkeit, große Erdölspeicher zu finden, in den axialen Bereichen der Sättel am größten sein, da dort große Mengen Erdöl eingeschlossen werden können, ohne dass sie an die Oberfläche gelangen.

Abbildung 24.7 zeigt eine typische Antiklinalstruktur, deren Erschließungsgeschichte wir uns anhand der nachfolgenden Schilderung vorstellen können. Durch die Erosion dieser Faltenstruktur wurde eine Abfolge von Sandsteinen, Kalken und Schiefertonen freigelegt. Die Kartierung durch einen versierten Geologen ergab, dass die Sattelachse in nordwest-südöstlicher Richtung streicht und nach Nordwesten abtaucht. Die in Punkt A auf der Sattelachse niedergebrachte Bohrung durchfuhr eine

mächtige, an der Oberfläche aufgeschlossene Sandsteinschicht und danach geringmächtige Schiefertone. Unmittelbar unter den Schiefertonen stieß die Bohrmannschaft auf eine weitere Sandsteinschicht, die Erdgas und darunter beträchtliche Mengen Erdöl enthielt. Der Geologe schloss daraus, dass der Schieferton einen größeren Erdölspeicher im Untergrund nach oben abdeckt und er beauftragte seine Bohrmannschaft, im Streichen der Sattelachse an Punkt B eine weitere Bohrung niederzubringen – erneut eine fündige Bohrung!

Hunt's „Antiklinaltheorie" eröffnete den Erdölgeologen die Möglichkeit, durch die Kartierung der Faltenstrukturen an der Erdoberfläche und später durch die dreidimensionale Darstellung solcher Strukturen mithilfe seismischer Verfahren weitere Vorkommen zu entdecken (und einige wurden dabei auch reich). Die Ergebnisse waren beeindruckend: Der größte Teil der seit 1861 produzierten Billion (10^{12}) Barrel Erdöl stammt aus solchen Antiklinalstrukturen, die erstmals von Hunt beschrieben wurden.

Zusatzaufgabe:

Die Ölfirma, die in diesem abgebildeten Konzessionsgebiet die Förderrechte besitzt, würde das Feld gerne erweitern und plant im Bereich der Sattelachse an Punkt C eine weitere Bohrung. Wie würden sie als beratender Geologe die Chancen für eine weitere erfolgreiche Bohrung bewerten? Dokumentieren sie Ihre Aussage anhand eines geologischen Schnitts.

Abb. 24.7 Antiklinalstruktur

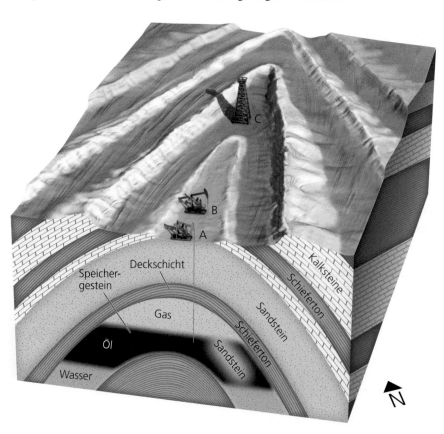

8 Isotope und das Alter der Gesteine und Minerale

Radiometrische Datierungsverfahren machen es möglich, zahlreiche geologische Materialien für die unterschiedlichsten praktischen Zwecke zu datieren: Gesteine, bei der Suche nach mineralischen Rohstoffen und Kohlenwasserstoffen, Wasserproben, um die Strömungsverhältnisse in den Ozeanen zu erforschen oder Bohrkerne aus Inlandeismassen, um Hinweise für Klimaschwankungen zu untersuchen. Selbst die in Gesteinen und Gletschereis eingeschlossenen Luftblasen liefern über ihre Isotopenzusammensetzung Angaben über Veränderungen in der Zusammensetzung der Atmosphäre. Daher ist es sinnvoll, etwas detaillierter darauf einzugehen, wie das Alter geologischer Materialien mithilfe von Isotopen ermittelt wird (Abb. 24.8).

Betrachten wir dazu ein Mineralkorn, das zum Zeitpunkt T = 0 entstanden ist und eine bestimmte Menge an Mutterisotopen enthält – angenommen 1000 Atome. Wenn wir das Alter dieses Minerals in Halbwertszeiten des Mutterisotops messen, dann ist die verbliebene Menge zu jedem beliebigen Alter $1000 \times 1/2^T$. Anders formuliert, nach einer Halbwertszeit, das heißt wenn T = 1 ist, hat die Anfangsmenge des Mutterisotops auf den Wert $1/2^1 = 1/2$ (= 500 Atome) abgenommen, nach zwei Halbwertszeiten auf $1/2^2 = 1/4$ (= 250 Atome) und nach drei Halbwertszeit auf $1/2^3 = 1/8$ (= 125 Atome) usw. (vgl. Abb. 8.14).

Durch den radioaktiven Zerfall jedes Mutterisotops entsteht ein neues Atom eines Tochterisotops. Wenn das Mineralkorn ein geschlossenes System bildet, das heißt, wenn keine Isotope aus dem Mineral abgegeben oder aufgenommen werden, muss die Anzahl der aus dem Mutterisotop neu entstandenen Tochterisotope zum Zeitpunkt T dem Wert $1000 \times (1 - 1/2^T)$ entsprechen, weil die neu entstandenen Tochterisotope und die verbliebenen Mutterisotope zusammen der anfänglichen Menge des Mutterisotops (1000) entsprechen müssen. Das Verhältnis der neu entstandenen Tochterisotope zu den Mutterisotopen ist lediglich vom Alter des Mineralkorns abhängig:

$$\frac{\text{Anzahl der Tochterisotope}}{\text{Anz. verbliebener Mutterisotope}} = \frac{1 - 1/2^T}{1/2^T} = 2^T - 1.$$

Nimmt beispielsweise das Alter des Minerals von 0 auf 3 Halbwertszeiten zu, steigt dieses Verhältnis unabhängig von der ursprünglichen Anzahl an Mutterisotopen von 0 auf 7 (= $2^3 - 1$).

Mit einem Massenspektrometer lässt sich die Anzahl der Mutter- und Tochterisotope exakt bestimmen. Solche Geräte sind heute in der Lage, die in einer kleinen Probe enthaltenen Atome buchstäblich zu zählen. Um aber das Alter eines Mineralkorns zu bestimmen, müssen wir alle zum Zeitpunkt seiner Kristallisation bereits mit eingebauten Tochterisotope berücksichtigen. Wenn in unserem Beispiel zum Zeitpunkt T = 0 in dem Mineralkorn 100 Tochteratome eingebaut wurden, dann würde sich die Anzahl der Tochteratome nach einer Halbwertszeit auf 500 + 100 (= 600), nach zwei Halbwertszeiten auf 750 + 100 (= 850) und nach 3 Halbwertszeiten auf 875 + 100 (= 975) er-

a zeitliche Veränderung von Mutter- zu Tochteratomen

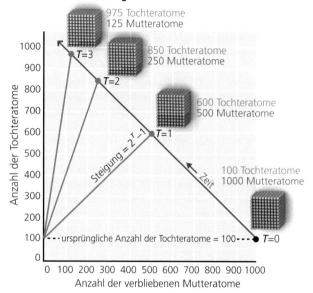

b

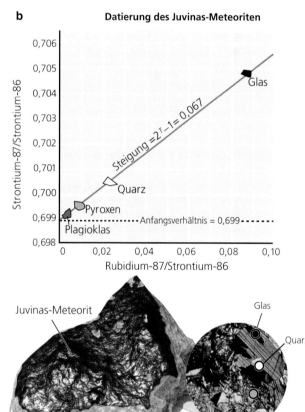

Abb. 24.8a,b a Beim radioaktiven Zerfall nimmt die Anzahl der Mutterisotope in einem Mineral ab, dementsprechend steigt die Anzahl der Tochterisotope. Altert ein Mineralkorn, verlagert sich seine Position in diesem Diagramm kontinuierlich entlang der roten Linie nach *oben* und nach *links*. Die Punkte kennzeichnen die Position nach 1, 2 und 3 Halbwertszeiten. **b** In diesem Diagramm ist das Strontium-87/Strontium-86-Verhältnis gegen das Rubidium-87/Strontium-86-Verhältnis des *Juvinas*-Meteoriten aufgetragen. Die Daten stammen aus Massenspektrometer-Messungen an unterschiedlichen Mineralen des Meteoriten (Foto: *Martin Prinz/American Museum of Natural History*)

höhen. Allgemein formuliert ergibt sich für die Gesamtzahl der Tochteratome:

Anzahl der Tochterisotope = $(2^T - 1) \times$ Anzahl der verbliebenen Mutterisotope + Anzahl der ursprünglichen Tochterisotope.

Diese Gleichung entspricht in einem Koordinatensystem einer Geraden mit der Steigung $(2^T - 1)$, die bei der Anzahl der ursprünglichen Tochteratome die Ordinate schneidet (vgl. Abb. 24.8a).

Obwohl wir nur die Gesamtmenge der Tochterisotope bestimmen können, lässt sich die anfangs vorhandene Anzahl der Tochter-Isotope aus anderen Isotopen desselben Elements ermitteln. Beispielsweise entsteht beim Zerfall von Rubidium-87 das Isotop Strontium-87 (vgl. Abb. 8.13). Ein weiteres Strontium-Isotop, Strontium-86, entsteht nicht durch radioaktiven Zerfall und ist auch nicht radioaktiv. Wenn folglich ein Mineralkorn nach der Kristallisation ein geschlossenes System bleibt, ändert sich die Anzahl der Sr-86-Isotope mit dem Alter nicht. Der Trick besteht nun darin, dass man das Verhältnis Mutter-/Tochterisotope durch die Menge an Sr-86 dividiert:

$$\frac{\text{Menge Sr-87}}{\text{Menge Sr-86}} = (2^T - 1) \times \left(\frac{\text{Menge Rb-87}}{\text{Menge Sr-86}}\right)$$
$$+ \left(\frac{\text{Menge ursprüngl. Sr-87}}{\text{Menge Sr-86}}\right)$$

Die einzelnen Minerale eines Gesteins nehmen bei der Kristallisation unterschiedliche Mengen von Strontium und Rubidium auf. Weil sich jedoch die beiden Strontium-Isotope bei chemischen Reaktionen, die vor der Kristallisation ablaufen, gleich verhalten, ist bei der Kristallisation das Verhältnis Sr-87/Sr-86 bei allen Mineralen desselben Gesteins identisch. Zieht man nun in einem Koordinatensystem durch die Messergebnisse zahlreicher Mineralkörner eine Gerade, lässt sich sowohl das Alter als auch das ursprüngliche Verhältnis Mutter-/Tochterisotop bestimmen.

Abb. 24.8b zeigt die Anwendung dieses Datierungsverfahrens mithilfe der Strontium- und Rubidium-Messungen an einem berühmten, *Juvinus* genannten Steinmeteoriten, der 1821 in Südfrankreich niederging. Der Meteorit *Juvinus*, der dem in Abb. 1.10a gezeigten Meteoriten ähnelt, stammt – so glaubt man – von einem planetenähnlichen Himmelskörper, der zur selben Zeit wie die Erde entstanden ist und irgendwann später jedoch durch die Kollision mit einem anderen Planeten zerstört wurde (vgl. Kap. 9). Aus Untersuchungen von 4 Proben dieses Meteoriten mit Massenspektrometern können die Sr-87/Sr-86 und die Rb-87/Sr-86-Verhältnisse jeweils in ein Bezugssystem eingetragen und durch eine Gerade miteinander verbunden werden. Deren Schnittpunkt mit der Ordinate ergibt ein anfängliches Sr-87/Sr-86-Verhältnis von 0,699. Diese Linie entspricht einer Isochronen mit der Steigung 0,067. Die Anzahl der Halbwertzeiten T ergibt sich aus:

$$(2^T - 1) = 0{,}067$$

Durch Addition von 1 auf beiden Seiten der Gleichung und Logarithmierung beider Seiten ergibt sich:

$$T \times \log 2 = \log 1{,}067,$$

oder:

$$T = \frac{\log 1{,}067}{\log 2}$$

$$[\log 1{,}067 = 0{,}0282; \log 2 = 0{,}301]$$

$$T = \frac{0{,}0282}{0{,}301} = 0{,}094 \text{ Halbwertszeiten}$$

Multipliziert man die Anzahl der Halbwertszeiten mit der Halbwertzeit des Rb-87 von 49 Mrd. Jahren, so ergibt sich für den Meteoriten ein Alter von

$$0{,}094 \times 49\,\text{Ga} = 4.59\,\text{Ma}$$

Der Fehler beträgt etwa 0,07 Ma, daher stimmt das ermittelte Alter weitgehend mit dem erstmals 1956 von Patterson bestimmten Alter der Erde überein.

Zusatzaufgabe

Trägt man in einem Diagramm wie Abbildung (b) die Rb/Sr-Verhältnisse mehrerer Minerale ein, die demselben Gestein entnommen wurden, so liegen diese auf einer Geraden mit der Steigung von 0,0143. Angenommen, es handelt sich bei diesen Mineralen seit ihrer Kristallisation um geschlossene Systeme, bestimmen Sie das Alter dieses Gesteins (Hinweis: log 1,0143 = 0,00617).

9 Die Landung einer Raumfähre auf dem Mars: Sieben Minuten Angst

Wenn man ein Landefahrzeug zum Mars sendet, nach welchen Kriterien wird entschieden, wo es landen soll? Der gefährlichste Teil einer solchen Mission beginnt, wenn das Landefahrzeug in die Atmosphäre des Mars eintritt, sie durchquert und auf der Oberfläche landet. Dieser letzte Teil des Fluges dauert ungefähr 7 min. Während dieser Zeit wird die Landefähre von 12.000 Meilen/h (= 19.300 km/h) auf 0 abgebremst, ihr Hitzeschild ist aufgrund der durch die Atmosphäre verursachten Reibung dann etwa 1500 °C heiß. In dieser letzten Phase kann noch einiges schiefgehen, daher wird sie auch als „sieben Minuten Angst" bezeichnet (Abb. 24.9).

Die Morphologie und die Höhenunterschiede der Marsoberfläche spielen bei der Entwicklung der Landefähren eine wichtige Rolle. Eine Landefähre verfügt für ihre Antriebsaggregate nur über eine geringe Menge Treibstoff. Wenn die Höhenunterschiede am Landeplatz zu unterschiedlich sind, benötigt das Landefahrzeug zu viel Zeit und damit Treibstoff bis zu seiner Landung. Die Aufgabe für den Geologen des Landeteams besteht darin, einen sicheren und geeigneten Landeplatz auszumachen, der keine allzu großen Höhenunterschiede aufweist. Gleichzeitig sollte es aber auch ein Landeplatz sein, der interessante Aufschlüsse für die Untersu-

a

b

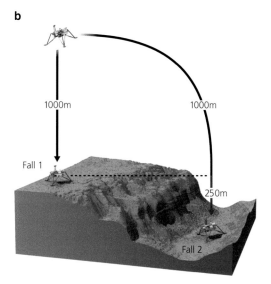

Abb. 24.9a,b **a** Ingenieure bauen die Raumsonde *Phönix*, die im Jahre 2008 auf der Marsoberfläche landete. **b** Eine erfolgreiche Landung auf der Marsoberfläche erfordert eine sorgfältige Planung unter Beachtung der im Landegebiet gegebenen geologischen Verhältnisse einschließlich der Reliefunterschiede

chung durch das Landefahrzeug bietet. Also besteht das Problem darin, zu ermitteln, wie viel Höhenunterschied bereits „zu viel" ist.

Um dieses Problem zu lösen, ist folgende Information notwendig: Die Triebwerke der Landefähre beginnen zu arbeiten, wenn ihr Radargerät feststellt, dass sich das Landefahrzeug in einer Höhe von 1000 m über der Marsoberfläche befindet.

Diese Triebwerke verlangsamen den Sinkflug des Landefahrzeugs und reduzieren bis in eine Höhe von 10 m über Grund die Sinkgeschwindigkeit auf 50 m/s. Danach beträgt die Sinkgeschwindigkeit bis zur unmittelbaren Landung 2 m/s. Der Treibstoffverbrauch der Aggregate beträgt etwa 5 l/s und der Treibstofftank enthält 150 l.

1. Wie lange dauert der Abstieg des Landefahrzeugs bis zur Marsoberfläche? Dabei sind die beiden unterschiedlichen Geschwindigkeiten zu berücksichtigen, eine für die ersten 990 m, die andere für die letzten 10 m der Landung.

$$\text{Zeit } T_1 = \text{Entfernung} : \text{Sinkgeschwindigkeit}$$
$$T_1 = 990 \,\text{m} : 50 \,\text{m/s}$$
$$= 19{,}8 \,\text{s}$$
$$\text{Zeit } T_2 = 10 \,\text{m} : 2 \,\text{m/s}$$
$$= 5 \,\text{s}$$
$$\text{Gesamtzeit } (T_1 + T_2) = 25 \,\text{s}$$

2. Treibstoffverbrauch während der Landephase:

$$\text{Treibstoffverbr. } V = \text{Zeit} \times \text{Verbrauch}$$
$$V = 25 \,\text{s} \times 5 \,\text{l/s} = 125 \,\text{l}$$

Unter der Voraussetzung, dass 150 l Treibstoff zur Verfügung stehen, aber nur 125 l verbraucht wurden, verbleibt nach der Lan-

dung eine Reserve von 25 l. Diese Berechnung gilt für „perfekte" Landungsbedingungen, bei denen die gesamte zur Verfügung stehende Strecke 1000 m beträgt (Fall 1 in Abb. 24.9b).

Betrachten wir nun, was geschehen würde, wenn das Landefahrzeug während seines Sinkfluges, weil ein Wind weht, seitlich abdriftet und sich dadurch über einen tiefer liegenden Bereich der Marsoberfläche bewegt (Fall 2 in Abb. 24.9b). In diesem Fall wäre die Landestrecke länger als 1000 m. Wenn der tiefere Landepunkt zu tief liegt, bestünde die Gefahr, dass das Landefahrzeug seinen Treibstoff bereits verbraucht hat, ehe der Landevorgang abgeschlossen ist, und das Fahrzeug hart auf der Marsoberfläche aufschlägt. Daher muss ermittelt werden, ab welchem Höhenunterschied seine Treibstoffreserven aufgebraucht sind.

Dazu muss die verbleibende Zeit bekannt sein, die sich aus der zur Verfügung stehenden Treibstoffreserve ergibt:

$$\text{Zeit} = \text{Treibstoffmenge} : \text{Verbrauch}$$
$$= 25 \,\text{l} : 5 \,\text{l/s}$$
$$= 5 \,\text{s.}$$

Daraus lässt sich die zusätzliche Landestrecke bestimmen, die maximal zurückgelegt werden kann, ehe die Treibstoffreserve aufgebraucht ist.

$$\text{Landestrecke} = \text{Reservezeit} \times \text{Sinkgeschwindigkeit}$$
$$= 5 \,\text{s} \times 50 \,\text{m/s} = 250 \,\text{m}$$

Die Lösung ergibt die Höhendifferenz, die gerade noch ausreicht, um eine sichere Landung zu gewährleisten. Alles, was über 250 m ist, ist eindeutig zu viel. Der Geologe des Teams muss daher einen Landeplatz finden, an dem einerseits der Reliefunterschied geringer als 250 m ist, und andererseits interessante geologische Erscheinungen zu erwarten sind. In der Praxis ist es ein echtes Abwägen zwischen den geologischen Interessen und der Sicherheit des Landeplatzes.

10 Wie rasch hebt sich der Himalaja, und wie rasch wird er abgetragen?

Der Himalaja, das höchste Gebirge der Erde, entstand durch die Kollision der Indisch-Australischen mit der Eurasischen Platte, wobei mächtige Deckeneinheiten übereinander geschoben wurden, die zum Aufstieg des Himalajas führten. Wie rasch steigen Gebirge auf und wie schnell werden sie wieder abgetragen? Die Antworten auf diese Fragen sind von einer exakten topographischen Geländeaufnahme abhängig.

Am 6. Februar 1800 erhielt Oberst William Lambton vom 33. Regiment zu Fuß der Britischen Armee den Befehl, mit der „Großen trigonometrischen Vermessung" Indiens zu beginnen, dem wohl ambitioniertesten Vermessungsprojekt des 19. Jahrhunderts. Im Verlauf der nächsten Jahrzehnte schleppten unerschrockene britische Armeeangehörige, angeführt von Lambton und seinem Nachfolger George Everest unhandliches und schweres Vermessungsgerät durch den Dschungel des Indischen Subkontinents und maßen die Positionen der auf hohen Bergen errichteten Festpunkte ein, von denen aus sie die Entfernungen und Höhen des Geländes exakt bestimmen konnten. Auf ihrem Weg entdeckten die Geodäten 1852, dass ein unbekannter Gipfel des Himalaja, der auf ihren Karten lediglich als „Gipfel XV" bezeichnet war, der höchste Berg der Erde ist. Sie nannten ihn zu Ehren ihres früheren Leiters „Mount Everest". Sein offizieller tibetanischer Name Chomolungma bedeutet „Mutter der Erde".

Am 11. Februar 2000, fast genau 200 Jahre nachdem Lambton seine Expedition begonnen hatte, begann die NASA mit der Shuttle Radar Topography Mission (SRTM) ein weiteres umfangreiches Vermessungsprogramm. Die Raumfähre *Endeavour* transportierte zwei große Radarantennen auf eine erdnahe Umlaufbahn, wobei sich eine Antenne im Laderaum befand, die andere auf einem Mast montiert war, der bis zu einer Höhe von 60 m ausgefahren werden konnte. Beide Antennen arbeiteten gewissermaßen wie zwei Augen und vermaßen die Höhen von dicht beieinander liegenden Punkten an der Erdoberfläche, die die Oberflächenform der Erde mit einer bisher nicht erreichten Detailgenauigkeit wiedergaben (allerdings einschließlich Bewuchs und Bebauung). Bemerkenswerterweise wurde die Höhe des Mount Everest mit 8880 m durch die Messungen der SRTM weitgehend bestätigt, sie lag nur 10 m über dem Wert der ersten Vermessung im Jahr 1852.

Obwohl die Genauigkeit der von den Briten durchgeführten „Großen Trigonometrischen Vermessung" beachtlich war, war die Vermessung ein überaus mühevoller und zeitraubender Prozess. Die Briten benötigten mehr als 70 Jahre, um die Position von 2700 auf dem indischen Subkontinent verteilten Referenzpunkten zu vermessen, das heißt für die Vermessung eines Punktes waren drei Monate erforderlich. Im Vergleich dazu wurden im Rahmen der SRTM pro Sekunde 3000 Referenzpunkte vermessen. In lediglich 11 Tagen wurden 2,6 Mrd. Punkte kartiert,

die etwa 80 % der Erde abdecken, einschließlich zahlreicher abgelegener Gebiete auf den Festländern, die bisher noch nicht exakt vermessen waren (Abb. 24.10). Im Gegensatz zu den britischen Geodäten hatte die Besatzung der Raumfähre auch nicht mit Malaria und Tigern zu kämpfen.

Die Messungen der SRTM dienten dazu, ein digitales Höhenmodell des Himalaja zu erstellen, das in Abb. 24.10b als Reliefkarte dargestellt ist. Eine Analyse der topographischen Erscheinungsformen dieses Gebiets mit den höchsten Bergen und tiefsten Schluchten hat ergeben, dass die durchschnittliche Höhe des Gebirgszugs im Verlauf der Zeit ungefähr konstant geblieben ist, das heißt: die Geschwindigkeit, mit der der Himalaja aufsteigt, wird nahezu exakt durch die Erosionsrate ausgeglichen, oder mathematisch ausgedrückt:

$$\text{Hebungsgeschwindigkeit} = \text{Erosionsrate}$$

Wie der Schnitt (Abb. 24.10a) zeigt, ergibt sich für das Einfallen der Überschiebung:

$$\tan(\text{Fallwinkel}) = \frac{\text{Hebungsgeschwindigkeit}}{\text{Konvergenzrate}}$$

Aus GPS-Messungen haben Geologen die Konvergenzrate im Bereich des Himalaja mit ungefähr 20 mm/Jahr bestimmt. Aus der Lage der Erdbebenherde ist bekannt, dass die „Main Thrust Fault" mit einem Winkel von 10° unter das Gebirge einfällt.

Damit ergibt sich

$$\begin{aligned}
\text{Erosionsrate } E &= \tan\text{Fallwinkel} \times \text{Konvergenzrate} \\
&= 0,176 \times 20 \text{ mm/Jahr} \\
&= 3,5 \text{ mm/Jahr}
\end{aligned}$$

Dieser Wert stimmt mit der Erosionsrate von 3–4 mm/Jahr überein, die aus den p-T-Pfaden der im Himalaja durch die Erosion exhumierten Metamorphite abgeleitet wurde (vgl. Kap. 6).

Zusatzaufgabe:

Angenommen, die Konvergenzrate zwischen der Indischen und der Eurasischen Platte beträgt 54 mm/Jahr (vgl. Abb. 2.7), welcher Anteil der relativen Plattenbewegung wird durch die Überschiebungstektonik im Himalaja kompensiert? Wie wird die restliche Plattenbewegung in Eurasien durch Deformation ausgeglichen?

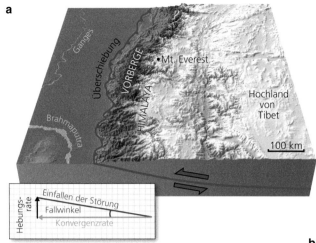

Abb. 24.10a,b a Schnitt durch den Himalaja. Er zeigt die ungefähre Position der Überschiebung, an der das Gebirge gehoben wird. Sie fällt mit ungefähr 10° nach Norden ein. **b** Digitales Höhenmodell des Gebietes um den Mount Everest im Himalaja. Es wurde aus SRTM-Positionen mit einem horizontaler Abstand von 90 m erzeugt (NASA Images, Robert Simmon)

11 Der Nachweis früherer Lebensformen in Gesteinen

Die vielleicht wichtigste Frage, die sich ein Geobiologe stellt, ist: Welche Hinweise auf frühe Lebensformen sind in Gesteinen überliefert? Wenn fossile Reste von Skelettelementen oder Organismenschalen in Gesteinen überliefert sind, ist diese Frage sehr einfach zu beantworten. In vielen Fällen werden jedoch die Substanzen, die fossil überliefert werden könnten, bei der Diagenese zerstört, wenn also Sedimente in Sedimentgesteine übergehen. Darüber hinaus besitzen die meisten Organismen keine Skelettelemente, die auf einfache Weise fossil überliefert werden können, so dass nicht zu erwarten ist, dass wir von ihnen überhaupt Fossilreste finden. Und in der Frühzeit der Erde, vor der Entstehung von Organismen mit Hartteilen, waren die meisten tierischen und pflanzlichen Organismen mikroskopisch klein. Kurz gesagt, wie kann die Existenz von Leben in der Frühzeit der Erde nachgewiesen werden, wenn keine Fossilien überliefert sind?

Eine Möglichkeit, von der die Geobiologen oftmals abhängig sind, ist die Suche nach chemischen Signaturen früher Lebens-

formen. Kohlenstoff ist dabei das naheliegendste Beispiel für ein Element, das bei biologischen Prozessen angereichert werden könnte. Nicht alle Anreicherungen von Kohlenstoff sind jedoch auf biologischem Wege entstanden, sodass ergänzende Untersuchungen durchgeführt werden müssen.

Eine dieser Untersuchungen besteht darin, zu überprüfen, ob der vorhandene Kohlenstoff eine kennzeichnende Isotopenzusammensetzung aufweist. Aus Kap. 3 wissen wir, dass Isotope Atome desselben chemischen Elements sind, jedoch eine unterschiedliche Anzahl von Neutronen besitzen. Viele Elemente mit niedrigem Atomgewicht (Atommasse) bestehen aus zwei oder auch mehr stabilen, das heißt nicht radioaktiven Isotopen.

Ein Kohlenstoffatom besteht aus 6 Protonen, kann aber sechs, sieben oder acht Neutronen besitzen, woraus sich Atommassen von 12, 13 beziehungsweise 14 ergeben. Kohlenstoff-12 ist das häufigste Isotop, daher enthalten Proben aus älteren oder rezenten Sedimentgesteinen überwiegend Kohlenstoff-12.

Glücklicherweise hat sich gezeigt, dass bei Stoffwechselprozessen, wie etwa der Photosynthese, Kohlenstoff-12 und Kohlenstoff-13 in unterschiedlicher Weise aufgenommen werden. Die Unterschiede in den Atommassen zwischen Kohlenstoff-12 (abgekürzt C-12) und Kohlenstoff-13 (C-13) führen dazu, dass Pflanzen bei der Photosynthese bevorzugt C-12 enthaltende Kohlendioxid-Moleküle aufnehmen, so dass es in den Photosynthese betreibenden Pflanzen zu einer relativen Anreicherung von C-12 gegenüber ihrer Umwelt kommt, der sie das Kohlendioxid entziehen (Abb. 24.11).

Man kann daher Kohlenstoff-Isotope verwenden, um frühes Leben nachzuweisen, indem man die in den Sedimentgesteinen vorhandenen Mengen an C-12 und C-13 bestimmt. Wenn die Sedimente in Anwesenheit von organischem Material gebildet wurden, in dem C-12 (oder irgendein anderes Isotop) angereichert war, geht diese Anreicherung in das Sediment und später in das Sedimentgestein über.

Ein Schieferton, der viele Milliarden Jahre alt ist, kann daher eine „Signatur" für Leben überliefern, die in Form seines Kohlenstoff-Isotopenverhältnisses konserviert ist.

Das Verfahren beginnt mit der Bestimmung der in der Gesteinsprobe enthaltenen Mengen an C-12 und C-13 und der Berechnung des C-12/C-13-Verhältnisses. Dieses wird mit einer Standard-Probe (oftmals ein reines Mineral wie etwa Calcit) verglichen, deren C-12/C-13-Verhältnis exakte bekannt ist und nur geringfügig schwankt. Dieser Standard kann immer wieder mit Proben aus anderen kohlenstoffhaltigen Gesteinen und Sedimenten, aber auch mit lebenden Organismen und anderen in der Natur vorkommenden Substanzen verglichen werden. Durch Vergleich sowohl der Gesteinsproben als auch der Organismen mit dem Standard wird nach Parallelen zwischen den Gesteinsproben und bestimmten biologischen Prozessen gesucht.

Die nachfolgende Tabelle enthält die C-12/C-13-Verhältnisse einer Standardprobe, von drei Gesteinsproben und zwei natürlichen Substanzen – Pflanzenmaterial und Methan.

Teil VI

Abb. 24.11 Bei der Photosynthese nehmen Pflanzen Kohlendioxid auf. Da sie Kohlendioxid-Moleküle, die C-12 enthalten, leichter aufnehmen als Moleküle mit C-13, reichert sich in den Pflanzen C-12 relativ zu ihrer Umgebung an

Diese Werte lassen sich mithilfe folgender Formel vergleichen:

$$R_{(Probe)} = [C\text{-}12/C\text{-}13_{(Standard)}] - [C\text{-}12/C\text{-}13_{(Probe)}].$$

R entspricht hierbei der Differenz zwischen den beiden Isotopenverhältnissen.

Bei den meisten Proben liegt der Wert R nahe bei Null, er kann jedoch geringfügig positiv oder negativ sein. Wenn im Gegensatz dazu Photosynthese bei der Bildung des im Gestein vorhandenen organischen Materials beteiligt war (beispielsweise einem Schieferton), dürfte der Wert für R dieser Probe deutlich negativ sein und bei etwa − 20 liegen. Einige chemo-autotrophe Mikroorganismen, die Methan verbrauchen, produzieren Carbonatgesteine mit extrem negativen R-Werten in der Größenordnung von R = −50.

Unter Verwendung der angegebenen Daten und der Gleichung, wollen wir nun ermitteln, welche Gesteinsproben in Anwesenheit von biologischen Prozessen entstanden sind.

Beginnen wir mit Gestein B:

$$R_{(Gestein\,B)} = [C\text{-}12/C\text{-}13 \text{ des Standards}]$$
$$\qquad\qquad - [C\text{-}12/C\text{-}13 \text{ des Gesteins B}]$$
$$R_{(Gestein\,B)} = 1000 - 1020 = -20$$

Das Ergebnis zeigt, dass das Gestein einen R-Wert aufweist, der deutlich von Null abweicht, was darauf hindeutet, dass biologische Prozesse an der Bildung dieses Gestein beteiligt waren. Die Bestätigung hierfür ergibt sich daraus, dass dieser Wert von − 20

annähernd mit dem für Pflanzenmaterial berechneten Wert von R = 1000 − 1025 = − 25 übereinstimmt. Beide Werte liegen nahe genug beisammen, sodass unsere Hypothese für eine Beteiligung von Photosynthese untermauert wird.

Standard	Gestein A	Gestein B	Gestein C	Pflanzen-material	Methan
1000	995	1020	1050	1025	1060

Zusatzaufgabe:

Berechnen Sie die R-Werte für die Gesteine A und C. Welches Gestein zeigt keine kennzeichnende Signatur für biologische Prozesse? Gibt es in unseren Proben ein Gestein, das in Gegenwart von Methan verbrauchenden Mikroorganismen gebildet wurde? Wenn ja, wie lässt sich das überprüfen.

Anmerkung: Die zur Berechnung angegebene Gleichung ist gegenüber der in der Praxis verwendeten vereinfacht. Sie vernachlässigt den Delta-Wert, der die tatsächliche Häufigkeit der Isotope in den Proben und dem Standard normalisiert.

12 Sind die sibirischen Trappbasalte die eindeutige Ursache für ein Massenaussterben?

Das Massenaussterben am Ende des Perms vor 254 Ma kennzeichnet den Übergang vom Paläozoikum zum Mesozoikum (vgl. Kap. 18). Die Flutbasalte in Sibirien – das Produkt der größten Vulkaneruption innerhalb des Phanerozoikums auf den Kontinenten – sind ebenfalls vor 251 Ma entstanden. Ist dies lediglich ein Zufall oder ist der Ausbruch der Flutbasalte die Ursache für das Massenaussterben am Ende des Perms?

Betrachten wir zunächst Ausmaß und Dauer der Eruption. Durch die Kartierung der Flutbasalte, der sogenannten sibirischen Trappbasalte, zeigte sich, dass sie in großen Teilen der Sibirischen Plattform und des sibirischen Kratons verbreitet waren und einst eine Fläche von mehr als 4 Mio. km^2 überdeckten. Obwohl ein Großteil erodiert wurde oder von jüngeren Sedimenten bedeckt wird, muss das Gesamtvolumen der Basalte ursprünglich mehr als 2 Mio. km^3 betragen haben und dürfte etwa bei 4 Mio. km^3 gelegen haben. Radiometrische Altersbestimmungen haben ergeben, dass diese Basalte in einem Zeitraum von ungefähr 1 Ma ausgeflossen sind, das heißt, dass durchschnittlich 2 bis 4 km^3 pro Jahr gefördert wurden (Abb. 24.12).

Um abzuschätzen, wie groß die Eruptionsrate wirklich war, können wir sie mit dem Vulkanismus an rasch divergierenden Plattengrenzen vergleichen. An den mittelozeanischen Rücken wird Basalt in einer Menge gefördert, die ausreicht, um die gesamte

Abb. 24.12 Die Trapp-Basalte Sibiriens überdecken eine Fläche, die etwa der doppelten Größe von Alaska entspricht. Die auf dem sibirischen Kraton aufgeschlossenen Basalte erreichen eine Mächtigkeit von mehr als 6000 m und wurden seit ihrem Ausbruch vor 251 Mio. Jahren in starkem Maße abgetragen. Ein großes Gebiet dieser Flutbasalte wurde später von den Sedimenten der Sibirischen Plattform überlagert

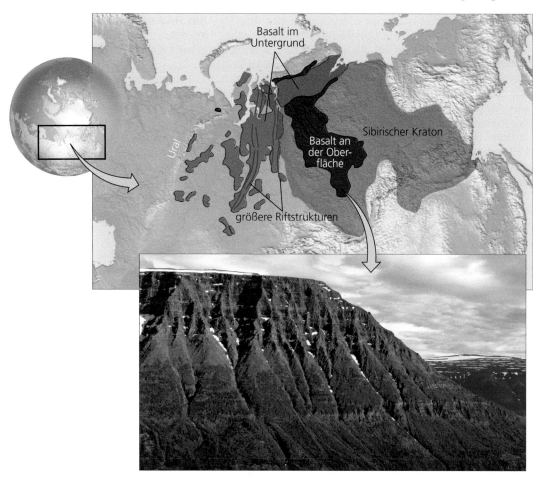

ozeanische Kruste zu bilden. Daraus lässt sich die Produktionsrate des Basalts nach folgender Formel berechnen:

Produktionsrate P = Spreading-Rate × Krustenmächtigkeit × Länge des Rückens

Am schnellsten trennt sich die ozeanische Kruste am Ostpazifischen Rücken in der Nähe des Äquators, wo die Pazifische Platte und die Nazca-Platte mit einer Geschwindigkeit von durchschnittlich 140 mm/Jahr oder $1{,}4 \times 10^{-4}$ km/Jahr auseinanderdriften (vgl. Abb. 2.7), wobei eine basaltischen Kruste von durchschnittlich 7 km Mächtigkeit entsteht. Die Länge der Plattengrenze zwischen der Pazifischen und der Nazca-Platte beträgt ungefähr 3600 km. Daraus ergibt sich an diesem Spreading-Zentrum eine Produktionsrate P von

$$P = 1{,}4 \times 10^{-4}\,\text{km/Jahr} \times 7\,\text{km} \times 3600\,\text{km/Jahr}$$
$$= 3{,}5\,\text{km}^3/\text{Jahr}$$

Aus dieser Berechnung wird ersichtlich, dass bei der Eruption in Sibirien Basalt mit einer Geschwindigkeit produziert wurde, die vergleichbar ist mit der an der gesamten Plattengrenze zwischen der Nazca- und der Pazifischen Platte, der größten „Magmafabrik" der heutigen Erde. Man kann an der Oberfläche dieses tropischen Meeres über die Grenze zwischen Pazifischer Platte und

Nazca-Platte segeln, ohne die im Untergrund vorhandene magmatische Tätigkeit wahrzunehmen. Der größte Teil des durch Seafloor-Spreading entstandenen Magmas erstarrt in Form von Basaltgängen und massigen Gabbros der ozeanischen Kruste (vgl. Abb. 4.15). Die an der Oberfläche ausfließenden Basalte werden durch das Meerwasser abgeschreckt und erstarren als Kissenlaven, die freigesetzten Gase werden im Meerwasser gelöst.

Hätte man jedoch vor 251 Ma Sibirien besucht, wäre dies wahrscheinlich nicht sehr angenehm gewesen. Die sibirischen Trappbasalte flossen aus Spalten in der kontinentalen Kruste unmittelbar an der Erdoberfläche aus und überfluteten Millionen von Quadratkilometern. Bei dieser außergewöhnlich raschen Eruption der Laven dürften auch ausgedehnte pyroklastische Ablagerungen entstanden sein – weitaus mehr als bei typischen Ausbrüchen von Flutbasalten wie etwa den Flutbasalten des Columbia-Plateaus – und es dürften außerdem große Mengen an Asche und Gasen einschließlich Kohlendioxid und Methan in die Atmosphäre gelangt sein. Eine solche Vulkaneruption könnte auf der Erde zu Klimaänderungen geführt haben, in einer Größenordnung, die am Ende des Perms ein Massenaussterben verursachte, bei dem 95 % der damals lebenden Arten ausgelöscht wurden.

Teil VI

Einige Geologen haben jahrelang die Meinung vertreten, dass das Aussterben an der Wende Perm/Trias die Folge dieses ausgedehnten sibirischen Vulkanismus war, der möglicherweise durch den plötzlichen Aufstieg der Front eines Manteldiapirs an der Erdoberfläche verursacht wurde (vgl. Abb. 12.28). Andere verfochten eine andere Hypothese wie etwa den Aufschlag eines Meteoriten oder eine plötzliche Freisetzung von Gasen aus dem Ozean. Neueste radiometrische Altersbestimmungen mit verbesserten Messverfahren haben jedoch gezeigt, dass der Ausbruch der sibirischen Vulkanite unmittelbar vor oder während des Massenaussterbens erfolgte. Die Tatsache, dass diese beiden Ergebnisse zeitlich so exakt übereinstimmen, überzeugten weitaus mehr Geologen, dass die sibirischen Trappbasalte eindeutig die Ursache für das größte Massenaussterbens der Erdgeschichte waren.

Zusatzaufgabe

Die Insel Hawaii (Big Island), die ein Gesamtvolumen von ungefähr 100.000 km³ hat und aus Basalt besteht, entstand im Verlauf der vergangenen 1 Ma durch eine Reihe von Eruptionen. Berechnen Sie die Produktionsrate der Basalte von Hawaii und vergleichen sie diesen Wert mit den Trappbasalten Sibiriens. Welche Länge der Plattengrenze zwischen der Pazifischen und der Nazca-Platte produziert Basalt mit einer Geschwindigkeit, die der des Hot Spots von Hawaii entspricht?

13 Können Erdbeben beeinflusst werden?

Erdbeben der Magnitude 4 verursachen in den Gebieten nahe des Epizentrums selten größere Schäden, während Erdbeben der Magnitude 8 eine immens große Zerstörungskraft freisetzen. Wäre es in irgendeiner Form möglich, den Versatzbetrag an der Störung so zu beeinflussen, dass das zu erwartende Erdbeben möglichst schwach ist und geringe Schäden verursacht?

Experimente in Erdölfeldern haben gezeigt, dass durch das Einpressen von Wasser oder anderen Flüssigkeiten über tiefe Bohrlöcher in Störungszonen schwache Erdbeben ausgelöst werden können. Die Flüssigkeit „schmiert" gewissermaßen die Störungsfläche und verringert die Reibung, die die Bewegung an der Störung hemmt. Man pumpt, und prompt gibt es ein Erdbeben. Warum sollte man also nicht auch durch die Injektion von Flüssigkeiten das Ausmaß eines Erdbebens so weit beeinflussen können, dass an der Bruchfläche nur so viel Energie freigesetzt wird, dass sich maximal ein Erdbeben der Magnitude 4 ereignet? Die Durchführbarkeit dieses Verfahrens hängt davon ab, wie viele Beben der Stärke 4 auf dem gesamten Bereich der Störung denselben Versatzbetrag zur Folge haben, wie ein Beben der Magnitude 8 (Abb. 24.13).

Aus Beobachtungen an zahlreichen Erdbeben haben die Seismologen aus der Moment-Magnitude zwei einfache Regeln abgeleitet, die dieser Berechnung zugrunde gelegt werden können.

1. Flächenregel: Für jede Einheit der Moment-Magnitude vergrößert sich die Bruchfläche um den Faktor 10. Ein Erdbeben der Magnitude 8 erfasst damit eine 10.000mal größere Bruchfläche, als ein Beben der Magnitude 4 ($10^{(8-4)} = 10^4$).
2. Versatzregel: An einer Störung nimmt der mittlere Versatzbetrag pro zwei Einheiten auf der Magnituden-Skala um den Faktor 10 zu. Der Verschiebungsbetrag eines Bebens der Magnitude 8 ist daher 100-mal größer als der eines Bebens mit der Magnitude 4 ($10^{(8-4)/2} = 10^2$).

Die Bruchfläche eines Erdbebens der Stärke 8 umfasst typischerweise einen Bereich von 10.000 km², und der durchschnittliche Versatzbetrag liegt bei etwa 5 m pro Beben.

- Aus der Flächenregel ergibt sich, dass die Bruchfläche eines Bebens der Magnitude 4 etwa 10.000-mal kleiner ist, als die eines Bebens der Magnitude 8 und somit eine Fläche von 1 km² umfasst.
- Aus der Versatzregel ergibt sich, dass der Versatzbetrag eines Bebens der Stärke 4 etwa 100-mal kleiner ist als der Versatzbetrag eines Bebens der Stärke 8 und somit 0,05 m beträgt.

Daraus ergibt sich für die Anzahl der Erdbeben der Stärke 4, die zum selben Ergebnis führen würden, wie ein Beben der Magnitude 8, folgender Wert:

Anzahl der Erdbeben = 10.000 × 100 = 1.000.000

Diese Berechnung zeigt, dass sich schwache Erdbeben nicht zu einem größeren Versatzbetrag addieren. Nur die großen zählen wirklich. An einer Störung wie der San-Andreas-Störung, an der sich tatsächlich etwa alle 100 Jahre Erdbeben der Magnitude 8 ereignen, müssten Erdbeben der Stärke 4 in einer Größenordnung von nahezu 10.000 pro Jahr ausgelöst werden, um dieselbe Bewegung an der Störung zu erzeugen.

Das Einpressen von Flüssigkeiten in Störungen, um die Anzahl schwacher Erdbeben zu erhöhen, wäre zumindest aus zwei Gründen keine gute Idee. Erstens wäre es unerschwinglich teuer: Das Niederbringen von Tausenden von Bohrungen entlang der Störung bis in die Tiefen der Erdbebenherde würde mehrere Milliarden Dollar kosten. Zweitens wäre es gefährlich: Die durch das Einpressen von Flüssigkeiten ausgelösten kleineren Brüche könnten sich zu einem größeren Erbeben entwickeln als ursprünglich erwartet. Ein Versuch, Erdbeben zu beeinflussen, könnte mit der Auslösung eines schweren Bebens enden!

Abb. 24.13 Die *obere* Abbildung zeigt, wie die Bruchfläche der San-Andreas-Störung mit der Magnitude eines Erdbebens zunimmt. Die *untere* Skizze zeigt, wie sich der Versatzbetrag der Störung mit der Magnitude vergrößert

TYPISCHE BRUCHFLÄCHE AN STÖRUNGEN

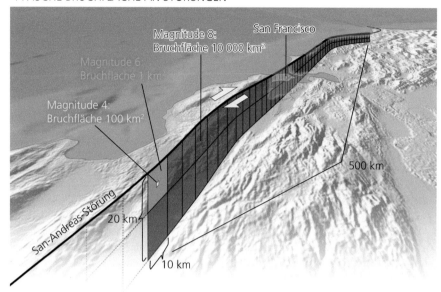

TYPISCHER VERSATZBETRAG AN STÖRUNGEN

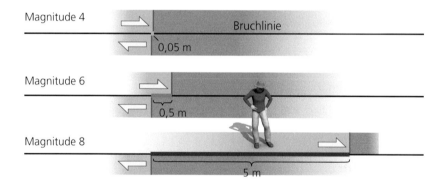

Zusatzaufgabe

Wie viele Erdbeben der Stärke 4 würden auf der gleichen Fläche den gleichen Versatzbetrag ergeben, wie ein Erdbeben der Magnitude 6?

14 Das Prinzip der Isostasie: Warum sind die Ozeane tief und die Gebirge hoch?

Die auffälligsten Erscheinungsformen des Reliefs der Erde sind die Kontinente, die typischerweise Höhen zwischen 0 und 1000 m ü. NN aufweisen, sowie die Ozeane, die typischerweise

4000 bis 5000 m tief sind. Warum diese Unterschiede? Die Antwort ergibt sich aus dem Prinzip der Isostasie, das die Höhenlage der Kontinente und die Tiefe der Ozeane mit der Dichte der Krusten- und Mantelgesteine in Verbindung bringt. Dieses erstaunlich schlüssige Prinzip erklärt nicht nur einen Großteil des Reliefs der Erde, sondern ermöglicht den Geowissenschaftlern auch, aus den zeitlichen Veränderungen der Höhenlage der Erdkruste Aussagen über die mechanischen Eigenschaften des Erdmantels zu treffen (vgl. Exkurs 14.3).

Die Isostasie beruht auf dem archimedischen Prinzip, das besagt, dass die Masse eines schwimmenden Festkörpers der Masse der von ihm verdrängten Flüssigkeit entspricht (Abb. 24.14). (Nach einer Legende entdeckte der griechische Philosoph Archimedes dieses Prinzip vor mehr als 2200 Jahren, während er in der Badewanne saß, und er soll, von seiner Erkenntnis fasziniert, nackt auf die Straße gerannt sein und gerufen haben „Ich hab's

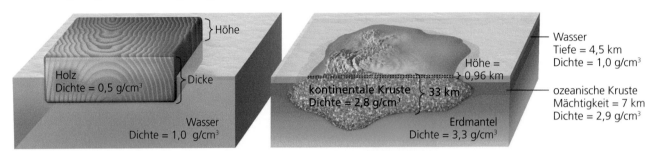

Abb. 24.14 Das Prinzip der Isostasie erklärt, welcher Anteil eines schwimmenden Holzklotzes über den Wasserspiegel hinausragt und wie hoch ein Kontinent über den Meeresspiegel aufsteigt

gefunden!") Bei den heutigen Wissenschaftlern lösen große Entdeckungen selten so begeisterte Reaktionen aus.

Betrachten wir nun einen auf dem Wasser schwimmenden Holzklotz. Die Masse jeder Flächeneinheit entspricht der Dichte mal Dicke des Blocks, während die Masse des von ihm verdrängten Wassers der Dichte mal einer reduzierten Mächtigkeit entspricht, die sich aus der Dicke des Blocks minus des Anteils ergibt, der über das Wasser hinausragt. Das archimedische Prinzip besagt, dass diese Massen gleich sind:

Dichte (Holz) × Dicke (Klotz) =
Dichte (Wasser) × Dicke (Wasserschicht) =
Dichte (Wasser) × (Dicke Klotz − Höhe Klotz ü. Wasser).

Aufgelöst nach der Höhe des Klotzes über dem Wasser ergibt sich:

Höhe H = 1 − [Dichte (Holz)/Dichte (Wasser)] × Dicke des Klotzes

Der in Klammern stehende Ausdruck wird als Auftriebsfaktor bezeichnet, da er erkennen lässt, welcher Anteil des Holzklotzes über die Wasserfläche hinausragt.

Leichtes Holz wie etwa Kiefernholz besitzt nur etwa die halbe Dichte des Wassers. Daraus ergibt sich folgender Auftriebsfaktor A:

$$A = \frac{1\,\text{g/cm}^3 - 0,5\,\text{g/cm}^3}{1\,\text{g/cm}^3} = 0,5$$

Der Klotz aus Kiefernholz ragt mit der Hälfte seines Volumens über den Wasserspiegel hinaus. Im Falle von altem Eichenholz, das eine Dichte $\rho = 0,9\,\text{g/cm}^3$ aufweist, beträgt der Auftriebsfaktor lediglich 0,1, das heißt 1/10 der Dicke des Eichenholzes ragt über die Wasserfläche hinaus.

Wenn die kontinentale Kruste (Dichte $\rho = 2,8\,\text{g/cm}^3$) allein auf dem Mantelmaterial schwimmt ($\rho = 3,3\,\text{g/cm}^3$), kann obige Gleichung dahingehend modifiziert werden, dass die Begriffe „Holz" durch Kontinent, und „Wasser" durch Erdmantel ersetzt werden. Darüber hinaus müssen jedoch die ozeanische Kruste ($\rho = 2,9\,\text{g/cm}^3$) und das Meerwasser ($\rho = 1\,\text{g/cm}^3$) berücksichtigt werden, die ebenfalls auf dem Mantel schwimmen. Da diese beiden Schichten die Bereiche um die Kontinente einnehmen, müssen von der Höhe der Kontinente die Höhe dieser Schichten subtrahiert wer-

den, so als würde jede dieser Schichten alleine auf dem Mantel schwimmen, entsprechend ihres Auftriebsfaktors mal der Dicke der Schicht. Die isostatische Gleichung für Kontinente besteht daher aus drei Faktoren, einem positiven und zwei negativen.

$$\begin{aligned}
\text{Höhe Kontinente} &= \left(1 - \frac{\text{Dichte (kont. Kruste)}}{\text{Dichte (Mantel)}}\right) \\
&\quad \times \text{Mächtigkeit (Kontinent)} \\
&\quad - \left(1 - \frac{\text{Dichte (ozean. Kruste)}}{\text{Dichte (Mantel)}}\right) \\
&\quad \times \text{Mächtigkeit (ozean. Kruste)} \\
&\quad - \left(1 - \frac{\text{Dichte (Meerwasser)}}{\text{Dichte(Mantel)}}\right) \\
&\quad \times \text{Mächtigkeit (Meerwasser)}
\end{aligned}$$

Ausgehend von einer Dicke von 33 km für die kontinentale und von 7 km für die ozeanische Kruste und einer Wassertiefe von 4500 m ergibt sich:

Höhe Kontinente
$= (0,15 \times 33\,\text{km}) - (0,12 \times 7,0\,\text{km}) - (0,7 \times 4,5\,\text{km})$
$= 0,96\,\text{km (über NN)}.$

Dieses Ergebnis stimmt mit der gesamten Verteilung des Reliefs der Erde überein (vgl. Abb. 1.8).

Bedingt durch die Isostasie ist die Höhenlage ein empfindlicher Indikator für die Mächtigkeit der Erdkruste. Deshalb müssen Gebiete, die eine geringere Höhe aufweisen, auch eine dünnere Kruste (oder eine höhere mittlere Dichte) besitzen, während Gebiete mit höher liegenden Bereichen, wie etwa das Hochland von Tibet (vgl. Abb. 10.16), eine dickere Kruste (oder eine geringere mittlere Dichte) aufweisen.

Zusatzaufgabe

Die mittlere Höhenlage des Hochlands von Tibet beträgt 5000 m über NN. Berechnen Sie mithilfe der Isostasie-Gleichung die durchschnittliche Dicke der Kruste dieses Gebiets, wobei davon auszugehen ist, dass die Dichte der Kruste $\rho = 2,8\,\text{g/cm}^3$ beträgt.

15 Wo ist der fehlende Kohlenstoff?

Fundierte Kenntnisse darüber, wie wir Menschen den Kohlenstoff-Kreislauf verändern, sind eines der dringendsten Probleme der heutigen Geowissenschaftler, denn sie bieten die Lösung, um den anthropogen verursachten Klimawandel bewältigen zu können. In Abb. 15.19 ist erkennbar, dass von den im Zeitraum von 2000 bis 2009 vom Menschen produzierten Kohlenstoff-Emissionen von 8,9 Gigatonnen (Gt) pro Jahr, jeweils ungefähr 2,6 Gt – und damit etwa ein Drittel – an der Erdoberfläche absorbiert wurden. Die Photosynthese der Pflanzen und die Atmung beherrschen den Austausch von CO_2 zwischen Atmosphäre und Erdoberfläche, daher muss eine Zunahme der Photosynthese durch die Landpflanzen eindeutig die Ursache dafür sein. Wo aber erfolgt dies an der Erdoberfläche? Diese Frage war jedoch nur schwer zu beantworten, so dass die Wissenschaftler jahrelang vom „Problem des fehlenden Kohlenstoffspeichers" sprachen. Die Antwort erweist sich als äußerst wichtig, weil künftige Verträge, in denen die Nationen einer Verminderung der Kohlenstoffemissionen zustimmen müssen, sämtliche Kohlenstoffquellen und Speicher innerhalb der Landesgrenzen berücksichtigen müssen.

Wie Abb. 24.15 zeigt, stiegen die gesamten anthropogenen Kohlenstoff-Emissionen von durchschnittlich 6,9 Gt/Jahr in den 1980er Jahren auf 8,0 Gt/Jahr in den 1990er Jahren und auf 8,9 Gt/Jahr in den Jahren seit 2000. Die Geschwindigkeit, mit der diese Emissionen in den Ozeanen absorbiert werden, hat ebenfalls zugenommen, sodass der prozentuale Anteil des in den Ozeanen gespeicherten Kohlenstoffs nahezu konstant geblieben ist. Der sich in der Atmosphäre anreichernde Anteil blieb jedoch bei weitem nicht so konstant. Tatsächlich hat die Menge zwischen den Achtziger und Neunziger Jahren von 3,4 Gt/Jahr auf 3,1 Gt/Jahr abgenommen und erhöhte sich seit etwa 2000 wieder sprunghaft auf 4,0 Gt/Jahr.

Die Akkumulation in der Atmosphäre verhält sich daher gegenläufig zu dem in dem fehlenden Speicher absorbierten Kohlenstoff. Die Gesamtmenge an Kohlenstoff bleibt dieselbe; addiert man also den Inhalt aller geochemischen Speicher, muss, wie in den Säulendiagrammen dargestellt, die Kohlenstoff-Akkumulation durch die Kohlenstoff-Emissionen ausgeglichen werden. Dieses Gleichgewicht ermöglicht, die Menge des von dem unbekannten Speicher aufgenommenen Kohlenstoffs zu berechnen:

Fehlender Kohlenstoffspeicher

= gesamte Emission − Akkumulation der Atmosphäre

− Akkumulation der Ozeane

Diese Werte sind in den Diagrammen durch die roten Bereiche dargestellt. Die Menge des im fehlenden Speicher absorbierten Kohlenstoffs nahm von 1,5 Gt/Jahr in den 1980er Jahren um 80 % auf 2,7 Gt/Jahr in den 1990er Jahren zu und ging zwischen den Jahren 2000 und 2009 geringfügig auf 2,6 Gt/Jahr zurück.

Ein naheliegender Ort, um nach dem fehlenden Speicher zu suchen, sind die Wälder der Erde, die wegen der Photosynthese für die Hälfte der jährlichen CO_2-Akkumulation auf den Festländern verantwortlich sind. Die Wälder der Erde werden nach den an ihren Standorten herrschenden mittleren Jahrestemperaturen in boreale Wälder (−5 bis +5 °C), Wälder der gemäßigten Breiten

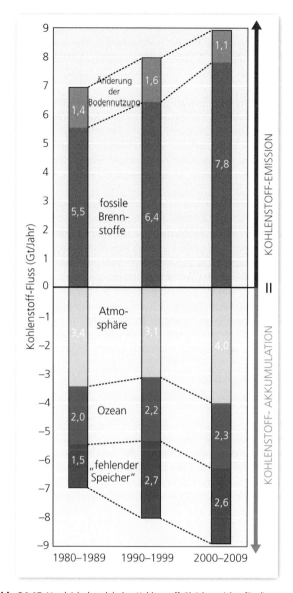

Abb. 24.15 Vergleich des globalen Kohlenstoff-Gleichgewichts für die vergangenen drei Jahrzehnte [nach: IPCC (2013): Climate Change: The Physical Science Basis]

(5 bis 20 °C) und tropische Wälder (20 bis 30 °C) unterteilt. Ältere Klimamodelle gingen davon aus, dass das Wachstum der Wälder in den gemäßigten Breiten für den größten Teil des fehlenden Kohlenstoffs verantwortlich ist. Die Daten des 5. Sachstandsberichts des IPCC sprechen jedoch dafür, dass die derzeitige Akkumulation in den borealen Regionen fast genauso groß und in den tropischen Regionen noch deutlich größer ist. Daraus ergibt sich mathematisch formuliert:

fehlender		boreale		Wälder
Speicher	=	Wälder	+	gem. Breiten
(2,6 Gt/Jahr)		(0,5 Gt/Jahr)		(0,8 Gt/Jahr)
		tropische		
	+	Wälder		
		(1,3 Gt/Jahr)		

Dieses neue Modell geht davon aus, dass das Wachstum der tropischen Wälder (1,3 Gt/Jahr) die Entwaldung der Tropen, die für den größten Teil der Kohlenstoff-Emissionen durch Änderung der Nutzung verantwortlich ist (1,1 Gt/Jahr), mehr als ausgleicht.

Obwohl gewisse Fortschritte unverkennbar sind, ist das Problem des Kohlenstoff-Gleichgewichts alles andere als gelöst. Wegen der schwierigen Messungen sind alle Berechnungen, wo sich der Kohlenstoff anreichert, mit großen Unsicherheiten behaftet, und deshalb sind noch weitere Forschungsarbeiten erforderlich, um die Werte noch exakter zu bestimmen.

Dennoch unterstreichen diese Berechnungen nicht nur die Bedeutung unserer Wälder als Kohlenstoffspeicher, es ergeben sich daraus auch große Probleme, wie diese Wälder bewirtschaftet werden sollten. Beispielsweise wie viel „Kohlenstoff-Guthaben" soll Nationen wie den Vereinigten Staaten und Brasilien von dem Kohlenstoff, den ihre Wälder aufgenommen haben, gutgeschrieben werden? Solche Probleme werden bei der Aushandlung internationaler Verträge, die sich mit dem anthropogenen Klimawandel befassen, eine wichtige Rolle spielen.

Zusatzaufgabe:

Berechnen Sie aus den in der Abbildung 24.15 gezeigten Daten den gesamten Kohlenstoff-Fluss von der Erdoberfläche, indem Sie die durch die Änderung der Landnutzung freigesetzte Kohlenstoffmenge mit der im fehlenden Speicher absorbierten Menge gleichsetzen. War der gesamte Kohlenstoff-Fluss von der Erdoberfläche in den dargestellten drei Jahrzehnten positiv (Gesamtemission) oder negativ (Gesamtabsorption)? Welche Faktoren könnten erklären, warum das Ausmaß dieses Gesamtflusses von 1980 bis 2009 kontinuierlich zugenommen hat?

16 Die Standfestigkeit von Hängen

Wie lässt sich die Zerstörung von Häusern und anderen Bauwerken durch Rutschungen vermeiden? Rutschungen sind in solchen Gebieten am wahrscheinlichsten, in denen ein steiles Relief mit anderen wichtigen Faktoren wie etwa episodischen heftigen Niederschlägen oder Erdbeben zusammenwirken. Die Bewertung des mit dem Kauf oder Bau eines Hauses in solchen Gebieten verbundenen Risikos beginnt mit einer Beurteilung der Wahrscheinlichkeit, dass es in diesem Gebiet zu Massenbewegungen kommt. Bei dieser Einschätzung und bei der Beratung von potenziellen Hausbesitzern oder auch der lokalen Planungsbehörden, welche Art von Immobilien eher von Rutschungen in Mitleidenschaft gezogen werden als andere, spielen Geologen eine wichtige Rolle.

Aus unserer Kenntnis heraus wird ein Gebäude, das auf einem extrem steilen Hang errichtet wird, irgendwann abrutschen. Man erinnere sich an den in Kap. 16 beschriebenen Sandhügel: wird der Hang steiler, bleibt immer weniger Sand darauf liegen und ab einem bestimmten Punkt rutscht der Sand ab, ungeachtet der Sandmenge, die wir auf den Hügel schütten. Dasselbe gilt für Boden- und Gesteinsmassen. Auch sie rutschten, wenn der Hang zu steil wird. Die wichtigste Frage ist daher: wie steil ist zu steil? Um zu beurteilen, welche Hänge für eine Bebauung zu steil sind, verwendet man drei wichtige Faktoren, die zu Massenbewegungen führen (vgl. Kap. 16).

Auf Hängen mit geringerem Gefälle ist der Untergrund stabil, weil die senkrechte Komponente der Schwerkraft groß ist und Gesteine und Bodenmaterial an Ort und Stelle festhält.

Auf Hängen mit mäßig starkem Gefälle kann der Untergrund instabil werden, da die parallel zum Gefälle wirkende Komponente der Schwerkraft größer ist. Dadurch wird auf Gesteine und Böden ein hangabwärts gerichteter Druck ausgeübt und es kann zu Rutschungen kommen.

Auf steilen Hängen ist der Untergrund deshalb instabil, weil die parallel zum Gefälle wirkende Komponente der Schwerkraft erheblich größer ist und damit ist das Risiko einer Rutschung ebenfalls größer.

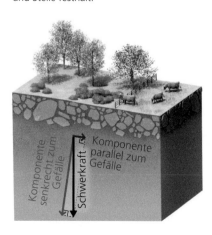

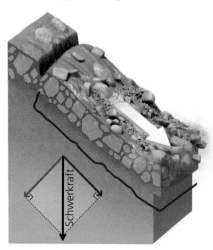

Abb. 24.16 Die auf einen Block aus Boden oder Gestein auf unterschiedlich steilen Hängen einwirkenden Kräfte

Teil VI

Der wichtigste Faktor ist die Neigung des Hanges. Bleiben alle Bedingungen konstant, wird ein Gebäude auf einem steilen Hang früher abrutschen als ein Gebäude derselben Größe auf einem flacheren Hang. Der zweite wichtige Faktor ist die Art des Hangmaterials. Je besser dieses Material zusammenhält, desto stabiler ist der Hang. Der dritte Faktor ist der Wassergehalt des Hangmaterials. Bei ergiebigen Niederschlägen nehmen Boden und Gestein große Mengen Wasser auf, die Kohäsion wird vermindert und der Hang beginnt zu rutschen.

Abb. 24.16 zeigen die auf Gesteine oder Böden einer potenziellen Rutschmasse einwirkenden Kräfte. Die wichtigste für Massenbewegungen verantwortliche Kraft ist die Schwerkraft. Die Schwerkraft wirkt überall auf der Erde. Lagert eine Rutschmasse auf einer horizontalen Fläche, wirkt die Schwerkraft in senkrechter Richtung nach unten zum Erdmittelpunkt hin und die Masse bleibt an Ort und Stelle. Auf einem Hang wirkt jedoch die zum Erdmittelpunkt gerichtete Schwerkraft unter einem Winkel zur Basis der Rutschmasse, ungeachtet der Position, in der sich die Rutschmasse befindet. In diesem Falle kann die Schwerkraft in zwei getrennte Komponenten zerlegt werden: eine senkrecht und eine parallel zu Basis wirkende Kraft.

Was besagen diese Kräfte über die Wahrscheinlichkeit einer Rutschung? Die parallel zur Basis verlaufende Komponente führt zu einer Scher- oder Schubspannung, während die senkrecht dazu gerichtete Komponente, die als Scherfestigkeit bezeichnet wird, der hangabwärts gerichteten Bewegung Widerstand entgegensetzt. Die Reibung an der Basis der Rutschung und die Kohäsion der Komponenten innerhalb der Rutschmasse erhöhen die Scherfestigkeit.

Zu Rutschungen kommt es normalerweise deshalb, weil auf steilen Hängen die Scherspannung mit steigendem Gefälle zu- und die Scherfestigkeit abnimmt. Wird die Scherspannung größer als die Scherfestigkeit, beginnt die Masse hangabwärts zu rutschen. Daher sind Massenbewegungen auch dort am wahrscheinlichsten, wo die Scherspannung groß und die Scherfestigkeit gering ist (wie etwa auf einem Hang, dessen Material durch hohe Niederschläge mit Wasser gesättigt ist).

Eine einfache Gleichung, die den sogenannten Sicherheitskoeffizienten (S) ergibt, lässt erkennen, wann es zu Rutschungen kommt:

$$S = \frac{\text{Scherfestigkeit}}{\text{Scherspannung}}$$

Ist der Wert S für einen Hang kleiner als 1, ist der Hang nicht standfest und Massenbewegungen sind zu erwarten.

Aus den in den folgenden Tabellen angegebenen Werten der Scherfestigkeit und der Scherspannung lässt sich ermitteln, welche Kombinationen von Hangneigung und Hangmaterial einen sicheren Baugrund gewährleisten. Berechnen wir nun den Sicherheitskoeffizienten für einen Baugrund aus Tonschiefer auf einem mäßig steilen Hang von 20° Neigung.

$$S = \frac{\text{Scherfestigkeit (Tonschiefer)}}{\text{Scherspannung (20° Neigung)}}$$

$$10/5 = 2.$$

Hangneigung	Scherspannung
5°	1
20°	5
30°	25

Dieser Hang ist zwar standfest, jedoch nur eingeschränkt. In vielen Städten dürfte ein solcher Hang nur dann bebaut werden, wenn umfangreiche und teure konstruktive Vorgaben erfüllt sind.

Hangmaterial	Scherfestigkeit
Lockerboden	3
Tonschiefer	10
Granit	50

Zusatzaufgabe

Tragen Sie in nachfolgender Tabelle 24.5 die für die verbliebenen Kombinationen von Hangmaterial und Hangneigung berechneten Werte ein. Welcher Hang wäre für Baumaßnahmen ausreichend standfest?

Hang-neigung	Locker-boden	Tonschiefer	Granit
5°			
20°			
30°			

17 Wie ergiebig ist ein Brunnen?

Beabsichtigt man einen Brunnen zu bohren, dann ist stets die wichtigste Frage: liefert der Brunnen auch ausreichend Wasser, um den Bedarf zu decken? Ein bis in eine bestimmte Schicht gebohrter Brunnen kann sehr ergiebig sein und große Mengen Wasser liefern, während aus einem anderen nicht weit davon entfernten, in anderen Gesteinen endenden Brunnen kaum Wasser entnommen werden kann. Lässt sich das Verhalten des Grundwassers so weit vorhersagen, dass wir angeben können, wie viel Wasser an einem bestimmten Ort einem Brunnen entnommen werden kann?

Wie wir in Kap. 17 gesehen haben, lässt sich die Bewegungen des Grundwassers mit dem Darcy'schen Gesetz beschreiben.

In den ländlichen Gebieten der Vereinigten Staaten ist es gängige Praxis, für den eigenen Wasserverbrauch Brunnen zu bohren. Bei der Wahl des Bohrpunkts müssen daher sehr sorgfältig die geologischen Verhältnisse des Gebiets in die Überlegungen einbezogen werden, ob eine ausreichende Wasserversorgung gewährleistet ist oder nicht. Wird das dem Brunnen in Punkt B von Abb. 24.17 zufließende Wasser den Bedarf der Farm decken?

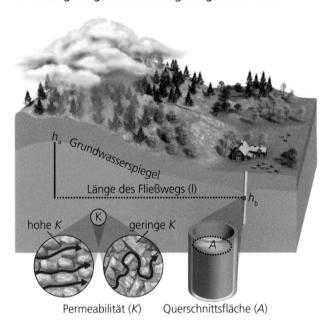

Abb. 24.17 Bestimmung der Geschwindigkeit der Grundwasserbewegung

Diese Frage hängt von einer ganzen Reihe von Faktoren ab, wie beispielsweise vom Gestein, in das der Brunnen gebohrt wird. Mit dem Darcy'schen Gesetz lässt sich über die hydraulische Leitfähigkeit die Wassermenge errechnen, die dem Brunnen zufließen wird.

Aus den in der Abbildung angegebenen Daten ergeben sich folgende Werte:

Querschnittsfläche d. Brunnrohres: $A = 0,25 \text{ m}^2$

$$\text{Hydraul. Gradient} = \frac{(h_a - h_b)}{l}$$
$$= \frac{440 - 415}{1250}$$
$$= \frac{25}{1250}$$

Zur Ermittlung der Wassermenge Q ist die hydraulische Leitfähigkeit K entscheidend, die jeweils vom durchflossenen Material abhängig ist (vgl. folgende Tabelle).

Material	Hydraulische Leifähigkeit K
Ton	0,001 m/Tag
Siltiger Sand	0,3 m/Tag
Gut sortierter Sand	40 m/Tag
Gut sortierter Kies	3750 m/Tag

Nach den Darcy'schen Gesetz ergibt sich für gut sortierten Sand die Wassermenge Q:

$$Q = A \left[\frac{K(h_a - h_b)}{l} \right]$$
$$= 0,25 \text{ m}^2 \times 40 \text{ m/Tag} \times 0,02$$
$$= 0,2 \text{ m}^3/\text{Tag} = 200 \text{ l/Tag}$$

Für Ton ergibt sich:

$$Q = A \left[\frac{K(h_a - h_b)}{l} \right]$$
$$= 0,25 \text{ m}^2 \times 0,001 \text{ m/Tag} \times 0,02$$
$$= 0,000005 \text{ m}^3/\text{Tag}$$
$$= 5 \text{ cm}^3/\text{Tag (knapp 1 Esslöffel)}$$

Die Ergebnisse zeigen eindeutig, dass ein in gut sortiertem Sand gebohrter Brunnen ausreichend Wasser für eine vierköpfige Familie liefert, wenn man von einem angenommenen Pro-Kopf-Verbrauch von 40 l Trink- und Brauchwasser pro Tag ausgeht. Wäre der Brunnen in Ton gebohrt worden, wäre das Ergebnis eine bittere Enttäuschung.

Zusatzaufgabe

Berechnen Sie die Wassermenge, die entnommen werden könnte, wenn der Brunnen (a) in siltigen Sand und (b) in gut sortiertem Kies gebohrt worden wäre.

18 Können wir heute Kanu fahren?

Wie messen und registrieren Geologen die Strömung von Flüssen und Bächen? In den Vereinigten Staaten verfolgt der Geologische Dienst der Vereinigten Staaten, der US Geological Survey (USGS), seit mehr als 100 Jahren die Abflussverhältnisse der Gewässer. Dazu verwendet der USGS Flusspegel, um in bestimmten Abständen (stündlich, täglich, wöchentlich oder in längeren Zeitabschnitten) die Wasserstände zu messen und zu registrieren. Im Jahre 2001 betrieb und wartete der USGS hierfür an den Flüssen und Bächen des gesamten Staatsgebietes mehr als 7000 Pegel. Diese Daten werden unter anderem dazu verwendet, um die nationalen Wasserressourcen auf vielfältige Art zu bewirtschaften, um Hochwasser oder Trockenperioden vorherzusagen, Stauseen oder künstlich angelegte Trinkwasserspeicher zu betreiben und um eine gute Wasserqualität zu gewährleisten.

Die rasche Verfügbarkeit der Pegelwerte bildet darüber hinaus die Grundlage für eine sichere und angenehme Freizeitgestaltung für Angler, Kanu- und Kajakfahrer oder beim Rafting. Zahlreiche vom USGS betriebene Pegel übertragen ihre Daten in Echtzeit über Satelliten oder per Telefon direkt auf eine Website und diese Daten werden in Abständen von vier Stunden oder weniger aktualisiert; sie stehen der Öffentlichkeit im Internet unter http://water.usgs.gov zur Verfügung.

Die Überprüfung der Pegeldaten vor einer Bootsfahrt schützt vor Enttäuschungen und Zeitverlusten, die mit einer langen Anfahrt zu einem beliebten Flussabschnitt verbunden sind, nur um bei der Ankunft festzustellen, dass der Wasserstand für eine Befah-

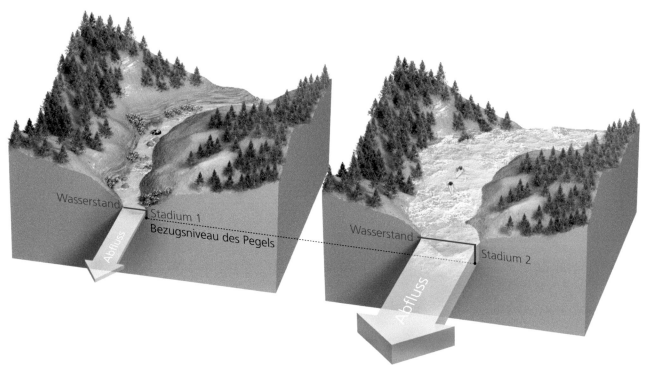

Abb. 24.18 Der Abfluss eines Flusses nimmt typischerweise zu, wenn die Niederschläge zunehmen oder der Schnee im Bereich der Wasserscheide abschmilzt. Wenn der Pegel steigt und der Abfluss zunimmt, nimmt auch die Turbulenz der Flüsse zu, die Wellen werden höher und die Befahrung wird zunehmend gefährlicher

rung zu niedrig oder die Strömung zum Paddeln zu stark ist. Andererseits sind Paddler auch bereit, aus größerer Entfernung anzufahren, wenn sie wissen, dass die Wasserverhältnisse auf ihrem Lieblingsfluss optimal sind. Die Daten des USGS ermöglichen den Wassersportlern, die ihren Fähigkeiten entsprechenden Wasserverhältnisse auszuwählen.

Flusspegel messen die Höhe der Wasseroberfläche, die oft auch als Wasserstand bezeichnet wird. Der Wasserstand bezieht sich hierbei auf die Höhe des Wasserspiegels über einem in der Nähe befindlichen Referenzpunkt und entspricht nicht unbedingt der Wassertiefe. Man sollte nie davon ausgehen, dass die Wasserstandsangaben dem Abstand zwischen Wasseroberfläche und Gewässersohle entsprechen. Für Wassersportler ist der Abfluss eine weitaus verlässlichere Angabe für die an den Gewässern zu erwartenden Bedingungen (Abb. 24.18).

Wie in Kap. 18 gezeigt, wird der Abfluss durch die Bestimmung der Querschnittsfläche (Breite × Wassertiefe) multipliziert mit der Fließgeschwindigkeit ermittelt. Die Tiefe eines Flusses unterhalb eines festen Bezugspunkts und seine Breite sind an jedem Pegel bekannt, sodass der jeweilige Abfluss berechnet werden kann, sofern die Fließgeschwindigkeit und der Wasserstand bekannt sind. Die Werte der Abflussmessungen können gegen die gleichzeitig ermittelten Pegelstände aufgetragen werden und ergeben für jeden Pegel eine Abflusskennlinie (Rating Curve). Damit können die Wassersportler aus dem im Internet veröffentlichten Pegelstand den Abfluss des Flusslaufes bestimmen. Angenommen der Wasserstand des zu befahrenden Flusses betrug bei der letzten Pegelablesung 3 Fuß:

- Man geht auf der Ordinate zum Wert von 3 Fuß und von dort horizontal bis zum Schnittpunkt mit der Kennlinie.
- Diesem Schnittpunkt entspricht auf der Abszisse ein Abflusswert von rund 500 Kubikfuß pro Sekunde (= 14,15 m³/s).

Wenn der Abfluss an einem bestimmten Punkt des Flusses steigt, wird der Fluss zu einer immer größeren Herausforderung und schließlich für weniger geübte Freizeitpaddler zu gefährlich. Wie groß der Abfluss werden kann, ehe besondere Vorsicht geboten ist, lässt sich nur aus der Erfahrung mit der befahrenen Strecke sagen. Die Wassersportler sollten sich über die bei den verschiedenen Abflussmengen in den jeweiligen Abschnitten des Flusses angetroffenen Verhältnisse Notizen machen oder ein Fahrtenbuch führen, um künftige Befahrungen entsprechend planen zu können.

Die auf der Website des USGS zur Verfügung gestellten Pegelstände und Abflussdaten ermöglichen darüber hinaus den Freizeitsportlern, die für ihr Vorhaben günstigsten Bedingungen bereits einige Tage im Voraus zu planen. Beispielsweise könnten auch Angler ein Interesse daran haben zu wissen, ab wann sie das Gewässer sicher durchwaten können, wenn die Strömung nach heftigen Niederschlägen oder nach der Schneeschmelze zurückgeht. Durch die zeitnahen Angaben des Abflusses im Internet, können die Erholungssuchenden die sich verändernden Verhältnisse beobachten und den für ihren Sport oder ihren Leistungsstand idealen Zeitpunkt bestimmen.

Teil VI

Zusatzaufgabe

Wie groß ist der Abfluss, der einem Wasserstand von (a) 10 Fuß und (b) von 25 Fuß entspricht?

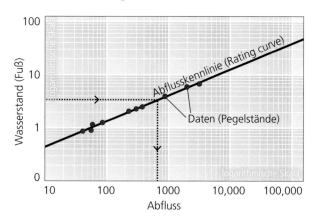

Die Abflusskennlinie zeigt den Zusammenhang zwischen Pegelstand und Abfluss (in Kubikfuß pro Sekunde) für den jeweiligen Pegel

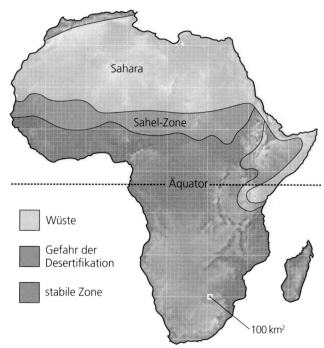

Abb. 24.19 Karte von Nordafrika. Sie zeigt die Wüstengebiete Nordafrikas und Flächen, die gegenüber der Desertifikation anfällig sind, sowie Bereiche, die bezüglich Umweltveränderungen als weitgehend stabil betrachtet werden

19 Lässt sich das Ausmaß der Desertifikation vorhersagen?

In den ariden und semiariden Klimazonen der Erde unterliegen Ackerland und Weidegebiete mit beängstigender Geschwindigkeit der Desertifikation (Abb. 24.19).

Daher stellen sich für Grundbesitzer, die hoffen, eine weitere Verarmung des labilen Ökosystems verhindern zu können, zwei wichtige Fragen: Erstens, welche Prozesse führen zu dieser Verarmung und Desertifikation, und zweites, welches Ausmaß wird die Desertifikation möglicherweise erreichen?

Zur Desertifikation kommt es, wenn ein bisher ackerbaulich genutztes Gebiet allmählich Merkmale echter Wüstengebiete aufweist. Der Begriff Desertifikation wurde 1977 von den Vereinten Nationen geprägt, um die damals vor allem in Nordafrika deutlich erkennbaren Veränderungen zu beschreiben. Im Verlauf der vergangenen 50 Jahre begann ein semiarides Gebiet von der Größe des US-Bundesstaates Texas am Südrand der Sahara, die sogenannte Sahel-Zone, zur Wüste zu werden. Dasselbe Schicksal droht heute einem Drittel des afrikanischen Kontinents. Am ausgeprägtesten ist die Desertifikation in Nordafrika, doch sie beeinflusst alle Kontinente mit Ausnahme der Antarktis. Auch die Nordamerikaner sollten sich dessen bewusst sein, dass die im Südwesten der Vereinigten Staaten an Wüsten angrenzenden Gebiete, wenn sie nicht vernünftig bewirtschaftet werden, ebenfalls von der Desertifikation bedroht sind.

Die Hauptursache der Desertifikation ist nicht die Trockenheit, sondern die Übernutzung der Ökosysteme, unter anderem durch Überweidung, extensive Landwirtschaft und Rodung von Bäumen und Sträuchern. Zu den Prozessen, die zur Desertifikation führen, gehören die Erosion der Böden sowohl durch erhöhten Abfluss bei Starkregen als auch durch Wind, langfristige Veränderungen der natürlichen Diversität der Vegetationsbedeckung und – auf bewässerten Anbauflächen – die Ablagerung von Salzen in den Böden als Folge der Verdunstung des zur Bewässerung verwendeten Grundwassers.

Abb. 24.19 zeigt eine Karte Afrikas, in der die derzeitige Ausdehnung der Sahara dargestellt ist. Außerdem zeigt sie die an die Wüste angrenzenden, von der Desertifikation bedrohten Gebiete. Die kleinen Quadrate des aufgedruckten Gitternetzes entsprechen einer Fläche von jeweils 100 km². Mithilfe dieses Rasters lässt sich die für eine Desertifikation anfällige Mindestfläche bestimmen.

1. Ermitteln Sie die von der Desertifikation bedrohten Flächen.
2. Bestimmen Sie anhand des Gitternetzes die Anzahl der Quadrate, die dieser Fläche entspricht. Berücksichtigen Sie hierbei lediglich diejenigen Quadrate, die vollständig in den von Desertifikation bedrohten Gebieten liegen, nicht aber Quadrate, die durch die Grenzen zu den anderen ökologisch stabileren Bereichen verlaufen. Auf diese Weise ergibt sich die Mindestgröße des potentiell zur Wüste werdenden Gebiets.
3. Multiplizieren Sie die Gesamtzahl dieser Quadrate mit dem Flächeninhalt (1 Quadrat = 100 km²):

Fläche der Desertifikation = Anzahl der Quadrate × 100 km²

Dieses Verfahren ergibt die von der Desertifikation bedrohte Mindestfläche, da die Quadrate, durch die Grenzen zwischen den bedrohten und stabileren Gebieten verlaufen, in die Berechnungen nicht mit einbezogen wurden.

Zusatzaufgabe

Berechnen Sie nun erneut die Fläche, aber unter Berücksichtigung derjenigen Quadrate, durch welche die Grenzen verlaufen. Das Resultat ergibt, wie groß die maximale Fläche der Desertifikation sein könnte.

20 Die Wiederherstellung unserer Strände

Küstenerosion ist ein Problem, mit dem sich zahlreiche Küstenorte auseinandersetzen müssen, die sich der landschaftlichen Schönheit ihrer Strände erfreuen und von denen sie abhängig sind, um den Tourismus und die wirtschaftliche Entwicklung fortzuführen. Die Erosion der Strände ist oftmals auf natürliche Ursachen zurückzuführen, in manchen Fällen wird sie auch durch mangelnde Erfahrung der Wasserbau-Ingenieure ausgelöst, in der Absicht, die Strände zu erhalten. In den letzten Jahren haben sich Geologen und Ingenieure zusammengetan und gemeinsam versucht, neue Verfahren zu entwickeln, die zu mehr Erfolg beim Schutz der Strände führen sollen.

Die Strände des Monmouth County an der Atlantikküste von New Jersey (USA) gehören zu den am besten untersuchten Küsten der Erde. Die Eingriffe durch den Menschen begannen 1870 mit dem Bau der Bahnstrecke von New York nach Long Branch. Durch die Möglichkeit, das Gebiet nun direkt mit der Bahn erreichen zu können, entwickelte sich ein gewisser Tourismus und schließlich das Pendeln der ständig ansässigen Bewohner nach New York, die letztlich auch damit begannen, die Küste ihres Wohngebiets zu verändern. An Stelle der Strände und Sanddünen wurden Betonmauern errichtet und im Abstand von 400 m an der gesamten, etwa 20 km langen Küste Buhnen aus Steinen aufgeschüttet. Im Verlauf der folgenden 100 Jahre wurden die Strände von Monmouth County nach und nach schmäler, bis viele Kilometer der Küste weitgehend ohne Sandstrand waren. Die einzigen Sandstrände gab es noch in kleinen, versteckt liegenden Buchten in den Ecken zwischen Buhnen und Ufermauer. Die Winterstürme 1991 und 1992 hinterließen an der gesamten Küste von Monmouth County erhebliche Zerstörungen. Sie spülten die hölzerne Strandpromenade als zersplitterte Trümmermasse auf die Straßen, und als das Meer die nahezu nicht mehr vorhandenen Strände und Deiche überspülte, wurden auch zahlreiche Häuser zerstört.

Im Jahre 1994 bemühte sich der Bundesstaat New Jersey schließlich ernsthaft um eine Lösung des Problems der Stranderosion und bat die Bundesregierung in Washington um Unterstützung.

Der Kongress bewilligte die Finanzierung des größten jemals in Angriff genommenen Projekts zur Wiederherstellung eines Strandes, das eine Strecke von etwa 30 km Länge an der Küste von Monmouth County zwischen Sea Bright und Manasquan Inlet umfasste. Im Rahmen dieses Projekts wurde ausreichend Sand aus den vor der Küste liegenden Gebieten aufgespült, um einen Strand von etwa 30 m Breite und einer Höhe von 3 m über der mittleren Niedrigwasserlinie wiederherzustellen. Das Projekt umfasste außerdem eine periodische Ergänzung der sanierten Strände im Abstand von jeweils 6 Jahren mit einer Laufzeit von 50 Jahren nach Beginn der Sanierung 1994.

Von 1994 bis 1997 wurden 57 Mio. Kubikmeter Sand aus einem etwas mehr als 1 km vor der Küste liegenden Gebiet hochgepumpt, wobei Kosten in Höhe von 210.000.000 US-Dollar entstanden. Diese ersten Sandmengen brachten den Stränden von 9 der 12 Küstenorte ausreichend Nachschub von neuem Sand. Die am frühesten sanierten Strände reagierten positiv und erforderten seit Beginn des Projekts nur eine geringe Ergänzung des Sandes (Abb. 24.20).

Zu Beginn war es nicht ganz klar, ob die Wiederherstellung des Strandes von Monmouth County von Erfolg gekrönt sein würde. Einige Anwohner prophezeiten einen völligen Verlust des Sandes innerhalb von ein bis zwei Jahren. Trotzdem funktioniert dieses Projekt weitaus besser als erwartet. Die Resultate werden anhand der Veränderungen des Sandvolumens eines 13 km langen Küstenstreifens innerhalb des Sanierungsgebietes genau überwacht.

Nachfolgende Tabelle liefert quantitative Angaben über die jahreszeitlichen Veränderungen des Sandvolumens an der Küste durch die natürliche Erosions- und Sedimentationsprozesse. Die Überwachung der Sanderosion und Anlandung im Zeitraum zwischen Herbst 1998 und Herbst 2004 ergab einen jahreszeitlich bedingten Mittelwert in Kubikmetern an Sandverlust oder Anlandung pro Meter Küste (m^3/m) und Saison. Multipliziert man diesen saisonalen Wert mit der Länge der Küste von 13 km, lässt sich daraus die Volumenänderung (m^3) der Küste errechnen. Dabei ist zu berücksichtigen, dass auf die Küste im Herbst 2002 eine zusätzliche Sandmenge aufgespült wurde, die als Ausgleich für den zu erwartenden Abtransport des Sandes durch natürliche Vorgänge gedacht war.

Aus diesen Daten lassen sich folgende Schlüsse ziehen:

1. Die Küste verliert vom Zeitpunkt der ersten Aufschüttung bis Frühjahr 2002 im Durchschnitt etwa 20 m^3/m des anfänglich aufgebrachten Sandvolumens pro Jahreszeit. (Diese Zahl ergibt sich als Mittelwert der ersten Zahlenkolonne bis zur Ergänzung des Strandes im Herbst 2002.)
2. Der durchschnittliche jahreszeitlich bedingte Verlust stieg nach der Ergänzung im Herbst 2002 auf 74 m^3/m. (Dieser Wert ergibt sich als Mittelwert der ersten Zahlenkolonne nach der Ergänzung im Herbst 2002.)
3. An der Küste kam es seit der anfänglichen Aufschüttung bis zum Frühjahr 2002 zu einem Gesamtrückgang des Sandvolumens von 162 m^3/m. (Diese Zahl ergibt sich als Mittelwert der zweiten Zahlenkolonne bis zur Auffüllung im Herbst 2002.)

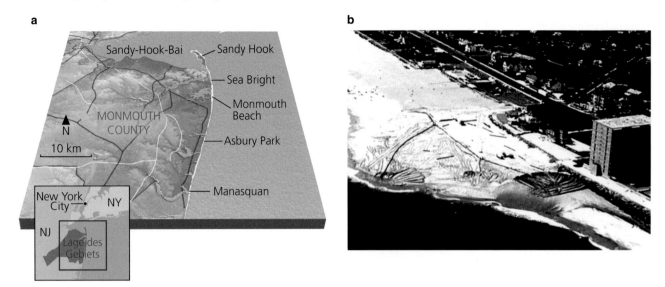

Abb. 24.20 a Karte von Monmouth County, b Die Aufspülung von Sand am südlichen Ende des Strandes von Monmouth Beach, New Jersey (USA). Zu diesem Projekt des US Army Corps of Engineers zur Überwachung der Erosion an den wiederhergestellten Stränden gehört auch eine Ergänzung des abtransportierten Sandes im Abstand von sechs Jahren über einen Zeitraum von 50 Jahren (Foto: Country of Army Corps, New York District)

Tabelle

Gesamtverlust oder Zufuhr pro Meter Küste (m^3/m)	Verlust (–) oder Zufuhr (+) entlang der Küste (m^3)	Zeitraum
+1,41	+18.330	Herbst 1998
+0,16	+2080	Frühjahr 1999
−22,97	−298.610	Herbst 1999
−42,09	−547.170	Frühjahr 2000
−24,70	−321.100	Herbst 2000
−29, 82	−387.660	Frühjahr 2001
−43, 44	−564.720	Herbst 2001
−1,02	−13.260	Frühjahr 2002
+522,47	+6792.110*	Herbst 2002
−101,64	−1321.320	Frühjahr 2003
−77,00	−1001.000	Herbst 2003
−38,84	−504.920	Frühjahr 2004
−79,53	−1033.890	Herbst 2004

*Sandergänzung Herbst 2002

4. Die Küste erlitt nach der Ergänzung des Sandvolumens im Herbst 2002 einen Gesamtverlust von 297 m³/m. (Diese Zahl ergibt sich als Mittelwert der zweiten Zahlenkolonne nach der Ergänzung im Herbst 2002.)

Bisher ist noch nicht bekannt, welche Faktoren zu dem Anstieg des Sandverlustes nach 2002 beitrugen. Wissenschaftler wollen jedoch Prozesse wie etwa eine zunehmende Häufigkeit oder eine zunehmende Intensität von Stürmen innerhalb dieses Zeitraums untersuchen (Abb. 24.21).

Hat das im Herbst 2002 als Ergänzung gedachte Sandvolumen die Verluste zwischen 1998 und 2004 nun ausgeglichen? Diese Frage lässt sich durch die Addition der Zahlen in der zweiten Kolonne der Tabelle (5.973.240 m³) im Vergleich mit dem bei der Ergänzung im Jahr 2002 aufgebrachten Sandvolumen (6.792.110 m³) leicht beantworten. Diese Werte liegen nahe genug beisammen, um daraus schließen zu können, dass die Verluste durch natürliche Prozesse mithilfe der künstlichen Aufschüttung zur Erhaltung der Strände ausgeglichen wurden.

Zusatzaufgabe

Berechnen Sie anhand der Gesamtkosten des ersten 1994 begonnenen Sanierungsprojekts und des damals auf den Strand aufgebrachten Sandvolumens die durchschnittlichen Kosten pro Kubikmeter Sand. Ermitteln Sie mit diesem Wert die Kosten der ergänzenden Sandaufschüttung, die im Herbst 2002 aufgespült wurde.

Sind Sie der Meinung, dass diese laufenden, im Abstand von 6 Jahren anfallenden Kosten gerechtfertigt sind?

21 Warum steigt der Meeresspiegel?

Im Verlauf des 20. Jahrhunderts stieg der Meeresspiegel um etwa 200 mm und er steigt derzeit mit einer Geschwindigkeit von 3 mm/Jahr weiter an (vgl. Abb. 24.21a). Der Anstieg des Meeresspiegels stellt eine ernsthafte Bedrohung für die menschliche Gesellschaft dar, weil dadurch Flussdeltas, Atolle und andere an den Küsten liegende Gebiete überflutet werden und das Meer die Küsten und Strände erodiert oder in den Ästuaren und küstennahen Grundwasserleitern die Wasserqualität gefährdet.

Es ist inzwischen allgemein bekannt, dass durch die von Menschen ausgelöste Erwärmung der Polargebiete zur Reduzierung der von Meereis bedeckten Flächen und zum Zerbrechen der Schelfeisgebiete führt (vgl. Abb. 21.13). Aufgrund der Isostasie verursacht der Rückgang der auf dem Meer schwimmenden Eismassen keinen Anstieg des Meeresspiegels. Abschmelzendes Eis hat nur dann einen Anstieg des Meeresspiegels zur Folge, wenn sich das Eis auf dem Festland befindet und nicht auf dem Wasser schwimmt (vgl. Exkurs 21.1).

Der größte Teil des auf der Erde vorhandenen Eises befindet sich in den riesigen Inlandeismassen der Antarktis und Grönlands. Führt die globale Erwärmung dazu, dass diese Eismassen rascher

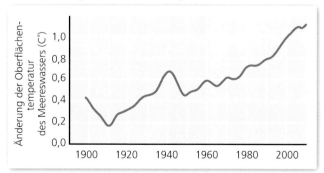

a Änderung des Meeresspiegels

b Änderung der Oberflächentemperatur des Meereswassers

Abb. 24.21 Im Verlauf des 20. Jahrhunderts stieg der Meeresspiegel weltweit um ungefähr 200 mm (*oberes* Diagramm), während die Oberflächentemperatur der Meere weltweit um ungefähr 1 °C zunahm (*unteres* Diagramm) (Daten zum Anstieg des Meeresspiegels: B. C. Douglas; Daten zur Oberflächentemperatur: British Meteorological Office)

abschmelzen, als sie durch Schneefälle ergänzt werden? In der Vergangenheit war diese Frage nur schwer zu beantworten, da die Wissenschaftler den Haushalt eines Gletschers mühsam berechnen mussten, das heißt, sie mussten die Differenz zwischen Akkumulation und Ablation berechnen; das sind erhebliche Mengen, deren exakte Volumina für große Gebiete schwierig zu bestimmen sind.

Heute können mithilfe von Radarmessungen durch Satelliten Veränderungen des Eisvolumens in den betreffenden Gebieten direkt ermittelt werden. Die Ergebnisse waren überraschend:

Nach dem neuesten Sachstandsbericht des IPCC nahm die Eismasse in der östlichen Antarktis, dem größten Eisspeicher der Erde, im Zeitraum von 1993–2004 um 21 Gt/Jahr zu. Die jüngsten Klimaveränderungen führten dort offenbar zu einem Anstieg der Niederschläge, sodass die Akkumulation gegenüber der Ablation überwog. Diese Gesamt-Akkumulation ist eine gute Nachricht, weil sie dem Anstieg des Meeresspiegels entgegenwirkt. Bedauerlicherweise nimmt jedoch die Eismasse in der westlichen Antarktis mit ungefähr 118 Gt/Jahr wesentlich rascher ab, und die kleinere Inlandeismasse Grönlands schwindet um etwa 121 Gt/Jahr. Am verblüffendsten ist jedoch der Gesamtverlust der Eismassen von Talgletschern und kleineren Eisgebieten wie etwa der Plateaugletscher Islands mit insgesamt 57 Gt/Jahr, obwohl diese zusammen weniger als ein Prozent des gesamten Eisvolumens der Kryosphäre ausmachen. Besonders groß ist der Verlust bei den extrem rasch abschmelzenden Talgletschern in den gemäßigten und tropischen Gebieten.

Addiert man diese Zahlen, so ergibt sich derzeit bei den Eismassen auf den Kontinenten ein Eisverlust von 275 Gt/Jahr. Im Wesentlichen gelangt deren Schmelzwasser in die Ozeane. Eine Gigatonne Wasser hat ein Volumen von einem Kubikkilometer (die Dichte beträgt 1 g/cm³), sodass das Volumen der Ozeane um 275 km³ pro Jahr steigt. Aus dieser Volumenzunahme lässt sich der Anstieg des Meeresspiegels nach folgender Gleichung errechnen:

$$\text{Anstieg} = \frac{\text{Volumenzunahme des Ozeans}}{\text{Fläche des Ozeans}}$$

Die von den Ozeanen eingenommene Fläche beträgt $3{,}6 \times 10^8\,\text{km}^2$, damit ergibt sich:

Meeresspiegelanstieg

$= 275\,\text{km}^3/\text{Jahr} : 3{,}6 \times 10^8\,\text{km}^2$

$= 7{,}6 \times 10^{-7}\,\text{km}/\text{Jahr} (\approx 0{,}8\,\text{mm}/\text{Jahr})$

Diese Zahl ist nur ein Bruchteil des gegenwärtigen Meeresspiegelanstiegs. Der Rest resultiert aus der Erwärmung der Ozeane. Im 20. Jahrhundert stieg die Oberflächentemperatur um nahezu 1 °C, dadurch dehnte sich das Wasser um 0,01 % aus. Diese geringe Volumenzunahme ist für den größten Teil des Meeresspiegelanstiegs von insgesamt 200 mm in diesem Zeitraum verantwortlich. Daraus lässt sich schließen, dass der Meeresspiegel durch das Abschmelzen der Inlandeismassen bisher nur geringfügig angestiegen ist. Die Mächtigkeitsab-

Teil VI

nahme der Gletscher erfolgt mit großer Geschwindigkeit, vor allem durch die Beschleunigung der Gletscherströme (vgl. Abb. 21.12). Auf den Satellitenbildern ist erkennbar, dass sich im letzten Jahrzehnt die Fließbewegung der Gletscher um 10 bis 100 % beschleunigt hat. Eine wichtige Frage, die Wissenschaftler derzeit beschäftigt, ist, ob die Beschleunigung in der Zukunft weiter zunimmt.

Zusatzaufgabe

Wenn sich das Meerwasser um 0,01 % pro °C Temperaturanstieg ausdehnt, wie tief ist dann die Schicht des Ozeans, die um 1 °C erwärmt werden muss, um diesen Anstieg des Meeresspiegels im 20. Jahrhundert zu erklären?

22 Wie rasch erodieren Flüsse den Untergrund?

In den Gebirgsregionen schneidet sich das rasch fließende Wasser der Flüsse in den Untergrund ein, der sich durch tektonische Prozesse anhebt. Es ist nur schwer vorstellbar, dass sich Wasser in ein so hartes Material wie ein Gestein überhaupt einschneiden kann. Der Zweck dieser Übungsaufgabe besteht darin, eine Möglichkeit kennenzulernen, wie die Erosionsrate in Festgesteinen bestimmt werden kann, die oft ganz erheblich ist (Abb. 24.23).

Die Erosionsrate ist davon abhängig, wie rasch das Wasser fließt und wie viel Sedimentmaterial im fließenden Wasser mittransportiert wird.

Die Erosion eines in hartes Gestein eingeschnittenen Flussbetts erfolgt durch das Losreißen größerer Gesteinsstücke aus dem Untergrund und Abrasion durch die im Wasser befindlichen Sedimentpartikel. Das Loslösen von Gesteinen ist dann am einfachsten, wenn das unterlagernde Gestein von einem engständigen Kluftnetz durchzogen wird oder wenn es aus Sedimentgesteinen besteht, deren Schichten nur geringe Mächtigkeiten aufweisen. Diese natürlichen Schwächezonen ermöglichen, dass aus dem Flussbett Gesteinsstücke herausgebrochen und flussabwärts transportiert werden können. Sind sie erst einmal losgerissen, stoßen sie gegen andere aus dem Flussbett herausragende Gesteine und brechen diese ebenfalls aus dem Gesteinsverband heraus. Die Abrasion beruht darauf, dass Sedimentpartikel auf den Gesteinsuntergrund aufprallen und dadurch winzige Teilchen – kleiner als die aufprallenden Partikel – vom Gestein losbrechen. Obwohl dieser Effekt, bezogen auf die Korn-Korn-Basis verschwindend gering ist, nimmt er an Bedeutung zu, wenn sich die Auswirkungen Tausender solcher Korn-Korn-Kontakte summieren. Das ist deswegen wichtig, weil die Erosionsrate des Untergrundes letztendlich für das verantwortlich ist, was die ästhetische Schönheit der meisten spektakulären Landschaften der Erde wie etwa der Sierra Nevada oder der Teton Range, der Alpen oder des Himalaja ausmacht.

Die Fließgeschwindigkeit spielt ebenfalls eine bedeutende Rolle. Beobachtungen sowohl im Gelände als auch im Strömungslabor haben gezeigt, dass die Erosionsrate mit der 5. Potenz der Fließgeschwindigkeit zunimmt (Erosionsrate $\sim v^5$). Das bedeutet, dass ein geringer Anstieg der Fließgeschwindigkeit eine erhebliche

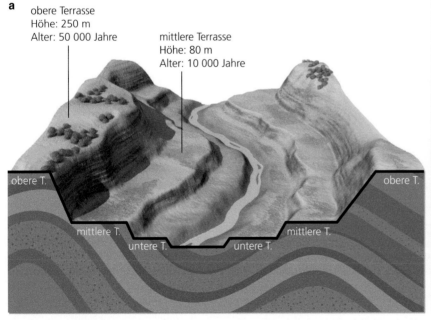

a obere Terrasse
Höhe: 250 m
Alter: 50 000 Jahre

mittlere Terrasse
Höhe: 80 m
Alter: 10 000 Jahre

obere T.

mittlere T.

untere T.   untere T.

mittlere T.

obere T.

b

Abb. 24.22 a Flussterrassen sind Reste ehemaliger Talböden, in die sich Flüsse erneut eingeschnitten haben. **b** Flussterrassen im zentralen Indus-Becken (Foto: D. W. Burbank)

Zunahme der Erosionsrate zu Folge hat. Bei einer Verdoppelung der Strömungsgeschwindigkeit nimmt die Erosionsrate um ungefähr das Dreißigfache ihres ursprünglichen Wertes zu und bei erneuter Verdoppelung etwa um das Tausendfache des Anfangswertes. Deshalb ist die kurzzeitige extrem starke Strömung bei Hochwasser in der Lage, den Untergrund zu erodieren, während in der übrigen Zeit nur wenig Erosionsarbeit geleistet wird.

Um die Erosion des Untergrundes besser zu verstehen, untersuchen Geologen die Flüsse in Hochgebirgen wie etwa den Indus in Nordpakistan (Abb. 24.24). Der Indus ist einer der größten Flüsse der Erde und er schneidet sich tief in die höchsten Gebirgszüge der Erde ein: in den Himalaja, in den Karakorum und in den Hindukusch. Sein Abfluss beträgt 6600 m³/s, was ausreicht, um ein mittelgroßes zweistöckiges Haus pro Sekunde sechsmal zu füllen. Wo der Fluss das Massiv des Nanga Parbat durchquert, fließt er in einer tiefen engen Schlucht. Aus seinem extrem hohen Abfluss resultiert eine der höchsten Erosionsraten der Erde. Der Fluss ist dort schmal und seine Talhänge sind steil, folglich ist die Fließgeschwindigkeit hoch und ebenso die Erosionsrate.

Für die Messung der Erosionsrate stehen mehrere Methoden zur Verfügung. Das einfachste Verfahren besteht darin, am Boden des Flussbetts an bestimmten Messpunkten Bohrlöcher niederzubringen und dann die zeitlichen Veränderungen an diesen Bohrlöchern zu überwachen. Die Bohrlöcher werden bis in eine bekannte Tiefe niedergebracht, und am Ende einer bestimmten Zeitspanne – etwa nach einem Jahr – wird die Abnahme der Bohrlochtiefe gemessen. Diese Methode ergibt eine durchschnittliche Erosionsrate für diesen Zeitraum von einem Jahr, einschließlich kurzer Perioden mit höherer oder geringerer Erosionsrate.

Schwieriger ist die Erosionsrate über längere Zeiträume hinweg zu bestimmen. Geologen suchen dafür oftmals nach ehemaligen Talterrassen, die an den Hängen der Flusstäler erhalten geblieben sind. Diese Terrassen sind Reste ehemaliger Talböden, die an den Hängen Verebnungen bilden, die nach oben und unten durch steile Böschungen begrenzt sind. Meist handelt es sich um Felsterrassen, die gelegentlich von Geröllen überlagert werden und die frühere Position des ehemaligen Flussbetts kennzeichnen. Wenn das Alter der Flussterrasse bekannt ist und ihre Höhe über dem heutigen Flussbett ermittelt werden kann, kann auch die langfristige Erosionsrate berechnet werden. Das Alter einer solchen Terrasse wird normalerweise mit der Beryllium-10 Methode bestimmt.

In dem Blockbild sind zwei Flussterrassen mit den entsprechenden Altersangaben und Höhenlagen über dem heutigen Flussbett dargestellt. Für die untere Terrasse mit einem Alter von 10.000 Jahren und einer Höhe von 80 m über dem Flussbett ergibt sich die langfristige Erosionsrate wie folgt:

Erosionsrate

= Höhe der Terrasse über dem Flussbett : Alter

= 80 m/10.000 Jahre = 0,008 m/Jahr = 8 mm/Jahr.

Zusatzaufgabe

Wie groß ist die langfristige Erosionsrate, die sich aus der oberen Terrasse ergibt?

23 Lösungen der Aufgaben

Aufgabe 24.1

Das Volumen der Erde beträgt $1{,}08 \times 10^{12}$ km³.

Aufgabe 24.2

Die Entfernung zwischen dem nordamerikanischen und dem afrikanischen Kontinentalrand bei Dakar beträgt ungefähr 6300 km. Aus der Isochronenkarte in Abb. 2.15 ist zu entnehmen, dass sich die beiden Kontinente vor etwa 200 bis 180 Ma voneinander getrennt haben. Angenommen, die Kontinente drifteten vor 200 Ma auseinander, dann ergibt sich:

6300 km : 200 Ma = 31,5 km/Ma = 31,5 mm/Jahr

Angenommen die Trennung der Kontinente erfolgte vor 180 Ma, ergibt sich folgender Wert:

6300 km : 180 Ma = 35 km/ Ma = 35 mm/Jahr

Aufgabe 24.3

1. 1.966.500.000 € − 130.000.000 € = 1.836.500.000 €

2. 1.836.500.000 € × 0,7 = 1.285.550.000 €

Der Abbau lohnt sich in beiden Fällen.

Aufgabe 24.4

Plagioklas sinkt mit einer Geschwindigkeit von 1,18 cm/h nach unten und damit langsamer als Olivin.

Aufgabe 24.5

Die Temperatur der maximalen Gasbildung beträgt 125 °C.

Aufgabe 24.6

Eine Änderung des Drucks bei konstanter Temperatur spricht dafür, dass das Gestein an einer Subduktionszone nach unten oder oben gelangte. Die Bewegungen an den Subduktionszonen können so rasch erfolgen, dass für eine Temperaturänderung keine Zeit bleibt, selbst wenn sich der Druck rasch ändern kann.

Aufgabe 24.7

Die Chancen an Bohrpunkt C auf Erdöl im Speichergestein zu stoßen, sind gering. Aus dem an der Oberfläche aufgeschlossenen tektonischen Bau ist erkennbar, dass der Sattel unter einem Winkel von ungefähr 30° nach NE abtaucht. Daher nimmt die Tiefenlage des Sandsteins nach NE zu. Da sich die Kohlenwasserstoffe stets in den höchsten Bereichen der Strukturen befinden, wird in Punkt C im Speichergestein mit großer Wahrscheinlichkeit lediglich Wasser vorhanden sein.

Aufgabe 24.8

Das Alter des Gesteins ergibt sich wie folgt:

$$T = \frac{\log 1{,}0143}{\log 2} = \frac{0{,}00671}{0{,}301}$$

$$= 0{,}0205 \text{ Halbwertszeiten.}$$

Multipliziert man diesen Wert mit der Halbwertszeit von Rb-87, so ergibt sich ein Gesteinsalter von $0{,}0205 \times 49$ Ma $= 1$ Ma.

Aufgabe 24.9

Der maximale Höhenunterschied an einem Landeplatz, der von dem Landefahrzeug mit einem Treibstoffvolumen von 200 l noch tolerierbar ist, beträgt 750 m. Der maximale Höhenunterschied bei einer Endsinkgeschwindigkeit von 1 m/s anstelle von 2 m/s beträgt 500 m.

Aufgabe 24.10

Der Anteil der relativen Plattenbewegung, der an der Überschiebung kompensiert wird, beträgt

$$20 \text{ mm/Jahr} : 54 \text{ mm/Jahr} = 0{,}37 = 37 \%$$

Die verbleibende Anteil der Bewegung, ungefähr 60 % des Gesamtbetrags, wird durch Bruchtektonik und Faltung nördlich des Himalaja kompensiert, vor allem durch Horizontalbewegungen an der Altyn Tagh-Störung und den anderen großen Horizontalverschiebungen, an denen Teile Chinas und der Mongolei nach Osten geschoben werden.

Aufgabe 24.11

Gestein **A**: R = 5; Gestein A zeigt damit keine kennzeichnende Signatur für biologische Prozesse.

Gestein **C**: R = −50; dieses stark negative Verhältnis, das dem Verhältnis von Methan entspricht, ergibt eine kennzeichnende Signatur für biologische Prozesse.

Aufgabe 24.12

Die Produktionsrate P der Basalte von Hawaii betrug

$$P = 100.000 \text{ km}^3 : 1 \text{ Ma} = 0{,}1 \text{ km}^3 \text{pro Jahr}$$

Die für die Produktion dieser Basaltmenge erforderliche Länge an der Grenze zwischen der Nazca-Platte und der Pazifischen Platte ergibt sich aus folgender Gleichung:

$$1{,}4 \times 10^{-4} \text{ km/Jahr} \times 7 \text{ km} \times \text{Länge} = 0{,}1 \text{ km}^3/\text{Jahr},$$

$$\text{oder Länge} = \frac{0{,}1 \text{ km}^3/\text{Jahr}}{1{,}4 \times 10^{-4} \text{ km/Jahr} \times 7 \text{ km}} = 102 \text{ km}$$

Aufgabe 24.13

Die Störungsfläche eines Bebens der Magnitude 6 ist 100 mal größer als die Störungsfläche eines Bebens der Magnitude 4 (weil $10^{(6-4)} = 10^2$) ist, und das Zehnfache des Versatzbetrags eines Bebens der Stärke 4 (weil $10^{(6-4)/2} = 10^1$). Deshalb sind $100 \times 10 = 1000$ Erdbeben der Magnitude 4 erforderlich, um die Effekte eines Erdbebens der Stärke 6 zu bewirken.

Aufgabe 24.14

Die entsprechende Gleichung der Isostasie lautet:

Höhe (Hochland von Tibet)

$= 0{,}15 \times$ Krustenmächtigkeit (Hochland Tibet)

$- (0{,}12 \times 7{,}0 \text{ km}) - (0{,}70 \times 4{,}5 \text{ km})$

Aufgelöst nach der Krustenmächtigkeit ergibt sich:

Mächtigkeit der Kruste M

$= ($Höhe des Hochlands von Tibet

$+ 0{,}12 \times 7{,}0 \text{ km} + 0{,}70 \times 4{,}5 \text{ km})/0{,}15$

Für eine mittlere Höhe von 5000 m ergibt sich aus dieser Formel eine Krustenmächtigkeit von

$$M = (5{,}0 \text{ km} + 0{,}12 \times 7{,}0 \text{ km} + 0{,}70 \times 4{,}5 \text{ km})/0{,}15 = 60 \text{ km},$$

eine Mächtigkeit, die mit dem durch seismische Untersuchungen in Tibet ermittelten Wert weitgehend übereinstimmt.

Aufgabe 24.15

Das Kohlenstoffgleichgewicht fordert

Emissionen − (Materialfluss Atmosphäre/Ozean)

− (Materialfluss Atmosphäre/Festland)

= Akkumulation in der Atmosphäre

(a) für die 1990er Jahre ergibt sich:

$$6{,}4 \text{ Gt/Jahr} - 2{,}2 \text{ Gt/Jahr} - 1{,}0 \text{ Gt/Jahr} = 3{,}2 \text{ Gt/Jahr}$$

(b) für den Zeitraum von 2000 bis 2005 ergibt sich entsprechend:

$$7{,}2 \text{ Gt/Jahr} - 2{,}2 \text{ Gt/Jahr} - 0{,}9 \text{ Gt/Jahr} = 4{,}1 \text{ Gt/Jahr}$$

Der Vergleich dieser Ergebnisse zeigt, dass sich die Rate, mit der sich Kohlenstoff in der Atmosphäre anreichert, um 0,9 Gt/Jahr erhöht hat – keine besonders gute Nachricht!

Aufgabe 24.16

Tabelle Sicherheitskoeffizient

Hangneigung	Lockerboden	Schiefer	Granit
5°	3	10	50
20°	0,6	2	10
30°	0,12	0,4	2

Werte > 2 bedeuten, dass die Standfestigkeit des Hanges weitgehend gewährleistet ist.

Aufgabe 24.17

Maximale Entnahmemenge aus dem Brunnen pro Tag

(a) Silt führender Sand = 0,0015 m³/Tag
(b) gut sortierter Kies = 18,75 m³/Tag

Aufgabe 24.18

Für Wasserstand 10 Fuß (= 3,05 m) : Abfluss ungefähr 6000 Kubikfuß pro Sekunde ($\approx$ 168 m³/s).

Für Wasserstand 25 Fuß (= 7,6 m); Abfluss ungefähr 40.000 Kubikfuß pro Sekunden ($\approx$ 1120 m³/s).

Aufgabe 24.19

Jedes Quadrat entspricht einer Fläche von 100 km².

Die minimale, von der Desertifikation bedrohte Fläche beträgt

$$391 \times 100\,\mathrm{km}^2 = 391.000\,\mathrm{km}^2.$$

Die maximale, von der Desertifikation bedrohte Fläche beträgt:

$$513 \times 100\,\mathrm{km}^2 = 513.000\,\mathrm{km}^2.$$

Aufgabe 24.20

Die Kosten für die Aufspülung von Sand zur Ergänzung des Strandes im Jahre 2002 beliefen sich auf etwa 25.000.000 US-Dollar.

Aufgabe 24.21

Die Mächtigkeit der um 1 °C erwärmten Oberflächenschicht des Meerwassers beträgt:

$$200\,\mathrm{mm} : 0,0001 = 2 \times 10^6\,\mathrm{mm} = 2000\,\mathrm{m}$$

Aufgabe 24.22

Höhe der Terrasse 250 m; Alter der Terrasse 50.000 Jahre. Daraus ergibt sich folgende Erosionsrate:

$$E = 250\,\mathrm{m} : 50.000\,\mathrm{Jahre} = 0,0105\,\mathrm{m/Jahr} = 5\,\mathrm{mm}\,\mathrm{Jahr}$$

Teil VI

Glossar

Aa-Lava (Brockenlava, Blocklava) Lavaerguss mit charakteristischer Oberfläche aus zerbrochenen, schlackigen, scharfkantigen und unregelmäßig geformten Blöcken.

Abfluss (*discharge, runoff*) (1) Allgemeine Bezeichnung für die gesamte Niederschlagsmenge, die unter dem Einfluss der Schwerkraft und dem Gefälle folgend aus einem Gebiet entweder oberirdisch in offenen Gewässern oder als Grundwasser abfließt. (2) Das Grundwasservolumen, das in einem bestimmten Zeitraum einen Grundwasserleiter verlässt. Das Gegenteil ist Grundwasserneubildung. (3) Wasservolumen wie auch Geschwindigkeit der Wasserbewegung in einem Fluss, ermittelt in Volumeneinheiten pro Zeit.

Ablagerungsraum Siehe Sedimentationsraum.

Ablation (*ablation*) Jährlicher Massenverlust von Gletschern oder Schneemassen durch Abschmelzen, Sublimation und Kalben (Abbrechen) von Eisbergen.

Abrasion (*abrasion*) (1) Abtragende Wirkung der Brandung an den Küsten von Meeren und großer Binnenseen. (2) Abtragende Wirkung durch das in Suspension befindliche oder durch Saltation transportierte Sedimentmaterial am Boden und an den Wänden der Fließgewässer.

Abschiebung (*normal fault, dip-slip fault*) Störungsform, bei der an einer mehr oder weniger geneigten Bewegungsfläche eine relative Abwärtsbewegung der Hangendscholle gegenüber der Liegendscholle stattgefunden hat; typisch für tektonische Dehnung.

Abschuppung (Desquamation, *exfoliation*) Vorgang der physikalischen Verwitterung, bei dem sich von der Gesteinsoberfläche dünne Schalen ablösen.

Absetzgeschwindigkeit (Sinkgeschwindigkeit, *settling velocity*) Geschwindigkeit, mit der in einer fluiden Phase suspendierte Schwebstoffe von unterschiedlicher Masse absinken. Die Absetzgeschwindigkeit ist vor allem von der Form und Größe der Partikel abhängig, in Fließgewässern aber auch ganz wesentlich von der Fließgeschwindigkeit und vom Turbulenzgrad des Wassers.

absolutes Alter (*absolute age*) Die tatsächliche Anzahl von Jahren, die vom Zeitpunkt eines bestimmten geologischen Ereignisses oder einer geologischen Erscheinung bis heute vergangen ist; meist ermittelt mit radiometrischen Datierungsverfahren (siehe relatives Alter).

abtauchende Falte (*plunging fold*) Falte, deren Achse nicht horizontal liegt, sondern nach einer Richtung abtaucht. In Richtung des Abtauchens treten im Kern der Faltenstruktur zunehmend jüngere Schichten auf, die auf der geologischen Karte als Muster ineinandergestellter V-förmiger Ausstriche der Schichtfolgen erscheinen.

Achsenfläche (*axial plane*) Gedachte Fläche zwischen den beiden Flanken einer Falte, im Idealfall eine Ebene, auf der die Faltenachsen sämtlicher zu einer Falte gebogener Schichten liegen. Nur bei aufrechten Sätteln und Mulden stehen die Achsenflächen vertikal, bei komplizierter gefalteten Serien verlaufen sie jeweils senkrecht zur Richtung der Einengung.

Ader (*veinlet*) Ablagerung von ortsfremden Mineralen in einer kleineren Gesteinskluft oder Gesteinsspalte.

aerober Bereich (*aerobic zone*) Oberer Bereich in Sedimenten, Böden oder Wasser, in dem ausreichende Mengen an Sauerstoff vorhanden sind, um höheren Organismen ein Leben zu ermöglichen.

A-Horizont (*A-horizon*) Oberster Horizont eines Bodens; enthält neben organischer Substanz (Humus) auch mineralische Substrate wie Tonminerale, Metalloxide und -oxidhydrate, die in tiefere Bodenhorizonte verlagert worden sind.

Akkretion (*accretion*) Wachstum der Kontinente durch magmatische Prozesse oder durch Anlagerung von schwimmenden Krustenfragmenten mittels horizontalem Transport an einem aktiven Kontinentalrand als Folge plattentektonischer Bewegungen.

akkretionierte Terrane (*accreted terrane*) Geologisch eigenständige Krustenblöcke wie etwa Inselbögen, Tiefseeberge oder auch Reste ozeanischer Rücken, Bruchstücke ehemaliger Kontinente oder Gebirge sowie andere Bruchstücke der Lithosphäre, die durch plattentektonische Bewegungen oft über weite Entfernungen transportiert und einem aktiven Kontinentalrand angegliedert worden sind.

Akkumulation (*accumulation*) (1) Allgemeine Bezeichnung für Anhäufung; (2) Vorgang der Ablagerung von Sedimenten oder

© Springer-Verlag Berlin Heidelberg 2017
J. Grotzinger, T. Jordan, *Press/Siever Allgemeine Geologie*, DOI 10.1007/978-3-662-48342-8_1

Schnee; (3) jährlicher Massenzuwachs eines Gletschers. Der größte Teil des Massenzuwachses an Schnee und Eis erfolgt im Nährgebiet, dem höher gelegenen Bereich des Gletschers.

aktiver Kontinentalrand (konvergente Plattengrenze, *active margin*) Kontinentalrand, gekennzeichnet durch Subduktion, häufig auftretende Erdbeben, Magmatätigkeit und/oder Heraushebung von Gebirgen; entstanden durch konvergente Plattenbewegungen.

Aktualitätsprinzip (Aktualismus, *principle of uniformitarianism*) Prinzip das besagt, dass die Prozesse, die die Erde während ihrer langen Geschichte geformt haben, in vergleichbarer Weise auch heute noch ablaufen, sodass Rückschlüsse vom heute beobachteten Erscheinungsbild zu früheren Abläufen möglich sind.

Albedo (*albedo*) Maß für den von einem Körper oder von der Erdoberfläche reflektierten Anteil der einfallenden Sonnenstrahlung.

Altwasser (*oxbow lake*) Langgestreckter, schlingenförmiger ehemaliger Flussarm, der mit stehendem Wasser gefüllt ist. Altwasser entstehen, wenn Flüsse den Hals ihrer Mäander durchschneiden und dadurch den Lauf so verkürzen, dass die Mäanderschlinge nicht mehr vom aktiven Fluss durchflossen wird.

Amphibolit (*amphibolite*) Metamorphes mittel- bis grobkörniges Gestein, überwiegend aus Amphibolen und Plagioklas; typischerweise entstanden unter mittleren bis hochmetamorphen Bedingungen aus basischen Magmatiten. Amphibolite, die eine Foliation aufweisen, sind durch tektonische Deformation entstanden.

Amphibolitfazies (*amphibolite facies*) Metamorphosefazies, gekennzeichnet durch das Auftreten von Amphibolen (meist Hornblenden) und Plagioklas. Die Druck- und Temperaturbedingungen in der Amphibolitfazies sind höher als in der Grünschieferfazies.

anaerober Bereich (*anaerobic zone*) Eine an Sauerstoff verarmte bis freie Zone in Böden, Gewässern und Sedimenten mit hohen Gehalten an organischer Substanz, bei deren Abbau Sauerstoff verbraucht wird.

Andesit (*andesite*) Vulkanisches Gestein mit intermediärem Chemismus zwischen Dazit und Basalt. Er besitzt daher einen höheren SiO_2-Gehalt als Basalt und tritt bevorzugt in den Vulkangürteln der konvergenten Plattengrenzen auf, die den Pazifik umgeben. Vulkanisches Äquivalentgestein des Diorits.

andesitische Lava (*andesitic lava*) Lava intermediärer Zusammensetzung mit einem höheren SiO_2-Gehalt als Basalt. Sie hat daher eine niedrigere Schmelztemperatur und eine höhere Viskosität als basaltische Lava.

Anion (*anion*) Negativ geladenes Ion (siehe auch Kation).

Anreicherungsfaktor (*concentration factor*) Siehe Konzentrationsfaktor.

Anstehendes (*bedrock, solid rock*) Fest- oder Lockergestein, das sich am Ort seiner Entstehung befindet und seine Struktur und Zusammensetzung durch Verwitterungsprozesse oder Massenbewegungen nicht verändert hat.

antezedenter Fluss (*antecedent stream*) Fluss, der älter ist als die heutige Landschaftsform; er hat durch Tiefenerosion im durchflossenen Gebirge seinen ursprünglichen Lauf beibehalten, trotz zwischenzeitlicher Änderung der Struktur und Landschaftsform (vgl. epigenetischer Fluss)

anthropogen (*anthropogenic*) Vom Menschen erzeugt oder verursacht.

Anthropozän (*Anthropocene*) Vorgeschlagenes „Zeitalter des Menschen", eine Epoche der geologischen Zeitskala, beginnend mit dem Jahr 1870, als mit der durch Kohle befeuerten Dampfmaschine die Industrielle Revolution begann. Vorgeschlagen wurde diese Epoche von dem Chemiker und Nobelpreisträger Paul Crutzen, um die Geschwindigkeit und Größenordnung der durch die Industriegesellschaft hervorgerufenen Veränderungen im System Erde zu kennzeichnen.

äolisch (*eolian*) Bezeichnung für alle durch Wind transportierten oder abgelagerten Sedimente und Sedimentgesteine oder generell für alle durch Wind bedingten Prozesse.

Äon (*eon*) Größte Einheit der geologischen Zeitskala. Ein Äon umfasst mehrere Ären. Beispiel: das Phanerozoikum, ein Äon, das die Zeitspanne vor etwa 542 Ma bis heute umfasst.

Ära (*era*) Einheit der geologischen Zeitskala. Sie umfasst mehrere Perioden, ist jedoch kürzer als ein Äon. Allgemein bekannte Ären innerhalb des Phanerozoikums sind das Paläozoikum, Mesozoikum und das Känozoikum.

Arkose (*arkose*) Sandstein mit einem Feldspatgehalt von mindestens 25 Prozent.

Arroyo (*dry wash*) Regionale Bezeichnung für breite, flache, mit Kies und Sand bedeckte Trockentäler, die in den ariden Gebieten der südwestlichen Vereinigten Staaten nur gelegentlich Wasser führen, vor allem in der Sonora-Wüste (siehe auch Wadi).

Aschestrom (*ash-flow deposit*) Ausgedehnte Ablagerungen von pyroklastischen Strömen auf dem Festland, in denen der Ascheanteil überwiegt.

aseismischer Rücken (*aseismic ridge*) Langgezogener submariner Höhenrücken, gekennzeichnet durch fehlende seismische Aktivität. Dadurch unterscheidet er sich von seismisch aktiven mittelozeanischen Rücken.

Asteroid (*asteroid*) Einer der insgesamt mehr als 10.000 kleinen planetarischen Himmelskörpern mit etwa 10 bis 800 km Durchmesser, die die Sonne umkreisen. Die meisten Asteroide befinden sich im Asteroidengürtel zwischen den Umlaufbahnen von Mars und Jupiter.

Asthenosphäre (*asthenosphere*) Zähplastisch reagierende Schicht im oberen Bereich des oberen Erdmantels (unterhalb der Lithosphäre), auf der die Lithosphärenplatten gleiten. Sie ist gekennzeichnet durch eine geringe Ausbreitungsgeschwindigkeit und starke Dämpfung seismischer Wellen. Die Bewegungen innerhalb der Asthenosphäre erfolgen durch plastisches Fließen.

Astrobiologe (*astrobiologist*) Wissenschaftler, der auf anderen Himmelskörpern nach chemischen Bausteinen des Lebens, nach geeigneten Habitaten oder nach Lebewesen sucht.

Ästuar (*estuary*) Meist trichterartig erweiterte Flussmündung an Küsten mit starkem Tidenhub, in deren Wasserkörper sich Meer- und Süßwasser mischt.

asymmetrische Falte (vergente Falte, *asymmetrical fold*) Faltenform mit unterschiedlichem Schichtfallen auf den Flanken und geneigter Achsenfläche.

Atmung (Dissimilation, *respiration*) Stoffwechselprozess, bei dem sich Kohlehydrate mit Sauerstoff unter Bildung von Kohlendioxid und Wasser verbinden, wobei Sauerstoff verbraucht und Energie freigesetzt wird (siehe auch Photosynthese).

Atoll (*atoll*) Durchgehendes oder auch von Riffkanälen unterbrochenes, ringförmiges Korallenriff oder Ring von Koralleninseln auf einem langsam absinkenden untermeerischen Berg (Seamount oder Guyot) mit einer Lagune im Zentrum.

Atom (*atom*) Kleinstes, chemisch nicht weiter zerlegbares Teilchen eines Elements, das noch die chemischen und physikalischen Eigenschaften des Elements hat.

Atomkern (*nucleus*) Der innere, elektrisch positiv geladene Bestandteil eines Atoms, in dem nahezu die gesamte Atommasse (99,9 Prozent) vereint ist. Er besteht aus Protonen und Neutronen.

Atommasse (*atomic mass*) Die Summe der Masse der Protonen und Neutronen eines Elements. Bei Elementen, die aus verschiedenen Isotopen bestehen, wird die mittlere Masse des Isotopengemischs angegeben.

Aufschiebung (*inverse fault, reverse fault*) Verwerfung, an der die an der geneigten Störungsfläche lagernde Hangendscholle relativ zur Liegendscholle nach oben bewegt wurde; typisch für tektonische Einengung.

Aufschluss (*outcrop*) Bereich im Gelände, in dem das im Untergrund anstehende Gestein ohne Überdeckung durch Boden- oder Verwitterungsmaterial zutage tritt.

ausgeglichener Fluss (*graded stream*) Fluss, dessen Längsprofil (Gefällskurve) eine parabelförmige, ideale Form aufweist und sich somit im Gleichgewicht befindet und keine nennenswerten Gefällsbrüche zeigt. Sein Lauf ist nicht durch widerständige Gefällsstufen, Seen oder Wasserfälle unterbrochen, sondern er behält von der Quelle bis zur Mündung exakt Gefälle, Geschwindigkeit und Abfluss bei, die erforderlich sind, um die mitgeführte

Sedimentfracht im Gleichgewicht zu halten, ohne zu erodieren oder das mitgeführte Sedimentmaterial abzulagern.

äußerer Erdkern (*outer core*) Flüssiger Bereich des Erdkerns unterhalb des Erdmantels bis zum festen Erdkern, das heißt zwischen 2890 und 5150 km Tiefe. Er besteht aus Eisen und Nickel. Hinzu kommen geringe Mengen leichterer Elemente wie Sauerstoff und Schwefel.

autotroph (*autotroph*) Ernährungsweise von Organismen (Produzenten), die durch Photosynthese oder Chemosynthese organische Verbindungen wie Kohlenhydrate aufbauen, die ihnen als Nahrung und Energiequelle dienen.

Badlands Stark zerfurchtes Gelände mit komplexen Erosionsstrukturen aus kleineren kerbtalähnlichen Rinnen und dazwischenliegenden scharfen Kämmen; entsteht bevorzugt in semiariden bis wechselfeuchten Gebieten auf unverfestigtem oder nur schwach verfestigtem, leicht erodierbarem Ton, Silt oder Sand ohne oder mit nur spärlicher Vegetationsbedeckung.

Bändereisenerz (*banded iron formation, BIF*) Erzführendes Sedimentgestein, das aus einer Wechsellagerung geringmächtiger oxidischer, silicatischer oder carbonatischer Eisenminerale mit Kieselsedimenten, meist Kieselschiefern, besteht. Bändereisenerze sind charakteristische Sedimente des Präkambriums. Sie wurden aus dem Meerwasser ausgefällt, als der von Cyanobakterien produzierte Sauerstoff mit dem im Meerwasser gelösten zweiwertigen Eisen reagierte. Sie bildeten die Sedimentfüllung großer Meeresbecken und erreichten daher eine laterale Ausdehnung von mehreren hundert Kilometern und Mächtigkeiten von mehreren hundert Metern. Sie sind somit die größten Eisenerzlagerstätten der Erde.

Barchan (Sicheldüne, *barchan*) Sichelförmige, äolisch entstandene Sanddüne, die über eine ebene Fläche wandert und mit der konvexen Seite dem Wind zugewandt ist.

Basalt (*basalt*) Dunkles, feinkörniges, basisches Effusivgestein, das im Wesentlichen aus Plagioklas und Pyroxen besteht; vulkanisches Äquivalentgestein des Gabbro. Häufigstes Gestein der Erdkruste.

basaltische Lava (*basaltic lava*) Basische Lava mit geringem SiO_2-Gehalt; sie hat eine hohe Schmelztemperatur und geringe Viskosität.

basische Gesteine (*mafic rocks*) Dunkel gefärbte Magmatite, der aus Mineralen wie Pyroxen, Amphibol und Olivin besteht, die einen hohen Eisen- und Magnesiumgehalt sowie einen geringen SiO_2-Gehalt aufweisen (vgl. saure und intermediäre Gesteine).

Batholith (*batholith*) Großer, unregelmäßiger meist diskordanter Intrusivkörper (Pluton) mit mindestens $100 \, km^2$ Oberfläche und unbekannter Tiefenerstreckung.

Bauvorschriften (*building codes*) Hier: Richtlinien für die Planung und Konstruktion neuer Gebäude in Erdbebengebieten, die festlegen, welchen Beanspruchungen ein Gebäude bei Erdbeben standhalten muss. Diese Anforderungen ergeben sich aus der maximal zu erwartenden Intensität der seismischen Gefährdung.

Bauxit (*bauxite*) Überwiegend aus Aluminiumoxidhydraten bestehendes Residualgestein, entstanden durch intensive chemische Verwitterung in wechselfeuchten tropischen Klimazonen mit guter Entwässerung; bei hohem Reinheitsgrad wichtiger Rohstoff für die Erzeugung von Aluminium.

Becken, sedimentäres (*basin*) Siehe Sedimentbecken.

Becken, tektonisches (*basin*) Meist rundliche bis ovale Einmuldung von Schichten, die radial zum Beckenzentrum hin einfallen.

Bergrutsch (*rock slide*) Gravitative Massenbewegung großer losgelöster Gesteinsblöcke, die als mehr oder weniger geschlossene Einheit abrutschen.

Bergsturz (*rock fall*) Im relativ freien Fall von einer Felswand oder einem Steilhang niedergehende, frisch losgelöste Gesteinsmasse.

bewohnbare Zone (*habitable zone*) Unter astronomisch-planetarischen Aspekten umfasst die bewohnbare Zone denjenigen Raum um einen Stern, in dem Wasser in flüssiger Form stabil ist. Befindet sich die Umlaufbahn eines Planeten in dieser bewohnbaren Zone, besteht die Möglichkeit, dass dort Leben nach unserem Verständnis existiert.

B-Horizont (*B-horizon*) Horizont eines Bodenprofils zwischen dem A-Horizont und dem Untergrund (C-Horizont). Er ist durch Verwitterung und Verlehmung aus dem darunter liegenden Ausgangsgestein hervorgegangen (= Braunerde); enthält er aus dem Oberboden (A-Horizont) in die Tiefe verlagerte (lessivierte) Tonsubstanz, handelt es sich um eine Parabraunerde, enthält er gelöste und wiederausgefällte Eisen- und Aluminiumoxide und -oxidhydrate, ist es ein Podsol.

BIF Siehe Bändereisenerz.

Bimsstein (*pumice*) Helles vulkanisches Gesteinsglas mit saurem, normalerweise rhyolithischem Chemismus und zahlreichen Hohlräumen, die durch das plötzliche Entweichen der Gase beim Aufstieg der Schmelze entstanden sind, sodass das Gestein eine geringe Dichte hat und im Wasser schwimmt.

biogenes Sediment (Biolith, *biological sediment*) Von Organismen oder ihren Bestandteilen gebildetes Sediment. Entsprechend ihrer Herkunft unterscheidet man zoogene und phytogene Sedimente.

biogeochemischer Kreislauf (*biogeochemical cycle*) Stoffkreislauf, bei dem chemische Elemente oder Moleküle zwischen den biologischen Komponenten (Organismen) und der Umwelt (Gestein, Boden, Luft oder Wasser) eines Ökosystems ausgetauscht werden.

bioklastisches Sediment (*bioclastic sediment*) Sediment, das bevorzugt aus Bruchstücken von Organismen-Hartteilen (Skeletten, Schalen) besteht, die durch biologische, chemische und/oder mechanische Zerstörung entstanden sind. Bioklastische Sedimente bilden sich vor allem im Flachwasser und bestehen im Wesentlichen aus den Mineralen Calcit und Aragonit in wechselnden Anteilen.

Biokraftstoff (*biofuel*) Kraftstoff wie etwa Ethanol, der aus Biomasse gewonnen wird.

Biolith Siehe biogenes Sediment.

Biomarker Siehe Chemofossil.

Biomasse (*biomass*) Gesamtmenge der zu einem bestimmten Zeitpunkt pro Fläche oder Volumen vorhandenen organischen Substanz einschließlich der lebenden Tiere und Pflanzen.

Biosphäre (*biosphere*) Der gesamte, von lebenden Organismen bewohnte Teil des Systems Erde. Die Biosphäre umfasst Teile der Atmosphäre, Hydrosphäre, Pedosphäre und der festen Erdkruste.

Bioturbation (*bioturbation*) Durchmischung (Entschichtung) des Substrates durch die im Boden oder Sediment grabenden oder wühlenden Organismen.

Blattverschiebung Siehe Horizontalverschiebung.

Blauschiefer (*blueshist*) Siehe Glaukophanschiefer.

Blocklava Siehe Aa-Lava.

Boden (*soil*) Oberste, von Organismen belebte Verwitterungszone der Erdrinde, die unter Einwirkung aller Umweltfaktoren entstanden ist. Ein Boden besteht aus in Horizonten angeordneten mineralischen und organischen Bestandteilen unterschiedlicher Größe und Zusammensetzung; hinzu kommen Luft und Wasser, welche die Poren zwischen den festen Bodenbestandteilen füllen.

Bodenfließen (*earthflow*) Hangabwärts gerichtete Massenbewegung von durchnässtem, überwiegend feinkörnigem Material zusammen mit einer gewissen Menge an Gesteinsbruchstücken mit geringer bis mäßiger Fließgeschwindigkeit.

Bodenfracht (*bed load*) Sedimentfracht, die von einem Fluss an der Sohle rollend, schiebend oder springend transportiert wird (siehe auch Suspensionsfracht).

Bodenprofil (*soil profile*) Senkrechter Schnitt durch einen Boden mit Unterscheidung der einzelnen Bodenhorizonte, die unter der Wirkung bodenbildender Faktoren entstehen und den Bodentyp bestimmen.

Bodenverflüssigung (*liquefaction*) Zeitweiliger Übergang des wassergesättigten Untergrunds in den flüssigen Zustand aufgrund länger andauernder Erschütterungen durch seismische Wellen.

Bodenverlagerung Siehe auch Massenbewegung.

Bombe (*bomb*) Pyroklast mit einem Durchmesser > 64 mm, meist entstanden aus einem Lavafetzen, der während des Fluges abkühlt und dabei eine gerundete oder spindelartige Form angenommen hat (siehe auch vulkanische Asche).

Böschungswinkel, natürlicher (*angle of repose*) Steilste Hangneigung, bei der ein aufgeschüttetes kohäsionsloses Lockersediment noch standfest ist, ohne zu rutschen.

Brandung (*surf*) Die gebrochene und auslaufende Bewegung von Wasserwellen an der Küste.

Brandungspfeiler (*stack*) Isolierte Felsvorsprünge oder Felsnadeln, die als Erosionsreste auf einer Brandungsplattform stehen geblieben sind.

Brandungsplattform (*wave-cut terrace*) Leicht zum Meer geneigte, weitgehend ebene, durch die Abrasionstätigkeit der Wellen entstandene Fläche in der turbulenten Brandungszone einer Felsküste, die bei Ebbe großenteils frei liegt. Ältere Abrasionsflächen können durch Hebungsvorgänge oder Absenkung des Meeresspiegels heute oftmals über dem Meeresspiegel liegen.

Brandungszone (*surf zone*) Bereich vor der Küste, in dem die Wellen bei Annäherung an den Strand steiler werden und als Brecher in sich zusammenstürzen.

Brekzie (Breccie, *breccia*) Klastisches Sedimentgestein, das überwiegend aus eckigen Komponenten mit Durchmessern > 2 mm besteht.

Brockenlava Siehe Aa-Lava.

Bruch (*fracture*) Brechen eines Kristalls auf Flächen unregelmäßiger Lage und Ausbildung und nicht parallel zu einer der kristallographischen Flächen. Der Bruch ist eine typische Eigenschaft vieler Minerale und dient zu ihrer Klassifizierung.

Bruchschollengebirge (*fault-block mountains*) Gebirge oder Höhenzüge, die durch Auf- bzw. Abschiebungen in einzelne Bruchschollen zerlegt werden.

Calcium-Kreislauf (*calcium cycle*) Geochemischer Kreislauf, der alle Flüsse des Calciums in und aus den Speichern (Kompartimenten) umfasst.

Caldera (*caldera*) Steilwandige Einbruchstruktur bei Vulkanen von zum Teil riesiger Dimension, in typischer Weise durch eine Explosion und/oder durch den Einsturz des Daches einer sich rasch entleerenden Magmakammer entstanden. Zu potenziell gefährlichen Eruptionen aus einer Caldera kann es kommen, wenn in die zusammengestürzte Magmakammer erneut Magma eindringt.

Carbonatbildungsraum (*carbonate environment*) Vorwiegend mariner Ablagerungsraum im tropisch-warmen Flachmeerbereich, in dem das Wasser an Calciumcarbonat übersättigt ist und es daher zu einer Ausfällung von Carbonatsedimenten kommt; wichtige Carbonatbildungsräume sind Carbonatschelfe, Carbonatplattformen und Carbonatrampen.

Carbonate (*carbonates*) (1) Klasse von Mineralen, die einen Anionenkomplex aus Kohlenstoff und Sauerstoff $[CO_3]^{2-}$ in Verbindung mit Kationen, meist Calcium und/oder Magnesium besitzen. (2) Salze der Kohlensäure.

Carbonatgesteine (*carbonate rocks*) Sedimentgesteine, die aus Carbonatsedimenten entstanden sind; häufige Carbonatgesteine sind Kalke und Dolomite, wobei Dolomite ausschließlich diagenetisch durch den Einbau von Magnesium-Ionen in Calcit entstehen.

Carbonat-Kompensationstiefe (CCD, *carbonate compensation depth*) Tiefenlage einer Grenzschicht in den Ozeanen, unterhalb der das Meerwasser so weit an Calciumcarbonat untersättigt ist, dass das Calciumcarbonat der Schalen und Skelette abgestorbener Organismen in Lösung geht und am Meeresboden keine kalkschaligen Organismen oder Carbonatsedimente Bestand haben.

Carbonatplattform (*carbonate platform*) Großräumiger mariner Flachwasserbereich in Regionen, die weitgehend frei von terrigener Materialzufuhr sind und in dem Carbonatsedimente sowohl auf biogenem Weg als auch durch anorganisch-chemische Fällung abgelagert werden.

Carbonatsediment (*carbonate sediment*) Sediment, entstanden durch die Akkumulation von Carbonatmineralen, die entweder biogen und/oder chemisch-biogen gebildet wurden.

CCD Siehe Carbonat-Kompensationstiefe.

chemische und chemisch-biogene Sedimente (*chemical and biochemical sediments*) Gruppe innerhalb der Sedimente, die durch chemische und/oder biochemische Prozesse meist im marinen Bereich gebildet und in der Nähe ihres Bildungsraumes abgelagert wurden, wie beispielsweise Evaporite, Carbonatgesteine, Kieselgesteine, Phosphatgesteine und sedimentäre Eisenerze.

chemische Reaktion (*chemical reaction*) Chemischer Prozess, bei dem Atome und/oder Moleküle miteinander in Wechselwirkung treten und dabei neue Atome oder Moleküle bilden.

chemische Sedimente (*chemical sediments*) Sedimente, die an oder in der Nähe ihres Ablagerungsorts durch chemische Ausfällung aus einer übersättigten Lösung gebildet wurden.

chemische Stabilität (*chemical stability*) Maß für die Tendenz einer chemischen Substanz, ihre vorgegebene chemische Form beizubehalten, als durch eine spontane Reaktion in eine andere chemische Form überzugehen.

chemische Verwitterung (*chemical weathering*) Die Gesamtheit aller chemischen Veränderungen von Boden, Lockersedimenten und Gesteinen, die durch chemische Reaktionen ihres Mineralbestands mit Wasser und den darin enthaltenen Substanzen hervorgerufen werden. Dabei gehen diese Minerale entweder in Lösung oder in eine den Druck- und Temperaturbedingungen an der Erdoberfläche angepasste stabile Form über.

chemoautotrophe Organismen (*chemoautotrophs*) Organismen, die ihre Energie nicht aus Sonnenlicht, sondern aus chemischen

Substanzen gewinnen, die bei der Lösung von Mineralen entstehen.

Chemofossil (Biomarker, *chemofossil*) Organische Verbindung, die aus lebenden Organismen stammt und deren Struktur im Verlauf der Diagenese unverändert bleibt, sodass Rückschlüsse auf die organische Ausgangssubstanz möglich sind.

C-Horizont (*C-horizon*) Unterster Horizont eines Bodenprofils; besteht im oberen Teil aus aufgelockerten und angewitterten Bruchstücken des Ausgangsgesteins, unter dem das unveränderte Ausgangsgestein folgt.

Cyanobakterien (*cyanobacteria*) Früher als Blaugrünalgen bezeichnete Gruppe vorwiegend blaugrüner Mikroorganismen, die durch Photosynthese Kohlenhydrate produzieren und Sauerstoff abgeben und die möglicherweise diesen Prozess schon in frühen Phasen der Erdgeschichte entwickelt haben. Cyanobakterien spielten wahrscheinlich im Präkambrium eine wichtige Rolle bei der Anreicherung von Sauerstoff in der Erdatmosphäre.

Darcy-Gesetz (*Darcy's law*) Das Darcy-Gesetz gibt an, welche Wassermenge pro Zeiteinheit durch einen bestimmten Querschnitt eines Porengrundwasserleiters hindurchfließt. Diese ist dem Druckhöhenunterschied und einem gesteinsspezifischen Durchlässigkeitskoeffizienten (Permeabilität) direkt und zur Fließlänge umgekehrt proportional.

Dauerfrost Siehe Permafrost.

Dazit (*dacite*) Hell gefärbtes, feinkörniges intermediäres Effusivgestein, das von der chemischen Zusammensetzung her zwischen Rhyolith und Andesit liegt; vulkanisches Äquivalentgestein des Granodiorits.

Deflation (*deflation*) Äolische Abtragung und Abtransport von trockenem Sand, Silt und Ton durch starke Winde. Charakteristische Erscheinungsformen der Deflation sind Wüstenpflaster (Steinpflaster) und Deflationswannen.

Deflationswanne (*deflation basin*) Flache, meist kreisförmige oder elliptische Senke in Sand, trockenem Bodenmaterial oder anderen weichen Gesteinen; entstanden durch Deflation.

Deformation (*deformation*) Verformung der Gesteine durch Faltung, Bruch, Scherung, Kompression oder Dehnung als Folge der bei plattentektonischen Bewegungen auftretenden Kräfte.

Deformationsalter (*tectonic age*) Alter eines Gesteins, das der letzten stärkeren Episode der Krustendeformation entspricht, das heißt dem letzten Ereignis, bei dem die radiometrische Uhr in einem Gestein durch tektonische Vorgänge auf Null gestellt wurde.

Dehnungskräfte (*tensional forces*) Einander entgegenwirkende Kräfte, durch die ein Körper gedehnt und auseinandergezogen wird. Dehnungskräfte treten bevorzugt an divergenten Plattengrenzen auf und verursachen dort häufig Abschiebungen. (vgl. Kompressionskräfte, Scherkräfte)

Dekompressionsschmelzen (*decompression melting*) Schmelzvorgang, der eintritt, wenn Gesteinsmaterial aus dem Erdmantel in Gebiete aufsteigt, in denen ein geringerer Druck herrscht. Sobald der Druck unter einen kritischen Wert abnimmt, schmilzt das feste Gesteinsmaterial spontan ohne weitere Zufuhr von Wärme. Dieser durch Dekompression bedingte Schmelzvorgang ist der wichtigste Mechanismus, durch den unter den mittelozeanischen Rücken Gesteinsschmelzen erzeugt werden.

Delta (*delta*) Ausgedehnter, weitgehend ebener Schüttungskörper aus detritischem Sedimentmaterial mit annähernd dreieckigem Grundriss, der an der Mündung von Flüssen in Binnenseen oder Meeren infolge plötzlicher Verminderung der Strömungsgeschwindigkeit des Wassers entsteht.

Deltaarm (*distributary*) Kleinerer Nebenarm eines größeren Flusses, der im Delta nach der Aufteilung in einzelne Mündungsarme von der Hauptfließrinne gespeist wird (Gegenteil von Nebenfluss, der sich mit dem Hauptfluss vereinigt).

Deltaebene, Sedimente der (*topset beds*) Horizontal geschichtete Sedimente, typischerweise Sande, die an der Oberfläche eines Deltas abgelagert werden und die beim Vorbau des Deltas die Sedimente des Deltahangs überlagern.

Deltafuß, Sedimente des (*bottomset beds*) Geringmächtige, flach geneigt bis horizontal lagernde, marine feinklastische Sedimente, die vor dem Delta abgelagert und später beim Vorbau des Deltas von Sedimenten des Deltahangs und der Deltaebene überlagert werden.

dendritisches Entwässerungssystem (*dendritic drainage*) Unregelmäßig verzweigtes Entwässerungssystem, das von der Anordnung der Haupt- und Nebenflüsse her einem sich verzweigenden Baum gleicht.

Denudation (*denudation*) Im deutschen Sprachraum Sammelbegriff für den eher flächenhaft wirkenden Abtragungsprozess der Festlandsoberfläche.

Desertifikation (*desertification*) Anthropogen bedingte Ausbreitung wüstenhafter ökologischer Verhältnisse in den bereits an Wüsten angrenzenden semiariden Bereichen als Folge von Übernutzung, vor allem Überweidung. Der in Trockengebieten durch natürlichen Klimawandel verursachte Übergang zu wüstenhaften Verhältnissen wird als Desertion bezeichnet.

Desquamation Siehe Abschuppung.

destruktive Plattengrenze Siehe konvergente Plattengrenze.

detritische Sedimente Siehe klastische Sedimente.

Detritus-Remanenz (Sedimentationsremanenz, *depositional remanent magnetization*) Schwache Magnetisierung; entsteht in Sedimenten bzw. Sedimentgesteinen durch die Rotation und Einregelung magnetischer Sedimentkomponenten in Richtung des zur Zeit der Ablagerung in der Umgebung herrschenden Magnetfeldes der Erde.

Diagenese (*diagenesis*) Bezeichnung für physikalische und chemische Veränderungen durch Druck, Temperatur und chemischen Reaktionen, denen ein Sediment während der Kompaktion und Verfestigung (Lithifizierung) unterliegt und durch die es in ein Sedimentgestein übergeht. Nicht zur Diagenese gehört die Metamorphose. Da jedoch bei der Diagenese Druck- und Temperaturveränderung ebenfalls eine Rolle spielen, besteht zwischen Diagenese und schwacher Metamorphose ein fließender Übergang.

Diaphthorese Siehe retrograde Metamorphose.

Diatrem (*diatreme*) Röhrenartiger, nahezu senkrechter Förderkanal eines Vulkans, der sich durch das explosionsartige Entweichen von Gasen geöffnet hat und anschließend mit einer vulkanischen Breccie und Nebengesteinsbrocken verfüllt worden ist.

Dichte (*density*) Masse pro Volumeneinheit eines Stoffes, normalerweise angegeben in g/cm³ (vgl. spezifisches Gewicht).

Differenziation (*differentiation*) Der Übergang von zufällig verteilter Planetesimalmaterie durch Schmelzbildung und gravitative Entmischung zu einem Erdkörper, dessen Inneres aus konzentrischen Schalen besteht, die sich in ihren chemischen und physikalischen Eigenschaften unterscheiden.

Diorit (*diorite*) Grobkörniges intermediäres Intrusivgestein, das von der chemischen Zusammensetzung her zwischen Granit und Gabbro einzuordnen ist; plutonisches Äquivalentgestein des Andesits.

Dipol Siehe magnetischer Dipol.

diskordante Intrusion (*discordant intrusion*) Intrusivgesteinskörper mit Kontaktflächen schräg (diskordant) zur Schichtung oder Schieferung des Nebengesteins (siehe konkordante Intrusion).

divergente Plattengrenze (konstruktive Plattengrenze, *divergent plate boundary*) Plattengrenze, an der Lithosphärenplatten sich voneinander wegbewegen und neue Lithosphäre entsteht; gekennzeichnet durch mittelozeanische Rücken, Flachherdbeben und Vulkanismus (vgl. konvergente Plattengrenze, Transformstörung).

Doline (*sink hole*) Kleinere, steilwandige, trichter- oder schüsselförmige Einsenkung der Erdoberfläche in Karstgebieten; verursacht durch Lösungsvorgänge und den plötzlichen Einbruch unterirdischer Hohlräume in verkarstungsfähigen Carbonatgesteinen oder auch Gipsgesteinen.

Dolomit (*dolostone*) Häufiges Carbonatgestein, überwiegend aus dem Mineral Dolomit, einem Carbonatmineral mit der allgemeinen Formel $CaMg(CO_3)_2$, das durch Diagenese von Carbonatsedimenten und Kalksteinen gebildet wird.

Dom (*dome*) Kreisförmige bis elliptische Aufwölbung von Schichten mit allseitig nach außen gerichtetem Schichtfallen, die an einen kurzen Sattel erinnert (vgl. Becken, tektonisches).

Druck (*pressure*) Eine auf eine Fläche ausgeübte Kraft, geteilt durch deren Flächeninhalt. Allseitiger Druck ist in allen Richtungen gleich, während gerichteter Druck nur in einer bestimmten Richtung wirkt.

Druck-Temperatur-Pfad (p-T-Pfad, *p-T-path*) Graphische Darstellung der (zeitlichen) Veränderungen von Druck- und Temperaturbedingungen während der Metamorphose. Der Verlauf eines p-T-Pfades ergibt sich aus einer Kombination von Gefügebeobachtungen und der Mineralogie eines metamorphen Gesteins.

Drumlin (*drumlin*) Großer, langgestreckter stromlinienförmiger Hügel aus dem von Gletschern abgelagerten Material der Grundmoräne, dessen Längsachse in Richtung der Eisbewegung verläuft. Die Luvseite ist in der Regel steil, die Leeseite flach geneigt. Drumlins entstehen, wenn ältere Grundmoränen oder fluvioglaziale Ablagerungen beim erneuten Vorrücken des Gletschers überfahren werden; sie treten meist in größeren Drumlinfeldern auf.

duktiles Material (*ductile material*) Material, das zwar fest ist, sich aber bei lang andauernder Belastung plastisch verhält und dessen Verformung irreversibel ist (Gegenteil: sprödes Material).

Düne (*dune*) Länglicher, durch Wind oder strömendes Wasser aufgeschütteter Hügel oder Wall aus Sand von unterschiedlicher Form.

Düneninsel (Nehrungsinsel, *barrier island*) Vorwiegend an gezeitenschwachen Küsten durch die Tätigkeit der Wellen entstandene schmale, langgestreckte, küstenparallel verlaufende Insel aus Sand, die eine Barriere zwischen den Wellen des offenen Meeres und der eigentlichen Küstenlinie bildet.

Dünung (*swell*) Gleichmäßige, flache Wellen auf dem offenen Meer mit Wellenlängen von 30 m und mehr und einer Wellenhöhe bis zu 2 m, die sich weit über ihren Entstehungsort hinaus verbreiten können und nicht mehr dem Einfluss des Windes unterliegen.

Ebbe (*ebb tide, low tide*) Teil des Gezeitenzyklus' zwischen Hoch- und Niedrigwasser (fallender Wasserstand).

Effusivgestein (Eruptivgestein, Extrusivgestein, Ergussgestein, Vulkanit, *extrusive igneous rock*) Feinkristallines oder glasiges magmatisches Gestein, das durch die Erstarrung einer an der Erdoberfläche ausfließenden Lava entstanden ist.

Einsprengling (*phenocryst*) In magmatischen Gesteinen frühzeitig ausgeschiedener, in vielen Fällen idiomorpher großer Einzelkristall, umgeben von feinkörniger Matrix. Magmatite, die große Mengen solcher Einsprenglinge enthalten, werden als Porphyre bezeichnet.

Einzugsgebiet (*drainage basin*) Gebiet auf dem Festland, das durch Wasserscheiden begrenzt ist und von einem Fluss mit allen seinen Nebenflüssen entwässert wird.

Eisenformation (*iron formation*) Im englischen Sprachraum gebräuchliche Bezeichnung für Sedimentgesteine, die normalerweise mehr als 15 Prozent Eisen in Form von Eisenoxiden, Eisensilicaten oder Eisencarbonaten enthalten.

Eisstrom (*ice stream*) Strömung im Inlandeis, die sich im Vergleich zu den angrenzenden Eismassen mit deutlich höherer Geschwindigkeit (0,3 bis 2,3 m pro Tag) bewegt.

Eiszeit (Kaltzeit, Glazial, *ice age*) Epoche, in der die Erde weltweit abkühlt und Wasser aus der Hydrosphäre in die Kryosphäre übergeht. Auf den Kontinenten fällt demzufolge mehr Schnee als im Sommer abtaut. Dies führt in höheren Breiten zu einer Ausdehnung der Inlandeismassen, in den Hochgebirgen zu einem Vorstoß der Gletscher und weltweit zu einem Absinken des Meeresspiegels.

Eklogit (*eclogite*) Metamorphes Gestein, das unter extrem hohen Drücken und mäßig bis hohen Temperaturen an der Basis der Erdkruste entsteht. Der typische Mineralbestand besteht aus rotem Granat und grünem Omphazit. Vereinzelt tritt in Eklogiten, die extrem hohem Druck (über 25 kbar) ausgesetzt waren, auch Coesit auf, eine Hochdruckmodifikation von Quarz.

elastische(n) Rückformung, Theorie der (*elastic rebound theory*) Theorie zur Entstehung von Erdbeben, die besagt, dass Krustenblöcke beiderseits einer Störung zwar durch tektonische Kräfte deformiert werden, Bewegungen aber durch den Reibungswiderstand weitgehend blockiert werden. Die Deformation dauert so lange fort, bis die Scherspannung einen kritischen Punkt erreicht und es zum Bruch kommt, wobei die Blöcke beiderseits elastisch in ihren ursprünglichen Zustand zurückkehren.

Elektron (*electron*) Negativ geladenes Teilchen eines Atoms mit der Masse $9,1 \times 10^{-31}$ Kilogramm und einer negativen Ladung von $1,6 \times 10^{-19}$ Coulomb, das sich um den Kern eines Atoms bewegt.

Elektronenübergang (*electron transfer*) Vorgang, durch den bei einer chemischen Reaktion zwischen den Elementen eine Ionenbindung zustande kommt, wobei Elektronen von den Atomen des einen Elements auf Atome des anderen Elements übergehen.

El Niño Anomale Erwärmung im tropischen Bereich des östlichen Pazifischen Ozeans mit globalen Auswirkungen, die im Abstand von drei bis sieben Jahren wiederholt auftritt und sich zeitlich über etwa ein Jahr erstreckt. Das durch diese Klima-Anomalie bedingte Ausbleiben des aufsteigenden kalten und nährstoffreichen Tiefenwassers beeinflusst an der Westküste Südamerikas in erheblichen Maße die marinen Ökosysteme und führt häufig zum völligen Zusammenbruch der Fischereiwirtschaft.

ENSO (*El Niño Southern Oscillation*) Natürliche zyklische Schwankung des Wärmeaustausches zwischen der Atmosphäre und dem tropischen Pazifischen Ozean, bei der El Niño und sein Gegenstück – das Kaltwasserereignis La Niña – Teile dieses Systems sind.

Entwässerungsnetz (Flussnetz, *drainage network*) Grundmuster der größeren und kleineren Flüsse innerhalb eines Einzugsgebiets.

epigenetischer Fluss (*superposed stream*) Fluss, der ohne Änderung seiner Laufstrecke durch verwitterungsresistente Gesteine fließt, weil sein Verlauf in einem höheren Niveau in homogenen Gesteinen angelegt wurde, ehe er seine Fließrinne sukzessiv in das harte Gestein einschneiden musste (vgl. antezedenter Fluss).

Epirogenese (*epeirogeny*) Großräumiger tektonischer Vorgang, vorwiegend vertikale Krustenbewegung. Sie verläuft in der Regel so langsam, dass die Gesteine nur in geringem Maße der Deformation, das heißt der Faltung und Bruchtektonik unterliegen.

Epizentrum (*epicentre, US-amer. epicenter*) Bereich an der Erdoberfläche unmittelbar über dem Herd oder Hypozentrum eines Erdbebens.

Epoche (*epoch*) Untereinheit einer Periode der geologischen Zeitskala, oftmals so gewählt, dass sie einer bestimmten stratigraphischen Abfolge entspricht. Die Bezeichnung wird auch für einen bestimmten Abschnitt der paläomagnetischen Zeitskala verwendet.

Erdbeben (*earthquake*) Heftige Erschütterungen des Untergrunds, verursacht beim Durchlaufen seismischer Wellen, die entstehen, wenn sich unter Spannung stehende spröde Gesteine an einer Störung plötzlich bewegen.

Erdbebengefahr (*seismic hazard*) Intensität der seismischen Erschütterungen und Bodenveränderungen, die langfristig an einem bestimmten Ort zu erwarten sind.

Erdbebenherd (*focus*) Bereich auf einer Störungsfläche, an dem es zum Bruch kommt und von dem die Erdbebenwellen ausgehen; auch als Hypozentrum bezeichnet.

Erdbebenrisiko (*seismic risk*) Langfristig zu erwartende Schäden durch Erdbeben in einem bestimmten Gebiet, meist angegeben in Währungseinheiten pro Jahr.

Erdgas (*natural gas*) Natürliches Gemisch aus gasförmigen Kohlenwasserstoffen, entstanden durch diagenetischen Abbau organischer Substanzen unter anaeroben Bedingungen. Häufigste Kohlenwasserstoffverbindung ist Methan (CH_4), hinzu kommen wechselnde Anteile anderer Gase wie Kohlendioxid, Stickstoff und Schwefelwasserstoff.

Erdkern (*core*) Innerster Teilbereich der Erde unterhalb der Kern/Mantel-Grenze in 2890 km Tiefe (siehe auch äußerer Kern, innerer Kern).

Erdkruste (*crust*) Dünne äußerste Schale der Erde mit einer durchschnittlichen Mächtigkeit von etwa 8 km unter den Ozeanen und etwa 40 km unter den Kontinenten. Sie besteht aus vergleichsweise leichten, bei niedrigeren Temperaturen schmelzenden Silicaten. Die kontinentale Kruste besteht überwiegend aus Granit und Granodiorit, die ozeanische Kruste überwiegend aus Basalt.

Erdmantel (*mantle*) Der größte Teil der festen Erde zwischen der Kruste und dem Erdkern, das heißt zwischen Tiefen von ungefähr 30 bis 2890 km. Er wird in oberen und unteren Mantel unterteilt und besteht aus Gesteinen mittlerer Dichte, deren Minerale überwiegend aus Verbindungen bestehen, die Sauerstoff, Magnesium, Eisen und Silicium enthalten.

Erdöl (*oil, petroleum*) Natürlich vorkommendes flüssiges Gemisch aus sehr unterschiedlichen Kohlenwasserstoffen. Neben zyklischen Verbindungen treten zum Teil auch langgestreckte gerade oder verzweigte Kohlenwasserstoffmoleküle auf. Erdöl entsteht durch Diagenese in einem bestimmten Druck- und Temperaturfenster in marinen Sedimenten mit einem hohen Gehalt an organischem Material (Muttergestein). Von dort wandert es in poröse Gesteine (Speichergesteine) ab.

Erdölfalle (*oil trap*) Tektonisch oder sedimentär bedingte Fangstruktur, die das weitere Aufsteigen des Erdöls oder Erdgases verhindert, sodass sich unter einer undurchlässigen Barriere (z. B. Tonschiefer) Öl und Gas zu wirtschaftlich gewinnbaren Lagerstätten ansammelt.

Erdölfenster (*oil window*) Begrenzter Druck- und Temperaturbereich innerhalb der Diagenese, der normalerweise in einer Tiefe zwischen 2 und 5 km herrscht, und in dem sich in einem Erdölmuttergestein das meiste Erdöl bildet.

Erg (*erg*) Ausgedehntes, geschlossenes Dünenfeld in großen Wüsten.

Ergussgestein Siehe Effusivgestein

erneuerbare Energie (regenerative Energie, *renewable energy source*) Energiequelle, die sich infolge der Energiezufuhr von der Sonne rasch genug erneuert, um den Verbrauch auszugleichen; beispielsweise wächst ein als Brennholz geschlagener Wald nach und kann erneut abgeholzt werden.

erneuerbare Ressourcen (*renewable resources*) Natürliche Ressourcen, die rasch genug neu gebildet werden, um mit dem Verbrauch durch den Menschen Schritt zu halten – beispielsweise Holz.

Erosion (*erosion*) Vielseitig gebrauchter Begriff für sämtliche Prozesse, bei denen Bodenmaterial und aufgelockertes Gestein durch Flüsse, Gletscher, Wellentätigkeit oder Wind abtransportiert und in Form von (geschichteten) Sedimenten abgelagert werden. Im deutschen Sprachraum ist der Begriff oft enger gefasst und wird für den linearen Abtrag durch fließendes Wasser oder durch Brandung verwendet. Der linear wirkenden Erosion wird die an der Festlandsoberfläche flächenhaft wirkende Denudation gegenübergestellt.

Erosionsbasis (*base level*) Niveau, bis zu welchem die Erosion wirksam ist und unterhalb dem ein Fluss keine Erosionsarbeit mehr leisten kann – normalerweise ist der Meeresspiegel die absolute Erosionsbasis. Oftmals besitzen Flüsse auch eine lokale Erosionsbasis wie etwa den Wasserspiegel eines vom Fluss durchflossenen Binnensees oder eine von erosionsresistenten Gesteinsserien gebildete Schwelle im Flussbett.

erratischer Block (Findling, *erratic*) Großer Felsblock, der durch Gletscher oder Inlandeismassen aus seinem ursprünglichen Verbreitungsgebiet meist in Gebiete verfrachtet worden ist, deren Untergrund von andersartigen Gesteinen gebildet wird.

Eruptivgestein Siehe Effusivgestein.

Erwärmung des 20. Jahrhunderts (*twentieth century warming*) Anstieg der mittleren Jahrestemperatur der Erdoberfläche um ungefähr 0,6 °C zwischen Ende es 19. und Anfang des 21. Jahrhunderts.

Erz (*ore*) Mineral, Mineralaggregat oder Gestein, aus dem Metalle oder Metallverbindungen zu wirtschaftlichen Bedingungen gewonnen werden können.

Erzlagerstätte (*ore deposit*) Sedimentäre, magmatische oder metamorphe Gesteinskörper, die Minerale enthalten, meist Sulfide, Oxide oder Silicate der Metalle, die von der Größe, Konzentration und vom Inhalt her wirtschaftlich abgebaut werden können.

Eukarya (*Eukarya*) Eine der drei Domänen der Organismen, die sämtliche Eukaryota (Eukaryoten) umfasst. Alle Organismen innerhalb der Eukarya haben einen gemeinsamen Ursprung und unterscheiden sich von den beiden anderen Domänen Bacteria (Eubacteria) und Archaea (Archaebacteria) unter anderem durch ihre Zellstrukturen. Die Eukarya umfassen Tiere, Pflanzen und Pilze, von denen die meisten Vielzeller sind.

Eukaryota (Eukaryoten, *eukaryotes*) Organismen mit kompliziert gebauten Zellen, bei denen Zellkern und Zellorganellen von Membranen umschlossen sind. Die Eukaryota umfassen Tiere, Pflanzen und Pilze, von denen die meisten Vielzeller sind.

Evaporit (*evaporite*) Chemisches Sediment oder Sedimentgestein, das durch Verdunstung aus Meerwasser und in ariden Gebieten auch aus dem Wasser abflussloser Binnenseen infolge Überschreitung der Löslichkeit ausgefällt wird.

Evolution (*evolution*) Vorgang, durch den sich Organismen im Laufe der Zeit als Folge einer natürlichen Auslese (n. Darwin: *survival of the fittest*) systematisch verändern.

evolutionäre Radiation (*evolutionary radiation*) Die relativ rasche Entstehung und Ausbreitung neuer Organismengruppen, ausgehend von einem gemeinsamen Vorfahren.

Exfoliation (*exfoliation*) Prozess der physikalischen Verwitterung, der zur Ablösung von oberflächenparallelen Lagen unterschiedlicher Mächtigkeit vom anstehenden Gestein führt.

Exhumierung (*exhumation*) (1) Tektonischer Vorgang, durch den die an Subduktionszonen tief versenkten metamorphen Krustenbereiche aufgrund des Auftriebs und durch Zirkulationsbewegungen wieder an die Erdoberfläche gelangen. (2) Freilegen eines älteren Reliefs durch Prozesse der Erosion und Denudation.

Exoplanet (*exoplanet*) Planet, der außerhalb unseres Sonnensystems einen Stern umkreist.

extremophile Organismen (*extremophiles*) Mikroorganismen, die in Bereichen mit extremen Umweltbedingungen leben, in denen andere Organismen nicht lebensfähig sind.

Extrusivgestein Siehe Effusivgestein.

Fallen (*dip*) Der maximale Winkel, mit dem eine Schicht oder eine andere geologische Fläche gegen die Horizontale geneigt ist. Das Fallen wird stets senkrecht zum Streichen gemessen.

Fällung (*precipitation*) Ausscheidung von meist schwerlöslichen Verbindungen aus Lösungen durch chemische Reaktionen.

Falte (*fold*) Durch tektonische Deformationsprozesse entstandene Verbiegung von Schichtenfolgen, die ursprünglich horizontal oder nahezu horizontal lagerten.

Faltenachse (*fold axis*) Längs des Faltenscheitels verlaufende gedachte Linie, um die eine Krümmung der Schichten erfolgt ist. Innerhalb einer Falte verbindet die Achse daher alle Punkte im Zentrum einer Falte, von denen aus beide Flanken weggeneigt sind.

Faltung (*folding*) Vorgang, bei dem ehemals horizontal abgelagerte Schichten durch seitlichen Druck zusammengeschoben und gefaltet werden.

Farbe (*colour*) Eigenschaft eines Minerals, einer unregelmäßigen Masse oder eines Strichs, die durch Licht hervorgerufen wird. Man unterscheidet zwischen Farben, die im durchfallendem Licht durch Absorption, und solchen, die im auffallendem Licht durch Reflexion entstehen.

Faunenabfolge, Prinzip der (*faunal sucession, principle of*) Siehe Prinzip der Faunenabfolge.

Fazies (*facies*) (1) Sedimente: Die Summe aller primären Merkmale von Sedimentgesteinen, das heißt die Gesamtheit ihrer lithologischen und paläontologischen Merkmale. (2) Metamorphose: siehe metamorphe Fazies.

Felse (*nonfoliated metamorphic rocks*) Bezeichnung für massige metamorphe Gesteine, die keine oder nur eine geringe bevorzugte Einregelung von Mineralen und damit keine Schieferung oder Teilbarkeit zeigen.

felsisch (*felsic*) Bezeichnung für die hellen Minerale (Feldspäte, Feldspatvertreter und Quarz) in magmatischen Gesteinen; anstelle von felsisch wird häufig auch salisch verwendet.

Feuerstein (*flint*) Dichte Kieselsäure-Konkretionen aus Chalcedon (SiO_2), die knollen- oder lagenförmig in Europa vor allem in der Schreibkreide auftreten (siehe Hornstein).

Findling Siehe erratischer Block.

Firn (*firn*) Ein- bis mehrjähriger, unter der Druckwirkung auflagernder Schneemassen sowie durch mehrfaches Schmelzen und Gefrieren verdichteter und daher kompakter grobkörniger Schnee.

Fjord (*fjord*) Ehemaliges, von einem Gletscher geformtes küstennahes Tal mit steilen Wänden und einem U-förmigen Talquerschnitt, das heute vom Meer überflutet ist und mehr oder weniger weit in das Land hineinreicht.

Fladenlava Siehe Pahoehoe-Lava.

Flanke (einer Falte) (*limb*) Die relativ ebenflächigen Teile einer Falte beziehungsweise der Bereich zweier aneinandergrenzender Faltenstrukturen (z. B. der steil einfallende Teil der Schichtfolgen zwischen Sattel- und Muldenkern).

Flexurbecken Siehe Vorlandbecken.

Fluss (*river*) Allgemeine Bezeichnung für ein in einem langen oberflächlichen Gerinnebett fließendes Gewässer, dessen Wasser unter dem Einfluss der Schwerkraft von höheren in tiefer liegende Bereiche fließt.

Flussanzapfung (*stream piracy*) Durch rückschreitende Erosion erfolgender Durchbruch einer Wasserscheide zwischen zwei Flüssen durch den Fluss mit dem stärkeren Gefälle. Flussanzapfung führt zur gesamten oder teilweisen Eroberung des Einzugsgebiets des langsamer erodierenden Flusses durch den schnelleren.

Flussaue Siehe Talaue.

Flussbett (*channel*) Fließrinne, in der das Wasser eines Flusses kontinuierlich abfließt. Ein Flussbett besteht aus der Flusssohle und den beiden Flussufern.

flüssigkeitsinduziertes Schmelzen (*fluid induced melting*) Schmelzvorgang von Gesteinen, der dadurch zustande kommt, dass in den Gesteinen Wasser vorhanden ist, das deren Schmelzpunkt herabsetzt (vgl. Dekompressionsschmelzen).

Flussnetz Siehe Entwässerungsnetz.

Flussterrassen Siehe Terrassen.

Flut (*flood tide, high tide*) Abschnitt des Gezeitenzyklus' zwischen Niedrigwasser und Hochwasser (steigender Wasserstand).

Flutbasalt (Trappbasalt, Plateaubasalt, *flood basalt*) Mächtige flächenhafte Basaltergüsse von vielen Quadratkilometern Ausdehnung, entstanden durch lang anhaltende Spalteneruptionen.

Flutbasaltprovinzen Siehe große Vulkanprovinzen.

Foliation (*foliation*) Schar engständiger, ebener oder gekrümmter Flächen innerhalb eines metamorphen Gesteins, entstanden durch orientierte Anordnung der wesentlichen Mineralkomponenten durch gerichteten Druck; typisch für Gesteine der Regionalmetamorphose.

Foraminiferen (*foraminifers*) Klasse überwiegend mariner Einzeller (Protozoen), die meisten mit Gehäusen aus Calcit. Ein Großteil der Carbonatsedimente in der Tiefsee besteht aus Foraminiferengehäusen.

Foraminiferenschlamm (*foraminiferal ooze*) Pelagisches Sediment, das überwiegend aus den Gehäusen abgestorbener Foraminiferen besteht.

Formation (*formation*) (1) Basiseinheit für die Benennung von Sedimentgesteinen in der Lithostratigraphie; (2) eine Gesteinseinheit, die einst als geschlossene und zusammengehörende, horizontale Schichten abgelagert wurde, die bestimmte genetisch bedingte lithologische Merkmale gemeinsam haben und für eine kartenmäßige Darstellung ausreichend mächtig sind.

Fossilien (*fossils*) Allgemeine Bezeichnung für die aus der geologischen Vergangenheit überlieferten Überreste von Tieren und Pflanzen.

fossile Brennstoffe (*fossil fuels*) Sammelbegriff für Energieressourcen wie Kohle, Erdöl und Erdgas, die im Verlauf der Erdgeschichte durch Versenkung und Erwärmung aus tierischen und pflanzlichen Organismen hervorgegangen sind.

Fracking (hydraulische Rissbildung, *hydraulic fracturing, fracking*) Methode zur Gewinnung von Erdöl und Erdgas aus tief versenkten Schiefertonen und anderen dichten Gesteinen. Dabei wird derzeit ein Gemisch aus Wasser, Sand und geringen Mengen an Chemikalien unter hohem Druck durch das Bohrloch in das Gestein gepresst, um dadurch Risse im Gestein zu erzeugen und dessen Permeabilität zu erhöhen, damit die Kohlenwasserstoffe leichter zur Sonde gelangen.

fraktionierte Kristallisation (*fractional crystallization*) Abtrennung einzelner Minerale, die bei der Abkühlung eines Magmas nacheinander auskristallisieren, gravitativ absinken und dadurch der Schmelze entzogen werden.

freies Grundwasser (*aquifer*) Grundwasser, das nicht von einem Grundwassernichtleiter überlagert wird und dessen Oberfläche mit dem atmosphärischen Druck im Gleichgewicht steht. Das heißt, der Wasserstand eines in diesem Grundwasser stehenden Brunnens entspricht dem Grundwasserspiegel in der Umgebung (vgl. gespanntes Grundwasser).

Frostsprengung (*frost wedging*) Vorgang der physikalischen Verwitterung, bei dem die in Klüften, Spalten und Hohlräumen im gefrierenden Wasser wachsenden Eiskristalle einen zunehmenden Druck auf das umgebende Gestein ausüben, was zur Erweiterung der Hohlräume und schließlich zum Zerbrechen der Gesteine führt.

Fumarole (*fumarole*) Vulkanische Gas- und Dampfexhalation, aus der sich auf dem umgebenden Boden Minerale absetzen.

Gabbro (*gabbro*) Dunkles grobkristallines, basisches Intrusivgestein, das neben Plagioklas einen hohen Anteil an mafischen Mineralen, vor allem Pyroxen, aufweist; plutonisches Äquivalentgestein des Basalts.

Gang (*dike, vein*) Weitgehend platten- oder schichtförmiger Körper aus Intrusivgesteinen oder Mineralen, der als Ausfüllung von Spalten diskordant das Nebengestein durchschneidet (vgl. Sill).

Ganglagerstätte (*vein deposit*) In Gängen oder Spalten entstandene Lagerstätte, deren Füllung aus wirtschaftlich abbauwürdigen Mineralen besteht. Je nach Gangfüllung unterscheidet man gelegentlich zwischen Erzgängen und Mineralgängen.

Gebirgsgletscher Siehe Talgletscher.

Gefällskurve (*longitudinal profile*) Konkav nach oben offene Kurve, die das Längsprofil eines Flusses von der Quelle bis zur Mündung bildet, mit einem steilen Gefälle im Oberlauf und einem flacheren, kaum merklichen Gefälle im Unterlauf bis zur Mündung.

Gefüge (*texture, fabric*) Innerer Aufbau eines Gesteins. Unter „Struktur" (engl. texture) versteht man Korn- oder Kristallgröße, Kornverteilung, Rundungsgrad, Korngrenzen und Kornbindung, unter „Textur" (engl. fabric) dagegen die Art und Weise, wie die Bestandteile im Raum angeordnet sind, zum Beispiel Fließtextur, richtungslose Textur, blasige Textur.

Gekriech Siehe Kriechen.

gemeinsame Elektronen (*electron sharing*) Folge einer chemischen Reaktion, wenn zwischen den Elementen eine kovalente Bindung entsteht. Eine einfache kovalente Bindung besteht aus einem Elektronenpaar, das zwei Atomen gemeinsam angehört.

gemeinsamer Vorfahre (*universal ancestor*) Organismus, aus dem die drei großen Domänen der Archaea, Bacteria und Eukarya hervorgegangen sind.

Gene (*genes*) Große Moleküle in den Zellen aller Organismen. Sie sind Träger der Erbanlagen und bestimmen die erblichen Strukturen oder Funktionen und liegen in den Chromosomen in bestimmter Anordnung vor. Träger der genetischen Information ist die Desoxyribonucleinsäure (DNS).

Geobiologie (*geobiology*) Forschungszweig, der sich mit den Interaktionen der Biosphäre und der natürlichen Umwelt der Erde befasst.

geochemischer Speicher (*geochemical reservoir*) Begriff für einen Bestandteil des Systems Erde, in dem innerhalb des geochemischen Kreislaufs (siehe dort) Stoffe vorübergehend zurückgehalten werden können. Speicher, in denen Materie langfristig oder endgültig zurückgehalten wird, bezeichnet man als Senken.

geochemischer Kreislauf (*geochemical cycle*) Abfolge von Prozessen, durch die eine bestimmte chemische Substanz von einem Speicher der Erde in einen anderen übergeht.

Geodäsie (*geodesy*) Wissenschaft von der Vermessung und Abbildung der Erdoberfläche.

Geodynamo (*geodynamo*) Globales Geosystem, welches das Magnetfeld der Erde erzeugt beziehungsweise aufrecht erhält, angetrieben durch Konvektionsbewegungen im äußeren Erdkern.

Geologie (*geology*) Fachgebiet der Geowissenschaften, das sich mit allen Aspekten des Planeten Erde, seiner Entstehungsgeschichte, seiner Zusammensetzung und Struktur sowie seiner Oberflächenerscheinungen befasst.

geologische Karte (*geologic map*) Thematische Karte, die in unterschiedlichen Maßstäben die an der Erdoberfläche anstehenden Gesteine durch Farben und Signaturen darstellt.

geologischer Schnitt (*geologic cross section*) Senkrechter Schnitt durch Teile der Erdkruste zur Darstellung des geologischen Untergrunds, wobei die Sicherheit der Aussage mit dem Abstand zur Erdoberfläche abnimmt. Schnitte sind oft zusätzliches Darstellungsmittel auf geologischen Karten.

geologische Zeitskala (*geologic time scale*) Weltweit gültige chronologische Unterteilung der Erdgeschichte in Ären, Perioden und Epochen, von denen zahlreiche durch eine plötzliche Veränderung des Fossilinhalts gekennzeichnet sind.

Geomorphologie (*geomorphology*) Forschungsrichtung der Geowissenschaften, die sich mit den Reliefformen der Erde, deren Gestalt, Anordnung und Entwicklung befasst.

Geosutur Siehe Sutur.

Geosystem (*geosystem*) Teilsystem des Systems Erde, das bestimmte Aspekte terrestrischer Prozesse umfasst. Zu diesen Geosystemen gehören die Systeme Plattentektonik, Klima, Geodynamo sowie weitere kleinere Subsysteme.

Geotherme (*geotherm*) Kurve in einem Temperatur-Druckoder Temperatur-Tiefen-Diagramm, die die Temperaturänderung in der Erde mit zunehmender Tiefe beschreibt.

geothermische Energie (*geothermal energy*) Wärmeenergie, die aus der Erdkruste entnommen werden kann, vor allem dort, wo der geothermische Gradient hoch ist (siehe auch Geotherme). Geothermische Energie wird vor allem in Form von Wasserdampf oder Thermalwasser gewonnen, die entstehen, wenn Wasser im Untergrund durch heiße Gesteine fließt.

gesättigte Zone (*saturated zone*) Bereich unter der Grundwasseroberfläche, in dem die Gesteinsporen und Klüfte ständig mit Grundwasser gefüllt sind, oft auch als phreatische Zone bezeichnet.

Geschiebelehm Siehe Geschiebemergel.

Geschiebemergel (Geschiebelehm, *till*) Ungeschichtetes und schlecht sortiertes, im Gegensatz zum Geschiebelehm, kalkhaltiges Sedimentmaterial der Grundmoräne, das in einer feinkörnigen Grundmasse aus Ton, Silt und Sand gröbere Komponenten (Geschiebe) bis zu Blöcken enthält und durch die Erosions- und Transporttätigkeit der Gletscher entstanden ist.

gespanntes Grundwasser (*confined groundwater*) Grundwasser, das unter einer überlagernden, undurchlässigen Gesteinsschicht gestaut wird und dessen Grundwasserdruckfläche (= freier Grundwasserspiegel) über die Oberfläche des Grundwasserleiters hinausreicht. Dies kann zu einem artesischen Brunnen führen (Grundwasseraufstieg bis über Geländeniveau); Gegensatz: freies Grundwasser.

Gestein (*rock*) Natürlich vorkommendes festes Aggregat, das aus Mineralen, Gesteinsglas, Fragmenten von Organismenschalen, oder in einigen Fällen auch aus nichtmineralischen festen Substanzen (Bitumen, Kohle) zusammengesetzt sein kann. Die Einteilung der Gesteine erfolgt entsprechend ihrer Entstehungsart.

Gesteine mit Foliation (*foliated rocks*) Durch Regionalmetamorphose entstandene Gesteine mit einer mehr oder weniger ausgeprägten Gefügeorientierung (Textur). Typische Vertreter einer solchen Textur sind Tonschiefer, Phyllite, Schiefer und Gneise, typische Minerale der Schieferung sind Phyllosilicate und Amphibole. Aufgrund dieser Erscheinung zeigen diese Gesteine ein mehr oder weniger ausgeprägtes schiefriges Bruchverhalten.

Gesteinskreislauf (*rock cycle*) Eine Abfolge von geologischen Prozessen, bei der jede der drei Gesteinsgruppen stets aus den anderen beiden hervorgeht: Sedimentgesteine gehen durch Metamorphose in Metamorphite über oder werden aufgeschmolzen und bilden Magmatite. Alle Gesteine können dann herausgehoben und abgetragen werden und gehen in Lockersedimente über, die ihrerseits durch Diagenese zu Festgesteinen werden.

Gezeiten (*tides*) Das periodische, durch die Anziehungskraft zwischen Erde und Mond hervorgerufene Ansteigen und Fallen des Meeresspiegels.

Glanz (*luster*) Allgemeine Bezeichnung für den Grad der Lichtreflexion einer Mineraloberfläche, beschrieben durch die Art des Glanzes mit Bezeichnungen wie Metallglanz, Glasglanz, Diamantglanz, Seidenglanz u. a.

Glas (*glass*) Gestein, das aus einer sehr schnell erstarrten silicatischen Gesteinsschmelze entstanden ist, sodass keine Kristalle wachsen konnten („eingefrorene" Schmelze).

glasig (*glassy*) Materialeigenschaft ohne geordnete, sich wiederholende dreidimensionale Anordnung der Atome; Gegenteil von kristallin (vgl. Kristall).

Glaukophanschiefer (Blauschiefer, *blueshist*) Metamorphes, unter hohem Druck (> 5 kbar) und bei relativ niedrigen Temperaturen entstandenes schieferiges Gestein, das seine Farbe durch die blauen Minerale Glaukophan (ein Amphibol) und Disthen erhält.

Glazial Siehe Eiszeit.

glaziale Rückformung Siehe isostatische Rückformung.

glazigene Sedimente (*drift*) Sammelbegriff für alle Lockergesteine, die durch die Tätigkeit von Gletschern oder Inlandeis transportiert und abgelagert wurden. Dazu gehören sowohl die Moränen als auch die Schmelzwassersedimente.

Gleichgewichtszustand (*steady state*) Zustand, bei dem die Zufuhr eines Elements in einen Speicher dem Abfluss entspricht.

Gletscher (*glacier*) Geschlossene und große, oftmals mit Schnee bedeckte Eismasse auf dem Festland, die über das gesamte Jahr vorhanden ist und sich unter ihrem eigenen Gewicht dem Gefälle folgend bewegt (vgl. Inlandeismasse, Talgletscher).

Gletschermilch (Gletschertrübe, *rock flour*) Bezeichnung für die Trübung des Gletscherschmelzwassers durch glaziges Sediment aus extrem fein zermahlenem Gestein (Silt- und Tonfraktion); entstanden durch die Abrasion der Gesteine an der Sohle eines Gletschers.

Gletscherschrammen (*glacial striations*) Auf anstehenden Gesteinsoberflächen und Geschieben auftretende Furchen oder Kratzspuren. Sie entstanden durch die im Eis mitgeführten Blöcke und verlaufen in der Bewegungsrichtung des ehemaligen Gletschers.

Gletscherspalte (*crevasse*) Durch Scher- oder Dehnungsvorgänge bedingte, an der Oberseite eines Gletschers oder Eisfelds aufreißende vertikale Spalten. Je nach Orientierung unterscheidet man Quer-, Längs- und schräg stromauf gerichtete Randspalten. Sie entstehen an der sich spröde verhaltenden Gletscheroberfläche durch die Bewegungen der im tieferen Untergrund plastisch fließenden Eismassen.

Gletscherstrom (*ice stream*) Linearer Eisstrom innerhalb einer Inlandeismasse, der rascher fließt als das umgebende Eis.

Gletschertrübe Siehe Gletschermilch.

Gletscherwoge (*glacial surge*) Periodisch auftretende, rasche Vorstoßbewegung eines Talgletschers, die gelegentlich nach einer langen Periode geringer Gletscherbewegung auftritt und sich oftmals über einen Zeitraum von mehreren Jahren erstrecken kann.

globaler Klimawandel (*climate change*) Veränderungen innerhalb des Systems Klima, die weltweit Auswirkungen auf die Biosphäre, Atmosphäre und andere Komponenten des Systems Erde haben.

Gneis (*gneiss*) Helles, mittel- bis grobkörniges metamorphes Gestein, gekennzeichnet durch eine charakteristische Flaserung oder Bänderung mit Lagen im Zentimeter- bis Dezimeterbereich. Die Bänderung ergibt sich aus der Wechsellagerung von hellen Lagen mit Quarz und Feldspat und dunklen Bändern aus Glimmern und Amphibolen; Orthogneise sind aus sauren bis intermediären Magmatiten entstandene Gneise, Paragneise sind metamorphe ehemalige Sedimentgesteine, meist hervorgegangen aus Arkosen, Grauwacken oder Tonsteinen.

Graben(senke) (*rift valley*) Langgestreckte tiefe, schmale Senke, deren Absenkung an parallelen Störungen (Abschiebungen) erfolgt, meist in Gebieten mit Dehnungstektonik oder an divergenten Plattengrenzen. Kennzeichnend für Grabensenken sind Effusivgesteine, meist in Form von Alkalibasalten sowie mächtige Abfolgen von Sedimentgesteinen. Beispiele aus der jüngeren Erdgeschichte sind unter anderem der Ostafrikanische Grabenbruch, das Tal des Rio Grande, der Jordangraben und der Oberrheingraben.

gradierte Schichtung (Vertikalsortierung, *graded bedding*) Schichtungsform, bei der innerhalb einer Bank die Korngröße der Komponenten entweder zu- oder abnimmt. Bei der normal gradierten Schichtung werden die gröbsten Komponenten im Bereich der Basis abgelagert und nach oben hin nimmt die Korngröße als Folge der schwächer werdenden Strömung kontinuierlich ab; normal gradierte Schichtung ist typisch für Turbidite.

Granit (*granite*) Grobkörniges, saures Intrusivgestein aus Quarz, Orthoklas, natriumreichem Plagioklas und Glimmer; plutonisches Äquivalentgestein des Rhyoliths.

granoblastisches Gestein Siehe kristalloblastisches Gestein.

Granodiorit (*granodiorite*) Helles grobkörniges intermediäres Intrusivgestein von ähnlicher Zusammensetzung wie Granit, jedoch mit deutlich überwiegendem Plagioklas gegenüber Orthoklas; plutonisches Äquivalentgestein des Dazits.

Granulit (*granulite*) Sammelbezeichnung für mittel- bis grobkörnige, regionalmetamorphe Gesteine, deren Kristalle miteinander verzahnt sind. Sie entstehen generell unter hohen Druck- und Temperaturbedingungen.

Granulitfazies (*granulite facies*) Höchster Metamorphosegrad mit Temperaturen > 700 °C und Drücken zwischen 5 und 15 kbar.

Grat (*arête*) Scharfer, meist gezackter Kamm eines Gebirges auf der Grenze zwischen Gletscherkaren mit nach beiden Seiten steil abfallenden Hängen; entsteht durch rückschreitende Gletschererosion der begrenzenden Karwände.

Grauwacke (*graywacke*) Meist dunkelgrauer Sandstein, der aus einem heterogenen Gemisch von Gesteinsbruchstücken, schlecht gerundeten Quarzen, Feldspäten und einem hohen Anteil an feinkörniger Matrix besteht.

gravitative Differenziation (*gravitational differentiation*) Übergang eines aus Materieklumpen bestehenden aufgeheizten Planeten durch Schmelzbildung und gravitatives Absinken des schweren und Aufstieg des leichteren Materials zu einem Planeten, der aus einzelnen Schalen besteht, die sich in ihren physikalischen und chemischen Eigenschaften unterscheiden.

große Vulkanprovinzen (Flutbasaltprovinzen, *large igneous provinces, LIP*) Bereiche der Erde mit einer extrem hohen Produktionsrate an basischen Magmen, die sich in vergleichsweise kurzer Zeit über große Flächen ausgebreitet haben. Sie treten als Flutbasalte auf den Kontinenten auf, bilden jedoch auch ozeanische Plateaus sowie aseismische Rücken und dürften überwiegend auf die Front initial aufsteigender Manteldiapire zurückzuführen sein.

Grundgebirge (*basement*) Aus Gebirgsbildungen (Orogenesen) hervorgegangene metamorphe und magmatische Gesteinskomplexe eines Gebirges meist präkambrischen bis paläozoischen Alters, die von sedimentärem Deckgebirge diskordant überlagert werden.

Grundwasser (*groundwater*) Die Gesamtmenge des Wassers unterhalb der ungesättigten Zone, das den Porenraum der Gesteine zusammenhängend füllt und sich unter dem Einfluss der Schwerkraft bewegt (vgl. freies Grundwasser, gespanntes Grundwasser).

Grundwasseraustritt (*effluent zone*) Natürlicher Ausfluss von Grundwasser in ein oberirdisches Gewässer (Effluenz).

Grundwassergefälle Siehe hydraulischer Gradient.

Grundwasserleiter (Aquifer, *aquifer*) Durchlässiger (permeabler) Gesteinskörper, der Grundwasser speichert und in ausreichendem Maße weiterleitet, um Trink- und Brauchwasserbrunnen zu versorgen.

Grundwasserneubildung (*recharge*) Erneuerung des Grundwassers durch in den Untergrund einsickerndes meteorisches Wasser oder durch den Zufluss von Oberflächengewässern.

Grundwassernichtleiter (*aquiclude, aquifuge*) Schicht mit sehr geringer Wasserdurchlässigkeit (Permeabilität), die bei der Bewegung des Grundwassers als Stauschicht wirkt.

Grundwasseroberfläche (*groundwater table*) Grenzfläche zwischen der mit Grundwasser gesättigten und der ungesättigten Zone.

Grünschiefer (*greenschist*) Regionalmetamorphes, schiefriges Gestein mit einem hohen Gehalt an Chlorit und Epidot (beide sind grün); bei niedrigem Druck und niedrigen Temperaturen entstanden.

Grünschieferfazies (*greenschist facies*) Nach der Zeolithfazies der nächste höhere Metamorphosegrad.

Grünstein (*greenstone*) Sammelbezeichnung für sämtliche nicht schiefrige metamorphe oder sekundär umgewandelte basische und ultrabasische Magmatite, beispielsweise ehemalige Basalte oder Gabbros. Die Grünfärbung ergibt sich aus dem hohen Anteil an Chlorit.

Guyot (*guyot*) Großer submariner Tafelberg, dessen Gipfelplattform durch Abrasion einer Vulkaninsel entstanden ist, als diese noch den Meeresspiegel überragte.

habitable Zone (*habitable zone*) Abstandsbereich eines Planeten von seinem Zentralgestirn, in dem Wasser dauerhaft in flüssigem Zustand vorhanden ist. Innerhalb dieser Zone besteht die Möglichkeit, dass Leben entstanden sein könnte.

Habitus Siehe Kristallhabitus.

Haken (Strandhaken, *spit*) Langgestreckter Sporn aus Sand, der aufgrund von Küstenströmungen durch Küstenversetzung dort abgelagert wird, wo die Küste abrupt zurückspringt. Der Haken steht an seinem der Strömung zugewandten Ende mit dem Festland in Verbindung. Entwickelt sich der Haken weiter, so entsteht eine lange, schmale Nehrung, die eine dahinterliegende Bucht teilweise (Haff) oder völlig (Lagune) vom offenen Meer abtrennt.

Halbwertszeit (*half-life*) Erforderliche Zeit, bis die Hälfte der ursprünglichen Anzahl von Mutterisotopen eines bestimmten radioaktiven Isotops zerfallen ist.

Hämatit (*hematite*) An der Erdoberfläche das häufigste Eisenoxid; wichtiges Eisenerz.

Hangendscholle (*hanging wall*) Krustenblock oberhalb einer schräg einfallenden Störungsfläche, der relativ zur Liegendscholle unterhalb der Verwerfungsfläche entweder nach oben oder nach unten bewegt wurde.

Hängetal (*hanging valley*) Tal eines ehemaligen Seitengletschers, dessen Talboden höher lag als der Talboden des Hauptgletschers und daher nach dem Abschmelzen des Gletschers hoch in den Talwänden in das Tal des ehemaligen Hauptgletschers einmündet.

Härte (*hardness*) Maß für den Widerstand, den die Oberfläche eines Minerals der mechanischen Verletzung durch Ritzen mit einem spitzen Gegenstand definierter Härte entgegensetzt.

Herdvorgang (*fault mechanism*) Bruchbewegung an der Störung, durch die ein Erdbeben entsteht. Sie wird bestimmt durch die räumliche Orientierung der Störungsfläche und die Richtung des Verschiebungsbetrages. Je nachdem unterscheidet man zwischen Abschiebung, Auf- beziehungsweise Überschiebung und Horizontalverschiebung.

heteropolare Bindung Siehe Ionenbindung.

heterotroph (*heterotroph*) Ernährungsweise von Organismen, die als Energie- und Kohlenstoffquelle organische Substanzen benötigen, da sie diese nicht selbst produzieren können. Das heißt, sie ernähren sich indirekt oder direkt von autotrophen Organismen.

Hochdruckmetamorphose (*high pressure metamorphism*) Metamorphose unter hohem Druck (8–12 kbar) bei vergleichsweise niedrigen geothermischen Gradienten (5–20 °C pro Kilometer). Hochdruckmetamorphose ist überwiegend an Subduktions- und Kollisionszonen gebunden.

Hochwasser (*flood*) (1) Hoher Wasserstand in Flüssen und Seen, wenn durch zunehmenden Abfluss – als Folge eines kurzzeitigen Ungleichgewichts zwischen Zustrom und Abfluss – ein Gewässer über seine Ufer tritt. (2) Höchster Wasserstand einer Tide.

Höhe (*elevation*) (1) Die relative Höhe ist der senkrechte Abstand zwischen Berggipfel und Bergfuß. (2) Die absolute Höhe entspricht dem vertikalen Abstand eines Punktes der Erdoberfläche über dem Meeresspiegel.

Höhenlinie (Isohypse, *contour*) Linie auf einer topographischen Karte, die benachbarte Punkte gleicher Höhenlagen jeweils miteinander verbindet.

Horizontalverschiebung (Seitenverschiebung, Blattverschiebung, *strike-slip fault*) Störungsform, an der ausschließlich oder überwiegend horizontal gerichtete Relativbewegungen im Streichen der Störung stattgefunden haben.

Hornfels (*hornfels*) Durch Kontaktmetamorphose unter hohen Temperaturen und niedrigem Druck entstandenes massiges, dicht- bis feinkörniges, splitterig brechendes Gestein ohne oder nur mit geringer Deformation und hornsteinartiger Bruchfläche.

Hornstein (*chert*) Sedimentgestein aus kaum kristallisiertem oder extrem feinkristallinem, normalerweise chemisch oder biogen entstandenem SiO_2-Material, in der Regel Quarz oder Chalcedon.

Hot Spot (*hot spot*) Bereich mit intensivem, lokal begrenztem Vulkanismus in großer Entfernung von den Grenzen kontinentaler oder ozeanischer Platten.

Hubbert's Peak Höchster Punkt einer von dem Erdölgeologen M. King Hubbert entwickelten glockenförmigen Kurve, die vorhersagt, wann die Erdölproduktion eines Feldes, einer Ölprovinz oder aller Ölfelder der Erde ihren Höhepunkt erreicht und dann kontinuierlich abnimmt.

Humus (*humus*) Sammelbezeichnung für die im Boden angereicherten, Ab- und Umbauprozessen unterliegenden organischen Stoffe aus pflanzlichen und tierischen Ausgangsprodukten. Humus verleiht dem Boden seine charakteristische dunkle Farbe.

Hurrikan (*hurricane*) Schwerer tropischer Wirbelsturm, der über dem warmen Oberflächenwasser des tropischen Atlantiks zwischen 8 und 20° nördlicher Breite in Gebieten hoher Luftfeuchtigkeit und schwacher Winde entsteht. Die Windgeschwindigkeiten im Hurrikan betragen mindestens 119 km/h, hinzu kommen heftige Niederschläge. Im westlichen Pazifik nennt man die Wirbelstürme Taifune, im Indischen Ozean Zyklone.

Hydratation (*hydratation*) Als Hydratation oder Hydration bezeichnet man die Aufnahme von Wasser durch ein Mineral, beispielsweise bei der chemischen Verwitterung, wobei an einzelne der vorhandenen Ionen Wassermoleküle angelagert werden.

hydraulischer Gradient (Grundwassergefälle, *hydraulic gradient*) Der hydraulische Gradient ergibt sich aus dem Verhältnis zwischen der Wasserstandsdifferenz beziehungsweise dem Druckgefälle zwischen zwei Punkten einer Grundwasseroberfläche und der Fließlänge zwischen diesen Punkten.

hydraulische Rissbildung (*hydraulic fracking*) Siehe Fracking.

hydroelektrische Energie Siehe Wasserkraft.

Hydrogeologie (*hydrogeology*) Teilbereich der Geologie, der sich mit den Erscheinungsformen des unterirdischen Wassers beschäftigt. Die Hydrogeologie befasst sich demzufolge vor allem mit dem Vorkommen, den Eigenschaften und dem Verhalten von Grundwasser.

Hydrologie (*hydrology*) Wissenschaft, die Vorkommen, Zirkulation und Verteilung, chemische und physikalische Eigenschaften des Wassers sowie dessen Wechselwirkung mit der Umwelt auf und unterhalb der Erdoberfläche und die verschiedenen damit zusammenhängenden Gesetzmäßigkeiten erforscht.

hydrologischer Kreislauf (*hydrologic cycle*) Der Kreislauf des Wassers von den Ozeanen durch Verdunstung in die Atmosphäre, über Niederschläge wieder auf die Erde zurück, durch oberirdischen Abfluss und durch das Grundwasser in die Flüsse und wieder zurück in die Ozeane.

hydrothermale Ganglagerstätten (*hydrothermal vein deposits*) Vergesellschaftung bestimmter Minerale, die durch hydrothermale Prozesse in Hohlräumen eines Gesteins ausgefällt worden sind.

hydrothermale Lösung (*hydrothermal solution*) Heiße wässrige Lösung, die entsteht, wenn zirkulierendes Grundwasser oder Meerwasser in Kontakt mit einer heißen Intrusion kommt und mit dieser reagiert. Dabei werden große Mengen an Elementen und Ionen aufgenommen. Diese reagieren miteinander, wodurch es vor allem beim Abkühlen der Lösung zur Abscheidung von Mineralen kommt. Andere hydrothermale Lösungen entstehen auch als Restlösungen bei der Abkühlung von Magmen. Sie enthalten alle Ionen, die nicht in die Kristallgitter der gesteinsbildenden Minerale aufgenommen werden und bilden oft wichtige Erzlagerstätten.

hydrothermale Prozesse (*hydrothermal activity*) Alle Prozesse, an denen hoch erhitzte, wässrige Lösungen aus dem Untergrund beteiligt sind. Sie führen hauptsächlich zur Umwandlung und Neubildung von Mineralen sowie zur Entstehung heißer Quellen und Geysire.

Hydrothermalmetamorphose Siehe Ozeanbodenmetamorphose.

Ignimbrit (Schmelztuff, *volcanic ash-flow deposit*) Pyroklastisches Gestein, das aus einer sehr heißen Glutwolke (Glutlawine, nuée ardente, pyroklastischer Strom) entsteht, die sich mit hoher Geschwindigkeit am Boden entlang ausbreitet.

Impaktmetamorphose (Schockmetamorphose, Stoßwellenmetamorphose, *shock metamorphism*) Metamorphose, die auftritt, wenn Minerale kurzzeitig extrem hohen Drücken und lokal auch hohen Temperaturen von Schockwellen ausgesetzt sind, wie sie beim Einschlag eines Meteoriten entstehen.

Imprägnationslagerstätte (*disseminated deposit*) Lagerstätte, in der die Erzminerale diffus innerhalb des gesamten Gesteins verteilt sind und nicht in Gängen oder Adern konzentriert auftreten.

Infiltration (*infiltration*) Eindringen oder Einsickern von Wasser in Poren und Klüfte des Bodens und der Gesteine.

Inlandeismasse (*continental glacier*) Dauerhaft vorhandene mächtige, schildförmige Eismasse, die einen Großteil eines Kontinents oder einer anderen Landmasse überdeckt und die sich unbeeinflusst von kleineren topographischen Erscheinungsformen des Untergrunds unter ihrem eigenen Gewicht langsam bewegt (siehe auch Talgletscher).

innerer Erdkern (*inner core*) Innerer Bereich der Erde in einer Tiefe zwischen 5150 und 6370 km. Er besteht aus einer Eisen-Nickel-Legierung und bildet eine feste metallische Kugel mit einem Radius von 1220 km.

Inselbogen (*island arc*) Entweder gerade oder bogenförmig angeordnete Kette von Vulkaninseln an einer konvergenten Plattengrenze. Der Inselbogen bildet sich auf der überfahrenden Platte durch Magmen, die durch flüssigkeitsinduziertes Schmelzen im Mantelkeil über der abtauchenden Platte entstehen.

Intensitätsskala (*intensity scale*) Skala zur Abschätzung der Intensität eines zerstörenden Ereignisses, wie eines Erdbebens oder Hurrikans, die unmittelbar aus der Wahrnehmung und den zerstörenden Auswirkungen im Umfeld des Geschehens erstellt wurde und demzufolge nicht auf physikalischen Messungen beruht.

Interglazial (Warmzeit, Zwischeneiszeit, *interglacial period*) Relative warme Epoche innerhalb eines Eiszeitalters, in der die Eismassen abschmelzen, Wasser aus der Kryosphäre in die Hydrosphäre übergeht und der Meeresspiegel ansteigt.

intermediäre Gesteine (*intermediate igneous rocks*) Magmatite, die SiO_2-Gehalte zwischen 52 und 65 Prozent aufweisen und damit zwischen den basischen und sauren Gesteinen liegen. Häufige Vertreter sind Andesite (vulkanisch) und Diorite (plutonisch).

Intrusivgestein (Plutonit, *intrusive igneous rock*) Grobkörniges magmatisches Gestein, das in großer Tiefe als Magma in das Nebengestein eingedrungen ist und dort langsam erstarrte – ein Vorgang, der als Intrusion bezeichnet wird.

Ion (*ion*) Atom oder Molekül, das entweder Elektronen aufgenommen oder abgegeben hat und daher entweder eine positive oder negative Ladung aufweist.

Ionenbindung (heteropolare Bindung, *ionic bond*) Form der chemischen Bindung zwischen Ionen, typischerweise in Ionenkristallen, die auf der elektrostatischen Anziehung von Kationen und Anionen beruht.

Isochrone (*isochron*) Linie, die beispielsweise am Meeresboden benachbarte Punkte gleichen Alters und damit gleicher Bildungszeit miteinander verbindet.

Isohypse Siehe Höhenlinie.

Isostasie, Prinzip der (*isostasy*) Prinzip, das besagt, dass die Auftriebskraft, durch die ein Körper geringer Dichte (wie etwa ein Kontinent oder Eisberg) auf einem dichteren Medium schwimmt (wie etwa die Asthenosphäre oder Meerwasser), durch die Schwerkraft ausgeglichen wird, die den Körper nach unten zieht.

isostatische Rückformung (*glacial rebound*) Vorgang der Epirogenese, bei dem die kontinentale Lithosphäre unter dem Gewicht mächtiger Eismassen nach unten gedrückt wurde und nach dem Abschmelzen der Eisdecke im Verlauf von mehreren Jahrtausenden wieder nach oben steigt.

Isotop (*isotope*) Atom eines Elementes mit gleicher Kernladungszahl, das heißt mit gleicher Protonenzahl im Kern, aber unterschiedlicher Anzahl von Neutronen und damit unterschiedlicher Atommasse.

isotopische Altersbestimmung (*isotopic dating*) Quantitative Zeitbestimmung, bei der die relative Häufigkeit natürlich auftretender radioaktiver Elemente sowie die ihrer zerfallenen Tochterelemente für die Altersbestimmung eines Gesteins herangezogen wird.

Jährlichkeit Siehe Wiederkehrzeit.

Kalben (*iceberg calving*) Losbrechen großer Eisblöcke von der Front einer sich ins Meer vorschiebenden, großen Eismasse. Die Eisblöcke driften dann als Eisberge über die Ozeane der höheren Breiten.

Kalkstein (*limestone*) Chemisches bzw. chemisch-biogenes Sedimentgestein, das durch Diagenese aus Carbonatsedimenten hervorgegangen ist und überwiegend aus Calciumcarbonat in Form des Minerals Calcit besteht.

Kaltzeit Siehe Eiszeit.

Kambrische Explosion (*Cambrian explosion*) Rasch erfolgende evolutionäre Radiation tierischer Organismen zu Beginn des Kambriums nach einer ungefähr drei Milliarden Jahre dauernden, langsam verlaufenden Evolution. Dabei sind alle heute auf der Erde lebenden und auch einige inzwischen ausgestorbene Tiergruppen entstanden.

Kames (*kames*) Lokal auftretende, hügel- und rückenartige Glazialbildungen aus geschichtetem, grobklastischem Sedimentmaterial (fluviatile Kiese und Sande); ursprünglich als Deltaschüttungen durch Schmelzwasserströme an der Gletscherfront entstanden.

Kaolinit (*kaolinite*) Meist weißes bis cremefarbenes Tonmineral, das bei der Verwitterung von Feldspat entsteht, bevorzugt in den Tropen.

Kapazität Siehe Transportkapazität.

Kar (*cirque*) Einem Amphitheater ähnliche Hohlform am oberen Ende eines Gletschertales, die durch glaziale Erosion entstanden ist. Die Rückwand und die Seitenwände sind steil bis senkrecht, der Karboden ist überwiegend eben oder auch eingetieft. Nach Abschmelzen der Gletscher wird der Karboden meist von einem kleinen See (Karsee) eingenommen.

Karstmorphologie (*karst topography*) Unregelmäßige Oberflächenformen, gekennzeichnet durch Dolinen, Höhlen und fehlende Oberflächenentwässerung. Sie entsteht bevorzugt in feuchten Klimazonen mit üppiger Vegetation, wobei im Untergrund liegende wasserlösliche Gesteine, vor allem Kalksteine (Kalkkarst), aber auch Gips (Gipskarst) von unterirdischen Entwässerungsbahnen durchzogen werden.

Kation (*cation*) Positiv geladenes Ion (siehe auch Anion).

Kernenergie (*nuclear energy*) Die bei der Spaltung von Uran-235 frei werdende Wärme- und Strahlungsenergie. Sie kann für die Erzeugung von Dampf und damit von elektrischer Energie nutzbar gemacht werden.

Kernladungszahl Siehe Ordnungszahl.

Kern/Mantel-Grenze (*core-mantle boundary*) Grenze zwischen Erdkern und unterem Mantel in etwa 2890 km Tiefe unter der Erdoberfläche, an der die Ausbreitungsgeschwindigkeit der S-Wellen von etwa 7,5 km/s auf Null und die Geschwindigkeit der P-Wellen von etwas über 13 km/s auf ungefähr 8 km/s abnimmt.

Kessel Siehe Soll.

Kiel eines Kratons (*cratonic keel*) Mechanisch sehr stabiler Teil der Lithosphäre, der sich unter den Kratonen bis in Tiefen von 200–300 km erstreckt und damit in die durch Konvektionsbewegungen gekennzeichnete Asthenosphäre eintaucht.

Kies (*gravel*) Grobklastisches, häufig siliciklastisches Lockersediment, das aus Komponenten mit Durchmessern zwischen 2 und 63 mm besteht; oftmals auch als Schotter bezeichnet.

Kieselgesteine (*silicate rocks*) Gesteine, die große Mengen freie Kieselsäure entweder organischer oder anorganischer Herkunft enthalten; entstanden durch biogene oder chemische Ablagerung von SiO_2.

Kieselschlamm (*silica ooze, siliceous ooze*) Biogenes, pelagisches Sediment, das aus den Resten winziger Organismen (Radiolarien, Diatomeen) besteht, die Gehäuse aus amorpher Kieselsäure (Bio-Opal, SiO_2) besitzen.

Kissenlava (*pillow lava*) Besondere Form von Lavaergüssen, die unter Wasser aus dünnflüssiger Lava entsteht, wobei zahlreiche kleine Lavazungen die abgekühlte Kruste durchbrechen und dann erstarren. Dies führt zu einer Gesteinsabfolge aus wulst- bis kissenartigen oder auch schlauchförmigen Gebilden, die an aufgetürmte Sandsäcke erinnern. Der Name leitet sich von den meist aufgeschlossenen Querschnitten ab.

Klasten Siehe klastische Komponenten.

klastische Komponenten (Klasten, *clastic particles*) Eigenständige Bestandteile eines Sediments oder Sedimentgesteins, die durch mechanische Verwitterung eines bereits vorhandenen Gesteins entstanden sind.

klastische Sedimente (detritische Sedimente, *clastic sediments*) Sedimente, deren Material aus der mechanischen Zerstörung bereits vorhandener, älterer Gesteine stammt und das aus Gesteinsbruchstücken (Klasten) unterschiedlicher Korngrößen besteht. Diese wurden später durch Wasser, Eis oder Wind mechanisch verfrachtet.

Klima (*climate*) Der durchschnittliche atmosphärische Zustand über einem bestimmten Standort und die für dieses Gebiet charakteristischen Witterungsvorgänge. Aufgrund der Schwankungen ist das Klima nur für längere Zeiträume von mindestens 30 Jahren definiert, die als Normalperioden bezeichnet werden.

Klimamodell (*climate model*) Komplexer Computer-Algorithmus zur Vorhersage der künftigen Entwicklung des globalen Klimasystems für einen Zeitraum von mehreren Jahrzehnten.

Klimasystem (*climate system*) Globales Geosystem, das alle Komponenten und alle Wechselwirkungen dieser Komponenten des Systems Erde umfasst, die für eine Beschreibung des Klimas und der Klimaveränderungen in Zeit und Raum erforderlich sind.

Kluft (*joint*) Größere und relativ ebene Bruchfläche innerhalb eines Gesteins, an der keine Relativbewegung der beiden angrenzenden Blöcke gegeneinander stattgefunden hat.

Kohle (*coal*) Biogenes Sedimentgestein, das überwiegend aus den Resten höherer Landpflanzen entstanden ist und das nach der Kompaktion und Diagenese (Inkohlung) zu über 50 Prozent aus organischem Kohlenstoff besteht. Die Kohlebildung fand entweder unter paralischen (Küste) oder unter limnisch-fluviatilen Bedingungen statt.

Kohleflöz (*coal bed*) Kohleschicht als Sedimentationseinheit zwischen anderen Gesteinen.

Kohlenstoff-Intensität (*carbon intensity*) Menge des Kohlenstoffs, der bei der Verbrennung fossiler Energieträger pro Energie-Einheit in die Atmosphäre abgegeben wird. Beispielsweise entstehen bei der Verbrennung von Methan pro Quad erzeugter Energie 14,1 Gigatonnen Kohlenstoff, das heißt, seine Kohlenstoff-Intensität beträgt 14,1 Gt/Quad.

Kohlenstoffkreislauf (*carbon cycle*) Geochemisches System, das den kontinuierlichen Kreislauf des Kohlenstoffs zwischen Atmosphäre und den anderen wesentlichen Speichern – Lithosphäre, Hydrosphäre und Biosphäre – beschreibt.

Kohlenstoff-Seqestrierung (*carbon sequestration*) Abscheidung und Einlagerung des bei der Verbrennung fossiler Energieträger entstehenden Kohlendioxids in dauerhaften Speichern außerhalb der Atmosphäre.

Kohlenstoff-Wirtschaft (*carbon economy*) Wirtschaft unserer modernen Industriegesellschaft, die überwiegend auf der Energieerzeugung aus fossilen Brennstoffen basiert.

Kolk Siehe Strudeltopf.

Kompaktion (*compaction*) Mechanischer Vorgang im Rahmen der Diagenese, wobei infolge des zunehmenden Gewichts der Überdeckung Volumen und Porosität eines Sediments abnehmen, da die Komponenten enger zusammengepresst werden.

Kompetenz (eines Flusses) (*competence*) Maß für die größten Sedimentpartikel, die ein Fluss an einer bestimmten Stelle und zu einem bestimmten Zeitpunkt als Bodenfracht transportieren kann. Sie ist abhängig von der Fließgeschwindigkeit und bezieht sich nicht auf die Gesamtmenge (vgl. Transportkapazität).

Kompressionskräfte (*compressive forces*) Kräfte, die einen Körper zusammenpressen beziehungsweise verkürzen. Kompressionskräfte treten bevorzugt an konvergenten Plattengrenzen auf (vgl. Scherkräfte, Dehnungskräfte).

Kompressionswellen Siehe P-Wellen.

Konglomerat (*conglomerate*) Grobklastisches Sedimentgestein aus diagenetisch verfestigtem, gerundetem Material der Kiesfraktion und gröber; diagenetisch verfestigtes Äquivalent von Kies.

konkordante Intrusion (*concordant intrusion*) Magmatische Intrusion, deren Kontaktflächen parallel zur Schichtung oder Schieferung des Nebengesteins verlaufen (siehe auch diskordante Intrusion).

konservative Plattengrenze Siehe Transformstörung.

konsolidiertes Material (*consolidated material*) Durch Kompaktion und Zementation verfestigtes Sediment.

konstruktive Plattengrenze Siehe divergente Plattengrenze.

Kontaktmetamorphose (*contact metamorphism*) Als Folge der Temperaturzunahme in der unmittelbaren Umgebung einer Magmaintrusion stattfindende Veränderung der mineralischen Zusammensetzung und des Gefüges im Nebengestein.

Kontinentaldrift (*continental drift*) Horizontale Verschiebung oder Rotation der Kontinente relativ zueinander an der Erdoberfläche; wird angetrieben durch das System Plattentektonik.

Kontinentalfuß (*continental rise*) Ausgedehntes, sanft abfallendes Gebiet aus sandigen und tonigem Sedimentmaterial, das mit einem Gefälle von weniger als 1:40 vom Kontinentalhang zur Tiefsee-Ebene überleitet.

Kontinentalhang (*continental slope*) Bereich des steilsten Gefälles zwischen dem Kontinentalrand und dem Kontinentalfuß.

Kontinentalrand (*continental margin*) Teil des Meeresbodens, der sich von der Küstenlinie bis zum landseitigen Rand der Tiefseeebene erstreckt. Er umfasst somit den Kontinentalschelf, den Kontinentalhang und den Kontinentalfuß.

Kontinentalschelf (*continental shelf*) Der unter Wasser liegende, flach zum Kontinentalhang abfallende, von mächtigen Flachwassersedimenten bedeckte Randbereich eines Kontinents, der sich normalerweise bis zu einer Wassertiefe von ungefähr 200 m oder bis zur Oberkante des Kontinentalhangs erstreckt.

kontinuierliche Reaktionsreihe (*continuous reaction series*) Reaktionsreihe, bei der zu Beginn eines bestimmten Temperaturintervalls ein spezifisches Mineral auskristallisiert, dessen chemische Zusammensetzung sich aber mit fallender Temperatur verändert.

Konvektion (*convection*) Vorgang der mechanischen Wärmeübertragung in fluiden Phasen, wobei heißes Material wegen seiner geringeren Dichte vom Boden nach oben steigt, während kühleres Material von der Oberfläche nach unten sinkt, seinerseits erwärmt wird, nach oben steigt und so den Kreislauf schließt (vgl. Wärmeleitung).

konvergente Plattengrenze (*convergent plate boundary*) Plattengrenze, an der Lithosphärenplatten miteinander kollidieren und an der entweder Kruste verkürzt und verdickt wird oder durch Subduktion eine Platte unter die andere in den Erdmantel abtaucht; verbunden damit sind Erdbeben, Vulkanismus, Tiefseerinnen und Gebirgsbildung (vgl. divergente Plattengrenze, Transformstörung).

Konzentrationsfaktor (Anreicherungsfaktor, *concentration factor*) Verhältnis des Prozentgehalts eines Elements innerhalb einer Lagerstätte zum durchschnittlichen Gehalt in der Erdkruste.

Korrasion (Sandschliff, *sandblasting*) Form der physikalischen Verwitterung, bei der das Gestein durch den mit großer Geschwindigkeit erfolgenden Aufprall der vom Wind verfrachteten Sandkörner abgeschliffen wird. Korrasion tritt vor allem in ariden, somit auch in periglazialen Bereichen auf und führt bei Geröllen und Steinen zur Entstehung von Windkantern.

kovalente Bindung Siehe gemeinsame Elektronen.

Krater (*crater*) (1) Oberster, meist trichter- oder muldenförmig erweiterter Teil des Förderkanals im Gipfelbereich eines Vulkans. (2) Durch den Aufschlag eines Meteoriten entstandene Hohlform an der Erdoberfläche.

Kraton (Schild, *craton*) Teil der kontinentalen Kruste im Kernbereich eines Kontinents, der seit dem Präkambrium oder älteren Paläozoikum keiner stärkeren Deformation mehr unterlag. Diese Kratone zeigen überwiegend Hebungstendenz, sodass ihre Plutonite und Metamorphite heute meist im Zentrum der Kontinente aufgeschlossen sind.

Kriechen (Gekriech, *creep*) Langsame, unter dem Einfluss der Schwerkraft hangabwärts gerichtete Massenbewegung von Boden- oder Schuttmaterial mit einer Geschwindigkeit zwischen einigen Zentimetern bis Dezimetern pro Jahr.

Kristall (*crystal*) Materie, bei der die Atome, Ionen oder Moleküle geometrisch regelmäßig in allen Richtungen des Raumes angeordnet sind und so eine periodisch sich wiederholende Gitterstruktur bilden.

Kristallhabitus (Habitus, *crystal habit*) Die generelle äußere Form eines Kristalls, beispielsweise würfelig, prismatisch, stängelig oder faserig.

kristalliner Schiefer (*schist*) Sammelbezeichnung für ein metamorphes Gestein; gekennzeichnet durch eine ausgeprägte Schieferung und plattige Spaltbarkeit.

Kristallisation (*crystallization*) Bildung eines kristallinen Festkörpers mit regelmäßig in einem bestimmten chemischen Verhältnis zueinander angeordneten Atomen oder Molekülen aus einer Gasphase, einer Schmelze oder Lösung, beispielsweise die Bildung kristalliner Minerale aus einem Magma.

kristalloblastisches Gestein (granoblastisches Gestein, *granoblastic rock*) Metamorphes Gestein mit isotropem Gefüge, das überwiegend aus gleichkörnigen Kristallen mit würfeligen oder kugeligen Formen, weniger aus tafeligen oder langgestreckten Kristallen besteht. Zu den kristalloblastischen Gesteinen (im Deutschen auch als Felse bezeichnet) gehören unter anderem Hornfelse, Quarzite, Marmore, Grünsteine, Amphibolite und Granulite.

Küste (*coast*) Das Meer begrenzender, meist schmaler Festlandsstreifen; erstreckt sich von der unmittelbaren Strandlinie bei Ebbe landeinwärts bis zu dem Punkt, an dem eine wesentliche Veränderung in der Landschaftsform erfolgt.

Küstenstrom (Küstenlängsstrom, *longshore current*) Annähernd küstenparallele Strömung im Flachwasserbereich. Sie ergibt sich aus der Summe der küstenparallel ausgerichteten Komponenten der unter einem Winkel auf die Küstenlinie auflaufenden Wellen.

Küstenlängsstrom Siehe Küstenstrom.

Küstenversatz (Küstenversetzung, *longshore drift*) Sedimentverlagerung entlang der Küste durch den schräg auf den Strand auflaufenden Schwall und den rückströmenden Sog der Wellen.

Küstenversetzung Siehe Küstenversatz.

Lagergang Siehe Sill.

Lahar (*lahar*) Bei Vulkanausbrüchen entstehender Schlammstrom aus lockerer vulkanischer Asche, Staub, Gesteinstrümmern und Blöcken, vermischt mit Niederschlagswasser, geschmolzenem Schnee und Eis oder mit dem Wasser eines Sees, der durch den Lavaausbruch verfüllt wird. Lahare bewegen sich je nach Hangneigung mit hohen bis sehr hohen Geschwindigkeiten.

laminare Strömung (*laminar flow*) Strömung, bei der die Stromlinien gerade oder leicht gebogen verlaufen, aber stets parallel zueinander angeordnet sind (vgl. turbulente Strömung).

Landform (*landform*) Charakteristische Reliefform der Erdoberfläche, deren Gestalt, Anordnung und Entwicklung überwiegend durch Erosion und Sedimentation bedingt ist.

Längsdüne (*linear dune*) Langgestreckte, schmale, durch äolischen Transport entstandene Sanddüne, deren Längsachse annähernd parallel zur vorherrschenden Windrichtung verläuft.

Längsprofil Siehe Gefällskurve.

La Niña Anomale Abkühlung in den tropischen Bereichen des Ostpazifiks, gekennzeichnet durch stärkere Passatwinde. La Niña folgt häufig einem El Niño-Ereignis.

Laterit (*laterite*) Stark verwitterte, nährstoffarme Böden der feuchtwarmen Tropen bis Subtropen; sie entstehen durch rasche und intensive chemische Verwitterung sowie gleichzeitigem Abtransport der löslichen Komponenten. Laterite sind somit Residualböden, gekennzeichnet durch eine rote bis rotbraune Farbe sowie einen hohen Gehalt an Aluminium- und Eisenoxiden beziehungsweise Eisenoxidhydraten.

Lava (*lava*) Magma, das bei Vulkaneruptionen an der Erdoberfläche ausfließt.

Leitfähigkeit (*conduction*) Siehe Wärmeleitung.

Lineareruption Siehe Spalteneruption.

Litharenit (*lithic sandstone*) Sandstein mit meist geringem Matrixgehalt, in dem mehr als 25 Prozent der Sandfraktion aus Gesteinsbruchstücken bestehen. Je nachdem welche Gesteinsbruchstücke vorherrschen, lassen sich die Litharenite weiter differenzieren.

Lithifizierung (*lithification*) Bezeichnung für die Prozesse der Sedimentverfestigung, durch die ein Lockersediment in ein Festgestein übergeht.

Lithosphäre (*lithosphere*) Die starre äußere Schale der Erde. Sie besteht aus der kontinentalen und ozeanischen Kruste sowie dem obersten Bereich des Erdmantels bis zu einer mittleren Tiefe von etwa 100 km.

Lockersediment (*unconsolidated material*) Sedimentmaterial, dessen Komponenten noch nicht durch Zement oder eine Matrix miteinander verkittet und dadurch verfestigt sind.

Longitudinalwellen Siehe P-Wellen.

Löslichkeit (*solubility*) Maximale Menge einer Substanz, die ein Lösungsmittel bei einer bestimmten Temperatur aufnehmen kann, das heißt der Anteil des gelösten Stoffs in einer – bei der betreffenden Temperatur – gesättigten Lösung.

Löss (*loess*) Helles schichtungsloses, äolisch abgelagertes poröses Staubsediment der Siltfraktion mit einem gewissen Gehalt an Tonmineralen; je nach Herkunftsgebiet mit unterschiedlich hohem Kalkgehalt (bis zu 20 Prozent).

Low-Velocity-Zone (Niedriggeschwindigkeitszone, Zone niedriger Wellengeschwindigkeit, *low-velocity zone*) Zone im oberen Erdmantel an der Basis der Lithosphäre zwischen etwa 50 und 200 km Tiefe, die der Asthenosphäre entspricht und in der die Geschwindigkeit der S-Wellen abrupt abnimmt.

Mäander (*meander*) Bogenförmige Schlingen eines Flusslaufs, die entstehen, wenn ein Fluss das äußere Ufer, den Prallhang einer Schlinge erodiert und am inneren Ufer, am Gleithang, an einer Sandbank Sediment ablagert.

mafisch (*mafic*) Bezeichnung für die dunkel gefärbten eisen- und magnesiumreichen Silicatminerale (z. B. Pyroxen, Amphibol oder Olivin); kennzeichnend für basische und ultrabasische Gesteine.

Magma (*magma*) Natürlich vorkommendes, geschmolzenes Gesteinsmaterial, aus dem durch Kristallisation bei Abkühlung magmatische Gesteine (Magmatite) entstehen. Magma, das an der Erdoberfläche ausfließt, wird als Lava bezeichnet.

Magmakammer (*magma chamber*) Mit Magma gefüllter Hohlraum innerhalb der Lithosphäre; entsteht durch eine aufsteigende Gesteinsschmelze, die das umgebende feste Gestein verdrängt.

Magma-Ozean (*magma ocean*) Bezeichnung für die vollständig geschmolzene, mehrere hundert Kilometer mächtige äußere Schicht der Erde, die vor 4,5 Milliarden Jahren nach der Kollision mit einem extraterrestrischen Körper von der Größe des Mars die Erde umgab.

magmatische Akkretion (*magmatic addition*) Wachstum der Kontinente durch den Aufstieg SiO_2-reicher Differenziate geringer Dichte aus dem Erdmantel in die Erdkruste.

magmatische Differenziation (*magmatic differentiation*) Vorgang, bei dem aus einem einheitlich zusammengesetzten Stamm-Magma Gesteine unterschiedlicher chemischer Zusammensetzung hervorgehen. Die verschiedenen Minerale kristallisieren bei unterschiedlichen Temperaturen, wodurch sich die chemische Zusammensetzung des Magmas ändert, da der Schmelze durch die Kristallbildung jeweils spezifische chemische Elemente entzogen werden.

magmatisches Gestein Siehe Magmatit.

Magmatit (magmatisches Gestein, *magmatite*) Gestein, das durch Erstarrung einer Gesteinsschmelze, eines Magmas, entstanden ist.

Magnetfeld (*magnetic field*) Magnetisches Feld, das sowohl durch elektrische Ströme als auch durch magnetisiertes Material erzeugt werden kann.

magnetische Anomalien (*magnetic anomalies*) Langgestreckte schmale Streifen mit alternierender stärkerer oder schwächerer Magnetisierung auf dem Meeresboden, die parallel und nahezu vollständig symmetrisch zum Kamm der mittelozeanischen Rücken verlaufen.

magnetischer Dipol (*dipole*) Ein vollständiger Magnet mit zwei entgegengesetzt magnetisierten Polen.

magnetische Zeitskala (Zeitskala der Magnetfeldumkehr, *magnetic time scale*) Detaillierte Abfolge der Umpolungen des irdischen Magnetfelds im Verlauf der Erdgeschichte. Sie wurde durch Messung der thermoremanenten Magnetisierung an Gesteinsproben der ozeanischen Kruste und radiometrischen Altersbestimmungen der entsprechenden Gesteine ermittelt.

Magnetostratigraphie (*magnetic stratigraphy*) Methode der Stratigraphie, die remanent magnetisierte Gesteine in eine paläomagnetische Zeitskala einordnet, die aus den zeitlich bekannten Variationen des Erdmagnetfelds erarbeitet worden ist.

Magnitudenskala (*magnitude scale*) Skala für die quantitative Bestimmung der Stärke eines Erdbebens. Sie bezieht sich entweder auf den Zehnerlogarithmus der stärksten Bodenerschütterung, die beim Durchgang einer seismischen Wellenart von einem Standard-Seismographen aufgezeichnet wird (Richter-Magnitude), oder auf die unmittelbaren Vorgänge an der Bruchfläche der Störung (Moment-Magnitude).

Manteldiapir (*mantle plume*) Vertikale, verhältnismäßig eng begrenzte Zone von wenigen hundert Kilometern Durchmesser, in der heißes Mantelmaterial von der Kern/Mantel-Grenze mit großer Geschwindigkeit nach oben steigt; man ist der Auffassung, dass solche Manteldiapire für den Intraplattenvulkanismus verantwortlich sind.

Maria (*lunar maria*) Bezeichnung für die dunkel erscheinenden, tiefliegenden und nahezu ebenen Areale auf der Oberfläche des Mondes. Da in diesen Maria nur wenige Krater vorhanden sind, ist davon auszugehen, dass die Maria jünger sind als die Terrae.

Marmor (*marble*) Granoblastisches metamorphes Gestein, entstanden durch Regional- oder Kontaktmetamorphose von Kalksteinen oder Dolomiten. In der Natursteinindustrie bezeichnet man alle schleif- und polierfähigen Kalksteine ebenfalls als Marmor.

Massenaussterben (*mass extinction*) Aussterben in großem Umfang in einem vergleichsweise kurzen Zeitraum von wenigen Millionen Jahren, wobei als Folge eine große Anzahl von Organismenarten aus der geologischen Überlieferung verschwindet.

Massenbewegung (*mass movement*) Hangabwärts gerichtete schnelle oder langsame Verlagerung von Boden- und Gesteinsmaterial unter dem Einfluss der Schwerkraft.

Massentransport (*mass wasting*) Sammelbegriff für die hangabwärts gerichtete Verfrachtung großer Mengen von lockerem, verwittertem oder unverwittertem Gesteinsmaterial in einem einzigen Vorgang durch ein Transportmittel, das heißt durch Wasser, Wind oder Eis unter dem Einfluss der Schwerkraft.

Materialfluss (*flux*) Menge eines bestimmten Materials, das einen Speicher pro Zeiteinheit erreicht oder verlässt.

Mélange, tektonische (*mélange*) Ausgedehnter Gesteinskomplex, der aus einem ungeschichteten, intensiv zerscherten, chaotischen Gemisch sehr heterogener Gesteine unterschiedlichster Dimensionen und Gefüge in einer meist tonigen Matrix besteht und an konvergenten Plattengrenzen auftritt, wo eine ozeanische unter einer kontinentalen Lithosphärenplatte subduziert wird.

Mercalli-Skala (*Mercalli intensity scale*) Maß für die Erdbebenintensität, ermittelt anhand der beobachteten makroseismischen Auswirkungen auf Bevölkerung und Bauwerke – nicht anhand der tatsächlichen Stärke. Sie reicht von Stufe I (vom Menschen nicht wahrnehmbar) bis XII (nahezu völlige Zerstörung).

Mesa (Tafelberg, *mesa*) Bezeichnung für eine kleinere, weitgehend ebene Hochfläche, begrenzt von steilen Wänden; die Hochfläche wird von mehr oder weniger horizontal lagernden, verwitterungsresistenten Gesteinsschichten gebildet.

Metabolismus Siehe Stoffwechsel.

metallische Bindung (*metallic bond*) Form der kovalenten Bindung, bei der frei bewegliche Elektronen allen Atomen gemeinsam angehören und zwischen den Ionen der Metalle verteilt sind, wobei die Metalle die Tendenz haben, Elektronen abzugeben und als Kationen aufzutreten.

metamorphe Fazies (*metamorphic facies*) Charakteristische Mineralvergesellschaftung in metamorphen Gesteinen, die jeweils für einen bestimmten Druck- und Temperaturbereich kennzeichnend sind, dem die unterschiedlichen Gesteine im Verlauf der Metamorphose ausgesetzt waren.

metamorphe Gesteine Siehe Metamorphite.

Metamorphite (metamorphe Gesteine, *metamorphic rocks*) Gesteine, deren ursprüngliche chemische bzw. mineralogische Zusammensetzung und Gefüge durch die Einwirkung von Druck und Temperatur sowie untergeordnet durch die Abgabe oder Aufnahme chemischer Komponenten verändert worden ist (vgl. Metamorphose).

Metamorphose (*metamorphism*) Mineralogische und texturelle Umwandlung von Festgesteinen in festem Zustand unter den im Erdinneren herrschenden physikalisch-chemischen Bedingungen. Die dadurch entstehenden Gesteine werden als metamorphe Gesteine oder Metamorphite bezeichnet.

Metasomatose (*metasomatism*) Änderung der chemischen Zusammensetzung bzw. des Mineralbestands eines Gesteins in festem Zustand durch Zufuhr oder Abtransport chemischer Substanzen in gelöster Form unter meist erhöhten Temperaturen.

meteorisches Wasser (*meteoric water*) Niederschlagswasser aus der Atmosphäre (Regen, Schnee, Tau, Nebel, Hagel- und Graupelschauer), das bereits am Wasserkreislauf teilgenommen hat.

Meteorit (*meteorite*) Kleinerer kosmischer Körper aus dem äußeren Weltraum, der in den Anziehungsbereich der Erde gelangt, den Flug durch die Erdatmosphäre übersteht und schließlich auf der Erde aufschlägt. Die meisten Meteorite sind Bruchstücke von Asteroiden, die aus Kollisionen im Asteroidengürtel entstanden sind. Je nach Zusammensetzung unterscheidet man Steinmeteorite, Steineisenmeteorite und Eisenmeteorite.

Meteoritenschauer (*heavy bombardment*) Zeitraum innerhalb der frühen Geschichte des Sonnensystems, in der die Planeten häufigen, Krater bildenden Impaktereignissen ausgesetzt waren.

Migmatite (*migmatites*) Makroskopisch außerordentlich heterogene Gesteinsgruppe zum Teil mit metamorphem, zum Teil mit magmatischem Gefüge. Migmatite entstehen wahrscheinlich im Übergangsbereich von metamorph zu magmatisch bei Anwesenheit von Wasser durch teilweise Aufschmelzung.

Mikrobenmatte (*microbial mat*) Geschichtete Lebensgemeinschaft von mikrobielle Matten bildenden Organismen, meist Cyanobakterien-Gemeinschaften, die vor allem in flachen, subtidalen bis supratidalen Bereichen wie Wattgebieten, übersalzenen Lagunen, aber auch in Thermalquellen auftreten.

Mikrofossilien (*microfossils*) Fossilien, überwiegend Protozoen, die meist kleiner sind als ein Millimeter und daher lediglich unter dem Mikroskop untersucht werden können. Die ältesten überlieferten Hinweise auf Mikrofossilien – und damit auf Leben – sind winzige Fäden, die von der Größe und Erscheinungsform rezenten Mikroorganismen entsprechen. Sie sind in präkambrischen Kieselsedimenten überliefert.

Mikroorganismen (*microbes*) In der Regel einzellige Kleinstlebewesen, die meist nur unter dem Mikroskop erkennbar sind. Zu dieser Organismengruppe gehören Bakterien, einige Pilze und Algen sowie die meisten Protozoen.

Mikroplatte (Terran, *microplate terrane*) Tektonisch umgrenzter Bereich innerhalb eines Orogengürtels, der Gesteinsparagenesen enthält, die in deutlichem Gegensatz zu den umliegenden Gebieten stehen und als kleinere Bruchstücke von Kontinenten oder Inselbögen an einer konvergenten Plattengrenze angelagert worden sind.

Milanković-Zyklus (*Milankovitch cycle*) Von M. Milanković erstmals erkannte astronomisch bedingte zeitvariante Veränderungen der Erdbahnelemente, die zu periodischen Schwankungen der Sonneneinstrahlung an der Erdoberfläche führen. Verantwortlich hierfür sind: (1) die Exzentrizität der Erdumlaufbahn (Abweichung der Erdbahn von einer Kreisbahn), (2) die Schiefe der Ekliptik (Neigung der Rotationsachse der Erde gegen die Senkrechte zur Umlaufbahn) und (3) die Präzession (kreiselartige Drehung der Erdachse um die Senkrechte auf der Erdbahnebene).

Mineral (*mineral*) Natürlich vorkommender, meist anorganischer, stofflich einheitlicher, in der Regel kristalliner Festkörper bestimmter chemischer Zusammensetzung.

Mineralogie (*mineralogy*) (1) Wissenschaft von der Zusammensetzung, Struktur, Erscheinungsform, Stabilität, dem Vorkommen, der Verwendung und der Vergesellschaftung der Minerale. (2) Die im Gestein auftretende Mineralparagenese (Mineralvergesellschaftung).

mittelozeanischer Rücken (*mid-ocean ridge*) Langgestreckter Gebirgszug im Ozean an einer divergenten Plattengrenze, gekennzeichnet durch Erdbeben, Vulkanismus und Grabenbildung als Folge von Dehnungsprozessen, die durch Konvektionsbewegungen im Erdmantel verursacht werden und die beide Lithosphärenplatten voneinander trennen.

Modifikation (*polymorph*) Eine von zwei oder mehreren möglichen Kristallstrukturen einer chemischen Verbindung, die sich in ihren physikalischen Eigenschaften unterscheiden; die Minerale Calcit und Aragonit sind beispielsweise Modifikationen von Calciumcarbonat ($CaCO_3$).

Moho siehe Mohorovičić-Diskontinuität

Mohorovičić-Diskontinuität (Moho, *Mohorovičić discontinuity*) Seismische Unstetigkeitsfläche und gleichzeitig Grenze zwischen Erdkruste und Erdmantel in einer Tiefenlage zwischen 5 und etwa 45 km, gekennzeichnet durch eine sprunghafte Geschwindigkeitszunahme der P-Wellen von 6,5 auf Werte über 8 km/s. Benannt nach dem kroatischen Seismologen A. Mohorovičić, der die Moho erstmals beschrieb.

Mohs'sche Härteskala (*Mohs scale of hardness*) Empirisch ermittelte Reihe von Mineralen mit zunehmender Ritzhärte, bei der das folgende Mineral jeweils das vorangehende an Ritzhärte übertrifft (vgl. Tab. 3.2).

Moment-Magnitude (*moment magnitude*) Maß für die Erdbebenstärke, ermittelt als das Produkt aus Bruchfläche, dem mittleren Verschiebungsbetrag an der Störungsfläche und dem Schermodul des Gesteins im Herdgebiet.

Moräne (*moraine*) Bezeichnung für das von Gletschern oder Inlandeismassen transportierte und an den Rändern oder unter den Eismassen abgelagerte Material aus Gesteinsbrocken, Sand und Ton (Geschiebematerial). Man unterscheidet vor allem Grundmoräne, Seitenmoräne, Mittelmoräne und Endmoräne.

Mulde (*syncline*) Einsenkung der Schichten mit nach oben divergierenden Flanken, infolgedessen die jüngeren Schichten im Kern auftreten (vgl. Sattel).

Muttergestein (*source bed, source rock*) Sediment oder Gestein mit einem hohen Anteil an biogenem Material, in dem sich bei der Überdeckung und Versenkung durch Erwärmung Erdöl oder Erdgas bilden. Die häufigsten Muttergesteine sind die an organischem Material reichen Schwarzschiefer oder auch bituminösen Kalke. Das Wandern von Erdöl und Erdgas vom Mutter- zum Speichergestein wird als Migration bezeichnet.

Mylonit (*mylonite*) Überwiegend feinkörniges, dichtes metamorphes Gestein mit Paralleltextur, das häufig an tektonischen Bewegungsflächen, besonders an der Basis großer Überschiebungsdecken auftritt und durch die Zerscherung und Deformation im Zuge der tektonischen Bewegungen mit nachfolgender Verfestigung entsteht.

Nachbeben (*aftershock*) Schwaches Erdbeben, das sich nach einem vorangegangenen größeren Erdbeben innerhalb von Tagen bis Jahren im weitgehend gleichen Gebiet ereignet (vgl. Vorbeben).

nachgewiesene Reserven (*proven reserves*) Siehe Reserven.

nachhaltige Entwicklung (*sustainable development*) Eine Entwicklung, die den gegenwärtigen Bedürfnissen gerecht wird und dabei die eigene Zukunftsfähigkeit garantiert, ohne die Lebenschancen künftiger Generationen zu gefährden.

natürliche Auslese (*natural selection*) Der natürliche Fortpflanzungserfolg verschiedener Phänotypen, der sich aus der Wechselbeziehung zwischen den Organismen und ihrer Umwelt ergibt und für die Entwicklung optimal angepasster Arten verantwortlich ist, die wiederum die erfolgreiche Fortpflanzung nachfolgender Generationen ermöglicht.

natürlicher Böschungswinkel Siehe Böschungswinkel.

natürliche Ressourcen (*natural ressources*) Bestandteile der natürlichen Umwelt wie etwa Wasser, Rohstoffe und Energie, die vom Menschen genutzt werden können. Man unterscheidet hierbei erneuerbare und nicht erneuerbare Ressourcen.

Nebenfluss (*tributary*) Fluss niedrigerer Ordnung, der in einen größeren Fluss oder Strom einmündet.

Nebengestein (*country rock*) Gestein, in das ein Intrusivgestein eingedrungen ist oder das eine Lagerstätte umgibt.

Nebular-Hypothese (*nebluar hypothesis*) Auf Immanuel Kant und Pierre Simon de Laplace zurückgehende Theorie, dass unser Sonnensystem aus einer den Raum des Sonnensystems einnehmenden langsam rotierenden einheitlichen kosmischen Gas- und Staubwolke (dem Sonnennebel) entstanden ist, die nachfolgend durch gravitative Kräfte kontrahierte und sich zur Sonne und den Planeten weiterentwickelt hat.

negativer Rückkopplungseffekt (*negative feedback*) Prozess, bei dem ein Vorgang eine Wirkung auslöst (die Rückkopplung), die auf den ursprünglichen Prozess abschwächend wirkt und diesen auf einer niedrigeren Geschwindigkeit oder Intensität stabilisiert (vgl. positiver Rückkopplungseffekt).

Nehrungsinsel Siehe Düneninsel.

Neutron (*neutron*) Elektrisch neutrales Teilchen innerhalb des Atomkerns mit der Masse eines Protons.

nicht erneuerbare Ressourcen (*nonrenewable resources*) Ressourcen, die sich durch geologische Prozesse mit einer geringeren Geschwindigkeit bilden, als sie verbraucht werden. Beispiel hierfür sind die fossilen Brennstoffe (vgl. erneuerbare Ressourcen).

Niederschlag [meteorologisch] (*precipitation*) Bezeichnung für das gesamte aus der Atmosphäre auf die Erdoberfläche gelangende Wasser. Der Niederschlag fällt in flüssiger Form als Regen oder schlägt sich als Tau, Reif oder Nebel nieder, in fester Form als Schnee, Schneeregen, Hagel oder Graupel. Die jährlichen Niederschlagsmengen schwanken von wenigen Millimetern in Wüsten bis zu 12 Metern in Staulagen der humiden Tropen.

Niederschlag [chemisch] (*precipitate*) Bezeichnung für den beim Ausfällen aus einer Lösung sich abscheidenden feinverteilten Feststoff, der sich nach Überschreiten einer bestimmten Korngröße aufgrund seiner höheren Dichte gegenüber der Lösung absetzt.

Niedriggeschwindigkeitszone Siehe Low-Velocity-Zone.

niedriggradige Metamorphose (Versenkungsmetamorphose, *low grade metamorphism, burial metamorphism*) Form der Regionalmetamorphose, bei der die in große Tiefe versenkten Sedimentgesteine ohne Deformation, sondern lediglich durch den steigenden Druck der überlagernden Sedimente und Sedimentgesteine und durch die Zunahme der Temperatur, die mit der Versenkung in größere Tiefe verbunden ist, in Metamorphite übergehen.

Nipptide (*neap tide*) Gezeitenphase mit relativ geringem Tidenhub, die zweimal pro Monat auftritt, wenn Mond und Sonne im ersten und letzten Viertel des Mondes im rechten Winkel, das heißt in Quadratur zueinander stehen und sich in ihrer Anziehungskraft auf die Erde gegenseitig schwächen (vgl. Springflut).

oberer Erdmantel (*upper mantle*) Teil des Erdmantels, der sich von der Moho bis zur Basis der Übergangszone in einer Tiefe von 660 km erstreckt.

Oberflächenspannung (*surface tension*) Anziehungskräfte zwischen den Molekülen an der Oberfläche von Flüssigkeiten.

Oberflächenwellen (*surface waves*) Seismische Wellen, die sich mit Geschwindigkeiten zwischen 2,5 und 4,5 km/s entlang der Erdoberfläche ausbreiten und deshalb deutlich später eintreffen als P- und S-Wellen.

Obsidian (*obsidian*) Dunkles vulkanisches Gesteinsglas mit saurem bis intermediärem Chemismus.

Ökosystem (*ecosystem*) Bezeichnung für ein biotisches System, das alle Organismen innerhalb eines bestimmten Gebiets sowie die abiotischen Faktoren umfasst, mit denen sie in Wechselbeziehung stehen; eine Lebensgemeinschaft und ihre Umwelt.

Ölfalle Siehe Erdölfalle.

Ölschiefer (*oil shale*) Dunkler Schieferton, der größere Mengen fein verteiltes organisches Material enthält, das fest an das Gestein gebunden ist und daraus wieder durch Zerkleinerung und Erhitzung (auf etwa 500 °C) in gasförmigem Zustand freigesetzt werden kann, woraus bei Abkühlung ein dem Erdöl ähnliches Kondensat gewonnen wird.

Ophiolith-Komplex (*ophiolite suite*) Gesteinsassoziation, die für die ozeanische Lithosphäre kennzeichnend ist, heute jedoch infolge Obduktion (Aufschiebung) auf den Kontinenten auftritt. Sie besteht von oben nach unten aus (1) Tiefsee-Sedimenten, (2) meist als Pillow-Basalte ausgebildeten basischen Vulkaniten, (3) einem Komplex aus Ganggesteinen, der oft vollständig aus ineinander intrudierten basischen Gängen (sheeted dikes) besteht, (4) basischen Intrusivgesteinen wie etwa Gabbros und (5) schließlich aus ultrabasischen Gesteinen. Diese ideale Abfolge ist selten vollständig entwickelt; infolge tektonischer Zerscherung können Teile der Abfolge fehlen.

Ordnungszahl (Kernladungszahl, *atomic number*) Anzahl der Protonen im Atomkern; sie gibt die Position eines Elements im Periodensystem der Elemente an.

organisches Sediment Siehe biogenes Sediment.

Orogen (*orogen*) Langgestreckter, oft bogenförmiger Gebirgszug, dessen Internbau durch Strukturen der Einengungstektonik gekennzeichnet ist. Orogene entstehen an aktiven Kontinentalrändern und weisen eine durch den tektonischen Zusammenschub und durch magmatische Prozesse bedingte Krustenverdickung auf.

Orogenese (*orogeny*) Tektonischer Prozess, in dessen Folge es in großen Gebieten zu Faltungsvorgängen, Überschiebungen, Metamorphose und Magmaintrusionen kommt. Die Orogenese endet mit der Heraushebung und der Bildung von Gebirgen im morphologisch-topographischen Sinne.

Os [Plural: Oser] (*esker*) Glazigene Bildung in Form eines wallartigen, langgestreckten, gewundenen Rückens aus gut gerundeten und geschichteten Schottern, der ungefähr parallel zur Richtung der Eisbewegung verläuft; entstanden aus den Ablagerungen eines in Hohlräumen unter dem abschmelzenden Gletscher fließenden Schmelzwasserflusses, die nach dem Abtauen der Eismasse als Wall auf der Grundmoräne zurückbleiben.

Oxidation (*oxidation*) Chemische Reaktion, bei der ein Element Elektronen abgibt und dadurch eine höhere positive Ladung erreicht.

Oxide (*oxides*) (1) Verbindungen von Metallen und Nichtmetallen mit Sauerstoff. (2) Klasse von Mineralen, die aus Sauerstoffverbindungen mit Metallen bestehen.

Ozeanbodenmetamorphose (Hydrothermalmetamorphose, *seafloor metamorphism*) Form der Metamorphose, die an die mittelozeanischen Rücken gebunden ist. Dabei kommt es durch physikalische und chemische Wechselwirkungen mit dem auf Klüften und Schwächezonen eindringenden Meerwasser in großen Tiefen der ozeanischen Kruste zu metasomatischen Stoffumlagerungen und damit zu Änderungen der chemischen Zusammensetzung der Basalte.

Pahoehoe-Lava (Stricklava, Fladenlava, *pahoehoe*) Basaltlava mit einer glasigen, glatten und oftmals zu Strängen oder Wülsten zusammengeschobenen Oberfläche der erstarrten Haut des dünnflüssigen Lavastroms.

Paläomagnetismus (*paleomagnetism*) Die remanente Magnetisierung, die in ferromagnetischen Mineralen und damit auch in den Gesteinen festgehalten ist. Der Paläomagnetismus ermöglicht die Rekonstruktion der Intensität und Richtung des ehemaligen Erdmagnetfelds und auch der ehemaligen Lage der Kontinente.

Paläontologie (*palaeontology*) Wissenschaft, die sich mit der Erforschung der tierischen und pflanzlichen Lebensformen in der erdgeschichtlichen Vergangenheit und ihrer Evolution befasst.

Pangaea (*Pangaea*) Großkontinent, der im jüngeren Paläozoikum durch Zusammenschluss aller Kontinente entstanden ist und in dem auch alle heute vorhandenen Kontinente vereint waren. Der Zerfall von Pangaea begann im Mesozoikum, wie aus paläomagnetischen und anderen Daten abgeleitet werden kann.

Parabeldüne (*blowout dune*) Parabelförmige, äolisch entstandene Dünenform mit konkaver Luvseite und meist langgezogenen Sichelenden. Parabeldünen entstehen in typischer Weise auf den Dünenfeldern hinter dem Strand.

partielles Schmelzen (*partial melting*) Vorgang, bei dem eine Gesteinsmasse durch Erwärmung teilweise zu schmelzen beginnt, das heißt, es bilden sich in festen Gesteinen Schmelzphasen neben nicht aufgeschmolzenen Anteilen, da die verschiedenen, im Gestein auftretenden Minerale unterschiedliche Schmelztemperaturen haben.

passiver Kontinentalrand (*passive margin*) Kontinentalrand, der weit von einer divergenten Plattengrenze entfernt ist und nur eine geringe tektonische Beanspruchung erfährt; kennzeichnend für passive Kontinentalränder sind mächtige, weitgehend horizontal lagernde Flachwassersedimente.

Pediment (*pediment*) Nahezu eingeebnete, flach geneigte Erosionsfläche auf Festgesteinen, die durch rückschreitende Erosion einer Gebirgsfront entsteht und im ariden bis semiariden Klima den flachen Anstieg vor dem Gebirgsrand bildet; kann lokal von geringmächtigen fluviatilen Sedimenten überdeckt sein.

Pegmatit (*pegmatite*) Ganggestein meist granitischer Zusammensetzung mit extrem großen Kristallen, das in der Endphase der Kristallisation eines wasserreichen Magmas auskristallisiert ist. Weitere Kennzeichen sind die oft in erheblichen Mengen auftretenden Minerale seltener Elemente (z. B. Li, Be, Nb, Ta, Hf, Ga usw.). Pegmatite sind daher oft wertvolle Lagerstätten.

pelagisches Sediment (*pelagic sediment*) Sediment des offenen Ozeans, das aus sehr feinkörnigem Detritus besteht, der langsam aus den oberflächennahen Wasserschichten zu Boden sinkt;

häufige Sedimenttypen sind Tone, Foraminiferen- und Radiolarienschlämme.

Pelit (*mudstone*) Undeutlich geschichtetes, blockig brechendes siliciklastisches Sedimentgestein aus Komponenten der Silt- und Tonfraktion.

Peridotit (*peridotite*) Dunkelgraugrünes grobkristallines, ultrabasisches Tiefengestein, das im Wesentlichen aus Olivin mit geringen Gehalten an Pyroxen, Amphibol und anderen Mineralen wie Spinell und Granat besteht. Peridotite bilden den Hauptbestandteil des oberen Erdmantels und sind die Ausgangsgesteine der basaltischen Schmelzen.

Periode [geologisch] (*period*) Die am häufigsten verwendete geologische Zeiteinheit; bildet die Untereinheit einer Ära.

Periode [physikalisch] (*period*) Zeitintervall zwischen der Ankunft zweier aufeinander folgender Wellenberge eines homogenen Wellenzuges.

Permafrost (Dauerfrost, *permafrost*) Dauernd gefrorener Untergrund, der für mindestens 2 Jahre eine Temperatur von 0 °C nicht überschritten hat und im kurzen Sommer nur oberflächlich auftaut. Permafrost ist auf die polaren und subpolaren Gebiete sowie auf die nivalen Klimabereiche der Hochgebirge beschränkt.

Permeabilität (*permeability*) Durchlässigkeit und Leitfähigkeit eines porösen Gesteins oder Gesteinsverbands für Grundwasser oder andere Fluide.

Phasenumwandlung (*phase change*) Übergang einer Mineralphase durch zunehmenden Druck in eine enger gepackte, dichtere Kristallstruktur ohne Änderung der chemischen Zusammensetzung; im Bereich des Erdmantels erkennbar an einer sprunghaften Zunahme der Geschwindigkeit der seismischen Wellen.

Phosphorit (*phosphorite*) Chemisches oder chemisch-biogenes Sedimentgestein, das überwiegend aus kryptokristallinem Calciumphosphat besteht – normalerweise einer Varietät des Minerals Apatit – und hauptsächlich in Form von diagenetisch entstandenen knolligen oder traubigen Konkretionen auftritt.

Photosynthese (*photosynthesis*) Biochemisch-physiologischer Prozess, bei dem pflanzliche Organismen die Energie des Sonnenlichts verwenden, um aus Kohlendioxid und Wasser mithilfe von Chlorophyll organische Verbindungen (Kohlenhydrate) zu erzeugen. Als wichtiges „Nebenprodukt" wird Sauerstoff freigesetzt.

phreatische Eruption (*phreatic explosion*) Plötzlicher explosiver Vulkanausbruch, im Wesentlichen von Wasserdampf, Schlamm, Gesteinspartikeln und vulkanischer Asche, hervorgerufen durch die Ausdehnung von Wasserdampf, der entsteht, wenn Magma mit Grundwasser in Kontakt kommt.

Phyllit (*phyllite*) Feinkörniges metamorphes Gestein, das vom Metamorphosegrad her zwischen Tonschiefer und Glimmerschiefer steht und eine gut ausgebildete Schieferung aufweist.

Kleine Glimmerkristalle aus Muskovit und Chlorit verursachen auf den Schieferungsflächen einen seidigen Glanz.

physikalische Verwitterung (*physical weathering*) Vorgang der Verwitterung, bei dem festes Gestein ohne Änderung der chemischen Zusammensetzung mechanisch zerstört und dabei in immer kleinere Bruchstücke zerlegt wird (vgl. chemische Verwitterung).

Planetesimale (*planetesimals*) Durch Kollision und Kondensation kosmischer Staubpartikel in der Frühzeit des Sonnensystems entstandene, mehrere Kilometer große Brocken aus zusammengeballter, schwerflüchtiger Materie, die in den verschiedenen Zonen des Sonnensystems eine unterschiedliche Zusammensetzung hatten. Durch die Akkretion dieser kleinen und kleinsten Planetesimale entstanden schließlich die Planeten.

plastisches Fließverhalten (*plastic flow*) (1) Bruchlos erfolgende bleibende Deformation einer Substanz. (2) Alle kleineren Bewegungen der Eiskristalle eines Gletschers, die insgesamt schließlich zu einer Bewegung der Eismasse führen (vgl. Sohlgleitung).

Plateau (*plateau*) Ausgedehntes weitgehend ebenes Gebiet, das sich durch seine größere Höhenlage deutlich gegenüber der Umgebung abhebt.

Plateaubasalt Siehe Flutbasalt.

Platte (*plate*) Lithosphärenkörper, der gegen seine Nachbarplatten deutlich abgegrenzt ist und als geschlossene Einheit auf der Asthenosphäre schwimmt.

Plattentektonik (*plate tectonics*) Theorie, die die Entstehung und Vernichtung der Lithosphärenplatten der Erde beschreibt und erklärt, wie sie sich über die Erdoberfläche bewegen.

Plattform (*platform*) Mit Sediment bedeckter, im Präkambrium gefalteter und seitdem tektonisch weitgehend stabiler, nahezu ebener Bereich eines Kontinents (z. B. russische Plattform).

Playa Siehe Salztonebene.

Playasee Siehe Salzsee.

Pluton (*pluton*) Bezeichnung für Tiefengesteinskörper von erheblicher Größe (bis zu mehrere hundert Kubikkilometer Volumen); häufig aus Granit, der in großer Tiefe der Erdkruste durch Abkühlung eines Magmas entstanden ist.

plutonisch (*plutonic*) Bezieht sich auf Magmatätigkeit in der tieferen Kruste; das Magma steigt nicht bis an die Erdoberfläche auf, sondern erstarrt innerhalb der Kruste (Gegensatz: vulkanisch).

Plutonismus (*plutonism*) Oberbegriff für alle Vorgänge, die mit dem Aufstieg und der Platznahme von Magmen innerhalb der Kruste zusammenhängen.

Plutonit Siehe Intrusivgestein.

Porosität (*porosity*) Der prozentuale Anteil des Porenraums am Gesamtvolumen eines Gesteins, das heißt der Raum, der nicht von Mineralkörnern eingenommen wird.

Porphyr (*porphyry*) Vulkanit, der in großer Zahl meist gut ausgebildete Kristalle als Einsprenglinge in einer überwiegend dichteren, feinkörnigen Grundmasse enthält.

Porphyroblast (*porphyroblast*) Große Kristallneubildung mit Kristallflächen oder gerundetem Umriss, umgeben von einer dichten, feinerkörnigen Matrix aus anderen Mineralen, entstanden in metamorphen Gesteinen aus einem Mineral, das über einen großen Druck- und Temperaturbereich stabil ist; entspricht vom Aussehen her den Einsprenglingen eines Magmatits.

positive Rückkopplung (*positive feedback*) Prozess, bei dem ein Vorgang eine Wirkung auslöst (die Rückkopplung), die auf den ursprünglichen Prozess verstärkend wirkt und diesen auf einer höheren Geschwindigkeit oder Intensität stabilisiert (vgl. negative Rückkopplung).

Primärwellen Siehe P-Wellen.

Prinzip der Faunenabfolge (*principle of faunal succession*) Das Prinzip besagt, dass die Schichten der Sedimentgesteine Fossilien in einer bestimmten Reihenfolge enthalten.

Prinzip der ursprünglich horizontalen Lagerung (*principle of original horizontality*) Die Annahme, dass die Schichtung aller Sedimente zum Zeitpunkt der Ablagerung weitgehend horizontal verläuft.

Prinzip der Lagerungsfolge (*principle of superposition*) Das Prinzip besagt, dass in einer tektonisch ungestörten Abfolge jede Gesteinsschicht, die über einer anderen folgt, jünger ist als die darunter lagernde und älter als die darüber folgende.

Proton (*proton*) Elementarteilchen im Atomkern mit einer positiven Ladung von $1{,}602 \cdot 10^{-19}$ Coulomb und der Masse von 1836 Elektronen.

p-T-Pfad Siehe Druck-Temperatur-Pfad.

P-Wellen (Primärwellen, Kompressionswellen, Longitudinalwellen, *P-waves*) Die zuerst ankommenden und damit schnellsten Wellen, die bei einem seismischen Ereignis das Gestein durchlaufen und aus Kompressionen und Dilatationen des Materials bestehen; die Bodenteilchen schwingen dabei in der Fortpflanzungsrichtung der Wellen hin und her (vgl. S-Wellen).

Pyroklasten (*pyroclasts*) Oberbegriff für vulkanisches Lockermaterial, das bei der Eruption durch Fragmentierung der Schmelze entstanden ist. Pyroklasten bestehen aus Kristallen, Kristallbruchstücken, Gesteinsglas und Gesteinsbruchstücken.

pyroklastischer Strom (*pyroclastic flow*) Eine Mischung aus glühender vulkanischer Asche, Bruchstücken von vulkanischen Gesteinen und heißen Gasen, die sich bei einem Vulkanausbruch mit hoher Geschwindigkeit der Topographie folgend vom Eruptionszentrum weg hangabwärts ausbreitet.

pyroklastisches Gestein Siehe vulkanoklastisches Gestein.

Pyroxengranulit (*pyroxene granulite*) Grobkristallines regionalmetamorphes Gestein, das Pyroxen enthält und bei hohen Temperaturen und Drücken in den tieferen Stockwerken der Erdkruste entstanden ist.

Quad (*quad*) Energieeinheit; entspricht 10^{15} British Thermal Units (BTU), 1 BTU = $1{,}055 \times 10^3$ Joule oder 0,00003606 Steinkohleeinheiten (SKE).

Quarzarenit Siehe Quarzsandstein.

Quarzit (*quartzite*) Sehr hartes, meist hell gefärbtes metamorphes Gestein ohne Schieferung; entstanden aus einem Sandstein und folglich mit einem hohen Gehalt an Quarz (> 90 Prozent). Als Zementquarzit bezeichnet man ein Sedimentgestein mit einem hohen Gehalt an Quarzkörnern und mit Quarz als Bindemittel.

Quarzsandstein (Quarzarenit, *quartz arenite*) Sandstein, dessen Komponenten zu über 90 Prozent aus Quarzkörnern bestehen, die in der Regel gut gerundet und sortiert sind. Quarzsandsteine sind typisch für hochenergetische flachmarine Ablagerungsräume und für Wüsten.

Querdüne (*transverse dune*) Sammelbezeichnung für Dünenformen, deren Längsachsen senkrecht zur vorherrschenden Windrichtung oder Strömungsrichtung verlaufen. Die der Strömung zugewandte Seite (Luvseite) steigt flach an, die dem Wind abgewandte Seite (Leeseite) ist steiler geneigt und entspricht dem natürlichen Böschungswinkel.

radiales Entwässerungssystem (*radial drainage*) Entwässerungssystem, das in einem radialen Muster vom Zentrum einer mehr oder weniger runden Erhebung, beispielsweise einem Vulkan oder einer tektonischen Aufwölbung, nach außen verläuft.

Radiation (*radiation*) Siehe evolutionäre Radiation.

Radioaktivität (*radioactivity*) Die Eigenschaft von Atomkernen bestimmter (radioaktiver) Elemente, unter Aussendung energiereicher Teilchen und/oder Strahlung spontan zu zerfallen.

radiometrische Altersbestimmung (*radiometric dating*) Physikalische Methode zur Ermittlung des Alters geologischer Materialien durch Messung der relativen Häufigkeiten der darin enthaltenen instabilen radioaktiven Mutterisotope und stabilen Tochterisotope.

Reaktionsreihe (*reaction series*) Reihe von chemischen Reaktionen, die bei der Abkühlung eines Magmas auftreten, durch die ein bei hohen Temperaturen gebildetes Mineral in der Schmelze wieder instabil wird und mit der Schmelze unter Bildung eines Minerals mit anderem Chemismus reagiert.

rechtwinkliges Entwässerungssystem (*rectangular drainage*) Entwässerungssystem, bei dem jeder gerade Abschnitt eines jeden Flusses einer von zwei zueinander senkrecht stehenden tektonischen Richtungen folgt, wobei die Laufstrecken normalerweise durch Klüfte vorgegeben sind.

regenerative Energie Siehe erneuerbare Energie.

Regenschatten (*rain shadow*) Bereich geringer Niederschläge auf der von der Hauptwindrichtung abgewandten Leeseite von Gebirgen; entsteht durch das Abregnen der Wolken beim Aufstieg.

Regionalmetamorphose (*regional metamorphism*) Metamorphose unter hohen Druck- und Temperaturbedingungen, die große Gebiete erfasst und durch tiefe Versenkung oder starke tektonische Kräfte in der Erde verursacht wird; typisch für konvergente Plattengrenzen, an denen zwei Kontinente kollidieren (vgl. Kontaktmetamorphose).

Rejuvenation [von Gebirgen] Siehe Wiederbelebung von Gebirgen.

relative Luftfeuchtigkeit (*relative humidity*) Die in der Luft vorhandene Menge an Wasserdampf, angegeben in Prozent der Höchstmenge, die von der Luft bei Sättigung aufgenommen werden kann. Beträgt beispielsweise die relative Luftfeuchtigkeit 50 Prozent und die Temperatur 15 °C, beträgt die Menge an Feuchtigkeit die Hälfte der maximalen Menge, die Luft bei 15 °C aufnehmen kann.

relative Plattengeschwindigkeit (*relative plate velocity*) Geschwindigkeit, mit der sich eine Lithosphärenplatte relativ zu einer anderen bewegt.

relatives Alter (*relative age*) Alter eines geologischen Ereignisses in Relation zu einem anderen, ausgedrückt in den Begriffen der Bio- oder Lithostratigraphie (siehe absolutes Alter).

Relief (*relief*) Maximaler Höhenunterschied beziehungsweise Differenzbetrag zwischen dem höchsten und niedrigsten Punkt eines Gebiets.

remanente Magnetisierung Siehe thermoremanente Magnetisierung.

Reserven (*reserves*) Lagerstätten von Mineralen, Erzen, Kohle, Erdöl und Erdgas, von denen bekannt ist, dass sie mit den vorhandenen technischen Verfahren ökonomisch abgebaut werden können. Nachgewiesene Reserven sind jene, für die verlässliche Abschätzungen der vorhandenen Menge und Qualität vorliegen (siehe auch Ressourcen).

Ressourcen (*resources*) Nachgewiesene und bisher nicht erschlossene Lagerstätten von Mineralen, Erzen, Kohle, Erdöl und Erdgas, die gegenwärtig entweder verfügbar sind oder in der Zukunft zur Verfügung stehen werden. Sie umfassen die Reserven, einschließlich der nachgewiesenen, heute nicht wirtschaftlich oder technisch gewinnbaren Lagerstätten sowie die noch nicht nachgewiesenen Lagerstätten, von denen man jedoch glaubt, dass sie aufgrund der geologischen Verhältnisse und der technischen Weiterentwicklung noch entdeckt werden (siehe auch Reserven).

retrograde Metamorphose (Diaphthorese, *retrograde metamorphism*) Rückschreitende Metamorphose, bei der ein zuvor bereits höher metamorphes Gestein später unter niedrigeren Temperatur- und Druckbedingungen durch Mineralneubildungen in ein niedriger metamorphes Gestein übergeführt wird.

Rhyolith (*rhyolite*) Feinkristallines, hellbraunes bis graues, dichtes Effusivgestein mit saurem Chemismus; vulkanisches Äquivalentgestein des Granits.

rhyolithische Lava (*rhyolithic lava*) Lava mit dem höchsten SiO_2-Gehalt, die eine tiefe Schmelztemperatur und die höchste Viskosität aller Laven hat.

Richter-Magnitude (Richterskala, *Richter magnitude*) Maß für die Stärke eines Erdbebens; sie errechnet sich aus den maximalen Amplituden in Seismogrammen, die von genormten Seismographen (Word-Anderson-Seismographen) aufgezeichnet werden, wobei die Energieabnahme der seismischen Wellen mit der Entfernung vom Epizentrum über einen Korrekturfaktor berücksichtigt wird.

Richterskala Siehe Richter-Magnitude.

Riff (*reef*) Hügel- oder rückenförmige, meist bis zur Wasseroberfläche reichende biogene Struktur mit häufig steilen Hängen; entsteht durch Kolonien bildende und Kalk abscheidende Organismen, heute vorwiegend durch Korallen.

Rift-Becken (*rift basin*) Sedimentbecken, das sich an divergenten Plattengrenzen im Frühstadium der Plattentrennung bildet, in dem die Dehnung und Ausdünnung der kontinentalen Kruste zur Absenkung führt (vgl. thermisches Subsidenzbecken).

Rift-Valley Siehe Grabensenke.

Rippel (*ripple*) Sedimentstruktur, die aus sehr kleinen Dünen aus Sand oder Silt besteht, deren annähernd parallel verlaufende Kämme senkrecht zur Strömung angeordnet sind. Rippeln entstehen, wenn lockerer Sand als Bodenfracht durch Wind oder Wasser transportiert wird.

Rodinia (*Rodinia*) Bezeichnung für einen Großkontinent, der vor etwa 1,1 Milliarden Jahren und damit lange vor Pangaea entstanden und vor etwa 750 Ma auseinandergebrochen ist.

Rohöl (*crude oil*) Erdöl, wie es in ursprünglicher Form aus der Lagerstätte gewonnen wird (vgl. Erdöl).

Rotsedimente (*red beds*) Siliciklastische Sedimentgesteine, meist Sandsteine oder Schiefertone, die durch Hämatit rot gefärbt sind. Hämatit bildet in der Regel Überzüge um die Partikel und verkittet auf diese Weise die Komponenten; Rotsedimente sind typisch für terrestrische Ablagerungsräume.

Rutschung (*slump*) Im allgemeinen Sprachgebrauch verwendete Bezeichnung für langsam ablaufende Massenbewegung in Lockermaterial, das sich als geschlossene Einheit hangabwärts bewegt.

Salinität (*salinity*) Die Gesamtmenge an gelösten Substanzen in einem bestimmten Volumen Wasser, angegeben in Prozent (%) oder Promille (‰).

Saltation (*saltation*) Der Transport von Sand oder kleineren Sedimentkomponenten durch wiederholtes kurzes Hüpfen oder Springen am Grunde eines Flussbetts aufgrund einer Strömung, die zu schwach ist, um die Partikel dauernd in Suspension zu halten; tritt auch in Windströmungen auf.

Salzsee (*playa lake*) Permanenter oder episodisch vorhandener meist abflussloser flacher See, der in Gebirgstälern oder Senken arider Gebiete auftritt. Wenn das Wasser verdunstet, reichern sich die darin gelösten Minerale an und fallen nach Erreichen der Sättigungskonzentration aus, wobei Salzgesteine (Evaporite) entstehen.

Salztonebene (*playa*) Ebene Schicht, meist aus Ton und oftmals überkrustet von ausgefällten Salzen, die bei der vollständigen Verdunstung eines Playa-Sees entstanden ist.

Sand (*sand*) Klastisches Sediment aus Komponenten der Korngröße zwischen 0,063 und 2,0 mm Durchmesser.

Sander(sediment) (*outwash*) Fluvioglaziales Sedimentmaterial, meist Schotter und Sande, das vor den Endmoränen der Gletscher durch Schmelzwasserflüsse in ausgedehnten Schwemmfächern abgelagert worden ist.

Sandschliff Siehe Korrasion.

Sandstein (*sandstone*) Klastisches Sedimentgestein aus Material der Korngrößen zwischen 0,063 und 2,0 mm Durchmesser; verfestigtes Äquivalent von Sand.

Sattel (Antikline, *anticline*) Aufwölbung von Schichten, in deren Kern sich die älteren Schichten befinden und deren Flanken vom Kern weg nach außen einfallen (vgl. Mulde).

Saumriff (*fringing reef*) Korallenriff, das unmittelbar mit einer Landmasse in Verbindung steht; bei Ebbe ist zwischen der trockenfallenden Riffplatte und der Küste keine Lagune vorhanden.

saure Gesteine (*felsic rocks*) Hell gefärbte Magmatite mit geringen Eisen- und Magnesiumgehalten und SiO_2-Gehalten über 65 Prozent. Typische Minerale sind Quarz, Orthoklas und Plagioklas; wichtigste Vertreter sind Granit und Rhyolith (vgl. basische Gesteine; intermediäre Gesteine).

saurer Regen (*acid rain*) Durch anthropogenen Eintrag von Säuren und säurebildenden, vor allem schwefelhaltigen Gasen in die Atmosphäre hervorgerufene Niederschläge. Die pH-Werte der Niederschläge sind demzufolge niedrig und können in der Anfangsphase einer Regenperiode zum Teil pH-Werte unter vier erreichen.

Schattenzone des Erdkerns (*shadow zone*) Gebiet an der Erdoberfläche in einer Winkeldistanz zwischen 105 und 142° vom Epizentrum eines Erdbebens aus gemessen, in der keine P-Wellen registriert werden, da diese beim Eintritt in den Erdkern in Richtung des Kerns gebrochen werden und deshalb nach dem Umweg durch den Kern erst in einer größeren Entfernung wieder die Erdoberfläche erreichen.

Schelfeis (*ice shelf*) Schwimmende großflächige Eisplatte, die mit dem Inlandeis fest verbunden ist. Schelfeis tritt vor allem am Rand der Antarktis auf.

Scherkräfte (Scherspannung, *shearing forces*) Kräfte, die einen Körper so deformieren, dass Teile des Körpers auf den entgegengesetzten Seiten einer gedachten Ebene aneinander vorbeigleiten, das heißt, die Kräfte wirken tangential zu dieser Fläche. Scherkräfte sind an Plattengrenzen wirksam, die von Transformstörungen gebildet werden.

Scherspannung Siehe Scherkräfte.

Scherwellen Siehe S-Wellen.

Schichtenfolge (*stratigraphic sucession*) Eine Serie von vertikal übereinanderlagernden Sedimentschichten, die chronologisch die sich verändernden Bedingungen innerhalb eines Sedimentationsraumes widerspiegeln und somit Abbild der erdgeschichtlichen Entwicklung eines Gebiets sind.

Schichtkamm Siehe Schichtrippe.

Schichtlücke (*unconformity*) Fläche, die innerhalb einer Schichtenfolge zwei konkordant lagernde Schichten trennt. Sie vertritt einen Zeitraum, in dem entweder keine Sedimentation stattgefunden hat oder in dem Sedimente entstanden sind, die durch Abtragung wieder entfernt wurden, bevor die Sedimentation erneut einsetzte (siehe Diskordanz).

Schichtrippe (Schichtkamm, *hogback*) Meist langgestreckter Bergrücken mit markantem Kamm, entstanden in steil stehenden Schichtenfolgen durch selektive Erosion der weniger widerstandsfähigen Gesteinsschichten. Im Vergleich zu Schichtstufen ist bei Schichtrippen der Rückhang wesentlich steiler.

Schichtserie (*bedding sequence*) Wechsellagerung von mehreren aufeinanderfolgenden, unterschiedlichen Sedimentgesteinen, die sich als zusammengehörig erweisen und jeweils für bestimmte Ablagerungsräume kennzeichnend sind.

Schichtstufe (*cuesta*) Asymmetrischer Höhenrücken mit einer steilen Stufenstirn und einer flacheren Seite, der Stufenfläche. Schichtstufen entstehen dort, wo schräg lagernde Schichten erosionsresistenter Gesteine durch die Abtragung weniger verwitterungsbeständiger Liegendschichten unterschnitten werden.

Schichtung (*bedding*) Die Bildung aufeinanderfolgender paralleler Schichten durch Absetzen von Sedimentmaterial am Boden von Ozeanen, Binnenseen, Flüssen oder auf der Erdoberfläche. Die Schichtung entstand zur Zeit der Ablagerung durch Änderung der Sedimentationsbedingungen, beispielsweise durch Sedimentationsunterbrechungen, Zufuhr von anderem Sedimentmaterial, variierende Korngrößen oder durch andere Prozesse.

Schichtvulkan (Stratovulkan, *stratovolcano, composite volcano*) Vulkankegel, der sowohl aus Lavaergüssen als auch aus pyroklastischem Material aufgebaut wird. Die Förderung von Lava und Lockermaterial erfolgt im Wechsel, sodass geschichtete vulkanische Ablagerungen entstehen.

Schiefer (*slate*) Niedrigmetamorphes feinkörniges Gestein, das aufgrund seiner engständigen Schieferungsflächen in dünne Platten teilbar ist; Ausgangsgestein sind bevorzugt Schiefertone.

Schieferigkeit Siehe Schieferung.

Schieferton (*shale*) Sehr feinkörniges siliciklastisches Sedimentgestein aus Material der Silt- und Tonfraktion, das normalerweise entlang der primär angelegten Schichtflächen bricht.

Schieferung (Schieferigkeit, *schistosity*) Durch Druck im Gestein entstandenes, parallel ausgerichtetes, engständiges Flächengefüge. Die Schieferungsflächen sind meist durch eingeregelte, blättchenförmige oder prismatische Minerale wie etwa Glimmer oder Amphibole gekennzeichnet und durch Metamorphose entstanden.

Schild (*shield*) Ausgedehntes, tektonisch stabiles Gebiet innerhalb eines Kontinents, in dem das kristalline Grundgebirge des Präkambriums an der Oberfläche aufgeschlossen ist; Beispiele sind der Kanadische Schild, der Baltische Schild u. a.

Schildvulkan (*shield volcano*) Großer, ausgedehnter Vulkankegel mit flachen Hängen und einem Umfang von mehreren Zehner Kilometern und Höhen von über 2000 m; entstanden aus dünnflüssigen basaltischen Laven und nahezu ohne Ascheförderung.

Schlackenkegel (*cinder cone*) Steiler, um den Förderschlot eines Vulkans entstandener kegelförmiger Berg aus grobem pyroklastischem Lockermaterial, das durch die frei werdenden Gase fragmentiert und aus dem Schlot ausgeworfen worden ist; häufigste Vulkanform auf den Kontinenten.

Schlamm (*mud*) Feinkörniges siliciklastisches Sediment mit einem hohen Wassergehalt, das aus Komponenten der Silt- und Tonfraktion (Korndurchmesser < 0,063 mm) besteht.

Schlammstrom (*mudflow*) Massenbewegung von Material, dessen Matrix meist kleiner als Sand (2 mm) ist und das nur einen geringen Anteil an gröberen Geröllen oder Blöcken aufweist, wobei große Mengen Wasser als Gleitmittel dienen. Der hohe Wassergehalt führt dazu, dass sich Schlammströme zum Teil mit erheblicher Geschwindigkeit und damit wesentlich rascher bewegen als Bodenfließen oder Schuttströme.

Schleppkraft (*drag force*) Parallel zur Gerinnesohle wirkende Kraft, die vom fließenden Wasser auf ein an der Sohle befindliches Partikel ausgeübt wird und die letztlich von der Wasserführung und dem Gefälle des Flusses abhängig ist.

Schluff Siehe Silt.

Schockmetamorphose Siehe Impaktmetamorphose.

Schrägschichtung (*cross-bedding*) Schichtungsform in Sedimentgesteinen, bei der die einzelnen Schüttungseinheiten (Laminae) innerhalb einer Bank unter einem Winkel bis zu 35° schräg zur Schichtebene verlaufen. Schrägschichtung entsteht in strömendem Milieu an der Leeseite von Hindernissen durch Wind- und Wasserströmungen, etwa auf den Leeseiten von Rippeln und Dünen. Die einzelnen Schüttungskörper, sogenannte Sets, fallen in Richtung der Strömung ein.

Schrägschichtungs-Set (*foreset bed*) (1) Eine der geneigt lagernden Schichteinheiten innerhalb eines Schrägschichtungskörpers. (2) Schräg einfallender Schichtverband an der Front eines Deltas.

Schrammen Siehe Gletscherschrammen.

Schuppentektonik (*flake tectonics*) Tektonischer Prozess auf einem Planeten mit starker Mantelkonvektion unter einer dünnen Kruste, die deshalb in Schuppen zerbricht oder wie ein Teppich zu Falten zusammengeschoben wird. Ein Vorgang, der heute möglicherweise auf der Venus stattfindet, aber auch in der Frühzeit auf der Erde abgelaufen sein könnte.

Schuttdecke (*regolith*) Verwitterungsdecke aus lockerem heterogenem Material unterschiedlicher Korngrößen auf dem anstehenden Gestein. Sie besteht aus Bodenmaterial, unverwitterten Bruchstücken des Ausgangsgesteins und verwittertem Gesteinsmaterial.

Schutthalde (*talus*) Ansammlung von ungerundetem und unsortiertem Gesteinsschutt am Fuß von Felswänden oder Steilhängen; entstanden durch physikalische Verwitterung des in den Wänden anstehenden Gesteins.

Schuttlawine (*debris avalanche*) Rasch ablaufende Massenbewegung von lockerem Boden- und Gesteinsmaterial.

Schuttrutschung (*debris slide*) Massenbewegung von Gesteinsmaterial und Boden als geschlossene Einheit oder in mehreren geschlossenen Einheiten, die nacheinander auf Schwächezonen an der Basis oder innerhalb des Gesteinsverbands abrutschen.

Schuttstrom (*debris flow*) Massenbewegung von Gesteinstrümmern in einer nahezu flüssigen Matrix aus Schlamm. Schuttströme unterscheiden sich von Erdrutschen dadurch, dass sie im Allgemeinen gröberes Material enthalten und sich rascher als Erdrutsche bewegen.

Schwall (*swash*) Wasser, das von einer sich brechenden Welle in dünner Schicht auf den Strandhang aufläuft. Das Wasser fließt dann als Sog zurück.

schwebendes Grundwasser (*perched groundwater*) Grundwasserkörper, der sich über dem Hauptgrundwasserkörper befindet und durch einen Grundwassernichtleiter von diesem getrennt ist.

Schwebfracht Siehe Suspensionsfracht.

Schwemmfächer (*alluvial fan*) Flache, kegelförmige bis fächerartige Ablagerung von terrestrischen Sedimenten, die durch plötzliche Verringerung des Gefälles in einem Fluss entsteht. Schwemmfächer bilden sich überwiegend dort, wo Flüsse aus dem Gebirge in ein ausgedehntes flaches Tal ausfließen.

Seafloor-Spreading (*seafloor spreading*) Vorgang, bei dem an den Spreading-Zentren auf dem Kamm der mittelozeanischen Rücken neuer Meeresboden (ozeanische Kruste) entsteht. Da die angrenzenden Platten auseinanderdriften, steigt in der Riftstruktur basaltisches Magma auf und bildet neue Kruste, die sich von der Riftzone weg lateral ausbreitet und kontinuierlich durch neue Kruste ersetzt wird.

Sediment (*sediment*) Oberbegriff für jede an der Erdoberfläche durch physikalische Kräfte (Wind, Wasser und Eis), durch chemische Ausfällung (aus Meer, Seen und Flüssen) oder durch biologische Prozesse lebender oder abgestorbener Organismen abgelagerte oder abgeschiedene Lockergesteinsmasse. Die anfangs lockeren Sedimente gehen im Zuge der Diagenese in Festgesteine über.

sedimentäre Brekzie (*sedimentary breccia*) Klastisches Sedimentgestein, das überwiegend aus wenig verfrachteten und daher ungerundeten Gesteinsbruchstücken besteht. Brekzien sind ähnlich wie Sandsteine oder Konglomerate durch unterschiedliche Zemente verkittet.

Sedimentationsraum (*sedimentary environment*) Geographisch begrenztes Gebiet, in dem durch das Zusammenwirken von Klima, physikalischen, chemischen und biologischen Bedingungen Sedimente abgelagert werden.

Sedimentationsremanenz Siehe Detritus-Remanenz.

Sedimentbecken (*sedimentary basin*) Gebiet von beträchtlicher Ausdehnung (mindestens 10.000 km²), das gegenüber seiner Umgebung tiefer liegt und in dem durch kontinuierliche oder episodische Absenkung Sedimente in großer Mächtigkeit abgelagert werden.

Sedimentgestein (*sedimentary rock*) Aus Sedimenten durch Versenkung und Diagenese entstandenes Gestein.

Sedimentstrukturen (*sedimentary structures*) Jede Art von Strukturen in Sedimenten und schwach metamorphen Sedimentgesteinen, die zum Zeitpunkt der Ablagerung entstanden sind, wie beispielsweise Schrägschichtung, gradierte Schichtung oder auch Rippelmarken, Sohlmarken, Trockenrisse u. a.

Seife (*placer*) Klastisches Sediment aus spezifisch schweren, ökonomisch wertvollen Mineralen oder gediegenen Metallen in ungewöhnlich hohen Konzentrationen. Die Anreicherung bis zu abbauwürdigen Konzentrationen erfolgt normalerweise aufgrund der hohen Dichte durch Strömungssortierung.

seismische Oberflächenwellen Siehe Oberflächenwellen.

seismische Tomographie (*seismic tomography*) Methode, die Unterschiede in den Laufzeiten der bei Erdbeben entstehenden und von Seismographen aufgezeichneten seismischen Wellen verwendet, um ein dreidimensionales Bild des Erdinneren zu erstellen.

seismische Wellen (*seismic waves*) Allgemeine Bezeichnung für die bei Erdbeben oder Explosionen entstehenden und sich im Erdinneren (Raumwellen) und an der Oberfläche (Oberflächenwellen) ausbreitenden elastischen Wellen (siehe auch P- und S-Wellen, Oberflächenwellen).

Seismizität (*seismicity*) Ausdruck für die globale oder lokale Verteilung der Erdbeben in Zeit und Raum eines Gebiets; auch generelle Bezeichnung für die Stärke und Anzahl der Erdbeben pro Zeiteinheit.

Seismograph (*seismograph*) Messgerät zur Verstärkung und selbständigen Aufzeichnung der Bewegungen an der Erdoberfläche, die durch seismische Wellen erzeugt werden.

Seitenverschiebung Siehe Horizontalverschiebung.

Sicheldüne Siehe Barchan.

Silicate (*silicates*) Salze der Orthokieselsäure. Silicate sind die häufigsten Minerale in der Erdkruste, sie bestehen in ihrer Grundstruktur aus Sauerstoff und Silicium in Form von SiO_4-Tetraedern sowie aus Anionen und Kationen anderer Elemente.

siliciklastische Sedimente (*siliciclastic sediments*) Klastische Sedimente, deren Hauptbestandteile Quarz und andere Silicatminerale sind. Sie entstehen durch Verwitterung von Sedimentgesteinen, Magmatiten und Metamorphiten, die überwiegend aus Silicatmineralen zusammengesetzt waren.

siliciklastischer Sedimentbildungsraum (*siliciclastic environment*) Sedimentbildungsraum, in dem siliciklastische Sedimente überwiegen. Dazu gehören die fluviatilen Ablagerungsräume, Wüstengebiete, Binnenseen und glazialen Bereiche, aber auch die Küsten am Übergang vom terrestrischen zum marinen Milieu mit Deltas, Stränden und Wattgebieten, außerdem die marinen Bereiche wie Kontinentalschelf, Kontinentalrand und Tiefseeboden, auf denen siliciklastische Sande und Schlämme abgelagert werden.

Sill (Lagergang, *sill*) Konkordante, d. h. schichtparallel oder parallel zur Foliation erfolgende, tafelförmige Intrusion.

Silt (Schluff, *silt*) Klastisches Sediment, dessen Komponenten Durchmesser zwischen 0,063 und 0,002 mm aufweisen.

Siltstein (*siltstone*) Klastisches Sedimentgestein, das überwiegend aus Material der Siltfraktion mit Korngrößen zwischen 0,063 und 0,002 mm Durchmesser besteht.

Sinkgeschwindigkeit Siehe Absetzgeschwindigkeit.

Sog (*backwash*) Rückstrom des Wassers von der Strandfläche nach dem Auflaufen einer Welle.

Sohlgleitung (*basal slip*) Gleitbewegung eines Gletschers an der Grenze zwischen dem Eis und dem Untergrund.

Solarenergie Siehe Sonnenenergie.

Solifluktion (*solifluction*) Hangabwärts gerichtete Kriechbewegung von wassergesättigtem Bodenmaterial auf gefrorenem Untergrund, verursacht durch das sommerliche Auftauen der obersten Lage (Auftaulage) eines Permafrostbodens; in Polargebieten sehr verbreitet, in Mitteleuropa vor allem während der Eiszeiten im Periglazialbereich.

Soll (Toteisloch, Kessel, *kettle*) Größere oder kleinere rundliche Hohlform oder Einsenkung; entstanden in glazigenen Sedimenten, wenn Sandermaterial um einen Toteisblock herum abgelagert wurde, der später abschmolz.

Sonnenenergie (Solarenergie, *solar energy*) Die von der Sonne auf die Erde abgestrahlte Energie.

Sonnennebel (*solar nebula*) Nach der Nebular-Hypothese eine einheitlich aufgebaute rotierende Scheibe aus kosmischem Staub und Gasen, die die Protosonne umgab und aus der durch Kondensation die Planeten hervorgingen.

Sortierung (*sorting*) Maß für die Güte der Trennung von Sedimentmaterial nach der Korngröße und damit auch ein Maß für die Homogenität der Korngröße eines Sediments.

spalierartiges Entwässerungssystem (*trellis drainage*) Flusssystem, bei dem die Nebenflüsse in parallel angeordneten Tälern dem Hauptstrom zufließen; entsteht in steil einfallenden Schichten gefalteter Gebiete.

Spaltbarkeit (*cleavage*) (1) Gestein: Tendenz eines Gesteins, entlang bestimmter Flächen zu spalten, die im Verlauf der Deformation oder Metamorphose angelegt worden sind. Die Spaltbarkeit folgt normalerweise der Richtung der bevorzugten Orientierung der Minerale im Gestein, der Richtung der Schichtflächen oder senkrecht zur Richtung tektonischer Dehnung. (2) Minerale: Tendenz eines Kristalls, bei mechanischer Beanspruchung bevorzugt entlang ebener Flächen innerhalb des Kristallgitters zu brechen; auch Bezeichnung für die geometrische Form dieses Brechens.

Spalteneruption (Lineareruption, *fissure eruption*) Vulkaneruption, bei der Lava aus einer großen, nahezu vertikalen Spalte an der Erdoberfläche ausfließt und nicht aus einem Zentralkrater.

Speicher (*reservoir*) Ein Bereich, in dem Stoffe oder Energie vorübergehend zurückgehalten werden können; wichtige Speicher sind Ozeane, Gletscher, Grundwasser, Seen, Flüsse, Atmosphäre und Biosphäre.

Speichergestein (*oil reservoir*) Gesteinskörper aus permeablen und porösen Gesteinen mit günstigem Hohlraumanteil, der zur Migration und Aufnahme von Grundwasser und wirtschaftlich gewinnbarem Erdöl oder Erdgas geeignet ist.

spezifisches Gewicht (*specific gravity*) Verhältnis der Gewichtskraft eines Stoffs geteilt durch dasselbe Volumen Wasser von 4 °C; wird heute nicht mehr verwendet (siehe auch Dichte).

Spreading-Zentrum (*spreading centre*) Divergente Plattengrenze, gekennzeichnet durch einen Scheitelgraben auf dem Kamm eines mittelozeanischen Rückens, wo durch Seafloor-Spreading neue ozeanische Kruste entsteht.

Springflut (*spring tide*) Höchster Tidenhochwasserstand, der zweimal pro Monat bei Neumond und Vollmond auftritt, also dann, wenn Sonne, Mond und Erde auf einer Linie liegen (vgl. Nipptide).

sprödes Material (*brittle material*) Material, das auf zunehmende mechanische Beanspruchung bei Erreichen der Elastizitätsgrenze nicht durch Deformation, sondern durch plötzlichen Bruch reagiert (vgl. duktiles Material).

Sprunghöhe (*fault slip*) Relativer vertikaler Verschiebungsbetrag zweier Gesteinsblöcke an einer Störung.

Sprungweite (*fault slip*) Relativer horizontaler Versatzbetrag zweier Gesteinsblöcke an einer Störung.

Spurenelement (*trace element*) Element, das in Mineralen, Gesteinen oder auch im Grund- und Meerwasser in Konzentrationen unter einem Prozent (oftmals unter 0,001 Prozent) auftritt.

Stabilität [chemische] (*chemical stability*) Maß für die Tendenz einer chemischen Verbindung, in einer bestimmten Zusammensetzung zu verbleiben und nicht wieder in die Ausgangsprodukte zu zerfallen.

Stalagmit (*stalagmite*) Tropfstein, der (meist unter einem Stalaktiten) vom Boden einer Höhle nach oben wächst; entsteht durch dieselben Vorgänge wie ein Stalaktit.

Stalagnat (*stalagnate*) Tropfsteinsäule, entstanden durch Zusammenwachsen von Stalaktit und Stalagmit.

Stalaktit (*stalactite*) Vom Dach einer Höhle abwärts wachsende, zapfen- oder zahnähnliche Ablagerung aus Calcit oder Aragonit. Tropfsteine entstehen durch Verdunstung und Ausfällung aus Lösungen, die auf Gesteinsfugen und Klüften durch Kalksteine hindurchsickern und an der Höhlendecke austreten.

Staub (*dust*) Durch den Wind verfrachtete Schwebstoffe, die aus Komponenten mit Durchmessern < 0,01 mm (einschließlich Silt und Ton), gelegentlich auch aus etwas größeren Partikeln bestehen; Staub entsteht auf natürlichem Wege durch Winderosion oder bei Vulkanausbrüchen, aber auch künstlich etwa durch Industrie und Verkehr.

Steinlawine (*rock avalanche*) Rasch ablaufende Massenbewegung von aufgelockertem und zerbrochenem Gesteinsmaterial auf Hängen, wobei ein weiteres Zerbrechen des Materials erfolgen kann.

Steinpflaster (Wüstenpflaster, *desert pavement*) Residualbildung, die durch lang andauernde Deflation entsteht, wenn das feinere Material am Boden ausgeblasen und das gröbere Sedimentmaterial meist als Windkanter an der Erdoberfläche zurückbleibt.

Stock (*stock*) Intrusivkörper mit den typischen Merkmalen eines Batholithen, jedoch mit geringerer Flächenausdehnung (weniger als 100 km^2).

Stofffluss (*flux*) Siehe Materialfluss.

Stoffwechsel (Metabolismus, *metabolism*) Die Gesamtheit der in einem Lebewesen ablaufenden biochemischen Prozesse, die zum Aufbau der Körpersubstanz (Aufbaustoffwechsel) und zur Aufrechterhaltung der Lebensfunktionen (Betriebsstoffwechsel) dienen.

Störung (Verwerfung, *fault*) Ebene oder schwach gekrümmte Fläche innerhalb der Erdkruste, an der eine Bewegung und ein relativer Versatz der benachbarten Gesteinsblöcke stattgefunden hat.

Stoßwellenmetamorphose Siehe Impaktmetamorphose.

Strandhaken Siehe Haken.

Strandlinie (*shoreline*) Gerade oder auch gebogene, ebene oder unregelmäßige Schnittstelle zwischen Land und Meer; sie kennzeichnet die Grenze des normalen Wirkungsbereichs von Wellen und Brandung und damit die Grenze zwischen dem nassen und trockenen Strand.

Stratigraphie (*stratigraphy*) Wissenschaftszweig der Geologie, der die Gesteine unter Berücksichtigung der anorganischen und organischen Merkmale und Inhalte nach ihrer zeitlichen Bildungsfolge ordnet, einschließlich der Interpretation und Rekonstruktion des Ablagerungsraums dieser Schichten. Ein Ergebnis der Stratigraphie ist die geologische Zeitskala zur Datierung geologischer Vorgänge.

stratigraphische Abfolge Siehe Schichtenfolge.

Stratosphäre (*stratosphere*) Kalte trockene Schicht der Atmosphäre über der Troposphäre; beginnt in den Polargebieten in etwa 10 km, in den äquatorialen Breiten in etwa 18 km Höhe und reicht bis in eine Höhe von ungefähr 50 km.

Stratovulkan Siehe Schichtvulkan.

Streichen (*strike*) Winkel zwischen geographisch Nord und einer horizontalen Linie, die als Schnittlinie einer geneigt lagernden Fläche (Schichtfläche, Gang, Störungsfläche usw.) mit einer gedachten horizontalen Fläche entsteht; sie ist folglich die geographische Richtung dieser Schnittlinie, die auch als Streichlinie bezeichnet wird.

Stress (*stress*) Ein Maß, das den Spannungszustand und damit die Kräfte beschreibt, die von außen her auf jeden Teil eines

Gesteinskörpers ausgeübt werden; angegeben in Einheiten der Kraft pro Flächeneinheit.

Strich (*streak*) Bezeichnung für die charakteristische Farbe der dünnen Schicht des Mineralabriebs, die auf einer rauen, Strichplatte genannten Porzellanplatte zurückbleibt, wenn mit einem Mineral darübergestrichen wird.

Stricklava Siehe Pahoehoe-Lava.

Strom (*stream*) (1) Bezeichnung für einen großen Fluss mit einer mittleren jährlichen Wasserführung von mehr als 2000 m³/s. (2) Allgemeiner Begriff für jeden deutlich begrenzten strömenden Körper, z. B. Meeresstrom, Luftstrom.

Stromatolith (*stromatolite*) Gestein mit kennzeichnender feinlaminierter Struktur, das durch mikrobielle Matten bildende Cyanobakterien entstanden ist. Die Wuchsformen reichen von lagen- bis zu domförmigen oder säulenartigen Strukturen mit einem oftmals komplizierten Verzweigungsmuster. Stromatolithen sind fossile Zeugen der ältesten zweifelsfreien Lebensformen der Erde.

Strömungsenergie (*stream power*) Produkt aus Gefälle und Abfluss eines fließenden Gewässers.

Strudeltopf (Strudelloch, Kolk, *pothole*) Zylindrische bis halbkugelförmige Hohlform im anstehenden Gestein eines Flussbetts als Folge der kreisförmigen Abrasionswirkung von Geröllen und kleineren Blöcke in Strudeln und Wasserwalzen.

Sturmflut (1) (*tidal surge*) Außergewöhnlich hoher Gezeitenwasserstand, der entsteht, wenn während einer Springflut ein starker auflandiger Sturm in Küstennähe durchzieht. Windstau zusammen mit der Brandung führen zu extremer Verstärkung der Flutwelle mit oft katastrophalen Überschwemmungen im Hinterland. (2) (*storm surge*) Durch einen Hurrikan entstehende Aufwölbung des Wasserspiegels über den Meeresspiegel der Umgebung, die beim Übergang des Wirbelsturms auf das Festland im Küstenbereich zu katastrophalen Überschwemmungen führt.

Subduktion (*subduction*) Das Absinken einer ozeanischen Lithosphärenplatte unter eine andere ozeanische oder kontinentale Lithosphärenplatte an einer konvergenten Plattengrenze.

Subduktionszone (*subduction zone*) Der Bereich zwischen der absinkenden ozeanischen Platte und der überfahrenden Platte, die von einer Tiefseerinne weg nach unten führt und durch hohe Seismizität gekennzeichnet ist (vgl. konvergente Plattengrenze).

Sublimation (*sublimation*) Direkter Übergang von der festen Phase in den gasförmigem Zustand, ohne den flüssigen Zustand als Zwischenstadium.

submariner Canyon (*submarine canyon*) In Schelf und Kontinentalhang eingeschnittene tiefe Schlucht; häufig, jedoch nicht ausschließlich, meerseitig vor den Mündungen großer Flüsse.

Subsidenz (*subsidence*) In Relation zur umgebenden Kruste lokale oder regionale langsame Absenkung der Erdoberfläche beziehungsweise der Erdkruste, verursacht durch die Auflast von Sedimenten, überwiegend jedoch durch plattentektonische Vorgänge oder durch Abkühlung der Lithosphäre.

Sulfate (*sulphates*) Klasse von Mineralen, die aus einem $(SO_4)^{2-}$-Anion und Kationen anderer Elemente bestehen; allgemein: Salze der Schwefelsäure.

Sulfide (*sulphides*) Mineralklasse, die aus Verbindungen von Metallen (Kationen) und Schwefel in Form des Sulfid-Ions (S^{2-}) besteht. Sulfide sind die häufigsten Erzminerale.

Suspensionsfracht (Schwebfracht, *suspended load*) Feines Sedimentmaterial, das aufgrund seiner Korngröße und Dichte im Fluss zeitweise oder dauerhaft in Suspension – als Schwebefracht – transportiert wird (vgl. Bodenfracht).

Sutur[zone] (Geosutur, *suture*) Langgestreckte schmale Nahtzone, an der zwei Kontinentalblöcke durch plattentektonische Konvergenzbewegungen nach der Subduktion eines dazwischenliegenden Ozeans aneinandergrenzen. Die Suturzone entspricht daher der ehemaligen Plattengrenze.

S-Wellen (Sekundärwellen, Scherwellen, Transversalwellen, *shear wave*) Seismische Wellen, in denen die Bodenteilchen senkrecht zur Ausbreitungsrichtung schwingen; Scherwellen sind langsamer als P-Wellen und können sich nur in festen Medien ausbreiten, daher treten in Luft, Wasser oder im flüssigen äußeren Erdkern keine S-Wellen auf.

System Erde (*Earth system*) Die offenen miteinander in Wechselwirkung stehenden und sich überschneidenden Geosysteme.

System Plattentektonik (*plate tectonic system*) Globales Geosystem, das alle Teile und alle Interaktionen zwischen dem Erdmantel und dem darüber lagernden Mosaik der Lithosphärenplatten umfasst.

Tafelberg Siehe Mesa.

Tal (*valley*) Durch die erosive Tätigkeit eines Flusses entstandener Einschnitt in der Erdoberfläche; umfasst das gesamte Gebiet zwischen den Oberkanten der Talhänge beiderseits des Flusses.

Talaue (Flussaue, *flood plain*) Weitgehend ebene Fläche des Talbodens, in die das Flussbett eingesenkt ist. Sie besteht aus geschichteten Lockersedimenten, wird bei Hochwasser überflutet und enthält daher überwiegend Kies-, Sand- und Siltmaterial, das bei Hochwasser von der Hauptfließrinne her geschüttet wird.

Talgletscher (Gebirgsgletscher, *valley glaciers*) Eisstrom, der in den kalten Hochlagen der Gebirge durch die Akkumulation von Schnee entsteht, dann entweder durch ein vorhandenes Tal abwärts fließt oder sich ein neues Tal ausschürft. Talgletscher können aus den Gebirgstälern bis in das Vorland hinaus vorstoßen, mehrere können sich dort zu einem Vorlandgletscher vereinigen.

Teersande (*tar sands*) Sandige Sedimente, imprägniert mit zähflüssigen, bitumenartigen Substanzen, überwiegend Kohlenwasserstoffen, aus denen mit Dampf oder heißem Wasser Rohöl extrahiert werden kann.

tektonische Provinz (*tectonic province*) Ausgedehnte Gebiete auf Kontinenten, die durch spezifische tektonische Prozesse entstanden sind.

Terran Siehe Mikroplatte.

Terrae (*lunar highlands*) Bezeichnung für die hell gefärbten Hochländer des Mondes, aus denen etwa 80 Prozent seiner Oberfläche bestehen. Charakteristisches Landschaftselement der Terrae sind Krater. Aufgrund der zahlreich vorhandenen Krater ist davon auszugehen, dass die Terrae älter sind als die Maria (siehe dort).

Terrassen (Flussterrassen, *terraces*) Ebene, stufenartig übereinander folgende ebene Flächen beidseitig eines Flusstales oberhalb der Talsohle. Sie kennzeichnen ältere Talböden, die auf einem höheren Niveau entstanden sind, bevor regionale Hebungsvorgänge oder eine Zunahme der Abflussmenge (z. B. am Ende der Kaltzeiten) den Fluss dazu zwangen, sich in die frühere Talaue einzuschneiden. Je nach Position zum Talboden unterscheidet man Hoch-, Mittel- und Niederterrassen, wobei die höchsten Terrassen die ältesten sind.

terrestrische Planeten (*terrestrial planets*) Die vier inneren Planeten des Sonnensystems (Merkur, Venus, Erde und Mars), die aus der in Sonnennähe dichteren Materie entstanden sind, wo die Temperaturen so hoch waren, dass der größte Teil ihrer flüchtigen Komponenten nicht kondensierte, sondern in den Weltraum überging.

terrigene Sedimente (*terrigenous sediments*) Klastische Sedimente, deren Ausgangsmaterial durch Erosion von Sedimenten, Magmatiten und Metamorphiten auf dem Festland entstanden ist.

Theorie der elastischen Rückformung (*elastic rebound theory*) Diese Theorie zur Entstehung von Erdbeben und Störungen besagt, dass wenn die Krustenblöcke beiderseits einer Verwerfung durch tektonische Kräfte deformiert werden, sie durch Reibungskräfte blockiert werden, wobei sich so lange elastische Spannungen aufbauen, bis es nach Überschreiten der Elastizitätsgrenze zum Bruch kommt und die beiden Blöcke wieder ihren ursprünglichen Spannungszustand vor der Deformation annehmen.

Thermalwasser (*hydrothermal water*) Natürliches Grundwasser, dessen Temperatur beim Austritt an der Erdoberfläche über 20 °C beträgt.

thermisch bedingtes Subsidenzbecken (*thermal subsidence basin*) Sedimentbecken, das in einem späteren Stadium der Plattentrennung entsteht, wenn die im frühen Stadium des Rifting erwärmte und ausgedünnte Lithosphäre abkühlt. Daraus resultiert eine Zunahme der Gesteinsdichte, die wiederum zur Subsidenz unter den Meeresspiegel führt, sodass sich marine Sedimente akkumulieren können.

thermohaline Zirkulation (*thermohaline circulation*) Globale dreidimensionale Strömung, die durch räumliche Unterschiede der Temperatur und der Salinität und damit der Dichte des Meerwassers entsteht.

thermoremanente Magnetisierung (*thermoremanent magnetization*) Permanente Magnetisierung von magnetisierbaren Mineralen wie etwa Magnetit oder auch von anderen Mineralen in Magmatiten, wenn sich bestimmte Atomgruppen, während das Material noch heiß ist, in Richtung des vorhandenen Magnetfelds ausrichten und diese erhalten bleibt, wenn das Material unter die Curie-Temperatur von etwa 500 °C abkühlt.

Tiefseeberg (*seamount*) Auf dem Meeresboden isoliert stehender, hoher kegelförmiger Berg, dessen Höhe vom Fuß bis zum Gipfel mehr als 1000 m betragen kann.

Tiefsee-Ebene (*abyssal plain*) Ausgedehnter, weitgehend ebener und meist mit Sedimenten bedeckter Bereich des Meeresbodens.

Tiefseefächer (*submarine fan*) Aus terrigenem Material bestehende kegel- oder fächerförmige Ablagerung am Fuße des Kontinentalhangs, normalerweise vor der Mündung großer Flüsse oder vor submarinen Canyons.

Tiefseegraben Siehe Tiefseerinne.

Tiefseehügel (*abyssal hills*) Hügel am Hang eines mittelozeanischen Rückens, die typischerweise Höhen von etwa 100 m erreichen und parallel zum Kamm des Rückens verlaufen. Tiefseehügel entstehen vor allem durch Abschiebungen in der basaltischen ozeanischen Kruste, wenn sich diese vom Zentralgraben der Rücken nach außen wegbewegt.

Tiefseerinne (Tiefseegraben, *trench*) Langgestreckte, schmale und tiefe Einsenkung im Boden der Tiefsee; sie kennzeichnet die Linie, an der eine ozeanische Platte nach unten in eine Subduktionszone abbiegt.

Tillit (*tillite*) Diagenetisch verfestigter Geschiebemergel oder Geschiebelehm meist präquartärer Eiszeiten; fossile Grundmoräne.

Ton (*clay*) (1) Siliciklastisches Sediment aus einer Mischung wasserhaltiger Tonminerale (Schichtsilicate), den häufigsten Bestandteilen der feinklastischen Sedimentgesteine; entsteht durch chemische Verwitterung und durch Hydratation anderer Silicate. (2) Sammelbegriff für alle mineralischen Komponenten mit Korndurchmessern < 0,002 mm.

Tonstein (*claystone*) Bezeichnung für ein siliciklastisches Sedimentgestein, das ausschließlich aus Komponenten der Tonfraktion besteht.

Torf (*peat*) Produkt der unvollständigen Zersetzung abgestorbener pflanzlicher Substanz unter Luftabschluss, vor allem in Mooren, wobei die Struktur des Pflanzenmaterials meist noch erhalten bleibt. Torf enthält normalerweise mehr als 50 Prozent Kohlenstoff.

Toteisloch Siehe Soll.

Transformstörung (konservative Plattengrenze, *transform fault*) Horizontalverschiebung mit oftmals erheblicher Schubweite, die normalerweise mehr oder weniger senkrecht zu den mittelozeanischen Rücken verläuft und an der zwei Platten aneinander vorbeigleiten.

Transportkapazität (*capacity*) Maximale Sediment- beziehungsweise Detritusmenge, die eine Strömung – Fluss oder Wind – an einer bestimmten Stelle pro Zeiteinheit transportieren kann.

Transversalwelle Siehe S-Welle.

Trappbasalt Siehe Flutbasalt.

Treibhauseffekt (*greenhouse effect*) Globale Erwärmung eines Planeten, dessen Atmosphäre Treibhausgase enthält. Diese absorbieren die von der Planetenoberfläche reflektierte infrarote Strahlung, die damit weniger effizient in den Weltraum zurückgestrahlt werden kann, als dies ohne Atmosphäre geschehen würde.

Treibhausgase (*greenhouse gases*) In der Atmosphäre befindliche Gase, welche die von der Erdoberfläche emittierte Infrarotstrahlung absorbieren. Hauptsächliche Treibhausgase in der Erdatmosphäre sind Wasserdampf, Kohlendioxid, Methan und Distickstoffoxid.

Trinkwasser (*potable water*) Für den menschlichen Genuss geeignetes Wasser, das grundsätzlich einen angenehmen Geschmack hat und frei von Krankheitserregern oder sonstigen gesundheitsgefährdenden Stoffen ist.

trockener Strand (*backshore*) Der höher liegende, im Allgemeinen trockene Bereich des Strandes, der sich von der oberen Grenze des Spülbereichs der Wellen bei Mittelwasser bis zur obersten Grenze der Wellenwirkung bei Sturmwellen erstreckt.

Trockenzeit (*drought*) Zeitraum von Wochen oder Monaten, in dem die Niederschläge deutlich geringer sind als normal.

Trogtal Siehe U-Tal.

Troposphäre (*troposphere*) Unterste Schicht der Atmosphäre mit einer Mächtigkeit zwischen etwa 8 km (Polargebiete) und etwa 17 km (Tropen), die rund drei Viertel der Masse der Atmosphäre enthält und in der aufgrund der ungleichen Erwärmung der Erdoberfläche durch die Sonne heftige Konvektionsbewegungen der Luftmassen entstehen, die zu Stürmen und anderen kurzzeitigen Wetterstörungen führen.

Trübestrom (Suspensionsstrom, *turbidity current*) Turbulent fließende Strömung aus Wasser und in Suspension gehaltenem Sediment verschiedener Korngrößen, die im Meer oder in Binnenseen unter dem klaren Oberflächenwasser dem Gefälle des Gewässerbodens folgend fließt, da sie eine höhere Dichte als das umgebende Wasser hat. Suspensionsströme können hohe Geschwindigkeiten erreichen und erhebliche Erosionsarbeit leisten.

Tsunami (*tsunami*) Sich rasch ausbreitende, meist plötzlich auftretende energiereiche, sehr langwellige Meereswelle, die in Küstengebieten sehr rasch an Höhe zunimmt und zu verheerenden Zerstörungen führt. Ausgelöst werden solche Tsunamis durch Bewegungen des Meeresbodens im Zusammenhang mit Erdbeben, Vulkanausbrüchen oder Massenbewegungen.

Tuff Siehe vulkanischer Tuff.

Turbidit (*turbidite*) Klastisches Sediment, das von einem Trübestrom abgelagert wurde und bei breit gestreuten Korngrößen und mäßiger Sortierung eine typische gradierte Schichtung zeigt.

turbulente Strömung (*turbulent flow*) Strömung mit hoher Geschwindigkeit, bei der die Stromlinien weder parallel noch gerade verlaufen, sondern sich in Wirbeln durchmischen.

Übergangszone (*transition zone*) Bereich des Erdmantels, der durch zwei abrupte Phasenumwandlungen in Tiefen von 410 und 660 km begrenzt wird.

überkippte Falte (*overturned fold*) Faltenform, bei der eine Flanke über die Vertikale hinaus verkippt ist, sodass die Einfallsrichtung der beiden Flanken identisch ist und auf der überkippten Flanke ältere Schichten über jüngeren lagern.

Überschiebung (*thrust fault*) Störungsform, bei der die Hangendscholle auf einer flachen Störungsbahn, die mit einem Winkel gegen die Horizontale von < 45° einfällt, über die Liegendscholle bewegt wurde.

Uferbank (*point bar*) Sedimentablagerung auf dem Gleithang, das heißt auf der Innenseite einer Flussbiegung, die deshalb dort entsteht, weil die Strömungsgeschwindigkeit am Gleithang am geringsten ist.

Uferdamm Siehe Uferwall.

Uferwall (Uferdamm, *natural levee*) Wallartiger Rücken aus Hochwassersedimenten unmittelbar entlang eines Flussufers; auch Bezeichnung für künstliche, in ähnlicher Form aufgeschüttete Hochwasserdämme.

ultrabasische Gesteine (*ultramafic rocks*) Magmatite, die im Wesentlichen aus mafischen Mineralen bestehen und weniger als 10 Prozent Feldspat und weniger als 45 Prozent SiO_2 enthalten, beispielsweise sind Peridotit, Dunit und Pyroxenit.

Ultrahochdruck-Metamorphose (*ultra-high-pressure metamorphism*) Metamorphose, die bei Drücken zwischen 25 und 28 kbar oder höher abläuft.

Umwelt (*environment*) Gesamtheit aller direkt oder indirekt auf einen Organismus, eine Population oder eine Biozönose einwirkenden physikalischen, chemischen und biotischen Faktoren mit all ihren Wechselbeziehungen, die ihnen das Überleben ermöglichen.

ungesättigte Zone (*unsaturated zone*) Bereich des Untergrunds zwischen der Erdoberfläche und der Grundwasseroberfläche, in dem die Poren des Gesteins oder Bodens nicht oder nur teilweise mit Wasser gefüllt sind. Dieser Bereich wird auch als vadose Zone bezeichnet (vgl. gesättigte Zone).

unterer Erdmantel (*lower mantle*) Relativ homogen aufgebauter Bereich des Erdmantels mit einer Mächtigkeit von 2200 km. Er erstreckt sich von einer Phasenumwandlung in 660 km Tiefe bis zur Kern/Mantel-Grenze.

U-Tal (Trogtal, *U-shaped valley*) Tief eingeschnittenes Tal mit steilen, z. T. senkrechten Trogwänden, die in einen ebenen Talboden übergehen. Typische Talform in ehemals und aktuell vergletscherten Hochgebirgen.

verflochtener Fluss (verwilderter Fluss, *braided stream*) Fluss, dessen Geröllfracht so groß ist, dass er sich in zahlreiche Arme aufspaltet, die sich wieder vereinigen. Dadurch entsteht ein System breiter, flacher Rinnen, die Kies- und Sandbänke sowie trockene Inseln umschließen, die jedoch bei Hochwasser überflutet werden.

Verflüssigung Siehe Bodenverflüssigung.

vergente Falte Siehe asymmetrische Falte.

Versatzbetrag (Sprunghöhe, Sprungweite, *fault slip*) Betrag, um den sich an einer Verwerfung ein Block gegen den anderen entweder vertikal oder horizontal verschoben hat.

Versauerung der Ozeane (*ocean acification*) Prozess, bei dem Kohlendioxid aus der Atmosphäre im Meerwasser in Lösung geht, mit dem Wasser unter Bildung von Kohlensäure (H_2CO_3) reagiert und damit die Säurekonzentration im Meerwasser erhöht.

Versenkungsmetamorphose (*burial metamorphism*) Niedriggradige Metamorphose in tief versenkten Gesteinsserien als Folge der Auflast mächtiger Sedimentserien und der im Zuge der Versenkung mäßig steigenden Temperaturen.

Vertikalsortierung Siehe gradierte Schichtung.

Verweilzeit (*residence time*) Durchschnittlicher Zeitraum, den Materie in einem bestimmten Speicher verbleibt, ehe sie diesen wieder verlässt.

Verwerfung Siehe Störung.

verwilderter Fluss Siehe verflochtener Fluss.

Verwitterung (*weathering*) Sämtliche Prozesse, die an oder nahe der Erdoberfläche durch Kombination von mechanischer Zerkleinerung, chemischer Lösung oder biologischer Aktivität zum Zerfall und zur Zerstörung von Gesteinen und zur Bildung von Sedimentmaterial führen.

Viskosität (*viscosity*) Maß für die Zähigkeit einer Flüssigkeit, das heißt für den Widerstand einer Flüssigkeit gegen das Fließen. Je höher die Viskosität, desto zähflüssiger ist eine Flüssigkeit.

Vorbeben (*foreshock*) Schwaches Erdbeben, das sich im weitgehend gleichen Gebiet, aber vor dem Hauptbeben ereignet. Vorbeben werden durch einen einleitenden Bruch entlang der Störung ausgelöst, der sich jedoch nicht weiterentwickelt (vgl. Nachbeben).

Vorlandbecken (Flexurbecken, *flexural basin*) Sedimentbecken, das sich an einer tektonischen Konvergenzzone bildet, an der sich eine Lithosphärenplatte unter die andere schiebt. Der dabei entstehende orogene Keil drückt die subduzierte Platte nach unten. Diese reagiert elastisch durch Verbiegung, wodurch vor der Front des orogenen Keils ein Vorlandbecken entsteht.

Vorstrand (*foreshore*) Seewärts der mittleren Niedrigwasserlinie liegender Bereich des Strandes.

Vulkan (*volcano*) Hügel oder Berg, der durch die Akkumulation von Lava und/oder Pyroklasten entstanden ist.

vulkanische Asche (*volcanic ash*) Unverfestigtes pyroklastisches Sediment aus Gesteinsfragmenten, gewöhnlich Gesteinsglas, mit Durchmessern < 2 mm.

vulkanischer Tuff (*volcanic tuff*) Verfestigtes Gestein aus pyroklastischen Komponenten bis Lapilligröße. Wenn die Partikel noch durch ihre eigene Wärme zusammengeschmolzen sind, handelt es sich um einen Schweißtuff.

vulkanisches Geosystem (*volcanic geosystem*) Gesamtes System aus Gesteinen, Magmen und Prozessen, die erforderlich sind, um die vollständige Abfolge der Ereignisse vom Beginn des Schmelzvorgangs bis zum Aufstieg bzw. zur Eruption von Laven an der Erdoberfläche zu beschreiben.

Vulkanismus (*volcanism*) Sammelbegriff für alle geologischen Prozesse und Erscheinungsformen, die mit der Förderung glutflüssiger Gesteinsschmelzen und ihrer Ausbreitung an der Erdoberfläche im Zusammenhang stehen.

Vulkanit Siehe Effusivgestein.

Vulkankuppe (*volcanic dome*) Kreisförmige Anhäufung von erstarrter Lava um einen Vulkanschlot; meist aus SiO_2-reicher Lava, die zu zähflüssig war, um rasch wegzufließen.

vulkanoklastisches Gestein (pyroklastisches Gestein, *pyroclastic rock*) Gestein, das durch die Akkumulation von vulkanischen Gesteinsbruchstücken entstanden ist. Letztere können durch unterschiedliche Vorgänge fragmentiert worden sein.

Wadi (*wadi*) Trockental in Wüstengebieten, das allenfalls kurz nach heftigen Niederschlägen episodisch Wasser führt, dann jedoch in großen Mengen.

Wärmeleitung (*conduction*) Mechanischer Transport von Wärmeenergie (Schwingungsenergie) thermisch angeregter Moleküle (und Atome) durch eine Vielzahl von Teilchenstößen von Atom zu Atom bzw. Molekül zu Molekül. Dabei wandern die Atome oder Moleküle selbst nicht.

Warmzeit Siehe Interglazial.

Warve (*varve*) Wenige Millimeter dicke Sedimentlage, die von unten nach oben von grob nach fein und von hell nach dunkel übergeht. Warven wurden am Boden von Schmelzwasserseen vor den Talgletschern abgelagert und repräsentieren jeweils eine Jahreslage: die hellere sandige Lage wurde im Sommer, die dunklere tonige im Winter abgelagert.

Wasserkraft (*hydraulic energy*) Energie, die durch fließendes Wasser erzeugt wird, das aufgrund der Schwerkraft nach unten fließt und dabei Turbinen und Generatoren antreibt, die elektrische Energie erzeugen.

Wasserscheide (*divide*) Meist höher aufragender Bergrücken, der als Grenzlinie die Einzugsgebiete zweier Flüsse voneinander trennt.

Watt (*tidal flat*) Ausgedehnte, weitgehend ebene Fläche im Küstenbereich der Gezeitenmeere aus tonig-siltigen oder sandigen Sedimenten, die im Rhythmus der Gezeiten bei Hochwasser überflutet wird, dagegen bei Niedrigwasser teilweise oder vollständig trockenfällt.

Wellenbrechung (*wave refraction*) Umbiegen der Wellenfronten, sobald sie auf unterschiedliche Tiefen und Bedingungen am Meeresboden treffen.

Wellenhöhe (*wave height*) Vertikaler Abstand zwischen Wellenberg und Wellental.

Wellenlänge (*wave length*) Entfernung zwischen zwei aufeinanderfolgenden Kämmen oder Tälern einer Welle.

Wiederbelebung von Gebirgen (Rejuvenation von Gebirgen, *rejuvenation*) Erneute Hebung einer Gebirgskette im Bereich des früheren Aufstiegs, wodurch das Gebiet wieder in ein „jugendlicheres" Stadium des Erosionszyklus zurückversetzt und der Zyklus der Reliefentwicklung abermals durchlaufen wird.

Wiederkehrzeit (Jährlichkeit, *recurrence interval*) Die mittlere Zeitdauer zwischen dem Auftreten geologischer Ereignisse wie beispielsweise Hochwasser oder Erdbeben einer bestimmten Größenordnung.

Wilson-Zyklus (*Wilson cycle*) Nach dem kanadischen Geophysiker Tuzo Wilson benannte Abfolge tektonischer Ereignisse bei der Entstehung und Schließung von Ozeanbecken. Der Zyklus umfasst (1) Riftbildung als Folge des Auseinanderbrechens eines Großkontinents; (2) Abkühlung des passiven Kontinentalrands und Sedimentakkumulation im Verlauf des Seafloor-Spreading und der damit verbundenen Öffnung eines Ozeans; (3) Vulkanismus an aktiven Kontinentalrändern, Akkretion von Mikrokontinenten während der Subduktion und Schließung eines Ozeans; (4) Gebirgsbildung als Folge einer Kontinent-Kontinent-Kollision.

Windkanter (*ventifact*) Geröll oder Gesteinsbruchstück, das auf seiner Oberfläche die Auswirkungen von Korrasion zeigt. Dabei entstehen durch Drehung der Windrichtung oder Änderung der Lage des Gerölls mehrere nahezu eben geschliffene Flächen, die durch scharfe Kanten begrenzt sind.

Winkeldiskordanz (Diskordanz, *angular unconformity*) Diskordanz, bei der die über und unter der Diskordanzfläche lagernden Schichten nicht parallel aufeinander liegen.

wissenschaftliche Arbeitsmethode (*scientific method*) Arbeitsweise, die auf systematischen Beobachtungen und Experimenten beruht, anhand deren Ergebnisse die Wissenschaftler Hypothesen ableiten und überprüfen, um damit natürliche Erscheinungen unserer Umwelt zu erklären.

Wüstenlack (*desert varnish*) Dunkler glänzender Überzug auf Gesteinsoberflächen in Wüstengebieten, der aus Tonmineralen und meist wasserarmen Eisen- und Manganoxidhydraten besteht, die durch Verwitterung gebildet werden.

Wüstenpflaster Siehe Steinpflaster.

Zeitskala der Magnetfeldumkehr Siehe magnetische Zeitskala.

Zementation (*cementation*) Prozess der Sedimentverfestigung (Lithifizierung), bei dem im Porenraum der Sedimente Minerale ausgefällt werden und die Körner miteinander verkitten.

Zentralschlot (*central vent*) Größter Förderschlot eines Vulkans im Zentrum des Vulkankegels.

Zeolithe (*zeolites*) Gruppe von Silicatmineralen, die in den großen Hohlräumen ihrer Kristallstruktur Wasser enthalten. Zeolithe entstehen durch Umwandlung anderer Silicatminerale unter niedrigen Temperatur- und Druckbedingungen bevorzugt aus vulkanischen Gläsern.

Zeolithfazies (*zeolite facies*) Niedrigster Metamorphosegrad.

Zone niedriger Wellengeschwindigkeit Siehe Low-Velocity-Zone.

Zwergplaneten (*dwarf planets*) Kleine Himmelskörper (einschließlich Pluto) im äußeren Planetensystem, die aus einem gefrorenen Gemisch von Gasen, Eis und Gesteinen bestehen und die Sonne auf ungewöhnlichen Bahnen umlaufen, die sie näher an die Sonne bringen als den Planeten Neptun.

Zwischeneiszeit Siehe Interglazial.

Zyklentheorie der Denudation (*cycle of erosion*) In der Geomorphologie aufgestellte Theorie einer hypothetischen Abfolge von Landschaftsformen, die von hohen, schroffen, tektonisch entstandenen Gebirgen (Jugendstadium) zu niedrigeren, rundlichen Hügeln (Reifestadium) und schließlich zu völlig eingeebneten, tektonisch stabilen Rumpfflächen oder Fastebenen (Altersstadium) führt.

Stichwortverzeichnis